MEANS ELECTRICAL COST DATA
15th Annual Edition

1992

Senior Editor
John H. Chiang, P.E.

Chief Editor
Phillip R. Waier, P.E.

First Printing

Contributing Editors
Howard M. Chandler
Allan B. Cleveland
Donald D. Denzer
Kevin Foley
Jeffrey M. Goldman
Patricia L. Jackson, P.E.
Mark H. Kaplan
Alan E. Lew
Melville J. Mossman, P.E.
John J. Moylan
Jeannene D. Murphy
Albert J. Sauerbier
Kornelis Smit
David J. Tringale
Rory Woolsey
David M. Zuniga, P.E.

Technical Coordinators
Marion Schofield
Wayne D. Anderson
Eleanor J. Morris

Graphics
Carl W. Linde

Publisher
Roger J. Grant

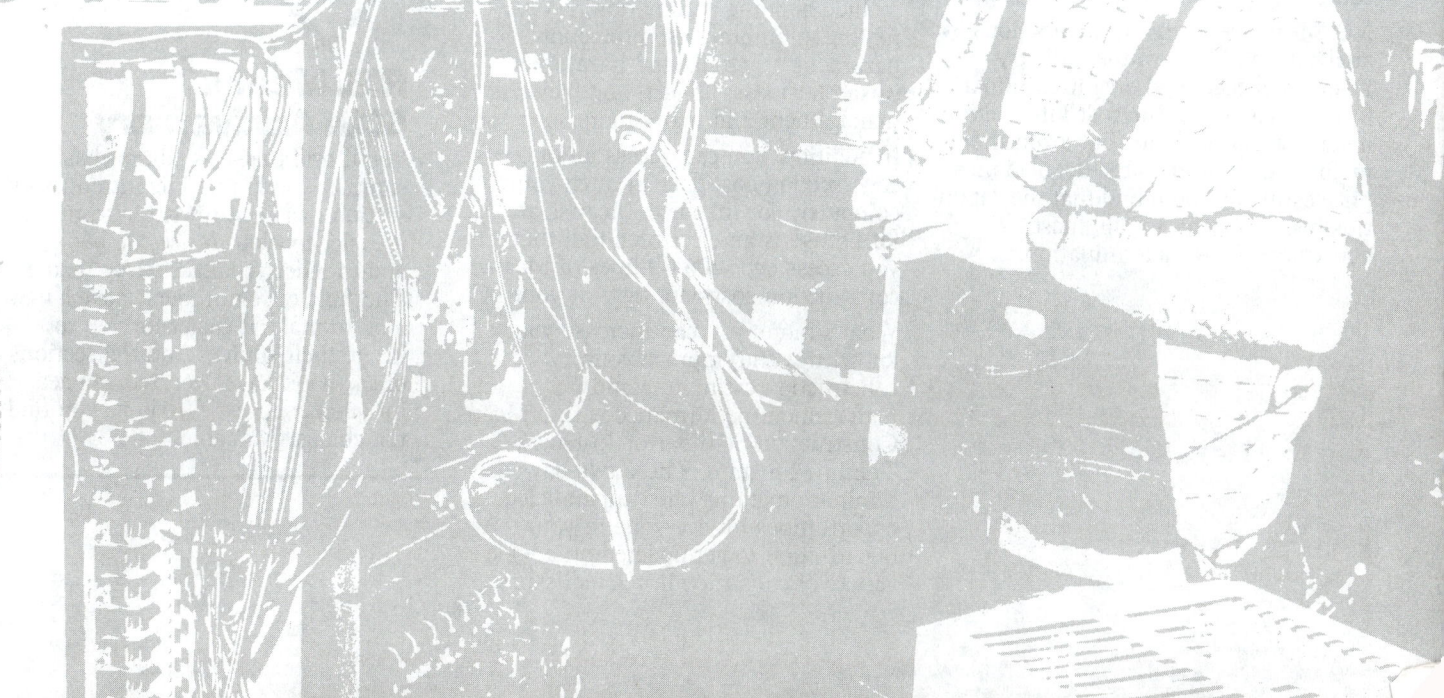

FOREWORD

Our Mission

Since 1942, R.S. Means Company, Inc. has been actively engaged in construction cost publishing and consulting throughout North America.

Today, fifty years after the company began, our primary objective remains the same: to provide you, the construction industry professional, with the most current and comprehensive construction cost data possible.

Whether you are a contractor, an owner, an architect, an engineer, a facilities manager, or anyone else who needs a quick construction cost estimate, you'll find this publication to be a highly useful and necessary tool.

Today, with the constant flow of new construction methods and materials, it's difficult to find the time to look at and evaluate all the different construction cost possibilities. In addition, because labor and material costs keep changing, yesterday's cost information is not a reliable basis for today's estimate or budget.

That's why so many construction professionals turn to R.S. Means. We keep track of the costs for you along with a wide range of other key information, from city cost indexes . . . to productivity rates . . . to crew composition . . . to contractor's overhead and profit rates.

R.S. Means performs these functions by analyzing all facets of the industry. Data is collected and organized into a format that makes the cost information instantly accessible to you. From the preliminary budget to the detailed unit price estimate, you'll find that the data in this book is useful for all phases of construction cost determination.

The Staff, the Organization, and Our Services

When you purchase one of R.S. Means' publications, you are in effect hiring the services of a full-time staff of construction and engineering professionals.

A thoroughly experienced and highly qualified staff of professionals at R.S. Means works daily at collecting, analyzing, and disseminating comprehensive cost information for your needs. These staff members have years of practical construction experience and engineering training prior to joining the firm. As a result, you can count on them not only for the cost figures, but also for additional background reference information that will help you create a realistic estimate.

The Means organization is always prepared to assist you and help in the solution of construction problems through the services of its four major divisions: Construction and Cost Data Publishing, Electronic Products and Services, Consulting Services, and Educational Services.

Besides a full array of construction cost estimating books, Means also publishes a number of other reference works for the construction industry. Subjects include building automation, HVAC, roofing, plumbing, fire protection, hazardous materials and hazardous waste, business, project, and facilities management and many more.

In addition, you can access all of our construction cost data through your computer. For instance, MeansData™ for Lotus® is an electronic tool that lets you access over 20,000 lines of Means construction cost data right at your PC.

What's more, you can increase your knowledge and improve your construction estimating and management performance with a Means Construction Seminar or In-House Training Program. These two-day seminar programs offer unparalleled opportunities for everyone in your organization to get updated on a wide variety of construction related issues.

In short, R.S. Means can put the tools in your hands for constructing accurate and dependable construction estimates and budgets in a variety of ways.

Robert Snow Means Established a Tradition of Quality That Continues Today

Robert Snow Means took years to build up his company. He worked hard and always made certain that he delivered a quality product.

Today, at R.S. Means we do more than talk about the quality of our data and the usefulness of our books. We stand behind all of our work, from historical cost indexes to construction techniques to current costs.

If you have any questions about our products or services, please call us toll-free at 1-800-448-8182. Our customer service representatives will be happy to assist you . . . as they would have fifty years ago.

R.S. Means 50th Anniversary

You'll find that this edition has some new features: The introductory section has been rewritten to make it easier for you to use the book . . . and to reflect changes we've made. The "reference numbers" have a new look to make it easier for you to locate their source. And the sections of the book have been reorganized for quicker access. We hope you find the changes valuable.

TABLE OF CONTENTS

Foreword	ii
How the Book Is Built: An Overview	iv
Quick Start	v
How To Use the Book: The Details	vi
Unit Price Section	1
Assemblies Section	241
Reference Section	305
Reference Numbers	306
Crew Listings	364
Historical Cost Indexes	384
City Cost Indexes	385
Abbreviations	394
Index	397
Other Means Publications and Reference Works	404
Installing Contractor's Overhead & Profit	Inside Back Cover

HOW THE BOOK IS BUILT: AN OVERVIEW

A Powerful Construction Tool

You have in your hands one of the most powerful construction tools available today. A successful project is built on the foundation of an accurate and dependable estimate. This book will enable you to construct just such an estimate.

For the casual user the book is designed to be:
- quickly and easily understood so you can get right to your estimate
- filled with valuable information so you can understand the necessary factors that go into the cost estimate

For the regular user, the book is designed to be:
- a handy desk reference that can be quickly referred to for key costs
- a comprehensive, fully reliable source of current construction costs and productivity rates, so you'll be prepared to estimate any project
- a source book for preliminary project cost, product selections, and alternate materials and methods

To meet all of these requirements we have organized the book into the following clearly defined sections.

Quick Start
This one-page section (see following page) can quickly get you started on your estimate.

How To Use the Book: The Details
This section contains an in-depth explanation of how the book is arranged ... and how you can use it to determine a reliable construction cost estimate. It includes information about how we develop our cost figures and how to completely prepare your estimate.

Unit Price Section
All cost data has been divided into the 16 divisions according to the MASTERFORMAT system of classification and numbering as developed by the Construction Specifications Institute (CSI) and Construction Specifications Canada (CSC). For a listing of these divisions and an outline of their subdivisions, see the Unit Price Section Table of Contents.

Division 17: Quick Project Estimates
In addition to the 16 Unit Price Divisions there is a S.F. (Square Foot) and C.F. (Cubic Foot) Cost Division, Division 17. It contains costs for 59 different building types. You can refer to this section to make a rough – and very quick – estimate for the overall cost of a project or its major components. *These figures include contractor's overhead and profit, but do not generally include architectural fees, land costs, or site work.*

Assemblies Section
The cost data in this section has been organized in an "Assemblies" format. These assemblies are the functional elements of a building and are arranged according to the 12 divisions of the Uniformat classification system. For a complete explanation of a typical "Assemblies" page, see "How To Use the Assemblies Cost Tables."

Reference Section
This section includes information on Reference Numbers, Crew Listings, Historical Cost Indexes, City Cost Indexes, and a listing of Abbreviations.

Reference Numbers
Following selected items throughout the book are "reference numbers" shown in bold squares. These numbers refer you to related information in other sections.

In these other sections, you'll find related tables, explanations, and estimating information. Also included are alternate pricing methods and technical data, along with information on design and economy in construction. You'll also find helpful tips on estimating and construction.

Crew Listings
This section lists all the crews referenced. For the purposes of this book, a crew is composed of more than one trade classification and/or the addition of equipment to any trade classification. Equipment is included in the cost of the crew. Costs are shown both with bare labor rates and with the installing contractor's overhead and profit added. For each, the total crew cost per eight-hour day and the composite cost per man-hour are listed.

Historical Cost Indexes
These indexes provide you with data to adjust construction costs over time. If you know costs for a past project, you can use these indexes to estimate the cost to construct the same project today.

City Cost Indexes
Obviously, costs vary depending on the regional economy. You can adjust the "national average" costs in this book to 162 major cities throughout the U.S. and Canada by using the data in this section.

Abbreviations
A listing of the abbreviations and the terms they represent, is included.

Index
A comprehensive listing of all terms and subjects in this book to help you find what you need quickly.

The Scope of This Book
This book is designed to be comprehensive and easy to use. To that end we have made certain assumptions:
1. We have established material prices based on a "national average."
2. We have computed labor costs based on a 30-city "national average" of union wage rates.
3. We have targeted the data for projects of a certain size range.

For a more detailed explanation of how the cost data is developed, see "How To Use the Book: The Details."

Project Size
This book is aimed primarily at commercial and industrial projects costing $500,000 and up, or large multi-family or custom single-family housing projects. Costs are primarily for new construction or major renovation of buildings rather than repairs or minor alterations.

With reasonable exercise of judgment the figures can be used for any building work. *However, do not apply these figures to civil engineering structures such as bridges, dams, highways, or the like.*

QUICK START

If you feel you are ready to use this book and don't think you need the detailed instructions that begin on the following page, this Quick Start section is for you. These steps will allow you to get started estimating in a matter of minutes.

1 First, decide whether you require a Unit Price or Assemblies type estimate. Unit price estimating requires a breakdown of the work to individual items. Assemblies estimates combine individual items or components into building systems.

If you need to estimate each line item separately, follow the instructions for **Unit Prices.**

If you can use an estimate for the entire assembly or system, follow the instructions for **Assemblies.**

2 Find each cost data section you need in the Table of Contents (either for Unit Prices or Assemblies).

Unit Prices: The cost data for Unit Prices has been divided into 16 divisions according to the CSI MASTERFORMAT.

Assemblies: The cost data for Assemblies has been divided into 12 divisions according to the Uniformat.

3 Turn to the indicated section and locate the line item or assemblies table you need for your estimate. Portions of a sample page layout from both the Unit Price Listings and the Assemblies Cost Tables appear below.

Unit Prices: If there is a reference number listed, it refers to additional information you may find useful. See the referenced section for additional information.

- Note the crew code designation. You'll find full descriptions of crews in the Crew Listings including man-hour and equipment costs.

Assemblies: The Assemblies (*not* shown in full here) are generally separated into three parts: 1) an illustration of the system to be estimated; 2) the components and related costs of a typical system; and 3) the costs for similar systems with dimensional and/or size variations.

4 Determine the total number of units your job will require.

Unit Prices: Note the unit of measure for the material you're using is listed under "Unit."

- **Bare Costs:** These figures show unit costs for materials and installation. Labor and equipment costs are calculated according to crew costs and average daily output. Bare costs do not contain allowances for overhead, profit or taxes.
- "Man-hours" allows you to calculate the total man-hours to complete that task. Just multiply the quantity of work by this figure for an estimate of activity duration.

Assemblies: Note the unit of measure for the assembly or system you're estimating is listed in the System Components section.

5 Then multiply the total units by . . .

Unit Prices: "Total Incl. O&P" which stands for the total cost including the installing contractor's overhead and profit. (See the "How To Use the Unit Price Pages" for a complete explanation.)

Assemblies: The "Total" in the right-hand column, which is the total cost including the installing contractor's overhead and profit. (See the "How To Use the Assemblies Cost Tables" section for a complete explanation.)

Material and equipment cost figures include a 10% markup. For labor markups, see the inside back cover of this book. If the work is to be subcontracted, add the general contractor's markup, typically 10%.

6 The price you calculate will be an estimate for either a completed assembly or system or an individual item of work.

7 Compile a list of all assemblies or items included in the total project. Summarize cost information, and add project overhead.

For a more complete explanation of the way costs are derived, please see the following sections.

Editors' Note: We urge you to spend time reading and understanding all of the supporting material and to take into consideration the reference material such as City Cost Indexes and the "reference numbers."

Unit Price Pages

Assemblies Pages

HOW TO USE THE BOOK: THE DETAILS

What's Behind the Numbers? The Development of Cost Data

The staff at R.S. Means continuously monitors developments in the construction industry in order to ensure reliable, thorough and up-to-date cost information.

While *overall* construction costs may vary relative to general economic conditions, price fluctuations within the industry are dependent upon many factors. Individual price variations may, in fact, be opposite to overall economic trends. Therefore, costs are continually monitored and complete updates are published yearly. Also, new items are frequently added in response to changes in materials and methods.

Costs — $ (U.S.)

All costs represent U.S. national averages and are given in U.S. dollars. The Means City Cost Indexes can be used to adjust costs to a particular location. The City Cost Indexes for Canada can be used to adjust U.S. national averages to local costs in Canadian dollars.

Material Costs

The R.S. Means staff contacts manufacturers, dealers, distributors, and contractors all across the U.S. and Canada to determine national average material costs. If you have access to current material costs for your specific location, you may wish to make adjustments to reflect differences from the national average. Material costs do not include sales tax.

Labor Costs

Labor costs are based on the average of wage rates from 30 major U.S. cities. Rates are determined from labor union agreements or prevailing wages for construction trades for the current year. Rates along with overhead and profit markups are listed on the inside back cover of this book.

- If wage rates in your area vary from those used in this book, or if rate increases are expected within a given year, labor costs should be adjusted accordingly.

Labor costs reflect productivity based on actual working conditions. These figures include time spent during a normal workday on tasks other than actual installation, such as material receiving and handling, mobilization, site movement, breaks, and cleanup.

Productivity data is developed over an extended period so as not to be influenced by abnormal variations and reflects a typical average.

Equipment Costs

Equipment costs include not only rental costs, but also operating costs such as fuel, oil, and routine maintenance. Equipment and rental rates are obtained from industry sources throughout North America — contractors, suppliers, dealers, manufacturers, and distributors.

Factors Affecting Costs

Costs can vary depending upon a number of variables. Here's how we have handled the main factors affecting costs.

Quality — The prices for materials and the workmanship upon which productivity is based represent sound construction work. They are also in line with U.S. government specifications.

Overtime — We have made no allowance for overtime. If you anticipate premium time or work beyond normal working hours, be sure to make an appropriate adjustment to your labor costs.

Productivity — The productivity, daily output, and man-hour figures for each line item are based on working an eight-hour day in daylight hours in moderate temperatures. For work that extends beyond normal work hours or is performed under adverse conditions, productivity may decrease. (See the section in "How To Use the Unit Price Pages" for more on productivity.)

Size of Project — The size, scope of work, and type of construction project will have a significant impact on cost. Economies of scale can reduce costs for large projects. Unit costs can often run higher for small projects. Costs in this book are intended for the size and type of project as previously described in "How the Book Is Built: An Overview." Costs for projects of a significantly different size or type should be adjusted accordingly.

Location – Material prices in this book are for metropolitan areas. However, in dense urban areas, traffic and site storage limitations may increase costs. Beyond a 20-mile radius of large cities, extra trucking or transportation charges may also increase the material costs slightly. On the other hand, lower wage rates may be in effect. Be sure to consider both these factors when preparing an estimate, particularly if the job site is located in a central city or remote rural location.

In addition, highly specialized subcontract items may require travel and per diem expenses for mechanics.

Other factors –
- season of year
- contractor management
- weather conditions
- local union restrictions
- building code requirements
- availability of:
  - adequate energy
  - skilled labor
  - building materials
- owner's special requirements/restrictions
- safety requirements
- environmental considerations

Unpredictable Factors – General business conditions influence "in-place" costs of all items. Substitute materials and construction methods may have to be employed. These may affect the installed cost and/or life cycle costs. Such factors may be difficult to evaluate and cannot necessarily be predicted on the basis of the job's location in a particular section of the country. Thus, where these factors apply, you may find significant, but unavoidable cost variations for which you will have to apply a measure of judgment to your estimate.

Rounding of Costs

In general, all unit prices in excess of $5.00 have been rounded to make them easier to use and still maintain adequate precision of the results. The rounding rules we have chosen are in the following table.

Prices from . . .	Rounded to the nearest . . .
$5.01 to $20.00	$.05
$20.01 to $100.00	$1.00
$100.01 to $1,000.00	$5.00
$1,000.01 to $10,000.00	$25.00
$10,000.01 to $50,000.00	$100.00
. . . Over $50,000.00	$500.00

Estimating Labor Man-Hours

The man-hours expressed in this publication are based on Average Installation time, using an efficiency level of approximately 60-65% (see item 7 below).

The book uses this National Efficiency Average to establish a consistent benchmark.

For bid situations, adjustments to this efficiency level should be the responsibility of the contractor bidding the project.

The unit man-hour is divided in the following manner. A typical day for a crew might be:

1. Study Plans	3%	14.4 min.
2. Material Procurement	3%	14.4 min.
3. Receiving and Storing	3%	14.4 min
4. Mobilization	5%	24.0 min.
5. Site Movement	5%	24.0 min.
6. Layout and Marking	8%	38.4 min.
7. Actual Installation	64%	307.2 min.
8. Cleanup	3%	14.4 min.
9. Breaks, Non-Productive	6%	28.8 min.
	100%	480.0 min.

If any of the percentages expressed in this breakdown do not apply to the particular work or project situation, then that percentage or a portion of it may be deducted from or added to labor hours.

| | \multicolumn{2}{c}{CSI Format} | \multicolumn{2}{c}{Assemblies Format} |
	Division	Description	Division	Description
Electrical with Related Items *These divisions do not appear in this publication. For expanded listings of related publications, see advertising pages at back of book.	1 2 3 *4 5 6 *7 *8 *9 10 11 *12 13 *14 15	General Requirements Site Work Concrete Masonry Metals Wood & Plastics Moisture Protection Doors, Windows & Glass Finishes Specialties Architectural Equipment Furnishings Special Construction Conveying Systems Mechanical	*1 *2 *3 *4 *5 *6 *7 10 *11 *12 8	Foundation/Substructure Substructure Superstructure Exterior Closure Roofing Interior Construction Conveying General Conditions Specialties Site Work Mechanical
Electrical	16	Electrical	9	Electrical
Cost Modifications	17 Appendix	Square Foot City Cost Index	14	Square Foot Costs

Organization of the Book

Format Division Numbers – Note that the approximate relation between the CSI format numbers and the Assemblies format are given above. Not all the divisions appear in the book.

Overhead, Profit & Contingencies

General – Prices given in this book are of two kinds: (1) BARE COSTS and (2) TOTAL INCLUDING INSTALLING CONTRACTOR'S OVERHEAD & PROFIT.

The Bare Costs are the costs to a contractor before his mark-up. A contractor would have to add the company's percentage mark-up to these costs to arrive at a bid quote or selling price.

The total including the Installing Contractor's Overhead & Profit are calculated costs using standard "average" mark-ups for O&P added to the bare costs. This would be the subcontract cost to which a general contractor would add a mark-up to arrive at a bid quote or selling price to the owner if a subcontractor's price were not available. This mark-up, ranging from 2 to 15 percent, depends upon economic conditions plus the supervision and cost of processing expected by the general contractor. For the purposes of this book, an average mark-up of 10% could be used.

Overhead and Profit – Overhead and profit allowances are detailed in R010-070. These are general figures and local deviations are certainly to be expected. A contractor should be able to tell from his records very closely what his own overhead will be. He will then add whatever profit and contingency percentages that circumstances dictate.

Subcontractors – Usually a considerable portion of all large jobs is subcontracted. In fact the percentage done by subs is constantly increasing and may run over 90%. Since the workmen employed by these companies do nothing else but install their particular product, they soon become experts in that line. The result is, installation by these firms is accomplished so efficiently that the total in-place cost, even with the subcontractor's overhead and profit, is no more and often less than if the principal contractor had handled the installation himself. Also, the quality of the work may be higher.

Contingencies – The allowance for contingencies generally is to provide for indefinable construction difficulties. On alterations or repair jobs, 20% is none too much. If drawings are final and only field contingencies are being considered, 2% or 3% is probably sufficient and often nothing need be added. As far as the contract is concerned, future changes in plans will be covered by extras. The contractor should allow for inflationary price trends and possible material shortages during the course of the job. If drawings are not complete or approved, or a budget cost wanted, it is wise to add 5% to 10%. Contingencies, then, are a matter of judgment. Additional allowances are shown in the Unit Price Section 010 for contingencies and job conditions and Reference Section R011-010 for factors to convert prices for repair and remodeling jobs.

Final Checklist

Estimating can be a straightforward process provided you remember the basics. Here's a checklist of some of the items you should remember to do before completing your estimate.

Did you remember to . . .

- factor in the City Cost Index for your locale
- take into consideration which items have been marked up and by how much
- mark up the entire estimate sufficiently for your purposes
- read the background information on techniques and technical matters that could impact your project time span and cost
- include all components of your project in the final estimate
- double check your figures to be sure of your accuracy
- call R.S. Means if you have any questions about your estimate or the data you've found in our publications

Remember, R.S. Means stands behind its publications. If you have any questions about your estimate . . . about the costs you've used from our books . . . or even about the technical aspects of the job that may affect your estimate, feel free to call your R.S. Means representative at 1-617-585-7880.

UNIT PRICE SECTION

Table of Contents

Div. No.	Page
General Requirements	
010 Overhead	4
013 Submittals	6
015 Construction Facilities & Temporary Controls	6
016 Material & Equipment	9
017 Contract Closeout	13
Site Work	
020 Subsurface Investigation & Demolition	14
021 Site Preparation	18
022 Earthwork	18
026 Piped Utilities	20
027 Sewerage & Drainage	20
Concrete	
031 Concrete Formwork	22
033 Cast-in-Place Concrete	22
Metals	
050 Metal Materials, Finishes & Fastenings	23
051 Structural Metal Framing	26

Div. No.	Page
Wood and Plastics	
060 Fasteners & Adhesives	26
061 Rough Carpentry	27
Specialties	
102 Louvers, Corner Protection & Access Flooring	27
108 Toilet and Bath Accessories and Scales	28
Equipment	
110 Equipment	28
111 Mercantile, Commercial & Detention Equipment	29
114 Food Service, Residential, Darkroom, Athletic Equipment	30
116 Laboratory, Planetarium, Observatory Equipment	31
117 Medical Equipment	32
Special Construction	
130 Special Construction	32
131 Pre-Eng. Structures, Pools & Ice Rinks	35

Div. No.	Page
133 Utility Control Systems	35
Mechanical	
151 Pipe & Fittings	36
152 Plumbing Fixtures	37
153 Plumbing Appliances	37
154 Fire Extinguishing Systems	38
155 Heating	39
157 Air Conditioning/Ventilating	42
Electrical	
160 Raceways	49
161 Conductors and Grounding	110
162 Boxes and Wiring Devices	128
163 Motors, Starters, Boards & Switches	140
164 Transformers and Bus Ducts	173
165 Power Systems and Capacitors	196
166 Lighting	199
167 Electric Utilities	210
168 Special Systems	214
169 Power Transmission and Distribution	227
Square Foot Costs	
171 S.F., C.F., & % of Total Costs	231

HOW TO USE THE UNIT PRICE PAGES

The following is a detailed explanation of a sample entry in the Unit Price Section. Next to each bold number below is the item being described with appropriate component of the sample entry following in parenthesis. Some prices are listed as bare costs, others as costs that include overhead and profit of the installing contractor. In most cases, if the work is to be subcontracted, the general contractor will need to add an additional markup (R.S. Means suggests using 10%) to the figures in the column "Total Incl. O&P."

1 Division Number/Title (167/Electric Utilities)

Use the Unit Price Section Table of Contents to locate specific items. The sections are classified according to the CSI MASTERFORMAT.

2 Line Numbers (167 110 2600)

Each unit price line item has been assigned a unique 10-digit code.

```
                    Mediumscope
  MASTERFORMAT Division
                    167 100
                    167 110 2600
        Means Subdivision
           Means Major Classification
                 Means Individual Line Number
```

3 Description (Poles, Wood, Creosoted, 30' High)

Each line item is described in detail. Subitems and additional sizes are indented beneath the appropriate line items. The first line or two after the main item (in boldface) may contain descriptive information that pertains to all line items beneath this boldface listing.

4 Reference Number Information (R167-110)

You'll see reference numbers shown in bold squares beside some line items. These refer to related items in the other sections of the book.

The relation may be: (1) an estimating procedure that should be read before estimating, (2) an alternate pricing method, or (3) technical information.

The "R" designates the Reference Section. The numbers refer to the MASTERFORMAT classification system.

Example: The square number above is directing you to refer to the reference number R167-110. This particular reference number shows how the Cubic Yard of concrete for 100 L.F. of trench was formulated.

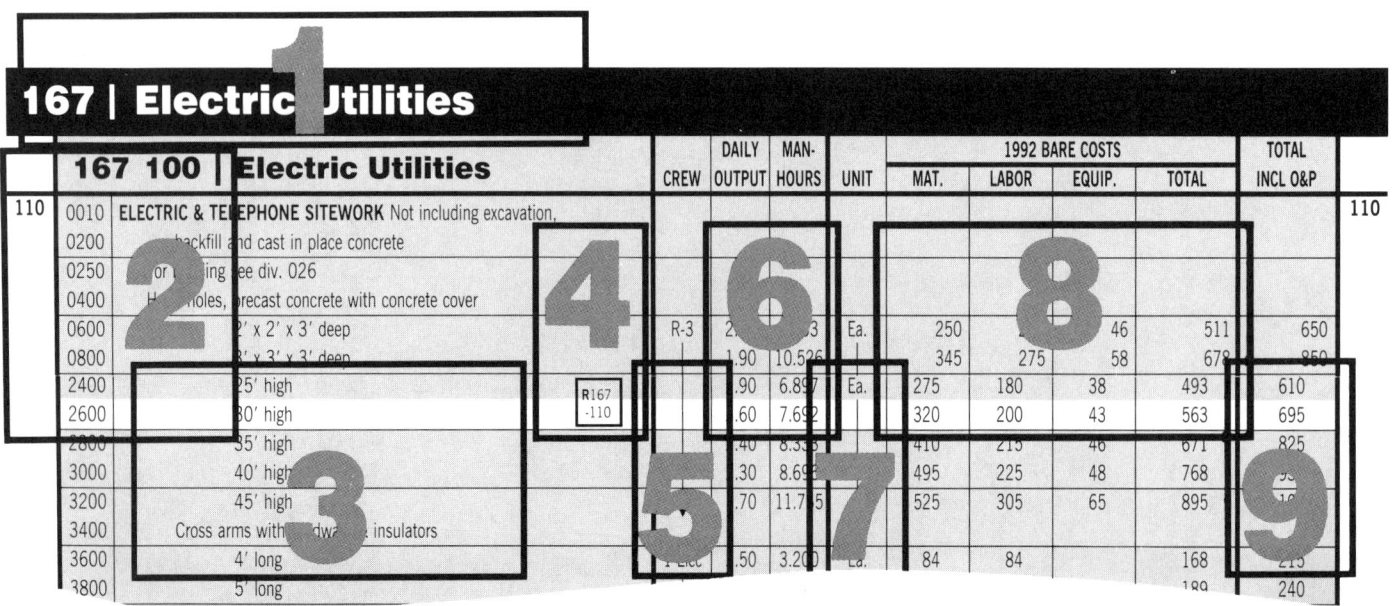

5 Crew (R-3)

The "Crew" column designates the typical trade or crew used to install the item. If an installation can be accomplished by one trade and requires no power equipment, that trade and the number of workers are listed (for example, "2 Elec"). If an installation requires a composite crew, a crew code designation is listed (for example, "R-3"). You'll find full details on all composite crews in the Crew Listings.
- For a complete list of all trades utilized in this book and their abbreviations, see the inside back cover.

CREWS

Crew No.	Bare Costs		Incl. Subs O & P		Cost Per Man-Hour	
Crew R-3	Hr.	Daily	Hr.	Daily	Bare Costs	Incl. O&P
1 Electrician Foreman	$26.60	$212.80	$39.70	$317.60	$25.91	$38.78
1 Electrician	26.10	208.80	38.95	311.60		
.5 Equip. Oper. (crane)	24.15	96.60	36.60	146.40		
.5 S.P. Crane, 5 Ton		110.50		121.55	5.53	6.08
20 M.H., Daily Totals		$628.70		$897.15	$31.44	$44.86

6 Productivity: Daily Output (2.60)/ Man-Hours (7.692)

The "Daily Output" represents the typical number of units the designated crew will install in a normal 8-hour day. To find out the number of days the given crew would require to complete the installation, divide your quantity by the daily output. For example:

Quantity	÷	Daily Output	=	Duration
10 Ea.	÷	2.60 Ea./ Crew Day	=	3.85 Crew Days

The "Man-Hours" figure represents the number of man-hours required to install one unit of work. To find out the number of man-hours required for your particular task, multiply the quantity of the item times the number of man-hours shown. For example:

Quantity	x	Productivity Rate	=	Duration
10 Ea.	x	7.692 man-hours/ Ea.	=	76.92 man-hours

7 Unit (Ea.)

The abbreviated designation indicates the unit of measure upon which the price, production, and crew are based (Ea. = Each). For a complete listing of abbreviations refer to the Abbreviations section of this book.

8 Bare Costs:
Mat. (Bare Material Cost) (320)

This figure for the unit material cost for the line item is the "bare" material cost with no overhead and profit allowances included. *Costs shown reflect national average material prices for January of the current year and include delivery to the job site. No sales taxes are included.*

Labor (200)

The unit labor cost is derived by multiplying bare man-hour costs for Crew R-3 by man-hour units. In this case, the bare man-hour cost is found in the Crew Section under R-3. (If a trade is listed, the hourly labor cost – the wage rate – is found on the inside back cover.)

Man-Hour Cost Crew R-3	x	Man-Hour Units	=	Labor
$25.91	x	7.692	=	$200

Equip. (Equipment) (43)

Equipment costs for each crew are listed in the description of each crew. The unit equipment cost is derived by multiplying the bare equipment hour cost by the man-hour units.

Equipment Cost Crew R-3	x	Man-Hour Units	=	Equip.
$5.53	x	7.692	=	$43

Total (563)

The total of the bare costs is the arithmetic total of the three previous columns: mat., labor, and equip.

Material	+	Labor	+	Equip.	=	Total
$320	+	$200	+	$43	=	$563

9 Total Costs Including O&P

The figure in this column is the sum of three components: the bare material cost plus 10%; the bare labor cost plus overhead and profit (per the labor rate table on the inside back cover or, if a crew is listed, from the crew listings); and the bare equipment cost plus 10%.

Material is Bare Material cost + 10% = $320 + $32	=	$352
Labor for Crew R-3 = Man-Hour Cost ($38.78) x Man-Hour Units (7.692)	=	$298
Equip. is Bare Equip. Cost + 10% = $43 + $4.30	=	$47
Total	=	$695

010 | Overhead

GENERAL REQUIREMENTS

		010 000	Overhead		CREW	DAILY OUTPUT	MAN-HOURS	UNIT	MAT.	LABOR	EQUIP.	TOTAL	TOTAL INCL O&P	
008	0011	BOND PERFORMANCE See 010-068												008
012	0011	CONSTRUCTION COST INDEX For 162 major U.S. and												012
	0020	Canadian cities, total cost, min. (Greensboro, NC)						%					77.60%	
	0050	Average											100%	
	0100	Maximum (New York, NY)											130.90%	
020	0010	CONTINGENCIES Allowance to add at conceptual stage						Project					15%	020
	0050	Schematic stage											10%	
	0100	Preliminary working drawing stage											7%	
	0150	Final working drawing stage											2%	
022	0010	CONTRACTOR EQUIPMENT See division 016		R016 -410										022
024	0010	CREWS For building construction, see How To Use This Book												024
028	0010	ENGINEERING FEES Educational planning consultant, minimum						Project					.50%	028
	0100	Maximum						"					2.50%	
	0200	Electrical, minimum						Contrct					4.10%	
	0300	Maximum											10.10%	
	0400	Elevator & conveying systems, minimum											2.50%	
	0500	Maximum											5%	
	0600	Food service & kitchen equipment, minimum											8%	
	0700	Maximum											12%	
	1000	Mechanical (plumbing & HVAC), minimum											4.10%	
	1100	Maximum											10.10%	
032	0010	FACTORS To be added to construction costs for particular job												032
	0200													
	0500	Cut & patch to match existing construction, add, minimum						Costs	2%	3%				
	0550	Maximum							5%	9%				
	0800	Dust protection, add, minimum							1%	2%				
	0850	Maximum							4%	11%				
	1100	Equipment usage curtailment, add, minimum							1%	1%				
	1150	Maximum							3%	10%				
	1400	Material handling & storage limitation, add, minimum							1%	1%				
	1450	Maximum							6%	7%				
	1700	Protection of existing work, add, minimum							2%	2%				
	1750	Maximum							5%	7%				
	2000	Shift work requirements, add, minimum								5%				
	2050	Maximum								30%				
	2300	Temporary shoring and bracing, add, minimum							2%	5%				
	2350	Maximum							5%	12%				
034	0010	FIELD OFFICE EXPENSE												034
	0100	Office equipment rental, average						Month	135			135	150	
	0120	Office supplies, average						"	250			250	275	
	0125	Office trailer rental, see division 015-904												
	0140	Telephone bill; avg. bill/month incl. long dist.						Month	225			225	250	
	0160	Field office lights & HVAC						"	78			78	86	
038	0011	HISTORICAL COST INDEXES Back to 1942												038
040	0010	INSURANCE Builders risk, standard, minimum		R010 -040				Job					.22%	040
	0050	Maximum											.59%	
	0200	All-risk type, minimum											.25%	
	0250	Maximum											.62%	
	0400	Contractor's equipment floater, minimum						Value					.50%	
	0450	Maximum						"					1.50%	
	0600	Public liability, average						Job					1.55%	
	0800	Workers' compensation & employer's liability, average												
	0850	by trade, carpentry, general		R010 -060				Payroll		17.65%				
	1000	Electrical								6.53%				

For expanded coverage of these items see *Means Building Construction Cost Data 1992*

010 | Overhead

		010 000	Overhead	CREW	DAILY OUTPUT	MAN-HOURS	UNIT	1992 BARE COSTS				TOTAL INCL O&P	
								MAT.	LABOR	EQUIP.	TOTAL		
040	1150		Insulation				Payroll		14.70%				040
	1450		Plumbing						8.15%				
	1550		Sheet metal work (HVAC)				▼		11.28%				
042	0010	**JOB CONDITIONS** Modifications to total											042
	0020	project cost summaries											
	0100		Economic conditions, favorable, deduct				Project					2%	
	0200		Unfavorable, add									5%	
	0300		Hoisting conditions, favorable, deduct									2%	
	0400		Unfavorable, add									5%	
	0700		Labor availability, surplus, deduct									1%	
	0800		Shortage, add									10%	
	0900		Material storage area, available, deduct									1%	
	1000		Not available, add									2%	
	1100		Subcontractor availability, surplus, deduct									5%	
	1200		Shortage, add									12%	
	1300		Work space, available, deduct									2%	
	1400		Not available, add				▼					5%	
046	0011	**LABOR INDEX** For 162 major U.S. and Canadian cities											046
	0020		Minimum (Charleston, SC)				%		60.70%				
	0050		Average						100%				
	0100		Maximum (New York, NY)				▼		150.80%				
052	0010	**MARK-UP** For General Contractors for change											052
	0100	of scope of job as bid											
	0200		Extra work, by subcontractors, add				%					10%	
	0250		By General Contractor, add									15%	
	0400		Omitted work, by subcontractors, deduct									5%	
	0450		By General Contractor, deduct									7.50%	
	0600		Overtime work, by subcontractors, add									15%	
	0650		By General Contractor, add									10%	
	1000	Installing contractors, on his own labor, minimum		R010-070					46.70%				
	1100	Maximum					▼		85.50%				
054	0011	**MATERIAL INDEX** For 162 major U.S. and Canadian cities											054
	0020		Minimum (San Antonio, TX)				%	94.40%					
	0040		Average					100%					
	0060		Maximum (Anchorage, AK)				▼	125.30%					
058	0010	**OVERHEAD** As percent of direct costs, minimum		R010-070			%					5%	058
	0050	Average										12%	
	0100	Maximum					▼					30%	
062	0010	**OVERHEAD & PROFIT** Allowance to add to items in this		R010-070									062
	0020	book that do not include Subs O&P, average					%					25%	
	0100	Allowance to add to items in this book that											
	0110	do include Subs O&P, minimum					%					5%	
	0150		Average									10%	
	0200		Maximum									15%	
	0300	Typical, by size of project, under $100,000										30%	
	0350	$500,000 project										25%	
	0400	$2,000,000 project										20%	
	0450	Over $10,000,000 project					▼					15%	
064	0010	**OVERTIME** For early completion of projects or where		R010-110									064
	0020	labor shortages exist, add to usual labor, up to					Costs		100%				
068	0010	**PERFORMANCE BOND** For buildings, minimum		R010-080			Job					.60%	068
	0100	Maximum					"					2.50%	
070	0010	**PERMITS** Rule of thumb, most cities, minimum					Job					.50%	070
	0100	Maximum					"					2%	
082	0010	**SMALL TOOLS** As % of contractor's work, minimum					Total					.50%	082
	0100	Maximum					"					2%	

GENERAL REQUIREMENTS 1

010 | Overhead

010 000 | Overhead

			CREW	DAILY OUTPUT	MAN-HOURS	UNIT	1992 BARE COSTS MAT.	LABOR	EQUIP.	TOTAL	TOTAL INCL O&P	
086	0010	TAXES Sales tax, State, County & City, average	R010 -090			%	4.61%					086
	0050	Maximum					8%					
	0300	Unemployment, MA, combined Federal and State, minimum	R010 -100					3.50%				
	0350	Average						7.30%				
	0400	Maximum						7.70%				

013 | Submittals

013 800 | Construction Photos

			CREW	DAILY OUTPUT	MAN-HOURS	UNIT	1992 BARE COSTS MAT.	LABOR	EQUIP.	TOTAL	TOTAL INCL O&P	
804	0010	PHOTOGRAPHS 8" x 10", 4 shots, 2 prints ea., std. mounting				Set	94.50			94.50	105	804
	0100	Hinged linen mounts					108			108	120	
	0200	8" x 10", 4 shots, 2 prints each, in color					190			190	210	
	0300	For I.D. slugs, add to all above					2.55			2.55	2.80	
	1500	Time lapse equipment, camera and projector, buy					3,675			3,675	4,050	
	1550	Rent per month					520			520	570	
	1700	Cameraman and film, including processing, B.&W.				Day	550			550	605	
	1720	Color				"	620			620	680	

015 | Construction Facilities and Temporary Controls

015 100 | Temporary Utilities

			CREW	DAILY OUTPUT	MAN-HOURS	UNIT	1992 BARE COSTS MAT.	LABOR	EQUIP.	TOTAL	TOTAL INCL O&P	
104	0010	TEMPORARY UTILITIES										104
	0100	Heat, incl. fuel and operation, per week, 12 hrs. per day	1 Skwk	8.75	.914	CSF Flr	17.60	21		38.60	53	
	0200	24 hrs. per day	"	4.50	1.778		23.10	42		65.10	90	
	0350	Lighting, incl. service lamps, wiring & outlets, minimum	1 Elec	34	.235		2.32	6.15		8.47	11.70	
	0360	Maximum	"	17	.471		5.36	12.30		17.66	24	
	0400	Power for temporary lighting only, per month, minimum/month								1.07	1.02	
	0450	Maximum/month								2.73	2.61	
	0600	Power for job duration incl. elevator, etc., minimum								47	50	
	0650	Maximum								110	100	
	1000	Toilet, portable, see division 016-420-6410										

015 200 | Temporary Construction

			CREW	DAILY OUTPUT	MAN-HOURS	UNIT	MAT.	LABOR	EQUIP.	TOTAL	INCL O&P	
204	0010	PROTECTION Stair tread, 2" x 12" planks, 1 use	1 Carp	75	.107	Tread	1.02	2.44		3.46	4.91	204
	0100	Exterior plywood, 1/2" thick, 1 use		65	.123		.48	2.81		3.29	4.90	
	0200	3/4" thick, 1 use		60	.133		.88	3.05		3.93	5.70	
208	0010	TEMPORARY CONSTRUCTION See division 010-094 & 015-300										208

015 250 | Construction Aids

			CREW	DAILY OUTPUT	MAN-HOURS	UNIT	MAT.	LABOR	EQUIP.	TOTAL	INCL O&P	
254	0010	SCAFFOLD Steel tubular, regular, buy	R015 -100									254
	0090	Building exterior, 1 to 5 stories		3 Carp	16.80	1.429	C.S.F.	13	33		46	65
	0200	6 to 12 stories		4 Carp	15	2.133		12.20	49		61.20	89
	0310	13 to 20 stories		5 Carp	16.75	2.388		11.40	55		66.40	97

015 | Construction Facilities and Temporary Controls

015 250 | Construction Aids

		Description	CREW	DAILY OUTPUT	MAN-HOURS	UNIT	1992 BARE COSTS MAT.	LABOR	EQUIP.	TOTAL	TOTAL INCL O&P	
254	0460	Building interior walls, (area) up to 16' high	3 Carp	22.70	1.057	C.S.F.	12.50	24		36.50	51	254
	0560	16' to 40' high		18.70	1.283	↓	12.75	29		41.75	60	
	0800	Building interior floor area, up to 30' high	↓	90	.267	C.C.F.	3.90	6.10		10	13.75	
	0900	Over 30' high	4 Carp	100	.320	"	4.40	7.30		11.70	16.20	
255	0011	**SCAFFOLDING SPECIALTIES**										255
	0050											
	1500	Sidewalk bridge using tubular steel										
	1510	scaffold frames, including planking	3 Carp	45	.533	L.F.	3.71	12.20		15.91	23	
	1600	For 2 uses per month, deduct from all above					50%					
	1700	For 1 use every 2 months, add to all above					100%					
	1900	Catwalks, 32" wide, no guardrails, 6' span, buy				Ea.	115			115	125	
	2000	10' span, buy					180			180	200	
	3720	Putlog, standard, 8' span, with hangers, buy					85			85	94	
	3750	12' span, buy					125			125	140	
	3760	Trussed type, 14' span, buy					195			195	215	
	3790	20' span, buy					230			230	255	
	3795	Rent per month					26			26	29	
	3800	Rolling ladders with handrails, 30" wide, buy, 2 step					155			155	170	
	4000	7 step					335			335	370	
	4050	10 step					465			465	510	
	4100	Rolling towers, buy, 5' wide, 7' long, 9' high					925			925	1,025	
	4200	For 5' high added sections, add				↓	180			180	200	
	4300	Complete incl. wheels, railings, etc.										
	4400	up to 20' high, rent per month				Ea.	105			105	115	
256	0010	**SWING STAGING** For masonry, 5' wide to 7' long, hand operated										256
	0020	cable type, with 150' cables, buy				Ea.	1,800			1,800	1,975	
	0030	Rent per week				"	15.45			15.45	17	

015 300 | Barriers & Enclosures

		Description	CREW	DAILY OUTPUT	MAN-HOURS	UNIT	MAT.	LABOR	EQUIP.	TOTAL	INCL O&P	
302	0010	**BARRICADES** 5' high, 3 rail @ 2" x 8", fixed	2 Carp	30	.533	L.F.	9.85	12.20		22.05	30	302
	0150	Movable	↓	20	.800		10.65	18.30		28.95	40	
	1000	Guardrail, wooden, 3' high, 1" x 6", on 2" x 4" posts		200	.080		1.52	1.83		3.35	4.52	
	1100	2" x 6", on 4" x 4" posts		165	.097		2.53	2.22		4.75	6.25	
	1200	Portable metal with base pads, buy					12.05			12.05	13.25	
	1250	Typical installation, assume 10 reuses	2 Carp	600	.027	↓	1.42	.61		2.03	2.51	
304	0010	**FENCING** Chain link, 5' high	2 Clab	100	.160	L.F.	4.83	2.88		7.71	9.80	304
	0100	6' high	↓	75	.213		6.14	3.84		9.98	12.75	
	0200	Rented chain link, 6' high, to 500'		100	.160		1.98	2.88		4.86	6.65	
	0250	Over 1000' (up to 12 mo.)		110	.145		1.66	2.62		4.28	5.90	
	0350	Plywood, painted, 2" x 4" frame, 4' high	A-4	135	.178		4.02	3.97		7.99	10.55	
	0400	4" x 4" frame, 8' high	"	110	.218		6.83	4.87		11.70	15	
	0500	Wire mesh on 4" x 4" posts, 4' high	2 Carp	100	.160		4.36	3.66		8.02	10.50	
	0550	8' high	"	80	.200	↓	6.56	4.57		11.13	14.35	
306	0010	**WINTER PROTECTION** Reinforced plastic on wood										306
	0100	framing to close openings	2 Clab	750	.021	S.F.	.29	.38		.67	.92	
	0200	Tarpaulins hung over scaffolding, 8 uses, not incl. scaffolding	↓	1,500	.011		.15	.19		.34	.46	
	0300	Prefab fiberglass panels, steel frame, 8 uses		1,200	.013	↓	.56	.24		.80	.99	

015 500 | Access Roads

		Description	CREW	DAILY OUTPUT	MAN-HOURS	UNIT	MAT.	LABOR	EQUIP.	TOTAL	INCL O&P	
552	0010	**ROADS AND SIDEWALKS** Temporary										552
	0050	Roads, gravel fill, no surfacing, 4" gravel depth	B-14	715	.067	S.Y.	1.05	1.28	.27	2.60	3.44	
	0100	8" gravel depth	"	615	.078	"	2.10	1.49	.32	3.91	4.96	
	1000	Ramp, 3/4" plywood on 2" x 6" joists, 16" O.C.	2 Carp	300	.053	S.F.	1.23	1.22		2.45	3.25	
	1100	On 2" x 10" joists, 16" O.C.	"	275	.058		1.51	1.33		2.84	3.73	
	2200	Sidewalks, 2" x 12" planks, 2 uses	1 Carp	350	.023		.34	.52		.86	1.19	
	2300	Exterior plywood, 2 uses, 1/2" thick		750	.011		.23	.24		.47	.63	
	2400	5/8" thick	↓	650	.012	↓	.29	.28		.57	.76	

GENERAL REQUIREMENTS 1

015 | Construction Facilities and Temporary Controls

015 500 | Access Roads

			CREW	DAILY OUTPUT	MAN-HOURS	UNIT	1992 BARE COSTS				TOTAL INCL O&P	
							MAT.	LABOR	EQUIP.	TOTAL		
552	2500	3/4" thick	1 Carp	600	.013	S.F.	.34	.30		.64	.85	552

015 800 | Project Signs

| 804 | 0010 | SIGNS Hi-intensity reflectorized, no posts, buy | | | | S.F. | 9.71 | | | 9.71 | 10.70 | 804 |

015 900 | Field Offices & Sheds

904	0010	OFFICE Trailer, furnished, no hookups, 20' x 8', buy	2 Skwk	1	16	Ea.	4,200	375		4,575	5,200	904
	0250	Rent per month					157			157	175	
	0300	32' x 8', buy	2 Skwk	.70	22.857		6,300	535		6,835	7,775	
	0350	Rent per month					210			210	230	
	0400	50' x 10', buy	2 Skwk	.60	26.667		11,865	625		12,490	14,000	
	0450	Rent per month					385			385	425	
	0500	50' x 12', buy	2 Skwk	.50	32		13,000	750		13,750	15,500	
	0550	Rent per month					410			410	450	
	0700	For air conditioning, rent per month, add					39			39	43	
	0800	For delivery, add per mile				Mile	1.65			1.65	1.82	
	1000	Portable buildings, prefab, on skids, economy, 8' x 8'	2 Carp	265	.060	S.F.	63	1.38		64.38	71	
	1100	Deluxe, 8' x 12'	"	150	.107	"	79	2.44		81.44	91	
	1200	Storage vans, trailer mounted, 16' x 8', buy	2 Skwk	1.80	8.889	Ea.	2,500	210		2,710	3,075	
	1250	Rent per month					89			89	98	
	1300	28' x 10', buy	2 Skwk	1.40	11.429		2,925	265		3,190	3,625	
	1350	Rent per month					89			89	98	

016 | Material And Equipment

016 400 | Equipment Rental

		UNIT	HOURLY OPER. COST	RENT PER DAY	RENT PER WEEK	RENT PER MONTH	CREW EQUIPMENT COST
408							
0010	**EARTHWORK EQUIPMENT RENTAL** Without operators R016-410						
0075	Auger, truck mounted, vertical drilling, to 25' depth	Ea.	41.10	2,025	6,050	18,200	1,539
0100	Backhoe, diesel hydraulic, crawler mounted, 1/2 C.Y. cap.		9.90	465	1,400	4,200	359.20
0120	5/8 C.Y. capacity		13.75	435	1,300	3,900	370
0140	3/4 C.Y. capacity		15.15	610	1,825	5,475	486.20
0150	1 C.Y. capacity		19.60	740	2,225	6,675	601.80
0200	1-1/2 C.Y. capacity		23.25	890	2,675	8,025	721
0300	2 C.Y. capacity		39.05	1,150	3,475	10,400	1,007
0320	2-1/2 C.Y. capacity		52.95	2,175	6,500	19,500	1,724
0340	3-1/2 C.Y. capacity		70.10	2,650	7,925	23,800	2,146
0350	Gradall type, truck mounted, 3 ton @ 15' radius, 5/8 C.Y.		23.25	650	1,950	5,850	576
0370	1 C.Y. capacity		25.60	985	2,950	8,850	794.80
0400	Backhoe-loader, wheel type, 40 to 45 H.P., 5/8 C.Y. capacity		6.40	195	585	1,750	168.20
0450	45 H.P. to 60 H.P., 3/4 C.Y. capacity		7.55	225	680	2,050	196.40
0460	80 H.P., 1-1/4 C.Y. capacity		11.35	360	1,075	3,225	305.80
0470	112 H.P., 1-3/4 C.Y. loader, 1/2 C.Y. backhoe		13.55	330	990	2,975	306.40
0750	Bucket, clamshell, general purpose, 3/8 C.Y.		.73	58	173	520	40.45
0800	1/2 C.Y.		.90	72	215	645	50.20
0850	3/4 C.Y.		.98	80	240	720	55.85
0900	1 C.Y.		1.25	92	275	825	65
0950	1-1/2 C.Y.		1.50	120	367	1,100	85.40
1000	2 C.Y.		1.70	135	410	1,225	95.60
1200	Compactor, roller, 2 drum, 2000 lb., operator walking		1.60	110	325	975	77.80
1250	Rammer compactor, gas, 1000 lb. blow		.36	36	107	320	24.30
1300	Vibratory plate, gas, 13" plate, 1000 lb. blow		.46	29	86	260	20.90
1350	24" plate, 5000 lb. blow		1.60	53	160	480	44.80
4900	Trencher, chain, boom type, gas, operator walking, 12 H.P.		1.70	68	205	615	54.60
4910	Operator riding, 40 H.P.		5.60	160	475	1,425	139.80
5000	Wheel type, diesel, 4' deep, 12" wide		11.75	400	1,200	3,600	334
5100	Diesel, 6' deep, 20" wide		13.10	600	1,800	5,400	464.80
5150	Ladder type, diesel, 5' deep, 8" wide		8.30	295	890	2,675	244.40
5200	Diesel, 8' deep, 16" wide		15.55	525	1,575	4,725	439.40
5250	Truck, dump, tandem, 12 ton payload		15.65	305	920	2,750	309.20
5300	Three axle dump, 16 ton payload		17.50	400	1,200	3,600	380
5350	Dump trailer only, rear dump, 16-1/2 C.Y.		3.05	145	440	1,325	112.40
5400	20 C.Y.		3.05	150	445	1,325	113.40
5450	Flatbed, single axle, 1-1/2 ton rating		9.85	120	360	1,075	150.80
5500	3 ton rating		9.90	125	370	1,100	153.20
5550	Off highway rear dump, 25 ton capacity		17.35	715	2,150	6,450	568.80
5600	35 ton capacity		27.95	1,075	3,225	9,675	868.60
420							
0010	**GENERAL EQUIPMENT RENTAL** R016-410						
0150	Aerial lift, scissor type, to 15' high, 1000 lb. cap., electric	Ea.	.98	82	245	735	56.85
0160	To 25' high, 2000 lb. capacity		1.50	130	385	1,150	89
0170	Telescoping boom to 40' high, 750 lb. capacity, gas		5.75	350	1,050	3,150	256
0180	2000 lb. capacity		7.60	465	1,400	4,200	340.80
0190	To 60' high, 750 lb. capacity		8	550	1,650	4,950	394
0200	Air compressor, portable, gas engine, 60 C.F.M.		4.70	48	145	435	66.60
0300	160 C.F.M.		6.25	63	190	570	88
0400	Diesel engine, rotary screw, 250 C.F.M.		5	87	260	780	92
0500	365 C.F.M.		8.65	245	730	2,200	215.20
0600	600 C.F.M.		14.90	275	830	2,500	285.20
0700	750 C.F.M.		16.25	290	865	2,600	303
0800	For silenced models, small sizes, add		3%	5%	5%	5%	
0900	Large sizes, add		4%	7%	7%	7%	
0920	Air tools and accessories						
0930	Breaker, pavement, 60 lb.	Ea.	.10	23	70	210	14.80
0940	80 lb.		.13	24	72	215	15.45
0980	Dust control per drill		.17	9.15	27.50	83	6.85

GENERAL REQUIREMENTS 1

016 | Material And Equipment

016 400 | Equipment Rental

			UNIT	HOURLY OPER. COST	RENT PER DAY	RENT PER WEEK	RENT PER MONTH	CREW EQUIPMENT COST	
420	1000	Hose, air with couplings, 50' long, 3/4" diameter	Ea.	.41	2.72	8.15	24	4.90	420
	1100	1" diameter		1.05	3.75	11.25	34	10.65	
	1200	1-1/2" diameter		.05	8.35	25	75	5.40	
	1300	2" diameter		.13	14.35	43	130	9.65	
	1400	2-1/2" diameter		.14	15	45	135	10.10	
	1410	3" diameter		.10	16.65	50	150	10.80	
	1530	Sheeting driver for 60 lb. breaker		.09	7.50	22.50	68	5.20	
	1540	For 90 lb. breaker		.10	15	45	135	9.80	
	1560	Tamper, single, 35 lb.	Ea.	.10	22	65	195	13.80	
	1570	Triple, 140 lb.		1.70	37	112	335	36	
	1580	Wrenches, impact, air powered, up to 3/4" bolt		.16	17	51	155	11.50	
	1590	Up to 1-1/4" bolt		.35	43	130	390	28.80	
	2100	Generator, electric, gas engine, 1.5 KW to 3 KW		.98	30	89	265	25.65	
	2200	5 KW		1.27	48	143	430	38.75	
	2300	10 KW		2.10	125	375	1,125	91.80	
	2400	25 KW		6.25	115	352	1,050	120.40	
	2500	Diesel engine, 20 KW		3.75	83	250	750	80	
	2600	50 KW		5.75	100	300	900	106	
	2700	100 KW		11.13	150	450	1,350	179.05	
	2800	250 KW		26.50	260	775	2,325	367	
	2900	Heaters, space, oil or electric, 50 MBH		.10	22	65	195	13.80	
	3000	100 MBH		.07	17.35	52	155	10.95	
	3100	300 MBH		.12	43	128	385	26.55	
	3150	500 MBH		.18	58	173	520	36.05	
	3200	Hose, water, suction with coupling, 20' long, 2" diameter		.05	6.65	20	60	4.40	
	3210	3" diameter		.05	11.65	35	105	7.40	
	3220	4" diameter		.05	18.35	55	165	11.40	
	3230	6" diameter		.05	38	115	345	23.40	
	3240	8" diameter		.06	49	148	445	30.10	
	3250	Discharge hose with coupling, 50' long, 2" diameter		.05	3.33	10	30	2.40	
	3260	3" diameter		.05	5	15	45	3.40	
	3270	4" diameter		.05	6.65	20	60	4.40	
	3280	6" diameter		.05	22	65	195	13.40	
	3290	8" diameter		.06	28	83	250	17.10	
	3300	Ladders, extension type, 16' to 36' long			8.15	24.50	74	4.90	
	3400	40' to 60' long			20	61	185	12.20	
	3410	Level, laser type, for pipe laying, self leveling			100	300	900	60	
	3430	Manual leveling			80	240	720	48	
	3440	Rotary beacon with rod and sensor			100	300	900	60	
	3460	Builders level with tripod and rod			24	71	215	14.20	
	3500	Light towers, towable, with diesel generator, 2000 watt		1.45	105	321	965	75.80	
	3600	4000 watt		1.75	120	367	1,100	87.40	
	4100	Pump, centrifugal gas pump, 1-1/2", 4 MGPH		.38	19.35	58	175	14.65	
	4200	2", 8 MGPH		.38	21	63	190	15.65	
	4300	3", 15 MGPH		1.05	33	100	300	28.40	
	4400	6", 90 MGPH		8.70	145	430	1,300	155.60	
	4500	Submersible electric pump, 1-1/4", 55 GPM		.28	31	92	275	20.65	
	4600	1-1/2", 83 GPM		.28	34	102	305	22.65	
	4700	2", 120 GPM		.28	36	107	320	23.65	
	4800	3", 300 GPM		.56	44	133	400	31.10	
	4900	4", 560 GPM		1.05	61	184	550	45.20	
	5000	6", 1590 GPM		4.80	170	510	1,525	140.40	
	5100	Diaphragm pump, gas, single, 1-1/2" diameter		.44	16.35	49	145	13.30	
	5200	2" diameter		.45	18.35	55	165	14.60	
	5300	3" diameter		.62	32	96	290	24.15	
	5400	Double, 4" diameter		1.45	70	210	630	53.60	
	5500	Trash pump, self-priming, gas, 2" diameter		.98	27	82	245	24.25	
	5600	Diesel, 4" diameter		1.55	83	250	750	62.40	

016 | Material And Equipment

016 400 | Equipment Rental

			UNIT	HOURLY OPER. COST	RENT PER DAY	RENT PER WEEK	RENT PER MONTH	CREW EQUIPMENT COST	
420	5650	Diesel, 6" diameter	Ea.	4.25	145	428	1,275	119.60	420
	5700	Salamanders, L.P. gas fired, 100,000 B.T.U.		.62	12.35	37	110	12.35	
	5800	Saw, chain, gas engine, 18" long		.40	28	85	255	20.20	
	5900	36" long		1	60	180	540	44	
	5950	60" long		1	56	168	505	41.60	
	6000	Masonry, table mounted, 14" diameter, 5 H.P.		1.55	35	105	315	33.40	
	6100	Circular, hand held, electric, 7" diameter		.15	11.65	35	105	8.20	
	6200	12" diameter		.25	23	70	210	16	
	6410	Toilet, portable chemical			8.50	25.50	77	5.10	
	6420	Recycle flush type			10.60	31.75	95	6.35	
	6430	Toilet, fresh water flush, garden hose,			16.65	50	150	10	
	6440	Hoisted, non-flush, for high rise			8.85	26.50	80	5.30	
	6450	Toilet, trailers, minimum			20	61	185	12.20	
	6460	Maximum			83	250	750	50	
	6470	Trailer, office, see division 015-904							
	6500	Trailers, platform, flush deck, 2 axle, 25 ton capacity	Ea.	1.15	130	387	1,150	86.60	
	6600	40 ton capacity		1.50	205	615	1,850	135	
	6810	Trailer, cable reel for H.V. line work		2.80	175	530	1,600	128.40	
	6820	Cable tensioning rig		5.75	340	1,025	3,075	251	
	6830	Cable pulling rig		39.10	1,975	5,925	17,800	1,498	
	7010	Tram car for H.V. line work		12.90	80	240	720	151.20	
	7020	Transit with tripod			27	82	245	16.40	
	7100	Truck, pickup, 3/4 ton, 2 wheel drive		9.35	60	180	540	110.80	
	7200	4 wheel drive		10.50	59	178	535	119.60	
	7250	Crew carrier, 9 passenger		14.65	82	245	735	166.20	
	7290	Tool van, 24,000 G.V.W.		17.20	275	825	2,475	302.60	
	7300	Tractor, 4 x 2, 30 ton capacity, 195 H.P.		9.35	340	1,025	3,075	279.80	
	7410	250 H.P.		12.95	365	1,100	3,300	323.60	
	7640	Tractor, with A frame, boom and winch, 225 H.P.		18.40	190	565	1,700	260.20	
	7700	Welder, electric, 200 amp		.82	18.35	55	165	17.55	
	7800	300 amp		1.80	43	130	390	40.40	
	7900	Gas engine, 200 amp		4.15	36	107	320	54.60	
	8000	300 amp		4.45	58	175	525	70.60	
	8100	Wheelbarrow, any size			6.85	20.50	62	4.10	
460	0010	**LIFTING & HOISTING EQUIPMENT RENTAL**	R016 -410						460
	0100	without operators							
	0200	Crane, climbing, 106' jib, 6000 lb. capacity, 410 FPM	Ea.	23	1,100	3,290	9,875	842	
	0300	101' jib, 10,250 lb. capacity, 270 FPM	"	30.50	1,400	4,175	12,500	1,079	
	0400	Tower, static, 130' high, 106' jib,							
	0500	6200 lb. capacity at 400 FPM	Ea.	49.50	1,300	3,875	11,600	1,171	
	0600	Crawler, cable, 1/2 C.Y., 15 tons at 12' radius		16.35	435	1,300	3,900	390.80	
	0700	3/4 C.Y., 20 tons at 12' radius		16.95	465	1,400	4,200	415.60	
	0800	1 C.Y., 25 tons at 12' radius		18.20	510	1,525	4,575	450.60	
	0900	1-1/2 C.Y., 40 tons at 12' radius		26.40	785	2,350	7,050	681.20	
	1000	2 C.Y., 50 tons at 12' radius		30.80	900	2,700	8,100	786.40	
	1100	3 C.Y., 75 tons at 12' radius		37.65	1,050	3,125	9,375	926.20	
	1600	Truck mounted, cable operated, 6 x 4, 20 tons at 10' radius		11.95	625	1,875	5,625	470.60	
	1700	25 tons at 10' radius		18	1,000	3,000	9,000	744	
	1800	8 x 4, 30 tons at 10' radius		24.55	625	1,875	5,625	571.40	
	1900	40 tons at 12' radius		25.70	785	2,350	7,050	675.60	
	2000	8 x 4, 60 tons at 15' radius		38.90	850	2,550	7,650	821.20	
	2100	90 tons at 15' radius		42.25	1,325	4,000	12,000	1,138	
	2200	115 tons at 15' radius		44	1,825	5,500	16,500	1,452	
	2300	150 tons at 18' radius		66.35	1,500	4,525	13,600	1,436	
	2400	Truck mounted, hydraulic, 12 ton capacity		19.65	360	1,075	3,225	372.20	
	2500	25 ton capacity		20.25	600	1,800	5,400	522	
	2550	33 ton capacity		21	790	2,375	7,125	643	
	2600	55 ton capacity		29.40	860	2,575	7,725	750.20	

GENERAL REQUIREMENTS 1

016 | Material And Equipment

016 400 | Equipment Rental

		UNIT	HOURLY OPER. COST	RENT PER DAY	RENT PER WEEK	RENT PER MONTH	CREW EQUIPMENT COST
2700	80 ton capacity	Ea.	32.15	1,475	4,425	13,300	1,142
2800	Self-propelled, 4 x 4, with telescoping boom, 5 ton		7.50	270	805	2,425	221
2900	12-1/2 ton capacity		14.15	535	1,600	4,800	433.20
3000	15 ton capacity		15.90	440	1,325	3,975	392.20
3100	25 ton capacity		18.10	655	1,960	5,875	536.80
3200	Derricks, guy, 20 ton capacity, 60' boom, 75' mast		8	265	800	2,400	224
3300	100' boom, 115' mast		14.65	475	1,425	4,275	402.20
3400	Stiffleg, 20 ton capacity, 70' boom, 37' mast		10.25	350	1,050	3,150	292
3500	100' boom, 47' mast		16.25	595	1,785	5,350	487
3600	Hoists, chain type, overhead, manual, 3/4 ton		.06	4.95	14.85	45	3.45
3900	10 ton		.25	23	70	210	16
4000	Hoist and tower, 5000 lb. cap., portable electric, 40' high		3.55	155	460	1,375	120.40
4100	For each added 10' section, add			7.15	21.45	64	4.30
4200	Hoist and single tubular tower, 5000 lb. electric, 100' high		4.65	210	635	1,900	164.20
4300	For each added 6'-6" section, add		.06	17.65	53	160	11.10
4400	Hoist and double tubular tower, 5000 lb., 100' high		5	230	693	2,075	178.60
4500	For each added 6'-6" section, add		.06	11.15	33.50	100	7.20
4550	Hoist and tower, mast type, 6000 lb., 100' high		4.75	250	750	2,250	188
4570	For each added 10' section, add		.11	8.50	25.50	77	6
4600	Hoist and tower, personnel, electric, 2000 lb., 100' @ 125 FPM		8.90	620	1,860	5,575	443.20
4700	3000 lb., 100' @ 200 FPM		9.55	670	2,010	6,025	478.40
4800	3000 lb., 150' @ 300 FPM		10.25	720	2,165	6,500	515
4900	4000 lb., 100' @ 300 FPM		10.95	775	2,320	6,950	551.60
5000	6000 lb., 100' @ 275 FPM		11.60	835	2,500	7,500	592.80
5100	For added heights up to 500', add	L.F.		1.05	3.15	9.45	.65
5200	Jacks, hydraulic, 20 ton	Ea.	.12	2.03	6.10	18.30	2.20
5500	100 ton	"	.15	18.35	55	165	12.20
6000	Jacks, hydraulic, climbing with 50' jackrods						
6010	and control consoles, minimum 3 mo. rental						
6100	30 ton capacity	Ea.	.05	93	280	840	56.40
6150	For each added 10' jackrod section, add			2.03	6.10	18.30	1.20
6300	50 ton capacity			155	469	1,400	93.80
6350	For each added 10' jackrod section, add			3.05	9.15	27	1.85
6500	125 ton capacity	Ea.		440	1,325	3,975	265
6550	For each added 10' jackrod section, add			22	66	200	13.20

017 | Contract Closeout

017 100 | Final Cleaning

			CREW	DAILY OUTPUT	MAN-HOURS	UNIT	MAT.	LABOR	EQUIP.	TOTAL	TOTAL INCL O&P	
104	0010	CLEANING UP After job completion, allow				Job					.30%	104
	0050	Cleanup of floor area, continuous, per day	A-5	12	1.500	M.S.F.	1.62	27	3.14	31.76	47	
	0100	Final	"	11.50	1.565	"	1.72	28	3.28	33	49	
160	0010	ELECTRICAL FACILITIES MAINTENANCE										160
	0700	Cathodic protection systems										
	0720	Check and adjust reading on rectifier	1 Elec	20	.400	Ea.		10.45		10.45	15.60	
	0730	Check pipe to soil potential		20	.400			10.45		10.45	15.60	
	0740	Replace lead connection		4	2			52		52	78	
	0800	Control device, install		5.70	1.404			37		37	55	
	0810	Disassemble, clean and reinstall		7	1.143			30		30	45	
	0820	Replace		10.70	.748			19.50		19.50	29	
	0830	Trouble shoot		10	.800			21		21	31	
	0900	Demolition, for electrical demolition see Division 020-708										
	1000	Distribution systems and equipment install or repair a breaker										
	1010	In power panels up to 200 amps	1 Elec	7	1.143	Ea.		30		30	45	
	1020	Over 200 amps		2	4			105		105	155	
	1030	Reset breaker or replace fuse		20	.400			10.45		10.45	15.60	
	1100	Megger test MCC (each stack)		4	2			52		52	78	
	1110	MCC vacuum and clean (each stack)		5.30	1.509			39		39	59	
	2500	Lighting equipment, replace road lamp		3	2.667		685	70		755	855	
	2510	Fluorescent fixture		7	1.143		55	30		85	105	
	2515	Relamp (fluor.) facility area ea. tube		60	.133		4.30	3.48		7.78	9.90	
	2518	Fluorescent fixture, clean (area)		44	.182			4.75		4.75	7.10	
	2520	Incandescent fixture		11	.727		43	19		62	76	
	2530	Lamp (incadescent or fluorescent)		60	.133		4.30	3.48		7.78	9.90	
	2535	Replace cord in socket lamp		13	.615		1.85	16.05		17.90	26	
	2540	Ballast		6	1.333		10.20	35		45.20	63	
	2541	Starter		30	.267		.87	6.95		7.82	11.35	
	2545	Replace other lighting parts		11	.727		11.25	19		30.25	41	
	2550	Switch		11	.727		4.60	19		23.60	33	
	2555	Receptacle		11	.727		4.55	19		23.55	33	
	2560	Floodlight		4	2		255	52		307	360	
	2570	Christmas lighting, indoor, per string		16	.500			13.05		13.05	19.50	
	2580	Outdoor		13	.615			16.05		16.05	24	
	2590	Test battery operated emergency lights		40	.200			5.20		5.20	7.80	
	2600	Repair/replace component in communication system		6	1.333		47	35		82	105	
	2700	Repair misc. appliances (incl. clocks, vent fan, blower, etc.)		6	1.333			35		35	52	
	2710	Reset clocks & timers		50	.160			4.18		4.18	6.25	
	2720	Adjust time delay relays		16	.500			13.05		13.05	19.50	
	2730	Test specific gravity of lead-acid batteries		80	.100			2.61		2.61	3.90	
	3000	Motors and generators										
	3020	Disassemble, clean and reinstall motor, up to 1/4 HP	1 Elec	4	2	Ea.		52		52	78	
	3030	Up to 3/4 HP		3	2.667			70		70	105	
	3040	Up to 10 HP		2	4			105		105	155	
	3050	Replace part, up to 1/4 HP		6	1.333			35		35	52	
	3060	Up to 3/4 HP		4	2			52		52	78	
	3070	Up to 10 HP		3	2.667			70		70	105	
	3080	Megger test motor windings		5.33	1.501			39		39	58	
	3082	Motor vibration check		16	.500			13.05		13.05	19.50	
	3084	Oil motor bearings		25	.320			8.35		8.35	12.45	
	3086	Run test emergency generator for 30 minutes		11	.727			19		19	28	
	3090	Rewind motor, up to 1/4 HP		3	2.667			70		70	105	
	3100	Up to 3/4 HP		2	4			105		105	155	
	3110	Up to 10 HP		1.50	5.333			140		140	210	
	3150	Generator, repair or replace part		4	2			52		52	78	
	3160	Repair DC generator		2	4			105		105	155	
	4000	Stub pole, install or remove		3	2.667			70		70	105	

GENERAL REQUIREMENTS 1

017 | Contract Closeout

017 100 | Final Cleaning

			CREW	DAILY OUTPUT	MAN-HOURS	UNIT	MAT.	LABOR	EQUIP.	TOTAL	TOTAL INCL O&P	
160	4500	Transformer maintenance up to 15KVA	1 Elec	2.70	2.963	Ea.		77		77	115	160

020 | Subsurface Investigation and Demolition

020 120 | Std Penetration Tests

			CREW	DAILY OUTPUT	MAN-HOURS	UNIT	MAT.	LABOR	EQUIP.	TOTAL	TOTAL INCL O&P	
125	0010	DRILLING, CORE Reinforced concrete slab, up to 6" thick slab										125
	0020	Including layout and set up										
	0100	1" diameter core	B-89A	48	.333	Ea.	2.14	6.90	1.06	10.10	14.25	
	0150	Each added inch thick, add		400	.040		.36	.83	.13	1.32	1.83	
	0300	3" diameter core		40	.400		4.75	8.30	1.27	14.32	19.50	
	0350	Each added inch thick, add		267	.060		.79	1.24	.19	2.22	3.01	
	0500	4" diameter core		37	.432		6.35	8.95	1.37	16.67	22	
	0550	Each added inch thick, add		242	.066		1.06	1.37	.21	2.64	3.53	
	0700	6" diameter core		29	.552		7.75	11.40	1.75	20.90	28	
	0750	Each added inch thick, add		200	.080		1.28	1.66	.25	3.19	4.27	
	0900	8" diameter core		21	.762		10.60	15.75	2.42	28.77	39	
	0950	Each added inch thick, add		133	.120		1.77	2.49	.38	4.64	6.25	
	1100	10" diameter core		19	.842		14.30	17.45	2.67	34.42	46	
	1150	Each added inch thick, add		114	.140		2.38	2.91	.45	5.74	7.65	
	1300	12" diameter core		16	1		17.25	21	3.17	41.42	55	
	1350	Each added inch thick, add		96	.167		2.88	3.45	.53	6.86	9.15	
	1500	14" diameter core		13.80	1.159		21	24	3.68	48.68	65	
	1550	Each added inch thick, add		80	.200		3.56	4.14	.63	8.33	11.05	
	1700	18" diameter core		6.80	2.353		27	49	7.45	83.45	115	
	1750	Each added inch thick, add		40	.400		4.77	8.30	1.27	14.34	19.55	
	1760	For horizontal holes, add to above								30%	30%	
	1770	Prestressed hollow core plank, 6" thick										
	1780	1" diameter core	B-89A	65	.246	Ea.	1.38	5.10	.78	7.26	10.30	
	1790	Each added inch thick, add		432	.037		.22	.77	.12	1.11	1.57	
	1800	3" diameter core		66	.242		3.13	5	.77	8.90	12.10	
	1810	Each added inch thick, add		296	.054		.53	1.12	.17	1.82	2.52	
	1820	4" diameter core		63	.254		4.17	5.25	.81	10.23	13.65	
	1830	Each added inch thick, add		271	.059		.70	1.22	.19	2.11	2.88	
	1840	6" diameter core		52	.308		5.05	6.35	.98	12.38	16.55	
	1850	Each added inch thick, add		222	.072		.84	1.49	.23	2.56	3.50	
	1860	8" diameter core		37	.432		6.90	8.95	1.37	17.22	23	
	1870	Each added inch thick, add		147	.109		1.14	2.25	.35	3.74	5.15	
	1880	10" diameter core		32	.500		9.30	10.35	1.59	21.24	28	
	1890	Each added inch thick, add		124	.129		1.14	2.67	.41	4.22	5.85	
	1900	12" diameter core		28	.571		11.30	11.85	1.81	24.96	33	
	1910	Each added inch thick, add		107	.150		1.88	3.10	.47	5.45	7.40	
	1950	Minimum charge for above, 3" diameter core		7.45	2.148			44	6.80	50.80	77	
	2000	4" diameter core		7.15	2.238			46	7.10	53.10	80	
	2050	6" diameter core		6.40	2.500			52	7.95	59.95	89	
	2100	8" diameter core		5.80	2.759			57	8.75	65.75	99	
	2150	10" diameter core		5	3.200			66	10.15	76.15	115	
	2200	12" diameter core		4.10	3.902			81	12.40	93.40	140	
	2250	14" diameter core		3.55	4.507			93	14.30	107.30	160	
	2300	18" diameter core		3.30	4.848			100	15.40	115.40	175	

020 | Subsurface Investigation and Demolition

020 550 | Site Demolition

			CREW	DAILY OUTPUT	MAN-HOURS	UNIT	MAT.	LABOR	EQUIP.	TOTAL	TOTAL INCL O&P	
554	0010	SITE DEMOLITION No hauling, abandon catch basin or manhole	B-6	7	3.429	Ea.		67	28	95	135	554
	0020	Remove existing catch basin or manhole		4	6			115	49	164	235	
	0030	Catch basin or manhole frames and covers stored		13	1.846			36	15.10	51.10	72	
	0040	Remove and reset		7	3.429			67	28	95	135	
	1710	Pavement removal, bituminous, 3" thick	B-38	690	.058	S.Y.		1.18	1.69	2.87	3.67	
	1750	4" to 6" thick		420	.095			1.93	2.78	4.71	6.05	
	1800	Bituminous driveways		680	.059			1.19	1.71	2.90	3.72	
	1900	Concrete to 6" thick, mesh reinforced		255	.157			3.19	4.57	7.76	9.95	
	2000	Rod reinforced		200	.200			4.06	5.85	9.91	12.65	
	2100	Concrete 7" to 24" thick, plain		13.10	3.053	C.Y.		62	89	151	195	
	2200	Reinforced		9.50	4.211	"		86	125	211	265	
	2300	With hand held air equipment, bituminous	B-39	1,900	.025	S.F.		.48	.07	.55	.82	
	2320	Concrete to 6" thick, no reinforcing		1,200	.040			.76	.11	.87	1.30	
	2340	Mesh reinforced		830	.058			1.10	.16	1.26	1.88	
	2360	Rod reinforced		765	.063			1.20	.17	1.37	2.04	
	4000	Sidewalk removal, bituminous, 2-1/2" thick	B-6	325	.074	S.Y.		1.44	.60	2.04	2.88	
	4050	Brick, set in mortar		185	.130			2.52	1.06	3.58	5.05	
	4100	Concrete, plain		160	.150			2.91	1.23	4.14	5.85	
	4200	Mesh reinforced		150	.160			3.11	1.31	4.42	6.25	

020 600 | Building Demolition

			CREW	DAILY OUTPUT	MAN-HOURS	UNIT	MAT.	LABOR	EQUIP.	TOTAL	TOTAL INCL O&P	
612	0010	DUMP CHARGES Typical urban city, fees only										612
	0100	Building construction materials				C.Y.					30	
	0200	Demolition lumber, trees, brush									32	
	0300	Rubbish only									25	
	0500	Reclamation station, usual charge				Ton					60	

020 700 | Selective Demolition

			CREW	DAILY OUTPUT	MAN-HOURS	UNIT	MAT.	LABOR	EQUIP.	TOTAL	TOTAL INCL O&P	
708	0010	ELECTRICAL DEMOLITION										708
	0020	Conduit to 15' high, including fittings & hangers										
	0100	Rigid galvanized steel, 1/2" to 1" diameter	1 Elec	242	.033	L.F.		.86		.86	1.29	
	0120	1-1/4" to 2"		200	.040			1.04		1.04	1.56	
	0140	2" to 4"		151	.053			1.38		1.38	2.06	
	0160	4" to 6"		57	.140			3.66		3.66	5.45	
	0200	Electric metallic tubing (EMT) 1/2" to 1"		394	.020			.53		.53	.79	
	0220	1-1/4" to 1-1/2"		326	.025			.64		.64	.96	
	0240	2" to 3"		236	.034			.88		.88	1.32	
	0260	3-1/2" to 4"		95	.084			2.20		2.20	3.28	
	0270	Armored cable, (BX) avg. 50' runs										
	0280	#14, 2 wire	1 Elec	690	.012	L.F.		.30		.30	.45	
	0290	#14, 3 wire		571	.014			.37		.37	.55	
	0300	#12, 2 wire		605	.013			.35		.35	.52	
	0310	#12, 3 wire		514	.016			.41		.41	.61	
	0320	#10, 2 wire		514	.016			.41		.41	.61	
	0330	#10, 3 wire		425	.019			.49		.49	.73	
	0340	#8, 3 wire		342	.023			.61		.61	.91	
	0350	Non metallic sheathed cable (Romex)										
	0360	#14, 2 wire	1 Elec	720	.011	L.F.		.29		.29	.43	
	0370	#14, 3 wire		657	.012			.32		.32	.47	
	0380	#12, 2 wire		629	.013			.33		.33	.50	
	0390	#10, 3 wire		450	.018			.46		.46	.69	
	0400	Wiremold raceway, including fittings & hangers										
	0420	No. 3000	1 Elec	250	.032	L.F.		.84		.84	1.25	
	0440	No. 4000		217	.037			.96		.96	1.44	
	0460	No. 6000		166	.048			1.26		1.26	1.88	
	0500	Channels, steel, including fittings & hangers										

For expanded coverage of these items see *Means Site Work Cost Data 1992*

020 | Subsurface Investigation and Demolition

020 700 | Selective Demolition

		CREW	DAILY OUTPUT	MAN-HOURS	UNIT	1992 BARE COSTS				TOTAL INCL O&P
						MAT.	LABOR	EQUIP.	TOTAL	
708	0520	1 Elec	308	.026	L.F.		.68		.68	1.01
	0540 3/4" x 1-1/2"		269	.030			.78		.78	1.16
	0540 1-1/2" x 1-1/2"									
	0560 1-1/2" x 1-7/8"	▼	229	.035	▼		.91		.91	1.36
	0600 Copper bus duct, indoor, 3 ph, incl. removal of									
	0610 hangers & supports									
	0620 225 amp	1 Elec	67	.119	L.F.		3.12		3.12	4.65
	0640 400 amp		53	.151			3.94		3.94	5.90
	0660 600 amp		43	.186			4.86		4.86	7.25
	0680 1000 amp		30	.267			6.95		6.95	10.40
	0700 1600 amp		20	.400			10.45		10.45	15.60
	0720 3000 amp	▼	10	.800	▼		21		21	31
	0800 Plug-in switches, 600V 3 ph, incl. disconnecting									
	0820 wire, pipe terminations, 30 amp	1 Elec	15.50	.516	Ea.		13.45		13.45	20
	0840 60 amp		13.90	.576			15		15	22
	0850 100 amp		10.40	.769			20		20	30
	0860 200 amp		6.20	1.290			34		34	50
	0880 400 amp		2.70	2.963			77		77	115
	0900 600 amp		1.70	4.706			125		125	185
	0920 800 amp		1.30	6.154			160		160	240
	0940 1200 amp		1	8			210		210	310
	0960 1600 amp	▼	.85	9.412	▼		245		245	365
	1000 Safety switches, 250 or 600V, incl. disconnection									
	1050 of wire & pipe terminations									
	1100 30 amp	1 Elec	12.30	.650	Ea.		17		17	25
	1120 60 amp		8.80	.909			24		24	35
	1140 100 amp		7.30	1.096			29		29	43
	1160 200 amp		5	1.600			42		42	62
	1180 400 amp		3.40	2.353			61		61	92
	1200 600 amp	▼	2.30	3.478	▼		91		91	135
	1210 Panel boards, incl. removal of all breakers,									
	1220 pipe terminations & wire connections									
	1230 3 wire, 120/240V, 100A, to 20 circuits	1 Elec	2.60	3.077	Ea.		80		80	120
	1240 200 amps, to 42 circuits		1.30	6.154			160		160	240
	1250 400 amps, to 42 circuits		1.10	7.273			190		190	285
	1260 4 wire, 120/208V, 125A, to 20 circuits		2.40	3.333			87		87	130
	1270 200 amps, to 42 circuits		1.20	6.667			175		175	260
	1280 400 amps, to 42 circuits	▼	.96	8.333	▼		220		220	325
	1300 Transformer, dry type, 1 ph, incl. removal of									
	1320 supports, wire & pipe terminations									
	1340 1 KVA	1 Elec	7.70	1.039	Ea.		27		27	40
	1360 5 KVA		4.70	1.702			44		44	66
	1380 10 KVA		3.60	2.222			58		58	87
	1400 37.5 KVA		1.50	5.333			140		140	210
	1420 75 KVA	▼	1.25	6.400	▼		165		165	250
	1440 3 Phase to 600V, primary									
	1460 3 KVA	1 Elec	3.85	2.078	Ea.		54		54	81
	1480 15 KVA		2.10	3.810			99		99	150
	1500 30 KVA		1.74	4.598			120		120	180
	1510 45 KVA		1.53	5.229			135		135	205
	1520 75 KVA		1.35	5.926			155		155	230
	1530 112.5 KVA		1.16	6.897			180		180	270
	1540 150 KVA		1.09	7.339			190		190	285
	1550 300 KVA		.71	11.268			295		295	440
	1560 500 KVA		.58	13.793			360		360	535
	1570 750 KVA	▼	.45	17.778	▼		465		465	690
	1600 Pull boxes & cabinets, sheet metal, incl. removal									
	1620 of supports and pipe terminations									
	1640 6" x 6" x 4"	1 Elec	31.10	.257	Ea.		6.70		6.70	10

For expanded coverage of these items see *Means Site Work Cost Data 1992*

020 | Subsurface Investigation and Demolition

020 700 | Selective Demolition

			CREW	DAILY OUTPUT	MAN-HOURS	UNIT	MAT.	LABOR	EQUIP.	TOTAL	TOTAL INCL O&P	
708	1660	12" x 12" x 4"	1 Elec	23.30	.343	Ea.		8.95		8.95	13.35	708
	1680	24" x 24" x 6"		12.30	.650			17		17	25	
	1700	36" x 36" x 8"		7.70	1.039			27		27	40	
	1720	Junction boxes, 4" sq. & oct.		80	.100			2.61		2.61	3.90	
	1740	Handy box		107	.075			1.95		1.95	2.91	
	1760	Switch box		107	.075			1.95		1.95	2.91	
	1780	Receptacle & switch plates		257	.031			.81		.81	1.21	
	1790	Receptacles & switches, 15 to 30 amp		135	.059			1.55		1.55	2.31	
	1800	Wire, THW-THWN-THHN, removed from										
	1810	in place conduit, to 15' high										
	1830	#14	1 Elec	65	.123	C.L.F.		3.21		3.21	4.79	
	1840	#12		55	.145			3.80		3.80	5.65	
	1850	#10		45.50	.176			4.59		4.59	6.85	
	1860	#8		40.40	.198			5.15		5.15	7.70	
	1870	#6		32.60	.245			6.40		6.40	9.55	
	1880	#4		26.50	.302			7.90		7.90	11.75	
	1890	#3		25	.320			8.35		8.35	12.45	
	1900	#2		22.30	.359			9.35		9.35	13.95	
	1910	1/0		16.60	.482			12.60		12.60	18.75	
	1920	2/0		14.60	.548			14.30		14.30	21	
	1930	3/0		12.50	.640			16.70		16.70	25	
	1940	4/0		11	.727			19		19	28	
	1950	250 MCM		10	.800			21		21	31	
	1960	300 MCM		9.50	.842			22		22	33	
	1970	350 MCM		9	.889			23		23	35	
	1980	400 MCM		8.50	.941			25		25	37	
	1990	500 MCM		8.10	.988			26		26	38	
	2000	Interior fluorescent fixtures, incl. supports										
	2010	& whips, to 15' high										
	2100	Recessed drop-in 2' x 2', 2 lamp	2 Elec	35	.457	Ea.		11.95		11.95	17.80	
	2120	2' x 4', 2 lamp		33	.485			12.65		12.65	18.90	
	2140	2' x 4', 4 lamp		30	.533			13.90		13.90	21	
	2160	4' x 4', 4 lamp		20	.800			21		21	31	
	2180	Surface mount, acrylic lens & hinged frame										
	2200	1' x 4', 2 lamp	2 Elec	44	.364	Ea.		9.50		9.50	14.15	
	2220	2' x 2', 2 lamp		44	.364			9.50		9.50	14.15	
	2260	2' x 4', 4 lamp		33	.485			12.65		12.65	18.90	
	2280	4' x 4', 4 lamp		23	.696			18.15		18.15	27	
	2300	Strip fixtures, surface mount										
	2320	4' long, 1 lamp	2 Elec	53	.302	Ea.		7.90		7.90	11.75	
	2340	4' long, 2 lamp		50	.320			8.35		8.35	12.45	
	2360	8' long, 1 lamp		42	.381			9.95		9.95	14.85	
	2380	8' long, 2 lamp		40	.400			10.45		10.45	15.60	
	2400	Pendant mount, industrial, incl. removal										
	2410	of chain or rod hangers, to 15' high										
	2420	4' long, 2 lamp	2 Elec	35	.457	Ea.		11.95		11.95	17.80	
	2440	8' long, 2 lamp	"	27	.593	"		15.45		15.45	23	
	2460	Interior incandescent, surface, ceiling										
	2470	or wall mount, to 12' high										
	2480	Metal cylinder type, 75 Watt	2 Elec	62	.258	Ea.		6.75		6.75	10.05	
	2500	150 Watt	"	62	.258	"		6.75		6.75	10.05	
	2520	Metal halide, high bay										
	2540	400 Watt	2 Elec	15	1.067	Ea.		28		28	42	
	2560	1000 Watt		12	1.333			35		35	52	
	2580	150 Watt, low bay		20	.800			21		21	31	
	2600	Exterior fixtures, incandescent, wall mount										
	2620	100 Watt	2 Elec	50	.320	Ea.		8.35		8.35	12.45	
	2640	Quartz, 500 Watt		33	.485			12.65		12.65	18.90	

For expanded coverage of these items see *Means Site Work Cost Data 1992*

020 | Subsurface Investigation and Demolition

020 700 | Selective Demolition

			CREW	DAILY OUTPUT	MAN-HOURS	UNIT	MAT.	LABOR	EQUIP.	TOTAL	TOTAL INCL O&P	
708	2660	1500 Watt	2 Elec	27	.593	Ea.		15.45		15.45	23	708
	2680	Wall pack, mercury vapor										
	2700	175 Watt	2 Elec	25	.640	Ea.		16.70		16.70	25	
	2720	250 Watt	"	25	.640	"		16.70		16.70	25	
	2740	Minimum labor/equipment charge	1 Elec	4	2	Job		52		52	78	
730	0010	**TORCH CUTTING** Steel, 1" thick plate	A-1A	32	.250	L.F.		4.50	.98	5.48	8.05	730
	0040	1" diameter bar	"	210	.038	Ea.		.69	.15	.84	1.23	
	1000	Oxygen lance cutting, reinforced concrete walls										
	1040	12" to 16" thick walls	A-1A	10	.800	L.F.		14.40	3.12	17.52	26	
	1080	24" thick walls	"	6	1.333	"		24	5.20	29.20	43	

021 | Site Preparation

021 400 | Dewatering

			CREW	DAILY OUTPUT	MAN-HOURS	UNIT	MAT.	LABOR	EQUIP.	TOTAL	TOTAL INCL O&P	
404	0010	**DEWATERING** Excavate drainage trench, 2' wide, 2' deep	B-11C	90	.178	C.Y.		3.67	2.18	5.85	8	404
	0100	2' wide, 3' deep, with backhoe loader	"	135	.119			2.44	1.45	3.89	5.35	
	0200	Excavate sump pits by hand, light soil	1 Clab	7.10	1.127			20		20	32	
	0300	Heavy soil	"	3.50	2.286			41		41	64	
	0500	Pumping 8 hr., attended 2 hrs. per day, including 20 L.F.										
	0550	of suction hose & 100 L.F. discharge hose										
	0600	2" diaphragm pump used for 8 hours	B-10H	4	3	Day		65	5.95	70.95	105	
	0650	4" diaphragm pump used for 8 hours	B-10I	4	3			65	18.45	83.45	120	
	0800	8 hrs. attended, 2" diaphragm pump	B-10H	1	12			260	24	284	420	
	0900	3" centrifugal pump	B-10J	1	12			260	43	303	440	
	1000	4" diaphragm pump	B-10I	1	12			260	74	334	475	
	1100	6" centrifugal pump	B-10K	1	12			260	205	465	620	

022 | Earthwork

022 200 | Excav, B'fill, Compact

			CREW	DAILY OUTPUT	MAN-HOURS	UNIT	MAT.	LABOR	EQUIP.	TOTAL	TOTAL INCL O&P	
204	0010	**BACKFILL** By hand, no compaction, light soil	1 Clab	14	.571	C.Y.		10.30		10.30	16	204
	0100	Heavy soil		11	.727			13.10		13.10	20	
	0300	Compaction in 6" layers, hand tamp, add to above		20.60	.388			7		7	10.85	
	0400	Roller compaction operator walking, add	B-10A	100	.120			2.58	.78	3.36	4.79	
	0500	Air tamp, add	B-9	190	.211			3.87	.70	4.57	6.80	
	0600	Vibrating plate, add	A-1	60	.133			2.40	.97	3.37	4.80	
	0800	Compaction in 12" layers, hand tamp, add to above	1 Clab	34	.235			4.24		4.24	6.60	
	0900	Roller compaction operator walking, add	B-10A	150	.080			1.72	.52	2.24	3.19	
	1000	Air tamp, add	B-9	285	.140			2.58	.46	3.04	4.53	
	1100	Vibrating plate, add	A-1	90	.089			1.60	.65	2.25	3.20	
	1300	Dozer backfilling, bulk, up to 300' haul, no compaction	B-10B	1,200	.010			.22	.69	.91	1.09	
	1400	Air tamped	B-11B	240	.067			1.38	4.45	5.83	7	
	1600	Compacting backfill, 6" to 12" lifts, vibrating roller	B-10C	800	.015			.32	1.15	1.47	1.76	
	1700	Sheepsfoot roller	B-10D	750	.016			.34	1.27	1.61	1.92	

022 | Earthwork

022 200 | Excav, B'fill, Compact

			CREW	DAILY OUTPUT	MAN-HOURS	UNIT	MAT.	LABOR	EQUIP.	TOTAL	TOTAL INCL O&P	
204	1900	Dozer backfilling, trench, up to 300' haul, no compaction	B-10B	900	.013	C.Y.		.29	.92	1.21	1.45	204
	2000	Air tamped	B-11B	235	.068			1.40	4.54	5.94	7.15	
	2200	Compacting backfill, 6" to 12" lifts, vibrating roller	B-10C	700	.017			.37	1.32	1.69	2.01	
	2300	Sheepsfoot roller	B-10D	650	.018			.40	1.46	1.86	2.22	
258	0010	**EXCAVATING, UTILITY TRENCH** Common earth										258
	0050	Trenching with chain trencher, 12 H.P., operator walking										
	0100	4" wide trench, 12" deep	B-53	800	.010	L.F.		.22	.07	.29	.41	
	0150	18" deep		750	.011			.24	.07	.31	.44	
	0200	24" deep		700	.011			.25	.08	.33	.47	
	0300	6" wide trench, 12" deep		650	.012			.27	.08	.35	.51	
	0350	18" deep		600	.013			.30	.09	.39	.55	
	0400	24" deep		550	.015			.32	.10	.42	.60	
	0450	36" deep		450	.018			.40	.12	.52	.73	
	0600	8" wide trench, 12" deep		475	.017			.38	.11	.49	.70	
	0650	18" deep		400	.020			.45	.14	.59	.83	
	0700	24" deep		350	.023			.51	.16	.67	.94	
	0750	36" deep	▼	300	.027	▼		.59	.18	.77	1.10	
	1000	Backfill by hand including compaction, add										
	1050	4" wide trench, 12" deep	A-1	800	.010	L.F.		.18	.07	.25	.36	
	1100	18" deep		530	.015			.27	.11	.38	.54	
	1150	24" deep		400	.020			.36	.15	.51	.72	
	1300	6" wide trench, 12" deep		540	.015			.27	.11	.38	.53	
	1350	18" deep		405	.020			.36	.14	.50	.71	
	1400	24" deep		270	.030			.53	.22	.75	1.07	
	1450	36" deep		180	.044			.80	.32	1.12	1.60	
	1600	8" wide trench, 12" deep		400	.020			.36	.15	.51	.72	
	1650	18" deep		265	.030			.54	.22	.76	1.09	
	1700	24" deep		200	.040			.72	.29	1.01	1.44	
	1750	36" deep	▼	135	.059	▼		1.07	.43	1.50	2.13	
	2000	Chain trencher, 40 H.P. operator riding										
	2050	6" wide trench and backfill, 12" deep	B-54	1,200	.007	L.F.		.15	.12	.27	.35	
	2100	18" deep		1,000	.008			.18	.14	.32	.42	
	2150	24" deep		975	.008			.18	.14	.32	.44	
	2200	36" deep		900	.009			.20	.16	.36	.47	
	2250	48" deep		750	.011			.24	.19	.43	.57	
	2300	60" deep		650	.012			.27	.22	.49	.65	
	2400	8" wide trench and backfill, 12" deep		1,000	.008			.18	.14	.32	.42	
	2450	18" deep		950	.008			.19	.15	.34	.45	
	2500	24" deep		900	.009			.20	.16	.36	.47	
	2550	36" deep		800	.010			.22	.17	.39	.53	
	2600	48" deep		650	.012			.27	.22	.49	.65	
	2700	12" wide trench and backfill, 12" deep		975	.008			.18	.14	.32	.44	
	2750	18" deep		860	.009			.21	.16	.37	.49	
	2800	24" deep		800	.010			.22	.17	.39	.53	
	2850	36" deep		725	.011			.25	.19	.44	.59	
	3000	16" wide trench and backfill, 12" deep		835	.010			.21	.17	.38	.51	
	3050	18" deep		750	.011			.24	.19	.43	.57	
	3100	24" deep	▼	700	.011	▼		.25	.20	.45	.61	
	3200	Compaction with vibratory plate, add								50%	50%	
266	0010	**HAULING** Earth 6 C.Y. dump truck, 1/4 mile round trip, 5.0 loads/hr.	B-34A	240	.033	C.Y.		.63	1.29	1.92	2.38	266
	0030	1/2 mile round trip, 4.1 loads/hr.		197	.041			.77	1.57	2.34	2.90	
	0040	1 mile round trip, 3.3 loads/hr.	R016 -410	160	.050			.95	1.93	2.88	3.58	
	0100	2 mile round trip, 2.6 loads/hr.		125	.064			1.22	2.47	3.69	4.58	
	0150	3 mile round trip, 2.1 loads/hr.		100	.080			1.52	3.09	4.61	5.70	
	0200	4 mile round trip, 1.8 loads/hr.	▼	85	.094			1.79	3.64	5.43	6.75	
	0300	12 C.Y. dump truck, 1 mile round trip, 2.7 loads/hr.	B-34B	260	.031			.59	1.46	2.05	2.50	
	0400	2 mile round trip, 2.2 loads/hr.	▼	210	.038	▼		.73	1.81	2.54	3.10	

For expanded coverage of these items see *Means Site Work Cost Data 1992*

022 | Earthwork

	022 200	Excav, B'fill, Compact	CREW	DAILY OUTPUT	MAN-HOURS	UNIT	MAT.	LABOR	EQUIP.	TOTAL	TOTAL INCL O&P	
266	0450	3 mile round trip, 1.9 loads/hr.	B-34B	180	.044	C.Y.		.85	2.11	2.96	3.61	266
	0500	4 mile round trip, 1.6 loads/hr.	↓	150	.053			1.02	2.53	3.55	4.33	
	1300	Hauling in medium traffic, add								20%	20%	
	1400	Heavy traffic, add								30%	30%	
	1600	Grading at dump, or embankment if required, by dozer	B-10B	1,000	.012			.26	.83	1.09	1.30	
	1800	Spotter at fill or cut, if required	1 Clab	8	1	Hr.		18		18	28	

026 | Piped Utilities

	026 010	Piped Utilities	CREW	DAILY OUTPUT	MAN-HOURS	UNIT	MAT.	LABOR	EQUIP.	TOTAL	TOTAL INCL O&P	
011	0010	ELECTRICAL UTILITIES, see division 167										011
012	0010	BEDDING For pipe and conduit, not incl. compaction										012
	0050	Crushed or screened bank run gravel	B-6	150	.160	C.Y.	11.05	3.11	1.31	15.47	18.40	
	0100	Crushed stone 3/4" to 1/2"		150	.160		12.90	3.11	1.31	17.32	20	
	0200	Sand, dead or bank,		150	.160		3.45	3.11	1.31	7.87	10	
	0500	Compacting bedding in trench	A-1	90	.089	↓		1.60	.65	2.25	3.20	
014	0010	EXCAVATION AND BACKFILL See division 022-204 & 254										014
	0100	Hand excavate and trim for pipe bells after trench excavation										
	0200	8" pipe	1 Clab	155	.052	L.F.		.93		.93	1.45	
	0300	18" pipe	"	130	.062	"		1.11		1.11	1.72	

	026 050	Manholes & Cleanouts										
054	0010	UTILITY VAULTS Precast concrete, 6" thick										054
	0050	5' x 10' x 6' high, I.D.	B-13	2	28	Ea.	1,600	545	260	2,405	2,875	
	0100	6' x 10' x 6' high, I.D.		2	28		1,700	545	260	2,505	3,000	
	0150	5' x 12' x 6' high, I.D.		2	28		1,800	545	260	2,605	3,100	
	0200	6' x 12' x 6' high, I.D.		1.80	31.111		1,950	605	290	2,845	3,400	
	0250	6' x 13' x 6' high, I.D.		1.50	37.333		2,500	725	350	3,575	4,250	
	0300	8' x 14' x 7' high, I.D.	↓	1	56	↓	2,725	1,100	520	4,345	5,250	
	0350	Hand hole, precast concrete, 1-1/2" thick										
	0400	1'-0" x 2'-0" x 1'-9", I.D., light duty	B-1	4	6	Ea.	255	110		365	455	
	0450	4'-6" x 3'-2" x 2'-0", O.D., heavy duty	B-6	3	8	"	540	155	65	760	905	

027 | Sewerage and Drainage

	027 150	Sewage Systems	CREW	DAILY OUTPUT	MAN-HOURS	UNIT	MAT.	LABOR	EQUIP.	TOTAL	TOTAL INCL O&P	
152	0010	CATCH BASINS OR MANHOLES Not including footing excavation,										152
	0020	Frame and cover										
	0050	Brick, 4' inside diameter, 4' deep	D-1	1	16	Ea.	395	330		725	940	
	0100	6' deep		.70	22.857		554	475		1,029	1,325	
	0150	8' deep		.50	32	↓	700	665		1,365	1,775	
	0200	For depths over 8', add		4	4	V.L.F.	88	83		171	225	
	0400	Concrete blocks (radial), 4' I.D., 4' deep		1.50	10.667	Ea.	257	220		477	620	
	0500	6' deep	↓	1	16	↓	335	330		665	875	

027 | Sewerage and Drainage

027 150 | Sewage Systems

		CREW	DAILY OUTPUT	MAN-HOURS	UNIT	1992 BARE COSTS MAT.	LABOR	EQUIP.	TOTAL	TOTAL INCL O&P	
152	0600	8' deep	D-1	.70	22.857	Ea.	435	475		910	1,200	152
	0700	For depths over 8', add	↓	5.50	2.909	V.L.F.	63	60		123	160	
	0800	Concrete, cast in place, 4' x 4', 8" thick, 4' deep	B-6	2	12	Ea.	323	235	98	656	825	
	0900	6' deep		1.50	16		435	310	130	875	1,100	
	1000	8' deep		1	24	↓	570	465	195	1,230	1,550	
	1100	For depths over 8', add		8	3	V.L.F.	75	58	25	158	200	
	1110	Precast, 4' I.D., 4' deep		4.10	5.854	Ea.	258	115	48	421	510	
	1120	6' deep		3	8		358	155	65	578	705	
	1130	8' deep		2	12		446	235	98	779	960	
	1140	For depths over 8', add		16	1.500	V.L.F.	63	29	12.30	104.30	130	
	1150	5' I.D., 4' deep		3	8	Ea.	388	155	65	608	740	
	1160	6' deep		2	12		525	235	98	858	1,050	
	1170	8' deep		1.50	16	↓	667	310	130	1,107	1,350	
	1180	For depths over 8', add		12	2	V.L.F.	86	39	16.35	141.35	170	
	1190	6' I.D., 4' deep		2	12	Ea.	635	235	98	968	1,175	
	1200	6' deep		1.50	16		825	310	130	1,265	1,525	
	1210	8' deep		1	24	↓	1,030	465	195	1,690	2,075	
	1220	For depths over 8', add	↓	8	3	V.L.F.	133	58	25	216	265	
	1250	Slab tops, precast, 8" thick										
	1300	4' diameter manhole	B-6	8	3	Ea.	93.50	58	25	176.50	220	
	1400	5' diameter manhole		7.50	3.200		105	62	26	193	240	
	1500	6' diameter manhole		7	3.429		178.50	67	28	273.50	330	
	1600	Frames and covers, C.I., 24" square, 500 lb.		7.80	3.077		172.20	60	25	257.20	310	
	1700	26" D shape, 600 lb.		7	3.429		194.50	67	28	289.50	345	
	1800	Light traffic, 18" diameter, 100 lb.		10	2.400		70.95	47	19.65	137.60	170	
	1900	24" diameter, 300 lb.		8.70	2.759		137	54	23	214	260	
	2000	36" diameter, 900 lb.		5.80	4.138		350	80	34	464	545	
	2100	Heavy traffic, 24" diameter, 400 lb.		7.80	3.077		172	60	25	257	310	
	2200	36" diameter, 1150 lb.		3	8		475	155	65	695	835	
	2300	Mass. State standard, 26" diameter, 475 lb.		7	3.429		190	67	28	285	340	
	2400	30" diameter, 620 lb.		7	3.429		240	67	28	335	395	
	2500	Watertight, 24" diameter, 350 lb.		7.80	3.077		280	60	25	365	430	
	2600	26" diameter, 500 lb.		7	3.429		335	67	28	430	500	
	2700	32" diameter, 575 lb.	↓	6	4	↓	356	78	33	467	545	
	2800	3 piece cover & frame, 10" deep,										
	2900	1200 lbs., for heavy equipment	B-6	3	8	Ea.	470	155	65	690	830	
	3000	Raised for paving 1-1/4" to 2" high,										
	3100	4 piece expansion ring										
	3200	20" to 26" diameter	1 Clab	3	2.667	Ea.	92	48		140	175	
	3300	30" to 36" diameter	"	3	2.667	"	126	48		174	215	
	3320	Frames and covers, existing, raised for paving 2", including										
	3340	row of brick, concrete collar, up to 12" wide frame	B-9	18	2.222	Ea.	28	41	7.35	76.35	100	
	3360	20" to 26" wide frame		11	3.636		34	67	12.05	113.05	155	
	3380	30" to 36" wide frame	↓	9	4.444		49	82	14.70	145.70	195	
	3400	Inverts, single channel brick	D-1	3	5.333		52	110		162	225	
	3500	Concrete		5	3.200		40.10	66		106.10	145	
	3600	Triple channel, brick		2	8		75	165		240	335	
	3700	Concrete	↓	3	5.333		45.50	110		155.50	220	
	3800	Steps, heavyweight cast iron, 7" x 9"	1 Bric	40	.200		6.90	4.68		11.58	14.75	
	3900	8" x 9"		40	.200		10.30	4.68		14.98	18.50	
	4000	Standard sizes, galvanized steel		40	.200		10.40	4.68		15.08	18.60	
	4100	Aluminum	↓	40	.200	↓	11.50	4.68		16.18	19.80	

For expanded coverage of these items see *Means Site Work Cost Data 1992*

031 | Concrete Formwork

031 100 | Struct C.I.P. Formwork

			CREW	DAILY OUTPUT	MAN-HOURS	UNIT	1992 BARE COSTS				TOTAL INCL O&P	
							MAT.	LABOR	EQUIP.	TOTAL		
126	0010	**ACCESSORIES, SLEEVES AND CHASES**										126
	0100	Plastic type, 1 use, 9" long, 2" diameter	1 Carp	100	.080	Ea.	1.08	1.83		2.91	4.03	
	0150	4" diameter		90	.089		1.80	2.03		3.83	5.15	
	0200	6" diameter		75	.107		2.21	2.44		4.65	6.20	
	0250	12" diameter		60	.133		4.74	3.05		7.79	9.95	
	5000	Sheet metal, 2" diameter		100	.080		.72	1.83		2.55	3.64	
	5100	4" diameter		90	.089		1.24	2.03		3.27	4.52	
	5150	6" diameter		75	.107		1.75	2.44		4.19	5.70	
	5200	12" diameter		60	.133		2.16	3.05		5.21	7.10	
	6000	Steel pipe, 2" diameter		100	.080		2.78	1.83		4.61	5.90	
	6100	4" diameter		90	.089		6.65	2.03		8.68	10.45	
	6150	6" diameter		75	.107		19.05	2.44		21.49	25	
	6200	12" diameter		60	.133		45.25	3.05		48.30	55	
154	0010	**FORMS IN PLACE, EQUIPMENT FOUNDATIONS** 1 use	C-2	160	.300	SFCA	1.64	6.70	.21	8.55	12.45	154
	0050	2 use		190	.253		.90	5.65	.17	6.72	9.95	
	0100	3 use		200	.240		.68	5.35	.16	6.19	9.30	
	0150	4 use		205	.234		.58	5.25	.16	5.99	8.95	

033 | Cast-In-Place Concrete

033 100 | Structural Concrete

			CREW	DAILY OUTPUT	MAN-HOURS	UNIT	1992 BARE COSTS				TOTAL INCL O&P	
							MAT.	LABOR	EQUIP.	TOTAL		
126	0010	**CONCRETE, READY MIX** Regular weight, 2000 psi				C.Y.	49.60			49.60	55	126
	0100	2500 psi					50.95			50.95	56	
	0150	3000 psi					52.30			52.30	58	
	0200	3500 psi					53.65			53.65	59	
130	0011	**CONCRETE IN PLACE** Including forms (4 uses), reinforcing										130
	0020	steel, and finishing										
	3901	Footings, strip, 18" x 9", plain				C.Y.					170	
	3951	36" x 12", reinforced									145	
	4001	Foundation mat, under 10 C.Y.									220	
	4051	Over 20 C.Y.									175	
	4651	Slab on grade, not including finish, 4" thick									120	
	4701	6" thick									99	
168	0010	**PATCHING CONCRETE**										168
	0100	Floors, 1/4" thick, small areas, regular grout	1 Cefi	170	.047	S.F.	.84	1.07		1.91	2.51	
	0150	Epoxy grout	"	100	.080	"	3.60	1.82		5.42	6.65	
	2000	Walls, including chipping, cleaning and epoxy grout										
	2100	Minimum	1 Cefi	65	.123	S.F.	.14	2.79		2.93	4.29	
	2150	Average		50	.160		.25	3.63		3.88	5.65	
	2200	Maximum		40	.200		.40	4.54		4.94	7.15	
172	0011	**PLACING CONCRETE** and vibrating, including labor & equipment										172
	1901	Footings, continuous, shallow, direct chute	C-6	120	.400	C.Y.		7.65	.54	8.19	12.35	
	1951	Pumped	C-20	100	.640			12.50	5.95	18.45	26	
	2001	With crane and bucket	C-7	90	.711			13.85	9.25	23.10	32	
	2100	Deep continuous footings, direct chute	C-6	155	.310			5.90	.42	6.32	9.60	
	2150	Pumped	C-20	120	.533			10.40	4.97	15.37	21	
	2200	With crane and bucket	C-7	110	.582			11.35	7.55	18.90	26	
	2900	Foundation mats, over 20 C.Y., direct chute	C-6	350	.137			2.62	.19	2.81	4.24	
	2950	Pumped	C-20	325	.197			3.84	1.84	5.68	7.95	
	3000	With crane and bucket	C-7	300	.213			4.16	2.77	6.93	9.45	

033 | Cast-In-Place Concrete

033 450 | Concrete Finishing

			CREW	DAILY OUTPUT	MAN-HOURS	UNIT	1992 BARE COSTS MAT.	LABOR	EQUIP.	TOTAL	TOTAL INCL O&P	
454	0011	FINISHING FLOORS Monolithic, screed finish	1 Cefi	900	.009	S.F.		.20		.20	.30	454
	0101	Float finish	C-9	725	.011			.25	.05	.30	.43	
	0151	Broom finish	"	675	.012	↓		.27	.05	.32	.46	

050 | Metal Materials, Finishes and Fastenings

050 500 | Metal Fastening

			CREW	DAILY OUTPUT	MAN-HOURS	UNIT	1992 BARE COSTS MAT.	LABOR	EQUIP.	TOTAL	TOTAL INCL O&P	
508	0010	BOLTS & HEX NUTS Steel, A307										508
	0100	1/4" diameter, 1/2" long				Ea.	.05			.05	.06	
	0200	1" long					.06			.06	.07	
	0300	2" long					.08			.08	.09	
	0400	3" long					.12			.12	.13	
	0500	4" long					.17			.17	.19	
	0600	3/8" diameter, 1" long					.12			.12	.13	
	0700	2" long					.17			.17	.19	
	0800	3" long					.22			.22	.24	
	0900	4" long					.28			.28	.31	
	1000	5" long					.41			.41	.45	
	1100	1/2" diameter, 1-1/2" long					.25			.25	.28	
	1200	2" long					.29			.29	.32	
	1300	4" long					.39			.39	.43	
	1400	6" long					.54			.54	.59	
	1500	8" long					.69			.69	.76	
	1600	5/8" diameter, 1-1/2" long					.44			.44	.48	
	1700	2" long					.51			.51	.56	
	1800	4" long					.66			.66	.73	
	1900	6" long					.84			.84	.92	
	2000	8" long					1.14			1.14	1.25	
	2100	10" long					1.31			1.31	1.44	
	2200	3/4" diameter, 2" long					.66			.66	.73	
	2300	4" long					.93			.93	1.02	
	2400	6" long					1.13			1.13	1.24	
	2500	8" long					1.52			1.52	1.67	
	2600	10" long					1.89			1.89	2.08	
	2700	12" long					2.60			2.60	2.86	
	2800	1" diameter, 3" long					2.12			2.12	2.33	
	2900	6" long					3.03			3.03	3.33	
	3000	12" long					5.17			5.17	5.70	
	3100	For galvanized, add					20%					
	3200	For stainless, add				↓	150%					
515	0010	DRILLING And layout for anchors, per										515
	0050	inch of depth, concrete or brick walls										
	0100	1/4" diameter	1 Carp	75	.107	Ea.	.08	2.44		2.52	3.88	
	0200	3/8" diameter		63	.127		.10	2.90		3	4.62	
	0300	1/2" diameter		50	.160		.12	3.66		3.78	5.80	
	0400	5/8" diameter		48	.167		.16	3.81		3.97	6.10	
	0500	3/4" diameter		45	.178		.20	4.06		4.26	6.55	
	0600	7/8" diameter		43	.186		.28	4.25		4.53	6.90	
	0700	1" diameter		40	.200		.35	4.57		4.92	7.50	
	0800	1-1/4" diameter	↓	38	.211	↓	.60	4.81		5.41	8.15	

For expanded coverage of these items see *Means Building Construction Cost Data 1992*

050 | Metal Materials, Finishes and Fastenings

050 500 | Metal Fastening

			CREW	DAILY OUTPUT	MAN-HOURS	UNIT	1992 BARE COSTS MAT.	LABOR	EQUIP.	TOTAL	TOTAL INCL O&P	
515	0900	1-1/2" diameter	1 Carp	35	.229	Ea.	.95	5.20		6.15	9.15	515
	1000	For ceiling installations add						40%				
	1100	Drilling & layout for drywall or plaster walls										
	1200	Holes, 1/4" diameter	1 Carp	150	.053	Ea.	.04	1.22		1.26	1.94	
	1300	3/8" diameter		140	.057		.05	1.31		1.36	2.09	
	1400	1/2" diameter		130	.062		.06	1.41		1.47	2.25	
	1500	3/4" diameter		120	.067		.10	1.52		1.62	2.48	
	1600	1" diameter		110	.073		.18	1.66		1.84	2.78	
	1700	1-1/4" diameter		100	.080		.30	1.83		2.13	3.17	
	1800	1-1/2" diameter		90	.089		.48	2.03		2.51	3.69	
	1900	For ceiling installations add						40%				
520	0010	**EXPANSION ANCHORS** & shields										520
	0100	Bolt anchors for concrete, brick or stone, no layout and drilling										
	0200	Expansion shields, zinc, 1/4" diameter, 1" long, single	1 Carp	90	.089	Ea.	.54	2.03		2.57	3.75	
	0300	1-3/8" long, double		85	.094		.61	2.15		2.76	4.02	
	0400	3/8" diameter, 2" long, single		85	.094		.95	2.15		3.10	4.39	
	0500	2" long, double		80	.100		1.13	2.29		3.42	4.80	
	0600	1/2" diameter, 2-1/2" long, single		80	.100		1.46	2.29		3.75	5.15	
	0700	2-1/2" long, double		75	.107		1.45	2.44		3.89	5.40	
	0800	5/8" diameter, 2-5/8" long, single		75	.107		2.08	2.44		4.52	6.10	
	0900	3" long, double		70	.114		2.25	2.61		4.86	6.55	
	1000	3/4" diameter, 2-3/4" long, single		70	.114		3.06	2.61		5.67	7.45	
	1100	4" long, double		65	.123		4.20	2.81		7.01	9	
	1200	7/8" diameter, 5-1/2" long, double		65	.123		15.70	2.81		18.51	22	
	1300	1" diameter, 6" long, double		60	.133		18.45	3.05		21.50	25	
	1500	Self drilling, steel, 1/4" diameter bolt		26	.308		.65	7.05		7.70	11.65	
	1600	3/8" diameter bolt		23	.348		.99	7.95		8.94	13.45	
	1700	1/2" diameter bolt		20	.400		1.48	9.15		10.63	15.85	
	1800	5/8" diameter bolt		18	.444		2.61	10.15		12.76	18.65	
	1900	3/4" diameter bolt		16	.500		4.45	11.45		15.90	23	
	2000	7/8" diameter bolt		14	.571		6.50	13.05		19.55	27	
	2100	Hollow wall anchors for gypsum board,										
	2200	plaster, tile or wall board										
	2300	1/8" diameter, short				Ea.	.19			.19	.21	
	2400	Long					.20			.20	.22	
	2500	3/16" diameter, short					.40			.40	.44	
	2600	Long					.43			.43	.47	
	2700	1/4" diameter, short					.48			.48	.53	
	2800	Long					.57			.57	.63	
	3000	Toggle bolts, bright steel, 1/8" diameter, 2" long	1 Carp	85	.094		.25	2.15		2.40	3.62	
	3100	4" long		80	.100		.30	2.29		2.59	3.88	
	3400	1/4" diameter, 3" long		75	.107		.32	2.44		2.76	4.14	
	3500	6" long		70	.114		.46	2.61		3.07	4.57	
	3600	3/8" diameter, 3" long		70	.114		.70	2.61		3.31	4.83	
	3700	6" long		60	.133		1	3.05		4.05	5.85	
	3800	1/2" diameter, 4" long		60	.133		2.07	3.05		5.12	7	
	3900	6" long		50	.160		2.75	3.66		6.41	8.70	
	4000	Nailing anchors										
	4100	Nylon anchor, standard nail, 1/4" diameter, 1" long				C	11			11	12.10	
	4200	1-1/2" long					14.30			14.30	15.75	
	4300	2" long					21.50			21.50	24	
	4400	Zamac anchor, stainless nail, 1/4" diameter, 1" long					21			21	23	
	4500	1-1/2" long					25.50			25.50	28	
	4600	2" long					38.50			38.50	42	
	5000	Screw anchors for concrete, masonry,										
	5100	stone & tile, no layout or drilling included										
	5200	Jute fiber, #6, #8, & #10, 1" long				Ea.	.09			.09	.10	

050 | Metal Materials, Finishes and Fastenings

050 500 | Metal Fastening

			CREW	DAILY OUTPUT	MAN-HOURS	UNIT	1992 BARE COSTS MAT.	LABOR	EQUIP.	TOTAL	TOTAL INCL O&P	
520	5400	#14, 2" long				Ea.	.20			.20	.22	520
	5500	#16, 2" long					.24			.24	.26	
	5600	#20, 2" long					.32			.32	.35	
	5700	Lag screw shields, 1/4" diameter, short					.30			.30	.33	
	5900	3/8" diameter, short					.55			.55	.61	
	6100	1/2" diameter, short					.84			.84	.92	
	6300	3/4" diameter, short					1.67			1.67	1.84	
	6600	Lead, #6 & #8, 3/4" long					.13			.13	.14	
	6700	#10 - #14, 1-1/2" long					.18			.18	.20	
	6800	#16 & #18, 1-1/2" long					.24			.24	.26	
	6900	Plastic, #6 & #8, 3/4" long					.03			.03	.03	
	7100	#10 & #12, 1" long					.04			.04	.04	
	8000	Wedge anchors, not including layout or drilling										
	8050	Carbon steel, 1/4" diameter, 1-3/4" long	1 Carp	150	.053	Ea.	.38	1.22		1.60	2.31	
	8200	5" long		145	.055		.92	1.26		2.18	2.97	
	8250	1/2" diameter, 2-3/4" long		140	.057		.95	1.31		2.26	3.08	
	8300	7" long		130	.062		1.66	1.41		3.07	4.01	
	8350	5/8" diameter, 3-1/2" long		130	.062		1.75	1.41		3.16	4.11	
	8400	8-1/2" long		115	.070		2.97	1.59		4.56	5.75	
	8450	3/4" diameter, 4-1/4" long		115	.070		2.58	1.59		4.17	5.30	
	8500	10" long		100	.080		5.25	1.83		7.08	8.60	
	8550	1" diameter, 6" long		100	.080		7.90	1.83		9.73	11.55	
	8600	12" long		80	.100		11.30	2.29		13.59	16	
530	0010	**LAG SCREWS** Steel, 1/4" diameter, 2" long	1 Carp	140	.057	Ea.	.04	1.31		1.35	2.08	530
	0100	3/8" diameter, 3" long		105	.076		.12	1.74		1.86	2.84	
	0200	1/2" diameter, 3" long		95	.084		.21	1.92		2.13	3.22	
	0300	5/8" diameter, 3" long		85	.094		.36	2.15		2.51	3.74	
535	0010	**MACHINE SCREWS** Steel, #8 x 1" long, round head				C	.88			.88	.97	535
	0110	#8 x 2" long					1.72			1.72	1.89	
	0200	#10 x 1" long					1.06			1.06	1.17	
	0300	#10 x 2" long					1.87			1.87	2.06	
540	0010	**MACHINERY ANCHORS** Standard, flush mounted,										540
	0020	incl. stud w/fiber plug, nut & washer, anchor & anchor bolt										
	0200	Material only, 1/2" diameter stud & bolt				Ea.	20.95			20.95	23	
	0300	5/8" diameter					22.85			22.85	25	
	0500	3/4" diameter					24.85			24.85	27	
	0600	7/8" diameter					28.75			28.75	32	
	0800	1" diameter					31.75			31.75	35	
	0900	1-1/4" diameter					40.40			40.40	44	
545	0010	**RIVETS** 1/2" grip length										545
	0100	Aluminum rivet & mandrel, 1/8" diameter				C	3.40			3.40	3.74	
550	0010	**STUDS** .22 caliber stud driver, buy, minimum				Ea.	230			230	255	550
	0100	Maximum				"	375			375	415	
	0300	Powder charges for above, low velocity				C	12			12	13.20	
	0400	Standard velocity					20			20	22	
	0600	Drive pins & studs, 1/4" & 3/8" diam., to 3" long, minimum					30			30	33	
	0700	Maximum					80			80	88	
	0800	Pneumatic stud driver for 1/8" diameter studs				Ea.	850			850	935	
	0900	Drive pins for above, 1/2" to 3/4" long				M	40			40	44	

5 METALS

051 | Structural Metal Framing

		051 100	Bracing	CREW	DAILY OUTPUT	MAN-HOURS	UNIT	1992 BARE COSTS MAT.	LABOR	EQUIP.	TOTAL	TOTAL INCL O&P	
110	0010	PIPE SUPPORT	Framing, under 10#/L.F.	E-4	3,900	.008	Lb.	.75	.21	.02	.98	1.22	110
	0200		10.1 to 15#/L.F.		4,300	.007		.65	.19	.02	.86	1.07	
	0400		15.1 to 20#/L.F.		4,800	.007		.55	.17	.01	.73	.93	
	0600		Over 20#/L.F.		5,400	.006		.50	.15	.01	.66	.84	

060 | Fasteners and Adhesives

		060 500	Fasteners & Adhesives	CREW	DAILY OUTPUT	MAN-HOURS	UNIT	1992 BARE COSTS MAT.	LABOR	EQUIP.	TOTAL	TOTAL INCL O&P	
504	0010	NAILS	Prices of material only, copper, plain				Lb.	4			4	4.40	504
	0400		Stainless steel, plain					5			5	5.50	
	0600		Common, 3d to 60d, plain					.70			.70	.77	
	0700		Galvanized					.90			.90	.99	
	0800		Aluminum					4.40			4.40	4.84	
	1000		Annular or spiral thread, 4d to 60d, plain					1			1	1.10	
	1200		Galvanized					1.10			1.10	1.21	
	1400		Drywall nails, plain					.98			.98	1.08	
	1600		Galvanized					1.20			1.20	1.32	
	1800		Finish nails, 4d to 10d, plain					.81			.81	.89	
	2000		Galvanized					.99			.99	1.09	
	2100		Aluminum					4.40			4.40	4.84	
	2300		Flooring nails, hardened steel, 2d to 10d, plain					1			1	1.10	
	2400		Galvanized					1.10			1.10	1.21	
	2500		Gypsum lath nails, 1-1/8", 13 ga. flathead, blued					1.25			1.25	1.38	
	2600		Masonry nails, hardened steel, 3/4" to 3" long, plain					1			1	1.10	
	2700		Galvanized					1.15			1.15	1.27	
	5000		Add to prices above for cement coating					.05			.05	.06	
	5200		Zinc or tin plating					.10			.10	.11	
508	0010	SHEET METAL SCREWS	Steel, standard, #8 x 3/4", plain				C	2.60			2.60	2.86	508
	0100		Galvanized					3.20			3.20	3.52	
	0300		#10 x 1", plain					3.50			3.50	3.85	
	0400		Galvanized					4.10			4.10	4.51	
	0600		With washers, #14 x 1", plain					10.45			10.45	11.50	
	0700		Galvanized					11.60			11.60	12.75	
	0900		#14 x 2", plain					15.20			15.20	16.70	
	1000		Galvanized					17.10			17.10	18.80	
	1500		Self-drilling, with washers, (pinch point) #8 x 3/4", plain					4.50			4.50	4.95	
	1600		Galvanized					6.05			6.05	6.65	
	1800		#10 x 3/4", plain					6			6	6.60	
	1900		Galvanized					6.85			6.85	7.55	
	3000		Stainless steel w/aluminum or neoprene washers, #14 x 1", plain					15.20			15.20	16.70	
	3100		#14 x 2", plain					22.60			22.60	25	
516	0010	WOOD SCREWS #8, 1" long, steel					C	3.05			3.05	3.35	516
	0100		Brass					14.70			14.70	16.15	
	0200		#8, 2" long, steel					5.75			5.75	6.35	
	0300		Brass					28.40			28.40	31	
	0400		#10, 1" long, steel					3.70			3.70	4.07	
	0500		Brass					19.75			19.75	22	
	0600		#10, 2" long, steel					6.60			6.60	7.25	
	0700		Brass					35			35	39	
	0800		#10, 3" long, steel					12.10			12.10	13.30	
	1000		#12, 2" long, steel					8.90			8.90	9.80	

For expanded coverage of these items see *Means Interior Cost Data 1992*

060 | Fasteners and Adhesives

060 500	Fasteners & Adhesives	CREW	DAILY OUTPUT	MAN-HOURS	UNIT	1992 BARE COSTS				TOTAL INCL O&P
						MAT.	LABOR	EQUIP.	TOTAL	
1100	Brass				C	44.20			44.20	49
1500	#12, 3" long, steel					14			14	15.40
2000	#12, 4" long, steel					25			25	28

516 | | | | | | | | | | | 516

061 | Rough Carpentry

061 150	Sheathing	CREW	DAILY OUTPUT	MAN-HOURS	UNIT	1992 BARE COSTS				TOTAL INCL O&P
						MAT.	LABOR	EQUIP.	TOTAL	
0010	SHEATHING Plywood on roof, CDX									
0030	5/16" thick	F-2	1,600	.010	S.F.	.23	.23	.01	.47	.62
0050	3/8" thick		1,525	.010		.24	.24	.01	.49	.65
0100	1/2" thick		1,400	.011		.29	.26	.01	.56	.74
0200	5/8" thick		1,300	.012		.36	.28	.01	.65	.85
0300	3/4" thick		1,200	.013		.42	.30	.01	.73	.95
0500	Plywood on walls with exterior CDX, 3/8" thick		1,200	.013		.24	.30	.01	.55	.75
0600	1/2" thick		1,125	.014		.29	.32	.01	.62	.84
0700	5/8" thick		1,050	.015		.36	.35	.02	.73	.95
0800	3/4" thick		975	.016		.42	.37	.02	.81	1.06

154 | | | | | | | | | | | 154

102 | Louvers, Corner Protection and Access Flooring

102 700	Access Flooring	CREW	DAILY OUTPUT	MAN-HOURS	UNIT	1992 BARE COSTS				TOTAL INCL O&P
						MAT.	LABOR	EQUIP.	TOTAL	
0010	PEDESTAL ACCESS FLOORS Computer room application, metal									
0020	Particle board or steel panels, no covering, under 6,000 S.F.	2 Carp	1,000	.016	S.F.	5.30	.37		5.67	6.40
0300	Metal covered, over 6,000 S.F.		1,100	.015		5.30	.33		5.63	6.35
0400	Aluminum, 24" panels		500	.032		15.45	.73		16.18	18.15
0600	For carpet covering, add					2.45			2.45	2.70
0700	For vinyl floor covering, add					3.50			3.50	3.85
0900	For high pressure laminate covering, add					3.35			3.35	3.68
0910	For snap on stringer system, add	2 Carp	1,000	.016		.60	.37		.97	1.23
0950	Office applications, to 8" high, steel panels,									
0960	no covering, over 6,000 S.F.	2 Carp	400	.040	S.F.	4.85	.91		5.76	6.75
1000	Machine cutouts after initial installation	1 Carp	10	.800	Ea.	5.65	18.30		23.95	35
1050										
1100	Air conditioning grilles, 4" x 12"	1 Carp	17	.471	Ea.	25.75	10.75		36.50	45
1150	4" x 18"	"	14	.571	"	30.45	13.05		43.50	54
1200	Approach ramps, minimum	2 Carp	85	.188	S.F.	10	4.30		14.30	17.70
1300	Maximum	"	60	.267	"	20	6.10		26.10	31
1500	Handrail, 2 rail aluminum	1 Carp	15	.533	L.F.	25.95	12.20		38.15	48

705 | | | | | | | | | | | 705

10 SPECIALTIES

108 | Toilet and Bath Accessories and Scales

108 200 | Bath Accessories

			CREW	DAILY OUTPUT	MAN-HOURS	UNIT	MAT.	LABOR	EQUIP.	TOTAL	TOTAL INCL O&P	
208	0010	MEDICINE CABINETS With mirror, st. st. frame, 16" x 22", unlighted	1 Carp	14	.571	Ea.	55	13.05		68.05	81	208
	0100	Wood frame		14	.571		60	13.05		73.05	86	
	0300	Sliding mirror doors, 20" x 16" x 4-3/4", unlighted		7	1.143		56	26		82	100	
	0400	24" x 19" x 8-1/2", lighted		5	1.600		95	37		132	160	
	0600	Triple door, 30" x 32", unlighted, plywood body		7	1.143		185	26		211	245	
	0700	Steel body		7	1.143		245	26		271	310	
	0900	Oak door, wood body, beveled mirror, single door		7	1.143		104	26		130	155	
	1000	Double door		6	1.333		205	30		235	275	
	1200	Hotel cabinets, stainless, with lower shelf, unlighted		10	.800		150	18.30		168.30	195	
	1300	Lighted		5	1.600		220	37		257	300	

110 | Equipment

110 600 | Theater/Stage Equip

			CREW	DAILY OUTPUT	MAN-HOURS	UNIT	MAT.	LABOR	EQUIP.	TOTAL	TOTAL INCL O&P	
601	0010	STAGE EQUIPMENT Control boards with dimmers & breakers										601
	0050	Minimum	1 Elec	1	8	Ea.	2,000	210		2,210	2,500	
	0100	Average		.50	16		7,000	420		7,420	8,325	
	0150	Maximum		.20	40		30,000	1,050		31,050	34,600	
	2000	Lights, border, quartz, reflector, vented,										
	2100	colored or white	1 Elec	20	.400	L.F.	115	10.45		125.45	140	
	2500	Spotlight, follow spot, with transformer, 2,100 watt	"	4	2	Ea.	1,100	52		1,152	1,300	
	2600	For no transformer, deduct					400			400	440	
	3000	Stationary spot, fresnel quartz, 6" lens	1 Elec	4	2		95	52		147	180	
	3100	8" lens		4	2		150	52		202	245	
	3500	Ellipsoidal quartz, 1,000W, 6" lens		4	2		200	52		252	300	
	3600	12" lens		4	2		350	52		402	465	
	4000	Strobe light, 1 to 15 flashes per second, quartz		3	2.667		450	70		520	600	
	4500	Color wheel, portable, five hole, motorized		4	2		85	52		137	170	
604	0010	MOVIE EQUIPMENT Changeover, minimum				Ea.	345			345	380	604
	0100	Maximum					650			650	715	
	0800	Lamphouses, incl. rectifiers, xenon, 1,000 watt	1 Elec	2	4		5,600	105		5,705	6,325	
	0900	1,600 watt		2	4		6,300	105		6,405	7,075	
	1000	2,000 watt		1.50	5.333		6,500	140		6,640	7,350	
	1100	4,000 watt		1.50	5.333		9,200	140		9,340	10,300	
	3700	Sound systems, incl. amplifier, single system, minimum		.90	8.889		1,800	230		2,030	2,325	
	3800	Dolby/Super Sound, maximum		.40	20		10,000	520		10,520	11,800	
	4100	Dual system, minimum		.70	11.429		3,000	300		3,300	3,750	
	4200	Dolby/Super Sound, maximum		.40	20		12,000	520		12,520	14,000	
	5300	Speakers, recessed behind screen, minimum		2	4		1,300	105		1,405	1,575	
	5400	Maximum		1	8		2,225	210		2,435	2,750	
	7000	For automation, varying sophistication, minimum		1	8	System	1,280	210		1,490	1,725	
	7100	Maximum	2 Elec	.30	53.333	"	4,000	1,400		5,400	6,475	

111 | Mercantile, Commercial and Detention Equipment

111 100 | Laundry/Dry Cleaning

			CREW	DAILY OUTPUT	MAN-HOURS	UNIT	1992 BARE COSTS MAT.	LABOR	EQUIP.	TOTAL	TOTAL INCL O&P	
101	0010	LAUNDRY EQUIPMENT Not incl. rough-in. Dryers, gas fired										101
	2000	Dry cleaners, electric, 20 lb. capacity	L-1	.20	80	Ea.	24,500	2,100		26,600	30,100	
	2050	25 lb. capacity		.17	94.118		30,500	2,475		32,975	37,300	
	2100	30 lb. capacity		.15	106		36,000	2,800		38,800	43,800	
	2150	60 lb. capacity		.09	177		52,500	4,675		57,175	65,000	
	3500	Folders, blankets & sheets, minimum	1 Elec	.17	47.059		16,500	1,225		17,725	20,000	
	3700	King size with automatic stacker		.10	80		33,450	2,100		35,550	39,900	
	3800	For conveyor delivery, add		.45	17.778		4,500	465		4,965	5,650	
	4500	Ironers, institutional, 110", single roll		.20	40		14,700	1,050		15,750	17,700	
	5000	Washers, residential, 4 cycle, average	1 Plum	3	2.667		560	71		631	720	
	5300	Commercial, coin operated, average	"	3	2.667		835	71		906	1,025	
	6000	Combination washer/extractor, 20 lb. capacity	L-6	1.50	8		2,400	210		2,610	2,950	
	6100	30 lb. capacity		.80	15		7,450	395		7,845	8,800	
	6200	50 lb. capacity		.68	17.647		7,950	465		8,415	9,450	
	6300	75 lb. capacity		.30	40		14,000	1,050		15,050	17,000	
	6350	125 lb. capacity		.16	75		19,000	1,975		20,975	23,900	

111 500 | Parking Control Equip

501	0010	PARKING EQUIPMENT Traffic, detectors, magnetic	2 Elec	2.70	5.926	Ea.	440	155		595	715	501
	0200	Single treadle		2.40	6.667		680	175		855	1,000	
	0500	Automatic gates, 8' arm, one way		1.10	14.545		2,360	380		2,740	3,175	
	0650	Two way		1.10	14.545		2,360	380		2,740	3,175	
	3500	Ticket printer and dispenser, standard		1.40	11.429		4,700	300		5,000	5,625	
	3700	Rate computing		1.40	11.429		5,200	300		5,500	6,175	
	4000	Card control station, single period		4.10	3.902		550	100		650	755	
	4200	4 period		4.10	3.902		570	100		670	780	
	4500	Key station on pedestal		4.10	3.902		285	100		385	465	
	4750	Coin station, multiple coins		4.10	3.902		2,900	100		3,000	3,350	

111 700 | Waste Handling Equip

701	0010	WASTE HANDLING Compactors, 115 volt, 250#/hr., chute fed	L-4	1	24	Ea.	7,400	515		7,915	8,950	701
	1000	Heavy duty industrial compactor, 0.5 C.Y. capacity		1	24		4,500	515		5,015	5,750	
	1050	1.0 C.Y. capacity		1	24		7,475	515		7,990	9,025	
	1100	2.5 C.Y. capacity		.50	48		13,200	1,025		14,225	16,100	
	1150	5.0 C.Y. capacity		.50	48		21,400	1,025		22,425	25,100	
	1200	Combination shredder/compactor (5,000 lbs./hr.)		.50	48		25,000	1,025		26,025	29,100	
	1400	For handling hazardous waste materials, 55 gallon drum packer, std.					11,600			11,600	12,800	
	1410	55 gallon drum packer w/HEPA filter					14,800			14,800	16,300	
	1420	55 gallon drum packer w/charcoal & HEPA filter					18,800			18,800	20,700	
	1430	All of the above made explosion proof, add					9,000			9,000	9,900	
	1500	Crematory, not including building, 1 place	Q-3	.20	160		42,000	4,050		46,050	52,500	
	1750	2 place	"	.10	320		60,000	8,075		68,075	78,000	
	3750	Incinerator, electric, 100 lb. per hr., minimum	L-9	.75	48		13,000	990		13,990	15,900	
	3850	Maximum		.70	51.429		26,000	1,050		27,050	30,300	
	4000	400 lb. per hr., minimum		.60	60		25,000	1,225		26,225	29,500	
	4100	Maximum		.50	72		60,000	1,475		61,475	68,500	
	4250	1,000 lb. per hr., minimum		.25	144		68,000	2,975		70,975	79,500	
	4350	Maximum		.20	180		140,000	3,700		143,700	160,000	
	5800	Shredder, industrial, minimum					15,000			15,000	16,500	
	5850	Maximum					80,000			80,000	88,000	
	5900	Baler, industrial, minimum					6,000			6,000	6,600	
	5950	Maximum					350,000			350,000	385,000	

11 EQUIPMENT

114 | Food Service, Residential, Darkroom, Athletic Equipment

114 000 | Food Service Equipment

			CREW	DAILY OUTPUT	MAN-HOURS	UNIT	MAT.	LABOR	EQUIP.	TOTAL	TOTAL INCL O&P	
002	0010	**APPLIANCES** Cooking range, 30" free standing, 1 oven, minimum	2 Clab	10	1.600	Ea.	270	29		299	340	002
	0050	Maximum		4	4		1,200	72		1,272	1,425	
	0700	Free-standing, 21" wide range, 1 oven, minimum		10	1.600		300	29		329	375	
	0750	Maximum		4	4		410	72		482	565	
	0900	Counter top cook tops, 4 burner, standard, minimum	1 Elec	6	1.333		210	35		245	285	
	0950	Maximum		3	2.667		480	70		550	630	
	1050	As above, but with grille and griddle attachment, minimum		6	1.333		320	35		355	405	
	1100	Maximum		3	2.667		520	70		590	675	
	1200	Induction cooktop, 30" wide		3	2.667		700	70		770	875	
	1250	Microwave oven, minimum		4	2		100	52		152	190	
	1300	Maximum		2	4		1,525	105		1,630	1,825	
	1500	Combination range, refrigerator and sink, 30" wide, minimum	L-1	2	8		520	210		730	885	
	1550	Maximum		1	16		1,180	420		1,600	1,925	
	1570	60" wide, average		1.40	11.429		1,875	300		2,175	2,525	
	1590	72" wide, average		1.20	13.333		2,100	350		2,450	2,825	
	1600	Office model, 48" wide		2	8		1,575	210		1,785	2,050	
	1620	Refrigerator and sink only		2.40	6.667		1,625	175		1,800	2,050	
	1640	Combination range, refrigerator, sink, microwave										
	1660	oven and ice maker	L-1	.80	20	Ea.	3,175	525		3,700	4,275	
	2450	Dehumidifier, portable, automatic, 15 pint					175			175	195	
	2550	40 pint					270			270	295	
	2750	Dishwasher, built-in, 2 cycles, minimum	L-1	4	4		230	105		335	410	
	2800	Maximum		2	8		390	210		600	745	
	2950	4 or more cycles, minimum		4	4		300	105		405	490	
	3000	Maximum		2	8		700	210		910	1,075	
	3300	Garbage disposer, sink type, minimum		10	1.600		55	42		97	125	
	3350	Maximum		10	1.600		205	42		247	290	
	3550	Heater, electric, built-in, 1250 watt, ceiling type, minimum	1 Elec	4	2		40	52		92	120	
	3600	Maximum		3	2.667		100	70		170	215	
	3700	Wall type, minimum		4	2		40	52		92	120	
	3750	Maximum		3	2.667		75	70		145	185	
	3900	1500 watt wall type, with blower		4	2		75	52		127	160	
	3950	3000 watt		3	2.667		130	70		200	245	
	4150	Hood for range, 2 speed, vented, 30" wide, minimum	L-3	5	3.200		40	78		118	165	
	4200	Maximum		3	5.333		260	130		390	485	
	4300	42" wide, minimum		5	3.200		155	78		233	290	
	4350	Maximum		3	5.333		300	130		430	530	
	4500	For ventless hood, 2 speed, add					12			12	13.20	
	4650	For vented 1 speed, deduct from maximum					25			25	28	
	4850	Humidifier, portable, 8 gallons per day					90			90	99	
	5000	15 gallons per day					160			160	175	
	6900	Water heater, electric, glass lined, 30 gallon, minimum	L-1	5	3.200		135	84		219	275	
	6950	Maximum		3	5.333		315	140		455	555	
	7100	80 gallon, minimum		2	8		225	210		435	565	
	7150	Maximum		1	16		535	420		955	1,225	
004	0010	**KITCHEN EQUIPMENT** Bake oven gas, one section	Q-1	8	2	Ea.	3,030	48		3,078	3,400	004
	1300	Broiler, without oven, standard	"	8	2		2,660	48		2,708	3,000	
	1550	Infra-red	L-7	4	7		3,650	155		3,805	4,250	
	1850	Coffee urns, twin 6 gallon urns					4,000			4,000	4,400	
	2350	Cooler, reach-in, beverage, 6' long	Q-1	6	2.667		2,200	63		2,263	2,525	
	2700	Dishwasher, commercial, rack type										
	2720	10 to 12 racks per hour	Q-1	3.20	5	Ea.	2,000	120		2,120	2,375	
	2750	Semi-automatic 38 to 50 racks per hour	"	1.30	12.308		4,200	295		4,495	5,050	
	3300	Food warmer, counter, 1.2 KW					600			600	660	
	3550	1.6 KW					740			740	815	
	3800	Food mixers, 20 quarts	L-7	7	4		2,750	88		2,838	3,150	
	4000	60 quarts		5	5.600		9,200	125		9,325	10,300	

114 | Food Service, Residential, Darkroom, Athletic Equipment

114 000 | Food Service Equipment

			CREW	DAILY OUTPUT	MAN-HOURS	UNIT	1992 BARE COSTS MAT.	LABOR	EQUIP.	TOTAL	TOTAL INCL O&P	
004	6350	Kettles, steam-jacketed, 20 gallons	L-7	7	4	Ea.	5,150	88		5,238	5,800	004
	6600	60 gallons	↓	6	4.667		6,700	100		6,800	7,525	
	8550	With glass doors, 68 C.F.	Q-1	4	4		5,075	95		5,170	5,725	
	8850	Steamer, electric 27 KW	L-7	7	4		5,300	88		5,388	5,975	
	9100	Electric, 10 KW or gas 100,000 BTU	"	5	5.600		2,800	125		2,925	3,275	
	9150	Toaster, conveyor type, 16-22 slices per minute					1,560			1,560	1,725	
	9200	For deluxe models of above equipment, add				↓	75%					
	9400	Rule of thumb: Equipment cost based										
	9410	on kitchen work area										
	9420	Office buildings, minimum	L-7	77	.364	S.F.	41	7.95		48.95	57	
	9450	Maximum		58	.483		69	10.60		79.60	92	
	9550	Public eating facilities, minimum		77	.364		54	7.95		61.95	72	
	9600	Maximum		46	.609		87	13.35		100.35	115	
	9750	Hospitals, minimum		58	.483		55	10.60		65.60	77	
	9800	Maximum	↓	39	.718	↓	92	15.75		107.75	125	

114 800 | Athletic/Recreational

			CREW	DAILY OUTPUT	MAN-HOURS	UNIT	MAT.	LABOR	EQUIP.	TOTAL	TOTAL INCL O&P	
805	0010	SCHOOL EQUIPMENT For exterior equipment see division 028										805
	0020											
	7000	Scoreboards, baseball, minimum	R-3	1.30	15.385	Ea.	1,950	400	85	2,435	2,825	
	7200	Maximum		.05	400		16,000	10,400	2,200	28,600	35,500	
	7300	Football, minimum		.86	23.256		4,800	605	130	5,535	6,325	
	7400	Maximum		.20	100		50,000	2,600	555	53,155	59,500	
	7500	Basketball (one side), minimum		2.07	9.662		2,000	250	53	2,303	2,625	
	7600	Maximum		.30	66.667		16,000	1,725	370	18,095	20,600	
	7700	Hockey-basketball (four sides), minimum		.25	80		7,300	2,075	440	9,815	11,600	
	7800	Maximum	↓	.15	133	↓	25,000	3,450	735	29,185	33,500	

116 | Laboratory, Planetarium, Observatory Equipment

116 000 | Laboratory Equipment

			CREW	DAILY OUTPUT	MAN-HOURS	UNIT	1992 BARE COSTS MAT.	LABOR	EQUIP.	TOTAL	TOTAL INCL O&P	
001	0010	LABORATORY EQUIPMENT Cabinets, base, door units, metal	2 Carp	18	.889	L.F.	82	20		102	120	001
	2550	Glassware washer, distilled water rinse, minimum	L-1	1.80	8.889	Ea.	3,750	235		3,985	4,475	
	2600	Maximum	"	1	16	"	15,400	420		15,820	17,600	
	4200	Alternate pricing method: as percent of lab furniture										
	4400	Installation, not incl. plumbing & duct work				% Furn.					22%	
	4800	Plumbing, final connections, simple system									10%	
	5000	Moderately complex system									15%	
	5200	Complex system									20%	
	5400	Electrical, simple system									10%	
	5600	Moderately complex system									20%	
	5800	Complex system				↓					35%	
	6000	Safety equipment, eye wash, hand held				Ea.	206			206	225	
	6200	Deluge shower				"	122			122	135	
	6300	Rule of thumb: lab furniture including installation & connection										
	6320	High school				S.F.					23	
	6340	College									34	
	6360	Clinical, health care									29	
	6380	Industrial				↓					47	

117 | Medical Equipment

		117 000	Medical Equipment	CREW	DAILY OUTPUT	MAN-HOURS	UNIT	1992 BARE COSTS MAT.	LABOR	EQUIP.	TOTAL	TOTAL INCL O&P	
001	0010		MEDICAL EQUIPMENT Autopsy table, standard	1 Plum	1	8	Ea.	5,500	210		5,710	6,375	001
	6200		Steam generators, electric 10 KW to 180 KW										
	6250		Minimum	1 Elec	3	2.667	Ea.	3,500	70		3,570	3,950	
	6300		Maximum	"	.70	11.429		18,000	300		18,300	20,200	
	6700		Surgical lights, doctor's office, single arm	2 Elec	.90	17.778		1,100	465		1,565	1,900	
	6750		Dual arm	"	.30	53.333		3,500	1,400		4,900	5,925	

130 | Special Construction

		130 250	Integrated Ceilings	CREW	DAILY OUTPUT	MAN-HOURS	UNIT	1992 BARE COSTS MAT.	LABOR	EQUIP.	TOTAL	TOTAL INCL O&P	
251	0010		INTEGRATED CEILINGS Lighting, ventilating & acoustical										251
	0100		Luminaire, incl. connections, 5' x 5' modules, 50% lighted	L-3	90	.178	S.F.	3.29	4.34		7.63	10.25	
	0200		100% lighted	"	50	.320		4.91	7.80		12.71	17.40	
	0400		For ventilating capacity with perforations, add									.26	
	0600		For supply air diffuser, add				Ea.					63	
	0700		Dimensionaire, 2' x 4' board system, see also div. 095-106	L-3	50	.320	L.F.	7.67	7.80		15.47	20	
	0900		Tile system	1 Carp	250	.032	S.F.	2	.73		2.73	3.34	
	1000		For air bar suspension, add, minimum									.57	
	1100		Maximum									.97	
	1200		For vaulted coffer, including fixture, stock, add				Ea.	74.50			74.50	82	
	1300		Custom, add, minimum									130	
	1400		Average									340	
	1500		Maximum									565	
	1800		Radiant hot water system with finished acoustic ceiling,										
	1810		not including supply piping. Heating only (gross S.F.)										
	2100		Elementary schools, minimum				S.F.					4.81	
	2200		Maximum									6.05	
	2400		High schools and colleges, minimum									4.27	
	2500		Maximum									6.05	
	2700		Libraries, minimum									4.32	
	2800		Maximum									5.70	
	3000		Hospitals, minimum									5.90	
	3100		Maximum									7.35	
	3300		Office buildings, minimum									4.21	
	3400		Maximum									5.55	
	3600		For combined heating and cooling, add, minimum					30%	30%				
	3700		Maximum					40%	40%				
	4000		Radiant electric ceiling board, strapped between joists	1 Elec	250	.032		1.59	.84		2.43	3	
	4100		2' x 4' heating panel for grid system, manila finish		25	.320	Ea.	36.70	8.35		45.05	53	
	4200		Textured epoxy finish		22	.364		37.80	9.50		47.30	56	
	4300		Vinyl finish		19	.421		39.95	11		50.95	60	
	4400		Hair cell, ABS plastic finish		13	.615		64.80	16.05		80.85	95	
	4500		2' x 4' alternate blank panel, for use with above										
	4600		Manila finish	1 Elec	50	.160	Ea.	8.75	4.18		12.93	15.85	
	4700		Textured epoxy finish		45	.178		19.35	4.64		23.99	28	
	4800		Vinyl finish		40	.200		21.45	5.20		26.65	31	
	4900		Hair cell, ABS plastic finish		25	.320		58.30	8.35		66.65	77	

		130 360	Clean Rooms										
361	0010		CLEAN ROOM Ceiling systems, including grid, blank panels,										361
	0020		HEPA filters, tear drop lights,										

130 | Special Construction

130 360 | Clean Rooms

			CREW	DAILY OUTPUT	MAN-HOURS	UNIT	1992 BARE COSTS				TOTAL INCL O&P
							MAT.	LABOR	EQUIP.	TOTAL	
361	0100	Pressurized plenum type, silicone seal,										361
	0120	Class 10,000 (30% HEPA)				S.F.					35
	0200	Class 100 (80% HEPA)									60
	0300	100% HEPA									75
	0500	Channel seal, class 100									80
	0600	Class 10									100
	1000	Hooded filter type, class 100									40
	2800	Ceiling grid support, slotted channel struts 4'-0" O.C., ea. way				↓					6.50
	3000	Ceiling panel, vinyl coated foil on mineral substrate									
	3020	Sealed, non-perforated				S.F.					1.40
	4000	Ceiling panel seal, silicone sealant, 150 L.F./gal.	1 Carp	150	.053	L.F.	.22	1.22		1.44	2.14
	4100	Two sided adhesive tape	"	240	.033	"	.10	.76		.86	1.29
	4200	Clips, one per panel				Ea.	.85			.85	.94
	6000	HEPA filter, 2'x4', 99.97% eff., 3" dp beveled frame (silicone seal)					300			300	330
	6040	6" deep skirted frame (channel seal)					400			400	440
	6100	99.99% efficient, 3" deep beveled frame (silicone seal)					200			200	220
	6140	6" deep skirted frame (channel seal)					400			400	440
	6200	99.999% efficient, 3" deep beveled frame (silicone seal)					225			225	250
	6240	6" deep skirted frame (channel seal)				↓	400			400	440
	7000	Wall panel systems, including channel strut framing									
	7020	Polyester coated aluminum, particle board				S.F.					20
	7100	Porcelain coated aluminum, particle board									35
	7400	Wall panel support, slotted channel struts, to 12' high				↓					18

130 520 | Saunas

521	0010	SAUNA Prefabricated, incl. heater & controls, 7' high, 6' x 4'	L-7	2.20	12.727	Ea.	2,750	280		3,030	3,450	521
	0400	6' x 5'		2	14		3,075	305		3,380	3,850
	0600	6' x 6'		1.80	15.556		3,400	340		3,740	4,275
	0800	6' x 9'		1.60	17.500		4,450	385		4,835	5,500
	1000	8' x 12'		1.10	25.455		5,525	560		6,085	6,950
	1200	8' x 8'		1.40	20		4,350	440		4,790	5,475
	1400	8' x 10'		1.20	23.333		5,400	510		5,910	6,725
	1600	10' x 12'	↓	1	28		6,200	615		6,815	7,775
	2500	Heaters only (incl. above), wall mounted, to 200 C.F.					375			375	415
	2750	To 300 C.F.					480			480	530
	3000	Floor standing, to 720 C.F., 10,000 watts	1 Elec	3	2.667		720	70		790	895
	3250	To 1,000 C.F., 12,500 watts	"	3	2.667	↓	780	70		850	960

130 540 | Steam Baths

541	0010	STEAM BATH Heater, timer & head, single, to 140 C.F.	1 Plum	1.20	6.667	Ea.	790	175		965	1,125	541
	0500	To 300 C.F.		1.10	7.273		900	190		1,090	1,275
	1000	Commercial size, to 800 C.F.		.90	8.889		1,475	235		1,710	1,975
	1500	To 2500 C.F.	↓	.80	10		4,150	265		4,415	4,975
	2000	Multiple baths, motels, apartment, 2 baths	Q-1	1.30	12.308		1,200	295		1,495	1,750
	2500	4 baths	"	.70	22.857	↓	1,475	545		2,020	2,450

130 910 | Radiation Protection

911	0010	SHIELDING LEAD										911
	0100	Laminated lead in wood doors, 1/16" thick				S.F.	20			20	22
	0200	Lead lined door frame, not incl. steel frame									
	0210	or hardware, 1/16" thick	1 Lath	2.40	3.333	Ea.	250	76		326	390
	0300	Lead lath or sheets, 1/16" thick	2 Lath	135	.119	S.F.	4.50	2.70		7.20	8.95
	0400	1/8" thick		120	.133	"	8.50	3.03		11.53	13.85
	0600	Lead glass, 1/4" thick, 12" x 16"		13	1.231	Ea.	167	28		195	225
	0700	24" x 36"		8	2		750	46		796	895
	0800	36" x 60"		2	8		1,875	180		2,055	2,325
	0850	Frame with 1/16" lead and voice passage, 36" x 60"	↓	2	8	↓	545	180		725	870

SPECIAL CONSTRUCTION

130 | Special Construction

130 910	Radiation Protection	CREW	DAILY OUTPUT	MAN-HOURS	UNIT	1992 BARE COSTS MAT.	LABOR	EQUIP.	TOTAL	TOTAL INCL O&P	
911	0870	24" x 36" frame	2 Lath	8	2	Ea.	420	46		466	530	911
	0900	Lead gypsum board, 5/8" thick with 1/16" lead		160	.100	S.F.	7	2.28		9.28	11.10	
	0910	1/8" lead		140	.114		7.35	2.60		9.95	11.95	
	0930	1/32" lead		200	.080		3.25	1.82		5.07	6.30	
	0950	Lead headed nails (average 1 lb. per sheet)				Lb.	5			5	5.50	
	1000	Butt joints in 1/8" lead or thicker, 2" batten strip x 7' long	2 Lath	240	.067	Ea.	7.50	1.52		9.02	10.50	
	1200	X-ray protection, average radiography or fluoroscopy										
	1210	room, up to 300 S.F. floor, 1/16" lead, minimum	2 Lath	.25	64	Total	3,000	1,450		4,450	5,475	
	1500	Maximum, 7'-0" walls	"	.15	106	"	4,000	2,425		6,425	8,000	
	1600	Deep therapy X-ray room, 250 KV capacity,										
	1800	up to 300 S.F. floor, 1/4" lead, minimum	2 Lath	.08	200	Total	8,500	4,550		13,050	16,100	
	1900	Maximum, 7'-0" walls	"	.06	266	"	11,500	6,075		17,575	21,700	
	2000	X-ray viewing panels, clear lead plastic										
	2010	7 mm thick, 0.3 mm LE, 2.3 lbs/S.F.	H-3	139	.115	S.F.	80	2.34		82.34	92	
	2020	12 mm thick, 0.5 mm LE, 3.9 lbs/S.F.		82	.195		98	3.96		101.96	115	
	2030	18 mm thick, 0.8mm LE, 5.9 lbs/S.F.		54	.296		106	6		112	125	
	2040	22 mm thick, 1.0 mm LE, 7.2 lbs/S.F.		44	.364		110	7.40		117.40	130	
	2050	35 mm thick, 1.5 mm LE, 11.5 lbs/S.F.		28	.571		122	11.60		133.60	150	
	2060	46 mm thick, 2.0 mm LE, 15.0 lbs/S.F.		21	.762		166	15.45		181.45	205	
	2090	For panels 12 S.F. to 48 S.F., add crating charge				Ea.					50	
	4000	X-ray barriers, modular, panels mounted within framework for										
	4002	attaching to floor, wall or ceiling, upper portion is clear lead										
	4005	plastic window panels 48"H, lower portion is opaque leaded										
	4008	steel panels 36"H, structural supports not incl.										
	4010	1-section barrier, 36"W x 84"H overall										
	4020	0.5 mm LE panels	H-3	6.40	2.500	Ea.	1,790	51		1,841	2,050	
	4030	0.8 mm LE panels		6.40	2.500		1,890	51		1,941	2,150	
	4040	1.0 mm LE panels		5.33	3.002		1,930	61		1,991	2,225	
	4050	1.5 mm LE panels		5.33	3.002		2,080	61		2,141	2,375	
	4060	2-section barrier, 72"W x 84"H overall										
	4070	0.5 mm LE panels	H-3	4	4	Ea.	3,860	81		3,941	4,375	
	4080	0.8 mm LE panels		4	4		4,055	81		4,136	4,575	
	4090	1.0 mm LE panels		3.56	4.494		4,140	91		4,231	4,700	
	5000	1.5 mm LE panels		3.20	5		4,445	100		4,545	5,050	
	5010	3-section barrier, 108"W x 84"H overall										
	5020	0.5 mm LE panels	H-3	3.20	5	Ea.	5,890	100		5,990	6,625	
	5030	0.8 mm LE panels		3.20	5		6,180	100		6,280	6,950	
	5040	1.0 mm LE panels		2.67	5.993		6,310	120		6,430	7,125	
	5050	1.5 mm LE panels		2.46	6.504		6,765	130		6,895	7,650	
	7000	X-ray barriers, mobile, mounted within framework w/casters on										
	7005	bottom, clear lead plastic window panels on upper portion,										
	7010	opaque on lower, 30"W x 75"H overall, incl. framework										
	7020	24"H upper w/0.5 mm LE, 48"H lower w/0.8 mm LE	1 Carp	16	.500	Ea.	1,345	11.45		1,356.45	1,500	
	7030	48"W x 75"H overall, incl. framework										
	7040	36"H upper w/0.5 mm LE, 36"H lower w/0.8 mm LE	1 Carp	16	.500	Ea.	2,220	11.45		2,231.45	2,450	
	7050	36"H upper w/1.0 mm LE, 36"H lower w/1.5 mm LE	"	16	.500	"	2,875	11.45		2,886.45	3,175	
	7060	72"W x 75"H overall, incl. framework										
	7070	36"H upper w/0.5 mm LE, 36"H lower w/0.8 mm LE	1 Carp	16	.500	Ea.	2,820	11.45		2,831.45	3,125	
	7080	36"H upper w/1.0 mm LE, 36"H lower w/1.5 mm LE	"	16	.500	"	3,595	11.45		3,606.45	3,975	
912	0010	**SHIELDING, RADIO FREQUENCY**										912
	0020	Prefabricated or screen-type copper or steel, minimum	2 Carp	180	.089	SF Surf	23	2.03		25.03	28	
	0100	Average		155	.103		25	2.36		27.36	31	
	0150	Maximum		145	.110		30	2.52		32.52	37	

131 | Pre-Eng. Structures, Pools and Ice Rinks

131 520 | Swimming Pools

			CREW	DAILY OUTPUT	MAN-HOURS	UNIT	MAT.	LABOR	EQUIP.	TOTAL	TOTAL INCL O&P	
523	0010	**SWIMMING POOL EQUIPMENT** Diving stand, stainless steel, 3 meter	2 Carp	.40	40	Ea.	3,050	915		3,965	4,775	523
	2100	Lights, underwater, 12 volt, with transformer, 300 watt	1 Elec	.40	20		205	520		725	1,000	
	2200	110 volt, 500 watt, standard	↓	.40	20		73	520		593	860	
	2400	Low water cutoff type		.40	20	↓	73	520		593	860	
	2800	Heaters, see division 155-150										
525	0010	**SWIMMING POOLS** Residential in-ground, vinyl lined, concrete sides										525
	0020	Sides including equipment, sand bottom	B-52	300	.187	SF Surf	10.05	3.96	1.39	15.40	18.75	
	0100	Metal or polystyrene sides	B-14	410	.117		8.40	2.23	.48	11.11	13.20	
	0200	Add for vermiculite bottom				↓	.65			.65	.71	
	0500	Gunite bottom and sides, white plaster finish										
	0600	12' x 30' pool	B-52	145	.386	SF Surf	14	8.20	2.88	25.08	31	
	0720	16' x 32' pool		155	.361		8.25	7.65	2.69	18.59	24	
	0750	20' x 40' pool	↓	250	.224		8	4.75	1.67	14.42	18.05	
	0810	Concrete bottom and sides, tile finish										
	0820	12' x 30' pool	B-52	80	.700	SF Surf	16.80	14.85	5.20	36.85	47	
	0830	16' x 32' pool		95	.589		13.90	12.50	4.39	30.79	40	
	0840	20' x 40' pool	↓	130	.431		11.05	9.15	3.21	23.41	30	
	1100	Motel, gunite with plaster finish, incl. medium										
	1150	capacity filtration & chlorination	B-52	115	.487	SF Surf	17.50	10.35	3.63	31.48	39	
	1200	Municipal, gunite with plaster finish, incl. high										
	1250	capacity filtration & chlorination	B-52	100	.560	SF Surf	20	11.90	4.18	36.08	45	
	1350	Add for formed gutters				L.F.	46			46	51	
	1360	Add for stainless steel gutters				"	125			125	140	
	1700	Filtration and deck equipment only, as % of total				Total				20%	20%	
	1800	Deck equipment, rule of thumb, 20' x 40' pool				SF Pool					1.30	
	1900	5000 S.F. pool				"					1.90	

133 | Utility Control Systems

133 300 | Power Control Systems

			CREW	DAILY OUTPUT	MAN-HOURS	UNIT	MAT.	LABOR	EQUIP.	TOTAL	TOTAL INCL O&P	
311	0010	**RADIO TOWERS** Guyed, 50'h, 40 lb. sec., 70MPH basic wind spd.	2 Sswk	1	16	Ea.	1,425	400		1,825	2,275	311
	0100	Wind load 90 MPH basic wind speed	"	1	16		1,425	400		1,825	2,275	
	0300	190' high, 40 lb. section, wind load 70 MPH basic wind speed	K-2	.33	72.727		3,850	1,725	465	6,040	7,700	
	0400	200' high, 70 lb. section, wind load 90 MPH basic wind speed		.33	72.727		7,750	1,725	465	9,940	12,000	
	0600	300' high, 70 lb. section, wind load 70 MPH basic wind speed		.20	120		10,900	2,850	765	14,515	17,700	
	0700	270' high, 90 lb. section, wind load 90 MPH basic wind speed		.20	120		12,650	2,850	765	16,265	19,600	
	0800	400' high, 100 lb. section, wind load 70 MPH basic wind speed		.14	171		18,500	4,075	1,100	23,675	28,500	
	0900	Self-supporting, 60' high, wind load 70 MPH basic wind speed		.80	30		2,975	710	190	3,875	4,700	
	1000	120' high, wind load 70MPH basic wind speed		.40	60		6,125	1,425	385	7,935	9,600	
	1200	190' high, wind load 90 MPH basic wind speed		.20	120	↓	17,600	2,850	765	21,215	25,100	
	2000	For states west of Rocky Mountains, add for shipping					10%					

13 SPECIAL CONSTRUCTION

151 | Pipe and Fittings

151 900 | Pipe Supports/Hangers

			CREW	DAILY OUTPUT	MAN-HOURS	UNIT	MAT.	LABOR	EQUIP.	TOTAL	TOTAL INCL O&P
901	0010	**PIPE HANGERS AND SUPPORTS**									
	0050	Brackets									
	0060	Beam side or wall, malleable iron									
	0070	3/8" threaded rod size	1 Plum	48	.167	Ea.	.95	4.41		5.36	7.70
	0080	1/2" threaded rod size		48	.167		1.35	4.41		5.76	8.15
	0090	5/8" threaded rod size		48	.167		2.20	4.41		6.61	9.05
	0100	3/4" threaded rod size		48	.167		3.35	4.41		7.76	10.35
	0110	7/8" threaded rod size		48	.167		4.30	4.41		8.71	11.40
	0120	For concrete installation, add						30%			
	0150	Wall, welded steel									
	0160	0 size, 12" wide, 18" deep	1 Plum	34	.235	Ea.	55	6.20		61.20	70
	0170	1 size, 18" wide 24" deep		34	.235		66	6.20		72.20	82
	0180	2 size, 24" wide, 30" deep		34	.235		86	6.20		92.20	105
	0300	Clamps									
	0310	C-clamp, for mounting on steel beam flange, w/locknut									
	0320	3/8" threaded rod size	1 Plum	160	.050	Ea.	.95	1.32		2.27	3.04
	0330	1/2" threaded rod size		160	.050		1.10	1.32		2.42	3.21
	0340	5/8" threaded rod size		160	.050		1.65	1.32		2.97	3.81
	0350	3/4" threaded rod size		160	.050		2.35	1.32		3.67	4.58
	0750	Riser or extension pipe, carbon steel									
	0760	3/4" pipe size	1 Plum	48	.167	Ea.	1.43	4.41		5.84	8.20
	0770	1" pipe size		47	.170		1.45	4.50		5.95	8.40
	0780	1-1/4" pipe size		46	.174		1.82	4.60		6.42	8.95
	0790	1-1/2" pipe size		45	.178		1.96	4.70		6.66	9.25
	0800	2" pipe size		43	.186		2.01	4.92		6.93	9.65
	0810	2-1/2" pipe size		41	.195		2.11	5.15		7.26	10.10
	0820	3" pipe size		40	.200		2.25	5.30		7.55	10.45
	0830	3-1/2" pipe size		39	.205		2.78	5.45		8.23	11.25
	0840	4" pipe size		38	.211		2.84	5.55		8.39	11.50
	0850	5" pipe size		37	.216		4.10	5.70		9.80	13.15
	0860	6" pipe size		36	.222		4.75	5.90		10.65	14.10
	1150	Insert, concrete									
	1160	Wedge type, carbon steel body, malleable iron nut									
	1170	1/4" threaded rod size	1 Plum	96	.083	Ea.	.88	2.20		3.08	4.29
	1180	3/8" threaded rod size		96	.083		.89	2.20		3.09	4.30
	1190	1/2" threaded rod size		96	.083		.93	2.20		3.13	4.35
	1200	5/8" threaded rod size		96	.083		.99	2.20		3.19	4.41
	1210	3/4" threaded rod size		96	.083		1.04	2.20		3.24	4.47
	1220	7/8" threaded rod size		96	.083		1.20	2.20		3.40	4.65
	1230	For galvanized, add						.88			.88	.97
	2650	Rods, carbon steel									
	2660	Continuous thread									
	2670	1/4" thread size	1 Plum	144	.056	L.F.	.14	1.47		1.61	2.37
	2680	3/8" thread size		144	.056		.20	1.47		1.67	2.44
	2690	1/2" thread size		144	.056		.32	1.47		1.79	2.57
	2700	5/8" thread size		144	.056		.60	1.47		2.07	2.88
	2710	3/4" thread size		144	.056		.90	1.47		2.37	3.21
	2720	7/8" thread size		144	.056		1.45	1.47		2.92	3.81
	2730	For galvanized add						33%				
	2750	Both ends machine threaded 18" length									
	2760	3/8" thread size	1 Plum	240	.033	Ea.	1.18	.88		2.06	2.63
	2770	1/2" thread size		240	.033		1.90	.88		2.78	3.42
	2780	5/8" thread size		240	.033		2.70	.88		3.58	4.30
	2790	3/4" thread size		240	.033		3.95	.88		4.83	5.70
	2800	7/8" thread size		240	.033		5.80	.88		6.68	7.70
	2810	1" thread size		240	.033		8.05	.88		8.93	10.20
	4400	U-bolt, carbon steel									
	4410	Standard, with nuts									

For expanded coverage of these items see *Means Mechanical Cost Data* or *Means Plumbing Cost Data 1992*

151 | Pipe and Fittings

151 900 | Pipe Supports/Hangers

		CREW	DAILY OUTPUT	MAN-HOURS	UNIT	1992 BARE COSTS MAT.	LABOR	EQUIP.	TOTAL	TOTAL INCL O&P	
901	4420	1/2" pipe size	1 Plum	160	.050	Ea.	.43	1.32		1.75	2.47	901
	4430	3/4" pipe size		158	.051		.44	1.34		1.78	2.50	
	4450	1" pipe size		152	.053		.45	1.39		1.84	2.60	
	4460	1-1/4" pipe size		148	.054		.81	1.43		2.24	3.05	
	4470	1-1/2" pipe size		143	.056		.84	1.48		2.32	3.16	
	4480	2" pipe size		139	.058		.86	1.52		2.38	3.24	
	4490	2-1/2" pipe size		134	.060		1.40	1.58		2.98	3.92	
	4500	3" pipe size		128	.063		1.48	1.65		3.13	4.12	
	4510	3-1/2" pipe size		122	.066		1.55	1.73		3.28	4.32	
	4520	4" pipe size		117	.068		1.57	1.81		3.38	4.46	
	4530	5" pipe size		114	.070		1.73	1.86		3.59	4.70	
	4540	6" pipe size		111	.072		2.98	1.91		4.89	6.15	
	4580	For plastic coating on 1/2" thru 6" size add					150%					

152 | Plumbing Fixtures

152 100 | Fixtures

		CREW	DAILY OUTPUT	MAN-HOURS	UNIT	1992 BARE COSTS MAT.	LABOR	EQUIP.	TOTAL	TOTAL INCL O&P	
120	0010	HOT WATER DISPENSERS										120
	0160	Commercial, 100 cup, 11.3 amp	1 Plum	14	.571	Ea.	248	15.10		263.10	295	
	3180	Household, 60 cup	"	14	.571	"	147	15.10		162.10	185	

153 | Plumbing Appliances

153 100 | Water Appliances

		CREW	DAILY OUTPUT	MAN-HOURS	UNIT	1992 BARE COSTS MAT.	LABOR	EQUIP.	TOTAL	TOTAL INCL O&P	
110	0010	WATER HEATERS										110
	1000	Residential, electric, glass lined tank, 10 gal., single element	1 Plum	2.30	3.478	Ea.	152	92		244	305	
	1040	20 gallon, single element		2.20	3.636		178	96		274	340	
	1060	30 gallon, double element		2.20	3.636		202	96		298	365	
	1080	40 gallon, double element		2	4		221	105		326	405	
	1100	52 gallon, double element		2	4		244	105		349	430	
	1120	66 gallon, double element		1.80	4.444		330	120		450	540	
	1140	80 gallon, double element		1.60	5		382	130		512	620	
	1180	120 gallon, double element		1.40	5.714		560	150		710	845	
	2000	Gas fired, glass lined tank, vent not incl., 20 gallon		2.10	3.810		211	100		311	385	
	2040	30 gallon		2	4		218	105		323	400	
	2060	40 gallon		1.90	4.211		234	110		344	425	
	2080	50 gallon		1.80	4.444		360	120		480	575	
	2100	75 gallon		1.50	5.333		500	140		640	765	
	2120	100 gallon		1.30	6.154		815	165		980	1,150	
	3000	Oil fired, glass lined tank, vent not included, 30 gallon		2	4		710	105		815	940	
	3040	50 gallon		1.80	4.444		975	120		1,095	1,250	
	3060	70 gallon		1.50	5.333		1,140	140		1,280	1,475	
	3080	85 gallon		1.40	5.714		1,660	150		1,810	2,050	
	4000	Commercial, 100° rise. NOTE: for each size tank, a range of										

For expanded coverage of these items see *Means Mechanical Cost Data or Means Plumbing Cost Data 1992*

153 | Plumbing Appliances

153 100 | Water Appliances

			CREW	DAILY OUTPUT	MAN-HOURS	UNIT	1992 BARE COSTS MAT.	LABOR	EQUIP.	TOTAL	TOTAL INCL O&P	
110	4010	heaters between the ones shown are available										110
	4020	Electric										
	4100	5 gal., 3 KW, 12 GPH	1 Plum	2	4	Ea.	1,130	105		1,235	1,400	
	4120	10 gal., 6 KW, 25 GPH		2	4		1,250	105		1,355	1,525	
	4140	50 gal., 9 KW, 37 GPH		1.80	4.444		1,620	120		1,740	1,950	
	4160	50 gal., 36 KW, 148 GPH		1.80	4.444		2,480	120		2,600	2,900	
	4180	80 gal., 12 KW, 49 GPH		1.50	5.333		2,060	140		2,200	2,475	
	4200	80 gal., 36 KW, 148 GPH		1.50	5.333		2,850	140		2,990	3,350	
	4220	100 gal., 36 KW, 148 GPH		1.20	6.667		2,970	175		3,145	3,525	
	4240	120 gal., 36 KW, 148 GPH		1.20	6.667		3,100	175		3,275	3,675	
	4260	150 gal., 15 KW, 61 GPH		1	8		7,430	210		7,640	8,500	
	4280	150 gal., 120 KW, 490 GPH		1	8		11,300	210		11,510	12,700	
	4300	200 gal., 15 KW, 61 GPH	Q-1	1.70	9.412		8,110	225		8,335	9,250	
	4320	200 gal., 120 KW, 490 GPH		1.70	9.412		11,850	225		12,075	13,400	
	4340	250 gal., 15 KW, 61 GPH		1.50	10.667		8,350	255		8,605	9,575	
	4360	250 gal., 150 KW, 615 GPH		1.50	10.667		13,100	255		13,355	14,800	
	4380	300 gal., 30 KW, 123 GPH		1.30	12.308		9,230	295		9,525	10,600	
	4400	300 gal., 180 KW, 738 GPH		1.30	12.308		14,350	295		14,645	16,200	
	4420	350 gal., 30 KW, 123 GPH		1.10	14.545		9,910	345		10,255	11,400	
	4440	350 gal., 180 KW, 738 GPH		1.10	14.545		14,700	345		15,045	16,700	
	4460	400 gal., 30 KW, 123 GPH		1	16		11,200	380		11,580	12,900	
	4480	400 gal., 210 KW, 860 GPH		1	16		17,450	380		17,830	19,800	
	4500	500 gal., 30 KW, 123 GPH		.80	20		12,900	475		13,375	14,900	
	4520	500 gal., 240 KW, 984 GPH		.80	20		20,650	475		21,125	23,400	
	4540	600 gal., 30 KW, 123 GPH	Q-2	1.20	20		14,900	495		15,395	17,100	
	4560	600 gal., 300 KW, 1230 GPH		1.20	20		24,250	495		24,745	27,400	
	4580	700 gal., 30 KW, 123 GPH		1	24		15,650	590		16,240	18,100	
	4600	700 gal., 300 KW, 1230 GPH		1	24		25,150	590		25,740	28,600	
	4620	800 gal., 60 KW, 245 GPH		.90	26.667		17,150	660		17,810	19,900	
	4640	800 gal., 300 KW, 1230 GPH		.90	26.667		25,900	660		26,560	29,500	
	4660	1000 gal., 60 KW, 245 GPH		.70	34.286		18,700	845		19,545	21,800	
	4680	1000 gal., 480 KW, 1970 GPH		.70	34.286		33,600	845		34,445	38,200	
	4700	1250 gal., 60 KW, 245 GPH		.60	40		21,150	985		22,135	24,800	
	4720	1250 gal., 480 KW, 1970 GPH		.60	40		34,600	985		35,585	39,500	
	4740	1500 gal., 60 KW, 245 GPH		.50	48		28,050	1,175		29,225	32,600	
	4760	1500 gal., 480 KW, 1970 GPH		.50	48		40,100	1,175		41,275	45,900	
	5400	Modulating step control, 2-5 steps	1 Elec	5.30	1.509		845	39		884	990	
	5440	6-10 steps		3.20	2.500		1,090	65		1,155	1,300	
	5460	11-15 steps		2.70	2.963		1,340	77		1,417	1,600	
	5480	16-20 steps		1.60	5		1,580	130		1,710	1,925	
	5500	21-25 steps		.30	26.667		1,790	695		2,485	3,000	
	5520	26-30 steps		.26	30.769		1,940	805		2,745	3,325	

154 | Fire Extinguishing Systems

154 100 | Fire Systems

			CREW	DAILY OUTPUT	MAN-HOURS	UNIT	1992 BARE COSTS MAT.	LABOR	EQUIP.	TOTAL	TOTAL INCL O&P	
101	0010	**AUTOMATIC FIRE SUPPRESSION SYSTEMS**										101
	0040	For detectors and control stations, see division 168-120										
	0100	Control panel, single zone with batteries (2 zones det., 1 suppr.)	1 Elec	1	8	Ea.	1,050	210		1,260	1,475	
	0150	Multizone (4) with batteries (8 zones det., 4 suppr.)	"	.50	16		2,150	420		2,570	3,000	
	1000	Dispersion nozzle, CO_2, 3" x 5"	1 Plum	18	.444		45	11.75		56.75	67	
	1100	Halon, 1-1/2"	"	14	.571		65	15.10		80.10	94	

For expanded coverage of these items see *Means Mechanical Cost Data* or *Means Plumbing Cost Data 1992*

154 | Fire Extinguishing Systems

154 100 | Fire Systems

			CREW	DAILY OUTPUT	MAN-HOURS	UNIT	1992 BARE COSTS MAT.	LABOR	EQUIP.	TOTAL	TOTAL INCL O&P	
101	2000	Extinguisher, CO2 system, high pressure, 75 lb. cylinder	Q-1	6	2.667	Ea.	715	63		778	880	101
	2100	100 lb. cylinder	"	5	3.200	↓	820	76		896	1,025	
	2400	Halon system, filled, with mounting bracket										
	2460	26 lb. container	Q-1	8	2	Ea.	1,240	48		1,288	1,425	
	2480	44 lb. container		7	2.286		1,310	54		1,364	1,525	
	2500	63 lb. container		6	2.667		1,430	63		1,493	1,675	
	2520	101 lb. container		5	3.200		1,790	76		1,866	2,075	
	2540	196 lb. container	↓	4	4		2,300	95		2,395	2,675	
	3000	Electro/mechanical release	L-1	4	4		190	105		295	365	
	3400	Manual pull station	1 Plum	6	1.333		31	35		66	87	
	4000	Pneumatic damper release	"	8	1	↓	85	26		111	135	
	6000	Average halon system, minimum				C.F.					.55	
	6020	Maximum				"					1.50	

155 | Heating

155 100 | Boilers

			CREW	DAILY OUTPUT	MAN-HOURS	UNIT	1992 BARE COSTS MAT.	LABOR	EQUIP.	TOTAL	TOTAL INCL O&P	
105	0010	**BOILERS, GENERAL** Prices do not include flue piping, elec. wiring,										105
	0020	gas or oil piping, boiler base, pad, or tankless unless noted										
	0100	Boiler H.P.: 10 KW = 34 lbs/steam/hr = 33,475 BTU/hr.										
	0120											
	0150	To convert SFR to BTU rating: Hot water, 150 x SFR;										
	0160	Forced hot water, 180 x SFR; steam, 240 x SFR										
110	0010	**BOILERS, ELECTRIC, ASME** Standard controls and trim										110
	1000	Steam, 6 KW, 20.5 MBH	Q-19	1.20	20	Ea.	3,250	490		3,740	4,325	
	1020	9 KW, 30.7 MBH		1.20	20		3,260	490		3,750	4,325	
	1040	12 KW, 40.9 MBH		1.20	20		3,270	490		3,760	4,325	
	1060	18 KW, 61.4 MBH		1.20	20		3,300	490		3,790	4,375	
	1080	24 KW, 81.8 MBH		1.10	21.818		3,490	535		4,025	4,650	
	1100	30 KW, 102 MBH		1.10	21.818		3,500	535		4,035	4,650	
	1120	36 KW, 123 MBH		1.10	21.818		3,700	535		4,235	4,875	
	1140	45 KW, 153 MBH		1	24		3,710	590		4,300	4,975	
	1160	60 KW, 205 MBH		1	24		4,660	590		5,250	6,000	
	1180	75 KW, 256 MBH		.90	26.667		4,880	655		5,535	6,350	
	1200	105 KW, 358 MBH		.80	30		7,490	735		8,225	9,350	
	1220	120 KW, 409 MBH		.75	32		7,700	785		8,485	9,650	
	1240	150 KW, 512 MBH		.65	36.923		8,850	905		9,755	11,100	
	1260	180 KW, 614 MBH		.60	40		9,270	985		10,255	11,700	
	1280	210 KW, 716 MBH		.55	43.636		10,250	1,075		11,325	12,900	
	1300	240 KW, 819 MBH		.45	53.333		15,400	1,300		16,700	18,900	
	1320	300 KW, 1023 MBH		.40	60		16,650	1,475		18,125	20,500	
	1340	360 KW, 1228 MBH		.35	68.571		17,900	1,675		19,575	22,200	
	1360	420 KW, 1433 MBH	↓	.30	80		20,950	1,975		22,925	26,000	
	1380	510 KW, 1740 MBH	Q-21	.36	88.889		21,200	2,225		23,425	26,700	
	1400	600 KW, 2047 MBH		.34	94.118		21,950	2,350		24,300	27,700	
	1420	720 KW, 2456 MBH		.32	100		22,950	2,500		25,450	29,000	
	1440	810 KW, 2764 MBH		.30	106		24,150	2,675		26,825	30,600	
	1460	900 KW, 3070 MBH		.28	114		25,900	2,850		28,750	32,800	
	1480	1,080 KW, 3685 MBH		.25	128		28,750	3,200		31,950	36,400	
	1500	1260 KW, 4300 MBH		.22	145		32,600	3,650		36,250	41,300	
	1520	1620 KW, 5527 MBH	↓	.20	160	↓	43,000	4,000		47,000	53,500	

For expanded coverage of these items see *Means Mechanical Cost Data* or *Means Plumbing Cost Data 1992*

155 | Heating

		155 100	Boilers	CREW	DAILY OUTPUT	MAN-HOURS	UNIT	1992 BARE COSTS MAT.	LABOR	EQUIP.	TOTAL	TOTAL INCL O&P	
110	1540		1800 KW, 6141 MBH	Q-21	.19	168	Ea.	44,950	4,225		49,175	56,000	110
	1560		2070 KW, 7063 MBH		.18	177		51,700	4,450		56,150	63,500	
	1580		2250 KW, 7677 MBH		.17	188		53,450	4,725		58,175	66,000	
	1600		2,340 KW, 7984 MBH		.16	200		54,450	5,000		59,450	67,500	
	1620		2430 KW, 8291 MBH		.14	228		55,900	5,725		61,625	70,000	
	1640		2520 KW, 8598 MBH		.12	266		57,950	6,675		64,625	74,000	
	2000		Hot water, 12 KW, 41 MBH	Q-19	1.30	18.462		2,680	455		3,135	3,625	
	2020		15 KW, 52 MBH		1.30	18.462		2,700	455		3,155	3,650	
	2040		24 KW, 82 MBH		1.20	20		2,870	490		3,360	3,900	
	2060		30 KW, 103 MBH		1.20	20		2,940	490		3,430	3,975	
	2070		36 KW, 123 MBH		1.20	20		3,120	490		3,610	4,175	
	2080		45 KW, 154 MBH		1.10	21.818		3,150	535		3,685	4,275	
	2100		60 KW, 205 MBH		1.10	21.818		3,740	535		4,275	4,925	
	2120		90 KW, 308 MBH		1	24		4,380	590		4,970	5,700	
	2140		120 KW, 410 MBH		.90	26.667		4,760	655		5,415	6,225	
	2160		150 KW, 510 MBH		.75	32		6,770	785		7,555	8,625	
	2180		180 KW, 615 MBH		.65	36.923		7,240	905		8,145	9,325	
	2200		210 KW, 716 MBH		.60	40		7,940	985		8,925	10,200	
	2220		240 KW, 820 MBH		.55	43.636		8,410	1,075		9,485	10,900	
	2240		270 KW, 922 MBH		.50	48		10,150	1,175		11,325	12,900	
	2260		300 KW, 1024 MBH		.45	53.333		10,800	1,300		12,100	13,800	
	2280		360 KW, 1228 MBH		.40	60		11,550	1,475		13,025	14,900	
	2300		420 KW, 1432 MBH		.35	68.571		13,350	1,675		15,025	17,200	
	2320		480 KW, 1636 MBH	Q-21	.46	69.565		14,550	1,750		16,300	18,600	
	2340		510 KW, 1739 MBH		.44	72.727		14,950	1,825		16,775	19,200	
	2360		570 KW, 1944 MBH		.43	74.419		15,900	1,875		17,775	20,300	
	2380		630 KW, 2148 MBH		.42	76.190		17,750	1,900		19,650	22,400	
	2400		690 KW, 2353 MBH		.40	80		18,550	2,000		20,550	23,400	
	2420		720 KW, 2452 MBH		.39	82.051		18,800	2,050		20,850	23,800	
	2440		810 KW, 2764 MBH		.38	84.211		21,500	2,100		23,600	26,800	
	2460		900 KW, 3071 MBH		.37	86.486		22,900	2,175		25,075	28,400	
	2480		1020 KW, 3480 MBH		.36	88.889		24,350	2,225		26,575	30,100	
	2500		1,200 KW, 4095 MBH		.34	94.118		26,600	2,350		28,950	32,800	
	2520		1320 KW, 4505 MBH		.33	96.970		30,650	2,425		33,075	37,400	
	2540		1440 KW, 4915 MBH		.32	100		32,350	2,500		34,850	39,400	
	2560		1560 KW, 5323 MBH		.31	103		34,100	2,575		36,675	41,400	
	2580		1680 KW, 5733 MBH		.30	106		35,450	2,675		38,125	43,000	
	2600		1800 KW, 6143 MBH		.29	110		37,000	2,775		39,775	44,900	
	2620		1980 KW, 6757 MBH		.28	114		40,250	2,850		43,100	48,600	
	2640		2100 KW, 7167 MBH		.27	118		41,700	2,975		44,675	50,500	
	2660		2220 KW, 7576 MBH		.26	123		43,500	3,075		46,575	52,500	
	2680		2,400 KW, 8191 MBH		.25	128		45,300	3,200		48,500	54,500	
	2700		2610 KW, 8905 MBH		.24	133		47,800	3,350		51,150	57,500	
	2720		2790 KW, 9519 MBH		.23	139		50,000	3,475		53,475	60,000	
	2740		2970 KW, 10133 MBH		.21	152		51,350	3,825		55,175	62,000	
	2760		3150 KW, 10748 MBH		.19	168		52,450	4,225		56,675	64,000	
	2780		3240 KW, 11055 MBH		.18	177		53,450	4,450		57,900	65,500	
	2800		3420 KW, 11669 MBH		.17	188		54,800	4,725		59,525	67,500	
	2820		3,600 KW, 12,283 MBH		.16	200		57,050	5,000		62,050	70,500	
150	0010		**SWIMMING POOL HEATERS** Not including wiring, external										150
	0020		piping, base or pad,										
	2000		Electric, 12 KW, 4,800 gallon pool	Q-19	3	8	Ea.	1,210	195		1,405	1,625	
	2020		18 KW, 7,200 gallon pool		2.80	8.571		1,240	210		1,450	1,675	
	2040		24 KW, 9,600 gallon pool		2.40	10		1,320	245		1,565	1,825	
	2060		30 KW, 12,000 gallon pool		2	12		1,390	295		1,685	1,975	
	2080		36 KW, 14,400 gallon pool		1.60	15		1,520	370		1,890	2,225	
	2100		54 KW, 24,000 gallon pool		1.20	20		1,805	490		2,295	2,725	

For expanded coverage of these items see *Means Mechanical Cost Data* or *Means Plumbing Cost Data 1992*

155 | Heating

155 100 | Boilers

			CREW	DAILY OUTPUT	MAN-HOURS	UNIT	MAT.	LABOR	EQUIP.	TOTAL	TOTAL INCL O&P	
150	9000	To select pool heater: 12 BTUH x S.F. pool area										150
	9010	X temperature differential = required output										
	9050	For electric, KW = gallons x 2.5 divided by 1000										
	9100	For family home type pool, double the										
	9110	Rated gallon capacity = 1/2°F rise per hour										

155 400 | Warm Air Systems

			CREW	DAILY OUTPUT	MAN-HOURS	UNIT	MAT.	LABOR	EQUIP.	TOTAL	TOTAL INCL O&P	
408	0010	**DUCT HEATERS** Electric, 480 V, 3 ph										408
	0020	Finned tubular insert, 500°F										
	0100	8" wide x 6" high, 4.0KW	Q-20	16	1.250	Ea.	295	30		325	370	
	0120	12" high, 8.0KW		15	1.333		470	32		502	565	
	0140	18" high, 12.0KW		14	1.429		660	34		694	780	
	0160	24" high, 16.0KW		13	1.538		850	37		887	990	
	0180	30" high, 20.0KW		12	1.667		1,040	40		1,080	1,200	
	0300	12" wide x 6" high, 6.7KW		15	1.333		305	32		337	385	
	0320	12" high, 13.3 KW		14	1.429		490	34		524	590	
	0340	18" high, 20.0KW		13	1.538		685	37		722	810	
	0360	24" high, 26.7KW		12	1.667		880	40		920	1,025	
	0380	30" high, 33.3KW		11	1.818		1,070	43		1,113	1,250	
	0500	18" wide x 6" high, 13.3KW		14	1.429		325	34		359	410	
	0520	12" high, 26.7KW		13	1.538		560	37		597	670	
	0540	18" high, 40.0KW		12	1.667		740	40		780	875	
	0560	24" high, 53.3 KW		11	1.818		990	43		1,033	1,150	
	0580	30" high, 66.7 KW		10	2		1,230	48		1,278	1,425	
	0700	24" wide x 6" high, 17.8KW		13	1.538		365	37		402	455	
	0720	12" high, 35.6KW		12	1.667		605	40		645	725	
	0740	18" high, 53.3 KW		11	1.818		850	43		893	1,000	
	0760	24" high, 71.1KW		10	2		1,100	48		1,148	1,275	
	0780	30" high, 88.9KW		9	2.222		1,340	53		1,393	1,550	
	0900	30" wide x 6" high, 22.2KW		12	1.667		375	40		415	475	
	0920	12" high, 44.4KW		11	1.818		640	43		683	770	
	0940	18" high, 66.7KW		10	2		900	48		948	1,075	
	0960	24" high, 88.9KW		9	2.222		1,160	53		1,213	1,350	
	0980	30" high, 111.0KW	▼	8	2.500	▼	1,420	59		1,479	1,650	
	1400	Note decreased KW available for										
	1410	each duct size at same cost										
	1420	See line 5000 for modifications and accessories										
	2000	Finned tubular flange with insulated										
	2020	terminal box, 500°F										
	2100	12" wide x 36" high, 54KW	Q-20	10	2	Ea.	1,400	48		1,448	1,625	
	2120	40" high, 60KW		9	2.222		1,610	53		1,663	1,850	
	2200	24" wide x 36" high, 118.8KW		9	2.222		1,560	53		1,613	1,800	
	2220	40" high, 132KW		8	2.500		1,780	59		1,839	2,050	
	2400	36" wide x 8" high, 40KW		11	1.818		715	43		758	855	
	2420	16" high, 80KW		10	2		950	48		998	1,125	
	2440	24" high, 120KW		9	2.222		1,240	53		1,293	1,450	
	2460	32" high, 160KW		8	2.500		1,660	59		1,719	1,925	
	2480	36" high, 180KW		7	2.857		1,960	68		2,028	2,250	
	2500	40" high, 200KW		6	3.333		2,180	79		2,259	2,525	
	2600	40" wide x 8" high, 45KW		11	1.818		745	43		788	885	
	2620	16" high, 90KW		10	2		1,020	48		1,068	1,200	
	2640	24" high, 135KW		9	2.222		1,300	53		1,353	1,500	
	2660	32" high, 180KW		8	2.500		1,730	59		1,789	2,000	
	2680	36" high, 202.5KW		7	2.857		1,990	68		2,058	2,300	
	2700	40" high, 225KW		6	3.333		2,270	79		2,349	2,625	
	2800	48" wide x 8" high, 54.8KW		10	2		780	48		828	930	
	2820	16" high, 109.8KW	▼	9	2.222	▼	1,080	53		1,133	1,275	

For expanded coverage of these items see *Means Mechanical Cost Data* or *Means Plumbing Cost Data 1992*

155 | Heating

155 400 | Warm Air Systems

		CREW	DAILY OUTPUT	MAN-HOURS	UNIT	1992 BARE COSTS MAT.	LABOR	EQUIP.	TOTAL	TOTAL INCL O&P	
408	2840	24" high, 164.4KW	Q-20	8	2.500	Ea.	1,380	59		1,439	1,600	408
	2860	32" high, 219.2KW		7	2.857		1,830	68		1,898	2,125	
	2880	36" high, 246.6KW		6	3.333		2,110	79		2,189	2,450	
	2900	40" high, 274KW		5	4		2,390	95		2,485	2,775	
	3000	56" wide x 8" high, 64KW		9	2.222		890	53		943	1,050	
	3020	16" high, 128KW		8	2.500		1,230	59		1,289	1,450	
	3040	24" high, 192KW		7	2.857		1,490	68		1,558	1,750	
	3060	32" high, 256KW		6	3.333		2,080	79		2,159	2,400	
	3080	36" high, 288KW		5	4		2,390	95		2,485	2,775	
	3100	40" high, 320KW		4	5		2,640	120		2,760	3,075	
	3200	64" wide x 8" high, 74KW		8	2.500		915	59		974	1,100	
	3220	16" high, 148KW		7	2.857		1,270	68		1,338	1,500	
	3240	24" high, 222KW		6	3.333		1,610	79		1,689	1,900	
	3260	32" high, 296KW		5	4		2,160	95		2,255	2,525	
	3280	36" high, 333KW		4	5		2,570	120		2,690	3,000	
	3300	40" high, 370KW		3	6.667		2,840	160		3,000	3,375	
	3800	Note decreased KW available for										
	3820	Each duct size at same cost										
	5000	Duct heater modifications and accessories										
	5120	T.C.O. limit auto or manual reset	Q-20	42	.476	Ea.	46.70	11.30		58	69	
	5140	Thermostat		28	.714		190	16.95		206.95	235	
	5160	Overheat thermocouple (removable)		7	2.857		280	68		348	410	
	5180	Fan interlock relay		18	1.111		67.50	26		93.50	115	
	5200	Air flow switch		20	1		58.60	24		82.60	100	
	5220	Split terminal box cover		100	.200		18.90	4.75		23.65	28	
	8000	To obtain BTU multiply KW by 3413										
420	0010	**FURNACES** Hot air heating, blowers, standard controls										420
	0021											
	1000	Electric, UL listed, heat staging, 240 volt										
	1020	30 MBH	Q-20	4	5	Ea.	300	120		420	510	
	1040	47 MBH		4	5		470	120		590	700	
	1060	61 MBH		3.80	5.263		490	125		615	730	
	1080	76 MBH		3.60	5.556		535	130		665	790	
	1100	91 MBH		3.40	5.882		750	140		890	1,050	
	1120	112.7 MBH		3.20	6.250		795	150		945	1,100	
	1140	131.2 MBH		3.10	6.452		825	155		980	1,150	
	1160	140.8 MBH		3	6.667		845	160		1,005	1,175	
	2500	For electronic air filter, add	Q-9	10	1.600		315	37		352	405	
451	0010	**INFRA-RED UNIT**										451
	2000	Electric, single or three phase										
	2050	6 KW, 20,478 BTU	1 Elec	3	2.667	Ea.	293	70		363	425	
	2100	13.5 KW, 40,956 BTU		2.50	3.200		460	84		544	630	
	2150	24 KW, 81,912 BTU		2	4		950	105		1,055	1,200	

157 | Air Conditioning/Ventilating

157 200 | System Components

		CREW	DAILY OUTPUT	MAN-HOURS	UNIT	1992 BARE COSTS MAT.	LABOR	EQUIP.	TOTAL	TOTAL INCL O&P	
290	0010	**FANS**										290
	0020	Air conditioning and process air handling										
	0030	Axial flow, compact, low sound, 2.5" S.P.										
	0050	3,800 CFM, 5 HP	Q-20	3.40	5.882	Ea.	2,900	140		3,040	3,400	

157 | Air Conditioning/Ventilating

157 200 | System Components

			CREW	DAILY OUTPUT	MAN-HOURS	UNIT	MAT.	LABOR	EQUIP.	TOTAL	TOTAL INCL O&P	
290	0080	6,400 CFM, 5 HP	Q-20	2.80	7.143	Ea.	3,240	170		3,410	3,825	290
	0100	10,500 CFM, 7-1/2 HP		2.40	8.333		4,035	200		4,235	4,750	
	0120	15,600 CFM, 10 HP		1.60	12.500		5,085	295		5,380	6,050	
	0140	23,000 CFM, 15 HP		.70	28.571		7,800	680		8,480	9,625	
	0160	28,000 CFM, 20 HP		.40	50		8,700	1,200		9,900	11,400	
	0200	In-line centrifugal, supply/exhaust booster,										
	0220	aluminum wheel/hub, disconnect switch, 1/4" S.P.										
	0240	500 CFM, 10" diameter connection	Q-20	3	6.667	Ea.	480	160		640	770	
	0260	1,380 CFM, 12" diameter connection		2	10		700	240		940	1,125	
	0280	1,520 CFM, 16" diameter connection		2	10		750	240		990	1,200	
	0300	2,560 CFM, 18" diameter connection		1	20		1,000	475		1,475	1,825	
	0320	3,480 CFM, 20" diameter connection		.80	25		1,200	595		1,795	2,225	
	1500	Vaneaxial, low pressure, 2000 CFM, 1/2 HP		3.60	5.556		1,750	130		1,880	2,125	
	1520	4,000 CFM, 1 HP		3.20	6.250		1,800	150		1,950	2,200	
	1540	8,000 CFM, 2 HP		2.80	7.143		2,100	170		2,270	2,575	
	1560	16,000 CFM, 5 HP		2.40	8.333		2,800	200		3,000	3,375	
	2000	Blowers, direct drive with motor, complete										
	2020	1030 CFM @ .5" S.P., 1/6 HP	Q-20	18	1.111	Ea.	159	26		185	215	
	2040	1150 CFM @ .5" S.P., 1/6 HP		18	1.111		159	26		185	215	
	2060	1640 CFM @ 1.0" S.P., 1/3 HP		18	1.111		191	26		217	250	
	2080	1720 CFM @ 1.0" S.P., 1/3 HP		18	1.111		191	26		217	250	
	2090	4 speed										
	2100	600 to 1160 CFM @ .5" S.P., 1/5 HP	Q-20	16	1.250	Ea.	211	30		241	280	
	2120	740 to 1700 CFM @ 1.0" S.P., 1/3 HP	"	14	1.429	"	282	34		316	360	
	2500	Ceiling fan, right angle, extra quiet, 0.10" S.P.										
	2520	95 CFM	Q-20	20	1	Ea.	115	24		139	165	
	2540	210 CFM		19	1.053		126	25		151	175	
	2560	385 CFM		18	1.111		153	26		179	210	
	2580	885 CFM		16	1.250		304	30		334	380	
	2600	1,650 CFM		13	1.538		430	37		467	530	
	2620	2,960 CFM		11	1.818		575	43		618	700	
	2680	For speed control switch, add	1 Elec	16	.500		42	13.05		55.05	66	
	3000	Paddle blade air circulator, 3 speed switch										
	3020	42", 5,000 CFM high, 3000 CFM low	Q-20	6	3.333	Ea.	64.75	79		143.75	190	
	3040	52", 6,500 CFM high, 4000 CFM low	"	4	5	"	67.75	120		187.75	255	
	3100	For antique white motor, same cost										
	3200	For brass plated motor, same cost				Ea.	67.75			67.75	75	
	3300	For light adaptor kit, add				"	28.25			28.25	31	
	3500	Centrifugal, airfoil, motor and drive, complete										
	3520	1000 CFM, 1/2 HP	Q-20	2.50	8	Ea.	1,000	190		1,190	1,400	
	3540	2,000 CFM, 1 HP		2	10		1,100	240		1,340	1,575	
	3560	4,000 CFM, 3 HP		1.80	11.111		1,350	265		1,615	1,900	
	3580	8,000 CFM, 7-1/2 HP		1.40	14.286		2,000	340		2,340	2,725	
	3600	12,000 CFM, 10 HP		1	20		2,950	475		3,425	3,975	
	4500	Corrosive fume resistant, plastic										
	4600	roof ventilators, centrifugal, V belt drive, motor										
	4620	1/4" S.P., 250 CFM, 1/4 HP	Q-20	6	3.333	Ea.	1,860	79		1,939	2,175	
	4640	895 CFM, 1/3 HP		5	4		2,020	95		2,115	2,375	
	4660	1630 CFM, 1/2 HP		4	5		2,390	120		2,510	2,800	
	4680	2240 CFM, 1 HP		3	6.667		2,490	160		2,650	2,975	
	4700	3810 CFM, 2 HP		2	10		2,770	240		3,010	3,400	
	4720	11760 CFM, 5 HP		1	20		4,660	475		5,135	5,850	
	4740	18810 CFM, 10 HP		.70	28.571		6,810	680		7,490	8,525	
	4800	For intermediate capacity, motors may be varied										
	4810	For explosion proof motor, add				Ea.	15%					
	5000	Utility set, centrifugal, V belt drive, motor										
	5020	1/4" S.P., 1900 CFM, 1/4 HP	Q-20	6	3.333	Ea.	3,060	79		3,139	3,475	
	5040	2170 CFM, 1/3 HP		5	4		3,090	95		3,185	3,550	

For expanded coverage of these items see *Means Mechanical Cost Data* or *Means Plumbing Cost Data 1992*

157 | Air Conditioning/Ventilating

157 200 | System Components

		CREW	DAILY OUTPUT	MAN-HOURS	UNIT	1992 BARE COSTS MAT.	LABOR	EQUIP.	TOTAL	TOTAL INCL O&P	
5060	2680 CFM, 1/2 HP	Q-20	4	5	Ea.	3,090	120		3,210	3,575	290
5080	3020 CFM, 3/4 HP		3	6.667		3,120	160		3,280	3,675	
5100	1/2" S.P., 3195 CFM, 1 HP		2	10		3,140	240		3,380	3,825	
5120	3610 CFM, 1-1/2 HP		1.60	12.500		3,170	295		3,465	3,950	
5140	4120 CFM, 2 HP		1.40	14.286		3,230	340		3,570	4,075	
5160	7850 CFM, 5 HP		1.30	15.385		3,880	365		4,245	4,825	
5180	10,200 CFM, 7-1/2 HP		1.20	16.667		3,930	395		4,325	4,925	
5200	For explosion proof motor, add					15%					
5500	Industrial exhauster, for air which may contain granular material										
5520	1000 CFM, 1-1/2 HP	Q-20	2.50	8	Ea.	2,280	190		2,470	2,800	
5540	2000 CFM, 3 HP		2	10		2,800	240		3,040	3,450	
5560	4000 CFM, 7-1/2 HP		1.80	11.111		4,500	265		4,765	5,350	
5580	8000 CFM, 15 HP		1.40	14.286		7,100	340		7,440	8,325	
5600	12,000 CFM, 30 HP		1	20		9,520	475		9,995	11,200	
6000	Propeller exhaust, wall shutter, 1/4" S.P.										
6020	Direct drive, two speed										
6100	375 CFM, 1/10 HP	Q-20	10	2	Ea.	188	48		236	280	
6120	730 CFM, 1/7 HP		9	2.222		288	53		341	400	
6140	1000 CFM, 1/8 HP		8	2.500		262	59		321	380	
6160	1890 CFM, 1/4 HP		7	2.857		281	68		349	415	
6180	3275 CFM, 1/2 HP		6	3.333		348	79		427	505	
6200	4720 CFM, 1 HP		5	4		535	95		630	735	
6300	V-belt drive, 3 phase										
6320	6175 CFM, 3/4 HP	Q-20	5	4	Ea.	525	95		620	725	
6340	7500 CFM, 3/4 HP		5	4		575	95		670	780	
6360	10,100 CFM, 1 HP		4.50	4.444		765	105		870	1,000	
6380	14,300 CFM, 1-1/2 HP		4	5		930	120		1,050	1,200	
6400	19,800 CFM, 2 HP		3	6.667		1,280	160		1,440	1,650	
6420	26,250 CFM, 3 HP		2.60	7.692		1,650	185		1,835	2,100	
6440	38,500 CFM, 5 HP		2.20	9.091		2,040	215		2,255	2,575	
6460	46,000 CFM, 7-1/2 HP		2	10		2,260	240		2,500	2,850	
6480	51,500 CFM, 10 HP		1.80	11.111		2,480	265		2,745	3,125	
6650	Residential, bath exhaust, grille, back draft damper										
6660	50 CFM	Q 20	24	.833	Ea.	18.10	19.80		37.90	50	
6670	110 CFM		22	.909		48	22		70	86	
6680	Light combination, squirrel cage, 100 watt, 70 CFM		24	.833		61	19.80		80.80	97	
6700	Light/heater combination, ceiling mounted										
6710	70 CFM, 1450 watt	Q-20	24	.833	Ea.	96	19.80		115.80	135	
6800	Heater combination, recessed, 70 CFM		24	.833		46	19.80		65.80	81	
6820	With 2 infrared bulbs		23	.870		61	21		82	99	
6900	Kitchen exhaust, grille, complete, 160 CFM		22	.909		47	22		69	85	
6920	270 CFM		18	1.111		74	26		100	120	
7000	Roof exhauster, centrifugal, aluminum housing, 12" galvanized										
7020	curb, bird screen, back draft damper, 1/4" S.P.										
7100	Direct drive, 320 CFM, 11" sq. damper	Q-20	7	2.857	Ea.	225	68		293	350	
7120	600 CFM, 11" sq. damper		6	3.333		245	79		324	390	
7140	815 CFM, 13" sq. damper		5	4		355	95		450	535	
7160	1450 CFM, 13" sq. damper		4.20	4.762		365	115		480	575	
7180	2050 CFM, 16" sq. damper		4	5		410	120		530	635	
7200	V-belt drive, 1650 CFM, 12" sq. damper		6	3.333		640	79		719	825	
7220	2750 CFM, 21" sq. damper		5	4		935	95		1,030	1,175	
7240	4910 CFM, 23" sq. damper		4	5		1,075	120		1,195	1,375	
7260	8525 CFM, 28" sq. damper		3	6.667		1,320	160		1,480	1,700	
7280	13,760 CFM, 35" sq. damper		2	10		1,820	240		2,060	2,375	
7300	203250 CFM, 43" sq. damper		1	20		2,600	475		3,075	3,575	
7320	For 2 speed winding, add					15%					
7340	For explosionproof motor, add					268			268	295	
7360	For belt drive, top discharge, add					15%					

For expanded coverage of these items see *Means Mechanical Cost Data* or *Means Plumbing Cost Data 1992*

157 | Air Conditioning/Ventilating

157 200 | System Components

		CREW	DAILY OUTPUT	MAN-HOURS	UNIT	1992 BARE COSTS				TOTAL INCL O&P
						MAT.	LABOR	EQUIP.	TOTAL	
7500	Utility set, steel construction, pedestal, 1/4" S.P.									
7520	Direct drive, 150 CFM, 1/8 HP	Q-20	6.40	3.125	Ea.	485	74		559	645
7540	485 CFM, 1/6 HP		5.80	3.448		610	82		692	795
7560	1950 CFM, 1/2 HP		4.80	4.167		715	99		814	940
7580	2410 CFM, 3/4 HP		4.40	4.545		1,320	110		1,430	1,625
7600	3328 CFM, 1-1/2 HP		3	6.667		1,470	160		1,630	1,850
7680	V-belt drive, drive cover, 3 phase									
7700	800 CFM, 1/4 HP	Q-20	6	3.333	Ea.	335	79		414	490
7720	1,300 CFM, 1/3 HP		5	4		385	95		480	570
7740	2,000 CFM, 1 HP		4.60	4.348		450	105		555	655
7760	2,900 CFM, 3/4 HP		4.20	4.762		610	115		725	845
7780	3600 CFM, 3/4 HP		4	5		735	120		855	990
7800	4800 CFM, 1 HP		3.50	5.714		915	135		1,050	1,225
7820	6700 CFM, 1-1/2 HP		3	6.667		1,010	160		1,170	1,350
7840	11,000 CFM, 3 HP		2	10		1,850	240		2,090	2,400
7860	13,000 CFM, 3 HP		1.60	12.500		2,140	295		2,435	2,800
7880	15,000 CFM, 5 HP		1	20		2,180	475		2,655	3,125
7900	17,000 CFM, 7-1/2 HP		.80	25		2,250	595		2,845	3,375
7920	20,000 CFM, 7-1/2 HP		.80	25		2,340	595		2,935	3,475
8000	Ventilation, residential									
8020	Attic, roof type									
8030	Aluminum dome, damper & curb									
8040	6" diameter, 300 CFM	1 Elec	16	.500	Ea.	172	13.05		185.05	210
8050	7" diameter, 450 CFM		15	.533		192	13.90		205.90	230
8060	9" diameter, 900 CFM		14	.571		342	14.90		356.90	400
8080	12" diameter, 1000 CFM (gravity)		10	.800		207	21		228	260
8090	16" diameter, 1500 CFM (gravity)		9	.889		264	23		287	325
8100	20" diameter, 2500 CFM (gravity)		8	1		330	26		356	400
8110	26" diameter, 4000 CFM (gravity)		7	1.143		405	30		435	490
8120	32" diameter, 6500 CFM (gravity)		6	1.333		565	35		600	675
8130	38" diameter, 8000 CFM (gravity)		5	1.600		795	42		837	935
8140	50" diameter, 13,000 CFM (gravity)		4	2		1,260	52		1,312	1,475
8160	Plastic, ABS dome									
8180	1050 CFM	1 Elec	14	.571	Ea.	68.75	14.90		83.65	98
8200	1600 CFM	"	12	.667	"	104	17.40		121.40	140
8240	Attic, wall type, with shutter, one speed									
8250	12" diameter, 1000 CFM	1 Elec	14	.571	Ea.	115	14.90		129.90	150
8260	14" diameter, 1500 CFM		12	.667		135	17.40		152.40	175
8270	16" diameter, 2000 CFM		9	.889		210	23		233	265
8290	Whole house, wall type, with shutter, one speed									
8300	30" diameter, 4800 CFM	1 Elec	7	1.143	Ea.	290	30		320	365
8310	36" diameter, 7000 CFM		6	1.333		345	35		380	430
8320	42" diameter, 10,000 CFM		5	1.600		410	42		452	515
8330	48" diameter, 16,000 CFM		4	2		495	52		547	620
8340	For two speed, add						11		11	12.10
8350	Whole house, lay-down type, with shutter, one speed									
8360	30" diameter, 4500 CFM	1 Elec	8	1	Ea.	303	26		329	370
8370	36" diameter, 6500 CFM		7	1.143		355	30		385	435
8380	42" diameter, 9000 CFM		6	1.333		420	35		455	515
8390	48" diameter, 12,000 CFM		5	1.600		500	42		542	610
8440	For two speed, add						11		11	12.10
8450	For 12 hour timer switch, add	1 Elec	32	.250		16.50	6.55		23.05	28
8500	Wall exhausters, centrifugal, auto damper, 1/8" S.P.									
8520	Direct drive, 610 CFM, 1/20 HP	Q-20	14	1.429	Ea.	174	34		208	245
8540	796 CFM, 1/12 HP		13	1.538		180	37		217	255
8560	822 CFM, 1/6 HP		12	1.667		284	40		324	375
8580	1,320 CFM, 1/4 HP		12	1.667		287	40		327	375
8600	1756 CFM, 1/4 HP		11	1.818		335	43		378	435

For expanded coverage of these items see *Means Mechanical Cost Data* or *Means Plumbing Cost Data 1992*

157 | Air Conditioning/Ventilating

157 200 | System Components

		CREW	DAILY OUTPUT	MAN-HOURS	UNIT	1992 BARE COSTS MAT.	LABOR	EQUIP.	TOTAL	TOTAL INCL O&P
290 8620	1983 CFM, 1/4 HP	Q-20	10	2	Ea.	400	48		448	515
8640	2900 CFM, 1/2 HP		9	2.222		485	53		538	615
8660	3307 CFM, 3/4 HP	▼	8	2.500	▼	533	59		592	675
9500	V-belt drive, 3 phase									
9520	2,800 CFM, 1/4 HP	Q-20	9	2.222	Ea.	790	53		843	950
9540	3,740 CFM, 1/2 HP		8	2.500		820	59		879	995
9560	4400 CFM, 3/4 HP		7	2.857		830	68		898	1,025
9580	5700 CFM, 1-1/2 HP	▼	6	3.333	▼	840	79		919	1,050

157 400 | Accessories

		CREW	DAILY OUTPUT	MAN-HOURS	UNIT	MAT.	LABOR	EQUIP.	TOTAL	TOTAL INCL O&P
420 0010	**CONTROL COMPONENTS**									
0700	Controller, receiver									
0850	Electric, single snap switch	1 Elec	4	2	Ea.	239	52		291	340
0860	Dual snap switches	"	3	2.667	"	317	70		387	455
3590	Sensor, electric operated									
3620	Humidity	1 Elec	8	1	Ea.	37.25	26		63.25	80
3650	Pressure		8	1		485	26		511	570
3680	Temperature	▼	10	.800	▼	69.20	21		90.20	105
5000	Thermostats									
5200	24 hour, automatic, clock	1 Shee	8	1	Ea.	86.90	26		112.90	135
5220	Electric, 2 wire	1 Elec	13	.615		12.35	16.05		28.40	38
5230	3 wire		10	.800		14.95	21		35.95	48
5420	Electric operated, humidity		8	1		156	26		182	210
5430	DPST		8	1		35.50	26		61.50	78
7090	Valves, motor controlled, including actuator									
7100	Electric motor actuated									
7200	Brass, two way, screwed									
7210	1/2" pipe size	L-6	36	.333	Ea.	163	8.80		171.80	190
7220	3/4" pipe size		30	.400		182	10.55		192.55	215
7230	1" pipe size		28	.429		201	11.30		212.30	240
7240	1-1/2" pipe size		19	.632		279	16.65		295.65	330
7250	2" pipe size		16	.750		425	19.75		444.75	495
7350	Brass, three way, screwed									
7360	1/2" pipe size	L-6	33	.364	Ea.	204	9.60		213.60	240
7370	3/4" pipe size		27	.444		230	11.70		241.70	270
7380	1" pipe size		25.50	.471		300	12.40		312.40	350
7390	1-1/2" pipe size		17	.706		306	18.60		324.60	365
7400	2" pipe size		14	.857		460	23		483	540
7550	Iron body, two way, flanged									
7560	2-1/2" pipe size	L-6	4	3	Ea.	535	79		614	705
7570	3" pipe size		3	4		625	105		730	845
7580	4" pipe size		2	6		890	160		1,050	1,225
7590	6" pipe size	▼	1.50	8	▼	2,490	210		2,700	3,050
7850	Iron body, three way, flanged									
7860	2-1/2" pipe size	L-6	3	4	Ea.	800	105		905	1,050
7870	3" pipe size		2.50	4.800		1,030	125		1,155	1,325
7880	4" pipe size		2	6		1,180	160		1,340	1,525
7890	6" pipe size	▼	1.50	8	▼	3,060	210		3,270	3,675
422 0010	**CONTROL COMPONENTS / DDC SYSTEMS** (Sub's quote incl. M & L)									
0100	Analog inputs									
0110	Sensors (avg. 150' run in conduit)									
0120	Duct temperature				Ea.					340
0130	Space temperature									610
0140	Duct humidity, +/- 3%									640
0150	Space humidity, +/- 2%									980
0160	Duct static pressure									520
0170	C.F.M./Transducer									700
0172	Water temp. (see 156-210 for well tap add)									600

157 | Air Conditioning/Ventilating

157 400 | Accessories

			CREW	DAILY OUTPUT	MAN-HOURS	UNIT	MAT.	LABOR	EQUIP.	TOTAL	TOTAL INCL O&P
422	0174	Water flow (see 156-210 for circuit sensor add)				Ea.					2,200
	0176	Water pressure differential (see 156-210 for tap add)									900
	0177	Steam flow (see 156-210 for circuit sensor add)									2,200
	0178	Steam pressure (see 156-210 for tap add)									940
	0180	K.W./Transducer									1,250
	0182	K.W.H. totalization (not incl. elec. meter pulse xmtr.)									575
	0190	Space static pressure				↓					1,000
	1000	Analog outputs (avg. 50' run in conduit)									
	1010	P/I Transducer				Ea.					580
	1020	Analog output, matl. in MUX									280
	1030	Pneumatic (not incl. control device)									590
	1040	Electric (not incl control device)				↓					350
	2000	Status (Alarms)									
	2100	Digital inputs									
	2110	Freeze				Ea.					400
	2120	Fire									360
	2130	Differential pressure, (air)									550
	2140	Differential pressure, (water)									780
	2150	Current sensor									400
	2160	Duct high temperature thermostat									525
	2170	Duct smoke detector				↓					650
	2200	Digital output									
	2210	Start/stop				Ea.					320
	2220	On/off (maintained contact)				"					550
	3000	Controller M.U.X. panel, incl. function boards									
	3100	48 point				Ea.					4,850
	3110	128 point				"					6,650
	3200	D.D.C. controller (avg. 50' run in conduit)									
	3210	Mechanical room									
	3214	16 point controller (incl. 120v/1ph power supply)				Ea.					3,000
	3229	32 point controller (incl. 120v/1ph power supply)				"					5,000
	3230	Includes software programming and checkout									
	3260	Space									
	3266	V.A.V. terminal box (incl. space temp. sensor)				Ea.					775
	3280	Host computer (avg. 50' run in conduit)									
	3281	Package complete with 386 PC, keyboard									
	3282	printer, color CRT, modem, basic software				Ea.					15,000
	4000	Front end costs									
	4100	Computer (P.C.)/software program				Ea.					6,000
	4200	Color graphics software									3,600
	4300	Color graphics slides									450
	4350	Additional dot matrix printer				↓					900
	4400	Communications trunk cable				Ft					3.50
	4500	Engineering labor, (not incl. dftg.)				Point					76
	4600	Calibration labor									76
	4700	Start-up, checkout labor				↓					115
	4800	Drafting labor, as req'd									
	5000	Communications bus (data transmission cable)									
	5010	#18 twisted shielded pair in conduit				C.L.F.					850
	8000	Applications software									
	8050	Basic maintenance manager software (not incl. data base entry)				Ea.					1,800
	8100	Time program				Point					6.30
	8120	Duty cycle									12.55
	8140	Optimum start/stop									38
	8160	Demand limiting									18.80
	8180	Enthalpy program				↓					38
	8200	Boiler optimization				Ea.					1,125
	8220	Chiller optimization				"					1,500

For expanded coverage of these items see *Means Mechanical Cost Data* or *Means Plumbing Cost Data 1992*

157 | Air Conditioning/Ventilating

157 400 | Accessories

			CREW	DAILY OUTPUT	MAN-HOURS	UNIT	MAT.	LABOR	EQUIP.	TOTAL	TOTAL INCL O&P	
422	8240	Custom applications										422
	8260	Cost varies with complexity										
425	0010	**CONTROL SYSTEMS, PNEUMATIC** (Sub's quote incl. mat. & labor)										425
	0020											
	0100	Heating and Ventilating, split system										
	0200	Mixed air control, economizer cycle, panel readout, tubing										
	0220	Up to 10 tons				Ea.					3,725	
	0240	For 10 to 20 tons, add									8%	
	0260	For over 20 tons, add									17%	
	0270	Enthalpy cycle, up to 10 tons									4,500	
	0280	For 10 to 20 tons, add									8%	
	0290	For over 20 tons, add									17%	
	0300	Heating coil, hot water, 3 way valve,										
	0320	freezestat, limit control on discharge readout				Ea.					2,650	
	0500	Cooling coil, chilled water, room										
	0520	thermostat, 3 way valve				Ea.					1,125	
	0600	Cooling tower, fan cycle, damper control,										
	0620	condenser, water readout in/out at panel				Ea.					4,650	
	1000	Unit ventilator, day/night operation,										
	1100	freezestat, ASHRAE, cycle 2				Ea.					2,750	
	2000	Compensated hot water from boiler, valve control,										
	2100	readout and reset at panel, up to 60 GPM				Ea.					4,600	
	2120	For 120 GPM, add									7%	
	2140	For 240 GPM, add									12%	
	3000	Boiler room combustion air, damper, controls									2,050	
	3500	Fan coil, heating and cooling valves, 4 pipe system									1,075	
	3900	Multizone control (one per zone), includes thermostat, damper										
	3910	motor and reset of discharge temperature				Ea.					2,575	
	4000	Pneumatic thermostat, controlling room radiator valve									460	
	4040	Program energy saving optimizer									4,450	
	4080	Reheat coil									870	
	4500	Air supply for pneumatic control system										
	4600	Tank mounted duplex compressor, starter, alternator,										
	4620	piping, dryer, PRV station and filter										
	4630	1/2 HP				Ea.					6,950	
	4640	3/4 HP									7,225	
	4650	1 HP									7,775	
	4660	1-1/2 HP									8,725	
	4680	3 HP									11,300	
	4690	5 HP									18,900	
	4800	Main air supply, includes 3/8" copper main and labor				C.L.F.					455	
	4810	If poly tubing used, deduct									30%	
	7000	Static pressure control for air handling unit, includes pressure										
	7010	sensor, receiver controller, readout and damper motors				Ea.					6,050	
	7020	If return air fan requires control, add									70%	
	8600	VAV boxes, incl. thermostat, damper motor, reheat coil & tubing									1,150	
	8610	If no reheat coil, deduct									140	

For expanded coverage of these items see *Means Mechanical Cost Data* or *Means Plumbing Cost Data 1992*

160 | Raceways

160 100 | Cable Trays

				CREW	DAILY OUTPUT	MAN-HOURS	UNIT	1992 BARE COSTS MAT.	LABOR	EQUIP.	TOTAL	TOTAL INCL O&P	
105	0010	**CABLE TRAY** Ladder type w/ftngs & supports, 4" dp., to 15' elev.											105
	0100	For higher elevations, see 160-130-9900											
	0160	Galv. steel tray	R160 -100										
	0170	4" rung spacing, 6" wide		1 Elec	49	.163	L.F.	5.90	4.26		10.16	12.85	
	0180	9" wide			46	.174		6.50	4.54		11.04	13.90	
	0200	12" wide			43	.186		7.10	4.86		11.96	15.05	
	0400	18" wide			41	.195		8.30	5.10		13.40	16.75	
	0600	24" wide			39	.205		9.55	5.35		14.90	18.50	
	0650	30" wide			34	.235		12.10	6.15		18.25	22	
	0700	36" wide			30	.267		13.40	6.95		20.35	25	
	0800	6" rung spacing, 6" wide			50	.160		5.40	4.18		9.58	12.15	
	0850	9" wide			47	.170		5.90	4.44		10.34	13.10	
	0860	12" wide			44	.182		6.30	4.75		11.05	14	
	0870	18" wide			42	.190		7.10	4.97		12.07	15.25	
	0880	24" wide			40	.200		7.95	5.20		13.15	16.55	
	0890	30" wide			35	.229		9.50	5.95		15.45	19.35	
	0900	36" wide			32	.250		10.35	6.55		16.90	21	
	0910	9" rung spacing, 6" wide			51	.157		5	4.09		9.09	11.60	
	0920	9" wide			49	.163		5.35	4.26		9.61	12.25	
	0930	12" wide			47	.170		5.70	4.44		10.14	12.90	
	0940	18" wide			45	.178		6.20	4.64		10.84	13.75	
	0950	24" wide			43	.186		6.70	4.86		11.56	14.60	
	0960	30" wide			40	.200		7.85	5.20		13.05	16.45	
	0970	36" wide			37	.216		8.40	5.65		14.05	17.65	
	0980	12" rung spacing, 6" wide			53	.151		4.95	3.94		8.89	11.30	
	0990	9" wide			52	.154		5.10	4.02		9.12	11.60	
	1000	12" wide			50	.160		5.35	4.18		9.53	12.10	
	1010	18" wide			48	.167		5.80	4.35		10.15	12.85	
	1020	24" wide			47	.170		6.20	4.44		10.64	13.45	
	1030	30" wide			44	.182		7	4.75		11.75	14.80	
	1040	36" wide			42	.190		7.45	4.97		12.42	15.60	
	1041	18" rung spacing, 6" wide			54	.148		4.90	3.87		8.77	11.15	
	1042	9" wide			53	.151		5.05	3.94		8.99	11.45	
	1043	12" wide			51	.157		5.30	4.09		9.39	11.95	
	1044	18" wide			49	.163		5.60	4.26		9.86	12.50	
	1045	24" wide			48	.167		5.80	4.35		10.15	12.85	
	1046	30" wide			45	.178		6	4.64		10.64	13.50	
	1047	36" wide			43	.186		6.25	4.86		11.11	14.10	
	1050	Elbows, horiz. 9" rung spacing, 90°, 12" radius, 6" wide			4.80	1.667	Ea.	20.45	44		64.45	87	
	1060	9" wide			4.20	1.905		21.90	50		71.90	98	
	1070	12" wide			3.80	2.105		24.80	55		79.80	110	
	1080	18" wide			3.10	2.581		31.50	67		98.50	135	
	1090	24" wide			2.70	2.963		35.80	77		112.80	155	
	1100	30" wide			2.40	3.333		47.25	87		134.25	180	
	1110	36" wide			2.10	3.810		56	99		155	210	
	1120	90°, 24" radius, 6" wide			4.60	1.739		33.55	45		78.55	105	
	1130	9" wide			4	2		36.45	52		88.45	120	
	1140	12" wide			3.60	2.222		37.95	58		95.95	130	
	1150	18" wide			2.90	2.759		45.80	72		117.80	160	
	1160	24" wide			2.50	3.200		50.15	84		134.15	180	
	1170	30" wide			2.20	3.636		63	95		158	210	
	1180	36" wide			1.90	4.211		68	110		178	240	
	1190	90°, 36" radius, 6" wide			4.40	1.818		48.15	47		95.15	125	
	1200	9" wide			3.80	2.105		51.05	55		106.05	140	
	1210	12" wide			3.40	2.353		52.50	61		113.50	150	
	1220	18" wide			2.70	2.963		61.60	77		138.60	185	
	1230	24" wide			2.30	3.478		65.85	91		156.85	210	
	1240	30" wide			2	4		81	105		186	245	

160 | Raceways

160 100	Cable Trays	CREW	DAILY OUTPUT	MAN-HOURS	UNIT	1992 BARE COSTS MAT.	LABOR	EQUIP.	TOTAL	TOTAL INCL O&P
1250	36" wide	1 Elec	1.70	4.706	Ea.	88	125		213	280
1260	45°, 12" radius, 6" wide		6.60	1.212		16.05	32		48.05	65
1270	9" wide		5.50	1.455		16.90	38		54.90	75
1280	12" wide		4.80	1.667		17.50	44		61.50	84
1290	18" wide		3.80	2.105		18.60	55		73.60	100
1300	24" wide		3.10	2.581		24.35	67		91.35	125
1310	30" wide		2.70	2.963		30.10	77		107.10	150
1320	36" wide		2.30	3.478		31.50	91		122.50	170
1330	45°, 24" radius, 6" wide		6.40	1.250		20.45	33		53.45	71
1340	9" wide		5.30	1.509		21.90	39		60.90	83
1350	12" wide		4.60	1.739		24.80	45		69.80	95
1360	18" wide		3.60	2.222		25.80	58		83.80	115
1370	24" wide		2.90	2.759		30.10	72		102.10	140
1380	30" wide		2.50	3.200		37.25	84		121.25	165
1390	36" wide		2.10	3.810		41.55	99		140.55	195
1400	45°, 36" radius, 6" wide		6.20	1.290		29.20	34		63.20	82
1410	9" wide		5.10	1.569		30.65	41		71.65	95
1420	12" wide		4.40	1.818		32.10	47		79.10	105
1430	18" wide		3.40	2.353		34.35	61		95.35	130
1440	24" wide		2.70	2.963		37.25	77		114.25	155
1450	30" wide		2.30	3.478		47.25	91		138.25	185
1460	36" wide		1.90	4.211		52	110		162	220
1470	Elbows, horizontal, 4" rung spacing, use 9" rung x 1.50									
1480	6" rung spacing use 9" rung x 1.20									
1490	12" rung spacing use 9" rung x .93									
1500	Elbows, vert., 90°, 9" rung spacing, 12" radius, 6" wide	1 Elec	4.80	1.667	Ea.	28.65	44		72.65	96
1510	9" wide		4.20	1.905		29.50	50		79.50	105
1520	12" wide		3.80	2.105		30.10	55		85.10	115
1530	18" wide		3.10	2.581		31.50	67		98.50	135
1540	24" wide		2.70	2.963		33.50	77		110.50	150
1550	30" wide		2.40	3.333		36.50	87		123.50	170
1560	36" wide		2.10	3.810		38	99		137	190
1570	24" radius, 6" wide		4.60	1.739		41.55	45		86.55	115
1580	9" wide		4	2		42.95	52		94.95	125
1590	12" wide		3.60	2.222		44.10	58		102.10	135
1600	18" wide		2.90	2.759		47.25	72		119.25	160
1610	24" wide		2.50	3.200		48.65	84		132.65	180
1620	30" wide		2.20	3.636		55.85	95		150.85	205
1630	36" wide		1.90	4.211		58	110		168	230
1640	36" radius, 6" wide		4.40	1.818		55.85	47		102.85	130
1650	9" wide		3.80	2.105		57.25	55		112.25	145
1660	12" wide		3.40	2.353		58.70	61		119.70	155
1670	18" wide		2.70	2.963		63	77		140	185
1680	24" wide		2.30	3.478		64.45	91		155.45	205
1690	30" wide		2	4		73	105		178	235
1700	36" wide		1.70	4.706		76	125		201	265
1710	Elbows, vertical, 4" rung spacing, use 9" rung x 1.25									
1720	6" rung spacing, use 9" rung x 1.15									
1730	12" rung spacing, use 9" rung x .90									
1740	Tee, horizontal, 9" rung spacing, 12" radius, 6" wide	1 Elec	2.50	3.200	Ea.	45.80	84		129.80	175
1750	9" wide		2.30	3.478		48.75	91		139.75	190
1760	12" wide		2.20	3.636		51.55	95		146.55	200
1770	18" wide		2	4		58.65	105		163.65	220
1780	24" wide		1.80	4.444		68.70	115		183.70	250
1790	30" wide		1.70	4.706		83	125		208	275
1800	36" wide		1.50	5.333		96	140		236	315
1810	24" radius, 6" wide		2.30	3.478		83	91		174	225
1820	9" wide		2.10	3.810		87	99		186	245

160 | Raceways

160 100 | Cable Trays

			Crew	Daily Output	Man-Hours	Unit	1992 Bare Costs Mat.	Labor	Equip.	Total	Total Incl O&P	
105	1830	12" wide	1 Elec	2	4	Ea.	92	105		197	255	105
	1840	18" wide		1.80	4.444		100	115		215	285	
	1850	24" wide		1.60	5		110	130		240	315	
	1860	30" wide		1.50	5.333		127	140		267	345	
	1870	36" wide		1.30	6.154		140	160		300	395	
	1880	36" radius, 6" wide		2.10	3.810		118	99		217	280	
	1890	9" wide		1.90	4.211		123	110		233	300	
	1900	12" wide		1.80	4.444		130	115		245	315	
	1910	18" wide		1.60	5		140	130		270	350	
	1920	24" wide		1.40	5.714		158	150		308	395	
	1930	30" wide		1.30	6.154		172	160		332	430	
	1940	36" wide		1.10	7.273		186	190		376	490	
	1980	Tee, vertical, 9" rung spacing 12" radius, 6" wide		2.70	2.963		92	77		169	215	
	1990	9" wide		2.60	3.077		93	80		173	220	
	2000	12" wide		2.50	3.200		94	84		178	230	
	2010	18" wide		2.30	3.478		96	91		187	240	
	2020	24" wide		2.20	3.636		98	95		193	250	
	2030	30" wide		2	4		104	105		209	270	
	2040	36" wide		1.80	4.444		107	115		222	290	
	2050	24" radius, 6" wide		2.50	3.200		186	84		270	330	
	2060	9" wide		2.40	3.333		189	87		276	340	
	2070	12" wide		2.30	3.478		195	91		286	350	
	2080	18" wide		2.10	3.810		200	99		299	370	
	2090	24" wide		2	4		205	105		310	380	
	2100	30" wide		1.80	4.444		220	115		335	415	
	2110	36" wide		1.60	5		230	130		360	450	
	2120	36" radius, 6" wide		2.30	3.478		313	91		404	480	
	2130	9" wide		2.20	3.636		315	95		410	490	
	2140	12" wide		2.10	3.810		319	99		418	500	
	2150	18" wide		1.90	4.211		321	110		431	515	
	2160	24" wide		1.80	4.444		330	115		445	535	
	2170	30" wide		1.60	5		337	130		467	565	
	2180	36" wide		1.40	5.714		345	150		495	600	
	2190	Tee, 4" rung spacing, use 9" rung x 1.30										
	2200	6" rung spacing, use 9" rung x 1.20										
	2210	12" rung spacing, use 9" rung x .90										
	2220	Cross, horizontal, 9" rung spacing, 12" radius, 6" wide	1 Elec	2	4	Ea.	63	105		168	225	
	2230	9" wide		1.90	4.211		66	110		176	235	
	2240	12" wide		1.80	4.444		73	115		188	255	
	2250	18" wide		1.70	4.706		79	125		204	270	
	2260	24" wide		1.50	5.333		87	140		227	305	
	2270	30" wide		1.40	5.714		106	150		256	340	
	2280	36" wide		1.30	6.154		119	160		279	370	
	2290	24" radius, 6" wide		1.80	4.444		123	115		238	310	
	2300	9" wide		1.70	4.706		127	125		252	325	
	2310	12" wide		1.60	5		135	130		265	345	
	2320	18" wide		1.50	5.333		141	140		281	365	
	2330	24" wide		1.30	6.154		158	160		318	415	
	2340	30" wide		1.20	6.667		172	175		347	450	
	2350	36" wide		1.10	7.273		186	190		376	490	
	2360	36" radius, 6" wide		1.60	5		172	130		302	385	
	2370	9" wide		1.50	5.333		178	140		318	405	
	2380	12" wide		1.40	5.714		187	150		337	430	
	2390	18" wide		1.30	6.154		207	160		367	465	
	2400	24" wide		1.10	7.273		229	190		419	535	
	2410	30" wide		1	8		245	210		455	580	
	2420	36" wide		.90	8.889		262	230		492	635	
	2430	Cross, horizontal, 4" rung spacing, use 9" rung x 1.30										

16 ELECTRICAL

160 | Raceways

160 100 | Cable Trays

			CREW	DAILY OUTPUT	MAN-HOURS	UNIT	1992 BARE COSTS				TOTAL INCL O&P	
							MAT.	LABOR	EQUIP.	TOTAL		
105	2440	6" rung spacing, use 9" rung x 1.20										105
	2450	12" rung spacing, use 9" rung x .90										
	2460	Reducer, 9" to 6" wide	1 Elec	6.50	1.231	Ea.	41	32		73	93
	2470	12" to 9" wide tray		6	1.333		41.50	35		76.50	98
	2480	18" to 12" wide tray		5.20	1.538		42	40		82	105
	2490	24" to 18" wide tray		4.50	1.778		44	46		90	120
	2500	30" to 24" wide tray		4	2		46	52		98	130
	2510	36" to 30" wide tray		3.50	2.286		47	60		107	140
	2511	Reducer, 18" to 6" wide tray		5.20	1.538		42	40		82	105
	2512	24" to 12" wide tray		4.50	1.778		42.50	46		88.50	115
	2513	30" to 18" wide tray		4	2		47	52		99	130
	2514	30" to 12" wide tray		4	2		46	52		98	130
	2515	36" to 24" wide tray		3.50	2.286		48	60		108	140
	2516	36" to 18" wide tray		3.50	2.286		48	60		108	140
	2517	36" to 12" wide tray		3.50	2.286		48	60		108	140
	2520	Dropout or end plate, 6" wide		16	.500		3.35	13.05		16.40	23
	2530	9" wide		14	.571		3.90	14.90		18.80	27
	2540	12" wide		13	.615		4.30	16.05		20.35	29
	2550	18" wide		11	.727		5.05	19		24.05	34
	2560	24" wide		10	.800		6.10	21		27.10	38
	2570	30" wide		9	.889		6.70	23		29.70	42
	2580	36" wide		8	1		7.65	26		33.65	47
	2590	Tray connector		24	.333		6	8.70		14.70	19.60
	3200	Aluminum tray, 4" deep, 6" rung spacing, 6" wide		67	.119	L.F.	8.60	3.12		11.72	14.10
	3210	9" wide		64	.125		9.10	3.26		12.36	14.90
	3220	12" wide		62	.129		9.60	3.37		12.97	15.60
	3230	18" wide		57	.140		10.65	3.66		14.31	17.20
	3240	24" wide		53	.151		11.90	3.94		15.84	18.95
	3250	30" wide		50	.160		13	4.18		17.18	21
	3260	36" wide		47	.170		14.10	4.44		18.54	22
	3270	9" rung spacing, 6" wide		70	.114		7.50	2.98		10.48	12.70
	3280	9" wide		67	.119		7.85	3.12		10.97	13.30
	3290	12" wide		65	.123		8.10	3.21		11.31	13.70
	3300	18" wide		61	.131		8.90	3.42		12.32	14.90
	3310	24" wide		58	.138		9.50	3.60		13.10	15.80
	3320	30" wide		54	.148		10.35	3.87		14.22	17.15
	3330	36" wide		50	.160		11.20	4.18		15.38	18.55
	3340	12" rung spacing, 6" wide		73	.110		7.35	2.86		10.21	12.35
	3350	9" wide		70	.114		7.45	2.98		10.43	12.65
	3360	12" wide		67	.119		7.70	3.12		10.82	13.10
	3370	18" wide		64	.125		8.10	3.26		11.36	13.80
	3380	24" wide		62	.129		8.65	3.37		12.02	14.55
	3390	30" wide		57	.140		9.15	3.66		12.81	15.55
	3400	36" wide		53	.151		9.65	3.94		13.59	16.50
	3401	18" rung, spacing, 6" wide		75	.107		7.30	2.78		10.08	12.20
	3402	9" wide tray		72	.111		7.40	2.90		10.30	12.45
	3403	12" wide tray		70	.114		7.65	2.98		10.63	12.85
	3404	18" wide tray		67	.119		8.05	3.12		11.17	13.50
	3405	24" wide tray		65	.123		8.25	3.21		11.46	13.85
	3406	30" wide tray		60	.133		8.60	3.48		12.08	14.65
	3407	36" wide tray		55	.145		9	3.80		12.80	15.55
	3410	Elbows, horiz., 9" rung spacing, 90°, 12" radius, 6" wide		4.80	1.667	Ea.	27.50	44		71.50	95
	3420	9" wide		4.20	1.905		29	50		79	105
	3430	12" wide		3.80	2.105		33.30	55		88.30	120
	3440	18" wide		3.10	2.581		39	67		106	145
	3450	24" wide		2.70	2.963		47	77		124	165
	3460	30" wide		2.40	3.333		50.50	87		137.50	185
	3470	36" wide		2.10	3.810		62	99		161	215

Hubbell Nonmetallic Surface Raceway: Ease of Installation Never Looked So Great

Hubbell Offers a Complete Family of UL Listed Nonmetallic Surface Raceway Systems Designed to Save on Installation Costs...While Sparing Nothing to Achieve Good Looks

- Easier to cut...savings • Lightweight...more savings • Quick assembly...still more savings

PolyTrak™ is Hubbell's complete system of nonmetallic surface raceways and fittings for clean and effective wire management. Members of the PolyTrak family are designed to handle the power, voice and data needs of today's workstation – each complete with its own specific advantages to handle the most demanding challenges found in wire management today.

PolyTrak raceways feature either single or multi-channel design.

These designs, combined with a variety of boxes, fittings and plates, make Hubbell's offering the most complete and flexible surface raceway systems yet available.

PolyTrak Nonmetallic Surface Raceway

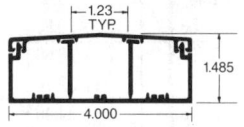
BaseTrak® 3-Channel

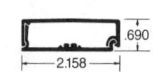
WallTrak® 2 1-Channel

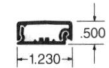
WallTrak® 1 1-Channel

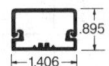
PlugTrak® Prewired strip

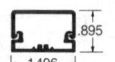
PremiseTrak™ 2 1-Channel

PremiseTrak™ 1 1-Channel

MiniTrak® Closed 3 sizes duct

MiniTrak® Open 4 sizes duct

FloorTrak® 4 sizes duct

Features and Benefits

Nonmetallic
Easy to handle, easy to cut, lightweight – all to save on installation costs

Nonconductive
Safer than metallic counterparts

Complete offering
Systems thinking allows complete flexibility for handling all needs – in renovation or new construction

Office white
Aesthetically pleasing and able to blend into today's office decor

Specifications

Material:
U.V. Stabilized PVC

Listing:
UL 94-VO
File E118895
File E119190

Certification: CSA LR96771

Typical Installation

BaseTrak
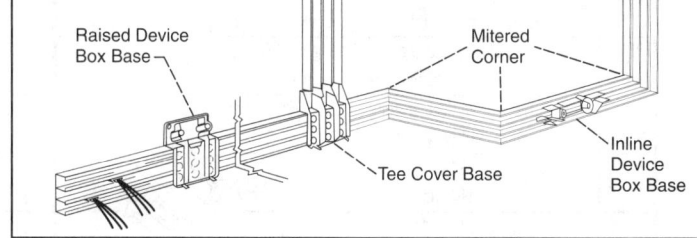

WallTrak
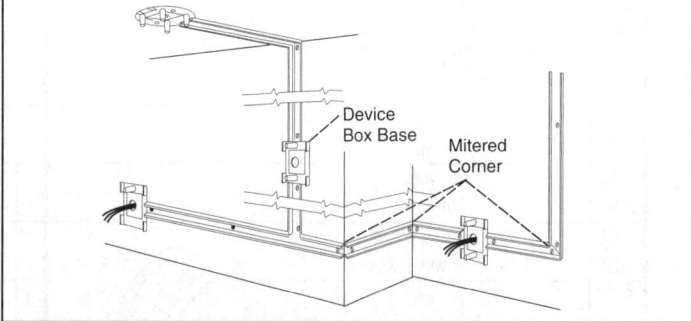

PlugTrak
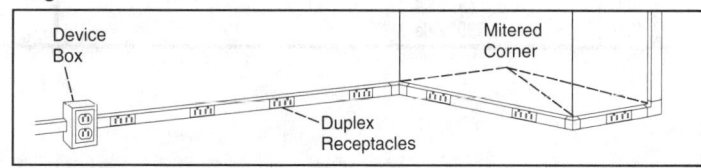

Kellems Division
(203) 535-1250
FAX (203) 535-1719

160 | Raceways

160 100 | Cable Trays

		CREW	DAILY OUTPUT	MAN-HOURS	UNIT	1992 BARE COSTS MAT.	LABOR	EQUIP.	TOTAL	TOTAL INCL O&P	
105	3480	90°, 24" radius, 6" wide	1 Elec	4.60	1.739	Ea.	40.10	45		85.10	110	105
	3490	9" wide		4	2		43.60	52		95.60	125	
	3500	12" wide		3.60	2.222		46.95	58		104.95	140	
	3510	18" wide		2.90	2.759		54	72		126	165	
	3520	24" wide		2.50	3.200		63	84		147	195	
	3530	30" wide		2.20	3.636		70	95		165	220	
	3540	36" wide		1.90	4.211		81	110		191	255	
	3550	90°, 36" radius, 6" wide		4.40	1.818		54	47		101	130	
	3560	9" wide		3.80	2.105		56	55		111	145	
	3570	12" wide		3.40	2.353		63	61		124	160	
	3580	18" wide		2.70	2.963		70	77		147	190	
	3590	24" wide		2.30	3.478		80	91		171	225	
	3600	30" wide		2	4		87	105		192	250	
	3610	36" wide		1.70	4.706		100	125		225	295	
	3620	45°, 12" radius, 6" wide		6.60	1.212		18.55	32		50.55	68	
	3630	9" wide		5.50	1.455		18.80	38		56.80	77	
	3640	12" wide		4.80	1.667		19.55	44		63.55	86	
	3650	18" wide		3.80	2.105		22.90	55		77.90	105	
	3660	24" wide		3.10	2.581		28.60	67		95.60	130	
	3670	30" wide		2.70	2.963		32.10	77		109.10	150	
	3680	36" wide		2.30	3.478		34.40	91		125.40	175	
	3690	45°, 24" radius, 6" wide		6.40	1.250		25.25	33		58.25	76	
	3700	9" wide		5.30	1.509		27.50	39		66.50	89	
	3710	12" wide		4.60	1.739		28.60	45		73.60	99	
	3720	18" wide		3.60	2.222		29.80	58		87.80	120	
	3730	24" wide		2.90	2.759		35.55	72		107.55	145	
	3740	30" wide		2.50	3.200		42.40	84		126.40	170	
	3750	36" wide		2.10	3.810		44.80	99		143.80	200	
	3760	45°, 36" radius, 6" wide		6.20	1.290		32.10	34		66.10	86	
	3770	9" wide		5.10	1.569		33.30	41		74.30	98	
	3780	12" wide		4.40	1.818		34.40	47		81.40	110	
	3790	18" wide		3.40	2.353		39	61		100	135	
	3800	24" wide		2.70	2.963		46.95	77		123.95	165	
	3810	30" wide		2.30	3.478		49.30	91		140.30	190	
	3820	36" wide		1.90	4.211		55	110		165	225	
	3830	Elbows, horizontal, 4" rung spacing, use 9" rung x 1.50										
	3840	6" rung spacing, use 9" rung x 1.20										
	3850	12" rung spacing, use 9" rung x .93										
	3860	Elbows, vertical, 9" rung spacing, 90°, 12" radius, 6" wide	1 Elec	4.80	1.667	Ea.	40.10	44		84.10	110	
	3870	9" wide		4.20	1.905		41.30	50		91.30	120	
	3880	12" wide		3.80	2.105		41.60	55		96.60	130	
	3890	18" wide		3.10	2.581		43.45	67		110.45	150	
	3900	24" wide		2.70	2.963		45.85	77		122.85	165	
	3910	30" wide		2.40	3.333		47	87		134	180	
	3920	36" wide		2.10	3.810		48.10	99		147.10	200	
	3930	24" radius, 6" wide		4.60	1.739		57.25	45		102.25	130	
	3940	9" wide		4	2		57.75	52		109.75	140	
	3950	12" wide		3.60	2.222		58.85	58		116.85	150	
	3960	18" wide		2.90	2.759		62	72		134	175	
	3970	24" wide		2.50	3.200		64	84		148	195	
	3980	30" wide		2.20	3.636		66	95		161	215	
	3990	36" wide		1.90	4.211		70	110		180	240	
	4000	36" radius, 6" wide		4.40	1.818		71	47		118	150	
	4010	9" wide		3.80	2.105		73	55		128	160	
	4020	12" wide		3.40	2.353		76.50	61		137.50	175	
	4030	18" wide		2.70	2.963		80	77		157	205	
	4040	24" wide		2.30	3.478		84	91		175	230	
	4050	30" wide		2	4		88	105		193	255	

160 | Raceways

160 100 | Cable Trays

		CREW	DAILY OUTPUT	MAN-HOURS	UNIT	1992 BARE COSTS				TOTAL INCL O&P	
						MAT.	LABOR	EQUIP.	TOTAL		
105	4060	36" wide	1 Elec	1.70	4.706	Ea.	92	125		217	285	105
	4070	Elbows vertical, 4" rung, spacing, use 9" rung x 1.25										
	4080	6" rung spacing, use 9" rung x 1.15										
	4090	12" rung spacing, use 9" rung x .90										
	4100	Tee, horizontal, 9" rung spacing, 12" radius, 6" wide	1 Elec	2.50	3.200	Ea.	47	84		131	175	
	4110	9" wide		2.30	3.478		49.30	91		140.30	190	
	4120	12" wide		2.20	3.636		50.35	95		145.35	195	
	4130	18" wide		2.10	3.810		61.50	99		160.50	215	
	4140	24" wide		2	4		67	105		172	230	
	4150	30" wide		1.80	4.444		77.50	115		192.50	260	
	4160	36" wide		1.70	4.706		92	125		217	285	
	4170	24" radius, 6" wide		2.30	3.478		80	91		171	225	
	4180	9" wide		2.10	3.810		86	99		185	245	
	4190	12" wide		2	4		89	105		194	255	
	4200	18" wide		1.90	4.211		101	110		211	275	
	4210	24" wide		1.80	4.444		108	115		223	290	
	4220	30" wide		1.60	5		121	130		251	330	
	4230	36" wide		1.50	5.333		178	140		318	405	
	4240	36" radius, 6" wide		2.10	3.810		115	99		214	275	
	4250	9" wide		1.90	4.211		119	110		229	295	
	4260	12" wide		1.80	4.444		129	115		244	315	
	4270	18" wide		1.70	4.706		137	125		262	335	
	4280	24" wide		1.60	5		151	130		281	360	
	4290	30" wide		1.40	5.714		192	150		342	435	
	4300	36" wide		1.30	6.154		212	160		372	475	
	4310	Tee, vertical, 9" rung spacing, 12" radius, 6" wide		2.70	2.963		112	77		189	240	
	4320	9" wide		2.60	3.077		115	80		195	245	
	4330	12" wide		2.50	3.200		116	84		200	250	
	4340	18" wide		2.30	3.478		119	91		210	265	
	4350	24" wide		2.20	3.636		127	95		222	280	
	4360	30" wide		2.10	3.810		131	99		230	290	
	4370	36" wide		2	4		135	105		240	305	
	4380	24" radius, 6" wide		2.50	3.200		235	84		319	385	
	4390	9" wide		2.40	3.333		240	87		327	395	
	4400	12" wide		2.30	3.478		242	91		333	400	
	4410	18" wide		2.10	3.810		245	99		344	420	
	4420	24" wide		2	4		247	105		352	430	
	4430	30" wide		1.90	4.211		252	110		362	440	
	4440	36" wide		1.80	4.444		264	115		379	465	
	4450	36" radius, 6" wide		2.30	3.478		420	91		511	595	
	4460	9" wide		2.20	3.636		430	95		525	615	
	4470	12" wide		2.10	3.810		435	99		534	625	
	4480	18" wide		1.90	4.211		440	110		550	650	
	4490	24" wide		1.80	4.444		455	115		570	675	
	4500	30" wide		1.70	4.706		460	125		585	690	
	4510	36" wide		1.60	5		470	130		600	710	
	4520	Tees, 4" rung spacing, use 9" rung x 1.30										
	4530	6" rung spacing, use 9" rung x 1.20										
	4540	12" rung spacing, use 9" rung x .90										
	4550	Cross, horizontal, 9" rung spacing, 12" radius, 6" wide	1 Elec	2.20	3.636	Ea.	58	95		153	205	
	4560	9" wide		2.10	3.810		64	99		163	220	
	4570	12" wide		2	4		65	105		170	225	
	4580	18" wide		1.80	4.444		77	115		192	260	
	4590	24" wide		1.70	4.706		81	125		206	270	
	4600	30" wide		1.50	5.333		95	140		235	310	
	4610	36" wide		1.40	5.714		120	150		270	355	
	4620	24" radius, 6" wide		2	4		104	105		209	270	
	4630	9" wide		1.90	4.211		112	110		222	285	

160 | Raceways

160 100 | Cable Trays

		CREW	DAILY OUTPUT	MAN-HOURS	UNIT	1992 BARE COSTS MAT.	LABOR	EQUIP.	TOTAL	TOTAL INCL O&P	
105	4640	12" wide	1 Elec	1.80	4.444	Ea.	116	115		231	300	105
	4650	18" wide		1.60	5		134	130		264	340	
	4660	24" wide		1.50	5.333		146	140		286	370	
	4670	30" wide		1.30	6.154		170	160		330	425	
	4680	36" wide		1.20	6.667		192	175		367	470	
	4690	36" radius, 6" wide		1.80	4.444		154	115		269	345	
	4700	9" wide		1.70	4.706		160	125		285	360	
	4710	12" wide		1.60	5		169	130		299	380	
	4720	18" wide		1.40	5.714		181	150		331	420	
	4730	24" wide		1.30	6.154		224	160		384	485	
	4740	30" wide		1.10	7.273		245	190		435	555	
	4750	36" wide		1	8		272	210		482	610	
	4760	Cross, horizontal, 4" rung spacing, use 9" rung x 1.30										
	4770	6" rung spacing, use 9" rung x 1.20										
	4780	12" rung spacing, use 9" rung x .90										
	4790	Reducer, 9" to 6" wide	1 Elec	8	1	Ea.	42.50	26		68.50	86	
	4800	12" to 9" wide tray		7	1.143		43.50	30		73.50	92	
	4810	18" to 12" wide tray		6.20	1.290		44.50	34		78.50	99	
	4820	24" to 18" wide tray		5.30	1.509		47	39		86	110	
	4830	30" to 24" wide tray		4.60	1.739		49	45		94	120	
	4840	36" to 30" wide tray		4	2		51	52		103	135	
	4841	Reducer, 18" to 6" wide tray		6.20	1.290		44.50	34		78.50	99	
	4842	24" to 12" wide tray		5.30	1.509		46	39		85	110	
	4843	30" to 18" wide tray		4.60	1.739		48	45		93	120	
	4844	30" to 12" wide tray		4.60	1.739		48	45		93	120	
	4845	36" to 24" wide tray		4	2		51	52		103	135	
	4846	36" to 18" wide tray		4	2		51	52		103	135	
	4847	36" to 12" wide tray		4	2		51	52		103	135	
	4850	Dropout or end plate, 6" wide		16	.500		4.05	13.05		17.10	24	
	4860	9" wide tray		14	.571		4.40	14.90		19.30	27	
	4870	12" wide tray		13	.615		4.70	16.05		20.75	29	
	4880	18" wide tray		11	.727		6.35	19		25.35	35	
	4890	24" wide tray		10	.800		7.45	21		28.45	39	
	4900	30" wide tray		9	.889		8.85	23		31.85	44	
	4910	36" wide tray		8	1		9.90	26		35.90	50	
	4920	Tray connector		24	.333		5.85	8.70		14.55	19.40	
	8000	Elbow, 36" radius, horiz., 60° 6" wide tray		5.30	1.509		50	39		89	115	
	8010	9" wide tray		4.50	1.778		54	46		100	130	
	8020	12" wide tray		3.90	2.051		56	54		110	140	
	8030	18" wide tray		3.10	2.581		60	67		127	165	
	8040	24" wide tray		2.50	3.200		70	84		154	200	
	8050	30" wide tray		2.20	3.636		73	95		168	220	
	8060	30°, 6" wide tray		7	1.143		39	30		69	87	
	8070	9" wide tray		5.70	1.404		41	37		78	100	
	8080	12" wide tray		4.90	1.633		42	43		85	110	
	8090	18" wide tray		3.70	2.162		45	56		101	135	
	8100	24" wide tray		2.90	2.759		53	72		125	165	
	8110	30" wide tray		2.40	3.333		55	87		142	190	
	8120	Adjustable, 6" wide tray		6.20	1.290		51	34		85	105	
	8130	9" wide tray		5.10	1.569		54	41		95	120	
	8140	12" wide tray		4.40	1.818		55	47		102	130	
	8150	18" wide tray		3.40	2.353		60	61		121	160	
	8160	24" wide tray		2.70	2.963		64	77		141	185	
	8170	30" wide tray		2.30	3.478		72	91		163	215	
	8180	Wye, 36" radius, horiz., 45°, 6" wide tray		2.30	3.478		89	91		180	235	
	8190	9" wide tray		2.20	3.636		96	95		191	245	
	8200	12" wide tray		2.10	3.810		107	99		206	265	
	8210	18" wide tray		1.90	4.211		128	110		238	305	

160 | Raceways

160 100 | Cable Trays

			CREW	DAILY OUTPUT	MAN-HOURS	UNIT	1992 BARE COSTS				TOTAL INCL O&P	
							MAT.	LABOR	EQUIP.	TOTAL		
105	8220	24" wide tray	1 Elec	1.80	4.444	Ea.	148	115		263	335	105
	8230	30" wide tray		1.70	4.706		190	125		315	390	
	8240	Elbow, 36" radius, vert, in/outside, 60°, 6" wide tray		5.30	1.509		56	39		95	120	
	8250	9" wide tray		4.50	1.778		58	46		104	135	
	8260	12" wide tray		3.90	2.051		59	54		113	145	
	8270	18" wide tray		3.10	2.581		61	67		128	170	
	8280	24" wide tray		2.50	3.200		65	84		149	195	
	8290	30" wide tray		2.20	3.636		69	95		164	220	
	8300	45°, 6" wide tray		6.20	1.290		50	34		84	105	
	8310	9" wide tray		5.10	1.569		53	41		94	120	
	8320	12" wide tray		4.40	1.818		54	47		101	130	
	8330	18" wide tray		3.40	2.353		56	61		117	155	
	8340	24" wide tray		2.70	2.963		59	77		136	180	
	8350	30" wide tray		2.30	3.478		60	91		151	200	
	8360	30°, 6" wide tray		7	1.143		45	30		75	94	
	8370	9" wide tray		5.70	1.404		46	37		83	105	
	8380	12" wide tray		4.90	1.633		48	43		91	115	
	8390	18" wide tray		3.70	2.162		49	56		105	140	
	8400	24" wide tray		2.90	2.759		50	72		122	160	
	8410	30" wide tray		2.40	3.333		53	87		140	190	
	8660	Adjustable, 6" wide tray		6.20	1.290		51	34		85	105	
	8670	9" wide tray		5.10	1.569		54	41		95	120	
	8680	12" wide tray		4.40	1.818		55	47		102	130	
	8690	18" wide tray		3.40	2.353		60	61		121	160	
	8700	24" wide tray		2.70	2.963		64	77		141	185	
	8710	30" wide tray		2.30	3.478		71	91		162	215	
	8720	Cross, vertical, 6" wide tray		1.80	4.444		330	115		445	535	
	8730	9" wide tray		1.70	4.706		335	125		460	550	
	8740	12" wide tray		1.60	5		340	130		470	570	
	8750	18" wide tray		1.40	5.714		355	150		505	615	
	8760	24" wide tray		1.30	6.154		370	160		530	645	
	8770	30" wide tray		1.10	7.273		390	190		580	710	
	9200	Splice plate		48	.167	Pr.	7.15	4.35		11.50	14.35	
	9210	Expansion joint		48	.167		8.60	4.35		12.95	15.95	
	9220	Horizontal hinged		48	.167		7.15	4.35		11.50	14.35	
	9230	Vertical hinged		48	.167		8.60	4.35		12.95	15.95	
	9240	Ladder hanger, vertical		28	.286	Ea.	1.90	7.45		9.35	13.20	
	9250	Ladder to channel connector		24	.333		23.15	8.70		31.85	38	
	9260	Ladder to box connector 30" wide		19	.421		23	11		34	42	
	9270	24" wide		20	.400		23	10.45		33.45	41	
	9280	18" wide		21	.381		22	9.95		31.95	39	
	9290	12" wide		22	.364		20	9.50		29.50	36	
	9300	9" wide		23	.348		19	9.10		28.10	34	
	9310	6" wide		24	.333		19	8.70		27.70	34	
	9320	Ladder floor flange		24	.333		15	8.70		23.70	29	
	9330	Cable roller for tray 30" wide		10	.800		130	21		151	175	
	9340	24" wide		11	.727		110	19		129	150	
	9350	18" wide		12	.667		105	17.40		122.40	140	
	9360	12" wide		13	.615		83	16.05		99.05	115	
	9370	9" wide		14	.571		73	14.90		87.90	105	
	9380	6" wide		15	.533		59	13.90		72.90	86	
	9390	Pulley, single wheel		12	.667		150	17.40		167.40	190	
	9400	Triple wheel		10	.800		300	21		321	360	
	9440	Nylon cable tie, 14" long		80	.100		.31	2.61		2.92	4.24	
	9450	Ladder, hold down clamp		60	.133		4.20	3.48		7.68	9.80	
	9460	Cable clamp		60	.133		4.30	3.48		7.78	9.90	
	9470	Wall bracket for 30" wide tray		19	.421		22.20	11		33.20	41	
	9480	24" wide tray		20	.400		18	10.45		28.45	35	

16 ELECTRICAL

160 | Raceways

160 100 | Cable Trays

			CREW	DAILY OUTPUT	MAN-HOURS	UNIT	1992 BARE COSTS MAT.	1992 BARE COSTS LABOR	1992 BARE COSTS EQUIP.	1992 BARE COSTS TOTAL	TOTAL INCL O&P	
105	9490	18" wide tray	1 Elec	21	.381	Ea.	16.25	9.95		26.20	33	105
	9500	12" wide tray		22	.364		15.50	9.50		25	31	
	9510	9" wide tray		23	.348		13.45	9.10		22.55	28	
	9520	6" wide tray		24	.333		13.20	8.70		21.90	28	
110	0010	**CABLE TRAY** Solid bottom, w/ftngs & supports, 3" dp, to 15' high										110
	0200	For higher elevations, see 160-130-9900										
	0220	Galvanized steel, tray, 6" wide	1 Elec	60	.133	L.F.	4.80	3.48		8.28	10.45	
	0240	12" wide		50	.160		6.15	4.18		10.33	13	
	0260	18" wide		35	.229		7.50	5.95		13.45	17.15	
	0280	24" wide		30	.267		8.80	6.95		15.75	20	
	0300	30" wide		25	.320		10.45	8.35		18.80	24	
	0320	36" wide		22	.364		14.95	9.50		24.45	31	
	0340	Elbow, horizontal, 90°, 12" radius, 6" wide		4.80	1.667	Ea.	35	44		79	105	
	0360	12" wide		3.40	2.353		40	61		101	135	
	0370	18" wide		2.70	2.963		45	77		122	165	
	0380	24" wide		2.20	3.636		55	95		150	200	
	0390	30" wide		1.90	4.211		66	110		176	235	
	0400	36" wide		1.70	4.706		75	125		200	265	
	0420	24" radius, 6" wide		4.60	1.739		50	45		95	125	
	0440	12" wide		3.20	2.500		58	65		123	160	
	0450	18" wide		2.50	3.200		68	84		152	200	
	0460	24" wide		2	4		78	105		183	240	
	0470	30" wide		1.70	4.706		91	125		216	285	
	0480	36" wide		1.50	5.333		104	140		244	320	
	0500	36" radius, 6" wide		4.40	1.818		73	47		120	150	
	0520	12" wide		3	2.667		84	70		154	195	
	0530	18" wide		2.30	3.478		102	91		193	250	
	0540	24" wide		1.80	4.444		110	115		225	295	
	0550	30" wide		1.50	5.333		130	140		270	350	
	0560	36" wide		1.30	6.154		145	160		305	400	
	0580	Elbow, vertical, 90°, 12" radius, 6" wide		4.80	1.667		43	44		87	110	
	0600	12" wide		3.40	2.353		45	61		106	140	
	0610	18" wide		2.70	2.963		46	77		123	165	
	0620	24" wide		2.20	3.636		53	95		148	200	
	0630	30" wide		1.90	4.211		57	110		167	225	
	0640	36" wide		1.70	4.706		59	125		184	250	
	0670	24" radius, 6" wide		4.60	1.739		60	45		105	135	
	0690	12" wide		3.20	2.500		66	65		131	170	
	0700	18" wide		2.50	3.200		72	84		156	205	
	0710	24" wide		2	4		77	105		182	240	
	0720	30" wide		1.70	4.706		82	125		207	275	
	0730	36" wide		1.50	5.333		89	140		229	305	
	0750	36" radius, 6" wide		4.40	1.818		82	47		129	160	
	0770	12" wide		3.30	2.424		91	63		154	195	
	0780	18" wide		2.30	3.478		100	91		191	245	
	0790	24" wide		1.80	4.444		110	115		225	295	
	0800	30" wide		1.50	5.333		120	140		260	340	
	0810	36" wide		1.30	6.154		130	160		290	385	
	0840	Tee, horizontal, 12" radius, 6" wide		2.50	3.200		53	84		137	185	
	0860	12" wide		2	4		58	105		163	220	
	0870	18" wide		1.70	4.706		68	125		193	260	
	0880	24" wide		1.40	5.714		76	150		226	305	
	0890	30" wide		1.30	6.154		87	160		247	335	
	0900	36" wide		1.10	7.273		100	190		290	395	
	0940	24" radius, 6" wide		2.30	3.478		84	91		175	230	
	0960	12" wide		1.80	4.444		98	115		213	280	
	0970	18" wide		1.50	5.333		107	140		247	325	
	0980	24" wide		1.20	6.667		145	175		320	420	

160 | Raceways

160 100 | Cable Trays

			CREW	DAILY OUTPUT	MAN-HOURS	UNIT	MAT.	LABOR	EQUIP.	TOTAL	TOTAL INCL O&P	
110	0990	30" wide	1 Elec	1.10	7.273	Ea.	158	190		348	455	110
	1000	36" wide		.90	8.889		172	230		402	535	
	1020	36" radius, 6" wide		2.10	3.810		130	99		229	290	
	1040	12" wide		1.60	5		145	130		275	355	
	1050	18" wide		1.30	6.154		158	160		318	415	
	1060	24" wide		1.10	7.273		205	190		395	510	
	1070	30" wide		1	8		225	210		435	560	
	1080	36" wide		.80	10		230	260		490	645	
	1100	Tee, vertical, 12" radius, 6" wide		2.50	3.200		87	84		171	220	
	1120	12" wide		2	4		91	105		196	255	
	1130	18" wide		1.80	4.444		93	115		208	275	
	1140	24" wide		1.70	4.706		102	125		227	295	
	1150	30" wide		1.50	5.333		109	140		249	330	
	1160	36" wide		1.30	6.154		113	160		273	365	
	1180	24" radius, 6" wide		2.30	3.478		130	91		221	280	
	1200	12" wide		1.80	4.444		137	115		252	325	
	1210	18" wide		1.60	5		145	130		275	355	
	1220	24" wide		1.50	5.333		150	140		290	375	
	1230	30" wide		1.30	6.154		165	160		325	420	
	1240	36" wide		1.10	7.273		172	190		362	470	
	1260	36" radius, 6" wide		2.10	3.810		205	99		304	375	
	1280	12" wide		1.60	5		210	130		340	425	
	1290	18" wide		1.40	5.714		225	150		375	470	
	1300	24" wide		1.30	6.154		230	160		390	495	
	1310	30" wide		1.10	7.273		265	190		455	575	
	1320	36" wide		1	8		280	210		490	620	
	1340	Cross, horizontal, 12" radius, 6" wide		2	4		64	105		169	225	
	1360	12" wide		1.70	4.706		73	125		198	265	
	1370	18" wide		1.40	5.714		82	150		232	315	
	1380	24" wide		1.20	6.667		91	175		266	360	
	1390	30" wide		1	8		102	210		312	425	
	1400	36" wide		.90	8.889		112	230		342	470	
	1420	24" radius, 6" wide		1.80	4.444		117	115		232	300	
	1440	12" wide		1.50	5.333		130	140		270	350	
	1450	18" wide		1.20	6.667		145	175		320	420	
	1460	24" wide		1	8		185	210		395	515	
	1470	30" wide		.90	8.889		205	230		435	570	
	1480	36" wide		.80	10		217	260		477	630	
	1500	36" radius, 6" wide		1.60	5		192	130		322	405	
	1520	12" wide		1.30	6.154		210	160		370	470	
	1530	18" wide		1	8		230	210		440	565	
	1540	24" wide		.90	8.889		270	230		500	645	
	1550	30" wide		.80	10		292	260		552	710	
	1560	36" wide		.70	11.429		315	300		615	790	
	1580	Drop out or end plate, 6" wide		16	.500		8	13.05		21.05	28	
	1600	12" wide		13	.615		10	16.05		26.05	35	
	1610	18" wide		11	.727		10.70	19		29.70	40	
	1620	24" wide		10	.800		12.55	21		33.55	45	
	1630	30" wide		9	.889		14.15	23		37.15	50	
	1640	36" wide		8	1		15.10	26		41.10	56	
	1660	Reducer, 12" to 6" wide		6	1.333		42	35		77	98	
	1680	18" to 12" wide		5.30	1.509		43	39		82	105	
	1700	18" to 6" wide		5.30	1.509		43	39		82	105	
	1720	24" to 18" wide		4.60	1.739		45	45		90	115	
	1740	24" to 12" wide		4.60	1.739		45	45		90	115	
	1760	30" to 24" wide		4	2		48	52		100	130	
	1780	30" to 18" wide		4	2		48	52		100	130	
	1800	30" to 12" wide		4	2		48	52		100	130	

160 | Raceways

160 100 | Cable Trays

		Crew	Daily Output	Man-Hours	Unit	1992 Bare Costs Mat.	Labor	Equip.	Total	Total Incl O&P	
110	1820 36" to 30" wide	1 Elec	3.60	2.222	Ea.	50	58		108	140	110
	1840 36" to 24" wide		3.60	2.222		50	58		108	140	
	1860 36" to 18" wide		3.60	2.222		50	58		108	140	
	1880 36" to 12" wide		3.60	2.222		50	58		108	140	
	2000 Aluminum, tray, 6" wide		75	.107	L.F.	6.65	2.78		9.43	11.45	
	2020 12" wide		65	.123		8.75	3.21		11.96	14.40	
	2030 18" wide		50	.160		10.90	4.18		15.08	18.20	
	2040 24" wide		45	.178		13.10	4.64		17.74	21	
	2050 30" wide		35	.229		15.40	5.95		21.35	26	
	2060 36" wide		32	.250		19.55	6.55		26.10	31	
	2080 Elbow, horizontal, 90°, 12" radius, 6" wide		4.80	1.667	Ea.	49	44		93	120	
	2100 12" wide		3.80	2.105		56	55		111	145	
	2110 18" wide		3.40	2.353		68	61		129	165	
	2120 24" wide		2.90	2.759		78	72		150	195	
	2130 30" wide		2.50	3.200		95	84		179	230	
	2140 36" wide		2.20	3.636		107	95		202	260	
	2160 24" radius, 6" wide		4.60	1.739		71	45		116	145	
	2180 12" wide		3.60	2.222		85	58		143	180	
	2190 18" wide		3.20	2.500		95	65		160	200	
	2200 24" wide		2.70	2.963		118	77		195	245	
	2210 30" wide		2.30	3.478		135	91		226	285	
	2220 36" wide		2	4		155	105		260	325	
	2240 36" radius, 6" wide		4.40	1.818		105	47		152	185	
	2260 12" wide		3.40	2.353		125	61		186	230	
	2270 18" wide		3	2.667		148	70		218	265	
	2280 24" wide		2.50	3.200		160	84		244	300	
	2290 30" wide		2.10	3.810		180	99		279	345	
	2300 36" wide		1.80	4.444		212	115		327	405	
	2320 Elbow vertical, 90°, 12" radius, 6" wide		4.80	1.667		59	44		103	130	
	2340 12" wide		3.80	2.105		61	55		116	150	
	2350 18" wide		3.40	2.353		68	61		129	165	
	2360 24" wide		2.90	2.759		73	72		145	190	
	2370 30" wide		2.50	3.200		76	84		160	210	
	2380 36" wide		2.20	3.636		80	95		175	230	
	2400 24" radius, 6" wide		4.60	1.739		85	45		130	160	
	2420 12" wide		3.60	2.222		90	58		148	185	
	2430 18" wide		3.20	2.500		98	65		163	205	
	2440 24" wide		2.70	2.963		106	77		183	230	
	2450 30" wide		2.30	3.478		112	91		203	260	
	2460 36" wide		2	4		124	105		229	290	
	2480 36" radius, 6" wide		4.40	1.818		110	47		157	190	
	2500 12" wide		3.40	2.353		124	61		185	230	
	2510 18" wide		3	2.667		135	70		205	250	
	2520 24" wide		2.50	3.200		140	84		224	280	
	2530 30" wide		2.10	3.810		155	99		254	320	
	2540 36" wide		1.80	4.444		162	115		277	350	
	2560 Tee, horizontal, 12" radius, 6" wide		2.50	3.200		76	84		160	210	
	2580 12" wide		2.20	3.636		90	95		185	240	
	2590 18" wide		2	4		105	105		210	270	
	2600 24" wide		1.80	4.444		117	115		232	300	
	2610 30" wide		1.50	5.333		135	140		275	355	
	2620 36" wide		1.20	6.667		155	175		330	430	
	2640 24" radius, 6" wide		2.30	3.478		126	91		217	275	
	2660 12" wide		2	4		143	105		248	315	
	2670 18" wide		1.80	4.444		162	115		277	350	
	2680 24" wide		1.50	5.333		200	140		340	430	
	2690 30" wide		1.20	6.667		162	175		337	440	
	2700 36" wide		1.10	7.273		250	190		440	560	

160 | Raceways

160 100 | Cable Trays

			CREW	DAILY OUTPUT	MAN-HOURS	UNIT	1992 BARE COSTS MAT.	LABOR	EQUIP.	TOTAL	TOTAL INCL O&P	
110	2720	36" radius, 6" wide	1 Elec	2.10	3.810	Ea.	207	99		306	375	110
	2740	12" wide		1.80	4.444		223	115		338	420	
	2750	18" wide		1.60	5		260	130		390	480	
	2760	24" wide		1.30	6.154		300	160		460	570	
	2770	30" wide		1	8		340	210		550	685	
	2780	36" wide		.90	8.889		390	230		620	775	
	2800	Tee, vertical, 12" radius, 6" wide		2.50	3.200		110	84		194	245	
	2820	12" wide		2.20	3.636		112	95		207	265	
	2830	18" wide		2.10	3.810		117	99		216	275	
	2840	24" wide		2	4		124	105		229	290	
	2850	30" wide		1.80	4.444		135	115		250	320	
	2860	36" wide		1.50	5.333		143	140		283	365	
	2880	24" radius, 6" wide		2.30	3.478		162	91		253	315	
	2900	12" wide		2	4		170	105		275	345	
	2910	18" wide		1.90	4.211		182	110		292	365	
	2920	24" wide		1.80	4.444		200	115		315	395	
	2930	30" wide		1.60	5		217	130		347	435	
	2940	36" wide		1.30	6.154		230	160		390	495	
	2960	36" radius, 6" wide		2.10	3.810		250	99		349	425	
	2980	12" wide		1.70	4.706		265	125		390	475	
	2990	18" wide		1.70	4.706		275	125		400	485	
	3000	24" wide		1.60	5		285	130		415	510	
	3010	30" wide		1.40	5.714		325	150		475	580	
	3020	36" wide		1.10	7.273		355	190		545	675	
	3040	Cross, horizontal, 12" radius, 6" wide		2.20	3.636		98	95		193	250	
	3060	12" wide		2	4		110	105		215	275	
	3070	18" wide		1.70	4.706		125	125		250	320	
	3080	24" wide		1.40	5.714		143	150		293	380	
	3090	30" wide		1.30	6.154		162	160		322	420	
	3100	36" wide		1.10	7.273		180	190		370	480	
	3120	24" radius, 6" wide		2	4		170	105		275	345	
	3140	12" wide		1.80	4.444		200	115		315	395	
	3150	18" wide		1.50	5.333		217	140		357	445	
	3160	24" wide		1.20	6.667		260	175		435	545	
	3170	30" wide		1.10	7.273		285	190		475	595	
	3180	36" wide		.90	8.889		305	230		535	680	
	3200	36" radius, 6" wide		1.80	4.444		305	115		420	510	
	3220	12" wide		1.60	5		325	130		455	550	
	3230	18" wide		1.30	6.154		360	160		520	635	
	3240	24" wide		1	8		390	210		600	740	
	3250	30" wide		.90	8.889		430	230		660	820	
	3260	36" wide		.80	10		500	260		760	940	
	3280	Dropout, or end plate 6" wide		16	.500		9.95	13.05		23	30	
	3300	12" wide		13	.615		11.25	16.05		27.30	36	
	3310	18" wide		11	.727		13.45	19		32.45	43	
	3320	24" wide		10	.800		14.80	21		35.80	47	
	3330	30" wide		9	.889		17.10	23		40.10	53	
	3340	36" wide		8	1		19.70	26		45.70	61	
	3380	Reducer, 12" to 6" wide		7	1.143		53	30		83	105	
	3400	18" to 12" wide		6	1.333		56	35		91	115	
	3420	18" to 6" wide		6	1.333		56	35		91	115	
	3440	24" to 18" wide		5.30	1.509		59	39		98	125	
	3460	24" to 12" wide		5.30	1.509		59	39		98	125	
	3480	30" to 24" wide		4.60	1.739		64	45		109	140	
	3500	30" to 18" wide		4.60	1.739		64	45		109	140	
	3520	30" to 12" wide		4.60	1.739		64	45		109	140	
	3540	36" to 30" wide		4	2		67	52		119	150	
	3560	36" to 24" wide		4	2		68	52		120	155	

ELECTRICAL 16

160 | Raceways

160 100 | Cable Trays

			CREW	DAILY OUTPUT	MAN-HOURS	UNIT	1992 BARE COSTS MAT.	LABOR	EQUIP.	TOTAL	TOTAL INCL O&P	
110	3580	36" to 18" wide	1 Elec	4	2	Ea.	68	52		120	155	110
	3600	36" to 12" wide	↓	4	2	↓	70	52		122	155	
120	0010	**CABLE TRAY** Trough, vented w/ftngs & supports, 6" dp, to 15' hi										120
	0020	For higher elevations, see 160-130-9900										
	0200	Galvanized steel, tray, 6" wide R160-100	1 Elec	45	.178	L.F.	6.35	4.64		10.99	13.90	
	0240	12" wide		40	.200		7.80	5.20		13	16.35	
	0260	18" wide		35	.229		9.35	5.95		15.30	19.20	
	0280	24" wide		30	.267		10.70	6.95		17.65	22	
	0300	30" wide		25	.320		15.35	8.35		23.70	29	
	0320	36" wide		20	.400	↓	17.20	10.45		27.65	35	
	0340	Elbow, horizontal, 90°, 12" radius, 6" wide		3.80	2.105	Ea.	37.55	55		92.55	125	
	0360	12" wide		2.80	2.857		44.05	75		119.05	160	
	0370	18" wide		2.20	3.636		50.20	95		145.20	195	
	0380	24" wide		1.80	4.444		62	115		177	240	
	0390	30" wide		1.60	5		70	130		200	270	
	0400	36" wide		1.40	5.714		81	150		231	310	
	0420	24" radius, 6" wide		3.60	2.222		54	58		112	145	
	0440	12" wide		2.60	3.077		63	80		143	190	
	0450	18" wide		2	4		75	105		180	240	
	0460	24" wide		1.60	5		86	130		216	290	
	0470	30" wide		1.40	5.714		99	150		249	330	
	0480	36" wide		1.20	6.667		110	175		285	380	
	0500	36" radius, 6" wide		3.40	2.353		81	61		142	180	
	0520	12" wide		2.40	3.333		92	87		179	230	
	0530	18" wide		1.80	4.444		111	115		226	295	
	0540	24" wide		1.40	5.714		117	150		267	350	
	0550	30" wide		1.20	6.667		132	175		307	405	
	0560	36" wide		1	8		146	210		356	470	
	0580	Elbow, vertical, 90°, 12" radius, 6" wide		3.80	2.105		47	55		102	135	
	0600	12" wide		2.80	2.857		53	75		128	170	
	0610	18" wide		2.20	3.636		54	95		149	200	
	0620	24" wide		1.80	4.444		60	115		175	240	
	0630	30" wide		1.60	5		63	130		193	265	
	0640	36" wide		1.40	5.714		66	150		216	295	
	0660	24" radius, 6" wide		3.60	2.222		67	58		125	160	
	0680	12" wide		2.60	3.077		73	80		153	200	
	0690	18" wide		2	4		79	105		184	245	
	0700	24" wide		1.60	5		83	130		213	285	
	0710	30" wide		1.40	5.714		92	150		242	325	
	0720	36" wide		1.20	6.667		97	175		272	365	
	0740	36" radius, 6" wide		3.40	2.353		91	61		152	190	
	0760	12" wide		2.40	3.333		98	87		185	240	
	0770	18" wide		1.80	4.444		108	115		223	290	
	0780	24" wide		1.40	5.714		115	150		265	350	
	0790	30" wide		1.20	6.667		119	175		294	390	
	0800	36" wide		1	8		132	210		342	455	
	0820	Tee, horizontal, 12" radius, 6" wide		2	4		55	105		160	215	
	0840	12" wide		1.60	5		62	130		192	265	
	0850	18" wide		1.40	5.714		70	150		220	300	
	0860	24" wide		1.20	6.667		81	175		256	350	
	0870	30" wide		1.10	7.273		92	190		282	385	
	0880	36" wide		1	8		102	210		312	425	
	0900	24" radius, 6" wide		1.80	4.444		91	115		206	275	
	0920	12" wide		1.40	5.714		100	150		250	335	
	0930	18" wide		1.20	6.667		112	175		287	385	
	0940	24" wide		1	8		145	210		355	470	
	0950	30" wide		.90	8.889		157	230		387	520	
	0960	36" wide	↓	.80	10	↓	176	260		436	585	

160 | Raceways

160 100 | Cable Trays

			CREW	DAILY OUTPUT	MAN-HOURS	UNIT	MAT.	LABOR	EQUIP.	TOTAL	TOTAL INCL O&P	
120	0980	36" radius, 6" wide	1 Elec	1.60	5	Ea.	132	130		262	340	120
	1000	12" wide		1.20	6.667		151	175		326	425	
	1010	18" wide		1	8		164	210		374	490	
	1020	24" wide		.80	10		198	260		458	605	
	1030	30" wide		.70	11.429		210	300		510	675	
	1040	36" wide		.60	13.333		245	350		595	790	
	1060	Tee, vertical, 12" radius, 6" wide		2	4		92	105		197	255	
	1080	12" wide		1.60	5		93	130		223	295	
	1090	18" wide		1.50	5.333		96	140		236	315	
	1100	24" wide		1.40	5.714		102	150		252	335	
	1110	30" wide		1.30	6.154		107	160		267	355	
	1120	36" wide		1.10	7.273		110	190		300	405	
	1140	24" radius, 6" wide		1.80	4.444		124	115		239	310	
	1160	12" wide		1.40	5.714		130	150		280	365	
	1170	18" wide		1.30	6.154		137	160		297	390	
	1180	24" wide		1.20	6.667		146	175		321	420	
	1190	30" wide		1.10	7.273		154	190		344	455	
	1200	36" wide		.90	8.889		167	230		397	530	
	1220	36" radius, 6" wide		1.60	5		198	130		328	415	
	1240	12" wide		1.20	6.667		203	175		378	485	
	1250	18" wide		1.10	7.273		210	190		400	515	
	1260	24" wide		1	8		220	210		430	555	
	1270	30" wide		.90	8.889		260	230		490	630	
	1280	36" wide		.70	11.429		265	300		565	735	
	1300	Cross, horizontal, 12" radius, 6" wide		1.60	5		70	130		200	270	
	1320	12" wide		1.40	5.714		76	150		226	305	
	1330	18" wide		1.20	6.667		86	175		261	355	
	1340	24" wide		1	8		89	210		299	410	
	1350	30" wide		.90	8.889		100	230		330	455	
	1360	36" wide		.80	10		113	260		373	515	
	1380	24" radius, 6" wide		1.40	5.714		119	150		269	355	
	1400	12" wide		1.20	6.667		124	175		299	395	
	1410	18" wide		1	8		137	210		347	460	
	1420	24" wide		.80	10		173	260		433	580	
	1430	30" wide		.70	11.429		192	300		492	655	
	1440	36" wide		.60	13.333		205	350		555	745	
	1460	36" radius, 6" wide		1.20	6.667		205	175		380	485	
	1480	12" wide		1	8		210	210		420	545	
	1490	18" wide		.80	10		215	260		475	625	
	1500	24" wide		.60	13.333		260	350		610	805	
	1510	30" wide		.50	16		280	420		700	930	
	1520	36" wide		.40	20		305	520		825	1,125	
	1540	Dropout or end plate, 6" wide		13	.615		9.05	16.05		25.10	34	
	1560	12" wide		11	.727		11.10	19		30.10	41	
	1580	18" wide		10	.800		12.25	21		33.25	45	
	1600	24" wide		9	.889		14	23		37	50	
	1620	30" wide		8	1		15	26		41	55	
	1640	36" wide		6.70	1.194		16.45	31		47.45	65	
	1660	Reducer, 12" to 6" wide		4.70	1.702		44	44		88	115	
	1680	18" to 12" wide		4.20	1.905		46	50		96	125	
	1700	18" to 6" wide		4.20	1.905		46	50		96	125	
	1720	24" to 18" wide		3.60	2.222		48	58		106	140	
	1740	24" to 12" wide		3.60	2.222		48	58		106	140	
	1760	30" to 24" wide		3.20	2.500		50	65		115	150	
	1780	30" to 18" wide		3.20	2.500		50	65		115	150	
	1800	30" to 12" wide		3.20	2.500		50	65		115	150	
	1820	36" to 30" wide		2.90	2.759		54	72		126	165	
	1840	36" to 24" wide		2.90	2.759		54	72		126	165	

ELECTRICAL 16

160 | Raceways

160 100 | Cable Trays

		CREW	DAILY OUTPUT	MAN-HOURS	UNIT	1992 BARE COSTS MAT.	LABOR	EQUIP.	TOTAL	TOTAL INCL O&P	
120	1860	36" to 18" wide	1 Elec	2.90	2.759	Ea.	55	72		127	170	120
	1880	36" to 12" wide		2.90	2.759	↓	55	72		127	170	
	2000	Aluminum, tray, 6" wide		60	.133	L.F.	8.70	3.48		12.18	14.75	
	2010	9" wide		55	.145		10.15	3.80		13.95	16.85	
	2020	12" wide		50	.160		11	4.18		15.18	18.35	
	2030	18" wide		45	.178		13.25	4.64		17.89	22	
	2040	24" wide		40	.200		15.50	5.20		20.70	25	
	2050	30" wide		35	.229		20.60	5.95		26.55	32	
	2060	36" wide		30	.267	↓	22.25	6.95		29.20	35	
	2080	Elbow, horiz., 90°, 12" radius, 6" wide		3.80	2.105	Ea.	53	55		108	140	
	2090	9" wide		3.50	2.286		58	60		118	155	
	2100	12" wide		3.10	2.581		62	67		129	170	
	2110	18" wide		2.80	2.857		73	75		148	190	
	2120	24" wide		2.30	3.478		85	91		176	230	
	2130	30" wide		2	4		103	105		208	270	
	2140	36" wide		1.80	4.444		112	115		227	295	
	2160	24" radius, 6" wide		3.60	2.222		77	58		135	170	
	2180	12" wide		2.90	2.759		90	72		162	205	
	2190	18" wide		2.60	3.077		105	80		185	235	
	2200	24" wide		2.10	3.810		120	99		219	280	
	2210	30" wide		1.80	4.444		136	115		251	325	
	2220	36" wide		1.60	5		146	130		276	355	
	2240	36" radius, 6" wide		3.40	2.353		109	61		170	210	
	2260	12" wide		2.70	2.963		124	77		201	250	
	2270	18" wide		2.40	3.333		141	87		228	285	
	2280	24" wide		1.90	4.211		154	110		264	335	
	2290	30" wide		1.70	4.706		183	125		308	385	
	2300	36" wide		1.40	5.714		200	150		350	445	
	2320	Elbow, vertical, 90°, 12" radius, 6" wide		3.80	2.105		65	55		120	155	
	2330	9" wide		3.50	2.286		69	60		129	165	
	2340	12" wide		3.10	2.581		70	67		137	180	
	2350	18" wide		2.80	2.857		73	75		148	190	
	2360	24" wide		2.30	3.478		80	91		171	225	
	2370	30" wide		2	4		85	105		190	250	
	2380	36" wide		1.80	4.444		86	115		201	270	
	2400	24" radius, 6" wide		3.60	2.222		87	58		145	180	
	2420	12" wide		2.90	2.759		95	72		167	210	
	2430	18" wide		2.60	3.077		104	80		184	235	
	2440	24" wide		2.10	3.810		106	99		205	265	
	2450	30" wide		1.80	4.444		111	115		226	295	
	2460	36" wide		1.60	5		117	130		247	325	
	2480	36" radius, 6" wide		3.40	2.353		109	61		170	210	
	2500	12" wide		2.70	2.963		117	77		194	245	
	2510	18" wide		2.40	3.333		130	87		217	275	
	2520	24" wide		1.90	4.211		141	110		251	320	
	2530	30" wide		1.70	4.706		155	125		280	355	
	2540	36" wide		1.40	5.714		160	150		310	400	
	2560	Tee, horizontal, 12" radius, 6" wide		2	4		82	105		187	245	
	2570	9" wide		1.90	4.211		85	110		195	260	
	2580	12" wide		1.80	4.444		90	115		205	270	
	2590	18" wide		1.60	5		106	130		236	310	
	2600	24" wide		1.40	5.714		122	150		272	355	
	2610	30" wide		1.20	6.667		129	175		304	400	
	2620	36" wide		1.10	7.273		146	190		336	445	
	2640	24" radius, 6" wide		1.80	4.444		124	115		239	310	
	2660	12" wide		1.60	5		142	130		272	350	
	2670	18" wide		1.40	5.714		155	150		305	395	
	2680	24" wide	↓	1.20	6.667	↓	195	175		370	475	

160 | Raceways

160 100 | Cable Trays

			CREW	DAILY OUTPUT	MAN-HOURS	UNIT	1992 BARE COSTS MAT.	LABOR	EQUIP.	TOTAL	TOTAL INCL O&P	
120	2690	30" wide	1 Elec	1	8	Ea.	210	210		420	545	120
	2700	36" wide		.90	8.889		240	230		470	610	
	2720	36" radius, 6" wide		1.60	5		200	130		330	415	
	2740	12" wide		1.40	5.714		230	150		380	475	
	2750	18" wide		1.20	6.667		260	175		435	545	
	2760	24" wide		1	8		300	210		510	640	
	2770	30" wide		.80	10		325	260		585	745	
	2780	36" wide		.70	11.429		370	300		670	850	
	2800	Tee, vertical, 12" radius, 6" wide		2	4		111	105		216	280	
	2810	9" wide		1.90	4.211		112	110		222	285	
	2820	12" wide		1.80	4.444		121	115		236	305	
	2830	18" wide		1.70	4.706		122	125		247	315	
	2840	24" wide		1.60	5		124	130		254	330	
	2850	30" wide		1.50	5.333		129	140		269	350	
	2860	36" wide		1.30	6.154		135	160		295	390	
	2880	24" radius, 6" wide		1.80	4.444		157	115		272	345	
	2900	12" wide		1.60	5		170	130		300	380	
	2910	18" wide		1.50	5.333		183	140		323	410	
	2920	24" wide		1.40	5.714		195	150		345	435	
	2930	30" wide		1.30	6.154		210	160		370	470	
	2940	36" wide		1.10	7.273		215	190		405	520	
	2960	36" radius, 6" wide		1.60	5		240	130		370	460	
	2980	12" wide		1.40	5.714		260	150		410	510	
	2990	18" wide		1.30	6.154		270	160		430	535	
	3000	24" wide		1.20	6.667		285	175		460	575	
	3010	30" wide		1.10	7.273		310	190		500	625	
	3020	36" wide		.90	8.889		330	230		560	710	
	3040	Cross, horizontal, 12" radius, 6" wide		1.80	4.444		101	115		216	285	
	3050	9" wide		1.70	4.706		108	125		233	300	
	3060	12" wide		1.60	5		111	130		241	315	
	3070	18" wide		1.40	5.714		117	150		267	350	
	3080	24" wide		1.20	6.667		130	175		305	405	
	3090	30" wide		1.10	7.273		157	190		347	455	
	3100	36" wide		.90	8.889		190	230		420	555	
	3120	24" radius, 6" wide		1.60	5		183	130		313	395	
	3140	12" wide		1.40	5.714		200	150		350	445	
	3150	18" wide		1.20	6.667		215	175		390	495	
	3160	24" wide		1	8		245	210		455	580	
	3170	30" wide		.90	8.889		270	230		500	645	
	3180	36" wide		.70	11.429		300	300		600	775	
	3200	36" radius, 6" wide		1.40	5.714		300	150		450	555	
	3220	12" wide		1.20	6.667		330	175		505	625	
	3230	18" wide		1	8		355	210		565	700	
	3240	24" wide		.80	10		415	260		675	845	
	3250	30" wide		.70	11.429		445	300		745	935	
	3260	36" wide		.60	13.333		520	350		870	1,100	
	3280	Dropout or end plate, 6" wide		13	.615		10.20	16.05		26.25	35	
	3300	12" wide		11	.727		12.15	19		31.15	42	
	3310	18" wide		10	.800		14.60	21		35.60	47	
	3320	24" wide		9	.889		17.50	23		40.50	54	
	3330	30" wide		8	1		18.95	26		44.95	60	
	3340	36" wide		7	1.143		21.20	30		51.20	68	
	3370	Reducer, 9" to 6" wide		6	1.333		55	35		90	110	
	3380	12" to 6" wide		5.70	1.404		58	37		95	120	
	3390	12" to 9" wide		5.70	1.404		58	37		95	120	
	3400	18" to 12" wide		4.80	1.667		62	44		106	135	
	3420	18" to 6" wide		4.80	1.667		62	44		106	135	
	3430	18" to 9" wide		4.80	1.667		62	44		106	135	

160 | Raceways

160 100 | Cable Trays

		CREW	DAILY OUTPUT	MAN-HOURS	UNIT	1992 BARE COSTS				TOTAL INCL O&P
						MAT.	LABOR	EQUIP.	TOTAL	
3440	24" to 18" wide	1 Elec	4.20	1.905	Ea.	66	50		116	145
3460	24" to 12" wide		4.20	1.905		66	50		116	145
3470	24" to 9" wide		4.20	1.905		67	50		117	150
3480	30" to 24" wide		3.60	2.222		68	58		126	160
3490	24" to 6" wide		4.20	1.905		67	50		117	150
3500	30" to 18" wide		3.60	2.222		68	58		126	160
3520	30" to 12" wide		3.60	2.222		70	58		128	165
3540	36" to 30" wide		3.20	2.500		71	65		136	175
3560	36" to 24" wide		3.20	2.500		71	65		136	175
3580	36" to 18" wide		3.20	2.500		71	65		136	175
3600	36" to 12" wide		3.20	2.500		71	65		136	175
3610	Elbow, horizontal, 60°, 12" radius, 6" wide		3.90	2.051		43	54		97	125
3620	9" wide		3.60	2.222		47	58		105	140
3630	12" wide		3.20	2.500		52	65		117	155
3640	18" wide		2.90	2.759		56	72		128	170
3650	24" wide		2.40	3.333		68	87		155	205
3680	Elbow, horizontal, 45°, 12" radius, 6" wide		4	2		38	52		90	120
3690	9" wide		3.70	2.162		40	56		96	130
3700	12" wide		3.30	2.424		41	63		104	140
3710	18" wide		3	2.667		47	70		117	155
3720	24" wide		2.50	3.200		54	84		138	185
3750	Elbow, horizontal, 30° 12" radius, 6" wide		4.10	1.951		33	51		84	110
3760	9" wide		3.80	2.105		34	55		89	120
3770	12' wide		3.40	2.353		37	61		98	130
3780	18" wide		3.10	2.581		40	67		107	145
3790	24" wide		2.60	3.077		43	80		123	165
3820	Elbow, vertical, 60°, in/outside, 12" radius, 6" wide		3.90	2.051		53	54		107	140
3830	9" wide		3.60	2.222		54	58		112	145
3840	12" wide		3.20	2.500		55	65		120	160
3850	18" wide		2.90	2.759		58	72		130	170
3860	24" wide		2.40	3.333		60	87		147	195
3890	Elbow, vertical, 45°, in/outside, 12" radius, 6" wide		4	2		43	52		95	125
3900	9" wide		3.70	2.162		46	56		102	135
3910	12" wide		3.30	2.424		47	63		110	145
3920	18" wide		3	2.667		48	70		118	155
3930	24" wide		2.50	3.200		53	84		137	185
3960	Elbow, vertical, 30°, in/outside, 12" radius, 6" wide		4.10	1.951		38	51		89	120
3970	9" wide		3.80	2.105		40	55		95	125
3980	12" wide		3.40	2.353		40.50	61		101.50	135
3990	18" wide		3.10	2.581		41	67		108	145
4000	24" wide		2.60	3.077		42	80		122	165
4250	Reducer, left or right hand, 24" to 18" wide		4.20	1.905		58	50		108	140
4260	24" to 12" wide		4.20	1.905		58	50		108	140
4270	24" to 9" wide		4.20	1.905		58	50		108	140
4280	24" to 6" wide		4.20	1.905		59	50		109	140
4290	18" to 12" wide		4.80	1.667		54	44		98	125
4300	18" to 9" wide		4.80	1.667		54	44		98	125
4310	18" to 6" wide		4.80	1.667		54	44		98	125
4320	12" to 9" wide		5.70	1.404		52	37		89	110
4330	12" to 6" wide		5.70	1.404		52	37		89	110
4340	9" to 6" wide		6	1.333		50	35		85	105
4350	Splice plate		48	.167		3.90	4.35		8.25	10.80
4360	Splice plate, expansion joint		48	.167		4.45	4.35		8.80	11.40
4370	Splice plate, hinged, horizontal		48	.167		3.50	4.35		7.85	10.35
4380	Vertical		48	.167		4.95	4.35		9.30	11.95
4390	Trough, hanger, vertical		28	.286		16	7.45		23.45	29
4400	Box connector, 24" wide		20	.400		21.75	10.45		32.20	40
4410	18" wide		21	.381		18.75	9.95		28.70	35

160 | Raceways

160 100 | Cable Trays

			CREW	DAILY OUTPUT	MAN-HOURS	UNIT	MAT.	LABOR	EQUIP.	TOTAL	TOTAL INCL O&P	
120	4420	12" wide	1 Elec	22	.364	Ea.	17.40	9.50		26.90	33	120
	4430	9" wide		23	.348		16.45	9.10		25.55	32	
	4440	6" wide		24	.333		15.90	8.70		24.60	30	
	4450	Floor flange		24	.333		16.85	8.70		25.55	32	
	4460	Hold down clamp		60	.133		1.65	3.48		5.13	7	
	4520	Wall bracket for 24" wide tray		20	.400		15.75	10.45		26.20	33	
	4530	18" wide tray		21	.381		15.15	9.95		25.10	32	
	4540	12" wide tray		22	.364		8.10	9.50		17.60	23	
	4550	9" wide tray		23	.348		7.15	9.10		16.25	21	
	4560	6" wide tray		24	.333		6.55	8.70		15.25	20	
	5000	Cable channel, aluminum, vented, 1-1/4" deep, 4" wide, straight		80	.100	L.F.	5.95	2.61		8.56	10.45	
	5010	Elbow, horizontal, 36" radius, 90°		5	1.600	Ea.	100	42		142	170	
	5020	60°		5.50	1.455		76	38		114	140	
	5030	45°		6	1.333		63	35		98	120	
	5040	30°		6.50	1.231		54	32		86	105	
	5050	Adjustable		6	1.333		52	35		87	110	
	5060	Elbow, vertical, 36" radius, 90°		5	1.600		112	42		154	185	
	5070	60°		5.50	1.455		89	38		127	155	
	5080	45°		6	1.333		73	35		108	130	
	5090	30°		6.50	1.231		61	32		93	115	
	5100	Adjustable		6	1.333		52	35		87	110	
	5110	Splice plate, hinged, horizontal		48	.167		3.70	4.35		8.05	10.55	
	5120	Splice plate hinged vertical		48	.167		5.30	4.35		9.65	12.30	
	5130	Hanger, vertical		28	.286		5.95	7.45		13.40	17.65	
	5140	Single		28	.286		10.60	7.45		18.05	23	
	5150	Double		20	.400		10.80	10.45		21.25	27	
	5160	Channel to box connector		24	.333		14.20	8.70		22.90	29	
	5170	Hold down clip		80	.100		1.60	2.61		4.21	5.65	
	5180	Wall bracket, single		28	.286		5.20	7.45		12.65	16.85	
	5190	Double		20	.400		6.65	10.45		17.10	23	
	5200	Cable roller		16	.500		68	13.05		81.05	94	
	5210	Splice plate		48	.167		2.40	4.35		6.75	9.15	
130	0010	**CABLE TRAY COVERS AND DIVIDERS** To 15' high										130
	0011	FOR HIGHER ELEVATIONS, SEE 160-130-9900										
	0100	Covers, ventilated galv. steel, straight, 6" wide tray size	R160-100	1 Elec	260	.031	L.F.	2.30	.80		3.10	3.73
	0200	9" wide tray size		230	.035		2.85	.91		3.76	4.49	
	0300	12" wide tray size		200	.040		3.40	1.04		4.44	5.30	
	0400	18" wide tray size		150	.053		4.60	1.39		5.99	7.15	
	0500	24" wide tray size		110	.073		5.70	1.90		7.60	9.10	
	0600	30" wide tray size		90	.089		6.85	2.32		9.17	11	
	0700	36" wide tray size		80	.100		7.90	2.61		10.51	12.60	
	1000	Elbow, horizontal, 90°, 12" radius, 6" wide tray size		75	.107	Ea.	15.95	2.78		18.73	22	
	1020	9" wide tray size		64	.125		17.60	3.26		20.86	24	
	1040	12" wide tray size		54	.148		18.90	3.87		22.77	27	
	1060	18" wide tray size		42	.190		26	4.97		30.97	36	
	1080	24" wide tray size		33	.242		31	6.35		37.35	44	
	1100	30" wide tray size		30	.267		40	6.95		46.95	54	
	1120	36" wide tray size		25	.320		47	8.35		55.35	64	
	1160	24" radius, 6" wide tray size		68	.118		27.20	3.07		30.27	35	
	1180	9" wide tray size		58	.138		28	3.60		31.60	36	
	1200	12" wide tray size		48	.167		30	4.35		34.35	39	
	1220	18" wide tray size		38	.211		38	5.50		43.50	50	
	1240	24" wide tray size		30	.267		46	6.95		52.95	61	
	1260	30" wide tray size		26	.308		59	8.05		67.05	77	
	1280	36" wide tray size		22	.364		70	9.50		79.50	91	
	1320	36" radius, 6" wide tray size		60	.133		40	3.48		43.48	49	
	1340	9" wide tray size		52	.154		43	4.02		47.02	53	
	1360	12" wide tray size		42	.190		46	4.97		50.97	58	

ELECTRICAL 16

160 | Raceways

160 100 | Cable Trays

			CREW	DAILY OUTPUT	MAN-HOURS	UNIT	1992 BARE COSTS MAT.	LABOR	EQUIP.	TOTAL	TOTAL INCL O&P	
130	1380	18" wide tray size	1 Elec	36	.222	Ea.	59	5.80		64.80	74	130
	1400	24" wide tray size		26	.308		70	8.05		78.05	89	
	1420	30" wide tray size		23	.348		84	9.10		93.10	105	
	1440	36" wide tray size		20	.400		98	10.45		108.45	125	
	1480	Elbow, horizontal, 45°, 12" radius, 6" wide tray size		75	.107		11.45	2.78		14.23	16.75	
	1500	9" wide tray size		64	.125		13.70	3.26		16.96	19.95	
	1520	12" wide tray size		54	.148		14.90	3.87		18.77	22	
	1540	18" wide tray size		44	.182		18.05	4.75		22.80	27	
	1560	24" wide tray size		38	.211		21	5.50		26.50	31	
	1580	30" wide tray size		33	.242		25	6.35		31.35	37	
	1600	36" wide tray size		30	.267		29	6.95		35.95	42	
	1640	24" radius, 6" wide tray size		68	.118		16.65	3.07		19.72	23	
	1660	9" wide tray size		58	.138		18.65	3.60		22.25	26	
	1680	12" wide tray size		48	.167		21.15	4.35		25.50	30	
	1700	18" wide tray size		40	.200		24	5.20		29.20	34	
	1720	24" wide tray size		35	.229		29	5.95		34.95	41	
	1740	30" wide tray size		30	.267		35	6.95		41.95	49	
	1760	36" wide tray size		26	.308		40	8.05		48.05	56	
	1800	36" radius, 6" wide tray size		60	.133		24.60	3.48		28.08	32	
	1820	9" wide tray size		52	.154		27.55	4.02		31.57	36	
	1840	12" wide tray size		42	.190		29.50	4.97		34.47	40	
	1860	18" wide tray size		38	.211		34	5.50		39.50	46	
	1880	24" wide tray size		31	.258		42	6.75		48.75	56	
	1900	30" wide tray size		26	.308		46	8.05		54.05	63	
	1920	36" wide tray size		24	.333		55	8.70		63.70	73	
	1960	Elbow, vertical, 90°, 12" radius, 6" wide tray size		75	.107		13.40	2.78		16.18	18.90	
	1980	9" wide tray size		64	.125		13.75	3.26		17.01	20	
	2000	12" wide tray size		54	.148		14.90	3.87		18.77	22	
	2020	18" wide tray size		44	.182		16.90	4.75		21.65	26	
	2040	24" wide tray size		34	.235		17.50	6.15		23.65	28	
	2060	30" wide tray size		30	.267		19	6.95		25.95	31	
	2080	36" wide tray size		25	.320		24	8.35		32.35	39	
	2120	24" radius, 6" wide tray size		68	.118		16.65	3.07		19.72	23	
	2140	9" wide tray size		58	.138		18.10	3.60		21.70	25	
	2160	12" wide tray size		48	.167		19	4.35		23.35	27	
	2180	18" wide tray size		40	.200		25	5.20		30.20	35	
	2200	24" wide tray size		31	.258		28.50	6.75		35.25	41	
	2220	30" wide tray size		26	.308		32	8.05		40.05	47	
	2240	36" wide tray size		22	.364		36	9.50		45.50	54	
	2280	36" radius, 6" wide tray size		60	.133		19	3.48		22.48	26	
	2300	9" wide tray size		52	.154		24	4.02		28.02	32	
	2320	12" wide tray size		42	.190		27.50	4.97		32.47	38	
	2340	18" wide tray size		38	.211		34	5.50		39.50	46	
	2350	24" wide tray size		27	.296		39	7.75		46.75	54	
	2360	30" wide tray size		23	.348		46	9.10		55.10	64	
	2370	36" wide tray size		20	.400		54	10.45		64.45	75	
	2400	Tee, horizontal, 12" radius, 6" wide tray size		46	.174		24	4.54		28.54	33	
	2410	9" wide tray size		40	.200		25	5.20		30.20	35	
	2420	12" wide tray size		34	.235		28.50	6.15		34.65	41	
	2430	18" wide tray size		30	.267		34	6.95		40.95	48	
	2440	24" wide tray size		26	.308		43	8.05		51.05	59	
	2460	30" wide tray size		18	.444		51	11.60		62.60	73	
	2470	36" wide tray size		15	.533		61	13.90		74.90	88	
	2500	24" radius, 6" wide tray size		44	.182		39	4.75		43.75	50	
	2510	9" wide tray size		38	.211		44	5.50		49.50	57	
	2520	12" wide tray size		32	.250		46	6.55		52.55	60	
	2530	18" wide tray size		28	.286		58	7.45		65.45	75	
	2540	24" wide tray size		24	.333		89	8.70		97.70	110	

160 | Raceways

160 100 | Cable Trays

			CREW	DAILY OUTPUT	MAN-HOURS	UNIT	1992 BARE COSTS MAT.	LABOR	EQUIP.	TOTAL	TOTAL INCL O&P	
130	2560	30" wide tray size	1 Elec	16	.500	Ea.	102	13.05		115.05	130	130
	2570	36" wide tray size		13	.615		112	16.05		128.05	145	
	2600	36" radius, 6" wide tray size		42	.190		69	4.97		73.97	83	
	2610	9" wide tray size		36	.222		71	5.80		76.80	87	
	2620	12" wide tray size		30	.267		78	6.95		84.95	96	
	2630	18" wide tray size		26	.308		91	8.05		99.05	110	
	2640	24" wide tray size		22	.364		122	9.50		131.50	150	
	2660	30" wide tray size		14	.571		132	14.90		146.90	165	
	2670	36" wide tray size		11	.727		150	19		169	195	
	2700	Cross, horizontal, 12" radius, 6" wide tray size		34	.235		36	6.15		42.15	49	
	2710	9" wide tray size		32	.250		39	6.55		45.55	53	
	2720	12" wide tray size		30	.267		43	6.95		49.95	58	
	2730	18" wide tray size		26	.308		51	8.05		59.05	68	
	2740	24" wide tray size		18	.444		62	11.60		73.60	86	
	2760	30" wide tray size		15	.533		71	13.90		84.90	99	
	2770	36" wide tray size		14	.571		83	14.90		97.90	115	
	2800	24" radius, 6" wide tray size		32	.250		69	6.55		75.55	86	
	2810	9" wide tray size		30	.267		75	6.95		81.95	93	
	2820	12" wide tray size		28	.286		81	7.45		88.45	100	
	2830	18" wide tray size		24	.333		97	8.70		105.70	120	
	2840	24" wide tray size		16	.500		118	13.05		131.05	150	
	2860	30" wide tray size		13	.615		133	16.05		149.05	170	
	2870	36" wide tray size		12	.667		150	17.40		167.40	190	
	2900	36" radius, 6" wide tray size		30	.267		115	6.95		121.95	135	
	2910	9" wide tray size		28	.286		121	7.45		128.45	145	
	2920	12" wide tray size		26	.308		126	8.05		134.05	150	
	2930	18" wide tray size		22	.364		145	9.50		154.50	175	
	2940	24" wide tray size		14	.571		185	14.90		199.90	225	
	2960	30" wide tray size		11	.727		200	19		219	250	
	2970	36" wide tray size		10	.800		215	21		236	270	
	3000	Reducer, 9" to 6" wide tray size		64	.125		17	3.26		20.26	24	
	3010	12" to 6" wide tray size		54	.148		18	3.87		21.87	26	
	3020	12" to 9" wide tray size		54	.148		18	3.87		21.87	26	
	3030	18" to 12" wide tray size		44	.182		19	4.75		23.75	28	
	3050	18" to 6" wide tray size		44	.182		19	4.75		23.75	28	
	3060	24" to 18" wide tray size		40	.200		27	5.20		32.20	37	
	3070	24" to 12" wide tray size		40	.200		24	5.20		29.20	34	
	3090	30" to 24" wide tray size		35	.229		29	5.95		34.95	41	
	3100	30" to 18" wide tray size		35	.229		29	5.95		34.95	41	
	3110	30" to 12" wide tray size		35	.229		24	5.95		29.95	35	
	3140	36" to 30" wide tray size		32	.250		30	6.55		36.55	43	
	3150	36" to 24" wide tray size		32	.250		30	6.55		36.55	43	
	3160	36" to 18" wide tray size		32	.250		30	6.55		36.55	43	
	3170	36" to 12" wide tray size		32	.250		30	6.55		36.55	43	
	3250	Covers, aluminum, straight 6" wide tray size		260	.031	L.F.	2.30	.80		3.10	3.73	
	3270	9" wide tray size		230	.035		2.80	.91		3.71	4.43	
	3290	12" wide tray size		200	.040		3.40	1.04		4.44	5.30	
	3310	18" wide tray size		160	.050		4.45	1.31		5.76	6.85	
	3330	24" wide tray size		130	.062		5.65	1.61		7.26	8.60	
	3350	30" wide tray size		100	.080		6.15	2.09		8.24	9.90	
	3370	36" wide tray size		90	.089		6.60	2.32		8.92	10.70	
	3400	Elbow, horizontal, 90°, 12" radius, 6" wide tray size		75	.107	Ea.	16.60	2.78		19.38	22	
	3410	9" wide tray size		64	.125		18	3.26		21.26	25	
	3420	12" wide tray size		54	.148		19	3.87		22.87	27	
	3430	18" wide tray size		44	.182		24	4.75		28.75	33	
	3440	24" wide tray size		35	.229		31	5.95		36.95	43	
	3460	30" wide tray size		32	.250		38	6.55		44.55	52	
	3470	36" wide tray size		27	.296		46	7.75		53.75	62	

16 ELECTRICAL

160 | Raceways

160 100 | Cable Trays

			CREW	DAILY OUTPUT	MAN-HOURS	UNIT	1992 BARE COSTS MAT.	LABOR	EQUIP.	TOTAL	TOTAL INCL O&P	
130	3500	24" radius, 6" wide tray size	1 Elec	68	.118	Ea.	23	3.07		26.07	30	130
	3510	9" wide tray size		58	.138		29	3.60		32.60	37	
	3520	12" wide tray size		48	.167		31	4.35		35.35	41	
	3530	18" wide tray size		40	.200		37	5.20		42.20	48	
	3540	24" wide tray size		32	.250		46	6.55		52.55	60	
	3560	30" wide tray size		28	.286		56	7.45		63.45	73	
	3570	36" wide tray size		24	.333		68	8.70		76.70	88	
	3600	36" radius, 6" wide tray size		60	.133		40	3.48		43.48	49	
	3610	9" wide tray size		52	.154		43	4.02		47.02	53	
	3620	12" wide tray size		42	.190		48	4.97		52.97	60	
	3630	18" wide tray size		38	.211		58	5.50		63.50	72	
	3640	24" wide tray size		28	.286		70	7.45		77.45	88	
	3660	30" wide tray size		25	.320		82	8.35		90.35	105	
	3670	36" wide tray size		22	.364		95	9.50		104.50	120	
	3700	Elbow, horizontal, 45°, 12" radius, 6" wide tray size		75	.107		12.20	2.78		14.98	17.55	
	3710	9" wide tray size		64	.125		12.70	3.26		15.96	18.85	
	3720	12" wide tray size		54	.148		14.20	3.87		18.07	21	
	3730	18" wide tray size		44	.182		16.30	4.75		21.05	25	
	3740	24" wide tray size		40	.200		18.70	5.20		23.90	28	
	3760	30" wide tray size		35	.229		23.30	5.95		29.25	35	
	3770	36" wide tray size		32	.250		28.10	6.55		34.65	41	
	3800	24" radius, 6" wide tray size		68	.118		14.30	3.07		17.37	20	
	3810	9" wide tray size		58	.138		17.75	3.60		21.35	25	
	3820	12" wide tray size		48	.167		18.70	4.35		23.05	27	
	3830	18" wide tray size		40	.200		23	5.20		28.20	33	
	3840	24" wide tray size		36	.222		29	5.80		34.80	41	
	3860	30" wide tray size		32	.250		33	6.55		39.55	46	
	3870	36" wide tray size		28	.286		38	7.45		45.45	53	
	3900	36" radius, 6" wide tray size		60	.133		24	3.48		27.48	32	
	3910	9" wide tray size		52	.154		27	4.02		31.02	36	
	3920	12" wide tray size		42	.190		29	4.97		33.97	39	
	3930	18" wide tray size		38	.211		34	5.50		39.50	46	
	3940	24" wide tray size		32	.250		41	6.55		47.55	55	
	3960	30" wide tray size		28	.286		47	7.45		54.45	63	
	3970	36" wide tray size		25	.320		53	8.35		61.35	71	
	4000	Elbow, vertical, 90°, 12" radius, 6" wide tray size		75	.107		14.20	2.78		16.98	19.75	
	4010	9" wide tray size		64	.125		14.30	3.26		17.56	21	
	4020	12" wide tray size		54	.148		15.55	3.87		19.42	23	
	4030	18" wide tray size		44	.182		17.70	4.75		22.45	27	
	4040	24" wide tray size		35	.229		18.20	5.95		24.15	29	
	4060	30" wide tray size		32	.250		18.70	6.55		25.25	30	
	4070	36" wide tray size		27	.296		23	7.75		30.75	37	
	4100	24" radius, 6" wide tray size		68	.118		16.30	3.07		19.37	23	
	4110	9" wide tray size		58	.138		17.80	3.60		21.40	25	
	4120	12" wide tray size		48	.167		19.10	4.35		23.45	28	
	4130	18" wide tray size		40	.200		23	5.20		28.20	33	
	4140	24" wide tray size		32	.250		25	6.55		31.55	37	
	4160	30" wide tray size		28	.286		33	7.45		40.45	47	
	4170	36" wide tray size		24	.333		35	8.70		43.70	51	
	4200	36" radius, 6" wide tray size		60	.133		18.90	3.48		22.38	26	
	4210	9" wide tray size		52	.154		23	4.02		27.02	31	
	4220	12" wide tray size		42	.190		27	4.97		31.97	37	
	4230	18" wide tray size		38	.211		33	5.50		38.50	45	
	4240	24" wide tray size		28	.286		39	7.45		46.45	54	
	4260	30" wide tray size		25	.320		48	8.35		56.35	65	
	4270	36" wide tray size		22	.364		52	9.50		61.50	71	
	4300	Tee, horizontal, 12" radius, 6" wide tray size		54	.148		23	3.87		26.87	31	
	4310	9" wide tray size		44	.182		24	4.75		28.75	33	

160 | Raceways

160 100 | Cable Trays

		Crew	Daily Output	Man-Hours	Unit	Mat.	Labor	Equip.	Total	Total Incl O&P	
130	4320	12" wide tray size	1 Elec	40	.200	Ea.	28	5.20		33.20	39	130
	4330	18" wide tray size		34	.235		33	6.15		39.15	45	
	4340	24" wide tray size		28	.286		41	7.45		48.45	56	
	4360	30" wide tray size		22	.364		48	9.50		57.50	67	
	4370	36" wide tray size		18	.444		59	11.60		70.60	82	
	4400	24" radius, 6" wide tray size		48	.167		38	4.35		42.35	48	
	4410	9" wide tray size		40	.200		42	5.20		47.20	54	
	4420	12" wide tray size		36	.222		47	5.80		52.80	60	
	4430	18" wide tray size		30	.267		55	6.95		61.95	71	
	4440	24" wide tray size		24	.333		87	8.70		95.70	110	
	4460	30" wide tray size		20	.400		98	10.45		108.45	125	
	4470	36" wide tray size		16	.500		108	13.05		121.05	140	
	4500	36" radius, 6" wide tray size		44	.182		68	4.75		72.75	82	
	4510	9" wide tray size		36	.222		70	5.80		75.80	86	
	4520	12" wide tray size		32	.250		77	6.55		83.55	94	
	4530	18" wide tray size		28	.286		87	7.45		94.45	105	
	4540	24" wide tray size		22	.364		112	9.50		121.50	135	
	4560	30" wide tray size		18	.444		125	11.60		136.60	155	
	4570	36" wide tray size		14	.571		142	14.90		156.90	180	
	4600	Cross, horizontal, 12" radius, 6" wide tray size		40	.200		35	5.20		40.20	46	
	4610	9" wide tray size		36	.222		38	5.80		43.80	50	
	4620	12" wide tray size		32	.250		42	6.55		48.55	56	
	4630	18" wide tray size		28	.286		51	7.45		58.45	67	
	4640	24" wide tray size		24	.333		59	8.70		67.70	78	
	4660	30" wide tray size		20	.400		69	10.45		79.45	91	
	4670	36" wide tray size		16	.500		81	13.05		94.05	110	
	4700	24" radius, 6" wide tray size		36	.222		69	5.80		74.80	85	
	4710	9" wide tray size		32	.250		74	6.55		80.55	91	
	4720	12" wide tray size		28	.286		81	7.45		88.45	100	
	4730	18" wide tray size		24	.333		93	8.70		101.70	115	
	4740	24" wide tray size		20	.400		112	10.45		122.45	140	
	4760	30" wide tray size		16	.500		130	13.05		143.05	160	
	4770	36" wide tray size		12	.667		142	17.40		159.40	180	
	4800	36" radius, 6" wide tray size		32	.250		112	6.55		118.55	135	
	4810	9" wide tray size		28	.286		117	7.45		124.45	140	
	4820	12" wide tray size		25	.320		125	8.35		133.35	150	
	4830	18" wide tray size		22	.364		142	9.50		151.50	170	
	4840	24" wide tray size		18	.444		170	11.60		181.60	205	
	4860	30" wide tray size		14	.571		195	14.90		209.90	235	
	4870	36" wide tray size		11	.727		215	19		234	265	
	4900	Reducer, 9" to 6" wide tray size		64	.125		17.70	3.26		20.96	24	
	4910	12" to 6" wide tray size		54	.148		18.80	3.87		22.67	26	
	4920	12" to 9" wide tray size		54	.148		18.80	3.87		22.67	26	
	4930	18" to 12" wide tray size		44	.182		20	4.75		24.75	29	
	4950	18" to 6" wide tray size		44	.182		20	4.75		24.75	29	
	4960	24" to 18" wide tray size		40	.200		27	5.20		32.20	37	
	4970	24" to 12" wide tray size		40	.200		23	5.20		28.20	33	
	4990	30" to 24" wide tray size		35	.229		28	5.95		33.95	40	
	5000	30" to 18" wide tray size		35	.229		28	5.95		33.95	40	
	5010	30" to 12" wide tray size		35	.229		28	5.95		33.95	40	
	5040	36" to 30" wide tray size		32	.250		30	6.55		36.55	43	
	5050	36" to 24" wide tray size		32	.250		30	6.55		36.55	43	
	5060	36" to 18" wide tray size		32	.250		30	6.55		36.55	43	
	5070	36" to 12" wide tray size		32	.250		30	6.55		36.55	43	
	5710	Tray cover hold down clamp		60	.133		4.80	3.48		8.28	10.45	
	8000	Divider strip, straight, galvanized, 3" deep		200	.040	L.F.	1.95	1.04		2.99	3.70	
	8020	4" deep		180	.044		2.45	1.16		3.61	4.43	
	8040	6" deep		160	.050		3.20	1.31		4.51	5.45	

16 ELECTRICAL

160 | Raceways

160 100 | Cable Trays

			CREW	DAILY OUTPUT	MAN-HOURS	UNIT	1992 BARE COSTS MAT.	LABOR	EQUIP.	TOTAL	TOTAL INCL O&P	
130	8060	Aluminum 3" deep	1 Elec	210	.038	L.F.	1.95	.99		2.94	3.63	130
	8080	4" deep		190	.042		2.45	1.10		3.55	4.34	
	8100	6" deep		170	.047		3.15	1.23		4.38	5.30	
	8110	Divider strip, vertical fitting, 3" deep										
	8120	12" radius, galvanized, 30°	1 Elec	28	.286	Ea.	9.55	7.45		17	22	
	8140	45°		27	.296		12.05	7.75		19.80	25	
	8160	60°		26	.308		12.75	8.05		20.80	26	
	8180	90°		25	.320		15.95	8.35		24.30	30	
	8200	Aluminum 30°		29	.276		8.15	7.20		15.35	19.70	
	8220	45°		28	.286		9.55	7.45		17	22	
	8240	60°		27	.296		11.25	7.75		19	24	
	8260	90°		26	.308		14.05	8.05		22.10	27	
	8280	24" radius, galvanized, 30°		25	.320		14.30	8.35		22.65	28	
	8300	45°		24	.333		16.45	8.70		25.15	31	
	8320	60°		23	.348		20.55	9.10		29.65	36	
	8340	90°		22	.364		29.20	9.50		38.70	46	
	8360	Aluminum, 30°		26	.308		12.95	8.05		21	26	
	8380	45°		25	.320		15.75	8.35		24.10	30	
	8400	60°		24	.333		19.30	8.70		28	34	
	8420	90°		23	.348		27	9.10		36.10	43	
	8440	36" radius, galvanized 30°		22	.364		19.30	9.50		28.80	35	
	8460	45°		21	.381		23.60	9.95		33.55	41	
	8480	60°		20	.400		27	10.45		37.45	45	
	8500	90°		19	.421		37	11		48	57	
	8520	Aluminum, 30°		23	.348		20	9.10		29.10	36	
	8540	45°		22	.364		27	9.50		36.50	44	
	8560	60°		21	.381		34	9.95		43.95	52	
	8570	90°		20	.400		46	10.45		56.45	66	
	8590	Divider strip, vertical fitting, 4" deep										
	8600	12" radius, galvanized, 30°	1 Elec	27	.296	Ea.	12.25	7.75		20	25	
	8610	45°		26	.308		14.20	8.05		22.25	28	
	8620	60°		25	.320		16	8.35		24.35	30	
	8630	90°		24	.333		19.50	8.70		28.20	34	
	8640	Aluminum, 30°		28	.286		11.45	7.45		18.90	24	
	8650	45°		27	.296		13.30	7.75		21.05	26	
	8660	60°		26	.308		15.15	8.05		23.20	29	
	8670	90°		25	.320		17.50	8.35		25.85	32	
	8680	24" radius, galvanized, 30°		24	.333		19.45	8.70		28.15	34	
	8690	45°		23	.348		24	9.10		33.10	40	
	8700	60°		22	.364		28	9.50		37.50	45	
	8710	90°		21	.381		37	9.95		46.95	56	
	8720	Aluminum 30°		25	.320		17.85	8.35		26.20	32	
	8730	45°		24	.333		22	8.70		30.70	37	
	8740	60°		23	.348		26.50	9.10		35.60	43	
	8750	90°		22	.364		35	9.50		44.50	53	
	8760	36" radius, galvanized 30°		23	.348		23	9.10		32.10	39	
	8770	45°		22	.364		26.50	9.50		36	43	
	8780	60°		21	.381		33	9.95		42.95	51	
	8790	90°		20	.400		45	10.45		55.45	65	
	8800	Aluminum 30°		24	.333		28	8.70		36.70	44	
	8810	45°		23	.348		35	9.10		44.10	52	
	8820	60°		22	.364		44	9.50		53.50	63	
	8830	90°		21	.381		56	9.95		65.95	76	
	8840	Divider strip, vertical fitting, 6" deep										
	8850	12" radius, galvanized, 30°	1 Elec	24	.333	Ea.	13.45	8.70		22.15	28	
	8860	45°		23	.348		14.95	9.10		24.05	30	
	8870	60°		22	.364		17.55	9.50		27.05	33	
	8880	90°		21	.381		21	9.95		30.95	38	

160 | Raceways

160 100 | Cable Trays

			CREW	DAILY OUTPUT	MAN-HOURS	UNIT	1992 BARE COSTS				TOTAL INCL O&P	
							MAT.	LABOR	EQUIP.	TOTAL		
130	8890	Aluminum, 30°	1 Elec	25	.320	Ea.	12.75	8.35		21.10	26	130
	8900	45°		24	.333		14.90	8.70		23.60	29	
	8910	60°		23	.348		15.65	9.10		24.75	31	
	8920	90°		22	.364		18.70	9.50		28.20	35	
	8930	24" radius, galvanized 30°		23	.348		19.45	9.10		28.55	35	
	8940	45°		22	.364		24.15	9.50		33.65	41	
	8950	60°		21	.381		29.20	9.95		39.15	47	
	8960	90°		20	.400		39	10.45		49.45	58	
	8970	Aluminum, 30°		24	.333		18.70	8.70		27.40	34	
	8980	45°		23	.348		24.70	9.10		33.80	41	
	8990	60°		22	.364		28	9.50		37.50	45	
	9000	90°		21	.381		38	9.95		47.95	57	
	9010	36" radius, galvanized 30°		22	.364		23	9.50		32.50	39	
	9020	45°		21	.381		29.20	9.95		39.15	47	
	9030	60°		20	.400		37	10.45		47.45	56	
	9040	90°		19	.421		47	11		58	68	
	9050	Aluminum, 30°		23	.348		29.20	9.10		38.30	46	
	9060	45°		22	.364		38	9.50		47.50	56	
	9070	60°		21	.381		45	9.95		54.95	64	
	9080	90°		20	.400		53	10.45		63.45	74	
	9120	Divider strip, horizontal fitting, galvanized, 3" deep		33	.242		13.60	6.35		19.95	24	
	9130	4" deep		30	.267		15.05	6.95		22	27	
	9140	6" deep		27	.296		19.90	7.75		27.65	33	
	9150	Aluminum 3" deep		35	.229		12.90	5.95		18.85	23	
	9160	4" deep		32	.250		14.25	6.55		20.80	25	
	9170	6" deep		29	.276		18.70	7.20		25.90	31	
	9300	Divider strip protector		300	.027	L.F.	1.30	.70		2	2.47	
	9310	Fastener, ladder tray				Ea.	.25			.25	.28	
	9320	Trough or solid bottom tray				"	.17			.17	.19	
	9899											
	9900	Add to labor for higher elevated installation										
	9910	15' to 20' high add						10%				
	9920	20' to 25' high add						20%				
	9930	25' to 30' high add						25%				
	9940	30' to 35' high add						30%				
	9960	Over 40' high add						40%				
150	0010	**WIREWAY** to 15' high R160-150										150
	0020	For higher elevations, see 160-130-9900										
	0100	Screw cover with fittings and supports, 2-1/2" x 2-1/2"	1 Elec	45	.178	L.F.	5.90	4.64		10.54	13.40	
	0200	4" x 4"		40	.200		6.65	5.20		11.85	15.10	
	0400	6" x 6"		30	.267		10.95	6.95		17.90	22	
	0600	8" x 8"		20	.400		15.60	10.45		26.05	33	
	0620	10" x 10"		15	.533		25.15	13.90		39.05	48	
	0640	12" x 12"		10	.800		34.65	21		55.65	69	
	0800	Elbows 90°, 2-1/2"		24	.333	Ea.	16.60	8.70		25.30	31	
	1000	4"		20	.400		18.90	10.45		29.35	36	
	1200	6"		18	.444		21	11.60		32.60	40	
	1400	8"		16	.500		34	13.05		47.05	57	
	1420	10"		12	.667		42	17.40		59.40	72	
	1440	12"		10	.800		62	21		83	99	
	1500	Elbows, 45°, 2-1/2"		24	.333		16.60	8.70		25.30	31	
	1510	4"		20	.400		20.25	10.45		30.70	38	
	1520	6"		18	.444		21.05	11.60		32.65	40	
	1530	8"		16	.500		34	13.05		47.05	57	
	1540	10"		12	.667		42	17.40		59.40	72	
	1550	12"		10	.800		92	21		113	130	
	1600	"T" box, 2-1/2"		18	.444		19.50	11.60		31.10	39	
	1800	4"		16	.500		22.60	13.05		35.65	44	

16 ELECTRICAL

160 | Raceways

160 100 | Cable Trays

						1992 BARE COSTS				TOTAL	
			CREW	DAILY OUTPUT	MAN-HOURS	UNIT	MAT.	LABOR	EQUIP.	TOTAL	INCL O&P
150	2000	6"	1 Elec	14	.571	Ea.	25.75	14.90		40.65	51	150
	2200	8"		12	.667		48	17.40		65.40	79
	2220	10"		10	.800		49	21		70	85
	2240	12"		8	1		95	26		121	145
	2300	Cross, 2-1/2"		16	.500		21	13.05		34.05	43
	2310	4"		14	.571		25.75	14.90		40.65	51
	2320	6"		12	.667		32	17.40		49.40	61
	2400	Panel adapter, 2-1/2"		24	.333		7.10	8.70		15.80	21
	2600	4"		20	.400		9.35	10.45		19.80	26
	2800	6"		18	.444		10.90	11.60		22.50	29
	3000	8"		16	.500		14.85	13.05		27.90	36
	3020	10"		14	.571		16.50	14.90		31.40	40
	3040	12"		12	.667		40	17.40		57.40	70
	3200	Reducer, 4" to 2-1/2"		24	.333		10.70	8.70		19.40	25
	3400	6" to 4"		20	.400		21	10.45		31.45	39
	3600	8" to 6"		18	.444		25	11.60		36.60	45
	3620	10" to 8"		16	.500		30.50	13.05		43.55	53
	3640	12" to 10"		14	.571		36	14.90		50.90	62
	3780	End cap, 2-1/2"		24	.333		2.40	8.70		11.10	15.60
	3800	4"		20	.400		2.95	10.45		13.40	18.85
	4000	6"		18	.444		3.60	11.60		15.20	21
	4200	8"		16	.500		4.75	13.05		17.80	25
	4220	10"		14	.571		6.60	14.90		21.50	30
	4240	12"		12	.667		10.70	17.40		28.10	38
	4300	U-connector, 2-1/2"		200	.040		2.50	1.04		3.54	4.31
	4320	4"		200	.040		3	1.04		4.04	4.86
	4340	6"		180	.044		3.60	1.16		4.76	5.70
	4360	8"		170	.047		5.95	1.23		7.18	8.40
	4380	10"		150	.053		7	1.39		8.39	9.80
	4400	12"		130	.062		12.95	1.61		14.56	16.65
	4420	Hanger, 2-1/2"		100	.080		4.15	2.09		6.24	7.70
	4430	4"		100	.080		5.30	2.09		7.39	8.95
	4440	6"		80	.100		9.50	2.61		12.11	14.35
	4450	8"		65	.123		12.45	3.21		15.66	18.50
	4460	10"		50	.160		14	4.18		18.18	22
	4470	12"		40	.200		35.50	5.20		40.70	47
	4500	Hinged cover with fittings and supports 2-1/2" x 2-1/2"		60	.133	L.F.	5.65	3.48		9.13	11.40
	4520	4" x 4"		45	.178		6.35	4.64		10.99	13.90
	4540	6" x 6"		40	.200		10.75	5.20		15.95	19.60
	4560	8" x 8"		30	.267		16.75	6.95		23.70	29
	4580	10" x 10"		25	.320		25.10	8.35		33.45	40
	4600	12" x 12"		12	.667		34.70	17.40		52.10	64
	4700	Elbows 90°, hinged cover 2-1/2" x 2-1/2"		32	.250	Ea.	16.60	6.55		23.15	28
	4720	4"		27	.296		18.90	7.75		26.65	32
	4730	6"		23	.348		21	9.10		30.10	37
	4740	8"		18	.444		34	11.60		45.60	55
	4750	10"		14	.571		42	14.90		56.90	68
	4760	12"		12	.667		62	17.40		79.40	94
	4800	Tee box, hinged cover, 2-1/2"		23	.348		19.50	9.10		28.60	35
	4810	4"		20	.400		22.60	10.45		33.05	40
	4820	6"		18	.444		25.75	11.60		37.35	46
	4830	8"		16	.500		48	13.05		61.05	72
	4840	10"		12	.667		49	17.40		66.40	80
	4860	12"		10	.800		95	21		116	135
	4880	Cross box, hinged cover, 2-1/2" x 2-1/2"		18	.444		21	11.60		32.60	40
	4900	4"		16	.500		25.75	13.05		38.80	48
	4920	6"		13	.615		32	16.05		48.05	59
	4940	8"		11	.727		65	19		84	100

160 | Raceways

160 100 | Cable Trays

			CREW	DAILY OUTPUT	MAN-HOURS	UNIT	MAT.	LABOR	EQUIP.	TOTAL	TOTAL INCL O&P	
150	4960	10"	1 Elec	10	.800	Ea.	110	21		131	150	150
	4980	12"		9	.889	↓	120	23		143	165	
	5000	Flanged, oil tite, w/screw cover, 2-1/2" x 2-1/2"		40	.200	L.F.	12.60	5.20		17.80	22	
	5020	4" x 4"		35	.229		14.95	5.95		20.90	25	
	5040	6" x 6"		30	.267		23.10	6.95		30.05	36	
	5060	8" x 8"		25	.320	↓	33	8.35		41.35	49	
	5120	Elbows 90°, flanged, 2-1/2"		23	.348	Ea.	30.60	9.10		39.70	47	
	5140	4"		20	.400		35	10.45		45.45	54	
	5160	6"		18	.444		43.40	11.60		55	65	
	5180	8"		15	.533		65	13.90		78.90	92	
	5240	Tee box, flanged 2-1/2"		18	.444		38	11.60		49.60	59	
	5260	4"		16	.500		42	13.05		55.05	66	
	5280	6"		15	.533		58	13.90		71.90	85	
	5300	8"		13	.615		86	16.05		102.05	120	
	5360	Cross box, flanged 2-1/2"		15	.533		49	13.90		62.90	75	
	5380	4"		13	.615		61	16.05		77.05	91	
	5400	6"		12	.667		77	17.40		94.40	110	
	5420	8"		10	.800		96	21		117	135	
	5480	Flange gasket, 2-1/2"		160	.050		1.50	1.31		2.81	3.60	
	5500	4"		80	.100		1.90	2.61		4.51	6	
	5520	6"		53	.151		2.60	3.94		6.54	8.75	
	5530	8"	↓	40	.200	↓	3.35	5.20		8.55	11.50	

160 200 | Conduits

			CREW	DAILY OUTPUT	MAN-HOURS	UNIT	MAT.	LABOR	EQUIP.	TOTAL	TOTAL INCL O&P	
205	0010	**CONDUIT** To 15' high, includes 2 terminations, 2 elbows and	R160-200									205
	0020	11 beam clamps per 100 L.F.										
	0300	Aluminum, 1/2" diameter	1 Elec	100	.080	L.F.	.85	2.09		2.94	4.05	
	0500	3/4" diameter		90	.089		1.14	2.32		3.46	4.72	
	0700	1" diameter		80	.100		1.61	2.61		4.22	5.65	
	1000	1-1/4" diameter		70	.114		2.10	2.98		5.08	6.75	
	1030	1-1/2" diameter		65	.123		2.60	3.21		5.81	7.65	
	1050	2" diameter		60	.133		3.60	3.48		7.08	9.15	
	1070	2-1/2" diameter		50	.160		5.70	4.18		9.88	12.50	
	1100	3" diameter		45	.178		7.60	4.64		12.24	15.30	
	1130	3-1/2" diameter		40	.200		9.40	5.20		14.60	18.15	
	1140	4" diameter		35	.229		11.20	5.95		17.15	21	
	1150	5" diameter		25	.320		17.15	8.35		25.50	31	
	1160	6" diameter		20	.400	↓	23.80	10.45		34.25	42	
	1170	Elbows, 1/2" diameter		40	.200	Ea.	2.30	5.20		7.50	10.30	
	1200	3/4" diameter		32	.250		3.15	6.55		9.70	13.20	
	1230	1" diameter		28	.286		4.35	7.45		11.80	15.90	
	1250	1-1/4" diameter		24	.333		7	8.70		15.70	21	
	1270	1-1/2" diameter		20	.400		9.30	10.45		19.75	26	
	1300	2" diameter		16	.500		13.65	13.05		26.70	34	
	1330	2-1/2" diameter		12	.667		24.95	17.40		42.35	53	
	1350	3" diameter		8	1		38	26		64	81	
	1370	3-1/2" diameter		6	1.333		59	35		94	115	
	1400	4" diameter		5	1.600		71	42		113	140	
	1410	5" diameter		4	2		193	52		245	290	
	1420	6" diameter	↓	2.50	3.200		270	84		354	420	
	1430	Couplings, 1/2" diameter					.75			.75	.83	
	1450	3/4" diameter					1.14			1.14	1.25	
	1470	1" diameter					1.46			1.46	1.61	
	1500	1-1/4" diameter					1.84			1.84	2.02	
	1530	1-1/2" diameter					2.10			2.10	2.31	
	1550	2" diameter					2.95			2.95	3.25	
	1570	2-1/2" diameter					6.70			6.70	7.35	
	1600	3" diameter				↓	8.80			8.80	9.70	

16 ELECTRICAL

160 | Raceways

160 200 | Conduits

			CREW	DAILY OUTPUT	MAN-HOURS	UNIT	1992 BARE COSTS MAT.	LABOR	EQUIP.	TOTAL	TOTAL INCL O&P	
205	1630	3-1/2" diameter				Ea.	12			12	13.20	205
	1650	4" diameter					14.50			14.50	15.95	
	1670	5" diameter					36			36	40	
	1690	6" diameter					57			57	63	
	1750	Rigid galvanized steel, 1/2" diameter	1 Elec	90	.089	L.F.	1.15	2.32		3.47	4.73	
	1770	3/4" diameter		80	.100		1.45	2.61		4.06	5.50	
	1800	1" diameter		65	.123		1.90	3.21		5.11	6.90	
	1830	1-1/4" diameter		60	.133		2.45	3.48		5.93	7.90	
	1850	1-1/2" diameter		55	.145		3	3.80		6.80	8.95	
	1870	2" diameter		45	.178		3.85	4.64		8.49	11.15	
	1900	2-1/2" diameter		35	.229		6.40	5.95		12.35	15.95	
	1930	3" diameter		25	.320		8.25	8.35		16.60	22	
	1950	3-1/2" diameter		22	.364		10.75	9.50		20.25	26	
	1970	4" diameter		20	.400		12.50	10.45		22.95	29	
	1980	5" diameter		15	.533		27.05	13.90		40.95	51	
	1990	6" diameter		10	.800		37.50	21		58.50	72	
	2000	Elbows, 1/2" diameter		32	.250	Ea.	2.70	6.55		9.25	12.70	
	2030	3/4" diameter		28	.286		2.90	7.45		10.35	14.30	
	2050	1" diameter		24	.333		4	8.70		12.70	17.40	
	2070	1-1/4" diameter		18	.444		5.75	11.60		17.35	24	
	2100	1-1/2" diameter		16	.500		7.20	13.05		20.25	27	
	2130	2" diameter		12	.667		12.50	17.40		29.90	40	
	2150	2-1/2" diameter		8	1		23	26		49	64	
	2170	3" diameter		6	1.333		34	35		69	89	
	2200	3-1/2" diameter		4.20	1.905		60	50		110	140	
	2220	4" diameter		4	2		70	52		122	155	
	2230	5" diameter		3.50	2.286		178	60		238	285	
	2240	6" diameter		2	4		240	105		345	420	
	2250	Couplings, 1/2" diameter					.90			.90	.99	
	2270	3/4" diameter					1.10			1.10	1.21	
	2300	1" diameter					1.55			1.55	1.70	
	2330	1-1/4" diameter					1.90			1.90	2.09	
	2350	1-1/2" diameter					2.45			2.45	2.70	
	2370	2" diameter					3.25			3.25	3.58	
	2400	2-1/2" diameter					7.25			7.25	8	
	2430	3" diameter					9.85			9.85	10.85	
	2450	3-1/2" diameter					13.20			13.20	14.50	
	2470	4" diameter					13.80			13.80	15.20	
	2480	5" diameter					31			31	34	
	2490	6" diameter					41			41	45	
	2500	Steel, intermediate conduit (IMC), 1/2" diameter	1 Elec	100	.080	L.F.	.93	2.09		3.02	4.14	
	2530	3/4" diameter		90	.089		1.15	2.32		3.47	4.73	
	2550	1" diameter		70	.114		1.50	2.98		4.48	6.10	
	2570	1-1/4" diameter		65	.123		1.90	3.21		5.11	6.90	
	2600	1-1/2" diameter		60	.133		2.45	3.48		5.93	7.90	
	2630	2" diameter		50	.160		3.05	4.18		7.23	9.60	
	2650	2-1/2" diameter		40	.200		5	5.20		10.20	13.30	
	2670	3" diameter		30	.267		6.75	6.95		13.70	17.80	
	2700	3-1/2" diameter		27	.296		9.30	7.75		17.05	22	
	2730	4" diameter		25	.320		10.95	8.35		19.30	25	
	2750	Elbows, 1/2" diameter		32	.250	Ea.	2.25	6.55		8.80	12.20	
	2770	3/4" diameter		28	.286		2.80	7.45		10.25	14.20	
	2800	1" diameter		24	.333		3.90	8.70		12.60	17.25	
	2830	1-1/4" diameter		18	.444		5.60	11.60		17.20	23	
	2850	1-1/2" diameter		16	.500		7.05	13.05		20.10	27	
	2870	2" diameter		12	.667		10.70	17.40		28.10	38	
	2900	2-1/2" diameter		8	1		20.15	26		46.15	61	
	2930	3" diameter		6	1.333		31	35		66	86	

160 | Raceways

160 200 | Conduits

		CREW	DAILY OUTPUT	MAN-HOURS	UNIT	1992 BARE COSTS MAT.	LABOR	EQUIP.	TOTAL	TOTAL INCL O&P	
205	2950	3-1/2" diameter	1 Elec	4.20	1.905	Ea.	54	50		104	135	205
	2970	4" diameter	↓	4	2		63	52		115	145	
	3000	Couplings, 1/2" diameter					.90			.90	.99	
	3030	3/4" diameter					1.10			1.10	1.21	
	3050	1" diameter					1.55			1.55	1.70	
	3070	1-1/4" diameter					1.95			1.95	2.15	
	3100	1-1/2" diameter					2.45			2.45	2.70	
	3130	2" diameter					3.25			3.25	3.58	
	3150	2-1/2" diameter					7.35			7.35	8.10	
	3170	3" diameter					10.20			10.20	11.20	
	3200	3-1/2" diameter					13.55			13.55	14.90	
	3230	4" diameter				↓	14.25			14.25	15.70	
	4100	Rigid steel, plastic coated, 40 mil. thick										
	4130	1/2" diameter	1 Elec	80	.100	L.F.	2.70	2.61		5.31	6.85	
	4150	3/4" diameter		70	.114		2.95	2.98		5.93	7.70	
	4170	1" diameter		55	.145		3.80	3.80		7.60	9.85	
	4200	1-1/4" diameter		50	.160		4.90	4.18		9.08	11.60	
	4230	1-1/2" diameter		45	.178		5.60	4.64		10.24	13.10	
	4250	2" diameter		35	.229		7.35	5.95		13.30	17	
	4270	2-1/2" diameter		25	.320		10.85	8.35		19.20	24	
	4300	3" diameter		22	.364		14.30	9.50		23.80	30	
	4330	3-1/2" diameter		20	.400		15.70	10.45		26.15	33	
	4350	4" diameter		18	.444		20.30	11.60		31.90	40	
	4370	5" diameter		15	.533		34	13.90		47.90	58	
	4400	Elbows, 1/2" diameter		28	.286	Ea.	6.60	7.45		14.05	18.40	
	4430	3/4" diameter		24	.333		7.65	8.70		16.35	21	
	4450	1" diameter		18	.444		8.80	11.60		20.40	27	
	4470	1-1/4" diameter		16	.500		10.85	13.05		23.90	31	
	4500	1-1/2" diameter		12	.667		13.35	17.40		30.75	41	
	4530	2" diameter		8	1		18.50	26		44.50	59	
	4550	2-1/2" diameter		6	1.333		35	35		70	90	
	4570	3" diameter		4.20	1.905		57	50		107	135	
	4600	3-1/2" diameter		4	2		73	52		125	160	
	4630	4" diameter		3.80	2.105		77	55		132	165	
	4650	5" diameter	↓	3.50	2.286		185	60		245	295	
	4680	Couplings, 1/2" diameter					1.96			1.96	2.16	
	4700	3/4" diameter					2.05			2.05	2.26	
	4730	1" diameter					2.70			2.70	2.97	
	4750	1-1/4" diameter					3.10			3.10	3.41	
	4770	1-1/2" diameter					3.75			3.75	4.13	
	4800	2" diameter					5.40			5.40	5.95	
	4830	2-1/2" diameter					13.30			13.30	14.65	
	4850	3" diameter					16.20			16.20	17.80	
	4870	3-1/2" diameter					21.50			21.50	24	
	4900	4" diameter					25			25	28	
	4950	5" diameter				↓	80			80	88	
	5000	Electric metallic tubing (EMT), 1/2" diameter	1 Elec	170	.047	L.F.	.35	1.23		1.58	2.22	
	5020	3/4" diameter		130	.062		.50	1.61		2.11	2.95	
	5040	1" diameter		115	.070		.73	1.82		2.55	3.51	
	5060	1-1/4" diameter		100	.080		1.05	2.09		3.14	4.27	
	5080	1-1/2" diameter		90	.089		1.25	2.32		3.57	4.84	
	5100	2" diameter		80	.100		1.65	2.61		4.26	5.70	
	5120	2-1/2" diameter		60	.133		3.55	3.48		7.03	9.10	
	5140	3" diameter		50	.160		4.40	4.18		8.58	11.05	
	5160	3-1/2" diameter		45	.178		6.10	4.64		10.74	13.65	
	5180	4" diameter		40	.200		7.20	5.20		12.40	15.70	
	5200	Field bends, 45° to 90°, 1/2" diameter		89	.090	Ea.		2.35		2.35	3.50	
	5220	3/4" diameter	↓	80	.100	↓		2.61		2.61	3.90	

160 | Raceways

160 200 | Conduits

		CREW	DAILY OUTPUT	MAN-HOURS	UNIT	1992 BARE COSTS MAT.	LABOR	EQUIP.	TOTAL	TOTAL INCL O&P
5240	1" diameter	1 Elec	73	.110	Ea.		2.86		2.86	4.27
5260	1-1/4" diameter		38	.211			5.50		5.50	8.20
5280	1-1/2" diameter		36	.222			5.80		5.80	8.65
5300	2" diameter		26	.308			8.05		8.05	12
5320	Offsets, 1/2" diameter		65	.123			3.21		3.21	4.79
5340	3/4" diameter		62	.129			3.37		3.37	5.05
5360	1" diameter		53	.151			3.94		3.94	5.90
5380	1-1/4" diameter		30	.267			6.95		6.95	10.40
5400	1-1/2" diameter		28	.286			7.45		7.45	11.15
5420	2" diameter		20	.400			10.45		10.45	15.60
5700	Elbows, 1" diameter		40	.200		2.25	5.20		7.45	10.25
5720	1-1/4" diameter		32	.250		3.05	6.55		9.60	13.10
5740	1-1/2" diameter		24	.333		3.85	8.70		12.55	17.20
5760	2" diameter		20	.400		6.20	10.45		16.65	22
5780	2-1/2" diameter		12	.667		17.60	17.40		35	45
5800	3" diameter		9	.889		27.35	23		50.35	65
5820	3-1/2" diameter		7	1.143		37	30		67	85
5840	4" diameter		6	1.333		43	35		78	99
5900	Slipfit elbows, 1 end, 2-1/2" diameter		13	.615		17.90	16.05		33.95	44
5920	3" diameter		10	.800		24.50	21		45.50	58
5940	3-1/2" diameter		8	1		34	26		60	76
5960	4" diameter		7	1.143		40	30		70	89
6000	Slipfit elbows, 2 end, 2-1/2" diameter		14	.571		18.35	14.90		33.25	42
6020	3" diameter		11	.727		25.50	19		44.50	56
6040	3-1/2" diameter		9	.889		35	23		58	73
6060	4" diameter		8	1		40	26		66	83
6080	Available 30° - 45° - 90°									
6200	Couplings, set screw, steel, 1/2" diameter				Ea.	.52			.52	.57
6220	3/4" diameter					.83			.83	.91
6240	1" diameter					1.30			1.30	1.43
6260	1-1/4" diameter					2.60			2.60	2.86
6280	1-1/2" diameter					3.75			3.75	4.13
6300	2" diameter					4.95			4.95	5.45
6320	2-1/2" diameter					12			12	13.20
6340	3" diameter					13.75			13.75	15.15
6360	3-1/2" diameter					15.80			15.80	17.40
6380	4" diameter					18			18	19.80
6500	Box connectors, set screw, steel, 1/2" diameter	1 Elec	120	.067		.41	1.74		2.15	3.05
6520	3/4" diameter		110	.073		.67	1.90		2.57	3.57
6540	1" diameter		90	.089		1.15	2.32		3.47	4.73
6560	1-1/4" diameter		70	.114		2.20	2.98		5.18	6.85
6580	1-1/2" diameter		60	.133		3.25	3.48		6.73	8.75
6600	2" diameter		50	.160		4.60	4.18		8.78	11.30
6620	2-1/2" diameter		36	.222		14.50	5.80		20.30	25
6640	3" diameter		27	.296		17.50	7.75		25.25	31
6680	3-1/2" diameter		21	.381		23	9.95		32.95	40
6700	4" diameter		16	.500		26	13.05		39.05	48
6740	Insulated box connectors, set screw, steel, 1/2" diameter		120	.067		.55	1.74		2.29	3.20
6760	3/4" diameter		110	.073		.95	1.90		2.85	3.88
6780	1" diameter		90	.089		1.50	2.32		3.82	5.10
6800	1-1/4" diameter		70	.114		2.70	2.98		5.68	7.40
6820	1-1/2" diameter		60	.133		3.85	3.48		7.33	9.45
6840	2" diameter		50	.160		5.75	4.18		9.93	12.55
6860	2-1/2" diameter		36	.222		25	5.80		30.80	36
6880	3" diameter		27	.296		30	7.75		37.75	45
6900	3-1/2" diameter		21	.381		41	9.95		50.95	60
6920	4" diameter		16	.500		45	13.05		58.05	69
7000	EMT to conduit adapters, 1/2" diameter (compression)		70	.114		1.65	2.98		4.63	6.25

160 | Raceways

160 200 | Conduits

		CREW	DAILY OUTPUT	MAN-HOURS	UNIT	1992 BARE COSTS MAT.	LABOR	EQUIP.	TOTAL	TOTAL INCL O&P	
205	7020	3/4" diameter	1 Elec	60	.133	Ea.	2.45	3.48		5.93	7.90	205
	7040	1" diameter		50	.160		3.65	4.18		7.83	10.25	
	7060	1-1/4" diameter		40	.200		5.60	5.20		10.80	13.95	
	7080	1-1/2" diameter		30	.267		6.90	6.95		13.85	18	
	7100	2" diameter		25	.320		9.80	8.35		18.15	23	
	7200	EMT to Greenfield adapters, 1/2" to 3/8" diameter (compression)		90	.089		1.35	2.32		3.67	4.95	
	7220	1/2" diameter		90	.089		2.40	2.32		4.72	6.10	
	7240	3/4" diameter		80	.100		3.15	2.61		5.76	7.35	
	7260	1" diameter		70	.114		8.25	2.98		11.23	13.55	
	7270	1-1/4" diameter		60	.133		9.40	3.48		12.88	15.55	
	7280	1-1/2" diameter		50	.160		10.65	4.18		14.83	17.95	
	7290	2" diameter		40	.200		15.50	5.20		20.70	25	
	7400	EMT, LB, LR or LL fittings with covers, 1/2" diameter, set screw		24	.333		4.95	8.70		13.65	18.45	
	7420	3/4" diameter		20	.400		6.05	10.45		16.50	22	
	7440	1" diameter		16	.500		8.95	13.05		22	29	
	7450	1-1/4" diameter		13	.615		13	16.05		29.05	38	
	7460	1-1/2" diameter		11	.727		16.25	19		35.25	46	
	7470	2" diameter		9	.889		27.30	23		50.30	65	
	7600	EMT, "T" fittings with covers, 1/2" diameter, set screw		16	.500		5.80	13.05		18.85	26	
	7620	3/4" diameter		15	.533		7.50	13.90		21.40	29	
	7640	1" diameter		12	.667		10.15	17.40		27.55	37	
	7650	1-1/4" diameter		11	.727		17	19		36	47	
	7660	1-1/2" diameter		10	.800		23	21		44	56	
	7670	2" diameter		8	1		37	26		63	80	
	8000	EMT, expansion fittings, no jumper, 1/2" diameter		24	.333		25	8.70		33.70	40	
	8020	3/4" diameter		20	.400		32	10.45		42.45	51	
	8040	1" diameter		16	.500		41	13.05		54.05	65	
	8060	1-1/4" diameter		13	.615		50	16.05		66.05	79	
	8080	1-1/2" diameter		11	.727		68	19		87	105	
	8100	2" diameter		9	.889		100	23		123	145	
	8110	2-1/2" diameter		7	1.143		140	30		170	200	
	8120	3" diameter		6	1.333		185	35		220	255	
	8140	4" diameter		5	1.600		295	42		337	385	
	8200	Split adapter, 1/2" diameter		110	.073		.85	1.90		2.75	3.77	
	8210	3/4" diameter		90	.089		1.20	2.32		3.52	4.78	
	8220	1" diameter		70	.114		1.95	2.98		4.93	6.60	
	8230	1-1/4" diameter		60	.133		3.05	3.48		6.53	8.55	
	8240	1-1/2" diameter		50	.160		4.60	4.18		8.78	11.30	
	8250	2" diameter		36	.222		13	5.80		18.80	23	
	8300	1 hole clips, 1/2" diameter		500	.016		.17	.42		.59	.81	
	8320	3/4" diameter		470	.017		.23	.44		.67	.92	
	8340	1" diameter		444	.018		.35	.47		.82	1.09	
	8360	1-1/4" diameter		400	.020		.50	.52		1.02	1.33	
	8380	1-1/2" diameter		355	.023		.79	.59		1.38	1.75	
	8400	2" diameter		320	.025		1.12	.65		1.77	2.21	
	8420	2-1/2" diameter		266	.030		2.05	.78		2.83	3.43	
	8440	3" diameter		160	.050		2.30	1.31		3.61	4.48	
	8460	3-1/2" diameter		133	.060		2.75	1.57		4.32	5.35	
	8480	4" diameter		100	.080		5	2.09		7.09	8.60	
	8500	Clamp back spacers, 1/2" diameter		500	.016		.42	.42		.84	1.09	
	8510	3/4" diameter		470	.017		.50	.44		.94	1.21	
	8520	1" diameter		444	.018		.78	.47		1.25	1.56	
	8530	1-1/4" diameter		400	.020		1.15	.52		1.67	2.04	
	8540	1-1/2" diameter		355	.023		1.45	.59		2.04	2.47	
	8550	2" diameter		320	.025		2.40	.65		3.05	3.61	
	8560	2-1/2" diameter		266	.030		4.30	.78		5.08	5.90	
	8570	3" diameter		160	.050		6.70	1.31		8.01	9.30	
	8580	3-1/2" diameter		133	.060		9	1.57		10.57	12.25	

ELECTRICAL 16

160 | Raceways

160 200 | Conduits

			Crew	Daily Output	Man-Hours	Unit	Mat.	Labor	Equip.	Total	Total Incl O&P	
205	8590	4" diameter	1 Elec	100	.080	Ea.	19.80	2.09		21.89	25	205
	8600	Offset connectors, 1/2" diameter		40	.200		1.75	5.20		6.95	9.70	
	8610	3/4" diameter		32	.250		2.50	6.55		9.05	12.50	
	8620	1" diameter		24	.333		3.80	8.70		12.50	17.15	
	8650	90° pulling elbows, female, 1/2" diameter, with gasket		24	.333		2.50	8.70		11.20	15.75	
	8660	3/4" diameter		20	.400		4.05	10.45		14.50	20	
	8700	Couplings, compression, 1/2" diameter, steel					1.26			1.26	1.39	
	8710	3/4" diameter					1.75			1.75	1.93	
	8720	1" diameter					3			3	3.30	
	8730	1-1/4" diameter					5.35			5.35	5.90	
	8740	1-1/2" diameter					7.80			7.80	8.60	
	8750	2" diameter					10.60			10.60	11.65	
	8760	2-1/2" diameter					46.90			46.90	52	
	8770	3" diameter					58.60			58.60	64	
	8780	3-1/2" diameter					95.60			95.60	105	
	8790	4" diameter					97			97	105	
	8800	Box connectors, compression, 1/2" diam., steel	1 Elec	120	.067		1.26	1.74		3	3.98	
	8810	3/4" diameter		110	.073		1.75	1.90		3.65	4.76	
	8820	1" diameter		90	.089		3.10	2.32		5.42	6.85	
	8830	1-1/4" diameter		70	.114		5.70	2.98		8.68	10.70	
	8840	1-1/2" diameter		60	.133		8.40	3.48		11.88	14.45	
	8850	2" diameter		50	.160		13.05	4.18		17.23	21	
	8860	2-1/2" diameter		36	.222		37.50	5.80		43.30	50	
	8870	3" diameter		27	.296		51.50	7.75		59.25	68	
	8880	3-1/2" diameter		21	.381		78	9.95		87.95	100	
	8890	4" diameter		16	.500		80	13.05		93.05	105	
	8900	Box connectors, insulated compression, 1/2" diam., steel		120	.067		1.15	1.74		2.89	3.86	
	8910	3/4" diameter		110	.073		1.50	1.90		3.40	4.48	
	8920	1" diameter		90	.089		2.50	2.32		4.82	6.20	
	8930	1-1/4" diameter		70	.114		5.70	2.98		8.68	10.70	
	8940	1-1/2" diameter		60	.133		8.40	3.48		11.88	14.45	
	8950	2" diameter		50	.160		11	4.18		15.18	18.35	
	8960	2-1/2" diameter		36	.222		45	5.80		50.80	58	
	8970	3" diameter		27	.296		56.50	7.75		64.25	74	
	8980	3-1/2" diameter		21	.381		83	9.95		92.95	105	
	8990	4" diameter		16	.500		88	13.05		101.05	115	
	9100	PVC, #40, 1/2" diameter		190	.042	L.F.	.44	1.10		1.54	2.12	
	9110	3/4" diameter		145	.055		.56	1.44		2	2.76	
	9120	1" diameter		125	.064		.84	1.67		2.51	3.42	
	9130	1-1/4" diameter		110	.073		1.10	1.90		3	4.04	
	9140	1-1/2" diameter		100	.080		1.33	2.09		3.42	4.58	
	9150	2" diameter		90	.089		1.75	2.32		4.07	5.40	
	9160	2-1/2" diameter		65	.123		2.75	3.21		5.96	7.80	
	9170	3" diameter		55	.145		3.25	3.80		7.05	9.25	
	9180	3-1/2" diameter		50	.160		4.15	4.18		8.33	10.80	
	9190	4" diameter		45	.178		4.55	4.64		9.19	11.95	
	9200	5" diameter		35	.229		6.55	5.95		12.50	16.10	
	9210	6" diameter		30	.267		8.65	6.95		15.60	19.90	
	9220	Elbows, 1/2" diameter		50	.160	Ea.	.67	4.18		4.85	6.95	
	9230	3/4" diameter		42	.190		.73	4.97		5.70	8.20	
	9240	1" diameter		35	.229		1.15	5.95		7.10	10.15	
	9250	1-1/4" diameter		28	.286		1.60	7.45		9.05	12.90	
	9260	1-1/2" diameter		20	.400		2.17	10.45		12.62	17.95	
	9270	2" diameter		16	.500		3.18	13.05		16.23	23	
	9280	2-1/2" diameter		11	.727		5.80	19		24.80	35	
	9290	3" diameter		9	.889		10.15	23		33.15	46	
	9300	3-1/2" diameter		7	1.143		14	30		44	60	
	9310	4" diameter		6	1.333		17.50	35		52.50	71	

160 | Raceways

		160 200 | Conduits	CREW	DAILY OUTPUT	MAN-HOURS	UNIT	1992 BARE COSTS MAT.	LABOR	EQUIP.	TOTAL	TOTAL INCL O&P	
205	9320	5" diameter	1 Elec	4	2	Ea.	30.45	52		82.45	110	205
	9330	6" diameter		3	2.667		52.50	70		122.50	160	
	9340	Field bends, 45° & 90°, 1/2" diameter		45	.178			4.64		4.64	6.90	
	9350	3/4" diameter		40	.200			5.20		5.20	7.80	
	9360	1" diameter		35	.229			5.95		5.95	8.90	
	9370	1-1/4" diameter		32	.250			6.55		6.55	9.75	
	9380	1-1/2" diameter		27	.296			7.75		7.75	11.55	
	9390	2" diameter		20	.400			10.45		10.45	15.60	
	9400	2-1/2" diameter		16	.500			13.05		13.05	19.50	
	9410	3" diameter		13	.615			16.05		16.05	24	
	9420	3-1/2" diameter		12	.667			17.40		17.40	26	
	9430	4" diameter		10	.800			21		21	31	
	9440	5" diameter		9	.889			23		23	35	
	9450	6" diameter		8	1			26		26	39	
	9460	PVC adapters, 1/2" diameter		80	.100		.25	2.61		2.86	4.17	
	9470	3/4" diameter		64	.125		.46	3.26		3.72	5.35	
	9480	1" diameter		53	.151		.59	3.94		4.53	6.55	
	9490	1-1/4" diameter		46	.174		.75	4.54		5.29	7.60	
	9500	1-1/2" diameter		40	.200		.90	5.20		6.10	8.80	
	9510	2" diameter		32	.250		1.30	6.55		7.85	11.15	
	9520	2-1/2" diameter		23	.348		2.20	9.10		11.30	15.95	
	9530	3" diameter		18	.444		3.25	11.60		14.85	21	
	9540	3-1/2" diameter		13	.615		4.25	16.05		20.30	29	
	9550	4" diameter		11	.727		5.50	19		24.50	34	
	9560	5" diameter		8	1		12	26		38	52	
	9570	6" diameter		6	1.333		13.75	35		48.75	67	
	9580	PVC-LB, LR or LL fittings & covers										
	9590	1/2" diameter	1 Elec	20	.400	Ea.	1.75	10.45		12.20	17.50	
	9600	3/4" diameter		16	.500		2.25	13.05		15.30	22	
	9610	1" diameter		12	.667		2.45	17.40		19.85	29	
	9620	1-1/4" diameter		9	.889		3.70	23		26.70	39	
	9630	1-1/2" diameter		7	1.143		4.45	30		34.45	49	
	9640	2" diameter		6	1.333		7.90	35		42.90	61	
	9650	2-1/2" diameter		6	1.333		30.45	35		65.45	85	
	9660	3" diameter		5	1.600		31.50	42		73.50	97	
	9670	3-1/2" diameter		4	2		32.50	52		84.50	115	
	9680	4" diameter		3	2.667		34.50	70		104.50	140	
	9690	PVC-tee fitting & cover										
	9700	1/2"	1 Elec	14	.571	Ea.	2.20	14.90		17.10	25	
	9710	3/4"		13	.615		2.75	16.05		18.80	27	
	9720	1"		10	.800		2.75	21		23.75	34	
	9730	1-1/4"		9	.889		4.45	23		27.45	40	
	9740	1-1/2"		8	1		5.90	26		31.90	45	
	9750	2"		7	1.143		8.50	30		38.50	54	
	9760	PVC-reducers, 3/4" x 1/2" diameter					.45			.45	.50	
	9770	1" x 1/2" diameter					1			1	1.10	
	9780	1" x 3/4" diameter					1.07			1.07	1.18	
	9790	1-1/4" x 3/4" diameter					1.35			1.35	1.49	
	9800	1-1/4" x 1" diameter					1.35			1.35	1.49	
	9810	1-1/2" x 1-1/4" diameter					1.40			1.40	1.54	
	9820	2" x 1-1/4" diameter					1.70			1.70	1.87	
	9830	2-1/2" x 2" diameter					5.50			5.50	6.05	
	9840	3" x 2" diameter					5.85			5.85	6.45	
	9850	4" x 3" diameter					7.60			7.60	8.35	
	9860	Cement, quart					8			8	8.80	
	9870	Gallon					29			29	32	
	9880	Heat bender, to 6" diameter					795			795	875	
	9900	Add to labor for higher elevated installation										

ELECTRICAL 16

160 | Raceways

160 200 | Conduits

			CREW	DAILY OUTPUT	MAN-HOURS	UNIT	1992 BARE COSTS MAT.	LABOR	EQUIP.	TOTAL	TOTAL INCL O&P	
205	9910	15' to 20' high, add					10%					205
	9920	20' to 25' high, add					20%					
	9930	25' to 30' high, add					25%					
	9940	30' to 35' high, add					30%					
	9950	35' to 40' high, add					35%					
	9960	Over 40' high, add					40%					
	9980	Allow. for cond. ftngs., 5% min.-20% max.										
210	0010	**CONDUIT** To 15' high, includes couplings only										210
	0200	Electric metallic tubing, 1/2" diameter	1 Elec	435	.018	L.F.	.29	.48		.77	1.04	
	0220	3/4" diameter		253	.032		.40	.83		1.23	1.67	
	0240	1" diameter		207	.039		.57	1.01		1.58	2.13	
	0260	1-1/4" diameter		173	.046		.87	1.21		2.08	2.76	
	0280	1-1/2" diameter		153	.052		1	1.36		2.36	3.14	
	0300	2" diameter		130	.062		1.35	1.61		2.96	3.88	
	0320	2-1/2" diameter		92	.087		2.90	2.27		5.17	6.60	
	0340	3" diameter		74	.108		3.60	2.82		6.42	8.15	
	0360	3-1/2" diameter		67	.119		5.05	3.12		8.17	10.20	
	0380	4" diameter		57	.140		5.85	3.66		9.51	11.90	
	0500	Steel rigid galvanized, 1/2" diameter		146	.055		.90	1.43		2.33	3.12	
	0520	3/4" diameter		125	.064		1.10	1.67		2.77	3.70	
	0540	1" diameter		93	.086		1.60	2.25		3.85	5.10	
	0560	1-1/4" diameter		88	.091		2.03	2.37		4.40	5.75	
	0580	1-1/2" diameter		80	.100		2.54	2.61		5.15	6.70	
	0600	2" diameter		65	.123		3.31	3.21		6.52	8.45	
	0620	2-1/2" diameter		48	.167		5.85	4.35		10.20	12.95	
	0640	3" diameter		32	.250		7.35	6.55		13.90	17.80	
	0660	3-1/2" diameter		30	.267		9.15	6.95		16.10	20	
	0680	4" diameter		26	.308		10.65	8.05		18.70	24	
	0700	5" diameter		25	.320		22.05	8.35		30.40	37	
	0720	6" diameter		24	.333		30.80	8.70		39.50	47	
220	0010	**CONDUIT NIPPLES** With locknuts and bushings										220
	0100	Aluminum, 1/2" diameter, close	1 Elec	36	.222	Ea.	1.60	5.80		7.40	10.40	
	0120	1-1/2" long		36	.222		1.60	5.80		7.40	10.40	
	0140	2" long		36	.222		1.65	5.80		7.45	10.45	
	0160	2-1/2" long		36	.222		1.85	5.80		7.65	10.70	
	0180	3" long		36	.222		1.90	5.80		7.70	10.75	
	0200	3-1/2" long		36	.222		2	5.80		7.80	10.85	
	0220	4" long		36	.222		2.10	5.80		7.90	10.95	
	0240	5" long		36	.222		2.25	5.80		8.05	11.15	
	0260	6" long		36	.222		2.35	5.80		8.15	11.25	
	0280	8" long		36	.222		2.85	5.80		8.65	11.80	
	0300	10" long		36	.222		3.30	5.80		9.10	12.30	
	0320	12" long		36	.222		3.80	5.80		9.60	12.85	
	0340	3/4" diameter, close		32	.250		2.20	6.55		8.75	12.15	
	0360	1-1/2" long		32	.250		2.25	6.55		8.80	12.20	
	0380	2" long		32	.250		2.30	6.55		8.85	12.25	
	0400	2-1/2" long		32	.250		2.40	6.55		8.95	12.40	
	0420	3" long		32	.250		2.50	6.55		9.05	12.50	
	0440	3-1/2" long		32	.250		2.55	6.55		9.10	12.55	
	0460	4" long		32	.250		2.70	6.55		9.25	12.70	
	0480	5" long		32	.250		2.95	6.55		9.50	13	
	0500	6" long		32	.250		3.25	6.55		9.80	13.30	
	0520	8" long		32	.250		3.80	6.55		10.35	13.90	
	0540	10" long		32	.250		4.20	6.55		10.75	14.35	
	0560	12" long		32	.250		4.90	6.55		11.45	15.15	
	0580	1" diameter, close		27	.296		3.30	7.75		11.05	15.15	

160 | Raceways

		160 200	Conduits	CREW	DAILY OUTPUT	MAN-HOURS	UNIT	1992 BARE COSTS MAT.	LABOR	EQUIP.	TOTAL	TOTAL INCL O&P	
220	0600		2" long	1 Elec	27	.296	Ea.	3.50	7.75		11.25	15.40	220
	0620		2-1/2" long		27	.296		3.60	7.75		11.35	15.50	
	0640		3" long		27	.296		3.75	7.75		11.50	15.65	
	0660		3-1/2" long		27	.296		4.05	7.75		11.80	16	
	0680		4" long		27	.296		4.20	7.75		11.95	16.15	
	0700		5" long		27	.296		4.55	7.75		12.30	16.55	
	0720		6" long		27	.296		5	7.75		12.75	17.05	
	0740		8" long		27	.296		5.85	7.75		13.60	18	
	0760		10" long		27	.296		6.65	7.75		14.40	18.85	
	0780		12" long		27	.296		7.40	7.75		15.15	19.70	
	0800		1-1/4" diameter, close		23	.348		4.65	9.10		13.75	18.65	
	0820		2" long		23	.348		4.75	9.10		13.85	18.75	
	0840		2-1/2" long		23	.348		4.90	9.10		14	18.95	
	0860		3" long		23	.348		5.20	9.10		14.30	19.25	
	0880		3-1/2" long		23	.348		5.45	9.10		14.55	19.55	
	0900		4" long		23	.348		5.85	9.10		14.95	20	
	0920		5" long		23	.348		6.30	9.10		15.40	20	
	0940		6" long		23	.348		6.90	9.10		16	21	
	0960		8" long		23	.348		7.95	9.10		17.05	22	
	0980		10" long		23	.348		9	9.10		18.10	23	
	1000		12" long		23	.348		10.10	9.10		19.20	25	
	1020		1-1/2" diameter, close		20	.400		6.55	10.45		17	23	
	1040		2" long		20	.400		6.60	10.45		17.05	23	
	1060		2-1/2" long		20	.400		6.75	10.45		17.20	23	
	1080		3" long		20	.400		7.10	10.45		17.55	23	
	1100		3-1/2" long		20	.400		7.75	10.45		18.20	24	
	1120		4" long		20	.400		7.80	10.45		18.25	24	
	1140		5" long		20	.400		8.40	10.45		18.85	25	
	1160		6" long		20	.400		8.95	10.45		19.40	25	
	1180		8" long		20	.400		10.35	10.45		20.80	27	
	1200		10" long		20	.400		11.60	10.45		22.05	28	
	1220		12" long		20	.400		12.90	10.45		23.35	30	
	1240		2" diameter, close		18	.444		9.35	11.60		20.95	28	
	1260		2-1/2" long		18	.444		10.20	11.60		21.80	29	
	1280		3" long		18	.444		10.60	11.60		22.20	29	
	1300		3-1/2" long		18	.444		11.30	11.60		22.90	30	
	1320		4" long		18	.444		11.55	11.60		23.15	30	
	1340		5" long		18	.444		12.60	11.60		24.20	31	
	1360		6" long		18	.444		13.55	11.60		25.15	32	
	1380		8" long		18	.444		15.50	11.60		27.10	34	
	1400		10" long		18	.444		17.45	11.60		29.05	37	
	1420		12" long		18	.444		19.35	11.60		30.95	39	
	1440		2-1/2" diameter, close		15	.533		19	13.90		32.90	42	
	1460		3" long		15	.533		19.65	13.90		33.55	42	
	1480		3-1/2" long		15	.533		20.10	13.90		34	43	
	1500		4" long		15	.533		20.70	13.90		34.60	44	
	1520		5" long		15	.533		21.60	13.90		35.50	45	
	1540		6" long		15	.533		22.65	13.90		36.55	46	
	1560		8" long		15	.533		24.85	13.90		38.75	48	
	1580		10" long		15	.533		27.15	13.90		41.05	51	
	1600		12" long		15	.533		29.60	13.90		43.50	53	
	1620		3" diameter, close		12	.667		22.80	17.40		40.20	51	
	1640		3" long		12	.667		23.55	17.40		40.95	52	
	1660		3-1/2" long		12	.667		24.90	17.40		42.30	53	
	1680		4" long		12	.667		25.35	17.40		42.75	54	
	1700		5" long		12	.667		26.15	17.40		43.55	55	
	1720		6" long		12	.667		28.20	17.40		45.60	57	
	1740		8" long		12	.667		31.20	17.40		48.60	60	

160 | Raceways

			CREW	DAILY OUTPUT	MAN-HOURS	UNIT	1992 BARE COSTS MAT.	LABOR	EQUIP.	TOTAL	TOTAL INCL O&P	
	160 200 | Conduits											
220	1760	10" long	1 Elec	12	.667	Ea.	34.20	17.40		51.60	64	220
	1780	12" long		12	.667		37.45	17.40		54.85	67	
	1800	3-1/2" diameter, close		11	.727		42.25	19		61.25	75	
	1820	4" long		11	.727		44.25	19		63.25	77	
	1840	5" long		11	.727		46.20	19		65.20	79	
	1860	6" long		11	.727		48.30	19		67.30	81	
	1880	8" long		11	.727		52.30	19		71.30	86	
	1900	10" long		11	.727		55.35	19		74.35	89	
	1920	12" long		11	.727		59.35	19		78.35	94	
	1940	4" diameter, close		9	.889		52.30	23		75.30	92	
	1960	4" long		9	.889		54.35	23		77.35	94	
	1980	5" long		9	.889		56.35	23		79.35	97	
	2000	6" long		9	.889		58.40	23		81.40	99	
	2020	8" long		9	.889		63.30	23		86.30	105	
	2040	10" long		9	.889		68.40	23		91.40	110	
	2060	12" long		9	.889		72.45	23		95.45	115	
	2080	5" diameter, close		7	1.143		100	30		130	155	
	2100	5" long		7	1.143		112	30		142	170	
	2120	6" long		7	1.143		116	30		146	170	
	2140	8" long		7	1.143		122	30		152	180	
	2160	10" long		7	1.143		127	30		157	185	
	2180	12" long		7	1.143		153	30		183	215	
	2200	6" diameter, close		6	1.333		168	35		203	235	
	2220	5" long		6	1.333		173	35		208	240	
	2240	6" long		6	1.333		176	35		211	245	
	2260	8" long		6	1.333		185	35		220	255	
	2280	10" long		6	1.333		194	35		229	265	
	2300	12" long		6	1.333		202	35		237	275	
	2320	Rigid galvanized steel, 1/2" diameter, close		32	.250		1.20	6.55		7.75	11.05	
	2340	1-1/2" long		32	.250		1.30	6.55		7.85	11.15	
	2360	2" long		32	.250		1.40	6.55		7.95	11.30	
	2380	2-1/2" long		32	.250		1.45	6.55		8	11.35	
	2400	3" long		32	.250		1.50	6.55		8.05	11.40	
	2420	3-1/2" long		32	.250		1.60	6.55		8.15	11.50	
	2440	4" long		32	.250		1.70	6.55		8.25	11.60	
	2460	5" long		32	.250		1.85	6.55		8.40	11.75	
	2480	6" long		32	.250		2	6.55		8.55	11.95	
	2500	8" long		32	.250		2.95	6.55		9.50	13	
	2520	10" long		32	.250		3.25	6.55		9.80	13.30	
	2540	12" long		32	.250		3.70	6.55		10.25	13.80	
	2560	3/4" diameter, close		27	.296		1.75	7.75		9.50	13.45	
	2580	2" long		27	.296		1.85	7.75		9.60	13.60	
	2600	2-1/2" long		27	.296		1.90	7.75		9.65	13.65	
	2620	3" long		27	.296		1.95	7.75		9.70	13.70	
	2640	3-1/2" long		27	.296		2.05	7.75		9.80	13.80	
	2660	4" long		27	.296		2.15	7.75		9.90	13.90	
	2680	5" long		27	.296		2.30	7.75		10.05	14.05	
	2700	6" long		27	.296		2.45	7.75		10.20	14.25	
	2720	8" long		27	.296		3.35	7.75		11.10	15.25	
	2740	10" long		27	.296		3.90	7.75		11.65	15.85	
	2760	12" long		27	.296		4.25	7.75		12	16.20	
	2780	1" diameter, close		23	.348		2.85	9.10		11.95	16.70	
	2800	2" long		23	.348		3	9.10		12.10	16.85	
	2820	2-1/2" long		23	.348		3.10	9.10		12.20	16.95	
	2840	3" long		23	.348		3.20	9.10		12.30	17.05	
	2860	3-1/2" long		23	.348		3.25	9.10		12.35	17.10	
	2880	4" long		23	.348		3.35	9.10		12.45	17.25	
	2900	5" long		23	.348		3.55	9.10		12.65	17.45	

160 | Raceways

	160 200	Conduits	CREW	DAILY OUTPUT	MAN-HOURS	UNIT	1992 BARE COSTS MAT.	LABOR	EQUIP.	TOTAL	TOTAL INCL O&P	
220	2920	6" long	1 Elec	23	.348	Ea.	3.80	9.10		12.90	17.75	220
	2940	8" long		23	.348		4.95	9.10		14.05	19	
	2960	10" long		23	.348		5.65	9.10		14.75	19.75	
	2980	12" long		23	.348		6.20	9.10		15.30	20	
	3000	1-1/4" diameter, close		20	.400		3.60	10.45		14.05	19.55	
	3020	2" long		20	.400		3.75	10.45		14.20	19.70	
	3040	3" long		20	.400		3.95	10.45		14.40	19.95	
	3060	3-1/2" long		20	.400		4.05	10.45		14.50	20	
	3080	4" long		20	.400		4.15	10.45		14.60	20	
	3100	5" long		20	.400		4.55	10.45		15	21	
	3120	6" long		20	.400		4.85	10.45		15.30	21	
	3140	8" long		20	.400		6.20	10.45		16.65	22	
	3160	10" long		20	.400		7.25	10.45		17.70	24	
	3180	12" long		20	.400		8.15	10.45		18.60	25	
	3200	1-1/2" diameter, close		18	.444		4.95	11.60		16.55	23	
	3220	2" long		18	.444		5	11.60		16.60	23	
	3240	2-1/2" long		18	.444		5.30	11.60		16.90	23	
	3260	3" long		18	.444		5.45	11.60		17.05	23	
	3280	3-1/2" long		18	.444		5.60	11.60		17.20	23	
	3300	4" long		18	.444		5.80	11.60		17.40	24	
	3320	5" long		18	.444		6.20	11.60		17.80	24	
	3340	6" long		18	.444		6.90	11.60		18.50	25	
	3360	8" long		18	.444		8.35	11.60		19.95	27	
	3380	10" long		18	.444		9.40	11.60		21	28	
	3400	12" long		18	.444		9.85	11.60		21.45	28	
	3420	2" diameter, close		16	.500		7	13.05		20.05	27	
	3440	2-1/2" long		16	.500		7.30	13.05		20.35	28	
	3460	3" long		16	.500		7.75	13.05		20.80	28	
	3480	3-1/2" long		16	.500		8.05	13.05		21.10	28	
	3500	4" long		16	.500		8.45	13.05		21.50	29	
	3520	5" long		16	.500		8.85	13.05		21.90	29	
	3540	6" long		16	.500		9.40	13.05		22.45	30	
	3560	8" long		16	.500		11.25	13.05		24.30	32	
	3580	10" long		16	.500		12.55	13.05		25.60	33	
	3600	12" long		16	.500		13.60	13.05		26.65	34	
	3620	2-1/2" diameter, close		13	.615		17	16.05		33.05	43	
	3640	3" long		13	.615		17.45	16.05		33.50	43	
	3660	3-1/2" long		13	.615		18.45	16.05		34.50	44	
	3680	4" long		13	.615		18.75	16.05		34.80	45	
	3700	5" long		13	.615		20	16.05		36.05	46	
	3720	6" long		13	.615		21.15	16.05		37.20	47	
	3740	8" long		13	.615		23.75	16.05		39.80	50	
	3760	10" long		13	.615		25.60	16.05		41.65	52	
	3780	12" long		13	.615		27.95	16.05		44	55	
	3800	3" diameter, close		12	.667		21.10	17.40		38.50	49	
	3820	3" long		12	.667		21.35	17.40		38.75	49	
	3900	3-1/2" long		12	.667		22.05	17.40		39.45	50	
	3920	4" long		12	.667		22.70	17.40		40.10	51	
	3940	5" long		12	.667		24.50	17.40		41.90	53	
	3960	6" long		12	.667		25.55	17.40		42.95	54	
	3980	8" long		12	.667		27.65	17.40		45.05	56	
	4000	10" long		12	.667		30.90	17.40		48.30	60	
	4020	12" long		12	.667		34.60	17.40		52	64	
	4040	3-1/2" diameter, close		10	.800		35.85	21		56.85	71	
	4060	4" long		10	.800		37.10	21		58.10	72	
	4080	5" long		10	.800		38.20	21		59.20	73	
	4100	6" long		10	.800		39.40	21		60.40	75	
	4120	8" long		10	.800		43.80	21		64.80	79	

ELECTRICAL 16

160 | Raceways

		160 200	Conduits	CREW	DAILY OUTPUT	MAN-HOURS	UNIT	MAT.	LABOR	EQUIP.	TOTAL	TOTAL INCL O&P	
220	4140		10" long	1 Elec	10	.800	Ea.	44.90	21		65.90	81	220
	4160		12" long		10	.800		48.45	21		69.45	84	
	4180		4" diameter, close		8	1		43.25	26		69.25	87	
	4200		4" long		8	1		43.70	26		69.70	87	
	4220		5" long		8	1		44.90	26		70.90	88	
	4240		6" long		8	1		47	26		73	91	
	4260		8" long		8	1		49	26		75	93	
	4280		10" long		8	1		55	26		81	99	
	4300		12" long		8	1		58	26		84	105	
	4320		5" diameter, close		6	1.333		85	35		120	145	
	4340		5" long		6	1.333		92	35		127	155	
	4360		6" long		6	1.333		96	35		131	160	
	4380		8" long		6	1.333		98	35		133	160	
	4400		10" long		6	1.333		103	35		138	165	
	4420		12" long		6	1.333		110	35		145	175	
	4440		6" diameter, close		5	1.600		144	42		186	220	
	4460		5" long		5	1.600		151	42		193	230	
	4480		6" long		5	1.600		154	42		196	230	
	4500		8" long		5	1.600		158	42		200	235	
	4520		10" long		5	1.600		168	42		210	245	
	4540		12" long		5	1.600		172	42		214	250	
	4560		Plastic coated, 40 mil thick, 1/2" diameter, 2" long		32	.250		5.90	6.55		12.45	16.25	
	4580		2-1/2" long		32	.250		6.65	6.55		13.20	17.05	
	4600		3" long		32	.250		6.70	6.55		13.25	17.10	
	4680		3-1/2" long		32	.250		7.45	6.55		14	17.95	
	4700		4" long		32	.250		7.60	6.55		14.15	18.10	
	4720		5" long		32	.250		7.65	6.55		14.20	18.15	
	4740		6" long		32	.250		7.90	6.55		14.45	18.45	
	4760		8" long		32	.250		8.20	6.55		14.75	18.75	
	4780		10" long		32	.250		8.45	6.55		15	19.05	
	4800		12" long		32	.250		8.85	6.55		15.40	19.45	
	4820		3/4" diameter, 2" long		26	.308		6.05	8.05		14.10	18.65	
	4840		2-1/2" long		26	.308		7.70	8.05		15.75	20	
	4860		3" long		26	.308		7.90	8.05		15.95	21	
	4880		3-1/2" long		26	.308		8.55	8.05		16.60	21	
	4900		4" long		26	.308		8.80	8.05		16.85	22	
	4920		5" long		26	.308		8.95	8.05		17	22	
	4940		6" long		26	.308		9.10	8.05		17.15	22	
	4960		8" long		26	.308		9.35	8.05		17.40	22	
	4980		10" long		26	.308		9.70	8.05		17.75	23	
	5000		12" long		26	.308		10.10	8.05		18.15	23	
	5020		1" diameter, 2" long		22	.364		7.70	9.50		17.20	23	
	5040		2-1/2" long		22	.364		8.65	9.50		18.15	24	
	5060		3" long		22	.364		8.85	9.50		18.35	24	
	5080		3-1/2" long		22	.364		9.60	9.50		19.10	25	
	5100		4" long		22	.364		9.70	9.50		19.20	25	
	5120		5" long		22	.364		9.90	9.50		19.40	25	
	5140		6" long		22	.364		10.10	9.50		19.60	25	
	5160		8" long		22	.364		10.55	9.50		20.05	26	
	5180		10" long		22	.364		11.50	9.50		21	27	
	5200		12" long		22	.364		12.50	9.50		22	28	
	5220		1-1/4" diameter, 2" long		18	.444		10.10	11.60		21.70	28	
	5240		2-1/2" long		18	.444		10.90	11.60		22.50	29	
	5260		3" long		18	.444		11.15	11.60		22.75	30	
	5280		3-1/2" long		18	.444		11.55	11.60		23.15	30	
	5300		4" long		18	.444		12	11.60		23.60	31	
	5320		5" long		18	.444		12.20	11.60		23.80	31	
	5340		6" long		18	.444		12.70	11.60		24.30	31	

160 | Raceways

160 200 | Conduits

			DAILY	MAN-		1992 BARE COSTS				TOTAL	
		CREW	OUTPUT	HOURS	UNIT	MAT.	LABOR	EQUIP.	TOTAL	INCL O&P	
220	5360	8" long	1 Elec	18	.444	Ea.	12.80	11.60		24.40	31	220
	5380	10" long		18	.444		14.30	11.60		25.90	33	
	5400	12" long		18	.444		16.70	11.60		28.30	36	
	5420	1-1/2" diameter, 2" long		16	.500		11.50	13.05		24.55	32	
	5440	2-1/2" long		16	.500		12.35	13.05		25.40	33	
	5460	3" long		16	.500		12.50	13.05		25.55	33	
	5480	3-1/2" long		16	.500		12.95	13.05		26	34	
	5500	4" long		16	.500		13.55	13.05		26.60	34	
	5520	5" long		16	.500		13.75	13.05		26.80	35	
	5540	6" long		16	.500		15.60	13.05		28.65	37	
	5560	8" long		16	.500		16.65	13.05		29.70	38	
	5580	10" long		16	.500		19.25	13.05		32.30	41	
	5600	12" long		16	.500		22.25	13.05		35.30	44	
	5620	2" diameter, 2-1/2" long		14	.571		16.10	14.90		31	40	
	5640	3" long		14	.571		16.45	14.90		31.35	40	
	5660	3-1/2" long		14	.571		17.45	14.90		32.35	41	
	5680	4" long		14	.571		18.40	14.90		33.30	43	
	5700	5" long		14	.571		18.95	14.90		33.85	43	
	5720	6" long		14	.571		19.50	14.90		34.40	44	
	5740	8" long		14	.571		22.20	14.90		37.10	47	
	5760	10" long		14	.571		25.60	14.90		40.50	50	
	5780	12" long		14	.571		29.45	14.90		44.35	55	
	5800	2-1/2" diameter, 3-1/2" long		12	.667		30.75	17.40		48.15	60	
	5820	4" long		12	.667		31.55	17.40		48.95	61	
	5840	5" long		12	.667		35.85	17.40		53.25	65	
	5860	6" long		12	.667		37	17.40		54.40	67	
	5880	8" long		12	.667		41.70	17.40		59.10	72	
	5900	10" long		12	.667		46	17.40		63.40	77	
	5920	12" long		12	.667		51	17.40		68.40	82	
	5940	3" diameter, 3-1/2" long		11	.727		35.65	19		54.65	68	
	5960	4" long		11	.727		37	19		56	69	
	5980	5" long		11	.727		39	19		58	71	
	6000	6" long		11	.727		44	19		63	77	
	6020	8" long		11	.727		48	19		67	81	
	6040	10" long		11	.727		57	19		76	91	
	6060	12" long		11	.727		65	19		84	100	
	6080	3-1/2" diameter, 4" long		9	.889		49	23		72	89	
	6100	5" long		9	.889		50	23		73	90	
	6120	6" long		9	.889		54	23		77	94	
	6140	8" long		9	.889		62	23		85	105	
	6160	10" long		9	.889		69	23		92	110	
	6180	12" long		9	.889		75	23		98	115	
	6200	4" diameter, 4" long		7.50	1.067		59	28		87	105	
	6220	5" long		7.50	1.067		60	28		88	110	
	6240	6" long		7.50	1.067		64	28		92	110	
	6260	8" long		7.50	1.067		70	28		98	120	
	6280	10" long		7.50	1.067		84	28		112	135	
	6300	12" long		7.50	1.067		89	28		117	140	
	6320	5" diameter, 5" long		5.50	1.455		122	38		160	190	
	6340	6" long		5.50	1.455		128	38		166	195	
	6360	8" long		5.50	1.455		134	38		172	205	
	6380	10" long		5.50	1.455		141	38		179	210	
	6400	12" long		5.50	1.455		147	38		185	220	
	6420	6" diameter, 5" long		4.50	1.778		176	46		222	265	
	6440	6" long		4.50	1.778		187	46		233	275	
	6460	8" long		4.50	1.778		192	46		238	280	
	6480	10" long		4.50	1.778		206	46		252	295	
	6500	12" long		4.50	1.778		216	46		262	305	

ELECTRICAL 16

160 | Raceways

160 200 | Conduits

			CREW	DAILY OUTPUT	MAN-HOURS	UNIT	1992 BARE COSTS MAT.	LABOR	EQUIP.	TOTAL	TOTAL INCL O&P	
230	0010	**CONDUIT IN CONCRETE SLAB** Including terminations,	R160 -230									230
	0020	fittings and supports										
	3230	PVC, schedule 40, 1/2" diameter		1 Elec	270	.030	L.F.	.34	.77		1.11	1.53
	3250	3/4" diameter			230	.035		.35	.91		1.26	1.74
	3270	1" diameter			200	.040		.49	1.04		1.53	2.10
	3300	1-1/4" diameter			170	.047		.65	1.23		1.88	2.55
	3330	1-1/2" diameter			140	.057		.81	1.49		2.30	3.12
	3350	2" diameter			120	.067		1.07	1.74		2.81	3.77
	3370	2-1/2" diameter			90	.089		1.75	2.32		4.07	5.40
	3400	3" diameter			80	.100		2.40	2.61		5.01	6.55
	3430	3-1/2" diameter			60	.133		3	3.48		6.48	8.50
	3440	4" diameter			50	.160		3.55	4.18		7.73	10.15
	3450	5" diameter			40	.200		5.15	5.20		10.35	13.45
	3460	6" diameter			30	.267	▼	6.50	6.95		13.45	17.55
	3530	Sweeps, 1" diameter, 30" radius			32	.250	Ea.	4.70	6.55		11.25	14.90
	3550	1-1/4" diameter			24	.333		6.85	8.70		15.55	21
	3570	1-1/2" diameter			21	.381		7.10	9.95		17.05	23
	3600	2" diameter			18	.444		9.30	11.60		20.90	28
	3630	2-1/2" diameter			14	.571		13.20	14.90		28.10	37
	3650	3" diameter			10	.800		20.50	21		41.50	54
	3670	3-1/2" diameter			8	1		22	26		48	63
	3700	4" diameter			7	1.143		31	30		61	79
	3710	5" diameter		▼	6	1.333		46	35		81	105
	3730	Couplings, 1/2" diameter						.21			.21	.23
	3750	3/4" diameter						.25			.25	.28
	3770	1" diameter						.40			.40	.44
	3800	1-1/4" diameter						.55			.55	.61
	3830	1-1/2" diameter						.70			.70	.77
	3850	2" diameter						.97			.97	1.07
	3870	2-1/2" diameter						1.75			1.75	1.93
	3900	3" diameter						2.75			2.75	3.03
	3930	3-1/2" diameter						3.10			3.10	3.41
	3950	4" diameter						4.25			4.25	4.68
	3960	5" diameter						10.55			10.55	11.60
	3970	6" diameter						13.50			13.50	14.85
	4030	End bells 1" diameter, PVC		1 Elec	60	.133		1.42	3.48		4.90	6.75
	4050	1-1/4" diameter			53	.151		1.70	3.94		5.64	7.75
	4100	1-1/2" diameter			48	.167		1.70	4.35		6.05	8.35
	4150	2" diameter			34	.235		2.65	6.15		8.80	12.10
	4170	2-1/2" diameter			27	.296		2.80	7.75		10.55	14.60
	4200	3" diameter			20	.400		3.10	10.45		13.55	19
	4250	3-1/2" diameter			16	.500		3.40	13.05		16.45	23
	4300	4" diameter			14	.571		3.70	14.90		18.60	26
	4310	5" diameter			12	.667		5.70	17.40		23.10	32
	4320	6" diameter			9	.889	▼	6.25	23		29.25	42
	4350	Rigid galvanized steel, 1/2" diameter			200	.040	L.F.	1.05	1.04		2.09	2.71
	4400	3/4" diameter			170	.047		1.30	1.23		2.53	3.26
	4450	1" diameter			130	.062		1.85	1.61		3.46	4.43
	4500	1-1/4" diameter			110	.073		2.35	1.90		4.25	5.40
	4600	1-1/2" diameter			100	.080		2.90	2.09		4.99	6.30
	4800	2" diameter		▼	90	.089	▼	3.70	2.32		6.02	7.55
240	0010	**CONDUIT IN TRENCH** Includes terminations and fittings	R160 -240									240
	0020	Does not include excavation or backfill, see div. 022-200										
	0200	Rigid galvanized steel, 2" diameter		1 Elec	150	.053	L.F.	3.65	1.39		5.04	6.10
	0400	2-1/2" diameter			100	.080		6.10	2.09		8.19	9.85
	0600	3" diameter			80	.100		7.70	2.61		10.31	12.35
	0800	3-1/2" diameter		▼	70	.114	▼	10.05	2.98		13.03	15.50

160 | Raceways

160 200 | Conduits

			CREW	DAILY OUTPUT	MAN-HOURS	UNIT	1992 BARE COSTS MAT.	LABOR	EQUIP.	TOTAL	TOTAL INCL O&P	
240	1000	4" diameter	1 Elec	50	.160	L.F.	12.40	4.18		16.58	19.85	240
	1200	5" diameter		40	.200		25.15	5.20		30.35	35	
	1400	6" diameter	↓	30	.267	↓	36	6.95		42.95	50	
250	0010	**CONDUIT FITTINGS** For RGS										250
	0050	Standard, locknuts, 1/2" diameter				Ea.	.12			.12	.13	
	0100	3/4" diameter					.18			.18	.20	
	0300	1" diameter					.31			.31	.34	
	0500	1-1/4" diameter					.41			.41	.45	
	0700	1-1/2" diameter					.63			.63	.69	
	1000	2" diameter					.91			.91	1	
	1030	2-1/2" diameter					2.20			2.20	2.42	
	1050	3" diameter					2.80			2.80	3.08	
	1070	3-1/2" diameter					4.90			4.90	5.40	
	1100	4" diameter					6.05			6.05	6.65	
	1110	5" diameter					12.85			12.85	14.15	
	1120	6" diameter					22			22	24	
	1130	Bushings, plastic, 1/2" diameter	1 Elec	40	.200		.12	5.20		5.32	7.90	
	1150	3/4" diameter		32	.250		.18	6.55		6.73	9.95	
	1170	1" diameter		28	.286		.31	7.45		7.76	11.45	
	1200	1-1/4" diameter		24	.333		.43	8.70		9.13	13.45	
	1230	1-1/2" diameter		18	.444		.59	11.60		12.19	17.95	
	1250	2" diameter		15	.533		1.05	13.90		14.95	22	
	1270	2-1/2" diameter		13	.615		2.25	16.05		18.30	26	
	1300	3" diameter		12	.667		2.60	17.40		20	29	
	1330	3-1/2" diameter		11	.727		3.15	19		22.15	32	
	1350	4" diameter		9	.889		3.90	23		26.90	39	
	1360	5" diameter		7	1.143		8.55	30		38.55	54	
	1370	6" diameter		5	1.600		16.40	42		58.40	80	
	1390	Steel, 1/2" diameter		40	.200		.21	5.20		5.41	8	
	1400	3/4" diameter		32	.250		.29	6.55		6.84	10.05	
	1430	1" diameter		28	.286		.47	7.45		7.92	11.65	
	1450	Steel, insulated, 1-1/4" diameter		24	.333		2.60	8.70		11.30	15.85	
	1470	1-1/2" diameter		18	.444		3.30	11.60		14.90	21	
	1500	2" diameter		15	.533		4.55	13.90		18.45	26	
	1530	2-1/2" diameter		13	.615		8.55	16.05		24.60	33	
	1550	3" diameter		12	.667		11.40	17.40		28.80	39	
	1570	3-1/2" diameter		11	.727		15.30	19		34.30	45	
	1600	4" diameter		9	.889		19	23		42	56	
	1610	5" diameter		7	1.143		40.50	30		70.50	89	
	1620	6" diameter		5	1.600		64	42		106	135	
	1630	Sealing locknuts, 1/2" diameter		40	.200		.65	5.20		5.85	8.50	
	1650	3/4" diameter		32	.250		.75	6.55		7.30	10.55	
	1670	1" diameter		28	.286		1.15	7.45		8.60	12.40	
	1700	1-1/4" diameter		24	.333		1.85	8.70		10.55	15	
	1730	1-1/2" diameter		18	.444		2.35	11.60		13.95	19.90	
	1750	2" diameter		15	.533		2.95	13.90		16.85	24	
	1760	Grounding bushing, insulated, 1/2" diameter		32	.250		2.35	6.55		8.90	12.30	
	1770	3/4" diameter		28	.286		2.95	7.45		10.40	14.35	
	1780	1" diameter		20	.400		3.35	10.45		13.80	19.25	
	1800	1-1/4" diameter		18	.444		4.20	11.60		15.80	22	
	1830	1-1/2" diameter		16	.500		4.55	13.05		17.60	24	
	1850	2" diameter		13	.615		6.05	16.05		22.10	31	
	1870	2-1/2" diameter		12	.667		10.05	17.40		27.45	37	
	1900	3" diameter		11	.727		13.10	19		32.10	43	
	1930	3-1/2" diameter		9	.889		16.15	23		39.15	52	
	1950	4" diameter		8	1		19.90	26		45.90	61	
	1960	5" diameter		6	1.333	↓	38.60	35		73.60	94	

160 | Raceways

160 200 | Conduits

		CREW	DAILY OUTPUT	MAN-HOURS	UNIT	1992 BARE COSTS MAT.	LABOR	EQUIP.	TOTAL	TOTAL INCL O&P
1970	6" diameter	1 Elec	4	2	Ea.	58	52		110	140
1990	Coupling with set screw, 1/2" diameter		50	.160		1.70	4.18		5.88	8.10
2000	3/4" diameter		40	.200		2.60	5.20		7.80	10.65
2030	1" diameter		35	.229		4.20	5.95		10.15	13.50
2050	1-1/4" diameter		28	.286		6.60	7.45		14.05	18.40
2070	1-1/2" diameter		23	.348		8.40	9.10		17.50	23
2090	2" diameter		20	.400		18.90	10.45		29.35	36
2100	2-1/2" diameter		18	.444		37.40	11.60		49	58
2110	3" diameter		15	.533		45.10	13.90		59	70
2120	3-1/2" diameter		12	.667		64	17.40		81.40	96
2130	4" diameter		10	.800		84	21		105	125
2140	5" diameter		9	.889		165	23		188	215
2150	6" diameter		8	1		200	26		226	260
2160	Box connector, with set screw, plain 1/2" diameter		70	.114		1.35	2.98		4.33	5.95
2170	3/4" diameter		60	.133		1.90	3.48		5.38	7.30
2180	1" diameter		50	.160		3.25	4.18		7.43	9.80
2190	Insulated, 1-1/4" diameter		40	.200		5.60	5.20		10.80	13.95
2200	1-1/2" diameter		30	.267		8.10	6.95		15.05	19.30
2210	2" diameter		20	.400		16.20	10.45		26.65	33
2220	2-1/2" diameter		18	.444		42.50	11.60		54.10	64
2230	3" diameter		15	.533		50	13.90		63.90	76
2240	3-1/2" diameter		12	.667		71	17.40		88.40	105
2250	4" diameter		10	.800		88	21		109	130
2260	5" diameter		9	.889		175	23		198	225
2270	6" diameter		8	1		210	26		236	270
2280	LB, LR or LL fittings & covers, 1/2" diameter		16	.500		5.10	13.05		18.15	25
2290	3/4" diameter		13	.615		6.20	16.05		22.25	31
2300	1" diameter		11	.727		8.80	19		27.80	38
2330	1-1/4" diameter		8	1		14.20	26		40.20	55
2350	1-1/2" diameter		6	1.333		17.85	35		52.85	72
2370	2" diameter		5	1.600		29.65	42		71.65	95
2380	2-1/2" diameter		4	2		60	52		112	145
2390	3" diameter		3.50	2.286		78	60		138	175
2400	3-1/2" diameter		3	2.667		137	70		207	255
2410	4" diameter		2.50	3.200		150	84		234	290
2420	T fittings with cover, 1/2" diameter		12	.667		5.95	17.40		23.35	33
2430	3/4" diameter		11	.727		7.15	19		26.15	36
2440	1" diameter		9	.889		10.60	23		33.60	46
2450	1-1/4" diameter		6	1.333		14.90	35		49.90	68
2470	1-1/2" diameter		5	1.600		19.10	42		61.10	83
2500	2" diameter		4	2		30	52		82	110
2510	2-1/2" diameter		3.50	2.286		65	60		125	160
2520	3" diameter		3	2.667		82	70		152	195
2530	3-1/2" diameter		2.50	3.200		145	84		229	285
2540	4" diameter		2	4		160	105		265	330
2550	Nipples, chase, plain, 1/2" diameter		40	.200		.32	5.20		5.52	8.15
2560	3/4" diameter		32	.250		.44	6.55		6.99	10.20
2570	1" diameter		28	.286		.91	7.45		8.36	12.15
2600	Insulated, 1-1/4" diameter		24	.333		3.30	8.70		12	16.60
2630	1-1/2" diameter		18	.444		4.45	11.60		16.05	22
2650	2" diameter		15	.533		6.80	13.90		20.70	28
2660	2-1/2" diameter		12	.667		17.50	17.40		34.90	45
2670	3" diameter		10	.800		18.40	21		39.40	51
2680	3-1/2" diameter		9	.889		27	23		50	64
2690	4" diameter		8	1		41	26		67	84
2700	5" diameter		7	1.143		120	30		150	175
2710	6" diameter		6	1.333		185	35		220	255
2720	Nipples, offset, plain, 1/2" diameter		40	.200		1.95	5.20		7.15	9.95

160 | Raceways

160 200 | Conduits

			CREW	DAILY OUTPUT	MAN-HOURS	UNIT	1992 BARE COSTS MAT.	LABOR	EQUIP.	TOTAL	TOTAL INCL O&P	
250	2730	3/4" diameter	1 Elec	32	.250	Ea.	2.20	6.55		8.75	12.15	250
	2740	1" diameter		24	.333		2.65	8.70		11.35	15.90	
	2750	Insulated, 1-1/4" diameter		20	.400		12.60	10.45		23.05	29	
	2760	1-1/2" diameter		18	.444		15.55	11.60		27.15	34	
	2770	2" diameter		16	.500		24.40	13.05		37.45	46	
	2780	3" diameter		14	.571		52	14.90		66.90	79	
	2850	Coupling, expansion, 1/2" diameter		12	.667		22.10	17.40		39.50	50	
	2880	3/4" diameter		10	.800		24.65	21		45.65	58	
	2900	1" diameter		8	1		30.45	26		56.45	72	
	2920	1-1/4" diameter		6.40	1.250		41.10	33		74.10	94	
	2940	1-1/2" diameter		5.30	1.509		56.50	39		95.50	120	
	2960	2" diameter		4.60	1.739		84	45		129	160	
	2980	2-1/2" diameter		3.60	2.222		133	58		191	235	
	3000	3" diameter		3	2.667		164	70		234	285	
	3020	3-1/2" diameter		2.80	2.857		200	75		275	330	
	3040	4" diameter		2.40	3.333		225	87		312	375	
	3060	5" diameter		2	4		380	105		485	575	
	3080	6" diameter		1.80	4.444		695	115		810	940	
	3100	Expansion deflection, 1/2" diameter		12	.667		73	17.40		90.40	105	
	3120	3/4" diameter		12	.667		77	17.40		94.40	110	
	3140	1" diameter		10	.800		89	21		110	130	
	3160	1-1/4" diameter		6.40	1.250		102	33		135	160	
	3180	1-1/2" diameter		5.30	1.509		116	39		155	185	
	3200	2" diameter		4.60	1.739		148	45		193	230	
	3220	2-1/2" diameter		3.60	2.222		195	58		253	300	
	3240	3" diameter		3	2.667		250	70		320	380	
	3260	3-1/2" diameter		2.80	2.857		295	75		370	435	
	3280	4" diameter		2.40	3.333		350	87		437	515	
	3300	5" diameter		2	4		540	105		645	750	
	3320	6" diameter		1.80	4.444		890	115		1,005	1,150	
	3340	Ericson, 1/2" diameter		16	.500		1.90	13.05		14.95	22	
	3360	3/4" diameter		14	.571		2.40	14.90		17.30	25	
	3380	1" diameter		11	.727		4.65	19		23.65	33	
	3400	1-1/4" diameter		8	1		8.90	26		34.90	49	
	3420	1-1/2" diameter		7	1.143		11.10	30		41.10	57	
	3440	2" diameter		5	1.600		22.10	42		64.10	87	
	3460	2-1/2" diameter		4	2		48	52		100	130	
	3480	3" diameter		3.50	2.286		71	60		131	165	
	3500	3-1/2" diameter		3	2.667		115	70		185	230	
	3520	4" diameter		2.70	2.963		137	77		214	265	
	3540	5" diameter		2.50	3.200		275	84		359	425	
	3560	6" diameter		2.30	3.478		370	91		461	540	
	3580	Split, 1/2" diameter		32	.250		1.80	6.55		8.35	11.70	
	3600	3/4" diameter		27	.296		2.30	7.75		10.05	14.05	
	3620	1" diameter		20	.400		3.15	10.45		13.60	19.05	
	3640	1-1/4" diameter		16	.500		6.40	13.05		19.45	27	
	3660	1-1/2" diameter		14	.571		8.05	14.90		22.95	31	
	3680	2" diameter		12	.667		16.20	17.40		33.60	44	
	3700	2-1/2" diameter		10	.800		36.90	21		57.90	72	
	3720	3" diameter		9	.889		56	23		79	96	
	3740	3-1/2" diameter		8	1		90	26		116	140	
	3760	4" diameter		7	1.143		106	30		136	160	
	3780	5" diameter		6	1.333		167	35		202	235	
	3800	6" diameter		5	1.600		223	42		265	310	
	4600	Reducing bushings, 3/4" to 1/2" diameter		54	.148		.56	3.87		4.43	6.40	
	4620	1" to 3/4" diameter		46	.174		.87	4.54		5.41	7.75	
	4640	1-1/4" to 1" diameter		40	.200		1.85	5.20		7.05	9.85	
	4660	1-1/2" to 1-1/4" diameter		36	.222		2.30	5.80		8.10	11.20	

16 ELECTRICAL

160 | Raceways

160 200 | Conduits

		CREW	DAILY OUTPUT	MAN-HOURS	UNIT	1992 BARE COSTS MAT.	LABOR	EQUIP.	TOTAL	TOTAL INCL O&P	
250	4680	2" to 1-1/2" diameter	1 Elec	32	.250	Ea.	5.20	6.55		11.75	15.45	250
	4740	2-1/2" to 2"		30	.267		8.15	6.95		15.10	19.35	
	4760	3" to 2-1/2"		28	.286		9.70	7.45		17.15	22	
	4800	Through-wall seal, 1/2" diameter		8	1		95	26		121	145	
	4820	3/4" diameter		7.50	1.067		95	28		123	145	
	4840	1" diameter		6.50	1.231		95	32		127	150	
	4860	1-1/4" diameter		5.50	1.455		150	38		188	220	
	4880	1-1/2" diameter		5	1.600		150	42		192	225	
	4900	2" diameter		4.20	1.905		150	50		200	240	
	4920	2-1/2" diameter		3.50	2.286		185	60		245	295	
	4940	3" diameter		3	2.667		185	70		255	305	
	4960	3-1/2" diameter		2.50	3.200		290	84		374	445	
	4980	4" diameter		2	4		290	105		395	475	
	5000	5" diameter		1.50	5.333		430	140		570	680	
	5020	6" diameter		1	8		430	210		640	785	
	5100	Cable supports for 2 or more wires										
	5120	1-1/2" diameter	1 Elec	8	1	Ea.	32	26		58	74	
	5140	2" diameter		6	1.333		46	35		81	105	
	5160	2-1/2" diameter		4	2		53	52		105	135	
	5180	3" diameter		3.50	2.286		69	60		129	165	
	5200	3-1/2" diameter		2.60	3.077		93	80		173	220	
	5220	4" diameter		2	4		115	105		220	280	
	5240	5" diameter		1.50	5.333		215	140		355	445	
	5260	6" diameter		1	8		360	210		570	710	
	5280	Service entrance cap, 1/2" diameter		16	.500		4.60	13.05		17.65	25	
	5300	3/4" diameter		13	.615		5.30	16.05		21.35	30	
	5320	1" diameter		10	.800		6.65	21		27.65	38	
	5340	1-1/4" diameter		8	1		8.45	26		34.45	48	
	5360	1-1/2" diameter		6.50	1.231		12.70	32		44.70	62	
	5380	2" diameter		5.50	1.455		22.15	38		60.15	81	
	5400	2-1/2" diameter		4	2		76	52		128	160	
	5420	3" diameter		3.40	2.353		111	61		172	215	
	5440	3-1/2" diameter		3	2.667		147	70		217	265	
	5460	4" diameter		2.70	2.963		184	77		261	320	
	5600	Fire stop fittings, to 3/4" diameter		24	.333		53	8.70		61.70	71	
	5610	1" diameter		22	.364		64	9.50		73.50	85	
	5620	1-1/2" diameter		20	.400		80	10.45		90.45	105	
	5640	2" diameter		16	.500		125	13.05		138.05	155	
	5660	3" diameter		12	.667		155	17.40		172.40	195	
	5680	4" diameter		10	.800		205	21		226	255	
	5700	6" diameter		8	1		360	26		386	435	
	5750	90° pull elbows, steel, female, 1/2" diameter		16	.500		3.90	13.05		16.95	24	
	5760	3/4" diameter		13	.615		4.55	16.05		20.60	29	
	5780	1" diameter		11	.727		7.65	19		26.65	37	
	5800	1-1/4" diameter		8	1		10.40	26		36.40	50	
	5820	1-1/2" diameter		6	1.333		17.50	35		52.50	71	
	5840	2" diameter		5	1.600		28.50	42		70.50	94	
	6000	Explosion proof, flexible coupling										
	6010	1/2" diameter, 4" long	1 Elec	12	.667	Ea.	53	17.40		70.40	84	
	6020	6" long		12	.667		59	17.40		76.40	91	
	6050	12" long		12	.667		73	17.40		90.40	105	
	6070	18" long		12	.667		91	17.40		108.40	125	
	6090	24" long		12	.667		105	17.40		122.40	140	
	6110	30" long		12	.667		123	17.40		140.40	160	
	6130	36" long		12	.667		140	17.40		157.40	180	
	6140	3/4" diameter, 4" long		10	.800		64	21		85	100	
	6150	6" long		10	.800		72	21		93	110	
	6180	12" long		10	.800		93	21		114	135	

160 | Raceways

		160 200	Conduits		CREW	DAILY OUTPUT	MAN-HOURS	UNIT	1992 BARE COSTS MAT.	LABOR	EQUIP.	TOTAL	TOTAL INCL O&P	
250	6200		18" long		1 Elec	10	.800	Ea.	116	21		137	160	250
	6220		24" long			10	.800		140	21		161	185	
	6240		30" long			10	.800		165	21		186	215	
	6260		36" long			10	.800		187	21		208	235	
	6270		1" diameter, 6" long			8	1		127	26		153	180	
	6300		12" long			8	1		160	26		186	215	
	6320		18" long			8	1		195	26		221	255	
	6340		24" long			8	1		225	26		251	285	
	6360		30" long			8	1		260	26		286	325	
	6380		36" long			8	1		290	26		316	360	
	6390		1-1/4" diameter, 12" long			6.40	1.250		240	33		273	315	
	6410		18" long			6.40	1.250		280	33		313	355	
	6430		24" long			6.40	1.250		325	33		358	405	
	6450		30" long			6.40	1.250		365	33		398	450	
	6470		36" long			6.40	1.250		405	33		438	495	
	6480		1-1/2" diameter, 12" long			5.30	1.509		325	39		364	415	
	6500		18" long			5.30	1.509		380	39		419	475	
	6520		24" long			5.30	1.509		430	39		469	530	
	6540		30" long			5.30	1.509		480	39		519	585	
	6560		36" long			5.30	1.509		540	39		579	655	
	6570		2" diameter, 12" long			4.60	1.739		420	45		465	530	
	6590		18" long			4.60	1.739		490	45		535	605	
	6610		24" long			4.60	1.739		545	45		590	665	
	6630		30" long			4.60	1.739		620	45		665	750	
	6650		36" long			4.60	1.739		690	45		735	825	
	7000		Close up plug, 1/2" diameter, explosion proof			40	.200		1.05	5.20		6.25	8.95	
	7010		3/4" diameter			32	.250		1.20	6.55		7.75	11.05	
	7020		1" diameter			28	.286		1.45	7.45		8.90	12.70	
	7030		1-1/4" diameter			24	.333		1.54	8.70		10.24	14.70	
	7040		1-1/2" diameter			18	.444		2.25	11.60		13.85	19.80	
	7050		2" diameter			15	.533		3.75	13.90		17.65	25	
	7060		2-1/2" diameter			13	.615		5.90	16.05		21.95	30	
	7070		3" diameter			12	.667		8.65	17.40		26.05	35	
	7080		3-1/2" diameter			11	.727		10	19		29	39	
	7090		4" diameter			9	.889		12.80	23		35.80	49	
	7091		Elbow, female, 45°, 1/2"			16	.500		4.55	13.05		17.60	24	
	7092		3/4"			13	.615		4.95	16.05		21	29	
	7093		1"			11	.727		6.60	19		25.60	36	
	7094		1-1/4"			8	1		9.80	26		35.80	50	
	7095		1-1/2"			6	1.333		10.45	35		45.45	63	
	7096		2"			5	1.600		13	42		55	77	
	7097		2-1/2"			4.50	1.778		35	46		81	110	
	7098		3"			4.20	1.905		38	50		88	115	
	7099		3-1/2"			4	2		57	52		109	140	
	7100		4"			3.80	2.105		70	55		125	160	
	7101		90°, 1/2"			16	.500		4.35	13.05		17.40	24	
	7102		3/4"			13	.615		4.75	16.05		20.80	29	
	7103		1"			11	.727		6.40	19		25.40	35	
	7104		1-1/4"			8	1		9.95	26		35.95	50	
	7105		1-1/2"			6	1.333		17	35		52	71	
	7106		2"			5	1.600		28.50	42		70.50	94	
	7107		2-1/2"			4.50	1.778		51.50	46		97.50	125	
	7110		Elbows, 90° long, male & female, 1/2" diameter, explosion proof			16	.500		5.35	13.05		18.40	25	
	7120		3/4" diameter			13	.615		5.50	16.05		21.55	30	
	7130		1" diameter			11	.727		7.80	19		26.80	37	
	7140		1-1/4" diameter			8	1		12	26		38	52	
	7150		1-1/2" diameter			6	1.333		18	35		53	72	
	7160		2" diameter			5	1.600		27	42		69	92	

160 | Raceways

160 200 | Conduits

			CREW	DAILY OUTPUT	MAN-HOURS	UNIT	1992 BARE COSTS MAT.	LABOR	EQUIP.	TOTAL	TOTAL INCL O&P	
250	7170	Capped elbow, 1/2" diameter, explosion proof	1 Elec	11	.727	Ea.	6.45	19		25.45	35	250
	7180	3/4" diameter		8	1		7.05	26		33.05	47	
	7190	1" diameter		6	1.333		10	35		45	63	
	7200	1-1/4" diameter		5	1.600		18.70	42		60.70	83	
	7210	Pulling elbow, 1/2" diameter, explosion proof		11	.727		29.50	19		48.50	61	
	7220	3/4" diameter		8	1		30.65	26		56.65	73	
	7230	1" diameter		6	1.333		80	35		115	140	
	7240	1-1/4" diameter		5	1.600		90	42		132	160	
	7250	1-1/2" diameter		5	1.600		120	42		162	195	
	7260	2" diameter		4	2		125	52		177	215	
	7270	2-1/2" diameter		3.50	2.286		260	60		320	375	
	7280	3" diameter		3	2.667		265	70		335	395	
	7290	3-1/2" diameter		2.50	3.200		490	84		574	665	
	7300	4" diameter		2.20	3.636		500	95		595	690	
	7310	LB conduit body, 1/2" diameter		11	.727		18.35	19		37.35	49	
	7320	3/4" diameter		8	1		20.80	26		46.80	62	
	7330	T conduit body, 1/2" diameter		9	.889		19.60	23		42.60	56	
	7340	3/4" diameter		6	1.333		22	35		57	76	
	7350	Explosionproof, round box w/cover, 3 threaded hubs, 1/2"		8	1		17.80	26		43.80	59	
	7351	3/4"		8	1		19.60	26		45.60	61	
	7352	1"		7.50	1.067		23.80	28		51.80	68	
	7353	1-1/4"		7	1.143		40	30		70	89	
	7354	1-1/2"		7	1.143		82	30		112	135	
	7355	2"		6	1.333		84.50	35		119.50	145	
	7356	Round box w/cover & mtng flange, 3 threaded hubs, 1/2"		8	1		28.50	26		54.50	70	
	7357	3/4"		8	1		29.50	26		55.50	71	
	7358	4 threaded hubs, 1"		7	1.143		33.40	30		63.40	81	
	7400	Unions, 1/2" diameter, explosion proof		20	.400		4.20	10.45		14.65	20	
	7410	3/4" - 1/2" diameter		16	.500		5.60	13.05		18.65	26	
	7420	3/4" diameter		16	.500		5.40	13.05		18.45	25	
	7430	1" diameter		14	.571		10.25	14.90		25.15	34	
	7440	1-1/4" diameter		12	.667		15.30	17.40		32.70	43	
	7450	1-1/2" diameter		10	.800		19.60	21		40.60	53	
	7460	2" diameter		8.50	.941		25.65	25		50.65	65	
	7480	2-1/2" diameter		8	1		36.75	26		62.75	79	
	7490	3" diameter		7	1.143		52	30		82	100	
	7500	3-1/2" diameter		6	1.333		78	35		113	140	
	7510	4" diameter		5	1.600		89	42		131	160	
	7680	Reducer, 3/4" to 1/2"		54	.148		.95	3.87		4.82	6.80	
	7690	1" to 1/2"		46	.174		.99	4.54		5.53	7.85	
	7700	1" to 3/4"		46	.174		1.02	4.54		5.56	7.90	
	7710	1 1/4" to 3/4"		40	.200		1.95	5.20		7.15	9.95	
	7720	1 1/4" to 1"		40	.200		1.95	5.20		7.15	9.95	
	7730	1 1/2" to 1"		36	.222		2.58	5.80		8.38	11.50	
	7740	1 1/2" to 1-1/4"		36	.222		2.65	5.80		8.45	11.55	
	7750	2" to 3/4"		32	.250		5.45	6.55		12	15.75	
	7760	2" to 1-1/4"		32	.250		5.45	6.55		12	15.75	
	7770	2" to 1-1/2"		32	.250		5.45	6.55		12	15.75	
	7780	2-1/2" to 1-1/2"		30	.267		6.90	6.95		13.85	18	
	7790	3" to 2"		30	.267		9.20	6.95		16.15	21	
	7800	3-1/2" to 2-1/2"		28	.286		16.05	7.45		23.50	29	
	7810	4" to 3"		28	.286		17.45	7.45		24.90	30	
	7820	Sealing fitting, vertical/horizontal, 1/2"		12	.667		7.45	17.40		24.85	34	
	7830	3/4"		10	.800		8.70	21		29.70	41	
	7840	1"		8	1		11.25	26		37.25	51	
	7850	1-1/4"		7	1.143		13.45	30		43.45	59	
	7860	1-1/2"		6	1.333		20.50	35		55.50	74	
	7870	2"		5	1.600		26.60	42		68.60	92	

160 | Raceways

160 200 | Conduits

			CREW	DAILY OUTPUT	MAN-HOURS	UNIT	1992 BARE COSTS MAT.	LABOR	EQUIP.	TOTAL	TOTAL INCL O&P	
250	7880	2-1/2"	1 Elec	4.50	1.778	Ea.	40	46		86	115	250
	7890	3"		4	2		50	52		102	135	
	7900	3-1/2"		3.50	2.286		138	60		198	240	
	7910	4"		3	2.667		205	70		275	330	
	7920	Sealing hubs, 1" by 1-1/2"		12	.667		6.05	17.40		23.45	33	
	7930	1-1/4" by 2"		10	.800		7.85	21		28.85	40	
	7940	1-1/2" by 2"		9	.889		18.25	23		41.25	55	
	7950	2" by 2-1/2"		8	1		24.75	26		50.75	66	
	7960	3" by 4"		7	1.143		42.90	30		72.90	92	
	7970	4" by 5"		6	1.333		85	35		120	145	
	7980	Drain, 1/2"		32	.250		13.50	6.55		20.05	25	
	7990	Breather, 1/2"		32	.250		13.50	6.55		20.05	25	
	8000	Plastic coated 40 mil thick										
	8010	LB, LR or LL conduit body w/cover, 1/2" diameter	1 Elec	13	.615	Ea.	21.45	16.05		37.50	48	
	8020	3/4" diameter		11	.727		23	19		42	54	
	8030	1" diameter		8	1		31.35	26		57.35	73	
	8040	1-1/4" diameter		6	1.333		45.50	35		80.50	100	
	8050	1-1/2" diameter		5	1.600		55	42		97	125	
	8060	2" diameter		4.50	1.778		81	46		127	160	
	8070	2-1/2" diameter		4	2		143	52		195	235	
	8080	3" diameter		3.50	2.286		180	60		240	285	
	8090	3-1/2" diameter		3	2.667		260	70		330	390	
	8100	4" diameter		2.50	3.200		295	84		379	450	
	8150	T conduit body with cover, 1/2" diameter		11	.727		24.30	19		43.30	55	
	8160	3/4" diameter		9	.889		27.50	23		50.50	65	
	8170	1" diameter		6	1.333		36	35		71	92	
	8180	1-1/4" diameter		5	1.600		51	42		93	120	
	8190	1-1/2" diameter		4.50	1.778		65	46		111	140	
	8200	2" diameter		4	2		93	52		145	180	
	8210	2-1/2" diameter		3.50	2.286		150	60		210	255	
	8220	3" diameter		3	2.667		200	70		270	325	
	8230	3-1/2" diameter		2.50	3.200		290	84		374	445	
	8240	4" diameter		2	4		315	105		420	500	
	8300	FS conduit body, 1 gang, 3/4" diameter		11	.727		8.35	19		27.35	38	
	8310	1" diameter		10	.800		10.85	21		31.85	43	
	8350	2 gang, 3/4" diameter		9	.889		15.45	23		38.45	52	
	8360	1" diameter		8	1		17.80	26		43.80	59	
	8400	Duplex receptacle cover		64	.125		14.20	3.26		17.46	20	
	8410	Switch cover		64	.125		17.55	3.26		20.81	24	
	8420	Switch, vaportight cover		53	.151		52	3.94		55.94	63	
	8430	Blank, cover		64	.125		9.65	3.26		12.91	15.50	
	8520	FSC conduit body, 1 gang, 3/4" diameter		10	.800		10.10	21		31.10	42	
	8530	1" diameter		9	.889		14.30	23		37.30	50	
	8550	2 gang, 3/4" diameter		8	1		16.60	26		42.60	57	
	8560	1" diameter		7	1.143		20.90	30		50.90	68	
	8590	Conduit hubs, 1/2" diameter		18	.444		16	11.60		27.60	35	
	8600	3/4" diameter		16	.500		17.85	13.05		30.90	39	
	8610	1" diameter		14	.571		22.80	14.90		37.70	47	
	8620	1-1/4" diameter		12	.667		26.30	17.40		43.70	55	
	8630	1-1/2" diameter		10	.800		30	21		51	64	
	8640	2" diameter		8.80	.909		43.45	24		67.45	83	
	8650	2-1/2" diameter		8.50	.941		68	25		93	110	
	8660	3" diameter		8	1		87	26		113	135	
	8670	3-1/2" diameter		7.50	1.067		120	28		148	175	
	8680	4" diameter		7	1.143		145	30		175	205	
	8690	5" diameter		6	1.333		175	35		210	245	
	8700	Plastic coated 40 mil thick										
	8710	Pipe strap, stamped 1 hole, 1/2" diameter	1 Elec	470	.017	Ea.	2.35	.44		2.79	3.25	

160 | Raceways

160 200 | Conduits

		CREW	DAILY OUTPUT	MAN-HOURS	UNIT	1992 BARE COSTS MAT.	LABOR	EQUIP.	TOTAL	TOTAL INCL O&P	
250	8720	3/4" diameter	1 Elec	440	.018	Ea.	2.65	.47		3.12	3.62	250
	8730	1" diameter		400	.020		3.80	.52		4.32	4.96	
	8740	1-1/4" diameter		355	.023		4.85	.59		5.44	6.20	
	8750	1-1/2" diameter		320	.025		5.85	.65		6.50	7.40	
	8760	2" diameter		266	.030		6.70	.78		7.48	8.55	
	8770	2-1/2" diameter		200	.040		8	1.04		9.04	10.35	
	8780	3" diameter		133	.060		10.40	1.57		11.97	13.80	
	8790	3-1/2" diameter		110	.073		11.60	1.90		13.50	15.60	
	8800	4" diameter		90	.089		15.80	2.32		18.12	21	
	8810	5" diameter		70	.114		75	2.98		77.98	87	
	8840	Clamp back spacers, 3/4" diameter		440	.018		5.45	.47		5.92	6.70	
	8850	1" diameter		400	.020		7.10	.52		7.62	8.60	
	8860	1-1/4" diameter		355	.023		8.40	.59		8.99	10.10	
	8870	1-1/2" diameter		320	.025		11.60	.65		12.25	13.75	
	8880	2" diameter		266	.030		18.20	.78		18.98	21	
	8900	3" diameter		133	.060		40.50	1.57		42.07	47	
	8920	4" diameter		90	.089		72	2.32		74.32	83	
	8950	Touch-up plastic coating, spray, 13 oz.					12			12	13.20	
	8960	Sealing fittings, 1/2" diameter	1 Elec	11	.727		25	19		44	56	
	8970	3/4" diameter		9	.889		25.50	23		48.50	63	
	8980	1" diameter		7.50	1.067		34	28		62	79	
	8990	1-1/4" diameter		6.50	1.231		37	32		69	89	
	9000	1-1/2" diameter		5.50	1.455		51	38		89	115	
	9010	2" diameter		4.80	1.667		62	44		106	135	
	9020	2-1/2" diameter		4	2		99	52		151	185	
	9030	3" diameter		3.50	2.286		123	60		183	225	
	9040	3-1/2" diameter		3	2.667		305	70		375	440	
	9050	4" diameter		2.50	3.200		470	84		554	640	
	9060	5" diameter		1.70	4.706		615	125		740	860	
	9070	Unions, 1/2" diameter		18	.444		21.50	11.60		33.10	41	
	9080	3/4" diameter		15	.533		22	13.90		35.90	45	
	9090	1" diameter		13	.615		29	16.05		45.05	56	
	9100	1-1/4" diameter		11	.727		47	19		66	80	
	9110	1 1/2" diameter		9.50	.842		57	22		79	96	
	9120	2" diameter		8	1		75	26		101	120	
	9130	2-1/2" diameter		7.50	1.067		103	28		131	155	
	9140	3" diameter		6.80	1.176		143	31		174	205	
	9150	3-1/2" diameter		5.80	1.379		175	36		211	245	
	9160	4" diameter		4.80	1.667		225	44		269	310	
	9170	5" diameter		4	2		415	52		467	535	
260	0010	**CUTTING AND DRILLING**										260
	0100	Hole drilling to 10' high, concrete wall										
	0110	8" thick, 1/2" pipe size	1 Elec	12	.667	Ea.		17.40		17.40	26	
	0120	3/4" pipe size		12	.667			17.40		17.40	26	
	0130	1" pipe size		9.50	.842			22		22	33	
	0140	1-1/4" pipe size		9.50	.842			22		22	33	
	0150	1-1/2" pipe size		9.50	.842			22		22	33	
	0160	2" pipe size		4.40	1.818			47		47	71	
	0170	2-1/2" pipe size		4.40	1.818			47		47	71	
	0180	3" pipe size		4.40	1.818			47		47	71	
	0190	3-1/2" pipe size		3.30	2.424			63		63	94	
	0200	4" pipe size		3.30	2.424			63		63	94	
	0500	12" thick, 1/2" pipe size		9.40	.851			22		22	33	
	0520	3/4" pipe size		9.40	.851			22		22	33	
	0540	1" pipe size		7.30	1.096			29		29	43	
	0560	1-1/4" pipe size		7.30	1.096			29		29	43	
	0570	1-1/2" pipe size		7.30	1.096			29		29	43	
	0580	2" pipe size		3.60	2.222			58		58	87	

160 | Raceways

160 200 | Conduits

			Crew	Daily Output	Man-Hours	Unit	Mat.	Labor	Equip.	Total	Total Incl O&P	
260	0590	2-1/2" pipe size	1 Elec	3.60	2.222	Ea.		58		58	87	260
	0600	3" pipe size		3.60	2.222			58		58	87	
	0610	3-1/2" pipe size		2.80	2.857			75		75	110	
	0630	4" pipe size		2.50	3.200			84		84	125	
	0650	16" thick 1/2" pipe size		7.60	1.053			27		27	41	
	0670	3/4" pipe size		7	1.143			30		30	45	
	0690	1" pipe size		6	1.333			35		35	52	
	0710	1-1/4" pipe size		5.50	1.455			38		38	57	
	0730	1-1/2" pipe size		5.50	1.455			38		38	57	
	0750	2" pipe size		3	2.667			70		70	105	
	0770	2-1/2" pipe size		2.70	2.963			77		77	115	
	0790	3" pipe size		2.50	3.200			84		84	125	
	0810	3-1/2" pipe size		2.30	3.478			91		91	135	
	0830	4" pipe size		2	4			105		105	155	
	0850	20" thick 1/2" pipe size		6.40	1.250			33		33	49	
	0870	3/4" pipe size		6	1.333			35		35	52	
	0890	1" pipe size		5	1.600			42		42	62	
	0910	1-1/4" pipe size		4.80	1.667			44		44	65	
	0930	1-1/2" pipe size		4.60	1.739			45		45	68	
	0950	2" pipe size		2.70	2.963			77		77	115	
	0970	2-1/2" pipe size		2.40	3.333			87		87	130	
	0990	3" pipe size		2.20	3.636			95		95	140	
	1010	3-1/2" pipe size		2	4			105		105	155	
	1030	4" pipe size		1.70	4.706			125		125	185	
	1050	24" thick 1/2" pipe size		5.50	1.455			38		38	57	
	1070	3/4" pipe size		5.10	1.569			41		41	61	
	1090	1" pipe size		4.30	1.860			49		49	72	
	1110	1-1/4" pipe size		4	2			52		52	78	
	1130	1-1/2" pipe size		4	2			52		52	78	
	1150	2" pipe size		2.40	3.333			87		87	130	
	1170	2-1/2" pipe size		2.20	3.636			95		95	140	
	1190	3" pipe size		2	4			105		105	155	
	1210	3-1/2" pipe size		1.80	4.444			115		115	175	
	1230	4" pipe size		1.50	5.333			140		140	210	
	1500	Brick wall, 8" thick, 1/2" pipe size		18	.444			11.60		11.60	17.30	
	1520	3/4" pipe size		18	.444			11.60		11.60	17.30	
	1540	1" pipe size		13.30	.602			15.70		15.70	23	
	1560	1-1/4" pipe size		13.30	.602			15.70		15.70	23	
	1580	1-1/2" pipe size		13.30	.602			15.70		15.70	23	
	1600	2" pipe size		5.70	1.404			37		37	55	
	1620	2-1/2" pipe size		5.70	1.404			37		37	55	
	1640	3" pipe size		5.70	1.404			37		37	55	
	1660	3-1/2" pipe size		4.40	1.818			47		47	71	
	1680	4" pipe size		4	2			52		52	78	
	1700	12" thick, 1/2" pipe size		14.50	.552			14.40		14.40	21	
	1720	3/4" pipe size		14.50	.552			14.40		14.40	21	
	1740	1" pipe size		11	.727			19		19	28	
	1760	1-1/4" pipe size		11	.727			19		19	28	
	1780	1-1/2" pipe size		11	.727			19		19	28	
	1800	2" pipe size		5	1.600			42		42	62	
	1820	2-1/2" pipe size		5	1.600			42		42	62	
	1840	3" pipe size		5	1.600			42		42	62	
	1860	3-1/2" pipe size		3.80	2.105			55		55	82	
	1880	4" pipe size		3.30	2.424			63		63	94	
	1900	16" thick, 1/2" pipe size		12.30	.650			17		17	25	
	1920	3/4" pipe size		12.30	.650			17		17	25	
	1940	1" pipe size		9.30	.860			22		22	34	
	1960	1-1/4" pipe size		9.30	.860			22		22	34	

16 ELECTRICAL

160 | Raceways

160 200 | Conduits

		CREW	DAILY OUTPUT	MAN-HOURS	UNIT	1992 BARE COSTS MAT.	LABOR	EQUIP.	TOTAL	TOTAL INCL O&P	
260	1980	1-1/2" pipe size	1 Elec	9.30	.860	Ea.		22		22	34	260
	2000	2" pipe size		4.40	1.818			47		47	71	
	2010	2-1/2" pipe size		4.40	1.818			47		47	71	
	2030	3" pipe size		4.40	1.818			47		47	71	
	2050	3-1/2" pipe size		3.30	2.424			63		63	94	
	2070	4" pipe size		3	2.667			70		70	105	
	2090	20" thick, 1/2" pipe size		10.70	.748			19.50		19.50	29	
	2110	3/4" pipe size		10.70	.748			19.50		19.50	29	
	2130	1" pipe size		8	1			26		26	39	
	2150	1-1/4" pipe size		8	1			26		26	39	
	2170	1-1/2" pipe size		8	1			26		26	39	
	2190	2" pipe size		4	2			52		52	78	
	2210	2-1/2" pipe size		4	2			52		52	78	
	2230	3" pipe size		4	2			52		52	78	
	2250	3-1/2" pipe size		3	2.667			70		70	105	
	2270	4" pipe size		2.70	2.963			77		77	115	
	2290	24" thick, 1/2" pipe size		9.40	.851			22		22	33	
	2310	3/4" pipe size		9.40	.851			22		22	33	
	2330	1" pipe size		7.10	1.127			29		29	44	
	2350	1-1/4" pipe size		7.10	1.127			29		29	44	
	2370	1-1/2" pipe size		7.10	1.127			29		29	44	
	2390	2" pipe size		3.60	2.222			58		58	87	
	2410	2-1/2" pipe size		3.60	2.222			58		58	87	
	2430	3" pipe size		3.60	2.222			58		58	87	
	2450	3-1/2" pipe size		2.80	2.857			75		75	110	
	2470	4" pipe size		2.50	3.200			84		84	125	
	3000	Knockouts to 8' high, metal boxes & enclosures										
	3020	With hole saw, 1/2" pipe size	1 Elec	53	.151	Ea.		3.94		3.94	5.90	
	3040	3/4" pipe size		47	.170			4.44		4.44	6.65	
	3050	1" pipe size		40	.200			5.20		5.20	7.80	
	3060	1-1/4" pipe size		36	.222			5.80		5.80	8.65	
	3070	1-1/2" pipe size		32	.250			6.55		6.55	9.75	
	3080	2" pipe size		27	.296			7.75		7.75	11.55	
	3090	2 1/2" pipe size		20	.400			10.45		10.45	15.60	
	4010	3" pipe size		16	.500			13.05		13.05	19.50	
	4030	3-1/2" pipe size		13	.615			16.05		16.05	24	
	4050	4" pipe size		11	.727			19		19	28	
	4070	With hand punch set, 1/2" pipe size		40	.200			5.20		5.20	7.80	
	4090	3/4" pipe size		32	.250			6.55		6.55	9.75	
	4110	1" pipe size		30	.267			6.95		6.95	10.40	
	4130	1-1/4" pipe size		28	.286			7.45		7.45	11.15	
	4150	1-1/2" pipe size		26	.308			8.05		8.05	12	
	4170	2" pipe size		20	.400			10.45		10.45	15.60	
	4190	2-1/2" pipe size		17	.471			12.30		12.30	18.35	
	4200	3" pipe size		15	.533			13.90		13.90	21	
	4220	3-1/2" pipe size		12	.667			17.40		17.40	26	
	4240	4" pipe size		10	.800			21		21	31	
	4260	With hydraulic punch, 1/2" pipe size		44	.182			4.75		4.75	7.10	
	4280	3/4" pipe size		38	.211			5.50		5.50	8.20	
	4300	1" pipe size		38	.211			5.50		5.50	8.20	
	4320	1-1/4" pipe size		38	.211			5.50		5.50	8.20	
	4340	1-1/2" pipe size		38	.211			5.50		5.50	8.20	
	4360	2" pipe size		32	.250			6.55		6.55	9.75	
	4380	2-1/2" pipe size		27	.296			7.75		7.75	11.55	
	4400	3" pipe size		23	.348			9.10		9.10	13.55	
	4420	3-1/2" pipe size		20	.400			10.45		10.45	15.60	
	4440	4" pipe size		18	.444			11.60		11.60	17.30	

160 | Raceways
160 200 | Conduits

		CREW	DAILY OUTPUT	MAN-HOURS	UNIT	1992 BARE COSTS MAT.	LABOR	EQUIP.	TOTAL	TOTAL INCL O&P
270 0010	**FLEXIBLE METALLIC CONDUIT**									
0050	Greenfield, 3/8" diameter	1 Elec	200	.040	L.F.	.20	1.04		1.24	1.78
0100	1/2" diameter		200	.040		.29	1.04		1.33	1.88
0200	3/4" diameter		160	.050		.37	1.31		1.68	2.35
0250	1" diameter		100	.080		.72	2.09		2.81	3.91
0300	1-1/4" diameter		70	.114		.91	2.98		3.89	5.45
0350	1-1/2" diameter		50	.160		1.18	4.18		5.36	7.55
0370	2" diameter		40	.200		1.50	5.20		6.70	9.45
0380	2-1/2" diameter		30	.267		1.79	6.95		8.74	12.35
0390	3" diameter		25	.320		2.24	8.35		10.59	14.95
0400	3-1/2" diameter		20	.400		3.95	10.45		14.40	19.95
0410	4" diameter		15	.533		5.60	13.90		19.50	27
0420	Connectors, plain, 3/8" diameter		100	.080	Ea.	.53	2.09		2.62	3.70
0430	1/2" diameter		80	.100		.83	2.61		3.44	4.81
0440	3/4" diameter		70	.114		.90	2.98		3.88	5.45
0450	1" diameter		50	.160		2.15	4.18		6.33	8.60
0490	Insulated, 1" diameter		40	.200		3.35	5.20		8.55	11.50
0500	1-1/4" diameter		40	.200		5.45	5.20		10.65	13.80
0550	1-1/2" diameter		32	.250		7.50	6.55		14.05	18
0600	2" diameter		23	.348		11	9.10		20.10	26
0610	2-1/2" diameter		20	.400		22.20	10.45		32.65	40
0620	3" diameter		17	.471		29	12.30		41.30	50
0630	3-1/2" diameter		13	.615		105	16.05		121.05	140
0640	4" diameter		10	.800		135	21		156	180
0650	Connectors 90°, plain, 3/8" diameter		80	.100		1.10	2.61		3.71	5.10
0660	1/2" diameter		60	.133		1.85	3.48		5.33	7.25
0700	3/4" diameter		50	.160		2.90	4.18		7.08	9.40
0750	1" diameter		40	.200		5.05	5.20		10.25	13.35
0790	Insulated, 1" diameter		40	.200		6.05	5.20		11.25	14.45
0800	1-1/4" diameter		30	.267		11.70	6.95		18.65	23
0850	1-1/2" diameter		23	.348		20.55	9.10		29.65	36
0900	2" diameter		18	.444		27.25	11.60		38.85	47
0910	2-1/2" diameter		16	.500		72	13.05		85.05	99
0920	3" diameter		14	.571		91	14.90		105.90	120
0930	3-1/2" diameter		11	.727		264	19		283	320
0940	4" diameter		8	1		395	26		421	475
0960	Couplings, to conduit, 1/2" diameter		50	.160		.60	4.18		4.78	6.90
0970	3/4" diameter		40	.200		.98	5.20		6.18	8.85
0980	1" diameter		35	.229		1.20	5.95		7.15	10.20
0990	1-1/4" diameter		28	.286		3	7.45		10.45	14.45
1000	1-1/2" diameter		23	.348		3.60	9.10		12.70	17.50
1010	2" diameter		20	.400		7.35	10.45		17.80	24
1020	2-1/2" diameter		18	.444		12	11.60		23.60	31
1030	3" diameter		15	.533		30	13.90		43.90	54
1070	Sealtite, 3/8" diameter		140	.057	L.F.	1.40	1.49		2.89	3.77
1080	1/2" diameter		140	.057		1.55	1.49		3.04	3.93
1090	3/4" diameter		100	.080		2.10	2.09		4.19	5.45
1100	1" diameter		70	.114		3.25	2.98		6.23	8.05
1200	1-1/4" diameter		50	.160		4.50	4.18		8.68	11.20
1300	1-1/2" diameter		40	.200		5.95	5.20		11.15	14.35
1400	2" diameter		30	.267		7.40	6.95		14.35	18.55
1410	2-1/2" diameter		27	.296		14	7.75		21.75	27
1420	3" diameter		25	.320		19	8.35		27.35	33
1440	4" diameter		15	.533		27	13.90		40.90	50
1490	Connectors, plain, 3/8" diameter		70	.114	Ea.	1.95	2.98		4.93	6.60
1500	1/2" diameter		70	.114		1.95	2.98		4.93	6.60
1700	3/4" diameter		50	.160		2.80	4.18		6.98	9.30
1900	1" diameter		40	.200		4.25	5.20		9.45	12.45

160 | Raceways

160 200 | Conduits

			CREW	DAILY OUTPUT	MAN-HOURS	UNIT	1992 BARE COSTS MAT.	LABOR	EQUIP.	TOTAL	TOTAL INCL O&P	
270	1910	Insulated, 1" diameter	1 Elec	40	.200	Ea.	5.10	5.20		10.30	13.40	270
	2000	1-1/4" diameter		32	.250		7.95	6.55		14.50	18.50	
	2100	1-1/2" diameter		27	.296		11.40	7.75		19.15	24	
	2200	2" diameter		20	.400		21.40	10.45		31.85	39	
	2210	2-1/2" diameter		15	.533		110	13.90		123.90	140	
	2220	3" diameter		12	.667		120	17.40		137.40	160	
	2240	4" diameter		8	1		145	26		171	200	
	2290	Connectors 90°, 3/8" diameter		70	.114		3.15	2.98		6.13	7.90	
	2300	1/2" diameter		70	.114		3.15	2.98		6.13	7.90	
	2400	3/4" diameter		50	.160		4.80	4.18		8.98	11.50	
	2600	1" diameter		40	.200		9.65	5.20		14.85	18.40	
	2790	Insulated 1" diameter		40	.200		11	5.20		16.20	19.90	
	2800	1-1/4" diameter		32	.250		15.70	6.55		22.25	27	
	3000	1-1/2" diameter		27	.296		19.80	7.75		27.55	33	
	3100	2" diameter		20	.400		28.50	10.45		38.95	47	
	3110	2-1/2" diameter		14	.571		135	14.90		149.90	170	
	3120	3" diameter		11	.727		160	19		179	205	
	3140	4" diameter		7	1.143		215	30		245	280	
	4300	Coupling, sealtite to rigid, 1/2" diameter		20	.400		2.45	10.45		12.90	18.30	
	4500	3/4" diameter		18	.444		3.60	11.60		15.20	21	
	4800	1" diameter		14	.571		4.80	14.90		19.70	28	
	4900	1-1/4" diameter		12	.667		8.25	17.40		25.65	35	
	5000	1-1/2" diameter		11	.727		14.80	19		33.80	45	
	5100	2" diameter		10	.800		20.75	21		41.75	54	
	5110	2-1/2" diameter		9.50	.842		94	22		116	135	
	5120	3" diameter		9	.889		104	23		127	150	
	5130	3-1/2" diameter		9	.889		148	23		171	195	
	5140	4" diameter		8.50	.941		153	25		178	205	
275	0010	**MOTOR CONNECTIONS**										275
	0020	Flexible conduit and fittings, up to 1 HP motor, 115 volt, 1 phase	1 Elec	8	1	Ea.	3.20	26		29.20	42	
	0050	2 HP motor		6.50	1.231		3.20	32		35.20	51	
	0100	3 HP motor		5.50	1.455		4.80	38		42.80	62	
	0120	230 volt, 10 HP motor, 3 phase		4.20	1.905		5.70	50		55.70	80	
	0150	15 HP motor		3.30	2.424		10	63		73	105	
	0200	25 HP motor		2.70	2.963		10.80	77		87.80	125	
	0400	50 HP motor		2.20	3.636		30	95		125	175	
	0600	100 HP motor		1.50	5.333		74	140		214	290	
	1500	460 volt, 5 HP motor, 3 phase		8	1		3.45	26		29.45	43	
	1520	10 HP motor		8	1		3.45	26		29.45	43	
	1530	25 HP motor		6	1.333		5.40	35		40.40	58	
	1540	30 HP motor		6	1.333		5.40	35		40.40	58	
	1550	40 HP motor		5	1.600		9.85	42		51.85	73	
	1560	50 HP motor		5	1.600		10.70	42		52.70	74	
	1570	60 HP motor		3.80	2.105		11.75	55		66.75	95	
	1580	75 HP motor		3.50	2.286		20.25	60		80.25	110	
	1590	100 HP motor		2.50	3.200		28.40	84		112.40	155	
	1600	125 HP motor		2	4		28.40	105		133.40	185	
	1610	150 HP motor		1.80	4.444		43	115		158	220	
	1620	200 HP motor		1.50	5.333		72	140		212	285	
	2005	460 Volt, 5 HP motor, 3 Phase, w/sealtite		8	1		7.75	26		33.75	47	
	2010	10 HP		8	1		7.75	26		33.75	47	
	2015	25 HP		6	1.333		12.20	35		47.20	65	
	2020	30 HP		6	1.333		12.20	35		47.20	65	
	2025	40 HP		5	1.600		20	42		62	84	
	2030	50 HP		5	1.600		20.60	42		62.60	85	
	2035	60 HP		3.80	2.105		31.40	55		86.40	115	
	2040	75 HP		3.50	2.286		36.50	60		96.50	130	
	2045	100 HP		2.50	3.200		47	84		131	175	

160 | Raceways

160 200 | Conduits

			CREW	DAILY OUTPUT	MAN-HOURS	UNIT	1992 BARE COSTS MAT.	LABOR	EQUIP.	TOTAL	TOTAL INCL O&P	
275	2055	150 HP	1 Elec	1.80	4.444	Ea.	84	115		199	265	275
	2060	200 HP		1.50	5.333		270	140		410	505	
290	0010	**WIREMOLD RACEWAY**										290
	0090	Raceway, surface, metal, straight section										
	0100	No. 500	1 Elec	100	.080	L.F.	.47	2.09		2.56	3.63	
	0400	No. 1500, small pancake		90	.089		.82	2.32		3.14	4.36	
	0600	No. 2000, base & cover		90	.089		.86	2.32		3.18	4.41	
	0610	Receptacle, 6" O.C.		40	.200		4.55	5.20		9.75	12.80	
	0620	12" O.C.		44	.182		3.10	4.75		7.85	10.50	
	0630	18" O.C.		46	.174		2.45	4.54		6.99	9.45	
	0650	30" O.C.		50	.160		2.25	4.18		6.43	8.70	
	0660	60" O.C.		50	.160		1.90	4.18		6.08	8.30	
	0670	No. 2200, base & cover, blank		80	.100		1.40	2.61		4.01	5.45	
	0700	Receptacle 18" O.C.		36	.222		3.30	5.80		9.10	12.30	
	0720	30" O.C.		40	.200		2.90	5.20		8.10	11	
	0730	60" O.C.		40	.200		2.65	5.20		7.85	10.70	
	0800	No. 3000, base & cover		75	.107		1.75	2.78		4.53	6.10	
	0810	Receptacle, 6" O.C.		60	.133		16.30	3.48		19.78	23	
	0820	12" O.C.		62	.129		9.25	3.37		12.62	15.20	
	0830	18" O.C.		64	.125		7.45	3.26		10.71	13.05	
	0840	24" O.C.		66	.121		5.65	3.16		8.81	10.95	
	0850	30" O.C.		68	.118		4.95	3.07		8.02	10.05	
	0860	60" O.C.		70	.114		3.60	2.98		6.58	8.40	
	1000	No. 4000, base & cover		65	.123		3.20	3.21		6.41	8.30	
	1010	Receptacle, 6" O.C.		50	.160		23.50	4.18		27.68	32	
	1020	12" O.C.		52	.154		13.85	4.02		17.87	21	
	1030	18" O.C.		54	.148		11.55	3.87		15.42	18.50	
	1040	24" O.C.		56	.143		9.30	3.73		13.03	15.80	
	1050	30" O.C.		58	.138		8.35	3.60		11.95	14.55	
	1060	60" O.C.		60	.133		6.50	3.48		9.98	12.35	
	1200	No. 6000, base & cover		50	.160		5	4.18		9.18	11.75	
	1210	Receptacle, 6" O.C.		35	.229		28	5.95		33.95	40	
	1220	12" O.C.		37	.216		17.65	5.65		23.30	28	
	1230	18" O.C.		39	.205		15.05	5.35		20.40	25	
	1240	24" O.C.		41	.195		12.25	5.10		17.35	21	
	1250	30" O.C.		43	.186		11.75	4.86		16.61	20	
	1260	60" O.C.		45	.178		9.05	4.64		13.69	16.90	
	2400	Fittings, elbows, No. 500		40	.200	Ea.	.84	5.20		6.04	8.70	
	2800	Elbow cover, No. 2000		40	.200		1.75	5.20		6.95	9.70	
	3000	Switch box, No. 500		16	.500		7	13.05		20.05	27	
	3400	Telephone outlet, No. 1500		16	.500		5.95	13.05		19	26	
	3600	Junction box, No. 1500		16	.500		4.15	13.05		17.20	24	
	3800	Plugmold wired sections, No. 2000										
	4000	1 circuit, 6 outlets, 3 ft. long	1 Elec	8	1	Ea.	16.50	26		42.50	57	
	4100	2 circuits, 8 outlets, 6 ft. long		5.30	1.509		21.05	39		60.05	82	
	4200	Tele-power poles, aluminum, 4 outlets		2.70	2.963		107	77		184	235	
	4300	Overhead distribution systems, 125 volt										
	4400	ODS 2G30 50 ft., 1 circ., 3W #2000 size	1 Elec	75	.107	L.F.	2.25	2.78		5.03	6.65	
	4600	ODS 2GA30 50 ft., 2 circ., 4W #2000 size		75	.107	"	2.70	2.78		5.48	7.10	
	4800	2010A entrance end fitting		20	.400	Ea.	2.10	10.45		12.55	17.90	
	5000	2010B blank end fitting		40	.200		.32	5.20		5.52	8.15	
	5200	G2003 supporting clip		40	.200		1.90	5.20		7.10	9.90	
	5400	ODS 3G30 50 ft., 1 circ., 3W #3000 size		65	.123	L.F.	4	3.21		7.21	9.20	
	5600	ODS 3GA30 50 ft., 2 circ., 4W #3000 size		65	.123	"	4.15	3.21		7.36	9.35	
	5800	G3010A entrance end fitting		20	.400	Ea.	2.95	10.45		13.40	18.85	
	6000	G3010B blank end fitting		40	.200		1.10	5.20		6.30	9	
	6020	G3017 NE internal elbow		20	.400		4.90	10.45		15.35	21	
	6030	G3018 AE external elbow		20	.400		6.70	10.45		17.15	23	

160 | Raceways

160 200 | Conduits

			CREW	DAILY OUTPUT	MAN-HOURS	UNIT	MAT.	LABOR	EQUIP.	TOTAL	TOTAL INCL O&P	
290	6040	G3007 C device bracket	1 Elec	53	.151	Ea.	1.80	3.94		5.74	7.85	290
	6200	G3008TC T-bar clip		40	.200		1.72	5.20		6.92	9.70	
	6400	G3008A hanger clamp		32	.250		2.50	6.55		9.05	12.50	
	7000	G4000B base		90	.089	L.F.	2.05	2.32		4.37	5.70	
	7200	G4000D divider		100	.080	"	.39	2.09		2.48	3.55	
	7400	G4010D entrance end fitting		16	.500	Ea.	9.35	13.05		22.40	30	
	7600	G4010B blank end fitting		40	.200		2.95	5.20		8.15	11.05	
	7610	G4046 B recp. & tele. cover		53	.151		4.65	3.94		8.59	11	
	7620	G4018 external elbow		16	.500		14.70	13.05		27.75	36	
	7630	G4001 coupling		53	.151		2.35	3.94		6.29	8.45	
	7640	G4001 D divider clip & coup.		80	.100		.56	2.61		3.17	4.51	
	7650	G4086 A panel connector		16	.500		9.45	13.05		22.50	30	
	7800	G4074 take off connector		16	.500		24.05	13.05		37.10	46	
	8000	G6074 take off connector		16	.500		27	13.05		40.05	49	
	8100	G4046H take off fitting		16	.500		2.90	13.05		15.95	23	
	8200	G6008A hanger clamp		32	.250		5.65	6.55		12.20	15.95	
	8230	G6001 coupling					2.95			2.95	3.25	
	8240	G6007 C-1 device bracket	1 Elec	53	.151		3.60	3.94		7.54	9.85	
	8250	G6007 C-2 device bracket		40	.200		4.30	5.20		9.50	12.50	
	8260	G6010 B blank end fitting		40	.200		3.65	5.20		8.85	11.80	
	8270	G6017 TX combination elbow		14	.571		14.20	14.90		29.10	38	
	8300	G6086 panel connector		16	.500		6.50	13.05		19.55	27	
	8400	2321G cable adapter assembly, 6 ft.		32	.250		17.65	6.55		24.20	29	
	8450	Chan-L-Wire system installed in 1-5/8" x 1-5/8" strut. Strut										
	8500	not incl., 30 amp, 4 wire, 3 phase	1 Elec	200	.040	L.F.	2.25	1.04		3.29	4.03	
	8600											
	8700	Junction box		8	1	Ea.	15.25	26		41.25	56	
	8800	Insulating end cap		40	.200		4.35	5.20		9.55	12.60	
	8900	Strut splice plate		40	.200		5.60	5.20		10.80	13.95	
	9000	Tap		40	.200		11.30	5.20		16.50	20	
	9100	Fixture hanger		60	.133		4.35	3.48		7.83	10	
	9200	Pulling tool					43			43	47	

160 300 | Conduit Support

			CREW	DAILY OUTPUT	MAN-HOURS	UNIT	MAT.	LABOR	EQUIP.	TOTAL	TOTAL INCL O&P	
310	0010	FASTENERS see division 050-500 and 151-900										310
320	0010	HANGERS Steel										320
	0030	Conduit supports										
	0050	Strap, 2 hole, rigid conduit										
	0100	1/2" diameter	1 Elec	470	.017	Ea.	.10	.44		.54	.77	
	0150	3/4" diameter		440	.018		.11	.47		.58	.83	
	0200	1" diameter		400	.020		.17	.52		.69	.97	
	0300	1-1/4" diameter		355	.023		.25	.59		.84	1.15	
	0350	1-1/2" diameter		320	.025		.30	.65		.95	1.30	
	0400	2" diameter		266	.030		.42	.78		1.20	1.63	
	0500	2-1/2" diameter		160	.050		.80	1.31		2.11	2.83	
	0550	3" diameter		133	.060		1.05	1.57		2.62	3.50	
	0600	3-1/2" diameter		100	.080		1.34	2.09		3.43	4.59	
	0650	4" diameter		80	.100		1.50	2.61		4.11	5.55	
	0700	EMT, 1/2" diameter		470	.017		.08	.44		.52	.75	
	0800	3/4" diameter		440	.018		.12	.47		.59	.84	
	0850	1" diameter		400	.020		.18	.52		.70	.98	
	0900	1-1/4" diameter		355	.023		.23	.59		.82	1.13	
	0950	1-1/2" diameter		320	.025		.28	.65		.93	1.28	
	1000	2" diameter		266	.030		.35	.78		1.13	1.56	
	1100	2-1/2" diameter		160	.050		.74	1.31		2.05	2.76	
	1150	3" diameter		133	.060		.92	1.57		2.49	3.35	
	1200	3-1/2" diameter		100	.080		1.15	2.09		3.24	4.38	

160 | Raceways

160 300 | Conduit Support

			CREW	DAILY OUTPUT	MAN-HOURS	UNIT	1992 BARE COSTS MAT.	LABOR	EQUIP.	TOTAL	TOTAL INCL O&P	
320	1250	4" diameter	1 Elec	80	.100	Ea.	1.30	2.61		3.91	5.35	320
	1400	Hanger, conduit, with bolt, 1/2" diameter		200	.040		.33	1.04		1.37	1.92	
	1450	3/4" diameter		190	.042		.36	1.10		1.46	2.04	
	1500	1" diameter		176	.045		.49	1.19		1.68	2.31	
	1550	1-1/4" diameter		160	.050		.57	1.31		1.88	2.57	
	1600	1-1/2" diameter		140	.057		.72	1.49		2.21	3.02	
	1650	2" diameter		130	.062		.82	1.61		2.43	3.30	
	1700	2-1/2" diameter		100	.080		.88	2.09		2.97	4.08	
	1750	3" diameter		64	.125		1.05	3.26		4.31	6	
	1800	3-1/2" diameter		50	.160		1.25	4.18		5.43	7.60	
	1850	4" diameter		40	.200		3.05	5.20		8.25	11.15	
	1900	Riser clamps, conduit, 1/2" diameter		40	.200		7.40	5.20		12.60	15.95	
	1950	3/4" diameter		36	.222		7.90	5.80		13.70	17.35	
	2000	1" diameter		30	.267		8.45	6.95		15.40	19.70	
	2100	1-1/4" diameter		27	.296		8.95	7.75		16.70	21	
	2150	1-1/2" diameter		27	.296		9.65	7.75		17.40	22	
	2200	2" diameter		20	.400		10.10	10.45		20.55	27	
	2250	2-1/2" diameter		20	.400		10.45	10.45		20.90	27	
	2300	3" diameter		18	.444		11.10	11.60		22.70	30	
	2350	3-1/2" diameter		18	.444		12.10	11.60		23.70	31	
	2400	4" diameter		14	.571		13.75	14.90		28.65	37	
	2500	Threaded rod, 1/4" diameter, painted		260	.031	L.F.	.40	.80		1.20	1.64	
	2600	3/8" diameter		200	.040		.70	1.04		1.74	2.33	
	2700	1/2" diameter		140	.057		1.25	1.49		2.74	3.60	
	2800	5/8" diameter		100	.080		1.85	2.09		3.94	5.15	
	2900	3/4" diameter		60	.133		3.05	3.48		6.53	8.55	
	2940	Couplings, painted, 1/4" diameter				C	70			70	77	
	2960	3/8" diameter					100			100	110	
	2970	1/2" diameter					145			145	160	
	2980	5/8" diameter					255			255	280	
	2990	3/4" diameter					385			385	425	
	3000	Nuts, galvanized, 1/4" diameter					4.50			4.50	4.95	
	3050	3/8" diameter					9.60			9.60	10.55	
	3100	1/2" diameter					20			20	22	
	3150	5/8" diameter					54			54	59	
	3200	3/4" diameter					62			62	68	
	3250	Washers, galvanized, 1/4" diameter					3.20			3.20	3.52	
	3300	3/8" diameter					6.75			6.75	7.45	
	3350	1/2" diameter					12			12	13.20	
	3400	5/8" diameter					25			25	28	
	3450	3/4" diameter					36.50			36.50	40	
	3500	Lock washers, galvanized, 1/4" diameter					2.70			2.70	2.97	
	3550	3/8" diameter					5.20			5.20	5.70	
	3600	1/2" diameter					8.10			8.10	8.90	
	3650	5/8" diameter					15			15	16.50	
	3700	3/4" diameter					23			23	25	
	3800	Channels, steel, 3/4" x 1-1/2"	1 Elec	80	.100	L.F.	1.60	2.61		4.21	5.65	
	3900	1-1/2" x 1-1/2"		70	.114		2.40	2.98		5.38	7.10	
	4000	1-7/8" x 1-1/2"		60	.133		3.55	3.48		7.03	9.10	
	4100	3" x 1-1/2"		50	.160		4.95	4.18		9.13	11.70	
	4200	Spring nuts, long, 1/4"		120	.067	Ea.	.70	1.74		2.44	3.37	
	4250	3/8"		100	.080		.81	2.09		2.90	4.01	
	4300	1/2"		80	.100		.81	2.61		3.42	4.79	
	4350	Spring nuts, short, 1/4"		120	.067		.75	1.74		2.49	3.42	
	4400	3/8"		100	.080		.83	2.09		2.92	4.03	
	4450	1/2"		80	.100		.95	2.61		3.56	4.94	
	4500	Closure strip		200	.040	L.F.	1.25	1.04		2.29	2.93	
	4550	End cap		60	.133	Ea.	.55	3.48		4.03	5.80	

16 ELECTRICAL

160 | Raceways

160 300 | Conduit Support

			CREW	DAILY OUTPUT	MAN-HOURS	UNIT	1992 BARE COSTS MAT.	LABOR	EQUIP.	TOTAL	TOTAL INCL O&P	
320	4600	End connector 3/4" conduit	1 Elec	40	.200	Ea.	1.80	5.20		7	9.75	320
	4650	Junction box, 1 channel		16	.500		14	13.05		27.05	35	
	4700	2 channel		14	.571		17	14.90		31.90	41	
	4750	3 channel		12	.667		19	17.40		36.40	47	
	4800	4 channel		10	.800		21	21		42	54	
	4850	Spliceplate		40	.200		5.25	5.20		10.45	13.55	
	4900	Continuous concrete insert, 1-1/2" deep, 1' long		16	.500		7.95	13.05		21	28	
	4950	2' long		14	.571		10.40	14.90		25.30	34	
	5000	3' long		12	.667		12.90	17.40		30.30	40	
	5050	4' long		10	.800		15.20	21		36.20	48	
	5100	6' long		8	1		22.35	26		48.35	64	
	5150	3/4" deep, 1' long		16	.500		7.35	13.05		20.40	28	
	5200	2' long		14	.571		9.20	14.90		24.10	32	
	5250	3' long		12	.667		11	17.40		28.40	38	
	5300	4' long		10	.800		12.75	21		33.75	45	
	5350	6' long		8	1		19.10	26		45.10	60	
	5400	90° angle fitting 2-1/8" x 2-1/8"		60	.133		1.25	3.48		4.73	6.55	
	5450	Channel supports, suspension rod type, small		60	.133		3.90	3.48		7.38	9.50	
	5500	Large		40	.200		4.55	5.20		9.75	12.80	
	5550	Beam clamp, small		60	.133		3.30	3.48		6.78	8.80	
	5600	Large		40	.200		3.60	5.20		8.80	11.75	
	5650	U-support, small		60	.133		3.70	3.48		7.18	9.25	
	5700	Large		40	.200		4.55	5.20		9.75	12.80	
	5750	Concrete insert, cast, for up to 1/2" threaded rod		16	.500		2.35	13.05		15.40	22	
	5800	Beam clamp, 1/4" clamp, 1/4" threaded drop rod		32	.250		1.50	6.55		8.05	11.40	
	5900	3/8" clamp, 3/8" threaded drop rod		32	.250		2.65	6.55		9.20	12.65	
	6000	Channel strap for rigid conduit, 1/2" diameter		540	.015		.73	.39		1.12	1.38	
	6050	3/4" diameter		440	.018		.82	.47		1.29	1.61	
	6100	1" diameter		420	.019		.87	.50		1.37	1.70	
	6150	1-1/4" diameter		400	.020		1.01	.52		1.53	1.89	
	6200	1-1/2" diameter		400	.020		1.13	.52		1.65	2.02	
	6250	2" diameter		267	.030		1.25	.78		2.03	2.54	
	6300	2-1/2" diameter		267	.030		1.42	.78		2.20	2.73	
	6350	3" diameter		160	.050		1.53	1.31		2.84	3.63	
	6400	3-1/2" diameter		133	.060		1.90	1.57		3.47	4.43	
	6450	4" diameter		100	.080		2.15	2.09		4.24	5.50	
	6500	5" diameter		80	.100		2.65	2.61		5.26	6.80	
	6550	6" diameter		60	.133		3.70	3.48		7.18	9.25	
	6600	EMT, 1/2" diameter		540	.015		.73	.39		1.12	1.38	
	6650	3/4" diameter		440	.018		.78	.47		1.25	1.57	
	6700	1" diameter		420	.019		.86	.50		1.36	1.69	
	6750	1-1/4" diameter		400	.020		.97	.52		1.49	1.85	
	6800	1-1/2" diameter		400	.020		1.10	.52		1.62	1.99	
	6850	2" diameter		267	.030		1.20	.78		1.98	2.49	
	6900	2-1/2" diameter		267	.030		1.75	.78		2.53	3.09	
	6950	3" diameter		160	.050		1.90	1.31		3.21	4.04	
	6970	3-1/2" diameter		133	.060		2	1.57		3.57	4.54	
	6990	4" diameter		100	.080		2.45	2.09		4.54	5.80	
	7000	Clip, 1 hole for rigid conduit, 1/2" diameter		500	.016		.27	.42		.69	.92	
	7050	3/4" diameter		470	.017		.40	.44		.84	1.10	
	7100	1" diameter		440	.018		.55	.47		1.02	1.31	
	7150	1-1/4" diameter		400	.020		1.05	.52		1.57	1.93	
	7200	1-1/2" diameter		355	.023		1.20	.59		1.79	2.20	
	7250	2" diameter		320	.025		2.30	.65		2.95	3.50	
	7300	2-1/2" diameter		266	.030		4.75	.78		5.53	6.40	
	7350	3" diameter		160	.050		6.85	1.31		8.16	9.50	
	7400	3-1/2" diameter		133	.060		9.80	1.57		11.37	13.10	
	7450	4" diameter		100	.080		22	2.09		24.09	27	

160 | Raceways

160 300 | Conduit Support

			CREW	DAILY OUTPUT	MAN-HOURS	UNIT	1992 BARE COSTS				TOTAL INCL O&P	
							MAT.	LABOR	EQUIP.	TOTAL		
320	7500	5" diameter	1 Elec	80	.100	Ea.	77	2.61		79.61	89	320
	7550	6" diameter		60	.133		83	3.48		86.48	96	
	7820	Conduit hangers, with bolt & 12" rod, 1/2" diameter		150	.053		1.22	1.39		2.61	3.42	
	7830	3/4" diameter		145	.055		1.25	1.44		2.69	3.52	
	7840	1" diameter		135	.059		1.32	1.55		2.87	3.76	
	7850	1-1/4" diameter		120	.067		1.40	1.74		3.14	4.14	
	7860	1-1/2" diameter		110	.073		1.55	1.90		3.45	4.54	
	7870	2" diameter		100	.080		1.60	2.09		3.69	4.88	
	7880	2-1/2" diameter		80	.100		2.40	2.61		5.01	6.55	
	7890	3" diameter		60	.133		2.55	3.48		6.03	8	
	7900	3-1/2" diameter		45	.178		2.65	4.64		7.29	9.85	
	7910	4" diameter		35	.229		5.50	5.95		11.45	14.95	
	7920	5" diameter		30	.267		6	6.95		12.95	17	
	7930	6" diameter		25	.320		13.40	8.35		21.75	27	
	7950	Jay clamp, 1/2" diameter		32	.250		1.50	6.55		8.05	11.40	
	7960	3/4" diameter		32	.250		1.80	6.55		8.35	11.70	
	7970	1" diameter		32	.250		2.25	6.55		8.80	12.20	
	7980	1-1/4" diameter		30	.267		2.95	6.95		9.90	13.65	
	7990	1-1/2" diameter		30	.267		3.75	6.95		10.70	14.50	
	8000	2" diameter		30	.267		5.60	6.95		12.55	16.55	
	8010	2-1/2" diameter		28	.286		7.75	7.45		15.20	19.65	
	8020	3" diameter		28	.286		10.70	7.45		18.15	23	
	8030	3-1/2" diameter		25	.320		13.65	8.35		22	27	
	8040	4" diameter		25	.320		23.75	8.35		32.10	39	
	8050	5" diameter		20	.400		61	10.45		71.45	83	
	8060	6" diameter		16	.500		114	13.05		127.05	145	
	8070	Channels, 3/4" x 1-1/2" w/12" rods for 1/2" to 1" conduit		30	.267		3.90	6.95		10.85	14.70	
	8080	1-1/2" x 1-1/2" w/12" rods for 1-1/4" to 2" conduit		28	.286		4.60	7.45		12.05	16.20	
	8090	1-1/2" x 1-1/2" w/12" rods for 2-1/2" to 4" conduit		26	.308		5.50	8.05		13.55	18.05	
	8100	1-1/2" x 1-7/8" w/12" rods for 5" to 6" conduit		24	.333		10.65	8.70		19.35	25	
	8110	Beam clamp, conduit, plastic coated, 1/2" diameter		30	.267		8.85	6.95		15.80	20	
	8120	3/4"		30	.267		9.55	6.95		16.50	21	
	8130	1"		30	.267		9.65	6.95		16.60	21	
	8140	1-1/4"		28	.286		13.15	7.45		20.60	26	
	8150	1-1/2"		28	.286		15.75	7.45		23.20	28	
	8160	2"		28	.286		21	7.45		28.45	34	
	8170	2-1/2"		26	.308		23.40	8.05		31.45	38	
	8180	3"		26	.308		27	8.05		35.05	42	
	8190	3-1/2"		23	.348		28	9.10		37.10	44	
	8200	4"		23	.348		28	9.10		37.10	44	
	8210	5"		18	.444		88	11.60		99.60	115	
	8220	Channels, plastic coated										
	8250	3/4" x 1-1/2", w/12" rods for 1/2" to 1" conduit	1 Elec	28	.286	Ea.	13.55	7.45		21	26	
	8260	1-1/2" x 1-1/2", w/12" rods for 1-1/4" to 2" conduit		26	.308		15.25	8.05		23.30	29	
	8270	1-1/2" x 1-1/2", w/12" rods for 2-1/2" to 3-1/2" cond.		24	.333		16.70	8.70		25.40	31	
	8280	1-1/2" x 1-7/8", w/12" rods for 4" to 5" conduit		22	.364		28	9.50		37.50	45	
	8290	1-1/2" x 1-7/8", w/12" rods for 6" conduit		20	.400		30	10.45		40.45	49	
	8320	Conduit hangers plastic coated, with bolt & 12" rod, 1/2" diam.		140	.057		7.70	1.49		9.19	10.70	
	8330	3/4"		135	.059		7.95	1.55		9.50	11.05	
	8340	1"		125	.064		8.20	1.67		9.87	11.50	
	8350	1-1/4"		110	.073		8.70	1.90		10.60	12.40	
	8360	1-1/2"		100	.080		9.75	2.09		11.84	13.85	
	8370	2"		90	.089		10.65	2.32		12.97	15.20	
	8380	2-1/2"		70	.114		12.75	2.98		15.73	18.50	
	8390	3"		50	.160		15.40	4.18		19.58	23	
	8400	3-1/2"		35	.229		16.30	5.95		22.25	27	
	8410	4"		25	.320		23	8.35		31.35	38	
	8420	5"		20	.400		25	10.45		35.45	43	

ELECTRICAL 16

160 | Raceways

160 300 | Conduit Support

		CREW	DAILY OUTPUT	MAN-HOURS	UNIT	1992 BARE COSTS MAT.	LABOR	EQUIP.	TOTAL	TOTAL INCL O&P	
320	9000 Parallel type, conduit beam clamp, 1/2"	1 Elec	32	.250	Ea.	2	6.55		8.55	11.95	320
	9010 3/4"		32	.250		2.20	6.55		8.75	12.15	
	9020 1"		32	.250		2.35	6.55		8.90	12.30	
	9030 1-1/4"		30	.267		3	6.95		9.95	13.70	
	9040 1-1/2"		30	.267		3.40	6.95		10.35	14.15	
	9050 2"		30	.267		4.40	6.95		11.35	15.25	
	9060 2-1/2"		28	.286		5.30	7.45		12.75	16.95	
	9070 3"		28	.286		6.50	7.45		13.95	18.30	
	9090 4"		25	.320		8.40	8.35		16.75	22	
	9110 Right angle, conduit beam clamp, 1/2"		32	.250		1.35	6.55		7.90	11.20	
	9120 3/4"		32	.250		1.40	6.55		7.95	11.30	
	9130 1"		32	.250		1.55	6.55		8.10	11.45	
	9140 1-1/4"		30	.267		1.85	6.95		8.80	12.40	
	9150 1-1/2"		30	.267		2.10	6.95		9.05	12.70	
	9160 2"		30	.267		3.05	6.95		10	13.75	
	9170 2-1/2"		28	.286		3.80	7.45		11.25	15.30	
	9180 3"		28	.286		4.10	7.45		11.55	15.65	
	9190 3-1/2"		25	.320		5.45	8.35		13.80	18.45	
	9200 4"		25	.320		5.95	8.35		14.30	19	
	9230 Adjustable, conduit, hanger, 1/2"		32	.250		1.35	6.55		7.90	11.20	
	9240 3/4"		32	.250		1.45	6.55		8	11.35	
	9250 1"		32	.250		1.60	6.55		8.15	11.50	
	9260 1-1/4"		30	.267		1.70	6.95		8.65	12.25	
	9270 1-1/2"		30	.267		1.75	6.95		8.70	12.30	
	9280 2"		30	.267		1.90	6.95		8.85	12.50	
	9290 2-1/2"		28	.286		3.60	7.45		11.05	15.10	
	9300 3"		28	.286		4	7.45		11.45	15.55	
	9310 3-1/2"		25	.320		4.40	8.35		12.75	17.30	
	9320 4"		25	.320		6.35	8.35		14.70	19.45	
	9330 5"		20	.400		7.65	10.45		18.10	24	
	9340 6"		16	.500		9.90	13.05		22.95	30	
	9350 Combination conduit hanger, 3/8"		32	.250		3.15	6.55		9.70	13.20	
	9360 Adjustable flange 3/8"		32	.250		3.70	6.55		10.25	13.80	

160 500 | Ducts

		CREW	DAILY OUTPUT	MAN-HOURS	UNIT	MAT.	LABOR	EQUIP.	TOTAL	TOTAL INCL O&P	
540	0010 **TRENCH DUCT** Steel with cover										540
	0020 Standard adjustable, depths to 4"										
	0100 Straight, single compartment, 9" wide	1 Elec	120	.067	L.F.	43	1.74		44.74	50	
	0200 12" wide		16	.500		48.50	13.05		61.55	73	
	0400 18" wide		13	.615		65	16.05		81.05	95	
	0600 24" wide		11	.727		83.50	19		102.50	120	
	0700 27" wide		10.50	.762		91	19.90		110.90	130	
	0800 30" wide		10	.800		102	21		123	145	
	1000 36" wide		8	1		121	26		147	170	
	1020 Two compartment, 9" wide		19	.421		48.50	11		59.50	70	
	1030 12" wide		15	.533		55	13.90		68.90	81	
	1040 18" wide		12	.667		70	17.40		87.40	105	
	1050 24" wide		10	.800		89	21		110	130	
	1060 30" wide		9	.889		109	23		132	155	
	1070 36" wide		7	1.143		127	30		157	185	
	1090 Three compartment, 9" wide		18	.444		55	11.60		66.60	78	
	1100 12" wide		14	.571		62.50	14.90		77.40	91	
	1110 18" wide		11	.727		77	19		96	115	
	1120 24" wide		9	.889		97	23		120	140	
	1130 30" wide		8	1		118	26		144	170	
	1140 36" wide		6	1.333		138	35		173	205	
	1200 Horizontal elbow, 9" wide		2.70	2.963	Ea.	160	77		237	290	

160 | Raceways

160 500 | Ducts

		CREW	DAILY OUTPUT	MAN-HOURS	UNIT	1992 BARE COSTS MAT.	LABOR	EQUIP.	TOTAL	TOTAL INCL O&P	
540	1400	12" wide	1 Elec	2.30	3.478	Ea.	185	91		276	340	540
	1600	18" wide		2	4		235	105		340	415	
	1800	24" wide		1.60	5		330	130		460	560	
	1900	27" wide		1.50	5.333		380	140		520	625	
	2000	30" wide		1.30	6.154		450	160		610	735	
	2200	36" wide		1.20	6.667		585	175		760	905	
	2220	Two compartment, 9" wide		1.90	4.211		255	110		365	445	
	2230	12" wide		1.50	5.333		285	140		425	520	
	2240	18" wide		1.20	6.667		345	175		520	640	
	2250	24" wide		1	8		440	210		650	795	
	2260	30" wide		.90	8.889		585	230		815	990	
	2270	36" wide		.80	10		715	260		975	1,175	
	2290	Three compartment, 9"swide		1.80	4.444		265	115		380	465	
	2300	12" wide		1.40	5.714		305	150		455	560	
	2310	18" wide		1.10	7.273		370	190		560	690	
	2320	24" wide		.90	8.889		465	230		695	860	
	2330	30" wide		.80	10		605	260		865	1,050	
	2350	36" wide		.70	11.429		755	300		1,055	1,275	
	2400	Vertical elbow, 9" wide		2.70	2.963		55	77		132	175	
	2600	12" wide		2.30	3.478		60	91		151	200	
	2800	18" wide		2	4		70	105		175	235	
	3000	24" wide		1.60	5		81.50	130		211.50	285	
	3100	27" wide		1.50	5.333		87	140		227	305	
	3200	30" wide		1.30	6.154		91	160		251	340	
	3400	36" wide		1.20	6.667		102	175		277	370	
	3600	Cross, 9" wide		2	4		260	105		365	440	
	3800	12" wide		1.60	5		275	130		405	495	
	4000	18" wide		1.30	6.154		325	160		485	595	
	4200	24" wide		1.10	7.273		420	190		610	745	
	4300	27" wide		1.10	7.273		495	190		685	830	
	4400	30" wide		1	8		550	210		760	915	
	4600	36" wide		.90	8.889		675	230		905	1,100	
	4620	Two compartment, 9" wide		1.90	4.211		270	110		380	460	
	4630	12" wide		1.50	5.333		290	140		430	525	
	4640	18" wide		1.20	6.667		350	175		525	645	
	4650	24" wide		1	8		445	210		655	800	
	4660	30" wide		.90	8.889		580	230		810	985	
	4670	36" wide		.80	10		710	260		970	1,175	
	4690	Three compartment, 9" wide		1.80	4.444		275	115		390	475	
	4700	12" wide		1.40	5.714		320	150		470	575	
	4710	18" wide		1.10	7.273		375	190		565	695	
	4720	24" wide		.90	8.889		470	230		700	865	
	4730	30" wide		.80	10		615	260		875	1,075	
	4740	36" wide		.70	11.429		750	300		1,050	1,275	
	4800	End closure, 9" wide		7.20	1.111		15.50	29		44.50	60	
	5000	12" wide		6	1.333		17	35		52	71	
	5200	18" wide		5	1.600		29	42		71	94	
	5400	24" wide		4	2		38.50	52		90.50	120	
	5500	27" wide		3.50	2.286		44	60		104	135	
	5600	30" wide		3.30	2.424		46	63		109	145	
	5800	36" wide		2.90	2.759		56	72		128	170	
	6000	Tees, 9" wide		2	4		160	105		265	330	
	6200	12" wide		1.80	4.444		187	115		302	380	
	6400	18" wide		1.60	5		235	130		365	455	
	6600	24" wide		1.50	5.333		330	140		470	570	
	6700	27" wide		1.40	5.714		380	150		530	640	
	6800	30" wide		1.30	6.154		445	160		605	730	
	7000	36" wide		1	8		580	210		790	950	

ELECTRICAL 16

160 | Raceways

160 500 | Ducts

			CREW	DAILY OUTPUT	MAN-HOURS	UNIT	1992 BARE COSTS MAT.	LABOR	EQUIP.	TOTAL	TOTAL INCL O&P	
540	7020	Two compartment, 9" wide	1 Elec	1.90	4.211	Ea.	185	110		295	370	540
	7030	12" wide		1.70	4.706		200	125		325	405	
	7040	18" wide		1.50	5.333		260	140		400	495	
	7050	24" wide		1.40	5.714		355	150		505	615	
	7060	30" wide		1.20	6.667		485	175		660	795	
	7070	36" wide		.95	8.421		610	220		830	1,000	
	7090	Three compartment, 9" wide		1.80	4.444		210	115		325	405	
	7100	12" wide		1.60	5		225	130		355	440	
	7110	18" wide		1.40	5.714		280	150		430	530	
	7120	24" wide		1.30	6.154		385	160		545	665	
	7130	30" wide		1.10	7.273		510	190		700	845	
	7140	36" wide		.90	8.889		650	230		880	1,050	
	7200	Riser and cabinet connector, 9" wide		2.70	2.963		70	77		147	190	
	7400	12" wide		2.30	3.478		80	91		171	225	
	7600	18" wide		2	4		100	105		205	265	
	7800	24" wide		1.60	5		120	130		250	325	
	7900	27" wide		1.50	5.333		125	140		265	345	
	8000	30" wide		1.30	6.154		138	160		298	390	
	8200	36" wide		1	8		155	210		365	480	
	8400	Insert assembly, cell to conduit adapter, 1-1/4"		16	.500		22.65	13.05		35.70	44	
	8500	Adjustable partition		320	.025	L.F.	7.65	.65		8.30	9.40	
	8600	Depth of duct over 4" per 1", add					3.10			3.10	3.41	
	8700	Support post	1 Elec	240	.033		7.05	.87		7.92	9.05	
	8800	Cover double tile trim, 2 sides					11.70			11.70	12.85	
	8900	4 sides					35			35	39	
	9160	Trench duct 3-1/2" x 4-1/2" add					2.95			2.95	3.25	
	9170	Trench duct 4" x 5" add					2.95			2.95	3.25	
	9200	For carpet trim, add					11			11	12.10	
	9210	For double carpet trim, add					32.85			32.85	36	
560	0010	**UNDERFLOOR DUCT**										560
	0020	R160-560										
	0100	Duct, 1-3/8" x 3-1/8" blank, standard	1 Elec	80	.100	L.F.	3.70	2.61		6.31	7.95	
	0200	1-3/8" x 7-1/4" blank, super duct		60	.133		6.75	3.48		10.23	12.60	
	0400	7/8" or 1-3/8" insert type, 24" O.C., 1-3/8", x 3-1/8", std.		70	.114		4	2.98		6.98	8.85	
	0600	1-3/8" x 7-1/4", super duct		50	.160		7	4.18		11.18	13.95	
	0800	Junction box, single duct, 1 level, 3-1/8"		4	2	Ea.	91	52		143	180	
	0820	3-1/8" x 7-1/4"		4	2		91	52		143	180	
	0840	2 level, 3-1/8" upper & lower		3.20	2.500		105	65		170	215	
	0860	3-1/8" upper, 7-1/4" lower		2.70	2.963		105	77		182	230	
	0880	Carpet pan for above		80	.100		33	2.61		35.61	40	
	0900	Terrazzo pan for above		67	.119		125	3.12		128.12	140	
	1000	Junction box, single duct, 1 level, 7-1/4"		2.70	2.963		125	77		202	255	
	1020	2 level, 7-1/4" upper & lower		2.70	2.963		143	77		220	275	
	1040	2 duct, two 3-1/8" upper & lower		3.20	2.500		203	65		268	320	
	1200	1 level, 2 duct, 3-1/8"		3.20	2.500		137	65		202	250	
	1220	Carpet pan for above boxes		80	.100		38	2.61		40.61	46	
	1240	Terrazzo pan for above boxes		67	.119		154	3.12		157.12	175	
	1260	Junction box, 1 level, two 3-1/8" x one 3-1/8" + one 7-1/4"		2.30	3.478		215	91		306	370	
	1280	2 level, two 3-1/8" upper, one 3-1/8" + one 7-1/4" lower		2	4		240	105		345	420	
	1300	Carpet pan for above boxes		80	.100		45	2.61		47.61	53	
	1320	Terrazzo pan for above boxes		67	.119		170	3.12		173.12	190	
	1400	Junction box, 1 level, 2 duct, 7-1/4"		2.30	3.478		305	91		396	470	
	1420	Two 3-1/8" + one 7-1/4"		2	4		305	105		410	490	
	1440	Carpet pan for above		80	.100		52	2.61		54.61	61	
	1460	Terrazzo pan for above		67	.119		250	3.12		253.12	280	
	1580	Junction box, 1 level, one 3-1/8" + one 7-1/4" x same		2.30	3.478		225	91		316	385	
	1600	Triple duct, 3-1/8"		2.30	3.478		260	91		351	420	

160 | Raceways

160 500 | Ducts

		CREW	DAILY OUTPUT	MAN-HOURS	UNIT	1992 BARE COSTS MAT.	LABOR	EQUIP.	TOTAL	TOTAL INCL O&P	
560	1700 Junction box, 1 level, one 3-1/8" + two 7-1/4"	1 Elec	2	4	Ea.	340	105		445	530	560
	1720 Carpet pan for above		80	.100		60	2.61		62.61	70	
	1740 Terrazzo pan for above		67	.119		295	3.12		298.12	330	
	1800 Insert to conduit adapter, 3/4" & 1"		32	.250		4.85	6.55		11.40	15.05	
	2000 Support, single cell		27	.296		6.10	7.75		13.85	18.25	
	2200 Super duct		16	.500		6.45	13.05		19.50	27	
	2400 Double cell		16	.500		6.45	13.05		19.50	27	
	2600 Triple cell		11	.727		10	19		29	39	
	2800 Vertical elbow, standard duct		10	.800		13.80	21		34.80	46	
	3000 Super duct		8	1		27	26		53	69	
	3200 Cabinet connector, standard duct		32	.250		5.35	6.55		11.90	15.60	
	3400 Super duct		27	.296		10.40	7.75		18.15	23	
	3600 Conduit adapter, 1" to 1-1/4"		32	.250		7.25	6.55		13.80	17.70	
	3800 2" to 1-1/4"		27	.296		9.65	7.75		17.40	22	
	4000 Outlet, low tension (tele, computer, etc.)		8	1		22	26		48	63	
	4200 High tension, receptacle (120 volt)		8	1		27	26		53	69	
	4300 End closure, standard duct		160	.050		.90	1.31		2.21	2.94	
	4310 Super duct		160	.050		1.70	1.31		3.01	3.82	
	4350 Elbow, horiz., standard duct		26	.308		28	8.05		36.05	43	
	4360 Super duct		26	.308		55	8.05		63.05	72	
	4380 Elbow, offset, standard duct		26	.308		14	8.05		22.05	27	
	4390 Super duct		26	.308		28	8.05		36.05	43	
	4400 Marker screw assembly for inserts		50	.160		1.80	4.18		5.98	8.20	
	4410 Y take off, standard duct		26	.308		12.35	8.05		20.40	26	
	4420 Super duct		26	.308		26	8.05		34.05	41	
	4430 Box opening plug, standard duct		160	.050		.90	1.31		2.21	2.94	
	4440 Super duct		160	.050		1.80	1.31		3.11	3.93	
	4450 Sleeve coupling, standard duct		160	.050		2.90	1.31		4.21	5.15	
	4460 Super duct		160	.050		5.65	1.31		6.96	8.15	
	4470 Conduit adapter, standard duct, 3/4"		32	.250		7.25	6.55		13.80	17.70	
	4480 1" or 1-1/4"		32	.250		7.25	6.55		13.80	17.70	
	4500 1-1/2"		32	.250		9.65	6.55		16.20	20	
580	0010 **WIRING DUCT** Plastic										580
	1250 PVC, snap-in slots, adhesive backed										
	1270 1-1/2"W x 2"H	1 Elec	60	.133	L.F.	3.40	3.48		6.88	8.95	
	1280 1-1/2"W x 3"H		60	.133		4.20	3.48		7.68	9.80	
	1290 1-1/2"W x 4"H		60	.133		4.95	3.48		8.43	10.65	
	1300 2"W x 1"H		60	.133		3.25	3.48		6.73	8.75	
	1310 2"W x 1-1/2"H		60	.133		3.40	3.48		6.88	8.95	
	1320 2"W x 2"H		60	.133		3.60	3.48		7.08	9.15	
	1330 2"W x 2-1/2"H		60	.133		4.20	3.48		7.68	9.80	
	1340 2"W x 3"H		60	.133		4.50	3.48		7.98	10.15	
	1350 2"W x 4"H		60	.133		5.15	3.48		8.63	10.85	
	1360 2-1/2"W x 3"H		60	.133		4.65	3.48		8.13	10.30	
	1370 3"W x 1"H		55	.145		3.55	3.80		7.35	9.55	
	1380 3"W x 1-1/4"H		55	.145		4.05	3.80		7.85	10.10	
	1390 3"W x 2"H		55	.145		4.15	3.80		7.95	10.25	
	1400 3"W x 3"H		55	.145		5.20	3.80		9	11.40	
	1410 3"W x 4"H		55	.145		6.15	3.80		9.95	12.45	
	1420 3"W x 5"H		55	.145		7.65	3.80		11.45	14.10	
	1430 4"W x 1-1/2"H		50	.160		4.25	4.18		8.43	10.90	
	1440 4"W x 2"H		50	.160		4.65	4.18		8.83	11.35	
	1450 4"W x 3"H		50	.160		5.40	4.18		9.58	12.15	
	1460 4"W x 4"H		50	.160		6.75	4.18		10.93	13.65	
	1470 4"W x 5"H		50	.160		8.95	4.18		13.13	16.10	
	1550 Cover, 1-1/2"W		100	.080		.71	2.09		2.80	3.90	
	1560 2"W		100	.080		.90	2.09		2.99	4.11	
	1570 2-1/2"W		100	.080		1.05	2.09		3.14	4.27	

ELECTRICAL 16

160 | Raceways

		160 500	Ducts	CREW	DAILY OUTPUT	MAN-HOURS	UNIT	1992 BARE COSTS MAT.	LABOR	EQUIP.	TOTAL	TOTAL INCL O&P	
580	1580		3"W	1 Elec	100	.080	L.F.	1.28	2.09		3.37	4.52	580
	1590		4"W	↓	100	.080	↓	1.45	2.09		3.54	4.71	

161 | Conductors and Grounding

		161 100	Conductors		CREW	DAILY OUTPUT	MAN-HOURS	UNIT	1992 BARE COSTS MAT.	LABOR	EQUIP.	TOTAL	TOTAL INCL O&P	
105	0010	ARMORED CABLE		R161-105										105
	0050	600 volt, copper (BX), #14, 2 wire			1 Elec	2.40	3.333	C.L.F.	28.20	87		115.20	160	
	0100	3 wire				2.20	3.636		33.85	95		128.85	180	
	0120	4 wire				2	4		48.20	105		153.20	210	
	0150	#12, 2 wire				2.30	3.478		32.50	91		123.50	170	
	0200	3 wire				2	4		44	105		149	205	
	0220	4 wire				1.80	4.444		62	115		177	240	
	0240	#12, 19 wire, stranded				1.10	7.273		390	190		580	710	
	0250	#10, 2 wire				2	4		55	105		160	215	
	0300	3 wire				1.60	5		69	130		199	270	
	0320	4 wire				1.40	5.714		105	150		255	340	
	0350	#8, 3 wire				1.30	6.154		115	160		275	365	
	0370	4 wire				1.10	7.273		170	190		360	470	
	0380	#6, 2 wire, stranded				1.30	6.154		120	160		280	370	
	0400	3 conductor with PVC jacket, in cable tray, #6				3.10	2.581		200	67		267	320	
	0450	#4				2.70	2.963		260	77		337	400	
	0500	#2				2.30	3.478		350	91		441	520	
	0550	#1				2	4		475	105		580	680	
	0600	1/0				1.80	4.444		550	115		665	780	
	0650	2/0				1.70	4.706		670	125		795	920	
	0700	3/0				1.60	5		790	130		920	1,075	
	0750	4/0				1.50	5.333		910	140		1,050	1,200	
	0800	250 MCM				1.20	6.667		1,025	175		1,200	1,375	
	0850	350 MCM				1.10	7.273		1,345	190		1,535	1,775	
	0900	500 MCM				1	8		1,775	210		1,985	2,275	
	0910	4 conductor with PVC jacket in cable tray, #6				2.70	2.963		255	77		332	395	
	0920	#4				2.30	3.478		330	91		421	500	
	0930	#2				2	4		410	105		515	605	
	0940	#1				1.80	4.444		595	115		710	830	
	0950	1/0				1.70	4.706		685	125		810	935	
	0960	2/0				1.60	5		775	130		905	1,050	
	0970	3/0				1.50	5.333		935	140		1,075	1,225	
	0980	4/0				1.20	6.667		1,185	175		1,360	1,575	
	0990	250 MCM				1.10	7.273		1,400	190		1,590	1,825	
	1000	350 MCM				1	8		1,670	210		1,880	2,150	
	1010	500 MCM			↓	.90	8.889	↓	2,285	230		2,515	2,850	
	1050	5 KV, copper, 3 conductor with PVC jacket,												
	1060	non-shielded, in cable tray, #4			1 Elec	190	.042	L.F.	3.95	1.10		5.05	6	
	1100	#2				180	.044		5.10	1.16		6.26	7.35	
	1200	#1				150	.053		6.55	1.39		7.94	9.30	
	1400	1/0				145	.055		7.55	1.44		8.99	10.45	
	1600	2/0				130	.062		8.80	1.61		10.41	12.10	
	2000	4/0				120	.067		11.70	1.74		13.44	15.45	
	2100	250 MCM				110	.073		16	1.90		17.90	20	
	2150	350 MCM				105	.076		19.70	1.99		21.69	25	
	2200	500 MCM			↓	90	.089	↓	24	2.32		26.32	30	

161 | Conductors and Grounding

161 100 | Conductors

		CREW	DAILY OUTPUT	MAN-HOURS	UNIT	1992 BARE COSTS MAT.	LABOR	EQUIP.	TOTAL	TOTAL INCL O&P
2400	15 KV, copper, 3 conductor with PVC jacket,									
2500	grounded neutral, in cable tray, #2	1 Elec	150	.053	L.F.	8.85	1.39		10.24	11.80
2600	#1		140	.057		9.45	1.49		10.94	12.60
2800	1/0		130	.062		11.65	1.61		13.26	15.20
2900	2/0		110	.073		14	1.90		15.90	18.25
3000	4/0		95	.084		16.05	2.20		18.25	21
3100	250 MCM		90	.089		17.75	2.32		20.07	23
3150	350 MCM		80	.100		20.55	2.61		23.16	27
3200	500 MCM		70	.114		28.15	2.98		31.13	35
3400	15 KV, copper, 3 conductor with PVC jacket,									
3450	ungrounded neutral, in cable tray, #2	1 Elec	130	.062	L.F.	9.30	1.61		10.91	12.65
3500	#1		115	.070		10.30	1.82		12.12	14.05
3600	1/0		100	.080		11.90	2.09		13.99	16.20
3700	2/0		95	.084		14.60	2.20		16.80	19.35
3800	4/0		80	.100		17.60	2.61		20.21	23
4000	250 MCM		70	.114		20.15	2.98		23.13	27
4050	350 MCM		65	.123		27.25	3.21		30.46	35
4100	500 MCM		60	.133		33	3.48		36.48	41
4200	600 volt, aluminum, 3 conductor in cable tray with PVC jacket									
4300	#2	1 Elec	270	.030	L.F.	2.25	.77		3.02	3.63
4400	#1		230	.035		2.50	.91		3.41	4.10
4500	#1/0		200	.040		3.15	1.04		4.19	5
4600	#2/0		180	.044		3.20	1.16		4.36	5.25
4700	#3/0		170	.047		3.70	1.23		4.93	5.90
4800	#4/0		160	.050		4.50	1.31		5.81	6.90
4900	250 MCM		150	.053		5.40	1.39		6.79	8
5000	350 MCM		120	.067		6.45	1.74		8.19	9.70
5200	500 MCM		110	.073		7.95	1.90		9.85	11.60
5300	750 MCM		95	.084		10.30	2.20		12.50	14.60
5400	600 volt, aluminum, 4 conductor in cable tray with PVC jacket									
5410	#2	1 Elec	260	.031	L.F.	2.55	.80		3.35	4
5430	#1		220	.036		3.20	.95		4.15	4.94
5450	1/0		190	.042		3.70	1.10		4.80	5.70
5470	2/0		170	.047		3.75	1.23		4.98	5.95
5480	3/0		160	.050		4.40	1.31		5.71	6.80
5500	4/0		150	.053		5.20	1.39		6.59	7.80
5520	250 MCM		140	.057		5.65	1.49		7.14	8.45
5540	350 MCM		110	.073		7.30	1.90		9.20	10.85
5560	500 MCM		100	.080		9.10	2.09		11.19	13.15
5580	750 MCM		90	.089		12.50	2.32		14.82	17.20
5600	5 KV, aluminum, unshielded in cable tray, #2 with PVC jacket		190	.042		3.20	1.10		4.30	5.15
5700	#1		180	.044		3.55	1.16		4.71	5.65
5800	1/0		150	.053		3.60	1.39		4.99	6.05
6000	2/0		145	.055		3.65	1.44		5.09	6.15
6200	3/0		130	.062		4.40	1.61		6.01	7.25
6300	4/0		120	.067		5.20	1.74		6.94	8.30
6400	250 MCM		110	.073		5.70	1.90		7.60	9.10
6500	350 MCM		105	.076		6.70	1.99		8.69	10.35
6600	500 MCM		100	.080		7.90	2.09		9.99	11.80
6800	750 MCM		90	.089		9.85	2.32		12.17	14.30
7000	15 KV, aluminum, shielded grounded, #1 with PVC jacket		150	.053		7.40	1.39		8.79	10.20
7200	1/0		140	.057		8	1.49		9.49	11.05
7300	2/0		130	.062		8.10	1.61		9.71	11.30
7400	3/0		120	.067		9.15	1.74		10.89	12.65
7500	4/0		110	.073		9.35	1.90		11.25	13.10
7600	250 MCM		100	.080		10.25	2.09		12.34	14.40
7700	350 MCM		90	.089		12.05	2.32		14.37	16.70
7800	500 MCM		80	.100		14.45	2.61		17.06	19.80

161 | Conductors and Grounding

161 100 | Conductors

			CREW	DAILY OUTPUT	MAN-HOURS	UNIT	1992 BARE COSTS MAT.	LABOR	EQUIP.	TOTAL	TOTAL INCL O&P	
105	8000	750 MCM	1 Elec	68	.118	L.F.	17.15	3.07		20.22	23	105
	8200	15 KV, aluminum, shielded-ungrounded, #1 with PVC jacket		125	.064		9.05	1.67		10.72	12.45	
	8300	1/0		115	.070		9.35	1.82		11.17	13	
	8400	2/0		105	.076		10.25	1.99		12.24	14.25	
	8500	3/0		100	.080		10.50	2.09		12.59	14.65	
	8600	4/0		95	.084		11.35	2.20		13.55	15.75	
	8700	250 MCM		90	.089		12.15	2.32		14.47	16.85	
	8800	350 MCM		80	.100		13.85	2.61		16.46	19.15	
	8900	500 MCM		70	.114		16.85	2.98		19.83	23	
	9200	750 MCM		58	.138		20.45	3.60		24.05	28	
135	0010	**CONTROL CABLE**										135
	0020	600 volt, copper, #14 THWN wire with PVC jacket, 2 wires	1 Elec	9	.889	C.L.F.	14.90	23		37.90	51	
	0030	3 wires		8	1		21	26		47	62	
	0100	4 wires		7	1.143		24	30		54	71	
	0150	5 wires		6.50	1.231		33	32		65	84	
	0200	6 wires		6	1.333		39	35		74	95	
	0300	8 wires		5.30	1.509		45	39		84	110	
	0400	10 wires		4.80	1.667		54	44		98	125	
	0500	12 wires		4.30	1.860		80	49		129	160	
	0600	14 wires		3.80	2.105		87	55		142	180	
	0700	16 wires		3.50	2.286		100	60		160	200	
	0800	18 wires		3.30	2.424		110	63		173	215	
	0810	19 wires		3.10	2.581		115	67		182	225	
	0900	20 wires		3	2.667		123	70		193	240	
	1000	22 wires		2.80	2.857		130	75		205	255	
137	0010	**FIBER OPTICS**										137
	0020	Fiber optics cable only. added costs depend on the type of fiber										
	0030	special connectors, optical modems, and networking parts.										
	0040	Specialized tools & techniques cause installation costs to vary.										
	0070	Minimum, bulk simplex	1 Elec	8	1	C.L.F.	35	26		61	77	
	0080	Maximum, bulk plenum quad	"	2.29	3.493	"	775	91		866	990	
	0150	Fiber optic jumper				Ea.	55.50			55.50	61	
	0200	Fiber optic pigtail					30			30	33	
	0300	Fiber optic connector	1 Elec	24	.333		18.50	8.70		27.20	33	
	0350	Fiber optic finger splice		32	.250		32	6.55		38.55	45	
	0400	Transceiver (low cost bi-directional)		8	1		265	26		291	330	
	0450	Multi-channel rack enclosure (10 modules)		2	4		370	105		475	565	
	0500	Fiber optic patch panel (12 ports)		6	1.333		130	35		165	195	
140	0010	**MINERAL INSULATED CABLE** 600 volt										140
	0100	1 conductor, #12	1 Elec	1.60	5	C.L.F.	208	130		338	425	
	0200	#10		1.60	5		217	130		347	435	
	0400	#8		1.50	5.333		246	140		386	480	
	0500	#6		1.40	5.714		285	150		435	535	
	0600	#4		1.20	6.667		375	175		550	670	
	0800	#2		1.10	7.273		525	190		715	860	
	0900	#1		1.05	7.619		600	200		800	955	
	1000	1/0		1	8		692	210		902	1,075	
	1100	2/0		.95	8.421		824	220		1,044	1,225	
	1200	3/0		.90	8.889		975	230		1,205	1,425	
	1400	4/0		.80	10		1,121	260		1,381	1,625	
	1410	250 MCM		.80	10		1,271	260		1,531	1,800	
	1420	350 MCM		.65	12.308		1,420	320		1,740	2,050	
	1430	500 MCM		.65	12.308		1,780	320		2,100	2,425	
	1500	2 conductor, #12		1.40	5.714		342	150		492	600	
	1600	#10		1.20	6.667		413	175		588	715	
	1800	#8		1.10	7.273		515	190		705	850	

161 | Conductors and Grounding

161 100 | Conductors

			CREW	DAILY OUTPUT	MAN-HOURS	UNIT	MAT.	LABOR	EQUIP.	TOTAL	TOTAL INCL O&P	
140	2000	#6	1 Elec	1.05	7.619	C.L.F.	657	200		857	1,025	140
	2100	#4		1	8		863	210		1,073	1,250	
	2200	3 conductor, #12		1.20	6.667		397	175		572	695	
	2400	#10		1.10	7.273		482	190		672	815	
	2600	#8		1.05	7.619		601	200		801	960	
	2800	#6		1	8		780	210		990	1,175	
	3000	#4		.90	8.889		1,027	230		1,257	1,475	
	3100	4 conductor, #12		1.20	6.667		444	175		619	750	
	3200	#10		1.10	7.273		527	190		717	865	
	3400	#8		1	8		675	210		885	1,050	
	3600	#6		.90	8.889		886	230		1,116	1,325	
	3620	7 conductor, #12		1.10	7.273		562	190		752	900	
	3640	#10		1	8		703	210		913	1,075	
	3800	M.I. terminations, 600 volt, 1 conductor, #12		8	1	Ea.	7.30	26		33.30	47	
	4000	#10		7.60	1.053		7.30	27		34.30	49	
	4100	#8		7.30	1.096		7.30	29		36.30	51	
	4200	#6		6.70	1.194		7.30	31		38.30	55	
	4400	#4		6.20	1.290		11	34		45	62	
	4600	#2		5.70	1.404		11	37		48	67	
	4800	#1		5.30	1.509		11	39		50	71	
	5000	1/0		5	1.600		11	42		53	74	
	5100	2/0		4.70	1.702		11	44		55	78	
	5200	3/0		4.30	1.860		11	49		60	85	
	5400	4/0		4	2		23.25	52		75.25	105	
	5410	250 MCM		4	2		23.25	52		75.25	105	
	5420	350 MCM		4	2		72.50	52		124.50	160	
	5430	500 MCM		4	2		72.50	52		124.50	160	
	5500	2 conductor, #12		6.70	1.194		8.25	31		39.25	56	
	5600	#10		6.40	1.250		10.50	33		43.50	60	
	5800	#8		6.20	1.290		10.50	34		44.50	62	
	6000	#6		5.70	1.404		10.50	37		47.50	66	
	6200	#4		5.30	1.509		23.25	39		62.25	84	
	6400	3 conductor, #12		5.70	1.404		9.15	37		46.15	65	
	6500	#10		5.50	1.455		11.90	38		49.90	70	
	6600	#8		5.20	1.538		11.90	40		51.90	73	
	6800	#6		4.80	1.667		11.90	44		55.90	78	
	7200	#4		4.60	1.739		23.50	45		68.50	94	
	7400	4 conductor, #12		4.60	1.739		12.20	45		57.20	81	
	7500	#10		4.40	1.818		12.20	47		59.20	84	
	7600	#8		4.20	1.905		12.20	50		62.20	88	
	8400	#6		4	2		24.40	52		76.40	105	
	8500	7 conductor, #12		3.50	2.286		15.45	60		75.45	105	
	8600	#10		3	2.667		27.10	70		97.10	135	
	8800	Crimping tool, plier type					57			57	63	
	9000	Stripping tool					85			85	94	
	9200	Hand vise					29			29	32	
145	0010	**NON-METALLIC SHEATHED CABLE** 600 volt										145
	0100	Copper with ground wire, (Romex)										
	0150	#14, 2 wire	1 Elec	2.70	2.963	C.L.F.	16	77		93	135	
	0200	3 wire		2.40	3.333		30	87		117	165	
	0220	4 wire		2.20	3.636		62	95		157	210	
	0250	#12, 2 wire		2.50	3.200		25	84		109	150	
	0300	3 wire		2.20	3.636		41	95		136	185	
	0320	4 wire		2	4		92	105		197	255	
	0350	#10, 2 wire		2.20	3.636		41	95		136	185	
	0400	3 wire		1.80	4.444		63	115		178	240	
	0420	4 wire		1.60	5		122	130		252	330	
	0450	#8, 3 wire		1.50	5.333		134	140		274	355	

161 | Conductors and Grounding

		161 100	Conductors	CREW	DAILY OUTPUT	MAN-HOURS	UNIT	1992 BARE COSTS MAT.	LABOR	EQUIP.	TOTAL	TOTAL INCL O&P	
145	0480		4 wire	1 Elec	1.40	5.714	C.L.F.	225	150		375	470	145
	0500		#6, 3 wire		1.40	5.714		187	150		337	430	
	0520		#4, 3 wire		1.20	6.667		280	175		455	570	
	0540		#2, 3 wire		1.10	7.273		400	190		590	725	
	0550		SE type SER aluminum cable, 3 RHW and										
	0600		1 bare neutral, 3 #8 & 1 #8	1 Elec	1.60	5	C.L.F.	56	130		186	255	
	0650		3 #6 & 1 #6		1.40	5.714		63	150		213	290	
	0700		3 #4 & 1 #6		1.20	6.667		80	175		255	350	
	0750		3 #2 & 1 #4		1.10	7.273		109	190		299	405	
	0800		3 #1/0 & 1 #2		1	8		162	210		372	490	
	0850		3 #2/0 & 1 #1		.90	8.889		185	230		415	550	
	0900		3 #4/0 & 1 #2/0		.80	10		240	260		500	655	
	1450		UF underground feeder cable, copper with ground, #14-2 cond.		4	2		21.85	52		73.85	100	
	1500		#12-2 conductor		3.50	2.286		29.80	60		89.80	120	
	1550		#10-2 conductor		3	2.667		45	70		115	155	
	1600		#14-3 conductor		3.50	2.286		33.50	60		93.50	125	
	1650		#12-3 conductor		3	2.667		46	70		116	155	
	1700		#10-3 conductor		2.50	3.200		68.70	84		152.70	200	
	1750		#14-1 conductor		13	.615		11.50	16.05		27.55	37	
	1800		#12-1 conductor		11	.727		14.95	19		33.95	45	
	1850		#10-1 conductor		10	.800		20.60	21		41.60	54	
	1900		#8-1 conductor		8	1		32.20	26		58.20	74	
	1950		#6-1 conductor		6.50	1.231		42.15	32		74.15	94	
	2000		#4-1 conductor		5.30	1.509		66.75	39		105.75	130	
	2100		#2-1 conductor		4.50	1.778		93.50	46		139.50	170	
	2400		SEU service entrance cable, copper 2 conductors, #8 + #8 neut.		1.50	5.333		90.70	140		230.70	310	
	2600		#6 + #8 neutral		1.30	6.154		127	160		287	380	
	2800		#6 + #6 neutral		1.30	6.154		135	160		295	390	
	3000		#4 + #6 neutral		1.10	7.273		218.50	190		408.50	525	
	3200		#4 + #4 neutral		1.10	7.273		244	190		434	550	
	3400		#3 + #5 neutral		1.05	7.619		270	200		470	595	
	3600		#3 + #3 neutral		1.05	7.619		308	200		508	635	
	3800		#2 + #4 neutral		1	8		339	210		549	685	
	4000		#1 + #1 neutral		.95	8.421		593	220		813	980	
	4200		1/0 + 1/0 neutral		.90	8.889		659	230		889	1,075	
	4400		2/0 + 2/0 neutral		.85	9.412		790	245		1,035	1,225	
	4600		3/0 + 3/0 neutral		.80	10		989	260		1,249	1,475	
	4800		Aluminum, 2 conductors #8 + #8 neutral		1.60	5		54.90	130		184.90	255	
	5000		#6 + #6 neutral		1.40	5.714		62.50	150		212.50	290	
	5100		#4 + #6 neutral		1.25	6.400		78.75	165		243.75	335	
	5200		#4 + #4 neutral		1.20	6.667		82	175		257	350	
	5300		#2 + #4 neutral		1.15	6.957		99	180		279	380	
	5400		#2 + #2 neutral		1.10	7.273		105	190		295	400	
	5450		1/0 + #2 neutral		1.05	7.619		153	200		353	465	
	5500		1/0 + 1/0 neutral		1	8		157	210		367	485	
	5550		2/0 + #1 neutral		.95	8.421		170	220		390	515	
	5600		2/0 + 2/0 neutral		.90	8.889		180	230		410	545	
	5800		3/0 + 1/0 neutral		.85	9.412		210	245		455	600	
	6000		3/0 + 3/0 neutral		.85	9.412		225	245		470	615	
	6200		4/0 + 2/0 neutral		.80	10		235	260		495	650	
	6400		4/0 + 4/0 neutral		.80	10		250	260		510	665	
	6500		Service entrance cap for copper SEU										
	6600		100 amp	1 Elec	12	.667	Ea.	4.65	17.40		22.05	31	
	6700		150 amp		10	.800		10.10	21		31.10	42	
	6800		200 amp		8	1		13.85	26		39.85	54	
150	0010		**SHIELDED CABLE** Splicing & terminations not included										150
	0050		Copper, CLP shielding, 5KV #4	1 Elec	2.20	3.636	C.L.F.	120	95		215	275	

161 | Conductors and Grounding

161 100 | Conductors

			CREW	DAILY OUTPUT	MAN-HOURS	UNIT	1992 BARE COSTS MAT.	LABOR	EQUIP.	TOTAL	TOTAL INCL O&P	
150	0100	#2	1 Elec	2	4	C.L.F.	145	105		250	315	150
	0200	#1		2	4		160	105		265	330	
	0400	1/0		1.90	4.211		185	110		295	370	
	0600	2/0		1.80	4.444		225	115		340	420	
	0800	4/0		1.60	5		300	130		430	525	
	1000	250 MCM		1.50	5.333		330	140		470	570	
	1200	350 MCM		1.30	6.154		450	160		610	735	
	1400	500 MCM		1.20	6.667		575	175		750	890	
	1600	15 KV, ungrounded neutral, #1		2	4		190	105		295	365	
	1800	1/0		1.90	4.211		235	110		345	425	
	2000	2/0		1.80	4.444		265	115		380	465	
	2200	4/0		1.60	5		350	130		480	580	
	2400	250 MCM		1.50	5.333		365	140		505	610	
	2600	350 MCM		1.30	6.154		495	160		655	785	
	2800	500 MCM		1.20	6.667		615	175		790	935	
	3000	25 KV, grounded neutral, #1/0		1.80	4.444		330	115		445	535	
	3200	2/0		1.70	4.706		350	125		475	570	
	3400	4/0		1.50	5.333		435	140		575	685	
	3600	250 MCM		1.40	5.714		550	150		700	830	
	3800	350 MCM		1.20	6.667		640	175		815	965	
	3900	500 MCM		1.10	7.273		760	190		950	1,125	
	4000	35 KV, grounded neutral, #1/0		1.70	4.706		355	125		480	575	
	4200	2/0		1.60	5		400	130		530	635	
	4400	4/0		1.40	5.714		505	150		655	780	
	4600	250 MCM		1.30	6.154		595	160		755	895	
	4800	350 MCM		1.10	7.273		710	190		900	1,075	
	5000	500 MCM		1	8		835	210		1,045	1,225	
	5050	Aluminum, CLP shielding, 5KV, #2		2.50	3.200		125	84		209	260	
	5070	#1		2.20	3.636		130	95		225	285	
	5090	1/0		2	4		150	105		255	320	
	5100	2/0		1.90	4.211		175	110		285	355	
	5150	4/0		1.80	4.444		205	115		320	400	
	5200	250 MCM		1.60	5		240	130		370	460	
	5220	350 MCM		1.50	5.333		275	140		415	510	
	5240	500 MCM		1.30	6.154		375	160		535	650	
	5260	750 MCM		1.20	6.667		490	175		665	800	
	5300	15 KV aluminum, CLP, #1		2.20	3.636		165	95		260	325	
	5320	1/0		2	4		170	105		275	345	
	5340	2/0		1.90	4.211		200	110		310	385	
	5360	4/0		1.80	4.444		225	115		340	420	
	5380	250 MCM		1.60	5		265	130		395	485	
	5400	350 MCM		1.50	5.333		285	140		425	520	
	5420	500 MCM		1.30	6.154		420	160		580	700	
	5440	750 MCM		1.20	6.667		550	175		725	865	
155	0010	**SPECIAL WIRES & FITTINGS**										155
	0100	Fixture, TFFN, 600 volt, 90°, stranded #18	1 Elec	13	.615	C.L.F.	5.40	16.05		21.45	30	
	0150	#16		13	.615		6.70	16.05		22.75	31	
	0500	Thermostat, no jacket, twisted, #18-2 conductor		8	1		7.70	26		33.70	47	
	0550	#18-3		7	1.143		10.60	30		40.60	56	
	0600	#18-4		6.50	1.231		14.70	32		46.70	64	
	0650	#18-5		6	1.333		17.55	35		52.55	71	
	0700	#18-6		5.50	1.455		21.70	38		59.70	81	
	0750	#18-7		5	1.600		24.25	42		66.25	89	
	0800	#18-8		4.80	1.667		28	44		72	96	
	0900	TV, antenna lead-in, 300 ohm #20-2 conductor		7	1.143		12.50	30		42.50	58	
	0950	Coaxial, feeder outlet		7	1.143		13.50	30		43.50	59	
	1000	Coaxial, main riser		6	1.333		19.70	35		54.70	74	
	1100	Sound, shielded with drain, #22-2 conductor		8	1		16.85	26		42.85	57	

16 ELECTRICAL

161 | Conductors and Grounding

		161 100	Conductors	CREW	DAILY OUTPUT	MAN-HOURS	UNIT	1992 BARE COSTS MAT.	LABOR	EQUIP.	TOTAL	TOTAL INCL O&P	
155	1150		#22-3 conductor	1 Elec	7.50	1.067	C.L.F.	22.10	28		50.10	66	155
	1200		#22-4 conductor		6.50	1.231		23.70	32		55.70	74	
	1250		Nonshielded #22-2 conductor		10	.800		10.40	21		31.40	43	
	1300		#22-3 conductor		9	.889		16.90	23		39.90	53	
	1350		#22-4 conductor		8	1		23.20	26		49.20	64	
	1400		Microphone cable		8	1		42	26		68	85	
	1500		Fire alarm, FEP teflon, 150 volt, 200° centigrade										
	1550		#22, 1 pair	1 Elec	10	.800	C.L.F.	56	21		77	93	
	1600		2 pair		8	1		93	26		119	140	
	1650		4 pair		7	1.143		143	30		173	200	
	1700		6 pair		6	1.333		185.50	35		220.50	255	
	1750		8 pair		5.50	1.455		233	38		271	315	
	1800		10 pair		5	1.600		281	42		323	370	
	1850		#18, 1 pair		8	1		64	26		90	110	
	1900		2 pair		6.50	1.231		122	32		154	180	
	1950		4 pair		4.80	1.667		185.50	44		229.50	270	
	2000		6 pair		4	2		244	52		296	345	
	2050		8 pair		3.50	2.286		318	60		378	440	
	2100		10 pair		3	2.667		365	70		435	505	
	2200		Telephone, twisted, PVC insulation, #22-2 conductor		10	.800		10.60	21		31.60	43	
	2250		#22-3 conductor		9	.889		11.20	23		34.20	47	
	2300		#22-4 conductor		8	1		14.50	26		40.50	55	
	2350		#19-2 conductor		9	.889		11.20	23		34.20	47	
	2500		Tray cable type TC, copper #14, 2 conductor		9	.889		14.90	23		37.90	51	
	2520		3 conductor		8	1		21	26		47	62	
	2540		4 conductor		7	1.143		24	30		54	71	
	2560		5 conductor		6.50	1.231		33	32		65	84	
	2580		6 conductor		6	1.333		39	35		74	95	
	2600		8 conductor		5.30	1.509		45	39		84	110	
	2620		10 conductor		4.80	1.667		54	44		98	125	
	2640		300V, copper braided shield, PVC jacket										
	2650		2 conductor #18 stranded	1 Elec	7	1.143	C.L.F.	29	30		59	76	
	2660		3 conductor #18	"	6	1.333	"	47	35		82	105	
	3000		Strain relief grip for cable										
	3050		Cord, top, #12-3	1 Elec	40	.200	Ea.	9.80	5.20		15	18.55	
	3060		#12-4		40	.200		9.80	5.20		15	18.55	
	3070		#12-5		39	.205		11.15	5.35		16.50	20	
	3100		#10-3		39	.205		11.15	5.35		16.50	20	
	3110		#10-4		38	.211		11.15	5.50		16.65	20	
	3120		#10-5		38	.211		11.90	5.50		17.40	21	
	3200		Bottom, #12-3		40	.200		22.20	5.20		27.40	32	
	3210		#12-4		40	.200		22.20	5.20		27.40	32	
	3220		#12-5		39	.205		26.15	5.35		31.50	37	
	3230		#10-3		39	.205		28.20	5.35		33.55	39	
	3300		#10-4		38	.211		32.75	5.50		38.25	44	
	3310		#10-5		38	.211		35	5.50		40.50	47	
	3500		Coaxial, connectors 50 ohm impedance quick disconnect										
	3540		BNC plug, for RG A/U #58 cable	1 Elec	42	.190	Ea.	3.45	4.97		8.42	11.20	
	3550		RG A/U #59 cable		42	.190		3.45	4.97		8.42	11.20	
	3560		RG A/U #62 cable		42	.190		3.45	4.97		8.42	11.20	
	3600		BNC jack for RG A/U #58 cable		42	.190		3.45	4.97		8.42	11.20	
	3610		RG A/U #59 cable		42	.190		3.45	4.97		8.42	11.20	
	3620		RG A/U #62 cable		42	.190		3.45	4.97		8.42	11.20	
	3660		BNC panel jack for RG A/U #58 cable		40	.200		7.25	5.20		12.45	15.75	
	3670		RG A/U #59 cable		40	.200		7.25	5.20		12.45	15.75	
	3680		RG A/U #62 cable		40	.200		7.25	5.20		12.45	15.75	
	3720		BNC bulkhead jack for RG A/U #58 cable		40	.200		7.75	5.20		12.95	16.30	
	3730		RG A/U 59 cable		40	.200		7.75	5.20		12.95	16.30	

161 | Conductors and Grounding

161 100 | Conductors

			CREW	DAILY OUTPUT	MAN-HOURS	UNIT	MAT.	LABOR	EQUIP.	TOTAL	TOTAL INCL O&P	
155	3740	RG A/U 62 cable	1 Elec	40	.200	Ea.	7.75	5.20		12.95	16.30	155
	3850	Coaxial cable, RG A/U 58, 50 ohm		8	1	C.L.F.	17	26		43	58	
	3860	RG A/U 59, 75 ohm		8	1		16.25	26		42.25	57	
	3870	RG A/U 62, 93 ohm		8	1		16.25	26		42.25	57	
	3950	RG A/U 58, 50 ohm fire rated		8	1		145	26		171	200	
	3960	RG A/U 59, 75 ohm fire rated		8	1		145	26		171	200	
	3970	RG A/U 62, 93 ohm fire rated		8	1		130	26		156	180	
160	0010	**UNDERCARPET** R161-160										160
	0020	Power System										
	0100	Cable flat, 3 conductor, #12, w/attached bottom shield	1 Elec	982	.008	L.F.	3.10	.21		3.31	3.73	
	0200	Shield, top, steel		1,768	.005	"	3.30	.12		3.42	3.81	
	0250	Splice, 3 conductor		48	.167	Ea.	10.30	4.35		14.65	17.80	
	0300	Top shield		96	.083		.85	2.18		3.03	4.18	
	0350	Tap		40	.200		13.20	5.20		18.40	22	
	0400	Insulating patch, splice, tap, & end		48	.167		30	4.35		34.35	39	
	0450	Fold		230	.035			.91		.91	1.35	
	0500	Top shield, tap & fold		96	.083		.85	2.18		3.03	4.18	
	0700	Transition, block assembly		77	.104		20.30	2.71		23.01	26	
	0750	Receptacle frame & base		32	.250		22.20	6.55		28.75	34	
	0800	Cover receptacle		120	.067		2	1.74		3.74	4.80	
	0850	Cover blank		160	.050		2.35	1.31		3.66	4.53	
	0860	Receptacle, direct connected, single		25	.320		60	8.35		68.35	78	
	0870	Dual		16	.500		98.80	13.05		111.85	130	
	0880	Combination Hi & Lo, tension		21	.381		70	9.95		79.95	92	
	0900	Box, floor with cover		20	.400		60	10.45		70.45	82	
	0920	Floor service w/barrier		4	2		170	52		222	265	
	1000	Wall, surface, with cover		20	.400		36	10.45		46.45	55	
	1100	Wall, flush, with cover		20	.400		26	10.45		36.45	44	
	1200											
	1450	Cable, flat, 5 conductor #12, w/attached bottom shield	1 Elec	800	.010	L.F.	5.30	.26		5.56	6.20	
	1550	Shield, top, steel		1,768	.005	"	5.25	.12		5.37	5.95	
	1600	Splice, 5 conductor		48	.167	Ea.	17.10	4.35		21.45	25	
	1650	Top shield		96	.083		.85	2.18		3.03	4.18	
	1700	Tap		48	.167		22	4.35		26.35	31	
	1750	Insulating patch, splice tap, & end		83	.096		29	2.52		31.52	36	
	1800	Transition, block assembly		77	.104		29	2.71		31.71	36	
	1850	Box, wall, flush with cover		20	.400		34	10.45		44.45	53	
	1900	Cable, flat, 4 conductor, #12		933	.009	L.F.	4.30	.22		4.52	5.05	
	1950	3 conductor #10		982	.008		3.65	.21		3.86	4.33	
	1960	4 conductor #10		933	.009		4.80	.22		5.02	5.60	
	1970	5 conductor #10		884	.009		5.95	.24		6.19	6.90	
	2500	Telephone System										
	2510	Transition fitting wall box, surface	1 Elec	24	.333	Ea.	18	8.70		26.70	33	
	2520	Flush		24	.333		18	8.70		26.70	33	
	2530	Flush, for PC board		24	.333		18	8.70		26.70	33	
	2540	Floor service box		4	2		170	52		222	265	
	2550	Cover, surface					8.50			8.50	9.35	
	2560	Flush					8.50			8.50	9.35	
	2570	Flush for PC board					8.50			8.50	9.35	
	2700	Floor fitting w/duplex jack & cover	1 Elec	21	.381		27.30	9.95		37.25	45	
	2720	Low profile		53	.151		9.60	3.94		13.54	16.45	
	2740	Miniature w/duplex jack		53	.151		12.65	3.94		16.59	19.80	
	2760	25 pair kit		21	.381		29.50	9.95		39.45	47	
	2780	Low profile		53	.151		9.85	3.94		13.79	16.70	
	2800	Call director kit for 5 cable		19	.421		47	11		58	68	
	2820	4 pair kit		19	.421		56	11		67	78	
	2840	3 pair kit		19	.421		59	11		70	81	

161 | Conductors and Grounding

161 100 | Conductors

		CREW	DAILY OUTPUT	MAN-HOURS	UNIT	MAT.	LABOR	EQUIP.	TOTAL	TOTAL INCL O&P
160 2860	Comb. 25 pair & 3 cond power	1 Elec	21	.381	Ea.	47	9.95		56.95	67
2880	5 cond power		21	.381		53	9.95		62.95	73
2900	PC board, 8-3 pair		161	.050		36	1.30		37.30	42
2920	6-4 pair		161	.050		36	1.30		37.30	42
2940	3 pair adapter		161	.050		36	1.30		37.30	42
2950	Plug		77	.104		1.45	2.71		4.16	5.65
2960	Couplers		321	.025		4.30	.65		4.95	5.70
3000	Bottom shield for 25 pr. cable		4,420	.002	L.F.	.48	.05		.53	.60
3020	4 pair		4,420	.002		.19	.05		.24	.28
3040	Top shield for 25 pr. cable		4,420	.002		.48	.05		.53	.60
3100	Cable assembly, double-end, 50', 25 pr.		11.80	.678	Ea.	103	17.70		120.70	140
3110	3 pair		23.60	.339		36	8.85		44.85	53
3120	4 pair		23.60	.339		40	8.85		48.85	57
3140	Bulk 3 pair		1,473	.005	L.F.	.55	.14		.69	.82
3160	4 pair		1,473	.005	"	.65	.14		.79	.93
3500	Data System									
3520	Cable 25 conductor w/conn. 40', 75 ohm	1 Elec	14.50	.552	Ea.	44	14.40		58.40	70
3530	Single lead		22	.364		121	9.50		130.50	145
3540	Dual lead		22	.364		160	9.50		169.50	190
3560	Shields same for 25 cond. as 25 pair tele.									
3570	Single & dual, none req'd.									
3590	BNC coax connectors, Plug	1 Elec	40	.200	Ea.	4.75	5.20		9.95	13
3600	TNC coax connectors, Plug	"	40	.200	"	4.75	5.20		9.95	13
3700	Cable-bulk									
3710	Single lead	1 Elec	1,473	.005	L.F.	2.55	.14		2.69	3.02
3720	Dual lead	"	1,473	.005	"	3.35	.14		3.49	3.90
3730	Hand tool crimp				Ea.	248			248	275
3740	Hand tool notch				"	13			13	14.30
3750	Boxes & floor fitting same as telephone									
3790	Data cable notching 90°	1 Elec	97	.082	Ea.		2.15		2.15	3.21
3800	180°		60	.133			3.48		3.48	5.20
8100	Drill floor		160	.050		1.20	1.31		2.51	3.27
8200	Marking floor		1,600	.005	L.F.		.13		.13	.19
8300	Tape, hold down		6,400	.001	"	.13	.03		.16	.19
8350	Tape primer, 500 ft. per can		96	.083	Ea.	16.25	2.18		18.43	21
8400	Tool, splicing				"	180			180	200
165 0010	**WIRE** R161-165									165
0020	600 volt, type THW, copper, solid, #14	1 Elec	13	.615	C.L.F.	4.90	16.05		20.95	29
0030	#12		11	.727		6.80	19		25.80	36
0040	#10		10	.800		10	21		31	42
0050	Stranded #14		13	.615		5.70	16.05		21.75	30
0100	#12		11	.727		7.75	19		26.75	37
0120	#10		10	.800		11.95	21		32.95	44
0140	#8		8	1		19.30	26		45.30	60
0160	#6		6.50	1.231		24.80	32		56.80	75
0180	#4		5.30	1.509		38.65	39		77.65	100
0200	#3		5	1.600		47.50	42		89.50	115
0220	#2		4.50	1.778		58.50	46		104.50	135
0240	#1		4	2		77.45	52		129.45	165
0260	1/0		3.30	2.424		91	63		154	195
0280	2/0		2.90	2.759		110	72		182	230
0300	3/0		2.50	3.200		135	84		219	275
0350	4/0		2.20	3.636		170	95		265	330
0400	250 MCM		2	4		210	105		315	385
0420	300 MCM		1.90	4.211		270	110		380	460
0450	350 MCM		1.80	4.444		285	115		400	485
0480	400 MCM		1.70	4.706		350	125		475	570
0490	500 MCM		1.60	5		390	130		520	625

161 | Conductors and Grounding

161 100	Conductors	CREW	DAILY OUTPUT	MAN-HOURS	UNIT	1992 BARE COSTS MAT.	LABOR	EQUIP.	TOTAL	TOTAL INCL O&P	
165	0500	600 MCM	1 Elec	1.30	6.154	C.L.F.	575	160		735	870	165
	0510	750 MCM		1.10	7.273		705	190		895	1,050	
	0520	1000 MCM		.90	8.889		1,050	230		1,280	1,500	
	0530	Aluminum, stranded, #8		9	.889		8.75	23		31.75	44	
	0540	#6		8	1		10.75	26		36.75	51	
	0560	#4		6.50	1.231		14.25	32		46.25	64	
	0580	#2		5.30	1.509		19.15	39		58.15	80	
	0600	#1		4.50	1.778		27.75	46		73.75	100	
	0620	1/0		4	2		31.55	52		83.55	115	
	0640	2/0		3.60	2.222		37.20	58		95.20	125	
	0680	3/0		3.30	2.424		44.60	63		107.60	145	
	0700	4/0		3.10	2.581		52.10	67		119.10	160	
	0720	250 MCM		2.90	2.759		61.85	72		133.85	175	
	0740	300 MCM		2.70	2.963		81.45	77		158.45	205	
	0760	350 MCM		2.50	3.200		88	84		172	220	
	0780	400 MCM		2.30	3.478		97	91		188	240	
	0800	500 MCM		2	4		111	105		216	280	
	0850	600 MCM		1.90	4.211		135	110		245	315	
	0880	700 MCM		1.70	4.706		157	125		282	355	
	0900	750 MCM		1.60	5		165	130		295	375	
	0920	Type THWN-THHN, copper, solid, #14		13	.615		4.20	16.05		20.25	29	
	0940	#12		11	.727		5.90	19		24.90	35	
	0960	#10		10	.800		9.60	21		30.60	42	
	1000	Stranded, #14		13	.615		4.90	16.05		20.95	29	
	1200	#12		11	.727		6.95	19		25.95	36	
	1250	#10		10	.800		11.45	21		32.45	44	
	1300	#8		8	1		18.75	26		44.75	60	
	1350	#6		6.50	1.231		25.70	32		57.70	76	
	1400	#4		5.30	1.509		40.60	39		79.60	105	
	1450	#3		5	1.600		54.45	42		96.45	120	
	1500	#2		4.50	1.778		72	46		118	150	
	1550	#1		4	2		94	52		146	180	
	1600	1/0		3.30	2.424		113	63		176	220	
	1650	2/0		2.90	2.759		130	72		202	250	
	1700	3/0		2.50	3.200		160	84		244	300	
	2000	4/0		2.20	3.636		195	95		290	355	
	2200	250 MCM		2	4		230	105		335	410	
	2400	300 MCM		1.90	4.211		275	110		385	465	
	2600	350 MCM		1.80	4.444		305	115		420	510	
	2700	400 MCM		1.70	4.706		365	125		490	585	
	2800	500 MCM		1.60	5		435	130		565	675	
	2900	600 volt, copper, type XHHW, solid, #14		13	.615		7.50	16.05		23.55	32	
	2920	#12		11	.727		10.35	19		29.35	40	
	2940	#10		10	.800		13.95	21		34.95	47	
	3000	Stranded #14		13	.615		9.65	16.05		25.70	35	
	3020	#12		11	.727		11.70	19		30.70	41	
	3040	#10		10	.800		16.90	21		37.90	50	
	3060	#8		8	1		23.40	26		49.40	65	
	3080	#6		6.50	1.231		26	32		58	77	
	3100	#4		5.30	1.509		42	39		81	105	
	3120	#2		4.50	1.778		63	46		109	140	
	3140	#1		4	2		83	52		135	170	
	3160	1/0		3.30	2.424		100	63		163	205	
	3180	2/0		2.90	2.759		120	72		192	240	
	3200	3/0		2.50	3.200		150	84		234	290	
	3220	4/0		2.20	3.636		185	95		280	345	
	3240	250 MCM		2	4		235	105		340	415	
	3260	300 MCM		1.90	4.211		275	110		385	465	

ELECTRICAL 16

161 | Conductors and Grounding

		161 100	Conductors	CREW	DAILY OUTPUT	MAN-HOURS	UNIT	1992 BARE COSTS MAT.	LABOR	EQUIP.	TOTAL	TOTAL INCL O&P	
165	3280		350 MCM	1 Elec	1.80	4.444	C.L.F.	310	115		425	515	165
	3300		400 MCM		1.70	4.706		370	125		495	590	
	3320		500 MCM		1.60	5		435	130		565	675	
	3340		600 MCM		1.30	6.154		595	160		755	895	
	3360		750 MCM		1.10	7.273		750	190		940	1,100	
	3380		1000 MCM		.80	10		1,125	260		1,385	1,625	
	4000		600 volt, copper, type TW, solid, #14		13	.615		4.15	16.05		20.20	29	
	4050		#12		11	.727		5.85	19		24.85	35	
	4100		#10		10	.800		9.20	21		30.20	41	
	4110		Stranded #14		13	.615		4.75	16.05		20.80	29	
	4120		#12		11	.727		6.85	19		25.85	36	
	4130		#10		10	.800		10.35	21		31.35	43	
	4150		#8		8	1		17.90	26		43.90	59	
	4160		#6		6.50	1.231		23.50	32		55.50	74	
	4170		#4		5.30	1.509		37.50	39		76.50	100	
	4190		#2		4.50	1.778		57.50	46		103.50	130	
	4200		#1		4	2		75.95	52		127.95	160	
	4210		600 volt, copper, type THW-MTW, stranded, #14		13	.615		7.25	16.05		23.30	32	
	4220		#12		11	.727		10.25	19		29.25	40	
	4240		#10		10	.800		14.45	21		35.45	47	
	4260		#8		8	1		23	26		49	64	
	5000		600 volt, aluminum, type XHHW, stranded, #8		9	.889		9.95	23		32.95	46	
	5020		#6		8	1		10.85	26		36.85	51	
	5040		#4		6.50	1.231		14.50	32		46.50	64	
	5060		#2		5.30	1.509		19.80	39		58.80	81	
	5080		#1		4.50	1.778		29	46		75	100	
	5100		1/0		4	2		31.65	52		83.65	115	
	5120		2/0		3.60	2.222		37.85	58		95.85	130	
	5140		3/0		3.30	2.424		44.85	63		107.85	145	
	5160		4/0		3.10	2.581		52.85	67		119.85	160	
	5180		250 MCM		2.90	2.759		61.90	72		133.90	175	
	5200		300 MCM		2.70	2.963		81.65	77		158.65	205	
	5220		350 MCM		2.50	3.200		88	84		172	220	
	5240		400 MCM		2.30	3.478		97	91		188	240	
	5260		500 MCM		2	4		113	105		218	280	
	5280		600 MCM		1.90	4.211		135	110		245	315	
	5300		700 MCM		1.80	4.444		160	115		275	350	
	5320		750 MCM		1.70	4.706		167	125		292	365	
	5340		1000 MCM		1.20	6.667		240	175		415	525	
	5400		600 volt, copper, type XLPE-USE, solid, #12		11	.727		10.20	19		29.20	40	
	5420		#10		10	.800		13.15	21		34.15	46	
	5440		Stranded, #14		13	.615		10.35	16.05		26.40	35	
	5460		#12		11	.727		11.60	19		30.60	41	
	5480		#10		10	.800		15.25	21		36.25	48	
	5500		#8		8	1		23.90	26		49.90	65	
	5520		#6		6.50	1.231		30	32		62	81	
	5540		#4		5.30	1.509		46	39		85	110	
	5560		#2		4.50	1.778		65	46		111	140	
	5580		#1		4	2		83	52		135	170	
	5600		1/0		3.30	2.424		103	63		166	210	
	5620		2/0		2.90	2.759		123	72		195	245	
	5640		3/0		2.50	3.200		150	84		234	290	
	5660		4/0		2.20	3.636		188	95		283	350	
	5680		250 MCM		2	4		240	105		345	420	
	5700		300 MCM		1.90	4.211		280	110		390	470	
	5720		350 MCM		1.80	4.444		320	115		435	525	
	5740		400 MCM		1.70	4.706		370	125		495	590	
	5760		500 MCM		1.60	5		435	130		565	675	

161 | Conductors and Grounding

161 100 | Conductors

			CREW	DAILY OUTPUT	MAN-HOURS	UNIT	1992 BARE COSTS MAT.	LABOR	EQUIP.	TOTAL	TOTAL INCL O&P	
165	5780	600 MCM	1 Elec	1.30	6.154	C.L.F.	605	160		765	905	165
	5800	750 MCM		1.10	7.273		730	190		920	1,075	
	5820	1000 MCM		.90	8.889		1,125	230		1,355	1,575	
	5840	600 volt, type XLPE-USE, aluminum, stranded, #6		8	1		12.60	26		38.60	53	
	5860	#4		6.50	1.231		15.90	32		47.90	65	
	5880	#2		5.30	1.509		21.10	39		60.10	82	
	5900	#1		4.50	1.778		29.85	46		75.85	100	
	5920	1/0		4	2		33.90	52		85.90	115	
	5940	2/0		3.60	2.222		39.50	58		97.50	130	
	5960	3/0		3.30	2.424		48.50	63		111.50	150	
	5980	4/0		3.10	2.581		55	67		122	160	
	6000	250 MCM		2.90	2.759		68	72		140	180	
	6020	300 MCM		2.70	2.963		90	77		167	215	
	6040	350 MCM		2.50	3.200		96	84		180	230	
	6060	400 MCM		2.30	3.478		105	91		196	250	
	6080	500 MCM		2	4		124	105		229	290	
	6100	600 MCM		1.90	4.211		146	110		256	325	
	6110	700 MCM		1.80	4.444		174	115		289	365	
	6120	750 MCM		1.70	4.706		180	125		305	380	

161 500 | Terminations

			CREW	DAILY OUTPUT	MAN-HOURS	UNIT	MAT.	LABOR	EQUIP.	TOTAL	TOTAL INCL O&P	
510	0010	**CABLE CONNECTORS**										510
	0100	600 volt, nonmetallic, #14-2 wire	1 Elec	160	.050	Ea.	.27	1.31		1.58	2.24	
	0200	#14-3 wire to #12-2 wire		133	.060		.27	1.57		1.84	2.64	
	0300	#12-3 wire to #10-2 wire		114	.070		.27	1.83		2.10	3.03	
	0400	#10-3 wire to #14-4 and #12-4 wire		100	.080		.27	2.09		2.36	3.41	
	0500	#8-3 wire to #10-4 wire		80	.100		.79	2.61		3.40	4.76	
	0600	#6-3 wire		40	.200		1.15	5.20		6.35	9.05	
	0800	SER, aluminum 3 #8 insulated + 1 #8 ground		32	.250		1.15	6.55		7.70	11	
	0900	3 #6 + 1 #6 ground		24	.333		1.45	8.70		10.15	14.60	
	1000	3 #4 + 1 #6 ground		22	.364		1.45	9.50		10.95	15.75	
	1100	3 #2 + 1 #4 ground		20	.400		2.65	10.45		13.10	18.50	
	1200	3 1/0 + 1 #2 ground		18	.444		6.05	11.60		17.65	24	
	1400	3 2/0 + 1 #1 ground		16	.500		7.20	13.05		20.25	27	
	1600	3 4/0 + 1 # 2/0 ground		14	.571		8.50	14.90		23.40	32	
	1800	600 volt, armored , #14-2 wire		80	.100		.29	2.61		2.90	4.21	
	2200	#14-4, #12-3 and #10-2 wire		40	.200		.29	5.20		5.49	8.10	
	2400	#12-4, #10-3 and #8-2 wire		32	.250		.35	6.55		6.90	10.10	
	2600	#8-3 and #10-4 wire		26	.308		1.20	8.05		9.25	13.30	
	2650	#8-4 wire		22	.364		1.85	9.50		11.35	16.20	
	2700	PVC jacket connector, #6-3 wire, #6-4 wire		16	.500		4.75	13.05		17.80	25	
	2800	#4-3 wire, #4-4 wire		16	.500		4.75	13.05		17.80	25	
	2900	#2-3 wire		12	.667		4.75	17.40		22.15	31	
	3000	#1-3 wire, #2-4 wire		12	.667		7.15	17.40		24.55	34	
	3200	1/0-3 wire		11	.727		7.15	19		26.15	36	
	3400	2/0-3 wire, 1/0-4 wire		10	.800		7.15	21		28.15	39	
	3500	3/0-3 wire, 2/0-4 wire		9	.889		9.40	23		32.40	45	
	3600	4/0-3 wire, 3/0-4 wire		7	1.143		9.40	30		39.40	55	
	3800	250 MCM-3 wire, 4/0-4 wire		6	1.333		17.65	35		52.65	71	
	4000	350 MCM-3 wire, 250 MCM-4 wire		5	1.600		17.65	42		59.65	82	
	4100	350 MCM-4 wire		4	2		25	52		77	105	
	4200	500 MCM-3 wire		4	2		25	52		77	105	
	4250	500 MCM-4 wire, 750 MCM-3 wire		3.50	2.286		48	60		108	140	
	4300	750 MCM-4 wire		3	2.667		48	70		118	155	
	4400	5 KV, armored, #4		8	1		30	26		56	72	
	4600	#2		8	1		30	26		56	72	
	4800	#1		8	1		30	26		54	72	

Make the INSUL-EATER™ comparison...

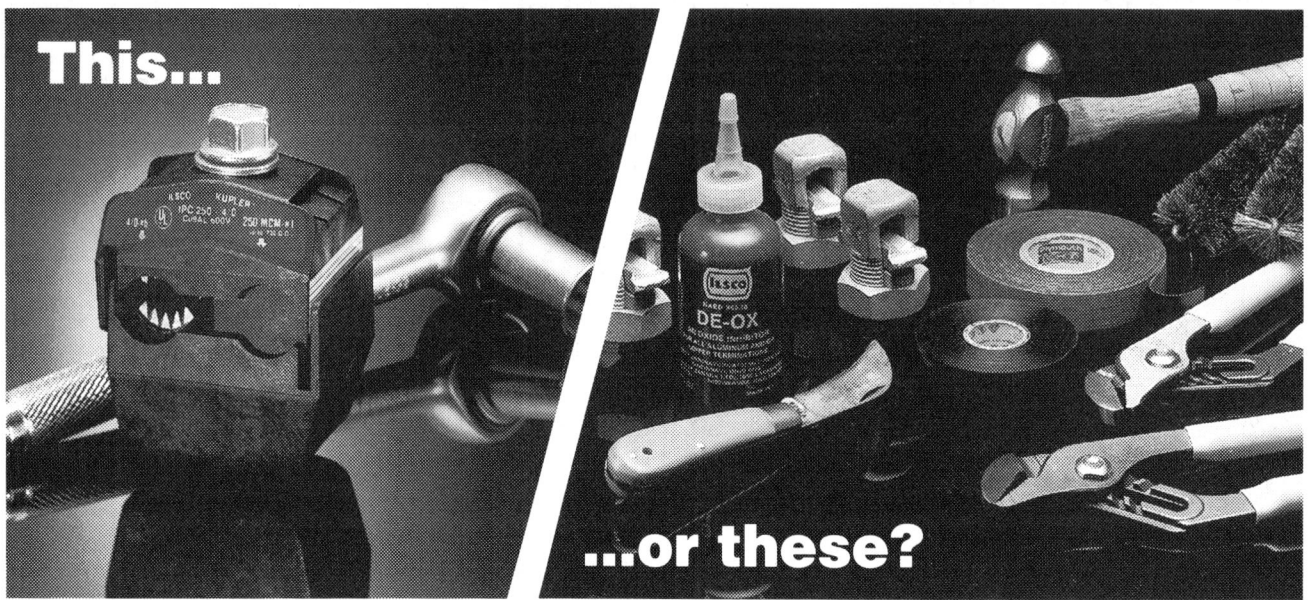

...and you'll make the ILSCO connection!

Installed Cost Comparison — INSUL-EATER™ vs. Dual Rated Split Bolt

COMPARE THE COSTS AND SEE WHAT ILSCO INSUL-EATERS™ CAN SAVE YOU!

CATALOG NUMBER	IPC MATERIAL COST	IPC LABOR HOURS	IPC LABOR COST	IPC TOTAL INSTALLED COST	SPLIT BOLT SIZE	SPLIT BOLT MATERIAL COST	SPLIT BOLT LABOR HOURS	SPLIT BOLT LABOR COST	SPLIT BOLT TOTAL INSTALLED COST	SAVINGS BY USING ILSCO IPC CONNECTORS
IPC-1/0-2	$5.80	.08	$2.10	$7.90	1/0	$5.25	.80	$21.00	$26.25	**$18.35**
IPC-4/0-6	$4.80	.08	$2.10	$6.90	4/0	$13.90	1.25	$33.00	$46.90	**$40.00**
IPC-4/0-1/0	$10.80	.08	$2.10	$12.90	4/0	$13.90	1.25	$33.00	$46.90	**$34.00**
IPC-4/0-2/0	$9.30	.08	$2.10	$11.40	4/0	$13.90	1.25	$33.00	$46.90	**$35.50**
IPC-4/0-4/0	$11.35	.08	$2.10	$13.45	4/0	$13.90	1.25	$33.00	$46.90	**$33.45**
IPC-250-4/0	$13.00	.08	$2.10	$15.10	250 MCM	$14.00	1.404	$37.00	$51.00	**$35.90**
IPC-350-4/0	$24.05	.08	$2.10	$26.15	350 MCM	$26.00	1.739	$45.00	$71.00	**$44.85**
IPC-350-350	$29.60	.08	$2.10	$31.70	350 MCM	$26.00	1.739	$45.00	$71.00	**$39.30**
IPC-500-4/0	$31.95	.08	$2.10	$34.05	500 MCM	$34.00	2.0	$52.00	$86.00	**$51.95**
IPC-500-500	$60.70	.08	$2.10	$62.80	500 MCM	$34.00	2.0	$52.00	$86.00	**$23.20**
IPC-750-500	$61.85	.08	$2.10	$63.95	750 MCM	$47.00	2.2	$57.75	$104.75	**$40.80**

There really is no comparison! INSUL-EATER™ is your best choice for lower costs plus increased installation safety.

Molded of tough, resilient, glass-filled nylon, INSUL-EATERS™ can be used as a dead-end non-tension splice or a tap splice. Precisely designed, extra-hard copper contact teeth assure proper penetration into either copper or aluminum conductors. They can be installed "hot" on energized conductors (while not under load).

INSUL-EATERS™ for indoor/outdoor use run cooler than the conductor yet require no cover or tape over the connectors. No need for stripping or oxide inhibitor.

ILSCO/KUPLER • 4730 Madison Road • Cincinnati, Ohio 45227 • Phone: (513) 871-4000 • Fax: (513) 871-4084
ILSCO of Canada, Ltd. • 1050 Lakeshore Road East • Mississauga, Ontario L5E 1E4 • Phone: (416) 274-2341 • Fax: (416) 274-2689

161 | Conductors and Grounding

161 500 | Terminations

			CREW	DAILY OUTPUT	MAN-HOURS	UNIT	1992 BARE COSTS MAT.	LABOR	EQUIP.	TOTAL	TOTAL INCL O&P	
510	5000	1/0	1 Elec	6.40	1.250	Ea.	38	33		71	90	510
	5200	2/0		5.30	1.509		38	39		77	100	
	5500	4/0		4	2		50	52		102	135	
	5600	250 MCM		3.60	2.222		58	58		116	150	
	5650	350 MCM		3.20	2.500		72	65		137	175	
	5700	500 MCM		2.50	3.200		72	84		156	205	
	5720	750 MCM		2.20	3.636		105	95		200	255	
	5750	1000 MCM		2	4		143	105		248	315	
	5800	15 KV, armored, #1		4	2		48	52		100	130	
	5900	1/0		4	2		48	52		100	130	
	6000	3/0		3.60	2.222		63	58		121	155	
	6100	4/0		3.40	2.353		63	61		124	160	
	6200	250 MCM		3.20	2.500		70	65		135	175	
	6300	350 MCM		2.70	2.963		80	77		157	205	
	6400	500 MCM	▼	2	4	▼	80	105		185	245	
520	0010	**CABLE TERMINATIONS**										520
	0050	Terminal lugs, solderless, #16 to #10	1 Elec	50	.160	Ea.	.40	4.18		4.58	6.65	
	0100	#8 to #4		30	.267		1.25	6.95		8.20	11.75	
	0150	#2 to #1		22	.364		2.90	9.50		12.40	17.35	
	0200	1/0 to 2/0		16	.500		5.60	13.05		18.65	26	
	0250	3/0		12	.667		5.60	17.40		23	32	
	0300	4/0		11	.727		5.60	19		24.60	34	
	0350	250 MCM		9	.889		5.70	23		28.70	41	
	0400	350 MCM		7	1.143		13.25	30		43.25	59	
	0450	500 MCM		6	1.333		13.25	35		48.25	67	
	0500	600 MCM		5.80	1.379		33	36		69	90	
	0550	750 MCM		5.20	1.538		33	40		73	96	
	0600	Split bolt connectors, tapped, #6		16	.500		2.05	13.05		15.10	22	
	0650	#4		14	.571		2.75	14.90		17.65	25	
	0700	#2		12	.667		3.90	17.40		21.30	30	
	0750	#1		11	.727		5	19		24	34	
	0800	1/0		10	.800		5.25	21		26.25	37	
	0850	2/0		9	.889		8.45	23		31.45	44	
	0900	3/0		7.20	1.111		11.45	29		40.45	56	
	1000	4/0		6.40	1.250		13.90	33		46.90	64	
	1100	250 MCM		5.70	1.404		14	37		51	70	
	1200	300 MCM		5.30	1.509		21	39		60	82	
	1400	350 MCM		4.60	1.739		26	45		71	96	
	1500	500 MCM	▼	4	2	▼	34	52		86	115	
	1600	Crimp, 1 hole lugs, copper or aluminum, 600 volt										
	1620	#14	1 Elec	60	.133	Ea.	.15	3.48		3.63	5.35	
	1630	#12		50	.160		.22	4.18		4.40	6.45	
	1640	#10		45	.178		.22	4.64		4.86	7.15	
	1780	#8		36	.222		.72	5.80		6.52	9.45	
	1800	#6		30	.267		.75	6.95		7.70	11.20	
	2000	#4		27	.296		1	7.75		8.75	12.65	
	2200	#2		24	.333		1.95	8.70		10.65	15.15	
	2400	#1		20	.400		2.05	10.45		12.50	17.85	
	2600	2/0		15	.533		2.55	13.90		16.45	24	
	2800	3/0		12	.667		3.15	17.40		20.55	29	
	3000	4/0		11	.727		3.40	19		22.40	32	
	3200	250 MCM		9	.889		4.05	23		27.05	39	
	3400	300 MCM		8	1		4.65	26		30.65	44	
	3500	350 MCM		7	1.143		4.95	30		34.95	50	
	3600	400 MCM		6.50	1.231		5.75	32		37.75	54	
	3800	500 MCM		6	1.333		7.05	35		42.05	60	
	4000	600 MCM	▼	5.80	1.379	▼	13	36		49	68	

16 ELECTRICAL

161 | Conductors and Grounding

161 500 | Terminations

			DAILY	MAN-		\multicolumn{4}{c}{1992 BARE COSTS}	TOTAL	
		CREW	OUTPUT	HOURS	UNIT	MAT.	LABOR	EQUIP.	TOTAL	INCL O&P	
520	4200	700 MCM	1 Elec	5.50	1.455	Ea.	13.70	38		51.70	72	520
	4400	750 MCM	↓	5.20	1.538	↓	15	40		55	76	
	4500	Crimp, 2-way connectors, copper or alum., 600 volt,										
	4510	#14	1 Elec	60	.133	Ea.	.25	3.48		3.73	5.45	
	4520	#12		50	.160		.39	4.18		4.57	6.65	
	4530	#10		45	.178		.39	4.64		5.03	7.35	
	4540	#8		27	.296		1	7.75		8.75	12.65	
	4600	#6		25	.320		2.20	8.35		10.55	14.90	
	4800	#4		23	.348		2.30	9.10		11.40	16.10	
	5000	#2		20	.400		3.55	10.45		14	19.50	
	5200	#1		16	.500		5.70	13.05		18.75	26	
	5400	1/0		13	.615		6.20	16.05		22.25	31	
	5420	2/0		12	.667		6.30	17.40		23.70	33	
	5440	3/0		11	.727		7.25	19		26.25	36	
	5460	4/0		10	.800		7.75	21		28.75	40	
	5480	250 MCM		9	.889		8.10	23		31.10	44	
	5500	300 MCM		8.50	.941		8.65	25		33.65	46	
	5520	350 MCM		8	1		9.05	26		35.05	49	
	5540	400 MCM		7.30	1.096		11.85	29		40.85	56	
	5560	500 MCM		6.20	1.290		14.80	34		48.80	67	
	5580	600 MCM		5.50	1.455		21.20	38		59.20	80	
	5600	700 MCM		4.50	1.778		21.80	46		67.80	93	
	5620	750 MCM		4	2		21.80	52		73.80	100	
	7000	Compression equipment adapter for aluminum wire, #6		30	.267		3.95	6.95		10.90	14.75	
	7020	#4		27	.296		4.20	7.75		11.95	16.15	
	7040	#2		24	.333		4.45	8.70		13.15	17.90	
	7060	#1		20	.400		5.05	10.45		15.50	21	
	7080	1/0		18	.444		5.30	11.60		16.90	23	
	7100	2/0		15	.533		8.05	13.90		21.95	30	
	7140	4/0		11	.727		9.50	19		28.50	39	
	7160	250 MCM		9	.889		10	23		33	46	
	7180	300 MCM		8	1		10.90	26		36.90	51	
	7200	350 MCM		7	1.143		11.90	30		41.90	58	
	7220	400 MCM		6.50	1.231		14.40	32		46.40	64	
	7240	500 MCM		6	1.333		14.45	35		49.45	68	
	7260	600 MCM		5.80	1.379		20.75	36		56.75	77	
	7280	750 MCM	↓	5.20	1.538		21.10	40		61.10	83	
	8000	Compression tool, hand					620			620	680	
	8100	Hydraulic					1,405			1,405	1,550	
	8500	Hydraulic dies				↓	130			130	145	
525	0010	**CABLE TERMINATIONS,** 5 KV to 35 KV										525
	0100	Indoor, insulation diameter range .525" to 1.025"										
	0300	Padmount, 5 KV	1 Elec	8	1	Ea.	46	26		72	90	
	0400	15 KV		6.40	1.250		89	33		122	145	
	0500	25 KV		6	1.333		105	35		140	165	
	0600	35 KV	↓	5.60	1.429	↓	120	37		157	190	
	0700	.975" to 1.570"										
	0800	Padmount, 5 KV	1 Elec	8	1	Ea.	56	26		82	100	
	0900	15 KV		6	1.333		118	35		153	180	
	1000	25 KV		5.60	1.429		135	37		172	205	
	1100	35 KV	↓	5.30	1.509	↓	155	39		194	230	
	1200	1.540" to 1.900"										
	1300	Padmount, 5 KV	1 Elec	7.40	1.081	Ea.	85	28		113	135	
	1400	15 KV		5.60	1.429		150	37		187	220	
	1500	25 KV		5.30	1.509		180	39		219	255	
	1600	35 KV	↓	5	1.600	↓	205	42		247	290	
	1700	Outdoor systems, #4 stranded to 1/0 stranded										
	1800	5 KV	1 Elec	7.40	1.081	Ea.	95	28		123	145	

161 | Conductors and Grounding

161 500 | Terminations

			CREW	DAILY OUTPUT	MAN-HOURS	UNIT	MAT.	LABOR	EQUIP.	TOTAL	TOTAL INCL O&P	
525	1900	15KV	1 Elec	5.30	1.509	Ea.	105	39		144	175	525
	2000	25 KV		5	1.600		150	42		192	225	
	2100	35 KV		4.80	1.667		150	44		194	230	
	2200	#1 solid to 4/0 stranded, 5 KV		6.90	1.159		105	30		135	160	
	2300	15 KV		5	1.600		115	42		157	190	
	2400	25 KV		4.80	1.667		160	44		204	240	
	2500	35 KV		4.60	1.739		160	45		205	245	
	2600	3/0 solid to 350 MCM stranded, 5 KV		6.40	1.250		130	33		163	190	
	2700	15 KV		4.80	1.667		135	44		179	215	
	2800	25 KV		4.60	1.739		180	45		225	265	
	2900	35 KV		4.40	1.818		180	47		227	270	
	3000	400 MCM compact to 750 MCM stranded, 5 KV		6	1.333		160	35		195	230	
	3100	15 KV		4.60	1.739		175	45		220	260	
	3200	25 KV		4.40	1.818		225	47		272	320	
	3300	35 KV		4.20	1.905		225	50		275	320	
	3400	1000 MCM, 5 KV		5.60	1.429		175	37		212	250	
	3500	15 KV		4.40	1.818		180	47		227	270	
	3600	25 KV		4.20	1.905		235	50		285	335	
	3700	35 KV		4	2		235	52		287	335	
540	0010	**CABLE SPLICING** URD or similar, ideal conditions										540
	0100	#6 stranded to #1 stranded, 5 KV	1 Elec	4	2	Ea.	85	52		137	170	
	0120	15 KV		3.60	2.222		85	58		143	180	
	0140	25 KV		3.20	2.500		85	65		150	190	
	0200	#1 stranded to 4/0 stranded, 5 KV		3.60	2.222		85	58		143	180	
	0210	15 KV		3.20	2.500		85	65		150	190	
	0220	25 KV		2.80	2.857		85	75		160	205	
	0300	4/0 stranded to 500 MCM stranded, 5 KV		3.30	2.424		230	63		293	345	
	0310	15 KV		2.90	2.759		230	72		302	360	
	0320	25 KV		2.50	3.200		230	84		314	380	
	0400	500 MCM, 5 KV		3.20	2.500		230	65		295	350	
	0410	15 KV		2.80	2.857		230	75		305	365	
	0420	25 KV		2.30	3.478		230	91		321	390	
	0500	600 MCM, 5 KV		2.90	2.759		230	72		302	360	
	0510	15 KV		2.40	3.333		230	87		317	385	
	0520	25 KV		2	4		230	105		335	410	
	0600	750 MCM, 5 KV		2.60	3.077		245	80		325	390	
	0610	15 KV		2.20	3.636		245	95		340	410	
	0620	25 KV		1.90	4.211		245	110		355	435	
	0700	1000 MCM, 5 KV		2.30	3.478		260	91		351	420	
	0710	15 KV		1.90	4.211		260	110		370	450	
	0720	25 KV		1.60	5		260	130		390	480	

161 800 | Grounding

810	0010	**GROUNDING**	R161-810									810
	0030	Rod, copper clad, 8' long, 1/2" diameter		1 Elec	5	1.600	Ea.	10.75	42		52.75	74
	0040	5/8" diameter			5.50	1.455		12.20	38		50.20	70
	0050	3/4" diameter			5.30	1.509		20	39		59	81
	0080	10' long, 1/2" diameter			4.80	1.667		13.30	44		57.30	80
	0090	5/8" diameter			4.60	1.739		16.15	45		61.15	86
	0100	3/4" diameter			4.40	1.818		26	47		73	99
	0130	15' long, 3/4" diameter			4	2		60	52		112	145
	0150	Coupling, bronze, 1/2" diameter						4.75			4.75	5.20
	0160	5/8" diameter						6.30			6.30	6.95
	0170	3/4" diameter						9.30			9.30	10.25
	0190	Drive studs, 1/2" diameter						3.30			3.30	3.63
	0210	5/8" diameter						3.40			3.40	3.74
	0220	3/4" diameter						3.50			3.50	3.85

16 ELECTRICAL

161 | Conductors and Grounding

161 800 | Grounding

			CREW	DAILY OUTPUT	MAN-HOURS	UNIT	1992 BARE COSTS MAT.	LABOR	EQUIP.	TOTAL	TOTAL INCL O&P	
810	0230	Clamp, bronze, 1/2" diameter	1 Elec	32	.250	Ea.	2.50	6.55		9.05	12.50	810
	0240	5/8" diameter		32	.250		2.80	6.55		9.35	12.80	
	0250	3/4" diameter		32	.250	▼	3.60	6.55		10.15	13.70	
	0260	Wire, ground, bare armored, #8-1 conductor		2	4	C.L.F.	64	105		169	225	
	0270	#6-1 conductor		1.80	4.444		78	115		193	260	
	0280	#4-1 conductor		1.60	5		120	130		250	325	
	0320	Bare copper wire #14 solid		14	.571		4.15	14.90		19.05	27	
	0330	#12		13	.615		5.75	16.05		21.80	30	
	0340	#10		12	.667		9.40	17.40		26.80	36	
	0350	#8		11	.727		17.15	19		36.15	47	
	0360	#6		10	.800		24.05	21		45.05	58	
	0370	#4		8	1		37.10	26		63.10	80	
	0380	#2		5	1.600		57.20	42		99.20	125	
	0390	Bare copper wire #8 stranded		11	.727		18.75	19		37.75	49	
	0410	#6		10	.800		24.15	21		45.15	58	
	0450	#4		8	1		37.55	26		63.55	80	
	0600	#2		5	1.600		57.20	42		99.20	125	
	0650	#1		4.50	1.778		75.90	46		121.90	155	
	0700	1/0		4	2		89.50	52		141.50	175	
	0750	2/0		3.60	2.222		107	58		165	205	
	0800	3/0		3.30	2.424		132	63		195	240	
	1000	4/0		2.85	2.807		167	73		240	295	
	1200	250 MCM		2.40	3.333		195	87		282	345	
	1210	300 MCM		2.20	3.636		255	95		350	420	
	1220	350 MCM		2	4		270	105		375	455	
	1230	400 MCM		1.90	4.211		330	110		440	525	
	1240	500 MCM		1.70	4.706		370	125		495	590	
	1250	600 MCM		1.30	6.154		455	160		615	740	
	1260	750 MCM		1.20	6.667		570	175		745	885	
	1270	1000 MCM		1	8		830	210		1,040	1,225	
	1350	Bare aluminum, #8 stranded		10	.800		6.10	21		27.10	38	
	1360	#6		9	.889		9.65	23		32.65	45	
	1370	#4		8	1		12.50	26		38.50	53	
	1380	#2		6.50	1.231		19.50	32		51.50	69	
	1390	#1		5.30	1.509		25	39		64	86	
	1400	1/0		4.50	1.778		30.95	46		76.95	105	
	1410	2/0		4	2		36	52		88	120	
	1420	3/0		3.60	2.222		42	58		100	135	
	1430	4/0		3.30	2.424		54	63		117	155	
	1440	250 MCM		3.10	2.581		70	67		137	180	
	1450	300 MCM		2.90	2.759		84	72		156	200	
	1460	400 MCM		2.50	3.200		105	84		189	240	
	1470	500 MCM		2.30	3.478		145	91		236	295	
	1480	600 MCM		2	4		165	105		270	335	
	1490	700 MCM		1.90	4.211		176	110		286	360	
	1500	750 MCM		1.70	4.706		190	125		315	390	
	1510	1000 MCM	▼	1.60	5	▼	255	130		385	475	
	1800	Water pipe ground clamps, heavy duty										
	2000	Bronze, 1/2" to 1" diameter	1 Elec	8	1	Ea.	6.10	26		32.10	46	
	2100	1-1/4" to 2" diameter		8	1		8.75	26		34.75	49	
	2200	2-1/2" to 3" diameter		6	1.333		27	35		62	82	
	2730	Cadweld, 4/0 wire to 1" ground rod		7	1.143		7.95	30		37.95	53	
	2740	4/0 wire to building steel		7	1.143		6.10	30		36.10	51	
	2750	4/0 wire to motor frame		7	1.143		6.10	30		36.10	51	
	2760	4/0 wire to 4/0 wire		7	1.143		5	30		35	50	
	2770	4/0 wire to #4 wire		7	1.143		5	30		35	50	
	2780	4/0 wire to #8 wire	▼	7	1.143		5	30		35	50	
	2790	Mold, reusable, for above				▼	44.50			44.50	49	

161 | Conductors and Grounding

161 800 | Grounding

			CREW	DAILY OUTPUT	MAN-HOURS	UNIT	MAT.	LABOR	EQUIP.	TOTAL	TOTAL INCL O&P	
810	2800	Brazed connections, #6 wire	1 Elec	12	.667	Ea.	7.30	17.40		24.70	34	810
	3000	#2 wire		10	.800		9.70	21		30.70	42	
	3100	3/0 wire		8	1		14.65	26		40.65	55	
	3200	4/0 wire		7	1.143		17.05	30		47.05	63	
	3400	250 MCM wire		5	1.600		19.50	42		61.50	84	
	3600	500 MCM wire		4	2		24.15	52		76.15	105	
	3700	Insulated ground wire, copper #14		13	.615	C.L.F.	5.60	16.05		21.65	30	
	3710	#12		11	.727		7.75	19		26.75	37	
	3720	#10		10	.800		11.95	21		32.95	44	
	3730	#8		8	1		19.30	26		45.30	60	
	3740	#6		6.50	1.231		24.80	32		56.80	75	
	3750	#4		5.30	1.509		38.65	39		77.65	100	
	3770	#2		4.50	1.778		58.50	46		104.50	135	
	3780	#1		4	2		77.50	52		129.50	165	
	3790	1/0		3.30	2.424		91	63		154	195	
	3800	2/0		2.90	2.759		110	72		182	230	
	3810	3/0		2.50	3.200		135	84		219	275	
	3820	4/0		2.20	3.636		170	95		265	330	
	3830	250 MCM		2	4		210	105		315	385	
	3840	300 MCM		1.90	4.211		270	110		380	460	
	3850	350 MCM		1.80	4.444		285	115		400	485	
	3860	400 MCM		1.70	4.706		350	125		475	570	
	3870	500 MCM		1.60	5		390	130		520	625	
	3880	600 MCM		1.30	6.154		585	160		745	885	
	3890	750 MCM		1.10	7.273		710	190		900	1,075	
	3900	1000 MCM		.90	8.889		1,050	230		1,280	1,500	
	3950	Insulated ground wire, aluminum #8		9	.889		8.40	23		31.40	44	
	3960	#6		8	1		10.35	26		36.35	50	
	3970	#4		6.50	1.231		14	32		46	63	
	3980	#2		5.30	1.509		18.55	39		57.55	79	
	3990	#1		4.50	1.778		27.25	46		73.25	99	
	4000	1/0		4	2		30.50	52		82.50	110	
	4010	2/0		3.60	2.222		35.65	58		93.65	125	
	4020	3/0		3.30	2.424		43.50	63		106.50	140	
	4030	4/0		3.10	2.581		51.90	67		118.90	160	
	4040	250 MCM		2.90	2.759		60.50	72		132.50	175	
	4050	300 MCM		2.70	2.963		79	77		156	200	
	4060	350 MCM		2.50	3.200		86	84		170	220	
	4070	400 MCM		2.30	3.478		95	91		186	240	
	4080	500 MCM		2	4		109	105		214	275	
	4090	600 MCM		1.90	4.211		132	110		242	310	
	4100	700 MCM		1.70	4.706		152	125		277	350	
	4110	750 MCM		1.60	5		160	130		290	370	
	5000	Copper Electrolytic ground rod system										
	5010	Includes augering hole, mixing clay electrolyte,										
	5020	Installing tube, and terminating ground wire										
	5100	Straight Vertical type, 2" Dia.										
	5120	8.5' long, Clamp Connection	1 Elec	2.67	2.996	Ea.	430	78		508	590	
	5130	With Cadweld Connection		1.95	4.103		510	105		615	720	
	5140	10' long		2.35	3.404		445	89		534	620	
	5150	With Cadweld Connection		1.78	4.494		520	115		635	745	
	5160	12' long		2.16	3.704		530	97		627	725	
	5170	With Cadweld Connection		1.67	4.790		580	125		705	825	
	5180	20' long		1.74	4.598		835	120		955	1,100	
	5190	With Cadweld Connection		1.40	5.714		920	150		1,070	1,225	
	5200	L-Shaped, 2" Dia.										
	5220	4' Vert. x 10' Horz., Clamp Connection	1 Elec	5.33	1.501	Ea.	675	39		714	800	
	5230	With Cadweld Connection	"	3.08	2.597	"	750	68		818	925	

161 | Conductors and Grounding

161 800 | Grounding

		CREW	DAILY OUTPUT	MAN-HOURS	UNIT	MAT.	LABOR	EQUIP.	TOTAL	TOTAL INCL O&P	
810	5300 Protective Box at grade level, with breather slots										810
	5320 Round, 12" long, Plastic	1 Elec	32	.250	Ea.	40	6.55		46.55	54	
	5330 Concrete	"	16	.500		49	13.05		62.05	73	
	5400 Bentonite Clay, 50# bag, 1 per 10' of rod					28			28	31	

162 | Boxes and Wiring Devices

162 100 | Boxes

		CREW	DAILY OUTPUT	MAN-HOURS	UNIT	MAT.	LABOR	EQUIP.	TOTAL	TOTAL INCL O&P	
110	0010 **OUTLET BOXES**										110
	0020 Pressed steel, octagon, 4" (R162-110)	1 Elec	20	.400	Ea.	1.10	10.45		11.55	16.80	
	0040 For Romex or BX		20	.400		1.50	10.45		11.95	17.25	
	0050 For Romex or BX, with bracket		20	.400		1.90	10.45		12.35	17.65	
	0060 Covers, blank		64	.125		.48	3.26		3.74	5.40	
	0100 Extension		40	.200		1.38	5.20		6.58	9.30	
	0150 Square 4"		20	.400		1.40	10.45		11.85	17.10	
	0160 For Romex or BX		20	.400		2	10.45		12.45	17.80	
	0170 For Romex or BX, with bracket		20	.400		2.35	10.45		12.80	18.15	
	0200 Extension		40	.200		1.75	5.20		6.95	9.70	
	0220 2-1/8" deep, 1" KO		20	.400		2.30	10.45		12.75	18.10	
	0250 Covers, blank		64	.125		.52	3.26		3.78	5.45	
	0260 Raised device		64	.125		1.10	3.26		4.36	6.10	
	0300 Plaster rings		64	.125		.81	3.26		4.07	5.75	
	0350 Square, 4-11/16"		20	.400		2.60	10.45		13.05	18.45	
	0370 2-1/8" deep, 3/4" to 1-1/4" KO		20	.400		2.90	10.45		13.35	18.75	
	0400 Extension		40	.200		2.95	5.20		8.15	11.05	
	0450 Covers, blank		53	.151		.87	3.94		4.81	6.85	
	0460 Raised device		53	.151		2.60	3.94		6.54	8.75	
	0500 Plaster rings		53	.151		1.65	3.94		5.59	7.70	
	0550 Handy box		27	.296		1.10	7.75		8.85	12.75	
	0560 Covers, device		64	.125		.42	3.26		3.68	5.35	
	0600 Extension		54	.148		1.52	3.87		5.39	7.45	
	0650 Switchbox		27	.296		1.20	7.75		8.95	12.85	
	0660 Romex or BX		27	.296		1.66	7.75		9.41	13.35	
	0670 Romex or BX, with bracket		27	.296		2.50	7.75		10.25	14.30	
	0680 Partition, metal		27	.296		1.05	7.75		8.80	12.70	
	0700 Masonry, 1 gang, 2-1/2" deep		27	.296		3.05	7.75		10.80	14.90	
	0710 3-1/2" deep		27	.296		3.20	7.75		10.95	15.05	
	0750 2 gang, 2-1/2" deep		20	.400		3.65	10.45		14.10	19.60	
	0760 3-1/2" deep		20	.400		3.85	10.45		14.30	19.80	
	0800 3 gang, 2-1/2" deep		13	.615		4.50	16.05		20.55	29	
	0850 4 gang, 2-1/2" deep		10	.800		4.80	21		25.80	36	
	0860 5 gang, 2-1/2" deep		9	.889		5.85	23		28.85	41	
	0870 6 gang, 2-1/2" deep		8	1		6.50	26		32.50	46	
	0880 Masonry thru-the-wall, 1 gang, 4" block		16	.500		5.85	13.05		18.90	26	
	0890 6" block		16	.500		6.85	13.05		19.90	27	
	0900 8" block		16	.500		7.55	13.05		20.60	28	
	0920 2 gang, 6" block		16	.500		7.15	13.05		20.20	27	
	0940 Bar hanger with 3/8" stud, for wood and masonry boxes		53	.151		2.05	3.94		5.99	8.15	
	0950 Concrete, set flush, 4" deep		20	.400		5	10.45		15.45	21	
	1000 Plate with 3/8" stud		80	.100		2.05	2.61		4.66	6.15	
	1100 Concrete, floor, 1 gang		5.30	1.509		44	39		83	105	
	1150 2 gang		4	2		83	52		135	170	

162 | Boxes and Wiring Devices

162 100 | Boxes

			Crew	Daily Output	Man-Hours	Unit	Mat.	Labor	Equip.	Total	Total Incl O&P	
110	1200	3 gang	1 Elec	2.70	2.963	Ea.	120	77		197	245	110
	1250	For duplex receptacle, pedestal mounted, add		24	.333		32	8.70		40.70	48	
	1270	Flush mounted, add		27	.296		11	7.75		18.75	24	
	1300	For telephone, pedestal mounted, add		30	.267		31.50	6.95		38.45	45	
	1350	Carpet flange, 1 gang		53	.151		37.50	3.94		41.44	47	
	1400	Cast, 1 gang, FS (2" deep), 1/2" hub		12	.667		7.35	17.40		24.75	34	
	1410	3/4" hub		12	.667		7.75	17.40		25.15	34	
	1420	FD (2-11/16" deep), 1/2" hub		12	.667		8.55	17.40		25.95	35	
	1430	3/4" hub		12	.667		9.30	17.40		26.70	36	
	1450	2 gang, FS, 1/2" hub		10	.800		13.20	21		34.20	46	
	1460	3/4" hub		10	.800		13.55	21		34.55	46	
	1470	FD, 1/2" hub		10	.800		15.75	21		36.75	48	
	1480	3/4" hub		10	.800		16.10	21		37.10	49	
	1500	3 gang, FS, 3/4" hub		9	.889		20.35	23		43.35	57	
	1510	Switch cover, 1 gang, FS		64	.125		2.15	3.26		5.41	7.25	
	1520	2 gang		53	.151		3.10	3.94		7.04	9.30	
	1530	Duplex receptacle cover, 1 gang, FS		64	.125		2.15	3.26		5.41	7.25	
	1540	Duplex receptacle cover, 2 gang, FS		53	.151		3.20	3.94		7.14	9.40	
	1550	Weatherproof switch cover		64	.125		8.90	3.26		12.16	14.65	
	1600	Weatherproof receptacle cover		64	.125		8.90	3.26		12.16	14.65	
	1750	FSC, 1 gang, 1/2" hub		11	.727		8.30	19		27.30	37	
	1760	3/4" hub		11	.727		9.85	19		28.85	39	
	1770	2 gang, 1/2" hub		9	.889		14.20	23		37.20	50	
	1780	3/4" hub		9	.889		14.90	23		37.90	51	
	1790	FDC, 1 gang, 1/2" hub		11	.727		9.95	19		28.95	39	
	1800	3/4" hub		11	.727		10.70	19		29.70	40	
	1810	2 gang, 1/2" hub		9	.889		17.30	23		40.30	54	
	1820	3/4" hub		9	.889		17.10	23		40.10	53	
	2000	Poke-thru fitting, fire rated, for 3-3/4" floor		6.80	1.176		61	31		92	115	
	2040	For 7" floor		6.80	1.176		64	31		95	115	
	2100	Pedestal, 15 amp, duplex receptacle & blank plate		5.25	1.524		73	40		113	140	
	2120	Duplex receptacle and telephone plate		5.25	1.524		74	40		114	140	
	2140	Pedestal, 20 amp, duplex recept. & phone plate		5	1.600		74	42		116	145	
	2160	Telephone plate, both sides		5.25	1.524		70	40		110	135	
	2200	Abandonment plate		32	.250		23.50	6.55		30.05	36	
120	0010	**OUTLET BOXES, PLASTIC**										120
	0050	4", round, with 2 mounting nails	1 Elec	25	.320	Ea.	1.10	8.35		9.45	13.65	
	0100	Bar hanger mounted		25	.320		2.05	8.35		10.40	14.70	
	0200	Square with 2 mounting nails		25	.320		1.40	8.35		9.75	14	
	0300	Plaster ring		64	.125		.45	3.26		3.71	5.35	
	0400	Switch box with 2 mounting nails, 1 gang		30	.267		.75	6.95		7.70	11.20	
	0500	2 gang		25	.320		1.45	8.35		9.80	14.05	
	0600	3 gang		20	.400		2.55	10.45		13	18.40	
	0700	Old work box		30	.267		1.30	6.95		8.25	11.80	
130	0010	**PULL BOXES & CABINETS**										130
	0100	Sheet metal, pull box, NEMA 1, type SC, 6"W x 6"H x 4"D	1 Elec	8	1	Ea.	6.40	26		32.40	46	
	0180	6"W x 8"H x 4"D		8	1		7.55	26		33.55	47	
	0200	8"W x 8"H x 4"D		8	1		8.80	26		34.80	49	
	0210	10"W x 10"H x 4"D		7	1.143		11.60	30		41.60	57	
	0220	12"W x 12"H x 4"D		6	1.333		14.90	35		49.90	68	
	0230	15"W x 15"H x 4"D		5.20	1.538		20.70	40		60.70	83	
	0240	18"W x 18"H x 4"D		4.40	1.818		25.30	47		72.30	99	
	0250	6"W x 6"H x 6"D		8	1		7.75	26		33.75	47	
	0260	8"W x 8"H x 6"D		7.50	1.067		10.55	28		38.55	53	
	0270	10"W x 10"H x 6"D		5.50	1.455		13.75	38		51.75	72	
	0300	10"W x 12"H x 6"D		5.30	1.509		15.50	39		54.50	76	

162 | Boxes and Wiring Devices

162 100 | Boxes

			CREW	DAILY OUTPUT	MAN-HOURS	UNIT	1992 BARE COSTS MAT.	LABOR	EQUIP.	TOTAL	TOTAL INCL O&P	
130	0310	12"W x 12"H x 6"D	1 Elec	5.20	1.538	Ea.	17.45	40		57.45	79	130
	0320	15"W x 15"H x 6"D		4.60	1.739		23.80	45		68.80	94	
	0330	18"W x 18"H x 6"D		4.20	1.905		31.10	50		81.10	110	
	0340	24"W x 24"H x 6"D		3.20	2.500		63	65		128	165	
	0350	12"W x 12"H x 8"D		5	1.600		25.30	42		67.30	90	
	0360	15"W x 15"H x 8"D		4.50	1.778		47	46		93	120	
	0370	18"W x 18"H x 8"D		4	2		67	52		119	150	
	0380	24"W x 18"H x 6"D		3.70	2.162		51	56		107	140	
	0400	16"W x 20"H x 8"D		4	2		58	52		110	140	
	0500	20"W x 24"H x 8"D		3.20	2.500		67	65		132	170	
	0510	24"W x 24"H x 8"D		3	2.667		70	70		140	180	
	0600	24"W x 36"H x 8"D		2.70	2.963		95	77		172	220	
	0610	30"W x 30"H x 8"D		2.70	2.963		125	77		202	255	
	0620	36"W x 36"H x 8"D		2	4		170	105		275	345	
	0630	24"W x 24"H x 10"D		2.50	3.200		87	84		171	220	
	0650	Hinged cabinets, type A, 6"W x 6"H x 4"D		8	1		6.45	26		32.45	46	
	0660	8"W x 8"H x 4"D		8	1		8.80	26		34.80	49	
	0670	10"W x 10"H x 4"D		7	1.143		11.60	30		41.60	57	
	0680	12"W x 12"H x 4"D		6	1.333		14.90	35		49.90	68	
	0690	15"W x 15"H x 4"D		5.20	1.538		22.85	40		62.85	85	
	0700	18"W x 18"H x 4"D		4.40	1.818		28.50	47		75.50	100	
	0710	6"W x 6"H x 6"D		8	1		7.75	26		33.75	47	
	0720	8"W x 8"H x 6"D		7.50	1.067		12.20	28		40.20	55	
	0730	10"W x 10"H x 6"D		5.50	1.455		15	38		53	73	
	0740	12"W x 12"H x 6"D		5.20	1.538		17.45	40		57.45	79	
	0800	12"W x 16"H x 6"D		4.70	1.702		20.70	44		64.70	89	
	0810	15"W x 15"H x 6"D		4.60	1.739		23.85	45		68.85	94	
	0820	18"W x 18"H x 6"D		4.20	1.905		31.10	50		81.10	110	
	1000	20"W x 20"H x 6"D		3.60	2.222		42	58		100	135	
	1010	24"W x 24"H x 6"D		3.20	2.500		62	65		127	165	
	1020	12"W x 12"H x 8"D		5	1.600		35	42		77	100	
	1030	15"W x 15"H x 8"D		4.50	1.778		50	46		96	125	
	1040	18"W x 18"H x 8"D		4	2		71	52		123	155	
	1200	20"W x 20"H x 8"D		3.20	2.500		85	65		150	190	
	1210	24"W x 24"H x 8"D		3	2.667		95	70		165	210	
	1220	30"W x 30"H x 8"D		2.70	2.963		137	77		214	265	
	1400	24"W x 36"H x 8"D		2.70	2.963		148	77		225	280	
	1600	24"W x 42"H x 8"D		2	4		225	105		330	405	
	1610	36"W x 36"H x 8"D		2	4		207	105		312	385	
	2100	NEMA 3R, raintight & weatherproof										
	2150	6"L x 6"W x 6"D	1 Elec	10	.800	Ea.	14.35	21		35.35	47	
	2200	8"L x 6"W x 6"D		8	1		15	26		41	55	
	2250	10"L x 6"W x 6"D		7	1.143		20.35	30		50.35	67	
	2300	12"L x 12"W x 6"D		5	1.600		25.80	42		67.80	91	
	2350	16"L x 16"W x 6"D		4.50	1.778		56	46		102	130	
	2400	20"L x 20"W x 6"D		4	2		70	52		122	155	
	2450	24"L x 18"W x 8"D		3	2.667		71	70		141	180	
	2500	24"L x 24"W x 10"D		2.50	3.200		167	84		251	310	
	2550	30"L x 24"W x 12"D		2	4		196	105		301	370	
	2600	36"L x 36"W x 12"D		1.50	5.333		327	140		467	565	
	2800	Cast iron, pull boxes for surface mounting										
	3000	NEMA 4, watertight & dust tight										
	3050	6"L x 6"W x 6"D	1 Elec	4	2	Ea.	82	52		134	170	
	3100	8"L x 6"W x 6"D		3.20	2.500		108	65		173	215	
	3150	10"L x 6"W x 6"D		2.50	3.200		136	84		220	275	
	3200	12"L x 12"W x 6"D		2	4		230	105		335	410	
	3250	16"L x 16"W x 6"D		1.30	6.154		460	160		620	745	
	3300	20"L x 20"W x 6"D		.80	10		855	260		1,115	1,325	

162 | Boxes and Wiring Devices

162 100 | Boxes

			CREW	DAILY OUTPUT	MAN-HOURS	UNIT	1992 BARE COSTS MAT.	LABOR	EQUIP.	TOTAL	TOTAL INCL O&P	
130	3350	24"L x 18"W x 8"D	1 Elec	.70	11.429	Ea.	895	300		1,195	1,425	130
	3400	24"L x 24"W x 10"D		.50	16		1,355	420		1,775	2,125	
	3450	30"L x 24"W x 12"D		.40	20		1,900	520		2,420	2,875	
	3500	36"L x 36"W x 12"D		.20	40		3,130	1,050		4,180	5,000	
	3510	NEMA 4 clamp cover, 6"L x 6"W x 4"D		4	2		108	52		160	195	
	3520	8"L x 6"W x 4"D		4	2		127	52		179	220	
	4000	NEMA 7, explosionproof										
	4050	6"L x 6"W x 6"D	1 Elec	2	4	Ea.	350	105		455	540	
	4100	8"L x 6"W x 6"D		1.80	4.444		355	115		470	565	
	4150	10"L x 6"W x 6"D		1.60	5		410	130		540	645	
	4200	12"L x 12"W x 6"D		1	8		675	210		885	1,050	
	4250	16"L x 14"W x 6"D		.60	13.333		985	350		1,335	1,600	
	4300	18"L x 18"W x 8"D		.50	16		1,560	420		1,980	2,350	
	4350	24"L x 18"W x 8"D		.40	20		1,815	520		2,335	2,775	
	4400	24"L x 24"W x 10"D		.30	26.667		2,385	695		3,080	3,650	
	4450	30"L x 24"W x 12"D		.20	40		3,735	1,050		4,785	5,675	
	5000	NEMA 9, dust tight 6"L x 6"W x 6"D		3.20	2.500		77	65		142	180	
	5050	8"L x 6"W x 6"D		2.70	2.963		104	77		181	230	
	5100	10"L x 6"W x 6"D		2	4		132	105		237	300	
	5150	12"L x 12"W x 6"D		1.60	5		320	130		450	545	
	5200	16"L x 16"W x 6"D		1	8		440	210		650	795	
	5250	18"L x 18"W x 8"D		.70	11.429		575	300		875	1,075	
	5300	24"L x 18"W x 8"D		.60	13.333		845	350		1,195	1,450	
	5350	24"L x 24"W x 10"D		.40	20		1,320	520		1,840	2,225	
	5400	30"L x 24"W x 12"D		.30	26.667		1,865	695		2,560	3,100	
	6000	J.I.C. wiring boxes, NEMA 12, dust tight & drip tight										
	6050	6"L x 8"W x 4"D	1 Elec	10	.800	Ea.	24.25	21		45.25	58	
	6100	8"L x 10"W x 4"D		8	1		29	26		55	71	
	6150	12"L x 14"W x 6"D		5.30	1.509		44	39		83	105	
	6200	14"L x 16"W x 6"D		4.70	1.702		52	44		96	125	
	6250	16"L x 20"W x 6"D		4.40	1.818		133	47		180	215	
	6300	24"L x 30"W x 6"D		3.20	2.500		190	65		255	305	
	6350	24"L x 30"W x 8"D		2.90	2.759		195	72		267	320	
	6400	24"L x 36"W x 8"D		2.70	2.963		218	77		295	355	
	6450	24"L x 42"W x 8"D		2.30	3.478		240	91		331	400	
	6500	24"L x 48"W x 8"D		2	4		260	105		365	440	
	7000	Cabinets, current transformer										
	7050	Single door, 24"H x 24"W x 10"D	1 Elec	1.60	5	Ea.	82	130		212	285	
	7100	30"H x 24"W x 10"D		1.30	6.154		98	160		258	345	
	7150	36"H x 24"W x 10"D		1.10	7.273		110	190		300	405	
	7200	30"H x 30"W x 10"D		1	8		118	210		328	440	
	7250	36"H x 30"W x 10"D		.90	8.889		145	230		375	505	
	7300	36"H x 36"W x 10"D		.80	10		150	260		410	555	
	7500	Double door, 48"H x 36"W x 10"D		.60	13.333		318	350		668	870	
	7550	24"H x 24"W x 12"D		1	8		166	210		376	495	
	7600	Telephone with wood backboard										
	7620	Single door, 12"H x 12"W x 4"D	1 Elec	5.30	1.509	Ea.	50	39		89	115	
	7650	18"H x 12"W x 4"D		4.70	1.702		65	44		109	140	
	7700	24"H x 12"W x 4"D		4.20	1.905		80	50		130	160	
	7720	18"H x 18"W x 4"D		4.20	1.905		90	50		140	175	
	7750	24"H x 18"W x 4"D		4	2		115	52		167	205	
	7780	36"H x 36"W x 4"D		3.60	2.222		165	58		223	270	
	7800	24"H x 24"W x 6"D		3.60	2.222		145	58		203	245	
	7820	30"H x 24"W x 6"D		3.20	2.500		175	65		240	290	
	7850	30"H x 30"W x 6"D		2.70	2.963		215	77		292	350	
	7880	36"H x 30"W x 6"D		2.50	3.200		265	84		349	415	
	7900	48"H x 36"W x 6"D		2.20	3.636		465	95		560	655	
	7920	Double door, 48"H x 36"W x 6"D		2	4		480	105		585	685	

16 ELECTRICAL

162 | Boxes and Wiring Devices

162 100 | Boxes

		CREW	DAILY OUTPUT	MAN-HOURS	UNIT	1992 BARE COSTS MAT.	LABOR	EQUIP.	TOTAL	TOTAL INCL O&P
8000	NEMA 12, double door, floor mounted									
8020	54" H x 42" W x 8" D	1 Elec	3	2.667	Ea.	600	70		670	765
8040	60" H x 48" W x 8" D		2.70	2.963		815	77		892	1,000
8060	60" H x 48" W x 10" D		2.70	2.963		840	77		917	1,050
8080	60" H x 60" W x 10" D		2.50	3.200		955	84		1,039	1,175
8100	72" H x 60" W x 10" D		2	4		1,100	105		1,205	1,375
8120	72" H x 72' W x 10" D		1.70	4.706		1,245	125		1,370	1,550
8140	60" H x 48" W x 12" D		1.70	4.706		865	125		990	1,125
8160	60" H x 60" W x 12" D		1.60	5		975	130		1,105	1,275
8180	72" H x 60" W x 12" D		1.50	5.333		1,130	140		1,270	1,450
8200	72" H x 72" W x 12" D		1.50	5.333		1,270	140		1,410	1,600
8220	60" H x 48" W x 16" D		1.60	5		900	130		1,030	1,175
8240	72" H x 72" W x 16" D		1.30	6.154		1,355	160		1,515	1,725
8260	60" H x 48" W x 20" D		1.50	5.333		950	140		1,090	1,250
8280	72" H x 72" W x 20" D		1.10	7.273		1,380	190		1,570	1,800
8300	60" H x 48" W x 24" D		1.30	6.154		990	160		1,150	1,325
8320	72" H x 72" W x 24" D		1	8		1,455	210		1,665	1,900
8340	Pushbutton enclosure, oiltight									
8360	3-1/2" H x 3-1/4" W x 2-3/4" D, for 1 P.B.	1 Elec	12	.667	Ea.	21	17.40		38.40	49
8380	5-3/4" H x 3-1/4" W x 2-3/4" D, for 2 P.B.		11	.727		24	19		43	55
8400	8" H x 3-1/4" W x 2-3/4" D, for 3 P.B.		10.50	.762		26	19.90		45.90	58
8420	10-1/4" H x 3-1/4" W x 2-3/4" D, for 4 P.B.		10.50	.762		28	19.90		47.90	60
8440	7-1/4" H x 6-1/4" W x 3" D, for 4 P.B.		10	.800		31.50	21		52.50	66
8460	12-1/2" H x 3-1/4" W x 3" D, for 5 P.B.		9	.889		33	23		56	71
8480	9-1/2" H x 6-1/4" W x 3" D, for 6 P.B.		8.50	.941		36	25		61	76
8500	9-1/2" H x 8-1/2" W x 3" D, for 9 P.B.		8	1		42	26		68	85
8510	11-3/4" H x 8-1/2" W x 3" D, for 12 P.B.		7	1.143		49	30		79	98
8520	11-3/4" H x 10-3/4" W x 3" D, for 16 P.B.		6.50	1.231		59	32		91	115
8540	14" H x 10-3/4" W x 3" D, for 20 P.B.		5	1.600		67	42		109	135
8560	14" H x 13" W 3" D, for 25 P.B.		4.50	1.778		75	46		121	150
8580	Sloping front pushbutton enclosures									
8600	3-1/2" H x 7-3/4" W x 4-7/8" D, for 3 P.B	1 Elec	10	.800	Ea.	35	21		56	70
8620	7-1/4" H x 8-1/2" W x 6-3/4" D, for 6 P.B.		8	1		49	26		75	93
8640	9-1/2" H x 8-1/2" W x 7-7/8" D, for 9 P.B.		7	1.143		58	30		88	110
8660	11-1/4" H x 8-1/2" W x 9" D, for 12 P.B.		5	1.600		70	42		112	140
8680	11-3/4" H x 10" W x 9 D, for 16 P.B.		5	1.600		84	42		126	155
8700	11-3/4" H x 13" W x 9 D, for 20 P.B.		5	1.600		94	42		136	165
8720	14" H x 13" W x 10-1/8" D, for 25 P.B.		4.50	1.778		106	46		152	185
8740	Pedestals, not including P.B. enclosure or base									
8760	Straight column 4" x 4"	1 Elec	4.50	1.778	Ea.	95	46		141	175
8780	6" x 6"		4	2		137	52		189	230
8800	Angled column 4" x 4"		4.50	1.778		110	46		156	190
8820	6" x 6"		4	2		160	52		212	255
8840	Pedestal, base 18" x 18"		10	.800		55	21		76	92
8860	24" x 24"		9	.889		127	23		150	175
8900	Electronic rack enclosures									
8920	72" H x 25 W x 24 D	1 Elec	1.50	5.333	Ea.	910	140		1,050	1,200
8940	72" H x 30 W x 24 D		1.50	5.333		970	140		1,110	1,275
8960	72" H x 25 W x 31 D		1.30	6.154		995	160		1,155	1,325
8980	72" H x 25 W x 36 D		1.20	6.667		1,055	175		1,230	1,425
9000	72" H x 30 W x 36 D		1.20	6.667		1,110	175		1,285	1,475
9020	NEMA 12 & 4 enclosure panels									
9040	12" x 24"	1 Elec	20	.400	Ea.	14.60	10.45		25.05	32
9060	16" x 12"		20	.400		9.60	10.45		20.05	26
9080	20" x 16"		20	.400		14.05	10.45		24.50	31
9100	20" x 20"		19	.421		17	11		28	35
9120	24" x 20"		18	.444		22	11.60		33.60	42
9140	24" x 24"		17	.471		27	12.30		39.30	48

162 | Boxes and Wiring Devices

162 100 | Boxes

			CREW	DAILY OUTPUT	MAN-HOURS	UNIT	MAT.	LABOR	EQUIP.	TOTAL	TOTAL INCL O&P	
130	9160	30" x 20"	1 Elec	16	.500	Ea.	26.50	13.05		39.55	49	130
	9180	30" x 24"		16	.500		32.50	13.05		45.55	55	
	9200	36" x 24"		15	.533		39	13.90		52.90	64	
	9220	36" x 30"		15	.533		50	13.90		63.90	76	
	9240	42" x 24"		15	.533		43	13.90		56.90	68	
	9260	42" x 30"		14	.571		56	14.90		70.90	84	
	9280	42" x 36"		14	.571		66	14.90		80.90	95	
	9300	48" x 24"		14	.571		48	14.90		62.90	75	
	9320	48" x 30"		14	.571		63	14.90		77.90	92	
	9340	48" x 36"		13	.615		74	16.05		90.05	105	
	9360	60" x 36"		12	.667		91	17.40		108.40	125	
	9400	Wiring trough steel JIC, clamp cover										
	9490	4" x 4", 12" long	1 Elec	12	.667	Ea.	34	17.40		51.40	63	
	9510	24" long		10	.800		43	21		64	78	
	9530	36" long		8	1		53	26		79	97	
	9540	48" long		7	1.143		62	30		92	115	
	9550	60" long		6	1.333		71	35		106	130	
	9560	6" x 6", 12" long		11	.727		43	19		62	76	
	9580	24" long		9	.889		58	23		81	98	
	9600	36" long		7	1.143		73	30		103	125	
	9610	48" long		6	1.333		87	35		122	150	
	9620	60" long		5	1.600		102	42		144	175	
140	0010	**PULL BOXES & CABINETS** Nonmetallic										140
	0080	Enclosures fiberglass NEMA 4X										
	0100	Wall mount, quick release latch door, 20"H x 16"W x 6"D	1 Elec	4.80	1.667	Ea.	195	44		239	280	
	0110	20"H x 20"W x 6"D		4.50	1.778		220	46		266	310	
	0120	24"H x 20"W x 6"D		4.20	1.905		235	50		285	335	
	0130	20"H x 16"W x 8"D		4.50	1.778		215	46		261	305	
	0140	20"H x 20"W x 8"D		4.20	1.905		235	50		285	335	
	0150	24"H x 24"W x 8"D		3.80	2.105		265	55		320	375	
	0160	30"H x 24"W x 8"D		3.20	2.500		300	65		365	425	
	0170	36"H x 30"W x 8"D		3	2.667		390	70		460	535	
	0180	20"H x 16"W x 10"D		3.50	2.286		235	60		295	350	
	0190	20"H x 20"W x 10"D		3.20	2.500		255	65		320	380	
	0200	24"H x 20"W x 10"D		3	2.667		280	70		350	410	
	0210	30"H x 24"W x 10"D		2.80	2.857		325	75		400	470	
	0220	20"H x 16"W x 12"D		3	2.667		265	70		335	395	
	0230	20"H x 20"W x 12"D		2.80	2.857		280	75		355	420	
	0240	24"H x 24"W x 12"D		2.60	3.077		310	80		390	460	
	0250	30"H x 24"W x 12"D		2.40	3.333		350	87		437	515	
	0260	36"H x 30"W x 12"D		2.20	3.636		450	95		545	635	
	0270	36"H x 36"W x 12"D		2.10	3.810		495	99		594	695	
	0280	48"H x 36"W x 12"D		2	4		580	105		685	795	
	0290	60"H x 36"W x 12"D		1.80	4.444		650	115		765	890	
	0300	30"H x 24"W x 16"D		1.40	5.714		395	150		545	655	
	0310	48"H x 36"W x 16"D		1.20	6.667		650	175		825	975	
	0320	60"H x 36"W x 16"D		1	8		705	210		915	1,075	
	0480	Freestanding, one door, 72"H x 25"W x 25"D		.80	10		1,415	260		1,675	1,950	
	0490	Two doors with two panels, 72"H x 49"W x 24"D		.50	16		3,420	420		3,840	4,375	
	0500	Floor stand kits, for NEMA 4 & 12, 20"W or more		24	.333		41	8.70		49.70	58	
	0510	6"H x 10"D		24	.333		46	8.70		54.70	64	
	0520	6"H x 12"D		24	.333		52	8.70		60.70	70	
	0530	6"H x 18"D		24	.333		61	8.70		69.70	80	
	0540	12"H x 8"D		22	.364		55	9.50		64.50	75	
	0550	12"H x 10"D		22	.364		58	9.50		67.50	78	
	0560	12"H x 12"D		22	.364		63	9.50		72.50	83	
	0570	12"H x 16"D		22	.364		70	9.50		79.50	91	
	0580	12"H x 18"D		22	.364		74	9.50		83.50	96	

16 ELECTRICAL

162 | Boxes and Wiring Devices

162 100 | Boxes

			CREW	DAILY OUTPUT	MAN-HOURS	UNIT	1992 BARE COSTS MAT.	LABOR	EQUIP.	TOTAL	TOTAL INCL O&P	
140	0590	12"H x 20"D	1 Elec	22	.364	Ea.	78	9.50		87.50	100	140
	0600	18"H x 8"D		20	.400		67	10.45		77.45	89	
	0610	18"H x 10"D		20	.400		70	10.45		80.45	93	
	0620	18"H x 12"D		20	.400		74	10.45		84.45	97	
	0630	18"H x 16"D		20	.400		83	10.45		93.45	105	
	0640	24"H x 8"D		16	.500		78	13.05		91.05	105	
	0650	24"H x 10"D		16	.500		83	13.05		96.05	110	
	0660	24"H x 12"D		16	.500		86	13.05		99.05	115	
	0670	24"H x 16"D		16	.500		94	13.05		107.05	125	
	0680	Small, screw cover, 5-1/2"H x 4"W x 4-15/16"D		12	.667		25	17.40		42.40	53	
	0690	7-1/2"H x 4"W x 4-15/16"D		12	.667		26.50	17.40		43.90	55	
	0700	7-1/2"H x 6"W x 5-3/16"D		10	.800		30	21		51	64	
	0710	9-1/2"H x 6"W x 5-11/16"D		10	.800		31	21		52	65	
	0720	11-1/2"H x 8"W x 6-11/16"D		8	1		46	26		72	90	
	0730	13-1/2"H x 10"W x 7-3/16"D		7	1.143		56	30		86	105	
	0740	15-1/2"H x 12"W x 8-3/16"D		6	1.333		72	35		107	130	
	0750	17-1/2"H x 14"W x 8-11/16"D		5	1.600		86	42		128	155	
	0760	Screw cover with window, 6"H x 4"W x 5"D		12	.667		42	17.40		59.40	72	
	0770	8"H x 4"W x 5"D		11	.727		44	19		63	77	
	0780	8"H x 6"W x 5"D		11	.727		47	19		66	80	
	0790	10"H x 6"W x 6"D		10	.800		50	21		71	86	
	0800	12"H x 8"W x 7"D		8	1		72	26		98	120	
	0810	14"H x 10"W x 7"D		7	1.143		88.50	30		118.50	140	
	0820	16"H x 12"W x 8"D		6	1.333		113	35		148	175	
	0830	18"H x 14"W x 9"D		5	1.600		135	42		177	210	
	0840	Quick-release latch cover, 5-1/2"H x 4"W x 5"D		12	.667		32	17.40		49.40	61	
	0850	7-1/2"H x 4"W x 5"D		12	.667		33	17.40		50.40	62	
	0860	7-1/2"H x 6"W x 5-1/4"D		10	.800		40	21		61	75	
	0870	9-1/2"H x 6"W x 5-3/4"D		10	.800		41	21		62	76	
	0880	11-1/2"H x 8"W x 6-3/4"D		8	1		58	26		84	105	
	0890	13-1/2"H x 10"W x 7-1/4"D		7	1.143		73	30		103	125	
	0900	15-1/2"H x 12"W x 8-1/4"D		6	1.333		93	35		128	155	
	0910	17-1/2"H x 14"W x 8-3/4"D		5	1.600		110	42		152	185	
	0920	Pushbutton, 1 hole 5-1/2"H x 4"W x 4-15/16"D		12	.667		25	17.40		42.40	53	
	0930	2 hole 7-1/2"H x 4"W x 4-15/16"D		11	.727		28	19		47	59	
	0940	4 hole 7-1/2"H x 6"W x 5-3/16"D		10.50	.762		32.50	19.90		52.40	65	
	0950	6 hole 9-1/2"H x 6"W x 5-11/16"D		9	.889		41	23		64	80	
	0960	8 hole 11-1/2"H x 8"W x 6-11/16"D		8.50	.941		52	25		77	94	
	0970	12 hole 13-1/2"H x 10"W x 7-3/16"D		8	1		67	26		93	115	
	0980	20 hole 15-1/2"H x 12"W x 8-3/16"D		5	1.600		92	42		134	165	
	0990	30 hole 17-1/2"H x 14"W x 8-11/16"D		4.50	1.778		100	46		146	180	
	1450	Enclosures polyester NEMA 4X										
	1460	Small, screw cover,										
	1500	3-15/16"H x 3-15/16"W x 3-1/16"D	1 Elec	12	.667	Ea.	19	17.40		36.40	47	
	1510	5-3/16"H x 3-5/16"W x 3-1/16"D		12	.667		19	17.40		36.40	47	
	1520	5-7/8"H x 3-7/8"W x 4-3/16"D		12	.667		19.50	17.40		36.90	47	
	1530	5-7/8"H x 5-7/8"W x 4-3/16"D		12	.667		21.50	17.40		38.90	50	
	1540	7-5/8"H x 3-5/16"W x 3-1/16"D		12	.667		19.50	17.40		36.90	47	
	1550	10-3/16"H x 3-5/16"W x 3-1/16"D		10	.800		22.50	21		43.50	56	
	1560	Clear cover, 3-15/16"H x 3-15/16"W x 2-7/8"D		12	.667		20.50	17.40		37.90	49	
	1570	5-3/16"H x 3-5/16"W x 2-7/8"D		12	.667		30	17.40		47.40	59	
	1580	5-7/8"H x 3-7/8"W x 4"D		12	.667		38	17.40		55.40	68	
	1590	5-7/8"H x 5-7/8"W x 4"D		12	.667		46	17.40		63.40	77	
	1600	7-5/8"H x 3-5/16"W x 2-7/8"D		12	.667		33	17.40		50.40	62	
	1610	10-3/16"H x 3-5/16"W x 2-7/8"D		10	.800		42	21		63	77	
	1620	Pushbutton, 1 hole, 5-5/16"H x 3-5/16"W x 3-1/16"D		12	.667		18	17.40		35.40	46	
	1630	2 hole, 7-5/8"H x 3-5/16"W x 3-1/8"D		11	.727		20.50	19		39.50	51	
	1640	3 hole, 10-3/16"H x 3-5/16"W x 3-1/16"D		10.50	.762		24	19.90		43.90	56	

162 | Boxes and Wiring Devices

162 100 | Boxes

			CREW	DAILY OUTPUT	MAN-HOURS	UNIT	MAT.	LABOR	EQUIP.	TOTAL	TOTAL INCL O&P	
140	8000	Wireway fiberglass, straight sect. screwcover, 12"L, 4"W x 4"D	1 Elec	40	.200	Ea.	58.50	5.20		63.70	72	140
	8010	6"W x 6"D		30	.267		105	6.95		111.95	125	
	8020	24"L, 4"W x 4"D		20	.400		75	10.45		85.45	98	
	8030	6"W x 6"D		15	.533		120	13.90		133.90	155	
	8040	36"L, 4"W x 4"D		13.30	.602		96	15.70		111.70	130	
	8050	6"W x 6"D		10	.800		140	21		161	185	
	8060	48"L, 4"W x 4"D		10	.800		115	21		136	160	
	8070	6"W x 6"D		7.50	1.067		195	28		223	255	
	8080	60"L, 4"W x 4"D		8	1		130	26		156	180	
	8090	6"W x 6"D		6	1.333		200	35		235	270	
	8100	Elbow 90°, 4"W x 4"D		20	.400		64	10.45		74.45	86	
	8110	6"W x 6"D		18	.444		120	11.60		131.60	150	
	8120	Elbow 45°, 4"W x 4"D		20	.400		64	10.45		74.45	86	
	8130	6"W x 6"D		18	.444		120	11.60		131.60	150	
	8140	Tee, 4"W x 4"D		16	.500		75	13.05		88.05	100	
	8150	6"W x 6"D		14	.571		141	14.90		155.90	175	
	8160	Cross, 4"W x 4"D		14	.571		106	14.90		120.90	140	
	8170	6"W x 6"D		12	.667		203	17.40		220.40	250	
	8180	Cut-off fitting w/flange & adhesive, 4"W x 4"D		18	.444		46	11.60		57.60	68	
	8190	6"W x 6"D		16	.500		99	13.05		112.05	130	
	8200	Flexible ftng., hvy neoprene coated nylon, 4"W x 4"D		20	.400		81	10.45		91.45	105	
	8210	6"W x 6"D		18	.444		115	11.60		126.60	145	
	8220	Closure plate, fiberglass, 4"W x 4"D		20	.400		17	10.45		27.45	34	
	8230	6"W x 6"D		18	.444		18	11.60		29.60	37	
	8240	Box connector, stainless steel type 304, 4"W x 4"D		20	.400		27.50	10.45		37.95	46	
	8250	6"W x 6"D		18	.444		30	11.60		41.60	50	
	8260	Hanger, 4"W x 4"D		100	.080		5.30	2.09		7.39	8.95	
	8270	6"W x 6"D		80	.100		7.60	2.61		10.21	12.25	
	8280	Straight tube section fiberglass, 4"W x 4"D, 12" long		40	.200		52	5.20		57.20	65	
	8290	24" long		20	.400		65	10.45		75.45	87	
	8300	36" long		13.30	.602		75	15.70		90.70	105	
	8310	48" long		10	.800		89	21		110	130	
	8320	60" long		8	1		100	26		126	150	
	8330	120" long		4	2		146	52		198	240	

162 300 | Wiring Devices

			CREW	DAILY OUTPUT	MAN-HOURS	UNIT	MAT.	LABOR	EQUIP.	TOTAL	TOTAL INCL O&P	
310	0010	**LOW VOLTAGE SWITCHING**										310
	3600	Relays, 120V or 277V standard	1 Elec	12	.667	Ea.	21.35	17.40		38.75	49	
	3800	Flush switch, standard		40	.200		6.60	5.20		11.80	15.05	
	4000	Interchangeable		40	.200		9.70	5.20		14.90	18.45	
	4100	Surface switch, standard		40	.200		3.15	5.20		8.35	11.25	
	4200	Transformer 115V to 25V		12	.667		72	17.40		89.40	105	
	4400	Master control, 12 circuit, manual		4	2		64	52		116	150	
	4500	25 circuit, motorized		4	2		70	52		122	155	
	4600	Rectifier, silicon		12	.667		24.50	17.40		41.90	53	
	4800	Switchplates, 1 gang, 1, 2 or 3 switch, plastic		80	.100		1.90	2.61		4.51	6	
	5000	Stainless steel		80	.100		5.65	2.61		8.26	10.10	
	5400	2 gang, 3 switch, stainless steel		53	.151		11.45	3.94		15.39	18.45	
	5500	4 switch, plastic		53	.151		3.95	3.94		7.89	10.20	
	5600	2 gang, 4 switch, stainless steel		53	.151		11.45	3.94		15.39	18.45	
	5700	6 switch, stainless steel		53	.151		27	3.94		30.94	36	
	5800	3 gang, 9 switch, stainless steel		32	.250		37	6.55		43.55	50	
	5900	Receptacle, triple, 1 return, 1 feed		26	.308		24.60	8.05		32.65	39	
	6000	2 feed		20	.400		24.60	10.45		35.05	43	
	6100	Relay gang boxes, flush or surface, 6 gang		5.30	1.509		56	39		95	120	
	6200	12 gang		4.70	1.702		59	44		103	130	
	6400	18 gang		4	2		68	52		120	155	
	6500	Frame, to hold up to 6 relays		12	.667		30.25	17.40		47.65	59	

16 ELECTRICAL

162 | Boxes and Wiring Devices

162 300 | Wiring Devices

			CREW	DAILY OUTPUT	MAN-HOURS	UNIT	1992 BARE COSTS MAT.	LABOR	EQUIP.	TOTAL	TOTAL INCL O&P	
310	7200	Control wire, 2 conductor	1 Elec	6.30	1.270	C.L.F.	11	33		44	62	310
	7400	3 conductor		5	1.600		16.45	42		58.45	80	
	7600	19 conductor		2.50	3.200		145	84		229	285	
	7800	26 conductor		2	4		220	105		325	400	
	8000	Weatherproof, 3 conductor		5	1.600		40	42		82	105	
320	0010	**WIRING DEVICES**										320
	0200	Toggle switch, quiet type, single pole, 15 amp	1 Elec	40	.200	Ea.	3.40	5.20		8.60	11.55	
	0500	20 amp		27	.296		4.85	7.75		12.60	16.90	
	0510	30 amp		23	.348		13.40	9.10		22.50	28	
	0520	Mercury, 15 amp		40	.200		6.35	5.20		11.55	14.80	
	0530	Lock handle, 20 amp		27	.296		15	7.75		22.75	28	
	0540	Security key, 20 amp		26	.308		36.50	8.05		44.55	52	
	0600	3 way, 15 amp		23	.348		5.25	9.10		14.35	19.30	
	0800	20 amp		18	.444		6.70	11.60		18.30	25	
	0810	30 amp		9	.889		18.15	23		41.15	55	
	0820	Mercury, 15 amp		23	.348		10.15	9.10		19.25	25	
	0830	Lock handle, 20 amp		18	.444		16.50	11.60		28.10	35	
	0840	Security key, 20 amp		17	.471		37.60	12.30		49.90	60	
	0900	4 way, 15 amp		15	.533		15.50	13.90		29.40	38	
	1000	20 amp		11	.727		17.65	19		36.65	48	
	1020	Lock handle, 20 amp		11	.727		34	19		53	66	
	1100	Toggle switch, quiet type, double pole, 15 amp		15	.533		7.60	13.90		21.50	29	
	1200	20 amp		11	.727		9	19		28	38	
	1210	30 amp		9	.889		20	23		43	57	
	1230	Lock handle, 20 amp		11	.727		16.15	19		35.15	46	
	1250	Security key, 20 amp		10	.800		38	21		59	73	
	1420	Toggle switch, quiet type, 1 pole, 2 throw, center off, 15 amp		23	.348		32	9.10		41.10	49	
	1440	20 amp		18	.444		37	11.60		48.60	58	
	1460	Lock handle, 20 amp		18	.444		41	11.60		52.60	62	
	1480	Momentary contact, 15 amp		23	.348		13.60	9.10		22.70	29	
	1500	20 amp		18	.444		17.40	11.60		29	36	
	1520	Momentary contact, lock handle, 20 amp		18	.444		23	11.60		34.60	43	
	1650	Dimmer switch, 120 volt, incandescent, 600 watt, 1 pole		16	.500		9.50	13.05		22.55	30	
	1700	600 watt, 3 way		12	.667		15	17.40		32.40	42	
	1750	1000 watt, 1 pole		16	.500		67	13.05		80.05	93	
	1800	1000 watt, 3 pole		12	.667		75	17.40		92.40	110	
	2000	1500 watt, 1 pole		11	.727		115	19		134	155	
	2100	2000 watt, 1 pole		8	1		155	26		181	210	
	2110	Fluorescent, 600 watt		15	.533		62	13.90		75.90	89	
	2120	1000 watt		15	.533		99	13.90		112.90	130	
	2130	1500 watt		10	.800		192	21		213	240	
	2160	Explosionproof, toggle switch, wall, single pole		5.30	1.509		58	39		97	125	
	2180	Receptacle, single outlet, 20 amp		5.30	1.509		135	39		174	205	
	2190	30 amp		4	2		230	52		282	330	
	2290	60 amp		2.50	3.200		320	84		404	475	
	2360	Plug, 20 amp		16	.500		54	13.05		67.05	79	
	2370	30 amp		12	.667		110	17.40		127.40	145	
	2380	60 amp		8	1		150	26		176	205	
	2410	Furnace, thermal cutoff switch with plate		26	.308		8.70	8.05		16.75	22	
	2460	Receptacle, duplex, 120 volt, grounded, 15 amp		40	.200		1.75	5.20		6.95	9.70	
	2470	20 amp		27	.296		4.60	7.75		12.35	16.60	
	2480	Ground fault interupting, 15 amp		27	.296		26.50	7.75		34.25	41	
	2490	Dryer, 30 amp		15	.533		9.05	13.90		22.95	31	
	2500	Range, 50 amp		11	.727		11	19		30	40	
	2600	Wall plates, stainless steel, 1 gang		80	.100		1.60	2.61		4.21	5.65	
	2800	2 gang		53	.151		4	3.94		7.94	10.30	
	3000	3 gang		32	.250		6.50	6.55		13.05	16.90	

162 | Boxes and Wiring Devices

162 300 | Wiring Devices

			CREW	DAILY OUTPUT	MAN-HOURS	UNIT	1992 BARE COSTS				TOTAL INCL O&P	
							MAT.	LABOR	EQUIP.	TOTAL		
320	3100	4 gang	1 Elec	27	.296	Ea.	10.10	7.75		17.85	23	320
	3110	Brown plastic, 1 gang		80	.100		.55	2.61		3.16	4.50	
	3120	2 gang		53	.151		1.15	3.94		5.09	7.15	
	3130	3 gang		32	.250		2.60	6.55		9.15	12.60	
	3140	4 gang		27	.296		5.40	7.75		13.15	17.50	
	3150	Brushed brass, 1 gang		80	.100		3.95	2.61		6.56	8.25	
	3160	Anodized aluminum, 1 gang		80	.100		4.70	2.61		7.31	9.05	
	3170	Switch cover, weatherproof, 1 gang		60	.133		4.40	3.48		7.88	10.05	
	3180	Vandal proof lock, 1 gang		60	.133		4.60	3.48		8.08	10.25	
	3200	Lampholder, keyless		26	.308		2.65	8.05		10.70	14.90	
	3400	Pullchain with receptacle		22	.364		6.75	9.50		16.25	22	
	3500	Pilot light, neon with jewel		27	.296		7.50	7.75		15.25	19.80	
	3600	Receptacle, 20 amp, 250 volt, NEMA 6		27	.296		8.30	7.75		16.05	21	
	3620	277 volt NEMA 7, 30 amp or 50 amp		27	.296		13.60	7.75		21.35	27	
	3640	120/250 volt NEMA 10, 30 amp		27	.296		9.45	7.75		17.20	22	
	3680	125/250 volt NEMA 14, 30 amp		25	.320		31	8.35		39.35	47	
	3700	3 pole, 250 volt NEMA 15, 30 amp		25	.320		31	8.35		39.35	47	
	3720	120/208 volt NEMA 18		25	.320		14.60	8.35		22.95	29	
	3740	30 amp, 125 volt NEMA 5		15	.533		12.15	13.90		26.05	34	
	3760	250 volt NEMA 6		15	.533		12.15	13.90		26.05	34	
	3780	277 volt NEMA 7		15	.533		14.20	13.90		28.10	36	
	3820	125/250 volt NEMA 14		14	.571		31	14.90		45.90	56	
	3840	3 pole, 250 volt NEMA 15		14	.571		30	14.90		44.90	55	
	3880	50 amp, 125 volt NEMA 5		11	.727		26.40	19		45.40	57	
	3900	250 volt NEMA 6		11	.727		25.05	19		44.05	56	
	3920	277 volt NEMA 7		11	.727		28.50	19		47.50	60	
	3960	125/250 volt NEMA 14		10	.800		37.75	21		58.75	73	
	3980	3 pole 250 volt NEMA 15		10	.800		37.75	21		58.75	73	
	4020	60 amp, 125/250 volt, NEMA 14		8	1		41.15	26		67.15	84	
	4040	3 pole, 250 volt NEMA 15		8	1		41.15	26		67.15	84	
	4060	120/208 volt NEMA 18		8	1		41.15	26		67.15	84	
	4100	Receptacle locking, 20 amp, 125 volt NEMA L5		27	.296		11.15	7.75		18.90	24	
	4120	250 volt NEMA 6		27	.296		11.15	7.75		18.90	24	
	4140	277 volt NEMA L7		27	.296		11.15	7.75		18.90	24	
	4150	3 pole, 250 volt, NEMA L11		27	.296		17.05	7.75		24.80	30	
	4160	20 amp, 480 volt NEMA L8		27	.296		13.55	7.75		21.30	26	
	4180	600 volt NEMA L9		27	.296		16.20	7.75		23.95	29	
	4200	125/250 volt NEMA L10		27	.296		18.35	7.75		26.10	32	
	4230	125/250 volt NEMA L14		25	.320		15.75	8.35		24.10	30	
	4280	250 volt NEMA L15		25	.320		15.75	8.35		24.10	30	
	4300	480 volt NEMA L16		25	.320		17.05	8.35		25.40	31	
	4320	3 phase, 120/208 volt NEMA L18		25	.320		20.80	8.35		29.15	35	
	4340	277/480 volt NEMA L19		25	.320		20.80	8.35		29.15	35	
	4360	347/600 volt NEMA L20		25	.320		20.10	8.35		28.45	35	
	4380	120/208 volt NEMA L21		23	.348		19.40	9.10		28.50	35	
	4400	277/480 volt NEMA L22		23	.348		22.30	9.10		31.40	38	
	4420	347/600 volt NEMA L23		23	.348		22.30	9.10		31.40	38	
	4440	30 amp, 125 volt NEMA L5		15	.533		16.20	13.90		30.10	39	
	4460	250 volt NEMA L6		15	.533		17.10	13.90		31	40	
	4480	277 volt NEMA L7		15	.533		17.10	13.90		31	40	
	4500	480 volt NEMA L8		15	.533		20.20	13.90		34.10	43	
	4520	600 volt NEMA L9		15	.533		20.20	13.90		34.10	43	
	4540	125/250 volt NEMA L10		15	.533		22.80	13.90		36.70	46	
	4560	3 phase, 250 volt NEMA L11		15	.533		22.80	13.90		36.70	46	
	4620	125/250 volt NEMA L14		14	.571		23.80	14.90		38.70	48	
	4640	250 volt NEMA L15		14	.571		23.80	14.90		38.70	48	
	4660	480 volt NEMA L16		14	.571		26.30	14.90		41.20	51	
	4680	600 volt NEMA L17		14	.571		26.30	14.90		41.20	51	

162 | Boxes and Wiring Devices

162 300	Wiring Devices	CREW	DAILY OUTPUT	MAN-HOURS	UNIT	1992 BARE COSTS MAT.	LABOR	EQUIP.	TOTAL	TOTAL INCL O&P	
320	4700	120/208 NEMA L18	1 Elec	14	.571	Ea.	28.50	14.90		43.40	54	320
	4720	120/208 NEMA L19		14	.571		28.50	14.90		43.40	54	
	4740	347/600 NEMA L20		14	.571		28.50	14.90		43.40	54	
	4760	120/208 NEMA L21		13	.615		26.30	16.05		42.35	53	
	4780	277/480 NEMA L22		13	.615		30	16.05		46.05	57	
	4800	347/600 NEMA L23		13	.615		30	16.05		46.05	57	
	4840	Receptacle corrosion resistant, 15 or 20 amp, 125 volt NEMA L5		27	.296		17.30	7.75		25.05	31	
	4860	250 volt NEMA L6		27	.296		17.30	7.75		25.05	31	
	4900	Receptacle cover plate, phenolic plastic, NEMA 5 & 6		80	.100		1.05	2.61		3.66	5.05	
	4910	NEMA 7-23		80	.100		1.85	2.61		4.46	5.95	
	4920	Stainless steel, NEMA 5 & 6		80	.100		2	2.61		4.61	6.10	
	4930	NEMA 7-23		80	.100		3.95	2.61		6.56	8.25	
	4940	Brushed brass NEMA 5 & 6		80	.100		4.05	2.61		6.66	8.35	
	4950	NEMA 7-23		80	.100		4.05	2.61		6.66	8.35	
	4960	Anodized aluminum, NEMA 5 & 6		80	.100		8.90	2.61		11.51	13.70	
	4970	NEMA 7-23		80	.100		8.90	2.61		11.51	13.70	
	4980	Weatherproof NEMA 7-23		60	.133		18.60	3.48		22.08	26	
	5100	Plug, 20 amp, 250 volt, NEMA 6		30	.267		9.15	6.95		16.10	20	
	5110	277 volt NEMA 7		30	.267		10.10	6.95		17.05	22	
	5120	3 pole, 120/250 volt, NEMA 10		26	.308		19.10	8.05		27.15	33	
	5130	125/250 volt NEMA 14		26	.308		29.40	8.05		37.45	44	
	5140	250 volt NEMA 15		26	.308		29.40	8.05		37.45	44	
	5150	120/208 volt NEMA 8		26	.308		29.40	8.05		37.45	44	
	5160	30 amp, 125 volt NEMA 5		13	.615		34.65	16.05		50.70	62	
	5170	250 volt NEMA 6		13	.615		37	16.05		53.05	65	
	5180	277 volt NEMA 7		13	.615		32.45	16.05		48.50	60	
	5190	125/250 volt NEMA 14		13	.615		32.45	16.05		48.50	60	
	5200	3 pole, 250 volt NEMA 15		12	.667		29.40	17.40		46.80	58	
	5210	50 amp, 125 volt NEMA 5		9	.889		38	23		61	76	
	5220	250 volt NEMA 6		9	.889		38	23		61	76	
	5230	277 volt NEMA 7		9	.889		38	23		61	76	
	5240	125/250 volt NEMA 14		9	.889		39	23		62	78	
	5250	3 pole, 250 volt NEMA 15		8	1		39	26		65	82	
	5260	60 amp, 125/250 volt NEMA 14		7	1.143		44	30		74	93	
	5270	3 pole, 250 volt NEMA 15		7	1.143		44	30		74	93	
	5280	120/208 volt NEMA 18		7	1.143		44.50	30		74.50	93	
	5300	Plug angle, 20 amp, 250 volt NEMA 6		30	.267		11.20	6.95		18.15	23	
	5310	30 amp, 125 volt NEMA 5		13	.615		25.35	16.05		41.40	52	
	5320	250 volt NEMA 6		13	.615		26.50	16.05		42.55	53	
	5330	277 volt NEMA 7		13	.615		29.05	16.05		45.10	56	
	5340	125/250 volt NEMA 14		13	.615		27.60	16.05		43.65	54	
	5350	3 pole, 250 volt NEMA 15		12	.667		30.25	17.40		47.65	59	
	5360	50 amp, 125 volt NEMA 5		9	.889		25.35	23		48.35	63	
	5370	250 volt NEMA 6		9	.889		25.35	23		48.35	63	
	5380	277 volt NEMA 7		9	.889		29.05	23		52.05	67	
	5390	125/250 volt NEMA 14		9	.889		30.25	23		53.25	68	
	5400	3 pole, 250 volt NEMA 15		8	1		33.15	26		59.15	75	
	5410	60 amp, 125/250 volt NEMA 14		7	1.143		40	30		70	89	
	5420	3 pole, 250 volt NEMA 15		7	1.143		39	30		69	87	
	5430	120/208 volt NEMA 18		7	1.143		37	30		67	85	
	5500	Plug, locking, 20 amp, 125 volt NEMA L5		30	.267		9.30	6.95		16.25	21	
	5510	250 volt NEMA L6		30	.267		9.30	6.95		16.25	21	
	5520	277 volt NEMA L7		30	.267		9.25	6.95		16.20	21	
	5530	480 volt NEMA L8		30	.267		10.30	6.95		17.25	22	
	5540	600 volt NEMA L9		30	.267		10.30	6.95		17.25	22	
	5550	3 pole, 125/250 volt NEMA L10		26	.308		13	8.05		21.05	26	
	5560	250 volt NEMA L11		26	.308		13	8.05		21.05	26	
	5570	480 volt NEMA L12		26	.308		15.25	8.05		23.30	29	

162 | Boxes and Wiring Devices

162 300 | Wiring Devices

		CREW	DAILY OUTPUT	MAN-HOURS	UNIT	1992 BARE COSTS MAT.	LABOR	EQUIP.	TOTAL	TOTAL INCL O&P	
320	5580	125/250 volt NEMA L14	1 Elec	26	.308	Ea.	17.85	8.05		25.90	32	320
	5590	250 volt NEMA L15		26	.308		17.85	8.05		25.90	32	
	5600	480 volt NEMA L16		26	.308		19.90	8.05		27.95	34	
	5610	4 pole, 120/208 volt NEMA L18		24	.333		22.75	8.70		31.45	38	
	5620	277/480 volt NEMA L19		24	.333		22.75	8.70		31.45	38	
	5630	347/600 volt NEMA L20		24	.333		22.75	8.70		31.45	38	
	5640	120/208 volt NEMA L21		24	.333		17.30	8.70		26	32	
	5650	277/480 volt NEMA L22		24	.333		21.70	8.70		30.40	37	
	5660	347/600 volt NEMA L23		24	.333		21.70	8.70		30.40	37	
	5670	30 amp, 125 volt NEMA L5		13	.615		14.35	16.05		30.40	40	
	5680	250 volt NEMA L6		13	.615		14.35	16.05		30.40	40	
	5690	277 volt NEMA L7		13	.615		14.35	16.05		30.40	40	
	5700	480 volt NEMA L8		13	.615		15.50	16.05		31.55	41	
	5710	600 volt NEMA L9		13	.615		15.85	16.05		31.90	41	
	5720	3 pole, 125/250 volt NEMA L10		11	.727		13.30	19		32.30	43	
	5730	250 volt NEMA L11		11	.727		13.30	19		32.30	43	
	5760	125/250 volt NEMA L14		11	.727		17.90	19		36.90	48	
	5770	250 volt NEMA L15		11	.727		17.90	19		36.90	48	
	5780	480 volt NEMA L16		11	.727		19.35	19		38.35	50	
	5790	600 volt NEMA L17		11	.727		19.35	19		38.35	50	
	5800	4 pole, 120/208 volt NEMA L18		10	.800		21.50	21		42.50	55	
	5810	120/208 volt NEMA L19		10	.800		22.40	21		43.40	56	
	5820	347/600 volt NEMA L20		10	.800		22.40	21		43.40	56	
	5830	120/208 volt NEMA L21		10	.800		20	21		41	53	
	5840	277/480 volt NEMA L22		10	.800		23.10	21		44.10	57	
	5850	347/600 volt NEMA L23		10	.800		23.10	21		44.10	57	
	6000	Connector, 20 amp, 250 volt NEMA 6		30	.267		15.20	6.95		22.15	27	
	6010	277 volt NEMA 7		30	.267		17.30	6.95		24.25	29	
	6020	3 pole, 120/250 volt NEMA 10		26	.308		20.15	8.05		28.20	34	
	6030	125/250 volt nema 14		26	.308		20.35	8.05		28.40	34	
	6040	250 volt NEMA 15		26	.308		20.35	8.05		28.40	34	
	6050	120/208 volt NEMA 18		26	.308		21.75	8.05		29.80	36	
	6060	30 amp, 125 volt NEMA 5		13	.615		34.65	16.05		50.70	62	
	6070	250 volt NEMA 6		13	.615		30.25	16.05		46.30	57	
	6080	277 volt NEMA 7		13	.615		34.70	16.05		50.75	62	
	6110	50 amp, 125 volt NEMA 5		9	.889		49	23		72	89	
	6120	250 volt NEMA 6		9	.889		49	23		72	89	
	6130	277 volt NEMA 7		9	.889		49	23		72	89	
	6200	Connector locking, 20 amp, 125 volt NEMA L5		30	.267		14.45	6.95		21.40	26	
	6210	250 volt NEMA L6		30	.267		14.45	6.95		21.40	26	
	6220	277 volt NEMA L7		30	.267		14.45	6.95		21.40	26	
	6230	480 volt NEMA L8		30	.267		16.20	6.95		23.15	28	
	6240	600 volt NEMA L9		30	.267		16.20	6.95		23.15	28	
	6250	3 pole, 125/250 volt NEMA L10		26	.308		18.65	8.05		26.70	33	
	6260	250 volt NEMA L11		26	.308		18.65	8.05		26.70	33	
	6280	125/250 volt NEMA L14		26	.308		19	8.05		27.05	33	
	6290	250 volt NEMA L15		26	.308		19	8.05		27.05	33	
	6300	480 volt NEMA L16		26	.308		20	8.05		28.05	34	
	6310	4 pole, 120/208 volt NEMA L18		24	.333		18	8.70		26.70	33	
	6320	277/480 volt NEMA L19		24	.333		20	8.70		28.70	35	
	6330	347/600 volt NEMA L20		24	.333		20	8.70		28.70	35	
	6340	120/208 volt NEMA L21		24	.333		28	8.70		36.70	44	
	6350	277/480 volt NEMA L22		24	.333		32.45	8.70		41.15	49	
	6360	347/600 volt NEMA L23		24	.333		32.45	8.70		41.15	49	
	6370	30 amp, 125 volt NEMA L5		13	.615		26.50	16.05		42.55	53	
	6380	250 volt NEMA L6		13	.615		26.50	16.05		42.55	53	
	6390	277 volt NEMA L7		13	.615		26.50	16.05		42.55	53	
	6400	480 volt NEMA L8		13	.615		30.25	16.05		46.30	57	

162 | Boxes and Wiring Devices

162 300 | Wiring Devices

			CREW	DAILY OUTPUT	MAN-HOURS	UNIT	1992 BARE COSTS MAT.	LABOR	EQUIP.	TOTAL	TOTAL INCL O&P	
320	6410	600 volt NEMA L9	1 Elec	13	.615	Ea.	30.25	16.05		46.30	57	320
	6420	3 pole, 125/250 volt NEMA L10		11	.727		37	19		56	69	
	6430	250 volt NEMA L11		11	.727		37	19		56	69	
	6460	125/250 volt NEMA L14		11	.727		38	19		57	70	
	6470	250 volt NEMA L15		11	.727		38	19		57	70	
	6480	480 volt NEMA L16		11	.727		41	19		60	73	
	6490	600 volt NEMA L17		11	.727		41	19		60	73	
	6500	4 pole, 120/208 volt NEMA L18		10	.800		44	21		65	80	
	6510	120/208 volt NEMA L19		10	.800		44	21		65	80	
	6520	347/600 volt NEMA L20		10	.800		44.50	21		65.50	80	
	6530	120/208 volt NEMA L21		10	.800		28	21		49	62	
	6540	277/480 volt NEMA L22		10	.800		38	21		59	73	
	6550	347/600 volt NEMA L23		10	.800		42	21		63	77	
	7000	Receptacle computer, 250 volt, 15 amp, 3 pole 4 wire		8	1		57	26		83	100	
	7010	20 amp, 2 pole 3 wire		8	1		40	26		66	83	
	7020	30 amp, 2 pole 3 wire		6.50	1.231		44.50	32		76.50	97	
	7030	30 amp, 3 pole 4 wire		6.50	1.231		64	32		96	120	
	7040	60 amp, 3 pole 4 wire		4.50	1.778		210	46		256	300	
	7050	100 amp, 3 pole 4 wire		3	2.667		225	70		295	350	
	7100	Connector computer, 250 volt, 15 amp, 3 pole 4 wire		27	.296		52	7.75		59.75	69	
	7110	20 amp, 2 pole 3 wire		27	.296		38	7.75		45.75	53	
	7120	30 amp, 2 pole 3 wire		15	.533		40	13.90		53.90	65	
	7130	30 amp, 3 pole 4 wire		15	.533		49	13.90		62.90	75	
	7140	60 amp, 3 pole 4 wire		8	1		155	26		181	210	
	7150	100 amp, 3 pole 4 wire		4	2		205	52		257	305	
	7200	Plug, computer, 250 volt, 15 amp, 3 pole 4 wire		27	.296		44	7.75		51.75	60	
	7210	20 amp, 2 pole, 3 wire		27	.296		31	7.75		38.75	46	
	7220	30 amp, 2 pole, 3 wire		15	.533		33.50	13.90		47.40	58	
	7230	30 amp, 3 pole, 4 wire		15	.533		47	13.90		60.90	72	
	7240	60 amp, 3 pole, 4 wire		8	1		122	26		148	175	
	7250	100 amp, 3 pole, 4 wire		4	2		180	52		232	275	
	7300	Connector adapter to flexible conduit 1/2"		60	.133		2.60	3.48		6.08	8.05	
	7310	3/4"		50	.160		2.90	4.18		7.08	9.40	
	7320	1-1/4"		30	.267		3.80	6.95		10.75	14.55	
	7330	1-1/2"		23	.348		12.30	9.10		21.40	27	

163 | Motors, Starters, Boards and Switches

163 100 | Starters & Controls

			CREW	DAILY OUTPUT	MAN-HOURS	UNIT	1992 BARE COSTS MAT.	LABOR	EQUIP.	TOTAL	TOTAL INCL O&P	
110	0010	MOTOR CONTROL CENTER Consists of starters & structures	R163 -110									110
	0050	Starters, class 1, type B, comb. MCP, FVNR, with										
	0100	control transformer, 10 HP, size 1, 12" high	1 Elec	2.70	2.963	Ea.	600	77		677	775	
	0200	25 HP, size 2, 18" high		2	4		720	105		825	950	
	0300	50 HP, size 3, 24" high		1	8		1,180	210		1,390	1,600	
	0350	75 HP, size 4, 24" high		.80	10		2,150	260		2,410	2,750	
	0400	100 HP, size 4, 30" high		.70	11.429		2,150	300		2,450	2,800	
	0500	200 HP, size 5, 48" high		.50	16		4,350	420		4,770	5,400	
	0600	400 HP, size 6, 72" high		.40	20		7,350	520		7,870	8,875	
	0610											
	0800	Structures, 300 amp, 22,000 rms, takes any										
	0900	combination of starters·up to 72" high	1 Elec	.80	10	Ea.	1,060	260		1,320	1,550	

163 | Motors, Starters, Boards and Switches

163 100 | Starters & Controls

			CREW	DAILY OUTPUT	MAN-HOURS	UNIT	1992 BARE COSTS MAT.	LABOR	EQUIP.	TOTAL	TOTAL INCL O&P	
110	1000	Back to back, 72" front & 66" back	1 Elec	.60	13.333	Ea.	1,915	350		2,265	2,625	110
	1100	For copper bus add per structure					125			125	140	
	1200	For NEMA 12, add per structure					122			122	135	
	1300	For 42,000 rms, add per structure					122			122	135	
	1400	For 100,000 rms, size 1 & 2, add					100			100	110	
	1500	Size 3, add					150			150	165	
	1600	Size 4, add					320			320	350	
	1700	For pilot lights, add per starter	1 Elec	16	.500		82	13.05		95.05	110	
	1800	For push button, add per starter		16	.500		56	13.05		69.05	81	
	1900	For auxilliary contacts, add per starter		16	.500		178	13.05		191.05	215	
120	0010	**MOTOR CONTROL CENTER COMPONENTS** R163-110										120
	0100	Starter, size 1, FVNR, NEMA 1, type A, fusible	1 Elec	2.70	2.963	Ea.	485	77		562	650	
	0120	Circuit breaker		2.70	2.963		536	77		613	705	
	0140	Type B, fusible		2.70	2.963		545	77		622	715	
	0160	Circuit breaker		2.70	2.963		600	77		677	775	
	0180	NEMA 12, type A, fusible		2.60	3.077		495	80		575	665	
	0200	Circuit breaker		2.60	3.077		560	80		640	735	
	0220	Type B, fusible		2.60	3.077		580	80		660	760	
	0240	Circuit breaker		2.60	3.077		630	80		710	815	
	0300	Starter, size 1, FVR, NEMA 1, type A, fusible		2	4		575	105		680	790	
	0320	Circuit breaker		2	4		615	105		720	830	
	0340	Type B, fusible		2	4		645	105		750	865	
	0360	Circuit breaker		2	4		710	105		815	935	
	0380	NEMA 12, type A, fusible		1.90	4.211		610	110		720	835	
	0400	Circuit breaker		1.90	4.211		660	110		770	890	
	0420	Type B, fusible		1.90	4.211		685	110		795	920	
	0440	Circuit breaker		1.90	4.211		760	110		870	1,000	
	0490	Starter size 1, 2 speed, separate winding										
	0500	NEMA 1, type A, fusible	1 Elec	2.60	3.077	Ea.	715	80		795	905	
	0520	Circuit breaker		2.60	3.077		770	80		850	965	
	0540	Type B, fusible		2.60	3.077		815	80		895	1,025	
	0560	Circuit breaker		2.60	3.077		875	80		955	1,075	
	0580	NEMA 12, type A, fusible		2.50	3.200		745	84		829	945	
	0600	Circuit breaker		2.50	3.200		800	84		884	1,000	
	0620	Type B, fusible		2.50	3.200		850	84		934	1,050	
	0640	Circuit breaker		2.50	3.200		920	84		1,004	1,125	
	0650	Starter size 1, 2 speed, consequent pole										
	0660	NEMA 1, type A, fusible	1 Elec	2.60	3.077	Ea.	780	80		860	980	
	0680	Circuit breaker		2.60	3.077		840	80		920	1,050	
	0700	Type B, fusible		2.60	3.077		885	80		965	1,100	
	0720	Circuit breaker		2.60	3.077		945	80		1,025	1,150	
	0740	NEMA 12, type A, fusible		2.50	3.200		810	84		894	1,025	
	0760	Circuit breaker		2.50	3.200		875	84		959	1,075	
	0780	Type B, fusible		2.50	3.200		940	84		1,024	1,150	
	0800	Circuit breaker		2.50	3.200		995	84		1,079	1,225	
	0810	Starter size 1, 2 speed, space only										
	0820	NEMA 1, type A, fusible	1 Elec	16	.500	Ea.	185	13.05		198.05	225	
	0840	Circuit breaker		16	.500		185	13.05		198.05	225	
	0860	Type B, fusible		16	.500		185	13.05		198.05	225	
	0880	Circuit breaker		16	.500		185	13.05		198.05	225	
	0900	NEMA 12, type A, fusible		15	.533		195	13.90		208.90	235	
	0920	Circuit breaker		15	.533		195	13.90		208.90	235	
	0940	Type B, fusible		15	.533		195	13.90		208.90	235	
	0960	Circuit breaker		15	.533		195	13.90		208.90	235	
	1100	Starter size 2, FVNR, NEMA 1, type A, fusible		2	4		589	105		694	805	
	1120	Circuit breaker		2	4		618	105		723	835	
	1140	Type B, fusible		2	4		675	105		780	900	
	1160	Circuit breaker		2	4		715	105		820	940	

163 | Motors, Starters, Boards and Switches

163 100 | Starters & Controls

			CREW	DAILY OUTPUT	MAN-HOURS	UNIT	1992 BARE COSTS				TOTAL INCL O&P	
							MAT.	LABOR	EQUIP.	TOTAL		
120	1180	NEMA 12, type A, fusible	1 Elec	1.90	4.211	Ea.	618	110		728	845	120
	1200	Circuit breaker		1.90	4.211		654	110		764	885	
	1220	Type B, fusible		1.90	4.211		715	110		825	950	
	1240	Circuit breaker		1.90	4.211		750	110		860	990	
	1300	Starter size 2, FVR, NEMA 1, type A, fusible		1.60	5		805	130		935	1,075	
	1320	Circuit breaker		1.60	5		820	130		950	1,100	
	1340	Type B, fusible		1.60	5		905	130		1,035	1,200	
	1360	Circuit breaker		1.60	5		960	130		1,090	1,250	
	1380	NEMA type 12, type A, fusible		1.50	5.333		845	140		985	1,125	
	1400	Circuit breaker		1.50	5.333		870	140		1,010	1,175	
	1420	Type B, fusible		1.50	5.333		960	140		1,100	1,275	
	1440	Circuit breaker		1.50	5.333		1,000	140		1,140	1,300	
	1490	Starter size 2, 2 speed, separate winding										
	1500	NEMA 1, type A, fusible	1 Elec	1.90	4.211	Ea.	945	110		1,055	1,200	
	1520	Circuit breaker		1.90	4.211		1,010	110		1,120	1,275	
	1540	Type B, fusible		1.90	4.211		1,085	110		1,195	1,350	
	1560	Circuit breaker		1.90	4.211		1,135	110		1,245	1,425	
	1570	NEMA 12, type A, fusible		1.80	4.444		1,000	115		1,115	1,275	
	1580	Circuit breaker		1.80	4.444		1,055	115		1,170	1,325	
	1600	Type B, fusible		1.80	4.444		1,155	115		1,270	1,450	
	1620	Circuit breaker		1.80	4.444		1,225	115		1,340	1,525	
	1630	Starter size 2, 2 speed, consequent pole										
	1640	NEMA 1, type A, fusible	1 Elec	1.90	4.211	Ea.	1,115	110		1,225	1,400	
	1660	Circuit breaker		1.90	4.211		1,175	110		1,285	1,450	
	1680	Type B, fusible		1.90	4.211		1,315	110		1,425	1,600	
	1700	Circuit breaker		1.90	4.211		1,365	110		1,475	1,675	
	1720	NEMA 12, type A, fusible		1.80	4.444		1,200	115		1,315	1,500	
	1740	Circuit breaker		1.80	4.444		1,285	115		1,400	1,575	
	1760	Type B, fusible		1.80	4.444		1,365	115		1,480	1,675	
	1780	Circuit breaker		1.80	4.444		1,425	115		1,540	1,750	
	1830	Starter size 2, autotransformer										
	1840	NEMA 1, type A, fusible	1 Elec	1.70	4.706	Ea.	1,942	125		2,067	2,325	
	1860	Circuit breaker		1.70	4.706		1,815	125		1,940	2,175	
	1880	Type B, fusible		1.70	4.706		1,967	125		2,092	2,350	
	1900	Circuit breaker		1.70	4.706		1,854	125		1,979	2,225	
	1920	NEMA 12, type A, fusible		1.60	5		1,990	130		2,120	2,375	
	1940	Circuit breaker		1.60	5		1,885	130		2,015	2,275	
	1960	Type B, fusible		1.60	5		2,090	130		2,220	2,500	
	1980	Circuit breaker		1.60	5		1,967	130		2,097	2,350	
	2030	Starter size 2, space only										
	2040	NEMA 1, type A, fusible	1 Elec	16	.500	Ea.	185	13.05		198.05	225	
	2060	Circuit breaker		16	.500		185	13.05		198.05	225	
	2080	Type B, fusible		16	.500		185	13.05		198.05	225	
	2100	Circuit breaker		16	.500		185	13.05		198.05	225	
	2120	NEMA 12, type A, fusible		15	.533		195	13.90		208.90	235	
	2140	Circuit breaker		15	.533		195	13.90		208.90	235	
	2160	Type B, fusible		15	.533		195	13.90		208.90	235	
	2180	Circuit breaker		15	.533		195	13.90		208.90	235	
	2300	Starter size 3, FVNR, NEMA 1, type A, fusible		1	8		830	210		1,040	1,225	
	2320	Circuit breaker		1	8		785	210		995	1,175	
	2340	Type B, fusible		1	8		955	210		1,165	1,350	
	2360	Circuit breaker		1	8		885	210		1,095	1,275	
	2380	NEMA 12, type A, fusible		.95	8.421		885	220		1,105	1,300	
	2400	Circuit breaker		.95	8.421		850	220		1,070	1,275	
	2420	Type B, fusible		.95	8.421		990	220		1,210	1,425	
	2440	Circuit breaker		.95	8.421		920	220		1,140	1,350	
	2500	Starter size 3, FVR, NEMA 1, type A, fusible		.80	10		1,910	260		2,170	2,500	
	2520	Circuit breaker		.80	10		1,967	260		2,227	2,550	

163 | Motors, Starters, Boards and Switches

163 100	Starters & Controls	CREW	DAILY OUTPUT	MAN-HOURS	UNIT	1992 BARE COSTS MAT.	LABOR	EQUIP.	TOTAL	TOTAL INCL O&P	
2540	Type B, fusible	1 Elec	.80	10	Ea.	1,967	260		2,227	2,550	120
2560	Circuit breaker		.80	10		2,096	260		2,356	2,700	
2580	NEMA 12, type A, fusible		.75	10.667		2,096	280		2,376	2,725	
2600	Circuit breaker		.75	10.667		2,095	280		2,375	2,725	
2620	Type B, fusible		.75	10.667		2,120	280		2,400	2,750	
2640	Circuit breaker		.75	10.667		2,190	280		2,470	2,825	
2690	Starter size 3, 2 speed, separate winding										
2700	NEMA 1, type A, fusible	1 Elec	1	8	Ea.	2,445	210		2,655	3,000	
2720	Circuit breaker		1	8		2,565	210		2,775	3,125	
2740	Type B, fusible		1	8		2,540	210		2,750	3,100	
2760	Circuit breaker		1	8		2,625	210		2,835	3,200	
2780	NEMA 12, type A, fusible		.95	8.421		2,560	220		2,780	3,150	
2800	Circuit breaker		.95	8.421		2,740	220		2,960	3,350	
2820	Type B, fusible		.95	8.421		2,680	220		2,900	3,275	
2840	Circuit breaker		.95	8.421		2,800	220		3,020	3,400	
2850	Starter size 3, 2 speed, consequent pole										
2860	NEMA 1, type A, fusible	1 Elec	1	8	Ea.	2,860	210		3,070	3,450	
2880	Circuit breaker		1	8		2,945	210		3,155	3,550	
2900	Type B, fusible		1	8		3,000	210		3,210	3,600	
2920	Circuit breaker		1	8		3,040	210		3,250	3,650	
2940	NEMA 12, type A, fusible		.95	8.421		3,150	220		3,370	3,800	
2960	Circuit breaker		.95	8.421		3,090	220		3,310	3,725	
2980	Type B, fusible		.95	8.421		3,120	220		3,340	3,750	
3000	Circuit breaker		.95	8.421		3,150	220		3,370	3,800	
3100	Starter size 3, autotransformer, NEMA 1, type A, fusible		.80	10		2,900	260		3,160	3,575	
3120	Circuit breaker		.80	10		2,790	260		3,050	3,450	
3140	Type B, fusible		.80	10		3,015	260		3,275	3,700	
3160	Circuit breaker		.80	10		2,870	260		3,130	3,550	
3180	NEMA 12, type A, fusible		.75	10.667		3,040	280		3,320	3,750	
3200	Circuit breaker		.75	10.667		2,900	280		3,180	3,600	
3220	Type B, fusible		.75	10.667		3,150	280		3,430	3,875	
3240	Circuit breaker		.75	10.667		3,010	280		3,290	3,725	
3260	Starter size 3, space only, NEMA 1, type A, fusible		15	.533		575	13.90		588.90	655	
3280	Circuit breaker		15	.533		310	13.90		323.90	360	
3300	Type B, fusible		15	.533		575	13.90		588.90	655	
3320	Circuit breaker		15	.533		310	13.90		323.90	360	
3340	NEMA 12, type A, fusible		14	.571		600	14.90		614.90	680	
3360	Circuit breaker		14	.571		325	14.90		339.90	380	
3380	Type B, fusible		14	.571		600	14.90		614.90	680	
3400	Circuit breaker		14	.571		325	14.90		339.90	380	
3500	Starter size 4, FVNR, NEMA 1, type A, fusible		.80	10		1,310	260		1,570	1,825	
3520	Circuit breaker		.80	10		1,430	260		1,690	1,975	
3540	Type B, fusible		.80	10		1,490	260		1,750	2,025	
3560	Circuit breaker		.80	10		1,665	260		1,925	2,225	
3580	NEMA 12, type A, fusible		.75	10.667		1,440	280		1,720	2,000	
3600	Circuit breaker		.75	10.667		1,575	280		1,855	2,150	
3620	Type B, fusible		.75	10.667		1,615	280		1,895	2,200	
3640	Circuit breaker		.75	10.667		1,755	280		2,035	2,350	
3700	Starter size 4, FVR, NEMA 1, type A, fusible		.60	13.333		3,560	350		3,910	4,425	
3720	Circuit breaker		.60	13.333		3,685	350		4,035	4,575	
3740	Type B, fusible		.60	13.333		3,635	350		3,985	4,525	
3760	Circuit breaker		.60	13.333		3,740	350		4,090	4,625	
3780	NEMA 12, type A, fusible		.58	13.793		3,765	360		4,125	4,675	
3800	Circuit breaker		.58	13.793		3,925	360		4,285	4,850	
3820	Type B, fusible		.58	13.793		3,850	360		4,210	4,775	
3840	Circuit breaker		.58	13.793		3,980	360		4,340	4,925	
3890	Starter size 4, 2 speed, separate windings										
3900	NEMA 1, type A, fusible	1 Elec	.80	10	Ea.	4,670	260		4,930	5,525	

163 | Motors, Starters, Boards and Switches

163 100 | Starters & Controls

			CREW	DAILY OUTPUT	MAN-HOURS	UNIT	MAT.	LABOR	EQUIP.	TOTAL	TOTAL INCL O&P	
120	3920	Circuit breaker	1 Elec	.80	10	Ea.	4,880	260		5,140	5,750	120
	3940	Type B, fusible		.80	10		4,760	260		5,020	5,625	
	3960	Circuit breaker		.80	10		4,895	260		5,155	5,775	
	3980	NEMA 12, type A, fusible		.75	10.667		4,895	280		5,175	5,800	
	4000	Circuit breaker		.75	10.667		5,075	280		5,355	6,000	
	4020	Type B, fusible		.75	10.667		4,925	280		5,205	5,825	
	4040	Circuit breaker	▼	.75	10.667	▼	5,130	280		5,410	6,050	
	4050	Starter size 4, 2 speed, consequent pole										
	4060	NEMA 1, type A, fusible	1 Elec	.80	10	Ea.	5,335	260		5,595	6,250	
	4080	Circuit breaker		.80	10		5,425	260		5,685	6,350	
	4100	Type B, fusible		.80	10		5,425	260		5,685	6,350	
	4120	Circuit breaker		.80	10		5,600	260		5,860	6,550	
	4140	NEMA 12, type A, fusible		.75	10.667		5,685	280		5,965	6,675	
	4160	Circuit breaker		.75	10.667		5,750	280		6,030	6,750	
	4180	Type B, fusible		.75	10.667		5,750	280		6,030	6,750	
	4200	Circuit breaker		.75	10.667		5,890	280		6,170	6,900	
	4300	Starter size 4, autotransformer, NEMA 1, type A, fusible		.65	12.308		5,145	320		5,465	6,150	
	4320	Circuit breaker		.65	12.308		4,930	320		5,250	5,900	
	4340	Type B, fusible		.65	12.308		5,355	320		5,675	6,375	
	4360	Circuit breaker		.65	12.308		5,085	320		5,405	6,075	
	4380	NEMA 12, type A, fusible		.62	12.903		5,470	335		5,805	6,525	
	4400	Circuit breaker		.62	12.903		5,150	335		5,485	6,175	
	4420	Type B, fusible		.62	12.903		5,575	335		5,910	6,625	
	4440	Circuit breaker		.62	12.903		5,410	335		5,745	6,450	
	4500	Starter size 4, space only, NEMA 1, type A, fusible		14	.571		690	14.90		704.90	780	
	4520	Circuit breaker		14	.571		400	14.90		414.90	460	
	4540	Type B, fusible		14	.571		690	14.90		704.90	780	
	4560	Circuit breaker		14	.571		395	14.90		409.90	455	
	4580	NEMA 12, type A, fusible		13	.615		720	16.05		736.05	815	
	4600	Circuit breaker		13	.615		415	16.05		431.05	480	
	4620	Type B, fusible		13	.615		695	16.05		711.05	790	
	4640	Circuit breaker		13	.615		415	16.05		431.05	480	
	4800	Starter size 5, FVNR, NEMA 1, type A, fusible		.50	16		4,800	420		5,220	5,900	
	4820	Circuit breaker		.50	16		5,010	420		5,430	6,125	
	4840	Type B, fusible		.50	16		4,910	420		5,330	6,025	
	4860	Circuit breaker		.50	16		5,100	420		5,520	6,225	
	4880	NEMA 12, type A, fusible		.48	16.667		5,070	435		5,505	6,225	
	4900	Circuit breaker		.48	16.667		5,382	435		5,817	6,575	
	4920	Type B, fusible		.48	16.667		5,275	435		5,710	6,450	
	4940	Circuit breaker		.48	16.667		5,415	435		5,850	6,600	
	5000	Starter size 5, FVR, NEMA 1, type A, fusible		.40	20		8,170	520		8,690	9,775	
	5020	Circuit breaker		.40	20		8,400	520		8,920	10,000	
	5040	Type B, fusible		.40	20		8,275	520		8,795	9,875	
	5060	Circuit breaker		.40	20		8,500	520		9,020	10,100	
	5080	NEMA 12, type A, fusible		.38	21.053		8,635	550		9,185	10,300	
	5100	Circuit breaker		.38	21.053		8,950	550		9,500	10,700	
	5120	Type B, fusible		.38	21.053		8,835	550		9,385	10,500	
	5140	Circuit breaker	▼	.38	21.053	▼	9,100	550		9,650	10,800	
	5190	Starter size 5, 2 speed, separate windings										
	5200	NEMA 1, type A, fusible	1 Elec	.50	16	Ea.	9,500	420		9,920	11,100	
	5220	Circuit breaker		.50	16		10,000	420		10,420	11,600	
	5240	Type B, fusible		.50	16		9,800	420		10,220	11,400	
	5260	Circuit breaker		.50	16		10,035	420		10,455	11,700	
	5280	NEMA 12, type A, fusible		.48	16.667		9,800	435		10,235	11,400	
	5300	Circuit breaker		.48	16.667		10,100	435		10,535	11,800	
	5320	Type B, fusible		.48	16.667		10,500	435		10,935	12,200	
	5340	Circuit breaker		.48	16.667		10,200	435		10,635	11,900	
	5400	Starter size 5, autotransformer, NEMA 1, type A, fusible	▼	.35	22.857	▼	10,400	595		10,995	12,300	

163 | Motors, Starters, Boards and Switches

163 100 | Starters & Controls

			CREW	DAILY OUTPUT	MAN-HOURS	UNIT	MAT.	LABOR	EQUIP.	TOTAL	TOTAL INCL O&P	
120	5420	Circuit breaker	1 Elec	.35	22.857	Ea.	9,900	595		10,495	11,800	120
	5440	Type B, fusible		.35	22.857		10,600	595		11,195	12,600	
	5460	Circuit breaker		.35	22.857		10,000	595		10,595	11,900	
	5480	NEMA 12, type A, fusible		.34	23.529		11,020	615		11,635	13,000	
	5500	Circuit breaker		.34	23.529		10,500	615		11,115	12,500	
	5520	Type B, fusible		.34	23.529		11,225	615		11,840	13,300	
	5540	Circuit breakers		.34	23.529		10,600	615		11,215	12,600	
	5600	Starter size 5, space only, NEMA 1, type A, fusible		12	.667		1,055	17.40		1,072.40	1,175	
	5620	Circuit breaker		12	.667		740	17.40		757.40	840	
	5640	Type B, fusible		12	.667		1,100	17.40		1,117.40	1,225	
	5660	Circuit breaker		12	.667		740	17.40		757.40	840	
	5680	NEMA 12, type A, fusible		11	.727		1,140	19		1,159	1,275	
	5700	Circuit breaker		11	.727		745	19		764	850	
	5720	Type B, fusible		11	.727		1,140	19		1,159	1,275	
	5740	Circuit breaker		11	.727		745	19		764	850	
	5800	Fuse, light contactor NEMA 1, type A, 30 amp		2.70	2.963		500	77		577	665	
	5820	60 amp		2	4		620	105		725	840	
	5840	100 amp		1	8		790	210		1,000	1,175	
	5860	200 amp		.80	10		1,250	260		1,510	1,775	
	5880	Type B, 30 amp		2.70	2.963		575	77		652	750	
	5900	60 amp		2	4		710	105		815	935	
	5920	100 amp		1	8		900	210		1,110	1,300	
	5940	200 amp		.80	10		1,425	260		1,685	1,950	
	5960	NEMA 12, type A, 30 amp		2.60	3.077		550	80		630	725	
	5980	60 amp		1.90	4.211		660	110		770	890	
	6000	100 amp		.95	8.421		825	220		1,045	1,225	
	6020	200 amp		.75	10.667		1,335	280		1,615	1,875	
	6040	Type B, 30 amp		2.60	3.077		610	80		690	790	
	6060	60 amp		1.90	4.211		750	110		860	990	
	6080	100 amp		.95	8.421		950	220		1,170	1,375	
	6100	200 amp		.75	10.667		1,500	280		1,780	2,075	
	6200	Circuit breaker, light contactor NEMA 1, type A, 30 amp		2.70	2.963		565	77		642	735	
	6220	60 amp		2	4		645	105		750	865	
	6240	100 amp		1	8		725	210		935	1,100	
	6260	200 amp		.80	10		1,310	260		1,570	1,825	
	6280	Type B, 30 amp		2.70	2.963		625	77		702	805	
	6300	60 amp		2	4		730	105		835	960	
	6320	100 amp		1	8		815	210		1,025	1,200	
	6340	200 amp		.80	10		1,500	260		1,760	2,050	
	6360	NEMA 12, type A, 30 amp		2.60	3.077		575	80		655	750	
	6380	60 amp		1.90	4.211		685	110		795	920	
	6400	100 amp		.95	8.421		745	220		965	1,150	
	6420	200 amp		.75	10.667		1,395	280		1,675	1,950	
	6440	Type B, 30 amp		2.60	3.077		670	80		750	855	
	6460	60 amp		1.90	4.211		770	110		880	1,000	
	6480	100 amp		.95	8.421		860	220		1,080	1,275	
	6500	200 amp		.75	10.667		1,590	280		1,870	2,175	
	6600	Fusible switch, NEMA 1, type A, 30 amp		5.30	1.509		295	39		334	385	
	6620	60 amp		5	1.600		325	42		367	420	
	6640	100 amp		4	2		427	52		479	550	
	6660	200 amp		3.20	2.500		731	65		796	900	
	6680	400 amp		2.30	3.478		1,442	91		1,533	1,725	
	6700	600 amp		1.60	5		2,155	130		2,285	2,575	
	6720	800 amp		1.30	6.154		2,565	160		2,725	3,050	
	6740	NEMA 12, type A, 30 amp		5.20	1.538		310	40		350	400	
	6760	60 amp		4.90	1.633		350	43		393	450	
	6780	100 amp		3.90	2.051		453	54		507	580	
	6800	200 amp		3.10	2.581		767	67		834	945	

163 | Motors, Starters, Boards and Switches

163 100 | Starters & Controls

			DAILY	MAN-			1992 BARE COSTS			TOTAL	
		CREW	OUTPUT	HOURS	UNIT	MAT.	LABOR	EQUIP.	TOTAL	INCL O&P	
120	6820	400 amp	1 Elec	2.20	3.636	Ea.	1,442	95		1,537	1,725	120
	6840	600 amp		1.50	5.333		2,285	140		2,425	2,725	
	6860	800 amp		1.20	6.667		2,685	175		2,860	3,225	
	6900	Circuit breaker, NEMA 1, type A, 30 amp		5.30	1.509		378	39		417	475	
	6920	60 amp		5	1.600		400	42		442	500	
	6940	100 amp		4	2		400	52		452	520	
	6960	225 amp		3.20	2.500		765	65		830	940	
	6980	400 amp		2.30	3.478		1,585	91		1,676	1,875	
	7000	600 amp		1.60	5		2,240	130		2,370	2,650	
	7020	800 amp		1.30	6.154		2,845	160		3,005	3,375	
	7040	NEMA 12, type A, 30 amp		5.20	1.538		398	40		438	500	
	7060	60 amp		4.90	1.633		432	43		475	540	
	7080	100 amp		3.90	2.051		432	54		486	555	
	7100	225 amp		3.10	2.581		810	67		877	990	
	7120	400 amp		2.20	3.636		1,680	95		1,775	2,000	
	7140	600 amp		1.50	5.333		2,380	140		2,520	2,825	
	7160	800 amp		1.20	6.667		2,985	175		3,160	3,550	
	7300	Incoming line, main lug only, 600 amp, alum, NEMA 1		.80	10		1,025	260		1,285	1,525	
	7320	NEMA 12		.75	10.667		1,080	280		1,360	1,600	
	7340	Copper, NEMA 1		.80	10		1,130	260		1,390	1,625	
	7360	800 amp, alum., NEMA 1		.75	10.667		2,160	280		2,440	2,800	
	7380	NEMA 12		.70	11.429		2,275	300		2,575	2,950	
	7400	Copper, NEMA 1		.75	10.667		2,650	280		2,930	3,325	
	7420	1200 amp, copper, NEMA 1		.70	11.429		2,900	300		3,200	3,625	
	7440	Incoming line, fusible switch, 400 amp, alum., NEMA 1		.60	13.333		2,035	350		2,385	2,750	
	7460	NEMA 12		.55	14.545		2,160	380		2,540	2,950	
	7480	Copper, NEMA 1		.60	13.333		2,125	350		2,475	2,850	
	7500	600 amp, alum., NEMA 1		.55	14.545		2,245	380		2,625	3,025	
	7520	NEMA 12		.50	16		2,420	420		2,840	3,275	
	7540	Copper, NEMA 1		.55	14.545		2,350	380		2,730	3,150	
	7560	Incoming line, circuit breaker, 225 amp, alum., NEMA 1		.60	13.333		2,420	350		2,770	3,175	
	7580	NEMA 12		.55	14.545		2,530	380		2,910	3,350	
	7600	Copper, NEMA 1		.60	13.333		2,625	350		2,975	3,400	
	7620	400 amp, alum., NEMA 1		.60	13.333		2,825	350		3,175	3,625	
	7640	NEMA 12		.55	14.545		2,950	380		3,330	3,800	
	7660	Copper, NEMA 1		.60	13.333		2,900	350		3,250	3,700	
	7680	600 amp, alum., NEMA 1		.55	14.545		3,030	380		3,410	3,900	
	7700	NEMA 12		.50	16		3,210	420		3,630	4,150	
	7720	Copper, NEMA 1		.55	14.545		3,115	380		3,495	4,000	
	7740	800 amp, copper, NEMA 1		.45	17.778		3,565	465		4,030	4,625	
	7760	Incoming line, for copper bus, add					320			320	350	
	7780	For 65000 amp bus bracing, add					330			330	365	
	7800	For NEMA 3R enclosure, add					1,725			1,725	1,900	
	7820	For NEMA 12 enclosure, add					230			230	255	
	7840	For 1/4" x 1" ground bus, add	1 Elec	16	.500		180	13.05		193.05	215	
	7860	For 1/4" x 2" ground bus, add		12	.667		295	17.40		312.40	350	
	7880	Main rating, basic section, alum., NEMA 1, 600 amp		.80	10			260		260	390	
	7900	800 amp		.70	11.429		140	300		440	600	
	7920	1200 amp		.60	13.333		275	350		625	820	
	7940	Basic section, for copper bus, add					315			315	345	
	7960	For 65000 amp bus bracing, add					320			320	350	
	7980	For NEMA 3R enclosure, add					1,700			1,700	1,875	
	8000	For NEMA 12, enclosure, add					225			225	250	
	8020	For 1/4" x 1" ground bus, add	1 Elec	16	.500		180	13.05		193.05	215	
	8040	For 1/4" x 2" ground bus, add		12	.667		290	17.40		307.40	345	
	8060	Unit devices, pilot light, standard		16	.500		85	13.05		98.05	115	
	8080	Pilot light, push to test		16	.500		95	13.05		108.05	125	
	8100	Pilot light, standard, and push button		12	.667		135	17.40		152.40	175	

163 | Motors, Starters, Boards and Switches

163 100 | Starters & Controls

			CREW	DAILY OUTPUT	MAN-HOURS	UNIT	MAT.	LABOR	EQUIP.	TOTAL	TOTAL INCL O&P	
120	8120	Pilot light, push to test, and push button	1 Elec	12	.667	Ea.	170	17.40		187.40	215	120
	8140	Pilot light, standard, and select switch		12	.667		160	17.40		177.40	200	
	8160	Pilot light, push to test, and select switch	▼	12	.667	▼	185	17.40		202.40	230	
130	0010	**MOTOR STARTERS & CONTROLS** R163-130										130
	0050	Magnetic, FVNR, with enclosure and heaters, 480 volt										
	0080	2 HP, size 00	1 Elec	3.50	2.286	Ea.	118	60		178	220	
	0100	5 HP, size 0		2.30	3.478		140	91		231	290	
	0200	10 HP, size 1		1.60	5		158	130		288	370	
	0300	25 HP, size 2		1.10	7.273		312	190		502	625	
	0400	50 HP, size 3		.90	8.889		515	230		745	915	
	0500	100 HP, size 4		.60	13.333		1,160	350		1,510	1,800	
	0600	200 HP, size 5		.45	17.778		2,670	465		3,135	3,625	
	0610	400 HP, size 6		.40	20		7,520	520		8,040	9,050	
	0620	NEMA 7, 5 HP, size 0		1.60	5		579	130		709	830	
	0630	10 HP, size 1		1.10	7.273		604	190		794	950	
	0640	25 HP, size 2		.90	8.889		957	230		1,187	1,400	
	0650	50 HP, size 3		.60	13.333		1,420	350		1,770	2,075	
	0660	100 HP, size 4		.45	17.778		2,265	465		2,730	3,175	
	0670	200 HP, size 5		.25	32		5,400	835		6,235	7,175	
	0700	Combination, with motor circuit protectors, 5 HP, size 0		1.80	4.444		480	115		595	700	
	0800	10 HP, size 1		1.30	6.154		505	160		665	795	
	0900	25 HP, size 2		1	8		715	210		925	1,100	
	1000	50 HP, size 3		.66	12.121		1,014	315		1,329	1,600	
	1200	100 HP, size 4		.40	20		2,200	520		2,720	3,200	
	1220	NEMA 7, 5 HP, size 0		1.30	6.154		1,000	160		1,160	1,350	
	1230	10 HP, size 1		1	8		1,020	210		1,230	1,425	
	1240	25 HP, size 2		.66	12.121		1,385	315		1,700	2,000	
	1250	50 HP, size 3		.40	20		2,250	520		2,770	3,250	
	1260	100 HP, size 4		.30	26.667		3,510	695		4,205	4,900	
	1270	200 HP, size 5		.20	40		7,550	1,050		8,600	9,875	
	1400	Combination, with fused switch, 5 HP, size 0		1.80	4.444		375	115		490	585	
	1600	10 HP, size 1		1.30	6.154		395	160		555	675	
	1800	25 HP, size 2		1	8		620	210		830	995	
	2000	50 HP, size 3		.66	12.121		1,040	315		1,355	1,625	
	2200	100 HP, size 4		.40	20		1,950	520		2,470	2,925	
	2610	NEMA 4, with start-stop pushbutton size 1		1.30	6.154		855	160		1,015	1,175	
	2620	Size 2		1	8		1,265	210		1,475	1,700	
	2630	Size 3		.66	12.121		2,125	315		2,440	2,800	
	2640	Size 4	▼	.40	20	▼	3,210	520		3,730	4,300	
	2650	NEMA 4, FVNR, including control transformer										
	2660	Size 1	1 Elec	1.30	6.154	Ea.	950	160		1,110	1,275	
	2670	Size 2		1	8		1,375	210		1,585	1,825	
	2680	Size 3		.66	12.121		2,335	315		2,650	3,050	
	2690	Size 4		.40	20		3,425	520		3,945	4,550	
	2710	Magnetic, FVR, control circuit transformer, NEMA 1, size 1		1.30	6.154		465	160		625	750	
	2720	Size 2		1	8		840	210		1,050	1,225	
	2730	Size 3		.66	12.121		1,375	315		1,690	1,975	
	2740	Size 4		.40	20		2,965	520		3,485	4,050	
	2760	NEMA 4, size 1		1.10	7.273		710	190		900	1,075	
	2770	Size 2		.80	10		1,220	260		1,480	1,725	
	2780	Size 3		.60	13.333		1,930	350		2,280	2,650	
	2790	Size 4		.35	22.857		3,975	595		4,570	5,275	
	2820	NEMA 12, size 1		1.10	7.273		530	190		720	865	
	2830	Size 2		.80	10		955	260		1,215	1,450	
	2840	Size 3		.60	13.333		1,575	350		1,925	2,250	
	2850	Size 4		.35	22.857		3,325	595		3,920	4,550	
	2870	Combination FVR, fused, w/control Xfmr & PB, NEMA 1, size 1	▼	1	8	▼	795	210		1,005	1,175	

163 | Motors, Starters, Boards and Switches

163 100 | Starters & Controls

			CREW	DAILY OUTPUT	MAN-HOURS	UNIT	1992 BARE COSTS MAT.	LABOR	EQUIP.	TOTAL	TOTAL INCL O&P	
130	2880	Size 2	1 Elec	.75	10.667	Ea.	1,225	280		1,505	1,775	130
	2890	Size 3		.55	14.545		1,985	380		2,365	2,750	
	2900	Size 4		.35	22.857		3,925	595		4,520	5,200	
	2910	NEMA 4, size 1		.90	8.889		1,220	230		1,450	1,700	
	2920	Size 2		.70	11.429		1,925	300		2,225	2,575	
	2930	Size 3		.50	16		3,210	420		3,630	4,150	
	2940	Size 4		.30	26.667		5,480	695		6,175	7,075	
	2950	NEMA 12, size 1		1	8		920	210		1,130	1,325	
	2960	Size 2		.70	11.429		1,395	300		1,695	1,975	
	2970	Size 3		.50	16		2,190	420		2,610	3,025	
	2980	Size 4		.30	26.667		4,500	695		5,195	6,000	
	3010	Manual, single phase, w/pilot, 1 pole 120V NEMA 1		6.40	1.250		42	33		75	95	
	3020	NEMA 4		4	2		125	52		177	215	
	3030	2 pole, 230V, NEMA 1		6.40	1.250		57	33		90	110	
	3040	NEMA 4		4	2		137	52		189	230	
	3050	3 phase, 3 pole 600V, NEMA 1		5.50	1.455		135	38		173	205	
	3060	NEMA 4		3.50	2.286		285	60		345	405	
	3070	NEMA 12		3.50	2.286		161	60		221	265	
	3500	Magnetic FVNR with NEMA 12, enclosure & heaters, 480 volt										
	3600	5 HP, size 0	1 Elec	2.20	3.636	Ea.	185	95		280	345	
	3700	10 HP, size 1		1.50	5.333		205	140		345	435	
	3800	25 HP, size 2		1	8		395	210		605	745	
	3900	50 HP, size 3		.80	10		600	260		860	1,050	
	4000	100 HP, size 4		.50	16		1,415	420		1,835	2,175	
	4100	200 HP, size 5		.40	20		3,365	520		3,885	4,475	
	4200	Combination with motor circuit protectors, 5 HP, size 0		1.70	4.706		570	125		695	810	
	4300	10 HP, size 1		1.20	6.667		585	175		760	905	
	4400	25 HP, size 2		.90	8.889		805	230		1,035	1,225	
	4500	50 HP, size 3		.60	13.333		1,150	350		1,500	1,775	
	4600	100 HP, size 4		.37	21.622		2,595	565		3,160	3,700	
	4700	Combination with fused switch, 5 HP, size 0		1.70	4.706		470	125		595	700	
	4800	10 HP, size 1		1.20	6.667		485	175		660	795	
	4900	25 HP, size 2		.90	8.889		740	230		970	1,150	
	5000	50 HP, size 3		.60	13.333		1,175	350		1,525	1,800	
	5100	100 HP, size 4		.37	21.622		2,390	565		2,955	3,475	
	5200	Factory installed controls, adders to size 0 thru 5										
	5300	Start-stop push button	1 Elec	32	.250	Ea.	33	6.55		39.55	46	
	5400	Hand-off-auto-selector switch		32	.250		33	6.55		39.55	46	
	5500	Pilot light		32	.250		60	6.55		66.55	76	
	5600	Start-stop-pilot		32	.250		89	6.55		95.55	110	
	5700	Auxiliary contact, NO or NC		32	.250		42	6.55		48.55	56	
	5800	NO-NC		32	.250		77	6.55		83.55	94	
	5810	Magnetic FVR, NEMA 7 w/heaters, size 1		.66	12.121		1,015	315		1,330	1,600	
	5830	Size 2		.55	14.545		1,710	380		2,090	2,450	
	5840	Size 3		.35	22.857		2,680	595		3,275	3,850	
	5850	Size 4		.30	26.667		4,655	695		5,350	6,150	
	5860	Combination w/circuit breakers, heaters, control xfmr PB size 1		.60	13.333		1,525	350		1,875	2,200	
	5870	Size 2		.40	20		2,235	520		2,755	3,250	
	5880	Size 3		.25	32		3,565	835		4,400	5,175	
	5890	Size 4		.20	40		6,570	1,050		7,620	8,775	
	5900	Manual, 240 volt, .75 HP motor		4	2		85	52		137	170	
	5910	2 HP motor		4	2		85	52		137	170	
	6000	Magnetic, 240 volt, 1 or 2 pole, .75 HP motor		4	2		113	52		165	200	
	6020	2 HP motor		4	2		126	52		178	215	
	6040	5 HP motor		3	2.667		187	70		257	310	
	6060	10 HP motor		2.30	3.478		410	91		501	585	
	6100	3 pole, .75 HP motor		3	2.667		120	70		190	235	
	6120	5 HP motor		2.30	3.478		151	91		242	300	

163 | Motors, Starters, Boards and Switches

163 100 | Starters & Controls

		CREW	DAILY OUTPUT	MAN-HOURS	UNIT	1992 BARE COSTS MAT.	LABOR	EQUIP.	TOTAL	TOTAL INCL O&P	
130	6140	10 HP motor	1 Elec	1.60	5	Ea.	310	130		440	535	130
	6160	15 HP motor		1.60	5		310	130		440	535	
	6180	20 HP motor		1.10	7.273		520	190		710	855	
	6200	25 HP motor		1.10	7.273		520	190		710	855	
	6210	30 HP motor		.90	8.889		520	230		750	920	
	6220	40 HP motor		.90	8.889		1,130	230		1,360	1,600	
	6230	50 HP motor		.90	8.889		1,130	230		1,360	1,600	
	6240	60 HP motor		.60	13.333		2,595	350		2,945	3,375	
	6250	75 HP motor		.60	13.333		2,595	350		2,945	3,375	
	6260	100 HP motor		.60	13.333		2,595	350		2,945	3,375	
	6270	125 HP motor		.45	17.778		7,300	465		7,765	8,725	
	6280	150 HP motor		.45	17.778		7,300	465		7,765	8,725	
	6290	200 HP motor		.45	17.778		7,300	465		7,765	8,725	
	6400	Starter & nonfused disconnect, 240 volt, 1-2 pole, .75 HP motor		2	4		150	105		255	320	
	6410	2 HP motor		2	4		165	105		270	335	
	6420	5 HP motor		1.80	4.444		225	115		340	420	
	6430	10 HP motor		1.40	5.714		450	150		600	720	
	6440	3 pole, .75 HP motor		1.60	5		180	130		310	395	
	6450	5 HP motor		1.40	5.714		210	150		360	455	
	6460	10 HP motor		1.10	7.273		380	190		570	700	
	6470	15 HP motor		1	8		440	210		650	795	
	6480	20 HP motor		.75	10.667		520	280		800	985	
	6490	25 HP motor		.75	10.667		700	280		980	1,175	
	6500	30 HP motor		.65	12.308		700	320		1,020	1,250	
	6510	40 HP motor		.62	12.903		1,315	335		1,650	1,950	
	6520	50 HP motor		.56	14.286		1,315	375		1,690	2,000	
	6530	60 HP motor		.45	17.778		2,830	465		3,295	3,800	
	6540	75 HP motor		.38	21.053		2,830	550		3,380	3,925	
	6550	100 HP motor		.35	22.857		2,830	595		3,425	4,000	
	6560	125 HP motor		.30	26.667		7,925	695		8,620	9,750	
	6570	150 HP motor		.26	30.769		8,365	805		9,170	10,400	
	6580	200 HP motor		.25	32		8,365	835		9,200	10,400	
	6600	Starter & fused disconnect, 240 volt, 1-2 pole, .75 HP motor		2	4		168	105		273	340	
	6610	2 HP motor		2	4		181	105		286	355	
	6620	5 HP motor		1.80	4.444		245	115		360	445	
	6630	10 HP motor		1.40	5.714		495	150		645	765	
	6640	3 pole, .75 HP motor		1.60	5		190	130		320	405	
	6650	5 HP motor		1.40	5.714		235	150		385	480	
	6660	10 HP motor		1.10	7.273		435	190		625	760	
	6690	15 HP motor		1	8		710	210		920	1,100	
	6700	20 HP motor		.80	10		710	260		970	1,175	
	6710	25 HP motor		.80	10		710	260		970	1,175	
	6720	30 HP motor		.70	11.429		710	300		1,010	1,225	
	6730	40 HP motor		.60	13.333		1,445	350		1,795	2,100	
	6740	50 HP motor		.60	13.333		1,445	350		1,795	2,100	
	6750	60 HP motor		.45	17.778		2,920	465		3,385	3,900	
	6760	75 HP motor		.45	17.778		3,290	465		3,755	4,300	
	6770	100 HP motor		.35	22.857		3,290	595		3,885	4,500	
	6780	125 HP motor		.27	29.630		8,070	775		8,845	10,000	
	6790	Combination starter & nonfusible disconnect										
	6800	240 volt, 1-2 pole, .75 HP motor	1 Elec	2	4	Ea.	345	105		450	535	
	6810	2 HP motor		2	4		345	105		450	535	
	6820	5 HP motor		1.50	5.333		365	140		505	610	
	6830	10 HP motor		1.20	6.667		575	175		750	890	
	6840	3 pole, .75 HP motor		1.80	4.444		350	115		465	560	
	6850	5 HP motor		1.30	6.154		365	160		525	640	
	6860	10 HP motor		1	8		575	210		785	945	
	6870	15 HP motor		1	8		575	210		785	945	

163 | Motors, Starters, Boards and Switches

		163 100	Starters & Controls	CREW	DAILY OUTPUT	MAN-HOURS	UNIT	1992 BARE COSTS MAT.	LABOR	EQUIP.	TOTAL	TOTAL INCL O&P	
130	6880		20 HP motor	1 Elec	.66	12.121	Ea.	945	315		1,260	1,500	130
	6890		25 HP motor		.66	12.121		945	315		1,260	1,500	
	6900		30 HP motor		.66	12.121		945	315		1,260	1,500	
	6910		40 HP motor		.40	20		1,810	520		2,330	2,775	
	6920		50 HP motor		.40	20		1,810	520		2,330	2,775	
	6930		60 HP motor		.35	22.857		4,020	595		4,615	5,300	
	6940		75 HP motor		.35	22.857		4,020	595		4,615	5,300	
	6950		100 HP motor		.35	22.857		4,020	595		4,615	5,300	
	6960		125 HP motor		.30	26.667		10,575	695		11,270	12,700	
	6970		150 HP motor		.30	26.667		10,575	695		11,270	12,700	
	6980		200 HP motor	▼	.30	26.667	▼	10,575	695		11,270	12,700	
	6990		Combination starter and fused disconnect										
	7000		240 volt, 1-2 pole, .75 HP motor	1 Elec	2	4	Ea.	365	105		470	555	
	7010		2 HP motor		2	4		365	105		470	555	
	7020		5 HP motor		1.50	5.333		380	140		520	625	
	7030		10 HP motor		1.20	6.667		600	175		775	920	
	7040		3 pole, .75 HP motor		1.80	4.444		368	115		483	580	
	7050		5 HP motor		1.30	6.154		380	160		540	660	
	7060		10 HP motor		1	8		600	210		810	970	
	7070		15 HP motor		1	8		600	210		810	970	
	7080		20 HP motor		.66	12.121		1,000	315		1,315	1,575	
	7090		25 HP motor		.66	12.121		1,000	315		1,315	1,575	
	7100		30 HP motor		.66	12.121		1,100	315		1,415	1,675	
	7110		40 HP motor		.40	20		1,915	520		2,435	2,875	
	7120		50 HP motor		.40	20		1,915	520		2,435	2,875	
	7130		60 HP motor		.40	20		4,235	520		4,755	5,450	
	7140		75 HP motor		.35	22.857		4,235	595		4,830	5,550	
	7150		100 HP motor		.35	22.857		4,235	595		4,830	5,550	
	7160		125 HP motor		.35	22.857		11,000	595		11,595	13,000	
	7170		150 HP motor		.30	26.667		11,000	695		11,695	13,100	
	7180		200 HP motor	▼	.30	26.667	▼	11,000	695		11,695	13,100	
	7190		Combination starter & circuit breaker disconnect										
	7200		240 volt, 1-2 pole, .75 HP motor	1 Elec	2	4	Ea.	400	105		505	595	
	7210		2 HP motor		2	4		400	105		505	595	
	7220		5 HP motor		1.50	5.333		425	140		565	675	
	7230		10 HP motor		1.20	6.667		625	175		800	945	
	7240		3 pole, .75 HP motor		1.80	4.444		400	115		515	615	
	7250		5 HP motor		1.30	6.154		425	160		585	705	
	7260		10 HP motor		1	8		625	210		835	1,000	
	7270		15 HP motor		1	8		625	210		835	1,000	
	7280		20 HP motor		.66	12.121		1,005	315		1,320	1,575	
	7290		25 HP motor		.66	12.121		1,005	315		1,320	1,575	
	7300		30 HP motor		.66	12.121		1,005	315		1,320	1,575	
	7310		40 HP motor		.40	20		2,190	520		2,710	3,200	
	7320		50 HP motor		.40	20		2,190	520		2,710	3,200	
	7330		60 HP motor		.40	20		5,040	520		5,560	6,325	
	7340		75 HP motor		.35	22.857		5,040	595		5,635	6,425	
	7350		100 HP motor		.35	22.857		5,040	595		5,635	6,425	
	7360		125 HP motor		.35	22.857		10,875	595		11,470	12,900	
	7370		150 HP motor		.30	26.667		10,875	695		11,570	13,000	
	7380		200 HP motor	▼	.30	26.667	▼	10,875	695		11,570	13,000	
	7400		Magnetic FVNR with enclosure & heaters, 2 pole,										
	7410		230 volt, 1 HP size 00	1 Elec	4	2	Ea.	115	52		167	205	
	7420		2 HP, size 0		4	2		126	52		178	215	
	7430		3 HP, size 1		3	2.667		145	70		215	265	
	7440		5 HP, size 1p		3	2.667		187	70		257	310	
	7450		115 volt, 1/3 HP, size 00		4	2		107	52		159	195	
	7460		1 HP, size 0	▼	4	2	▼	120	52		172	210	

163 | Motors, Starters, Boards and Switches

163 100 | Starters & Controls

			CREW	DAILY OUTPUT	MAN-HOURS	UNIT	1992 BARE COSTS				TOTAL INCL O&P	
							MAT.	LABOR	EQUIP.	TOTAL		
130	7470	2 HP, size 1	1 Elec	3	2.667	Ea.	140	70		210	260	130
	7480	3 HP, size 1P		3	2.667		180	70		250	300	
	7500	3 pole, 480 volt, 600 HP, size 7	▼	.35	22.857	▼	9,250	595		9,845	11,100	
	7590	Magnetic FVNR with heater, NEMA 1										
	7600	600 volt, 3 pole, 5 HP motor	1 Elec	2.30	3.478	Ea.	140	91		231	290	
	7610	10 HP motor		1.60	5		160	130		290	370	
	7620	25 HP motor		1.10	7.273		312	190		502	625	
	7630	30 HP motor		.90	8.889		515	230		745	915	
	7640	40 HP motor		.90	8.889		515	230		745	915	
	7650	50 HP motor		.90	8.889		515	230		745	915	
	7660	60 HP motor		.60	13.333		1,120	350		1,470	1,750	
	7670	75 HP motor		.60	13.333		1,120	350		1,470	1,750	
	7680	100 HP motor		.60	13.333		1,120	350		1,470	1,750	
	7690	125 HP motor		.45	17.778		2,605	465		3,070	3,550	
	7700	150 HP motor		.45	17.778		2,605	465		3,070	3,550	
	7710	200 HP motor		.45	17.778		2,605	465		3,070	3,550	
	7750	Starter & nonfused disconnect, 600 volt, 3 pole, 5 HP motor		1.40	5.714		205	150		355	450	
	7760	10 HP motor		1.10	7.273		222	190		412	525	
	7770	25 HP motor		.75	10.667		350	280		630	800	
	7780	30 HP motor		.65	12.308		585	320		905	1,125	
	7790	40 HP motor		.65	12.308		630	320		950	1,175	
	7800	50 HP motor		.65	12.308		630	320		950	1,175	
	7810	60 HP motor		.46	17.391		1,245	455		1,700	2,050	
	7820	75 HP motor		.46	17.391		1,245	455		1,700	2,050	
	7830	100 HP motor		.42	19.048		1,385	495		1,880	2,275	
	7840	125 HP motor		.35	22.857		2,885	595		3,480	4,075	
	7850	150 HP motor		.35	22.857		2,885	595		3,480	4,075	
	7860	200 HP motor		.30	26.667		3,210	695		3,905	4,575	
	7870	Starter & fused disconnect, 600 volt, 3 pole, 5 HP motor		1.40	5.714		260	150		410	510	
	7880	10 HP motor		1.10	7.273		280	190		470	590	
	7890	25 HP motor		.75	10.667		460	280		740	920	
	7900	30 Hp motor		.65	12.308		660	320		980	1,200	
	7910	40 HP motor		.65	12.308		660	320		980	1,200	
	7920	50 HP motor		.65	12.308		660	320		980	1,200	
	7930	60 HP motor		.46	17.391		1,385	455		1,840	2,200	
	7940	75 HP motor		.46	17.391		1,385	455		1,840	2,200	
	7950	100 HP motor		.42	19.048		1,505	495		2,000	2,400	
	7960	125 HP motor		.35	22.857		2,980	595		3,575	4,175	
	7970	150 HP motor		.35	22.857		2,980	595		3,575	4,175	
	7980	200 HP motor	▼	.30	26.667	▼	3,620	695		4,315	5,025	
	7990	Combination starter and nonfusible disconnect										
	8000	600 volt, 3 pole, 5 HP motor	1 Elec	1.80	4.444	Ea.	345	115		460	555	
	8010	10 HP motor		1.30	6.154		370	160		530	645	
	8020	25 HP motor		1	8		585	210		795	955	
	8030	30 HP motor		.66	12.121		960	315		1,275	1,525	
	8040	40 HP motor		.66	12.121		960	315		1,275	1,525	
	8050	50 HP motor		.66	12.121		960	315		1,275	1,525	
	8060	60 HP motor		.40	20		1,750	520		2,270	2,700	
	8070	75 HP motor		.40	20		1,750	520		2,270	2,700	
	8080	100 HP motor		.40	20		1,750	520		2,270	2,700	
	8090	125 HP motor		.35	22.857		3,950	595		4,545	5,225	
	8100	150 HP motor		.35	22.857		3,950	595		4,545	5,225	
	8110	200 HP motor	▼	.35	22.857	▼	3,950	595		4,545	5,225	
	8140	Combination starter and fused disconnect										
	8150	600 volt, 3 pole, 5 HP motor	1 Elec	1.80	4.444	Ea.	375	115		490	585	
	8160	10 HP motor		1.30	6.154		395	160		555	675	
	8170	25 HP motor		1	8		610	210		820	985	
	8180	30 HP motor	▼	.66	12.121	▼	1,035	315		1,350	1,600	

ELECTRICAL

16

163 | Motors, Starters, Boards and Switches

163 100 | Starters & Controls

							1992 BARE COSTS			TOTAL	
			CREW	DAILY OUTPUT	MAN-HOURS	UNIT	MAT.	LABOR	EQUIP.	TOTAL	INCL O&P
130	8190	40 HP motor	1 Elec	.66	12.121	Ea.	1,035	315		1,350	1,600	130
	8200	50 HP motor		.66	12.121		1,035	315		1,350	1,600	
	8210	60 HP motor		.40	20		1,925	520		2,445	2,900	
	8220	75 HP motor		.40	20		1,925	520		2,445	2,900	
	8230	100 HP motor		.40	20		1,925	520		2,445	2,900	
	8240	125 HP motor		.35	22.857		4,300	595		4,895	5,625	
	8250	150 HP motor		.35	22.857		4,300	595		4,895	5,625	
	8260	200 HP motor		.35	22.857		4,300	595		4,895	5,625	
	8290	Combination starter & circuit breaker disconnect										
	8300	600 volt, 3 pole, 5 HP motor	1 Elec	1.80	4.444	Ea.	490	115		605	710	
	8310	10 HP motor		1.30	6.154		510	160		670	800	
	8320	25 HP motor		1	8		720	210		930	1,100	
	8330	30 HP motor		.66	12.121		1,020	315		1,335	1,600	
	8340	40 HP motor		.66	12.121		1,020	315		1,335	1,600	
	8350	50 HP motor		.66	12.121		1,020	315		1,335	1,600	
	8360	60 HP motor		.40	20		2,190	520		2,710	3,200	
	8370	75 HP motor		.40	20		2,190	520		2,710	3,200	
	8380	100 HP motor		.40	20		2,190	520		2,710	3,200	
	8390	125 HP motor		.35	22.857		5,000	595		5,595	6,400	
	8400	150 HP motor		.35	22.857		5,000	595		5,595	6,400	
	8410	200 HP motor		.35	22.857		5,000	595		5,595	6,400	
	8430	Starter & circuit breaker disconnect										
	8440	600 volt, 3 pole, 5 HP motor	1 Elec	1.40	5.714	Ea.	395	150		545	655	
	8450	10 HP motor		1.10	7.273		410	190		600	735	
	8460	25 HP motor		.75	10.667		565	280		845	1,025	
	8470	30 HP motor		.65	12.308		760	320		1,080	1,325	
	8480	40 HP motor		.65	12.308		815	320		1,135	1,375	
	8490	50 HP motor		.65	12.308		815	320		1,135	1,375	
	8500	60 HP motor		.46	17.391		1,750	455		2,205	2,600	
	8510	75 HP motor		.46	17.391		1,750	455		2,205	2,600	
	8520	100 HP motor		.42	19.048		1,750	495		2,245	2,675	
	8530	125 HP motor		.35	22.857		3,265	595		3,860	4,475	
	8540	150 HP motor		.35	22.857		3,265	595		3,860	4,475	
	8550	200 HP motor		.30	26.667		3,695	695		4,390	5,100	
	8900	240 volt, 1-2 pole, .75 HP motor		2	4		203	105		308	380	
	8910	2 HP motor		2	4		214	105		319	390	
	8920	5 HP motor		1.80	4.444		275	115		390	475	
	8930	10 HP motor		1.40	5.714		405	150		555	670	
	8950	3 pole, .75 HP motor		1.60	5		215	130		345	430	
	8970	5 HP motor		1.40	5.714		265	150		415	515	
	8980	10 HP motor		1.10	7.273		410	190		600	735	
	8990	15 HP motor		1	8		445	210		655	800	
	9100	20 HP motor		.75	10.667		645	280		925	1,125	
	9110	25 HP motor		.75	10.667		645	280		925	1,125	
	9120	30 HP motor		.65	12.308		645	320		965	1,200	
	9130	40 HP motor		.62	12.903		1,730	335		2,065	2,400	
	9140	50 HP motor		.56	14.286		1,730	375		2,105	2,450	
	9150	60 HP motor		.45	17.778		3,225	465		3,690	4,250	
	9160	75 HP motor		.38	21.053		3,695	550		4,245	4,875	
	9170	100 HP motor		.35	22.857		3,695	595		4,290	4,950	
	9180	125 HP motor		.30	26.667		9,050	695		9,745	11,000	
	9190	150 HP motor		.26	30.769		9,050	805		9,855	11,200	
	9200	200 HP motor		.25	32		9,050	835		9,885	11,200	

163 200 | Boards

205	0010	**CIRCUIT BREAKERS** (in enclosure)										205
	0100	Enclosed (NEMA 1), 600 volt, 3 pole, 30 amp	1 Elec	3.20	2.500	Ea.	220	65		285	340	

163 | Motors, Starters, Boards and Switches

163 200 | Boards

			CREW	DAILY OUTPUT	MAN-HOURS	UNIT	1992 BARE COSTS MAT.	LABOR	EQUIP.	TOTAL	TOTAL INCL O&P	
205	0200	60 amp	1 Elec	2.80	2.857	Ea.	220	75		295	355	205
	0400	100 amp		2.30	3.478		270	91		361	430	
	0600	225 amp		1.50	5.333		578	140		718	845	
	0700	400 amp		.80	10		1,015	260		1,275	1,500	
	0800	600 amp		.60	13.333		1,620	350		1,970	2,300	
	1000	800 amp		.47	17.021		2,100	445		2,545	2,975	
	1200	1000 amp		.42	19.048		2,665	495		3,160	3,675	
	1220	1200 amp		.40	20		3,980	520		4,500	5,150	
	1240	1600 amp		.36	22.222		6,490	580		7,070	8,000	
	1260	2000 amp		.32	25		6,600	655		7,255	8,225	
	1400	1200 amp with ground fault		.40	20		5,600	520		6,120	6,950	
	1600	1600 amp with ground fault		.36	22.222		7,225	580		7,805	8,825	
	1800	2000 amp with ground fault		.32	25		7,535	655		8,190	9,250	
	2000	Disconnect, 240 volt 3 pole, 5 HP motor		3.20	2.500		145	65		210	255	
	2020	10 HP motor		3.20	2.500		145	65		210	255	
	2040	15 HP motor		2.80	2.857		145	75		220	270	
	2060	20 HP motor		2.30	3.478		190	91		281	345	
	2080	25 HP motor		2.30	3.478		190	91		281	345	
	2100	30 HP motor		2.30	3.478		190	91		281	345	
	2120	40 HP motor		2	4		595	105		700	810	
	2140	50 HP motor		1.50	5.333		595	140		735	860	
	2160	60 HP motor		1.50	5.333		595	140		735	860	
	2180	75 HP motor		1	8		1,000	210		1,210	1,400	
	2200	100 HP motor		.80	10		1,000	260		1,260	1,500	
	2220	125 HP motor		.80	10		1,000	260		1,260	1,500	
	2240	150 HP motor		.60	13.333		1,700	350		2,050	2,400	
	2260	200 HP motor		.60	13.333		1,700	350		2,050	2,400	
	2300	Enclosed (NEMA 7), explosion proof, 600 volt, 3 pole, 50 amp		2.30	3.478		465	91		556	645	
	2350	100 amp		1.50	5.333		580	140		720	845	
	2400	150 amp		1	8		1,235	210		1,445	1,675	
	2450	250 amp		.80	10		2,450	260		2,710	3,075	
	2500	400 amp		.60	13.333		2,450	350		2,800	3,225	
220	0010	**FUSES**										220
	0020	Cartridge, nonrenewable										
	0050	250 volt, 30 amp	1 Elec	50	.160	Ea.	.70	4.18		4.88	7	
	0100	60 amp		50	.160		1.05	4.18		5.23	7.40	
	0150	100 amp		40	.200		4.55	5.20		9.75	12.80	
	0200	200 amp		36	.222		11.05	5.80		16.85	21	
	0250	400 amp		30	.267		19.60	6.95		26.55	32	
	0300	600 amp		24	.333		29.50	8.70		38.20	45	
	0400	600 volt, 30 amp		40	.200		3.05	5.20		8.25	11.15	
	0450	60 amp		40	.200		4.55	5.20		9.75	12.80	
	0500	100 amp		36	.222		9.65	5.80		15.45	19.25	
	0550	200 amp		30	.267		19.05	6.95		26	31	
	0600	400 amp		24	.333		38	8.70		46.70	55	
	0650	600 amp		20	.400		54.75	10.45		65.20	76	
	0800	Dual element, time delay, 250 volt, 30 amp		50	.160		2.15	4.18		6.33	8.60	
	0850	60 amp		50	.160		3.95	4.18		8.13	10.60	
	0900	100 amp		40	.200		8.90	5.20		14.10	17.60	
	0950	200 amp		36	.222		19.60	5.80		25.40	30	
	1000	400 amp		30	.267		35.25	6.95		42.20	49	
	1050	600 amp		24	.333		54	8.70		62.70	72	
	1300	600 volt, 15 to 30 amp		40	.200		4.80	5.20		10	13.05	
	1350	35 to 60 amp		40	.200		8.20	5.20		13.40	16.80	
	1400	70 to 100 amp		36	.222		17	5.80		22.80	27	
	1450	110 to 200 amp		30	.267		34	6.95		40.95	48	
	1500	225 to 400 amp		24	.333		68	8.70		76.70	88	
	1550	600 amp		20	.400		98	10.45		108.45	125	

ELECTRICAL 16

163 | Motors, Starters, Boards and Switches

163 200 | Boards

			CREW	DAILY OUTPUT	MAN-HOURS	UNIT	MAT.	LABOR	EQUIP.	TOTAL	TOTAL INCL O&P	
220	1800	Class K5, high capacity, 250 volt, 30 amp	1 Elec	50	.160	Ea.	5.15	4.18		9.33	11.90	220
	1850	60 amp		50	.160		12.05	4.18		16.23	19.50	
	1900	100 amp		40	.200		25.60	5.20		30.80	36	
	1950	200 amp		36	.222		51	5.80		56.80	65	
	2000	400 amp		30	.267		102	6.95		108.95	125	
	2050	600 amp		24	.333		132	8.70		140.70	160	
	2200	600 volt, 30 amp		40	.200		6.75	5.20		11.95	15.20	
	2250	60 amp		40	.200		14.50	5.20		19.70	24	
	2300	100 amp		36	.222		31	5.80		36.80	43	
	2350	200 amp		30	.267		58	6.95		64.95	74	
	2400	400 amp		24	.333		115	8.70		123.70	140	
	2450	600 amp		20	.400		156	10.45		166.45	185	
	2700	Class J, CLF, 250 or 600 volt, 30 amp		40	.200		7.08	5.20		12.28	15.60	
	2750	60 amp		40	.200		14.20	5.20		19.40	23	
	2800	100 amp		36	.222		32.90	5.80		38.70	45	
	2850	200 amp		30	.267		66	6.95		72.95	83	
	2900	400 amp		24	.333		129	8.70		137.70	155	
	2950	600 amp		20	.400		167	10.45		177.45	200	
	3100	Class L, 250 or 600 volt, 601 to 1200 amp		16	.500		190	13.05		203.05	230	
	3150	1500-1600 amp		13	.615		250	16.05		266.05	300	
	3200	1800-2000 amp		10	.800		330	21		351	395	
	3250	2500 amp		10	.800		435	21		456	510	
	3300	3000 amp		8	1		500	26		526	590	
	3350	3500-4000 amp		8	1		675	26		701	780	
	3400	4500-5000 amp		6.70	1.194		830	31		861	960	
	3450	6000 amp		5.70	1.404		1,065	37		1,102	1,225	
	3600	Plug, 120 volt, 1 to 10 amp		50	.160		.57	4.18		4.75	6.85	
	3650	15 to 30 amp		50	.160		.44	4.18		4.62	6.70	
	3700	Dual element 0.3 to 14 amp		50	.160		2	4.18		6.18	8.45	
	3750	15 to 30 amp		50	.160		1	4.18		5.18	7.35	
	3800	Fustat, 120 volt, 15 to 30 amp		50	.160		1.03	4.18		5.21	7.35	
	3850	0.3 to 14 amp		50	.160		2	4.18		6.18	8.45	
	3900	Adapters .3 to 10 amp		50	.160		1.30	4.18		5.48	7.65	
	3950	15 to 30 amp		50	.160		1.05	4.18		5.23	7.40	
225	0010	**FUSE CABINETS**										225
	0050	120/240 volts, 3 wire, 30 amp branches,										
	0100	plug fuse not included										
	0200	4 circuits	1 Elec	4	2	Ea.	32	52		84	115	
	0300	6 circuits		3.20	2.500		52	65		117	155	
	0400	8 circuits		2.70	2.963		62	77		139	185	
	0500	12 circuits		2	4		85	105		190	250	
230	0010	**LOAD CENTERS** (residential type) R163-230										230
	0100	3 wire, 120/240V, 1 phase, including 1 pole plug-in breakers										
	0200	100 amp main lugs, indoor, 8 circuits	1 Elec	1.40	5.714	Ea.	81	150		231	310	
	0300	12 circuits		1.20	6.667		110	175		285	380	
	0400	Rainproof, 8 circuits		1.40	5.714		90	150		240	320	
	0500	12 circuits		1.20	6.667		112	175		287	385	
	0600	200 amp main lugs, indoor, 16 circuits		.90	8.889		200	230		430	565	
	0700	20 circuits		.75	10.667		240	280		520	680	
	0800	24 circuits		.65	12.308		270	320		590	775	
	0900	30 circuits		.60	13.333		310	350		660	860	
	1000	42 circuits		.40	20		465	520		985	1,300	
	1200	Rainproof, 16 circuits		.90	8.889		250	230		480	620	
	1300	20 circuits		.75	10.667		275	280		555	720	
	1400	24 circuits		.65	12.308		300	320		620	810	
	1500	30 circuits		.60	13.333		345	350		695	900	
	1600	42 circuits		.40	20		555	520		1,075	1,400	

163 | Motors, Starters, Boards and Switches

		163 200 | Boards	CREW	DAILY OUTPUT	MAN-HOURS	UNIT	MAT.	LABOR	EQUIP.	TOTAL	TOTAL INCL O&P	
230	1800	400 amp main lugs, indoor, 42 circuits	1 Elec	.36	22.222	Ea.	660	580		1,240	1,600	230
	1900	Rainproof, 42 circuit	↓	.36	22.222	↓	760	580		1,340	1,700	
	2200	Plug in breakers with 20 amp, 1 pole, 4 wire, 120/208 volts										
	2210	125 amp main lugs, indoor, 12 circuits	1 Elec	1.20	6.667	Ea.	160	175		335	435	
	2300	18 circuits		.80	10		235	260		495	650	
	2400	Rainproof, 12 circuits		1.20	6.667		185	175		360	465	
	2500	18 circuits		.80	10		265	260		525	680	
	2600	200 amp main lugs, indoor, 24 circuits		.65	12.308		310	320		630	820	
	2700	30 circuits		.60	13.333		345	350		695	900	
	2800	36 circuits		.50	16		440	420		860	1,100	
	2900	42 circuits		.40	20		470	520		990	1,300	
	3000	Rainproof, 24 circuits		.65	12.308		345	320		665	860	
	3100	30 circuits		.60	13.333		395	350		745	955	
	3200	36 circuits		.50	16		550	420		970	1,225	
	3300	42 circuits		.40	20		585	520		1,105	1,425	
	3500	400 amp main lugs, indoor, 42 circuits		.36	22.222		685	580		1,265	1,625	
	3600	Rainproof, 42 circuits	↓	.36	22.222	↓	785	580		1,365	1,725	
	3700	Plug-in breakers with 20 amp, 1 pole, 3 wire, 120/240 volts										
	3800	100 amp main breaker, indoor, 12 circuits	1 Elec	1.20	6.667	Ea.	160	175		335	435	
	3900	18 circuits		.80	10		225	260		485	635	
	4000	200 amp main breaker, indoor, 20 circuits		.75	10.667		320	280		600	765	
	4200	24 circuits		.65	12.308		355	320		675	870	
	4300	30 circuits		.60	13.333		400	350		750	960	
	4400	40 circuits		.45	17.778		460	465		925	1,200	
	4500	Rainproof, 20 circuits		.75	10.667		345	280		625	795	
	4600	24 circuits		.65	12.308		395	320		715	915	
	4700	30 circuits		.60	13.333		420	350		770	980	
	4800	40 circuits		.45	17.778		475	465		940	1,225	
	5000	400 amp main breaker, indoor, 42 circuits		.36	22.222		1,525	580		2,105	2,550	
	5100	Rainproof, 42 circuits	↓	.36	22.222	↓	1,675	580		2,255	2,700	
	5300	Plug in breakers with 20 amp, 1 pole, 4 wire, 120/208 volts										
	5400	200 amp main breaker, indoor, 30 circuits	1 Elec	.60	13.333	Ea.	605	350		955	1,175	
	5500	42 circuits		.40	20		720	520		1,240	1,575	
	5600	Rainproof, 30 circuits		.60	13.333		650	350		1,000	1,225	
	5700	42 circuits	↓	.40	20	↓	770	520		1,290	1,625	
240	0010	**METER CENTERS AND SOCKETS**										240
	0100	Sockets, single position, 4 terminal, 100 amp	1 Elec	3.20	2.500	Ea.	26	65		91	125	
	0200	150 amp		2.30	3.478		30	91		121	170	
	0300	200 amp		1.90	4.211		39	110		149	205	
	0400	20 amp		3.20	2.500		46	65		111	150	
	0500	Double position, 4 terminal, 100 amp		2.80	2.857		75	75		150	195	
	0600	150 amp		2.10	3.810		93	99		192	250	
	0700	200 amp		1.70	4.706		125	125		250	320	
	0800	Trans-socket, 13 terminal, 3 CT mounts, 400 amp		1	8		460	210		670	820	
	0900	800 amp	↓	.60	13.333	↓	615	350		965	1,200	
	2000	Meter center, main fusible switch, 1P 3W 120/240V										
	2030	400 amp	1 Elec	8	1	Ea.	585	26		611	680	
	2040	600 amp		.55	14.545		1,145	380		1,525	1,825	
	2050	800 amp		.45	17.778		1,885	465		2,350	2,775	
	2060	Rainproof 1P 3W 120/240V, 400 amp		.80	10		760	260		1,020	1,225	
	2070	600 amp		.55	14.545		1,445	380		1,825	2,150	
	2080	800 amp		.45	17.778		2,215	465		2,680	3,125	
	2100	3P 4W 120/208V, 400 amp		.80	10		705	260		965	1,175	
	2110	600 amp		.55	14.545		1,305	380		1,685	2,000	
	2120	800 amp		.45	17.778		2,665	465		3,130	3,625	
	2130	Rainproof 3P 4W 120/208V, 400 amp		.80	10		870	260		1,130	1,350	
	2140	600 amp		.55	14.545		1,765	380		2,145	2,500	

163 | Motors, Starters, Boards and Switches

163 200 | Boards

			DAILY	MAN-		1992 BARE COSTS				TOTAL	
		CREW	OUTPUT	HOURS	UNIT	MAT.	LABOR	EQUIP.	TOTAL	INCL O&P	
240	2150	800 amp	1 Elec	.45	17.778	Ea.	3,220	465		3,685	4,225	240
	2170	Main circuit breaker, 1P 3W 120/240V										
	2180	400 amp	1 Elec	.80	10	Ea.	1,045	260		1,305	1,550	
	2190	600 amp		.55	14.545		1,585	380		1,965	2,300	
	2200	800 amp		.45	17.778		2,025	465		2,490	2,925	
	2210	1000 amp		.40	20		2,915	520		3,435	3,975	
	2220	1200 amp		.38	21.053		4,250	550		4,800	5,500	
	2230	1600 amp		.34	23.529		6,375	615		6,990	7,925	
	2240	Rainproof 1P 3W 120/240V, 400 amp		.80	10		1,305	260		1,565	1,825	
	2250	600 amp		.55	14.545		1,980	380		2,360	2,750	
	2260	800 amp		.45	17.778		2,500	465		2,965	3,450	
	2270	1000 amp		.40	20		3,400	520		3,920	4,525	
	2280	1200 amp		.38	21.053		4,840	550		5,390	6,150	
	2300	3P 4W 120/208V, 400 amp		.80	10		1,250	260		1,510	1,775	
	2310	600 amp		.55	14.545		1,960	380		2,340	2,725	
	2320	800 amp		.45	17.778		2,610	465		3,075	3,575	
	2330	1000 amp		.40	20		3,295	520		3,815	4,400	
	2340	1200 amp		.38	21.053		4,630	550		5,180	5,925	
	2350	1600 amp		.34	23.529		6,850	615		7,465	8,450	
	2360	Rainproof 3P 4W 120/208V, 400 amp		.80	10		1,500	260		1,760	2,050	
	2370	600 amp		.55	14.545		2,355	380		2,735	3,150	
	2380	800 amp		.45	17.778		3,070	465		3,535	4,075	
	2390	1000 amp		.38	21.053		3,850	550		4,400	5,050	
	2400	1200 amp		.34	23.529		5,160	615		5,775	6,600	
	2420	Main lugs terminal box, 1P 3W 120/240V										
	2430	800 amp	1 Elec	.47	17.021	Ea.	190	445		635	870	
	2440	1600 amp		.36	22.222		780	580		1,360	1,725	
	2450	Rainproof 1P 3W 120/240V, 225 amp		1.20	6.667		185	175		360	465	
	2460	800 amp		.47	17.021		260	445		705	950	
	2470	1600 amp		.36	22.222		850	580		1,430	1,800	
	2500	3P 4W 120/208V, 800 amp		.47	17.021		215	445		660	900	
	2510	1600 amp		.36	22.222		855	580		1,435	1,800	
	2520	Rainproof 3P 4W 120/208V, 225 amp		1.20	6.667		200	175		375	480	
	2530	800 amp		.47	17.021		285	445		730	975	
	2540	1600 amp		.36	22.222		915	580		1,495	1,875	
	2590	Basic meter device										
	2600	1P 3W 120/240V 4 jaw 125A sockets, 3 meter	1 Elec	.50	16	Ea.	275	420		695	925	
	2610	4 meter		.45	17.778		370	465		835	1,100	
	2620	5 meter		.40	20		450	520		970	1,275	
	2630	6 meter		.30	26.667		550	695		1,245	1,650	
	2640	7 meter		.28	28.571		615	745		1,360	1,800	
	2650	8 meter		.26	30.769		710	805		1,515	1,975	
	2660	10 meter		.24	33.333		890	870		1,760	2,275	
	2680	Rainproof 1P 3W 120/240V 4 jaw 125A sockets										
	2690	3 meter	1 Elec	.50	16	Ea.	290	420		710	940	
	2700	4 meter		.45	17.778		385	465		850	1,125	
	2710	6 meter		.30	26.667		580	695		1,275	1,675	
	2720	7 meter		.28	28.571		675	745		1,420	1,850	
	2730	8 meter		.26	30.769		770	805		1,575	2,050	
	2750	1P 3W 120/240V 4 jaw sockets										
	2760	with 125A circuit breaker, 3 meter	1 Elec	.50	16	Ea.	550	420		970	1,225	
	2770	4 meter		.45	17.778		750	465		1,215	1,525	
	2780	5 meter		.40	20		910	520		1,430	1,775	
	2790	6 meter		.30	26.667		1,080	695		1,775	2,225	
	2800	7 meter		.28	28.571		1,270	745		2,015	2,500	
	2810	8 meter		.26	30.769		1,440	805		2,245	2,775	
	2820	10 meter		.24	33.333		1,895	870		2,765	3,375	
	2830	Rainproof 1P 3W 120/240V 4 jaw sockets										

163 | Motors, Starters, Boards and Switches

163 200	Boards	CREW	DAILY OUTPUT	MAN-HOURS	UNIT	1992 BARE COSTS MAT.	LABOR	EQUIP.	TOTAL	TOTAL INCL O&P
2840	with 125A circuit breaker, 3 meter	1 Elec	.50	16	Ea.	575	420		995	1,250
2850	4 meter		.45	17.778		755	465		1,220	1,525
2870	6 meter		.30	26.667		1,115	695		1,810	2,275
2880	7 meter		.28	28.571		1,330	745		2,075	2,575
2890	8 meter	▼	.26	30.769	▼	1,500	805		2,305	2,850
2920	1P 3W on 3P 4W 120/208V system 5 jaw									
2930	125A sockets, 3 meter	1 Elec	.50	16	Ea.	295	420		715	950
2940	4 meter		.45	17.778		405	465		870	1,150
2950	5 meter		.40	20		490	520		1,010	1,325
2960	6 meter		.30	26.667		580	695		1,275	1,675
2970	7 meter		.28	28.571		675	745		1,420	1,850
2980	8 meter		.26	30.769		775	805		1,580	2,050
2990	10 meter	▼	.24	33.333		970	870		1,840	2,375
3000	Rainproof 1P 3W on 3P 4W 120/208V system									
3020	5 jaw 125A sockets, 3 meter	1 Elec	.50	16	Ea.	325	420		745	980
3030	4 meter		.45	17.778		435	465		900	1,175
3050	6 meter		.30	26.667		625	695		1,320	1,725
3060	7 meter		.28	28.571		750	745		1,495	1,950
3070	8 meter	▼	.26	30.769		830	805		1,635	2,100
3090	1P 3W on 3P 4W 120/208V system 5 jaw sockets									
3100	With 125A circuit breaker, 3 meter	1 Elec	.50	16	Ea.	575	420		995	1,250
3110	4 meter		.45	17.778		750	465		1,215	1,525
3120	5 meter		.40	20		940	520		1,460	1,825
3130	6 meter		.30	26.667		1,110	695		1,805	2,250
3140	7 meter		.28	28.571		1,330	745		2,075	2,575
3150	8 meter		.26	30.769		1,500	805		2,305	2,850
3160	10 meter	▼	.24	33.333		1,850	870		2,720	3,325
3170	Rainproof 1P 3W on 3P 4W 120/208V system									
3180	5 jaw sockets w/125A circuit breaker, 3 meter	1 Elec	.50	16	Ea.	600	420		1,020	1,275
3190	4 meter		.45	17.778		790	465		1,255	1,550
3210	6 meter		.30	26.667		1,180	695		1,875	2,325
3220	7 meter		.28	28.571		1,400	745		2,145	2,650
3230	8 meter	▼	.26	30.769	▼	1,575	805		2,380	2,925
3250	1P 3W 120/240V 4 jaw sockets									
3260	with 200A circuit breaker, 3 meter	1 Elec	.50	16	Ea.	875	420		1,295	1,575
3270	4 meter		.45	17.778		1,130	465		1,595	1,925
3290	6 meter		.30	26.667		1,665	695		2,360	2,875
3300	7 meter		.28	28.571		1,990	745		2,735	3,300
3310	8 meter		.28	28.571		2,250	745		2,995	3,600
3330	Rainproof 1P 3W 120/240V 4 jaw sockets									
3350	with 200A circuit breaker, 3 meter	1 Elec	.50	16	Ea.	900	420		1,320	1,625
3360	4 meter		.45	17.778		1,175	465		1,640	1,975
3380	6 meter		.30	26.667		1,725	695		2,420	2,925
3390	7 meter		.28	28.571		2,010	745		2,755	3,325
3400	8 meter	▼	.26	30.769	▼	2,300	805		3,105	3,725
3420	1P 3W on 3P 4W 120/208V 5 jaw sockets									
3430	with 200A circuit breaker, 3 meter	1 Elec	.50	16	Ea.	900	420		1,320	1,625
3440	4 meter		.45	17.778		1,170	465		1,635	1,975
3460	6 meter		.30	26.667		1,725	695		2,420	2,925
3470	7 meter		.28	28.571		2,050	745		2,795	3,375
3480	8 meter	▼	.26	30.769		2,330	805		3,135	3,750
3500	Rainproof 1P 3W on 3P 4W 120/208V 5 jaw socket									
3510	with 200A circuit breaker, 3 meter	1 Elec	.50	16	Ea.	900	420		1,320	1,625
3520	4 meter		.45	17.778		1,200	465		1,665	2,000
3540	6 meter		.30	26.667		1,790	695		2,485	3,000
3550	7 meter		.28	28.571		2,100	745		2,845	3,425
3560	8 meter	▼	.26	30.769	▼	2,350	805		3,155	3,775
3600	Automatic circuit closing, add					24			24	26

163 | Motors, Starters, Boards and Switches

163 200 | Boards

			CREW	DAILY OUTPUT	MAN-HOURS	UNIT	MAT.	LABOR	EQUIP.	TOTAL	TOTAL INCL O&P	
240	3610	Manual circuit closing, add				Ea.	42			42	46	240
	3650	Branch meter device										
	3660	3P 4W 208/120 or 240/120 7 jaw sockets										
	3670	with 200A circuit breaker, 2 meter	1 Elec	.45	17.778	Ea.	1,920	465		2,385	2,800	
	3680	3 meter		.40	20		2,835	520		3,355	3,900	
	3690	4 meter		.35	22.857		3,780	595		4,375	5,050	
	3700	Main circuit breaker 42,000 rms, 400 amp		.80	10		1,240	260		1,500	1,750	
	3710	600 amp		.55	14.545		1,960	380		2,340	2,725	
	3720	800 amp		.45	17.778		2,550	465		3,015	3,500	
	3730	Rainproof main circ. brakr 42,000 rms 400 amp		.80	10		1,490	260		1,750	2,025	
	3740	600 amp		.55	14.545		2,300	380		2,680	3,100	
	3750	800 amp		.45	17.778		3,025	465		3,490	4,025	
	3760	Main circuit breaker 65,000 rms, 400 amp		.80	10		1,825	260		2,085	2,400	
	3770	600 amp		.55	14.545		2,350	380		2,730	3,150	
	3780	800 amp		.45	17.778		2,950	465		3,415	3,925	
	3790	1000 amp		.40	20		3,250	520		3,770	4,350	
	3800	1200 amp		.38	21.053		4,550	550		5,100	5,825	
	3810	1600 amp		.34	23.529		6,675	615		7,290	8,250	
	3820	Rainproof main circ. brakr 65,000 rms, 400 amp		.80	10		2,135	260		2,395	2,750	
	3830	600 amp		.55	14.545		2,700	380		3,080	3,525	
	3840	800 amp		.45	17.778		3,410	465		3,875	4,450	
	3850	1000 amp		.40	20		3,825	520		4,345	4,975	
	3860	1200 amp		.38	21.053		5,270	550		5,820	6,625	
	3880	Main circuit breaker 100,000 rms, 400 amp		.80	10		750	260		1,010	1,225	
	3890	600 amp		.55	14.545		1,275	380		1,655	1,975	
	3900	800 amp		.45	17.778		2,625	465		3,090	3,575	
	3910	Rainproof, 400 amp		.80	10		875	260		1,135	1,350	
	3920	600 amp		.55	14.545		1,725	380		2,105	2,475	
	3930	800 amp		.45	17.778		3,175	465		3,640	4,175	
	3940	Main lugs terminal box, 800 amp		.47	17.021		217	445		662	900	
	3950	1600 amp		.36	22.222		870	580		1,450	1,825	
	3960	Rainproof, 800 amp		.47	17.021		295	445		740	985	
	3970	1600 amp		.36	22.222		935	580		1,515	1,900	
245	0010	**PANELBOARDS** (Commercial use)										245
	0050	NQOB, w/20 amp 1 pole bolt-on circuit breakers										
	0100	3 wire, 120/240 volts, 100 amp main lugs										
	0150	10 circuits	1 Elec	1	8	Ea.	325	210		535	670	
	0200	14 circuits		.88	9.091		368	235		603	760	
	0250	18 circuits		.75	10.667		425	280		705	885	
	0300	20 circuits		.65	12.308		440	320		760	965	
	0350	225 amp main lugs, 24 circuits		.60	13.333		530	350		880	1,100	
	0400	30 circuits		.45	17.778		585	465		1,050	1,325	
	0450	36 circuits		.40	20		680	520		1,200	1,525	
	0500	38 circuits		.36	22.222		695	580		1,275	1,625	
	0550	42 circuits		.33	24.242		725	635		1,360	1,750	
	0600	4 wire, 120/208 volts, 100 amp main lugs, 12 circuits		1	8		365	210		575	715	
	0650	16 circuits		.75	10.667		425	280		705	885	
	0700	20 circuits		.65	12.308		480	320		800	1,000	
	0750	24 circuits		.60	13.333		510	350		860	1,075	
	0800	30 circuits		.53	15.094		580	395		975	1,225	
	0850	225 amp main lugs, 32 circuits		.45	17.778		670	465		1,135	1,425	
	0900	34 circuits		.42	19.048		685	495		1,180	1,500	
	0950	36 circuits		.40	20		700	520		1,220	1,550	
	1000	42 circuits		.34	23.529		740	615		1,355	1,725	
	1040	225 amp main lugs, NEMA 7, 12 circuits		.50	16		1,485	420		1,905	2,250	
	1100	24 circuits		.20	40		2,265	1,050		3,315	4,050	
	1200	NEHB, w/20 amp, 1 pole bolt-on circuit breakers										

163 | Motors, Starters, Boards and Switches

		163 200	Boards	CREW	DAILY OUTPUT	MAN-HOURS	UNIT	1992 BARE COSTS MAT.	LABOR	EQUIP.	TOTAL	TOTAL INCL O&P	
245	1250		4 wire, 277/480 volts, 100 amp main lugs, 12 circuits	1 Elec	.88	9.091	Ea.	725	235		960	1,150	245
	1300		20 circuits		.60	13.333		1,050	350		1,400	1,675	
	1350		225 amp main lugs, 24 circuits		.45	17.778		1,245	465		1,710	2,050	
	1400		30 circuits		.40	20		1,485	520		2,005	2,425	
	1450		36 circuits		.36	22.222		1,735	580		2,315	2,775	
	1500		42 circuits		.30	26.667		1,965	695		2,660	3,200	
	1510		225 amp main lugs, NEMA 7, 12 circuits		.45	17.778		3,110	465		3,575	4,125	
	1590		24 circuits		.15	53.333		5,550	1,400		6,950	8,175	
	1600		NQOB panel, w/20 amp, 1 pole, circuit breakers										
	1650		3 wire, 120/240 volt with main circuit breaker										
	1700		100 amp main, 12 circuits	1 Elec	.80	10	Ea.	465	260		725	900	
	1750		20 circuits		.60	13.333		550	350		900	1,125	
	1800		225 amp main, 30 circuits		.34	23.529		995	615		1,610	2,000	
	1850		42 circuits		.26	30.769		1,160	805		1,965	2,475	
	1900		400 amp main, 30 circuits		.27	29.630		1,640	775		2,415	2,950	
	1950		42 circuits		.25	32		1,800	835		2,635	3,225	
	2000		4 wire, 120/208 volts with main circuit breaker										
	2050		100 amp main, 24 circuits	1 Elec	.47	17.021	Ea.	670	445		1,115	1,400	
	2100		30 circuits		.40	20		735	520		1,255	1,600	
	2200		225 amp main, 32 circuits		.36	22.222		1,170	580		1,750	2,150	
	2250		42 circuits		.28	28.571		1,320	745		2,065	2,575	
	2300		400 amp main, 42 circuits		.24	33.333		2,015	870		2,885	3,525	
	2350		600 amp main, 42 circuits		.20	40		2,285	1,050		3,335	4,075	
	2400		NEHB, with 20 amp, 1 pole circuit breaker										
	2450		4 wire, 227/480 volts with main circuit breaker										
	2500		100 amp main, 24 circuits	1 Elec	.42	19.048	Ea.	1,430	495		1,925	2,325	
	2550		30 circuits		.38	21.053		1,680	550		2,230	2,675	
	2600		225 amp main, 30 circuits		.36	22.222		2,060	580		2,640	3,125	
	2650		42 circuits		.28	28.571		2,465	745		3,210	3,825	
	2700		400 amp main, 42 circuits		.23	34.783		3,115	910		4,025	4,775	
	2750		600 amp main, 42 circuits		.19	42.105		4,200	1,100		5,300	6,250	
	2900		Note: the following line items for additional										
	2910		Circuit breakers information, also see										
	2920		Division 163-250										
	3010		Main lug, no main breaker, 240 volt, 1 pole, 3 wire, 100 amp	1 Elec	2.30	3.478	Ea.	253	91		344	415	
	3020		225 amp		1.20	6.667		355	175		530	650	
	3030		400 amp		.90	8.889		495	230		725	890	
	3060		3 pole, 3 wire, 100 amp		2.30	3.478		290	91		381	455	
	3070		225 amp		1.20	6.667		352	175		527	645	
	3080		400 amp		.90	8.889		460	230		690	850	
	3090		600 amp		.80	10		525	260		785	965	
	3110		3 pole, 4 wire, 100 amp		2.30	3.478		295	91		386	460	
	3120		225 amp		1.20	6.667		380	175		555	680	
	3130		400 amp		.90	8.889		525	230		755	925	
	3140		600 amp		.80	10		610	260		870	1,050	
	3160		480 volt, 3 pole, 3 wire, 100 amp		2.30	3.478		365	91		456	535	
	3170		225 amp		1.20	6.667		515	175		690	825	
	3180		400 amp		.90	8.889		575	230		805	980	
	3190		600 amp		.80	10		643	260		903	1,100	
	3210		277/480 volt, 3 pole, 4 wire, 100 amp		2.30	3.478		430	91		521	610	
	3220		225 amp		1.20	6.667		590	175		765	910	
	3230		400 amp		.90	8.889		665	230		895	1,075	
	3240		600 amp		.80	10		775	260		1,035	1,250	
	3260		Main circuit breaker, 240 volt, 1 pole, 3 wire, 100 amp		2	4		380	105		485	575	
	3270		225 amp		1	8		790	210		1,000	1,175	
	3280		400 amp		.80	10		1,360	260		1,620	1,875	
	3310		3 pole, 3 wire, 100 amp		2	4		465	105		570	665	
	3320		225 amp		1	8		885	210		1,095	1,275	

ELECTRICAL 16

163 | Motors, Starters, Boards and Switches

163 200 | Boards

			Crew	Daily Output	Man-Hours	Unit	Mat.	Labor	Equip.	Total	Total Incl O&P	
245	3330	400 amp	1 Elec	.80	10	Ea.	1,450	260		1,710	1,975	245
	3360	120/208 volt, 3 pole, 4 wire, 100 amp		2	4		485	105		590	690	
	3370	225 amp		1	8		910	210		1,120	1,325	
	3380	400 amp		.80	10		1,545	260		1,805	2,100	
	3410	480 volt, 3 pole, 3 wire, 100 amp		2	4		585	105		690	800	
	3420	225 amp		1	8		1,115	210		1,325	1,550	
	3430	400 amp		.80	10		1,680	260		1,940	2,250	
	3460	277/480 volt, 3 pole, 4 wire, 100 amp		2	4		640	105		745	860	
	3470	225 amp		1	8		1,195	210		1,405	1,625	
	3480	400 amp		.80	10		1,750	260		2,010	2,325	
	3510	Main circuit breaker, HIC, 240 volt, 1 pole, 3 wire, 100 amp		2	4		955	105		1,060	1,200	
	3520	225 amp		1	8		1,615	210		1,825	2,100	
	3530	400 amp		.80	10		1,895	260		2,155	2,475	
	3560	3 pole, 3 wire, 100 amp		2	4		1,140	105		1,245	1,400	
	3570	225 amp		1	8		1,975	210		2,185	2,475	
	3580	400 amp		.80	10		2,100	260		2,360	2,700	
	3610	120/208 volt, 3 pole, 4 wire, 100 amp		2	4		1,180	105		1,285	1,450	
	3620	225 amp		1	8		2,000	210		2,210	2,500	
	3630	400 amp		.80	10		2,190	260		2,450	2,800	
	3660	480 volt, 3 pole, 3 wire, 100 amp		2	4		1,265	105		1,370	1,550	
	3670	225 amp		1	8		1,980	210		2,190	2,500	
	3680	400 amp		.80	10		2,340	260		2,600	2,975	
	3710	277/480 volt, 3 pole, 4 wire, 100 amp		2	4		1,320	105		1,425	1,600	
	3720	225 amp		1	8		2,035	210		2,245	2,550	
	3730	400 amp		.80	10		2,435	260		2,695	3,075	
	3760	Main circuit breaker with shunt trip, 100 amp		1.20	6.667		630	175		805	955	
	3770	225 amp		.80	10		1,115	260		1,375	1,625	
	3780	400 amp		.70	11.429		1,725	300		2,025	2,350	
250	0010	**PANELBOARD & LOAD CENTER CIRCUIT BREAKERS**										250
	0050	Bolt-on, 10,000 amp I.C., 120 volt, 1 pole										
	0100	15 to 50 amp	1 Elec	10	.800	Ea.	8.25	21		29.25	40	
	0200	60 amp		8	1		8.25	26		34.25	48	
	0300	70 amp		8	1		16.80	26		42.80	57	
	0350	240 volt, 2 pole										
	0400	15 to 50 amp	1 Elec	8	1	Ea.	17.65	26		43.65	58	
	0500	60 amp		7.50	1.067		17.65	28		45.65	61	
	0600	80 to 100 amp		5	1.600		41.50	42		83.50	110	
	0700	3 pole, bolt-on, 15 to 60 amp		6.20	1.290		53.25	34		87.25	110	
	0800	70 amp		5	1.600		69.50	42		111.50	140	
	0900	80 to 100 amp		3.60	2.222		82.50	58		140.50	175	
	1000	22,000 amp I.C., 240 volt, 2 pole, 70 to 225 amp		2.70	2.963		240	77		317	380	
	1100	3 pole, 70 to 225 amp		2.30	3.478		370	91		461	540	
	1200	14,000 amp I.C., 277 volts, 1 pole, 15 to 30 amp		8	1		33	26		59	75	
	1300	22,000 amp I.C., 480 volts, 2 pole, 70 to 225 amp		2.70	2.963		405	77		482	560	
	1400	3 pole, 70 to 225 amp		2.30	3.478		515	91		606	700	
	2000	Plug-in, panel or load center, 120/240 volt, to 60 amp, 1 pole		12	.667		6.75	17.40		24.15	33	
	2010	2 pole		9	.889		14.55	23		37.55	51	
	2020	3 pole		7.50	1.067		49.50	28		77.50	96	
	2030	100 amp, 2 pole		6	1.333		42	35		77	98	
	2040	3 pole		4.50	1.778		74.50	46		120.50	150	
	2050	150 amp, 2 pole		3	2.667		88	70		158	200	
	2100	High interrupting capacity, 120/240 volt, plug-in, 30 amp, 1 pole		12	.667		14.95	17.40		32.35	42	
	2110	60 amp, 2 pole		9	.889		30.35	23		53.35	68	
	2120	3 pole		7.50	1.067		82.50	28		110.50	130	
	2130	100 amp, 2 pole		6	1.333		69.25	35		104.25	130	
	2140	3 pole		4.50	1.778		112	46		158	190	
	2150	125 amp, 2 pole		3	2.667		226	70		296	350	
	2200	Bolt-on, 30 amp, 1 pole		10	.800		15.60	21		36.60	48	

163 | Motors, Starters, Boards and Switches

163 200 | Boards

		CREW	DAILY OUTPUT	MAN-HOURS	UNIT	1992 BARE COSTS MAT.	LABOR	EQUIP.	TOTAL	TOTAL INCL O&P	
250	2210	60 amp, 2 pole	1 Elec	7.50	1.067	Ea.	34.75	28		62.75	80	250
	2220	3 pole		6.20	1.290		88	34		122	145	
	2230	100 amp, 2 pole		5	1.600		80.75	42		122.75	150	
	2240	3 pole		3.60	2.222		128	58		186	225	
	2300	Ground fault, 240 volt, 30 amp, 1 pole		7	1.143		52.80	30		82.80	105	
	2310	2 pole		6	1.333		90	35		125	150	
	2350	Key operated, 240 volt, 1 pole, 30 amp		7	1.143		11.65	30		41.65	57	
	2360	Switched neutral, 240 volt, 30 amp, 2 pole		6	1.333		24.50	35		59.50	79	
	2370	3 pole		5.50	1.455		37	38		75	97	
	2400	Shunt trip for 240 volt breaker, 60 amp, 1 pole		4	2		49	52		101	130	
	2410	2 pole		3.50	2.286		60	60		120	155	
	2420	3 pole		3	2.667		104	70		174	220	
	2430	100 amp, 2 pole		3	2.667		90	70		160	205	
	2440	3 pole		2.50	3.200		132	84		216	270	
	2450	150 amp, 2 pole		2	4		280	105		385	465	
	2500	Auxiliary switch for 240 volt, breaker, 60 amp, 1 pole		4	2		39	52		91	120	
	2510	2 pole		3.50	2.286		50	60		110	145	
	2520	3 pole		3	2.667		90	70		160	205	
	2530	100 amp, 2 pole		3	2.667		80	70		150	190	
	2540	3 pole		2.50	3.200		112	84		196	250	
	2550	150 amp, 2 pole		2	4		260	105		365	440	
	2600	Panel or load center, 277/480 volt, plug-in, 30 amp, 1 pole		12	.667		29.12	17.40		46.52	58	
	2610	60 amp, 2 pole		9	.889		72.50	23		95.50	115	
	2620	3 pole		7.50	1.067		133	28		161	190	
	2650	Bolt-on, 60 amp, 2 pole		7.50	1.067		83	28		111	135	
	2660	3 pole		6.20	1.290		143	34		177	210	
	2700	I-line, 277/480 volt, 30 amp, 1 pole		8	1		35	26		61	77	
	2710	60 amp, 2 pole		7.50	1.067		140	28		168	195	
	2720	3 pole		6.20	1.290		162	34		196	230	
	2730	100 amp, 1 pole		7.50	1.067		72	28		100	120	
	2740	2 pole		5	1.600		168	42		210	245	
	2750	3 pole		3.50	2.286		198	60		258	305	
	2800	High interrupting capacity, 277/480 volt, plug-in, 30 amp, 1 pole		12	.667		108	17.40		125.40	145	
	2810	60 amp, 2 pole		9	.889		260	23		283	320	
	2820	3 pole		7	1.143		309	30		339	385	
	2830	Bolt-on, 30 amp, 1 pole		8	1		109	26		135	160	
	2840	60 amp, 2 pole		7.50	1.067		259	28		287	325	
	2850	3 pole		6.20	1.290		309	34		343	390	
	2900	I-line, 30 amp, 1 pole		8	1		108	26		134	160	
	2910	60 amp, 2 pole		7.50	1.067		265	28		293	335	
	2920	3 pole		6.20	1.290		305	34		339	385	
	2930	100 amp, 1 pole		7.50	1.067		132	28		160	185	
	2940	2 pole		5	1.600		317	42		359	410	
	2950	3 pole		3.60	2.222		356	58		414	480	
	2960	Shunt trip, 277/480V breaker, remote oper., 30 amp, 1 pole		4	2		188	52		240	285	
	2970	60 amp, 2 pole		3.50	2.286		246	60		306	360	
	2980	3 pole		3	2.667		305	70		375	440	
	2990	100 amp, 1 pole		3.50	2.286		224	60		284	335	
	3000	2 pole		3	2.667		316	70		386	450	
	3010	3 pole		2.50	3.200		354	84		438	515	
	3050	Under voltage trip, 277/480 volt breaker, 30 amp, 1 pole		4	2		198	52		250	295	
	3060	60 amp, 2 pole		3.50	2.286		246	60		306	360	
	3070	3 pole		3	2.667		305	70		375	440	
	3080	100 amp, 1 pole		3.50	2.286		222	60		282	335	
	3090	2 pole		3	2.667		316	70		386	450	
	3100	3 pole		2.50	3.200		353	84		437	515	
	3150	Motor operated 277/480 volt breaker, 30 amp, 1 pole		4	2		323	52		375	435	
	3160	60 amp, 2 pole		3.50	2.286		370	60		430	495	

16 ELECTRICAL

163 | Motors, Starters, Boards and Switches

163 200 | Boards

			CREW	DAILY OUTPUT	MAN-HOURS	UNIT	1992 BARE COSTS MAT.	LABOR	EQUIP.	TOTAL	TOTAL INCL O&P	
250	3170	3 pole	1 Elec	3	2.667	Ea.	425	70		495	570	250
	3180	100 amp, 1 pole		3.50	2.286		353	60		413	475	
	3190	2 pole		3	2.667		448	70		518	595	
	3200	3 pole		2.50	3.200		475	84		559	645	
	3250	Panelboard spacers, per pole	▼	40	.200	▼	2.58	5.20		7.78	10.65	
255	0010	**SUBSTATIONS,** Require switch with cable connections, transformer,										255
	0100	& Low Voltage section										
	0200	Load interrupter switch, 600 amp, 2 position										
	0300	NEMA 1, 4.8 KV, 300 KVA & below w/CLF fuses	R-3	.40	50	Ea.	9,150	1,300	275	10,725	12,300	
	0400	400 KVA & above w/CLF fuses		.38	52.632		11,425	1,375	290	13,090	14,900	
	0500	Non fusible		.41	48.780		7,465	1,275	270	9,010	10,400	
	0600	13.8 KV, 300 KVA & below		.38	52.632		10,575	1,375	290	12,240	14,000	
	0700	400 KVA & above		.36	55.556		12,500	1,450	305	14,255	16,200	
	0800	Non fusible	▼	.40	50		8,150	1,300	275	9,725	11,200	
	0900	Cable lugs for 2 feeders 4.8 KV or 13.8 KV	1 Elec	8	1		280	26		306	345	
	1000	Pothead, one 3 conductor or three 1 conductor		4	2		1,425	52		1,477	1,650	
	1100	Two 3 conductor or six 1 conductor		2	4		2,810	105		2,915	3,250	
	1200	Key interlocks	▼	8	1	▼	300	26		326	370	
	1300	Lightning arrestors-Distribution class (no charge)										
	1400	Intermediate class or line type 4.8 KV	1 Elec	2.70	2.963	Ea.	1,530	77		1,607	1,800	
	1500	13.8 KV		2	4		2,025	105		2,130	2,375	
	1600	Station class, 4.8 KV		2.70	2.963		2,625	77		2,702	3,000	
	1700	13.8 KV	▼	2	4		4,510	105		4,615	5,125	
	1800	Transformers, 4800 volts to 480/277 volts, 75 KVA	R-3	.68	29.412		7,560	760	165	8,485	9,625	
	1900	112.5 KVA		.65	30.769		9,235	795	170	10,200	11,500	
	2000	150 KVA		.57	35.088		10,500	910	195	11,605	13,100	
	2100	225 KVA		.48	41.667		12,065	1,075	230	13,370	15,100	
	2200	300 KVA		.41	48.780		13,440	1,275	270	14,985	17,000	
	2300	500 KVA		.36	55.556		17,625	1,450	305	19,380	21,900	
	2400	750 KVA		.29	68.966		23,675	1,775	380	25,830	29,100	
	2500	13,800 volts to 480/277 volts, 75 KVA		.61	32.787		10,725	850	180	11,755	13,300	
	2600	112.5 KVA		.55	36.364		14,115	940	200	15,255	17,200	
	2700	150 KVA		.49	40.816		14,675	1,050	225	15,950	18,000	
	2800	225 KVA		.41	48.780		16,165	1,275	270	17,710	20,000	
	2900	300 KVA		.37	54.054		16,900	1,400	300	18,600	21,000	
	3000	500 KVA		.31	64.516		20,485	1,675	355	22,515	25,400	
	3100	750 KVA	▼	.26	76.923		24,725	2,000	425	27,150	30,600	
	3200	Forced air cooling & temperature alarm	1 Elec	1	8	▼	2,040	210		2,250	2,550	
	3300	Low voltage components										
	3400	Maximum panel height 49-1/2", single or twin row										
	3500	Breaker heights, FA or FH, 6"										
	3600	KA or KH, 8"										
	3700	LA, 11"										
	3800	MA, 14"										
	3900	Breakers, 2 pole, 15 to 60 amp, type FA	1 Elec	5.60	1.429	Ea.	170	37		207	245	
	4000	70 to 100 amp, FA		4.20	1.905		206	50		256	300	
	4100	15 to 60 amp, FH		5.60	1.429		265	37		302	345	
	4200	70 to 100 amp, FH		4.20	1.905		305	50		355	410	
	4300	125 to 225 amp, KA		3.40	2.353		478	61		539	615	
	4400	125 to 225 amp, KH		3.40	2.353		1,060	61		1,121	1,250	
	4500	125 to 400 amp, LA		2.50	3.200		820	84		904	1,025	
	4600	125 to 600 amp, MA		1.80	4.444		1,285	115		1,400	1,575	
	4700	700 & 800 amp, MA		1.50	5.333		1,655	140		1,795	2,025	
	4800	3 pole, 15 to 60 amp, FA		5.30	1.509		212	39		251	290	
	4900	70 to 100 amp, FA		4	2		254	52		306	355	
	5000	15 to 60 amp, FH		5.30	1.509		315	39		354	405	
	5100	70 to 100 amp, FH	▼	4	2	▼	355	52		407	470	

163 | Motors, Starters, Boards and Switches

163 200 | Boards

			CREW	DAILY OUTPUT	MAN-HOURS	UNIT	1992 BARE COSTS MAT.	LABOR	EQUIP.	TOTAL	TOTAL INCL O&P	
255	5200	125 to 225 amp, KA	1 Elec	3.20	2.500	Ea.	595	65		660	750	255
	5300	125 to 225 amp, KH		3.20	2.500		1,285	65		1,350	1,500	
	5400	125 to 400 amp, LA		2.30	3.478		1,015	91		1,106	1,250	
	5500	125 to 600 amp, MA		1.60	5		1,635	130		1,765	2,000	
	5600	700 & 800 amp, MA		1.30	6.154		2,050	160		2,210	2,500	
260	0010	**SWITCHBOARDS** Incoming main service section,										260
	0100	Aluminum bus bars, not including CT's or PT's										
	0200	No main disconnect, includes CT compartment	R163 -260									
	0300	120/208 volt, 4 wire, 600 amp	1 Elec	.50	16	Ea.	2,030	420		2,450	2,850	
	0400	800 amp		.44	18.182		2,220	475		2,695	3,150	
	0500	1000 amp		.40	20		2,550	520		3,070	3,575	
	0600	1200 amp		.36	22.222		2,735	580		3,315	3,875	
	0700	1600 amp		.33	24.242		3,000	635		3,635	4,250	
	0800	2000 amp		.31	25.806		3,215	675		3,890	4,550	
	1000	3000 amp		.28	28.571		4,150	745		4,895	5,675	
	1200	277/480 volt, 4 wire, 600 amp		.50	16		2,045	420		2,465	2,875	
	1300	800 amp		.44	18.182		2,220	475		2,695	3,150	
	1400	1000 amp		.40	20		2,550	520		3,070	3,575	
	1500	1200 amp		.36	22.222		2,735	580		3,315	3,875	
	1600	1600 amp		.33	24.242		2,975	635		3,610	4,225	
	1700	2000 amp		.31	25.806		3,205	675		3,880	4,525	
	1800	3000 amp		.28	28.571		4,110	745		4,855	5,625	
	1900	4000 amp		.26	30.769		5,100	805		5,905	6,800	
	2000	Fused switch & CT compartment										
	2100	120/208 volt, 4 wire, 400 amp	1 Elec	.56	14.286	Ea.	2,825	375		3,200	3,675	
	2200	600 amp		.47	17.021		3,295	445		3,740	4,275	
	2300	800 amp		.42	19.048		4,425	495		4,920	5,600	
	2400	1200 amp		.34	23.529		5,500	615		6,115	6,975	
	2500	277/480 volt, 4 wire, 400 amp		.57	14.035		2,900	365		3,265	3,725	
	2600	600 amp		.47	17.021		3,335	445		3,780	4,325	
	2700	800 amp		.42	19.048		4,450	495		4,945	5,625	
	2800	1200 amp		.34	23.529		5,560	615		6,175	7,025	
	2900	Pressure switch & CT compartment										
	3000	120/208 volt, 4 wire, 800 amp	1 Elec	.40	20	Ea.	6,090	520		6,610	7,475	
	3100	1200 amp		.33	24.242		6,925	635		7,560	8,550	
	3200	1600 amp		.31	25.806		7,700	675		8,375	9,475	
	3300	2000 amp		.28	28.571		9,000	745		9,745	11,000	
	3310	2500 amp		.25	32		10,250	835		11,085	12,500	
	3320	3000 amp		.22	36.364		15,500	950		16,450	18,500	
	3330	4000 amp		.20	40		20,450	1,050		21,500	24,100	
	3400	277/480 volt, 4 wire, 800 amp		.40	20		8,900	520		9,420	10,600	
	3600	1200 amp, with ground fault		.33	24.242		10,425	635		11,060	12,400	
	4000	1600 amp, with ground fault		.31	25.806		11,230	675		11,905	13,400	
	4200	2000 amp, with ground fault		.28	28.571		13,400	745		14,145	15,900	
	4400	Circuit breaker, molded case & CT compartment										
	4600	3 pole, 4 wire, 600 amp	1 Elec	.47	17.021	Ea.	4,550	445		4,995	5,675	
	4800	800 amp		.42	19.048		4,860	495		5,355	6,100	
	5000	1200 amp		.34	23.529		6,695	615		7,310	8,275	
	5100	Copper bus bars, not incl. CT's or PT's, add, minimum					15%					
262	0010	**SWITCHBOARD** (in plant distribution)										262
	0100	Main lugs only, to 600 volt, 3 pole, 3 wire, 200 amp	1 Elec	.60	13.333	Ea.	1,310	350		1,660	1,950	
	0110	400 amp		.60	13.333		1,310	350		1,660	1,950	
	0120	600 amp		.60	13.333		1,405	350		1,755	2,075	
	0130	800 amp		.54	14.815		1,510	385		1,895	2,250	
	0140	1200 amp		.46	17.391		1,840	455		2,295	2,700	
	0150	1600 amp		.43	18.605		2,240	485		2,725	3,200	
	0160	2000 amp		.41	19.512		2,460	510		2,970	3,475	

16 ELECTRICAL

163 | Motors, Starters, Boards and Switches

163 200 | Boards

		CREW	DAILY OUTPUT	MAN-HOURS	UNIT	1992 BARE COSTS				TOTAL INCL O&P
						MAT.	LABOR	EQUIP.	TOTAL	
0250	To 480 volt, 3 pole, 4 wire, 200 amp	1 Elec	.60	13.333	Ea.	1,175	350		1,525	1,800
0260	400 amp		.60	13.333		1,345	350		1,695	2,000
0270	600 amp		.60	13.333		1,470	350		1,820	2,125
0280	800 amp		.54	14.815		1,610	385		1,995	2,350
0290	1200 amp		.46	17.391		2,090	455		2,545	2,975
0300	1600 amp		.43	18.605		2,375	485		2,860	3,325
0310	2000 amp		.41	19.512		2,660	510		3,170	3,675
0400	Main circuit breaker, to 600 volt, 3 pole, 3 wire, 200 amp		.60	13.333		2,675	350		3,025	3,450
0410	400 amp		.57	14.035		3,000	365		3,365	3,850
0420	600 amp		.55	14.545		3,525	380		3,905	4,450
0430	800 amp		.52	15.385		3,725	400		4,125	4,700
0440	1200 amp		.44	18.182		6,060	475		6,535	7,375
0450	1600 amp		.42	19.048		6,750	495		7,245	8,175
0460	2000 amp		.40	20		7,215	520		7,735	8,725
0550	277/480 volt, 3 pole, 4 wire, 200 amp		.60	13.333		2,700	350		3,050	3,500
0560	400 amp		.57	14.035		3,050	365		3,415	3,900
0570	600 amp		.55	14.545		3,605	380		3,985	4,525
0580	800 amp		.52	15.385		3,800	400		4,200	4,775
0590	1200 amp		.44	18.182		6,155	475		6,630	7,475
0600	1600 amp		.42	19.048		6,955	495		7,450	8,400
0610	2000 amp		.40	20		7,415	520		7,935	8,925
0700	Main fusible switch w/fuse, 208/240 volt, 3 pole, 3 wire, 200 amp		.60	13.333		1,785	350		2,135	2,475
0710	400 amp		.57	14.035		2,145	365		2,510	2,900
0720	600 amp		.55	14.545		2,380	380		2,760	3,175
0730	800 amp		.52	15.385		3,445	400		3,845	4,400
0740	1200 amp		.44	18.182		4,375	475		4,850	5,525
0800	120/208, 120/240 volt, 3 pole, 4 wire, 200 amp		.60	13.333		1,800	350		2,150	2,500
0810	400 amp		.57	14.035		2,175	365		2,540	2,950
0820	600 amp		.55	14.545		2,430	380		2,810	3,250
0830	800 amp		.52	15.385		3,590	400		3,990	4,550
0840	1200 amp		.44	18.182		4,530	475		5,005	5,700
0900	480 or 600 volt, 3 pole, 3 wire, 200 amp		.60	13.333		2,200	350		2,550	2,950
0910	400 amp		.57	14.035		2,435	365		2,800	3,225
0920	600 amp		.55	14.545		2,770	380		3,150	3,625
0930	800 amp		.52	15.385		3,815	400		4,215	4,800
0940	1200 amp		.44	18.182		4,795	475		5,270	5,975
1000	277 or 480 volt, 3 pole, 4 wire, 200 amp		.60	13.333		2,175	350		2,525	2,900
1010	400 amp		.57	14.035		2,485	365		2,850	3,275
1020	600 amp		.55	14.545		2,875	380		3,255	3,725
1030	800 amp		.52	15.385		3,900	400		4,300	4,900
1040	1200 amp		.44	18.182		4,900	475		5,375	6,100
1120	1600 amp		.38	21.053		6,265	550		6,815	7,700
1130	2000 amp		.34	23.529		7,885	615		8,500	9,600
1150	Pressure switch, bolted, 3 pole, 208/240 volt, 3 wire, 800 amp		.48	16.667		4,480	435		4,915	5,575
1160	1200 amp		.40	20		5,225	520		5,745	6,525
1170	1600 amp		.38	21.053		5,940	550		6,490	7,350
1180	2000 amp		.34	23.529		7,370	615		7,985	9,025
1200	120/208 or 120/240 volt, 3 pole, 4 wire, 800 amp		.48	16.667		4,865	435		5,300	6,000
1210	1200 amp		.40	20		5,830	520		6,350	7,200
1220	1600 amp		.38	21.053		6,600	550		7,150	8,075
1230	2000 amp		.34	23.529		8,140	615		8,755	9,875
1300	480 or 600 volt, 3 wire, 800 amp		.48	16.667		4,950	435		5,385	6,100
1310	1200 amp		.40	20		5,940	520		6,460	7,325
1320	1600 amp		.38	21.053		6,700	550		7,250	8,200
1330	2000 amp		.34	23.529		8,385	615		9,000	10,100
1400	277-480 volt, 4 wire, 800 amp		.48	16.667		5,060	435		5,495	6,225
1410	1200 amp		.40	20		5,965	520		6,485	7,350
1420	1600 amp		.38	21.053		6,765	550		7,315	8,250

163 | Motors, Starters, Boards and Switches

163 200 | Boards

			CREW	DAILY OUTPUT	MAN-HOURS	UNIT	1992 BARE COSTS MAT.	LABOR	EQUIP.	TOTAL	TOTAL INCL O&P	
262	1430	2000 amp	1 Elec	.34	23.529	Ea.	8,385	615		9,000	10,100	262
	1500	Main ground fault protector, 1200-2000 amp		2.70	2.963		3,500	77		3,577	3,975	
	1600	Bus way connection, 200 amp		2.70	2.963		225	77		302	365	
	1610	400 amp		2.30	3.478		260	91		351	420	
	1620	600 amp		2	4		345	105		450	535	
	1630	800 amp		1.60	5		360	130		490	590	
	1640	1200 amp		1.30	6.154		490	160		650	780	
	1650	1600 amp		1.20	6.667		570	175		745	885	
	1660	2000 amp		1	8		665	210		875	1,050	
	1700	Shunt trip for remote operation 200 amp		4	2		685	52		737	830	
	1710	400 amp		4	2		1,100	52		1,152	1,300	
	1720	600 amp		4	2		1,700	52		1,752	1,950	
	1730	800 amp		4	2		2,190	52		2,242	2,475	
	1740	1200-2000 amp		4	2		4,645	52		4,697	5,175	
	1800	Motor operated main breaker 200 amp		4	2		1,290	52		1,342	1,500	
	1810	400 amp		4	2		1,855	52		1,907	2,125	
	1820	600 amp		4	2		2,410	52		2,462	2,725	
	1830	800 amp		4	2		2,860	52		2,912	3,225	
	1840	1200-2000 amp		4	2		5,300	52		5,352	5,900	
	1900	Current/potential transformer metering compartment 200-800 amp		2.70	2.963		855	77		932	1,050	
	1940	1200 amp		2.70	2.963		1,065	77		1,142	1,275	
	1950	1600-2000 amp		2.70	2.963		1,285	77		1,362	1,525	
	2000	With watt meter 200-800 amp		2	4		2,450	105		2,555	2,850	
	2040	1200 amp		2	4		2,745	105		2,850	3,175	
	2050	1600-2000 amp		2	4		2,970	105		3,075	3,425	
	2100	Split bus 60-200 amp		5.30	1.509		167	39		206	240	
	2130	400 amp		2.30	3.478		290	91		381	455	
	2140	600 amp		1.80	4.444		360	115		475	570	
	2150	800 amp		1.30	6.154		455	160		615	740	
	2170	1200 amp		1	8		520	210		730	885	
	2250	Contactor control 60 amp		2	4		1,290	105		1,395	1,575	
	2260	100 amp		1.50	5.333		1,460	140		1,600	1,825	
	2270	200 amp		1	8		2,185	210		2,395	2,725	
	2280	400 amp		.50	16		6,665	420		7,085	7,950	
	2290	600 amp		.42	19.048		7,450	495		7,945	8,925	
	2300	800 amp		.36	22.222		8,875	580		9,455	10,600	
	2500	Modifier for two distribution sections, add		.40	20		1,685	520		2,205	2,625	
	2520	Three distribution sections, add		.20	40		3,340	1,050		4,390	5,225	
	2560	Auxiliary pull section, 20", add		1	8		1,075	210		1,285	1,500	
	2580	24", add		.90	8.889		1,225	230		1,455	1,700	
	2600	30", add		.80	10		1,365	260		1,625	1,900	
	2620	36", add		.70	11.429		1,485	300		1,785	2,075	
	2640	Dog house, 12", add		1.20	6.667		320	175		495	610	
	2660	18", add		1	8		365	210		575	715	
	3000	Transition section between switchboard and transformer										
	3050	or motor control center, 4 wire, alum. bus, 600 amp	1 Elec	.57	14.035	Ea.	1,375	365		1,740	2,050	
	3100	800 amp		.50	16		1,610	420		2,030	2,400	
	3150	1000 amp		.44	18.182		1,665	475		2,140	2,550	
	3200	1200 amp		.40	20		1,890	520		2,410	2,850	
	3250	1600 amp		.36	22.222		2,075	580		2,655	3,150	
	3300	2000 amp		.33	24.242		2,330	635		2,965	3,500	
	3350	2500 amp		.31	25.806		2,560	675		3,235	3,825	
	3400	3000 amp		.28	28.571		2,810	745		3,555	4,200	
	4000	Weatherproof construction, per vertical section		.88	9.091		2,185	235		2,420	2,750	
264	0010	**DISTRIBUTION SECTION**										264
	0100	Aluminum bus bars, not including breakers										
	0160	Subfeed lug-rated at 60 amp R163-265	1 Elec	.65	12.308	Ea.	850	320		1,170	1,425	
	0170	100 amp		.63	12.698		975	330		1,305	1,575	

ELECTRICAL 16

163 | Motors, Starters, Boards and Switches

163 200 | Boards

			CREW	DAILY OUTPUT	MAN-HOURS	UNIT	MAT.	LABOR	EQUIP.	TOTAL	TOTAL INCL O&P	
264	0180	200 amp	1 Elec	.60	13.333	Ea.	1,100	350		1,450	1,725	264
	0190	400 amp		.55	14.545		1,245	380		1,625	1,925	
	0200	120/208 or 277/480 volt, 4 wire, 600 amp		.50	16		1,425	420		1,845	2,200	
	0300	800 amp		.44	18.182		1,500	475		1,975	2,350	
	0400	1000 amp		.40	20		1,650	520		2,170	2,600	
	0500	1200 amp		.36	22.222		1,800	580		2,380	2,850	
	0600	1600 amp		.33	24.242		2,050	635		2,685	3,200	
	0700	2000 amp		.31	25.806		2,210	675		2,885	3,425	
	0800	2500 amp		.30	26.667		2,750	695		3,445	4,075	
	0900	3000 amp		.28	28.571		3,150	745		3,895	4,575	
	0950	4000 amp		.26	30.769		4,050	805		4,855	5,650	
266	0010	**FEEDER SECTION** Group mounted devices										266
	0030	Circuit breakers										
	0160	FA frame, 15 to 60 amp, 240 volt, 1 pole	1 Elec	8	1	Ea.	48	26		74	92	
	0170	2 pole		7	1.143		87	30		117	140	
	0180	3 pole		5.30	1.509		125	39		164	195	
	0210	480 volt, 1 pole		8	1		66	26		92	110	
	0220	2 pole		7	1.143		133	30		163	190	
	0230	3 pole		5.30	1.509		173	39		212	250	
	0260	600 volt, 2 pole		7	1.143		165	30		195	225	
	0270	3 pole		5.30	1.509		203	39		242	280	
	0280	FA frame, 70 to 100 amp, 240 volt, 1 pole		7	1.143		63	30		93	115	
	0310	2 pole		5	1.600		127	42		169	200	
	0320	3 pole		4	2		162	52		214	255	
	0330	480 volt, 1 pole		7	1.143		72	30		102	125	
	0360	2 pole		5	1.600		176	42		218	255	
	0370	3 pole		4	2		213	52		265	310	
	0380	600 volt, 2 pole		5	1.600		204	42		246	285	
	0410	3 pole		4	2		237	52		289	340	
	0420	KA frame, 70 to 225 amp		3.20	2.500		563	65		628	715	
	0430	LA frame, 125 to 400 amp		2.30	3.478		1,000	91		1,091	1,225	
	0460	MA frame, 450 to 600 amp		1.60	5		1,597	130		1,727	1,950	
	0470	700 to 800 amp		1.30	6.154		2,040	160		2,200	2,475	
	0480	1000 amp		1	8		2,585	210		2,795	3,150	
	0490	PA frame, 1200 amp		.80	10		4,375	260		4,635	5,200	
	0500	Branch circuit, fusible switch, 600 volt, double 30/30 amp		4	2		285	52		337	390	
	0550	60/60 amp		3.20	2.500		285	65		350	410	
	0600	100/100 amp		2.70	2.963		460	77		537	620	
	0650	Single, 30 amp		5.30	1.509		150	39		189	225	
	0700	60 amp		4.70	1.702		150	44		194	230	
	0750	100 amp		4	2		235	52		287	335	
	0800	200 amp		2.70	2.963		533	77		610	700	
	0850	400 amp		2.30	3.478		1,144	91		1,235	1,400	
	0900	600 amp		1.80	4.444		1,410	115		1,525	1,725	
	0950	800 amp		1.30	6.154		2,390	160		2,550	2,875	
	1000	1200 amp		.80	10		3,030	260		3,290	3,725	
	1080	Branch circuit, circuit breakers, high interrupting capacity										
	1100	60 amp, 240, 480 or 600 volt, 1 pole	1 Elec	8	1	Ea.	111	26		137	160	
	1120	2 pole		7	1.143		255	30		285	325	
	1140	3 pole		5.30	1.509		303	39		342	390	
	1150	100 amp, 240, 480 or 600 volt, 1 pole		7	1.143		122	30		152	180	
	1160	2 pole		5	1.600		302	42		344	395	
	1180	3 pole		4	2		334	52		386	445	
	1200	225 amp, 240, 480 or 600 volt, 2 pole		3.50	2.286		1,009	60		1,069	1,200	
	1220	3 pole		3.20	2.500		1,220	65		1,285	1,450	
	1240	400 amp, 240, 480 or 600 volt, 2 pole		2.50	3.200		1,340	84		1,424	1,600	
	1260	3 pole		2.30	3.478		1,585	91		1,676	1,875	

163 | Motors, Starters, Boards and Switches

163 200 | Boards

			CREW	DAILY OUTPUT	MAN-HOURS	UNIT	MAT.	LABOR	EQUIP.	TOTAL	TOTAL INCL O&P	
266	1280	600 amp, 240, 480 or 600 volt, 2 pole	1 Elec	1.80	4.444	Ea.	1,620	115		1,735	1,950	266
	1300	3 pole		1.60	5		1,950	130		2,080	2,350	
	1320	800 amp, 240, 480 or 600 volt, 2 pole		1.50	5.333		1,980	140		2,120	2,375	
	1340	3 pole		1.30	6.154		2,465	160		2,625	2,950	
	1360	1000 amp, 240, 480 or 600 volt, 2 pole		1.10	7.273		2,545	190		2,735	3,075	
	1380	3 pole		1	8		2,960	210		3,170	3,575	
	1400	1200 amp, 240, 480 or 600 volt, 2 pole		.90	8.889		3,875	230		4,105	4,600	
	1420	3 pole		.80	10		4,475	260		4,735	5,300	
	1700	Fusible switch, 240 V, 60 amp, 2 pole		3.20	2.500		174	65		239	290	
	1720	3 pole		3	2.667		225	70		295	350	
	1740	100 amp, 2 pole		2.70	2.963		258	77		335	400	
	1760	3 pole		2.50	3.200		313	84		397	470	
	1780	200 amp, 2 pole		2	4		310	105		415	495	
	1800	3 pole		1.90	4.211		425	110		535	630	
	1820	400 amp, 2 pole		1.50	5.333		690	140		830	965	
	1840	3 pole		1.30	6.154		950	160		1,110	1,275	
	1860	600 amp, 2 pole		1	8		990	210		1,200	1,400	
	1880	3 pole		.90	8.889		1,320	230		1,550	1,800	
	1900	240-600 V, 800 amp, 2 pole		.70	11.429		1,850	300		2,150	2,475	
	1920	3 pole		.60	13.333		2,395	350		2,745	3,150	
	2000	600 V, 60 amp, 2 pole		3.20	2.500		258	65		323	380	
	2040	100 amp, 2 pole		2.70	2.963		375	77		452	530	
	2080	200 amp, 2 pole		2	4		425	105		530	625	
	2120	400 amp, 2 pole		1.50	5.333		890	140		1,030	1,175	
	2160	600 amp, 2 pole		1	8		1,150	210		1,360	1,575	
	2500	Branch circuit, circuit breakers, 60 amp, 600 volt, 3 pole		5.30	1.509		216	39		255	295	
	2520	240, 480 or 600 volt, 1 pole		8	1		69	26		95	115	
	2540	240 volt, 2 pole		7	1.143		92	30		122	145	
	2560	480 or 600 volt, 2 pole		7	1.143		163	30		193	225	
	2580	240 volt, 3 pole		5.30	1.509		126	39		165	195	
	2600	480 volt, 3 pole		5.30	1.509		174	39		213	250	
	2620	100 amp, 600 volt, 2 pole		5	1.600		193	42		235	275	
	2640	3 pole		4	2		233	52		285	335	
	2660	480 volt, 2 pole		5	1.600		174	42		216	255	
	2680	240 volt, 2 pole		5	1.600		126	42		168	200	
	2700	3 pole		4	2		150	52		202	245	
	2720	480 volt, 3 pole		4	2		193	52		245	290	
	2740	225 amp, 240, 480 or 600 volt, 2 pole		3.50	2.286		414	60		474	545	
	2760	3 pole		3.20	2.500		500	65		565	645	
	2780	400 amp, 240, 480 or 600 volt, 2 pole		2.50	3.200		745	84		829	945	
	2800	3 pole		2.30	3.478		913	91		1,004	1,150	
	2820	600 amp, 240 or 480 volt, 2 pole		1.80	4.444		1,210	115		1,325	1,500	
	2840	3 pole		1.60	5		1,465	130		1,595	1,800	
	2860	800 amp, 240, 480 volt or 600 volt, 2 pole		1.50	5.333		1,500	140		1,640	1,850	
	2880	3 pole		1.30	6.154		1,880	160		2,040	2,300	
	2900	1000 amp, 240, 480 or 600 volt, 2 pole		1.10	7.273		2,120	190		2,310	2,625	
	2920	480 volt, 600 volt, 3 pole		1	8		2,395	210		2,605	2,950	
	2940	1200 amp, 240, 480 or 600 volt, 2 pole		.90	8.889		3,245	230		3,475	3,925	
	2960	3 pole		.80	10		3,265	260		3,525	3,975	
	2980	600 volt, 3 pole		.80	10		4,220	260		4,480	5,025	
268	0010	SWITCHBOARD INSTRUMENTS 3 phase, 4 wire										268
	0100	AC indicating, ammeter & switch	1 Elec	8	1	Ea.	1,075	26		1,101	1,225	
	0200	Voltmeter & switch		8	1		1,075	26		1,101	1,225	
	0300	Wattmeter		8	1		1,725	26		1,751	1,925	
	0400	AC recording, ammeter		4	2		4,800	52		4,852	5,350	
	0500	Voltmeter		4	2		4,800	52		4,852	5,350	
	0600	Ground fault protection, zero sequence		2.70	2.963		3,380	77		3,457	3,825	
	0700	Ground return path		2.70	2.963		3,380	77		3,457	3,825	

16 ELECTRICAL

163 | Motors, Starters, Boards and Switches

163 200 | Boards

			CREW	DAILY OUTPUT	MAN-HOURS	UNIT	MAT.	LABOR	EQUIP.	TOTAL	TOTAL INCL O&P	
268	0800	3 current transformers, 5 to 800 amp	1 Elec	2	4	Ea.	830	105		935	1,075	268
	0900	1000 to 1500 amp		1.30	6.154		1,540	160		1,700	1,925	
	1200	2000 to 4000 amp		1	8		2,000	210		2,210	2,500	
	1300	Fused potential transformer, maximum 600 volt		8	1		550	26		576	645	

163 300 | Switches

			CREW	DAILY OUTPUT	MAN-HOURS	UNIT	MAT.	LABOR	EQUIP.	TOTAL	TOTAL INCL O&P	
310	0010	**CONTACTORS, AC** Enclosed (NEMA 1)										310
	0050	Lighting, 600 volt 3 pole, electrically held										
	0100	20 amp	1 Elec	4	2	Ea.	118	52		170	210	
	0200	30 amp		3.60	2.222		130	58		188	230	
	0300	60 amp		3	2.667		260	70		330	390	
	0400	100 amp		2.50	3.200		430	84		514	600	
	0500	200 amp		1.40	5.714		1,005	150		1,155	1,325	
	0600	300 amp		.80	10		2,200	260		2,460	2,800	
	0800	Mechanically held, 30 amp		3.60	2.222		198	58		256	305	
	0900	60 amp		3	2.667		390	70		460	535	
	1000	75 amp		2.80	2.857		560	75		635	725	
	1100	100 amp		2.50	3.200		560	84		644	740	
	1200	150 amp		2	4		1,100	105		1,205	1,375	
	1300	200 amp		1.40	5.714		1,220	150		1,370	1,575	
	1500	Magnetic with auxiliary contact, size 00, 9 amp		4	2		102	52		154	190	
	1600	Size 0, 18 amp		4	2		120	52		172	210	
	1700	Size 1, 27 amp		3.60	2.222		143	58		201	245	
	1800	Size 2, 45 amp		3	2.667		260	70		330	390	
	1900	Size 3, 90 amp		2.50	3.200		435	84		519	605	
	2000	Size 4, 135 amp		2.30	3.478		1,015	91		1,106	1,250	
	2100	Size 5, 270 amp		.90	8.889		2,130	230		2,360	2,700	
	2200	Size 6, 540 amp		.60	13.333		6,085	350		6,435	7,225	
	2300	Size 7, 810 amp		.50	16		8,180	420		8,600	9,625	
	2310	Size 8, 1215 amp		.40	20		12,800	520		13,320	14,900	
	2500	Magnetic, 240 volt 1-2 pole, magnetic, .75 HP motor		4	2		92	52		144	180	
	2520	2 HP motor		3.60	2.222		116	58		174	215	
	2540	5 HP motor		2.50	3.200		257	84		341	405	
	2560	10 HP motor		1.40	5.714		418	150		568	680	
	2600	240 volt or less, 3 pole, .75 HP motor		4	2		97	52		149	185	
	2620	5 HP motor		3.60	2.222		138	58		196	240	
	2640	10 HP motor		3.60	2.222		275	58		333	390	
	2660	15 HP motor		2.50	3.200		275	84		359	425	
	2700	25 HP motor		2.50	3.200		445	84		529	615	
	2720	30 HP motor		1.40	5.714		445	150		595	710	
	2740	40 HP motor		1.40	5.714		990	150		1,140	1,300	
	2760	50 HP motor		.80	10		990	260		1,250	1,475	
	2800	75 HP motor		.80	10		2,120	260		2,380	2,725	
	2820	100 HP motor		.50	16		2,120	420		2,540	2,950	
	2860	150 HP motor		.50	16		6,150	420		6,570	7,400	
	2880	200 HP motor		.50	16		6,150	420		6,570	7,400	
	3000	600 volt, 3 pole, 5 HP motor		4	2		120	52		172	210	
	3020	10 HP motor		3.60	2.222		140	58		198	240	
	3040	25 HP motor		3	2.667		278	70		348	410	
	3100	50 HP motor		2.50	3.200		445	84		529	615	
	3160	100 HP motor		1.40	5.714		1,020	150		1,170	1,350	
	3220	200 HP motor		.80	10		2,125	260		2,385	2,725	
320	0010	**CONTROL STATIONS**										320
	0050	NEMA 1, heavy duty, stop/start	1 Elec	8	1	Ea.	44	26		70	87	
	0100	Stop/start, pilot light		6.20	1.290		104	34		138	165	
	0200	Hand/off/automatic		6.20	1.290		50	34		84	105	
	0400	Stop/start/reverse		5.30	1.509		90	39		129	160	
	0500	NEMA 7, heavy duty, stop/start		6	1.333		125	35		160	190	

163 | Motors, Starters, Boards and Switches

163 300 | Switches

			CREW	DAILY OUTPUT	MAN-HOURS	UNIT	MAT.	LABOR	EQUIP.	TOTAL	TOTAL INCL O&P	
320	0600	Stop/start, pilot light	1 Elec	4	2	Ea.	270	52		322	375	320
	0700	NEMA 7 or 9, 1 element		6	1.333		125	35		160	190	
	0800	2 element		6	1.333		145	35		180	210	
	0900	3 element		4	2		250	52		302	355	
	0910	Selector switch, 2 position		6	1.333		135	35		170	200	
	0920	3 position		4	2		240	52		292	340	
	0930	Oiltight, 1 element		8	1		50	26		76	94	
	0940	2 element		6.20	1.290		65	34		99	120	
	0950	3 element		5.30	1.509		92	39		131	160	
	0960	Selector switch, 2 position		6.20	1.290		55	34		89	110	
	0970	3 position		5.30	1.509		70	39		109	135	
330	0010	**CONTROL SWITCHES** Field installed										330
	6000	Push button 600V 10A, momentary contact										
	6150	Standard operator with colored button	1 Elec	34	.235	Ea.	27	6.15		33.15	39	
	6160	With single block 1NO 1NC		18	.444		44	11.60		55.60	66	
	6170	With double block 2NO 2NC		15	.533		68	13.90		81.90	96	
	6180	Stnd operator w/mushroom button 1-9/16" diam.		34	.235		27	6.15		33.15	39	
	6190	Stnd operator w/mushroom button 2-1/4" diam.										
	6200	With single block 1NO 1NC	1 Elec	18	.444	Ea.	46	11.60		57.60	68	
	6210	With double block 2NO 2NC		15	.533		72	13.90		85.90	100	
	6500	Maintained contact, selector operator		34	.235		27	6.15		33.15	39	
	6510	With single block 1NO 1NC		18	.444		44	11.60		55.60	66	
	6520	With double block 2NO 2NC		15	.533		72	13.90		85.90	100	
	6560	Spring-return selector operator		34	.235		34	6.15		40.15	47	
	6570	With single block 1NO 1NC		18	.444		49	11.60		60.60	71	
	6580	With double block 2NO 2NC		15	.533		78	13.90		91.90	105	
	6620	Transformer operator w/illuminated										
	6630	button 6V#12 lamp	1 Elec	32	.250	Ea.	49	6.55		55.55	64	
	6640	With single block 1NO 1NC w/guard		16	.500		72	13.05		85.05	99	
	6650	With double block 2NO 2NC w/guard		13	.615		94	16.05		110.05	125	
	6690	Combination operator		34	.235		39	6.15		45.15	52	
	6700	With single block 1NO 1NC		18	.444		44	11.60		55.60	66	
	6710	With double block 2NO 2NC		15	.533		72	13.90		85.90	100	
	9000	Indicating light unit, full voltage										
	9010	110-125V front mount	1 Elec	32	.250	Ea.	39	6.55		45.55	53	
	9020	130V resistor type		32	.250		39	6.55		45.55	53	
	9030	6V transformer type		32	.250		44	6.55		50.55	58	
350	0010	**RELAYS** Enclosed (NEMA 1)										350
	0050	600 volt AC, 1 pole, 12 amp	1 Elec	5.30	1.509	Ea.	64	39		103	130	
	0100	2 pole, 12 amp		5	1.600		85	42		127	155	
	0200	4 pole, 10 amp		4.50	1.778		100	46		146	180	
	0500	250 volt DC, 1 pole, 15 amp		5.30	1.509		98	39		137	165	
	0600	2 pole, 10 amp		5	1.600		89	42		131	160	
	0700	4 pole, 4 amp		4.50	1.778		100	46		146	180	
360	0010	**SAFETY SWITCHES**										360
	0100	General duty, 240 volt, 3 pole, fused, 30 amp	1 Elec	3.20	2.500	Ea.	41	65		106	140	
	0200	60 amp	R163 -360	2.30	3.478		71	91		162	215	
	0300	100 amp		1.90	4.211		124	110		234	300	
	0400	200 amp		1.30	6.154		253	160		413	520	
	0500	400 amp		.90	8.889		650	230		880	1,050	
	0600	600 amp		.60	13.333		1,265	350		1,615	1,900	
	0610	Non fused, 30 amp		3.20	2.500		34	65		99	135	
	0650	60 amp		2.30	3.478		44	91		135	185	
	0700	100 amp		1.90	4.211		99	110		209	275	
	0750	200 amp		1.30	6.154		187	160		347	445	
	0800	400 amp		.90	8.889		450	230		680	840	

ELECTRICAL 16

163 | Motors, Starters, Boards and Switches

163 300 | Switches

		CREW	DAILY OUTPUT	MAN-HOURS	UNIT	1992 BARE COSTS				TOTAL INCL O&P
						MAT.	LABOR	EQUIP.	TOTAL	
0850	600 amp	1 Elec	.60	13.333	Ea.	915	350		1,265	1,525
1100	Heavy duty, 600 volt, 3 pole, non fused									
1110	30 amp	1 Elec	3.20	2.500	Ea.	59	65		124	160
1500	60 amp		2.30	3.478		112	91		203	260
1700	100 amp		1.90	4.211		165	110		275	345
1900	200 amp		1.30	6.154		250	160		410	515
2100	400 amp		.90	8.889		600	230		830	1,000
2300	600 amp		.60	13.333		1,070	350		1,420	1,700
2500	800 amp		.47	17.021		1,935	445		2,380	2,800
2700	1200 amp		.40	20		2,600	520		3,120	3,650
2900	240 volt, 3 pole, fused									
2910	30 amp	1 Elec	3.20	2.500	Ea.	68	65		133	170
3000	60 amp		2.30	3.478		113	91		204	260
3300	100 amp		1.90	4.211		178	110		288	360
3500	200 amp		1.30	6.154		335	160		495	610
3700	400 amp		.90	8.889		700	230		930	1,125
3900	600 amp		.60	13.333		1,245	350		1,595	1,900
4100	800 amp		.47	17.021		2,265	445		2,710	3,150
4300	1200 amp		.40	20		2,880	520		3,400	3,950
4340	2 pole, fused, 30 amp		3.50	2.286		52	60		112	145
4350	600 volt, 3 pole, fused, 30 amp		3.20	2.500		113	65		178	220
4380	60 amp		2.30	3.478		135	91		226	285
4400	100 amp		1.90	4.211		244	110		354	430
4420	200 amp		1.30	6.154		363	160		523	640
4440	400 amp		.90	8.889		915	230		1,145	1,350
4450	600 amp		.60	13.333		1,525	350		1,875	2,200
4460	800 amp		.47	17.021		2,605	445		3,050	3,525
4480	1200 amp		.40	20		3,425	520		3,945	4,550
4500	240 volt, 3 pole NEMA 3R (no hubs), fused									
4510	30 amp	1 Elec	3.10	2.581	Ea.	122	67		189	235
4700	60 amp		2.20	3.636		190	95		285	350
4900	100 amp		1.80	4.444		269	115		384	470
5100	200 amp		1.20	6.667		363	175		538	660
5300	400 amp		.80	10		800	260		1,060	1,275
5500	600 amp		.50	16		1,640	420		2,060	2,425
5510	Heavy duty, 600 volt, 3 pole, 3ph., NEMA 3R fused, 30 amp		3.10	2.581		190	67		257	310
5520	60 amp		2.20	3.636		220	95		315	385
5530	100 amp		1.80	4.444		340	115		455	545
5540	200 amp		1.20	6.667		465	175		640	770
5550	400 amp		.80	10		1,065	260		1,325	1,550
5700	600 volt, 3 pole, NEMA 3R, nonfused									
5710	30 amp	1 Elec	3.10	2.581	Ea.	110	67		177	220
5900	60 amp		2.20	3.636		180	95		275	340
6100	100 amp		1.80	4.444		255	115		370	455
6300	200 amp		1.20	6.667		308	175		483	600
6500	400 amp		.80	10		755	260		1,015	1,225
6700	600 amp		.50	16		1,500	420		1,920	2,275
6900	600 volt, 6 pole, NEMA 3R, nonfused, 30 amp		2.70	2.963		650	77		727	830
7100	60 amp		2	4		755	105		860	985
7300	100 amp		1.50	5.333		925	140		1,065	1,225
7500	200 amp		1.20	6.667		1,100	175		1,275	1,475
7600	600 volt, 3 pole, NEMA 7, explosion proof, nonfused									
7610	30 amp	1 Elec	2.20	3.636	Ea.	530	95		625	725
7620	60 amp		1.80	4.444		540	115		655	765
7630	100 amp		1.20	6.667		630	175		805	955
7640	200 amp		.80	10		1,290	260		1,550	1,800
7710	600 volt, 6 pole, NEMA 3R, fused, 30 amp		2.70	2.963		725	77		802	915
7900	60 amp		2	4		841	105		946	1,075

163 | Motors, Starters, Boards and Switches

163 300 | Switches

			CREW	DAILY OUTPUT	MAN-HOURS	UNIT	MAT.	LABOR	EQUIP.	TOTAL	TOTAL INCL O&P	
360	8100	100 amp	1 Elec	1.50	5.333	Ea.	1,035	140		1,175	1,350	360
	8110	240 volt, 3 pole, NEMA 12, fused, 30 amp		3.10	2.581		124	67		191	235	
	8120	60 amp		2.20	3.636		163	95		258	320	
	8130	100 amp		1.80	4.444		279	115		394	480	
	8140	200 amp		1.20	6.667		400	175		575	700	
	8150	400 amp		.80	10		800	260		1,060	1,275	
	8160	600 amp		.50	16		1,380	420		1,800	2,150	
	8180	600 volt, 3 pole, NEMA 12, 600 volt, fused, 30 amp		3.10	2.581		190	67		257	310	
	8190	60 amp		2.20	3.636		204	95		299	365	
	8200	100 amp		1.80	4.444		303	115		418	505	
	8210	200 amp		1.20	6.667		465	175		640	770	
	8220	400 amp		.80	10		995	260		1,255	1,475	
	8230	600 amp		.50	16		1,705	420		2,125	2,500	
	8240	600 volt, 3 pole, NEMA 12, nonfused, 30 amp		3.10	2.581		132	67		199	245	
	8250	60 amp		2.20	3.636		160	95		255	320	
	8260	100 amp		1.80	4.444		226	115		341	420	
	8270	200 amp		1.20	6.667		308	175		483	600	
	8280	400 amp		.80	10		750	260		1,010	1,225	
	8290	600 amp		.50	16		1,055	420		1,475	1,775	
	8310	Fused heavy duty, 600 volt, 3 pole, NEMA 4, 30 amp		3	2.667		537	70		607	695	
	8320	60 amp		2.20	3.636		575	95		670	775	
	8330	100 amp		1.80	4.444		1,155	115		1,270	1,450	
	8340	200 amp		1.20	6.667		1,610	175		1,785	2,025	
	8350	400 amp		.80	10		2,880	260		3,140	3,550	
	8360	Non fused, heavy duty, 600 volt, 3 pole, NEMA 4, 30 amp		3	2.667		465	70		535	615	
	8370	60 amp		2.20	3.636		535	95		630	730	
	8380	100 amp		1.80	4.444		1,065	115		1,180	1,350	
	8390	200 amp		1.20	6.667		1,455	175		1,630	1,850	
	8400	400 amp		.80	10		2,615	260		2,875	3,275	
	8490	Motor starters, manual, single phase, NEMA 1		6.40	1.250		31	33		64	83	
	8500	NEMA 4		4	2		90	52		142	175	
	8700	NEMA 7		4	2		96	52		148	185	
	8900	NEMA 1 with pilot		6.40	1.250		42	33		75	95	
	8920	3 pole, NEMA 1, 230/460 volt, 5 HP, size 0		3.50	2.286		106	60		166	205	
	8940	10 HP, size 1		2	4		125	105		230	295	
	9010	Disc. switch, 600V, 3 pole, fused, 30 amp, to 10 HP motor		3.20	2.500		130	65		195	240	
	9050	60 amp, to 30 HP motor		2.30	3.478		143	91		234	295	
	9070	100 amp, to 60 HP motor		1.90	4.211		262	110		372	450	
	9100	200 amp, to 125 HP motor		1.30	6.154		370	160		530	645	
	9110	400 amp, to 200 HP motor		.90	8.889		960	230		1,190	1,400	
370	0010	**TIME SWITCHES**										370
	0100	Single pole, single throw, 24 hour dial	1 Elec	4	2	Ea.	47	52		99	130	
	0200	24 hour dial with reserve power		3.60	2.222		260	58		318	375	
	0300	Astronomic dial		3.60	2.222		84	58		142	180	
	0400	Astronomic dial with reserve power		3.30	2.424		285	63		348	410	
	0500	7 day calendar dial		3.30	2.424		78	63		141	180	
	0600	7 day calendar dial with reserve power		3.20	2.500		275	65		340	400	
	0700	Photo cell 2000 watt		8	1		18	26		44	59	
	1080	Load management device, 2 loads		4	2		435	52		487	555	
	1100	Load management device, 8 loads		1	8		1,265	210		1,475	1,700	

163 500 | Motors

			CREW	DAILY OUTPUT	MAN-HOURS	UNIT	MAT.	LABOR	EQUIP.	TOTAL	TOTAL INCL O&P	
510	0010	**HANDLING** Add to normal labor cost for restricted areas										510
	5000	Motors										
	5100	1/2 HP, approximately 23 pounds	1 Elec	4	2	Ea.		52		52	78	
	5110	3/4 HP, approximately 28 pounds		4	2			52		52	78	
	5120	1 HP, approximately 33 pounds		4	2			52		52	78	
	5130	1-1/2 HP, approximately 44 pounds		3.20	2.500			65		65	97	

163 | Motors, Starters, Boards and Switches

		163 500	Motors	CREW	DAILY OUTPUT	MAN-HOURS	UNIT	1992 BARE COSTS MAT.	LABOR	EQUIP.	TOTAL	TOTAL INCL O&P	
510	5140		2 HP, approximately 56 pounds	1 Elec	3	2.667	Ea.	70			70	105	510
	5150		3 HP, approximately 71 pounds		2.30	3.478		91			91	135	
	5160		5 HP, approximately 82 pounds		1.90	4.211		110			110	165	
	5170		7-1/2 HP, approximately 124 pounds		1.50	5.333		140			140	210	
	5180		10 HP, approximately 144 pounds		1.20	6.667		175			175	260	
	5190		15 HP, approximately 185 pounds		1	8		210			210	310	
	5200		20 HP, approximately 214 pounds	2 Elec	1.50	10.667		280			280	415	
	5210		25 HP, approximately 266 pounds		1.40	11.429		300			300	445	
	5220		30 HP, approximately 310 pounds		1.20	13.333		350			350	520	
	5230		40 HP, approximately 400 pounds		1	16		420			420	625	
	5240		50 HP, approximately 450 pounds		.90	17.778		465			465	690	
	5250		75 HP, approximately 680 pounds		.80	20		520			520	780	
	5260		100 HP, approximately 870 pounds	3 Elec	1	24		625			625	935	
	5270		125 HP, approximately 940 pounds		.80	30		785			785	1,175	
	5280		150 HP, approximately 1200 pounds		.70	34.286		895			895	1,325	
	5290		175 HP, approximately 1300 pounds		.60	40		1,050			1,050	1,550	
	5300		200 HP, approximately 1400 pounds		.50	48		1,250			1,250	1,875	
520	0010		MOTORS 230/460 volts, 60 HZ										520
	0050		Dripproof, Class B, 1.15 service factor										
	0100		1800 RPM, 1 HP	1 Elec	4.50	1.778	Ea.	144	46		190	230	
	0150		2 HP		4.50	1.778		181	46		227	270	
	0200		3 HP		4.50	1.778		194	46		240	285	
	0250		5 HP		4.50	1.778		219	46		265	310	
	0300		7.5 HP		4.20	1.905		311	50		361	415	
	0350		10 HP		4	2		380	52		432	495	
	0400		15 HP		3.20	2.500		490	65		555	635	
	0450		20 HP		2.60	3.077		610	80		690	790	
	0500		25 HP		2.50	3.200		750	84		834	950	
	0550		30 HP		2.40	3.333		910	87		997	1,125	
	0600		40 HP		2	4		1,170	105		1,275	1,450	
	0650		50 HP		1.60	5		1,365	130		1,495	1,700	
	0700		60 HP		1.40	5.714		1,720	150		1,870	2,125	
	0750		75 HP		1.20	6.667		2,110	175		2,285	2,575	
	0800		100 HP		.90	8.889		2,775	230		3,005	3,400	
	0850		125 HP		.70	11.429		3,350	300		3,650	4,125	
	0900		150 HP		.60	13.333		5,315	350		5,665	6,375	
	0950		200 HP		.50	16		6,850	420		7,270	8,150	
	1000		1200 RPM, 1 HP		4.50	1.778		210	46		256	300	
	1050		2 HP		4.50	1.778		226	46		272	320	
	1100		3 HP		4.50	1.778		295	46		341	395	
	1150		5 HP		4.50	1.778		398	46		444	505	
	1200		3600 RPM, 2 HP		4.50	1.778		190	46		236	280	
	1250		3 HP		4.50	1.778		215	46		261	305	
	1300		5 HP		4.50	1.778		240	46		286	335	
	1350		Totally enclosed, Class B, 1.0 service factor										
	1400		1800 RPM, 1 HP	1 Elec	4.50	1.778	Ea.	161	46		207	245	
	1450		2 HP		4.50	1.778		186	46		232	275	
	1500		3 HP		4.50	1.778		220	46		266	310	
	1550		5 HP		4.50	1.778		265	46		311	360	
	1600		7.5 HP		4.20	1.905		325	50		375	430	
	1650		10 HP		4	2		403	52		455	520	
	1700		15 HP		3.20	2.500		580	65		645	735	
	1750		20 HP		2.60	3.077		695	80		775	885	
	1800		25 HP		2.50	3.200		904	84		988	1,125	
	1850		30 HP		2.40	3.333		1,000	87		1,087	1,225	
	1900		40 HP		2	4		1,295	105		1,400	1,575	
	1950		50 HP		1.60	5		1,610	130		1,740	1,975	

163 | Motors, Starters, Boards and Switches

163 500 | Motors

			CREW	DAILY OUTPUT	MAN-HOURS	UNIT	MAT.	LABOR	EQUIP.	TOTAL	TOTAL INCL O&P	
520	2000	60 HP	1 Elec	1.40	5.714	Ea.	2,310	150		2,460	2,775	520
	2050	75 HP		1.20	6.667		2,668	175		2,843	3,200	
	2100	100 HP		.90	8.889		3,800	230		4,030	4,525	
	2150	125 HP		.70	11.429		5,365	300		5,665	6,350	
	2200	150 HP		.60	13.333		6,475	350		6,825	7,650	
	2250	200 HP		.50	16		9,330	420		9,750	10,900	
	2300	1200 RPM, 1 HP		4.50	1.778		207	46		253	295	
	2350	2 HP		4.50	1.778		241	46		287	335	
	2400	3 HP		4.50	1.778		326	46		372	430	
	2450	5 HP		4.50	1.778		440	46		486	555	
	2500	3600 RPM, 2 HP		4.50	1.778		200	46		246	290	
	2550	3 HP		4.50	1.778		230	46		276	320	
	2600	5 HP		4.50	1.778		295	46		341	395	

164 | Transformers and Bus Ducts

164 100 | Transformers

			CREW	DAILY OUTPUT	MAN-HOURS	UNIT	MAT.	LABOR	EQUIP.	TOTAL	TOTAL INCL O&P	
110	0010	BUCK-BOOST TRANSFORMER R164-100										110
	0100	Single phase, 120/240 volt primary, 12/24 volt secondary										
	0200	0.10 KVA	1 Elec	8	1	Ea.	42	26		68	85	
	0400	0.25 KVA		5.70	1.404		59	37		96	120	
	0600	0.50 KVA		4	2		76	52		128	160	
	0800	0.75 KVA		3.10	2.581		93	67		160	205	
	1000	1.0 KVA		2	4		122	105		227	290	
	1200	1.5 KVA		1.80	4.444		146	115		261	335	
	1400	2.0 KVA		1.60	5		193	130		323	405	
	1600	3.0 KVA		1.40	5.714		265	150		415	515	
	1800	5.0 KVA		1.20	6.667		385	175		560	685	
	2000	3 phase, 240/208 volt, 15 KVA		1.20	6.667		320	175		495	610	
	2200	30 KVA		.80	10		415	260		675	845	
	2400	45 KVA		.70	11.429		550	300		850	1,050	
	2600	75 KVA		.60	13.333		775	350		1,125	1,375	
	2800	112.5 KVA		.57	14.035		1,100	365		1,465	1,750	
	3000	150 KVA		.45	17.778		1,270	465		1,735	2,100	
	3200	225 KVA		.40	20		1,800	520		2,320	2,750	
	3400	300 KVA		.36	22.222		2,490	580		3,070	3,600	
120	0010	DRY TYPE TRANSFORMER R164-100										120
	0050	Single phase, 240/480 volt primary 120/240 volt secondary										
	0100	1 KVA	1 Elec	2	4	Ea.	109	105		214	275	
	0300	2 KVA		1.60	5		162	130		292	375	
	0500	3 KVA		1.40	5.714		207	150		357	450	
	0700	5 KVA		1.20	6.667		280	175		455	570	
	0900	7.5 KVA		1.10	7.273		395	190		585	720	
	1100	10 KVA		.80	10		490	260		750	930	
	1300	15 KVA	2 Elec	1.20	13.333		655	350		1,005	1,250	
	1500	25 KVA		1	16		855	420		1,275	1,575	
	1700	37.5 KVA		.80	20		1,130	520		1,650	2,025	
	1900	50 KVA		.70	22.857		1,385	595		1,980	2,425	
	2100	75 KVA		.65	24.615		1,870	640		2,510	3,025	
	2110	100 KVA	R-3	.90	22.222		2,365	575	125	3,065	3,600	

16 ELECTRICAL

164 | Transformers and Bus Ducts

164 100 | Transformers

			CREW	DAILY OUTPUT	MAN-HOURS	UNIT	MAT.	LABOR	EQUIP.	TOTAL	TOTAL INCL O&P	
120	2120	167 KVA	R-3	.80	25	Ea.	3,570	650	140	4,360	5,050	120
	2190	480V primary 120/240V secondary, nonvent., 15 KVA	2 Elec	1.20	13.333		910	350		1,260	1,525	
	2200	25 KVA		.90	17.778		1,350	465		1,815	2,175	
	2210	37 KVA		.75	21.333		2,005	555		2,560	3,025	
	2220	50 KVA		.65	24.615		2,500	640		3,140	3,700	
	2230	75 KVA		.60	26.667		3,110	695		3,805	4,450	
	2240	100 KVA		.50	32		3,810	835		4,645	5,425	
	2250	Low operating temperature(80°C), 25 KVA		1	16		1,195	420		1,615	1,950	
	2260	37 KVA		.80	20		1,515	520		2,035	2,450	
	2270	50 KVA		.70	22.857		2,005	595		2,600	3,100	
	2280	75 KVA		.65	24.615		2,710	640		3,350	3,950	
	2290	100 KVA		.55	29.091		3,050	760		3,810	4,500	
	2300	3 phase, 240/480 volt primary, 120/208 volt secondary										
	2310	Ventilated, 3 KVA	1 Elec	1	8	Ea.	364	210		574	710	
	2700	6 KVA		.80	10		418	260		678	850	
	2900	9 KVA		.70	11.429		560	300		860	1,050	
	3100	15 KVA	2 Elec	1.10	14.545		840	380		1,220	1,500	
	3300	30 KVA		.90	17.778		1,120	465		1,585	1,925	
	3500	45 KVA		.80	20		1,345	520		1,865	2,250	
	3700	75 KVA		.70	22.857		2,020	595		2,615	3,100	
	3900	112.5 KVA	R-3	.90	22.222		2,695	575	125	3,395	3,950	
	4100	150 KVA		.85	23.529		3,425	610	130	4,165	4,825	
	4300	225 KVA		.65	30.769		4,620	795	170	5,585	6,450	
	4500	300 KVA		.55	36.364		5,940	940	200	7,080	8,175	
	4700	500 KVA		.45	44.444		9,350	1,150	245	10,745	12,300	
	4800	750 KVA		.35	57.143		15,070	1,475	315	16,860	19,100	
	4820	1000 KVA		.32	62.500		18,250	1,625	345	20,220	22,900	
	5020	480 volt primary, 120/208 volt secondary,										
	5030	Nonventilated, 15 KVA	2 Elec	1.10	14.545	Ea.	839	380		1,219	1,500	
	5040	30 KVA		.80	20		1,455	520		1,975	2,375	
	5050	45 KVA		.70	22.857		2,170	595		2,765	3,275	
	5060	75 KVA		.65	24.615		3,355	640		3,995	4,650	
	5070	112 KVA	R-3	.85	23.529		4,500	610	130	5,240	6,000	
	5081	150 KVA		.85	23.529		5,580	610	130	6,320	7,200	
	5090	225 KVA		.60	33.333		8,000	865	185	9,050	10,300	
	5100	300 KVA		.50	40		9,335	1,025	220	10,580	12,100	
	5200	Low operating temperature (80°C), 30 KVA		.90	22.222		1,445	575	125	2,145	2,575	
	5210	45 KVA		.80	25		2,110	650	140	2,900	3,450	
	5220	75 KVA		.70	28.571		2,800	740	160	3,700	4,350	
	5230	112 KVA		.90	22.222		3,545	575	125	4,245	4,900	
	5240	150 KVA		.85	23.529		4,900	610	130	5,640	6,450	
	5250	225 KVA		.65	30.769		6,850	795	170	7,815	8,925	
	5260	300 KVA		.55	36.364		8,140	940	200	9,280	10,600	
	5270	500 KVA		.45	44.444		11,950	1,150	245	13,345	15,100	
	5380	3 phase, 5 KV primary, 277/480 volt secondary,										
	5400	High voltage, 112 KVA	R-3	.85	23.529	Ea.	7,005	610	130	7,745	8,750	
	5410	150 KVA		.65	30.769		8,175	795	170	9,140	10,400	
	5420	225 KVA		.55	36.364		10,025	940	200	11,165	12,700	
	5430	300 KVA		.45	44.444		11,925	1,150	245	13,320	15,100	
	5440	500 KVA		.35	57.143		15,720	1,475	315	17,510	19,900	
	5450	750 KVA		.32	62.500		20,650	1,625	345	22,620	25,500	
	5460	1000 KVA		.30	66.667		24,270	1,725	370	26,365	29,700	
	5470	1500 KVA		.27	74.074		28,250	1,925	410	30,585	34,400	
	5480	2000 KVA		.25	80		33,200	2,075	440	35,715	40,100	
	5490	2500 KVA		.20	100		37,750	2,600	555	40,905	46,000	
	5500	3000 KVA		.18	111		48,950	2,875	615	52,440	59,000	
	5590	15 KV primary, 277/480 volt secondary										
	5600	High voltage, 112 KVA	R-3	.85	23.529	Ea.	8,120	610	130	8,860	9,975	

164 | Transformers and Bus Ducts

164 100 | Transformers

			CREW	DAILY OUTPUT	MAN-HOURS	UNIT	MAT.	LABOR	EQUIP.	TOTAL	TOTAL INCL O&P	
120	5610	150 KVA	R-3	.65	30.769	Ea.	9,375	795	170	10,340	11,700	120
	5620	225 KVA		.55	36.364		12,000	940	200	13,140	14,800	
	5630	300 KVA		.45	44.444		15,050	1,150	245	16,445	18,500	
	5640	500 KVA		.35	57.143		19,380	1,475	315	21,170	23,900	
	5650	750 KVA		.32	62.500		24,320	1,625	345	26,290	29,600	
	5660	1000 KVA		.30	66.667		27,750	1,725	370	29,845	33,500	
	5670	1500 KVA		.27	74.074		31,900	1,925	410	34,235	38,400	
	5680	2000 KVA		.25	80		35,715	2,075	440	38,230	42,900	
	5690	2500 KVA		.20	100		41,220	2,600	555	44,375	49,800	
	5700	3000 KVA		.18	111		49,000	2,875	615	52,490	59,000	
	6000	2400V primary, 480V secondary 300 KVA		.45	44.444		11,925	1,150	245	13,320	15,100	
	6010	500 KVA		.35	57.143		15,720	1,475	315	17,510	19,900	
	6020	750 KVA		.32	62.500		20,660	1,625	345	22,630	25,500	
140	0010	**ISOLATING PANELS** used with isolating transformers										140
	0020	For hospital applications										
	0100	Critical care area, 8 circuit, 3 KVA	1 Elec	.58	13.793	Ea.	3,645	360		4,005	4,550	
	0200	5 KVA		.54	14.815		3,750	385		4,135	4,700	
	0400	7.5 KVA		.52	15.385		3,820	400		4,220	4,800	
	0600	10 KVA		.44	18.182		3,950	475		4,425	5,050	
	0800	Operating room power & lighting, 8 circuit, 3 KVA		.58	13.793		3,050	360		3,410	3,900	
	1000	5 KVA		.54	14.815		3,115	385		3,500	4,000	
	1200	7.5 KVA		.52	15.385		3,340	400		3,740	4,275	
	1400	10 KVA		.44	18.182		3,510	475		3,985	4,575	
	1600	X-ray systems, 15 KVA, 90 amp		.44	18.182		7,795	475		8,270	9,275	
	1800	25 KVA, 125 amp		.36	22.222		7,990	580		8,570	9,650	
150	0010	**ISOLATING TRANSFORMER**										150
	0100	Single phase, 120/240 volt primary, 120/240 volt secondary										
	0200	0.50 KVA	1 Elec	4	2	Ea.	102	52		154	190	
	0400	1 KVA		2	4		158	105		263	330	
	0600	2 KVA		1.60	5		220	130		350	435	
	0800	3 KVA		1.40	5.714		293	150		443	545	
	1000	5 KVA		1.20	6.667		408	175		583	710	
	1200	7.5 KVA		1.10	7.273		542	190		732	880	
	1400	10 KVA		.80	10		645	260		905	1,100	
	1600	15 KVA		.60	13.333		962	350		1,312	1,575	
	1800	25 KVA		.50	16		1,290	420		1,710	2,050	
	1810	37.5 KVA	2 Elec	.80	20		1,485	520		2,005	2,425	
	1820	75 KVA	"	.65	24.615		2,250	640		2,890	3,425	
	1830	3 phase, 120/240 to 120/208V secondary, 112.5 KVA	R-3	.90	22.222		3,090	575	125	3,790	4,400	
	1840	150 KVA		.85	23.529		3,940	610	130	4,680	5,400	
	1850	225 KVA		.65	30.769		5,280	795	170	6,245	7,200	
	1860	300 KVA		.55	36.364		6,930	940	200	8,070	9,250	
	1870	500 KVA		.45	44.444		10,650	1,150	245	12,045	13,700	
	1880	750 KVA		.35	57.143		16,500	1,475	315	18,290	20,700	
160	0010	**OIL FILLED TRANSFORMER** Pad mounted, Primary delta or Y,										160
	0050	5 KV or 15 KV, with taps, 277/480 secondary, 3 phase										
	0100	150 KVA	R-3	.65	30.769	Ea.	7,800	795	170	8,765	9,950	
	0110	225 KVA		.55	36.364		8,500	940	200	9,640	11,000	
	0200	300 KVA		.45	44.444		9,400	1,150	245	10,795	12,300	
	0300	500 KVA		.40	50		11,400	1,300	275	12,975	14,800	
	0400	750 KVA		.38	52.632		14,200	1,375	290	15,865	18,000	
	0500	1000 KVA		.26	76.923		16,800	2,000	425	19,225	21,900	
	0600	1500 KVA		.23	86.957		19,900	2,250	480	22,630	25,800	
	0700	2000 KVA		.20	100		24,900	2,600	555	28,055	31,900	
	0710	2500 KVA		.19	105		27,800	2,725	580	31,105	35,300	
	0720	3000 KVA		.17	117		29,300	3,050	650	33,000	37,500	

ELECTRICAL 16

164 | Transformers and Bus Ducts

164 100 | Transformers

			CREW	DAILY OUTPUT	MAN-HOURS	UNIT	MAT.	LABOR	EQUIP.	TOTAL	TOTAL INCL O&P	
160	0800	3750 KVA	R-3	.16	125	Ea.	33,800	3,250	690	37,740	42,800	160
170	0010	TRANSFORMER, SILICON FILLED Pad mounted										170
	0020	5 KV or 15 KV primary 277/480 volt secondary, 3 phase										
	0050	225 KVA	R-3	.55	36.364	Ea.	14,665	940	200	15,805	17,800	
	0100	300 KVA		.45	44.444		15,600	1,150	245	16,995	19,200	
	0200	500 KVA		.40	50		18,400	1,300	275	19,975	22,500	
	0250	750 KVA		.38	52.632		22,400	1,375	290	24,065	27,000	
	0300	1000 KVA		.26	76.923		26,500	2,000	425	28,925	32,600	
	0350	1500 KVA		.23	86.957		34,100	2,250	480	36,830	41,400	
	0400	2000 KVA		.20	100		41,500	2,600	555	44,655	50,000	
	0450	2500 KVA		.19	105		47,750	2,725	580	51,055	57,000	
190	0010	HANDLING Add to normal labor cost in restricted areas										190
	5000	Transformers										
	5150	15 KVA, approximately 200 pounds	2 Elec	2.70	5.926	Ea.		155		155	230	
	5160	25 KVA, approximately 300 pounds		2.50	6.400			165		165	250	
	5170	37.5 KVA, approximately 400 pounds		2.30	6.957			180		180	270	
	5180	50 KVA, approximately 500 pounds		2	8			210		210	310	
	5190	75 KVA, approximately 600 pounds		1.80	8.889			230		230	345	
	5200	100 KVA, approximately 700 pounds		1.60	10			260		260	390	
	5210	112.5 KVA, approximately 800 pounds	3 Elec	2.20	10.909			285		285	425	
	5220	125 KVA, approximately 900 pounds		2	12			315		315	465	
	5230	150 KVA, approximately 1000 pounds		1.80	13.333			350		350	520	
	5240	167 KVA, approximately 1200 pounds		1.60	15			390		390	585	
	5250	200 KVA, approximately 1400 pounds		1.40	17.143			445		445	670	
	5260	225 KVA, approximately 1600 pounds		1.30	18.462			480		480	720	
	5270	250 KVA, approximately 1800 pounds		1.10	21.818			570		570	850	
	5280	300 KVA, approximately 2000 pounds		1	24			625		625	935	
	5290	500 KVA, approximately 3000 pounds		.75	32			835		835	1,250	
	5300	600 KVA, approximately 3500 pounds		.67	35.821			935		935	1,400	
	5310	750 KVA, approximately 4000 pounds		.60	40			1,050		1,050	1,550	
	5320	1000 KVA, approximately 5000 pounds		.50	48			1,250		1,250	1,875	

164 200 | Bus Ducts/Busways

			CREW	DAILY OUTPUT	MAN-HOURS	UNIT	MAT.	LABOR	EQUIP.	TOTAL	TOTAL INCL O&P	
210	0010	ALUMINUM BUS DUCT 10 ft. long R164-210										210
	0050	3 pole 4 wire, plug-in/indoor, straight section, 225 amp	1 Elec	22	.364	L.F.	40	9.50		49.50	58	
	0100	400 amp		18	.444		50	11.60		61.60	72	
	0150	600 amp		16	.500		68	13.05		81.05	94	
	0200	800 amp		13	.615		79	16.05		95.05	110	
	0250	1000 amp		12	.667		100	17.40		117.40	135	
	0300	1350 amp		11	.727		140	19		159	180	
	0310	1600 amp		9	.889		167	23		190	220	
	0320	2000 amp		8	1		206	26		232	265	
	0330	2500 amp		7	1.143		255	30		285	325	
	0340	3000 amp		6	1.333		290	35		325	370	
	0350	Feeder, 600 amp		17	.471		70	12.30		82.30	95	
	0400	800 amp		14	.571		80	14.90		94.90	110	
	0450	1000 amp		13	.615		101	16.05		117.05	135	
	0500	1350 amp		12	.667		139	17.40		156.40	180	
	0550	1600 amp		10	.800		166	21		187	215	
	0600	2000 amp		9	.889		204	23		227	260	
	0620	2500 amp		7	1.143		250	30		280	320	
	0630	3000 amp		6	1.333		290	35		325	370	
	0640	4000 amp		5	1.600		390	42		432	490	
	0650	Elbow, 225 amp		2.20	3.636	Ea.	447	95		542	635	
	0700	400 amp		1.90	4.211		474	110		584	685	
	0750	600 amp		1.70	4.706		488	125		613	720	
	0800	800 amp		1.50	5.333		495	140		635	750	

164 | Transformers and Bus Ducts

164 200 | Bus Ducts/Busways

		CREW	DAILY OUTPUT	MAN-HOURS	UNIT	MAT.	LABOR	EQUIP.	TOTAL	TOTAL INCL O&P	
210	0850	1000 amp	1 Elec	1.40	5.714	Ea.	540	150		690	815	210
	0900	1350 amp		1.30	6.154		700	160		860	1,000	
	0950	1600 amp		1.20	6.667		860	175		1,035	1,200	
	1000	2000 amp		1	8		955	210		1,165	1,350	
	1020	2500 amp		.90	8.889		1,165	230		1,395	1,625	
	1030	3000 amp		.80	10		1,360	260		1,620	1,875	
	1040	4000 amp		.70	11.429		1,900	300		2,200	2,525	
	1100	Cable tap box, end, 225 amp		1.80	4.444		350	115		465	560	
	1150	400 amp		1.60	5		575	130		705	825	
	1200	600 amp		1.30	6.154		765	160		925	1,075	
	1250	800 amp		1.10	7.273		770	190		960	1,125	
	1300	1000 amp		1	8		800	210		1,010	1,200	
	1350	1350 amp		.80	10		850	260		1,110	1,325	
	1400	1600 amp		.70	11.429		890	300		1,190	1,425	
	1450	2000 amp		.60	13.333		965	350		1,315	1,575	
	1460	2500 amp		.50	16		1,060	420		1,480	1,800	
	1470	3000 amp		.40	20		1,165	520		1,685	2,050	
	1480	4000 amp		.30	26.667		1,300	695		1,995	2,475	
	1500	Switchboard stub, 225 amp		2.90	2.759		220	72		292	350	
	1550	400 amp		2.70	2.963		240	77		317	380	
	1600	600 amp		2.30	3.478		306	91		397	470	
	1650	800 amp		2	4		345	105		450	535	
	1700	1000 amp		1.60	5		420	130		550	655	
	1750	1350 amp		1.50	5.333		490	140		630	745	
	1800	1600 amp		1.30	6.154		577	160		737	875	
	1850	2000 amp		1.20	6.667		650	175		825	975	
	1860	2500 amp		1.10	7.273		800	190		990	1,175	
	1870	3000 amp		1	8		943	210		1,153	1,350	
	1880	4000 amp		.90	8.889		1,250	230		1,480	1,725	
	1890	Tee fittings, 225 amp		1.60	5		553	130		683	805	
	1900	400 amp		1.40	5.714		588	150		738	870	
	1950	600 amp		1.30	6.154		685	160		845	995	
	2000	800 amp		1.20	6.667		725	175		900	1,050	
	2050	1000 amp		1.10	7.273		823	190		1,013	1,200	
	2100	1350 amp		1	8		1,140	210		1,350	1,575	
	2150	1600 amp		.80	10		1,300	260		1,560	1,825	
	2200	2000 amp		.60	13.333		2,175	350		2,525	2,900	
	2220	2500 amp		.50	16		2,580	420		3,000	3,450	
	2230	3000 amp		.40	20		2,915	520		3,435	3,975	
	2240	4000 amp		.30	26.667		3,805	695		4,500	5,225	
	2300	Wall flange, 600 amp		10	.800		88	21		109	130	
	2310	800 amp		8	1		88	26		114	135	
	2320	1000 amp		6.50	1.231		88	32		120	145	
	2330	1350 amp		5.40	1.481		88	39		127	155	
	2340	1600 amp		4.50	1.778		88	46		134	165	
	2350	2000 amp		4	2		88	52		140	175	
	2360	2500 amp		3.30	2.424		88	63		151	190	
	2370	3000 amp		2.70	2.963		121	77		198	250	
	2380	4000 amp		2	4		129	105		234	300	
	2390	5000 amp		1.50	5.333		129	140		269	350	
	2400	Vapor barrier		4	2		180	52		232	275	
	2420	Roof flange kit		2	4		398	105		503	595	
	2600	Expansion fitting, 225 amp		5	1.600		655	42		697	785	
	2610	400 amp		4	2		735	52		787	885	
	2620	600 amp		3	2.667		880	70		950	1,075	
	2630	800 amp		2.30	3.478		1,045	91		1,136	1,275	
	2640	1000 amp		2	4		1,225	105		1,330	1,500	
	2650	1350 amp		1.80	4.444		1,655	115		1,770	2,000	

ELECTRICAL 16

164 | Transformers and Bus Ducts

		164 200	Bus Ducts/Busways	CREW	DAILY OUTPUT	MAN-HOURS	UNIT	1992 BARE COSTS MAT.	LABOR	EQUIP.	TOTAL	TOTAL INCL O&P	
210	2660		1600 amp	1 Elec	1.60	5	Ea.	2,000	130		2,130	2,400	210
	2670		2000 amp		1.40	5.714		2,245	150		2,395	2,700	
	2680		2500 amp		1.20	6.667		2,600	175		2,775	3,125	
	2690		3000 amp		1	8		3,200	210		3,410	3,825	
	2700		4000 amp		.80	10		3,950	260		4,210	4,725	
	2800		Reducer, unfused, 400 amp		4	2		308	52		360	415	
	2810		600 amp		3	2.667		354	70		424	495	
	2820		800 amp		2.30	3.478		423	91		514	600	
	2830		1000 amp		2	4		505	105		610	710	
	2840		1350 amp		1.80	4.444		954	115		1,069	1,225	
	2850		1600 amp		1.60	5		1,075	130		1,205	1,375	
	2860		2000 amp		1.40	5.714		1,415	150		1,565	1,775	
	2870		2500 amp		1.20	6.667		1,710	175		1,885	2,150	
	2880		3000 amp		1	8		2,084	210		2,294	2,600	
	2890		4000 amp		.80	10		3,149	260		3,409	3,850	
	2950		Reducer, fuse included, 225 amp		2.20	3.636		1,645	95		1,740	1,950	
	2960		400 amp		2.10	3.810		1,933	99		2,032	2,275	
	2970		600 amp		1.80	4.444		2,370	115		2,485	2,775	
	2980		800 amp		1.60	5		4,070	130		4,200	4,675	
	2990		1000 amp		1.50	5.333		4,670	140		4,810	5,350	
	3000		1200 amp		1.40	5.714		5,540	150		5,690	6,325	
	3010		1600 amp		1.10	7.273		6,935	190		7,125	7,900	
	3020		2000 amp		.90	8.889		8,240	230		8,470	9,400	
	3100		Reducer, circuit breaker, 225 amp		2.20	3.636		1,964	95		2,059	2,300	
	3110		400 amp		2.10	3.810		2,425	99		2,524	2,825	
	3120		600 amp		1.80	4.444		3,330	115		3,445	3,825	
	3130		800 amp		1.60	5		3,875	130		4,005	4,450	
	3140		1000 amp		1.50	5.333		4,500	140		4,640	5,150	
	3150		1200 amp		1.40	5.714		5,605	150		5,755	6,400	
	3160		1600 amp		1.10	7.273		6,795	190		6,985	7,750	
	3170		2000 amp		.90	8.889		7,930	230		8,160	9,075	
	3250		Reducer, circuit breaker, 75,000 AIC, 225 amp		2.20	3.636		2,535	95		2,630	2,925	
	3260		400 amp		2.10	3.810		2,945	99		3,044	3,400	
	3270		600 amp		1.80	4.444		3,765	115		3,880	4,325	
	3280		800 amp		1.60	5		4,215	130		4,345	4,825	
	3290		1000 amp		1.50	5.333		4,900	140		5,040	5,600	
	3300		1200 amp		1.40	5.714		6,060	150		6,210	6,900	
	3310		1600 amp		1.10	7.273		7,330	190		7,520	8,350	
	3320		2000 amp		.90	8.889		8,285	230		8,515	9,450	
	3400		Reducer, circuit breaker CLF 225 amp		2.20	3.636		3,120	95		3,215	3,575	
	3410		400 amp		2.10	3.810		3,610	99		3,709	4,125	
	3420		600 amp		1.80	4.444		5,945	115		6,060	6,725	
	3430		800 amp		1.60	5		6,150	130		6,280	6,950	
	3440		1000 amp		1.50	5.333		6,755	140		6,895	7,650	
	3450		1200 amp		1.40	5.714		8,200	150		8,350	9,250	
	3460		1600 amp		1.10	7.273		8,380	190		8,570	9,500	
	3470		2000 amp		.90	8.889		8,990	230		9,220	10,200	
	3550		Ground bus added to bus duct, 225 amp		160	.050	L.F.	10.75	1.31		12.06	13.75	
	3560		400 amp		160	.050		10.75	1.31		12.06	13.75	
	3570		600 amp		140	.057		11.50	1.49		12.99	14.90	
	3580		800 amp		120	.067		13	1.74		14.74	16.90	
	3590		1000 amp		100	.080		13.50	2.09		15.59	17.95	
	3600		1350 amp		90	.089		13.50	2.32		15.82	18.30	
	3610		1600 amp		80	.100		16	2.61		18.61	22	
	3620		2000 amp		80	.100		18.50	2.61		21.11	24	
	3630		2500 amp		70	.114		28	2.98		30.98	35	
	3640		3000 amp		60	.133		30	3.48		33.48	38	
	3650		4000 amp		50	.160		34.50	4.18		38.68	44	

164 | Transformers and Bus Ducts

164 200	Bus Ducts/Busways	CREW	DAILY OUTPUT	MAN-HOURS	UNIT	1992 BARE COSTS				TOTAL INCL O&P	
						MAT.	LABOR	EQUIP.	TOTAL		
210	3810	High short circuit, 400 amp	1 Elec	18	.444	L.F.	56	11.60		67.60	79	210
	3820	600 amp		16	.500		71	13.05		84.05	98	
	3830	800 amp		13	.615		83	16.05		99.05	115	
	3840	1000 amp		12	.667		100	17.40		117.40	135	
	3850	1350 amp		11	.727		150	19		169	195	
	3860	1600 amp		9	.889		165	23		188	215	
	3870	2000 amp		8	1		208	26		234	270	
	3880	2500 amp		7	1.143		250	30		280	320	
	3890	3000 amp		6	1.333		294	35		329	375	
	3920	Cross, 225 amp		2.80	2.857	Ea.	715	75		790	900	
	3930	400 amp		2.30	3.478		793	91		884	1,000	
	3940	600 amp		2	4		930	105		1,035	1,175	
	3950	800 amp		1.70	4.706		1,010	125		1,135	1,300	
	3960	1000 amp		1.50	5.333		1,170	140		1,310	1,500	
	3970	1350 amp		1.40	5.714		1,670	150		1,820	2,050	
	3980	1600 amp		1.10	7.273		1,870	190		2,060	2,350	
	3990	2000 amp		.90	8.889		2,190	230		2,420	2,750	
	4000	2500 amp		.80	10		2,560	260		2,820	3,200	
	4010	3000 amp		.60	13.333		2,880	350		3,230	3,675	
	4020	4000 amp		.50	16		3,770	420		4,190	4,775	
	4040	Cable tap box, center, 225 amp		1.80	4.444		500	115		615	725	
	4050	400 amp		1.60	5		715	130		845	980	
	4060	600 amp		1.30	6.154		980	160		1,140	1,325	
	4070	800 amp		1.10	7.273		1,030	190		1,220	1,425	
	4080	1000 amp		1	8		1,155	210		1,365	1,575	
	4090	1350 amp		.80	10		1,365	260		1,625	1,900	
	4100	1600 amp		.70	11.429		1,505	300		1,805	2,100	
	4110	2000 amp		.60	13.333		1,690	350		2,040	2,375	
	4120	2500 amp		.50	16		1,950	420		2,370	2,775	
	4130	3000 amp		.40	20		2,225	520		2,745	3,225	
	4140	4000 amp		.30	26.667		2,840	695		3,535	4,175	
	4500	Weatherproof, feeder, 600 amp		15	.533	L.F.	70	13.90		83.90	98	
	4520	800 amp		12	.667		96	17.40		113.40	130	
	4540	1000 amp		11	.727		112	19		131	150	
	4560	1350 amp		10	.800		167	21		188	215	
	4580	1600 amp		8.50	.941		198	25		223	255	
	4600	2000 amp		8	1		249	26		275	315	
	4620	2500 amp		6	1.333		295	35		330	375	
	4640	3000 amp		5	1.600		345	42		387	440	
	4660	4000 amp		4	2		470	52		522	595	
	5000	3 pole, 3 wire, feeder, 600 amp		20	.400		56	10.45		66.45	77	
	5010	800 amp		16	.500		65	13.05		78.05	91	
	5020	1000 amp		15	.533		73	13.90		86.90	100	
	5030	1350 amp		14	.571		114	14.90		128.90	150	
	5040	1600 amp		12	.667		140	17.40		157.40	180	
	5050	2000 amp		10	.800		168	21		189	215	
	5060	2500 amp		8	1		204	26		230	265	
	5070	3000 amp		7	1.143		232	30		262	300	
	5080	4000 amp		6	1.333		325	35		360	410	
	5200	Plug-in type, 225 amp		25	.320		32	8.35		40.35	48	
	5210	400 amp		21	.381		39	9.95		48.95	58	
	5220	600 amp		18	.444		48	11.60		59.60	70	
	5230	800 amp		15	.533		67	13.90		80.90	94	
	5240	1000 amp		14	.571		74	14.90		88.90	105	
	5250	1350 amp		13	.615		115	16.05		131.05	150	
	5260	1600 amp		10	.800		142	21		163	185	
	5270	2000 amp		9	.889		171	23		194	225	
	5280	2500 amp		8	1		206	26		232	265	

ELECTRICAL 16

164 | Transformers and Bus Ducts

164 200 | Bus Ducts/Busways

			CREW	DAILY OUTPUT	MAN-HOURS	UNIT	MAT.	LABOR	EQUIP.	TOTAL	TOTAL INCL O&P	
210	5290	3000 amp	1 Elec	7	1.143	L.F.	237	30		267	305	210
	5300	4000 amp		6	1.333		330	35		365	415	
	5330	High short circuit, 400 amp		21	.381		50	9.95		59.95	70	
	5340	600 amp		18	.444		55	11.60		66.60	78	
	5350	800 amp		15	.533		75	13.90		88.90	105	
	5360	1000 amp		14	.571		83	14.90		97.90	115	
	5370	1350 amp		13	.615		125	16.05		141.05	160	
	5380	1600 amp		10	.800		146	21		167	190	
	5390	2000 amp		9	.889		182	23		205	235	
	5400	2500 amp		8	1		218	26		244	280	
	5410	3000 amp		7	1.143		248	30		278	315	
	5440	Elbow, 225 amp		2.50	3.200	Ea.	355	84		439	515	
	5450	400 amp		2.20	3.636		380	95		475	560	
	5460	600 amp		2	4		415	105		520	610	
	5470	800 amp		1.70	4.706		425	125		550	650	
	5480	1000 amp		1.60	5		430	130		560	670	
	5490	1350 amp		1.50	5.333		575	140		715	840	
	5500	1600 amp		1.40	5.714		675	150		825	965	
	5510	2000 amp		1.20	6.667		770	175		945	1,100	
	5520	2500 amp		1	8		925	210		1,135	1,325	
	5530	3000 amp		.90	8.889		1,055	230		1,285	1,500	
	5540	4000 amp		.80	10		1,550	260		1,810	2,100	
	5560	Tee fittings, 225 amp		1.80	4.444		470	115		585	690	
	5570	400 amp		1.60	5		495	130		625	740	
	5580	600 amp		1.50	5.333		583	140		723	850	
	5590	800 amp		1.40	5.714		625	150		775	910	
	5600	1000 amp		1.30	6.154		660	160		820	965	
	5610	1350 amp		1.20	6.667		950	175		1,125	1,300	
	5620	1600 amp		.90	8.889		1,075	230		1,305	1,525	
	5630	2000 amp		.70	11.429		1,775	300		2,075	2,400	
	5640	2500 amp		.60	13.333		2,135	350		2,485	2,875	
	5650	3000 amp		.50	16		2,300	420		2,720	3,150	
	5660	4000 amp		.35	22.857		3,075	595		3,670	4,275	
	5680	Cross, 225 amp		3.20	2.500		595	65		660	750	
	5690	400 amp		2.70	2.963		655	77		732	835	
	5700	600 amp		2.30	3.478		740	91		831	950	
	5710	800 amp		2	4		860	105		965	1,100	
	5720	1000 amp		1.80	4.444		930	115		1,045	1,200	
	5730	1350 amp		1.60	5		1,400	130		1,530	1,725	
	5740	1600 amp		1.30	6.154		1,600	160		1,760	2,000	
	5750	2000 amp		1.10	7.273		1,825	190		2,015	2,300	
	5760	2500 amp		.90	8.889		2,110	230		2,340	2,675	
	5770	3000 amp		.70	11.429		2,335	300		2,635	3,025	
	5780	4000 amp		.60	13.333		3,120	350		3,470	3,950	
	5800	Expansion fitting, 225 amp		5.80	1.379		540	36		576	650	
	5810	400 amp		4.60	1.739		625	45		670	755	
	5820	600 amp		3.50	2.286		745	60		805	910	
	5830	800 amp		2.60	3.077		915	80		995	1,125	
	5840	1000 amp		2.30	3.478		1,010	91		1,101	1,250	
	5850	1350 amp		2.10	3.810		1,205	99		1,304	1,475	
	5860	1600 amp		1.80	4.444		1,560	115		1,675	1,900	
	5870	2000 amp		1.60	5		1,770	130		1,900	2,150	
	5880	2500 amp		1.40	5.714		1,990	150		2,140	2,400	
	5890	3000 amp		1.20	6.667		2,410	175		2,585	2,900	
	5900	4000 amp		.90	8.889		3,080	230		3,310	3,725	
	5940	Reducer, nonfused, 400 amp		4.60	1.739		220	45		265	310	
	5950	600 amp		3.50	2.286		275	60		335	390	
	5960	800 amp		2.60	3.077		345	80		425	500	

164 | Transformers and Bus Ducts

164 200	Bus Ducts/Busways		CREW	DAILY OUTPUT	MAN-HOURS	UNIT	1992 BARE COSTS				TOTAL INCL O&P	
							MAT.	LABOR	EQUIP.	TOTAL		
210	5970	1000 amp	1 Elec	2.30	3.478	Ea.	390	91		481	565	210
	5980	1350 amp		2.10	3.810		760	99		859	985	
	5990	1600 amp		1.80	4.444		830	115		945	1,075	
	6000	2000 amp		1.60	5		1,070	130		1,200	1,375	
	6010	2500 amp		1.40	5.714		1,380	150		1,530	1,750	
	6020	3000 amp		1.10	7.273		1,625	190		1,815	2,075	
	6030	4000 amp		.90	8.889		2,035	230		2,265	2,575	
	6050	Reducer, fuse included, 225 amp		2.50	3.200		1,525	84		1,609	1,800	
	6060	400 amp		2.40	3.333		1,825	87		1,912	2,125	
	6070	600 amp		2.10	3.810		2,190	99		2,289	2,550	
	6080	800 amp		1.80	4.444		3,850	115		3,965	4,400	
	6090	1000 amp		1.70	4.706		4,390	125		4,515	5,000	
	6100	1350 amp		1.60	5		5,305	130		5,435	6,025	
	6110	1600 amp		1.30	6.154		6,640	160		6,800	7,550	
	6120	2000 amp		1	8		7,875	210		8,085	8,975	
	6160	Reducer, circuit breaker, 225 amp		2.50	3.200		1,915	84		1,999	2,225	
	6170	400 amp		2.40	3.333		2,320	87		2,407	2,675	
	6180	600 amp		2.10	3.810		3,265	99		3,364	3,750	
	6190	800 amp		1.80	4.444		3,765	115		3,880	4,325	
	6200	1000 amp		1.70	4.706		4,355	125		4,480	4,975	
	6210	1350 amp		1.60	5		5,355	130		5,485	6,075	
	6220	1600 amp		1.30	6.154		6,480	160		6,640	7,375	
	6230	2000 amp		1	8		7,715	210		7,925	8,800	
	6270	Cable tap box, center, 225 amp		2.10	3.810		420	99		519	610	
	6280	400 amp		1.80	4.444		630	115		745	865	
	6290	600 amp		1.50	5.333		895	140		1,035	1,200	
	6300	800 amp		1.30	6.154		930	160		1,090	1,275	
	6310	1000 amp		1.20	6.667		995	175		1,170	1,350	
	6320	1350 amp		.90	8.889		1,175	230		1,405	1,650	
	6330	1600 amp		.80	10		1,315	260		1,575	1,825	
	6340	2000 amp		.70	11.429		1,440	300		1,740	2,025	
	6350	2500 amp		.60	13.333		1,630	350		1,980	2,300	
	6360	3000 amp		.50	16		1,825	420		2,245	2,625	
	6370	4000 amp		.35	22.857		2,195	595		2,790	3,300	
	6390	Cable tap box, end, 225 amp		2.10	3.810		285	99		384	460	
	6400	400 amp		1.80	4.444		500	115		615	725	
	6410	600 amp		1.50	5.333		680	140		820	955	
	6420	800 amp		1.30	6.154		690	160		850	1,000	
	6430	1000 amp		1.20	6.667		705	175		880	1,025	
	6440	1350 amp		.90	8.889		770	230		1,000	1,200	
	6450	1600 amp		.80	10		800	260		1,060	1,275	
	6460	2000 amp		.70	11.429		850	300		1,150	1,375	
	6470	2500 amp		.60	13.333		880	350		1,230	1,475	
	6480	3000 amp		.50	16		925	420		1,345	1,650	
	6490	4000 amp		.35	22.857		1,030	595		1,625	2,025	
	7000	Weatherproof, feeder, 600 amp		17	.471	L.F.	69	12.30		81.30	94	
	7020	800 amp		14	.571		76	14.90		90.90	105	
	7040	1000 amp		13	.615		89	16.05		105.05	120	
	7060	1350 amp		12	.667		139	17.40		156.40	180	
	7080	1600 amp		10	.800		168	21		189	215	
	7100	2000 amp		9	.889		197	23		220	250	
	7120	2500 amp		7	1.143		249	30		279	320	
	7140	3000 amp		6	1.333		249	35		284	325	
	7160	4000 amp		5	1.600		380	42		422	480	
215	0010	**BUS DUCT** 100 amp and less, aluminum or copper, plug-in										215
	0080	Bus duct, 3 pole 3 wire, 100 amp	1 Elec	42	.190	L.F.	9.05	4.97		14.02	17.35	
	0110	Elbow		4	2	Ea.	120	52		172	210	
	0120	Tee		2	4		152	105		257	325	

164 | Transformers and Bus Ducts

164 200 | Bus Ducts/Busways

		CREW	DAILY OUTPUT	MAN-HOURS	UNIT	MAT.	LABOR	EQUIP.	TOTAL	TOTAL INCL O&P
0130	Wall flange	1 Elec	8	1	Ea.	25.50	26		51.50	67
0140	Ground kit		16	.500	↓	10.85	13.05		23.90	31
0180	3 pole 4 wire, 100 amp		40	.200	L.F.	11.65	5.20		16.85	21
0200	Cable tap box		3.10	2.581	Ea.	79	67		146	185
0300	End closure		16	.500		23	13.05		36.05	45
0400	Elbow		4	2		120	52		172	210
0500	Tee		2	4		145	105		250	315
0600	Hangers		10	.800		8.05	21		29.05	40
0700	Circuit breakers, 15 to 50 amp, 1 pole		8	1		140	26		166	195
0800	15 to 60 amp, 2 pole		6.70	1.194		225	31		256	295
0900	3 pole		5.30	1.509		245	39		284	330
1000	60 to 100 amp, 1 pole		6.70	1.194		155	31		186	215
1100	70 to 100 amp, 2 pole		5.30	1.509		245	39		284	330
1200	3 pole		4.50	1.778		270	46		316	365
1220	Switch, nonfused		8	1		38	26		64	81
1240	Fused, 3 fuses, 4 wire, 30 amp		8	1		174	26		200	230
1260	60 amp		5.30	1.509		180	39		219	255
1280	100 amp		4.50	1.778		270	46		316	365
1300	Plug, fusible, 3 pole 250 volt, 30 amp		5.30	1.509		140	39		179	215
1310	60 amp		5.30	1.509		159	39		198	235
1320	100 amp		4.50	1.778		218	46		264	310
1330	3 pole 480 volt, 30 amp		5.30	1.509		159	39		198	235
1340	60 amp		5.30	1.509		164	39		203	240
1350	100 amp		4.50	1.778		225	46		271	315
1360	Circuit breaker, 3 pole 250 volt, 60 amp		5.30	1.509		95	39		134	165
1370	3 pole 480 volt, 100 amp		4.50	1.778	↓	295	46		341	395
2000	Bus duct, 2 wire, 250 volt 30 amp		60	.133	L.F.	2.65	3.48		6.13	8.10
2100	60 amp		50	.160		3.15	4.18		7.33	9.70
2200	300 volt, 30 amp		60	.133		3.15	3.48		6.63	8.65
2300	60 amp		50	.160		3.95	4.18		8.13	10.60
2400	3 wire, 250 volt, 30 amp		60	.133		3.50	3.48		6.98	9.05
2500	60 amp		50	.160		4.65	4.18		8.83	11.35
2600	480/277 volt, 30 amp		60	.133		4.65	3.48		8.13	10.30
2700	60 amp		50	.160	↓	6.10	4.18		10.28	12.95
2750	End feed, 300 volt, 2 wire, max. 30 amp		6	1.333	Ea.	16	35		51	70
2800	60 amp		5.50	1.455		19	38		57	78
2850	30 amp miniature		6	1.333		8.05	35		43.05	61
2900	3 wire, 30 amp		6	1.333		19	35		54	73
2950	60 amp		5.50	1.455		22.25	38		60.25	81
3000	30 amp miniature		6	1.333		10.75	35		45.75	64
3050	Center feed, 300 volt 2 wire, 30 amp		6	1.333		22.25	35		57.25	76
3100	60 amp		5.50	1.455		27.35	38		65.35	87
3150	3 wire, 30 amp		6	1.333		28.75	35		63.75	84
3200	60 amp		5.50	1.455		32	38		70	92
3220	Elbow, 30 amp		6	1.333		11.25	35		46.25	64
3240	60 amp		5.50	1.455		22.30	38		60.30	81
3260	End cap		40	.200		3	5.20		8.20	11.10
3280	Strength beam, 10 ft.		15	.533		18.55	13.90		32.45	41
3300	Hanger		24	.333		2.25	8.70		10.95	15.45
3320	Tap box, nonfusible		6.30	1.270		18.25	33		51.25	70
3340	Fusible, 30 amp, 1 fuse		6	1.333		28.50	35		63.50	83
3360	2 fuse		6	1.333		51	35		86	110
3380	3 fuse		6	1.333		68	35		103	125
3400	Circuit breaker, handle on cover, 1 pole		6	1.333		45	35		80	100
3420	2 pole		6	1.333		57	35		92	115
3440	3 pole		6	1.333		92	35		127	155
3460	Circuit breaker, external operhandle, 1 pole		6	1.333		62	35		97	120
3480	2 pole		6	1.333	↓	74	35		109	135

164 | Transformers and Bus Ducts

164 200 | Bus Ducts/Busways

			CREW	DAILY OUTPUT	MAN-HOURS	UNIT	1992 BARE COSTS MAT.	LABOR	EQUIP.	TOTAL	TOTAL INCL O&P	
215	3500	3 pole	1 Elec	6	1.333	Ea.	109	35		144	170	215
	3520	Terminal plug, only		16	.500		8.70	13.05		21.75	29	
	3540	Terminal with receptacle		16	.500		9.30	13.05		22.35	30	
	3560	Fixture plug		16	.500		7	13.05		20.05	27	
	4000	Copper bus duct, lighting, 2 wire 300 volt, 20 amp		70	.114	L.F.	3.09	2.98		6.07	7.85	
	4020	35 amp		60	.133		3.25	3.48		6.73	8.75	
	4040	50 amp		55	.145		3.70	3.80		7.50	9.75	
	4060	60 amp		50	.160		4.15	4.18		8.33	10.80	
	4080	3 wire 300 volt, 20 amp		70	.114		3.75	2.98		6.73	8.60	
	4100	35 amp		60	.133		4.25	3.48		7.73	9.85	
	4120	50 amp		55	.145		4.60	3.80		8.40	10.75	
	4140	60 amp		50	.160		6	4.18		10.18	12.85	
	4160	Feeder in box, end, 1 circuit		6	1.333	Ea.	21	35		56	75	
	4180	2 circuit		5.50	1.455		28.50	38		66.50	88	
	4200	Center, 1 circuit		6	1.333		31	35		66	86	
	4220	2 circuit		5.50	1.455		37	38		75	97	
	4240	End cap		40	.200		3.15	5.20		8.35	11.25	
	4260	Hanger, surface mount		24	.333		.95	8.70		9.65	14.05	
	4280	Coupling		40	.200		6	5.20		11.20	14.40	
220	0010	**COPPER BUS DUCT** Plug-in, indoor										220
	0050	3 pole 4 wire, bus duct, straight section, 225 amp	1 Elec	20	.400	L.F.	52	10.45		62.45	73	
	1000	400 amp		16	.500		85	13.05		98.05	115	
	1500	600 amp		13	.615		97	16.05		113.05	130	
	2400	800 amp		10	.800		140	21		161	185	
	2450	1000 amp		9	.889		164	23		187	215	
	2500	1350 amp		8	1		221	26		247	280	
	2510	1600 amp		6	1.333		270	35		305	350	
	2520	2000 amp		5	1.600		330	42		372	425	
	2530	2500 amp		4	2		405	52		457	525	
	2540	3000 amp		3	2.667		520	70		590	675	
	2550	Feeder, 600 amp		14	.571		97	14.90		111.90	130	
	2600	800 amp		11	.727		142	19		161	185	
	2700	1000 amp		10	.800		163	21		184	210	
	2800	1350 amp		9	.889		220	23		243	275	
	2900	1600 amp		7	1.143		265	30		295	335	
	3000	2000 amp		6	1.333		325	35		360	410	
	3010	2500 amp		4	2		400	52		452	520	
	3020	3000 amp		3	2.667		515	70		585	670	
	3030	4000 amp		2	4		645	105		750	865	
	3040	5000 amp		1	8		795	210		1,005	1,175	
	3100	Elbows, 225 amp		2	4	Ea.	465	105		570	665	
	3200	400 amp		1.80	4.444		565	115		680	795	
	3300	600 amp		1.60	5		580	130		710	835	
	3400	800 amp		1.40	5.714		590	150		740	870	
	3500	1000 amp		1.30	6.154		635	160		795	940	
	3600	1350 amp		1.20	6.667		905	175		1,080	1,250	
	3700	1600 amp		1.10	7.273		1,080	190		1,270	1,475	
	3800	2000 amp		.90	8.889		1,225	230		1,455	1,700	
	3810	2500 amp		.80	10		1,600	260		1,860	2,150	
	3820	3000 amp		.70	11.429		1,950	300		2,250	2,600	
	3830	4000 amp		.60	13.333		2,760	350		3,110	3,550	
	3840	5000 amp		.50	16		3,200	420		3,620	4,150	
	4000	End box, 225 amp		17	.471		77	12.30		89.30	105	
	4100	400 amp		16	.500		77	13.05		90.05	105	
	4200	600 amp		14	.571		77	14.90		91.90	105	
	4300	800 amp		13	.615		77	16.05		93.05	110	
	4400	1000 amp		12	.667		77	17.40		94.40	110	

ELECTRICAL 16

164 | Transformers and Bus Ducts

164 200	Bus Ducts/Busways	CREW	DAILY OUTPUT	MAN-HOURS	UNIT	1992 BARE COSTS MAT.	LABOR	EQUIP.	TOTAL	TOTAL INCL O&P	
220	4500	1350 amp	1 Elec	11	.727	Ea.	77	19		96	115	220
	4600	1600 amp		10	.800		77	21		98	115	
	4700	2000 amp		9	.889		103	23		126	150	
	4710	2500 amp		8	1		103	26		129	150	
	4720	3000 amp		7	1.143		103	30		133	160	
	4730	4000 amp		6	1.333		130	35		165	195	
	4740	5000 amp		5	1.600		130	42		172	205	
	4800	Cable tap box, end, 225 amp		1.60	5		340	130		470	570	
	5000	400 amp		1.30	6.154		600	160		760	900	
	5100	600 amp		1.10	7.273		775	190		965	1,125	
	5200	800 amp		1	8		830	210		1,040	1,225	
	5300	1000 amp		.80	10		870	260		1,130	1,350	
	5400	1350 amp		.70	11.429		940	300		1,240	1,475	
	5500	1600 amp		.60	13.333		985	350		1,335	1,600	
	5600	2000 amp		.50	16		1,090	420		1,510	1,825	
	5610	2500 amp		.40	20		1,225	520		1,745	2,125	
	5620	3000 amp		.30	26.667		1,360	695		2,055	2,525	
	5630	4000 amp		.20	40		1,525	1,050		2,575	3,225	
	5640	5000 amp		.10	80		1,755	2,100		3,855	5,050	
	5700	Switchboard stub, 225 amp		2.70	2.963		225	77		302	365	
	5800	400 amp		2.30	3.478		265	91		356	425	
	5900	600 amp		2	4		340	105		445	530	
	6000	800 amp		1.60	5		405	130		535	640	
	6100	1000 amp		1.50	5.333		490	140		630	745	
	6200	1350 amp		1.30	6.154		570	160		730	865	
	6300	1600 amp		1.20	6.667		680	175		855	1,000	
	6400	2000 amp		1	8		805	210		1,015	1,200	
	6410	2500 amp		.90	8.889		980	230		1,210	1,425	
	6420	3000 amp		.80	10		1,205	260		1,465	1,725	
	6430	4000 amp		.70	11.429		1,505	300		1,805	2,100	
	6440	5000 amp		.60	13.333		1,860	350		2,210	2,575	
	6490	Tee fittings, 225 amp		1.20	6.667		610	175		785	930	
	6500	400 amp		1	8		760	210		970	1,150	
	6600	600 amp		.90	8.889		810	230		1,040	1,225	
	6700	800 amp		.80	10		1,005	260		1,265	1,500	
	6750	1000 amp		.70	11.429		1,120	300		1,420	1,675	
	6800	1350 amp		.60	13.333		1,510	350		1,860	2,175	
	7000	1600 amp		.50	16		1,725	420		2,145	2,525	
	7100	2000 amp		.40	20		3,160	520		3,680	4,250	
	7110	2500 amp		.30	26.667		3,785	695		4,480	5,200	
	7120	3000 amp		.25	32		4,640	835		5,475	6,350	
	7130	4000 amp		.20	40		5,800	1,050		6,850	7,950	
	7140	5000 amp		.10	80		6,920	2,100		9,020	10,700	
	7200	Plug-in switches, 600 volt, 3 pole, 30 amp		4	2		170	52		222	265	
	7300	60 amp		3.60	2.222		180	58		238	285	
	7400	100 amp		2.70	2.963		255	77		332	395	
	7500	200 amp		1.60	5		445	130		575	685	
	7600	400 amp		.70	11.429		1,130	300		1,430	1,700	
	7700	600 amp		.45	17.778		1,610	465		2,075	2,475	
	7800	800 amp		.33	24.242		2,845	635		3,480	4,075	
	7900	1200 amp		.25	32		5,310	835		6,145	7,075	
	7910	1600 amp		.22	36.364		5,325	950		6,275	7,275	
	8000	Plug-in circuit breakers, molded case, 15 to 50 amp		4.40	1.818		324	47		371	425	
	8100	70 to 100 amp		3.10	2.581		358	67		425	495	
	8200	150 to 225 amp		1.70	4.706		795	125		920	1,050	
	8300	250 to 400 amp		.70	11.429		1,600	300		1,900	2,200	
	8400	500 to 600 amp		.50	16		2,350	420		2,770	3,200	
	8500	700 to 800 amp		.32	25		2,825	655		3,480	4,075	

164 | Transformers and Bus Ducts

164 200 | Bus Ducts/Busways

		CREW	DAILY OUTPUT	MAN-HOURS	UNIT	1992 BARE COSTS MAT.	LABOR	EQUIP.	TOTAL	TOTAL INCL O&P	
220	8600	900 to 1000 amp	1 Elec	.28	28.571	Ea.	3,260	745		4,005	4,700	220
	8700	1200 amp		.22	36.364		5,150	950		6,100	7,075	
	8720	1400 amp		.20	40		5,150	1,050		6,200	7,225	
	8730	1600 amp		.20	40		5,170	1,050		6,220	7,250	
	8750	Circuit breakers with current limiting fuse, 15 to 50 amp		4.40	1.818		1,000	47		1,047	1,175	
	8760	70 to 100 amp		3.10	2.581		1,000	67		1,067	1,200	
	8770	150 to 225 amp		1.70	4.706		2,400	125		2,525	2,825	
	8780	250 to 400 amp		.70	11.429		2,800	300		3,100	3,525	
	8790	500 to 600 amp		.50	16		4,180	420		4,600	5,225	
	8800	700 to 800 amp		.32	25		4,715	655		5,370	6,150	
	8810	900 to 1000 amp		.28	28.571		5,245	745		5,990	6,875	
	8850	Combination starter FVNR, fusible switch, NEMA size 0, 30 amp		2	4		610	105		715	825	
	8860	NEMA size 1, 60 amp		1.80	4.444		645	115		760	885	
	8870	NEMA size 2, 100 amp		1.30	6.154		800	160		960	1,125	
	8880	NEMA size 3, 200 amp		1	8		1,290	210		1,500	1,725	
	8900	Circuit breaker, NEMA size 0, 30 amp		2	4		610	105		715	825	
	8910	NEMA size 1, 60 amp		1.80	4.444		645	115		760	885	
	8920	NEMA size 2, 100 amp		1.30	6.154		905	160		1,065	1,225	
	8930	NEMA size 3, 200 amp		1	8		1,155	210		1,365	1,575	
	8950	Combination contactor, fusible switch, NEMA size 0, 30 amp		2	4		577	105		682	790	
	8960	NEMA size 1, 60 amp		1.80	4.444		605	115		720	840	
	8970	NEMA size 2, 100 amp		1.30	6.154		735	160		895	1,050	
	8980	NEMA size 3, 200 amp		1	8		1,200	210		1,410	1,625	
	9000	Circuit breaker, NEMA size 0, 30 amp		2	4		594	105		699	810	
	9010	NEMA size 1, 60 amp		1.80	4.444		615	115		730	850	
	9020	NEMA size 2, 100 amp		1.30	6.154		825	160		985	1,150	
	9030	NEMA size 3, 200 amp		1	8		1,100	210		1,310	1,525	
	9050	Control transformer for above, NEMA size 0, 30 amp		8	1		104	26		130	155	
	9060	NEMA size 1, 60 amp		8	1		104	26		130	155	
	9070	NEMA size 2, 100 amp		7	1.143		145	30		175	205	
	9080	NEMA size 3, 200 amp		7	1.143		200	30		230	265	
	9100	Comb. fusible switch & lighting control, electrically held, 30 amp		2	4		580	105		685	795	
	9110	60 amp		1.80	4.444		740	115		855	985	
	9120	100 amp		1.30	6.154		1,010	160		1,170	1,350	
	9130	200 amp		1	8		2,130	210		2,340	2,650	
	9150	Mechanically held, 30 amp		2	4		620	105		725	840	
	9160	60 amp		1.80	4.444		865	115		980	1,125	
	9170	100 amp		1.30	6.154		1,200	160		1,360	1,550	
	9180	200 amp		1	8		2,455	210		2,665	3,000	
	9200	Ground bus added to bus duct, 225 amp		160	.050	L.F.	17.60	1.31		18.91	21	
	9210	400 amp		120	.067		17.60	1.74		19.34	22	
	9220	600 amp		120	.067		17.60	1.74		19.34	22	
	9230	800 amp		80	.100		18.50	2.61		21.11	24	
	9240	1000 amp		80	.100		20.80	2.61		23.41	27	
	9250	1350 amp		70	.114		23.80	2.98		26.78	31	
	9260	1600 amp		60	.133		32.55	3.48		36.03	41	
	9270	2000 amp		55	.145		37.80	3.80		41.60	47	
	9280	2500 amp		50	.160		53.05	4.18		57.23	65	
	9290	3000 amp		45	.178		68	4.64		72.64	82	
	9300	4000 amp		40	.200		85	5.20		90.20	100	
	9310	5000 amp		35	.229		108	5.95		113.95	130	
	9320	High short circuit bracing, add					11.25			11.25	12.40	
225	0010	**COPPER BUS DUCT**										225
	0100	3 pole 4 wire, weatherproof, feeder duct, 600 amp	1 Elec	12	.667	L.F.	118	17.40		135.40	155	
	0110	800 amp		9	.889		171	23		194	225	
	0120	1000 amp		8.50	.941		197	25		222	255	
	0130	1350 amp		8	1		265	26		291	330	
	0140	1600 amp		6	1.333		325	35		360	410	

16 ELECTRICAL

164 | Transformers and Bus Ducts

164 200 | Bus Ducts/Busways

		CREW	DAILY OUTPUT	MAN-HOURS	UNIT	MAT.	LABOR	EQUIP.	TOTAL	TOTAL INCL O&P
0150	2000 amp	1 Elec	5	1.600	L.F.	400	42		442	500
0160	2500 amp		3.50	2.286		480	60		540	615
0170	3000 amp		2.50	3.200		620	84		704	805
0180	4000 amp		1.80	4.444		780	115		895	1,025
0200	Plug-in/indoor, bus duct, high short circuit, 400 amp		16	.500		95	13.05		108.05	125
0210	600 amp		13	.615		109	16.05		125.05	145
0220	800 amp		10	.800		156	21		177	205
0230	1000 amp		9	.889		174	23		197	225
0240	1350 amp		8	1		242	26		268	305
0250	1600 amp		6	1.333		285	35		320	365
0260	2000 amp		5	1.600		350	42		392	445
0270	2500 amp		4	2		412	52		464	530
0280	3000 amp		3	2.667	↓	524	70		594	680
0310	Cross, 225 amp		1.50	5.333	Ea.	820	140		960	1,100
0320	400 amp		1.40	5.714		1,085	150		1,235	1,425
0330	600 amp		1.30	6.154		1,180	160		1,340	1,550
0340	800 amp		1.10	7.273		1,510	190		1,700	1,950
0350	1000 amp		1	8		1,705	210		1,915	2,175
0360	1350 amp		.90	8.889		2,185	230		2,415	2,750
0370	1600 amp		.85	9.412		2,680	245		2,925	3,325
0380	2000 amp		.80	10		3,160	260		3,420	3,875
0390	2500 amp		.70	11.429		3,760	300		4,060	4,575
0400	3000 amp		.60	13.333		4,660	350		5,010	5,650
0410	4000 amp		.50	16		5,810	420		6,230	7,025
0430	Expansion fitting, 225 amp		2.70	2.963		705	77		782	890
0440	400 amp		2.30	3.478		879	91		970	1,100
0450	600 amp		2	4		1,005	105		1,110	1,250
0460	800 amp		1.70	4.706		1,315	125		1,440	1,625
0470	1000 amp		1.50	5.333		1,490	140		1,630	1,850
0480	1350 amp		1.40	5.714		2,040	150		2,190	2,475
0490	1600 amp		1.30	6.154		2,410	160		2,570	2,900
0500	2000 amp		1.10	7.273		2,750	190		2,940	3,300
0510	2500 amp		.90	8.889		3,200	230		3,430	3,875
0520	3000 amp		.80	10		4,135	260		4,395	4,950
0530	4000 amp		.60	13.333		5,000	350		5,350	6,025
0550	Reducer, nonfused, 225 amp		2.70	2.963		290	77		367	435
0560	400 amp		2.30	3.478		434	91		525	615
0570	600 amp		2	4		515	105		620	720
0580	800 amp		1.70	4.706		660	125		785	910
0590	1000 amp		1.50	5.333		785	140		925	1,075
0600	1350 amp		1.40	5.714		1,305	150		1,455	1,650
0610	1600 amp		1.30	6.154		1,540	160		1,700	1,925
0620	2000 amp		1.10	7.273		2,015	190		2,205	2,500
0630	2500 amp		.90	8.889		2,420	230		2,650	3,000
0640	3000 amp		.80	10		2,970	260		3,230	3,650
0650	4000 amp		.60	13.333		3,810	350		4,160	4,700
0670	Reducer, fuse included, 225 amp		2.20	3.636		1,645	95		1,740	1,950
0680	400 amp		2.10	3.810		2,070	99		2,169	2,425
0690	600 amp		1.80	4.444		2,410	115		2,525	2,825
0700	800 amp		1.60	5		4,240	130		4,370	4,850
0710	1000 amp		1.50	5.333		4,880	140		5,020	5,575
0720	1350 amp		1.40	5.714		5,830	150		5,980	6,625
0730	1600 amp		1.10	7.273		7,185	190		7,375	8,175
0740	2000 amp		.90	8.889		8,590	230		8,820	9,800
0790	Reducer, circuit breaker, 225 amp		2.20	3.636		1,990	95		2,085	2,325
0800	400 amp		2.10	3.810		2,400	99		2,499	2,800
0810	600 amp		1.80	4.444		3,440	115		3,555	3,950
0820	800 amp		1.60	5	↓	4,000	130		4,130	4,600

164 | Transformers and Bus Ducts

164 200 | Bus Ducts/Busways

			CREW	DAILY OUTPUT	MAN-HOURS	UNIT	1992 BARE COSTS				TOTAL INCL O&P
							MAT.	LABOR	EQUIP.	TOTAL	
225	0830	1000 amp	1 Elec	1.50	5.333	Ea.	4,595	140		4,735	5,250	225
	0840	1350 amp		1.40	5.714		5,825	150		5,975	6,625
	0850	1600 amp		1.10	7.273		7,040	190		7,230	8,025
	0860	2000 amp		.90	8.889		8,250	230		8,480	9,425
	0910	Cable tap box, center, 225 amp		1.60	5		550	130		680	800
	0920	400 amp		1.30	6.154		865	160		1,025	1,200
	0930	600 amp		1.10	7.273		1,110	190		1,300	1,500
	0940	800 amp		1	8		1,325	210		1,535	1,775
	0950	1000 amp		.80	10		1,455	260		1,715	2,000
	0960	1350 amp		.70	11.429		1,700	300		2,000	2,325
	0970	1600 amp		.60	13.333		1,900	350		2,250	2,600
	0980	2000 amp		.50	16		2,250	420		2,670	3,100
	1040	2500 amp		.40	20		2,650	520		3,170	3,700
	1060	3000 amp		.30	26.667		3,180	695		3,875	4,525
	1080	4000 amp		.20	40		3,845	1,050		4,895	5,800
	1800	3 pole 3 wire, feeder duct, weatherproof, 600 amp		14	.571	L.F.	90	14.90		104.90	120
	1820	800 amp		11	.727		132	19		151	175
	1840	1000 amp		10	.800		138	21		159	185
	1860	1350 amp		9	.889		200	23		223	255
	1880	1600 amp		7	1.143		240	30		270	310
	1900	2000 amp		6	1.333		300	35		335	380
	1920	2500 amp		4	2		380	52		432	495
	1940	3000 amp		3	2.667		465	70		535	615
	1960	4000 amp		2	4		605	105		710	820
	2000	Feeder duct, 600 amp		16	.500		74	13.05		87.05	100
	2010	800 amp		13	.615		106	16.05		122.05	140
	2020	1000 amp		12	.667		113	17.40		130.40	150
	2030	1350 amp		10	.800		173	21		194	220
	2040	1600 amp		8	1		197	26		223	255
	2050	2000 amp		7	1.143		250	30		280	320
	2060	2500 amp		5	1.600		315	42		357	410
	2070	3000 amp		4	2		380	52		432	495
	2080	4000 amp		3	2.667		505	70		575	660
	2200	Bus duct plug-in, 225 amp		23	.348		38	9.10		47.10	55
	2210	400 amp		18	.444		57	11.60		68.60	80
	2220	600 amp		15	.533		74	13.90		87.90	100
	2230	800 amp		12	.667		107	17.40		124.40	145
	2240	1000 amp		10	.800		114	21		135	155
	2250	1350 amp		9	.889		174	23		197	225
	2260	1600 amp		7	1.143		200	30		230	265
	2270	2000 amp		6	1.333		255	35		290	330
	2280	2500 amp		5	1.600		325	42		367	420
	2290	3000 amp		4	2		385	52		437	500
	2330	High short circuit, 400 amp		18	.444		66	11.60		77.60	90
	2340	600 amp		15	.533		84	13.90		97.90	115
	2350	800 amp		12	.667		117	17.40		134.40	155
	2360	1000 amp		10	.800		123	21		144	165
	2370	1350 amp		9	.889		178	23		201	230
	2380	1600 amp		7	1.143		216	30		246	280
	2390	2000 amp		6	1.333		267	35		302	345
	2400	2500 amp		5	1.600		329	42		371	425
	2410	3000 amp		4	2		400	52		452	520
	2440	Elbows, 225 amp		2.30	3.478		353	91		444	525
	2450	400 amp		2.10	3.810	Ea.	414	99		513	605
	2460	600 amp		1.80	4.444		480	115		595	700
	2470	800 amp		1.60	5		480	130		610	725
	2480	1000 amp		1.50	5.333		485	140		625	740
	2490	1350 amp		1.40	5.714		673	150		823	965

16 ELECTRICAL

164 | Transformers and Bus Ducts

164 200	Bus Ducts/Busways	CREW	DAILY OUTPUT	MAN-HOURS	UNIT	1992 BARE COSTS MAT.	LABOR	EQUIP.	TOTAL	TOTAL INCL O&P	
225											225
2500	1600 amp	1 Elec	1.30	6.154	Ea.	825	160		985	1,150	
2510	2000 amp		1	8		950	210		1,160	1,350	
2520	2500 amp		.90	8.889		1,305	230		1,535	1,775	
2530	3000 amp		.80	10		1,485	260		1,745	2,025	
2540	4000 amp		.70	11.429		2,150	300		2,450	2,800	
2560	Tee fittings, 225 amp		1.40	5.714		489	150		639	760	
2570	400 amp		1.20	6.667		580	175		755	900	
2580	600 amp		1	8		645	210		855	1,025	
2590	800 amp		.90	8.889		805	230		1,035	1,225	
2600	1000 amp		.80	10		830	260		1,090	1,300	
2610	1350 amp		.70	11.429		1,190	300		1,490	1,750	
2620	1600 amp		.60	13.333		1,345	350		1,695	2,000	
2630	2000 amp		.50	16		2,440	420		2,860	3,300	
2640	2500 amp		.35	22.857		2,990	595		3,585	4,175	
2650	3000 amp		.30	26.667		3,520	695		4,215	4,900	
2660	4000 amp		.25	32		4,480	835		5,315	6,175	
2680	Cross, 225 amp		1.80	4.444		650	115		765	890	
2690	400 amp		1.60	5		800	130		930	1,075	
2700	600 amp		1.50	5.333		935	140		1,075	1,225	
2710	800 amp		1.30	6.154		1,190	160		1,350	1,550	
2720	1000 amp		1.20	6.667		1,245	175		1,420	1,625	
2730	1350 amp		1.10	7.273		1,730	190		1,920	2,175	
2740	1600 amp		1	8		2,075	210		2,285	2,600	
2750	2000 amp		.90	8.889		2,520	230		2,750	3,125	
2760	2500 amp		.80	10		3,030	260		3,290	3,725	
2770	3000 amp		.70	11.429		3,550	300		3,850	4,350	
2780	4000 amp		.50	16		4,575	420		4,995	5,650	
2800	Expansion fitting, 225 amp		3.20	2.500		562	65		627	715	
2810	400 amp		2.70	2.963		700	77		777	885	
2820	600 amp		2.30	3.478		815	91		906	1,025	
2830	800 amp		2	4		1,110	105		1,215	1,375	
2840	1000 amp		1.80	4.444		1,190	115		1,305	1,475	
2850	1350 amp		1.60	5		1,485	130		1,615	1,825	
2860	1600 amp		1.50	5.333		1,830	140		1,970	2,225	
2870	2000 amp		1.30	6.154		2,150	160		2,310	2,600	
2880	2500 amp		1.10	7.273		2,515	190		2,705	3,050	
2890	3000 amp		.90	8.889		3,045	230		3,275	3,700	
2900	4000 amp		.70	11.429		3,850	300		4,150	4,675	
2920	Reducer, nonfused, 225 amp		3.20	2.500		260	65		325	385	
2930	400 amp		2.70	2.963		308	77		385	455	
2940	600 amp		2.30	3.478		368	91		459	540	
2950	800 amp		2	4		508	105		613	715	
2960	1000 amp		1.80	4.444		605	115		720	840	
2970	1350 amp		1.60	5		980	130		1,110	1,275	
2980	1600 amp		1.50	5.333		1,165	140		1,305	1,500	
2990	2000 amp		1.30	6.154		1,490	160		1,650	1,875	
3000	2500 amp		1.10	7.273		2,260	190		2,450	2,775	
3010	3000 amp		.90	8.889		2,500	230		2,730	3,100	
3020	4000 amp		.70	11.429		2,825	300		3,125	3,550	
3040	Reducer, fuse included, 225 amp		2.50	3.200		1,560	84		1,644	1,850	
3050	400 amp		2.40	3.333		1,830	87		1,917	2,150	
3060	600 amp		2.10	3.810		2,290	99		2,389	2,675	
3070	800 amp		1.80	4.444		4,000	115		4,115	4,575	
3080	1000 amp		1.70	4.706		4,425	125		4,550	5,050	
3090	1350 amp		1.60	5		5,245	130		5,375	5,975	
3100	1600 amp		1.30	6.154		6,600	160		6,760	7,500	
3110	2000 amp		1	8		7,950	210		8,160	9,050	
3160	Reducer, circuit breaker, 225 amp		2.50	3.200		1,900	84		1,984	2,225	

164 | Transformers and Bus Ducts

164 200 | Bus Ducts/Busways

			CREW	DAILY OUTPUT	MAN-HOURS	UNIT	MAT.	LABOR	EQUIP.	TOTAL	TOTAL INCL O&P	
225	3170	400 amp	1 Elec	2.40	3.333	Ea.	2,300	87		2,387	2,650	225
	3180	600 amp		2.10	3.810		3,385	99		3,484	3,875	
	3190	800 amp		1.80	4.444		3,870	115		3,985	4,425	
	3200	1000 amp		1.70	4.706		4,430	125		4,555	5,050	
	3210	1350 amp		1.60	5		5,580	130		5,710	6,325	
	3220	1600 amp		1.30	6.154		6,790	160		6,950	7,700	
	3230	2000 amp		1	8		6,820	210		7,030	7,825	
	3280	Cable tap box, center, 225 amp		1.80	4.444		430	115		545	645	
	3290	400 amp		1.50	5.333		680	140		820	955	
	3300	600 amp		1.30	6.154		935	160		1,095	1,275	
	3310	800 amp		1.20	6.667		1,105	175		1,280	1,475	
	3320	1000 amp		.90	8.889		1,130	230		1,360	1,600	
	3330	1350 amp		.80	10		1,425	260		1,685	1,950	
	3340	1600 amp		.70	11.429		1,530	300		1,830	2,125	
	3350	2000 amp		.60	13.333		2,145	350		2,495	2,875	
	3360	2500 amp		.50	16		2,160	420		2,580	3,000	
	3370	3000 amp		.35	22.857		2,435	595		3,030	3,575	
	3380	4000 amp		.25	32		2,965	835		3,800	4,500	
	3400	Cable tap box, end, 225 amp		1.80	4.444		278	115		393	480	
	3410	400 amp		1.50	5.333		510	140		650	770	
	3420	600 amp		1.30	6.154		678	160		838	985	
	3430	800 amp		1.20	6.667		705	175		880	1,025	
	3440	1000 amp		.90	8.889		720	230		950	1,150	
	3450	1350 amp		.80	10		770	260		1,030	1,225	
	3460	1600 amp		.70	11.429		805	300		1,105	1,325	
	3470	2000 amp		.60	13.333		890	350		1,240	1,500	
	3480	2500 amp		.50	16		960	420		1,380	1,675	
	3490	3000 amp		.35	22.857		1,065	595		1,660	2,050	
	3500	4000 amp		.25	32		1,190	835		2,025	2,550	
	4600	Plugs, fusible, 3 pole 250 volt, 30 amp		4	2		157	52		209	250	
	4610	60 amp		3.60	2.222		170	58		228	275	
	4620	100 amp		2.70	2.963		240	77		317	380	
	4630	200 amp		1.60	5		425	130		555	660	
	4640	400 amp		.70	11.429		1,130	300		1,430	1,700	
	4650	600 amp		.45	17.778		1,615	465		2,080	2,475	
	4700	4 pole 120/208 volt, 30 amp		3.90	2.051		184	54		238	280	
	4710	60 amp		3.50	2.286		190	60		250	300	
	4720	100 amp		2.60	3.077		270	80		350	415	
	4730	200 amp		1.50	5.333		475	140		615	730	
	4740	400 amp		.65	12.308		1,225	320		1,545	1,825	
	4750	600 amp		.40	20		1,740	520		2,260	2,700	
	4800	3 pole 480 volt, 30 amp		4	2		170	52		222	265	
	4810	60 amp		3.60	2.222		180	58		238	285	
	4820	100 amp		2.70	2.963		255	77		332	395	
	4830	200 amp		1.60	5		445	130		575	685	
	4840	400 amp		.70	11.429		1,130	300		1,430	1,700	
	4850	600 amp		.45	17.778		1,610	465		2,075	2,475	
	4860	800 amp		.33	24.242		2,845	635		3,480	4,075	
	4870	1000 amp		.30	26.667		3,355	695		4,050	4,725	
	4880	1200 amp		.25	32		5,310	835		6,145	7,075	
	4890	1600 amp		.22	36.364		5,325	950		6,275	7,275	
	4900	4 pole 277/480 volt, 30 amp		3.90	2.051		192	54		246	290	
	4910	60 amp		3.50	2.286		205	60		265	315	
	4920	100 amp		2.60	3.077		300	80		380	450	
	4930	200 amp		1.50	5.333		495	140		635	750	
	4940	400 amp		.65	12.308		1,225	320		1,545	1,825	
	4950	600 amp		.40	20		1,750	520		2,270	2,700	
	5050	800 amp		.30	26.667		2,945	695		3,640	4,275	

164 | Transformers and Bus Ducts

		164 200 | Bus Ducts/Busways	CREW	DAILY OUTPUT	MAN-HOURS	UNIT	1992 BARE COSTS MAT.	LABOR	EQUIP.	TOTAL	TOTAL INCL O&P	
225	5060	1000 amp	1 Elec	.28	28.571	Ea.	3,455	745		4,200	4,925	225
	5070	1200 amp		.24	33.333		5,420	870		6,290	7,250	
	5080	1600 amp		.21	38.095		5,435	995		6,430	7,450	
	5150	Fusible with starter, 3 pole 250 volt, 30 amp		3.50	2.286		610	60		670	760	
	5160	60 amp		3.20	2.500		645	65		710	805	
	5170	100 amp		2.50	3.200		805	84		889	1,000	
	5180	200 amp		1.40	5.714		1,290	150		1,440	1,650	
	5200	3 pole 480 volt, 30 amp		3.50	2.286		610	60		670	760	
	5210	60 amp		3.20	2.500		645	65		710	805	
	5220	100 amp		2.50	3.200		805	84		889	1,000	
	5230	200 amp		1.40	5.714		1,290	150		1,440	1,650	
	5300	Fusible with contactor, 3 pole 250 volt, 30 amp		3.50	2.286		595	60		655	745	
	5310	60 amp		3.20	2.500		625	65		690	785	
	5320	100 amp		2.50	3.200		770	84		854	970	
	5330	200 amp		1.40	5.714		1,225	150		1,375	1,575	
	5400	3 pole 480 volt, 30 amp		3.50	2.286		595	60		655	745	
	5410	60 amp		3.20	2.500		625	65		690	785	
	5420	100 amp		2.50	3.200		770	84		854	970	
	5430	200 amp		1.40	5.714		1,225	150		1,375	1,575	
	5450	Fusible with capacitor, 3 pole 250 volt, 30 amp		3	2.667		1,550	70		1,620	1,800	
	5460	60 amp		2	4		2,335	105		2,440	2,725	
	5500	3 pole 480 volt, 30 amp		3	2.667		1,345	70		1,415	1,575	
	5510	60 amp		2	4		2,035	105		2,140	2,400	
	5600	Circuit breaker, 3 pole 250 volt, 60 amp		4.50	1.778		240	46		286	335	
	5610	100 amp		3.20	2.500		300	65		365	425	
	5650	4 pole 120/208 volt, 60 amp		4.40	1.818		280	47		327	380	
	5660	100 amp		3.10	2.581		325	67		392	460	
	5700	3 pole 4 wire 277/480 volt, 60 amp		4.30	1.860		335	49		384	440	
	5710	100 amp		3	2.667		360	70		430	500	
	5720	225 amp		1.60	5		865	130		995	1,150	
	5730	400 amp		.60	13.333		1,750	350		2,100	2,450	
	5740	600 amp		.48	16.667		2,455	435		2,890	3,350	
	5750	700 amp		.30	26.667		2,935	695		3,630	4,275	
	5760	800 amp		.30	26.667		2,935	695		3,630	4,275	
	5770	900 amp		.27	29.630		3,445	775		4,220	4,950	
	5780	1000 amp		.27	29.630		3,445	775		4,220	4,950	
	5790	1200 amp		.21	38.095		5,425	995		6,420	7,450	
	5810	Circuit breaker w/HIC fuses, 3 pole 480 volt, 60 amp		4.40	1.818		419	47		466	530	
	5820	100 amp		3.10	2.581		445	67		512	590	
	5830	225 amp		1.70	4.706		1,435	125		1,560	1,750	
	5840	400 amp		.70	11.429		2,290	300		2,590	2,975	
	5850	600 amp		.50	16		2,700	420		3,120	3,600	
	5860	700 amp		.32	25		3,180	655		3,835	4,475	
	5870	800 amp		.32	25		3,180	655		3,835	4,475	
	5880	900 amp		.28	28.571		3,600	745		4,345	5,075	
	5890	1000 amp		.28	28.571		3,600	745		4,345	5,075	
	5950	3 pole 4 wire, 277/480 volt, 60 amp		4.30	1.860		453	49		502	570	
	5960	100 amp		3	2.667		495	70		565	650	
	5970	225 amp		1.50	5.333		1,500	140		1,640	1,850	
	5980	400 amp		.55	14.545		2,445	380		2,825	3,250	
	5990	600 amp		.47	17.021		2,820	445		3,265	3,775	
	6000	700 amp		.29	27.586		3,300	720		4,020	4,700	
	6010	800 amp		.29	27.586		3,300	720		4,020	4,700	
	6020	900 amp		.26	30.769		3,920	805		4,725	5,500	
	6030	1000 amp		.26	30.769		3,920	805		4,725	5,500	
	6040	1200 amp		.20	40		6,125	1,050		7,175	8,300	
	6100	Circuit breaker with starter, 3 pole 250 volt, 60 amp		3.20	2.500		650	65		715	810	
	6110	100 amp		2.50	3.200		935	84		1,019	1,150	

164 | Transformers and Bus Ducts

164 200 | Bus Ducts/Busways

		CREW	DAILY OUTPUT	MAN-HOURS	UNIT	MAT.	LABOR	EQUIP.	TOTAL	TOTAL INCL O&P	
225	6120	225 amp	1 Elec	1.50	5.333	Ea.	1,200	140		1,340	1,525	225
	6130	3 pole 480 volt, 60 amp		3.20	2.500		650	65		715	810	
	6140	100 amp		2.50	3.200		935	84		1,019	1,150	
	6150	225 amp		1.50	5.333		1,200	140		1,340	1,525	
	6200	Circuit breaker with contactor, 3 pole 250 volt, 60 amp		3.20	2.500		620	65		685	780	
	6210	100 amp		2.50	3.200		850	84		934	1,050	
	6220	225 amp		1.50	5.333		1,100	140		1,240	1,425	
	6250	3 pole 480 volt, 60 amp		3.20	2.500		620	65		685	780	
	6260	100 amp		2.50	3.200		850	84		934	1,050	
	6270	225 amp		1.50	5.333		1,100	140		1,240	1,425	
	6300	Circuit breaker with capacitor, 3 pole 250 volt, 60 amp		2	4		2,330	105		2,435	2,725	
	6310	3 pole 480 volt, 60 amp		2	4		2,385	105		2,490	2,775	
	6400	Add control transformer with pilot light to starter		16	.500		180	13.05		193.05	215	
	6410	Switch, fusible, mechanically held contactor optional		16	.500		170	13.05		183.05	205	
	6430	Circuit breaker, mechanically held contactor optional		16	.500		170	13.05		183.05	205	
	6450	Ground neutralizer, 3 pole		16	.500		34	13.05		47.05	57	
230	0010	**COPPER OR ALUMINUM BUS DUCT FITTINGS**										230
	0100	Flange, wall, with vapor barrier, 225 amp	1 Elec	3.10	2.581	Ea.	255	67		322	380	
	0110	400 amp		3	2.667		255	70		325	385	
	0120	600 amp		2.90	2.759		255	72		327	390	
	0130	800 amp		2.70	2.963		255	77		332	395	
	0140	1000 amp		2.50	3.200		255	84		339	405	
	0150	1350 amp		2.30	3.478		255	91		346	415	
	0160	1600 amp		2.10	3.810		255	99		354	430	
	0170	2000 amp		2	4		255	105		360	435	
	0180	2500 amp		1.80	4.444		255	115		370	455	
	0190	3000 amp		1.60	5		289	130		419	515	
	0200	4000 amp		1.30	6.154		289	160		449	560	
	0300	Roof, 225 amp		3.10	2.581		415	67		482	555	
	0310	400 amp		3	2.667		415	70		485	560	
	0320	600 amp		2.90	2.759		415	72		487	565	
	0330	800 amp		2.70	2.963		415	77		492	570	
	0340	1000 amp		2.50	3.200		415	84		499	580	
	0350	1350 amp		2.30	3.478		415	91		506	590	
	0360	1600 amp		2.10	3.810		415	99		514	605	
	0370	2000 amp		2	4		415	105		520	610	
	0380	2500 amp		1.80	4.444		415	115		530	630	
	0390	3000 amp		1.60	5		415	130		545	650	
	0400	4000 amp		1.30	6.154		415	160		575	695	
	0420	Support, floor mounted, 225 amp		10	.800		82	21		103	120	
	0430	400 amp		10	.800		82	21		103	120	
	0440	600 amp		9	.889		82	23		105	125	
	0450	800 amp		8	1		82	26		108	130	
	0460	1000 amp		6.50	1.231		82	32		114	140	
	0470	1350 amp		5.30	1.509		82	39		121	150	
	0480	1600 amp		4.60	1.739		82	45		127	160	
	0490	2000 amp		4	2		82	52		134	170	
	0500	2500 amp		3.20	2.500		82	65		147	190	
	0510	3000 amp		2.70	2.963		115	77		192	240	
	0520	4000 amp		2	4		115	105		220	280	
	0540	Weather stop, 225 amp		6	1.333		173	35		208	240	
	0550	400 amp		5	1.600		173	42		215	255	
	0560	600 amp		4.50	1.778		173	46		219	260	
	0570	800 amp		4	2		173	52		225	270	
	0580	1000 amp		3.20	2.500		173	65		238	290	
	0590	1350 amp		2.70	2.963		173	77		250	305	
	0600	1600 amp		2.30	3.478		173	91		264	325	
	0610	2000 amp		2	4		173	105		278	345	

16 ELECTRICAL

164 | Transformers and Bus Ducts

	164 200	Bus Ducts/Busways	CREW	DAILY OUTPUT	MAN-HOURS	UNIT	1992 BARE COSTS MAT.	LABOR	EQUIP.	TOTAL	TOTAL INCL O&P	
230	0620	2500 amp	1 Elec	1.60	5	Ea.	173	130		303	385	230
	0630	3000 amp		1.30	6.154		173	160		333	430	
	0640	4000 amp		1	8		173	210		383	500	
	0660	End closure, 225 amp		17	.471		77	12.30		89.30	105	
	0670	400 amp		16	.500		77	13.05		90.05	105	
	0680	600 amp		14	.571		77	14.90		91.90	105	
	0690	800 amp		13	.615		77	16.05		93.05	110	
	0700	1000 amp		12	.667		77	17.40		94.40	110	
	0710	1350 amp		11	.727		77	19		96	115	
	0720	1600 amp		10	.800		77	21		98	115	
	0730	2000 amp		9	.889		103	23		126	150	
	0740	2500 amp		8	1		103	26		129	150	
	0750	3000 amp		7	1.143		103	30		133	160	
	0760	4000 amp		6	1.333		130	35		165	195	
	0780	Switchboard stub, 3 pole 3 wire, 225 amp		3	2.667		206	70		276	330	
	0790	400 amp		2.60	3.077		241	80		321	385	
	0800	600 amp		2.30	3.478		312	91		403	480	
	0810	800 amp		1.80	4.444		361	115		476	570	
	0820	1000 amp		1.70	4.706		403	125		528	625	
	0830	1350 amp		1.50	5.333		513	140		653	770	
	0840	1600 amp		1.40	5.714		567	150		717	845	
	0850	2000 amp		1.20	6.667		690	175		865	1,025	
	0860	2500 amp		1	8		835	210		1,045	1,225	
	0870	3000 amp		.90	8.889		1,000	230		1,230	1,450	
	0880	4000 amp		.80	10		1,280	260		1,540	1,800	
	0900	3 pole 4 wire, 225 amp		2.70	2.963		232	77		309	370	
	0910	400 amp		2.30	3.478		268	91		359	430	
	0920	600 amp		2	4		338	105		443	530	
	0930	800 amp		1.60	5		404	130		534	640	
	0940	1000 amp		1.50	5.333		488	140		628	745	
	0950	1350 amp		1.30	6.154		570	160		730	865	
	0960	1600 amp		1.20	6.667		680	175		855	1,000	
	0970	2000 amp		1	8		805	210		1,015	1,200	
	0980	2500 amp		.90	8.889		980	230		1,210	1,425	
	0990	3000 amp		.80	10		1,205	260		1,465	1,725	
	1000	4000 amp		.70	11.429		1,505	300		1,805	2,100	
	1050	Service head, weatherproof, 3 pole 3 wire, 225 amp		1.50	5.333		440	140		580	690	
	1060	400 amp		1.40	5.714		695	150		845	985	
	1070	600 amp		1.30	6.154		960	160		1,120	1,300	
	1080	800 amp		1.20	6.667		1,110	175		1,285	1,475	
	1090	1000 amp		1	8		1,150	210		1,360	1,575	
	1100	1350 amp		.90	8.889		1,400	230		1,630	1,875	
	1110	1600 amp		.80	10		1,500	260		1,760	2,050	
	1120	2000 amp		.70	11.429		1,730	300		2,030	2,350	
	1130	2500 amp		.60	13.333		2,000	350		2,350	2,725	
	1140	3000 amp		.45	17.778		2,235	465		2,700	3,150	
	1150	4000 amp		.35	22.857		2,705	595		3,300	3,875	
	1200	3 pole 4 wire, 225 amp		1.30	6.154		555	160		715	850	
	1210	400 amp		1.20	6.667		890	175		1,065	1,250	
	1220	600 amp		1.10	7.273		1,130	190		1,320	1,525	
	1230	800 amp		1	8		1,320	210		1,530	1,775	
	1240	1000 amp		.85	9.412		1,465	245		1,710	1,975	
	1250	1350 amp		.75	10.667		1,665	280		1,945	2,250	
	1260	1600 amp		.70	11.429		1,850	300		2,150	2,475	
	1270	2000 amp		.60	13.333		2,125	350		2,475	2,850	
	1280	2500 amp		.50	16		2,510	420		2,930	3,375	
	1290	3000 amp		.40	20		2,900	520		3,420	3,975	
	1300	4000 amp		.30	26.667		3,385	695		4,080	4,750	

164 | Transformers and Bus Ducts

164 200 | Bus Ducts/Busways

			CREW	DAILY OUTPUT	MAN-HOURS	UNIT	1992 BARE COSTS				TOTAL INCL O&P	
							MAT.	LABOR	EQUIP.	TOTAL		
230	1350	Flanged end, 3 pole 3 wire, 225 amp	1 Elec	3	2.667	Ea.	209	70		279	335	230
	1360	400 amp		2.60	3.077		242	80		322	385	
	1370	600 amp		2.30	3.478		312	91		403	480	
	1380	800 amp		1.80	4.444		360	115		475	570	
	1390	1000 amp		1.70	4.706		403	125		528	625	
	1400	1350 amp		1.50	5.333		513	140		653	770	
	1410	1600 amp		1.40	5.714		567	150		717	845	
	1420	2000 amp		1.20	6.667		690	175		865	1,025	
	1430	2500 amp		1	8		835	210		1,045	1,225	
	1440	3000 amp		.90	8.889		1,000	230		1,230	1,450	
	1450	4000 amp		.80	10		1,280	260		1,540	1,800	
	1500	3 pole 4 wire, 225 amp		2.70	2.963		226	77		303	365	
	1510	400 amp		2.30	3.478		268	91		359	430	
	1520	600 amp		2	4		338	105		443	530	
	1530	800 amp		1.60	5		404	130		534	640	
	1540	1000 amp		1.50	5.333		488	140		628	745	
	1550	1350 amp		1.30	6.154		570	160		730	865	
	1560	1600 amp		1.20	6.667		680	175		855	1,000	
	1570	2000 amp		1	8		805	210		1,015	1,200	
	1580	2500 amp		.90	8.889		980	230		1,210	1,425	
	1590	3000 amp		.80	10		1,205	260		1,465	1,725	
	1600	4000 amp		.70	11.429		1,505	300		1,805	2,100	
	1650	Hanger, standard, 225 amp		32	.250		9	6.55		15.55	19.65	
	1660	400 amp		24	.333		9	8.70		17.70	23	
	1670	600 amp		20	.400		9	10.45		19.45	25	
	1680	800 amp		16	.500		9	13.05		22.05	29	
	1690	1000 amp		12	.667		9	17.40		26.40	36	
	1700	1350 amp		10	.800		9	21		30	41	
	1710	1600 amp		10	.800		9	21		30	41	
	1720	2000 amp		9	.889		9	23		32	45	
	1730	2500 amp		8	1		9	26		35	49	
	1740	3000 amp		8	1		9	26		35	49	
	1750	4000 amp		8	1		9	26		35	49	
	1800	Spring type, 225 amp		8	1		47	26		73	91	
	1810	400 amp		7	1.143		47	30		77	96	
	1820	600 amp		7	1.143		47	30		77	96	
	1830	800 amp		7	1.143		47	30		77	96	
	1840	1000 amp		7	1.143		47	30		77	96	
	1850	1350 amp		7	1.143		47	30		77	96	
	1860	1600 amp		6	1.333		51	35		86	110	
	1870	2000 amp		6	1.333		51	35		86	110	
	1880	2500 amp		6	1.333		51	35		86	110	
	1890	3000 amp		5	1.600		51	42		93	120	
	1900	4000 amp		5	1.600		51	42		93	120	
240	0010	FEEDRAIL, 12 foot mounting										240
	0050	Trolley busway, 3 pole										
	0100	300 volt 60 amp, plain, 10 ft. lengths	1 Elec	50	.160	L.F.	16	4.18		20.18	24	
	0300	Door track		50	.160		17.75	4.18		21.93	26	
	0500	Curved track		30	.267		72.50	6.95		79.45	90	
	0700	Coupling				Ea.	6.50			6.50	7.15	
	0900	Center feed	1 Elec	5.30	1.509		25.75	39		64.75	87	
	1100	End feed		5.30	1.509		30	39		69	92	
	1300	Hanger set		24	.333		2.65	8.70		11.35	15.90	
	3000	600 volt 100 amp, plain, 10 ft. lengths		35	.229	L.F.	32.15	5.95		38.10	44	
	3300	Door track		35	.229	"	37.50	5.95		43.45	50	
	3700	Coupling				Ea.	32.15			32.15	35	
	4000	End cap	1 Elec	40	.200		23.65	5.20		28.85	34	
	4200	End feed		4	2		100	52		152	190	

16 ELECTRICAL

193

164 | Transformers and Bus Ducts

164 200 | Bus Ducts/Busways

		CREW	DAILY OUTPUT	MAN-HOURS	UNIT	MAT.	LABOR	EQUIP.	TOTAL	TOTAL INCL O&P	
240	4500	Trolley, 600 volt, 20 amp	1 Elec	5.30	1.509	Ea.	205	39		244	285	240
	4700	30 amp		5.30	1.509		200	39		239	280	
	4900	Duplex, 40 amp		4	2		420	52		472	540	
	5000	60 amp		4	2		400	52		452	520	
	5300	Fusible, 20 amp		4	2		445	52		497	565	
	5500	30 amp		4	2		420	52		472	540	
	5900	300 volt, 20 amp		5.30	1.509		105	39		144	175	
	6000	30 amp		5.30	1.509		160	39		199	235	
	6300	Fusible, 20 amp		4.70	1.702		230	44		274	320	
	6500	30 amp		4.70	1.702		328	44		372	425	
	7300	Busway, 250 volt, 50 amp, 2 wire		70	.114	L.F.	7.25	2.98		10.23	12.45	
	7330	Coupling				Ea.	12			12	13.20	
	7340	Center feed	1 Elec	6	1.333		150	35		185	215	
	7350	End feed		6	1.333		33	35		68	88	
	7360	End cap		40	.200		12.75	5.20		17.95	22	
	7370	Hanger set		24	.333		2.75	8.70		11.45	16	
	7400	125/250 volt, 3 wire		60	.133	L.F.	8.25	3.48		11.73	14.25	
	7430	Coupling		6	1.333	Ea.	14.80	35		49.80	68	
	7440	Center feed		6	1.333		161	35		196	230	
	7450	End feed		6	1.333		34	35		69	89	
	7460	End cap		40	.200		14.90	5.20		20.10	24	
	7470	Hanger set		24	.333		2.75	8.70		11.45	16	
	7480	Trolley, 250 volt, 20 amp, 2 pole		6	1.333		16.30	35		51.30	70	
	7490	30 amp		6	1.333		16.30	35		51.30	70	
	7500	125/250 volt, 20 amp, 3 pole		6	1.333		21.50	35		56.50	76	
	7510	30 amp		6	1.333		21.50	35		56.50	76	
	8000	Cleaning tools, 300 volt, dust remover					52			52	57	
	8100	Bus bar cleaner					74			74	81	
	8300	600 volt, dust remover, 60 amp					140			140	155	
	8400	100 amp					180			180	200	
	8600	Bus bar cleaner, 60 amp					376			376	415	
	8700	100 amp					222			222	245	

164 300 | Computer Pwr. Supplies

		CREW	DAILY OUTPUT	MAN-HOURS	UNIT	MAT.	LABOR	EQUIP.	TOTAL	TOTAL INCL O&P	
301	0010	**VOLTAGE MONITOR SYSTEMS** (test equipment)										301
	0100	AC voltage monitor system, 120/240 V, one-channel				Ea.	2,700			2,700	2,975	
	0110	Modem adapter					335			335	370	
	0120	Add-on detector only					1,410			1,410	1,550	
	0150	AC voltage remote monitor sys., 3 channel, 120, 230, or 480 V					4,880			4,880	5,375	
	0160	With internal modem					5,145			5,145	5,650	
	0170	Combination temperature and humidity probe					755			755	830	
	0180	Add-on detector only					3,525			3,525	3,875	
	0190	With internal modem					3,850			3,850	4,225	
305	0010	**AUTOMATIC VOLTAGE REGULATORS**										305
	0100	Computer grade, solid state, variable trans. volt. regulator										
	0110	Single-phase, 120 V, 8.6 KVA	2 Elec	1.33	12.030	Ea.	2,670	315		2,985	3,400	
	0120	17.3 KVA		1.14	14.035		3,948	365		4,313	4,900	
	0130	208/240 V, 7.5/8.6 KVA		1.33	12.030		2,670	315		2,985	3,400	
	0140	13.5/15.6 KVA		1.33	12.030		2,790	315		3,105	3,550	
	0150	27.0/31.2 KVA		1.14	14.035		4,024	365		4,389	4,975	
	0210	Two-phase, single control, 208/240 V, 15.0/17.3 KVA		1.14	14.035		3,948	365		4,313	4,900	
	0220	Individual phase control, 15.0/17.3 KVA		1.14	14.035		4,720	365		5,085	5,750	
	0230	30.0/34.6 KVA	3 Elec	1.33	18.045		6,795	470		7,265	8,175	
	0310	Three-phase, single control, 208/240 V, 26/30 KVA	2 Elec	1	16		4,765	420		5,185	5,875	
	0320	380/480 V, 24/30 KVA	"	1	16		4,765	420		5,185	5,875	
	0330	43/54 KVA	3 Elec	1.33	18.045		7,199	470		7,669	8,625	
	0340	Individual phase control, 208 V, 26 KVA	"	1.33	18.045		7,199	470		7,669	8,625	

164 | Transformers and Bus Ducts

164 300 | Computer Pwr. Supplies

			CREW	DAILY OUTPUT	MAN-HOURS	UNIT	MAT.	LABOR	EQUIP.	TOTAL	TOTAL INCL O&P	
305	0350	52 KVA	R-3	.91	21.978	Ea.	9,585	570	120	10,275	11,500	305
	0360	340/480 V, 24/30 KVA	"	.91	21.978		10,101	570	120	10,791	12,100	
	0370	43/54 KVA	2 Elec	1	16		4,488	420		4,908	5,550	
	0380	48/60 KVA	3 Elec	1.33	18.045		7,519	470		7,989	8,975	
	0390	86/108 KVA	R-3	.91	21.978	↓	10,450	570	120	11,140	12,500	
	0500	Standard grade, solid state, variable transformer volt. regulator										
	0510	Single-phase, 115 V, 2.3 KVA	1 Elec	2	4	Ea.	1,582	105		1,687	1,900	
	0520	4.2 KVA		2.29	3.493		2,160	91		2,251	2,500	
	0530	6.6 KVA		1.14	7.018		1,885	185		2,070	2,350	
	0540	13.0 KVA	↓	1.14	7.018		1,940	185		2,125	2,400	
	0550	16.6 KVA	2 Elec	1.23	13.008		2,432	340		2,772	3,175	
	0610	230 V, 8.3 KVA		1.33	12.030		2,225	315		2,540	2,925	
	0620	21.4 KVA		1.23	13.008		3,083	340		3,423	3,900	
	0630	29.9 KVA		1.23	13.008		2,870	340		3,210	3,675	
	0710	460 V, 9.2 KVA		1.33	12.030		2,953	315		3,268	3,725	
	0720	20.7 KVA		1.23	13.008		3,300	340		3,640	4,125	
	0810	Three-phase, 230 V, 13.1 KVA	3 Elec	1.41	17.021		4,271	445		4,716	5,350	
	0820	19.1 KVA		1.41	17.021		4,362	445		4,807	5,450	
	0830	25.1 KVA	↓	1.60	15		4,510	390		4,900	5,550	
	0840	57.8 KVA	R-3	.95	21.053		6,024	545	115	6,684	7,575	
	0850	74.9 KVA	"	.91	21.978		8,258	570	120	8,948	10,100	
	0910	460 V, 14.3 KVA	3 Elec	1.41	17.021		4,732	445		5,177	5,875	
	0920	19.1 KVA		1.41	17.021		5,080	445		5,525	6,250	
	0930	27.9 KVA	↓	1.50	16		4,534	420		4,954	5,600	
	0940	59.8 KVA	R-3	1	20		7,228	520	110	7,858	8,850	
	0950	79.7 KVA		.95	21.053		7,480	545	115	8,140	9,175	
	0960	118 KVA	↓	.95	21.053	↓	7,659	545	115	8,319	9,375	
	1000	Laboratory grade, precision, electronic voltage regulator										
	1110	Single-phase, 115 V, .5 KVA	1 Elec	2.29	3.493	Ea.	1,436	91		1,527	1,725	
	1120	1.0 KVA		2	4		1,517	105		1,622	1,825	
	1130	3.0 KVA	↓	.80	10		2,315	260		2,575	2,925	
	1140	6.0 KVA	2 Elec	1.46	10.959		2,670	285		2,955	3,375	
	1150	10.0 KVA	3 Elec	1	24		4,785	625		5,410	6,200	
	1160	15.0 KVA	"	1.50	16		5,049	420		5,469	6,175	
	1210	230 V, 3.0 KVA	1 Elec	.80	10		2,816	260		3,076	3,475	
	1220	6.0 KVA	2 Elec	1.46	10.959		2,945	285		3,230	3,675	
	1230	10.0 KVA	3 Elec	1.71	14.035		5,202	365		5,567	6,275	
	1240	15.0 KVA	"	1.60	15	↓	5,632	390		6,022	6,775	
310	0010	**ISOLATION TRANSFORMER**										310
	0100	Computer grade, isolation transformer										
	0110	Single-phase, 120/240 V, .5 KVA	1 Elec	4	2	Ea.	395	52		447	510	
	0120	1.0 KVA		2.67	2.996		615	78		693	795	
	0130	2.5 KVA		2	4		710	105		815	935	
	0140	5 KVA	↓	1.14	7.018	↓	800	185		985	1,150	
315	0010	**TRANSIENT VOLTAGE SUPPRESSOR TRANSFORMER**										315
	0110	Single-phase, 120 V, 1.8 KVA	1 Elec	4	2	Ea.	310	52		362	420	
	0120	3.6 KVA		4	2		470	52		522	595	
	0130	7.2 KVA		3.20	2.500		820	65		885	1,000	
	0150	240 V, 3.6 KVA		4	2		415	52		467	535	
	0160	7.2 KVA		4	2		600	52		652	740	
	0170	14.4 KVA		3.20	2.500		925	65		990	1,125	
	0210	Plug-in unit, 120 V, 1.8 KVA	↓	8	1	↓	345	26		371	420	
320	0010	**TRANSIENT SUPPRESSOR/VOLTAGE REGULATOR** (without isolation)										320
	0110	Single-phase, 115 V, 1.0 KVA	1 Elec	2.67	2.996	Ea.	950	78		1,028	1,150	
	0120	2.0 KVA		2.29	3.493		1,332	91		1,423	1,600	
	0130	4.0 KVA		2.13	3.756		1,766	98		1,864	2,100	
	0140	220 V, 1.0 KVA		2.67	2.996		1,060	78		1,138	1,275	
	0150	2.0 KVA	↓	2.29	3.493	↓	1,422	91		1,513	1,700	

16 ELECTRICAL

164 | Transformers and Bus Ducts

164 300 | Computer Pwr. Supplies

			CREW	DAILY OUTPUT	MAN-HOURS	UNIT	MAT.	LABOR	EQUIP.	TOTAL	TOTAL INCL O&P	
320	0160	4.0 KVA	1 Elec	2.13	3.756	Ea.	1,856	98		1,954	2,200	320
	0210	Plug-in unit, 120 V, 1.0 KVA		8	1		998	26		1,024	1,125	
	0220	2.0 KVA	↓	8	1	↓	1,369	26		1,395	1,550	
325	0010	**COMPUTER REGULATOR TRANSFORMER**										325
	0100	Ferro-resonant, constant voltage, variable transformer										
	0110	Single-phase, 240 V, .5 KVA	1 Elec	2.67	2.996	Ea.	408	78		486	565	
	0120	1.0 KVA		2	4		630	105		735	850	
	0130	2.0 KVA		1	8		1,050	210		1,260	1,475	
	0210	Plug-in unit, 120 V, .14 KVA		8	1		235	26		261	295	
	0220	.25 KVA		8	1		275	26		301	340	
	0230	.5 KVA		8	1		405	26		431	485	
	0240	1.0 KVA		5.33	1.501		615	39		654	735	
	0250	2.0 KVA	↓	4	2	↓	1,050	52		1,102	1,225	
330	0010	**POWER CONDITIONER TRANSFORMER**										330
	0100	Electronic solid state, buck-boost, transformer, w/tap switch										
	0110	Single-phase, 115 V, 3.0 KVA, + or - 3% accuracy	2 Elec	1.60	10	Ea.	2,200	260		2,460	2,800	
	0120	208, 220, 230, or 240 V, 5.0 KVA, + or - 1.5% accuracy	3 Elec	1.60	15		2,850	390		3,240	3,725	
	0130	5.0 KVA, + or - 6% accuracy	2 Elec	1.14	14.035		2,550	365		2,915	3,350	
	0140	7.5 KVA, + or - 1.5% accuracy	3 Elec	1.50	16		3,600	420		4,020	4,575	
	0150	7.5 KVA, + or - 6% accuracy		1.60	15		3,000	390		3,390	3,875	
	0160	10.0 KVA, + or - 1.5% accuracy		1.33	18.045		4,800	470		5,270	5,975	
	0170	10.0 KVA, + or - 6% accuracy	↓	1.41	17.021	↓	4,100	445		4,545	5,175	
335	0010	**UNINTERRUPTIBLE POWER SUPPLY/CONDITIONER TRANSFORMERS**										335
	0100	Volt. regulating, isolating trans., w/invert. & 10 min. battery pack										
	0110	Single-phase, 120 V, .35 KVA R164-335	1 Elec	2.29	3.493	Ea.	940	91		1,031	1,175	
	0120	.5 KVA		2	4		1,020	105		1,125	1,275	
	0130	For additional 55 min. battery, add to .2 KVA		2.29	3.493		420	91		511	600	
	0140	Add to .5 KVA		1.14	7.018		525	185		710	850	
	0150	Single-phase, 120 V, .75 KVA		.80	10		1,675	260		1,935	2,225	
	0160	1.0 KVA		.80	10		2,515	260		2,775	3,150	
	0170	1.5 KVA	2 Elec	1.14	14.035		3,345	365		3,710	4,225	
	0180	2 KVA	"	.89	17.978		4,270	470		4,740	5,400	
	0190	3 KVA	R-3	.63	31.746		5,770	825	175	6,770	7,775	
	0200	5 KVA		.42	47.619		8,080	1,225	265	9,570	11,000	
	0210	7.5 KVA		.33	60.606		10,630	1,575	335	12,540	14,400	
	0220	10 KVA		.28	71.429		12,155	1,850	395	14,400	16,600	
	0230	15 KVA	↓	.22	90.909	↓	14,645	2,350	500	17,495	20,200	
	0500	For options & accessories, add to above, minimum									10%	
	0520	Maximum									35%	
	0600	For complex & special design systems to meet specific										
	0610	requirements, obtain quote from vendor.										

165 | Power Systems and Capacitors

165 100 | Power Systems

			CREW	DAILY OUTPUT	MAN-HOURS	UNIT	MAT.	LABOR	EQUIP.	TOTAL	TOTAL INCL O&P	
110	0010	**AUTOMATIC TRANSFER SWITCHES** R165-110										110
	0100	Switches, enclosed 480 volt, 3 pole, 30 amp	1 Elec	2.30	3.478	Ea.	1,250	91		1,341	1,500	
	0200	60 amp		1.90	4.211		1,820	110		1,930	2,175	
	0300	100 amp	↓	1.30	6.154	↓	2,670	160		2,830	3,175	

165 | Power Systems and Capacitors

165 100 | Power Systems

			CREW	DAILY OUTPUT	MAN-HOURS	UNIT	MAT.	LABOR	EQUIP.	TOTAL	TOTAL INCL O&P	
110	0400	150 amp	1 Elec	1.20	6.667	Ea.	3,345	175		3,520	3,950	110
	0500	225 amp		1	8		4,230	210		4,440	4,975	
	0600	260 amp		1	8		4,450	210		4,660	5,200	
	0700	400 amp		.80	10		6,120	260		6,380	7,125	
	0800	600 amp		.50	16		8,350	420		8,770	9,800	
	0900	800 amp		.40	20		9,855	520		10,375	11,600	
	1000	1000 amp		.38	21.053		14,190	550		14,740	16,400	
	1100	1200 amp		.35	22.857		16,140	595		16,735	18,600	
	1200	1600 amp		.30	26.667		20,670	695		21,365	23,800	
	1300	2000 amp		.25	32		22,790	835		23,625	26,300	
	1600	Accessories, time delay on engine starting					255			255	280	
	1700	Adjustable time delay on retransfer					305			305	335	
	1800	Three close differential relays					530			530	585	
	1900	Test switch					70			70	77	
	2000	Auxiliary contact when normal fails					70			70	77	
	2100	Pilot light-emergency					140			140	155	
	2200	Pilot light-normal					140			140	155	
	2300	Auxiliary contact-closed on normal					85			85	94	
	2400	Auxiliary contact-closed on emergency					85			85	94	
	2500	Frequency relay					300			300	330	
115	0010	**NON-AUTOMATIC TRANSFER SWITCHES** enclosed										115
	0100	Fuses included, 480 volt 3 pole, 30 amp	1 Elec	2.30	3.478	Ea.	1,080	91		1,171	1,325	
	0150	60 amp		1.90	4.211		1,505	110		1,615	1,825	
	0200	100 amp		1.30	6.154		1,620	160		1,780	2,025	
	0250	200 amp		1	8		2,650	210		2,860	3,225	
	0300	400 amp		.80	10		4,420	260		4,680	5,250	
	0350	600 amp		.50	16		6,570	420		6,990	7,850	
	1000	250 volt 3 pole, 30 amp		2.30	3.478		965	91		1,056	1,200	
	1100	60 amp		1.90	4.211		1,450	110		1,560	1,750	
	1150	100 amp		1.30	6.154		1,570	160		1,730	1,975	
	1200	200 amp		1	8		2,545	210		2,755	3,100	
	1300	600 amp		.50	16		6,465	420		6,885	7,725	
	1500	Nonfused 480 volt 3 pole, 60 amp		1.90	4.211		1,260	110		1,370	1,550	
	1600	100 amp		1.30	6.154		1,375	160		1,535	1,750	
	1650	200 amp		1	8		2,440	210		2,650	3,000	
	1700	400 amp		.80	10		4,255	260		4,515	5,075	
	1750	600 amp		.50	16		6,150	420		6,570	7,400	
	2000	250 volt 3 pole, 30 amp		2.30	3.478		935	91		1,026	1,175	
	2050	60 amp		1.90	4.211		1,270	110		1,380	1,550	
	2150	200 amp		1	8		2,440	210		2,650	3,000	
	2200	400 amp		.80	10		4,255	260		4,515	5,075	
	2250	600 amp		.50	16		6,255	420		6,675	7,500	
	2500	NEMA 3R, 480 volt 3 pole, 60 amp		1.80	4.444		1,430	115		1,545	1,750	
	2550	100 amp		1.20	6.667		1,550	175		1,725	1,975	
	2600	200 amp		.90	8.889		3,500	230		3,730	4,200	
	2650	400 amp		.70	11.429		4,660	300		4,960	5,575	
	2800	250 volt 3 pole, solid neutral, 100 amp		1.20	6.667		1,840	175		2,015	2,275	
	2850	200 amp		.90	8.889		2,845	230		3,075	3,475	
	2900	250 volt, 2 pole, solid neutral, 100 amp		1.30	6.154		1,785	160		1,945	2,200	
	2950	200 amp		1	8		2,700	210		2,910	3,275	
120	0010	**GENERATOR SET**	R165-120									120
	0020	Gas or gasoline operated, includes battery,										
	0050	charger, muffler & transfer switch										
	0200	3 phase, 4 wire, 277/480 volt, 7.5 KW	R-3	.83	24.096	Ea.	5,480	625	135	6,240	7,100	
	0300	10 KW		.71	28.169		7,470	730	155	8,355	9,475	
	0400	15 KW		.63	31.746		8,860	825	175	9,860	11,200	
	0500	30 KW		.55	36.364		12,730	940	200	13,870	15,600	
	0520	55 KW		.50	40		15,400	1,025	220	16,645	18,700	

ELECTRICAL 16

165 | Power Systems and Capacitors

165 100 | Power Systems

			CREW	DAILY OUTPUT	MAN-HOURS	UNIT	MAT.	LABOR	EQUIP.	TOTAL	TOTAL INCL O&P	
120	0600	70 KW	R-3	.40	50	Ea.	20,950	1,300	275	22,525	25,300	120
	0700	85 KW		.33	60.606		24,520	1,575	335	26,430	29,700	
	0800	115 KW		.28	71.429		44,900	1,850	395	47,145	52,500	
	0900	170 KW		.25	80		77,430	2,075	440	79,945	89,000	
	2000	Diesel engine, including battery, charger,										
	2010	muffler, transfer switch & fuel tank, 30 KW	R-3	.55	36.364	Ea.	13,650	940	200	14,790	16,600	
	2100	50 KW		.42	47.619		16,750	1,225	265	18,240	20,600	
	2200	75 KW		.35	57.143		22,000	1,475	315	23,790	26,800	
	2300	100 KW		.31	64.516		24,350	1,675	355	26,380	29,700	
	2400	125 KW		.29	68.966		26,000	1,775	380	28,155	31,700	
	2500	150 KW		.26	76.923		30,000	2,000	425	32,425	36,500	
	2600	175 KW		.25	80		31,200	2,075	440	33,715	37,900	
	2700	200 KW		.24	83.333		32,400	2,150	460	35,010	39,400	
	2800	250 KW		.23	86.957		35,450	2,250	480	38,180	42,900	
	2900	300 KW		.22	90.909		42,550	2,350	500	45,400	51,000	
	3000	350 KW		.20	100		45,600	2,600	555	48,755	54,500	
	3100	400 KW		.19	105		56,000	2,725	580	59,305	66,500	
	3200	500 KW		.18	111		65,000	2,875	615	68,490	76,500	
	3220	600 KW		.19	105		89,000	2,725	580	92,305	102,500	
	3240	750 KW		.16	125		125,000	3,250	690	128,940	143,000	
130	0010	**NON-AUTOMATIC TRANSFER SWITCHES** Enclosed										130
	1250	400 amp	1 Elec	.80	10	Ea.	4,365	260		4,625	5,200	
	2100	100 amp	"	1.30	6.154	"	1,585	160		1,745	1,975	

165 200 | Capacitors

			CREW	DAILY OUTPUT	MAN-HOURS	UNIT	MAT.	LABOR	EQUIP.	TOTAL	TOTAL INCL O&P	
210	0010	**CAPACITORS** Indoor										210
	0020	240 volts, single & 3 phase, 0.5 KVAR	1 Elec	2.70	2.963	Ea.	210	77		287	345	
	0100	1.0 KVAR		2.70	2.963		255	77		332	395	
	0150	2.5 KVAR		2	4		305	105		410	490	
	0200	5.0 KVAR		1.80	4.444		355	115		470	565	
	0250	7.5 KVAR		1.60	5		410	130		540	645	
	0300	10 KVAR		1.50	5.333		490	140		630	745	
	0350	15 KVAR		1.30	6.154		675	160		835	980	
	0400	20 KVAR		1.10	7.273		815	190		1,005	1,175	
	0450	25 KVAR		1	8		970	210		1,180	1,375	
	1000	480 volts, single & 3 phase, 1 KVAR		2.70	2.963		190	77		267	325	
	1050	2 KVAR		2.70	2.963		225	77		302	365	
	1100	5 KVAR		2	4		290	105		395	475	
	1150	7.5 KVAR		2	4		315	105		420	500	
	1200	10 KVAR		2	4		365	105		470	555	
	1250	15 KVAR		2	4		430	105		535	630	
	1300	20 KVAR		1.60	5		475	130		605	715	
	1350	30 KVAR		1.50	5.333		595	140		735	860	
	1400	40 KVAR		1.20	6.667		755	175		930	1,100	
	1450	50 KVAR		1.10	7.273		855	190		1,045	1,225	
	2000	600 volts, single & 3 phase, 1 KVAR		2.70	2.963		190	77		267	325	
	2050	2 KVAR		2.70	2.963		225	77		302	365	
	2100	5 KVAR		2	4		290	105		395	475	
	2150	7.5 KVAR		2	4		315	105		420	500	
	2200	10 KVAR		2	4		365	105		470	555	
	2250	15 KVAR		1.60	5		430	130		560	670	
	2300	20 KVAR		1.60	5		475	130		605	715	
	2350	25 KVAR		1.50	5.333		565	140		705	830	
	2400	35 KVAR		1.40	5.714		685	150		835	975	
	2450	50 KVAR		1.30	6.154		855	160		1,015	1,175	

166 | Lighting

166 100 | Lighting

			CREW	DAILY OUTPUT	MAN-HOURS	UNIT	MAT.	LABOR	EQUIP.	TOTAL	TOTAL INCL O&P	
110	0010	**EXIT AND EMERGENCY LIGHTING**										110
	0080	Exit light, ceiling or wall mount, incandescent, single face	1 Elec	8	1	Ea.	48	26		74	92	
	0100	Double face		6.70	1.194		54	31		85	105	
	0120	Explosion proof		3.80	2.105		290	55		345	400	
	0150	Fluorescent, single face		8	1		120	26		146	170	
	0160	Double face		6.70	1.194		128	31		159	185	
	0300	Emergency light units, battery operated										
	0350	Twin sealed beam light, 25 watt, 6 volt each										
	0500	Lead battery operated	1 Elec	4	2	Ea.	235	52		287	335	
	0700	Nickel cadmium battery operated		4	2		395	52		447	510	
	0780	Additional remote mount, sealed beam, 25 W6V		26.70	.300		19	7.80		26.80	33	
	0790	Twin sealed beam light, 25 W6V each		26.70	.300		37	7.80		44.80	52	
	0900	Self-contained fluorescent lamp pack		10	.800		180	21		201	230	
115	0010	**EXTERIOR FIXTURES** With lamps										115
	0200	Wall mounted, incandescent, 100 watt	1 Elec	8	1	Ea.	32	26		58	74	
	0400	Quartz, 500 watt		5.30	1.509		80	39		119	145	
	0420	1500 watt		4.20	1.905		105	50		155	190	
	0600	Mercury vapor, 100 watt		5.30	1.509		230	39		269	310	
	0800	Wall pack, mercury vapor, 175 watt		4	2		235	52		287	335	
	1000	250 watt		4	2		250	52		302	355	
	1100	Low pressure sodium, 35 watt		4	2		180	52		232	275	
	1150	55 watt		4	2		250	52		302	355	
	1160	High pressure sodium, 70 watt		4	2		281	52		333	385	
	1170	150 watt		4	2		300	52		352	410	
	1180	Metal Halide, 175 watt		4	2		226	52		278	325	
	1190	250 watt		4	2		316	52		368	425	
	1200	Floodlights with ballast and lamp,										
	1400	pole mounted, pole not included										
	1500	Mercury vapor, 250 watt	1 Elec	2.40	3.333	Ea.	270	87		357	425	
	1600	400 watt		2.20	3.636		300	95		395	470	
	1800	1000 watt		2	4		447	105		552	650	
	1950	Metal halide, 175 watt		2.70	2.963		283	77		360	425	
	2000	400 watt		2.20	3.636		372	95		467	550	
	2200	1000 watt		2	4		540	105		645	750	
	2210	1500 watt		1.85	4.324		570	115		685	795	
	2250	Low pressure sodium, 55 watt		2.70	2.963		435	77		512	595	
	2270	90 watt		2	4		485	105		590	690	
	2290	180 watt		2	4		620	105		725	840	
	2340	High pressure sodium, 70 watt		2.70	2.963		250	77		327	390	
	2360	100 watt		2.70	2.963		285	77		362	430	
	2380	150 watt		2.70	2.963		290	77		367	435	
	2400	400 watt		2.20	3.636		380	95		475	560	
	2600	1000 watt		2	4		700	105		805	925	
	2610	Incandescent, 300 watt		4	2		73	52		125	160	
	2620	500 watt		4	2		115	52		167	205	
	2630	1000 watt		3	2.667		125	70		195	240	
	2640	1500 watt		3	2.667		135	70		205	250	
	2650	Roadway area luminaire, low pressure sodium, 135 watt		2	4		480	105		585	685	
	2700	180 watt		2	4		510	105		615	715	
	2720	Mercury vapor, 400 watt		2.20	3.636		530	95		625	725	
	2730	1000 watt		2	4		590	105		695	805	
	2750	Metal halide, 400 watt		2.20	3.636		580	95		675	780	
	2760	1000 watt		2	4		645	105		750	865	
	2780	High pressure sodium, 400 watt		2.20	3.636		685	95		780	895	
	2790	1000 watt		2	4		800	105		905	1,025	
	2800	Light poles, anchor base,										
	2820	not including concrete bases										

ELECTRICAL 16

166 | Lighting

166 100 | Lighting

			CREW	DAILY OUTPUT	MAN-HOURS	UNIT	1992 BARE COSTS MAT.	LABOR	EQUIP.	TOTAL	TOTAL INCL O&P	
115	2840	Aluminum pole, 8' high	1 Elec	4	2	Ea.	216	52		268	315	115
	2850	10' high		4	2		285	52		337	390	
	2860	12' high		3.80	2.105		310	55		365	425	
	2870	14' high		3.40	2.353		380	61		441	510	
	2880	16' high		3	2.667		618	70		688	785	
	3000	20' high	R-3	2.90	6.897		545	180	38	763	910	
	3200	30' high		2.60	7.692		1,090	200	43	1,333	1,550	
	3400	35' high		2.30	8.696		1,485	225	48	1,758	2,025	
	3600	40' high		2	10		1,655	260	55	1,970	2,275	
	3800	Bracket arms, 1 arm	1 Elec	8	1		65	26		91	110	
	4000	2 arms		8	1		90	26		116	140	
	4200	3 arms		5.30	1.509		125	39		164	195	
	4400	4 arms		5.30	1.509		165	39		204	240	
	4500	Steel pole, galvanized, 8' high		3.80	2.105		365	55		420	485	
	4510	10' high		3.70	2.162		385	56		441	510	
	4520	12' high		3.40	2.353		410	61		471	545	
	4530	14' high		3.10	2.581		445	67		512	590	
	4540	16' high		2.90	2.759		480	72		552	635	
	4550	18' high		2.70	2.963		700	77		777	885	
	4600	20' high	R-3	2.60	7.692		775	200	43	1,018	1,200	
	4800	30' high		2.30	8.696		1,075	225	48	1,348	1,575	
	5000	35' high		2.20	9.091		1,180	235	50	1,465	1,700	
	5200	40' high		1.70	11.765		1,310	305	65	1,680	1,975	
	5400	Bracket arms, 1 arm	1 Elec	8	1		60	26		86	105	
	5600	2 arms		8	1		125	26		151	175	
	5800	3 arms		5.30	1.509		150	39		189	225	
	6000	4 arms		5.30	1.509		195	39		234	275	
	6100	Fiberglass pole for 1 or 2 fixtures, 20' high	R-3	4	5		540	130	28	698	820	
	6200	30' high		3.60	5.556		1,155	145	31	1,331	1,525	
	6300	35' high		3.20	6.250		1,365	160	35	1,560	1,775	
	6400	40' high		2.80	7.143		1,575	185	39	1,799	2,050	
	6420	Wood pole, 4-1/2" x 5-1/8", 8' high	1 Elec	6	1.333		115	35		150	180	
	6430	10' high		6	1.333		170	35		205	240	
	6440	12' high		5.70	1.404		190	37		227	265	
	6450	15' high		5	1.600		210	42		252	295	
	6460	20' high		4	2		220	52		272	320	
	6500	Bollard light, lamp & ballast, 42" high with polycarbonate lens										
	6700	Mercury vapor, 175 watt	1 Elec	3	2.667	Ea.	400	70		470	545	
	6800	Metal halide, 175 watt		3	2.667		440	70		510	590	
	6900	High pressure sodium, 70 watt		3	2.667		480	70		550	630	
	7000	100 watt		3	2.667		480	70		550	630	
	7100	150 watt		3	2.667		485	70		555	635	
	7200	Incandescent, 150 watt		3	2.667		335	70		405	470	
	7300	Transformer bases, not including concrete bases										
	7320	Maximum pole size, steel, 40' high	1 Elec	2	4	Ea.	1,260	105		1,365	1,550	
	7340	Cast aluminum, 30' high		3	2.667		450	70		520	600	
	7350	40' high		2.50	3.200		675	84		759	865	
	7380	Landscape recessed uplight, incl. housing, ballast, transformer										
	7390	& reflector										
	7400	Mercury vapor, 100 watt	1 Elec	5	1.600	Ea.	720	42		762	855	
	7420	Incandescent, 250 watt		5	1.600		390	42		432	490	
	7440	Quartz, 250 watt		5	1.600		445	42		487	550	
	7460	500 watt		4	2		475	52		527	600	
	7500	Replacement (H.I.D.) ballasts,										
	7510	Multi-tap 120/208/240/277 volt										
	7550	High pressure sodium, 70 watt	1 Elec	10	.800	Ea.	125	21		146	170	
	7560	100 watt		9.40	.851		130	22		152	175	
	7570	150 watt		9	.889		140	23		163	190	

Using standard fluorescent lamps.

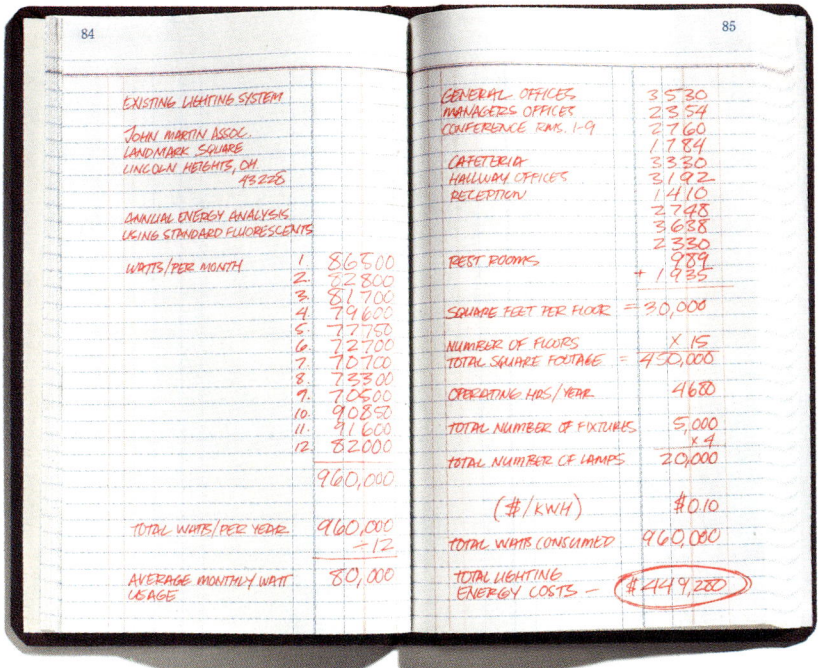

Using Philips TL 80 Series.

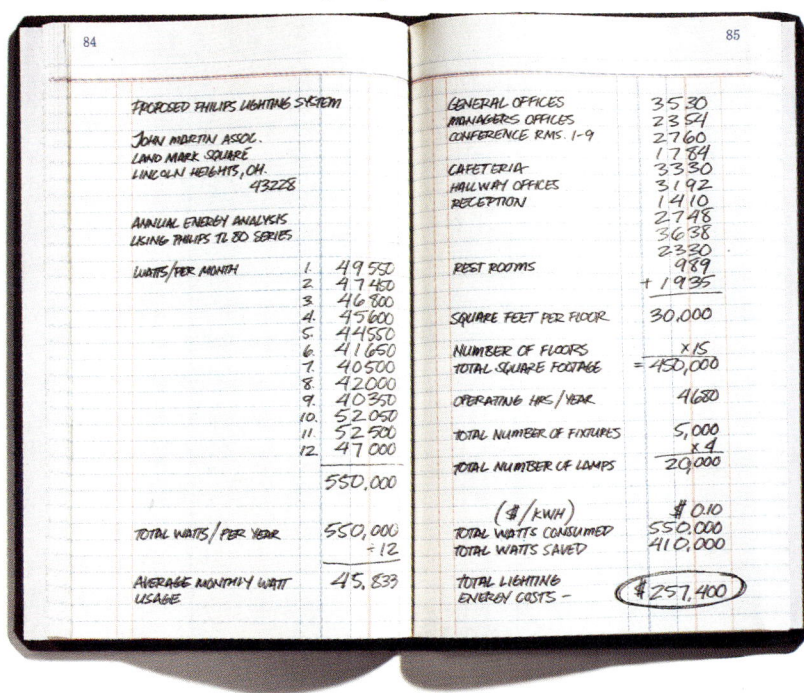

With Philips TL 80 Series lamps, you get much nicer colors.

Pastels will look softer. Earth tones will look richer. Office spaces will look more comfortable. And electric bills will look much less alarming.

By replacing standard T-12 fluorescent lamps with Philips TL 80 Series lamps, combined with an electronic ballast, your clients will get the best fluorescent lighting system in the world. No other T-8 fluorescent lamp has a higher color rendering index or a higher light output level. Thanks to rare earth phosphors, the quality of light is quite similar to incandescent. And that can have a dramatic effect on the workplace.

Not to mention your electricity consumption. When you specify TL 80 Series lamps with electronic ballasts, you'll cut energy costs by 43%, versus standard fluorescents. Considering that lighting can account for up to 50% of your total bill, these lamps could really make your client a hero around the office.

If you'd like more information on how TL 80 Series lamps can save energy costs in your building, give the Philips Lighting Team a call at **1-800-631-1259.** We might not be able to change red to black, but we sure can save your clients some green.

OFFICIAL SPONSOR
1992 U.S. OLYMPIC TEAM

It's time to change your bulb.™

Philips Lighting

PHILIPS

Introducing *MeansData*™ for Lotus.® **The easy, fast, accurate way to integrate Means cost databases with Lotus 1-2-3® spreadsheets. Means cost databases are the last word in comprehensive cost information.** For the past half century, R.S. Means has been the industry leader in providing important cost data for the construction and design industries. **Lotus 1-2-3® is the world's most popular spreadsheet.** Lotus 1-2-3® spreadsheet technology automates cost estimation and brings a new clarity and consistency to report generation. **New *MeansData*™ for Lotus® provides the best of both worlds.** We've taken the lead in providing our cost data in electronic form, so you can instantly access Means unit price data files direct from Lotus 1-2-3.® All the current industry standard data you need is right at your fingertips. *MeansData*™ for Lotus® is easy to install, easy to use, and highly flexible; you can easily access and integrate your own valuable data with Means data files in your spreadsheet estimates. Expert support is just one toll-free call away. **New *MeansData*™ for Lotus® gives you the powerful competitive edge you need in today's economy.**

For more information call **1-800-448-8182.**

ELECTRICAL COST DATA 1992
is available with MeansData™ *for Lotus.*®

166 | Lighting

	166 100	Lighting	CREW	DAILY OUTPUT	MAN-HOURS	UNIT	MAT.	LABOR	EQUIP.	TOTAL	TOTAL INCL O&P	
115	7580	250 watt	1 Elec	8.50	.941	Ea.	205	25		230	260	115
	7590	400 watt		7	1.143		230	30		260	300	
	7600	1000 watt		6	1.333		325	35		360	410	
	7610	Metal halide, 175 watt		8	1		105	26		131	155	
	7620	250 watt		8	1		145	26		171	200	
	7630	400 watt		7	1.143		160	30		190	220	
	7640	1000 watt		6	1.333		230	35		265	305	
	7650	1500 watt		5	1.600		270	42		312	360	
	7680	Mercury vapor, 100 watt		9	.889		85	23		108	130	
	7700	175 watt		8	1		105	26		131	155	
	7720	250 watt		8	1		145	26		171	200	
	7730	400 watt		7	1.143		155	30		185	215	
	7740	1000 watt		6	1.333		220	35		255	295	
	7800	Walkway luminaire, square 16", mercury vapor, 175 watt		3	2.667		260	70		330	390	
	7810	Metal halide 250 watt		2.70	2.963		310	77		387	455	
	7820	High pressure sodium 70 watt		3	2.667		320	70		390	455	
	7830	100 watt		3	2.667		340	70		410	480	
	7840	150 watt		3	2.667		355	70		425	495	
	7850	200 watt		3	2.667		370	70		440	510	
	7900	Round 19", mercury vapor, 175 watt		3	2.667		380	70		450	520	
	7910	Metal halide, 250 watt		2.70	2.963		430	77		507	590	
	7920	High pressure sodium, 70 watt		3	2.667		445	70		515	595	
	7930	100 watt		3	2.667		455	70		525	605	
	7940	150 watt		3	2.667		460	70		530	610	
	7950	250 watt		2.70	2.963		475	77		552	640	
	8000	Sphere 14" opal, incandescent, 200 watt		4	2		190	52		242	285	
	8010	Mercury vapor, 100 watt		3	2.667		280	70		350	410	
	8020	Sphere 18" opal, incandescent, 300 watt		3.50	2.286		235	60		295	350	
	8030	Mercury vapor, 175 watt		3	2.667		320	70		390	455	
	8040	Sphere 16" clear, high pressure sodium, 70 watt		3	2.667		405	70		475	550	
	8050	100 watt		3	2.667		435	70		505	580	
	8100	Cube 16" opal, incandescent, 300 watt		3.50	2.286		265	60		325	380	
	8110	Mercury vapor, 175 watt		3	2.667		355	70		425	495	
	8120	High pressure sodium, 70 watt		3	2.667		380	70		450	520	
	8130	100 watt		3	2.667		390	70		460	535	
	8200	Lantern, mercury vapor, 100 watt		3	2.667		205	70		275	330	
	8210	175 watt		3	2.667		195	70		265	320	
	8220	250 watt		2.70	2.963		285	77		362	430	
	8230	High pressure sodium, 70 watt		3	2.667		235	70		305	360	
	8240	100 watt		3	2.667		265	70		335	395	
	8250	150 watt		3	2.667		270	70		340	400	
	8260	250 watt		2.70	2.963		360	77		437	510	
	8270	Incandescent, 300 watt		3.50	2.286		155	60		215	260	
	8300	Reflector 22" w/globe, mercury vapor, 100 watt		3	2.667		260	70		330	390	
	8310	175 watt		3	2.667		265	70		335	395	
	8320	250 watt		2.70	2.963		350	77		427	500	
	8330	High pressure sodium, 70 watt		3	2.667		320	70		390	455	
	8340	100 watt		3	2.667		325	70		395	460	
	8350	150 watt		3	2.667		330	70		400	465	
	8360	250 watt		2.70	2.963		425	77		502	585	
120	0010	**FIXTURE HANGERS**										120
	0220	Box hub cover	1 Elec	32	.250	Ea.	2	6.55		8.55	11.95	
	0240	Canopy		12	.667		4.70	17.40		22.10	31	
	0260	Connecting block		40	.200		2.25	5.20		7.45	10.25	
	0280	Cushion hanger		16	.500		16	13.05		29.05	37	
	0300	Box hanger, with mounting strap		8	1		3.70	26		29.70	43	
	0320	Connecting block		40	.200		.66	5.20		5.86	8.50	
	0340	Flexible, 1/2" diameter, 4" long		12	.667		7.15	17.40		24.55	34	

ELECTRICAL 16

166 | Lighting

		166 100	Lighting	CREW	DAILY OUTPUT	MAN-HOURS	UNIT	1992 BARE COSTS MAT.	LABOR	EQUIP.	TOTAL	TOTAL INCL O&P	
120	0360	6" long	1 Elec	12	.667	Ea.	7.75	17.40		25.15	34	120
	0380	8" long		12	.667		8.65	17.40		26.05	35	
	0400	10" long		12	.667		9.15	17.40		26.55	36	
	0420	12" long		12	.667		10	17.40		27.40	37	
	0440	15" long		12	.667		10.40	17.40		27.80	37	
	0460	18" long		12	.667		11.95	17.40		29.35	39	
	0480	3/4" diameter, 4" long		10	.800		8.70	21		29.70	41	
	0500	6" long		10	.800		9.80	21		30.80	42	
	0520	8" long		10	.800		10.65	21		31.65	43	
	0540	10" long		10	.800		11.35	21		32.35	44	
	0560	12" long		10	.800		12.45	21		33.45	45	
	0580	15" long		10	.800		13.65	21		34.65	46	
	0600	18" long		10	.800		15.25	21		36.25	48	
125	0010	**FIXTURE WHIPS**										125
	0080	3/8" Greenfield, 2 connectors, 6' long										
	0100	TFFN wire, three #18	1 Elec	32	.250	Ea.	6.65	6.55		13.20	17.05	
	0150	Four #18		28	.286		6.90	7.45		14.35	18.70	
	0200	Three #16		32	.250		6.65	6.55		13.20	17.05	
	0250	Four #16		28	.286		7.05	7.45		14.50	18.90	
	0300	THHN wire, three #14		32	.250		8	6.55		14.55	18.55	
	0350	Four #14		28	.286		8.30	7.45		15.75	20	
130	0010	**INTERIOR LIGHTING FIXTURES** Including lamps, mounting	R166									130
	0030	hardware and connections	-130									
	0100	Fluorescent, C.W. lamps, troffer, recess mounted in grid, RS										
	0200	Acrylic lens, 1'W x 4'L, two 40 watt	1 Elec	5.70	1.404	Ea.	47	37		84	105	
	0210	1'W x 4'L, three 40 watt		5.40	1.481		64	39		103	130	
	0300	2'W x 2'L, two U40 watt		5.70	1.404		58	37		95	120	
	0400	2'W x 4'L, two 40 watt		5.30	1.509		52	39		91	115	
	0500	2'W x 4'L, three 40 watt		5	1.600		65	42		107	135	
	0600	2'W x 4'L, four 40 watt		4.70	1.702		66	44		110	140	
	0700	4'W x 4'L, four 40 watt		3.20	2.500		175	65		240	290	
	0800	4'W x 4'L, six 40 watt		3.10	2.581		190	67		257	310	
	0900	4'W x 4'L, eight 40 watt		2.90	2.759		200	72		272	325	
	1000	Surface mounted, RS										
	1030	Acrylic lens with hinged & latched door frame										
	1100	1'W x 4'L, two 40 watt	1 Elec	7	1.143	Ea.	53	30		83	105	
	1110	1'W x 4'L, three 40 watt		6.70	1.194		78	31		109	130	
	1200	2'W x 2'L, two U40 watt		7	1.143		84	30		114	135	
	1300	2'W x 4'L, two 40 watt		6.20	1.290		66	34		100	125	
	1400	2'W x 4'L, three 40 watt		5.70	1.404		86	37		123	150	
	1500	2'W x 4'L, four 40 watt		5.30	1.509		87	39		126	155	
	1600	4'W x 4'L, four 40 watt		3.60	2.222		165	58		223	270	
	1700	4'W x 4'L, six 40 watt		3.30	2.424		185	63		248	300	
	1800	4'W x 4'L, eight 40 watt		3.10	2.581		203	67		270	325	
	1900	2'W x 8'L, four 40 watt		3.20	2.500		158	65		223	270	
	2000	2'W x 8'L, eight 40 watt		3.10	2.581		165	67		232	280	
	2010	Acrylic wrap around lens										
	2020	6"W x 4'L, one 40 watt	1 Elec	8	1	Ea.	43	26		69	86	
	2030	6"W x 8'L, two 40 watt		4	2		66	52		118	150	
	2040	11"W x 4'L, two 40 watt		7	1.143		43	30		73	92	
	2050	11"W x 8'L, four 40 watt		3.30	2.424		79	63		142	180	
	2060	16"W x 4'L, four 40 watt		5.30	1.509		72	39		111	140	
	2070	16"W x 8'L, eight 40 watt		3.20	2.500		131	65		196	240	
	2080	2'W x 2'L, two U40 watt		7	1.143		105	30		135	160	
	2100	Strip fixture										
	2200	4' long, one 40 watt RS	1 Elec	8.50	.941	Ea.	26	25		51	65	
	2300	4' long, two 40 watt RS		8	1		27	26		53	69	

166 | Lighting

166 100	Lighting	CREW	DAILY OUTPUT	MAN-HOURS	UNIT	1992 BARE COSTS MAT.	LABOR	EQUIP.	TOTAL	TOTAL INCL O&P
2400	4' long, one 40 watt, SL	1 Elec	8	1	Ea.	45	26		71	88
2500	4' long, two 40 watt, SL		7	1.143		50	30		80	100
2600	8' long, one 75 watt, SL		6.70	1.194		45	31		76	96
2700	8' long, two 75 watt, SL		6.20	1.290		49	34		83	105
2800	4' long, two 60 watt, HO		6.70	1.194		68	31		99	120
2900	8' long, two 110 watt, HO		5.30	1.509		76	39		115	140
2910	4' long, two 115 watt, VHO		6.50	1.231		95	32		127	150
2920	8' long, two 215 watt, VHO		5.20	1.538		108	40		148	180
3000	Pendent mounted, industrial, white porcelain enamel									
3100	4' long, two 40 watt, RS	1 Elec	5.70	1.404	Ea.	63	37		100	125
3200	4' long, two 60 watt, HO		5	1.600		96	42		138	170
3300	8' long, two 75 watt, SL		4.40	1.818		97	47		144	180
3400	8' long, two 110 watt, HO		4	2		115	52		167	205
3410	Acrylic finish, 4' long, two 40 watt, RS		5.70	1.404		55	37		92	115
3420	4' long, two 60 watt, HO		5	1.600		92	42		134	165
3430	4' long, two 115 watt, VHO		4.80	1.667		130	44		174	210
3440	8' long, two 75 watt, SL		4.40	1.818		92	47		139	170
3450	8' long, two 110 watt, HO		4	2		106	52		158	195
3460	8' long, two 215 watt, VHO		3.80	2.105		150	55		205	245
3470	Troffer, air handling, 2'W x 4'L with four 40 watt, RS		4	2		146	52		198	240
3480	2'W x 2'L with two U40 watt RS		5.50	1.455		115	38		153	185
3490	Air connector insulated, 5" diameter		20	.400		49	10.45		59.45	69
3500	6" diameter		20	.400		50	10.45		60.45	71
3510	Troffer parabolic lay-in, 1'W x 4'L with one F40		5.70	1.404		92	37		129	155
3520	1'W x 4'L with two F40		5.30	1.509		95	39		134	165
3530	2'W x 4'L with three F40		5	1.600		140	42		182	215
3580	Mercury vapor, integral ballast, ceiling, recess mounted,									
3590	prismatic glass lens, floating door									
3600	2'W x 2'L, 250 watt DX lamp	1 Elec	3.20	2.500	Ea.	255	65		320	380
3700	2'W x 2'L, 400 watt DX lamp		2.90	2.759		265	72		337	400
3800	Surface mtd., prismatic lens, 2'W x 2'L, 250 watt DX lamp		2.70	2.963		235	77		312	375
3900	2'W x 2'L, 400 watt DX lamp		2.40	3.333		255	87		342	410
4000	High bay, aluminum reflector									
4030	Single unit, 400 watt DX lamp	1 Elec	2.30	3.478	Ea.	245	91		336	405
4100	Single unit, 1000 watt DX lamp		2	4		420	105		525	620
4200	Twin unit, two 400 watt DX lamps		1.60	5		490	130		620	735
4210	Low bay, aluminum reflector, 250W DX lamp		3.20	2.500		300	65		365	425
4220	Metal halide, integral ballast, ceiling, recess mounted									
4230	prismatic glass lens, floating door									
4240	2'W x 2'L, 250 watt	1 Elec	3.20	2.500	Ea.	280	65		345	405
4250	2'W x 2'L, 400 watt		2.90	2.759		320	72		392	460
4260	Surface mounted, 2'W x 2'L, 250 watt		2.70	2.963		260	77		337	400
4270	2'W x 2'L, 400 watt		2.40	3.333		300	87		387	460
4280	High bay, aluminum reflector,									
4290	Single unit, 400 watt	1 Elec	2.30	3.478	Ea.	280	91		371	445
4300	Single unit, 1000 watt		2	4		520	105		625	730
4310	Twin unit, 400 watt		1.60	5		560	130		690	810
4320	Low bay, aluminum reflector, 250W DX lamp		3.20	2.500		350	65		415	480
4330	400 watt lamp		2.50	3.200		520	84		604	695
4340	High pressure sodium integral ballast ceiling, recess mounted									
4350	prismatic glass lens, floating door									
4360	2'W x 2'L, 150 watt lamp	1 Elec	3.20	2.500	Ea.	320	65		385	450
4370	2'W x 2'L, 400 watt lamp		2.90	2.759		345	72		417	485
4380	Surface mounted, 2'W x 2'L, 150 watt lamp		2.70	2.963		315	77		392	460
4390	2'W x 2'L, 400 watt lamp		2.40	3.333		340	87		427	505
4400	High bay, aluminum reflector,									
4410	Single unit, 400 watt lamp	1 Elec	2.30	3.478	Ea.	435	91		526	615
4430	Single unit, 1000 watt lamp		2	4		650	105		755	870

166 | Lighting

		166 100 | Lighting	CREW	DAILY OUTPUT	MAN-HOURS	UNIT	1992 BARE COSTS				TOTAL INCL O&P	
							MAT.	LABOR	EQUIP.	TOTAL		
130	4440	Low bay, aluminum reflector, 150 watt lamp	1 Elec	3.20	2.500	Ea.	330	65		395	460	130
	4450	Incandescent, high hat can, round alzak reflector, prewired										
	4470	100 watt	1 Elec	8	1	Ea.	51	26		77	95	
	4480	150 watt		8	1		53	26		79	97	
	4500	300 watt		6.70	1.194		58	31		89	110	
	4520	Round with reflector and baffles, 150 watt		8	1		52	26		78	96	
	4540	Round with concentric louver, 150 watt PAR	▼	8	1	▼	51	26		77	95	
	4600	Square glass lens with metal trim, prewired										
	4630	100 watt	1 Elec	6.70	1.194	Ea.	32	31		63	82	
	4700	200 watt		6.70	1.194		37	31		68	87	
	4800	300 watt		5.70	1.404		57	37		94	115	
	4810	500 watt		5	1.600		142	42		184	220	
	4900	Ceiling/wall, surface mounted, metal cylinder, 75 watt		10	.800		33	21		54	67	
	4920	150 watt		10	.800		45	21		66	81	
	4930	300 watt		8	1		154	26		180	210	
	5000	500 watt		6.70	1.194		265	31		296	340	
	5010	Square, 100 watt		8	1		53	26		79	97	
	5020	150 watt		8	1		53	26		79	97	
	5030	300 watt		7	1.143		144	30		174	205	
	5040	500 watt	▼	6	1.333	▼	215	35		250	290	
	5200	Ceiling, surface mounted, opal glass drum										
	5300	8", one 60 watt	1 Elec	10	.800	Ea.	33	21		54	67	
	5400	10", two 60 watt lamps		8	1		37	26		63	80	
	5500	12", four 60 watt lamps		6.70	1.194		75	31		106	130	
	5510	Pendent, round, 100 watt		8	1		62	26		88	105	
	5520	150 watt		8	1		62	26		88	105	
	5530	300 watt		6.70	1.194		149	31		180	210	
	5540	500 watt		5.50	1.455		225	38		263	305	
	5550	Square, 100 watt		6.70	1.194		123	31		154	180	
	5560	150 watt		6.70	1.194		128	31		159	185	
	5570	300 watt		5.70	1.404		165	37		202	235	
	5580	500 watt		5	1.600		220	42		262	305	
	5600	Wall, round, 100 watt		8	1		51	26		77	95	
	5620	300 watt		8	1		185	26		211	240	
	5630	500 watt		6.70	1.194		273	31		304	345	
	5640	Square, 100 watt		8	1		95	26		121	145	
	5650	150 watt		8	1		95	26		121	145	
	5660	300 watt		7	1.143		154	30		184	215	
	5670	500 watt		6	1.333		225	35		260	300	
	6010	Vapor tight, incandescent, ceiling mounted, 200 watt		6.20	1.290		46	34		80	100	
	6020	Recessed, 200 watt		6.70	1.194		59	31		90	110	
	6030	Pendent, 200 watt		6.70	1.194		51	31		82	105	
	6040	Wall, 200 watt		8	1		52	26		78	96	
	6100	Fluorescent, surface mounted, 2 lamps, 4'L, RS, 40 watt		3.20	2.500		77	65		142	180	
	6110	Industrial, 2 lamps 4' long in tandem, 430 MA		2.20	3.636		152	95		247	310	
	6130	2 lamps 4' long, 800 MA		1.90	4.211		110	110		220	285	
	6160	Pendent, indust, 2 lamps 4'L in tandem, 430 MA		1.90	4.211		165	110		275	345	
	6170	2 lamps 4' long, 430 MA		2.30	3.478		88	91		179	230	
	6180	2 lamps 4' long, 800 MA		1.70	4.706		120	125		245	315	
	6200	Mercury vapor with ballast, 175 watt	▼	3.20	2.500	▼	245	65		310	365	
	6300	Explosionproof										
	6310	Metal halide, ballast, ceiling, surface mounted, 175 watt	1 Elec	2.90	2.759	Ea.	710	72		782	890	
	6320	250 watt		2.70	2.963		820	77		897	1,025	
	6330	400 watt		2.40	3.333		885	87		972	1,100	
	6340	Ceiling, pendent mounted, 175 watt		2.60	3.077		675	80		755	860	
	6350	250 watt		2.40	3.333		790	87		877	1,000	
	6360	400 watt		2.10	3.810		865	99		964	1,100	
	6370	Wall, surface mounted, 175 watt	▼	2.90	2.759	▼	740	72		812	920	

166 | Lighting

				DAILY	MAN-		1992 BARE COSTS				TOTAL	
	**166 100	Lighting**		CREW	OUTPUT	HOURS	UNIT	MAT.	LABOR	EQUIP.	TOTAL	INCL O&P	
130	6380		250 watt	1 Elec	2.70	2.963	Ea.	850	77		927	1,050	130
	6390		400 watt		2.40	3.333		905	87		992	1,125	
	6400		High pressure sodium, ceiling surface mounted, 70 watt		3	2.667		765	70		835	945	
	6410		100 watt		3	2.667		785	70		855	965	
	6420		150 watt		2.70	2.963		810	77		887	1,000	
	6430		Pendent mounted, 70 watt		2.70	2.963		720	77		797	905	
	6440		100 watt		2.70	2.963		740	77		817	930	
	6450		150 watt		2.40	3.333		765	87		852	970	
	6460		Wall mounted, 70 watt		3	2.667		795	70		865	980	
	6470		100 watt		3	2.667		820	70		890	1,000	
	6480		150 watt		2.70	2.963		825	77		902	1,025	
	6510		Incandescent, ceiling mounted, 200 watt		4	2		285	52		337	390	
	6520		Pendent mounted, 200 watt		3.50	2.286		250	60		310	365	
	6530		Wall mounted, 200 watt		4	2		315	52		367	425	
	6600		Fluorescent, RS, 4' long, ceiling mounted, two 40 watt		2.70	2.963		1,500	77		1,577	1,775	
	6610		Three 40 watt		2.20	3.636		2,190	95		2,285	2,550	
	6620		Four 40 watt		1.90	4.211		2,850	110		2,960	3,300	
	6630		Pendent mounted, two 40 watt		2.30	3.478		1,590	91		1,681	1,875	
	6640		Three 40 watt		1.90	4.211		2,310	110		2,420	2,700	
	6650		Four 40 watt		1.70	4.706		2,945	125		3,070	3,425	
	6700		Mercury vapor with ballast, surface mounted, 175 watt		2.70	2.963		585	77		662	760	
	6710		250 watt		2.70	2.963		625	77		702	805	
	6740		400 watt		2.40	3.333		755	87		842	960	
	6750		Pendent mounted, 175 watt		2.40	3.333		580	87		667	770	
	6760		250 watt		2.40	3.333		600	87		687	790	
	6770		400 watt		2.10	3.810		725	99		824	945	
	6780		Wall mounted, 175 watt		2.70	2.963		615	77		692	790	
	6790		250 watt		2.70	2.963		670	77		747	850	
	6820		400 watt		2.40	3.333		795	87		882	1,000	
	6850		Vandalproof, surface mounted, fluorescent, two 40 watt		3.20	2.500		110	65		175	220	
	6860		Incandescent, one 150 watt		8	1		47	26		73	91	
	6900		Mirror light, fluorescent, RS, acrylic enclosure, two 40 watt		8	1		63	26		89	110	
	6910		One 40 watt		8	1		58	26		84	105	
	6920		One 20 watt		12	.667		51	17.40		68.40	82	
	7000		Low bay, aluminum reflector. 70 watt, high pressure sodium		4	2		315	52		367	425	
	7010		250 watt, high pressure sodium		3.20	2.500		545	65		610	695	
	7020		400 watt, high pressure sodium		2.50	3.200		565	84		649	745	
	7500		Ballast replacement, by weight of ballast, to 15' high										
	7520		Indoor fluorescent, less than 2 lbs.	1 Elec	10	.800	Ea.		21		21	31	
	7540		2 40W, watt reducer, 2 to 5 lbs.		9.40	.851		19	22		41	54	
	7560		2 F96 slimline, over 5 lbs.		8	1		30	26		56	72	
	7580		Vaportite ballast, less than 2 lbs.		9.40	.851			22		22	33	
	7600		2 lbs. to 5 lbs.		8.90	.899			23		23	35	
	7620		Over 5 lbs.		7.60	1.053			27		27	41	
	7630		Electronic ballast		8	1		32	26		58	74	
	7640		Dimmable ballast one lamp		8	1		49.50	26		75.50	93	
	7650		Dimmable ballast two-lamp		7.60	1.053		80	27		107	130	
	7990		Decorator										
	8000		Pendent RLM in colors, shallow dome, 12" diam. 100 watt	1 Elec	8	1	Ea.	45	26		71	88	
	8010		Regular dome, 12" diam., 100 watt		8	1		45	26		71	88	
	8020		16" diam., 200 watt		7	1.143		48	30		78	97	
	8030		18" diam., 500 watt		6	1.333		77	35		112	135	
	8100		Picture framing light, minimum		16	.500		39	13.05		52.05	62	
	8110		Maximum		16	.500		91	13.05		104.05	120	
	8150		Miniature low voltage, recessed, pinhole		8	1		82	26		108	130	
	8160		Star		8	1		82	26		108	130	
	8170		Adjustable cone		8	1		90	26		116	140	
	8180		Eyeball		8	1		90	26		116	140	

166 | Lighting

166 100 | Lighting

			CREW	DAILY OUTPUT	MAN-HOURS	UNIT	1992 BARE COSTS MAT.	LABOR	EQUIP.	TOTAL	TOTAL INCL O&P	
130	8190	Cone	1 Elec	8	1	Ea.	90	26		116	140	130
	8200	Coilex baffle		8	1		90	26		116	140	
	8210	Surface mounted, adjustable cylinder	▼	8	1	▼	90	26		116	140	
	8250	Chandeliers, incandescent										
	8260	24" diam. x 42" high, 6 light candle	1 Elec	6	1.333	Ea.	280	35		315	360	
	8270	24" diam. x 42" high, 6 light candle w/glass shade		6	1.333		315	35		350	400	
	8280	17" diam. x 12" high, 8 light w/glass panels		8	1		275	26		301	340	
	8290	32" diam. x 48"H, 10 light bohemian lead crystal		4	2		1,210	52		1,262	1,400	
	8300	27" diam. x 29"H, 10 light bohemian lead crystal		4	2		1,290	52		1,342	1,500	
	8310	21" diam. x 9" high 6 light sculptured ice crystal	▼	8	1	▼	540	26		566	635	
	8500	Accent lights, on floor or edge, .5W low volt incandescent										
	8520	incl. transformer & fastenings, based on 100' lengths										
	8550	Lights in clear tubing, 12" on center	1 Elec	230	.035	L.F.	3.80	.91		4.71	5.55	
	8560	6" on center		160	.050		6.35	1.31		7.66	8.95	
	8570	4" on center		130	.062		9.05	1.61		10.66	12.35	
	8580	3" on center		125	.064		12.15	1.67		13.82	15.85	
	8590	2" on center		100	.080		17.20	2.09		19.29	22	
	8600	Carpet, lights both sides 6" OC, in alum. extrusion		270	.030		9.60	.77		10.37	11.70	
	8610	In bronze extrusion		270	.030		11.75	.77		12.52	14.10	
	8620	Carpet-bare floor, lights 18" OC, in alum. extrusion		270	.030		5.90	.77		6.67	7.65	
	8630	In bronze extrusion		270	.030		8	.77		8.77	9.95	
	8640	Carpet edge-wall, lights 6" OC in alum. extrusion		270	.030		9.55	.77		10.32	11.65	
	8650	In bronze extrusion		270	.030		11.75	.77		12.52	14.10	
	8660	Bare floor, lights 18" OC, in aluminum extrusion		300	.027		8	.70		8.70	9.85	
	8670	In bronze extrusion		300	.027		10.85	.70		11.55	12.95	
	8680	Bare floor conduit, aluminum extrusion		300	.027		2.55	.70		3.25	3.84	
	8690	In bronze extrusion		300	.027	▼	5.05	.70		5.75	6.60	
	8700	Step edge to 36", lights 6" OC, in alum. extrusion		100	.080	Ea.	33	2.09		35.09	39	
	8710	In bronze extrusion		100	.080		39	2.09		41.09	46	
	8720	Step edge to 54", lights 6" OC, in alum. extrusion		100	.080		44	2.09		46.09	52	
	8730	In bronze extrusion		100	.080		55	2.09		57.09	64	
	8740	Step edge to 72", lights 6" OC, in alum. extrusion		100	.080		57	2.09		59.09	66	
	8750	In bronze extrusion		100	.080		71	2.09		73.09	81	
	8760	Connector, male		32	.250		.85	6.55		7.40	10.65	
	8770	Female with pigtail		32	.250		2.60	6.55		9.15	12.60	
	8780	Clamps		400	.020		.24	.52		.76	1.04	
	8790	Transformers, 55 watt		8	1		35	26		61	77	
	8800	250 watt		4	2		114	52		166	205	
	8810	1000 watt	▼	2.70	2.963	▼	245	77		322	385	
135	0010	**INTERIOR LIGHTING FIXTURES** Incl. lamps, and mounting hardware										135
	0100	Mercury vapor, recessed, round, 250 watt	1 Elec	3.20	2.500	Ea.	365	65		430	500	
	0120	400 watt		2.90	2.759		425	72		497	575	
	0140	1000 watt		2.40	3.333		640	87		727	835	
	0200	Square, 1000 watt		2.40	3.333		720	87		807	920	
	0220	Surface, round, 250 watt		2.70	2.963		375	77		452	530	
	0240	400 watt		2.40	3.333		620	87		707	810	
	0260	1000 watt		1.80	4.444		910	115		1,025	1,175	
	0320	Square, 1000 watt		1.80	4.444		710	115		825	955	
	0340	Pendent, round, 250 watt		2.70	2.963		390	77		467	545	
	0360	400 watt		2.40	3.333		670	87		757	865	
	0380	1000 watt		1.80	4.444		1,075	115		1,190	1,350	
	0400	Square, 250 watt		2.70	2.963		380	77		457	535	
	0420	400 watt		2.40	3.333		565	87		652	750	
	0440	1000 watt		1.80	4.444		700	115		815	945	
	0460	Wall, round, 250 watt		2.70	2.963		415	77		492	570	
	0480	400 watt		2.40	3.333		600	87		687	790	
	0500	1000 watt	▼	1.80	4.444		795	115		910	1,050	

166 | Lighting

166 100 | Lighting

			DAILY	MAN-		1992 BARE COSTS				TOTAL	
		CREW	OUTPUT	HOURS	UNIT	MAT.	LABOR	EQUIP.	TOTAL	INCL O&P	
135	0520	Square, 250 watt	1 Elec	2.70	2.963	Ea.	415	77		492	570	135
	0540	400 watt		2.40	3.333		600	87		687	790	
	0560	1000 watt		1.80	4.444		800	115		915	1,050	
	0700	High pressure sodium, recessed, round, 70 watt		3.50	2.286		365	60		425	490	
	0720	100 watt		3.50	2.286		385	60		445	515	
	0740	150 watt		3.20	2.500		405	65		470	545	
	0760	Square, 70 watt		3.60	2.222		385	58		443	510	
	0780	100 watt		3.60	2.222		395	58		453	520	
	0820	250 watt		3	2.667		480	70		550	630	
	0840	1000 watt		2.40	3.333		900	87		987	1,125	
	0860	Surface round, 70 watt		3	2.667		395	70		465	540	
	0880	100 watt		3	2.667		405	70		475	550	
	0900	150 watt		2.70	2.963		445	77		522	605	
	0920	Square, 70 watt		3	2.667		405	70		475	550	
	0940	100 watt		3	2.667		410	70		480	555	
	0980	250 watt		2.50	3.200		470	84		554	640	
	1040	Pendent, round, 70 watt		3	2.667		360	70		430	500	
	1060	100 watt		3	2.667		385	70		455	525	
	1080	150 watt		2.70	2.963		455	77		532	615	
	1100	Square, 70 watt		3	2.667		385	70		455	525	
	1120	100 watt		3	2.667		395	70		465	540	
	1140	150 watt		2.70	2.963		455	77		532	615	
	1160	250 watt		2.50	3.200		660	84		744	850	
	1180	400 watt		2.40	3.333		700	87		787	900	
	1220	Wall, round, 70 watt		3	2.667		450	70		520	600	
	1240	100 watt		3	2.667		460	70		530	610	
	1260	150 watt		2.70	2.963		490	77		567	655	
	1300	Square, 70 watt		3	2.667		470	70		540	620	
	1320	100 watt		3	2.667		480	70		550	630	
	1340	150 watt		2.40	3.333		500	87		587	680	
	1360	250 watt		2.50	3.200		570	84		654	750	
	1380	400 watt		2.40	3.333		740	87		827	945	
	1400	1000 watt		1.80	4.444		995	115		1,110	1,275	
	1500	Metal halide, recessed, round, 175 watt		3.40	2.353		385	61		446	515	
	1520	250 watt		3.20	2.500		410	65		475	550	
	1540	400 watt		2.90	2.759		470	72		542	625	
	1580	Square, 175 watt		3.40	2.353		350	61		411	475	
	1640	Surface, round, 175 watt		2.90	2.759		425	72		497	575	
	1660	250 watt		2.70	2.963		445	77		522	605	
	1680	400 watt		2.40	3.333		685	87		772	885	
	1720	Square, 175 watt		2.90	2.759		360	72		432	505	
	1800	Pendent, round, 175 watt		2.90	2.759		380	72		452	525	
	1820	250 watt		2.70	2.963		435	77		512	595	
	1840	400 watt		2.40	3.333		735	87		822	940	
	1880	Square, 175 watt		2.90	2.759		380	72		452	525	
	1900	250 watt		2.70	2.963		435	77		512	595	
	1920	400 watt		2.40	3.333		735	87		822	940	
	1980	Wall, round, 175 watt		2.90	2.759		405	72		477	555	
	2000	250 watt		2.70	2.963		460	77		537	620	
	2020	400 watt		2.40	3.333		725	87		812	925	
	2060	Square, 175 watt		2.90	2.759		425	72		497	575	
	2080	250 watt		2.70	2.963		460	77		537	620	
	2100	400 watt		2.40	3.333		725	87		812	925	
	2500	Vaporproof, mercury vapor, recessed, 250 watt		3.20	2.500		340	65		405	470	
	2520	400 watt		2.90	2.759		400	72		472	545	
	2540	1000 watt		2.40	3.333		685	87		772	885	
	2560	Surface, 250 watt		2.70	2.963		375	77		452	530	
	2580	400 watt		2.40	3.333		530	87		617	715	

16 ELECTRICAL

166 | Lighting

166 100 | Lighting

			CREW	DAILY OUTPUT	MAN-HOURS	UNIT	MAT.	LABOR	EQUIP.	TOTAL	TOTAL INCL O&P
1352	2600	1000 watt	1 Elec	1.80	4.444	Ea.	685	115		800	925
	2620	Pendent, 250 watt		2.70	2.963		380	77		457	535
	2640	400 watt		2.40	3.333		540	87		627	725
	2660	1000 watt		1.80	4.444		685	115		800	925
	2680	Wall, 250 watt		2.70	2.963		400	77		477	555
	2700	400 watt		2.40	3.333		560	87		647	745
	2720	1000 watt		1.80	4.444		735	115		850	980
	2800	High pressure sodium, recessed, 70 watt		3.50	2.286		340	60		400	465
	2820	100 watt		3.50	2.286		350	60		410	475
	2840	150 watt		3.20	2.500		370	65		435	505
	2900	Surface, 70 watt		3	2.667		425	70		495	570
	2920	100 watt		3	2.667		445	70		515	595
	2940	150 watt		2.70	2.963		465	77		542	625
	3000	Pendent, 70 watt		3	2.667		425	70		495	570
	3020	100 watt		3	2.667		445	70		515	595
	3040	150 watt		2.70	2.963		470	77		547	630
	3100	Wall, 70 watt		3	2.667		455	70		525	605
	3120	100 watt		3	2.667		470	70		540	620
	3140	150 watt		2.70	2.963		490	77		567	655
	3200	Metal halide, recessed, 175 watt		3.40	2.353		340	61		401	465
	3220	250 watt		3.20	2.500		365	65		430	500
	3240	400 watt		2.90	2.759		460	72		532	615
	3260	1000 watt		2.40	3.333		800	87		887	1,000
	3280	Surface, 175 watt		2.90	2.759		375	72		447	520
	3300	250 watt		2.70	2.963		545	77		622	715
	3320	400 watt		2.40	3.333		625	87		712	815
	3340	1000 watt		1.80	4.444		1,000	115		1,115	1,275
	3360	Pendent, 175 watt		2.90	2.759		375	72		447	520
	3380	250 watt		2.70	2.963		550	77		627	720
	3400	400 watt		2.40	3.333		635	87		722	830
	3420	1000 watt		1.80	4.444		1,100	115		1,215	1,375
	3440	Wall, 175 watt		2.90	2.759		400	72		472	545
	3460	250 watt		2.70	2.963		570	77		647	740
	3480	400 watt		2.40	3.333		655	87		742	850
	3500	1000 watt		1.80	4.444		1,155	115		1,270	1,450
	5000	Indirect lighting									
	5010	Freestanding round, 72"H 16" diam., 175W metal halide	1 Elec	8	1	Ea.	510	26		536	600
	5020	250 watt metal halide		8	1		530	26		556	620
	5030	150 watt high pressure sodium		8	1		550	26		576	645
	5040	250 watt high pressure sodium		8	1		575	26		601	670
	5050	72" H 21" diam, 400 watt metal halide		8	1		555	26		581	650
	5060	250 watt high pressure sodium		8	1		580	26		606	675
	5070	400 watt high pressure sodium		8	1		590	26		616	690
	5090	Freestanding square w/legs, 72" high 13.5" sq.,									
	5100	175 watt metal halide	1 Elec	8	1	Ea.	485	26		511	570
	5110	250 watt metal halide		8	1		505	26		531	595
	5120	150 watt high pressure sodium		8	1		540	26		566	635
	5130	250 watt high pressure sodium		8	1		560	26		586	655
	5140	72"H 18" sq., 400 watt metal halide		8	1		530	26		556	620
	5150	250 watt metal halide		8	1		560	26		586	655
	5160	400 watt high pressure sodium		8	1		585	26		611	680
	5190	Portable rectangle, 6" high 13.5" x 20"									
	5200	175 watt metal halide	1 Elec	12	.667	Ea.	305	17.40		322.40	360
	5210	250 watt metal halide		12	.667		330	17.40		347.40	390
	5220	150 watt high pressure sodium		12	.667		350	17.40		367.40	410
	5230	250 watt high pressure sodium		12	.667		375	17.40		392.40	440
	5240	8" high 18" x 24", 400 watt metal halide		12	.667		380	17.40		397.40	445
	5250	250 watt high pressure sodium		12	.667		390	17.40		407.40	455

166 | Lighting

166 100 | Lighting

			CREW	DAILY OUTPUT	MAN-HOURS	UNIT	MAT.	LABOR	EQUIP.	TOTAL	TOTAL INCL O&P	
135	5260	400 watt high pressure sodium	1 Elec	12	.667	Ea.	415	17.40		432.40	480	135
	5270	Portable square, 15" high 13.5" sq., 175 watt metal halide		12	.667		340	17.40		357.40	400	
	5280	250 watt metal halide		12	.667		390	17.40		407.40	455	
	5290	150 watt high pressure sodium		12	.667		375	17.40		392.40	440	
	5300	250 watt high pressure sodium		12	.667		400	17.40		417.40	465	
	5400	Pendent 16" round/square, 175 watt metal halide		3.20	2.500		370	65		435	505	
	5410	250 watt metal halide		2.70	2.963		385	77		462	540	
	5420	400 watt metal halide		2.40	3.333		415	87		502	585	
	5430	150 watt high pressure sodium		3.20	2.500		415	65		480	555	
	5440	250 watt high pressure sodium		2.70	2.963		445	77		522	605	
	5450	400 watt high pressure sodium		2.40	3.333		470	87		557	645	
140	0010	**LAMPS**										140
	0080	Fluorescent, rapid start, cool white, 2' long, 20 watt	1 Elec	1	8	C	445	210		655	800	
	0100	4' long, 40 watt		.90	8.889		295	230		525	670	
	0120	3' long, 30 watt		.90	8.889		570	230		800	975	
	0150	U-40 watt		.80	10		1,015	260		1,275	1,500	
	0170	4' long, 35 watt energy saver		.90	8.889		345	230		575	725	
	0200	Slimline, 4' long, 40 watt		.90	8.889		750	230		980	1,175	
	0300	8' long, 75 watt		.80	10		685	260		945	1,150	
	0350	8' long, 60 watt energy saver		.80	10		740	260		1,000	1,200	
	0400	High output, 4' long, 60 watt		.90	8.889		855	230		1,085	1,275	
	0500	8' long, 110 watt		.80	10		890	260		1,150	1,375	
	0520	Very high output, 4' long, 110 watt		.90	8.889		1,620	230		1,850	2,125	
	0550	8' long, 215 watt		.70	11.429		1,585	300		1,885	2,200	
	0560	Twin tube compact lamp		.90	8.889		570	230		800	975	
	0570	Double twin tube compact lamp		.80	10		935	260		1,195	1,425	
	0600	Mercury vapor, mogul base, deluxe white, 100 watt		.30	26.667		2,870	695		3,565	4,200	
	0650	175 watt		.30	26.667		2,140	695		2,835	3,400	
	0700	250 watt		.30	26.667		3,750	695		4,445	5,175	
	0800	400 watt		.30	26.667		3,020	695		3,715	4,350	
	0900	1000 watt		.20	40		6,790	1,050		7,840	9,025	
	1000	Metal halide, mogul base, 175 watt		.30	26.667		4,450	695		5,145	5,925	
	1100	250 watt		.30	26.667		5,040	695		5,735	6,575	
	1200	400 watt		.30	26.667		5,080	695		5,775	6,625	
	1300	1000 watt		.20	40		11,200	1,050		12,250	13,900	
	1320	1000 watt, 125,000 initial lumens		.20	40		11,095	1,050		12,145	13,800	
	1330	1500 watt		.20	40		11,265	1,050		12,315	13,900	
	1350	Sodium high pressure, 70 watt		.30	26.667		4,712	695		5,407	6,225	
	1360	100 watt		.30	26.667		5,330	695		6,025	6,900	
	1370	150 watt		.30	26.667		5,500	695		6,195	7,100	
	1380	250 watt		.30	26.667		5,845	695		6,540	7,475	
	1400	400 watt		.30	26.667		6,185	695		6,880	7,850	
	1450	1000 watt		.20	40		14,980	1,050		16,030	18,000	
	1500	Low pressure, 35 watt		.30	26.667		4,195	695		4,890	5,650	
	1550	55 watt		.30	26.667		4,630	695		5,325	6,125	
	1600	90 watt		.30	26.667		5,380	695		6,075	6,950	
	1650	135 watt		.20	40		6,905	1,050		7,955	9,150	
	1700	180 watt		.20	40		7,610	1,050		8,660	9,925	
	1750	Quartz line, clear, 500 watt		1.10	7.273		2,180	190		2,370	2,675	
	1760	1500 watt		.20	40		3,990	1,050		5,040	5,950	
	1800	Incandescent, interior, A21, 100 watt		1.60	5		185	130		315	400	
	1900	A21, 150 watt		1.60	5		220	130		350	435	
	2000	A23, 200 watt		1.60	5		245	130		375	465	
	2200	PS 30, 300 watt		1.60	5		380	130		510	615	
	2210	PS 35, 500 watt		1.60	5		710	130		840	975	
	2230	PS 52, 1000 watt		1.30	6.154		1,670	160		1,830	2,075	
	2240	PS 52, 1500 watt		1.30	6.154		2,690	160		2,850	3,200	

ELECTRICAL 16

166 | Lighting

166 100 | Lighting

			CREW	DAILY OUTPUT	MAN-HOURS	UNIT	1992 BARE COSTS				TOTAL INCL O&P	
							MAT.	LABOR	EQUIP.	TOTAL		
140	2300	R30, 75 watt	1 Elec	1.30	6.154	C	460	160		620	745	140
	2400	R40, 150 watt		1.30	6.154		505	160		665	795	
	2500	Exterior, PAR 38, 75 watt		1.30	6.154		630	160		790	935	
	2600	PAR 38, 150 watt		1.30	6.154		610	160		770	910	
	2700	PAR 46, 200 watt		1.10	7.273		2,440	190		2,630	2,975	
	2800	PAR 56, 300 watt		1.10	7.273		2,750	190		2,940	3,300	
	3000	Guards, fluorescent lamp, 4' long		1	8		445	210		655	800	
	3200	8' long		.90	8.889		625	230		855	1,025	
145	0010	**RESIDENTIAL FIXTURES**										145
	0400	Fluorescent, interior, surface, circline, 32 watt & 40 watt	1 Elec	20	.400	Ea.	51	10.45		61.45	72	
	0500	2' x 2', two U 40 watt		8	1		68	26		94	115	
	0700	Shallow under cabinet, two 20 watt		16	.500		47	13.05		60.05	71	
	0900	Wall mounted, 4'L, one 40 watt, with baffle		10	.800		44	21		65	80	
	2000	Incandescent, exterior lantern, wall mounted, 60 watt		16	.500		38.50	13.05		51.55	62	
	2100	Post light, 150W, with 7' post		4	2		112	52		164	200	
	2500	Lamp holder, weatherproof with 150W PAR		16	.500		18	13.05		31.05	39	
	2550	With reflector and guard		12	.667		34	17.40		51.40	63	
	2600	Interior pendent, globe with shade, 150 watt		20	.400		83	10.45		93.45	105	
150	0010	**TRACK LIGHTING**										150
	0080	Track, 1 circuit, 4' section	1 Elec	6.70	1.194	Ea.	35	31		66	85	
	0100	8' section		5.30	1.509		52	39		91	115	
	0200	12' section		4.40	1.818		87	47		134	165	
	0300	3 circuits, 4' section		6.70	1.194		39	31		70	89	
	0400	8' section		5.30	1.509		52	39		91	115	
	0500	12' section		4.40	1.818		96	47		143	175	
	1000	Feed kit, surface mounting		16	.500		13	13.05		26.05	34	
	1100	End cover		24	.333		2.10	8.70		10.80	15.30	
	1200	Feed kit, stem mounting, 1 circuit		16	.500		17	13.05		30.05	38	
	1300	3 circuit		16	.500		17	13.05		30.05	38	
	2000	Electrical joiner for continuous runs, 1 circuit		32	.250		7.20	6.55		13.75	17.65	
	2100	3 circuit		32	.250		13	6.55		19.55	24	
	2200	Fixtures, spotlight, 150w PAR		16	.500		53	13.05		66.05	78	
	3000	Wall washer, 250 watt tungsten halogen		16	.500		115	13.05		128.05	145	
	3100	Low voltage, 25/50 watt, 1 circuit		16	.500		116	13.05		129.05	145	
	3120	3 circuit		16	.500		122	13.05		135.05	155	

167 | Electric Utilities

167 100 | Electric Utilities

			CREW	DAILY OUTPUT	MAN-HOURS	UNIT	1992 BARE COSTS				TOTAL INCL O&P	
							MAT.	LABOR	EQUIP.	TOTAL		
110	0010	**ELECTRIC & TELEPHONE SITEWORK** Not including excavation,										110
	0200	backfill and cast in place.concrete										
	0250	For bedding see div. 026										
	0400	Hand holes, precast concrete with concrete cover										
	0600	2' x 2' x 3' deep	R-3	2.40	8.333	Ea.	250	215	46	511	650	
	0800	3' x 3' x 3' deep		1.90	10.526		345	275	58	678	850	
	1000	4' x 4' x 4' deep		1.40	14.286		745	370	79	1,194	1,450	
	1200	Manholes, precast, with iron racks, pulling irons, C.I. frame										
	1400	and cover, 4' x 6' x 7' deep	R-3	1.20	16.667	Ea.	1,335	430	92	1,857	2,225	
	1600	6' x 8' x 7' deep		1	20		1,620	520	110	2,250	2,675	
	1800	6' x 10' x 7' deep		.80	25		1,830	650	140	2,620	3,125	
	2000	Poles, wood, creosoted, see also division 166-115, 20' high		3.10	6.452		220	165	36	421	530	

167 | Electric Utilities

167 100 | Electric Utilities

			CREW	DAILY OUTPUT	MAN-HOURS	UNIT	1992 BARE COSTS				TOTAL INCL O&P
							MAT.	LABOR	EQUIP.	TOTAL	
110	2400	25' high	R-3	2.90	6.897	Ea.	275	180	38	493	610
	2600	30' high		2.60	7.692		320	200	43	563	695
	2800	35' high		2.40	8.333		410	215	46	671	825
	3000	40' high		2.30	8.696		495	225	48	768	935
	3200	45' high		1.70	11.765		525	305	65	895	1,100
	3400	Cross arms with hardware & insulators									
	3600	4' long	1 Elec	2.50	3.200	Ea.	84	84		168	215
	3800	5' long		2.40	3.333		102	87		189	240
	4000	6' long		2.20	3.636		117	95		212	270
	4200	Underground duct, banks ready for concrete fill, min. of 7"									
	4400	between conduits, ctr. to ctr.(for wire & cable see div. 161)									
	4580	PVC, type EB, 1 @ 2" diameter	1 Elec	240	.033	L.F.	.37	.87		1.24	1.71
	4600	2 @ 2" diameter		120	.067		.74	1.74		2.48	3.41
	4800	4 @ 2" diameter		60	.133		1.48	3.48		4.96	6.80
	4900	1 @ 3" diameter		200	.040		.51	1.04		1.55	2.12
	5000	2 @ 3" diameter		100	.080		1.02	2.09		3.11	4.24
	5200	4 @ 3" diameter		50	.160		2.04	4.18		6.22	8.50
	5300	1 @ 4" diameter		160	.050		.83	1.31		2.14	2.86
	5400	2 @ 4" diameter		80	.100		1.66	2.61		4.27	5.70
	5600	4 @ 4" diameter		40	.200		3.32	5.20		8.52	11.45
	5800	6 @ 4" diameter		27	.296		4.98	7.75		12.73	17
	5810	1 @ 5" diameter		130	.062		1.27	1.61		2.88	3.79
	5820	2 @ 5" diameter		65	.123		2.54	3.21		5.75	7.60
	5840	4 @ 5" diameter		35	.229		5.08	5.95		11.03	14.50
	5860	6 @ 5" diameter		25	.320		7.62	8.35		15.97	21
	5870	1 @ 6" diameter		100	.080		1.75	2.09		3.84	5.05
	5880	2 @ 6" diameter		50	.160		3.50	4.18		7.68	10.10
	5900	4 @ 6" diameter		25	.320		7	8.35		15.35	20
	5920	6 @ 6" diameter		15	.533		10.50	13.90		24.40	32
	6200	Rigid galvanized steel, 2 @ 2" diameter		90	.089		7.30	2.32		9.62	11.50
	6400	4 @ 2" diameter		45	.178		14.60	4.64		19.24	23
	6800	2 @ 3" diameter		50	.160		15.30	4.18		19.48	23
	7000	4 @ 3" diameter		25	.320		30.60	8.35		38.95	46
	7200	2 @ 4" diameter		35	.229		22.40	5.95		28.35	34
	7400	4 @ 4" diameter		17	.471		44.80	12.30		57.10	68
	7600	6 @ 4" diameter		11	.727		67.20	19		86.20	100
	7620	2 @ 5" diameter		30	.267		47.20	6.95		54.15	62
	7640	4 @ 5" diameter		15	.533		94.40	13.90		108.30	125
	7660	6 @ 5" diameter		9	.889		141.60	23		164.60	190
	7680	2 @ 6" diameter		20	.400		66.80	10.45		77.25	89
	7700	4 @ 6" diameter		10	.800		133.60	21		154.60	180
	7720	6 @ 6" diameter		7	1.143		200.40	30		230.40	265
	7800	For Cast-in-place Concrete - Add									
	7810	Under 1 c.y.	C-6	16	3	C.Y.	80	57	4.05	141.05	180
	7820	1 c.y. - 5 c.y.		19.20	2.500		78	48	3.38	129.38	165
	7830	Over 5 c.y.		24	2		76	38	2.70	116.70	145
	7850	For Reinforcing Rods - Add									
	7860	#4 to #7	2 Rodm	7	2.286	Ton	530	57		587	680
	7870	#8 to #14	"	4	4	"	520	100		620	745
	8000	Fittings, PVC type EB, elbow, 2" diameter	1 Elec	16	.500	Ea.	4.25	13.05		17.30	24
	8200	3" diameter		14	.571		8.60	14.90		23.50	32
	8400	4" diameter		12	.667		13.80	17.40		31.20	41
	8420	5" diameter		10	.800		21	21		42	54
	8440	6" diameter		9	.889		35	23		58	73
	8500	Coupling, 2" diameter					1.06			1.06	1.17
	8600	3" diameter					1.30			1.30	1.43
	8700	4" diameter					1.70			1.70	1.87
	8720	5" diameter					3.70			3.70	4.07

167 | Electric Utilities

167 100 | Electric Utilities

			CREW	DAILY OUTPUT	MAN-HOURS	UNIT	1992 BARE COSTS MAT.	LABOR	EQUIP.	TOTAL	TOTAL INCL O&P	
110	8740	6" diameter				Ea.	5.70			5.70	6.25	110
	8800	Adapter, 2" diameter	1 Elec	26	.308		1.22	8.05		9.27	13.35	
	9000	3" diameter		20	.400		3.40	10.45		13.85	19.30	
	9200	4" diameter		16	.500		5	13.05		18.05	25	
	9220	5" diameter		13	.615		12.75	16.05		28.80	38	
	9240	6" diameter		10	.800		14.60	21		35.60	47	
	9400	End bell, 2" diameter		16	.500		2.75	13.05		15.80	23	
	9600	3" diameter		14	.571		3.30	14.90		18.20	26	
	9800	4" diameter		12	.667		3.85	17.40		21.25	30	
	9810	5" diameter		10	.800		5.85	21		26.85	38	
	9820	6" diameter		8	1		6.40	26		32.40	46	
	9830	5° angle coupling, 2" diameter		26	.308		1.45	8.05		9.50	13.60	
	9840	3" diameter		20	.400		2	10.45		12.45	17.80	
	9850	4" diameter		16	.500		2.90	13.05		15.95	23	
	9860	5" diameter		13	.615		3.80	16.05		19.85	28	
	9870	6" diameter		10	.800		5.80	21		26.80	38	
	9880	Expansion joint, 2" diameter		16	.500		12.25	13.05		25.30	33	
	9890	3" diameter		18	.444		16.50	11.60		28.10	35	
	9900	4" diameter		12	.667		31	17.40		48.40	60	
	9910	5" diameter		10	.800		46	21		67	82	
	9920	6" diameter		8	1		62	26		88	105	
	9930	Heat bender, 2" diameter					290			290	320	
	9940	6" diameter					835			835	920	
	9950	Cement, quart					8			8	8.80	
120	0010	**FIBRE DUCT**										120
	0080	Type 1, 2" diameter	1 Elec	200	.040	L.F.	.79	1.04		1.83	2.43	
	0100	3" diameter		160	.050		1.08	1.31		2.39	3.14	
	0200	4" diameter		110	.073		1.18	1.90		3.08	4.13	
	0220	5" diameter		100	.080		2.35	2.09		4.44	5.70	
	0240	6" diameter		80	.100		3.50	2.61		6.11	7.75	
	0300	Fittings elbow, 2" diameter		12	.667	Ea.	13	17.40		30.40	40	
	0400	3" diameter		12	.667		13.95	17.40		31.35	41	
	0600	4" diameter		10	.800		18.40	21		39.40	51	
	0620	5" diameter		9	.889		29	23		52	67	
	0640	6" diameter		8	1		32	26		58	74	
	0800	Coupling, 2" diameter					1.16			1.16	1.28	
	1000	3" diameter					1.32			1.32	1.45	
	1200	4" diameter					1.47			1.47	1.62	
	1220	5" diameter					2.14			2.14	2.35	
	1240	6" diameter					2.90			2.90	3.19	
	1300	Adapter, 2" diameter	1 Elec	26	.308		2.65	8.05		10.70	14.90	
	1400	3" diameter		20	.400		2.98	10.45		13.43	18.85	
	1500	4" diameter		16	.500		3.46	13.05		16.51	23	
	1520	5" diameter		13	.615		5.35	16.05		21.40	30	
	1540	6" diameter		10	.800		6.90	21		27.90	39	
	1600	End bell, 2" diameter		13	.615		2.76	16.05		18.81	27	
	1800	3" diameter		11	.727		3.03	19		22.03	32	
	1900	4" diameter		10	.800		3.57	21		24.57	35	
	1920	5" diameter		9	.889		5.15	23		28.15	40	
	1940	6" diameter		7.50	1.067		6.75	28		34.75	49	
	2000	Bends, 5°, 2" diameter		26	.308		1.55	8.05		9.60	13.70	
	2200	3" diameter		20	.400		2.04	10.45		12.49	17.80	
	2400	4" diameter		16	.500		3.03	13.05		16.08	23	
	2420	5" diameter		13	.615		4.36	16.05		20.41	29	
	2440	6" diameter		10	.800		6.45	21		27.45	38	
	2500	Expansion joint, 2" diameter		13	.615		9.50	16.05		25.55	34	
	2550	3" diameter		11	.727		10.05	19		29.05	39	
	2600	4" diameter		10	.800		10.85	21		31.85	43	

167 | Electric Utilities

167 100	Electric Utilities	CREW	DAILY OUTPUT	MAN-HOURS	UNIT	MAT.	LABOR	EQUIP.	TOTAL	TOTAL INCL O&P	
120	2650	5" diameter	1 Elec	9	.889	Ea.	12.70	23		35.70	49	120
	2700	6" diameter		7.50	1.067		13.90	28		41.90	57	
	2800	Bends, flexible 2" diameter		12	.667		11.80	17.40		29.20	39	
	2850	3" diameter		12	.667		15.35	17.40		32.75	43	
	2900	4" diameter		10	.800		21.15	21		42.15	54	
	2950	5" diameter		9	.889		30	23		53	68	
	3000	Plastic spacers, 3" diameter		100	.080		.50	2.09		2.59	3.67	
	3050	3-1/2" diameter		100	.080		.57	2.09		2.66	3.74	
	3100	4" diameter		100	.080		.57	2.09		2.66	3.74	
130	0010	**TEMPORARY POWER EQUIP (PRO-RATED PER JOB)**										130
	0020	Service, overhead feed, 3 use										
	0030	100 Amp	1 Elec	1.25	6.400	Ea.	465	165		630	760	
	0040	200 Amp		1	8		595	210		805	965	
	0050	400 Amp		.75	10.667		1,180	280		1,460	1,725	
	0060	600 Amp		.50	16		1,435	420		1,855	2,200	
	0100	Service, underground feed, 3 use										
	0110	100 Amp	1 Elec	2	4	Ea.	430	105		535	630	
	0120	200 Amp		1.15	6.957		565	180		745	890	
	0130	400 Amp		1	8		1,095	210		1,305	1,525	
	0140	600 Amp		.75	10.667		1,250	280		1,530	1,800	
	0150	800 Amp		.50	16		2,130	420		2,550	2,975	
	0160	1000 Amp		.35	22.857		2,245	595		2,840	3,350	
	0170	1200 Amp		.25	32		2,445	835		3,280	3,925	
	0180	2000 Amp		.20	40		3,185	1,050		4,235	5,050	
	0200	Transformers, 3 use										
	0210	30 KVA	1 Elec	1	8	Ea.	360	210		570	710	
	0220	45 KVA		.75	10.667		450	280		730	910	
	0230	75 KVA		.50	16		675	420		1,095	1,375	
	0240	112.5 KVA		.40	20		900	520		1,420	1,775	
	0250	Feeder, PVC, CU wire										
	0260	60 Amp w/trench	1 Elec	96	.083	L.F.	3.15	2.18		5.33	6.70	
	0270	100 Amp w/trench		85	.094		4.25	2.46		6.71	8.35	
	0280	200 Amp w/trench		59	.136		8.90	3.54		12.44	15.05	
	0290	400 Amp w/trench		42	.190		18.80	4.97		23.77	28	
	0300	Feeder, PVC, aluminum wire										
	0310	60 Amp w/trench	1 Elec	96	.083	L.F.	2.90	2.18		5.08	6.45	
	0320	100 Amp w/trench		85	.094		3.35	2.46		5.81	7.35	
	0330	200 Amp w/trench		59	.136		7.15	3.54		10.69	13.15	
	0340	400 Amp w/trench		42	.190		12.30	4.97		17.27	21	
	0350	Feeder, EMT, CU wire										
	0360	60 Amp	1 Elec	90	.089	L.F.	3	2.32		5.32	6.75	
	0370	100 Amp		80	.100		5.60	2.61		8.21	10.05	
	0380	200 Amp		60	.133		10.70	3.48		14.18	16.95	
	0390	400 Amp		35	.229		14.20	5.95		20.15	25	
	0400	Feeder, EMT, Al wire										
	0410	60 Amp	1 Elec	90	.089	L.F.	2.40	2.32		4.72	6.10	
	0420	100 Amp		80	.100		4.80	2.61		7.41	9.20	
	0430	200 Amp		60	.133		9.10	3.48		12.58	15.20	
	0440	400 Amp		35	.229		12.40	5.95		18.35	23	
	0500	Equipment, 3 use										
	0510	Spider box 50 Amp	1 Elec	8	1	Ea.	127	26		153	180	
	0520	Lighting cord 100'		8	1		27	26		53	69	
	0530	Light stanchion		8	1		55	26		81	99	
	0540	Temporary cords, 100', 3 use										
	0550	Feeder cord, 50 Amp	1 Elec	16	.500	Ea.	121	13.05		134.05	155	
	0560	Feeder cord, 100 Amp		12	.667		354	17.40		371.40	415	
	0570	Tap cord, 50 Amp		12	.667		340	17.40		357.40	400	

167 | Electric Utilities

		167 100	Electric Utilities	CREW	DAILY OUTPUT	MAN-HOURS	UNIT	MAT.	LABOR	EQUIP.	TOTAL	TOTAL INCL O&P	
130	0580		Tap cord, 100 Amp	1 Elec	6	1.333	Ea.	485	35		520	585	130
	0590		Temporary cords, 50', 3 use										
	0600		Feeder cord, 50 Amp	1 Elec	16	.500	Ea.	71	13.05		84.05	98	
	0610		Feeder cord, 100 Amp		12	.667		177	17.40		194.40	220	
	0620		Tap cord, 50 Amp		12	.667		152	17.40		169.40	195	
	0630		Tap cord, 100 Amp		6	1.333		250	35		285	325	
	0700		Connections										
	0710		Compressor or pump										
	0720		30 Amp	1 Elec	7	1.143	Ea.	13.80	30		43.80	60	
	0730		60 Amp		5.30	1.509		31.70	39		70.70	94	
	0740		100 Amp		4	2		41.50	52		93.50	125	
	0750		Tower crane										
	0760		60 Amp	1 Elec	4.50	1.778	Ea.	31.70	46		77.70	105	
	0770		100 Amp	"	3	2.667	"	41.50	70		111.50	150	
	0780		Manlift										
	0790		Single	1 Elec	3	2.667	Ea.	31.70	70		101.70	140	
	0800		Double	"	2	4	"	41.50	105		146.50	200	
	0810		Welder										
	0820		50 Amp w/disconnect	1 Elec	5	1.600	Ea.	190	42		232	270	
	0830		100 Amp w/disconnect		3.80	2.105		290	55		345	400	
	0840		200 Amp w/disconnect		2.50	3.200		465	84		549	635	
	0850		400 Amp w/disconnect		1	8		1,495	210		1,705	1,950	
	0860		Office trailer										
	0870		60 Amp	1 Elec	4.50	1.778	Ea.	62.50	46		108.50	140	
	0880		100 Amp		3	2.667		83	70		153	195	
	0890		200 Amp		2	4		365	105		470	555	
	0900		Lamping, add per floor				Total				545		
	0910		Maintenance, total temp. power cost				Job				5%		

168 | Special Systems

		168 100	Special Systems	CREW	DAILY OUTPUT	MAN-HOURS	UNIT	MAT.	LABOR	EQUIP.	TOTAL	TOTAL INCL O&P	
105	0010	CLOCKS											105
	0080		12" diameter, single face	1 Elec	8	1	Ea.	58	26		84	105	
	0100		Double face	"	6.20	1.290	"	120	34		154	180	
110	0010	CLOCK SYSTEMS											110
	0100		Time system components, master controller	1 Elec	.33	24.242	Ea.	1,350	635		1,985	2,425	
	0200		Program bell		8	1		45	26		71	88	
	0400		Combination clock & speaker		3.20	2.500		156	65		221	270	
	0600		Frequency generator		2	4		5,300	105		5,405	5,975	
	0800		Job time automatic stamp recorder, minimum		4	2		370	52		422	485	
	1000		Maximum		4	2		560	52		612	695	
	1200		Time stamp for correspondence, hand operated					280			280	310	
	1400		Fully automatic					410			410	450	
	1600		Master time clock system, clocks & bells, 20 room	4 Elec	.20	160		3,375	4,175		7,550	9,950	
	1800		50 room	"	.08	400		7,760	10,400		18,160	24,100	
	2000		Time clock, 100 cards in & out, 1 color	1 Elec	3.20	2.500		795	65		860	970	
	2200		2 colors		3.20	2.500		840	65		905	1,025	
	2400		With 3 circuit program device, minimum		2	4		310	105		415	495	
	2600		Maximum		2	4		450	105		555	650	
	2800		Metal rack for 25 cards		7	1.143		49	30		79	98	

168 | Special Systems

		168 100	Special Systems	CREW	DAILY OUTPUT	MAN-HOURS	UNIT	1992 BARE COSTS MAT.	LABOR	EQUIP.	TOTAL	TOTAL INCL O&P	
110	3000		Watchman's tour station	1 Elec	8	1	Ea.	52	26		78	96	110
	3200		Annunciator with zone indication		1	8		190	210		400	520	
	3400		Time clock with tape	↓	1	8	↓	505	210		715	865	
112	0010	**CLOCK AND PROGRAM SYSTEMS** For electronic scoreboards											112
	0100	See division 114-805											
115	0010	**DOCTORS IN-OUT REGISTER**											115
	0050	Register, 200 names	4 Elec	.64	50	Ea.	7,880	1,300		9,180	10,600	
	0100	Combination control and recall, 200 names	"	.64	50		10,300	1,300		11,600	13,300	
	0200	Recording register	1 Elec	.50	16		4,000	420		4,420	5,025	
	0300	Transformers	"	4	2		135	52		187	225	
	0400	Pocket pages				↓	695			695	765	
120	0010	**DETECTION SYSTEMS**											120
	0100	Burglar alarm, battery operated, mechanical trigger	1 Elec	4	2	Ea.	205	52		257	305	
	0200	Electrical trigger		4	2		245	52		297	345	
	0400	For outside key control, add		8	1		58	26		84	105	
	0600	For remote signaling circuitry, add		8	1		92	26		118	140	
	0800	Card reader, flush type, standard		2.70	2.963		690	77		767	875	
	1000	Multi-code		2.70	2.963		890	77		967	1,100	
	1200	Door switches, hinge switch		5.30	1.509		44	39		83	105	
	1400	Magnetic switch		5.30	1.509		52	39		91	115	
	1600	Exit control locks, horn alarm		4	2		255	52		307	360	
	1800	Flashing light alarm		4	2		290	52		342	395	
	2000	Indicating panels, 1 channel		2.70	2.963		270	77		347	410	
	2200	10 channel		1.60	5		935	130		1,065	1,225	
	2400	20 channel		1	8		1,800	210		2,010	2,300	
	2600	40 channel		.57	14.035		3,300	365		3,665	4,175	
	2800	Ultrasonic motion detector, 12 volt		2.30	3.478		170	91		261	320	
	3000	Infrared photoelectric detector		2.30	3.478		140	91		231	290	
	3200	Passive infrared detector		2.30	3.478		210	91		301	365	
	3400	Glass break alarm switch		8	1		35	26		61	77	
	3420	Switchmats, 30" x 5'		5.30	1.509		63	39		102	130	
	3440	25'		4	2		150	52		202	245	
	3460	Police connect panel		4	2		180	52		232	275	
	3480	Telephone dialer		5.30	1.509		285	39		324	370	
	3500	Alarm bell		4	2		57	52		109	140	
	3520	Siren		4	2		108	52		160	195	
	3540	Microwave detector, 10' to 200'		2	4		495	105		600	700	
	3560	10' to 350'		2	4		1,430	105		1,535	1,725	
	3600	Fire, sprinkler & standpipe alarm, control panel, 4 zone		2	4		755	105		860	985	
	3800	8 zone		1	8		1,050	210		1,260	1,475	
	4000	12 zone		.66	12.121		1,500	315		1,815	2,125	
	4020	Alarm device		8	1		100	26		126	150	
	4050	Actuating device		8	1		240	26		266	305	
	4200	Battery and rack		4	2		570	52		622	705	
	4400	Automatic charger		8	1		365	26		391	440	
	4600	Signal bell		8	1		41	26		67	84	
	4800	Trouble buzzer or manual station		8	1		30	26		56	72	
	5000	Detector, rate of rise		8	1		28	26		54	70	
	5100	Fixed temperature		8	1		23	26		49	64	
	5200	Smoke detector, ceiling type		6.20	1.290		53	34		87	110	
	5400	Duct type		3.20	2.500		210	65		275	330	
	5600	Light and horn		5.30	1.509		87	39		126	155	
	5800	Fire alarm horn		6.70	1.194		30	31		61	80	
	6000	Door holder, electro-magnetic		4	2		64	52		116	150	
	6200	Combination holder and closer		3.20	2.500		355	65		420	490	
	6400	Code transmitter		4	2		570	52		622	705	
	6600	Drill switch		8	1		71	26		97	115	

16 ELECTRICAL

168 | Special Systems

168 100 | Special Systems

			CREW	DAILY OUTPUT	MAN-HOURS	UNIT	MAT.	LABOR	EQUIP.	TOTAL	TOTAL INCL O&P	
120	6800	Master box	1 Elec	2.70	2.963	Ea.	1,725	77		1,802	2,025	120
	7000	Break glass station		8	1		41	26		67	84	
	7800	Remote annunciator, 8 zone lamp		1.80	4.444		200	115		315	395	
	8000	12 zone lamp		1.30	6.154		250	160		410	515	
	8200	16 zone lamp		1.10	7.273		310	190		500	625	
125	0010	**DOORBELL SYSTEM** Incl. transformer, button & signal										125
	0100	6" bell	1 Elec	4	2	Ea.	47	52		99	130	
	0200	Buzzer		4	2		46	52		98	130	
	1000	Door chimes, 2 notes, minimum		16	.500		23	13.05		36.05	45	
	1020	Maximum		12	.667		95	17.40		112.40	130	
	1100	Tube type, 3 tube system		12	.667		76	17.40		93.40	110	
	1180	4 tube system		10	.800		185	21		206	235	
	1900	For transformer & button, minimum add		5	1.600		22	42		64	87	
	1960	Maximum, add		4.50	1.778		48	46		94	120	
	3000	For push button only, minimum		24	.333		8.25	8.70		16.95	22	
	3100	Maximum		20	.400		20	10.45		30.45	38	
	3200	Bell transformer		16	.500		13.25	13.05		26.30	34	
130	0010	**ELECTRIC HEATING**										130
	0200	Snow melting for paved surface embedded mat heaters & controls	1 Elec	130	.062	S.F.	4.95	1.61		6.56	7.85	
	0400	Cable heating, radiant heat plaster, no controls, in South		130	.062		6	1.61		7.61	9	
	0600	In North		90	.089		6	2.32		8.32	10.05	
	0800	Cable on 1/2" board, not incl. controls, tract housing		90	.089		4.95	2.32		7.27	8.90	
	1000	Custom housing		80	.100		5.70	2.61		8.31	10.15	
	1100	Rule of thumb: Baseboard units, including control		4.40	1.818	KW	62	47		109	140	
	1200	Duct heaters, including controls		5.30	1.509	"	51	39		90	115	
	1300	Baseboard heaters, 2' long, 375 watt		8	1	Ea.	31.45	26		57.45	74	
	1400	3' long, 500 watt		8	1		39	26		65	82	
	1600	4' long, 750 watt		6.70	1.194		48	31		79	99	
	1800	5' long, 935 watt		5.70	1.404		64	37		101	125	
	2000	6' long, 1,125 watt		5	1.600		72	42		114	140	
	2200	7' long, 1310 watt		4.40	1.818		88	47		135	170	
	2400	8' long, 1,500 watt		4	2		96	52		148	185	
	2600	9' long, 1680 watt		3.60	2.222		109	58		167	205	
	2800	10' long, 1875 watt		3.30	2.424		109	63		172	215	
	2950	Wall heaters with fan, 120 to 277 volt										
	2970	surface mounted, residential, 750 watt	1 Elec	7	1.143	Ea.	53	30		83	105	
	2980	1000 watt		7	1.143		68	30		98	120	
	2990	1250 watt		6	1.333		82	35		117	140	
	3000	1,500 watt		5	1.600		87	42		129	160	
	3010	2000 watt		5	1.600		91	42		133	160	
	3040	2,250 watt		4	2		135	52		187	225	
	3050	2500 watt		4	2		150	52		202	245	
	3070	4,000 watt		3.50	2.286		157	60		217	260	
	3080	Commercial, 750 watt		7	1.143		97	30		127	150	
	3090	1000 watt		7	1.143		105	30		135	160	
	3100	1250 watt		6	1.333		110	35		145	175	
	3110	1500 watt		5	1.600		150	42		192	225	
	3120	2000 watt		5	1.600		150	42		192	225	
	3130	2500 watt		4.50	1.778		162	46		208	245	
	3140	3000 watt		4	2		198	52		250	295	
	3150	4000 watt		3.50	2.286		210	60		270	320	
	3160	Recessed, residential, 750 watt		6	1.333		68	35		103	125	
	3170	1000 watt		6	1.333		76	35		111	135	
	3180	1250 watt		5	1.600		110	42		152	185	
	3190	1500 watt		4	2		110	52		162	200	
	3210	2000 watt		4	2		113	52		165	200	
	3230	2500 watt		3.50	2.286		139	60		199	240	

168 | Special Systems

168 100 | Special Systems

		CREW	DAILY OUTPUT	MAN-HOURS	UNIT	MAT.	LABOR	EQUIP.	TOTAL	TOTAL INCL O&P	
130	3240	3000 watt	1 Elec	3	2.667	Ea.	146	70		216	265	130
	3250	4000 watt		2.70	2.963		152	77		229	285	
	3260	Commercial, 750 watt		6	1.333		88	35		123	150	
	3270	1000 watt		6	1.333		92	35		127	155	
	3280	1250 watt		5	1.600		110	42		152	185	
	3290	1500 watt		4	2		114	52		166	205	
	3300	2000 watt		4	2		128	52		180	220	
	3310	2500 watt		3.50	2.286		140	60		200	245	
	3320	3000 watt		3	2.667		158	70		228	280	
	3330	4000 watt		2.70	2.963		163	77		240	295	
	3600	Thermostats, integral		16	.500		24.50	13.05		37.55	46	
	3800	Line voltage, 1 pole		8	1		24.50	26		50.50	66	
	3810	2 pole		8	1		24.50	26		50.50	66	
	3820	Low voltage, 1 pole		8	1		20	26		46	61	
	4000	Heat trace system, 400 degree										
	4020	115V, 2.5 watts per L.F.	1 Elec	530	.015	L.F.	4.35	.39		4.74	5.35	
	4030	5 watts per L.F.		530	.015		4.35	.39		4.74	5.35	
	4050	10 watts per L.F.		530	.015		4.35	.39		4.74	5.35	
	4060	220V, 4 watts per L.F.		530	.015		4.35	.39		4.74	5.35	
	4080	480V, 8 watts per L.F.		530	.015		4.35	.39		4.74	5.35	
	4200	Heater raceway										
	4220	5/8"w x 3/8" H	1 Elec	200	.040	L.F.	2.85	1.04		3.89	4.69	
	4240	5/8"w x 1/2" H	"	190	.042	"	4	1.10		5.10	6.05	
	4260	Heat transfer cement										
	4280	1 gallon				Ea.	38			38	42	
	4300	5 gallon				"	155			155	170	
	4320	Snap band, clamp										
	4340	3/4" pipe size	1 Elec	470	.017	Ea.		.44		.44	.66	
	4360	1" pipe size		444	.018			.47		.47	.70	
	4380	1-1/4" pipe size		400	.020			.52		.52	.78	
	4400	1-1/2" pipe size		355	.023			.59		.59	.88	
	4420	2" pipe size		320	.025			.65		.65	.97	
	4440	3" pipe size		160	.050			1.31		1.31	1.95	
	4460	4" pipe size		100	.080			2.09		2.09	3.12	
	4480	Single pole thermostat NEMA 4, 30 amp		8	1		145	26		171	200	
	4500	NEMA 7, 30 amp		7	1.143		150	30		180	210	
	4520	Double pole, NEMA 4, 30 amp		7	1.143		248	30		278	315	
	4540	NEMA 7, 30 amp		6	1.333		295	35		330	375	
	4560	Thermostat/contactor combination, NEMA 4										
	4580	30 amp 4 pole	1 Elec	3.60	2.222	Ea.	435	58		493	565	
	4600	50 amp 4 pole		3	2.667		440	70		510	590	
	4620	75 amp 3 pole		2.50	3.200		525	84		609	700	
	4640	75 amp 4 pole		2.30	3.478		900	91		991	1,125	
	4680	Control transformer, 50 VA		4	2		61	52		113	145	
	4700	75 VA		3.10	2.581		66	67		133	175	
	4720	Expediter fitting		11	.727		15	19		34	45	
	5000	Radiant heating ceiling panels, 2' x 4', 500 watt		16	.500		119	13.05		132.05	150	
	5050	750 watt		16	.500		133	13.05		146.05	165	
	5200	For recessed plaster frame, add		32	.250		23.50	6.55		30.05	36	
	5300	Infra-red quartz heaters, 120 volts, 1000 watts		6.70	1.194		81	31		112	135	
	5350	1500 watt		5	1.600		81	42		123	150	
	5400	240 volts, 1500 watt		5	1.600		81	42		123	150	
	5450	2000 watt		4	2		81	52		133	165	
	5500	3000 watt		3	2.667		117	70		187	235	
	5550	4000 watt		2.60	3.077		117	80		197	250	
	5570	Modulating control		.80	10		50	260		310	445	
	5600	Unit heaters, heavy duty, with fan & mounting bracket										
	5650	Single phase, 208-240-277 volt, 3 KW	1 Elec	3.20	2.500	Ea.	188	65		253	305	

16 ELECTRICAL

168 | Special Systems

	168 100	Special Systems	CREW	DAILY OUTPUT	MAN-HOURS	UNIT	1992 BARE COSTS MAT.	LABOR	EQUIP.	TOTAL	TOTAL INCL O&P	
130	5700	4 KW	1 Elec	2.80	2.857	Ea.	198	75		273	330	130
	5750	5 KW		2.40	3.333		198	87		285	350	
	5800	7 KW		1.90	4.211		298	110		408	490	
	5850	10 KW		1.30	6.154		343	160		503	615	
	5900	13 KW		1	8		444	210		654	800	
	5950	15 KW		.90	8.889		512	230		742	910	
	6000	480 volt, 3KW		3.30	2.424		272	63		335	395	
	6020	4 KW		3	2.667		290	70		360	425	
	6040	5 KW		2.60	3.077		310	80		390	460	
	6060	7 KW		2	4		400	105		505	595	
	6080	10 KW		1.40	5.714		488	150		638	760	
	6100	13 KW		1.10	7.273		500	190		690	835	
	6120	15 KW		1	8		635	210		845	1,000	
	6140	20 KW		.90	8.889		850	230		1,080	1,275	
	6300	3 phase, 208-240 volt, 5 KW		2.40	3.333		223	87		310	375	
	6320	7 KW		1.90	4.211		313	110		423	510	
	6340	10 KW		1.30	6.154		380	160		540	660	
	6360	15 KW		.90	8.889		565	230		795	970	
	6380	20 KW		.70	11.429		820	300		1,120	1,350	
	6400	25 KW		.50	16		920	420		1,340	1,625	
	6500	480 volt, 5 KW		2.60	3.077		320	80		400	470	
	6520	7 KW		2	4		385	105		490	580	
	6540	10 KW		1.40	5.714		465	150		615	735	
	6560	13 KW		1.10	7.273		500	190		690	835	
	6580	15 KW		1	8		615	210		825	990	
	6600	20 KW		.90	8.889		840	230		1,070	1,275	
	6620	25 KW		.60	13.333		935	350		1,285	1,550	
	6630	30 KW		.70	11.429		1,035	300		1,335	1,575	
	6640	40 KW		.60	13.333		1,475	350		1,825	2,150	
	6650	50 KW		.50	16		1,785	420		2,205	2,575	
	6800	Vertical discharge heaters, with fan										
	6820	Single phase, 208-240-277 volt, 10 KW	1 Elec	1.30	6.154	Ea.	525	160		685	815	
	6840	15 KW		.90	8.889		710	230		940	1,125	
	6900	3 phase, 208-240 volt, 10 KW		1.30	6.154		525	160		685	815	
	6920	15 KW		.90	8.889		635	230		865	1,050	
	6940	20 KW		.70	11.429		910	300		1,210	1,450	
	6960	25 KW		.50	16		965	420		1,385	1,675	
	6980	30 KW		.40	20		1,130	520		1,650	2,025	
	7000	40 KW		.36	22.222		1,325	580		1,905	2,325	
	7020	50 KW		.32	25		1,550	655		2,205	2,675	
	7100	480 volt, 10 KW		1.40	5.714		630	150		780	915	
	7120	15 KW		1	8		725	210		935	1,100	
	7140	20 KW		.90	8.889		915	230		1,145	1,350	
	7160	25 KW		.60	13.333		1,045	350		1,395	1,675	
	7180	30 KW		.50	16		1,200	420		1,620	1,950	
	7200	40 KW		.40	20		1,425	520		1,945	2,350	
	7220	50 KW		.35	22.857		1,640	595		2,235	2,700	
	7410	Sill height convector heaters, 5" high x 2' long, 500 watt		6.70	1.194		169	31		200	230	
	7420	3' long, 750 watt		6.50	1.231		180	32		212	245	
	7430	4' long, 1000 watt		6.20	1.290		225	34		259	300	
	7440	5' long, 1250 watt		5.50	1.455		244	38		282	325	
	7450	6' long, 1500 watt		4.80	1.667		265	44		309	355	
	7460	8' long, 2000 watt		3.60	2.222		335	58		393	455	
	7470	10' long, 2500 watt		3	2.667		500	70		570	655	
	7900	Cabinet convector heaters, 240 volt										
	7920	2' long, 1000 watt	1 Elec	5.30	1.509	Ea.	272	39		311	360	
	7940	1500 watt		5.30	1.509		295	39		334	385	
	7960	2000 watt		5.30	1.509		325	39		364	415	

168 | Special Systems

168 100 | Special Systems

		CREW	DAILY OUTPUT	MAN-HOURS	UNIT	MAT.	LABOR	EQUIP.	TOTAL	TOTAL INCL O&P	
130	7980	3' long, 1500 watt	1 Elec	4.60	1.739	Ea.	315	45		360	415	130
	8000	2250 watt		4.60	1.739		345	45		390	445	
	8020	3000 watt		4.60	1.739		400	45		445	510	
	8040	4' long, 2000 watt		4	2		390	52		442	505	
	8060	3000 watt		4	2		410	52		462	530	
	8080	4000 watt		4	2		515	52		567	645	
	8100	Available also in 208 or 277 volt										
	8200	Cabinet unit heaters, 120 to 277 volt, 1 pole,										
	8220	wall mounted, 2000 watt	1 Elec	4.60	1.739	Ea.	860	45		905	1,025	
	8230	3000 watt		4.60	1.739		880	45		925	1,025	
	8240	4000 watt		4.40	1.818		930	47		977	1,100	
	8250	5000 watt		4.40	1.818		955	47		1,002	1,125	
	8260	6000 watt		4.20	1.905		985	50		1,035	1,150	
	8270	8000 watt		4	2		1,000	52		1,052	1,175	
	8280	10,000 watt		3.80	2.105		1,025	55		1,080	1,200	
	8290	12,000 watt		3.50	2.286		1,210	60		1,270	1,425	
	8300	13,500 watt		2.90	2.759		1,350	72		1,422	1,600	
	8310	16,000 watt		2.70	2.963		1,535	77		1,612	1,800	
	8320	20,000 watt		2.30	3.478		1,570	91		1,661	1,850	
	8330	24,000 watt		1.90	4.211		1,650	110		1,760	1,975	
	8350	Recessed, 2000 watt		4.40	1.818		920	47		967	1,075	
	8370	3000 watt		4.40	1.818		950	47		997	1,125	
	8380	4000 watt		4.20	1.905		1,000	50		1,050	1,175	
	8390	5000 watt		4.20	1.905		1,035	50		1,085	1,225	
	8400	6000 watt		4	2		1,060	52		1,112	1,250	
	8410	8000 watt		3.80	2.105		1,080	55		1,135	1,275	
	8420	10,000 watt		3.50	2.286		1,110	60		1,170	1,300	
	8430	12,000 watt		2.90	2.759		1,305	72		1,377	1,550	
	8440	13,500 watt		2.70	2.963		1,400	77		1,477	1,650	
	8450	16,000 watt		2.30	3.478		1,510	91		1,601	1,800	
	8460	20,000 watt		1.90	4.211		1,560	110		1,670	1,875	
	8470	24,000 watt		1.60	5		1,625	130		1,755	1,975	
	8490	Ceiling mounted, 2000 watt		3.20	2.500		850	65		915	1,025	
	8510	3000 watt		3.20	2.500		880	65		945	1,075	
	8520	4000 watt		3	2.667		920	70		990	1,125	
	8530	5000 watt		3	2.667		945	70		1,015	1,150	
	8540	6000 watt		2.80	2.857		980	75		1,055	1,200	
	8550	8000 watt		2.40	3.333		990	87		1,077	1,225	
	8560	10,000 watt		2.20	3.636		1,025	95		1,120	1,275	
	8570	12,000 watt		2	4		1,210	105		1,315	1,475	
	8580	13,500 watt		1.50	5.333		1,325	140		1,465	1,675	
	8590	16,000 watt		1.30	6.154		1,340	160		1,500	1,725	
	8600	20,000 watt		.90	8.889		1,450	230		1,680	1,950	
	8610	24,000 watt		.60	13.333		1,500	350		1,850	2,175	
	8630	208 to 480 volt, 3 pole										
	8650	Wall mounted, 2000 watt	1 Elec	4.60	1.739	Ea.	835	45		880	985	
	8670	3000 watt		4.60	1.739		865	45		910	1,025	
	8680	4000 watt		4.40	1.818		925	47		972	1,100	
	8690	5000 watt		4.40	1.818		960	47		1,007	1,125	
	8700	6000 watt		4.20	1.905		980	50		1,030	1,150	
	8710	8000 watt		4	2		1,000	52		1,052	1,175	
	8720	10,000 watt		3.80	2.105		1,025	55		1,080	1,200	
	8730	12,000 watt		3.50	2.286		1,125	60		1,185	1,325	
	8740	13,500 watt		2.90	2.759		1,280	72		1,352	1,525	
	8750	16,000 watt		2.70	2.963		1,440	77		1,517	1,700	
	8760	20,000 watt		2.30	3.478		1,500	91		1,591	1,775	
	8770	24,000 watt		1.90	4.211		1,605	110		1,715	1,925	
	8790	Recessed, 2000 watt		4.40	1.818		905	47		952	1,075	

ELECTRICAL 16

168 | Special Systems

168 100 | Special Systems

			CREW	DAILY OUTPUT	MAN-HOURS	UNIT	MAT.	LABOR	EQUIP.	TOTAL	TOTAL INCL O&P	
130	8810	3000 watt	1 Elec	4.40	1.818	Ea.	940	47		987	1,100	130
	8820	4000 watt		4.20	1.905		990	50		1,040	1,175	
	8830	5000 watt		4.20	1.905		1,020	50		1,070	1,200	
	8840	6000 watt		4	2		1,050	52		1,102	1,225	
	8850	8000 watt		3.80	2.105		1,060	55		1,115	1,250	
	8860	10,000 watt		3.50	2.286		1,100	60		1,160	1,300	
	8870	12,000 watt		2.90	2.759		1,190	72		1,262	1,425	
	8880	13,500 watt		2.70	2.963		1,345	77		1,422	1,600	
	8890	16,000 watt		2.30	3.478		1,480	91		1,571	1,775	
	8900	20,000 watt		1.90	4.211		1,515	110		1,625	1,825	
	8920	24,000 watt		1.60	5		1,625	130		1,755	1,975	
	8940	Ceiling mount, 2000 watt		3.20	2.500		835	65		900	1,025	
	8950	3000 watt		3.20	2.500		860	65		925	1,050	
	8960	4000 watt		3	2.667		925	70		995	1,125	
	8970	5000 watt		3	2.667		960	70		1,030	1,150	
	8980	6000 watt		2.80	2.857		990	75		1,065	1,200	
	8990	8000 watt		2.40	3.333		995	87		1,082	1,225	
	9000	10,000 watt		2.20	3.636		1,025	95		1,120	1,275	
	9020	13,500 watt		1.50	5.333		1,350	140		1,490	1,700	
	9030	16,000 watt		1.30	6.154		1,450	160		1,610	1,825	
	9040	20,000 watt		.90	8.889		1,500	230		1,730	2,000	
	9060	24,000 watt		.60	13.333		1,585	350		1,935	2,275	
140	0010	**LIGHTNING PROTECTION**										140
	0200	Air terminals, copper										
	0400	3/8" diameter x 10" (to 75' high)	1 Elec	8	1	Ea.	20	26		46	61	
	0500	1/2" diameter x 12" (over 75' high)		8	1		23.75	26		49.75	65	
	1000	Aluminum, 1/2" diameter x 12" (to 75' high)		8	1		15.85	26		41.85	56	
	1100	5/8" diameter x 12" (over 75' high)		8	1		20.40	26		46.40	61	
	2000	Cable, copper, 220 lb. per thousand ft. (to 75' high)		320	.025	L.F.	1.08	.65		1.73	2.16	
	2100	375 lb. per thousand ft. (over 75' high)		230	.035		1.66	.91		2.57	3.18	
	2500	Aluminum, 101 lb. per thousand ft. (to 75' high)		280	.029		.27	.75		1.02	1.41	
	2600	199 lb. per thousand ft. (over 75' high)		240	.033		.51	.87		1.38	1.86	
	3000	Arrestor, 175 volt AC to ground		8	1	Ea.	29.45	26		55.45	71	
	3100	650 volt AC to ground		6.70	1.194	"	74	31		105	130	
145	0010	**NURSE CALL SYSTEMS**										145
	0100	Single bedside call station	1 Elec	8	1	Ea.	150	26		176	205	
	0200	Ceiling speaker station		8	1		39	26		65	82	
	0400	Emergency call station		8	1		65	26		91	110	
	0600	Pillow speaker		8	1		124	26		150	175	
	0800	Double bedside call station		4	2		260	52		312	365	
	1000	Duty station		4	2		118	52		170	210	
	1200	Standard call button		8	1		47	26		73	91	
	1400	Lights, corridor, dome or zone indicator		8	1		42	26		68	85	
	1600	Master control station for 20 stations	2 Elec	.65	24.615	Total	3,200	640		3,840	4,475	
150	0010	**PUBLIC ADDRESS SYSTEM**										150
	0100	Conventional, office	1 Elec	5.33	1.501	Speaker	72	39		111	140	
	0200	Industrial	"	2.70	2.963	"	140	77		217	270	
	0400	Explosionproof system is 3 times cost of central control										
	0600	Installation costs run about 120% of material cost										
155	0010	**SOUND SYSTEM**										155
	0100	Components, outlet, projector	1 Elec	8	1	Ea.	31	26		57	73	
	0200	Microphone		4	2		35	52		87	115	
	0400	Speakers, ceiling or wall		8	1		60	26		86	105	
	0600	Trumpets		4	2		110	52		162	200	
	0800	Privacy switch		8	1		43	26		69	86	
	1000	Monitor panel		4	2		195	52		247	290	
	1200	Antenna, AM/FM		4	2		110	52		162	200	

168 | Special Systems

168 100 | Special Systems

			CREW	DAILY OUTPUT	MAN-HOURS	UNIT	1992 BARE COSTS MAT.	LABOR	EQUIP.	TOTAL	TOTAL INCL O&P	
155	1400	Volume control	1 Elec	8	1	Ea.	40	26		66	83	155
	1600	Amplifier, 250 watts		1	8		815	210		1,025	1,200	
	1800	Cabinets		1	8		425	210		635	780	
	2000	Intercom, 25 station capacity, master station		1	8		1,025	210		1,235	1,450	
	2020	11 station capacity		2	4		505	105		610	710	
	2200	Remote station		8	1		80	26		106	125	
	2400	Intercom outlets		8	1		48	26		74	92	
	2600	Handset		4	2		155	52		207	250	
	2800	Emergency call system, 12 zones, annunciator		1.30	6.154		480	160		640	770	
	3000	Bell		5.30	1.509		50	39		89	115	
	3200	Light or relay		8	1		25	26		51	66	
	3400	Transformer		4	2		110	52		162	200	
	3600	House telephone, talking station		1.60	5		235	130		365	455	
	3800	Press to talk, release to listen		5.30	1.509		55	39		94	120	
	4000	System-on button					33			33	36	
	4200	Door release	1 Elec	4	2		58	52		110	140	
	4400	Combination speaker and microphone		8	1		100	26		126	150	
	4600	Termination box		3.20	2.500		31	65		96	130	
	4800	Amplifier or power supply		5.30	1.509		360	39		399	455	
	5000	Vestibule door unit		16	.500	Name	66	13.05		79.05	92	
	5200	Strip cabinet		27	.296	Ea.	125	7.75		132.75	150	
	5400	Directory		16	.500		59	13.05		72.05	84	
	6000	Master door, button buzzer type, 100 unit		.27	29.630		600	775		1,375	1,825	
	6020	200 unit		.15	53.333		1,125	1,400		2,525	3,325	
	6040	300 unit		.10	80		1,685	2,100		3,785	4,975	
	6060	Transformer		8	1		16	26		42	57	
	6080	Door opener		5.30	1.509		22	39		61	83	
	6100	Buzzer with door release and plate		4	2		22	52		74	100	
	6200	Intercom type, 100 unit		.27	29.630		745	775		1,520	1,975	
	6220	200 unit		.15	53.333		1,475	1,400		2,875	3,700	
	6240	300 unit		.10	80		2,200	2,100		4,300	5,525	
	6260	Amplifier		2	4		110	105		215	275	
	6280	Speaker with door release		4	2		33	52		85	115	
160	0010	**T.V. SYSTEMS**										160
	0100	Master TV antenna system										
	0200	VHF reception & distribution, 12 outlets	1 Elec	6	1.333	Outlet	125	35		160	190	
	0400	30 outlets		10	.800		83	21		104	120	
	0600	100 outlets		13	.615		85	16.05		101.05	115	
	0800	VHF & UHF reception & distribution, 12 outlets		6	1.333		125	35		160	190	
	1000	30 outlets		10	.800		83	21		104	120	
	1200	100 outlets		13	.615		85	16.05		101.05	115	
	1400	School and deluxe systems, 12 outlets		2.40	3.333		165	87		252	310	
	1600	30 outlets		4	2		145	52		197	235	
	1800	80 outlets		5.30	1.509		140	39		179	215	
	1900	Amplifier		4	2	Ea.	400	52		452	520	
	1910	Antenna		2	4	"	115	105		220	280	
	2000	Closed circuit, surveillance, one station (camera & monitor)		1.30	6.154	Total	800	160		960	1,125	
	2200	For additional camera stations, add		2.70	2.963	Ea.	445	77		522	605	
	2400	Industrial quality, one station (camera & monitor)		1.30	6.154	Total	1,650	160		1,810	2,050	
	2600	For additional camera stations, add		2.70	2.963	Ea.	1,020	77		1,097	1,225	
	2610	For low light, add		2.70	2.963		815	77		892	1,000	
	2620	For very low light, add		2.70	2.963		6,000	77		6,077	6,725	
	2800	For weatherproof camera station, add		1.30	6.154		625	160		785	925	
	3000	For pan and tilt, add		1.30	6.154		1,620	160		1,780	2,025	
	3200	For zoom lens - remote control, add, minimum		2	4		1,500	105		1,605	1,800	
	3400	Maximum		2	4		5,450	105		5,555	6,150	
	3410	For automatic iris for low light, add		2	4		1,300	105		1,405	1,575	

16 ELECTRICAL

168 | Special Systems

168 100 | Special Systems

			CREW	DAILY OUTPUT	MAN-HOURS	UNIT	1992 BARE COSTS MAT.	LABOR	EQUIP.	TOTAL	TOTAL INCL O&P	
160	3600	Educational T.V. studio, basic 3 camera system, black & white,	4 Elec	.80	40	Total	7,750	1,050		8,800	10,100	160
	3800	electrical & electronic equip. only, minimum										
	4000	Maximum (full console)		.28	114		33,000	2,975		35,975	40,800	
	4100	As above, but color system, minimum		.28	114		43,700	2,975		46,675	52,500	
	4120	Maximum	▼	.12	266	▼	190,000	6,950		196,950	219,500	
	4200	For film chain, black & white, add	1 Elec	1	8	Ea.	8,850	210		9,060	10,000	
	4250	Color, add		.25	32		10,800	835		11,635	13,100	
	4400	For video tape recorders, add, minimum	▼	1	8		2,425	210		2,635	2,975	
	4600	Maximum	4 Elec	.40	80	▼	15,550	2,100		17,650	20,200	
170	0010	**RESIDENTIAL WIRING**										170
	0020	20' avg. runs and #14/2 wiring incl. unless otherwise noted										
	1000	Service & panel, includes 24' SE-AL cable, service eye, meter,										
	1010	Socket, panel board, main bkr., ground rod, 15 or 20 amp										
	1020	1-pole circuit breakers, and misc. hardware										
	1100	100 amp, with 10 branch breakers	1 Elec	1.19	6.723	Ea.	285	175		460	575	
	1110	With PVC conduit and wire		.92	8.696		305	225		530	675	
	1120	With RGS conduit and wire		.73	10.959		405	285		690	870	
	1150	150 amp, with 14 branch breakers		1.03	7.767		470	205		675	820	
	1170	With PVC conduit and wire		.82	9.756		505	255		760	935	
	1180	With RGS conduit and wire		.67	11.940		615	310		925	1,150	
	1200	200 amp, with 18 branch breakers		.90	8.889		580	230		810	985	
	1220	With PVC conduit and wire		.73	10.959		615	285		900	1,100	
	1230	With RGS conduit and wire		.62	12.903		825	335		1,160	1,400	
	1800	Lightning surge suppressor for above services, add	▼	32	.250	▼	32	6.55		38.55	45	
	2000	Switch devices										
	2100	Single pole, 15 amp, Ivory, with a 1-gang box, cover plate,										
	2110	Type NM (Romex) cable	1 Elec	17.10	.468	Ea.	6	12.20		18.20	25	
	2120	Type MC (BX) cable		14.30	.559		11.35	14.60		25.95	34	
	2130	EMT & wire		5.71	1.401		14.45	37		51.45	70	
	2150	3-way, #14/3, type NM cable		14.55	.550		9.95	14.35		24.30	32	
	2170	Type MC cable		12.31	.650		13.45	16.95		30.40	40	
	2180	EMT & wire		5	1.600		15.75	42		57.75	80	
	2200	4-way, #14/3, type NM cable		14.55	.550		19.50	14.35		33.85	43	
	2220	Type MC cable		12.31	.650		22.90	16.95		39.85	51	
	2230	EMT & wire		5	1.600		24.55	42		66.55	89	
	2250	S.P., 20 amp, #12/2, type NM cable		13.33	.600		11.15	15.65		26.80	36	
	2270	Type MC cable		11.43	.700		15.60	18.25		33.85	44	
	2280	EMT & wire		4.85	1.649		18.65	43		61.65	85	
	2300	S.P. rotary dimmer, 600W, type NM cable		14.55	.550		13.80	14.35		28.15	37	
	2320	Type MC cable		12.31	.650		19.25	16.95		36.20	46	
	2330	EMT & wire		5	1.600		22.35	42		64.35	87	
	2350	3-way rotary dimmer, type NM cable		13.33	.600		20.30	15.65		35.95	46	
	2370	Type MC cable		11.43	.700		24.45	18.25		42.70	54	
	2380	EMT & wire	▼	4.85	1.649	▼	26.70	43		69.70	94	
	2400	Interval timer wall switch, 20 amp, 1-30 min., #12/2										
	2410	Type NM cable	1 Elec	14.55	.550	Ea.	20.30	14.35		34.65	44	
	2420	Type MC cable		12.31	.650		25.50	16.95		42.45	53	
	2430	EMT & wire	▼	5	1.600		28.65	42		70.65	94	
	2500	Decorator style										
	2510	S.P., 15 amp, type NM cable	1 Elec	17.10	.468	Ea.	8.45	12.20		20.65	28	
	2520	Type MC cable		14.30	.559		14	14.60		28.60	37	
	2530	EMT & wire		5.71	1.401		17.10	37		54.10	73	
	2550	3-way, #14/3, type NM cable		14.55	.550		11.75	14.35		26.10	34	
	2570	Type MC cable		12.31	.650		16.70	16.95		33.65	44	
	2580	EMT & wire		5	1.600		18.90	42		60.90	83	
	2600	4-way, #14/3, type NM cable		14.55	.550		21.65	14.35		36	45	
	2620	Type MC cable	▼	12.31	.650		25.55	16.95		42.50	53	

168 | Special Systems

168 100 | Special Systems

			DAILY	MAN-		1992 BARE COSTS				TOTAL	
		CREW	OUTPUT	HOURS	UNIT	MAT.	LABOR	EQUIP.	TOTAL	INCL O&P	
170	2630	EMT & wire	1 Elec	5	1.600	Ea.	27.80	42		69.80	93	170
	2650	S.P., 20 amp, #12/2, type NM cable		13.33	.600		15.50	15.65		31.15	40	
	2670	Type MC cable		11.43	.700		19.75	18.25		38	49	
	2680	EMT & wire		4.85	1.649		23.05	43		66.05	90	
	2700	S.P., slide dimmer, type NM cable		17.10	.468		18.95	12.20		31.15	39	
	2720	Type MC cable		14.30	.559		24.55	14.60		39.15	49	
	2730	EMT & wire		5.71	1.401		28.10	37		65.10	85	
	2750	S.P., touch dimmer, type NM cable		17.10	.468		26	12.20		38.20	47	
	2770	Type MC cable		14.30	.559		31.25	14.60		45.85	56	
	2780	EMT & wire		5.71	1.401		34.65	37		71.65	93	
	2800	3-way touch dimmer, type NM cable		13.33	.600		36.80	15.65		52.45	64	
	2820	Type MC cable		11.43	.700		41.10	18.25		59.35	72	
	2830	EMT & wire		4.85	1.649		43.25	43		86.25	110	
	3000	Combination devices										
	3100	S.P. switch/15 amp recpt., Ivory, 1-gang box, plate										
	3110	Type NM cable	1 Elec	11.43	.700	Ea.	11.90	18.25		30.15	40	
	3120	Type MC cable		10	.800		21.25	21		42.25	55	
	3130	EMT & wire		4.40	1.818		24.60	47		71.60	98	
	3150	S.P. switch/pilot light, type NM cable		11.43	.700		11.80	18.25		30.05	40	
	3170	Type MC cable		10	.800		16.65	21		37.65	49	
	3180	EMT & wire		4.43	1.806		19.75	47		66.75	92	
	3200	2-S.P. switches, 2-#14/2, type NM cables		10	.800		15.30	21		36.30	48	
	3220	Type MC cable		8.89	.900		23.40	23		46.40	61	
	3230	EMT & wire		4.10	1.951		22.25	51		73.25	100	
	3250	3-way switch/15 amp recpt., #14/3, type NM cable		10	.800		21.15	21		42.15	54	
	3270	Type MC cable		8.89	.900		24.60	23		47.60	62	
	3280	EMT & wire		4.10	1.951		27	51		78	105	
	3300	2-3 way switches, 2-#14/3 type NM cables		8.89	.900		27	23		50	65	
	3320	Type MC cable		8	1		31.40	26		57.40	73	
	3330	EMT & wire		4	2		30.35	52		82.35	110	
	3350	S.P. switch/20 amp recpt., #12/2 type NM cable		10	.800		19.50	21		40.50	53	
	3370	Type MC cable		8.89	.900		24.55	23		47.55	62	
	3380	EMT & wire		4.10	1.951		27	51		78	105	
	3400	Decorator style										
	3410	S.P. switch/15 amp recpt., type NM cable	1 Elec	11.43	.700	Ea.	19.75	18.25		38	49	
	3420	Type MC cable		10	.800		21	21		42	54	
	3430	EMT & wire		4.40	1.818		24.45	47		71.45	98	
	3450	S.P. switch/pilot light, type NM cable		11.43	.700		16.90	18.25		35.15	46	
	3470	Type MC cable		10	.800		21.60	21		42.60	55	
	3480	EMT & wire		4.40	1.818		26	47		73	99	
	3500	2-S.P. switches, 2-#14/2 type NM cables		10	.800		19.15	21		40.15	52	
	3520	Type MC cable		8.89	.900		27	23		50	65	
	3530	EMT & wire		4.10	1.951		26	51		77	105	
	3550	3-way/15 amp recpt., #14/3 type NM cable		10	.800		25	21		46	59	
	3570	Type MC cable		8.89	.900		28	23		51	66	
	3580	EMT & wire		4.10	1.951		30	51		81	110	
	3650	2-3 way switches, 2-3 #14/3 type NM cables		8.89	.900		32.45	23		55.45	71	
	3670	Type MC cable		8	1		36.80	26		62.80	79	
	3680	EMT & wire		4	2		35.75	52		87.75	115	
	3700	S.P. switch/20 amp recpt., #12/2 type NM cable		10	.800		22.75	21		43.75	56	
	3720	Type MC cable		8.89	.900		28	23		51	66	
	3730	EMT & wire		4.10	1.951		30	51		81	110	
	4000	Receptacle devices										
	4010	Duplex outlet, 15 amp recpt., Ivory, 1-gang box, plate										
	4015	Type NM cable	1 Elec	12.31	.650	Ea.	5.95	16.95		22.90	32	
	4020	Type MC cable		12.31	.650		10.75	16.95		27.70	37	
	4030	EMT & wire		5.33	1.501		13.85	39		52.85	74	
	4050	With #12/2 type NM cable		12.31	.650		7.15	16.95		24.10	33	

ELECTRICAL 16

168 | Special Systems

168 100	Special Systems	CREW	DAILY OUTPUT	MAN-HOURS	UNIT	MAT.	LABOR	EQUIP.	TOTAL	TOTAL INCL O&P
4070	Type MC cable	1 Elec	10.67	.750	Ea.	12.85	19.55		32.40	43
4080	EMT & wire		4.71	1.699		14.80	44		58.80	82
4100	20 amp recpt., #12/2 type NM cable		12.31	.650		9.70	16.95		26.65	36
4120	Type MC cable		10.67	.750		14.20	19.55		33.75	45
4130	EMT & wire		4.71	1.699		17.30	44		61.30	85
4140	For GFI see line 4300 below									
4150	Decorator style, 15 amp recpt., type NM cable	1 Elec	14.55	.550	Ea.	7.30	14.35		21.65	29
4170	Type MC cable		12.31	.650		12	16.95		28.95	39
4180	EMT & wire		5.33	1.501		15	39		54	75
4200	With #12/2 type NM cable		12.31	.650		8.55	16.95		25.50	35
4220	Type MC cable		10.67	.750		13.10	19.55		32.65	44
4230	EMT & wire		4.71	1.699		16.15	44		60.15	84
4250	20 amp recpt. #12/2 type NM cable		12.31	.650		12.25	16.95		29.20	39
4270	Type MC cable		10.67	.750		15.60	19.55		35.15	46
4280	EMT & wire		4.71	1.699		20.25	44		64.25	88
4300	GFI, 15 amp recpt., type NM cable		12.31	.650		29.15	16.95		46.10	57
4320	Type MC cable		10.67	.750		33.55	19.55		53.10	66
4330	EMT & wire		4.71	1.699		36.80	44		80.80	105
4350	GFI with #12/2 type NM cable		10.67	.750		30.15	19.55		49.70	62
4370	Type MC cable		9.20	.870		34.65	23		57.65	72
4380	EMT & wire		4.21	1.900		37.85	50		87.85	115
4400	20 amp recpt., #12/2 type NM cable		10.67	.750		32.45	19.55		52	65
4420	Type MC cable		9.20	.870		36.80	23		59.80	74
4430	EMT & wire		4.21	1.900		38.95	50		88.95	115
4500	Weather-proof cover for above receptacles, add		32	.250		3.70	6.55		10.25	13.80
4550	Air conditioner outlet, 20 amp-240 volt recpt.									
4560	30' of #12/2, 2 pole circuit breaker									
4570	Type NM cable	1 Elec	10	.800	Ea.	27	21		48	61
4580	Type MC cable		9	.889		32.45	23		55.45	70
4590	EMT & wire		4	2		44.35	52		96.35	125
4600	Decorator style, type NM cable		10	.800		29	21		50	63
4620	Type MC cable		9	.889		34.65	23		57.65	73
4630	EMT & wire		4	2		45.45	52		97.45	130
4650	Dryer outlet, 30 amp-240 volt recpt., 20' of #10/3									
4660	2 pole circuit breaker									
4670	Type NM cable	1 Elec	6.41	1.248	Ea.	44.35	33		77.35	97
4680	Type MC cable		5.71	1.401		45.45	37		82.45	105
4690	EMT & wire		3.48	2.299		42.20	60		102.20	135
4700	Range outlet, 50 amp-240 volt recpt., 30' of #8/3									
4710	Type NM cable	1 Elec	4.21	1.900	Ea.	74.65	50		124.65	155
4720	Type MC cable		4	2		72.50	52		124.50	160
4730	EMT & wire		2.96	2.703		61	71		132	170
4750	Central vacuum outlet		6.40	1.250		55	33		88	110
4770	Type MC cable		5.71	1.401		39	37		76	97
4780	EMT & wire		3.48	2.299		51	60		111	145
4800	30 amp-110 volt locking recpt., #10/2 circ. bkr.									
4810	Type NM cable	1 Elec	6.20	1.290	Ea.	47.65	34		81.65	105
4820	Type MC cable		5.40	1.481		51	39		90	115
4830	EMT & wire		3.20	2.500		46.50	65		111.50	150
4900	Low voltage outlets									
4910	Telephone recpt., 20' of 4/C phone wire	1 Elec	26	.308	Ea.	5.45	8.05		13.50	18
4920	TV recpt., 20' of RG59U coax wire, F type connector	"	16	.500	"	8.25	13.05		21.30	29
4950	Door bell chime, transformer, 2 buttons, 60' of bellwire									
4970	Economy model	1 Elec	11.50	.696	Ea.	47	18.15		65.15	79
4980	Custom model		11.50	.696		96	18.15		114.15	135
4990	Luxury model, 3 buttons		9.50	.842		205	22		227	260
6000	Lighting outlets									
6050	Wire only (for fixture) type NM cable	1 Elec	32	.250	Ea.	3.60	6.55		10.15	13.70

168 | Special Systems

168 100 | Special Systems

			CREW	DAILY OUTPUT	MAN-HOURS	UNIT	1992 BARE COSTS MAT.	LABOR	EQUIP.	TOTAL	TOTAL INCL O&P	
170	6070	Type MC cable	1 Elec	24	.333	Ea.	7.10	8.70		15.80	21	170
	6080	EMT & wire		10	.800		9.55	21		30.55	42	
	6100	Box (4") and wire (for fixture), type NM cable		25	.320		6.20	8.35		14.55	19.30	
	6120	Type MC cable		20	.400		11	10.45		21.45	28	
	6130	EMT & wire	▼	11	.727	▼	13.40	19		32.40	43	
	6200	Fixtures (use with lines 6050 or 6100 above)										
	6210	Canopy style, economy grade	1 Elec	40	.200	Ea.	20.50	5.20		25.70	30	
	6220	Custom grade		40	.200		37	5.20		42.20	48	
	6250	Dining room chandelier, economy grade		19	.421		61	11		72	84	
	6260	Custom grade		19	.421		180	11		191	215	
	6270	Luxury grade		15	.533		400	13.90		413.90	460	
	6310	Kitchen fixture (fluorescent), economy grade		30	.267		41.50	6.95		48.45	56	
	6320	Custom grade		25	.320		131	8.35		139.35	155	
	6350	Outdoor, wall mounted, economy grade		30	.267		23.75	6.95		30.70	37	
	6360	Custom grade		30	.267		82	6.95		88.95	100	
	6370	Luxury grade		25	.320		185	8.35		193.35	215	
	6410	Outdoor Par floodlights, 1 lamp, 150 watt		20	.400		15.75	10.45		26.20	33	
	6420	2 lamp, 150 watt each		20	.400		26.25	10.45		36.70	44	
	6430	For infrared security sensor, add		32	.250		78	6.55		84.55	96	
	6450	Outdoor, quartz-halogen, 300 watt flood		20	.400		29	10.45		39.45	47	
	6600	Recessed downlight, round, pre-wired, 50 or 75 watt trim		30	.267		28	6.95		34.95	41	
	6610	With shower light trim		30	.267		33.50	6.95		40.45	47	
	6620	With wall washer trim		28	.286		42	7.45		49.45	57	
	6630	With eye-ball trim	▼	28	.286		39	7.45		46.45	54	
	6640	For direct contact with insulation, add					1.25			1.25	1.38	
	6700	Porcelain lamp holder	1 Elec	40	.200		2.85	5.20		8.05	10.95	
	6710	With pull switch		40	.200		3.15	5.20		8.35	11.25	
	6750	Fluorescent strip, 1-20 watt tube, wrap around diffuser, 24"		24	.333		42	8.70		50.70	59	
	6760	1-40 watt tube, 48"		24	.333		59	8.70		67.70	78	
	6770	2-40 watt tubes, 48"		20	.400		70	10.45		80.45	93	
	6780	With 0° ballast		20	.400		73	10.45		83.45	96	
	6800	Bathroom heat lamp, 1-250 watt		28	.286		24.75	7.45		32.20	38	
	6810	2-250 watt lamps	▼	28	.286	▼	41.15	7.45		48.60	56	
	6820	For timer switch, see line 2400										
	6900	Outdoor post lamp, incl. post, fixture, 35' of #14/2										
	6910	Type NMC cable	1 Elec	3.50	2.286	Ea.	146	60		206	250	
	6920	Photo-eye, add		27	.296		23.40	7.75		31.15	37	
	6950	Clock dial time switch, 24 hr., w/enclosure, type NM cable		11.43	.700		42	18.25		60.25	73	
	6970	Type MC cable		11	.727		46	19		65	79	
	6980	EMT & wire	▼	4.85	1.649		48	43		91	115	
	7000	Alarm systems										
	7050	Smoke detectors, box, #14/3 type NM cable	1 Elec	14.55	.550	Ea.	22.50	14.35		36.85	46	
	7070	Type MC cable		12.31	.650		27	16.95		43.95	55	
	7080	EMT & wire	▼	5	1.600		40	42		82	105	
	7090	For relay output to security system, add				▼	9.40			9.40	10.35	
	8000	Residential equipment										
	8050	Disposal hook-up, incl. switch, outlet box, 3' of flex										
	8060	20 amp-1 pole circ. bkr., and 25' of #12/2										
	8070	Type NM cable	1 Elec	10	.800	Ea.	18.40	21		39.40	51	
	8080	Type MC cable		8	1		22	26		48	63	
	8090	EMT & wire	▼	5	1.600	▼	23.80	42		65.80	89	
	8100	Trash compactor or dishwasher hook-up, incl. outlet box,										
	8110	3' of flex, 15 amp-1 pole circ. bkr., and 25' of #14/2										
	8120	Type NM cable	1 Elec	10	.800	Ea.	12.50	21		33.50	45	
	8130	Type MC cable		8	1		15.40	26		41.40	56	
	8140	EMT & wire	▼	5	1.600	▼	18.45	42		60.45	83	
	8150	Hot water sink dispensor hook-up, use line 8100										
	8200	Vent/exhaust fan hook-up, type NM cable	1 Elec	32	.250	Ea.	3.60	6.55		10.15	13.70	

16 ELECTRICAL

168 | Special Systems

168 100 | Special Systems

		CREW	DAILY OUTPUT	MAN-HOURS	UNIT	1992 BARE COSTS MAT.	LABOR	EQUIP.	TOTAL	TOTAL INCL O&P
8220	Type MC cable	1 Elec	24	.333	Ea.	7.15	8.70		15.85	21
8230	EMT & wire	↓	10	.800	↓	9.55	21		30.55	42
8250	Bathroom vent fan, 50 CFM (use with above hook-up)									
8260	Economy model	1 Elec	15	.533	Ea.	19	13.90		32.90	42
8270	Low noise model		15	.533		25	13.90		38.90	48
8280	Custom model	↓	12	.667	↓	90	17.40		107.40	125
8300	Bathroom or kitchen vent fan, 110 CFM									
8310	Economy model	1 Elec	15	.533	Ea.	47.75	13.90		61.65	73
8320	Low noise model	"	15	.533	"	62.25	13.90		76.15	89
8350	Paddle fan, variable speed (w/o lights)									
8360	Economy model (AC motor)	1 Elec	10	.800	Ea.	74.25	21		95.25	115
8370	Custom model (AC motor)		10	.800		130	21		151	175
8380	Luxury model (DC motor)		8	1		264	26		290	330
8390	Remote speed switch for above, add	↓	12	.667	↓	17.05	17.40		34.45	45
8500	Whole house exhaust fan, ceiling mount, 36", variable speed									
8510	Remote switch, incl. shutters, 20 amp-1 pole circ. bkr.									
8520	30' of #12/2/ type NM cable	1 Elec	4	2	Ea.	386	52		438	505
8530	Type MC cable		3.50	2.286		395	60		455	525
8540	EMT & wire	↓	3	2.667	↓	412	70		482	555
8600	Whirlpool tub hook-up, incl. timer switch, outlet box									
8610	3' of flex, 20 amp-1 pole GFI circ. bkr.									
8620	30' of #12/2 type NM cable	1 Elec	5	1.600	Ea.	63	42		105	130
8630	Type MC cable		4.20	1.905		66	50		116	145
8640	EMT & wire	↓	3.40	2.353		68	61		129	165
8650	Hot water heater hook-up, incl. 1-2 pole circ. bkr. box;									
8660	3' of flex, 20' of #10/2 type NM cable	1 Elec	5	1.600	Ea.	12.45	42		54.45	76
8670	Type MC cable		4.20	1.905		15.30	50		65.30	91
8680	EMT & wire	↓	3.40	2.353	↓	18.15	61		79.15	110
9000	Heating/air conditioning									
9050	Furnace/boiler hook-up, incl. firestat, local on-off switch									
9060	Emergency switch, and 40' of type NM cable	1 Elec	4	2	Ea.	30.50	52		82.50	110
9070	Type MC cable		3.50	2.286		37	60		97	130
9080	EMT & wire	↓	1.50	5.333	↓	41.50	140		181.50	255
9100	Air conditioner hook-up, incl. local 60 amp disc. switch									
9110	3' Sealtite, 40 amp, 2 pole circuit breaker									
9130	40' of #8/2 type NM cable	1 Elec	3.50	2.286	Ea.	110	60		170	210
9140	Type MC cable		3	2.667		115	70		185	230
9150	EMT & wire	↓	1.30	6.154	↓	117	160		277	370
9200	Heat pump hook-up, 1-40 & 1-100 amp 2 pole circ. bkr.									
9210	Local disconnect switch, 3' Sealtite									
9220	40' of #8/2 & 30' of #3/2									
9230	Type NM cable	1 Elec	1.30	6.154	Ea.	269	160		429	535
9240	Type MC cable		1.08	7.407		275	195		470	590
9250	EMT & wire	↓	.94	8.511	↓	265	220		485	625
9500	Thermostat hook-up, using low voltage wire									
9520	Heating only	1 Elec	24	.333	Ea.	3.60	8.70		12.30	16.95
9530	Heating/cooling	"	20	.400	"	4	10.45		14.45	20

169 | Power Transmission and Distribution

169 100 | Power Trans. & Dist.

				DAILY	MAN-		1992 BARE COSTS				TOTAL
			CREW	OUTPUT	HOURS	UNIT	MAT.	LABOR	EQUIP.	TOTAL	INCL O&P
110	0010	**LINE POLES & FIXTURES** R169-115									
	0100	Digging holes in earth, average	R-5	25.14	3.500	Ea.		81	55	136	180
	0105	In rock, average	"	4.51	19.512			450	305	755	1,025
	0200	Wood poles, material handling and spotting	R-7	6.49	7.396			140	26	166	245
	0220	Erect wood poles in earth	R-5	6.77	12.999		645	300	205	1,150	1,375
	0250	In rock	"	5.87	14.991		645	345	235	1,225	1,500
	0260	Disposal of surplus material	R-7	20.87	2.300	Mile		44	7.95	51.95	76
	0300	Crossarms for wood pole structure									
	0310	Material handling and spotting	R-7	14.55	3.299	Ea.		63	11.40	74.40	110
	0320	Install crossarms	R-5	11	8	"	230	185	125	540	670
	0330	Disposal of surplus material	R-7	40	1.200	Mile		23	4.16	27.16	40
	0400	Formed plate pole structure									
	0410	Material handling and spotting	R-7	2.40	20	Ea.		380	69	449	660
	0420	Erect steel plate pole	R-5	1.95	45.128		4,465	1,050	705	6,220	7,250
	0500	Guys, anchors and hardware for pole, in earth		7.04	12.500		275	290	195	760	950
	0510	In rock		17.96	4.900		325	115	76	516	610
	0900	Foundations for line poles									
	0920	Excavation, in earth	R-5	135.38	.650	C.Y.		14.95	10.15	25.10	34
	0940	In rock	"	20	4.400	"		100	69	169	230
	0950	See also Division 023									
	0960	Concrete foundations	R-5	11	8	C.Y.	60	185	125	370	480
	0970	See also Division 033									
120	0010	**LINE TOWERS & FIXTURES**									
	0100	Excavation and backfill, earth	R-5	135.38	.650	C.Y.		14.95	10.15	25.10	34
	0105	Rock		21.46	4.101	"		94	64	158	215
	0200	Steel footings (grillage) in earth		3.91	22.506	Ton	840	520	350	1,710	2,100
	0205	In rock		3.20	27.500	"	840	635	430	1,905	2,350
	0290	See also Division 023									
	0300	Rock anchors	R-5	5.87	14.991	Ea.	245	345	235	825	1,050
	0400	Concrete foundations	"	12.85	6.848	C.Y.	60	160	105	325	420
	0490	See also Division 033									
	0500	Towers-material handling and spotting	R-7	22.56	2.128	Ton		41	7.35	48.35	70
	0540	Steel tower erection	R-5	7.65	11.503		840	265	180	1,285	1,525
	0550	Lace and box		1.09	80.734		840	1,850	1,250	3,940	5,125
	0560	Painting total structure		1.47	59.864	Ea.	175	1,375	935	2,485	3,300
	0570	Disposal of surplus material	R-7	20.87	2.300	Mile		44	7.95	51.95	76
	0600	Special towers-material handling and spotting	"	12.31	3.899	Ton		74	13.50	87.50	130
	0640	Special steel structure erection	R-6	6.52	13.497		1,095	310	405	1,810	2,125
	0650	Special steel lace and box	"	6.29	13.990		1,095	320	420	1,835	2,150
	0670	Disposal of surplus material	R-7	7.87	6.099	Mile		115	21	136	200
130	0010	**OVERHEAD LINE CONDUCTORS & DEVICES** R169-115									
	0100	Conductors, primary circuits									
	0110	Material handling and spotting	R-5	9.78	8.998	W.mile		205	140	345	465
	0120	For river crossing, add		11	8			185	125	310	415
	0150	Installation only, conductors, 210 to 636 MCM		1.96	44.898		4,680	1,025	700	6,405	7,475
	0160	795 to 954 MCM		1.87	47.059		6,900	1,075	735	8,710	10,000
	0170	1000 to 1600 MCM		1.47	59.864		11,250	1,375	935	13,560	15,500
	0180	Over 1600 MCM		1.35	65.185		15,000	1,500	1,025	17,525	19,900
	0200	For river crossing, add, 210 to 636 MCM		1.24	70.968			1,625	1,100	2,725	3,675
	0220	795 to 954 MCM		1.09	80.734			1,850	1,250	3,100	4,200
	0230	1000 to 1600 MCM		.97	90.722			2,100	1,425	3,525	4,700
	0240	Over 1600 MCM		.87	101			2,325	1,575	3,900	5,250
	0300	Joints and dead ends	R-8	6	8	Ea.	650	185	46	881	1,050
	0400	Sagging	R-5	73.33	1.200	W.mile		28	18.70	46.70	62
	0500	Clipping, per structure, 69 KV	R-10	9.60	5	Ea.		125	65	190	255
	0510	161 KV		5.33	9.006			225	115	340	460
	0520	345 to 500 KV		2.53	18.972			470	245	715	975
	0600	Make and install jumpers, per structure, 69 KV	R-8	3.20	15		170	350	87	607	810

169 | Power Transmission and Distribution

169 100	Power Trans. & Dist.	CREW	DAILY OUTPUT	MAN-HOURS	UNIT	MAT.	LABOR	EQUIP.	TOTAL	TOTAL INCL O&P
130 0620	161 KV	R-8	1.20	40	Ea.	352	935	230	1,517	2,050
0640	345 to 500 KV	↓	.32	150		590	3,500	865	4,955	6,875
0700	Installing spacers	R-10	68.57	.700		36	17.35	9.05	62.40	76
0720	For river crossings, add	"	60	.800			19.80	10.35	30.15	41
0800	Installing pulling line (500 KV only)	R-9	1.45	44.138	W.mile	332	965	190	1,487	2,050
0810	Disposal of surplus material	R-7	6.96	6.897	Mile		130	24	154	230
0820	With trailer mounted reel stands	"	13.71	3.501	"		67	12.10	79.10	115
0900	Insulators and hardware, primary circuits									
0920	Material handling and spotting, 69 KV	R-7	480	.100	Ea.		1.91	.35	2.26	3.31
0930	161 KV		685.71	.070			1.33	.24	1.57	2.32
0950	345 to 500 KV	↓	960	.050			.95	.17	1.12	1.65
1000	Install disk insulators, 69 KV	R-5	880	.100		35	2.30	1.56	38.86	44
1020	161 KV		977.78	.090		40	2.07	1.40	43.47	49
1040	345 to 500 KV	↓	1,100	.080	↓	40	1.84	1.25	43.09	48
1060	See Div. 169-150-7400 for pin or pedestal insulator									
1100	Install disk insulator at river crossing, add									
1110	69 KV	R-5	586.67	.150	Ea.		3.46	2.34	5.80	7.80
1120	161 KV		880	.100			2.30	1.56	3.86	5.20
1140	345 to 500 KV	↓	880	.100	↓		2.30	1.56	3.86	5.20
1150	Disposal of surplus material	R-7	41.74	1.150	Mile		22	3.98	25.98	38
1300	Overhead ground wire installation									
1320	Material handling and spotting	R-7	5.65	8.496	W.mile		160	29	189	280
1340	Installation of overhead ground wire	R-5	1.76	50		2,035	1,150	780	3,965	4,825
1350	At river crossing, add		1.17	75.214	↓		1,725	1,175	2,900	3,900
1360	Disposal of surplus material	↓	41.74	2.108	Mile		49	33	82	110
1400	Installing conductors, underbuilt circuits									
1420	Material handling and spotting	R-7	5.65	8.496	W.mile		160	29	189	280
1440	Installing conductors, per wire, 210 to 636 MCM	R-5	1.96	44.898		4,680	1,025	700	6,405	7,475
1450	795 to 954 MCM		1.87	47.059		6,910	1,075	735	8,720	10,000
1460	1000 to 1600 MCM		1.47	59.864		11,245	1,375	935	13,555	15,500
1470	Over 1600 MCM	↓	1.35	65.185	↓	15,000	1,500	1,025	17,525	19,900
1500	Joints and dead ends	R-8	6	8	Ea.	650	185	46	881	1,050
1550	Sagging	R-5	8.80	10	W.mile		230	155	385	520
1600	Clipping, per structure, 69 KV	R-10	9.60	5	Ea.		125	65	190	255
1620	161 KV		5.33	9.006			225	115	340	460
1640	345 to 500 KV	↓	2.53	18.972			470	245	715	975
1700	Making and installing jumpers, per structure, 69 KV	R-8	5.87	8.177		170	190	47	407	525
1720	161 KV		.96	50		353	1,175	290	1,818	2,475
1740	345 to 500 KV	↓	.32	150	↓	590	3,500	865	4,955	6,875
1800	Installing spacers	R-10	96	.500		35	12.40	6.45	53.85	64
1810	Disposal of surplus material	R-7	6.96	6.897	Mile		130	24	154	230
2000	Insulators and hardware for underbuilt circuits									
2100	Material handling and spotting	R-7	1,200	.040	Ea.		.76	.14	.90	1.32
2150	Install disk insulators, 69 KV	R-8	600	.080		35	1.87	.46	37.33	42
2160	161 KV		686	.070		40	1.63	.40	42.03	47
2170	345 to 500 KV	↓	800	.060	↓	40	1.40	.35	41.75	46
2180	Disposal of surplus material	R-7	41.74	1.150	Mile		22	3.98	25.98	38
2300	Sectionalizing switches, 69 KV	R-5	1.26	69.841	Ea.	9,345	1,600	1,100	12,045	13,900
2310	161 KV		.80	110		10,500	2,525	1,725	14,750	17,300
2500	Protective devices		5.50	16	↓	3,045	370	250	3,665	4,175
2600	Clearance poles, 8 poles per mile									
2650	In earth, 69 KV	R-5	1.16	75.862	Mile	2,560	1,750	1,175	5,485	6,750
2660	161 KV	"	.64	137		4,200	3,175	2,150	9,525	11,800
2670	345 to 500 KV	R-6	.48	183		5,040	4,225	5,475	14,740	17,900
2800	In rock, 69 KV	R-5	.69	127		2,560	2,950	2,000	7,510	9,425
2820	161 KV	"	.35	251		4,200	5,800	3,925	13,925	17,700
2840	345 to 500 KV	R-6	.24	366	↓	5,040	8,450	11,000	24,490	30,300

169 | Power Transmission and Distribution

169 100 | Power Trans. & Dist.

			CREW	DAILY OUTPUT	MAN-HOURS	UNIT	MAT.	LABOR	EQUIP.	TOTAL	TOTAL INCL O&P	
140	0010	**TRANSMISSION LINE RIGHT OF WAY**										140
	0100	Clearing right of way	B-87	6.67	5.997	Acre		135	425	560	665	
	0200	Restoration & seeding	B-10D	4	3	"	585	65	240	890	1,000	
150	0010	**SUBSTATION EQUIPMENT**										150
	1000	Main conversion equipment										
	1050	Power transformers, 13 to 26 KV	R-11	1.72	32.558	Mva	10,450	775	315	11,540	13,000	
	1060	46 KV		3.50	16		9,800	380	155	10,335	11,500	
	1070	69 KV		3.11	18.006		8,485	430	175	9,090	10,200	
	1080	110 KV		3.29	17.021		7,935	405	165	8,505	9,525	
	1090	161 KV		4.31	12.993		7,380	310	125	7,815	8,725	
	1100	500 KV		7	8		7,325	190	77	7,592	8,425	
	1200	Grounding transformers		3.11	18.006	Ea.	46,250	430	175	46,855	51,500	
	1300	Station capacitors										
	1350	Synchronous, 13 to 26 KV	R-11	3.11	18.006	Mvar	2,885	430	175	3,490	4,000	
	1360	46 KV		3.33	16.817		3,665	400	160	4,225	4,800	
	1370	69 KV		3.81	14.698		3,625	350	140	4,115	4,675	
	1380	161 KV		6.51	8.602		3,380	205	83	3,668	4,125	
	1390	500 KV		10.37	5.400		2,945	130	52	3,127	3,500	
	1450	Static, 13 to 26 KV		3.11	18.006		2,445	430	175	3,050	3,525	
	1460	46 KV		3.01	18.605		3,110	445	180	3,735	4,275	
	1470	69 KV		3.81	14.698		3,005	350	140	3,495	3,975	
	1480	161 KV		6.51	8.602		2,780	205	83	3,068	3,450	
	1490	500 KV		10.37	5.400		2,550	130	52	2,732	3,050	
	1600	Voltage regulators, 13 to 26 KV		.75	74.667	Ea.	109,500	1,775	720	111,995	124,000	
	2000	Power circuit breakers										
	2050	Oil circuit breakers, 13 to 26 KV	R-11	1.12	50	Ea.	24,245	1,200	480	25,925	29,000	
	2060	46 KV		.75	74.667		35,300	1,775	720	37,795	42,300	
	2070	69 KV		.45	124		82,000	2,950	1,200	86,150	96,000	
	2080	161 KV		.16	350		125,500	8,325	3,375	137,200	154,500	
	2090	500 KV		.06	933		470,000	22,200	8,975	501,175	560,500	
	2100	Air circuit breakers, 13 to 26 KV		.56	100		25,350	2,375	960	28,685	32,500	
	2110	161 KV		.62	90.323		109,000	2,150	870	112,020	124,000	
	2150	Gas circuit breakers, 13 to 26 KV		.56	100		95,000	2,375	960	98,335	109,000	
	2160	161 KV		.08	700		125,000	16,700	6,725	148,425	170,000	
	2170	500 KV		.04	1,400		440,000	33,300	13,500	486,800	549,000	
	2200	Vacuum circuit breakers, 13 to 26 KV		.56	100		20,750	2,375	960	24,085	27,500	
	3000	Disconnecting switches										
	3050	Gang operated switches										
	3060	Manual operation, 13 to 26 KV	R-11	1.65	33.939	Ea.	2,865	810	325	4,000	4,725	
	3070	46 KV		1.12	50		9,800	1,200	480	11,480	13,100	
	3080	69 KV		.80	70		11,000	1,675	675	13,350	15,300	
	3090	161 KV		.56	100		13,225	2,375	960	16,560	19,200	
	3100	500 KV		.14	400		36,000	9,525	3,850	49,375	58,000	
	3110	Motor operation, 161 KV		.51	109		19,850	2,625	1,050	23,525	26,900	
	3120	500 KV		.28	200		55,000	4,750	1,925	61,675	70,000	
	3250	Circuit switches, 161 KV		.41	136		39,600	3,250	1,325	44,175	49,900	
	3300	Single pole switches										
	3350	Disconnecting switches, 13 to 26 KV	R-11	28	2	Ea.	5,500	48	19.25	5,567.25	6,150	
	3360	46 KV		8	7		9,365	165	67	9,597	10,600	
	3370	69 KV		5.60	10		10,450	240	96	10,786	12,000	
	3380	161 KV		2.80	20		39,600	475	190	40,265	44,500	
	3390	500 KV		.22	254		113,000	6,050	2,450	121,500	136,000	
	3450	Grounding switches, 46 KV		5.60	10		14,325	240	96	14,661	16,200	
	3460	69 KV		3.73	15.013		14,875	355	145	15,375	17,100	
	3470	161 KV		2.24	25		15,750	595	240	16,585	18,500	
	3480	500 KV		.62	90.323		19,600	2,150	870	22,620	25,800	
	4000	Instrument transformers										

ELECTRICAL 16

169 | Power Transmission and Distribution

169 100 | Power Trans. & Dist.

			CREW	DAILY OUTPUT	MAN-HOURS	UNIT	MAT.	LABOR	EQUIP.	TOTAL	TOTAL INCL O&P	
150	4050	Current transformers, 13 to 26 KV	R-11	14	4	Ea.	1,350	95	38	1,483	1,675	150
	4060	46 KV		9.33	6.002		3,900	145	58	4,103	4,575	
	4070	69 KV		7	8		4,045	190	77	4,312	4,825	
	4080	161 KV		1.87	29.947		13,100	715	290	14,105	15,800	
	4100	Potential transformers, 13 to 26 KV		11.20	5		1,910	120	48	2,078	2,325	
	4110	46 KV		8	7		3,925	165	67	4,157	4,650	
	4120	69 KV		6.22	9.003		4,160	215	87	4,462	5,000	
	4130	161 KV		2.24	25		9,025	595	240	9,860	11,100	
	4140	500 KV		1.40	40		26,750	950	385	28,085	31,300	
	7000	Conduit, conductors, and insulators										
	7100	Conduit, metallic	R-11	560	.100	Lb.	1.25	2.38	.96	4.59	6	
	7110	Non-metallic	"	800	.070	"	1.13	1.67	.67	3.47	4.49	
	7190	See also Division 160										
	7200	Wire and cable	R-11	700	.080	Lb.	1.69	1.90	.77	4.36	5.55	
	7290	See also Division 161										
	7300	Bus	R-11	590	.095	Lb.	1.69	2.26	.91	4.86	6.25	
	7390	See also Division 164										
	7400	Insulators, pedestal type	R-11	112	.500	Ea.		11.90	4.81	16.71	23	
	7490	See also Line 169-130-1000										
	7500	Grounding systems	R-11	280	.200	Lb.	5.62	4.76	1.92	12.30	15.45	
	7590	See also Division 161										
	7600	Manholes	R-11	4.15	13.494	Ea.	1,880	320	130	2,330	2,700	
	7690	See also Division 025										
	7700	Cable tray	R-11	40	1.400	L.F.	8.25	33	13.45	54.70	74	
	7790	See also Division 160										
	8000	Protective equipment										
	8050	Lightning arrestors, 13 to 26 KV	R-11	18.67	2.999	Ea.	690	71	29	790	900	
	8060	46 KV		14	4		1,875	95	38	2,008	2,250	
	8070	69 KV		11.20	5		2,400	120	48	2,568	2,875	
	8080	161 KV		5.60	10		3,305	240	96	3,641	4,100	
	8090	500 KV		1.40	40		11,240	950	385	12,575	14,200	
	8150	Reactors and resistors, 13 to 26 KV		28	2		1,575	48	19.25	1,642.25	1,825	
	8160	46 KV		4.31	12.993		4,715	310	125	5,150	5,800	
	8170	69 KV		2.80	20		7,715	475	190	8,380	9,425	
	8180	161 KV		2.24	25		8,815	595	240	9,650	10,900	
	8190	500 KV		.08	700		35,300	16,700	6,725	58,725	71,500	
	8250	Fuses, 13 to 26 KV		18.67	2.999		900	71	29	1,000	1,125	
	8260	46 KV		11.20	5		1,010	120	48	1,178	1,350	
	8270	69 KV		8	7		1,065	165	67	1,297	1,500	
	8280	161 KV		4.67	11.991		1,345	285	115	1,745	2,025	
	9000	Station service equipment										
	9100	Conversion equipment										
	9110	Station service transformers	R-11	5.60	10	Ea.	42,550	240	96	42,886	47,300	
	9120	Battery chargers		11.20	5	"	1,715	120	48	1,883	2,125	
	9200	Control batteries		14	4	K.A.H.	39	95	38	172	230	

171 | S.F., C.F. and % of Total Costs

171 000 | S.F. & C.F. Costs

			UNIT	UNIT COSTS 1/4	UNIT COSTS MEDIAN	UNIT COSTS 3/4	% of TOTAL 1/4	% of TOTAL MEDIAN	% of TOTAL 3/4	
010	0010	APARTMENTS Low Rise (1 to 3 story)	S.F.	36.10	45.60	60.45				010
	0020	Total project cost	C.F.	3.26	4.28	5.30				
	0100	Sitework	S.F.	3.03	4.41	7.05	6.30%	10.60%	14.10%	
	0500	Masonry		.66	1.71	2.88	1.40%	4%	6.30%	
	1500	Finishes		3.84	4.91	6.45	9%	10.60%	12.90%	
	1800	Equipment		1.19	1.80	2.62	2.70%	4%	6.20%	
	2720	Plumbing		2.83	3.71	4.63	6.80%	9%	10.10%	
	2770	Heating, ventilating, air conditioning		1.81	2.19	3.23	4.20%	5.80%	7.60%	
	2900	Electrical		2.10	2.80	3.87	5.20%	6.70%	8.60%	
	3100	Total: Mechanical & Electrical		6.30	7.75	10	15.90%	18.30%	22.40%	
	9000	Per apartment unit, total cost	Apt.	28,300	42,100	62,400				
	9500	Total: Mechanical & Electrical	"	5,225	7,650	10,900				
020	0010	APARTMENTS Mid Rise (4 to 7 story)	S.F.	46.35	57	70.65				020
	0020	Total project costs	C.F.	3.75	5.15	7.10				
	0100	Sitework	S.F.	1.87	3.65	6.80	5.20%	6.50%	9.20%	
	0500	Masonry		2.92	4.10	6.05	5.20%	7.30%	10.50%	
	1500	Finishes		5.95	7.50	9.55	10.40%	11.90%	16.90%	
	1800	Equipment		1.58	2.16	2.83	2.80%	3.50%	4.40%	
	2500	Conveying equipment		1.09	1.34	1.57	2.10%	2.20%	2.60%	
	2720	Plumbing		2.83	3.57	4.78	6.20%	7.20%	8.20%	
	2900	Electrical		3.22	4.33	5.30	6.60%	7.20%	8.90%	
	3100	Total: Mechanical & Electrical		8.90	11	13.85	17.90%	20.10%	22.30%	
	9000	Per apartment unit, total cost	Apt.	35,700	54,500	64,600				
	9500	Total: Mechanical & Electrical	"	10,700	12,400	18,200				
030	0010	APARTMENTS High Rise (8 to 24 story)	S.F.	54.65	66.20	77.35				030
	0020	Total project costs	C.F.	4.52	6.30	7.65				
	0100	Sitework	S.F.	1.68	3.21	4.50	2.50%	4.70%	6.10%	
	0500	Masonry		2.64	5.25	7.10	4.40%	8.70%	10.70%	
	1500	Finishes		5.95	7.60	8.70	9.30%	11.70%	13.50%	
	1800	Equipment		1.69	2.12	2.75	2.40%	3.30%	4.20%	
	2500	Conveying equipment		1.11	1.83	2.61	2.20%	2.70%	3.30%	
	2720	Plumbing		3.51	4.76	6	6.70%	9.10%	10.40%	
	2900	Electrical		3.77	4.85	6.45	6.40%	7.60%	9.10%	
	3100	Total: Mechanical & Electrical		11.10	13.65	16.95	18.20%	22.30%	24.50%	
	9000	Per apartment unit, total cost	Apt.	51,300	60,200	65,300				
	9500	Total: Mechanical & Electrical	"	12,300	14,100	15,200				
040	0010	AUDITORIUMS	S.F.	54.80	78	101				040
	0020	Total project costs	C.F.	3.64	5.05	6.90				
	2720	Plumbing	S.F.	3.52	4.69	6.10	5.70%	6.80%	8.40%	
	2770	Heating, ventilating, air conditioning		7.35	17.75	20.60	6.90%	16%	19.80%	
	2900	Electrical		4.50	6.45	8.70	6.70%	8.80%	11%	
	3100	Total: Mechanical & Electrical		9.30	12.75	22.25	14.70%	18.70%	24.40%	
050	0010	AUTOMOTIVE SALES	S.F.	38.25	47.30	63.10				050
	0020	Total project costs	C.F.	2.83	3.33	4.32				
	2720	Plumbing	S.F.	1.91	2.68	3.64	2.80%	5.90%	6.40%	
	2770	Heating, ventilating, air conditioning		2.79	4.53	6.60	6.30%	10%	10.70%	
	2900	Electrical		3.27	5.25	7.65	7.30%	9.90%	12.30%	
	3100	Total: Mechanical & Electrical		6.90	13	15.45	15.40%	19.10%	30.30%	
060	0010	BANKS	S.F.	83.95	105	138				060
	0020	Total project costs	C.F.	5.95	8.05	10.60				
	0100	Sitework	S.F.	8.05	14.20	22.35	7%	13.40%	16.90%	
	0500	Masonry		4.17	7	13.20	2.90%	6.10%	10%	
	1500	Finishes		6.80	9.35	12.30	5.40%	7.60%	10.20%	
	1800	Equipment		2.09	6.85	16.65	1.90%	7.60%	12.60%	
	2720	Plumbing		2.72	3.89	5.75	2.90%	4%	5%	
	2770	Heating, ventilating, air conditioning		5.15	7.05	9.90	5.10%	7.40%	8.70%	
	2900	Electrical		8.15	10.70	14.10	8.30%	10.30%	12.20%	
	3100	Total: Mechanical & Electrical		13.40	18.50	25.85	14%	17.80%	23.40%	

For expanded coverage of these items see *Means Square Foot Cost Data 1992*

171 | S.F., C.F. and % of Total Costs

171 000 | S.F. & C.F. Costs

			UNIT	UNIT COSTS 1/4	UNIT COSTS MEDIAN	UNIT COSTS 3/4	% of TOTAL 1/4	% of TOTAL MEDIAN	% of TOTAL 3/4	
060	3500	See also division 110-301								060
130	0010	**CHURCHES**	S.F.	55.40	69.20	87.35				130
	0020	Total project costs	C.F.	3.55	4.43	5.75				
	1800	Equipment	S.F.	.62	1.58	3.48	1%	2.30%	4.60%	
	2720	Plumbing		2.23	3.11	4.50	3.60%	4.90%	6.30%	
	2770	Heating, ventilating, air conditioning		5.15	6.75	9.35	7.70%	10%	12.10%	
	2900	Electrical		4.59	6.15	7.95	7.20%	8.70%	10.70%	
	3100	Total: Mechanical & Electrical		9.95	14.05	18.90	16.20%	21.80%	26.40%	
	3500	See also division 110-401								
150	0010	**CLUBS, COUNTRY**	S.F.	56.60	67.95	88.90				150
	0020	Total project costs	C.F.	4.81	5.85	8.20				
	2720	Plumbing	S.F.	3.61	4.84	8.80	5.40%	8.90%	10%	
	2770	Heating, ventilating, air conditioning		3.34	7.20	11.30	6.70%	10.50%	12.70%	
	2900	Electrical		4.04	6.65	8.50	7%	9.70%	11.30%	
	3100	Total: Mechanical & Electrical		10.95	16.70	24.90	17.20%	24.20%	30.90%	
170	0010	**CLUBS, SOCIAL** Fraternal	S.F.	48.55	66.85	87.35				170
	0020	Total project costs	C.F.	2.87	4.37	5.35				
	2720	Plumbing	S.F.	2.27	3.61	4.53	4.90%	6.80%	7.80%	
	2770	Heating, ventilating, air conditioning		4.31	5.75	7.05	8.20%	10.80%	12.50%	
	2900	Electrical		3.40	5.85	6.65	6.70%	9.40%	11.50%	
	3100	Total: Mechanical & Electrical		10.35	14	19.15	17.80%	24.60%	31.90%	
180	0010	**CLUBS, Y.M.C.A.**	S.F.	55.70	71.80	86.75				180
	0020	Total project costs	C.F.	2.75	4.58	5.50				
	2720	Plumbing	S.F.	4.05	5.65	7.70	5.60%	7.60%	10.80%	
	2900	Electrical		3.94	5.60	7.10	6%	8.20%	10.10%	
	3100	Total: Mechanical & Electrical		10.30	14.65	22.90	16.20%	22.40%	28.50%	
190	0010	**COLLEGES** Classrooms & Administration	S.F.	69.70	92.35	115				190
	0020	Total project costs	C.F.	4.88	6.95	11.05				
	0500	Masonry	S.F.	4.87	5.90	9.70	4%	5%	12.10%	
	1800	Equipment		1.33	1.99	3.93	2.10%	4%	5.60%	
	2720	Plumbing		3.35	4.80	7.85	4%	6.40%	8.90%	
	2770	Heating, ventilating, air conditioning		7.40	10.60	17.40	8.70%	12.20%	14.60%	
	2900	Electrical		4.92	7.30	11.50	7%	9.60%	11.10%	
	3100	Total: Mechanical & Electrical		12.35	22.15	34.90	14.20%	28.20%	34.30%	
210	0010	**COLLEGES** Science, Engineering, Laboratories	S.F.	87.35	113	133				210
	0020	Total project costs	C.F.	5.90	8.30	9.60				
	1800	Equipment	S.F.	3.78	12.05	15.45	3.80%	9.70%	14.90%	
	2720	Plumbing		4.55	5.90	8.25	5.90%	6.80%	8%	
	2770	Heating, ventilating, air conditioning		6.20	12.65	14.95	8.20%	14.40%	19.10%	
	2900	Electrical		8.25	11.70	15.40	7.80%	9.60%	13.20%	
	3100	Total: Mechanical & Electrical		26.45	35.75	53.25	25.40%	34%	38.70%	
	3500	See also division 116-001								
230	0010	**COLLEGES** Student Unions	S.F.	70.85	99.75	115				230
	0020	Total project costs	C.F.	4	5.10	6.50				
	1800	Equipment	S.F.	5	9.85	13.80	4.20%	8.90%	11.90%	
	2720	Plumbing		4.92	6.40	7.35	4.30%	6.50%	8.60%	
	2770	Heating, ventilating, air conditioning		10.80	12.65	18.35	10.90%	14.10%	17.50%	
	2900	Electrical		5.70	8.45	11.25	7.30%	9.50%	10.60%	
	3100	Total: Mechanical & Electrical		18.50	26.85	31.25	21.30%	25.80%	30%	
250	0010	**COMMUNITY CENTERS**	S.F.	58.55	72.50	93.35				250
	0020	Total project costs	C.F.	3.69	5.35	6.85				
	1800	Equipment	S.F.	1.48	2.27	3.56	2.10%	3.10%	5.30%	
	2720	Plumbing		3.08	4.95	6.75	5.40%	6.90%	9.30%	
	2770	Heating, ventilating, air conditioning		4.75	6.80	9.35	7.50%	10.10%	12.70%	
	2900	Electrical		4.99	6.40	9.10	7.40%	9.20%	11.10%	

For expanded coverage of these items see *Means Square Foot Cost Data 1992*

171 | S.F., C.F. and % of Total Costs

	171 000	S.F. & C.F. Costs	UNIT	UNIT COSTS 1/4	MEDIAN	3/4	% of TOTAL 1/4	MEDIAN	3/4	
250	3100	Total: Mechanical & Electrical	S.F.	12.05	17.95	26.05	19.50%	26.30%	31.10%	250
280	0010	**COURT HOUSES**	S.F.	78.65	96.75	119				280
	0020	Total project costs	C.F.	6.40	7.20	8.40				
	0500	Masonry	S.F.	4.86	5.25	11.30	4.40%	4.80%	5.40%	
	1140	Roofing		.62	1.21	2.45	.70%	1.20%	1.40%	
	2720	Plumbing		4.04	5.55	6.45	3.90%	6.60%	7.40%	
	2770	Heating, ventilating, air conditioning		10.75	12	13.05	10.30%	12.60%	14.80%	
	2900	Electrical		7.45	9.25	14.90	8.40%	9.80%	11.50%	
	3100	Total: Mechanical & Electrical		17.25	24.55	35.40	20.10%	25.70%	29.70%	
300	0010	**DEPARTMENT STORES**	S.F.	32.05	42.75	50.50				300
	0020	Total project costs	C.F.	1.44	2.11	2.61				
	2720	Plumbing	S.F.	1.02	1.43	1.88	2.80%	3.90%	5.80%	
	2770	Heating, ventilating, air conditioning		3.33	4.45	6.95	9%	11.80%	15%	
	2900	Electrical		3.66	4.89	6.10	10.40%	12.10%	14%	
	3100	Total: Mechanical & Electrical		6.90	13.10	14.60	22%	26.90%	32.90%	
310	0010	**DORMITORIES** Low Rise (1 to 3 story)	S.F.	52.10	70.15	88.90				310
	0020	Total project costs	C.F.	3.98	6.35	8.35				
	2720	Plumbing	S.F.	3.60	4.52	6.05	8%	8.90%	9.60%	
	2770	Heating, ventilating, air conditioning		3.80	4.40	6.10	4.60%	7.60%	9.90%	
	2900	Electrical		3.80	5.40	7.15	6.50%	8.70%	9.50%	
	3100	Total: Mechanical & Electrical		9.85	14.60	20.30	18.50%	22.50%	28.40%	
	9000	Per bed, total cost	Bed	10,800	17,700	27,700				
320	0010	**DORMITORIES** Mid Rise (4 to 8 story)	S.F.	75.05	88.85	115				320
	0020	Total project costs	C.F.	7.35	8.85	10.55				
	2720	Plumbing	S.F.	5.90	7.30	8.70	6.60%	10.10%	10.30%	
	2900	Electrical		5.30	8.55	9.85	7.30%	8.90%	10.20%	
	3100	Total: Mechanical & Electrical		15.75	21.60	28.05	18.10%	22.20%	30.60%	
	9000	Per bed, total cost	Bed	10,400	16,500	23,600				
340	0010	**FACTORIES**	S.F.	26.80	38.50	63.75				340
	0020	Total project costs	C.F.	1.78	2.41	3.51				
	0100	Sitework	S.F.	3.12	5.70	7.65	6.80%	9%	16.70%	
	2720	Plumbing	"	2.83	3.80	4.98	4.80%	6%	10.40%	
	2770	Heating, ventilating, air conditioning	S.F.	2.44	4.19	4.66	3.20%	6.90%	7.90%	
	2900	Electrical		3.68	8.30	9.25	8.90%	11.50%	14.40%	
	3100	Total: Mechanical & Electrical		9.85	15.65	19.60	18.50%	26.30%	29.90%	
360	0010	**FIRE STATIONS**	S.F.	55.55	74.60	89.95				360
	0020	Total project costs	C.F.	3.54	4.85	6				
	0500	Masonry	S.F.	8.25	14.55	20.65	9.50%	13%	18.70%	
	1140	Roofing		2.49	4.29	5.45	1.80%	3.30%	5%	
	1350	Glass & glazing		.64	.88	1.90	.50%	1%	1.40%	
	1570	Floor covering		.36	.45	.65	.20%	.30%	.80%	
	1580	Painting		1.45	1.86	2.08	1.30%	1.50%	2.10%	
	1800	Equipment		1.07	1.67	3.95	1.10%	2.50%	4.40%	
	2720	Plumbing		3.59	5.45	7.60	5.90%	7.20%	9.50%	
	2770	Heating, ventilating, air conditioning		3.07	4.95	7.95	4.90%	7.30%	9.30%	
	2900	Electrical		4.07	7	9.90	7.10%	9.40%	11.70%	
	3100	Total: Mechanical & Electrical		10.50	16.40	22.70	17.40%	22.20%	27.50%	
370	0010	**FRATERNITY HOUSES** And Sorority Houses	S.F.	55.25	65.95	73.60				370
	0020	Total project costs	C.F.	5.30	6.45	7.30				
	2720	Plumbing	S.F.	4.17	4.87	8.70	6.80%	8%	11.30%	
	2900	Electrical		3.64	4.77	8.70	6.50%	8.80%	10.40%	
	3100	Total: Mechanical & Electrical		10.30	14.65	17.65	14.60%	20.70%	24.20%	
380	0010	**FUNERAL HOMES**	S.F.	52.60	66.10	96.85				380
	0020	Total project costs	C.F.	4.94	5.40	7.10				

For expanded coverage of these items see *Means Square Foot Cost Data 1992*

171 | S.F., C.F. and % of Total Costs

171 000 | S.F. & C.F. Costs

			UNIT	UNIT COSTS 1/4	MEDIAN	3/4	% of TOTAL 1/4	MEDIAN	3/4	
380	2720	Plumbing	S.F.	2.08	2.89	3.16	4.10%	4.40%	4.70%	380
	2770	Heating, ventilating, air conditioning		4.65	4.80	5.65	7%	9.20%	10.40%	
	2900	Electrical		3.47	4.71	6.75	5.90%	7.50%	11%	
	3100	Total: Mechanical & Electrical	↓	9.35	12.50	14.55	12.90%	20.40%	26%	
390	0010	GARAGES, COMMERCIAL (service)	S.F.	31.50	50.10	65.75				390
	0020	Total project costs	C.F.	2.02	2.97	4.24				
	1800	Equipment	S.F.	1.44	3.99	6.55	3.60%	6.40%	8.60%	
	2720	Plumbing		2.03	3.21	6.45	4.90%	7.40%	11%	
	2730	Heating & ventilating		3.29	4.05	4.79	7%	11.20%	11.30%	
	2900	Electrical		2.79	4.65	6.50	7%	9%	11.40%	
	3100	Total: Mechanical & Electrical	↓	6.55	11.65	16.80	15.90%	21.60%	27.80%	
400	0010	GARAGES, MUNICIPAL (repair)	S.F.	40.15	55	84.85				400
	0020	Total project costs	C.F.	2.51	3.50	4.70				
	0500	Masonry	S.F.	4.55	7.10	10.60	7%	10.60%	15.50%	
	1140	Roofing		2.64	3.61	6.15	6.50%	7.30%	10.10%	
	2720	Plumbing		2.11	3.98	6.25	3.80%	6.90%	8.60%	
	2730	Heating & ventilating		2.30	3.29	5.50	4.30%	7.90%	11.30%	
	2900	Electrical		3.06	4.80	7.30	6.60%	8.30%	10.70%	
	3100	Total: Mechanical & Electrical	↓	8	15.95	23.30	15.50%	25.50%	32.40%	
410	0010	GARAGES, PARKING	S.F.	18.20	23.15	38.45				410
	0020	Total project costs	C.F.	1.57	2.09	3.43				
	2720	Plumbing	S.F.	.40	.64	.99	2.20%	2.90%	3.80%	
	2900	Electrical		.77	1.13	1.81	4.20%	5.20%	6.50%	
	3100	Total: Mechanical & Electrical	↓	1.33	1.79	2.92	7.40%	8.50%	9.50%	
	3200									
	9000	Per car, total cost	Car	5,800	7,900	11,200				
	9500	Total: Mechanical & Electrical	"	405	628	937				
430	0010	GYMNASIUMS	S.F.	47.50	63.20	79.60				430
	0020	Total project costs	C.F.	2.39	3.32	4.24				
	1800	Equipment	S.F.	1.24	2.24	3.92	2.10%	3.30%	6.70%	
	2720	Plumbing		2.95	4.02	4.99	4.80%	7.20%	8.30%	
	2770	Heating, ventilating, air conditioning		3.11	5.45	8.90	7.20%	9.70%	14%	
	2900	Electrical		4.03	4.86	6.75	6.50%	8.60%	10.60%	
	3100	Total: Mechanical & Electrical	↓	8.70	13.45	17.30	16.60%	21.70%	26.60%	
	3500	See also division 114-801 & 114-805								
460	0010	HOSPITALS	S.F.	103	124	171				460
	0020	Total project costs	C.F.	7.80	9.45	13.10				
	1120	Roofing	S.F.	.77	1.92	3.13	.50%	1.20%	2.90%	
	1320	Finish hardware		1.04	1.13	1.37	.60%	1.10%	1.20%	
	1540	Floor covering		1.26	1.32	3.33	.60%	1.10%	1.60%	
	1800	Equipment		2.60	4.82	7.20	1.60%	3.80%	5.30%	
	2720	Plumbing		8.90	11.70	15.70	7.50%	9.10%	10.70%	
	2770	Heating, ventilating, air conditioning		10.10	16.85	23.20	8.40%	13.80%	16.70%	
	2900	Electrical		10.80	14.55	22.10	9.90%	12.20%	15%	
	3100	Total: Mechanical & Electrical	↓	30.90	41.65	58.70	26.90%	35.80%	40.10%	
	9000	Per bed or person, total cost	Bed	25,800	51,900	68,400				
	9900	See also division 117-001								
480	0010	HOUSING For the Elderly	S.F.	50.75	63.55	79.05				480
	0020	Total project costs	C.F.	3.58	4.99	6.35				
	0100	Sitework	S.F.	3.50	5.35	7.85	5.80%	8%	12%	
	0500	Masonry		1.35	5.30	8.25	2.10%	6.50%	10.90%	
	0730	Miscellaneous & ornamental metals		1.51	2.01	5.30	1.40%	1.80%	3.10%	
	1120	Roofing		1.05	1.76	3.17	1.40%	2.10%	3.20%	
	1140	Dampproofing		.28	.39	.82	.30%	.40%	.70%	
	1340	Windows		.81	2.51	5.05	1.50%	3.30%	3.60%	
	1350	Glass & glazing		.19	.53	.99	.20%	.60%	1.10%	
	1530	Drywall	↓	3.05	3.90	6.25	3.70%	4.10%	4.50%	

171 | S.F., C.F. and % of Total Costs

171 000 | S.F. & C.F. Costs

				UNIT COSTS			% of TOTAL			
			UNIT	1/4	MEDIAN	3/4	1/4	MEDIAN	3/4	
480	1540	Floor covering	S.F.	.77	1.19	1.77	.90%	1.40%	1.90%	480
	1570	Tile & marble		.39	.57	.83	.50%	.60%	.80%	
	1580	Painting		1.65	2.26	2.84	2%	2.60%	3%	
	1800	Equipment		1.18	1.61	2.60	1.80%	3.20%	4.30%	
	2510	Conveying systems		1.20	1.61	2.19	1.70%	2.20%	2.80%	
	2720	Plumbing		3.85	5.20	6.70	8.20%	9.60%	10.70%	
	2730	Heating, ventilating, air conditioning		1.74	2.66	3.67	3.20%	5.60%	6.80%	
	2900	Electrical		3.74	5.20	7.05	7.50%	8.90%	10.60%	
	2910	Electrical incl. electric heat		3.50	8.15	9.65	9.60%	11.10%	13.30%	
	3100	Total: Mechanical & Electrical		9.20	13	16.55	18.30%	21.70%	24.70%	
	9000	Per rental unit, total cost	Unit	45,200	53,400	58,900				
	9500	Total: Mechanical & Electrical	"	8,700	10,900	12,900				
500	0010	HOUSING Public (low-rise)	S.F.	39.05	54.60	71.25				500
	0020	Total project costs	C.F.	3.30	4.42	5.45				
	0100	Sitework	S.F.	4.95	7.25	12.10	8%	11.70%	16.40%	
	1800	Equipment		1.13	1.84	3	2.20%	3%	4.60%	
	2720	Plumbing		2.82	3.96	5	6.80%	9%	11.50%	
	2730	Heating, ventilating, air conditioning		1.50	2.92	3.12	4.20%	6%	6.40%	
	2900	Electrical		2.48	3.57	5.05	4.90%	6.50%	8.10%	
	3100	Total: Mechanical & Electrical		7.35	10.85	14.75	14.90%	19.20%	22.20%	
	9000	Per apartment, total cost	Apt.	41,200	48,800	61,000				
	9500	Total: Mechanical & Electrical	"	7,225	9,950	12,400				
510	0010	ICE SKATING RINKS	S.F.	36.80	51.40	84.20				510
	0020	Total project costs	C.F.	2.09	2.61	3.08				
	2720	Plumbing	S.F.	1.11	1.63	2.49	3.10%	3.20%	4.60%	
	2900	Electrical		2.90	3.80	5.30	5.70%	7%	10.10%	
	3100	Total: Mechanical & Electrical		5.25	7.45	11.20	12.40%	16.40%	25.90%	
520	0010	JAILS	S.F.	118	134	160				520
	0020	Total project costs	C.F.	8.75	11.30	13.60				
	1800	Equipment	S.F.	4.55	12	20.10	3.80%	14.80%	15.10%	
	2720	Plumbing		6.90	11.85	15.75	7%	8.90%	12%	
	2770	Heating, ventilating, air conditioning		6.95	12.50	18.15	6.30%	9.40%	12.10%	
	2900	Electrical		11.25	13.45	18.55	7.80%	10.40%	13.80%	
	3100	Total: Mechanical & Electrical		26.45	38.25	52.80	24.30%	30.10%	35.70%	
530	0010	LIBRARIES	S.F.	65.65	81	101				530
	0020	Total project costs	C.F.	4.60	5.55	6.95				
	0500	Masonry	S.F.	3.70	6.65	12.75	5.50%	7.40%	9.50%	
	1800	Equipment		.93	2.43	4.01	1.40%	2.80%	4.80%	
	2720	Plumbing		2.69	3.65	4.99	3.60%	4.50%	5.70%	
	2770	Heating, ventilating, air conditioning		6.25	9.45	12.25	8.40%	11%	13%	
	2900	Electrical		6.65	8.35	11.05	8.40%	10.90%	12.10%	
	3100	Total: Mechanical & Electrical		14.20	19.20	27.75	19.10%	23.90%	28.70%	
550	0010	MEDICAL CLINICS	S.F.	63.65	78.50	98.10				550
	0020	Total project costs	C.F.	4.85	6.40	8.35				
	1800	Equipment	S.F.	1.69	3.61	5.45	1.80%	4.30%	6.80%	
	2720	Plumbing		4.41	6.05	8.30	6.10%	8.30%	10%	
	2770	Heating, ventilating, air conditioning		5.35	6.85	10.10	6.70%	8.90%	11.60%	
	2900	Electrical		5.65	7.65	10.10	8.10%	9.90%	11.90%	
	3100	Total: Mechanical & Electrical		13.95	17.85	25.35	19%	24.40%	30.10%	
	3500	See also division 117-001								
570	0010	MEDICAL OFFICES	S.F.	58.85	73.65	90				570
	0020	Total project costs	C.F.	4.53	6.10	8.25				
	1800	Equipment	S.F.	1.99	3.95	5.60	3%	5.90%	7.10%	
	2720	Plumbing		3.59	5.35	7.15	5.70%	6.90%	9.20%	
	2770	Heating, ventilating, air conditioning		4.16	6.30	7.90	6.50%	8%	10.40%	
	2900	Electrical		4.94	7.15	9.60	7.60%	9.70%	11.70%	

For expanded coverage of these items see *Means Square Foot Cost Data 1992*

171 | S.F., C.F. and % of Total Costs

171 000 | S.F. & C.F. Costs

			UNIT	UNIT COSTS 1/4	UNIT COSTS MEDIAN	UNIT COSTS 3/4	% of TOTAL 1/4	% of TOTAL MEDIAN	% of TOTAL 3/4	
570	3100	Total: Mechanical & Electrical	S.F.	11.70	16.20	21.35	17.30%	22.40%	26.60%	570
590	0010	**MOTELS**	S.F.	39	56.35	72.40				590
	0020	Total project costs	C.F.	3.40	4.70	7.80				
	2720	Plumbing	S.F.	3.87	4.83	5.90	9.40%	10.50%	12.50%	
	2770	Heating, ventilating, air conditioning		2.04	3.52	5.15	4.90%	5.60%	8.20%	
	2900	Electrical		3.58	4.55	5.90	7.10%	8.10%	10.40%	
	3100	Total: Mechanical & Electrical		8.50	11.20	15.45	18.50%	23.10%	26.10%	
	5000									
	9000	Per rental unit, total cost	Unit	19,500	26,900	37,800				
	9500	Total: Mechanical & Electrical	"	4,025	5,700	6,150				
600	0010	**NURSING HOMES**	S.F.	58	77.95	93.65				600
	0020	Total project costs	C.F.	4.79	6.05	8.20				
	1800	Equipment	S.F.	1.93	2.47	3.83	2.30%	3.70%	6%	
	2720	Plumbing		5.25	6.40	9.40	9.30%	10.30%	13.30%	
	2770	Heating, ventilating, air conditioning		5.35	7.50	9.55	9.20%	11.40%	11.80%	
	2900	Electrical		5.90	7.45	9.75	9.70%	11%	12.80%	
	3100	Total: Mechanical & Electrical		13.80	18.40	27.75	22.30%	28.30%	33.20%	
	3200									
	9000	Per bed or person, total cost	Bed	23,200	30,400	37,700				
610	0010	**OFFICES** Low-Rise (1 to 4 story)	S.F.	48.45	62.10	82.15				610
	0020	Total project costs	C.F.	3.54	5	6.70				
	0100	Sitework	S.F.	3.50	6.15	9.50	5.20%	9.60%	13.70%	
	0500	Masonry		1.63	3.80	7.25	2.90%	5.70%	8.60%	
	1800	Equipment		.59	1.09	3.02	1.10%	1.50%	4%	
	2720	Plumbing		1.84	2.78	3.97	3.60%	4.50%	6%	
	2770	Heating, ventilating, air conditioning		3.92	5.50	8.05	7.20%	10.40%	11.90%	
	2900	Electrical		4.10	5.65	7.80	7.40%	9.50%	11.10%	
	3100	Total: Mechanical & Electrical		8.50	12.65	18.50	15%	20.90%	26.80%	
620	0010	**OFFICES** Mid-Rise (5 to 10 story)	S.F.	54.50	61.20	88.90				620
	0020	Total project costs	C.F.	3.74	4.83	6.80				
	2720	Plumbing	S.F.	1.64	2.50	3.60	2.80%	3.60%	4.50%	
	2770	Heating, ventilating, air conditioning		4.06	5.80	9.25	7.60%	9.30%	11%	
	2900	Electrical		3.46	4.95	7.60	6.50%	8%	10%	
	3100	Total: Mechanical & Electrical		9.75	12.55	20.90	16.70%	20.50%	25.70%	
630	0010	**OFFICES** High-Rise (11 to 20 story)	S.F.	64.50	82.30	101				630
	0020	Total project costs	C.F.	4.13	5.85	8.35				
	2900	Electrical	S.F.	3.22	4.69	7.25	5.80%	7%	10.50%	
	3100	Total: Mechanical & Electrical	"	11.75	15.10	24.90	17.20%	21.40%	29.40%	
640	0010	**POLICE STATIONS**	S.F.	79	102	131				640
	0020	Total project costs	C.F.	5.90	7.70	10.20				
	0500	Masonry	S.F.	9.20	13.15	16.20	6.80%	10.60%	15.50%	
	1800	Equipment		1.24	5.35	8.85	1.70%	5.20%	9.80%	
	2720	Plumbing		4.55	6.45	10.80	5.70%	6.80%	10.70%	
	2770	Heating, ventilating, air conditioning		6.45	9.15	12.40	6.40%	10.50%	11.90%	
	2900	Electrical		8.05	12.85	16.25	9.40%	11.80%	14.70%	
	3100	Total: Mechanical & Electrical		21.90	27.30	35.70	22.20%	27.50%	33.10%	
650	0010	**POST OFFICES**	S.F.	65.70	78.40	102				650
	0020	Total project costs	C.F.	3.62	4.73	5.60				
	2720	Plumbing	S.F.	2.80	3.54	4.48	4.20%	5.30%	5.60%	
	2770	Heating, ventilating, air conditioning		4.05	5.40	8.25	6.60%	8%	9.80%	
	2900	Electrical		5.15	7.25	8.60	7.40%	9.40%	11%	
	3100	Total: Mechanical & Electrical		11.30	15.55	21.60	16.50%	21.40%	26.30%	
660	0010	**POWER PLANTS**	S.F.	388	570	875				660
	0020	Total project costs	C.F.	10.50	19.40	53.70				

For expanded coverage of these items see *Means Square Foot Cost Data 1992*

171 | S.F., C.F. and % of Total Costs

171 000 | S.F. & C.F. Costs

				UNIT COSTS			% of TOTAL			
			UNIT	1/4	MEDIAN	3/4	1/4	MEDIAN	3/4	
660	2900	Electrical	S.F.	22.65	59.35	96.50	9.20%	12.30%	18.40%	660
	8100	Total: Mechanical & Electrical	"	68.45	148	331	28.80%	32.50%	52.60%	
670	0010	**RELIGIOUS EDUCATION**	S.F.	48.95	57.50	71.80				670
	0020	Total project costs	C.F.	2.89	4.10	5.40				
	2720	Plumbing	S.F.	2.09	3.03	4.18	4.10%	5%	6.90%	
	2770	Heating, ventilating, air conditioning		4.75	5.55	7.70	7.60%	9.90%	11.20%	
	2900	Electrical		3.73	4.96	6.75	7.20%	8.70%	10.30%	
	3100	Total: Mechanical & Electrical		8.05	11.05	16.60	14.70%	19.70%	22.90%	
690	0010	**RESEARCH** Laboratories and facilities	S.F.	70.15	106	156				690
	0020	Total project costs	C.F.	4.82	8.60	12.50				
	1800	Equipment	S.F.	1.67	5.60	13.80	1.20%	4.70%	9%	
	2720	Plumbing		7.15	9.80	13.75	5.20%	8.30%	10.80%	
	2770	Heating, ventilating, air conditioning		6.95	22.70	26.75	7.20%	16.40%	17.70%	
	2900	Electrical		8.50	13.80	24.15	9.20%	11.50%	15.80%	
	3100	Total: Mechanical & Electrical		18	35.95	64.05	20.60%	31.90%	41.70%	
700	0010	**RESTAURANTS**	S.F.	70.40	92.65	120				700
	0020	Total project costs	C.F.	6.15	8.10	10.20				
	1800	Equipment	S.F.	4.28	11.50	18.05	5.50%	13.40%	16.60%	
	2720	Plumbing		5.80	7.30	9.95	6%	8.40%	9.20%	
	2770	Heating, ventilating, air conditioning		8	10.35	13.45	9.40%	12.30%	13%	
	2900	Electrical		7.70	9.60	12.85	8.30%	10.50%	11.90%	
	3100	Total: Mechanical & Electrical		16.65	22.55	30	18.30%	23%	31.40%	
	5000									
	9000	Per seat unit, total cost	Seat	2,350	3,475	4,300				
	9500	Total: Mechanical & Electrical	"	505	655	1,029				
720	0010	**RETAIL STORES**	S.F.	32.55	44.85	58.75				720
	0020	Total project costs	C.F.	2.29	3.24	4.52				
	2720	Plumbing	S.F.	1.21	2.03	3.57	3.10%	4.50%	6.80%	
	2770	Heating, ventilating, air conditioning		2.66	3.67	5.30	6.70%	8.60%	10.10%	
	2900	Electrical		3.07	4.18	6	7.40%	10%	11.80%	
	3100	Total: Mechanical & Electrical		5.65	8.65	12.20	14.90%	18.80%	24.10%	
740	0010	**SCHOOLS** Elementary	S.F.	54.70	67.10	79.70				740
	0020	Total project costs	C.F.	3.67	4.66	6				
	0500	Masonry	S.F.	4.80	7.45	9.85	7.50%	9.60%	15.30%	
	1800	Equipment		1.39	2.85	5.35	2.20%	4.10%	7.90%	
	2720	Plumbing		3.17	4.55	5.90	5.60%	7.10%	9.30%	
	2730	Heating, ventilating, air conditioning		4.75	7.65	10.60	8%	10.80%	15.10%	
	2900	Electrical		4.99	6.30	7.95	8.30%	10%	11.60%	
	3100	Total: Mechanical & Electrical		11.20	16.65	21	19.80%	25.60%	31.30%	
	9000	Per pupil, total cost	Ea.	4,900	9,300	11,200				
	9500	Total: Mechanical & Electrical	"	1,475	2,185	5,050				
760	0010	**SCHOOLS** Junior High & Middle	S.F.	57.25	67.35	79.75				760
	0020	Total project costs	C.F.	3.51	4.52	5.15				
	0500	Masonry	S.F.	4.52	7.75	10.30	7.90%	9.10%	14.30%	
	1800	Equipment		2.01	3.25	5.30	3.40%	4.80%	6.20%	
	2720	Plumbing		3.40	4.10	5.30	5.40%	6.90%	8.10%	
	2770	Heating, ventilating, air conditioning		4.17	7.95	11.25	8.70%	11.50%	17.40%	
	2900	Electrical		5.20	6.55	7.70	7.60%	9.20%	10.60%	
	3100	Total: Mechanical & Electrical		12.25	16.45	23.50	19.30%	26.80%	31.90%	
	9000	Per pupil, total cost	Ea.	5,225	7,750	9,700				
780	0010	**SCHOOLS** Senior High	S.F.	58.80	68.30	91.20				780
	0020	Total project costs	C.F.	3.75	4.68	5.85				
	1800	Equipment	S.F.	1.56	3.60	5.45	2.30%	3.70%	5.40%	
	2720	Plumbing		3.04	5.10	8.15	5%	6.50%	8%	
	2770	Heating, ventilating, air conditioning		6.95	7.80	11.25	8.90%	11.50%	14.20%	
	2900	Electrical		5.80	7.60	11.50	8.30%	10%	11.80%	

SQUARE FOOT 17

For expanded coverage of these items see *Means Square Foot Cost Data 1992*

171 | S.F., C.F. and % of Total Costs

171 000 | S.F. & C.F. Costs

			UNIT	UNIT COSTS			% of TOTAL			
				1/4	MEDIAN	3/4	1/4	MEDIAN	3/4	
780	3100	Total: Mechanical & Electrical	S.F.	12.30	19.20	25.15	16.90%	24.30%	29.70%	780
	9000	Per pupil, total cost	Ea.	7,450	9,525	12,400				
800	0010	**SCHOOLS** Vocational	S.F.	47.90	64.65	82.30				800
	0020	Total project costs	C.F.	3.01	4.10	5.75				
	0500	Masonry	S.F.	2.81	6.40	10.75	4%	6.60%	15.90%	
	1800	Equipment	"	1.25	2.08	4.07	2%	3.20%	4.60%	
	2720	Plumbing	S.F.	3.13	4.69	6.60	5.40%	6.90%	8.50%	
	2770	Heating, ventilating, air conditioning		5.55	8	13.40	8.80%	12.10%	15.90%	
	2900	Electrical		5.10	6.90	9.85	8.80%	11.40%	13.80%	
	3100	Total: Mechanical & Electrical	↓	11.55	17.25	24.75	21%	28.90%	35.70%	
	9000	Per pupil, total cost	Ea.	6,850	17,700	26,600				
830	0010	**SPORTS ARENAS**	S.F.	42	52.90	67.45				830
	0020	Total project costs	C.F.	2.28	4.16	5.25				
	2720	Plumbing	S.F.	2.15	3.69	6.55	4.30%	6.30%	8.50%	
	2770	Heating, ventilating, air conditioning		4.46	6.20	8.10	5.80%	10.20%	13.50%	
	2900	Electrical		3.46	5.80	7.15	7.10%	9.70%	12.20%	
	3100	Total: Mechanical & Electrical	↓	7.65	13.60	17.50	13.40%	22.50%	30.80%	
850	0010	**SUPERMARKETS**	S.F.	38.70	44.60	52.10				850
	0020	Total project costs	C.F.	2.12	2.52	3.50				
	2720	Plumbing	S.F.	2.08	2.73	3.21	5%	6%	6.90%	
	2770	Heating, ventilating, air conditioning		3.19	3.80	4.64	8.50%	8.50%	9.50%	
	2900	Electrical		4.52	5.50	6.75	10.30%	12.40%	13.50%	
	3100	Total: Mechanical & Electrical	↓	7.50	10.85	13.35	18.10%	22.40%	27.70%	
860	0010	**SWIMMING POOLS**	S.F.	58.95	76.30	108				860
	0020	Total project costs	C.F.	5.15	6	7				
	2720	Plumbing	S.F.	4.13	6.80	9.50	4.60%	9.60%	12.40%	
	2900	Electrical		4.48	6.35	9.55	6.50%	7.60%	7.90%	
	3100	Total: Mechanical & Electrical	↓	10.35	18.70	36.65	17.50%	24.90%	31%	
870	0010	**TELEPHONE EXCHANGES**	S.F.	85.25	122	155				870
	0020	Total project costs	C.F.	5.30	7.95	11.05				
	2720	Plumbing	S.F.	2.95	5.10	7.50	3.50%	5.70%	6.60%	
	2770	Heating, ventilating, air conditioning		7.15	16.45	20.45	11.70%	16%	18.40%	
	2900	Electrical		7.80	13.40	24.30	10.70%	13.90%	17.80%	
	3100	Total: Mechanical & Electrical	↓	17.45	24.35	47.50	20.30%	30.80%	35%	
890	0010	**TERMINALS** Bus	S.F.	38.80	58.90	74.50				890
	0020	Total project costs	C.F.	1.91	3.32	4.25				
	2720	Plumbing	S.F.	1.29	2.90	4.45	2.30%	7.20%	8.80%	
	2900	Electrical		2	4.55	7.65	7.50%	8%	11.80%	
	3100	Total: Mechanical & Electrical	↓	2.03	6.25	10.35	8.30%	16.90%	19.60%	
910	0010	**THEATERS**	S.F.	49.10	63.15	95.50				910
	0020	Total project costs	C.F.	2.56	3.64	5.30				
	2720	Plumbing	S.F.	1.63	1.89	5.70	2.90%	4.60%	6.10%	
	2770	Heating, ventilating, air conditioning		4.54	6.10	7	7.30%	11.60%	13.30%	
	2900	Electrical		4.59	6.20	12.05	8%	9.30%	12.20%	
	3100	Total: Mechanical & Electrical	↓	10.90	12.85	23.85	17.10%	24.90%	27.40%	
940	0010	**TOWN HALLS** City Halls & Municipal Buildings	S.F.	59.40	74.35	96.80				940
	0020	Total project costs	C.F.	4.03	5.95	7.60				
	2720	Plumbing	S.F.	2.08	4.08	7.10	4.20%	5.90%	7.90%	
	2770	Heating, ventilating, air conditioning		4.42	8.80	10.05	7%	9%	13.20%	
	2900	Electrical		4.71	7	9.70	7.90%	9.40%	11.30%	
	3100	Total: Mechanical & Electrical	↓	9.85	16.35	23.80	15.80%	21.30%	29.10%	
970	0010	**WAREHOUSES** And Storage Buildings	S.F.	21.30	29.60	45.65				970
	0020	Total project costs	C.F.	1.11	1.77	2.92				
	0100	Sitework	S.F.	2.04	4.43	6.75	5.90%	12.50%	19.80%	
	0500	Masonry	↓	1.36	3.17	6.70	5%	9.10%	14.20%	

For expanded coverage of these items see *Means Square Foot Cost Data 1992*

171 | S.F., C.F. and % of Total Costs

		171 000	S.F. & C.F. Costs	UNIT	UNIT COSTS			% of TOTAL			
					1/4	MEDIAN	3/4	1/4	MEDIAN	3/4	
970	1800		Equipment	S.F.	.35	.71	2.80	.90%	1.80%	5.60%	970
	2720		Plumbing		.73	1.25	2.38	2.80%	4.70%	6.40%	
	2730		Heating, ventilating, air conditioning		.83	2.15	3.10	2.40%	5%	8.30%	
	2900		Electrical		1.30	2.39	4	4.90%	7.20%	10%	
	3100		Total: Mechanical & Electrical		2.37	4.20	9.20	9.50%	15.40%	21.30%	
990	0010		**WAREHOUSE & OFFICES** Combination	S.F.	25.90	33.90	46.85				990
	0020		Total project costs	C.F.	1.36	1.99	2.97				
	1800		Equipment	S.F.	.38	.83	1.41	1%	2.30%	2.70%	
	2720		Plumbing		1.02	1.75	2.73	3.60%	4.60%	6.20%	
	2770		Heating, ventilating, air conditioning		1.61	2.55	3.59	5%	5.60%	9.50%	
	2900		Electrical		1.75	2.60	4.12	5.70%	7.60%	9.90%	
	3100		Total: Mechanical & Electrical		3.69	5.75	8.80	11.70%	16.40%	22.10%	

For expanded coverage of these items see *Means Square Foot Cost Data 1992*

ASSEMBLIES SECTION

Table of Contents

Table No.		Page
MECHANICAL SYSTEMS		
A8.1-110	Electric Water Heaters, Residential	244
A8.1-160	Electric Water Heaters, Commercial	245
A8.2-810	Halon Fire Suppression	246
A8.3-110	Hydronic, Electric Boilers, Small	247
A8.3-120	Hydronic, Electric Boilers, Large	248
ELECTRIC SYSTEMS **Estimating Procedure**		
A9.0-111	Typical Commercial Service Entrance	249
A9.0-112	Typical Commercial Electric System	249
A9.0-113	Preliminary Procedure	250
A9.0-114	Example	250
A9.0-1151	Nominal Watts Per S.F. for Electric Systems	251
A9.0-1152	HP Requirements for Elevators	251
A9.0-1153	Watts Per Motor	251
A9.0-116	Electrical Formulas	252
A9.0-117	Cost per S.F. for Electric System	253-254
A9.0-117	Cost per S.F. for the Total Electric System	255
SERVICE & DISTRIBUTION		
A9.1-110	H.V. Shielded Conductor	256
A9.1-210	Electric Service	257
A9.1-310	Electrical Feeder	258
A9.1-410	Switchgear	259
LIGHTING & POWER **General**		
A9.2-210	Illumination Levels in Footcandles	260
A9.2-202	General Lighting Loads	261
A9.2-203	Lighting Limits	261
A9.2-204	Footcandle & Watt/S.F. Calculations	262
A9.2-205	Watts/S.F. for Popular Fixture Types	262
A9.2-212	Fluorescent Fixture (by Type)	263
A9.2-213	Fluorescent Fixture (by Wattage)	264
A9.2-222	Incandescent Fixture (by Type)	265
A9.2-223	Incandescent Fixture (by Wattage)	266
A9.2-232	H.I.D. Fixture (by Type), 8'-10' Elevation, 100 F.C.	267
A9.2-233	H.I.D. Fixture (by Wattage)	268
A9.2-234	H.I.D. Fixture (by Type), 16' Elevation	269
A9.2-235	H.I.D. Fixture (by Wattage)	270
A9.2-236	H.I.D. Fixture (by Type), 20' Elevation	271
A9.2-237	H.I.D. Fixture (by Wattage)	272
A9.2-238	H.I.D. Fixture (by Type), 30' Elevation	273
A9.2-239	H.I.D. Fixture (by Wattage)	274
A9.2-241	H.I.D. Fixture (by type), 8'-10' Elevation, 50 F.C.	275
A9.2-242	H.I.D. Fixture (by Wattage)	276
A9.2-243	H.I.D. Fixture (by Type), 16' Elevation	277
A9.2-244	H.I.D. Fixture (by Wattage)	278
A9.2-252	Light Pole	279
A9.2-522	Receptacle (by Wattage)	280
A9.2-524	Receptacles	281
A9.2-525	Receptacles & Wall Switches	282-283
A9.2-542	Wall Switch by S.F.	284
A9.2-582	Miscellaneous Power	285
A9.2-610	Central A.C. Power (by Wattage)	286
A9.2-710	Motor Installation	287-288
A9.2-720	Motor Feeder	289
A9.2-730	Magnetic Starter	290
A9.2-740	Safety Switches	291
A9.2-750	Motor Connections	292
A9.2-760	Motor & Starter	293-295
SPECIAL		
A9.4-100	Communication & Alarm	296
A9.4-150	Telephone	297
A9.4-310	Generator (by KW)	298
A9.4-420	Baseboard Radiation	299
A9.4-440	Baseboard Radiation	300
A12.3-110	Trenching	301-304

HOW TO USE THE ASSEMBLIES COST TABLES

The following is a detailed explanation of a sample Assemblies Cost Table. Most Assembly Tables are separated into three parts: 1) an illustration of the system to be estimated; 2) the components and related costs of a typical system; and 3) the costs for similar systems with dimensional and/or size variations. For costs of the components that comprise these systems or "assemblies," refer to the Unit Price Section. Next to each bold number below is the item being described with the appropriate component of the sample entry following in parenthesis. In most cases, if the work is to be subcontracted, the general contractor will need to add an additional markup (R.S. Means suggests using 10%) to the "Total" figures.

1 System/Line Numbers (A9.2-710-0200)

Each Assemblies Cost Line has been assigned a unique identification number based on the Uniformat classification system.

UNIFORMAT Division
9.2 710 0200
Means Subdivision
Means Major Classification
Means Individual Line Number

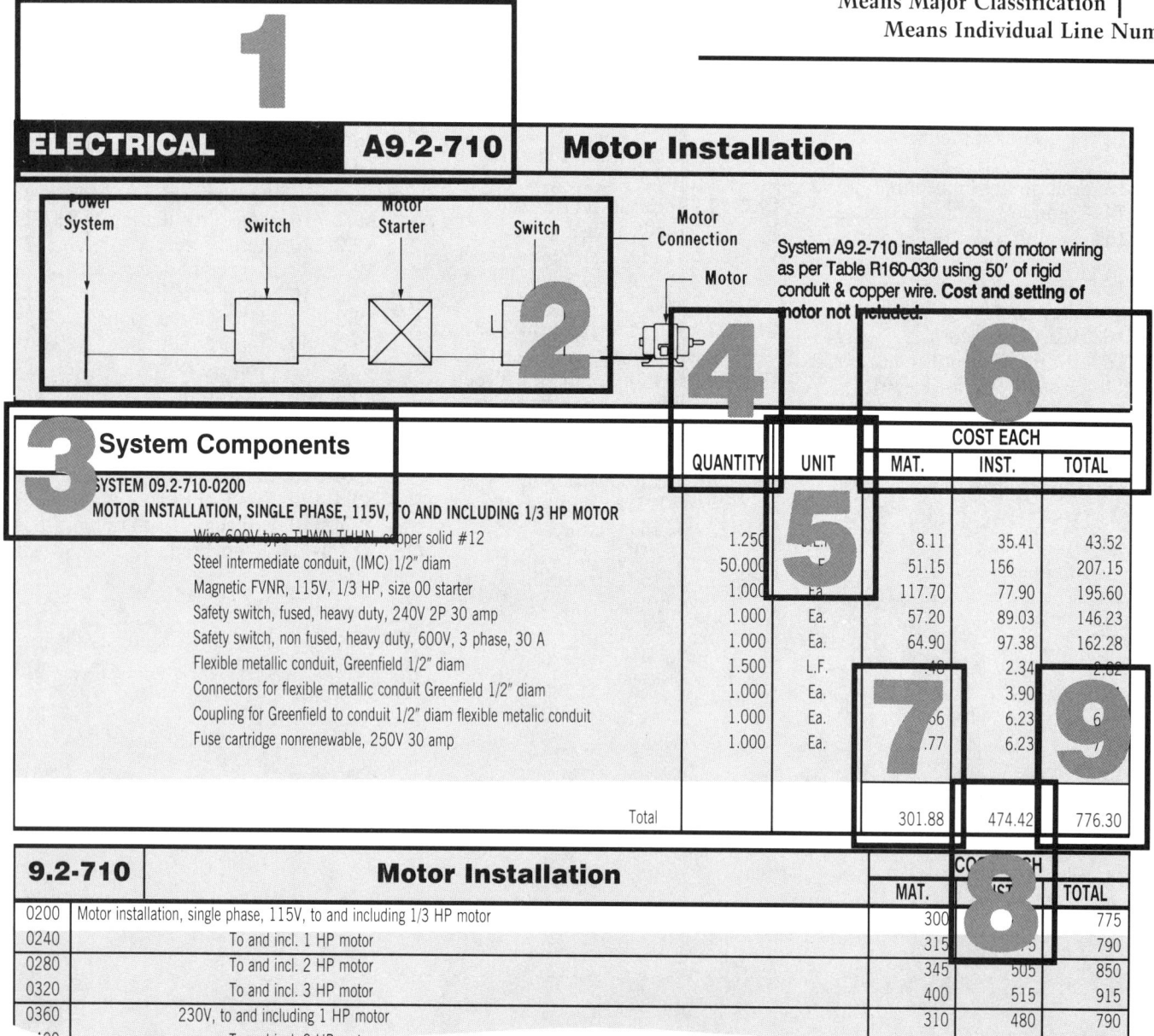

② Illustration
At the top of most assembly pages is an illustration, a brief description, and the design criteria used to develop the cost.

③ System Components
The components of a typical system are listed separately to show what has been included in the development of the total system price. The table below contains prices for other similar systems with dimensional and/or size variations.

④ Quantity
This is the number of line item units required for one system unit. For example, we assume that it will take 50 linear feet of Steel Intermediate (IMC) Conduit for each motor to be connected to the other items listed here.

⑤ Unit of Measure for Each Item
The abbreviated designation indicates the unit of measure, as defined by industry standards, upon which the price of the component is based. For example, wire is priced by C.L.F. (100 linear feet) while conduit is priced by L.F. (linear feet) and the starter and switches are priced by each unit. For a complete listing of abbreviations, see the Reference Section.

⑥ Unit of Measure for Each System (Cost Each)
Costs shown in the three right hand columns have been adjusted by the component quantity and unit of measure for the entire system. In this example, "Cost Each." is the unit of measure for this system or "assembly."

⑦ Materials (301.88)
This column contains the Materials Cost of each component. These cost figures are bare costs plus 10% for handling.

⑧ Installation (474.42)
Installation includes labor and equipment plus the installing contractor's overhead and profit. Equipment costs are the bare rental costs plus 10%. The labor overhead and profit is defined on the inside back cover of this book.

⑨ Total (776.30)
The figure in this column is the sum of the material and installation costs.

Material Cost	+	Installation Cost	=	Total
$301.88	+	$474.42	=	$776.30

PLUMBING A8.1-110 Electric Water Heaters - Resi.

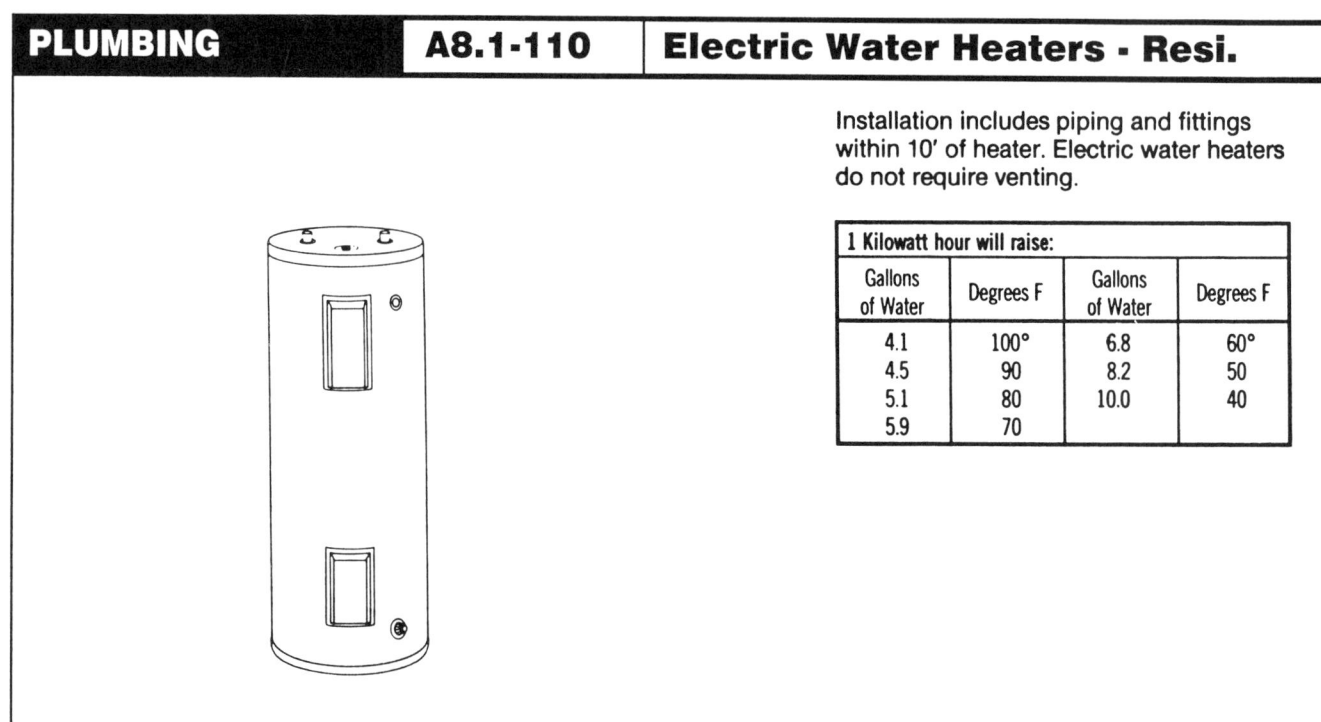

Installation includes piping and fittings within 10' of heater. Electric water heaters do not require venting.

1 Kilowatt hour will raise:			
Gallons of Water	Degrees F	Gallons of Water	Degrees F
4.1	100°	6.8	60°
4.5	90	8.2	50
5.1	80	10.0	40
5.9	70		

ASSEMBLIES

System Components	QUANTITY	UNIT	COST EACH		
			MAT.	INST.	TOTAL
SYSTEM 08.1-110-1780 ELECTRIC WATER HEATER, RESIDENTIAL, 100° F RISE 10 GALLON TANK, 7 GPH					
Water heater, residential electric, glass lined tank, 10 Gal	1.000	Ea.	167.20	138.78	305.98
Copper tubing, type L, solder joint, hanger 10' OC 1/2" diam	30.000	L.F.	30.36	118.20	148.56
Wrought copper 90° elbow for solder joints 1/2" diam.	4.000	Ea.	1.41	63.84	65.25
Wrought copper Tee for solder joints, 1/2" diam	2.000	Ea.	1.19	49.10	50.29
Wrought copper union for soldered joints, 1/2" diam	2.000	Ea.	4.86	33.60	38.46
Valve, gate, bronze, 125 lb, NRS, soldered 1/2" diam	2.000	Ea.	22.66	26.60	49.26
Relief valve, bronze, press & temp, self-close, 3/4" IPS	1.000	Ea.	52.80	11.40	64.20
Wrought copper adapter, CTS to MPT 3/4" IPS	1.000	Ea.	1.22	15.20	16.42
Copper tubing, type L, solder joints, 3/4" diam	1.000	L.F.	1.52	4.20	5.72
Wrought copper 90° elbow for solder joints 3/4" diam	1.000	Ea.	.79	16.80	17.59
Total			284.01	477.72	761.73

8.1-110	Electric Water Heaters - Residential Systems		COST EACH		
			MAT.	INST.	TOTAL
1760	Electric water heater, residential, 100° F rise				
1780	10 gallon tank, 7 GPH		285	480	765
1820	20 gallon tank, 7 GPH	R151 -100	340	510	850
1860	30 gallon tank, 7 GPH		405	535	940
1900	40 gallon tank, 8 GPH		465	590	1,055
1940	52 gallon tank, 10 GPH		490	595	1,085
1980	66 gallon tank, 13 GPH		725	675	1,400
2020	80 gallon tank, 16 GPH		790	710	1,500
2060	120 gallon tank, 23 GPH		1,200	830	2,030

MECHANICAL — A8.1-160 — Elec. Water Htrs. - Comm.

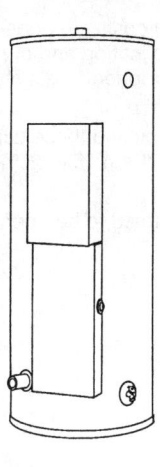

Systems below include piping and fittings within 10' of heater. Electric water heaters do not require venting.

System Components	QUANTITY	UNIT	COST EACH MAT.	COST EACH INST.	COST EACH TOTAL
SYSTEM 08.1-160-1820					
ELECTRIC WATER HEATER, COMMERCIAL, 100° F RISE					
50 GALLON TANK, 9 KW, 37 GPH					
Water heater, commercial, electric, 50 Gal, 9 KW, 37 GPH	1.000	Ea.	1,782	177.33	1,959.33
Copper tubing, type L, solder joint, hanger 10' OC, 3/4" diam	34.000	L.F.	51.61	142.80	194.41
Wrought copper 90° elbow for solder joints 3/4" diam	5.000	Ea.	3.96	84	87.96
Wrought copper Tee for solder joints, 3/4" diam	2.000	Ea.	2.95	53.20	56.15
Wrought copper union for soldered joints, 3/4" diam	2.000	Ea.	6.38	35.46	41.84
Valve, gate, bronze, 125 lb, NRS, soldered 3/4" diam	2.000	Ea.	29.92	31.92	61.84
Relief valve, bronze, press & temp, self-close, 3/4" IPS	1.000	Ea.	52.80	11.40	64.20
Wrought copper adapter, copper tubing to male, 3/4" IPS	1.000	Ea.	1.22	15.20	16.42
TOTAL			1,930.84	551.31	2,482.15

8.1-160	Electric Water Heaters - Commercial Systems		MAT.	INST.	TOTAL
1800	Electric water heater, commercial, 100° F rise				
1820	50 gallon tank, 9 KW 37 GPH		1,925	550	2,475
1860	80 gal, 12 KW 49 GPH	R151 -110	2,500	680	3,180
1900	36 KW 147 GPH		3,425	740	4,165
1940	120 gal, 36 KW 147 GPH	R151 -120	3,700	795	4,495
1980	150 gal, 120 KW 490 GPH		12,700	850	13,550
2020	200 gal, 120 KW 490 GPH		13,300	875	14,175
2060	250 gal, 150 KW 615 GPH		14,800	1,025	15,825
2100	300 gal, 180 KW 738 GPH		16,200	1,075	17,275
2140	350 gal, 30 KW 123 GPH		11,300	1,175	12,475
2180	180 KW 738 GPH		16,600	1,175	17,775
2220	500 gal, 30 KW 123 GPH		14,600	1,375	15,975
2260	240 KW 984 GPH		23,200	1,375	24,575
2300	700 gal, 30 KW 123 GPH		17,800	1,550	19,350
2340	300 KW 1230 GPH		28,200	1,550	29,750
2380	1000 gal, 60 KW 245 GPH		21,500	2,175	23,675
2420	480 KW 1970 GPH		37,900	2,175	40,075
2460	1500 gal, 60 KW 245 GPH		31,800	2,700	34,500
2500	480 KW 1970 GPH		45,100	2,700	47,800

For expanded coverage of these items see *Means Mechanical Cost Data or Means Plumbing Cost Data 1992*

MECHANICAL A8.2-810 Halon Fire Suppression

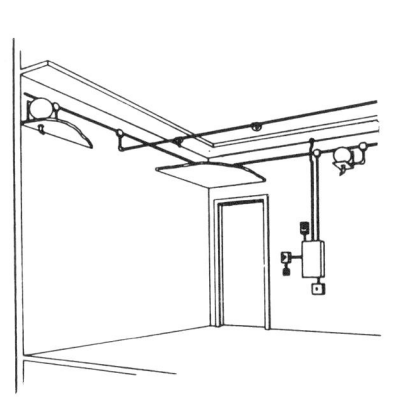

General: Automatic fire protection (suppression) systems other than water sprinklers may be desired for special environments, high risk areas, isolated locations or unusual hazards. Some typical applications would include:

Paint dip tanks
Securities vaults
Electronic data processing
Tape and data storage
Transformer rooms
Spray booths
Petroleum storage
High rack storage

Piping and wiring costs are dependent on the individual application and must be added to the component costs shown below.

Costs for large jobs and those using prefabrications will run 15 to 25% less than these.

All areas are assumed to be open.

8.2-810	Unit Components	COST EACH		
		MAT.	INST.	TOTAL
0020	Detectors with brackets			
0040	Fixed temperature heat detector	25	39	64
0060	Rate of temperature rise detector	31	39	70
0080	Ion detector (smoke) detector	58	50	108
0100				
0200	Extinguisher agent			
0240	200 lb halon, container	2,525	145	2,670
0280	75 lb carbon dioxide cylinder	785	96	881
0300				
0320	Dispersion nozzle			
0340	Halon 1-1/2" dispersion nozzle	72	23	95
0380	Carbon dioxide 3" x 5" dispersion nozzle	50	17.75	67.75
0400				
0420	Control station			
0440	Single zone control station with batteries	1,150	310	1,460
0470	Multizone (4) control station with batteries	2,375	625	3,000
0490				
0500	Electric mechanical release	210	160	370
0520				
0550	Manual pull station	34	53	87
0570				
0640	Battery standby power 10" x 10" x 17"	625	78	703
0700				
0740	Bell signalling device	45	39	84

8.2-810	Halon Systems	COST PER C.F.		
		MAT.	INST.	TOTAL
0820	Average halon system, minimum			.55
0840	Maximum			1.50

MECHANICAL — A8.3-110 — Hydronic, Electric Boilers

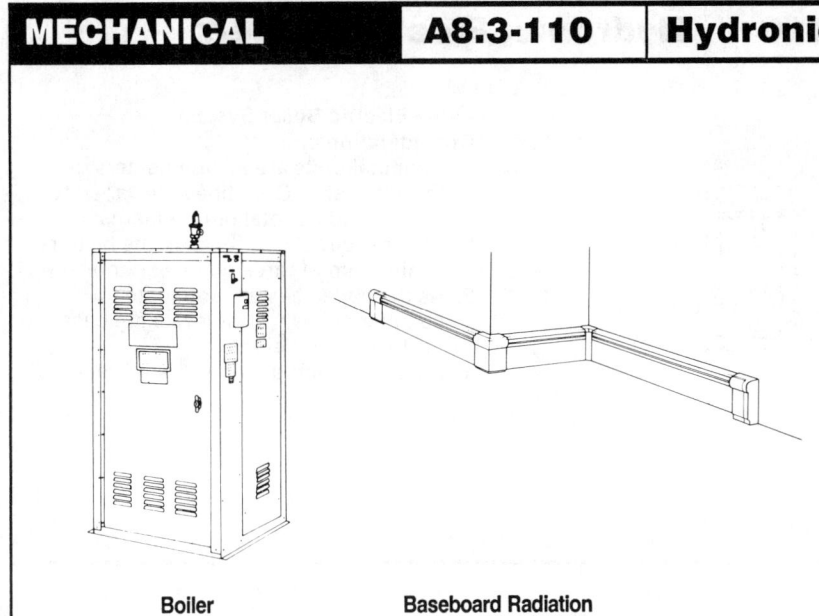

Boiler   Baseboard Radiation

Small Electric Boiler
System Considerations:
1. Terminal units are fin tube baseboard radiation rated at 720 BTU/hr with 200° water temperature or 820 BTU/hr steam.
2. Primary use being for residential or smaller supplementary areas, the floor levels are based on 7-1/2' ceiling heights.
3. All distribution piping is copper for boilers through 205 MBH. All piping for larger systems is steel pipe.

System Components	QUANTITY	UNIT	COST EACH MAT.	COST EACH INST.	COST EACH TOTAL
SYSTEM 08.3-110-1120					
SMALL HEATING SYSTEM, HYDRONIC, ELECTRIC BOILER					
1,480 S.F., 61 MBH, STEAM, 1 FLOOR					
Boiler, electric steam, standard controls & trim, 18 KW, 61.4 MBH	1.000	Ea.	3,630	738.33	4,368.33
Copper tubing type L, solder joint, hanger 10'OC, 1-1/4" diam	160.000	L.F.	436.48	880	1,316.48
Radiation, 3/4" copper tube w/alum fin baseboard pkg 7" high	60.000	L.F.	518.10	594	1,112.10
Rough in baseboard panel or fin tube with valves & traps	10.000	Set	1,121.67	3,011.30	4,132.97
Boiler room fittings and valves	1.000	System	363	73.83	436.83
Pipe covering, calcium silicate w/cover 1" wall 1-1/4" diam	160.000	L.F.	341.44	561.60	903.04
Low water cut-off, quick hookup, in gage glass tappings	1.000	Ea.	121	19.95	140.95
TOTAL			6,531.69	5,879.01	12,410.70
COST PER S.F.			4.41	3.97	8.38

8.3-110	Small Heating Systems, Hydronic, Electric Boilers	COST PER S.F. MAT.	INST.	TOTAL
1100	Small heating systems, hydronic, electric boilers			
1120	Steam, 1 floor, 1480 S.F., 61 M.B.H.	4.41	3.97	8.38
1160	3,000 S.F., 123 M.B.H.	3.06	3.49	6.55
1200	5,000 S.F., 205 M.B.H.	2.60	3.20	5.80
1240	2 floors, 12,400 S.F., 512 M.B.H.	2.38	3.18	5.56
1280	3 floors, 24,800 S.F., 1023 M.B.H.	2.34	3.14	5.48
1320	34,750 S.F., 1,433 M.B.H.	2.20	3.06	5.26
1360	Hot water, 1 floor, 1,000 S.F., 41 M.B.H.	6.25	2.22	8.47
1400	2,500 S.F., 103 M.B.H.	4.15	3.97	8.12
1440	2 floors, 4,850 S.F., 205 M.B.H.	3.84	4.77	8.61
1480	3 floors, 9,700 S.F., 410 M.B.H.	3.71	4.97	8.68

ASSEMBLIES

For expanded coverage of these items see *Means Mechanical Cost Data* or *Means Plumbing Cost Data 1992*

MECHANICAL — A8.3-120 — Hydronic, Electric Boilers

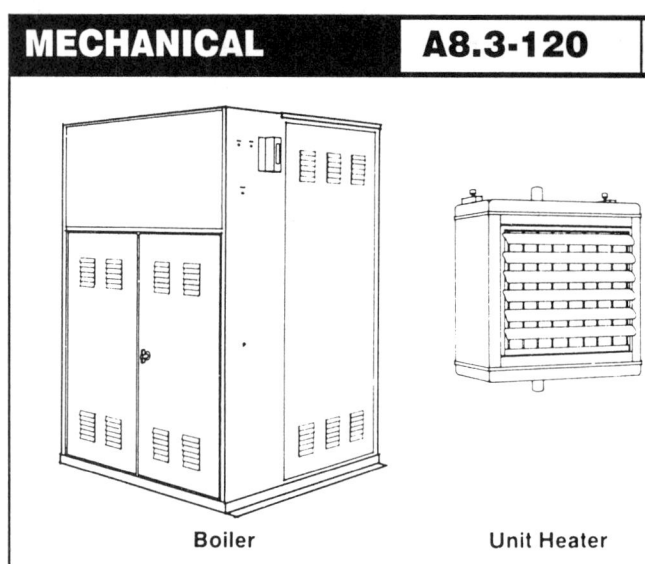

Boiler   Unit Heater

Large Electric Boiler System Considerations:
1. Terminal units are all unit heaters of the same size. Quantities are varied to accommodate total requirements.
2. All air is circulated through the heaters a minimum of three times per hour.
3. As the capacities are adequate for commercial use, floor levels are based on 10' ceiling heights.
4. All distribution piping is black steel pipe.

System Components	QUANTITY	UNIT	COST EACH MAT.	COST EACH INST.	COST EACH TOTAL
SYSTEM 08.3-120-1240 LARGE HEATING SYSTEM, HYDRONIC, ELECTRIC BOILER 9,280 S.F., 150 KW, 510 MBH, 1 FLOOR					
Boiler, electric hot water, standard controls & trim 150 KW, 510 MBH	1.000	Ea.	7,447	1,181.33	8,628.33
Boiler room fittings and valves	1.000	System	3,723.50	590.67	4,314.17
Expansion tank, painted steel, 60 Gal capacity ASME	1.000	Ea.	1,617	95.73	1,712.73
Circulating pump, CI, close cpld, 50 GPM, 2 HP, 2" pipe conn	1.000	Ea.	918.50	191.47	1,109.97
Unit heater, 1 speed propeller, horizontal, 200° EWT, 72.7 MBH	7.000	Ea.	5,082	574.42	5,656.42
Unit heater piping hookup with controls	7.000	Set	1,874.03	4,754.05	6,628.08
Pipe, steel, black, schedule 40, welded, 2-1/2" diam	380.000	L.F.	1,563.32	5,004.60	6,567.92
Pipe covering, calcium silicate w/cover, 1" wall, 2-1/2" diam	380.000	L.F.	1,053.36	1,375.60	2,428.96
TOTAL			23,278.71	13,767.87	37,046.58
COST PER S.F.			2.51	1.48	3.99

8.3-120	Large Heating Systems, Hydronic, Electric Boilers	COST PER S.F. MAT.	COST PER S.F. INST.	COST PER S.F. TOTAL
1230	Large heating systems, hydronic, electric boilers			
1240	9,280 S.F., 150 K.W., 510 M.B.H., 1 floor	2.51	1.48	3.99
1280	14,900 S.F., 240 K.W., 820 M.B.H., 2 floors	2.62	2.42	5.04
1320	18,600 S.F., 300 K.W., 1,024 M.B.H., 3 floors	2.75	2.66	5.41
1360	26,100 S.F., 420 K.W., 1,432 M.B.H., 4 floors	2.63	2.59	5.22
1400	39,100 S.F., 630 K.W., 2,148 M.B.H., 4 floors	2.34	2.18	4.52
1440	57,700 S.F., 900 K.W., 3,071 M.B.H., 5 floors	2.24	2.16	4.40
1480	111,700 S.F., 1,800 K.W., 6,148 M.B.H., 6 floors	1.93	1.87	3.80
1520	149,000 S.F., 2,400 K.W., 8,191 M.B.H., 8 floors	1.91	1.77	3.68
1560	223,300 S.F., 3,600 K.W., 12,283 M.B.H., 14 floors	1.85	2.05	3.90

ASSEMBLIES

For expanded coverage of these items see *Means Mechanical Cost Data* or *Means Plumbing Cost Data 1992*

ELECTRICAL — A9.0-110 — Estimating Procedure

Figure 9.0-111 Typical Overhead Service Entrance

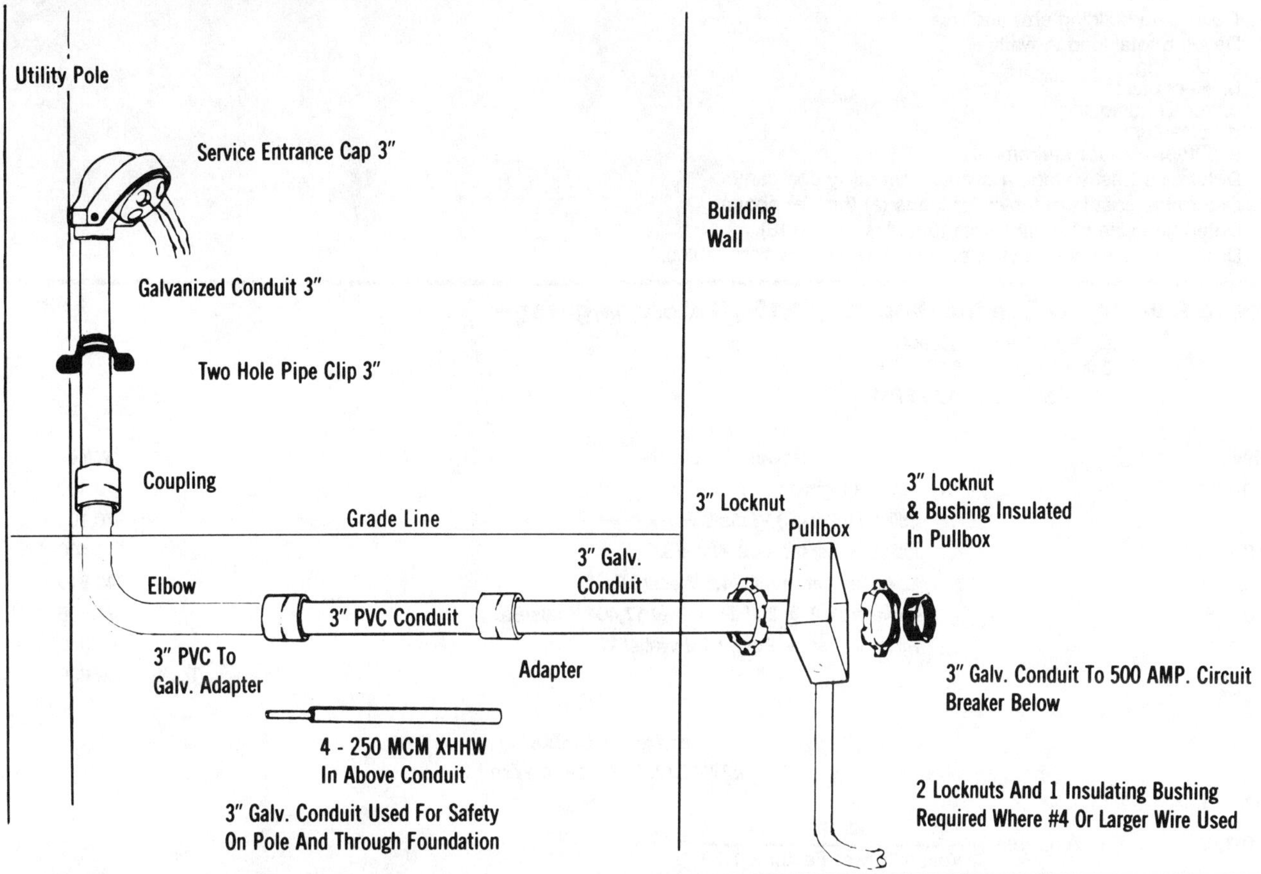

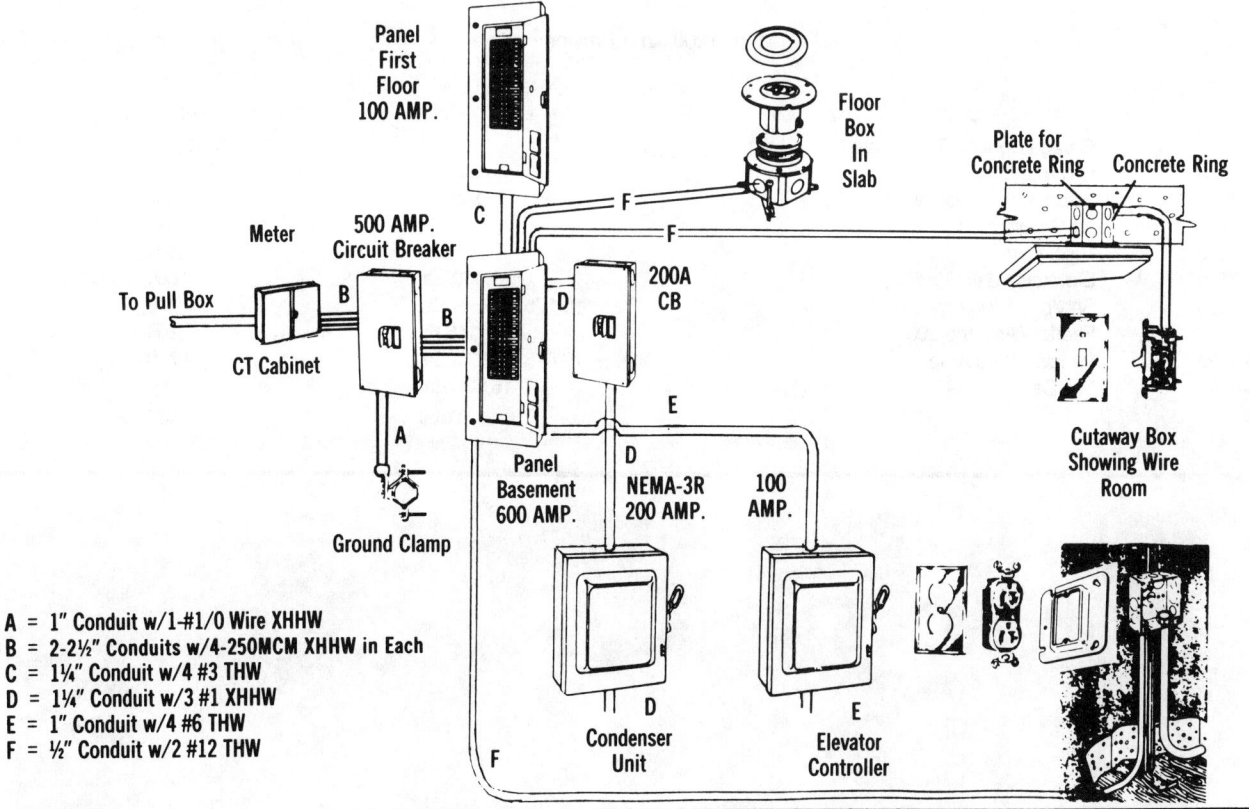

Figure 9.0-112 Typical Commercial Electric System

A = 1" Conduit w/1-#1/0 Wire XHHW
B = 2-2½" Conduits w/4-250MCM XHHW in Each
C = 1¼" Conduit w/4 #3 THW
D = 1¼" Conduit w/3 #1 XHHW
E = 1" Conduit w/4 #6 THW
F = ½" Conduit w/2 #12 THW

ELECTRICAL — A9.0-110 — Estimating Procedure

Figure 9.0-113 Preliminary Procedure

1. Determine building size and use
2. Develop total load in watts
   a. Lighting
   b. Receptacle
   c. Air Conditioning
   d. Elevator
   e. Other power requirements
3. Determine best voltage available from utility company.
4. Determine cost from tables for loads (a) thru (e) above.
5. Determine size of service from formulas (A9.0-116).
6. Determine costs for service, panels, and feeders from tables.

Figure 9.0-114 Office Building 90′ x 210′, 3 story, w/garage

Garage Area = 18,900 S.F.
Office Area = 56,700 S.F.
Elevator = 2 @ 125 FPM

Tables	Power Required	Watts
A9.0-1151	Garage Lighting .5 Watts/S.F.	9,450
	Office Lighting 3 Watts/S.F.	170,100
A9.0-1151	Office Receptacles 2 Watts/S.F.	113,400
R160-061	Low Rise Office A.C. 4.3 Watts/S.F.	243,810
A9.0-1152, 1153	Elevators - 2 @ 20 HP = 2 @ 17,404 Watts/Ea.	34,808
A9.0-1151	Misc. Motors + Power 1.2 Watts/S.F.	68,040
	Total	639,608 Watts

Voltage Available
227/480V, 3 Phase, 4 Wire

Formula

A9.0-116

$$\text{Amperes} = \frac{\text{Watts}}{\text{Volts} \times \text{Power Factor} \times 1.73} = \frac{639{,}608}{480V \times .8 \times 1.73} = 963 \text{ Amps}$$

Use 1200 Amp Service

System	Cost	Unit	Total
A9.2-213-0200	Garage Lighting (Interpolated)	.73/S.F.	$ 13,797
A9.2-213-0280	Office Lighting	4.36/S.F.	247,212
A9.2-524-0880	Receptacle-Undercarpet	1.92/S.F.	108,864
A9.2-610-0280	Air Conditioning	.30/S.F.	17,010
A9.2-582-0320	Misc. Power	.15/S.F.	8,505
A9.2-710-2120	Elevators - 2 @ 20HP	1,430/Ea.	2,860
A9.1-210-0480	Service - 1200 Amp	10,175 + 25% Ea.	12,719
A9.1-310-0480	Feeder - Assume 200 Ft.	146/Ft.	29,200
A9.1-410-0320	Panels - 1200 Amp	16,475 + 20% Ea.	19,770
A9.4-100-0400	Fire Detection	16,500 Ea.	16,500
		Total	476,437
		or	476,500

ASSEMBLIES

ELECTRICAL — A9.0-110 — Estimating Procedure

Table 9.0-1151 Nominal Watts Per S.F. for Electric Systems for Various Building Types

Type Construction	1. Lighting	2. Devices	3. HVAC	4. Misc.	5. Elevator	Total Watts
Apartment, luxury high rise	2	2.2	3	1		
Apartment, low rise	2	2	3	1		
Auditorium	2.5	1	3.3	.8		
Bank, branch office	3	2.1	5.7	1.4		
Bank, main office	2.5	1.5	5.7	1.4		
Church	1.8	.8	3.3	.8		
College, science building	3	3	5.3	1.3		
College, library	2.5	.8	5.7	1.4		
College, physical education center	2	1	4.5	1.1		
Department store	2.5	.9	4	1		
Dormitory, college	1.5	1.2	4	1		
Drive-in donut shop	3	4	6.8	1.7		
Garage commercial	.5	.5	0	.5		
Hospital, general	2	4.5	5	1.3		
Hospital, pediatric	3	3.8	5	1.3		
Hotel, airport	2	1	5	1.3		
Housing for the elderly	2	1.2	4	1		
Manufacturing, food processing	3	1	4.5	1.1		
Manufacturing, apparel	2	1	4.5	1.1		
Manufacturing, tools	4	1	4.5	1.1		
Medical clinic	2.5	1.5	3.2	1		
Nursing home	2	1.6	4	1		
Office building, hi rise	3	2	4.7	1.2		
Radio-TV studio	3.8	2.2	7.6	1.9		
Restaurant	2.5	2	6.8	1.7		
Retail store	2.5	.9	5.5	1.4		
School, elementary	3	1.9	5.3	1.3		
School, junior high	3	1.5	5.3	1.3		
School, senior high	2.3	1.7	5.3	1.3		
Supermarket	3	1	4	1		
Telephone exchange	1	.6	4.5	1.1		
Theater	2.5	1	3.3	.8		
Town Hall	2	1.9	5.3	1.3		
U.S. Post Office	3	2	5	1.3		
Warehouse, grocery	1	.6	0	.5		

Rule of Thumb: 1 KVA = 1 HP (Single Phase)

Three Phase:
Watts = 1.73 x Volts x Current x Power Factor x Efficiency

$$\text{Horsepower} = \frac{\text{Volts x Current x 1.73 x Power Factor}}{746 \text{ Watts}}$$

Table 9.0-1152 Horsepower Requirements for Elevators with 3 Phase Motors

Type	Maximum Travel Height in Ft.	Travel Speeds in FPM	Capacity of Cars in Lbs. 1200	1500	1800
Hydraulic	70	70	10	15	15
		85	15	15	15
		100	15	15	20
		110	20	20	20
		125	20	20	20
		150	25	25	25
		175	25	30	30
		200	30	30	40
Geared Traction	300	200			
		350			

			2000	2500	3000
Hydraulic	70	70	15	20	20
		85	20	20	25
		100	20	25	30
		110	20	25	30
		125	25	30	40
		150	30	40	50
		175	40	50	50
		200	40	50	60
Geared Traction	300	200	10	10	15
		350	15	15	23

			3500	4000	4500
Hydraulic	70	70	20	25	30
		85	25	30	30
		100	30	40	40
		110	40	40	50
		125	40	50	50
		150	50	50	60
		175	60		
		200	60		
Geared Traction	300	200	15		23
		350	23		35

The power factor of electric motors varies from 80% to 90% in larger size motors. The efficiency likewise varies from 80% on a small motor to 90% on a large motor.

Table 9.0-1153 Watts per Motor

90% Power Factor & Efficiency @ 200 or 460V			
HP	Watts	HP	Watts
10	9024	30	25784
15	13537	40	33519
20	17404	50	41899
25	21916	60	49634

ELECTRICAL — A9.0-110 — Estimating Procedure

Table 9.0-116 Electrical Formulas

OHM'S LAW

Ohm's Law is a method of explaining the relation existing between voltage, current, and resistance in an electrical circuit. It is practically the basis of all electrical calculations. The term "electromotive force" is often used to designate pressure in volts. This formula can be expressed in various forms.

To find the current in amperes:

$$\text{Current} = \frac{\text{Voltage}}{\text{Resistance}} \quad \text{or} \quad \text{Amperes} = \frac{\text{Volts}}{\text{Ohms}} \quad \text{or} \quad I = \frac{E}{R}$$

The flow of current in amperes through any circuit is equal to the voltage or electromotive force divided by the resistance of that circuit.

To find the pressure or voltage:

$$\text{Voltage} = \text{Current} \times \text{Resistance} \quad \text{or} \quad \text{Volts} = \text{Amperes} \times \text{Ohms} \quad \text{or} \quad E = I \times R$$

The voltage required to force a current through a circuit is equal to the resistance of the circuit multiplied by the current.

To find the resistance:

$$\text{Resistance} = \frac{\text{Voltage}}{\text{Current}} \quad \text{or} \quad \text{Ohms} = \frac{\text{Volts}}{\text{Amperes}} \quad \text{or} \quad R = \frac{E}{I}$$

The resistance of a circuit is equal to the voltage divided by the current flowing through that circuit.

POWER FORMULAS

One horsepower = 746 watts   One kilowatt = 1000 watts

The power factor of electric motors varies from 80% to 90% in the larger size motors.

SINGLE-PHASE ALTERNATING CURRENT CIRCUITS
Power in Watts = Volts x Amperes x Power Factor

To find current in amperes:

$$\text{Current} = \frac{\text{Watts}}{\text{Volts} \times \text{Power Factor}}$$

$$\text{or} \quad \text{Amperes} = \frac{\text{Watts}}{\text{Volts} \times \text{Power Factor}} \quad \text{or} \quad I = \frac{W}{E \times PF}$$

To find current of a motor, single phase:

$$\text{Current} = \frac{\text{Horsepower} \times 746}{\text{Volts} \times \text{Power Factor} \times \text{Efficiency}} \quad \text{or} \quad I = \frac{HP \times 746}{E \times PF \times \text{Eff.}}$$

To find horsepower of a motor, single phase:

$$\text{Horsepower} = \frac{\text{Volts} \times \text{Current} \times \text{Power Factor} \times \text{Efficiency}}{746 \text{ Watts}}$$

$$HP = \frac{E \times I \times PF \times \text{Eff.}}{746}$$

To find power in watts of a motor, single phase:

Watts = Volts x Current x Power Factor x Efficiency   or
Watts = E x I x PF x Eff.

To find single phase KVA:

$$1 \text{ Phase KVA} = \frac{\text{Volts} \times \text{Amps}}{1000}$$

THREE-PHASE ALTERNATING CURRENT CIRCUITS
Power in Watts = Volts x Amperes x Power Factor x 1.73

To find current in amperes in each wire:

$$\text{Current} = \frac{\text{Watts}}{\text{Voltage} \times \text{Power Factor} \times 1.73}$$

$$\text{or} \quad \text{Amperes} = \frac{\text{Watts}}{\text{Volts} \times \text{Power Factor} \times 1.73} \quad \text{or} \quad I = \frac{W}{E \times PF \times 1.73}$$

To find current of a motor, 3 phase:

$$\text{Current} = \frac{\text{Horsepower} \times 746}{\text{Volts} \times \text{Power Factor} \times \text{Efficiency} \times 1.73} \quad \text{or} \quad I = \frac{HP \times 746}{E \times PF \times \text{Eff.} \times 1.73}$$

To find horsepower of a motor, 3 phase:

$$\text{Horsepower} = \frac{\text{Volts} \times \text{Current} \times 1.73 \times \text{Power Factor}}{746 \text{ Watts}}$$

$$HP = \frac{E \times I \times 1.73 \times PF}{746}$$

To find power in watts of a motor, 3 phase:

Watts = Volts x Current x 1.73 x Power Factor x Efficiency or
Watts = E x I x 1.73 x PF x Eff.

To find 3 phase KVA:

$$3 \text{ phase KVA} = \frac{\text{Volts} \times \text{Amps} \times 1.73}{1000} \quad \text{or} \quad KVA = \frac{V \times A \times 1.73}{1000}$$

Power Factor (PF) is the percentage ratio of the measured watts (effective power) to the volt-amperes (apparent watts)

$$\text{Power Factor} = \frac{\text{Watts}}{\text{Volts} \times \text{Amperes}} \times 100\%$$

ELECTRICAL — A9.0-110 — Estimating Procedure

A **Conceptual Estimate** of the costs for a building, when final drawings are not available, can be quickly figured by using **Table 9.0-117 Cost Per S.F. For Electrical Systems For Various Building Types**. The following definitions apply to this table.

1. **Service And Distribution:** This system includes the incoming primary feeder from the power company, the main building transformer, metering arrangement, switchboards, distribution panel boards, stepdown transformers, power and lighting panels. Items marked (*) include the cost of the primary feeder and transformer. In all other projects the cost of the primary feeder and transformer is paid for by the local power company.
2. **Lighting:** Includes all interior fixtures for decor, illumination, exit and emergency lighting. Fixtures for exterior building lighting are included but parking area lighting is not included unless mentioned. See also Section A9.2 for detailed analysis of lighting requirements and costs.
3. **Devices:** Includes all outlet boxes, receptacles, switches for lighting control, dimmers and cover plates.
4. **Equipment Connections:** Includes all materials and equipment for making connections for Heating, Ventilating and Air Conditioning, Food Service and other motorized items requiring connections.
5. **Basic Materials:** This category includes all disconnect power switches not part of service equipment, raceways for wires, pull boxes, junction boxes, supports, fittings, grounding materials, wireways, busways and cable systems.
6. **Special Systems:** Includes installed equipment only for the particular system such as fire detection and alarm, sound, emergency generator and others as listed in the table.

Table 9.0-117 Cost per S.F. for Electric Systems for Various Building types

Type Construction	1. Service & Distrib.	2. Lighting	3. Devices	4. Equipment Connections	5. Basic Materials	6. Special Systems — Fire Alarm & Detection	6. Special Systems — Lightning Protection	6. Special Systems — Master TV Antenna
Apartment, luxury high rise	$1.04	$ .73	$ .52	$ .67	$1.77	$ .31		$.21
Apartment, low rise	.60	.62	.46	.56	1.03	.27		
Auditorium	1.33	3.72	.40	.98	2.13	.43		
Bank, branch office	1.57	4.10	.68	.99	2.02	1.20		
Bank, main office	1.19	2.24	.21	.43	2.17	.62		
Church	.79	2.27	.27	.22	1.02	.62		
* College, science building	1.50	2.93	.88	.76	2.35	.52		
* College, library	1.12	1.66	.18	.47	1.31	.62		
* College, physical education center	1.77	2.35	.29	.38	1.01	.34		
Department store	.59	1.62	.18	.66	1.75	.27		
* Dormitory, college	.77	2.07	.19	.43	1.71	.46		.28
Drive-in donut shop	2.21	6.21	.99	1.00	2.79	-		
Garage, commercial	.30	.76	.12	.30	.59	-		
* Hospital, general	4.28	3.19	1.14	.79	3.49	.38	$.08	
* Hospital, pediatric	3.75	4.77	.97	2.88	6.47	.45		.34
* Hotel, airport	1.69	2.62	.19	.40	2.54	.34	.19	.31
Housing for the elderly	.47	.62	.28	.76	2.17	.45		.27
Manufacturing, food processing	1.06	3.27	.16	1.46	2.38	.27		
Manufacturing, apparel	.70	1.70	.22	.56	1.28	.23		
Manufacturing, tools	1.60	3.99	.20	.66	2.13	.28		
Medical clinic	.59	1.31	.33	1.00	1.61	.44		
Nursing home	1.10	2.60	.34	.29	2.13	.59		.21
Office building	1.50	3.49	.16	.56	2.22	.30	.16	
Radio-TV studio	1.06	3.61	.52	1.04	2.63	.41		
Restaurant	3.98	3.42	.63	1.61	3.17	.23		
Retail store	.83	1.82	.19	.40	.99	-		
School, elementary	1.40	3.22	.40	.40	2.66	.37		.14
School, junior high	.84	2.69	.19	.70	2.11	.45		
* School, senior high	.94	2.12	.36	.93	2.34	.38		
Supermarket	.96	1.83	.25	1.53	2.04	.17		
* Telephone exchange	2.33	.76	.12	.66	1.39	.71		
Theater	1.83	2.50	.41	1.34	2.07	.52		
Town Hall	1.11	1.98	.41	.49	2.74	.34		
* U.S. Post Office	3.28	2.54	.42	.73	1.95	.34		
Warehouse, grocery	.61	1.10	.12	.40	1.46	.21		

*Includes cost of primary feeder and transformer. Cont'd on next page.

ELECTRICAL — A9.0-110 — Estimating Procedure

COST ASSUMPTIONS:

Each of the projects analyzed in Table 9.0-117 were bid within the last 10 years in the Northeastern part of the United States. Bid prices have been adjusted to Jan. 1 levels. The list of projects is by no means all-inclusive, yet by carefully examining the various systems for a particular building type, certain cost relationships will emerge.

The use of Section R171 with the S.F. and C.F. electrical costs should produce a budget S.F. cost for the electrical portion of a job that is consistent with the amount of design information normally available at the conceptual estimate stage.

Table 9.0-117 Cost per S.F. for Electric Systems for Various Building Types (cont.)

Type Construction	6. Special Systems (cont.)						
	Intercom Systems	Sound Systems	Closed Circuit TV	Snow Melting	Emergency Generator	Security	Master Clock Sys.
Apartment, luxury high rise	$ .44						
Apartment, low rise	.31						
Auditorium		$1.15	$ .54		$ .86		
Bank, branch office	.60		1.24			$1.04	
Bank, main office	.34		.26		.70	.57	$.23
Church	.43						
* College, science building	.43				.86		.27
* College, library					.45		
* College, physical education center			.59				
Department store							
* Dormitory, college	.58				.17		
Drive-in donut shop							.09
Garage, commercial							.06
* Hospital, general	.45		.17		1.20		
* Hospital, pediatric	3.09	.31	.34		.76		
* Hotel, airport	.45				.44		
Housing for the elderly	.54						
Manufacturing, food processing		.19			1.57		
Manufacturing, apparel		.27					
Manufacturing, tools		.34		$.21			
Medical clinic							
Nursing home	1.03				.38		
Office building		.15			.38	.17	.06
Radio-TV studio	.59				.98		.42
Restaurant		.27					
Retail store							
School, elementary		.17					.17
School, junior high		.49			.32		.34
* School, senior high	.41		.27		.45	.23	.24
Supermarket		.20			.40	.27	
* Telephone exchange					3.95	.12	
Theater		.40					
Town Hall							.17
* U.S. Post Office	.40			.06	.44		
Warehouse, grocery	.25						

*Includes cost of primary feeder and transformer. Cont'd on next page.

ASSEMBLIES

ELECTRICAL — A9.0-110 — Estimating Procedure

General: Variations in the following square foot costs are due to the type of structural systems of the buildings, geographical location, local electrical codes, designer's preference for specific materials and equipment, and the owner's particular requirements.

Table 9.0-117 Cost per S.F. for Total Electric Systems for Various Building Types (cont.)

Type Construction	Basic Description	Total Floor Area in Square Feet	Total Cost per Square Foot for Total Electric Systems
Apartment building, luxury high rise	All electric, 18 floors, 86 1 B.R., 34 2 B.R.	115,000	$ 5.69
Apartment building, low rise	All electric, 2 floors, 44 units, 1 & 2 B.R.	40,200	3.85
Auditorium	All electric, 1200 person capacity	28,000	11.54
Bank, branch office	All electric, 1 floor	2,700	13.44
Bank, main office	All electric, 8 floors	54,900	8.96
Church	All electric, incl. Sunday school	17,700	5.62
* College, science building	All electric, 3-1/2 floors, 47 rooms	27,500	10.50
* College, library	All electric	33,500	5.81
* College, physical education center	All electric	22,000	6.73
Department store	Gas heat, 1 floor	85,800	5.24
* Dormitory, college	All electric, 125 rooms	63,000	6.49
Drive-in donut shop	Gas heat, incl. parking area lighting	1,500	13.29
Garage, commercial	All electric	52,300	2.13
* Hospital, general	Steam heat, 4 story garage, 300 beds	540,000	15.17
* Hospital, pediatric	Steam heat, 6 stories	278,000	24.13
Hotel, airport	All electric, 625 guest rooms	536,000	9.17
Housing for the elderly	All electric, 7 floors, 100 1 B.R. units	67,000	5.56
Manufacturing, food processing	Electric heat, 1 floor	9,600	10.36
Manufacturing, apparel	Electric heat, 1 floor	28,000	4.96
Manufacturing, tools	Electric heat, 2 floors	42,000	9.41
Medical clinic	Electric heat, 2 floors	22,700	5.28
Nursing home	Gas heat, 3 floors, 60 beds	21,000	8.67
Office building	All electric, 15 floors	311,200	9.15
Radio-TV studio	Electric heat, 3 floors	54,000	11.26
Restaurant	All electric	2,900	13.31
Retail store	All electric	3,000	4.23
School, elementary	All electric, 1 floor	39,500	8.93
School, junior high	All electric, 1 floor	49,500	8.13
* School, senior high	All electric, 1 floor	158,300	8.67
Supermarket	Gas heat	30,600	7.65
* Telephone exchange	Gas heat, 300 KW emergency generator	24,800	10.04
Theater	Electric heat, twin cinema	14,000	9.07
Town Hall	All electric	20,000	7.24
* U.S. Post Office	All electric	495,000	10.16
Warehouse grocery	All electric	96,400	4.15

*Includes cost of primary feeder and transformer.

ASSEMBLIES

ELECTRICAL — A9.1-110 — H.V. Shielded Conductor

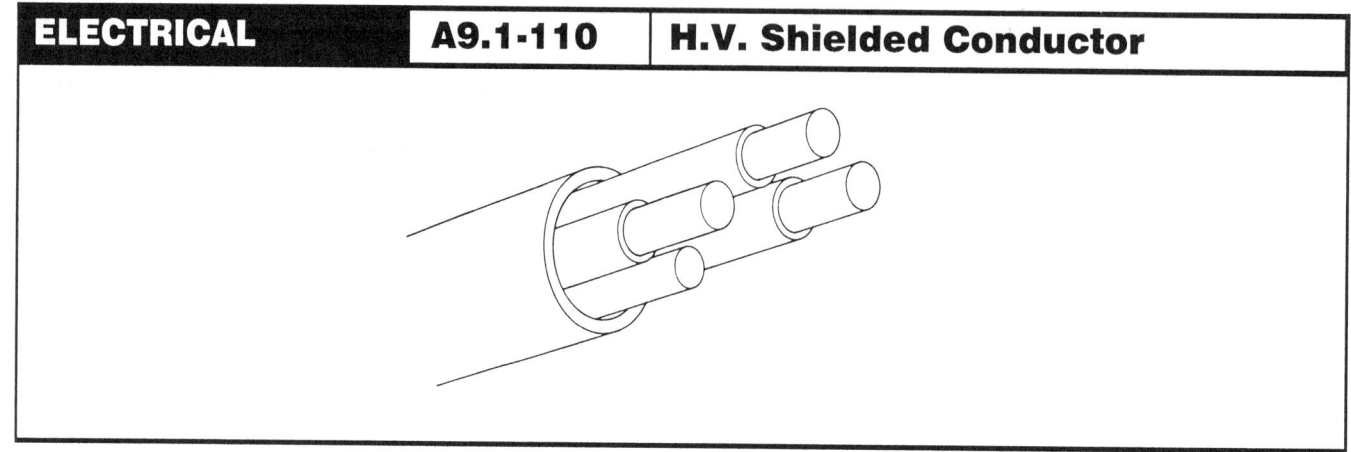

System Components	QUANTITY	UNIT	COST PER L.F. MAT.	COST PER L.F. INST.	COST PER L.F. TOTAL
SYSTEM 09.1-110-0200					
HIGH VOLTAGE CABLE, NEUTRAL AND CONDUIT INCLUDED, COPPER #2, 5 KV					
Cable, copper, CLP shield, 5 KV, #2, no connections	.030	C.L.F.	4.79	4.67	9.46
Wire 600 volt, type THW, copper, stranded, #4	.010	C.L.F.	.43	.59	1.02
Rigid galv steel conduit to 15'H, 2"diam, w/term, fttng, suppt & scaffold	1.000	L.F.	4.24	6.92	11.16
Total			9.46	12.18	21.64

9.1-110	High Voltage Shielded Conductors	MAT.	INST.	TOTAL
0200	High voltage cable, neutral & conduit included, copper #2, 5 KV	9.45	12.20	21.65
0240	Copper #1, 5 KV	10.15	12.30	22.45
0280	15 KV	16	17.80	33.80
0320	Copper 1/0, 5 KV	11	12.55	23.55
0360	15 KV	17.50	18.05	35.55
0400	25 KV	21	18.35	39.35
0440	35 KV	24	20	44
0480	Copper 2/0, 5 KV	15.30	14.85	30.15
0520	15 KV	18.70	18.45	37.15
0560	25 KV	24	20	44
0600	35 KV	28	22	50
0640	Copper 4/0, 5 KV	20	19.35	39.35
0680	15 KV	25	21	46
0720	25 KV	27	21	48
0760	35 KV	32	23	55
0800	Copper 250 MCM, 5 KV	21	19.95	40.95
0840	15 KV	25	22	47
0880	25 KV	33	24	57
0920	35 KV	51	29	80
0960	Copper 350 MCM, 5 KV	26	21	47
1000	15 KV	32	24	56
1040	25 KV	37	25	62
1080	35 KV	56	31	87
1120	Copper 500 MCM, 5 KV	34	24	58
1160	15 KV	53	30	83
1200	25 KV	58	31	89
1240	35 KV	60	32	92

ASSEMBLIES

ELECTRICAL — A9.1-210 — Electric Service

Diagram: Service Entrance Cap, Conduit, Circuit Breaker or Safety Switch, Meter Socket, Ground Rod

System Components	QUANTITY	UNIT	COST EACH MAT.	COST EACH INST.	COST EACH TOTAL
SYSTEM 09.1-210-0200 SERVICE INSTALLATION, INCLUDES BREAKERS, METERING, 20' CONDUIT & WIRE 3 PHASE, 4 WIRE, 60 AMPS					
Circuit breaker, enclosed (NEMA 1), 600 volt, 3 pole, 60 amp	1.000	Ea.	242	111.29	353.29
Meter socket, single position, 4 terminal, 100 amp	1.000	Ea.	28.60	97.38	125.98
Rigid galvanized steel conduit, 3/4", including fittings	20.000	L.F.	31.90	78	109.90
Wire, 600V type XHHW, copper stranded #6	.900	C.L.F.	25.74	43.15	68.89
Service entrance cap 3/4" diameter	1.000	Ea.	5.83	23.97	29.80
Conduit LB fitting with cover, 3/4" diameter	1.000	Ea.	6.82	23.97	30.79
Ground rod, copper clad, 8' long, 3/4" diameter	1.000	Ea.	22	58.79	80.79
Ground rod clamp, bronze, 3/4" diameter	1.000	Ea.	3.96	9.74	13.70
Ground wire, bare armored, #6-1 conductor	.200	C.L.F.	17.16	34.62	51.78
Total			384.01	480.91	864.92

9.1-210	Electric Service, 3 Phase - 4 Wire	MAT.	INST.	TOTAL
0200	Service installation, includes breakers, metering, 20' conduit & wire			
0220	3 phase, 4 wire, 120/208 volts, 60 amp	385	480	865
0240	100 amps	505	580	1,085
0280	200 amps	760	895	1,655
0320	400 amps	1,575	1,625	3,200
0360	600 amps	3,000	2,225	5,225
0400	800 amps	4,200	2,650	6,850
0440	1000 amps	5,350	3,050	8,400
0480	1200 amps	7,050	3,125	10,175
0520	1600 amps	11,700	4,500	16,200
0560	2000 amps	13,000	5,125	18,125
0570	Add 25% for 277/480 volt			
0610	1 phase, 3 wire, 120/240 volts, 100 amps	255	530	785
0620	200 amps	535	850	1,385

ASSEMBLIES

ELECTRICAL A9.1-310 Electrical Feeder

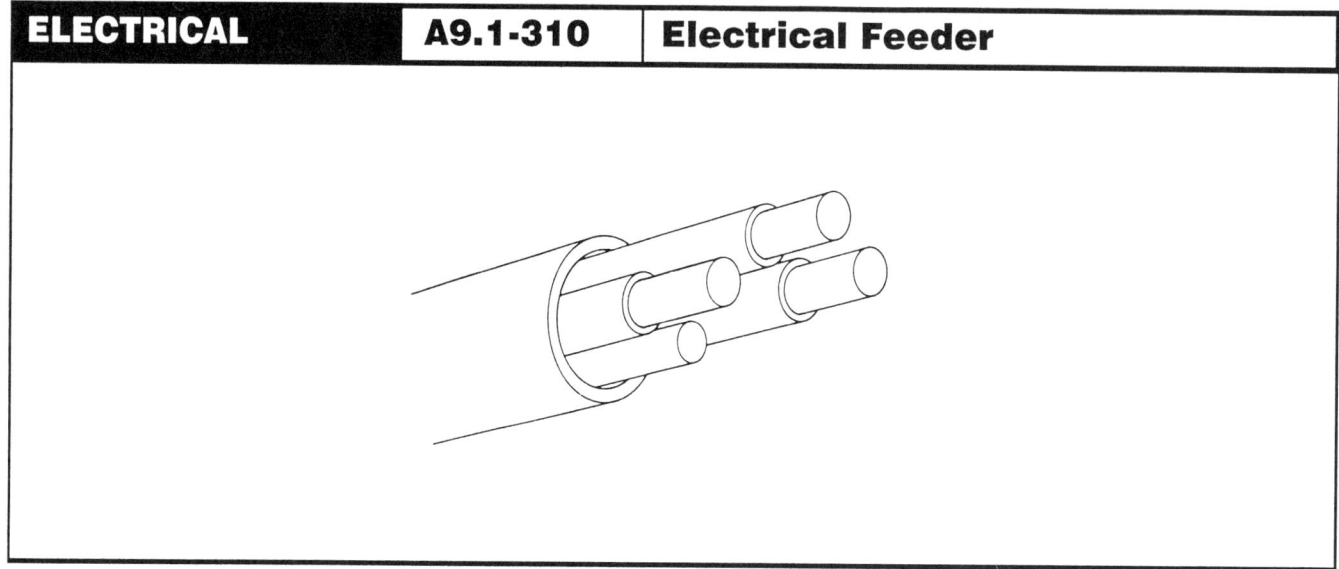

System Components	QUANTITY	UNIT	COST PER L.F. MAT.	COST PER L.F. INST.	COST PER L.F. TOTAL
SYSTEM 09.1-310-0200					
FEEDERS, INCLUDING STEEL CONDUIT & WIRE, 60 AMPERES					
Rigid galvanized steel conduit, 3/4", including fittings	1.000	L.F.	1.60	3.90	5.50
Wire 600 volt, type XHHW copper stranded #6	.040	C.L.F.	1.14	1.92	3.06
Total			2.74	5.82	8.56

9.1-310	Feeder Installation	MAT.	INST.	TOTAL
0200	Feeder installation, including conduit and wire, 60 amperes	2.74	5.80	8.54
0240	100 amperes	4.79	7.70	12.49
0280	200 amperes	10.20	11.90	22.10
0320	400 amperes	20	24	44
0360	600 amperes	43	39	82
0400	800 amperes	57	46	103
0440	1000 amperes	73	59	132
0480	1200 amperes	85	61	146
0520	1600 amperes	115	93	208
0560	2000 amperes	145	120	265

ASSEMBLIES

ELECTRICAL A9.1-410 Switchgear

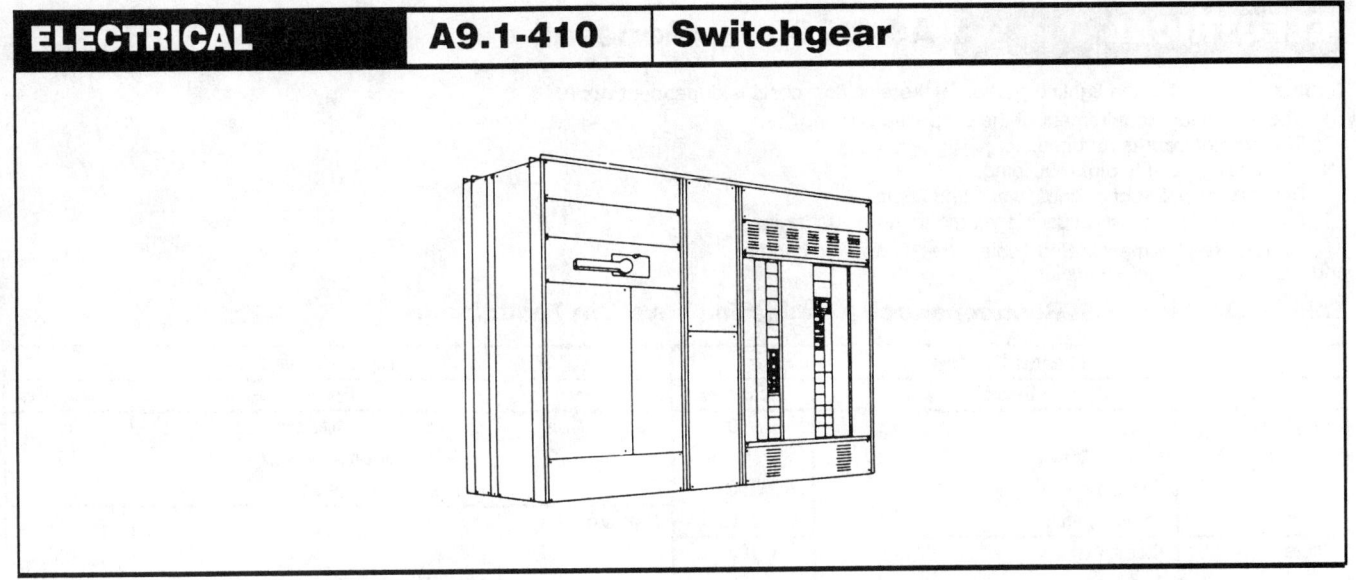

System Components	QUANTITY	UNIT	COST EACH MAT.	COST EACH INST.	COST EACH TOTAL
SYSTEM 09.1-410-0240					
SWITCHGEAR INSTALLATION, INCL SWBD, PANELS & CIRC BREAKERS, 600 AMPS					
Panelboard, NQOB 225A 4W 120/208V main CB, w/20A bkrs 42 circ	1.000	Ea.	1,452	1,112.86	2,564.86
Switchboard, alum. bus bars, 120/208V, 4 wire, 600V	1.000	Ea.	2,233	623.20	2,856.20
Distribution sect., alum. bus bar, 120/208 or 277/480 V, 4 wire, 600A	1.000	Ea.	1,567.50	623.20	2,190.70
Feeder section circuit breakers, KA frame, 70 to 225 amp	3.000	Ea.	1,857.90	292.14	2,150.04
Total			7,110.40	2,651.40	9,761.80

9.1-410		Switchgear	COST EACH MAT.	COST EACH INST.	COST EACH TOTAL
0200	Switchgear inst., incl. swbd., panels & circ bkr, 400 amps, 120/208 volt		2,950	1,950	4,900
0240		600 amperes	7,100	2,650	9,750
0280		800 amperes	8,625	3,775	12,400
0320		1200 amperes	10,700	5,775	16,475
0360		1600 amperes	14,600	8,100	22,700
0400		2000 amperes	18,100	10,300	28,400
0410	Add 20% for 277/480 volt				

ASSEMBLIES

ELECTRICAL — A9.2-200 — General

General: The cost of the lighting portion of the electrical costs is dependent upon:
1. The footcandle requirement of the proposed building.
2. The type of fixtures required.
3. The ceiling heights of the building.
4. Reflectance value of ceilings, walls and floors.
5. Fixture efficiencies and spacing vs. mounting height ratios.

Footcandle Requirements: See Table 9.2–204 for Footcandle and Watts per S.F. determination.

Table 9.2-201 E.E.S. Recommended Illumination Levels in Footcandles

Commercial Buildings			Industrial Buildings		
Type	Description	Footcandles	Type	Description	Footcandles
Bank	Lobby	50	Assembly Areas	Rough bench & machine work	50
	Customer Areas	70		Medium bench & machine work	100
	Teller Stations	150		Fine bench & machine work	500
	Accounting Areas	150	Inspection Areas	Ordinary	50
Offices	Routine Work	100		Difficult	100
	Accounting	150		Highly Difficult	200
	Drafting	200	Material Handling	Loading	20
	Corridors, Halls, Washrooms	30		Stock Picking	30
Schools	Reading or Writing	70		Packing, Wrapping	50
	Drafting, Labs, Shops	100	Stairways	Service Areas	20
	Libraries	70	Washrooms	Service Areas	20
	Auditoriums, Assembly	15	Storage Areas	Inactive	5
	Auditoriums, Exhibition	30		Active, Rough, Bulky	10
Stores	Circulation Areas	30		Active, Medium	20
	Stock Rooms	30		Active, Fine	50
	Merchandise Areas, Service	100	Garages	Active Traffic Areas	20
	Self-Service Areas	200		Service & Repair	100

ASSEMBLIES

ELECTRICAL — A9.2-200 — General

Table 9.2-202 General Lighting Loads by Occupancies

Type of Occupancy	Unit Load per S.F. (Watts)
Armories and Auditoriums	1
Banks	5
Barber Shops and Beauty Parlors	3
Churches	1
Clubs	2
Court Rooms	2
*Dwelling Units	3
Garages — Commercial (storage)	½
Hospitals	2
*Hotels and Motels, including apartment houses without provisions for cooking by tenants	2
Industrial Commercial (Loft) Buildings	2
Lodge Rooms	1½
Office Buildings	5
Restaurants	2
Schools	3
Stores	3
Warehouses (storage)	¼
*In any of the above occupancies except one-family dwellings and individual dwelling units of multi-family dwellings:	
Assembly Halls and Auditoriums	1
Halls, Corridors, Closets	½
Storage Spaces	¼

Table 9.2-203 Lighting Limit (Connected Load) for Listed Occupancies: New Building Proposed Energy Conservation Guideline

Type of Use	Maximum Watts per S.F.
Interior	
Category A: Classrooms, office areas, automotive mechanical areas, museums, conference rooms, drafting rooms, clerical areas, laboratories, merchandising areas, kitchens, examining rooms, book stacks, athletic facilities.	3.00
Category B: Auditoriums, waiting areas, spectator areas, restrooms, dining areas, transportation terminals, working corridors in prisons and hospitals, book storage areas, active inventory storage, hospital bedrooms, hotel and motel bedrooms, enclosed shopping mall concourse areas, stairways.	1.00
Category C: Corridors, lobbies, elevators, inactive storage areas.	0.50
Category D: Indoor parking.	0.25
Exterior	
Category E: Building perimeter: wall-wash, facade, canopy.	5.00 (per linear foot)
Category F: Outdoor parking.	0.10

ASSEMBLIES

ELECTRICAL | A9.2-200 | General

Table 9.2-204 Procedure for Calculating Footcandles and Watts Per Square Foot

1. Initial footcandles = No. of fixtures x lamps per fixture x lumens per lamp x coefficient of utilization ÷ square feet
2. Maintained footcandles = initial footcandles x maintenance factor
3. Watts per square foot = No. of fixtures x lamps x (lamp watts + ballast watts) ÷ square feet

Example: To find footcandles and watts per S.F. for an office 20' x 20' with 11 fluorescent fixtures each having 4 – 40 watt C.W. lamps.

Based on good reflectance and clean conditions:

Lumens per lamp = 40 watt cool white at 3150 lumens per lamp (Table R166-120)
Coefficient of utilization = .42 (varies from .62 for light colored areas to .27 for dark)
Maintenance factor = .75 (varies from .80 for clean areas with good maintenance to .50 for poor)
Ballast loss = 8 watts per lamp. (Varies with manufacturer. See manufacturers' catalog.)

1. Initial footcandles:

$$\frac{11 \times 4 \times 3150 \times .42}{400} = \frac{58,212}{400} = 145 \text{ footcandles}$$

2. Maintained footcandles:

145 x .75 = 109 footcandles

3. Watts per S.F.

$$\frac{11 \times 4 \, (40 + 8)}{400} = \frac{2,112}{400} = 5.3 \text{ watts per S.F.}$$

Table 9.2-205 Approximate Watts Per Square Foot for Popular Fixture Types

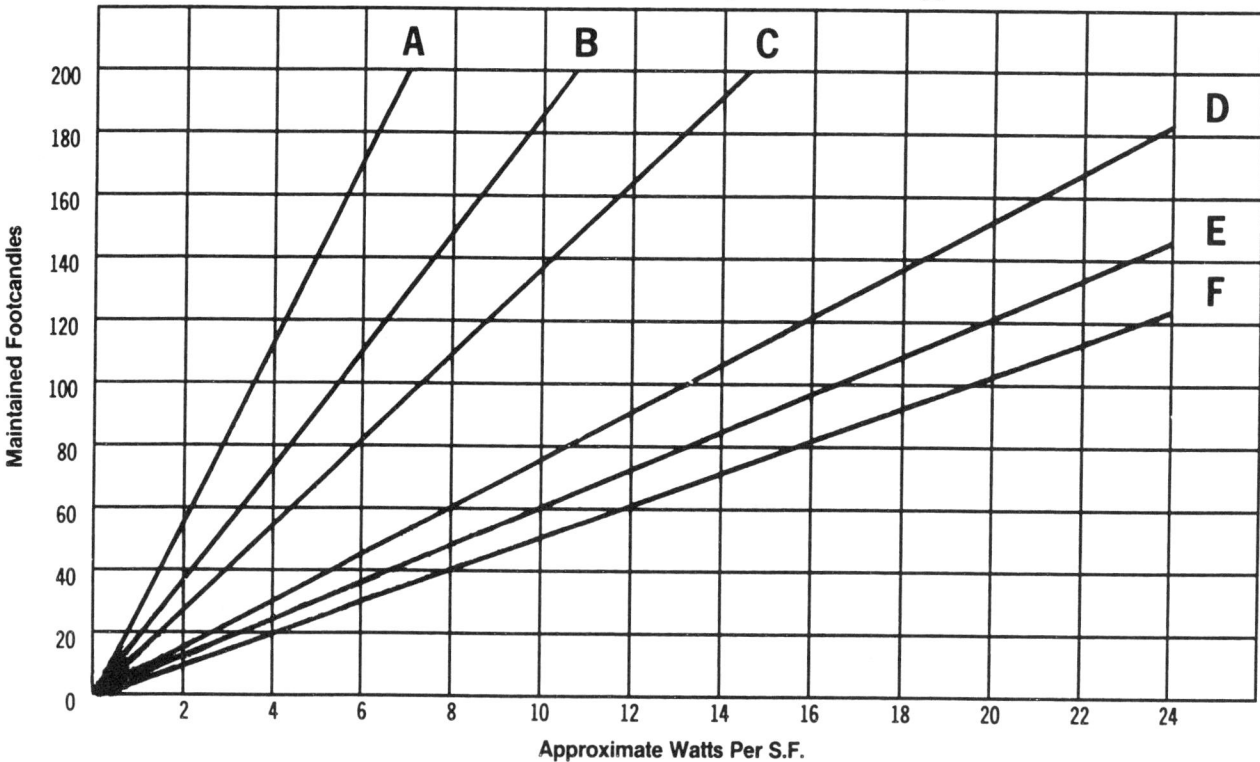

Due to the many variables involved, use for preliminary estimating only:

A. Fluorescent – industrial System A9.2 – 212
B. Fluorescent – lens unit System A9.2 – 212 Fixture types B & C
C. Fluorescent – louvered unit
D. Incandescent – open reflector System A9.2 – 222, Type D
E. Incandescent – lens unit System A9.2 – 222, Type A
F. Incandescent – down light System A9.2 – 222, Type B

ELECTRICAL — A9.2-212 — Fluorescent Fixture (by Type)

A. Strip Fixture

B. Surface Mounted

C. Recessed

D. Pendent Mounted

Design Assumptions:
1. A 100 footcandle average maintained level of illumination.
2. Ceiling heights range from 9′ to 11′.
3. Average reflectance values are assumed for ceilings, walls and floors.
4. Cool white (CW) fluorescent lamps with 3150 lumens for 40 watt lamps and 6300 lumens for 8′ slimline lamps.
5. Four 40 watt lamps per 4′ fixture and two 8′ lamps per 8′ fixture.
6. Average fixture efficiency values and spacing to mounting height ratios.
7. Installation labor is average U.S. rate as of January 1.

System Components	QUANTITY	UNIT	COST PER S.F. MAT.	INST.	TOTAL
SYSTEM 09.2-212-0520					
FLUORESCENT FIXTURES MOUNTED 9′-11″ ABOVE FLOOR, 100 FC					
TYPE A, 8 FIXTURES PER 400 S.F.					
Steel intermediate conduit, (IMC) 1/2″ diam	.404	L.F.	.41	1.26	1.67
Wire, 600V, type THWN-THHN, copper, solid, #12	.008	C.L.F.	.05	.23	.28
Fluorescent strip fixture 8′ long, surface mounted, two 75W SL	.020	Ea.	1.08	1.01	2.09
Steel outlet box 4″ concrete	.020	Ea.	.11	.31	.42
Steel outlet box plate with stud, 4″ concrete	.020	Ea.	.05	.08	.13
Total			1.70	2.89	4.59

9.2-212	Fluorescent Fixtures (by Type)	MAT.	INST.	TOTAL
0520	Fluorescent fixtures, type A, 8 fixtures per 400 S.F.	1.70	2.89	4.59
0560	11 fixtures per 600 S.F.	1.59	2.79	4.38
0600	17 fixtures per 1000 S.F.	1.54	2.74	4.28
0640	23 fixtures per 1600 S.F.	1.37	2.59	3.96
0680	28 fixtures per 2000 S.F.	1.37	2.59	3.96
0720	41 fixtures per 3000 S.F.	1.33	2.59	3.92
0800	53 fixtures per 4000 S.F.	1.31	2.52	3.83
0840	64 fixtures per 5000 S.F.	1.31	2.52	3.83
0880	Type B, 11 fixtures per 400 S.F.	3.52	4.23	7.75
0920	15 fixtures per 600 S.F.	3.24	4.05	7.29
0960	24 fixtures per 1000 S.F.	3.15	4.02	7.17
1000	35 fixtures per 1600 S.F.	2.94	3.84	6.78
1040	42 fixtures per 2000 S.F.	2.87	3.85	6.72
1080	61 fixtures per 3000 S.F.	2.90	3.71	6.61
1160	80 fixtures per 4000 S.F.	2.76	3.81	6.57
1200	98 fixtures per 5000 S.F.	2.76	3.78	6.54
1240	Type C, 11 fixtures per 400 S.F.	2.88	4.45	7.33
1280	14 fixtures per 600 S.F.	2.53	4.15	6.68
1320	23 fixtures per 1000 S.F.	2.52	4.12	6.64
1360	34 fixtures per 1600 S.F.	2.40	4.07	6.47
1400	43 fixtures per 2000 S.F.	2.44	4.04	6.48
1440	63 fixtures per 3000 S.F.	2.37	3.98	6.35
1520	81 fixtures per 4000 S.F.	2.30	3.93	6.23
1560	101 fixtures per 5000 S.F.	2.30	3.93	6.23
1600	Type D, 8 fixtures per 400 S.F.	2.80	3.44	6.24
1640	12 fixtures per 600 S.F.	2.80	3.43	6.23
1680	19 fixtures per 1000 S.F.	2.68	3.34	6.02
1720	27 fixtures per 1600 S.F.	2.48	3.25	5.73
1760	34 fixtures per 2000 S.F.	2.47	3.22	5.69
1800	48 fixtures per 3000 S.F.	2.37	3.13	5.50
1880	64 fixtures per 4000 S.F.	2.37	3.13	5.50
1920	79 fixtures per 5000 S.F.	2.37	3.13	5.50

ASSEMBLIES

ELECTRICAL — A9.2-213 — Fluorescent Fixt. (by Wattage)

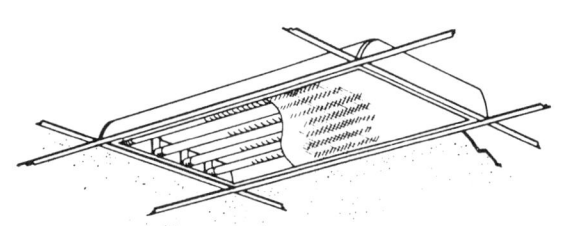

Type C. Recessed, mounted on grid ceiling supsension system, 2' x 4', four 40 watt lamps, acrylic prismatic diffusers.

5.3 watts per S.F. in 100 footcandles.
3 watts per S.F. for 57 footcandles.

System Components	QUANTITY	UNIT	COST PER S.F. MAT.	COST PER S.F. INST.	COST PER S.F. TOTAL
SYSTEM 09.2-213-0200					
FLUORESCENT FIXTURES RECESS MOUNTED IN CEILING					
1 WATT PER S.F., 20 FC, 5 FIXTURES PER 1000 S.F.					
Steel intermediate conduit, (IMC) 1/2" diam	.128	L.F.	.13	.40	.53
Wire, 600 volt, type THW, copper, solid, #12	.003	C.L.F.	.02	.08	.10
Fluorescent fixture, recessed, 2'x4', four 40W, w/lens, for grid ceiling	.005	Ea.	.36	.33	.69
Steel outlet box 4" square	.005	Ea.	.03	.08	.11
Fixture whip, Greenfield w/#12 THHN wire	.005	Ea.	.01	.02	.03
Total			.55	.91	1.46

9.2-213	Fluorescent Fixtures (by Wattage)	COST PER S.F. MAT.	COST PER S.F. INST.	COST PER S.F. TOTAL
0190	Fluorescent fixtures recess mounted in ceiling			
0200	1 watt per S.F., 20 FC, 5 fixtures per 1000 S.F.	.55	.91	1.46
0240	2 watts per S.F., 40 FC, 10 fixtures per 1000 S.F.	1.11	1.80	2.91
0280	3 watts per S.F., 60 FC, 15 fixtures per 1000 S.F	1.65	2.71	4.36
0320	4 watts per S.F., 80 FC, 20 fixtures per 1000 S.F.	2.20	3.60	5.80
0400	5 watts per S.F., 100 FC, 25 fixtures per 1000 S.F.	2.75	4.52	7.27

ASSEMBLIES

ELECTRICAL A9.2-222 Incandes. Fixture (by Type)

Type A. Recessed wide distribution reflector with flat glass lens 150 W.
 Maximum spacing = 1.2 x mounting height.
 13 watts per S.F. for 100 footcandles.

Type B. Recessed reflector down light with baffles 150 W.
 Maximum spacing = 0.8 x mounting height.
 18 watts per S.F. for 100 footcandles.

Type C. Recessed PAR-38 flood lamp with concentric louver 150 W.
 Maximum spacing = 0.5 x mounting height.
 19 watts per S.F. for 100 footcandles.

Type D. Recessed R-40 flood lamp with reflector skirt.
 Maximum spacing = 0.7 x mounting height.
 15 watts per S.F. for 100 footcandles.

System Components	QUANTITY	UNIT	COST PER S.F.		
			MAT.	INST.	TOTAL
SYSTEM 09.2-222-0400 INCANDESCENT FIXTURE RECESS MOUNTED, 100 FC TYPE A, 34 FIXTURES PER 400 S.F.					
Steel intermediate conduit, (IMC) 1/2" diam	1.060	L.F.	1.08	3.31	4.39
Wire, 600V, type THWN-THHN, copper, solid, #12	.033	C.L.F.	.21	.93	1.14
Steel outlet box 4" square	.085	Ea.	.47	1.32	1.79
Fixture whip, Greenfield w/#12 THHN wire	.085	Ea.	.19	.33	.52
Incandescent fixture, recessed, w/lens, prewired, square trim, 200W	.085	Ea.	3.46	3.95	7.41
Total			5.41	9.84	15.25

9.2-222	Incandescent Fixture (by Type)	COST PER S.F.		
		MAT.	INST.	TOTAL
0380	Incandescent fixture recess mounted, 100 FC			
0400	Type A, 34 fixtures per 400 S.F.	5.40	9.85	15.25
0440	49 fixtures per 600 S.F.	5.30	9.70	15
0480	63 fixtures per 800 S.F.	5.15	9.55	14.70
0520	90 fixtures per 1200 S.F.	4.99	9.35	14.34
0560	116 fixtures per 1600 S.F.	4.91	9.30	14.21
0600	143 fixtures per 2000 S.F.	4.88	9.25	14.13
0640	Type B, 47 fixtures per 400 S.F.	9.35	12.45	21.80
0680	66 fixtures per 600 S.F.	8.90	12.15	21.05
0720	88 fixtures per 800 S.F.	8.90	12.15	21.05
0760	127 fixtures per 1200 S.F.	8.65	12.05	20.70
0800	160 fixtures per 1600 S.F.	8.50	11.95	20.45
0840	206 fixtures per 2000 S.F.	8.50	11.85	20.35
0880	Type C, 51 fixtures per 400 S.F.	9.85	13	22.85
0920	74 fixtures per 600 S.F.	9.55	12.80	22.35
0960	97 fixtures per 800 S.F.	9.45	12.70	22.15
1000	142 fixtures per 1200 S.F.	9.30	12.60	21.90
1040	186 fixtures per 1600 S.F.	9.15	12.50	21.65
1080	230 fixtures per 2000 S.F.	9.10	12.50	21.60
1120	Type D, 39 fixtures per 400 S.F.	7.85	10.25	18.10
1160	57 fixtures per 600 S.F.	7.65	10.10	17.75
1200	75 fixtures per 800 S.F.	7.60	10.10	17.70
1240	109 fixtures per 1200 S.F.	7.45	10	17.45
1280	143 fixtures per 1600 S.F.	7.30	9.90	17.20
1320	176 fixtures per 2000 S.F.	7.25	9.85	17.10

ELECTRICAL A9.2-223 Incandes. Fixt. (by Wattage)

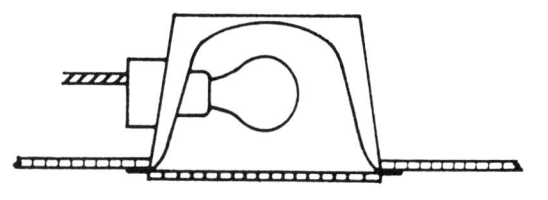

Type A. Recessed, wide distribution reflector with flat glass lens.

150 watt inside frost—2500 lumens per lamp.

PS-25 extended service lamp

Maximum spacing = 1.2 x mounting height.

13 watts per S.F. for 100 footcandles.

System Components	QUANTITY	UNIT	COST PER S.F.		
			MAT.	INST.	TOTAL
SYSTEM 09.2-223-0200 INCANDESCENT FIXTURE RECESS MOUNTED, TYPE A 1 WATT PER S.F., 8 FC, 6 FIXT PER 1000 S.F.					
Steel intermediate conduit, (IMC) 1/2" diam	.091	L.F.	.09	.28	.37
Wire, 600V, type THWN-THHN, copper, solid, #12	.002	C.L.F.	.01	.06	.07
Incandescent fixture, recessed, w/lens, prewired, square trim, 200W	.006	Ea.	.24	.28	.52
Steel outlet box 4" square	.006	Ea.	.03	.09	.12
Fixture whip, Greenfield w/#12 THHN wire	.006	Ea.	.01	.02	.03
Total			.38	.73	1.11

9.2-223	Incandescent Fixture (by Wattage)	COST PER S.F.		
		MAT.	INST.	TOTAL
0190	Incandescent fixture recess mounted, type A			
0200	1 watt per S.F., 8 FC, 6 fixtures per 1000 S.F.	.38	.73	1.11
0240	2 watt per S.F., 16 FC, 12 fixtures per 1000 S.F.	.81	1.48	2.29
0280	3 watt per S.F., 24 FC, 18 fixtures, per 1000 S.F.	1.18	2.18	3.36
0320	4 watt per S.F., 32 FC, 24 fixtures per 1000 S.F.	1.58	2.92	4.50
0400	5 watt per S.F., 40 FC, 30 fixtures per 1000 S.F.	1.99	3.66	5.65

ASSEMBLIES

ELECTRICAL A9.2-232 H.I.D. Fixture (by Type)

HIGH BAY FIXTURES
- A. Mercury vapor 400 watt.
- B. Metal halide 400 watt
- C. High Pressure sodium 400 watt
- D. Mercury vapor 1000 watt
- E. Metal halide 1000 watt
- F. High pressure sodium 1000 watt
- G. Metal halide 1000 watt 125,000 lumen lamp

System Components	QUANTITY	UNIT	COST PER S.F. MAT.	INST.	TOTAL
SYSTEM 09.2-232-0520 HIGH INTENSITY DISCHARGE FIXTURE, 8'-10' ABOVE WORK PLANE, 100 FC TYPE A, 12 FIXTURES PER 900 S.F.					
Steel intermediate conduit, (IMC) 1/2" diam	.620	L.F.	.63	1.93	2.56
Wire, 600V, type THWN-THHN, copper, solid, #10	.012	C.L.F.	.13	.37	.50
Steel outlet box 4" concrete	.013	Ea.	.07	.20	.27
Steel outlet box plate with stud 4" concrete	.013	Ea.	.03	.05	.08
Mercury vapor, hi bay, aluminum reflector, 400W DX lamp	.013	Ea.	3.50	1.76	5.26
Total			4.36	4.31	8.67

9.2-232	H.I.D. Fixture, High Bay (by Type)	COST PER S.F. MAT.	INST.	TOTAL
0500	High intensity discharge fixture, 8'-10' above work plane, 100 FC			
0520	Type A, 12 fixtures per 900 S.F.	4.36	4.31	8.67
0560	24 fixtures per 1800 S.F.	4.11	4.24	8.35
0600	36 fixtures per 3000 S.F.	4.09	4.17	8.26
0640	44 fixtures per 4000 S.F.	3.82	4.08	7.90
0680	54 fixtures per 5000 S.F.	3.82	4.08	7.90
0720	86 fixtures per 8000 S.F.	3.82	4.08	7.90
0760	103 fixtures per 10000 S.F.	3.56	3.93	7.49
0800	165 fixtures per 16000 S.F.	3.56	3.93	7.49
0840	329 fixtures per 32000 S.F.	3.56	3.93	7.49
0880	Type B, 8 fixtures per 900 S.F.	3.41	3.12	6.53
0920	15 fixtures per 1800 S.F.	3.10	2.98	6.08
0960	24 fixtures per 3000 S.F.	3.10	2.98	6.08
1000	31 fixtures per 4000 S.F.	3.10	2.98	6.08
1040	38 fixtures per 5000 S.F.	3.10	2.98	6.08
1080	60 fixtures per 8000 S.F.	3.10	2.98	6.08
1120	72 fixtures per 10000 S.F.	2.78	2.77	5.55
1160	115 fixtures per 16000 S.F.	2.78	2.77	5.55
1200	230 fixtures per 32000 S.F.	2.78	2.77	5.55
1240	Type C, 4 fixtures per 900 S.F.	2.37	1.90	4.27
1280	8 fixtures per 1800 S.F.	2.37	1.90	4.27
1320	13 fixtures per 3000 S.F.	2.37	1.90	4.27
1360	17 fixtures per 4000 S.F.	2.37	1.90	4.27
1400	21 fixtures per 5000 S.F.	2.31	1.75	4.06
1440	33 fixtures per 8000 S.F.	2.30	1.72	4.02
1480	40 fixtures per 10000 S.F.	2.27	1.62	3.89
1520	63 fixtures per 16000 S.F.	2.27	1.62	3.89
1560	126 fixtures per 32000 S.F.	2.27	1.62	3.89

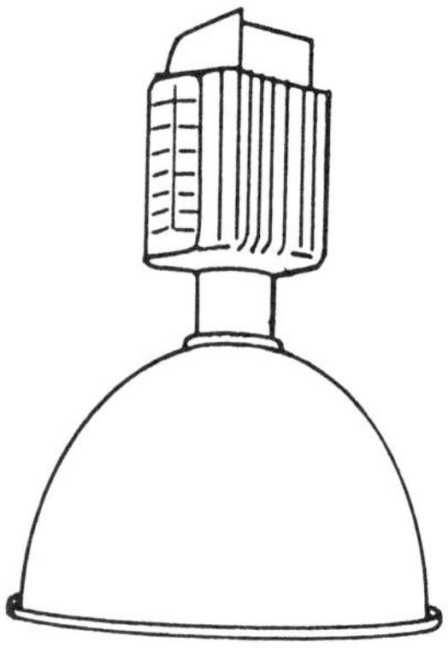

HIGH BAY FIXTURES

A. Mercury vapor 400 watt
B. Metal halide 400 watt
C. High Pressure sodium 400 watt
D. Mercury vapor 1000 watt
E. Metal halide 1000 watt
F. High pressure sodium 1000 watt
G. Metal halide 1000 watt 125,000 lumen lamp

System Components	QUANTITY	UNIT	COST PER S.F. MAT.	COST PER S.F. INST.	COST PER S.F. TOTAL
SYSTEM 09.2-233-0200					
HIGH INTENSITY DISCHARGE FIXTURE, 8′-10′ ABOVE WORK PLANE					
1 WATT/S.F., TYPE A, 18 FC, 2 FIXTURES/1000 S.F.					
Steel intermediate conduit, (IMC) 1/2″ diam	.120	L.F.	.14	.44	.58
Wire, 600V, type THWN-THHN, copper, solid, #10	.002	C.L.F.	.02	.06	.08
Mercury vapor, hi bay, aluminum reflector, 400W DX lamp	.002	Ea.	.54	.27	.81
Steel outlet box 4″ concrete	.002	Ea.	.01	.03	.04
Steel outlet box plate with stud, 4″ concrete	.002	Ea.		.01	.01
Total			.71	.81	1.52

9.2-233	H.I.D. Fixture, High Bay (by Wattage)	COST PER S.F. MAT.	COST PER S.F. INST.	COST PER S.F. TOTAL
0190	High intensity discharge fixture, 8′-10′ above work plane			
0200	1 watt/S.F., type A, 18 FC, 2 fixtures/1000 S.F.	.71	.81	1.52
0240	Type B, 29 FC, 2 fixtures/1000 S.F.	.75	.68	1.43
0280	Type C, 54 FC, 2 fixtures/1000 S.F.	1.04	.52	1.56
0360	2 watt/S.F., type A, 36 FC, 4 fixtures/1000 S.F. R166 -105	1.43	1.59	3.02
0400	Type B, 59 FC, 4 fixtures/1000 S.F.	1.49	1.32	2.81
0440	Type C, 108 FC, 4 fixtures/1000 S.F.	2.07	1.01	3.08
0520	3 watt/S.F., type A, 60 FC, 7 fixtures/1000 S.F.	2.40	2.46	4.86
0560	Type B, 103 FC, 7 fixtures/1000 S.F.	2.56	2.12	4.68
0600	Type C, 189 FC, 6 fixtures/1000 S.F.	3.48	1.30	4.78
0680	4 watt/S.F., type A, 77 FC, 9 fixtures/1000 S.F.	3.10	3.21	6.31
0720	Type B, 133 FC, 9 fixtures/1000 S.F.	3.29	2.78	6.07
0760	Type C, 243 FC, 9 fixtures/1000 S.F.	4.66	2.26	6.92
0840	5 watt/S.F., type A, 95 FC, 11 fixtures/1000 S.F.	3.78	3.94	7.72
0880	Type B, 162 FC, 11 fixtures/1000 S.F.	4.05	3.43	7.48
0920	Type C, 297 FC, 11 fixtures/1000 S.F.	5.70	2.79	8.49

ASSEMBLIES

ELECTRICAL A9.2-234 H.I.D. Fixture (by Type)

HIGH BAY FIXTURES

A. Mercury vapor 400 watt
B. Metal halide 400 watt
C. High Pressure sodium 400 watt
D. Mercury vapor 1000 watt
E. Metal halide 1000 watt
F. High pressure sodium 1000 watt
G. Metal halide 1000 watt 125,000 lumen lamp

System Components	QUANTITY	UNIT	COST PER S.F. MAT.	INST.	TOTAL
SYSTEM 09.2-234-0520					
HIGH INTENSITY DISCHARGE FIXTURE, 16' ABOVE WORK PLANE, 100 FC					
TYPE D, 5 FIXTURES PER 900 S.F.					
Steel intermediate conduit, (IMC) 1/2" diam	.570	L.F.	.58	1.78	2.36
Wire, 600V, type THWN-THHN, copper, solid, #10	.017	C.L.F.	.18	.53	.71
Steel outlet box 4" concrete	.006	Ea.	.03	.09	.12
Steel outlet box plate with stud, 4" concrete	.006	Ea.	.01	.02	.03
Mercury vapor, hi bay, aluminum reflector, 1000W DX lamp	.006	Ea.	2.77	.93	3.70
Total			3.57	3.35	6.92

9.2-234	H.I.D. Fixture, High Bay (by Type)	COST PER S.F. MAT.	INST.	TOTAL
0510	High intensity discharge fixture, 16' above work plane, 100 FC			
0520	Type D, 5 fixtures per 900 S.F.	3.57	3.35	6.92
0560	9 fixtures per 1800 S.F.	3.19	3.44	6.63
0600	13 fixtures per 3000 S.F.	2.78	3.41	6.19
0640	17 fixtures per 4000 S.F.	2.78	3.41	6.19
0680	21 fixtures per 5000 S.F.	2.78	3.41	6.19
0720	33 fixtures per 8000 S.F.	2.76	3.35	6.11
0760	39 fixtures per 10,000 S.F.	2.76	3.35	6.11
0800	61 fixtures per 16,000 S.F.	2.72	3.26	5.98
1240	Type C, 5 fixtures per 900 S.F.	3.25	1.95	5.20
1280	9 fixtures per 1800 S.F.	2.85	2.06	4.91
1320	15 fixtures per 3000 S.F.	2.85	2.06	4.91
1360	18 fixtures per 4000 S.F.	2.78	1.84	4.62
1400	22 fixtures per 5000 S.F.	2.78	1.84	4.62
1440	36 fixtures per 8000 S.F.	2.78	1.84	4.62
1480	42 fixtures per 10,000 S.F.	2.36	1.90	4.26
1520	65 fixtures per 16,000 S.F.	2.36	1.90	4.26
1600	Type G, 4 fixtures per 900 S.F.	3.11	3.10	6.21
1640	6 fixtures per 1800 S.F.	2.53	2.90	5.43
1720	9 fixtures per 4000 S.F.	1.96	2.82	4.78
1760	11 fixtures per 5000 S.F.	1.96	2.82	4.78
1840	21 fixtures per 10,000 S.F.	1.87	2.54	4.41
1880	33 fixtures per 16,000 S.F.	1.87	2.54	4.41

ELECTRICAL A9.2-235 H.I.D. Fixture (by Wattage)

HIGH BAY FIXTURES
A. Mercury vapor 400 watt
B. Metal halide 400 watt
C. High Pressure sodium 400 watt
D. Mercury vapor 1000 watt
E. Metal halide 1000 watt
F. High pressure sodium 1000 watt
G. Metal halide 1000 watt 125,000 lumen lamp

System Components	QUANTITY	UNIT	COST PER S.F. MAT.	INST.	TOTAL
SYSTEM 09.2-235-0200					
HIGH INTENSITY DISCHARGE FIXTURE, 16' ABOVE WORK PLANE					
1 WATT/S.F., TYPE D, 23 FC, 1 FIXTURE/1000 S.F.					
Steel intermediate conduit, (IMC) 1/2" diam	.140	L.F.	.14	.44	.58
Wire, 600V, type THWN-THHN, copper, solid, #10	.004	C.L.F.	.04	.12	.16
Mercury vapor, hi bay, aluminum reflector, 1000W DX lamp	.001	Ea.	.46	.16	.62
Steel outlet box 4" concrete	.001	Ea.	.01	.02	.03
Steel outlet box plate with stud, 4" concrete	.001	Ea.			
Total			.65	.74	1.39

9.2-235	H.I.D. Fixture, High Bay (by Wattage)	MAT.	INST.	TOTAL
0190	High intensity discharge fixture, 16' above work plane			
0200	1 watt/S.F., type D, 23 FC, 1 fixture/1000 S.F.	.65	.74	1.39
0240	Type E, 42 FC, 1 fixture/1000 S.F.	.77	.77	1.54
0280	Type G, 52 FC, 1 fixture/1000 S.F.	.77	.77	1.54
0320	Type C, 54 FC, 2 fixture/1000 S.F.	1.15	.86	2.01
0400	2 watt/S.F., type D, 45 FC, 2 fixture/1000 S.F.	1.30	1.47	2.77
0440	Type E, 84 FC, 2 fixture/1000 S.F.	1.55	1.57	3.12
0480	Type G, 105 FC, 2 fixture/1000 S.F.	1.55	1.57	3.12
0520	Type C, 108 FC, 4 fixture/1000 S.F.	2.30	1.72	4.02
0600	3 watt/S.F., type D, 68 FC, 3 fixture/1000 S.F.	1.97	2.18	4.15
0640	Type E, 126 FC, 3 fixture/1000 S.F.	2.35	2.34	4.69
0680	Type G, 157 FC, 3 fixture/1000 S.F.	2.35	2.34	4.69
0720	Type C, 162 FC, 6 fixture/1000 S.F.	3.46	2.57	6.03
0800	4 watt/ S.F., type D, 91 FC, 4 fixture/1000 S.F.	2.79	3.45	6.24
0840	Type E, 168 FC, 4 fixture/1000 S.F.	3.12	3.14	6.26
0880	Type G, 210 FC, 4 fixture/1000 S.F.	3.12	3.14	6.26
0920	Type C, 243 FC, 9 fixture/1000 S.F.	5.10	3.59	8.69
1000	5 watt/S.F., type D, 113 FC, 5 fixture/1000 S.F.	3.27	3.65	6.92
1040	Type E, 210 FC, 5 fixture/1000 S.F.	3.90	3.91	7.81
1080	Type G, 262 FC, 5 fixture/1000 S.F.	3.90	3.91	7.81
1120	Type C, 297 FC, 11 fixture/1000 S.F.	6.25	4.45	10.70

ASSEMBLIES

ELECTRICAL A9.2-236 H.I.D. Fixture (by Type)

HIGH BAY FIXTURES

A. Mercury vapor 400 watt
B. Metal halide 400 watt
C. High Pressure sodium 400 watt
D. Mercury vapor 1000 watt
E. Metal halide 1000 watt
F. High pressure sodium 1000 watt
G. Metal halide 1000 watt 125,000 lumen lamp

System Components	QUANTITY	UNIT	COST PER S.F. MAT.	INST.	TOTAL
SYSTEM 09.2-236-0520					
HIGH INTENSITY DISCHARGE FIXTURE, 20' ABOVE WORK PLANE, 100 FC					
TYPE D, 6 FIXTURES PER 900 S.F.					
Steel intermediate conduit, (IMC) 1/2" diam	.860	L.F.	.88	2.68	3.56
Wire, 600V, type THWN-THHN, copper, solid, #10.	.003	C.L.F.	.27	.81	1.08
Steel outlet box 4" concrete	.008	Ea.	.04	.11	.15
Steel outlet box plate with stud, 4" concrete	.008	Ea.	.02	.03	.05
Mercury vapor, hi bay, aluminum reflector, 1000W DX lamp	.008	Ea.	3.23	1.09	4.32
Total			4.44	4.72	9.16

9.2-236	H.I.D. Fixture, High Bay (by Type)	MAT.	INST.	TOTAL
0510	High intensity discharge fixture 20' above work plane, 100 FC			
0520	Type D, 6 fixtures per 900 S.F.	4.44	4.72	9.16
0560	10 fixtures per 1800 S.F.	3.96	4.53	8.49
0600	15 fixtures per 3000 S.F.	3.53	4.43	7.96
0640	18 fixtures per 4000 S.F.	3.53	4.43	7.96
0680	22 fixtures per 5000 S.F.	3.09	4.35	7.44
0720	35 fixtures per 8000 S.F.	3.09	4.35	7.44
0760	40 fixtures per 10000 S.F.	3.09	4.35	7.44
0800	63 fixtures per 16000 S.F.	3.08	4.32	7.40
0840	123 fixtures per 32000 S.F.	3.08	4.32	7.40
1240	Type C, 6 fixtures per 900 S.F.	3.89	2.52	6.41
1280	10 fixtures per 1800 S.F.	3.39	2.35	5.74
1320	16 fixtures per 3000 S.F.	2.93	2.27	5.20
1360	20 fixtures per 4000 S.F.	2.93	2.27	5.20
1400	24 fixtures per 5000 S.F.	2.93	2.27	5.20
1440	38 fixtures per 8000 S.F.	2.90	2.18	5.08
1520	68 fixtures per 16000 S.F.	2.53	2.40	4.93
1560	132 fixtures per 32000 S.F.	2.53	2.40	4.93
1600	Type G, 4 fixtures per 900 S.F.	3.09	3.04	6.13
1640	6 fixtures per 1800 S.F.	2.53	2.90	5.43
1680	7 fixtures per 3000 S.F.	2.50	2.81	5.31
1720	10 fixtures per 4000 S.F.	2.49	2.78	5.27
1760	11 fixtures per 5000 S.F.	2.02	2.97	4.99
1800	18 fixtures per 8000 S.F.	2.02	2.97	4.99
1840	22 fixtures per 10000 S.F.	2.02	2.97	4.99
1880	34 fixtures per 16000 S.F.	1.98	2.88	4.86
1920	66 fixtures per 32000 S.F.	1.90	2.63	4.53

R166-105

ASSEMBLIES

ELECTRICAL A9.2-237 H.I.D. Fixture (by Wattage)

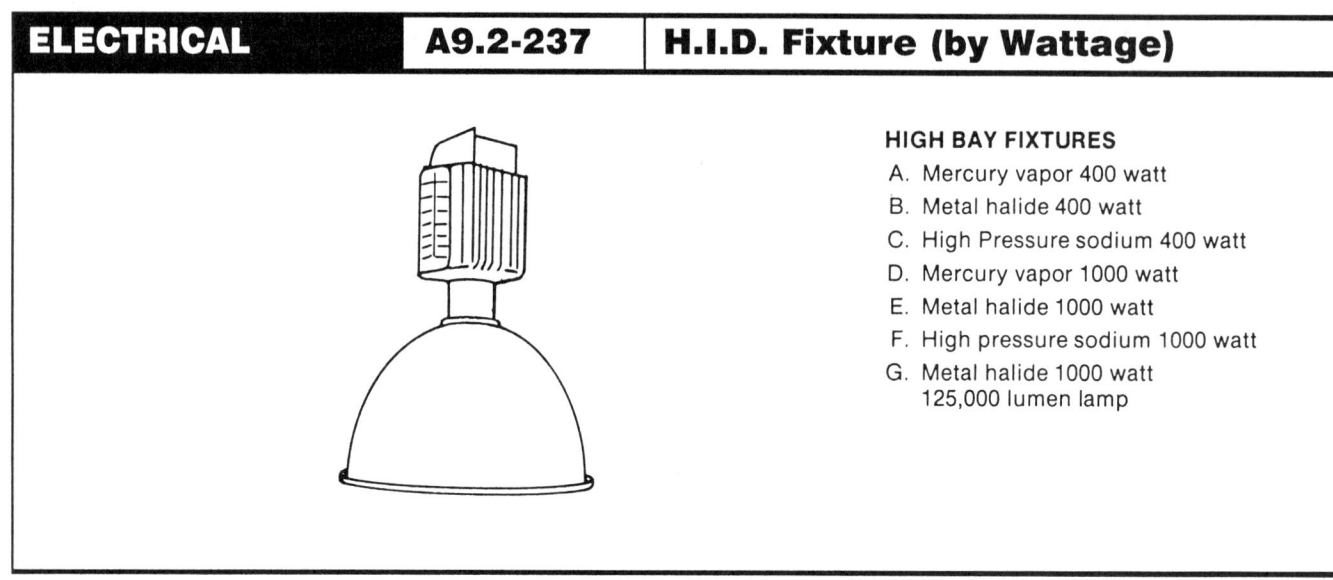

HIGH BAY FIXTURES
A. Mercury vapor 400 watt
B. Metal halide 400 watt
C. High Pressure sodium 400 watt
D. Mercury vapor 1000 watt
E. Metal halide 1000 watt
F. High pressure sodium 1000 watt
G. Metal halide 1000 watt 125,000 lumen lamp

System Components	QUANTITY	UNIT	COST PER S.F.		
			MAT.	INST.	TOTAL
SYSTEM 09.2-237-0200					
HIGH INTENSITY DISCHARGE FIXTURE, 20' ABOVE WORK PLANE					
1 WATT/S.F., TYPE D, 22FC, 1 FIXTURE 1000 S.F.					
Steel intermediate conduit, (IMC) 1/2" diam	.158	L.F.	.16	.49	.65
Wire, 600V, type THWN-THHN, copper, solid, #10	.005	C.L.F.	.05	.16	.21
Mercury vapor, hi bay, aluminum reflector, 1000W DX lamp	.001	Ea.	.46	.16	.62
Steel outlet box 4" concrete	.001	Ea.	.01	.02	.03
Steel outlet box plate with stud, 4" concrete	.001	Ea.			
Total			.68	.83	1.51

9.2-237	H.I.D. Fixture, High Bay (by Wattage)	COST PER S.F.		
		MAT.	INST.	TOTAL
0190	High intensity discharge fixture, 20' above work plane			
0200	1 watt/S.F., type D, 22 FC, 1 fixture/1000 S.F.	.68	.83	1.51
0240	Type E, 40 FC, 1 fixture/1000 S.F.	.79	.84	1.63
0280	Type G, 50 FC, 1 fixture/1000 S.F.	.79	.84	1.63
0320	Type C, 52 FC, 2 fixtures/1000 S.F.	1.18	.96	2.14
0400	2 watt/S.F., type D, 43 FC, 2 fixtures/1000 S.F.	1.36	1.65	3.01
0440	Type E, 81 FC, 2 fixtures/1000 S.F.	1.59	1.66	3.25
0480	Type G, 101 FC, 2 fixtures/1000 S.F.	1.59	1.66	3.25
0520	Type C, 104 FC, 4 fixtures/1000 S.F.	2.36	1.89	4.25
0600	3 watt/S.F., type D, 65 FC, 3 fixtures/1000 S.F.	2.05	2.45	4.50
0640	Type E, 121 FC, 3 fixtures/1000 S.F.	2.40	2.50	4.90
0680	Type G, 151 FC, 3 fixtures/1000 S.F.	2.40	2.50	4.90
0720	Type C, 155 FC, 6 fixtures/1000 S.F.	3.54	2.84	6.38
0800	4 watt/ S.F., type D, 87 FC, 4 fixtures/1000 S.F.	2.73	3.26	5.99
0840	Type E, 161 FC, 4 fixtures/1000 S.F.	3.18	3.32	6.50
0880	Type G, 202 FC, 4 fixtures/1000 S.F.	3.18	3.32	6.50
0920	Type C, 233 FC, 9 fixtures/1000 S.F.	5.20	3.93	9.13
1000	5 watt/ S.F., type D, 108 FC, 5 fixtures/1000 S.F.	3.41	4.09	7.50
1040	Type E, 202 FC, 5 fixtures/1000 S.F.	3.98	4.16	8.14
1080	Type G, 252 FC, 5 fixtures/1000 S.F.	3.98	4.16	8.14
1120	Type C, 285 FC, 11 fixtures/1000 S.F.	6.40	4.88	11.28

(Rows 0240/0280 reference: R166-105)

ASSEMBLIES

ELECTRICAL — A9.2-238 — H.I.D. Fixture (by Type)

HIGH BAY FIXTURES

A. Mercury vapor 400 watt
B. Metal halide 400 watt
C. High Pressure sodium 400 watt
D. Mercury vapor 1000 watt
E. Metal halide 1000 watt
F. High pressure sodium 1000 watt
G. Metal halide 1000 watt 125,000 lumen lamp

System Components	QUANTITY	UNIT	COST PER S.F. MAT.	COST PER S.F. INST.	COST PER S.F. TOTAL
SYSTEM 09.2-238-0520					
HIGH INTENSITY DISCHARGE FIXTURE, 30' ABOVE WORK PLANE, 100 FC					
TYPE D, 8 FIXTURES PER 900 S.F.					
Steel intermediate conduit, (IMC) 1/2" diam	1.150	L.F.	1.18	3.59	4.77
Wire, 600V, type THWN-THHN, copper, solid, #10	.035	C.L.F.	.37	1.09	1.46
Steel outlet box 4" concrete	.009	Ea.	.05	.14	.19
Steel outlet box plate with stud, 4" concrete	.009	Ea.	.02	.04	.06
Mercury vapor, hi bay, aluminum reflector, 1000W DX lamp	.009	Ea.	4.16	1.40	5.56
Total			5.78	6.26	12.04

9.2-238	H.I.D. Fixture, High Bay (by Type)	MAT.	INST.	TOTAL
0510	High intensity discharge fixture, 30' above work plane, 100 FC			
0520	Type D, 8 fixtures per 900 S.F.	5.80	6.25	12.05
0560	11 fixtures per 1800 S.F.	4.38	5.80	10.18
0600	18 fixtures per 3000 S.F.	4.38	5.80	10.18
0640	21 fixtures per 4000 S.F.	3.92	5.60	9.52
0680	25 fixtures per 5000 S.F.	3.92	5.60	9.52
0760	44 fixtures per 10,000 S.F.	3.47	5.50	8.97
0800	67 fixtures per 16,000 S.F.	3.47	5.50	8.97
0840	132 fixtures per 32000 S.F.	3.47	5.50	8.97
1240	Type F, 4 fixtures per 900 S.F.	3.67	3.07	6.74
1280	6 fixtures per 1800 S.F.	2.97	2.93	5.90
1320	8 fixtures per 3000 S.F.	2.97	2.93	5.90
1360	9 fixtures per 4000 S.F.	2.24	2.78	5.02
1400	10 fixtures per 5000 S.F.	2.24	2.78	5.02
1440	17 fixtures per 8000 S.F.	2.24	2.78	5.02
1480	18 fixtures per 10,000 S.F.	2.17	2.56	4.73
1520	27 fixtures per 16,000 S.F.	2.17	2.56	4.73
1560	52 fixtures per 32000 S.F.	2.16	2.53	4.69
1600	Type G, 4 fixtures per 900 S.F.	3.16	3.26	6.42
1640	6 fixtures per 1800 S.F.	2.55	2.96	5.51
1680	9 fixtures per 3000 S.F.	2.52	2.87	5.39
1720	11 fixtures per 4000 S.F.	2.49	2.78	5.27
1760	13 fixtures per 5000 S.F.	2.49	2.78	5.27
1800	21 fixtures per 8000 S.F.	2.49	2.78	5.27
1840	23 fixtures per 10,000 S.F.	2.01	2.94	4.95
1880	36 fixtures per 16,000 S.F.	2.01	2.94	4.95
1920	70 fixtures per 32000 S.F.	2.01	2.94	4.95

(R166-105 reference at rows 0560/0600)

ELECTRICAL A9.2-239 H.I.D. Fixture (by Wattage)

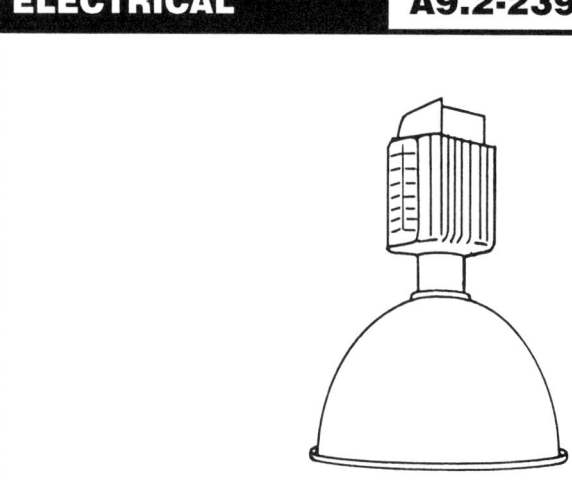

HIGH BAY FIXTURES

A. Mercury vapor 400 watt
B. Metal halide 400 watt
C. High Pressure sodium 400 watt
D. Mercury vapor 1000 watt
E. Metal halide 1000 watt
F. High pressure sodium 1000 watt
G. Metal halide 1000 watt 125,000 lumen lamp

System Components	QUANTITY	UNIT	COST PER S.F. MAT.	INST.	TOTAL
SYSTEM 09.2-239-0200					
HIGH INTENSITY DISCHARGE FIXTURE, 30' ABOVE WORK PLANE					
1 WATT/S.F., TYPE D, 23FC, 1 FIXTURE/1000 S.F.					
Steel intermediate conduit, (IMC) 1/2" diam	.186	L.F.	.19	.58	.77
Wire, 600V type THWN-THHN, copper, solid, #10	.006	C.L.F.	.06	.19	.25
Mercury vapor, hi bay, aluminum reflector, 1000W DX lamp	.001	Ea.	.46	.16	.62
Steel outlet box 4" concrete	.001	Ea.	.01	.02	.03
Steel outlet box plate with stud, 4" concrete	.001	Ea.			
Total			.72	.95	1.67

9.2-239	H.I.D. Fixture, High Bay (by Wattage)		MAT.	INST.	TOTAL
0190	High intensity discharge fixture, 30' above work plane				
0200	1 watt/S.F., type D, 23 FC, 1 fixture/1000 S.F.		.72	.95	1.67
0240	Type E, 37 FC, 1 fixture/1000 S.F.	R166 -105	.84	.98	1.82
0280	Type G, 45 FC., 1 fixture/1000 S.F.		.84	.98	1.82
0320	Type F, 50 FC, 1 fixture/1000 S.F.		.92	.76	1.68
0400	2 watt/S.F., type D, 40 FC, 2 fixtures/1000 S.F.		1.43	1.85	3.28
0440	Type E, 74 FC, 2 fixtures/1000 S.F.		1.68	1.94	3.62
0480	Type G, 92 FC, 2 fixtures/1000 S.F.		1.68	1.94	3.62
0520	Type F, 100 FC, 2 fixtures/1000 S.F.		1.84	1.55	3.39
0600	3 watt/S.F., type D, 60 FC, 3 fixtures/1000 S.F.		2.17	2.80	4.97
0640	Type E, 110 FC, 3 fixtures/1000 S.F.		2.55	2.95	5.50
0680	Type G, 138FC, 3 fixtures/1000 S.F.		2.55	2.95	5.50
0720	Type F, 150 FC, 3 fixtures/1000 S.F.		2.77	2.33	5.10
0800	4 watt/ S.F., type D, 80 FC, 4 fixtures/1000 S.F.		2.87	3.71	6.58
0840	Type E, 148 FC, 4 fixtures/1000 S.F.		3.38	3.93	.7.31
0880	Type G, 185 FC, 4 fixtures/1000 S.F.		3.38	3.93	7.31
0920	Type F, 200 FC, 4 fixtures/1000 S.F.		3.69	3.11	6.80
1000	5 watt/ S.F., type D, 100 FC 5 fixtures/1000 S.F.		3.60	4.65	8.25
1040	Type E, 185 FC, 5 fixtures/1000 S.F.		4.23	4.91	9.14
1080	Type G, 230 FC, 5 fixtures/1000 S.F.		4.23	4.91	9.14
1120	Type F, 250 FC, 5 fixtures/1000 S.F.		4.61	3.88	8.49

ELECTRICAL A9.2-241 H.I.D. Fixture (by Type)

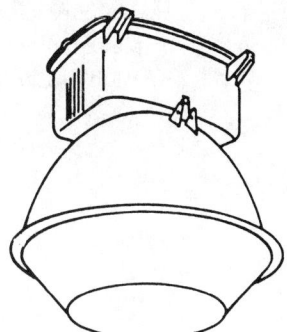

LOW BAY FIXTURES
H. Mercury vapor 250 watt
J. Metal halide 250 watt
K. High pressure sodium 150 watt

System Components	QUANTITY	UNIT	COST PER S.F.		
			MAT.	INST.	TOTAL
SYSTEM 09.2-241-0520 HIGH INTENSITY DISCHARGE FIXTURE, 8'-10' ABOVE WORK PLANE, 50 FC TYPE H, 13 FIXTURES PER 900 S.F.					
Steel intermediate conduit, (IMC) 1/2" diam	.960	L.F.	.98	3	3.98
Wire, 600V, type THWN-THHN, copper, solid, #10	.020	C.L.F.	.21	.62	.83
Steel outlet box 4" concrete	.014	Ea.	.08	.22	.30
Steel outlet box plate with stud, 4" concrete	.014	Ea.	.03	.05	.08
Mercury vapor, lo bay, aluminum reflector, 250W DX lamp	.014	Ea.	4.62	1.36	5.98
Total			5.92	5.25	11.17

9.2-241	H.I.D. Fixture, Low Bay (by Type)	COST PER S.F.		
		MAT.	INST.	TOTAL
0510	High intensity discharge fixture, 8'-10' above work plane, 50 FC			
0520	Type H, 13 fixtures per 900 S.F.	5.90	5.25	11.15
0560	28 fixtures per 1800 S.F.	5.90	5.20	11.10
0600	41 fixtures per 3000 S.F.	5.90	5.25	11.15
0640	55 fixtures per 4000 S.F.	5.90	5.25	11.15
0680	68 fixtures per 5000 S.F.	5.90	5.25	11.15
0760	121 fixtures per 10,000 S.F.	5.25	5.05	10.30
0800	193 fixtures per 16000 S.F.	5.25	5.05	10.30
0840	386 fixtures per 32,000 S.F.	5.25	5.05	10.30
0880	Type J, 7 fixtures per 900 S.F.	3.80	2.92	6.72
0920	13 fixtures per 1800 S.F.	3.45	2.91	6.36
0960	21 fixtures per 3000 S.F.	3.45	2.91	6.36
1000	28 fixtures per 4000 S.F.	3.45	2.91	6.36
1040	35 fixtures per 5000 S.F.	3.45	2.91	6.36
1120	62 fixtures per 10,000 S.F.	3.04	2.78	5.82
1160	99 fixtures per 16,000 S.F.	3.04	2.78	5.82
1200	199 fixtures per 32,000 S.F.	3.04	2.78	5.82
1240	Type K, 9 fixtures per 900 S.F.	4.15	2.51	6.66
1280	16 fixtures per 1800 S.F.	3.79	2.43	6.22
1320	26 fixtures per 3000 S.F.	3.78	2.40	6.18
1360	31 fixtures per 4000 S.F.	3.42	2.33	5.75
1400	39 fixtures per 5000 S.F.	3.42	2.33	5.75
1440	62 fixtures per 8000 S.F.	3.42	2.33	5.75
1480	78 fixtures per 10,000 S.F.	3.42	2.33	5.75
1520	124 fixtures per 16,000 S.F.	3.40	2.27	5.67
1560	248 fixtures per 32,000 S.F.	3.17	2.54	5.71

Note at row 0560: R166-105

ASSEMBLIES

ELECTRICAL A9.2-242 H.I.D. Fixture (by Wattage)

LOW BAY FIXTURES
H. Mercury vapor 250 watt
J. Metal halide 250 watt
K. High pressure sodium 150 watt

System Components	QUANTITY	UNIT	COST PER S.F. MAT.	COST PER S.F. INST.	COST PER S.F. TOTAL
SYSTEM 09.2-242-0200					
HIGH INTENSITY DISCHARGE FIXTURE, 8'-10' ABOVE WORK PLANE					
1 WATT/S.F., TYPE H, 19 FC, 4 FIXTURES/1000 S.F.					
Steel intermediate conduit, (IMC) 1/2" diam	.274	L.F.	.28	.85	1.13
Wire, 600V, type THWN-THHN, copper, solid, #10	.008	C.L.F.	.08	.25	.33
Mercury vapor, lo bay, aluminum reflector, 250W DX lamp	.004	Ea.	1.32	.39	1.71
Steel outlet box 4" concrete	.004	Ea.	.02	.06	.08
Steel outlet box plate with stud, 4" concrete	.004	Ea.	.01	.02	.03
Total			1.71	1.57	3.28

9.2-242	H.I.D. Fixture, Low Bay (by Wattage)	COST PER S.F. MAT.	COST PER S.F. INST.	COST PER S.F. TOTAL
0190	High intensity discharge fixture, 8'-10' above work plane			
0200	1 watt/S.F., type H, 19 FC, 4 fixtures/1000 S.F.	1.71	1.57	3.28
0240	Type J, 30 FC, 4 fixtures/1000 S.F.	1.94	1.59	3.53
0280	Type K, 29 FC, 5 fixtures/1000 S.F.	2.13	1.44	3.57
0360	2 watt/S.F. type H, 33 FC, 7 fixtures/1000 S.F.	3.10	3.03	6.13
0400	Type J, 52 FC, 7 fixtures/1000 S.F.	3.45	2.92	6.37
0440	Type K, 63 FC, 11 fixtures/1000 S.F.	4.64	3	7.64
0520	3 watt/S.F., type H, 51 FC, 11 fixtures/1000 S.F.	4.81	4.62	9.43
0560	Type J, 81 FC, 11 fixtures/1000 S.F.	5.35	4.40	9.75
0600	Type K, 92 FC, 16 fixtures/1000 S.F.	6.80	4.43	11.23
0680	4 watt/S.F., type H, 65 FC, 14 fixtures/1000 S.F.	6.20	6.10	12.30
0720	Type J, 103 FC, 14 fixtures/1000 S.F.	6.90	5.80	12.70
0760	Type K, 127 FC, 22 fixtures/1000 S.F.	9.30	6	15.30
0840	5 watt/S.F., type H, 84 FC, 18 fixtures/1000 S.F.	7.90	7.65	15.55
0880	Type J, 133 FC, 18 fixtures/1000 S.F.	8.80	7.30	16.10
0920	Type K, 155 FC, 27 fixtures/1000 S.F.	11.40	7.45	18.85

R166-105 (ref. at row 0240)

ELECTRICAL A9.2-243 H.I.D. Fixture (by Type)

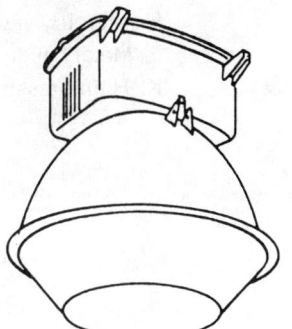

LOW BAY FIXTURES

H. Mercury vapor 250 watt
J. Metal halide 250 watt
K. High pressure sodium 150 watt

System Components	QUANTITY	UNIT	COST PER S.F. MAT.	INST.	TOTAL
SYSTEM 09.2-243-0520					
HIGH INTENSITY DISCHARGE FIXTURE, 16' ABOVE WORK PLANE, 50 FC					
TYPE H, 18 FIXTURES PER 900 S.F.					
Steel intermediate conduit, (IMC) 1/2" diam	1.290	L.F.	1.32	4.02	5.34
Wire, 600V type, THWN-THHN, copper, solid, #10	.027	C.L.F.	.29	.84	1.13
Steel outlet box 4" concrete	.020	Ea.	.11	.31	.42
Steel outlet box plate with stud, 4" concrete	.020	Ea.	.05	.08	.13
Mercury vapor lo bay, aluminum reflector, 250W DX lamp	.020	Ea.	6.60	1.95	8.55
Total			8.37	7.20	15.57

9.2-243	H.I.D. Fixture, Low Bay (by Type)	COST PER S.F. MAT.	INST.	TOTAL
0510	High intensity discharge fixture, 16' above work plane, 50 FC			
0520	Type H, 18 fixtures per 900 S.F.	8.35	7.20	15.55
0560	32 fixtures per 1800 S.F.	7.70	6.95	14.65
0600	46 fixtures per 3000 S.F.	7.05	6.85	13.90
0640	62 fixtures per 4000 S.F.	7.05	6.85	13.90
0680	68 fixtures per 5000 S.F.	6.40	6.60	13
0760	137 fixtures per 10,000 S.F.	6.40	6.60	13
0800	218 fixtures per 16,000 S.F.	6.40	6.60	13
0840	436 fixtures per 32,000 S.F.	6.40	6.60	13
0880	Type J, 9 fixtures per 900 S.F.	4.70	3.51	8.21
0920	14 fixtures per 1800 S.F.	3.92	3.31	7.23
0960	24 fixtures per 3000 S.F.	3.94	3.37	7.31
1000	32 fixtures per 4000 S.F.	3.94	3.37	7.31
1040	35 fixtures per 5000 S.F.	3.58	3.29	6.87
1080	56 fixtures per 8000 S.F.	3.58	3.29	6.87
1120	70 fixtures per 10,000 S.F.	3.57	3.29	6.86
1160	111 fixtures per 16,000 S.F.	3.57	3.29	6.86
1200	222 fixtures per 32,000 S.F.	3.57	3.29	6.86
1240	Type K, 11 fixtures per 900 S.F.	5.10	3.28	8.38
1280	20 fixtures per 1800 S.F.	4.65	3.03	7.68
1320	29 fixtures per 3000 S.F.	4.31	2.98	7.29
1360	39 fixtures per 4000 S.F.	4.30	2.95	7.25
1400	44 fixtures per 5000 S.F.	3.95	2.90	6.85
1440	62 fixtures per 8000 S.F.	3.95	2.90	6.85
1480	87 fixtures per 10,000 S.F.	3.95	2.90	6.85
1520	138 fixtures per 16,000 S.F.	3.95	2.90	6.85

ASSEMBLIES

ELECTRICAL — A9.2-244 — H.I.D. Fixture (by Wattage)

LOW BAY FIXTURES
H. Mercury vapor 250 watt
J. Metal halide 250 watt
K. High pressure sodium 150 watt

System Components	QUANTITY	UNIT	COST PER S.F. MAT.	COST PER S.F. INST.	COST PER S.F. TOTAL
SYSTEM 09.2-244-0200					
HIGH INTENSITY DISCHARGE FIXTURE, 16' ABOVE WORK PLANE					
1 WATT/S.F., TYPE H, 19 FC, 4 FIXTURES/1000 S.F.					
Steel intermediate conduit, (IMC) 1/2" diam	.324	L.F.	.33	1.01	1.34
Wire, 600V, type THWN-THHN, copper, solid, #10	.010	C.L.F.	.11	.31	.42
Mercury vapor, lo bay, aluminum reflector, 250W DX lamp	.004	Ea.	1.32	.39	1.71
Steel outlet box 4" concrete	.004	Ea.	.02	.06	.08
Steel outlet box plate with stud, 4" concrete	.004	Ea.	.01	.02	.03
Total			1.79	1.79	3.58

9.2-244	H.I.D. Fixture, Low Bay (by Wattage)		MAT.	INST.	TOTAL
0190	High intensity discharge fixture, mounted 16' above work plane				
0200	1 watt/S.F., type H, 19 FC, 4 fixtures/1000 S.F.		1.79	1.79	3.58
0240	Type J, 28 FC, 4 fixt./1000 S.F.	R166-105	2.02	1.80	3.82
0280	Type K, 27 FC, 5 fixt./1000 S.F.		2.34	2.02	4.36
0360	2 watts/S.F., type H, 30 FC, 7 fixt/1000 S.F.		3.24	3.46	6.70
0400	Type J, 48 FC, 7 fixt/1000 S.F.		3.64	3.49	7.13
0440	Type K, 58 FC, 11 fixt/1000 S.F.		5	4.11	9.11
0520	3 watts/S.F., type H, 47 FC, 11 fixt/1000 S.F.		5	5.25	10.25
0560	Type J, 75 FC, 11 fixt/1000 S.F.		5.65	5.30	10.95
0600	Type K, 85 FC, 16 fixt/1000 S.F.		7.35	6.15	13.50
0680	4 watts/S.F., type H, 60 FC, 14 fixt/1000 S.F.		6.50	6.90	13.40
0720	Type J, 95 FC, 14 fixt/1000 S.F.		7.25	6.95	14.20
0760	Type K, 117 FC, 22 fixt/1000 S.F.		10.05	8.25	18.30
0840	5 watts/S.F., type H, 77 FC, 18 fixt/1000 S.F.		8.35	8.95	17.30
0880	Type J, 122 FC, 18 fixt/1000 S.F.		9.30	8.80	18.10
0920	Type K, 143 FC, 27 fixt/1000 S.F.		12.35	10.25	22.60

ELECTRICAL — A9.2-252 — Light Pole

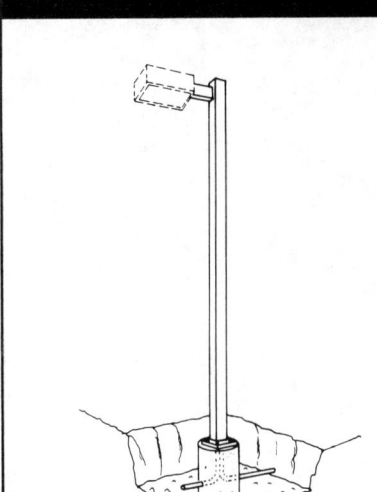

Table 9.2-252 Procedure for Calculating Floodlights Required for Various Footcandles

Poles should not be spaced more than 4 times the fixture mounting height for good light distribution. To maintain 1 footcandle over a large area use these watts per square foot:

Incandescent	0.15
Metal Halide	0.032
Mercury Vapor	0.05
High Pressure Sodium	0.024

Estimating Chart
Select Lamp type.
Determine total square feet.
Chart will show quantity of fixtures to provide 1 footcandle initial, at intersection of lines. Multiply fixture quantity by desired footcandle level.

Chart based on use of wide beam luminaires in an area whose dimensions are large compared to mounting height and is approximate only.

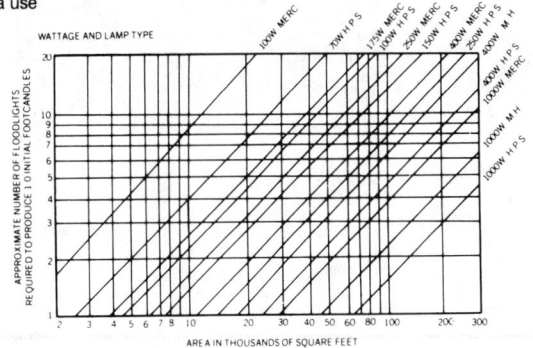

System Components	QUANTITY	UNIT	COST EACH MAT.	COST EACH INST.	COST EACH TOTAL
SYSTEM 09.2-252-0200					
LIGHT POLES, ALUMINUM,, 20' HIGH, 1 ARM BRACKET					
Aluminum light pole, 20', no concrete base	1.000	Ea.	599.50	309.36	908.86
Bracket arm for Aluminum light pole	1.000	Ea.	71.50	38.95	110.45
Excavation by hand, pits to 6' deep, heavy soil or clay	2.368	C.Y.		132.61	132.61
Footing, concrete incl forms, reinforcing, spread, under 1 C.Y.	.465	C.Y.	38.36	49.24	87.60
Backfill by hand	1.903	C.Y.		38.75	38.75
Compaction vibrating plate	1.903	C.Y.		6.09	6.09
Total			709.36	575	1,284.36

9.2-252	Light Pole (Installed)	MAT.	INST.	TOTAL
0200	Light pole, aluminum, 20' high, 1 arm bracket	710	575	1,285
0240	2 arm brackets	735	575	1,310
0280	3 arm brackets	775	595	1,370
0320	4 arm brackets	820	595	1,415
0360	30' high, 1 arm bracket	1,325	725	2,050
0400	2 arm brackets	1,350	725	2,075
0440	3 arm brackets	1,375	745	2,120
0480	4 arm brackets	1,425	745	2,170
0680	40' high, 1 arm bracket	1,950	970	2,920
0720	2 arm brackets	1,975	970	2,945
0760	3 arm brackets	2,025	990	3,015
0800	4 arm brackets	2,050	990	3,040
0840	Steel, 20' high, 1 arm bracket	955	615	1,570
0880	2 arm brackets	1,025	615	1,640
0920	3 arm brackets	1,050	635	1,685
0960	4 arm brackets	1,100	635	1,735
1000	30' high, 1 arm bracket	1,300	770	2,070
1040	2 arm brackets	1,375	770	2,145
1080	3 arm brackets	1,400	790	2,190
1120	4 arm brackets	1,450	790	2,240
1320	40' high, 1 arm bracket	1,575	1,050	2,625
1360	2 arm brackets	1,625	1,050	2,675
1400	3 arm brackets	1,675	1,075	2,750
1440	4 arm brackets	1,725	1,075	2,800

ASSEMBLIES

ELECTRICAL A9.2-522 Receptacle (by Wattage)

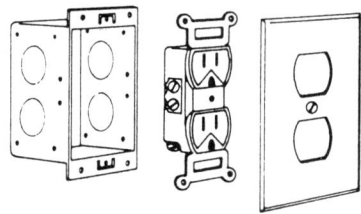

Duplex Receptacle

System Components	QUANTITY	UNIT	COST PER S.F. MAT.	COST PER S.F. INST.	COST PER S.F. TOTAL
SYSTEM 09.2-522-0200					
RECEPTACLES INCL. PLATE, BOX, CONDUIT, WIRE & TRANS. WHEN REQUIRED					
2.5 PER 1000 S.F., .3 WATTS PER S.F.					
Steel intermediate conduit, (IMC) 1/2" diam	167.000	L.F.	.17	.52	.69
Wire 600V type THWN-THHN, copper solid #12	3.382	C.L.F.	.02	.10	.12
Wiring device, receptacle, duplex, 120V grounded, 15 amp	2.500	Ea.		.02	.02
Wall plate, 1 gang, brown plastic	2.500	Ea.		.01	.01
Steel outlet box 4" square	2.500	Ea.		.04	.04
Steel outlet box 4" plaster rings	2.500	Ea.		.01	.01
Total			.19	.70	.89

9.2-522	Receptacle (by Wattage)	MAT.	INST.	TOTAL
0190	Receptacles include plate, box, conduit, wire & transformer when required			
0200	2.5 per 1000 S.F., .3 watts per S.F.	.19	.70	.89
0240	With transformer	.22	.73	.95
0280	4 per 1000 S.F., .5 watts per S.F.	.23	.82	1.05
0320	With transformer	.27	.87	1.14
0360	5 per 1000 S.F., .6 watts per S.F.	.27	.95	1.22
0400	With transformer	.32	1.02	1.34
0440	8 per 1000 S.F., .9 watts per S.F.	.29	1.05	1.34
0480	With transformer	.36	1.15	1.51
0520	10 per 1000 S.F., 1.2 watts per S.F.	.32	1.16	1.48
0560	With transformer	.44	1.32	1.76
0600	16.5 per 1000 S.F., 2.0 watts per S.F.	.36	1.44	1.80
0640	With transformer	.57	1.71	2.28
0680	20 per 1000 S.F., 2.4 watts per S.F.	.39	1.57	1.96
0720	With transformer	.63	1.88	2.51

ASSEMBLIES

ELECTRICAL — A9.2-524 — Receptacles

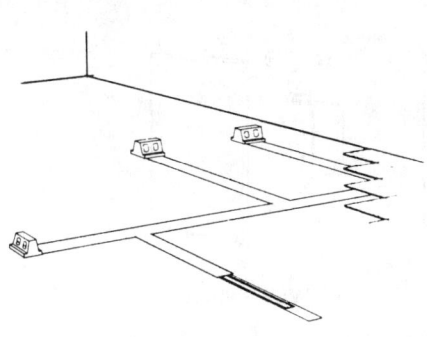

Underfloor Receptacle System

Description: Table 9.2-524 includes installed costs of raceways and copper wire from panel to and including receptacle.

National Electrical Code prohibits use of undercarpet system in residential, school or hospital buildings. Can only be used with carpet squares.

Low density = (1) Outlet per 259 S.F. of floor area.
High density = (1) Outlet per 127 S.F. of floor area.

System Components	QUANTITY	UNIT	MAT.	INST.	TOTAL
SYSTEM 09.2-524-0200					
RECEPTACLE SYSTEMS, UNDERFLOOR DUCT, 5' ON CENTER, LOW DENSITY					
Underfloor duct 3-1/8" x 7/8" w/insert 24" on center	.190	L.F.	.84	.85	1.69
Vertical elbow for underfloor duct, 3-1/8", included					
Underfloor duct conduit adapter, 2" x 1-1/4", included					
Underfloor duct junction box, single duct, 3-1/8"	.003	Ea.	.30	.23	.53
Underfloor junction box carpet pan	.003	Ea.	.11	.01	.12
Underfloor duct outlet, high tension receptacle	.004	Ea.	.12	.16	.28
Wire 600V TW copper solid #12	.010	C.L.F.	.06	.28	.34
Total			1.43	1.53	2.96

9.2-524	Receptacles	MAT.	INST.	TOTAL
0200	Receptacle systems, underfloor duct, 5' on center, low density	1.43	1.53	2.96
0240	High density	1.62	1.97	3.59
0280	7' on center, low density	1.15	1.32	2.47
0320	High density	1.34	1.76	3.10
0400	Poke thru fittings, low density	.65	.67	1.32
0440	High density	1.30	1.29	2.59
0520	Telepoles, using Romex, low density	.50	.58	1.08
0560	High density	1	1.17	2.17
0600	Using EMT, low density	.51	.73	1.24
0640	High density	1.03	1.46	2.49
0720	Conduit system with floor boxes, low density	.56	.53	1.09
0760	High density	1.14	1.05	2.19
0840	Undercarpet power system, 3 conductor with 5 conductor feeder, low density	.79	.20	.99
0880	High density	1.53	.39	1.92

ELECTRICAL — A9.2-525 — Receptacles & Wall Switches

Duplex Receptacle   Wall Switch

System Components	QUANTITY	UNIT	MAT.	INST.	TOTAL
SYSTEM 09.2-525-0520					
RECEPTACLES AND WALL SWITCHES					
4 RECEPTACLES PER 400 S.F.					
Steel intermediate conduit, (IMC), 1/2" diam	.220	L.F.	.23	.69	.92
Wire, 600 volt, type THWN-THHN, copper, solid #12	.005	C.L.F.	.03	.14	.17
Steel outlet box 4" square	.010	Ea.	.02	.16	.18
Steel outlet box, 4" square, plaster rings	.010	Ea.	.01	.05	.06
Receptacle, duplex, 120 volt grounded, 15 amp	.010	Ea.	.02	.08	.10
Wall plate, 1 gang, brown plastic	.010	Ea.	.01	.04	.05
TOTAL			.32	1.16	1.48

9.2-525	Receptacles and Wall Switches	MAT.	INST.	TOTAL
0520	Receptacles and wall switches, 400 S.F., 4 receptacles	.32	1.16	1.48
0560	6 receptacles	.34	1.34	1.68
0600	8 receptacles	.39	1.57	1.96
0640	1 switch	.06	.25	.31
0680	600 S.F., 6 receptacles	.32	1.16	1.48
0720	8 receptacles	.35	1.30	1.65
0760	10 receptacles	.38	1.46	1.84
0800	2 switches	.08	.34	.42
0840	1000 S.F., 10 receptacles	.31	1.16	1.47
0880	12 receptacles	.31	1.21	1.52
0920	14 receptacles	.34	1.31	1.65
0960	2 switches	.05	.19	.24
1000	1600 S.F., 12 receptacles	.27	1.01	1.28
1040	14 receptacles	.30	1.11	1.41
1080	16 receptacles	.31	1.16	1.47
1120	4 switches	.06	.22	.28
1160	2000 S.F., 14 receptacles	.28	1.04	1.32
1200	16 receptacles	.28	1.04	1.32
1240	18 receptacles	.30	1.11	1.41
1280	4 switches	.05	.19	.24
1320	3000 S.F., 12 receptacles	.22	.80	1.02
1360	18 receptacles	.27	.98	1.25

ASSEMBLIES

ELECTRICAL — A9.2-525 — Receptacles & Wall Switches

9.2-525 Receptacles and Wall Switches

		COST PER S.F.		
		MAT.	INST.	TOTAL
1400	24 receptacles	.28	1.04	1.32
1440	6 switches	.05	.19	.24
1480	3600 S.F., 20 receptacles	.26	.95	1.21
1520	24 receptacles	.26	.98	1.24
1560	28 receptacles	.27	1.01	1.28
1600	8 switches	.05	.22	.27
1640	4000 S.F., 16 receptacles	.22	.80	1.02
1680	24 receptacles	.27	.98	1.25
1720	30 receptacles	.27	1.01	1.28
1760	8 switches	.05	.19	.24
1800	5000 S.F., 20 receptacles	.22	.80	1.02
1840	26 receptacles	.26	.95	1.21
1880	30 receptacles	.27	.98	1.25
1920	10 switches	.05	.19	.24

ELECTRICAL — A9.2-542 — Wall Switch by Square Foot

Description: System 9.2-542 includes the cost for switch, plate, box, conduit in slab or EMT exposed and copper wire. Add 20% for exposed conduit.

No power required for switches. Federal energy guidelines recommend the maximum lighting area controlled per switch shall not exceed 1,000 S.F. and that areas over 500 S.F. shall be so controlled that total illumination can be reduced by at least 50%.

System Components	QUANTITY	UNIT	COST PER S.F. MAT.	COST PER S.F. INST.	COST PER S.F. TOTAL
SYSTEM 09.2-542-0200					
WALL SWITCHES, 1.0 PER 1000 S.F.					
Steel intermediate conduit, (IMC) 1/2" diam	22.000	L.F.	22.51	68.64	91.15
Wire 600V type THWN-THHN, copper solid #12	.420	C.L.F.	2.73	11.90	14.63
Toggle switch, single pole, 15 amp	1.000	Ea.	3.74	7.79	11.53
Wall plate, 1 gang, brown plastic	1.000	Ea.	.61	3.90	4.51
Steel outlet box 4" square	1.000	Ea.	1.54	15.58	17.12
Steel outlet box 4" plaster rings	1.000	Ea.	.89	4.87	5.76
TOTAL			32.02	112.68	144.70
COST PER S.F.			.03	.11	.14

9.2-542	Wall Switch by Sq. Ft.	MAT.	INST.	TOTAL
0200	Wall switches, 1.0 per 1000 S.F.	.03	.11	.14
0240	1.2 per 1000 S.F.	.03	.12	.15
0280	2.0 per 1000 S.F.	.04	.19	.23
0320	2.5 per 1000 S.F.	.06	.22	.28
0360	5.0 per 1000 S.F.	.13	.48	.61
0400	10.0 per 1000 S.F.	.28	.99	1.27

ASSEMBLIES

ELECTRICAL — A9.2-582 — Miscellaneous Power

System 9.2-582 includes all wiring and connections.

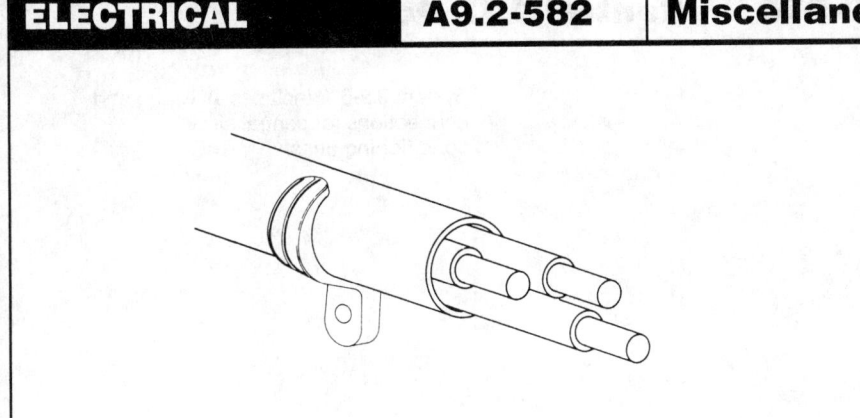

System Components	QUANTITY	UNIT	COST PER S.F. MAT.	COST PER S.F. INST.	COST PER S.F. TOTAL
SYSTEM 09.2-582-0200					
MISCELLANEOUS POWER, TO .5 WATTS					
Steel intermediate conduit, (IMC) 1/2" diam	15.000	L.F.	.02	.05	.07
Wire 600V type THWN-THHN, copper solid #12	.325	C.L.F.		.01	.01
Total			.02	.06	.08

9.2-582	Miscellaneous Power	MAT.	INST.	TOTAL
0200	Miscellaneous power, to .5 watts	.02	.06	.08
0240	.8 watts	.02	.08	.10
0280	1 watt	.03	.10	.13
0320	1.2 watts	.03	.12	.15
0360	1.5 watts	.04	.14	.18
0400	1.8 watts	.06	.16	.22
0440	2 watts	.07	.20	.27
0480	2.5 watts	.08	.25	.33
0520	3 watts	.09	.29	.38

ASSEMBLIES

ELECTRICAL A9.2-610 Central A.C. Power

System 9.2-610 includes all wiring and connections for central air conditioning units.

System Components	QUANTITY	UNIT	COST PER S.F. MAT.	COST PER S.F. INST.	COST PER S.F. TOTAL
SYSTEM 09.2-610-0200					
CENTRAL AIR CONDITIONING POWER, 1 WATT					
Steel intermediate conduit, 1/2" diam.	.030	L.F.	.03	.09	.12
Wire 600V type THWN-THHN, copper solid #12	.001	C.L.F.	.01	.03	.04
Total			.04	.12	.16

9.2-610	Central A. C. Power (by Wattage)	MAT.	INST.	TOTAL
0200	Central air conditioning power, 1 watt	.04	.12	.16
0220	2 watts	.05	.14	.19
0240	3 watts	.06	.16	.22
0280	4 watts	.09	.21	.30
0320	6 watts	.15	.29	.44
0360	8 watts	.19	.31	.50
0400	10 watts	.25	.35	.60

ASSEMBLIES

ELECTRICAL A9.2-710 Motor Installation

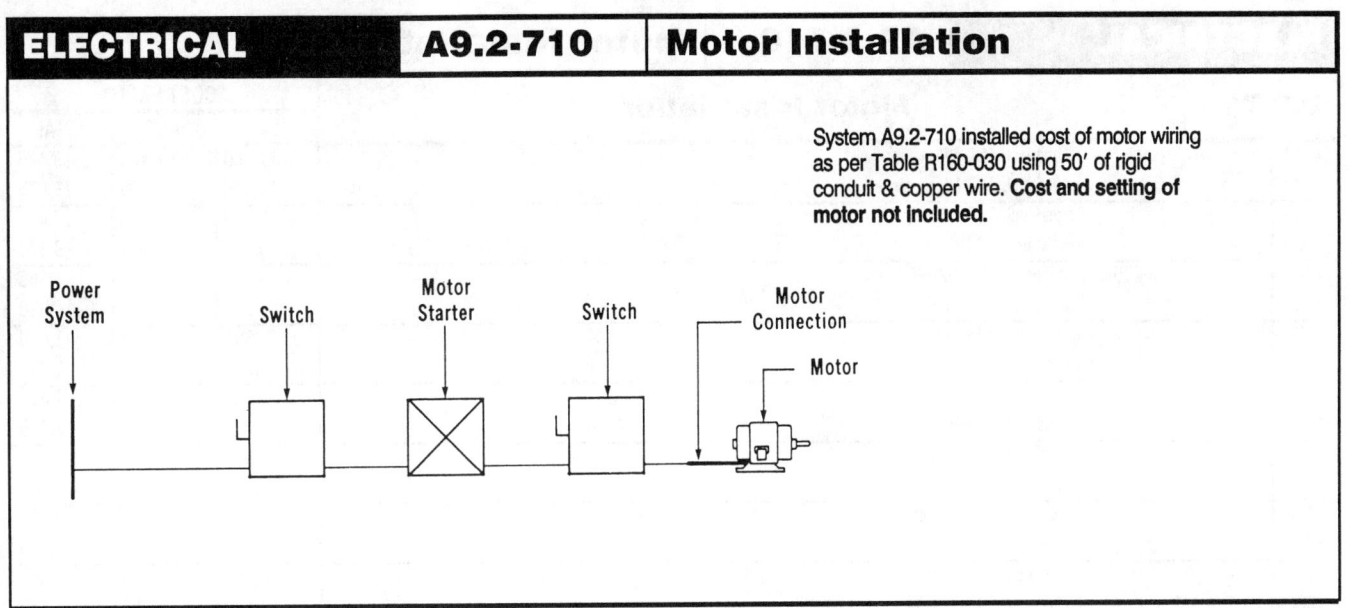

System A9.2-710 installed cost of motor wiring as per Table R160-030 using 50' of rigid conduit & copper wire. **Cost and setting of motor not included.**

System Components	QUANTITY	UNIT	COST EACH MAT.	COST EACH INST.	COST EACH TOTAL
SYSTEM 09.2-710-0200					
MOTOR INSTALLATION, SINGLE PHASE, 115V, TO AND INCLUDING 1/3 HP MOTOR					
Wire 600V type THWN-THHN, copper solid #12	1.250	C.L.F.	8.11	35.41	43.52
Steel intermediate conduit, (IMC) 1/2" diam	50.000	L.F.	51.15	156	207.15
Magnetic FVNR, 115V, 1/3 HP, size 00 starter	1.000	Ea.	117.70	77.90	195.60
Safety switch, fused, heavy duty, 240V 2P 30 amp	1.000	Ea.	57.20	89.03	146.23
Safety switch, non fused, heavy duty, 600V, 3 phase, 30 A	1.000	Ea.	64.90	97.38	162.28
Flexible metallic conduit, Greenfield 1/2" diam	1.500	L.F.	.48	2.34	2.82
Connectors for flexible metallic conduit Greenfield 1/2" diam	1.000	Ea.	.91	3.90	4.81
Coupling for Greenfield to conduit 1/2" diam flexible metalic conduit	1.000	Ea.	.66	6.23	6.89
Fuse cartridge nonrenewable, 250V 30 amp	1.000	Ea.	.77	6.23	7
Total			301.88	474.42	776.30

9.2-710	Motor Installation	MAT.	INST.	TOTAL
0200	Motor installation, single phase, 115V, to and including 1/3 HP motor	300	475	775
0240	To and incl. 1 HP motor	315	475	790
0280	To and incl. 2 HP motor	345	505	850
0320	To and incl. 3 HP motor	400	515	915
0360	230V, to and including 1 HP motor	310	480	790
0400	To and incl. 2 HP motor	325	480	805
0440	To and incl. 3 HP motor	365	515	880
0520	Three phase, 200V, to and including 1-1/2 HP motor	350	530	880
0560	To and incl. 3 HP motor	375	575	950
0600	To and incl. 5 HP motor	405	640	1,045
0640	To and incl. 7-1/2 HP motor	425	655	1,080
0680	To and incl. 10 HP motor	695	820	1,515
0720	To and incl. 15 HP motor	945	910	1,855
0760	To and incl. 20 HP motor	1,150	1,050	2,200
0800	To and incl. 25 HP motor	1,150	1,050	2,200
0840	To and incl. 30 HP motor	1,900	1,250	3,150
0880	To and incl. 40 HP motor	2,300	1,475	3,775
0920	To and incl. 50 HP motor	4,100	1,700	5,800
0960	To and incl. 60 HP motor	4,200	1,800	6,000
1000	To and incl. 75 HP motor	5,225	2,075	7,300

ELECTRICAL — A9.2-710 Motor Installation

9.2-710	Motor Installation	MAT.	INST.	TOTAL
1040	To and incl. 100 HP motor	11,000	2,425	13,425
1080	To and incl. 125 HP motor	11,300	2,675	13,975
1120	To and incl. 150 HP motor	13,300	3,125	16,425
1160	To and incl. 200 HP motor	15,500	3,825	19,325
1240	230V, to and including 1-1/2 HP motor	335	520	855
1280	To and incl. 3 HP motor	360	570	930
1320	To and incl. 5 HP motor	395	635	1,030
1360	To and incl. 7-1/2 HP motor	395	635	1,030
1400	To and incl. 10 HP motor	635	775	1,410
1440	To and incl. 15 HP motor	720	845	1,565
1480	To and incl. 20 HP motor	1,075	1,025	2,100
1520	To and incl. 25 HP motor	1,150	1,050	2,200
1560	To and incl. 30 HP motor	1,175	1,050	2,225
1600	To and incl. 40 HP motor	2,250	1,425	3,675
1640	To and incl. 50 HP motor	2,350	1,500	3,850
1680	To and incl. 60 HP motor	4,100	1,725	5,825
1720	To and incl. 75 HP motor	4,750	1,950	6,700
1760	To and incl. 100 HP motor	5,375	2,175	7,550
1800	To and incl. 125 HP motor	11,400	2,500	13,900
1840	To and incl. 150 HP motor	12,000	2,850	14,850
1880	To and incl. 200 HP motor	12,900	3,175	16,075
1960	460V, to and including 2 HP motor	400	525	925
2000	To and incl. 5 HP motor	425	575	1,000
2040	To and incl. 10 HP motor	445	630	1,075
2080	To and incl. 15 HP motor	620	725	1,345
2120	To and incl. 20 HP motor	650	780	1,430
2160	To and incl. 25 HP motor	710	815	1,525
2200	To and incl. 30 HP motor	930	880	1,810
2240	To and incl. 40 HP motor	1,125	945	2,070
2280	To and incl. 50 HP motor	1,250	1,050	2,300
2320	To and incl. 60 HP motor	1,975	1,225	3,200
2360	To and incl. 75 HP motor	2,250	1,350	3,600
2400	To and incl. 100 HP motor	2,425	1,525	3,950
2440	To and incl. 125 HP motor	4,175	1,725	5,900
2480	To and incl. 150 HP motor	4,975	1,925	6,900
2520	To and incl. 200 HP motor	5,700	2,175	7,875
2600	575V, to and including 2 HP motor	400	525	925
2640	To and incl. 5 HP motor	425	575	1,000
2680	To and incl. 10 HP motor	445	630	1,075
2720	To and incl. 20 HP motor	620	725	1,345
2760	To and incl. 25 HP motor	650	780	1,430
2800	To and incl. 30 HP motor	930	880	1,810
2840	To and incl. 50 HP motor	985	915	1,900
2880	To and incl. 60 HP motor	1,950	1,225	3,175
2920	To and incl. 75 HP motor	1,975	1,225	3,200
2960	To and incl. 100 HP motor	2,250	1,350	3,600
3000	To and incl. 125 HP motor	4,100	1,700	5,800
3040	To and incl. 150 HP motor	4,175	1,725	5,900
3080	To and incl. 200 HP motor	5,100	1,950	7,050

ELECTRICAL A9.2-720 Motor Feeder

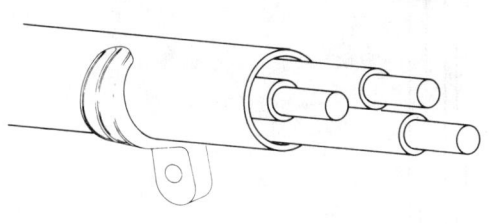

System Components	QUANTITY	UNIT	COST PER L.F. MAT.	COST PER L.F. INST.	COST PER L.F. TOTAL
SYSTEM 09.2-720-0200					
MOTOR FEEDER SYSTEMS, SINGLE PHASE, UP TO 115V, 1HP OR 230V, 2HP					
Steel intermediate conduit, (IMC) 1/2" diam	1.000	L.F.	1.02	3.12	4.14
Wire 600V type THWN-THHN, copper solid #12	.020	C.L.F.	.13	.57	.70
Total			1.15	3.69	4.84

9.2-720	Motor Feeder	MAT.	INST.	TOTAL
0200	Motor feeder systems, single phase, feed up to 115V 1HP or 230V 2 HP	1.15	3.69	4.84
0240	115V 2HP, 230V 3HP	1.23	3.74	4.97
0280	115V 3HP	1.43	3.90	5.33
0360	Three phase, feed to 200V 3HP, 230V 5HP, 460V 10HP, 575V 10HP	1.21	3.97	5.18
0440	200V 5HP, 230V 7.5HP, 460V 15HP, 575V 20HP	1.34	4.05	5.39
0520	200V 10HP, 230V 10HP, 460V 30HP, 575V 30hP	1.64	4.29	5.93
0600	200V 15HP, 230V 15HP, 460V 40HP, 575V 50HP	2.12	4.90	7.02
0680	200V 20HP, 230V 25HP, 460V 50HP, 575V 60HP	2.93	6.20	9.13
0760	200V 25HP, 230V 30HP, 460V 60HP, 575V 75HP	3.45	6.30	9.75
0840	200V 30HP	3.73	6.55	10.28
0920	230V 40HP, 460V 75HP, 575V 100HP	4.65	7.15	11.80
1000	200V 40HP	5.40	7.60	13
1080	230V 50HP, 460V 100HP, 575V 125HP	6.35	8.40	14.75
1160	200V 50HP, 230V 60HP, 460V 125HP, 575V 150HP	7.65	8.95	16.60
1240	200V 60HP, 460V 150HP	8.95	10.50	19.45
1320	230V 75HP, 575V 200HP	11.10	10.90	22
1400	200V 75HP	12.45	11.15	23.60
1480	230V 100HP, 460V 200HP	14.90	13	27.90
1560	200V 100HP	20	16.25	36.25
1640	230V 125HP	26	17.60	43.60
1720	200V 125HP, 230V 150HP	26	20	46
1800	200V 150HP	29	22	51
1880	200V 200HP	41	32	73
1960	230V 200HP	38	24	62

ASSEMBLIES

ELECTRICAL A9.2-730 Magnetic Starter

Starters are full voltage, type NEMA 1 for general purpose indoor application with motor overload protection and include mounting and wire connections.

System Components	QUANTITY	UNIT	COST EACH MAT.	COST EACH INST.	COST EACH TOTAL
SYSTEM 09.2-730-0200					
MAGNETIC STARTER, SIZE 00 TO 1/3 HP, 1 PHASE 115V OR 1 HP 230V	1.000	Ea.	126.50	77.90	204.40
Total			126.50	77.90	204.40

9.2-730	Magnetic Starter	COST EACH MAT.	COST EACH INST.	COST EACH TOTAL
0200	Magnetic starter, size 00, to 1/3 HP, 1 phase, 115V or 1 HP 230V	125	78	203
0280	Size 00, to 1-1/2 HP, 3 phase, 200-230V or 2 HP 460-575V	130	89	219
0360	Size 0, to 1 HP, 1 phase, 115V or 2 HP 230V	140	78	218
0440	Size 0, to 3 HP, 3 phase, 200-230V or 5 HP 460-575V	155	135	290
0520	Size 1, to 2 HP, 1 phase, 115V or 3 HP 230V	160	105	265
0600	Size 1, to 7-1/2 HP, 3 phase, 200-230V or 10 HP 460-575V	175	195	370
0680	Size 2, to 10 HP, 3 phase, 200V, 15 HP-230V or 25 HP 460-575V	345	285	630
0760	Size 3, to 25 HP, 3 phase, 200V, 30 HP-230V or 50 HP 460-575V	565	345	910
0840	Size 4, to 40 HP, 3 phase, 200V, 50 HP-230V or 100 HP 460-575V	1,275	520	1,795
0920	Size 5, to 75 HP, 3 phase, 200V, 100 HP-230V or 200 HP 460-575V	2,925	690	3,615
1000	Size 6, to 150 HP, 3 phase, 200V, 200 HP-230V or 400 HP 460-575V	8,275	780	9,055

ASSEMBLIES

ELECTRICAL A9.2-740 Safety Switches

Safety switches are type NEMA 1 for general purpose indoor application, and include time delay fuses, insulation and wire terminations.

System Components	QUANTITY	UNIT	COST EACH MAT.	COST EACH INST.	COST EACH TOTAL
SYSTEM 09.2-740-0200					
SAFETY SWITCH, 30A FUSED, 1 PHASE, 115V OR 230V.					
Safety switch fused, hvy duty, 240v 2p 30 amp	1.000	Ea.	57.20	89.03	146.23
Fuse, dual element time delay 250V, 30 Amp	2.000	Ea.	4.73	12.46	17.19
Total			61.93	101.49	163.42

9.2-740	Safety Switches	MAT.	INST.	TOTAL
0200	Safety switch, 30A fused, 1 phase, 2HP 115V or 3HP, 230V.	62	100	162
0280	3 phase, 5HP, 200V or 7 1/2HP, 230V	82	115	197
0360	15HP, 460V or 20HP, 575V	140	120	260
0440	60A fused, 3 phase, 15HP 200V or 15HP 230V	135	155	290
0520	30HP 460V or 40HP 575V	175	160	335
0600	100A fused, 3 phase, 20HP 200V or 25HP 230V	225	185	410
0680	50HP 460V or 60HP 575V	325	190	515
0760	200A fused, 3 phase, 50HP 200V or 60HP 230V	435	265	700
0840	125HP 460V or 150HP 575V	510	270	780
0920	400A fused, 3 phase, 100HP 200V or 125HP 230V	885	375	1,260
1000	250HP 460V or 350HP 575V	1,225	385	1,610

ASSEMBLIES

ELECTRICAL A9.2-750 Motor Connections

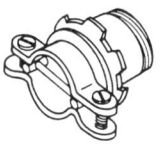
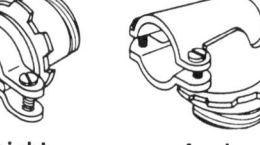

Straight Connector   Angle Connector

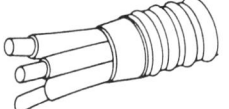

Flexible Conduit

Table below includes costs for the flexible conduit. Not included are wire terminations and testing motor for correct rotation.

System Components	QUANTITY	UNIT	COST EACH MAT.	INST.	TOTAL
SYSTEM 09.2-750-0200					
MOTOR CONNECTIONS, SINGLE PHASE, 115V/230V UP TO 1 HP					
Motor connection, flexible conduit & fittings, 1 hp motor 115v	1.000	Ea.	3.34	37	40.34
Total			3.34	37	40.34

9.2-750	Motor Connections	MAT.	INST.	TOTAL
0200	Motor connections, single phase, 115/230V, up to 1 HP	3.34	37	40.34
0240	Up to 3 HP	3.17	43	46.17
0280	Three phase, 200/230/460/575V, up to 3 HP	3.52	48	51.52
0320	Up to 5 HP	3.52	48	51.52
0360	Up to 7-1/2 HP	5.30	57	62.30
0400	Up to 10 HP	6.25	74	80.25
0440	Up to 15 HP	11	94	105
0480	Up to 25 HP	11.90	115	126.90
0520	Up to 50 HP	33	140	173
0560	Up to 100 HP	81	210	291

ASSEMBLIES

ELECTRICAL A9.2-760 Motor & Starter

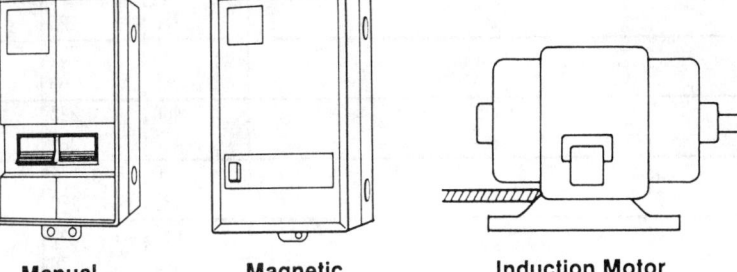

Manual Starter   Magnetic Starter   Induction Motor

For 230/460 Volt A.C., 3 phase, 60 cycle ball bearing squirrel cage induction motors, NEMA Class B standard line. Installation included.

No conduit, wire, or terminations included.

System Components	QUANTITY	UNIT	COST EACH MAT.	COST EACH INST.	COST EACH TOTAL
SYSTEM 09.2-760-0220 MOTOR, DRIPPROOF CLASS B INSULATION, 1.15 SERVICE FACTOR, WITH STARTER 1 H.P., 1200 RPM WITH MANUAL STARTER					
Motor, dripproof, class B insul, 1.15 serv fact, 1200 RPM, 1 HP	1.000	Ea.	231	69.24	300.24
Motor starter, manual, 3 phase, 1 HP motor	1.000	Ea.	116.60	89.03	205.63
TOTAL			347.60	158.27	505.87

9.2-760	Motor & Starter	MAT.	INST.	TOTAL
0190	Motor, dripproof, class B insulation, 1.15 service factor			
0200	1 HP, 1200 RPM, motor only	230	69	299
0220	With manual starter	350	160	510
0240	With magnetic starter	360	160	520
0260	1800 RPM, motor only	160	69	229
0280	With manual starter	275	160	435
0300	With magnetic starter	290	160	450
0320	2 HP, 1200 RPM, motor only	250	69	319
0340	With manual starter	365	160	525
0360	With magnetic starter	405	205	610
0380	1800 RPM, motor only	200	69	269
0400	With manual starter	315	160	475
0420	With magnetic starter	355	205	560
0440	3600 RPM, motor only	210	69	279
0460	With manual starter	325	160	485
0480	With magnetic starter	365	205	570
0500	3 HP, 1200 RPM, motor only	325	69	394
0520	With manual starter	440	160	600
0540	With magnetic starter	480	205	685
0560	1800 RPM, motor only	215	69	284
0580	With manual starter	330	160	490
0600	With magnetic starter	365	205	570
0620	3600 RPM, motor only	235	69	304
0640	With manual starter	355	160	515
0660	With magnetic starter	390	205	595
0680	5 HP, 1200 RPM, motor only	440	69	509
0700	With manual starter	575	225	800
0720	With magnetic starter	610	265	875

ASSEMBLIES

ELECTRICAL — A9.2-760 Motor & Starter

9.2-760	Motor & Starter	MAT.	INST.	TOTAL
0740	1800 RPM, motor only	240	69	309
0760	With manual starter	380	225	605
0780	With magnetic starter	415	265	680
0800	3600 RPM, motor only	265	69	334
0820	With manual starter	400	225	625
0840	With magnetic starter	440	265	705
0860	7.5 HP, 1800 RPM, motor only	340	74	414
0880	With manual starter	480	230	710
0900	With magnetic starter	685	355	1,040
0920	10 HP, 1800 RPM, motor only	420	78	498
0940	With manual starter	555	235	790
0960	With magnetic starter	760	360	1,120
0980	15 HP, 1800 RPM, motor only	540	97	637
1000	With magnetic starter	880	380	1,260
1040	20 HP, 1800 RPM, motor only	670	120	790
1060	With magnetic starter	1,250	465	1,715
1100	25 HP, 1800 RPM, motor only	825	125	950
1120	With magnetic starter	1,400	470	1,870
1160	30 HP, 1800 RPM, motor only	1,000	130	1,130
1180	With magnetic starter	1,575	475	2,050
1220	40 HP, 1800 RPM, motor only	1,275	155	1,430
1240	With magnetic starter	2,575	675	3,250
1280	50 HP, 1800 RPM, motor only	1,500	195	1,695
1300	With magnetic starter	2,775	715	3,490
1340	60 HP, 1800 RPM, motor only	1,900	225	2,125
1360	With magnetic starter	4,825	915	5,740
1400	75 HP, 1800 RPM, motor only	2,325	260	2,585
1420	With magnetic starter	5,250	950	6,200
1460	100 HP, 1800 RPM, motor only	3,050	345	3,395
1480	With magnetic starter	6,000	1,050	7,050
1520	125 HP, 1800 RPM, motor only	3,675	445	4,120
1540	With magnetic starter	12,000	1,225	13,225
1580	150 HP, 1800 RPM, motor only	5,850	520	6,370
1600	With magnetic starter	14,100	1,300	15,400
1640	200 HP, 1800 RPM, motor only	7,525	625	8,150
1660	With magnetic starter	15,800	1,400	17,200
1680	Totally encl, class B insul, 1.0 ser. fac., 1HP, 1200RPM, motor only	230	69	299
1700	With manual starter	345	160	505
1720	With magnetic starter	360	160	520
1740	1800 RPM, motor only	175	69	244
1760	With manual starter	295	160	455
1780	With magnetic starter	305	160	465
1800	2 HP, 1200 RPM, motor only	265	69	334
1820	With manual starter	380	160	540
1840	With magnetic starter	420	205	625
1860	1800 RPM, motor only	205	69	274
1880	With manual starter	320	160	480
1900	With magnetic starter	360	205	565
1920	3600 RPM, motor only	220	69	289
1940	With manual starter	335	160	495
1960	With magnetic starter	375	205	580
1980	3 HP, 1200 RPM, motor only	360	69	429
2000	With manual starter	475	160	635
2020	With magnetic starter	515	205	720
2040	1800 RPM, motor only	240	69	309
2060	With manual starter	360	160	520
2080	With magnetic starter	395	205	600
2100	3600 RPM, motor only	255	69	324

ASSEMBLIES

ELECTRICAL	A9.2-760	Motor & Starter			
9.2-760		Motor & Starter	COST EACH		
			MAT.	INST.	TOTAL
2120		With manual starter	370	160	530
2140		With magnetic starter	405	205	610
2160		5 HP, 1200 RPM, motor only	485	69	554
2180		With manual starter	620	225	845
2200		With magnetic starter	660	265	925
2220		1800 RPM, motor only	290	69	359
2240		With manual starter	430	225	655
2260		With magnetic starter	465	265	730
2280		3600 RPM, motor only	325	69	394
2300		With manual starter	460	225	685
2320		With magnetic starter	500	265	765
2340		7.5 HP, 1800 RPM, motor only	360	74	434
2360		With manual starter	495	230	725
2380		With magnetic starter	700	355	1,055
2400		10 HP, 1800 RPM, motor only	445	78	523
2420		With manual starter	580	235	815
2440		With magnetic starter	785	360	1,145
2460		15 HP, 1800 RPM, motor only	640	97	737
2480		With magnetic starter	980	380	1,360
2500		20 HP, 1800 RPM, motor only	765	120	885
2520		With magnetic starter	1,325	465	1,790
2540		25 HP, 1800 RPM, motor only	995	125	1,120
2560		With magnetic starter	1,550	470	2,020
2580		30 HP, 1800 RPM, motor only	1,100	130	1,230
2600		With magnetic starter	1,675	475	2,150
2620		40 HP, 1800 RPM, motor only	1,425	155	1,580
2640		With magnetic starter	2,700	675	3,375
2660		50 HP, 1800 RPM, motor only	1,775	195	1,970
2680		With magnetic starter	3,050	715	3,765
2700		60 HP, 1800 RPM, motor only	2,550	225	2,775
2720		With magnetic starter	5,475	915	6,390
2740		75 HP, 1800 RPM, motor only	2,925	260	3,185
2760		With magnetic starter	5,875	950	6,825
2780		100 HP, 1800 RPM, motor only	4,175	345	4,520
2800		With magnetic starter	7,125	1,050	8,175
2820		125 HP, 1800 RPM, motor only	5,900	445	6,345
2840		With magnetic starter	14,200	1,225	15,425
2860		150 HP, 1800 RPM, motor only	7,125	520	7,645
2880		With magnetic starter	15,400	1,300	16,700
2900		200 HP, 1800 RPM, motor only	10,300	625	10,925
2920		With magnetic starter	18,500	1,400	19,900

ASSEMBLIES

ELECTRICAL — A9.4-100 — Communication & Alarm

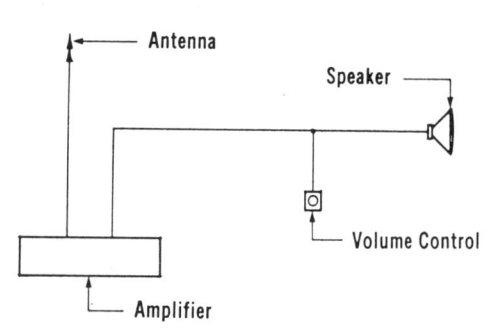

Sound System Includes AM-FM antenna, outlets, rigid conduit, & copper wire.
Fire Detection System Includes pull stations, signals, smoke & heat detectors, rigid conduit, & copper wire.
Intercom System Includes master & remote stations, rigid conduit, & copper wire.
Master Clock System Includes clocks, bells, rigid conduit, & copper wire.
Master TV Antenna Includes antenna, VHF-UHF reception & distribution, rigid conduit, & copper wire.

System Components	QUANTITY	UNIT	COST EACH MAT.	INST.	TOTAL
SYSTEM 09.4-100-0220					
SOUND SYSTEM, INCLUDES OUTLETS, BOXES, CONDUIT & WIRE					
Steel intermediate conduit, (IMC) 1/2" diam	600.000	L.F.	613.80	1,872	2,485.80
Wire sound shielded w/drain, #22-2 conductor	15.500	C.L.F.	287.29	603.73	891.02
Sound system speakers ceiling or wall	12.000	Ea.	792	467.40	1,259.40
Steel intermediate conduit, (IMC) 1/2" diam	600.000	L.F.	613.80	1,872	2,485.80
Sound system volume control	12.000	Ea.	528	467.40	995.40
Sound system amplifier, 250 Watts	1.000	Ea.	896.50	311.60	1,208.10
Sound system antenna, AM FM	1.000	Ea.	121	77.90	198.90
Sound system monitor panel	1.000	Ea.	214.50	77.90	292.40
Sound system cabinet	1.000	Ea.	467.50	311.60	779.10
Steel outlet box 4" square	12.000	Ea.	18.48	186.96	205.44
Steel outlet box 4" plaster rings	12.000	Ea.	10.69	58.44	69.13
Total			4,563.56	6,306.93	10,870.49

9.4-100	Communication & Alarm Systems	MAT.	INST.	TOTAL
0200	Communication & alarm systems, includes outlets, boxes, conduit & wire			
0210	Sound system, 6 outlets	3,325	3,950	7,275
0220	12 outlets	4,575	6,300	10,875
0240	30 outlets	7,900	11,900	19,800
0280	100 outlets	23,900	39,900	63,800
0320	Fire detection systems, 12 detectors	1,700	3,275	4,975
0360	25 detectors	2,950	5,525	8,475
0400	50 detectors	5,600	10,900	16,500
0440	100 detectors	10,100	19,500	29,600
0480	Intercom systems, 6 stations	1,925	2,700	4,625
0520	12 stations	3,825	5,375	9,200
0560	25 stations	6,525	10,300	16,825
0600	50 stations	12,700	19,400	32,100
0640	100 stations	24,900	37,900	62,800
0680	Master clock systems, 6 rooms	3,050	4,400	7,450
0720	12 rooms	4,500	7,500	12,000
0760	20 rooms	6,050	10,600	16,650
0800	30 rooms	9,625	19,600	29,225
0840	50 rooms	15,300	33,000	48,300
0880	100 rooms	29,200	65,500	94,700
0920	Master TV antenna systems, 6 outlets	1,700	2,775	4,475
0960	12 outlets	3,200	5,175	8,375
1000	30 outlets	6,350	12,000	18,350
1040	100 outlets	21,100	39,100	60,200

ELECTRICAL A9.4-150 | Telephone

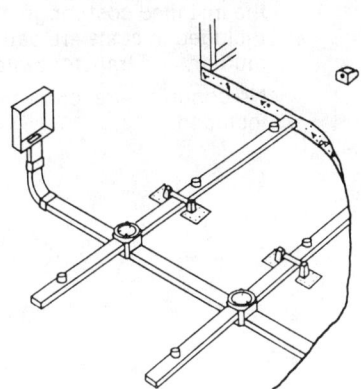

Description: System 9.4-150 includes telephone fitting installed. Does not include cable.

When poke thru fittings and telepoles are used for power, they can also be used for telephones at a negligible additional cost.

System Components	QUANTITY	UNIT	COST PER S.F. MAT.	COST PER S.F. INST.	COST PER S.F. TOTAL
SYSTEM 09.4-150-0200					
TELEPHONE SYSTEMS, UNDERFLOOR DUCT, 5' ON CENTER, LOW DENSITY					
Underfloor duct 7-1/4" w/insert 2' O.C. 1-3/8" x 7-1/4" super duct	.190	L.F.	1.46	1.18	2.64
Vertical elbow for underfloor superduct, 7-1/4", included					
Under floor duct conduit adapter, 2" x 1-1/4", included					
Underfloor duct junction box, single duct, 7-1/4" x 3 1/8"	.003	Ea.	.30	.23	.53
Underfloor junction box carpet pan	.003	Ea.	.11	.01	.12
Underfloor duct outlet, low tension	.004	Ea.	.10	.16	.26
Total			1.97	1.58	3.55

9.4-150	Telephone Systems	COST PER S.F. MAT.	COST PER S.F. INST.	COST PER S.F. TOTAL
0200	Telephone systems, underfloor duct, 5' on center, low density	1.97	1.58	3.55
0240	5' on center, high density	2.06	1.73	3.79
0280	7' on center, low density	1.60	1.33	2.93
0320	7' on center, high density	1.69	1.48	3.17
0400	Poke thru fittings, low density	.61	.48	1.09
0440	High density	1.22	.95	2.17
0520	Telepoles, low density	.47	.46	.93
0560	High density	.94	.92	1.86
0640	Conduit system with floor boxes, low density	.61	.55	1.16
0680	High density	1.22	1.09	2.31

ASSEMBLIES

ELECTRICAL — A9.4-310 — Generator (by KW)

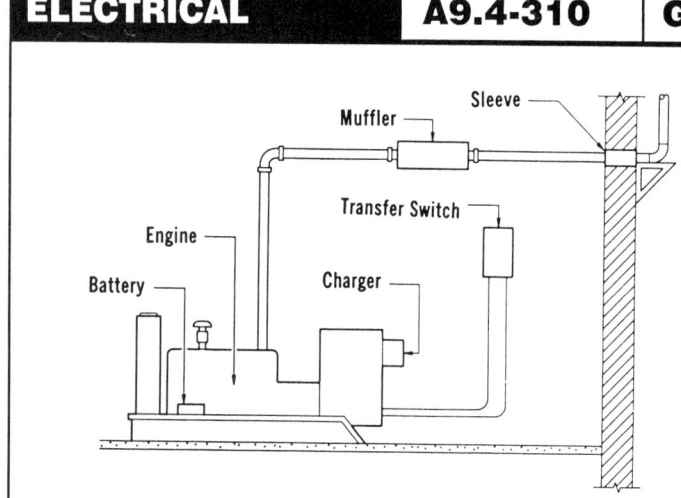

Description: System 9.4-310 tabulates the installed cost for generators by KW. Included in costs are battery, charger, muffler, and transfer switch.

No conduit, wire, or terminations included.

System Components	QUANTITY	UNIT	COST PER KW MAT.	COST PER KW INST.	COST PER KW TOTAL
SYSTEM 09.4-310-0200					
GENERATOR SET, INCL. BATTERY, CHARGER, MUFFLER & TRANSFER SWITCH					
GAS/GASOLINE OPER., 3 PHASE, 4 WIRE, 277/480V, 7.5 KW					
Generator set, gas, 3 phase, 4 wire, 277/480V, 7.5 KW	.133	Ea.	803.73	144.12	947.85
Total			803.73	144.12	947.85

9.4-310	Generators (by KW)	MAT.	INST.	TOTAL
0190	Generator sets, include battery, charger, muffler & transfer switch			
0200	Gas/gasoline operated, 3 phase, 4 wire, 277/480 volt, 7.5 KW	805	145	950
0240	10 KW	820	125	945
0280	15 KW	650	95	745
0320	30 KW	465	54	519
0360	70 KW	330	32	362
0400	85 KW	315	32	347
0440	115 KW	430	28	458
0480	170 KW	500	21	521
0560	Diesel engine with fuel tank, 30 KW	500	54	554
0600	50 KW	370	43	413
0640	75 KW	325	35	360
0680	100 KW	270	29	299
0720	125 KW	230	24	254
0760	150 KW	220	23	243
0800	175 KW	195	21	216
0840	200 KW	180	18.70	198.70
0880	250 KW	155	15.60	170.60
0920	300 KW	155	13.60	168.60
0960	350 KW	145	12.85	157.85
1000	400 KW	155	11.80	166.80
1040	500 KW	145	9.95	154.95

ASSEMBLIES

ELECTRICAL A9.4-420 Electric Baseboard Radiation

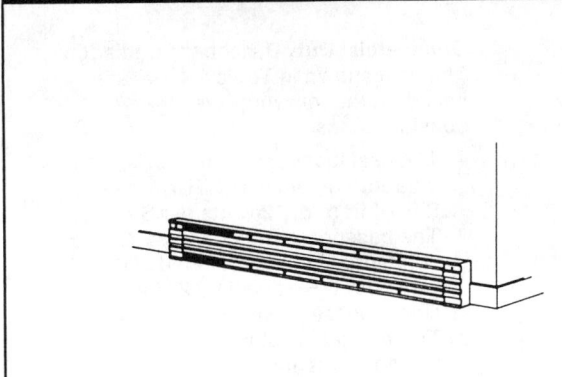

Low Density and Medium Density Baseboard Radiation

The costs shown in Table 9.4-420 are based on the following system considerations:
1. The heat loss per square foot is based on approximately 34 BTU/hr. per S.F. of floor or 10 watts per S.F. of floor.
2. Baseboard radiation is based on the low watt density type rated 187 watts per L.F. and the medium density type rated 250 watts per L.F.
3. Thermostat is not included.
4. Wiring costs include branch circuit wiring.

System Components	QUANTITY	UNIT	COST PER S.F. MAT.	COST PER S.F. INST.	COST PER S.F. TOTAL
SYSTEM 09.4-420-1000					
ELECTRIC BASEBOARD RADIATION, LOW DENSITY, 900 S.F., 31 MBH, 9KW					
Electric baseboard radiator, 5' long 935 watt	.011	Ea.	.77	.60	1.37
Steel intermediate conduit, (IMC) 1/2" diam	.170	L.F.	.17	.53	.70
Wire 600 volt, type THW, copper, solid, #12	.005	C.L.F.	.04	.14	.18
Total			.98	1.27	2.25

9.4-420	Electric Baseboard Radiation	MAT.	INST.	TOTAL
1000	Electric baseboard radiation, low density, 900 S.F., 31 MBH, 9 KW	.98	1.27	2.25
1200	1500 S.F., 51 MBH, 15 KW	.97	1.24	2.21
1400	2100 S.F., 72 MBH, 21 KW	.88	1.11	1.99
1600	3000 S.F., 102 MBH, 30 KW	.79	1.01	1.80
2000	Medium density, 900 S.F., 31 MBH, 9 KW	.84	1.16	2
2200	1500 S.F., 51 MBH, 15 KW	.83	1.13	1.96
2400	2100 S.F., 72 MBH, 21 KW	.81	1.05	1.86
2600	3000 S.F., 102 MBH, 30 KW	.72	.96	1.68

ASSEMBLIES

ELECTRICAL A9.4-440 Electric Baseboard Radiation

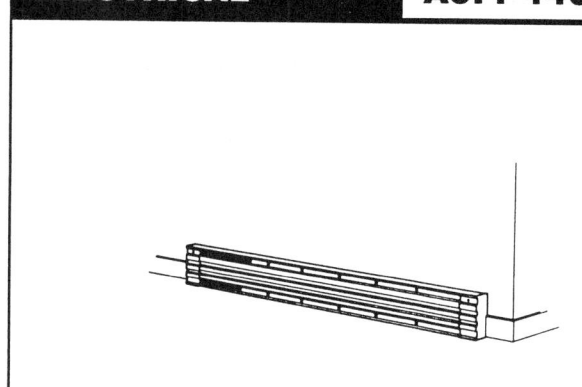

Commercial Duty Baseboard Radiation
The cost shown in Table 9.4-440 are based on the following system considerations:

1. The heat loss per square foot is based on approximately 41 BTU/hr. per S.F. of floor or 12 watts per S.F.
2. The baseboard radiation is of the commercial duty type rated 250 watts per L.F. served by 277 volt, single phase power.
3. Thermostat is not included.
4. Wiring costs include branch circuit wiring.

System Components	QUANTITY	UNIT	COST PER S.F. MAT.	COST PER S.F. INST.	COST PER S.F. TOTAL
SYSTEM 09.4-440-1000					
ELECTRIC BASEBOARD RADIATION, MEDIUM DENSITY, 1230 S.F., 51 MBH, 15 KW					
Electric baseboard radiator, 5' long	.013	Ea.	.92	.71	1.63
Steel intermediate conduit, (IMC) 1/2" diam	.154	L.F.	.16	.48	.64
Wire 600 volt, type THW, copper, solid, #12	.004	C.L.F.	.03	.11	.14
Total			1.11	1.30	2.41

9.4-440	Electric Baseboard Radiation	MAT.	INST.	TOTAL
1000	Electric baseboard radiation, medium density, 1230 SF, 51 MBH, 15 KW	1.11	1.30	2.41
1200	2500 S.F. floor area, 106 MBH, 31 KW	1.02	1.22	2.24
1400	3700 S.F. floor area, 157 MBH, 46 KW	1.01	1.19	2.20
1600	4800 S.F. floor area, 201 MBH, 59 KW	.93	1.09	2.02
1800	11,300 S.F. floor area, 464 MBH, 136 KW	.90	1	1.90
2000	30,000 S.F. floor area, 1229 MBH, 360 KW	.89	.98	1.87

ASSEMBLIES

SITE WORK   A12.3-110   Trenching

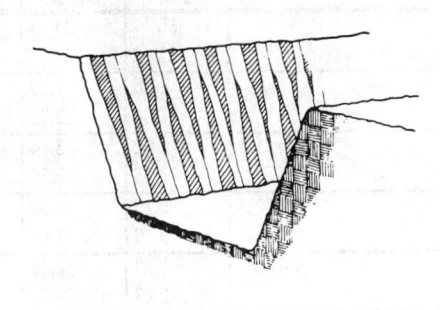

Trenching Systems are shown on a cost per linear foot basis. The systems include: excavation; backfill placed and compaction for various depths and trench bottom widths. Side slopes vary from 0:1 to 2:1.

The Expanded System Listing shows trenching systems that range from 2' to 12' in width. Depths range from 2' to 24'.

System Components	QUANTITY	UNIT	COST PER L.F. EQUIP.	LABOR	TOTAL
SYSTEM 12.3-110-1310					
TRENCHING, BACKHOE, 0 TO 1 SLOPE, 2' WIDE, 2' DP, 3/8 C.Y. BUCKET					
Excavation, trench, hyd. backhoe, track mtd., 3/8 C.Y. bucket	.174	C.Y.	.25	.59	.84
Backfill and load spoil, from stockpile	.174	C.Y.	.11	.17	.28
Compaction by rammer tamper, 8" lifts, 4 passes	.014	C.Y.	.01	.02	.03
Remove excess spoil, 6 C.Y. dump truck, 2 mile roundtrip	.160	C.Y.	.44	.30	.74
Total			.81	1.08	1.89

12.3-110	Trenching	EQUIP.	LABOR	TOTAL
1310	Trenching, backhoe, 0 to 1 slope, 2' wide, 2' deep, 3/8 C.Y. bucket	.81	1.08	1.89
1320	3' deep, 3/8 C.Y. bucket	1.04	1.61	2.65
1330	4' deep, 3/8 C.Y. bucket	1.25	2.14	3.39
1340	6' deep, 3/8 C.Y. bucket	1.83	2.75	4.58
1350	8' deep, 1/2 C.Y. bucket	2.20	3.55	5.75
1360	10' deep, 1 C.Y. bucket	3.28	4.26	7.54
1400	4' wide, 2' deep, 3/8 C.Y. bucket	1.67	2.16	3.83
1410	3' deep, 3/8 C.Y. bucket	2.38	3.23	5.61
1420	4' deep, 1/2 C.Y. bucket	2.67	3.36	6.03
1430	6' deep, 1/2 C.Y. bucket	3.64	5.15	8.79
1440	8' deep, 1/2 C.Y. bucket	5.60	6.75	12.35
1450	10' deep, 1 C.Y. bucket	6.75	8.40	15.15
1460	12' deep, 1 C.Y. bucket	8.60	10.80	19.40
1470	15' deep, 1-1/2 C.Y. bucket	7.45	9.20	16.65
1480	18' deep, 2-1/2 C.Y. bucket	10.55	13.25	23.80
1520	6' wide, 6' deep, 5/8 C.Y. bucket	6.20	6.95	13.15
1530	8' deep, 3/4 C.Y. bucket	8.40	8.70	17.10
1540	10' deep, 1 C.Y. bucket	9.95	10.50	20.45
1550	12' deep, 1-1/4 C.Y. bucket	8.75	8.20	16.95
1560	16' deep, 2 C.Y. bucket	14.30	9.35	23.65
1570	20' deep, 3-1/2 C.Y. bucket	16.35	16.95	33.30
1580	24' deep, 3-1/2 C.Y. bucket	27	28	55
1640	8' wide, 12' deep, 1-1/4 C.Y. bucket	12.80	11.10	23.90
1650	15' deep, 1-1/2 C.Y. bucket	15.15	13.80	28.95
1660	18' deep, 2-1/2 C.Y. bucket	22	13.95	35.95
1680	24' deep, 3-1/2 C.Y. bucket	36	38	74
1730	10' wide, 20' deep, 3-1/2 C.Y. bucket	29	28	57
1740	24' deep, 3-1/2 C.Y. bucket	46	48	94

For expanded coverage of these items see *Means Site Work Cost Data 1992*

SITE WORK — A12.3-110 Trenching

12.3-110 Trenching

Line	Description	Equip.	Labor	Total
1780	12' wide, 20' deep, 3-1/2 C.Y. bucket	35	34	69
1790	25' deep, bucket	61	64	125
1800	1/2 to 1 slope, 2' wide, 2' deep, 3/8 C.Y. bucket	1.06	1.38	2.44
1810	3' deep, 3/8 C.Y. bucket	1.54	2.32	3.86
1820	4' deep, 3/8 C.Y. bucket	2.02	3.44	5.46
1840	6' deep, 3/8 C.Y. bucket	3.55	5.35	8.90
1860	8' deep, 1/2 C.Y. bucket	5.15	8.30	13.45
1880	10' deep, 1 C.Y. bucket	9.10	11.60	20.70
2300	4' wide, 2' deep, 3/8 C.Y. bucket	1.78	2.30	4.08
2310	3' deep, 3/8 C.Y. bucket	2.93	3.79	6.72
2320	4' deep, 1/2 C.Y. bucket	3.43	4.11	7.54
2340	6' deep, 1/2 C.Y. bucket	5.20	7.20	12.40
2360	8' deep, 1/2 C.Y. bucket	8.60	10	18.60
2380	10' deep, 1 C.Y. bucket	12.15	14.80	26.95
2400	12' deep, 1 C.Y. bucket	13.50	15.85	29.35
2430	15' deep, 1-1/2 C.Y. bucket	16.60	19.75	36.35
2460	18' deep, 2-1/2 C.Y. bucket	29	24	53
2840	6' wide, 6' deep, 5/8 C.Y. bucket	7.15	7.90	15.05
2860	8' deep, 3/4 C.Y. bucket	11.65	11.95	23.60
2880	10' deep, 1 C.Y. bucket	15	15.80	30.80
2900	12' deep, 1-1/4 C.Y. bucket	14.10	13.10	27.20
2940	16' deep, 2 C.Y. bucket	22	21	43
2980	20' deep, 3-1/2 C.Y. bucket	36	36	72
3020	24' deep, 3-1/2 C.Y. bucket	65	68	133
3100	8' wide, 12' deep, 1-1/4 C.Y. bucket	18.60	15.85	34.45
3120	15' deep, 1-1/2 C.Y. bucket	24	21	45
3140	18' deep, 2-1/2 C.Y. bucket	38	24	62
3180	24' deep, 3-1/2 C.Y. bucket	74	76	150
3270	10' wide, 20' deep, 3-1/2 C.Y. bucket	46	45	91
3280	24' deep, 3-1/2 C.Y. bucket	85	86	171
3370	12' wide, 20' deep, 3-1/2 C.Y. bucket	52	50	102
3380	25' deep, 3-1/2 C.Y. bucket	99	100	199
3500	1 to 1 slope, 2' wide, 2' deep, 3/8 C.Y. bucket	1.25	1.60	2.85
3520	3' deep, 3/8 C.Y. bucket	1.96	2.86	4.82
3540	4' deep, 3/8 C.Y. bucket	2.64	4.36	7
3560	6' deep, 3/8 C.Y. bucket	4.81	7.05	11.86
3580	8' deep, 1/2 C.Y. bucket	7.20	11.25	18.45
3600	10' deep, 1 C.Y. bucket	15	18.45	33.45
3800	4' wide, 2' deep, 3/8 C.Y. bucket	2.12	2.76	4.88
3820	3' deep, 3/8 C.Y. bucket	3.74	4.83	8.57
3840	4' deep, 1/2 C.Y. bucket	4.07	4.58	8.65
3860	6' deep, 1/2 C.Y. bucket	6.45	8.65	15.10
3880	8' deep, 1/2 C.Y. bucket	11.60	13.15	24.75
3900	10' deep, 1 C.Y. bucket	16.15	19	35.15
3920	12' deep, 1 C.Y. bucket	23	28	51
3940	15' deep, 1-1/2 C.Y. bucket	23	26	49
3960	18' deep, 2-1/2 C.Y. bucket	41	31	72
4030	6' wide, 6' deep, 5/8 C.Y. bucket	8.65	9.60	18.25
4040	8' deep, 3/4 C.Y. bucket	14.60	15.55	30.15
4050	10' deep, 1 C.Y. bucket	19.50	22	41.50
4060	12' deep, 1-1/4 C.Y. bucket	19	19.45	38.45
4070	16' deep, 2 C.Y. bucket	38	28	66
4080	20' deep, 3-1/2 C.Y. bucket	52	58	110
4090	24' deep, 3-1/2 C.Y. bucket	98	115	213
4500	8' wide, 12' deep, 1-1/4 C.Y. bucket	24	22	46
4550	15' deep, 1-1/2 C.Y. bucket	32	31	63
4600	18' deep, 2-1/2 C.Y. bucket	52	36	88
4650	24' deep, 3-1/2 C.Y. bucket	105	120	225

For expanded coverage of these items see *Means Site Work Cost Data 1992*

SITE WORK — A12.3-110 Trenching

12.3-110 Trenching

		COST PER L.F.		
		EQUIP.	LABOR	TOTAL
4800	10' wide, 20' deep, 3-1/2 C.Y. bucket	64	67	131
4850	24' deep, 3-1/2 C.Y. bucket	115	125	240
4950	12' wide, 20' deep, 3-1/2 C.Y. bucket	69	71	140
4980	25' deep, 3-1/2 C.Y. bucket	140	155	295
5000	1-1/2 to 1 slope, 2' wide, 2' deep, 3/8 C.Y. bucket	1.44	1.86	3.30
5020	3' deep, 3/8 C.Y. bucket	2.39	3.38	5.77
5040	4' deep, 3/8 C.Y. bucket	3.21	5.15	8.36
5060	6' deep, 3/8 C.Y. bucket	5.85	8.30	14.15
5080	8' deep, 1/2 C.Y. bucket	8.90	13.30	22.20
5100	10' deep, 1 C.Y. bucket	16.55	19.10	35.65
5300	4' wide, 2' deep, 3/8 C.Y. bucket	2.01	2.59	4.60
5320	3' deep, 3/8 C.Y. bucket	3.64	4.69	8.33
5340	4' deep, 1/2 C.Y. bucket	4.82	5.35	10.17
5360	6' deep, 1/2 C.Y. bucket	7.55	9.75	17.30
5380	8' deep, 1/2 C.Y. bucket	13.80	14.95	28.75
5400	10' deep, 1 C.Y. bucket	19.45	22	41.45
5420	12' deep, 1 C.Y. bucket	29	32	61
5450	15' deep, 1-1/2 C.Y. bucket	28	28	56
5480	18' deep, 2-1/2 C.Y. bucket	51	34	85
5660	6' wide, 6' deep, 5/8 C.Y. bucket	9.95	10.75	20.70
5680	8' deep, 3/4 C.Y. bucket	16.95	17.35	34.30
5700	10' deep, 1 C.Y. bucket	23	24	47
5720	12' deep, 1-1/4 C.Y. bucket	22	21	43
5760	16' deep, 2 C.Y. bucket	46	29	75
5800	20' deep, 3-1/2 C.Y. bucket	63	66	129
5840	24' deep, 3-1/2 C.Y. bucket	120	130	250
6020	8' wide, 12' deep, 1-1/4 C.Y. bucket	28	24	52
6050	15' deep, 1-1/2 C.Y. bucket	38	34	72
6080	18' deep, 2-1/2 C.Y. bucket	62	39	101
6140	24' deep, 3-1/2 C.Y. bucket	130	135	265
6300	10' wide, 20' deep, 3-1/2 C.Y. bucket	76	74	150
6350	24' deep, 3-1/2 C.Y. bucket	140	140	280
6450	12' wide, 20' deep, 3-1/2 C.Y. bucket	82	79	161
6480	25' deep, 3-1/2 C.Y. bucket	165	170	335
6600	2 to 1 slope, 2' wide, 2' deep, 3/8 C.Y. bucket	2.03	1.71	3.74
6620	3' deep, 3/8 C.Y. bucket	2.72	3.72	6.44
6640	4' deep, 3/8 C.Y. bucket	3.62	5.70	9.32
6660	6' deep, 3/8 C.Y. bucket	6.25	8.85	15.10
6680	8' deep, 1/2 C.Y. bucket	10.05	14.95	25
6700	10' deep, 1 C.Y. bucket	18.80	22	40.80
6900	4' wide, 2' deep, 3/8 C.Y. bucket	2	2.59	4.59
6920	3' deep, 3/8 C.Y. bucket	3.74	4.83	8.57
6940	4' deep, 1/2 C.Y. bucket	5.30	5.70	11
6960	6' deep, 1/2 C.Y. bucket	8.30	10.60	18.90
6980	8' deep, 1/2 C.Y. bucket	15.25	16.40	31.65
7000	10' deep, 1 C.Y. bucket	22	24	46
7020	12' deep, 1 C.Y. bucket	32	36	68
7050	15' deep, 1-1/2 C.Y. bucket	31	32	63
7080	18' deep, 2-1/2 C.Y. bucket	57	38	95
7260	6' wide, 6' deep, 5/8 C.Y. bucket	10.85	11.40	22.25
7280	8' deep, 3/4 C.Y. bucket	18.50	18.65	37.15
7300	10' deep, 3/4 C.Y. bucket	25	27	52
7320	12' deep, 1-1/4 C.Y. bucket	25	23	48
7360	16' deep, 2 C.Y. bucket	51	33	84
7400	20' deep, 3-1/2 C.Y. bucket	71	73	144
7440	24' deep, 3-1/2 C.Y. bucket	135	145	280
7620	8' wide, 12' deep, 1-1/4 C.Y. bucket	31	26	57
7650	15' deep, 1-1/2 C.Y. bucket	42	37	79

For expanded coverage of these items see *Means Site Work Cost Data 1992*

ASSEMBLIES

SITE WORK		A12.3-110	Trenching			
12.3-110		Trenching		COST PER L.F.		
				EQUIP.	LABOR	TOTAL
7680		18' deep, 2-1/2 C.Y. bucket		69	43	112
7740		24' deep, 3-1/2 C.Y. bucket		145	150	295
7920		10' wide, 20' deep, 3-1/2 C.Y. bucket		84	81	165
7940		24' deep, 3-1/2 C.Y. bucket		155	155	310

REFERENCE SECTION

NEW!!

We've put all the reference information into one section for you this year. It should be easier to find what you need to know... and easier to use the book on a daily basis.

In the reference number information that follows, you'll see the background that relates to the "reference numbers" that appeared in the Unit Price Section. You'll find reference tables, explanations and estimating information that support how we arrived at the unit price data. Also included are alternate pricing methods, technical data and estimating procedures along with information on design and economy in construction.

Also in this Reference Section, we've included Crew Listings, a full listing of all the crews, equipment and their costs, Historical Cost Indexes for cost comparisons over time, City Cost Indexes for adjusting costs to the region you are in, and an explanation of all abbreviations used in the book.

Table of Contents

Reference Numbers
- **R010** Overhead & Misc. Data 306
- **R011** Special Project Procedures 313
- **R015** Construction Aids 314
- **R016** Equipment 315
- **R151** Plumbing 316
- **R160** Design & Cost Tables 317
- **R161** Conductors & Grounding 335
- **R162** Boxes and Wiring Devices 341
- **R163** Starters, Boards & Switches 345
- **R164** Transformers & Bus Ducts .. 350
- **R165** Power Systems & Capacitors 354
- **R166** Lighting 355
- **R167** Electric Utilities 358
- **R168** Special Systems 359
- **R169** Power Transmission & Distribution 361
- **R171** Information 362

Crew Listings 364

Historical Cost Indexes 384

City Cost Indexes 385

Abbreviations 394

General Requirements — R010 Overhead and Miscellaneous Data

R010-030 Mechanical and Electrical Engineering Fees

Typical **Mechanical and Electrical Engineering Fees** based on the size of the subcontract. These fees are included in Architectural Fees.

Type of Construction	Subcontract Size							
	$25,000	$50,000	$100,000	$225,000	$350,000	$500,000	$750,000	$1,000,000
Simple structures	6.4%	5.7%	4.8%	4.5%	4.4%	4.3%	4.2%	4.1%
Intermediate structures	8.0	7.3	6.5	5.6	5.1	5.0	4.9	4.8
Complex structures	12.0	9.0	9.0	8.0	7.5	7.5	7.0	7.0

For renovations, add 15% to 25% to applicable fee.

R010-040 Builder's Risk Insurance

Builder's Risk Insurance is insurance on a building during construction. Premiums are paid by the owner or the contractor. Blasting, collapse and underground insurance would raise total insurance costs above those listed. Floater policy for materials delivered to the job runs $.75 to $1.25 per $100 value. Contractor equipment insurance runs $.50 to $1.50 per $100 value.

Tabulated below are New England Builder's Risk insurance rates in dollars per $100 value for $1,000 deductible. For $25,000 deductible, rates can be reduced 13% to 34%. On contracts over $1,000,000, rates may be lower than those tabulated. Policies are written annually for the total completed value in place. For "all risk" insurance (excluding flood, earthquake and certain other perils) add $.025 to total rates below.

Coverage	Frame Construction (Class 1)		Brick Construction (Class 4)		Fire Resistive (Class 6)	
	Range	Average	Range	Average	Range	Average
Fire Insurance	$.300 to .420	$.394	$.132 to .189	$.174	$.052 to .080	$.070
Extended Coverage	.115 to .150	.144	.080 to .105	.101	.081 to .105	.100
Vandalism	.012 to .016	.015	.008 to .011	.011	.008 to .011	.010
Total Annual Rate	$.427 to .586	$.553	$.220 to .305	$.286	$.141 to .196	$.180

General Requirements | R010 Overhead and Miscellaneous Data

R010-060a Workers' Compensation

The table below tabulates the national averages for Workers' Compensation insurance rates by trade and type of building. The average "Insurance Rate" is multiplied by the "% of Building Cost" for each trade. This produces the "Workers' Compensation Cost" by % of total labor cost, to be added for each trade by building type to determine the weighted average Workers' Compensation rate for the building types analyzed.

Trade	Insurance Rate (% Labor Cost)		% of Building Cost			Workers' Compensation		
	Range	Average	Office Bldgs.	Schools & Apts.	Mfg.	Office Bldgs.	Schools & Apts.	Mfg.
Excavation, Grading, etc.	4.1% to 25.3%	10.8%	4.8%	4.9%	4.5%	.52%	.53%	.49%
Piles & Foundations	5.9 to 58.2	26.8	7.1	5.2	8.7	1.90	1.39	2.33
Concrete	5.9 to 34.4	16.4	5.0	14.8	3.7	.82	2.43	.61
Masonry	4.9 to 46.4	14.9	6.9	7.5	1.9	1.03	1.12	.28
Structural Steel	5.9 to 152.6	37.4	10.7	3.9	17.6	4.00	1.46	6.58
Miscellaneous & Ornamental Metals	4.9 to 25.8	11.7	2.8	4.0	3.6	.33	.47	.42
Carpentry & Millwork	5.0 to 44.4	17.7	3.7	4.0	0.5	.65	.71	.09
Metal or Composition Siding	3.9 to 50.1	15.3	2.3	0.3	4.3	.35	.05	.66
Roofing	5.9 to 85.9	29.7	2.3	2.6	3.1	.68	.77	.92
Doors & Hardware	3.8 to 24.6	10.2	0.9	1.4	0.4	.09	.14	.04
Sash & Glazing	5.1 to 27.5	12.5	3.5	4.0	1.0	.44	.50	.13
Lath & Plaster	5.5 to 37.4	14.3	3.3	6.9	0.8	.47	.99	.11
Tile, Marble & Floors	3.1 to 29.1	8.9	2.6	3.0	0.5	.23	.27	.04
Acoustical Ceilings	4.0 to 24.2	11.1	2.4	0.2	0.3	.27	.02	.03
Painting	4.2 to 38.3	13.0	1.5	1.6	1.6	.20	.21	.21
Interior Partitions	5.0 to 44.4	17.7	3.9	4.3	4.4	.69	.76	.78
Miscellaneous Items	2.2 to 111.2	16.5	5.2	3.7	9.7	.86	.61	1.60
Elevators	2.4 to 25.5	8.5	2.1	1.1	2.2	.18	.09	.19
Sprinklers	2.2 to 16.9	8.3	0.5	–	2.0	.04	–	.17
Plumbing	2.4 to 17.7	8.2	4.9	7.2	5.2	.40	.59	.43
Heat., Vent., Air Conditioning	4.4 to 29.1	11.3	13.5	11.0	12.9	1.53	1.24	1.46
Electrical	2.5 to 11.6	6.5	10.1	8.4	11.1	.66	.55	.72
Total	2.2% to 152.6%	–	100.0%	100.0%	100.0%	16.34%	14.90	18.29
		Overall Weighted Average		16.51%				

General Requirements | R010 | Overhead and Miscellaneous Data

R010-060b Insurance Rates by States

The table below lists the weighted average Workers' Compensation base rate for each state with a factor comparing this with the national average of 16.1%.

State	Weighted Average	Factor	State	Weighted Average	Factor	State	Weighted Average	Factor
Alabama	15.4%	96	Kentucky	13.1%	81	North Dakota	18.2%	113
Alaska	20.2	125	Louisiana	16.4	102	Ohio	15.9	99
Arizona	16.6	103	Maine	25.9	161	Oklahoma	13.1	81
Arkansas	14.1	88	Maryland	15.3	95	Oregon	30.2	188
California	17.6	109	Massachusetts	25.4	158	Pennsylvania	18.0	112
Colorado	26.4	164	Michigan	18.3	114	Rhode Island	19.1	119
Connecticut	25.0	155	Minnesota	27.3	170	South Carolina	9.8	61
Delaware	12.2	76	Mississippi	12.0	75	South Dakota	13.2	82
District of Columbia	22.8	142	Missouri	9.6	60	Tennessee	10.6	66
Florida	22.7	141	Montana	34.9	217	Texas	24.6	153
Georgia	16.1	100	Nebraska	10.2	63	Utah	11.5	71
Hawaii	17.6	109	Nevada	16.5	102	Vermont	11.6	72
Idaho	13.8	86	New Hampshire	19.6	122	Virginia	9.2	57
Illinois	24.7	153	New Jersey	8.4	52	Washington	13.5	84
Indiana	6.7	42	New Mexico	21.3	132	West Virginia	9.9	61
Iowa	13.1	81	New York	15.1	94	Wisconsin	14.4	89
Kansas	9.6	60	North Carolina	8.4	52	Wyoming	6.4	40
Weighted Average for U.S. is 16.5% of payroll = 100%								

Rates in the following table are the base or manual costs per $100 of payroll for Workers' Compensation in each state. Rates are usually applied to straight time wages only and not to premium time wages and bonuses.

The weighted average skilled worker rate for 35 trades is 16.1%. For bidding purposes, apply the full value of Workers' Compensation directly to total labor costs, or if labor is 32%, materials 48% and overhead and profit 20% of total cost, carry 32/80 x 16.1% = 6.4% of cost (before overhead and profit) into overhead. Rates vary not only from state to state but also with the experience rating of the contractor.

Rates are the most current available at the time of publication.

General Requirements — R010 Overhead and Miscellaneous Data

R010-060c Workers' Compensation by Trade and State (cont.)

State	Carpentry – 3 stories or less	Carpentry – interior cab. work	Carpentry – general	Concrete Work – NOC	Concrete Work – flat (flr., sdwk.)	Electrical Wiring – inside	Excavation – earth NOC	Excavation – rock	Glaziers	Insulation Work	Lathing	Masonry	Painting & Decorating	Pile Driving	Plastering	Plumbing	Roofing	Sheet Metal Work (HVAC)	Steel Erection – door & sash	Steel Erection – inter., ornam.	Steel Erection – structure	Steel Erection – NOC	Tile Work – (interior ceramic)	Waterproofing	Wrecking
	5651	5437	5403	5213	5221	5190	6217	6217	5462	5479	5443	5022	5474	6003	5480	5183	5551	5538	5102	5102	5040	5057	5348	9014	5701
AL	18.41	9.67	16.63	12.50	8.20	6.63	9.81	9.81	12.66	13.73	10.27	11.97	13.05	39.61	10.60	8.03	28.40	16.64	9.21	9.21	26.23	25.70	9.23	4.07	26.23
AK	12.44	9.40	14.57	13.85	12.23	10.61	13.86	13.86	21.75	15.47	12.82	13.26	11.24	36.18	17.88	10.60	19.62	13.29	14.24	14.24	62.84	62.84	10.86	6.05	62.84
AZ	21.45	6.91	25.02	13.07	10.09	9.30	8.22	8.22	14.57	16.09	11.54	18.00	13.40	28.10	22.73	6.72	21.94	13.14	13.73	13.73	35.58	19.23	8.64	6.54	35.58
AR	11.69	9.12	15.44	16.86	6.56	6.48	10.13	10.13	10.16	9.98	11.49	14.50	10.54	21.49	13.77	6.23	19.82	9.88	8.45	8.45	43.86	24.56	5.72	5.22	43.86
CA	24.00	8.36	24.00	10.24	10.24	8.85	7.88	7.88	16.37	23.82	8.72	14.55	15.22	19.55	18.12	11.58	39.79	14.69	12.92	12.92	29.13	24.99	8.49	15.22	31.33
CO	32.22	13.54	20.95	20.96	15.13	9.20	15.99	15.99	15.98	21.31	14.68	31.06	21.85	41.53	37.40	14.50	59.10	12.54	11.83	11.83	73.46	43.49	15.04	12.26	73.46
CT	25.64	16.78	28.91	29.12	15.00	9.65	12.33	12.33	19.37	26.06	21.33	32.17	17.45	35.36	29.34	13.90	46.30	17.70	21.48	21.48	42.21	36.72	13.53	5.74	42.21
DE	13.83	13.83	11.56	9.28	6.29	5.82	8.54	8.54	11.18	11.56	10.51	9.85	13.41	11.64	10.51	5.41	22.89	10.29	10.21	10.21	26.69	10.21	7.54	9.85	25.69
DC	11.78	9.70	17.03	31.58	10.05	9.71	14.63	14.63	16.22	15.85	12.32	20.32	10.62	42.97	12.14	15.84	37.85	10.70	23.67	23.67	54.46	53.40	26.72	6.07	54.46
FL	18.91	14.12	22.70	33.24	13.63	9.67	15.20	15.20	17.57	19.25	20.18	20.16	22.64	35.26	23.70	12.01	41.83	14.34	16.80	16.80	36.02	43.58	9.53	7.74	36.02
GA	17.96	9.28	20.73	13.67	10.87	6.80	14.05	14.05	12.74	11.08	16.74	13.30	12.36	31.91	12.09	6.44	28.45	11.02	7.94	7.94	20.82	38.16	8.51	8.35	20.82
HI	11.66	9.32	39.81	13.93	9.03	8.89	10.81	10.81	14.80	20.18	9.51	17.35	7.68	28.43	19.16	5.36	40.64	8.32	14.10	14.10	27.94	26.82	7.72	10.50	27.94
ID	12.77	7.85	19.49	16.86	6.16	5.21	8.80	8.80	10.92	14.79	9.18	17.81	12.45	23.14	11.92	5.97	26.93	9.37	8.43	8.43	21.54	20.68	7.79	7.88	21.54
IL	20.80	12.92	16.24	25.80	13.09	8.75	10.82	10.82	27.49	20.84	12.47	17.52	15.10	29.94	14.16	13.63	36.88	16.07	12.95	12.95	70.09	102.24	12.67	6.14	70.09
IN	8.14	3.85	6.95	6.54	3.27	2.47	4.82	4.82	7.63	6.61	3.97	5.31	4.20	11.13	5.52	2.42	11.56	4.35	4.87	4.87	11.08	16.44	4.17	3.10	11.08
IA	9.23	7.01	10.64	17.71	4.89	5.38	9.85	9.85	8.25	12.47	6.76	10.58	8.30	17.54	8.92	7.78	18.49	8.41	9.80	9.80	38.15	37.61	6.25	4.27	22.23
KS	9.59	5.21	9.03	12.02	6.28	3.21	4.13	4.13	5.41	12.57	8.15	9.60	7.02	13.06	9.48	4.28	20.27	6.50	5.05	5.05	13.93	28.57	4.99	5.03	13.93
KY	14.27	6.19	14.56	11.42	7.61	4.67	7.40	7.40	8.65	10.16	10.07	13.10	12.37	28.02	9.53	5.21	23.87	9.76	9.85	9.85	30.22	23.44	7.65	4.39	30.22
LA	18.94	15.08	17.04	12.63	9.55	7.60	13.44	13.44	13.04	11.14	10.66	11.38	14.78	43.38	13.04	7.37	29.74	11.42	8.95	8.95	35.52	19.76	9.76	5.54	35.52
ME	13.97	10.98	44.45	29.73	11.07	9.91	16.65	16.65	18.48	20.10	14.91	19.50	20.96	43.55	20.00	13.98	44.43	16.07	20.89	20.89	52.43	68.86	13.56	7.87	52.43
MD	12.59	12.33	10.70	17.28	9.77	7.64	12.85	12.85	18.78	12.60	8.29	12.40	17.05	14.05	10.26	9.40	32.69	13.58	11.27	11.27	26.18	32.54	9.59	4.30	37.63
MA	14.16	12.04	30.31	33.73	15.36	6.48	9.34	9.34	21.21	16.86	15.19	23.65	14.05	26.22	15.99	9.21	85.93	13.85	16.23	16.23	83.51	48.66	13.21	9.81	83.51
MI	13.42	7.53	15.42	19.69	11.63	6.22	13.02	13.02	17.05	19.98	13.24	16.38	16.86	26.48	17.06	8.31	35.05	11.22	13.50	13.50	24.91	44.17	8.13	N.A.	24.91
MN	24.61	24.61	38.44	27.74	17.75	7.10	14.72	14.72	15.00	23.89	18.85	18.11	20.67	33.39	18.85	11.49	50.69	12.32	14.72	14.72	76.75	74.82	16.50	10.37	76.75
MS	13.69	7.08	13.73	10.51	6.52	6.48	10.29	10.29	8.94	9.60	10.46	8.20	8.35	31.30	11.30	4.66	16.70	9.59	7.95	7.95	25.24	14.04	6.86	4.80	25.24
MO	10.28	6.27	8.10	8.10	7.11	4.06	7.48	7.48	5.66	9.60	6.40	8.74	6.68	17.35	8.37	4.50	20.56	6.42	7.66	7.66	19.99	13.67	5.61	4.75	19.99
MT	19.93	13.12	35.89	28.65	18.96	8.84	25.31	25.31	15.70	27.52	24.20	46.44	38.31	49.62	25.41	17.72	42.47	19.22	19.49	19.49	152.63	65.24	12.43	16.00	152.63
NE	8.82	6.64	7.59	9.47	9.16	4.27	7.61	7.61	7.50	10.89	6.53	8.22	9.35	15.29	9.46	5.27	19.43	9.52	7.07	7.07	14.51	23.92	4.89	4.39	14.51
NV	15.46	15.46	15.46	10.49	10.49	7.27	10.93	10.93	11.72	18.09	15.04	11.37	14.04	10.82	15.04	9.71	26.61	29.15	13.16	13.16	29.83	29.83	8.67	10.82	N.A.
NH	16.39	10.49	20.73	24.88	15.19	5.70	12.26	12.26	9.77	16.48	11.78	16.64	13.00	50.10	21.05	10.03	57.53	10.64	13.73	13.73	33.76	17.97	10.30	6.70	33.76
NJ	7.27	5.83	7.27	6.81	5.18	2.74	6.12	6.12	6.12	7.89	6.88	8.21	7.68	11.76	6.88	3.41	17.12	4.42	9.57	9.57	20.44	9.81	3.14	3.84	21.93
NM	17.58	13.79	18.04	31.61	12.64	7.32	13.21	13.21	14.73	20.94	14.93	23.43	13.24	44.80	23.43	11.43	36.39	12.49	19.60	19.60	30.79	34.41	12.70	9.95	30.79
NY	11.64	7.02	14.08	15.36	13.13	6.63	13.52	13.52	10.37	13.45	9.18	15.16	10.75	24.81	12.02	8.02	28.93	15.87	12.80	12.80	23.39	25.67	9.63	5.75	24.05
NC	7.64	6.10	10.23	8.67	4.61	5.71	7.38	7.38	6.13	7.36	5.10	5.43	6.41	12.58	11.70	5.22	15.15	6.48	5.85	5.85	18.27	10.07	3.16	3.00	18.27
ND	16.97	16.97	16.97	13.53	13.53	6.30	11.62	11.62	18.36	14.58	9.13	9.86	12.96	35.89	9.13	12.55	22.09	12.55	16.97	16.97	35.89	35.89	8.78	22.09	N.A.
OH	9.63	9.63	9.63	9.79	9.79	4.82	9.79	9.79	12.48	9.48	9.48	11.52	12.48	9.79	9.48	5.77	19.13	15.23	N.A.	N.A.	58.93	58.93	4.77	9.79	9.79
OK	14.59	7.57	11.93	10.56	8.60	3.88	9.65	9.65	8.24	10.08	8.03	10.14	8.53	25.28	11.05	5.20	21.05	8.24	7.96	7.96	38.27	30.06	5.70	6.78	38.27
OR	50.06	15.57	36.10	27.00	21.79	9.71	18.19	18.19	17.55	31.15	18.59	24.16	30.24	58.18	22.92	11.75	54.14	16.41	17.39	17.39	56.94	53.08	16.48	21.34	56.94
PA	13.08	13.08	15.05	20.57	10.11	6.97	11.42	11.42	12.49	15.05	15.42	20.05	23.45	15.12	9.30	31.61	11.18	18.41	18.41	50.77	18.41	9.96	15.00	81.34
RI	15.52	7.13	12.32	14.83	16.49	6.22	12.89	12.89	18.05	15.23	11.26	14.94	17.87	30.71	15.05	4.69	31.27	6.80	10.13	10.13	78.01	40.30	9.28	8.00	78.01
SC	13.97	8.54	14.45	8.67	4.98	6.83	5.69	5.69	9.15	9.05	6.20	8.34	9.95	14.45	9.72	4.12	14.39	9.59	5.08	5.08	12.29	18.78	6.69	3.69	12.29
SD	11.80	7.42	15.42	11.51	8.37	4.98	7.81	7.81	9.30	18.37	8.98	10.96	9.54	23.69	13.15	9.57	25.90	8.15	9.26	9.26	24.76	21.81	6.38	5.62	24.76
TN	12.06	6.21	11.88	10.01	5.70	4.22	7.72	7.72	8.04	9.59	6.27	8.90	9.15	22.31	8.10	5.40	18.90	8.73	8.15	8.15	21.31	15.85	4.81	4.40	21.31
TX	28.29	18.95	28.29	25.59	19.49	11.60	18.16	18.16	14.17	25.84	13.47	23.12	18.29	43.91	20.99	12.88	47.24	22.92	14.29	14.29	50.47	31.01	9.94	11.38	54.81
UT	NA	NA	11.34	14.35	7.20	5.44	6.12	6.12	8.62	8.45	9.51	16.56	12.37	16.69	9.88	6.43	26.69	6.45	8.62	8.62	N.A.	24.25	4.67	4.01	26.30
VT	8.76	5.07	15.15	15.77	5.45	3.34	7.83	7.83	8.47	9.97	7.83	11.53	7.22	21.12	10.78	5.28	16.01	7.85	8.07	8.07	25.66	25.58	6.16	6.27	25.66
VA	8.20	6.65	9.44	10.36	4.16	4.19	6.82	6.82	7.19	10.69	6.72	7.19	6.79	13.65	6.21	4.94	19.27	6.75	5.49	5.49	15.68	22.92	4.71	2.78	15.68
WA	13.84	13.84	13.84	11.16	10.67	3.87	8.33	8.33	14.72	11.30	13.84	13.56	11.65	18.34	14.60	5.19	13.41	5.93	11.76	11.76	22.72	22.72	8.32	13.01	16.57
WV	10.82	10.82	10.82	11.26	11.26	4.69	10.32	10.32	5.08	5.08	5.08	11.26	8.65	10.33	11.26	4.33	12.27	5.08	12.18	12.18	9.79	12.18	8.65	3.36	9.79
WI	9.37	7.20	17.40	9.90	7.98	5.23	8.82	8.82	10.31	11.99	9.59	11.94	11.80	35.92	12.38	6.95	31.19	8.58	8.78	8.78	28.67	31.57	8.60	5.50	48.85
WY	5.86	5.86	5.86	5.86	5.86	5.86	5.86	5.86	5.86	5.86	5.86	5.86	5.86	5.86	5.86	5.86	5.86	5.86	5.86	5.86	5.86	5.86	5.86	5.86	5.86
AVG.	15.28	10.15	17.65	16.36	10.16	6.53	10.75	10.75	12.54	14.70	11.12	14.87	12.99	26.77	14.34	8.15	29.69	11.28	11.72	11.72	37.36	32.18	8.88	7.70	37.29

General Requirements — R010 Overhead and Miscellaneous Data

R010-060d Workers' Compensation (cont.) (Canada in Canadian dollars)

Province		Alberta	British Columbia	Manitoba	Ontario	New Brunswick	Newfndld. & Labrador	Northwest Territories	Nova Scotia	Prince Edward Island	Quebec	Saskatchewan	Yukon
Carpentry—3 stories or less	Rate	5.33	3.32	7.99	3.98	3.85	5.23	6.50	3.48	5.40	7.59	5.25	2.00
	Code	8-04	60412	401	062-08	403	403	4-41	4013	401	40010	B12-02	4-042
Carpentry—interior cab. work	Rate	5.33	3.32	7.99	3.98	3.85	5.23	6.50	3.48	5.40	7.59	4.50	2.00
	Code	8-04	60412	401	062-08	403	403	4-41	4013	401	40010	B11-25	4-042
CARPENTRY—general	Rate	5.33	3.32	7.99	3.98	3.85	5.23	6.50	3.48	5.40	7.59	5.25	2.00
	Code	8-04	60412	401	062-08	403	403	4-41	4013	401	40010	B12-02	4-042
CONCRETE WORK—NOC	Rate	6.73	5.51	7.99	9.09	3.85	5.23	6.50	3.48	5.40	10.99	8.65	2.50
	Code	6-01	70604	401	744-09	403	403	4-41	4222	401	40080	B14-04	2-032
CONCRETE WORK—flat (flr. sidewalk)	Rate	6.73	5.51	7.99	9.09	3.85	5.23	6.50	3.48	5.40	10.99	8.65	2.50
	Code	6-01	70604	401	744-09	403	403	4-41	4222	401	40080	B14-04	2-032
ELECTRICAL Wiring—inside	Rate	2.62	2.95	3.94	6.24	3.85	3.03	4.50	1.53	3.05	5.38	4.50	2.00
	Code	6-06	71100	402	864-07	403	400	4-46	4261	402	40150	B11-05	4-041
EXCAVATION—earth NOC	Rate	4.88	3.37	8.53	13.18	3.85	5.23	7.00	3.19	5.40	7.58	5.90	2.50
	Code	6-07	72607	407	753-13	403	403	4-43	4214	401	40021	R11-06	2-016
EXCAVATION—rock	Rate	4.88	3.37	8.53	13.18	3.85	5.23	7.00	3.19	5.40	7.58	5.90	2.50
	Code	6-07	72607	407	753-13	403	403	4-43	4214	401	40021	R11-06	2-016
GLAZIERS	Rate	3.65	1.70	7.99	9.41	3.85	2.86	6.50	3.48	3.05	6.15	7.35	2.00
	Code	6-03	60236	401	873-11	403	402	4-41	4233	402	40110	B13-04	4-042
INSULATION WORK	Rate	6.06	6.39	7.99	9.41	3.85	2.86	6.50	3.48	5.40	8.33	5.25	2.50
	Code	6-03	70504	401	873-11	403	402	4-41	4234	401	40170	B12-07	2-035
LATHING	Rate	8.14	6.39	7.99	9.81	3.85	2.86	6.50	3.48	3.05	8.33	7.35	2.50
	Code	6-03	70500	401	854-12	403	402	4-41	4271	402	40170	B13-02	2-036
MASONRY	Rate	7.52	5.51	7.99	9.81	3.85	5.23	6.50	3.48	5.40	10.99	11.50	2.50
	Code	6-04	70602	401	854-12	403	403	4-41	4231	401	40080	B15-01	2-032
PAINTING & DECORATING	Rate	4.75	6.39	7.99	9.41	3.85	2.86	4.50	3.48	3.05	8.33	5.25	2.50
	Code	6-03	70501	401	873-11	403	402	4-49	4275	402	40170	B12-01	2-036
PILE DRIVING	Rate	7.27	18.00	8.53	10.96	3.85	6.05	7.00	3.55	5.40	7.58	5.25	2.50
	Code	6-01	72502	407	836-13	403	404	4-43	4221	401	40021	B12-10	2-030
PLASTERING	Rate	8.14	6.39	7.99	9.81	3.85	2.86	6.50	3.48	3.05	8.33	7.35	2.50
	Code	6-03	70502	401	854-12	403	402	4-41	4271	402	40170	B13-02	2-036
PLUMBING	Rate	2.92	3.36	3.94	6.24	3.85	4.13	4.50	2.30	3.05	6.64	4.50	2.00
	Code	6-02	70712	402	864-07	403	401	4-46	4241	402	40130	B11-01	4-039
ROOFING	Rate	11.48	5.51	9.31	9.81	3.85	5.23	6.50	3.48	5.40	11.99	11.50	2.50
	Code	6-05	70600	404	854-12	403	403	4-41	4235	401	40121	B15-02	2-031
SHEET METAL WORK (HVAC)	Rate	4.04	3.36	9.31	6.24	3.85	4.13	4.50	3.48	3.05	6.64	4.50	2.00
	Code	6-02	70714	404	864-07	403	401	4-46	4236	402	40130	B11-07	4-040
STEEL ERECTION—door & sash	Rate	4.12	18.00	10.75	11.22	3.85	6.05	6.50	3.48	5.40	16.81	11.50	2.50
	Code	8-03	72509	405	827-09	403	404	4-41	4223	401	40100	B15-03	2-012
STEEL ERECTION—inter., ornam.	Rate	4.48	18.00	10.75	11.22	3.85	5.23	6.50	3.48	5.40	16.81	11.50	2.50
	Code	6-01	72509	405	827-09	403	403	4-41	4223	401	40100	B15-03	2-012
STEEL ERECTION—structure	Rate	11.24	18.00	10.75	23.11	3.85	6.05	4.25	6.58	5.40	16.81	11.50	2.50
	Code	6-08	72509	405	809-14	403	404	4-44	4227	401	40100	B15-04	2-012
STEEL ERECTION—NOC	Rate	11.24	18.00	10.75	11.22	3.85	6.05	6.50	6.58	5.40	16.81	11.50	2.50
	Code	6-08	72509	405	827-09	403	404	4-41	4227	401	40100	B15-03	2-012
TILE WORK—inter. (ceramic)	Rate	6.15	6.39	7.99	6.24	3.85	2.86	4.50	3.48	3.05	8.33	7.35	2.50
	Code	6-03	70506	401	864-07	403	402	4-49	4276	402	40170	B13-01	2-034
WATERPROOFING	Rate	6.73	1.70	8.53	9.41	3.85	5.23	6.50	3.48	3.05	11.38	4.50	2.50
	Code	6-02	60237	407	873-11	403	403	4-41	4239	402	40122	B11-17	2-030
WRECKING	Rate	12.86	5.51	7.99	24.66	3.85	5.23	7.00	3.48	5.40	10.99	8.65	2.50
	Code	6-08	70600	401	859-15	403	403	4-43	4211	401	40080	B14-07	2-030

General Requirements | R010 | Overhead and Miscellaneous Data

R010-070 Contractor's Overhead & Profit

Listed below in the last two columns are **average** billing rates for the installing contractor's labor.

The Base Rates are averages for the building construction industry and include the usual negotiated fringe benefits. Worker's Compensation is a national average of state rates established for each trade. Average Fixed Overhead is a total of average rates for U.S. and State Unemployment, 7.3%; Social Security (FICA), 7.65%; Builders' Risk, 0.34% and Public Liability, 1.55%. These are analyzed in R010-040 and R010-100. All the rates except Social Security vary from state to state as well as from company to company. The installing contractor's overhead presumes annual billing of $500,000 and up. Overhead percentages may increase with smaller annual billing.

Overhead varies greatly within each trade. Some controlling factors are annual volume, job type, job size, location, local economic conditions, engineering and logistical support staff and equipment requirements. All factors should be examined carefully for each job.

Abbr.	Trade	Base Rate Incl. Fringes		Workers' Comp. Ins.	Average Fixed Overhead	Overhead	Profit	Total Overhead & Profit		Rate with O & P	
		Hourly	Daily					%	Amount	Hourly	Daily
Skwk	Skilled Workers Average (35 trades)	$23.40	$187.20	16.1%	16.8%	13.0%	10%	55.9%	$13.10	$36.50	$292.00
	Helpers Average (5 trades)	17.55	140.40	17.1		11.0		54.9	9.65	27.20	217.60
	Foreman Average, Inside ($.50 over trade)	23.90	191.20	16.1		13.0		55.9	13.35	37.25	298.00
	Foreman Average, Outside ($2.00 over trade)	25.40	203.20	16.1		13.0		55.9	14.20	39.60	316.80
Clab	Common Building Laborers	18.00	144.00	17.7		11.0		55.5	10.00	28.00	224.00
Asbe	Asbestos Workers	25.50	204.00	14.7		16.0		57.5	14.65	40.15	321.20
Boil	Boilermakers	25.70	205.60	9.9		16.0		52.7	13.55	39.25	314.00
Bric	Bricklayers	23.40	187.20	14.9		11.0		52.7	12.35	35.75	286.00
Brhe	Bricklayer Helpers	18.15	145.20	14.9		11.0		52.7	9.55	27.70	221.60
Carp	Carpenters	22.85	182.80	17.7		11.0		55.5	12.70	35.55	284.40
Cefi	Cement Finishers	22.70	181.60	10.2		11.0		48.0	10.90	33.60	268.80
Elec	Electricians	26.10	208.80	6.5		16.0		49.3	12.85	38.95	311.60
Elev	Elevator Constructors	26.05	208.40	8.5		16.0		51.3	13.35	39.40	315.20
Eqhv	Equipment Operators, Crane or Shovel	24.15	193.20	10.7		14.0		51.5	12.45	36.60	292.80
Eqmd	Equipment Operators, Medium Equipment	23.25	186.00	10.7		14.0		51.5	11.95	35.20	281.60
Eqlt	Equipment Operators, Light Equipment	22.30	178.40	10.7		14.0		51.5	11.50	33.80	270.40
Eqol	Equipment Operators, Oilers	19.90	159.20	10.7		14.0		51.5	10.25	30.15	241.20
Eqmm	Equipment Operators, Master Mechanics	24.65	197.20	10.7		14.0		51.5	12.70	37.35	298.80
Glaz	Glaziers	23.05	184.40	12.5		11.0		50.3	11.60	34.65	277.20
Lath	Lathers	22.75	182.00	11.1		11.0		48.9	11.10	33.85	270.80
Marb	Marble Setters	23.20	185.60	14.9		11.0		52.7	12.25	35.45	283.60
Mill	Millwrights	23.60	188.80	10.7		11.0		48.5	11.45	35.05	280.40
Mstz	Mosaic & Terrazzo Workers	22.90	183.20	8.9		11.0		46.7	10.70	33.60	268.80
Pord	Painters, Ordinary	21.30	170.40	13.0		11.0		50.8	10.80	32.10	256.80
Psst	Painters, Structural Steel	22.10	176.80	47.7		11.0		85.5	18.90	41.00	328.00
Pape	Paper Hangers	21.50	172.00	13.0		11.0		50.8	10.90	32.40	259.20
Pile	Pile Drivers	22.75	182.00	26.8		16.0		69.6	15.85	38.60	308.80
Plas	Plasterers	22.35	178.80	14.3		11.0		52.1	11.65	34.00	272.00
Plah	Plasterer Helpers	18.40	147.20	14.3		11.0		52.1	9.60	28.00	224.00
Plum	Plumbers	26.45	211.60	8.1		16.0		50.9	13.45	39.90	319.20
Rodm	Rodmen (Reinforcing)	24.90	199.20	32.2		14.0		73.0	18.20	43.10	344.80
Rofc	Roofers, Composition	20.85	166.80	29.7		11.0		67.5	14.05	34.90	279.20
Rots	Roofers, Tile & Slate	20.95	167.60	29.7		11.0		67.5	14.15	35.10	280.80
Rohe	Roofers, Helpers (Composition)	15.10	120.80	29.7		11.0		67.5	10.20	25.30	202.40
Shee	Sheet Metal Workers	25.75	206.00	11.3		16.0		54.1	13.95	39.70	317.60
Spri	Sprinkler Installers	27.15	217.20	8.3		16.0		51.1	13.85	41.00	328.00
Stpi	Steamfitters or Pipefitters	26.45	211.60	8.1		16.0		50.9	13.45	39.90	319.20
Ston	Stone Masons	23.60	188.80	14.9		11.0		52.7	12.45	36.05	288.40
Sswk	Structural Steel Workers	25.15	201.20	37.4		14.0		78.2	19.65	44.80	358.40
Tilf	Tile Layers (Floor)	22.70	181.60	8.9		11.0		46.7	10.60	33.30	266.40
Tilh	Tile Layers Helpers	18.20	145.60	8.9		11.0		46.7	8.50	26.70	213.60
Trlt	Truck Drivers, Light	18.85	150.80	14.5		11.0		52.3	9.85	28.70	229.60
Trhv	Truck Drivers, Heavy	19.05	152.40	14.5		11.0		52.3	9.95	29.00	232.00
Sswl	Welders, Structural Steel	25.15	201.20	37.4		14.0		78.2	19.65	44.80	358.40
Wrck	*Wrecking	18.00	144.00	37.3		11.0		75.1	13.50	31.50	252.00

*Not included in Averages

General Requirements | R010 | Overhead and Miscellaneous Data

R010-080 Performance Bond

This table shows the cost of a Performance Bond for a construction job scheduled to be completed in 12 months. Add 1% of the premium cost per month for jobs requiring more than 12 months to complete. The rates are "standard" rates offered to contractors that the bonding company considers financially sound and capable of doing the work. Preferred rates are offered by some bonding companies based upon financial strength of the contractor. Actual rates vary from contractor to contractor and from bonding company to bonding company. Contractors should prequalify through a bonding agency before submitting a bid on a contract that requires a bond.

Contract Amount	Building Construction Class B Projects	Highways & Bridges Class A New Construction	Highways & Bridges Class A-1 Highway Resurfacing
First $ 100,000 bid	$25.00 per M	$15.00 per M	$ 9.40 per M
Next 400,000 bid	$ 2,500 plus $15.00 per M	$ 1,500 plus $10.00 per M	$ 940 plus $7.20 per M
Next 2,000,000 bid	8,500 plus 10.00 per M	5,500 plus 7.00 per M	3,820 plus 6.00 per M
Next 2,500,000 bid	28,500 plus 7.50 per M	19,500 plus 5.50 per M	15,820 plus 5.00 per M
Next 2,500,000 bid	47,250 plus 7.00 per M	33,250 plus 5.00 per M	28,320 plus 4.50 per M
Over 7,500,000 bid	64,750 plus 6.00 per M	45,750 plus 4.50 per M	39,570 plus 4.00 per M

R010-090 Sales Tax by State

State sales tax on materials is tabulated below (5 states have no sales tax). Many states allow local jurisdictions, such as a county or city, to levy additional sales tax.

Some projects may be sales tax exempt, particularly those constructed with public funds.

State	Tax (%)	State	Tax (%)	State	Tax (%)	State	Tax (%)
Alabama	4	Illinois	6.25	Montana	0	Rhode Island	6
Alaska	0	Indiana	5	Nebraska	5	South Carolina	5
Arizona	5	Iowa	4	Nevada	5.75	South Dakota	4
Arkansas	4	Kansas	4.25	New Hampshire	0	Tennessee	5.5
California	6	Kentucky	6	New Jersey	7	Texas	6.25
Colorado	3	Louisiana	4	New Mexico	5	Utah	6
Connecticut	8	Maine	5	New York	4	Vermont	4
Delaware	0	Maryland	5	North Carolina	5	Virginia	4.5
District of Columbia	6	Massachusetts	5	North Dakota	6	Washington	6.5
Florida	6	Michigan	4	Ohio	5.5	West Virginia	6
Georgia	4	Minnesota	6	Oklahoma	4.5	Wisconsin	5
Hawaii	4	Mississippi	6	Oregon	0	Wyoming	3
Idaho	5	Missouri	4.225	Pennsylvania	6	Average	4.61

R010-100 Unemployment Taxes and Social Security Taxes

Mass. State Unemployment tax ranges from 2.7% to 6.9% plus an experience rating assessment the following year, on the first $7,000 of wages. Federal Unemployment tax is 6.5% of the first $7,000 of wages. This is reduced by a credit for payment to the state. The minimum Federal Unemployment tax is .8% after all credits.

Combined rates in Mass. thus vary from 3.5% to 7.7% of the first $7,000 of wages. Combined average U.S. rate is about 7.3% of the first $7,000. Contractors with permanent workers will pay less since the average annual wages for skilled workers is $23.40 x 2,000 hours or about $46,800 per year. The average combined rate for U.S. would thus be 7.3% x $7,000 ÷ $46,800 = 1.1% of total wages for permanent employees.

Rates not only vary from state to state but also with the experience rating of the contractor.

Social Security (FICA) for 1992 is estimated at time of publication to be 7.65% of wages up to $53,400.

General Requirements — R010 Overhead and Miscellaneous Data

R010-110 Overtime

One way to improve the completion date of a project or eliminate negative float from a schedule, is to compress activity duration times. This can be achieved by increasing the crew size or working overtime with the proposed crew.

To determine the costs of working overtime to compress activity duration times, consider the following examples. Below is an overtime efficiency and cost chart based on a five, six, or seven day week with an eight through twelve hour day. Payroll percentage increases for time and one half and double time are shown for the various working days.

Days per Week	Hours per Day	Production Efficiency					Payroll Cost Factors	
		1 Week	2 Weeks	3 Weeks	4 Weeks	Average 4 Weeks	1-1/2 Times	2 Times
5	8	100%	100%	100%	100%	100%	100%	100%
	9	100	100	95	90	96.25	105.6	111.1
	10	100	95	90	85	91.25	110.0	120.0
	11	95	90	75	65	81.25	113.6	127.3
	12	90	85	70	60	76.25	116.7	133.3
6	8	100	100	95	90	96.25	108.3	116.7
	9	100	95	90	85	92.50	113.0	125.9
	10	95	90	85	80	87.50	116.7	133.3
	11	95	85	70	65	78.75	119.7	139.4
	12	90	80	65	60	73.75	122.2	144.4
7	8	100	95	85	75	88.75	114.3	128.6
	9	95	90	80	70	83.75	118.3	136.5
	10	90	85	75	65	78.75	121.4	142.9
	11	85	80	65	60	72.50	124.0	148.1
	12	85	75	60	55	68.75	126.2	152.4

General Requirements — R011 Special Project Procedures

R011-010 Repair and Remodeling

Cost figures in MEANS ELECTRICAL COST DATA are based on new construction utilizing the most cost-effective combination of labor, equipment and material with the work scheduled in proper sequence to allow the various trades to accomplish their work in an efficient manner.

The costs for repair and remodeling work must be modified due to the following factors that may be present in any given repair and remodeling project.

1. Equipment usage curtailment due to the physical limitations of the project, with only hand-operated equipment being used.
2. Increased requirement for shoring and bracing to hold up the building while structural changes are being made and to allow for temporary storage of construction materials on above-grade floors.
3. Material handling becomes more costly due to having to move within the confines of an enclosed building. For multi-story construction, low capacity elevators and stairwells may be the only access to the upper floors.
4. Large amount of cutting and patching and attempting to match the existing construction is required. It is often more economical to remove entire walls rather than create many new door and window openings. This sort of trade-offs has to be carefully analyzed.
5. Cost of protection of completed work is increased since the usual sequence of construction usually cannot be accomplished.
6. Economies of scale usually associated with new construction may not be present. If small quantities of components must be custom fabricated due to job requirements, unit costs will naturally increase. Also, if only small work areas are available at a given time, job scheduling between trades becomes difficult and subcontractor quotations may reflect the excessive start-up and shut-down phases of the job.
7. Work may have to be done on other than normal shifts and may have to be done around an existing production facility which has to stay in production during the course of the repair and remodeling.
8. Dust and noise protection of adjoining non-construction areas can involve substantial special protection and alter usual construction methods.
9. Job may be delayed due to unexpected conditions discovered during demolition or removal. These delays ultimately increase construction costs.
10. Piping and ductwork runs may not be as simple as for new construction. Wiring may have to be snaked through walls and floors.
11. Matching "existing construction" may be impossible because materials may no longer be manufactured. Substitutions may be expensive.
12. Weather protection of existing structure requires additional temporary structures to protect building at opening.
13. On small projects, because of local conditions, it may be necessary to pay a tradesman for a minimum of four hours for a task that is completed in one hour.

All of the above areas can contribute to increased costs for a repair and remodeling project. Each of the above factors should be considered in the planning, bidding and construction stage in order to minimize the increased costs associated with repair and remodeling jobs.

General Requirements — R015 Construction Aids

R015-100 Steel Tubular Scaffolding

On new construction, tubular scaffolding is efficient up to 60' high or five stories. Above this it is usually better to use a hung scaffolding if construction permits.

In repairing or cleaning the front of an existing building the cost of tubular scaffolding per S.F. of building front increases as the height increases above the first tier. The first tier cost is relatively high due to leveling and alignment. Swing scaffolding operations may interfere with tenants. In this case the tubular is more practical at all heights.

The minimum efficient crew for erection is three men. For heights over 50', a four-man crew is more efficient. Use two or more on top and two at the bottom for handing up or hoisting. Four men can erect and dismantle about nine frames per hour up to five stories. From five to eight stories they will average six frames per hour. With 7' horizontal spacing this will run about 300 S.F. and 200 S.F. of wall surface, respectively. Time for placing planks must be added to the above. On heights above 50', five planks can be placed per man-hour.

The cost per 1,000 S.F. of building front in the table below was developed by pricing the materials required for a typical tubular scaffolding system eleven frames long and two frames high. Planks were figured five wide for standing plus two wide for materials.

Frames are 2', 4' and 5' wide and usually spaced 7' O.C. horizontally. Sidewalk frames are 6' wide. Rental rates will be lower for jobs over three months duration.

For jobs under twenty-five frames, figure rental at $6.00 per frame. For jobs over one hundred frames, rental can go as low as $2.65 per frame. These figures do not include accessories which are listed separately below. Large quantities for long periods can reduce rental rates by 20%.

Item	Unit	Purchase, Each		Monthly Rent, Each		Per 1,000 S. F. of Building Front	
		Regular	Heavy Duty	Regular	Heavy Duty	No. of Frames	Rental per Mo.
5' Wide Frames, 3' High	Ea.	$ 55	$ –	$3.65	$ –	–	–
*5'-0" High		70	–	3.65	–	–	–
*6'-6" High		85	–	3.65	–	24	$ 87.60
2' & 4' Wide, 5' High		–	75	–	3.75	–	–
6'-0" High		–	85	–	3.75	–	–
6' Wide Frame, 7'-6" High		130	155	7.95	10	–	–
Sidewalk Bracket, 20"		20	–	1.60	–	12	19.20
Guardrail Post		15	–	1.10	–	12	13.20
Guardrail, 7' section		7	–	.80	–	11	8.80
Cross Braces		15	17	.75	.75	44	33.00
Screw Jacks & Plates		20	30	2.00	2.50	24	48.00
8" Casters		50	–	5.75	–	–	–
16' Plank, 2" x 10"		22	–	5.10	–	35	178.50
8' Plank, 2" x 10"		11	–	3.75	–	7	26.25
1' to 6' Extension Tube		–	70	–	2.50	–	–
Shoring Stringers, steel, 10' to 12' long	L. F.	–	7	–	.40	–	–
Aluminum, 12' to 16' long		–	16	–	.60	–	–
Aluminum joists with nailers, 10' to 22' long		–	12.50	–	.50	–	–
Flying Truss System, Aluminum	S.F.C.A.	–	10	–	.60	–	–
						Total	$414.55
						2 Use/Mo.	$207.28

*Most commonly used

Scaffolding is often used as falsework over 15' high during construction of cast-in-place concrete beams and slabs. Two ft. wide scaffolding is generally used for heavy beam construction. The span between frames depends upon the load to be carried with a maximum span of 5'.

Heavy duty scaffolding with a capacity of 10,000#/leg can be spaced up to 10' O.C. depending upon form support design and loading.

Scaffolding used as horizontal shoring requires less than half the material required with conventional shoring.

On new construction, erection is done by carpenters.

Rolling towers supporting horizontal shores can reduce labor and speed the job. For maintenance work, catwalks with spans up to 70' can be supported by the rolling towers.

General Requirements — R016 Equipment

R016-410 Contractor Equipment

Rental Rates shown in the front of the book pertain to late model high quality machines in excellent working condition, rented from equipment dealers. Rental rates from contractors may be substantially lower than the rental rates from equipment dealers depending upon economic conditions. For older, less productive machines, reduce rates by a maximum of 15%. Any overtime must be added to the base rates. For shift work, rates are lower. Usual rule of thumb is 150% of one shift rate for two shifts; 200% for three shifts.

For periods of less than one week, operated equipment is usually more economical to rent than renting bare equipment and hiring an operator.

Equipment moving and mobilization costs must be added to rental rates where applicable. A large crane, for instance, may take two days to erect and two days to dismantle.

Rental rates vary throughout the country with larger cities generally having lower rates. Lease plans for new equipment are available for periods in excess of six months with a percentage of payments applying toward purchase.

Monthly rental rates vary from 2% to 5% of the cost of the equipment depending on the anticipated life of the equipment and its wearing parts. Weekly rates are about 1/3 the monthly rates and daily rental rates about 1/3 the weekly rate.

The hourly operating costs for each piece of equipment include costs to the user such as fuel, oil, lubrication, normal expendables for the equipment, and a percentage of mechanic's wages chargeable to maintenance. The hourly operating costs listed do not include the operator's wages.

The daily cost for equipment used in the standard crews is figured by dividing the weekly rate by five, then adding eight times the hourly operating cost to give the total daily equipment cost, not including the operator. This figure is in the right hand column of Division 016 under Crew Equip. Cost.

Pile Driving rates shown for pile hammer and extractor do not include leads, crane, boiler or compressor. Vibratory pile driving requires an added field specialist at $310 per day during set-up and pile driving operation for the electric model. The hydraulic model requires a field specialist for set-up only. Up to 125 reuses of sheet piling are possible using vibratory drivers. For normal conditions, crane capacity for hammer type and size are as follows.

Crane Capacity	Hammer Type and Size		
	Air or Steam	Diesel	Vibratory
25 ton	to 8,750 ft.-lb.		70 H.P.
40 ton	15,000 ft.-lb.	to 32,000 ft.-lb.	170 H.P.
60 ton	25,000 ft.-lb.		300 H.P.
100 ton		112,000 ft.-lb.	

Cranes should be specified for the job by size, building and site characteristics, availability, performance characteristics, and duration of time required.

Backhoes & Shovels rent for about the same as equivalent size cranes but maintenance and operating expense is higher. Crane operators rate must be adjusted for high boom heights. Average adjustments: for 150' boom add $.55 per hour; over 185', add $1.05 per hour; over 210', add $1.30 per hour; over 250', add $2.00 per hour and over 295', add $2.80 per hour.

Tower Cranes

Capacity in Kip-Feet	Typical Jib Length in Feet	Speed at Maximum Reach and Load	Purchase Price (New)		Monthly Rental, to 6 mo.	
			Crane & 80' Mast	Mast Sections	Crane & 80' Mast	Mast Sections
725	100	350 FPM	$205,000	$ 510 /L.F.	$ 6,340	$14.40 /L.F.
900	100	500	246,200	590	5,860	15.50
*1100	130	1000	336,700	680	8,510	19.60
1450	150	1000	469,300	940	12,220	23.20
2150	200	1000	591,900	1,160	15,350	27.30
3000	200	1000	831,100	1,240	20,100	32.30

*Most widely used.

Tower Cranes of the climbing or static type have jibs from 50' to 200' and capacities at maximum reach range from 4,000 to 14,000 pounds. Lifting capacities increase up to maximum load as the hook radius decreases.

Typical rental rates, based on purchase price are about 2% to 3% per month.

Erection and dismantling runs between $12,000 and $71,000. Climbing operation takes three men three hours per 20' climb. Crane dead time is about five hours per 40' climb. If crane is bolted to side of the building add cost of ties and extra mast sections. Mast sections cost $510 to $1,225 per vertical foot or can be rented at 2% to 3% of purchase price per month. Contractors using climbers claim savings of $1.50 per C.Y. of concrete placed, plus $.12 per S.F. of formwork. Climbing cranes have from 80' to 180' of mast while static cranes have 80' to 800' of mast.

Truck Cranes can be converted to tower cranes by using tower attachments. Mast heights over 400' have been used. See Division 016-460 for rental rates of high boom cranes.

A single 100' high material **Hoist and Tower** can be erected and dismantled for about $13,250; a double 100' high hoist and tower for about $19,400. Erection costs for additional heights are $92 and $112 per vertical foot respectively up to 150' and $92 to $148 per vertical foot over 150' high. A 40' high portable Buck hoist costs about $4,700 to erect and dismantle. Additional heights run $72 per vertical foot to 80' and $100 per vertical foot for the next 100'. Most material hoists do not meet local code requirements for carrying personnel.

A 150' high **Personnel Hoist** requires about 500 to 800 man-hours to erect and dismantle with costs ranging from $11,625 to $25,500. Budget erection cost is $130 per vertical foot for all trades. Local code requirements or labor scarcity requiring overtime can add up to 50% to any of the above erection costs.

Earthmoving Equipment: The selection of earthmoving equipment depends upon the type and quantity of material, moisture content, haul distance, haul road, time available, and equipment available. Short haul cut and fill operations may require dozers only, while another operation may require excavators, a fleet of trucks, and spreading and compaction equipment. Stockpiled material and granular material are easily excavated with front end loaders. Scrapers are most economically used with hauls between 300' and 1-1/2 miles if adequate haul roads can be maintained. Shovels are often used for blasted rock and any material where a vertical face of 8' or more can be excavated. Special conditions may dictate the use of draglines, clamshells, or backhoes. Spreading and compaction equipment must be matched to the soil characteristics, the compaction required and the rate the fill is being supplied.

Mechanical — R151 Plumbing

R151-110 Hot Water Consumption Rates

Type of Building	Size Factor	Maximum Hourly Demand	Average Day Demand
Apartment Dwellings	No. of Apartments:		
	Up to 20	12.0 Gal. per apt.	42.0 Gal. per apt.
	21 to 50	10.0 Gal. perapt.	40.0 Gal. per apt.
	51 to 75	8.5 Gal. per apt.	38.0 Gal. per apt.
	76 to 100	7.0 Gal. per apt.	37.0 Gal. per apt.
	101 to 200	6.0 Gal. per apt.	36.0 Gal. per apt.
	201 up	5.0 Gal. per apt.	35.0 Gal. per apt.
Dormitories	Men	3.8 Gal. per man	13.1 Gal. per man
	Women	5.0 Gal. per woman	12.3 Gal. per woman
Hospitals	Per bed	23.0 Gal. per patient	90.0 Gal. per patient
Hotels	Single room with bath	17.0 Gal. per unit	50.0 Gal. per unit
	Double room with bath	27.0 Gal. per unit	80.0 Gal. per unit
Motels	No. of units:		
	Up to 20	6.0 Gal. per unit	20.0 Gal. per unit
	21 to 100	5.0 Gal. per unit	14.0 Gal. per unit
	101 Up	4.0 Gal. per unit	10.0 Gal. per unit
Nursing Homes		4.5 Gal. per bed	18.4 Gal. per bed
Office buildings		0.4 Gal. per person	1.0 Gal. per person
Restaurants	Full meal type	1.5 Gal./max. meals/hr.	2.4 Gal. per meal
	Drive-in snack type	0.7 Gal./max. meals/hr.	0.7 Gal. per meal
Schools	Elementary	0.6 Gal. per student	0.6 Gal. per student
	Secondary & High	1.0 Gal. per student	1.8 Gal. per student

For evaluation purposes, recovery rate and storage capacity are inversely proportional. Water heaters should be sized so that the maximum hourly demand anticipated can be met in addition to allowance for the heat loss from the pipes and storage tank.

R151-120 Fixture Demands in Gallons Per Fixture Per Hour

Table below is based on 140°F final temperature except for dishwashers in public places (*) where 180°F water is mandatory.

Fixture	Apartment House	Club	Gym	Hospital	Hotel	Indust. Plant	Office	Private Home	School
Bathtubs	20	20	30	20	20			20	
Dishwashers, automatic	15	50-150*		50-150*	50-200*	20-100*		15	20-100*
Kitchen sink	10	20		20	30	20	20	10	20
Laundry, stationary tubs	20	28		28	28			20	
Laundry, automatic wash	75	75		100	150			75	
Private lavatory	2	2	2	2	2	2	2	2	2
Public lavatory	4	6	8	6	8	12	6		15
Showers	30	150	225	75	75	225	30	30	225
Service sink	20	20		20	30	20	20	15	20
Demand factor	0.30	0.30	0.40	0.25	0.25	0.40	0.30	0.30	0.40
Storage capacity factor	1.25	0.90	1.00	0.60	0.80	1.00	2.00	0.70	1.00

To obtain the probable maximum demand multiply the total demands for the fixtures (gal./fixture/hour) by the demand factor. The heater should have a heating capacity in gallons per hour equal to this maximum. The storage tank should have a capacity in gallons equal to the probable maximum demand multiplied by the storage capacity factor.

Electrical — R160 Design and Cost Tables

R160-010 Electric Circuit Voltages

General: The following method provides the user with a simple non-technical means of obtaining comparative costs of wiring circuits. The circuits considered serve the electrical loads of motors, electric heating, lighting and transformers, for example, that require low voltage 60 Hertz alternating current.

The method used here is suitable only for obtaining estimated costs. It is **not** intended to be used as a substitute for electrical engineering design applications.

Conduit and wire circuits can represent from twenty to thirty percent of the total building electrical cost. By following the described steps and using the tables the user can translate the various types of electric circuits into estimated costs.

Wire Size: Wire size is a function of the electric load which is usually listed in one of the following units:

1. Amperes (A)
2. Watts (W)
3. Kilowatts (KW)
4. Volt amperes (VA)
5. Kilovolt amperes (KVA)
6. Horsepower (HP)

These units of electric load must be converted to amperes in order to obtain the size of wire necessary to carry the load. To convert electric load units to amperes one must have an understanding of the voltage classification of the power source and the voltage characteristics of the electrical equipment or load to be energized. The seven A.C. circuits commonly used are illustrated in Figures R160-011 thru R160-017 showing the tranformer load voltage and the point of use voltage at the point on the circuit where the load is connected. The difference between the source and point of use voltages is attributed to the circuit voltage drop and is considered to be approximately 4%.

Motor Voltages: Motor voltages are listed by their point of use voltage and not the power source voltage.

For example: 460 volts instead of 480 volts
 200 instead of 208 volts
 115 volts instead of 120 volts

Lighting and Heating Voltages: Lighting and heating equipment voltages are listed by the power source voltage and not the point of wire voltage.

For example: 480, 277, 120 volt lighting
 480 volt heating or air conditioning unit
 208 volt heating unit

Transformer Voltages: Transformer primary (input) and secondary (output) voltages are listed by the power source voltage.

For example: Single phase 10 KVA
 Primary 240/480 volts
 Secondary 120/140 volts

In this case, the primary voltage may be 240 volts with a 120 volts secondary or may be 480 volts with either a 120v or a 240v secondary.

For example: Three phase 10 KVA
 Primary 480 volts
 Secondary 208Y/120 volts

In this case the transformer is suitable for connection to a circuit with a 3 phase 3 wire or 3 phase 4 wire circuit with a 480 voltage. This application will provide a secondary circuit of 3 phase 4 wire with 208 volts between phase wires and 120 volts between any phase wire and the neutral (white) wire.

R160-011

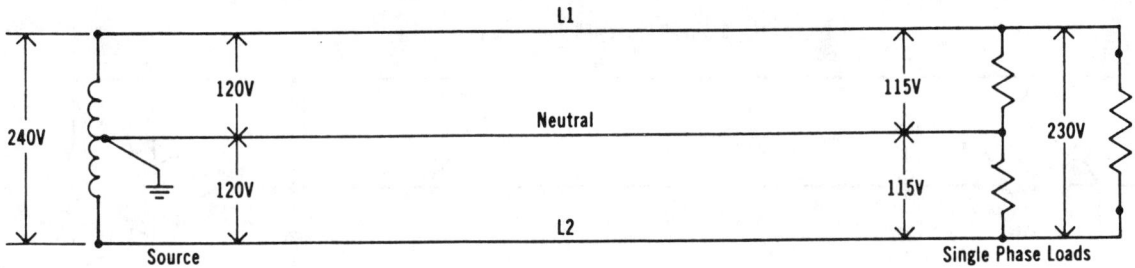

3 Wire, 1 Phase, 120/240 Volt System

R160-012

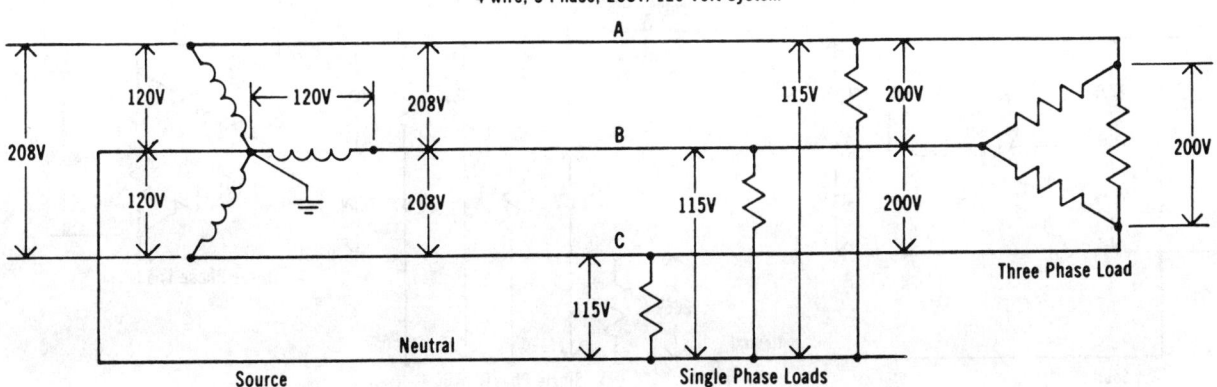

4 wire, 3 Phase, 208Y/120 Volt System

Electrical — R160 Design and Cost Tables

R160-013 Electric Circuit Voltages (cont.)

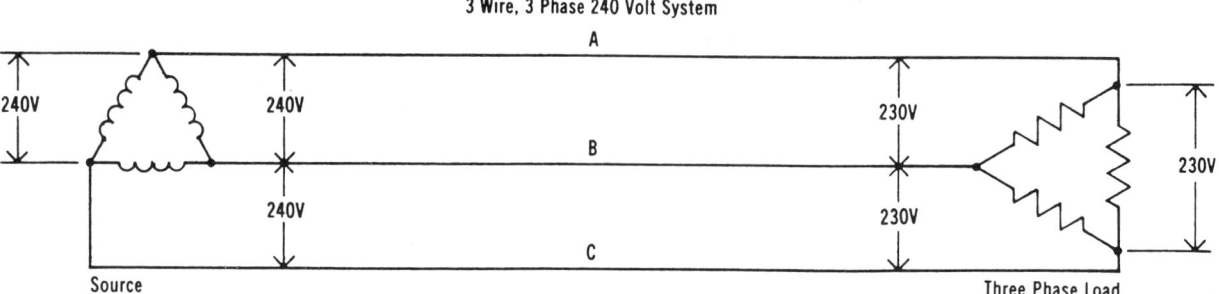

3 Wire, 3 Phase 240 Volt System

R160-014

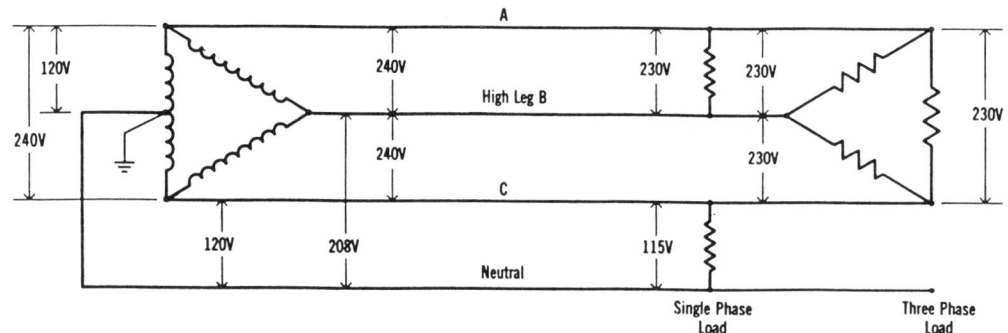

4 Wire, 3 Phase, 240/120 Volt System

R160-015

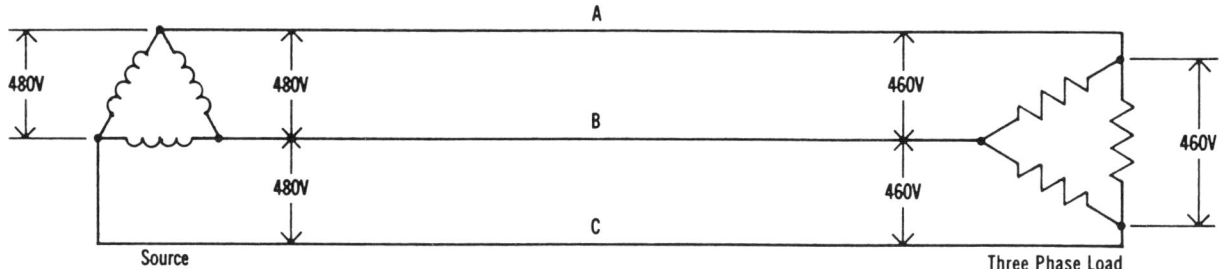

3 Wire, 3 Phase 480 Volt System

R160-016

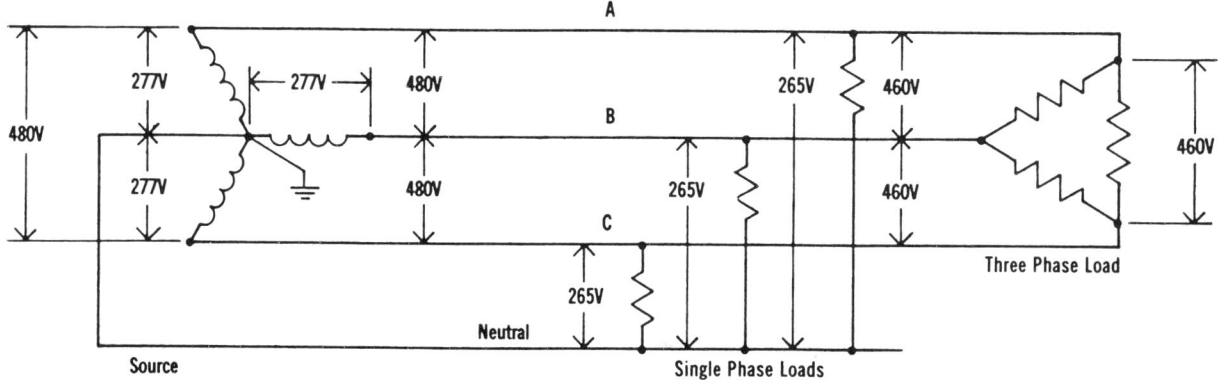

4 Wire, 3 Phase, 480Y/277 Volt System

Design and Cost Tables | R160 | Design and Cost Tables

R160-017 Electric Circuit Voltages (cont.)

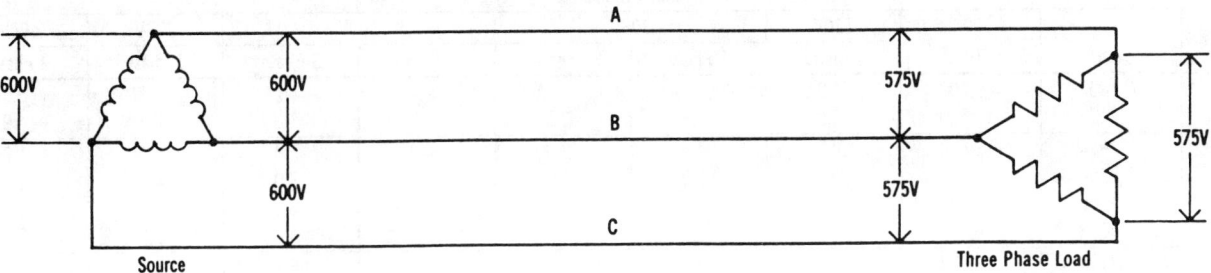

3 Wire, 3 Phase, 600 Volt System

R160-020 KW Value/Cost Determination

General: Lighting and electric heating loads are expressed in watts and kilowatts.

Cost Determination:

The proper ampere values can be obtained as follows:

1. Convert watts to kilowatts
   (watts 1000 ÷ kilowatts)
2. Determine voltage rating of equipment.
3. Determine whether equipment is single phase or three phase.
4. Refer to Table R160-021 to find ampere value from KW, Ton and Btu/hr. values.
5. Determine type of wire insulation — TW, THW, THWN.
6. Determine if wire is copper or aluminum.
7. Refer to Table R161-125 to obtain copper or aluminum wire size from ampere values.
8. Next refer to Table R160-205 for the proper conduit size to accommodate the number and size of wires in each particular case.
9. Next refer to Table R160-210 for the per linear foot cost of the conduit.
10. Next refer to Table R161-115 for the per linear foot cost of the wire. Multiply cost of wire LF x number of wires in the circuits to obtain total wire cost per LF.
11. Add values obtained in Step 9 and 10 for total cost per linear foot for conduit and wire x length of circuit = Total Cost.

Notes:

1. 1 Phase refers to single phase, 2 wire circuits.
2. 3 Phase refers to three phase, 3 wire circuits.
3. For circuits which operate continuously for 3 hours or more, multiply the ampere values by 1.25 for a given KW requirement.
4. For KW ratings not listed, add ampere values.

   For example: find the ampere value of
   9 KW at 208 volt, single phase.

   4 KW = 19.2A
   5 KW = 24.0A
   ―――――――――――
   9 KW = 43.2A

5. "Length of Circuit" refers to the one way distance of the run, not to the total sum of wire lengths.

Electrical — R160 Design and Cost Tables

R160-021 Ampere Values as Determined by KW Requirements, BTU/HR or Ton, Voltage and Phase Values

KW	Ton	BTU/HR	120V 1 Phase	208V 1 Phase	208V 3 Phase	240V 1 Phase	240V 3 Phase	277V 1 Phase	480V 3 Phase
0.5	.1422	1,707	4.2A	2.4A	1.4A	2.1A	1.2A	1.8A	0.6A
0.75	.2133	2,560	6.2	3.6	2.1	3.1	1.9	2.7	.9
1.0	.2844	3,413	8.3	4.9	2.8	4.2	2.4	3.6	1.2
1.25	.3555	4,266	10.4	6.0	3.5	5.2	3.0	4.5	1.5
1.5	.4266	5,120	12.5	7.2	4.2	6.3	3.1	5.4	1.8
2.0	.5688	6,826	16.6	9.7	5.6	8.3	4.8	7.2	2.4
2.5	.7110	8,533	20.8	12.0	7.0	10.4	6.1	9.1	3.1
3.0	.8532	10,239	25.0	14.4	8.4	12.5	7.2	10.8	3.6
4.0	1.1376	13,652	33.4	19.2	11.1	16.7	9.6	14.4	4.8
5.0	1.4220	17,065	41.6	24.0	13.9	20.8	12.1	18.1	6.1
7.5	2.1331	25,598	62.4	36.0	20.8	31.2	18.8	27.0	9.0
10.0	2.8441	34,130	83.2	48.0	27.7	41.6	24.0	36.5	12.0
12.5	3.5552	42,663	104.2	60.1	35.0	52.1	30.0	45.1	15.0
15.0	4.2662	51,195	124.8	72.0	41.6	62.4	37.6	54.0	18.0
20.0	5.6883	68,260	166.4	96.0	55.4	83.2	48.0	73.0	24.0
25.0	7.1104	85,325	208.4	120.2	70.0	104.2	60.0	90.2	30.0
30.0	8.5325	102,390		144.0	83.2	124.8	75.2	108.0	36.0
35.0	9.9545	119,455		168.0	97.1	145.6	87.3	126.0	42.1
40.0	11.3766	136,520		192.0	110.8	166.4	96.0	146.0	48.0
45.0	12.7987	153,585			124.8	187.5	112.8	162.0	54.0
50.0	14.2208	170,650			140.0	208.4	120.0	180.4	60.0
60.0	17.0650	204,780			166.4		150.4	216.0	72.0
70.0	19.9091	238,910			194.2		174.6		84.2
80.0	22.7533	273,040			221.6		192.0		96.0
90.0	25.5975	307,170					225.6		108.0
100.0	28.4416	341,300							120.0

Electrical — R160 Design and Cost Tables

R160-025 KVA Value/Cost Determination

General: Control transformers are listed in VA. Step-down and power transformers are listed in KVA.

Cost Determination:

1. Convert VA to KVA. Volt amperes (VA) ÷ 1000 = Kilovolt amperes (KVA).
2. Determine voltage rating of equipment.
3. Determine whether equipment is single phase or three phase.
4. Refer to Table R160-026 to find ampere value from KVA value.
5. Determine type of wire insulation — TW, THW, THWN.
6. Determine if wire is copper or aluminum.
7. Refer to Table R161-125 to obtain copper or aluminum wire size from ampere values.
8. Next refer to Table R160-205 for the proper conduit size to accommodate the number and size of wires in each particular case.
9. Next refer to Table R160-210 for the per linear foot cost of the conduit.
10. Next refer to Table R161-115 for the per linear foot cost of the wire. Multiply cost of wire per L.F. x number of wires in the circuits to obtain total wire cost.
11. Add values obtained in Step 9 and 10 for total cost per linear foot for conduit and wire x length of circuit = Total Cost.

Example: A transformer rated 10 KVA 480 volts primary, 240 volts secondary, 3 phase has the capacity to furnish the following:

1. Primary amperes = 10 KVA x 1.20 = 12 amperes (from Table R160-026)
2. Secondary amperes = 10 KVA x 2.40 = 24 amperes (from Table R160-026)

Note: Transformers can deliver generally 125% of their rated KVA. For instance, a 10 KVA rated transformer can safely deliver 12.5 KVA.

R160-026 Multiplier Values for KVA to Amperes Determined by Voltage and Phase Values

Volts	Multiplier for Circuits	
	2 Wire, 1 Phase	3 Wire, 3 Phase
115	8.70	
120	8.30	
230	4.30	2.51
240	4.16	2.40
200	5.00	2.89
208	4.80	2.77
265	3.77	2.18
277	3.60	2.08
460	2.17	1.26
480	2.08	1.20
575	1.74	1.00
600	1.66	0.96

Electrical — R160 Design and Cost Tables

R160-030 HP Value/Cost Determination

General: Motors can be powered by any of the seven systems shown in Figure R160-011 thru Figure R160-017 provided the motor voltage characteristics are compatible with the power system characteristics.

Cost Determination:

Motor Amperes for the various size H.P. and voltage are listed in Table R160-031. To find the amperes, locate the required H.P. rating and locate the amperes under the appropriate circuit characteristics.

For example:

A. 100 H.P., 3 phase, 460 volt motor = 124 amperes (Table R160-031)

B. 10 H.P., 3 phase, 200 volt motor = 32.2 amperes (Table R160-031)

Motor Wire Size: After the amperes are found in Table R160-031 the amperes must be increased 25% to compensate for power losses. Next refer to Table R161-125. Find the appropriate insulation column for copper or aluminum wire to determine the proper wire size.

For example:

A. 100 H.P., 3 phase, 460 volt motor has an ampere value of 124 amperes from Table R160-031

B. 124A x 1.25 = 155 amperes

C. Refer to Table R161-125 for THW or THWN wire insulations to find the proper wire size. For a 155 ampere load using copper wire a size 2/0 wire is needed.

D. For the 3 phase motor three wires of 2/0 size are required.

Conduit Size: To obtain the proper conduit size for the wires and type of insulation used, refer to Table R160-205

For example: For the 100 H.P., 460V, 3 phase motor, it was determined that three 2/0 wires are required. Assuming THWN insulated copper wire, use Table R160-205 to determine that three 2/0 wires require 1-1/2" conduit.

Material Cost of the conduit and wire system depends on:

1. Wire size required
2. Copper or aluminum wire
3. Wire insulation type selected
4. Steel or plastic conduit
5. Type of conduit raceway selected.

Labor Cost of the conduit and wire system depends on:

1. Type and size of conduit
2. Type and size of wires installed
3. Location and height of installation in building or depth of trench
4. Support system for conduit.

R160-031 Ampere Values Determined by Horsepower, Voltage and Phase Values

H.P.	Amperes					
	Single Phase		Three Phase			
	115V	230V	200 V	230V	460V	575V
1/6	4.4A	2.2A				
1/4	5.8	2.9				
1/3	7.2	3.6				
1/2	9.8	4.9	2.3A	2.0A	1.0A	0.8A
3/4	13.8	6.9	3.2	2.8	1.4	1.1
1	16	8	4.1	3.6	1.8	1.4
1-1/2	20	10	6.0	5.2	2.6	2.1
2	24	12	7.8	6.8	3.4	2.7
3	34	17	11.0	9.6	4.8	3.9
5			17.5	15.2	7.6	6.1
7-1/2			25.3	22	11	9
10			32.2	28	14	11
15			48.3	42	21	17
20			62.1	54	27	22
25			78.2	68	34	27
30			92.0	80	40	32
40			119.6	104	52	41
50			149.5	130	65	52
60			177	154	77	62
75			221	192	96	77
100			285	248	124	99
125			359	312	156	125
150			414	360	180	144
200			552	480	240	192

Electrical — R160 Design and cost Tables

R160-030 Cost Determination (cont.)

Magnetic starters, switches, and motor connection:
To complete the cost picture from H.P. to Costs additional items must be added to the cost of the conduit and wire system to arrive at a total cost.

1. Table A9.2-730 Magnetic Starters Installed Cost lists the various size starters for single phase and three phase motors.
2. Table A9.2-740 Heavy Duty Safety Switches Installed Cost lists safety switches required at the beginning of a motor circuit and also one required in the vicinity of the motor location.
3. Table A9.2-750 Motor Connection lists the various costs for single and three phase motors.

Worksheet to obtain total motor wiring costs:
It is assumed that the motors or motor driven equipment are furnished and installed under other sections for this estimate and the following work is done under this section:

1. Conduit
2. Wire (add 10% for additional wire beyond conduit ends for connections to switches, boxes, starters, etc.)
3. Starters
4. Safety switches
5. Motor connections

Figure R160-032

Item	Type	Size	Quantity	Cost Unit	Cost Total
Wire					
Conduit					
Switch					
Starter					
Switch					
Motor Connection					
Other					
Total Cost					

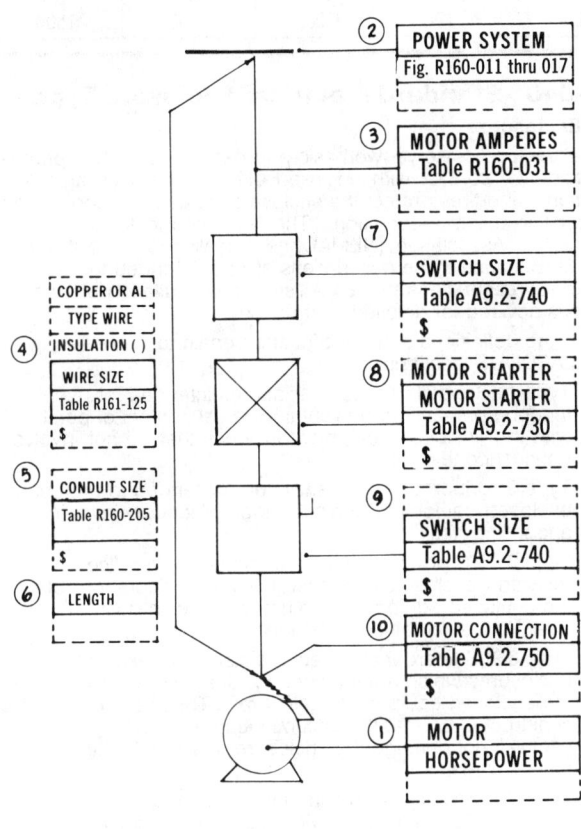

Electrical — R160 Design and Cost Tables

R160-033 Maximum Horsepower for Starter Size by Voltage

Starter Size	Maximum HP (3φ)			
	208V	240V	480V	600V
00	1½	1½	2	2
0	3	3	5	5
1	7½	7½	10	10
2	10	15	25	25
3	25	30	50	50
4	40	50	100	100
5		100	200	200
6		200	300	300
7		300	600	600
8		450	900	900
8L		700	1500	1500

R160-040 Standard Electrical Enclosure Types

NEMA Enclosures

Electrical enclosures serve two basic purposes; they protect people from accidental contact with enclosed electrical devices and connections, and they protect the enclosed devices and connections from specified external conditions. The National Electrical Manufacturers Association (NEMA) has established the following standards. Because these descriptions are not intended to be complete representations of NEMA listings, consultation of NEMA literature is advised for detailed information.

The following definitions and descriptions pertain to NONHAZARDOUS locations.

NEMA Type 1: General purpose enclosures intended for use indoors, primarily to prevent accidental contact of personnel with the enclosed equipment in areas that do not involve unusual conditions.

NEMA Type 2: Dripproof indoor enclosures intended to protect the enclosed equipment against dripping noncorrosive liquids and falling dirt.

NEMA Type 3: Dustproof, raintight and sleet-resistant (ice-resistant) enclosures intended for use outdoors to protect the enclosed equipment against wind-blown dust, rain, sleet, and external ice formation.

NEMA Type 3R: Rainproof and sleet-resistant (ice-resistant) enclosures which are intended for use outdoors to protect the enclosed equipment against rain. These enclosures are constructed so that the accumulation and melting of sleet (ice) will not damage the enclosure and its internal mechanisms.

NEMA Type 3S: Enclosures intended for outdoor use to provide limited protection against wind-blown dust, rain, and sleet (ice) and to allow operation of external mechanisms when ice-laden.

NEMA Type 4: Watertight and dust-tight enclosures intended for use indoors and out — to protect the enclosed equipment against splashing water, seepage of water, falling or hose-directed water, and severe external condensation.

NEMA Type 4X: Watertight, dust-tight, and corrosion-resistant indoor and outdoor enclosures featuring the same provisions as Type 4 enclosures, plus corrosion resistance.

NEMA Type 5: Indoor enclosures intended primarily to provide limited protection against dust and falling dirt.

NEMA Type 6: Enclosures intended for indoor and outdoor use — primarily to provide limited protection against the entry of water during occasional temporary submersion at a limited depth.

NEMA Type 6R: Enclosures intended for indoor and outdoor use — primarily to provide limited protection against the entry of water during prolonged submersion at a limited depth.

NEMA Type 11: Enclosures intended for indoor use — primarily to provide, by means of oil immersion, limited protection to enclosed equipment against the corrosive effects of liquids and gases.

NEMA Type 12: Dust-tight and driptight indoor enclosures intended for use indoors in industrial locations to protect the enclosed equipment against fibers, flyings, lint, dust, and dirt, as well as light splashing, seepage, dripping, and external condensation of noncorrosive liquids.

NEMA Type 13: Oil-tight and dust-tight indoor enclosures intended primarily to house pilot devices, such as limit switches, foot switches, push buttons, selector switches, and pilot lights, and to protect these devices against lint and dust, seepage, external condensation, and sprayed water, oil, and noncorrosive coolant.

The following definitions and descriptions pertain to HAZARDOUS, or CLASSIFIED, locations:

NEMA Type 7: Enclosures intended to use in indoor locations classified as Class 1, Groups A, B, C, or D, as defined in the National Electrical Code.

NEMA Type 9: Enclosures intended for use in indoor locations classified as Class 2, Groups E, F, or G, as defined in the National Electrical Code.

Electrical — R160 Design and Cost Tables

R160-061 Central Air Conditioning Watts per S.F., BTU's per Hour per S.F. of Floor Area and S.F. per Ton of Air Conditioning

Type Building	Watts per S.F.	BTUH per S.F.	S.F. per Ton	Type Building	Watts per S.F.	BTUH per S.F.	S.F. per Ton	Type Building	Watts per S.F.	BTUH per S.F.	S.F. per Ton
Apartments, Individual	3	26	450	Dormitory, Rooms	4.5	40	300	Libraries	5.7	50	240
Corridors	2.5	22	550	Corridors	3.4	30	400	Low Rise Office, Ext.	4.3	38	320
Auditoriums & Theaters	3.3	40	300/18*	Dress Shops	4.9	43	280	Interior	3.8	33	360
Banks	5.7	50	240	Drug Stores	9	80	150	Medical Centers	3.2	28	425
Barber Shops	5.5	48	250	Factories	4.5	40	300	Motels	3.2	28	425
Bars & Taverns	15	133	90	High Rise Off.-Ext. Rms.	5.2	46	263	Office (small suite)	4.9	43	280
Beauty Parlors	7.6	66	180	Interior Rooms	4.2	37	325	Post Office, Int. Office	4.9	42	285
Bowling Alleys	7.8	68	175	Hospitals, Core	4.9	43	280	Central Area	5.3	46	260
Churches	3.3	36	330/20*	Perimeter	5.3	46	260	Residences	2.3	20	600
Cocktail Lounges	7.8	68	175	Hotels, Guest Rooms	5	44	275	Restaurants	6.8	60	200
Computer Rooms	16	141	85	Public Spaces	6.2	55	220	Schools & Colleges	5.3	46	260
Dental Offices	6	52	230	Corridors	3.4	30	400	Shoe Stores	6.2	55	220
Dept. Stores, Basement	4	34	350	Industrial Plants, Offices	4.3	38	320	Shop'g. Ctrs., Sup. Mkts.	4	34	350
Main Floor	4.5	40	300	General Offices	4	34	350	Retail Stores	5.5	48	250
Upper Floor	3.4	30	400	Plant Areas	4.5	40	300	Specialty Shops	6.8	60	200

*Persons per ton

12,000 BTUH = 1 ton of air conditioning

Electrical — R160 Design and Cost Tables

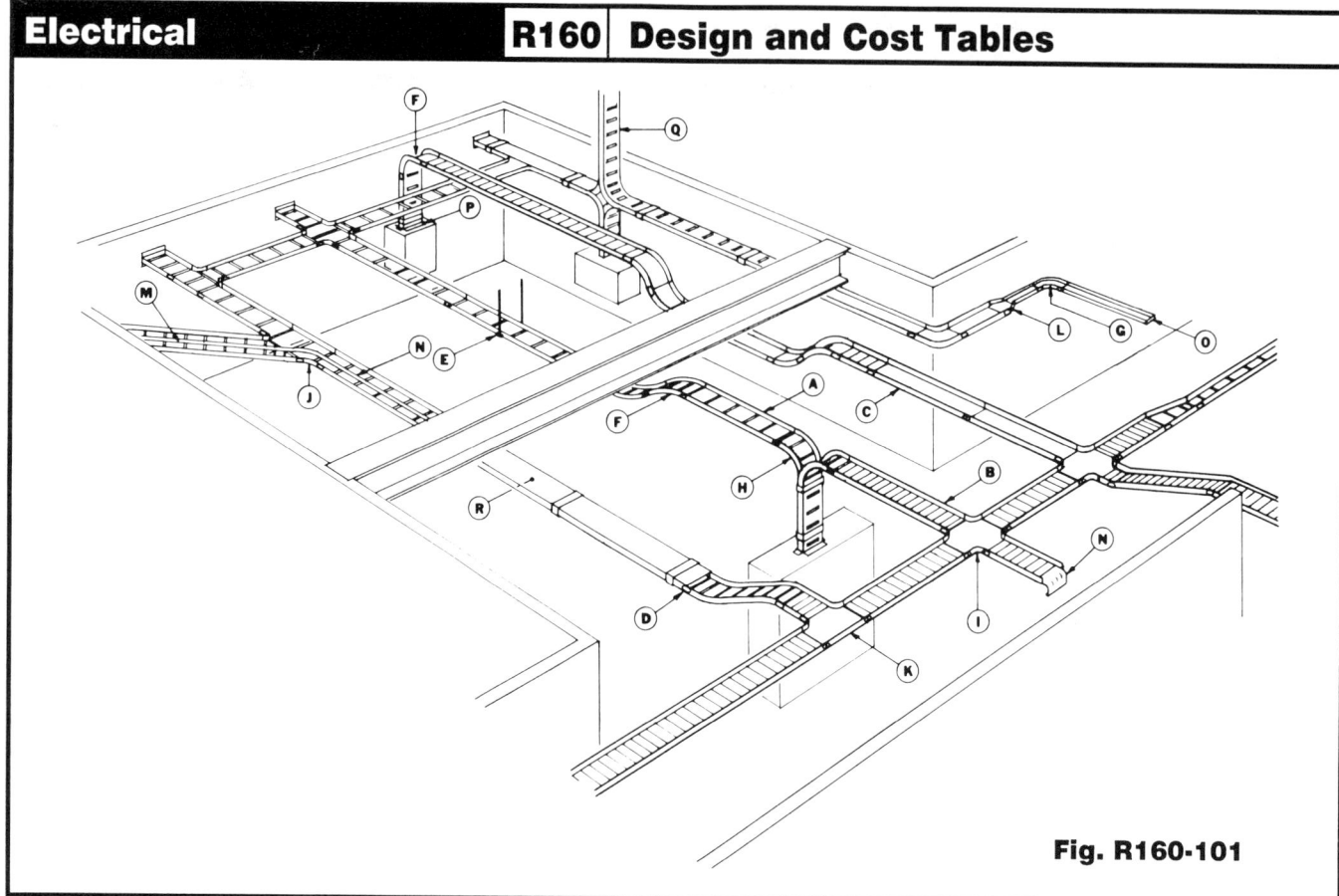

Fig. R160-101

R160-100 Cable Tray

Cable Tray - When taking off cable tray it is important to identify separately the different types and sizes involved in the system being estimated. (Fig. R160-101)

- A. - Ladder Type, galvanized or aluminum
- B. - Trough Type, galvanized or aluminum
- C. - Solid Bottom, galvanized or aluminum

The unit of measure is calculated in linear feet; do not deduct from this footage any length occupied by fittings, this will be the only allowance for scrap. Be sure to include all vertical drops to panels, switch gear, etc.

Hangers - Included in the linear footage of cable tray is

- D. - 1 - Pair of connector plates per 12 L.F.
- E. - 1 - Pair clamp type hangers and 4' of 3/8" threaded rod per 12 L.F.

Not included are structural supports, which must be priced in addition to the hangers. (Fig. R160-102)

Fittings - Identify separately the different types of fittings

1.) Ladder Type, galvanized or aluminum
2.) Trough Type, galvanized or aluminum
3.) Solid Bottom Type, galvanized or aluminum

The configuration, radius and rung spacing must also be listed. The unit of measure is "Ea." (Fig. R160-102)

- F. - Elbow, vertical Ea.
- G. - Elbow, horizontal Ea.
- H. - Tee, vertical Ea.
- I. - Cross horizontal Ea.
- J. - Wye, horizontal Ea.
- K. - Tee, horizontal Ea.
- L. - Reducing fitting Ea.

Depending on the use of the system other examples of units which must be included are:

- M. - Divider strip L.F.
- N. - Drop-outs Ea.
- O. - End caps Ea.
- P. - Panel connectors Ea.

Wire and cable are not included and should be taken off separately, see Division 161.

Job Conditions - Unit prices are based on a new installation to a work plane of 15' using rolling staging.

Add to labor for elevated installations (Fig. R160-102)

15' to 20' High	10%
20' to 25' High	20%
25' to 30' High	25%
30' to 35' High	30%
35' to 40' High	35%
Over 40' High	40%

Add these percentages for L.F. totals but not to fittings. Add percentages to only those quantities that fall in the different elevations, in other words, if the total quantity of cable tray is 200' but only 75' is above 15' then the 10% is added to the 75' only.

Linear foot costs do not include penetrations through walls and floors which must be added to the estimate. This section appears in Division 168.

Cable Tray Covers

Covers - Cable tray covers are taken off in the same manner as the tray itself, making distinctions as to the type of cover. (Fig. R160-101)

- Q. - Vented, galvanized or aluminum
- R. - Solid, galvanized or aluminum

Cover configurations are taken off separately noting type, specific radius and widths.

Note: Care should be taken to identify from plans and specifications exactly what is being covered. In many systems only vertical fittings are covered to retain wire and cable.

Means Forms
COST ANALYSIS

SHEET NO. 1 of 1

PROJECT: Cable Tray (Sample)
ESTIMATE NO. 005
ARCHITECT: S. Monty
DATE: 7/31/92
TAKE OFF BY: PHD QUANTITIES BY: PHD PRICES BY: RSM EXTENSIONS BY: JM CHECKED BY: SM

	SOURCE/DIMENSIONS			Quantity	Unit	Man-Hours		Material		Labor	
						Labor Unit	M-H Total	Cost Unit	Bare Total	Cost Unit	Bare Total
Cable Tray:	1	2	3	4	5	6	7	8	9	10	11
Ladder Type, Galv. St., 4" D x 12" W - w/9" rungs	160	105	0930	240	L.F.	.17	40 80	5.70	13 68	4.44	10 66
@ 15-20' High, Add 10%	160	130	9910	110	L.F.	.017	1 87	—	—	.44	48
Solid Bottom Type Galv. St., 3" D x 18" W	160	110	0260	120	L.F.	.229	27 48	7.50	9 00	5.95	7 14
@ 20-25' High, Add 20%	160	130	9920	55	L.F.	.046	2 53	—	—	1.19	65
Fittings:											
Vert. Elbow - Ladder 90°, 9" Rung 24" Rad., 12" W	160	105	1590	8	Ea.	2.222	17 78	44.10	3 53	58.00	4 64
Horiz. Elbow - Ladder 90°, 9" Rung 24" Rad., 12" W	160	105	1140	4	Ea.	2.222	8 89	37.96	1 52	58.00	2 32
Dropout 12" W	160	105	2540	4	Ea.	.615	2 46	4.30	17	16.05	64
Vert. Elbow - Solid Bottom 24" Rad., 18" W	160	110	0700	4	Ea.	3.2	12 80	72.00	2 88	84.00	3 36
Horiz. Elbow - Solid Bottom 24" Rad., 18" W	160	110	0450	2	Ea.	3.2	6 40	68.00	1 36	84.00	1 68
Dropout 18" W	160	110	1610	2	Ea.	.727	1 45	10.70	21	19.00	38
Total Before O & P							122 46		32 35		31 95
Total Contractors Cost (Before O & P)											64 30

Fig. R160-102

Electrical

R160 Design and Cost Tables

R160-150 Wireway

When "taking-off" Wireway, list by size and type.

Example:

1. Screw cover, unflanged + size
2. Screw cover, flanged + size
3. Hinged cover, flanged + size
4. Hinged cover, unflanged + size

Each 10' length on Wireway contains:

1. 10' of cover either screw or hinged type
2. (1) Coupling or flange gasket
3. (1) Wall type mount

All fittings must be priced separately.

Substitution of hanger types is done the same as described in R160-200, "HANGERS", keeping in mind that the wireway model is based on 10' sections instead of a 100' conduit run.

Man-hours for wireway include:

1. Unloading by hand
2. Hauling by hand up to 100' from loading dock
3. Measuring and marking
4. Mounting wall bracket using (2) anchor type lead fasteners
5. Installing wireway on brackets, to 15' high (For higher elevations use factors in R160-200)

Job Conditions: Productivity is based on new construction, to a height of 15' using rolling staging in an unobstructed area.

Material staging area is assumed to be within 100' of work being performed. For other heights see Section 160-205.

Electrical — R160 Design and Cost Tables

R160-200 Conduit To 15' High

List conduit by quantity, size, and type. Do not deduct for lengths occupied by fittings, since this will be allowance for scrap.

Example:

- A. Aluminum - size
- B. Rigid Galvanized - size
- C. Steel Intermediate (IMC) - size
- D. Rigid Steel, plastic coated 20 Mil - size
- E. Rigid Steel, plastic coated 40 Mil - size
- F. Electric Metallic Tubing (EMT) - size
- G. PVC Schedule 40 - size

Types (A) thru (E) listed above contain the following per 100 L.F.:

1. (11) Threaded couplings
2. (11) Beam type hangers
3. (2) Factory sweeps
4. (2) Fiber bushings
5. (4) Locknuts
6. (2) Field threaded pipe terminations
7. (2) Removal of concentric knockouts

Type (F) contains per 100 L.F.

1. (11) Set screw couplings
2. (11) Beam clamps
3. (2) Field bends on 1/2" and 3/4" diameter
4. (2) Factory sweeps for 1" and above
5. (2) Set screw steel connectors
6. (2) Removal of concentric knockouts

Type (G) contains per 100 L.F.

1. (11) Field cemented couplings
2. (34) Beam clamps

3. (2) Factory sweeps
4. (2) Adapters
5. (2) Locknuts
6. (2) Removal of concentric knockouts

Man-hours for all conduit to 15' include:

1. Unloading by hand
2. Hauling by hand to an area up to 200' from loading dock
3. Set up of rolling staging
4. Installation of conduit and fittings, as described in Conduit models (A) thru (G)

Not included in the material and labor are:

1. Staging rental or purchase
2. Structural Modifications
3. Wire
4. Junction boxes
5. Fittings in excess of those described in conduit models (A) thru (G)
6. Painting of conduit

Fittings

Only those fittings listed above are included in the linear foot totals, although they should be listed separately from conduit lengths, without prices, to insure proper quantities for material procurement.

If the fittings required exceed the quantities included in the model conduit runs, then material and labor costs must be added to the difference. If actual needs per 100 L.F. of conduit are; (2) sweeps, (4) LB's and (1) field bend.

Then, in this case (4) LB's and (1) field bend must be priced additionally.

Hangers

It is sometimes desirable to substitute an alternate style of hanger if the support being used is not the type described in the conduit models.

Example: The 3/4" RGS conduit assumes that supports are beam type as defined on line 160-320-7960. The bare costs are:

160-		M	+	L	=	T	
320-7960		$1.80		$6.55		8.35	Jay Clamp

To substitute an alternate support, such as hang-on style with a 12" threaded rod and a concrete expansion shield, first add that assembly's component costs:

160-		M	+	L	=	T
320-7830	Hanger & Rod	1.25		1.44		2.69
050-						
520-0200	1/4" Expansion Shield	.54		2.03		2.57
515-0200	3/8" Drilled Hole	.10		2.90		3.00
515-1000	For Ceiling Inst.	–		1.16		1.16
	Totals	1.89		7.53		9.42

The difference in cost between the two types of supports is:

Hang-On	Jay Clamp	Increase/Each
$9.42	$8.35	$1.07

Since the model assumes 11 supports per 100 L.F., the total increase would be:

11 x $1.07 = $11.77 per CLF; or $.12 per L.F.

Another approach to hanger configurations would be to start with the conduit only as per section 160-210 and add all the supports and any other items as separate lines. This procedure is most useful if the project involves racking many runs of conduit on a single hanger, for instance a trapeze type hanger.

Example: Five (5) 2" RGS conduits, 50 L.F. each, are to be run on trapeze hangers from one pull box to another. The run includes one 90° bend.

First, list the hanger's components to create an assembly cost for each 2' wide trapeze.

160-		Q		M	+	L	=	T
320-3900	Channel	2	L.F.	4.80		5.96		10.76
320-4250	3/8" Spr. Nuts	2	EA.	1.62		4.18		5.80
320-3300	3/8" Washers	2	EA.	.14		–		.14
320-3050	3/8" Nuts	2	EA.	.19		–		.19
320-2600	3/8" Rod	2	L.F.	1.40		2.08		3.48
050-								
520-0400	3/8" Shields	2	EA.	1.90		4.30		6.20
515-0300	1/2" Hole	4	In.	.48		14.64		15.12
Trapeze Hgr. Totals				10.53		31.16		41.69

Next, list the components for the 50 ft. run, noting that 6 supports will be required.

160-		Q		M	+	L	=	T
210-0600	2" RGS	250	L.F.	827.50		802.50		1630.00
205-2130	2" Elbows	5	EA.	62.50		87.00		149.50
250-1000	2" Locknuts	20	EA.	18.20		–		18.20
250-1000	2" Bushings	10	EA.	10.50		139.00		149.50
Assembly	2" Trap. HGR	6	EA.	63.18		186.96		250.14
Total Installation				981.88		1215.46		$2197.34

Job Conditions: Productivities are based on new construction to 15' high, using scaffolding in an unobstructed area. Material storage is assumed to be within 100' of work being performed.

Add to labor for elevated installations:

15' to 20' High 10%	30' to 35' High 30%
20' to 25' High 20%	35' to 40' High 35%
25' to 30' High 25%	Over 40' High 40%

Add these percentages to the L.F. labor cost, but not to fittings. Add these percentages only to quantities exceeding the different height levels, not the total conduit quantities.

Linear foot price for labor does not include penetrations in walls or floors, and must be added to the estimate. This section appears in Section 160-260.

Electrical — R160 Design and Cost Tables

R160-205 Conductors in Conduit

Table below lists maximum number of conductors for various sized conduit using THW, TW or THWN insulations.

Copper Wire Size	1/2" TW	1/2" THW	1/2" THWN	3/4" TW	3/4" THW	3/4" THWN	1" TW	1" THW	1" THWN	1-1/4" TW	1-1/4" THW	1-1/4" THWN	1-1/2" TW	1-1/2" THW	1-1/2" THWN	2" TW	2" THW	2" THWN	2-1/2" TW	2-1/2" THW	2-1/2" THWN	3" THW	3" THWN	3-1/2" THW	3-1/2" THWN	4" THW	4" THWN
#14	9	6	13	15	10	24	25	16	39	44	29	69	60	40	94	99	65	154	142	93		143		192			
#12	7	4	10	12	8	18	19	13	29	35	24	51	47	32	70	78	53	114	111	76	164	117		157			
#10	5	4	6	9	6	11	15	11	18	26	19	32	36	26	44	60	43	73	85	61	104	95	160	127		163	
#8	2	1	3	4	3	5	7	5	9	12	10	16	17	13	22	28	22	36	40	32	51	49	79	66	106	85	136
#6		1	1		2	4		4	6		7	11		10	15		16	26		23	37	36	57	48	76	62	98
#4		1	1		1	2		3	4		5	7		7	9		12	16		17	22	27	35	36	47	47	60
#3		1	1		1	1		2	3		4	6		6	8		10	13		15	19	23	29	31	39	40	51
#2		1	1		1	1		2	3		4	5		5	7		9	11		13	16	20	25	27	33	34	43
#1					1	1		1	1		3	3		4	5		6	8		9	12	14	18	19	25	25	32
1/0					1	1		1	1		2	3		3	4		5	7		8	10	12	15	16	21	21	27
2/0					1	1		1	1		1	2		3	3		5	6		7	8	10	13	14	17	18	22
3/0					1	1		1	1		1	1		2	3		4	5		6	7	9	11	12	14	15	18
4/0						1		1	1		1	1		1	2		3	4		5	6	7	9	10	12	13	15
250 MCM								1	1		1	1		1	1		2	3		4	4	6	7	8	10	10	12
300								1	1		1	1		1	1		2	3		3	4	5	6	7	8	9	11
350									1		1	1		1	1		1	2		3	3	4	5	6	7	8	9
400											1	1		1	1		1	1		2	3	4	5	5	6	7	8
500											1	1		1	1		1	1		1	2	3	4	4	5	6	7
600														1	1		1	1		1	1	3	3	4	4	5	5
700																	1	1		1	1	2	3	3	4	4	5
750																	1	1		1	1	2	2	3	3	4	4

R160-210 Lineal Foot Cost In Place for Various Size and Type of Conduit (Incl. O & P)

Type Conduit	1/2"	3/4"	1"	1-1/4"	1-1/2"	2"	2-1/2"	3"	3-1/2"	4"
Rigid Steel	$4.73	$5.50	$6.90	$7.90	$8.95	$11.15	$15.95	$22.00	$26.00	$29.00
Intermediate (IMC)	4.14	4.73	6.10	6.90	7.90	9.60	13.30	17.80	22.00	25.00
Aluminum	4.05	4.72	5.65	6.75	7.65	9.15	12.50	15.30	18.15	21.00
EMT	2.22	2.95	3.51	4.27	4.84	5.70	9.10	11.05	13.65	15.70

The above table assumes a 15' maximum mounting height and includes all fittings, terminations and supports, based on 100' runs.

R160-215 Metric Equivalent, Conduit

U.S. vs. European Conduit – Approximate Equivalents			
United States		European	
Trade Size	Inside Diameter Inch/MM	Trade Size	Inside Diameter MM
1/2	.622/15.8	11	16.4
3/4	.824/20.9	16	19.9
1	1.049/26.6	21	25.5
1 1/4	1.380/35.0	29	34.2
1 1/2	1.610/40.9	36	44.0
2	2.067/52.5	42	51.0
2 1/2	2.469/62.7		
3	3.068/77.9		
3 1/2	3.548/90.12		
4	4.026/102.3		
5	5.047/128.2		
6	6.065/154.1		

Electrical — R160 Design and Cost Tables

R160-221 Conduit Weight Comparisons (Lbs. per 100 ft.) Empty

Type	1/2"	3/4"	1"	1-1/4"	1-1/2"	2"	2-1/2"	3"	3-1/2"	4"	5"	6"
Rigid Aluminum	28	37	55	72	89	119	188	246	296	350	479	630
Rigid Steel	79	105	153	201	249	332	527	683	831	972	1314	1745
Intermediate Steel (IMC)	60	82	116	150	182	242	401	493	573	638		
Electrical Metallic Tubing (EMT)	29	45	65	96	111	141	215	260	365	390		
Polyvinyl Chloride, Schedule 40	16	22	32	43	52	69	109	142	170	202	271	350
Polyvinyl Chloride Encased Burial						38		67	88	105	149	202
Fibre Duct Encased Burial						127		164	180	206	400	511
Fibre Duct Direct Burial						150		251	300	354		
Transite Encased Burial						160		240	290	330	450	550
Transite Direct Burial						220		310		400	540	640

R160-222 Conduit Weight Comparisons (Lbs. per 100 ft.) with Maximum Cable Fill*

Type	1/2"	3/4"	1"	1-1/4"	1-1/2"	2"	2-1/2"	3"	3-1/2"	4"	5"	6"
Rigid Galvanized Steel (RGS)	104	140	235	358	455	721	1022	1451	1749	2148	3083	4343
Intermediate Steel (IMC)	84	113	186	293	379	611	883	1263	1501	1830		
Electrical Metallic Tubing (EMT)	54	116	183	296	368	445	641	930	1215	1540		

*Conduit & Heaviest Conductor Combination

R160-230 Conduit in Concrete Slab

List conduit by quantity, size and type.

Example:

A. Rigid galvanized steel + size
B. P.V.C. + size

Rigid galvanized steel (A) contains per 100 L.F.:
1. (20) Ties to slab reinforcing
2. (11) Threaded steel couplings
3. (2) Factory sweeps
4. (2) Field threaded conduit terminations
5. (2) Fiber bushings + locknuts
6. (2) Removal of concentric knockouts

P.V.C. (B) contains per 100 L.F.:
1. (20) Ties to slab reinforcing
2. (11) Field cemented couplings
3. (2) Factory sweeps
4. (2) Adapters
5. (2) Removal of concentric knockouts

Electrical — R160 Design and Cost Tables

R160-240 Conduit in Trench

Conduit in trench is galvanized steel and contains per 100 L.F.:

1. (11) Threaded couplings
2. (2) Factory sweeps
3. (2) Fiber bushings + (4) locknuts
4. (2) Fiber threaded conduit terminations
5. (2) Removal of concentric knockouts

Note:

Conduit in sections 160-230 and 160-240 do not include:

1. Floor cutting
2. Excavation or backfill
3. Grouting or patching

Conduit fittings in excess of those listed in the above Conduit models must be added. (Refer to R160-200 and R160-100 for Procedure example.)

R160-275 Motor Connections

Motor connections should be listed by size and type of motor. Included in the material and labor cost is:

1. (2) Flex connectors
2. 18" of flexible metallic wireway
3. Wire identification and termination
4. Test for rotation
5. (2) or (3) Conductors

Price does not include:

1. Mounting of motor
2. Disconnect Switch
3. Motor Starter
4. Controls
5. Conduit or wire ahead of flex

Note: When "Taking off" Motor connections, it is advisable to list connections on the same quantity sheet as Motors, Motor Starters and controls.

Electrical — R160 Design and Cost Tables

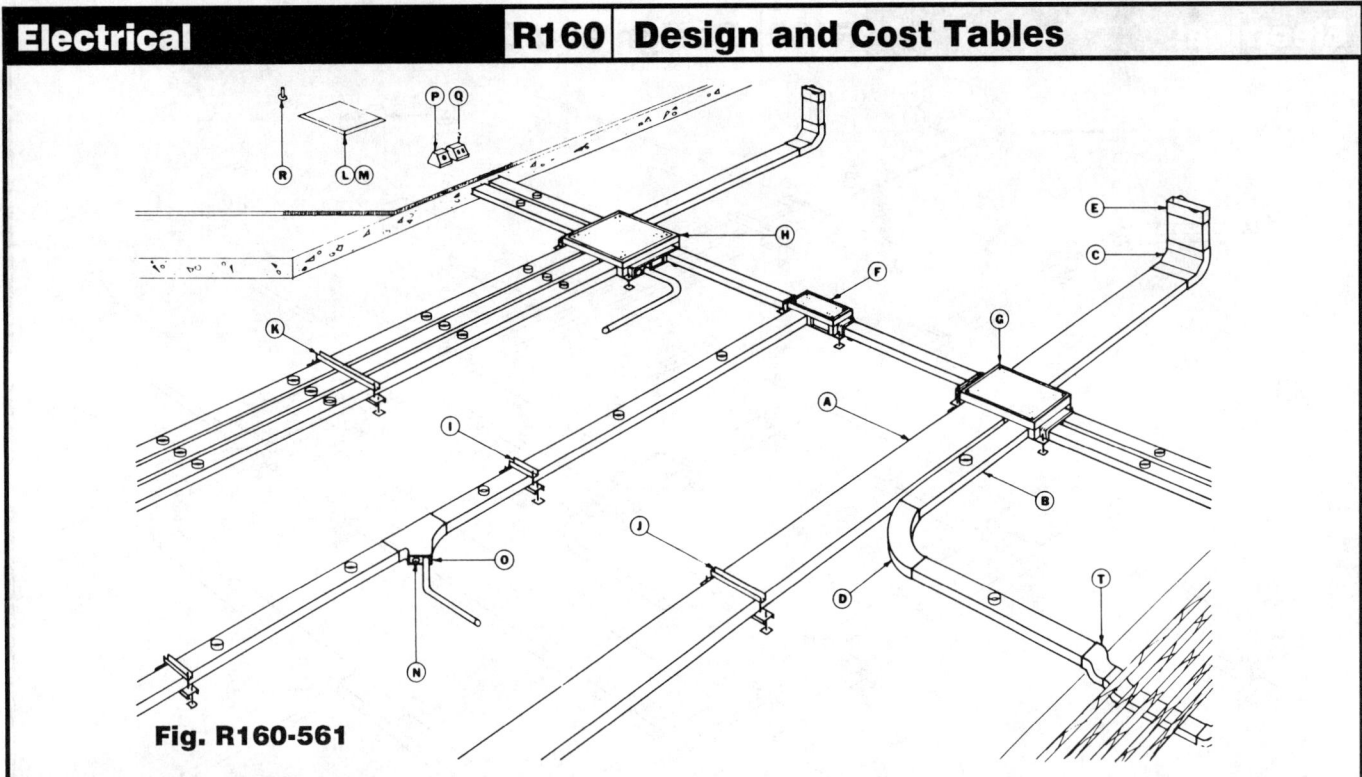

Fig. R160-561

R160-560 Underfloor Duct

When pricing Underfloor Duct it is important to identify and list each component, since costs vary significantly from one type of fitting to another. Do not deduct boxes or fittings from linear foot totals; this will be your allowance for scrap.

The first step is to identify the system as either:
    FIG. R160-561 Single Level
    FIG. R160-562 Dual Level

Single Level System

Include on your "take-off sheet" the following unit price items, making sure to distinguish between Standard and Super duct:

A. Feeder duct (blank) in L.F.
B. Distribution duct (Inserts 2' on center) in L.F.
C. Elbows (Vertical) Ea.
D. Elbows (Horizontal) Ea.
E. Cabinet connector Ea.
F. Single duct junction box Ea.
G. Double duct junction box Ea.
H. Triple duct junction box Ea.
I. Support, single cell Ea.
J. Support, double cell Ea.
K. Support, triple cell Ea.
L. Carpet pan Ea.
M. Terrazzo pan Ea.
N. Insert to conduit adapter Ea.
O. Conduit adapter Ea.
P. Low tension outlet Ea.
Q. High tension outlet Ea.
R. Galvanized nipple Ea.
S. Wire per C.L.F.
T. Offset (Duct type) Ea.

Dual Level System + Labor
see next page

(continued)

Electrical — R160 Design and Cost Tables

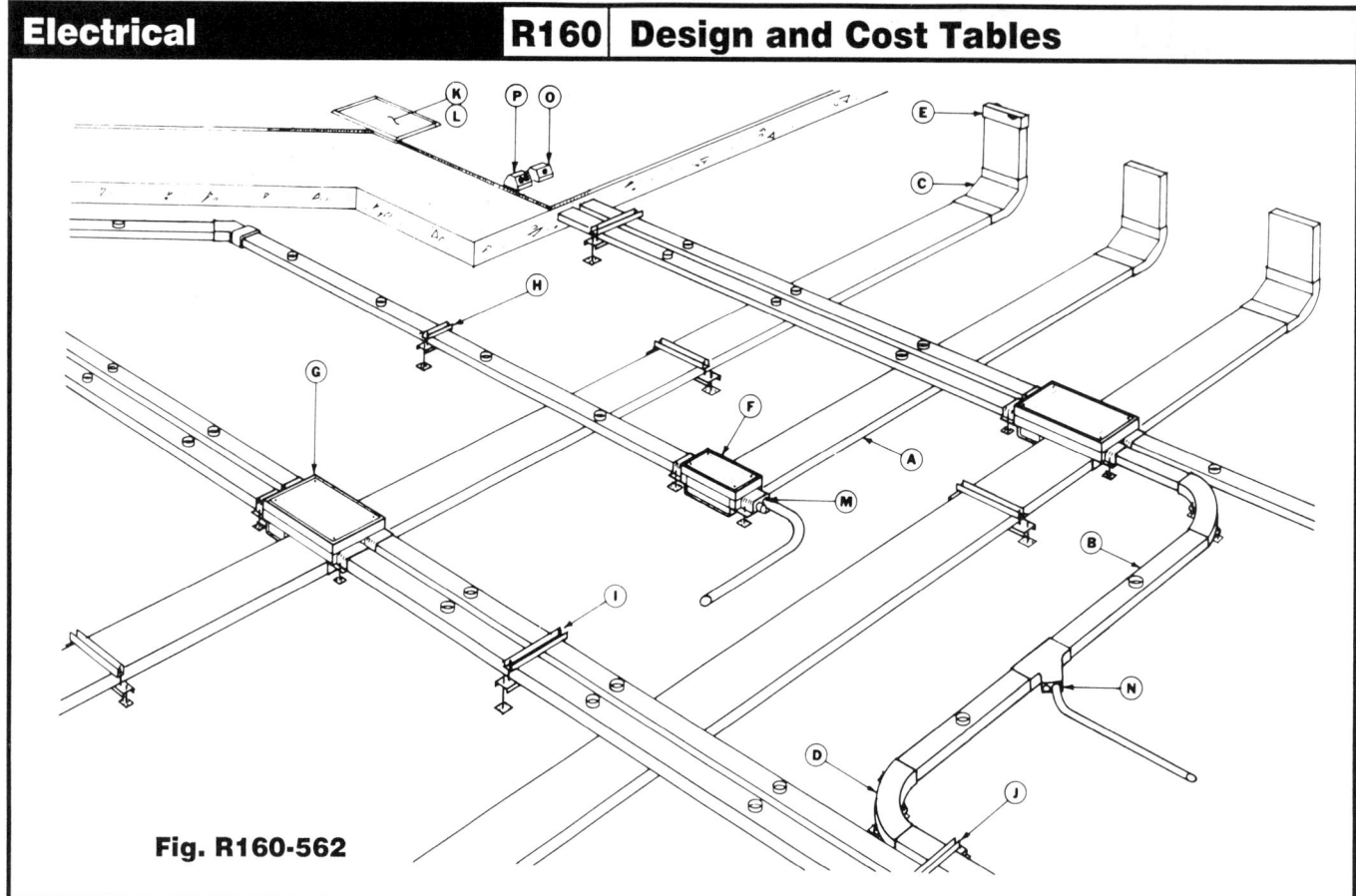

Fig. R160-562

R160-560 Underfloor Duct (cont.)
Dual Level

Include the following when "taking-off" Dual Level systems:
Distinguish between Standard and Super duct.
- A. Feeder duct (blank) in L.F.
- B. Distribution duct (Inserts 2' on center) in L.F.
- C. Elbows (Vertical) Ea.
- D. Elbows (Horizontal) Ea.
- E. Cabinet connector Ea.
- F. Single duct, 2 level, junction box Ea.
- G. Double duct, 2 level, junction box Ea.
- H. Support, single cell Ea.
- I. Support, double cell Ea.
- J. Support, triple cell Ea.
- K. Carpet pan Ea.
- L. Terrazzo pan Ea.
- M. Insert to conduit adapter Ea.
- N. Conduit adapter Ea.
- O. Low tension outlet Ea.
- P. High tension outlet Ea.
- Q. Wire per C.L.F.

Note: Make sure to include risers in linear foot totals. High tension outlets include box, receptacle, covers and related mounting hardware.

Man-hours for both Single and Dual Level systems include:
1. Unloading and uncrating
2. Hauling up to 200' from loading dock
3. Measuring and marking
4. Setting raceway and fittings in slab or on grade
5. Leveling raceway and fittings

Man-hours do not include:
1. Floor cutting
2. Excavation or backfill
3. Concrete pour
4. Grouting or patching
5. Wire or wire pulls
6. Additional outlets after concrete is poured
7. Piping to or from Underfloor Duct

Note: Installation is based on installing up to 150' of duct. If quantities exceed this, deduct the following percentages:
1. 150' to 250' -10%
2. 250' to 350' -15%
3. 350' to 500' -20%
4. over 500' -25%

Deduct these percentages from labor only.
Deduct these percentages from straight sections only.
Do not deduct from fittings or junction boxes.

Job Conditions: Productivity is based on new construction.
Underfloor duct to be installed on first three floors.

Material staging area within 100' of work being performed.
Area unobstructed and duct not subject to physical damage.

Electrical — R161 Conductors and Grounding

R161-100 Cable Cost Comparisons

Table below lists material prices per C.L.F. for copper conductor cables. Aluminum wiring generally requires larger conductor sizes than copper wiring and is subject to very close tolerance in torque tightening of connections. Size of conduit must allow for the increased size of the aluminum conductors.

600V Wire Capacity		Size	Cost of Single Conductor, per C.L.F., Material Only, Copper Wire					
Aluminum THW	Copper THW		TW	THW	THWN/THHN	Bare Copper	5KV CLP Shielded	15KV CLP Shielded
	15 amp	#14	$ 4.15*	$ 4.90*	$ 4.20*	$ 4.10*	–	–
	20	#12	5.85*	6.80*	5.90*	5.75*	–	–
	30	#10	9.20*	10.00*	9.60	9.40*	–	–
40 amp	45	#8	17.90	19.30	18.75	17.15*	–	–
50	65	#6	23.50	24.80	25.70	24.05*	–	–
65	85	#4	37.50	38.65	40.60	37.10*	$120.00	–
90	115	#2	57.50	58.50	72.00	57.20	145.00	–
100	130	#1	75.95	77.45	94.00	75.90	160.00	$190.00
120	150	1/0	–	91.00	113.00	89.50	185.00	235.00
135	175	2/0	–	110.00	130.00	107.00	225.00	265.00
155	200	3/0	–	135.00	160.00	132.00	–	–
180	230	4/0	–	170.00	195.00	167.00	300.00	350.00
205	255	250 MCM	–	210.00	230.00	195.00	330.00	365.00
230	285	300	–	270.00	275.00	255.00	–	–
250	310	350	–	285.00	305.00	270.00	450.00	495.00
310	380	400	–	350.00	365.00	330.00	–	–
		500	–	390.00	435.00	370.00	575.00	615.00
		600	–	575.00	–	455.00	–	–
		750	–	705.00	–	570.00	–	–
		1,000	–	1,050.00	–	830.00	–	–

* Solid conductor wire

R161-105 Armored Cable

Armored Cable – Quantities are taken off in the same manner as wire.

Bx Type Cable – Productivities are based on an average run of 50' before terminating at a box fixture etc. Each 50' section includes field preparation of (2) ends with hacksaw, identification and tagging of wire. Set up is open coil type without reels attaching cable to snake and pulling across a suspended ceiling or open face wood or steel studding, price does not include drilling of studs.

Cable in Tray – Productivities are based on an average run of 100 L.F. with set up of pulling equipment for (2) 90° bends, attaching cable to pull-in means, identification and tagging of wires, set up of reels. Wire termination to breakers equipment etc., are not included.

Job Conditions – Productivities are based on new construction to a height of 15' using rolling staging in an unobstructed area. Material staging is assumed to be within 100' of work being performed.

R161-115 C.L.F. Cost for 600 Volt Insulated Wire Installed in Conduit Per Conductor (Incl. O & P)

Wire Size	Installed Cost per C.L.F.			Wire Size	Installed Cost per C.L.F.		
	Copper		Aluminum		Copper		Aluminum
	THW	THWN/THHN	THW		THW	THWN/THHN	THW
#14	$ 29*	$ 29*	–	1/0	$195	$220	$115
#12	36*	35*	–	2/0	230	250	125
#10	42*	42*	–	3/0	275	300	145
#8	60	60	$ 44	4/0	330	355	160
#6	75	76	51	250 MCM	385	410	175
#4	100	105	64	300	460	465	205
#2	135	150	80	350	485	510	220
#1	165	180	100	500	625	675	280

*Solid Conductor Wire

Electrical — R161 Conductors and Grounding

R161-120 Maximum Circuit Length (approximate) for Various Power Requirements Assuming THW, Copper Wire @ 75° C, Based Upon a 4% Voltage Drop

Maximum Circuit Length: Table R161-120 indicates typical maximum installed length a circuit can have and still maintain an adequate voltage level at the point of use. The circuit length is similar to the conduit length.

If the circuit length for an ampere load and a copper wire size exceeds the length obtained from Table R161-120, use the next largest wire size to compensate voltage drop.

Example: A 130 ampere load at 480 volts, 3 phase, 3 wire with No. 1 wire can be run a maximum of 555 L.F. and provide satisfactory operation. If the same load is to be wired at the end of a 625 L.F. circuit, then a larger wire must be used.

Amperes	Wire Size	Maximum Circuit Length in Feet				
		2 Wire, 1 Phase		3 Wire, 3 Phase		
		120V	240V	240V	480V	600V
15	14*	50	105	120	240	300
	14	50	100	120	235	295
20	12*	60	125	145	290	360
	12	60	120	140	280	350
30	10*	65	130	155	305	380
	10	65	130	150	300	375
50	8	60	125	145	285	355
65	6	75	150	175	345	435
85	4	90	185	210	425	530
115	2	110	215	250	500	620
130	1	120	240	275	555	690
150	1/0	130	260	305	605	760
175	2/0	140	285	330	655	820
200	3/0	155	315	360	725	904
230	4/0	170	345	395	795	990
255	250	185	365	420	845	1055
285	300	195	395	455	910	1140
310	350	210	420	485	975	1220
380	500	245	490	565	1130	1415

*Solid Conductor

Note: The circuit length is the one-way distance between the origin and the load.

Electrical — R161 Conductors and Grounding

R161-125 Minimum Copper and Aluminum Wire Size Allowed for Various Types of Insulation

Minimum Wire Sizes

Amperes	Copper THW THWN or XHHW	Copper THHN XHHW *	Aluminum THW XHHW	Aluminum THHN XHHW *	Amperes	Copper THW THWN or XHHW	Copper THHN XHHW *	Aluminum THW XHHW	Aluminum THHN XHHW *
15A	#14	#14	#12	#12	195		2/0		
20	#12	#12			200	3/0			
25			#10	#10	205			250MCM	4/0
30	#10	#10			225		3/0		
40			#8		230	4/0		300MCM	250MCM
45				#8	250			350MCM	
50	#8		#6		255	250MCM			300MCM
55		#8			260		4/0		
60				#6	270			400MCM	
65	#6		#4		280				350MCM
75		#6	#3	#4	285	300MCM			
85	#4			#3	290		250MCM		
90			#2		305				400MCM
95		#4			310	350MCM		500MCM	
100	#3		#1	#2	320		300MCM		
110		#3			335	400MCM			
115	#2			#1	340			600MCM	
120			1/0		350		350MCM		500MCM
130	#1	#2			375			700MCM	
135			2/0	1/0	380	500MCM	400MCM		
150	1/0	#1		2/0	385			750MCM	600MCM
155			3/0		420	600MCM			700MCM
170		1/0			430		500MCM		
175	2/0			3/0	435				750MCM
180			4/0		475		600MCM		

*Dry Locations Only

Notes:
1. Size #14 to 4/0 is in AWG units (American Wire Gauge).
2. Size 250 to 750 is in MCM units (Thousand Circular Mils).
3. Use next higher ampere value if exact value is not listed in table.
4. For loads that operate continuously increase ampere value by 25% to obtain proper wire size.
5. Refer to Table R161-120 for the maximum circuit length for the various size wires.
6. Table R161-125 has been written for estimating purpose only, based on ambient temperature of 30° C (86° F); for ambient temperature other than 30° C (86° F), ampacity correction factors will be applied.

Electrical — R161 Conductors and Grounding

R161-130 Metric Equivalent, Wire

U.S. vs. European Wire – Approximate Equivalents				
United States		European	
Size AWG or MCM	Area Cir. Mils.(CM) MM^2	Size MM^2	Area Cir. Mils.
18	1620/.82	.75	1480
16	2580/1.30	1.0	1974
14	4110/2.08	1.5	2961
12	6530/3.30	2.5	4935
10	10,380/5.25	4	7896
8	16,510/8.36	6	11,844
6	26,240/13.29	10	19,740
4	41,740/21.14	16	31,584
3	52,620/26.65	25	49,350
2	66,360/33.61	–	–
1	83,690/42.39	35	69,090
1/0	105,600/53.49	50	98,700
2/0	133,100/67.42	–	–
3/0	167,800/85.00	70	138,180
4/0	211,600/107.19	95	187,530
250	250,000/126.64	120	236,880
300	300,000/151.97	150	296,100
350	350,000/177.30	–	–
400	400,000/202.63	185	365,190
500	500,000/253.29	240	473,760
600	600,000/303.95	300	592,200
700	700,000/354.60	–	–
750	750,000/379.93	–	–

R161-135 Size Required and Weight (Lbs./1000 L.F.) of Aluminum and Copper THW Wire by Ampere Load

Amperes	Copper Size	Aluminum Size	Copper Weight	Aluminum Weight
15	14	12	24	11
20	12	10	33	17
30	10	8	48	39
45	8	6	77	52
65	6	4	112	72
85	4	2	167	101
100	3	1	205	136
115	2	1/0	252	162
130	1	2/0	324	194
150	1/0	3/0	397	233
175	2/0	4/0	491	282
200	3/0	250	608	347
230	4/0	300	753	403
255	250	400	899	512
285	300	500	1068	620
310	350	500	1233	620
335	400	600	1396	772
380	500	750	1732	951

Electrical — R161 Conductors and Grounding

R161-160 Undercarpet Systems

Take-off Procedure for Power Systems: List components for each fitting type, tap, splice, and bend on your quantity take-off sheet. Each component must be priced separately. Start at the power supply transition fittings and survey each circuit for the components needed. List the quantities of each component under a specific circuit number. Use the floor plan layout scale to get cable footage.

Reading across the list, combine the totals of each component in each circuit and list the total quantity in the last column. Calculate approximately 5% for scrap for items such as cable, top shield, tape, and spray adhesive. Also provide for final variations that may occur on-site.

Suggested guidelines are:
1. Equal amounts of cable and top shield should be priced.
2. For each roll of cable, price a set of cable splices.
3. For every 1 ft. of cable, price 2-1/2 ft. of hold-down tape.
4. For every 3 rolls of hold-down tape, price 1 can of spray adhesive.

Adjust final figures wherever possible to accommodate standard packaging of the product. This information is available from the distributor.

Each transition fitting requires:
1. 1 base
2. 1 cover
3. 1 transition block

Each floor fitting requires:
1. 1 frame/base kit
2. 1 transition block
3. 2 covers (duplex/blank)

Each tap requires:
1. 1 tap connector for each conductor
2. 1 pair insulating patches
3. 2 top shield connectors

Each splice requires:
1. 1 splice connector for each conductor
2. 1 pair insulating patches
3. 3 top shield connectors

Each cable bend requires:
1. 2 top shield connectors

Each cable dead end (outside of transition block) requires:
1. 1 pair insulating patches

Labor does not include:
1. Patching or leveling uneven floors.
2. Filling in holes or removing projections from concrete slabs.
3. Sealing porous floors.
4. Sweeping and vacuuming floors.
5. Removal of existing carpeting.
6. Carpet square cut-outs.
7. Installation of carpet squares.

Take-off Procedures for Telephone Systems: After reviewing floor plans identify each transition. Number or letter each cable run from that fitting.

Start at the transition fitting and survey each circuit for the components needed. List the cable type, terminations, cable length, and floor fitting type under the specific circuit number. Use the floor plan layout scale to get the cable footage. Add some extra length (next higher increment of 5 feet) to preconnectorized cable.

Transition fittings require:
1. 1 base plate
2. 1 cover
3. 1 transition block

Floor fittings require:
1. 1 frame/base kit
2. 2 covers
3. Modular jacks

Reading across the list, combine the list of components in each circuit and list the total quantity in the last column. Calculate the necessary scrap factors for such items as tape, bottom shield and spray adhesive. Also provide for final variations that may occur on-site.

Adjust final figures whenever possible to accommodate standard packaging. Check that items such as transition fittings, floor boxes, and floor fittings that are to utilize both power and telephone have been priced as combination fittings, so as to avoid duplication.

Make sure to include marking of floors and drilling of fasteners if fittings specified are not the adhesive type.

Labor does not include:
1. Conduit or raceways before transition of floor boxes
2. Telephone cable before transition boxes
3. Terminations before transition boxes
4. Floor preparation as described in power section

Be sure to include all cable folds when pricing labor.

Take-off Procedure for Data Systems: Start at the transition fittings and take off quantities in the same manner as the telephone system, keeping in mind that data cable does not require top or bottom shields.

The data cable is simply cross-taped on the cable run to the floor fitting.

Data cable can be purchased in either bulk form in which case coaxial connector material and labor must be priced, or in preconnectorized cut lengths.

Data cable cannot be folded and must be notched at 1 inch intervals. A count of all turns must be added to the labor portion of the estimate. (Note: Some manufacturers have prenotched cable.)

Notching required:
1. 90 degree turn requires 8 notches per side.
2. 180 degree turn requires 16 notches per side.

Floor boxes, transition boxes, and fittings are the same as described in the power and telephone procedures.

Since undercarpet systems require special hand tools, be sure to include this cost in proportion to number of crews involved in the installation.

Job Conditions: Productivity is based on new construction in an unobstructed area. Staging area is assumed to be within 200' of work being performed.

Electrical — R161 Conductors and Grounding

R161-165 Wire

Wire quantities are taken off by either measuring each cable run or by extending the conduit and raceway quantities times the number of conductors in the raceway. Ten percent should be added for waste and tie-ins. Keep in mind that the unit of measure of wire is C.L.F. not L.F. as in raceways so the formula would read:

$$\frac{(\text{L.F. Raceway} \times \text{No. of Conductors}) \times 1.10}{100} = \text{C.L.F.}$$

Price per C.L.F. of wire includes:
1. Set up wire coils or spools on racks
2. Attaching wire to pull in means
3. Measuring and cutting wire
4. Pulling wire into a raceway
5. Identifying and tagging

Price does not include:
1. Connections to breakers, panelboards or equipment
2. Splices

Job Conditions: Productivity is based on new construction to a height of 15' using rolling staging in an unobstructed area. Material staging is assumed to be within 100' of work being performed.

Economy of Scale: If more than two wires at a time is being pulled, deduct the following percentages from the labor of that grouping:

4-5 wires	25%
6-10 wires	30%
11-15 wires	35%
over 15	40%

If a wire pull is less than 100' in length and is interrupted several times by boxes, lighting outlets, etc., it may be necessary to add the following lengths to each wire being pulled:

Junction box to junction box	2 L.F.
Lighting panel to junction box	6 L.F.
Distribution panel to sub panel	8 L.F.
Switchboard to distribution panel	12 L.F.
Switchboard to motor control center	20 L.F.
Switchboard to cable tray	40 L.F.

Measure of Drops and Riser: It is important when taking off wire quantities to include the wire for drops to electrical equipment. If heights of electrical equipment are not clearly stated, use the following guide:

	Bottom A.F.F.	Top A.F.F.	Inside Cabinet
Safety switch to 100A	5'	6'	2'
Safety switch 400 to 600A	4'	6'	3'
100A panel 12 to 30 circuit	4'	6'	3'
42 circuit panel	3'	6'	4'
Switch box	3'	3'6"	1'
Switchgear	0'	8'	8'
Motor control centers	0'	8'	8'
Transformers - wall mount	4'	8'	2'
Transformers - floor mount	0'	12'	4'

R161-810 Grounding

Grounding — When taking off grounding systems, identify separately the type and size of wire.

Example:
- Bare copper & size
- Bare aluminum & size
- Insulated copper & size
- Insulated aluminum & size

Count the number of ground rods and their size.

Example:
1. 8' grounding rod — 5/8" dia. 20 Ea.
2. 10' grounding rod — 5/8" dia. 12 Ea.
3. 15' grounding rod — 3/4" dia. 4 Ea.

Count the number of connections; the size of the largest wire will determine the productivity.

Example:
- Braze a #2 wire to a #4/0 cable

The 4/0 cable will determine the M.H. and cost to be used.

Include individual connections to:
1. Ground rods
2. Building steel
3. Equipment
4. Raceways

Price does not include:
1. Excavation
2. Backfill
3. Sleeves or raceways used to protect grounding wires
4. Wall penetrations
5. Floor cutting
6. Core drilling

Job Conditions: Productivity is based on a ground floor area, using cable reels in an unobstructed area. Material staging area assumed to be within 100' of work being performed.

Electrical — R162 Boxes and Wiring Devices

R162-110 Outlet Boxes

Outlet boxes should be included on the same take off sheet as branch piping or devices to better explain what is included in each circuit.

Each unit price in this section is a stand alone item and contains no other component unless specified. For example, to estimate a duplex outlet components that must be added are:

1. 4 in. square box
2. 4 in. plaster ring
3. Duplex receptacle from Div. 162-320
4. Device cover

The method of mounting outlet boxes is (2) plastic shield fasteners.

Outlet boxes plastic, man-hours include:

1. Marking box location on wood studding
2. Mounting box

Economy of Scale – For large concentrations of plastic boxes in the same area deduct the following percentages from man-hour totals:

1	to	10	0%
11	to	25	20%
26	to	50	25%
51	to	100	30%
over		100	35%

Note: It is important to understand that these percentages are not used on the total job quantities, but only areas where concentrations exceed the levels specified.

R162-130 Pull Boxes and Cabinets

List cabinets and pull boxes by NEMA type and size.

Example:	TYPE	SIZE
	NEMA 1	6"W x 6"H x 4"D
	NEMA 3R	6"W x 6"H x 4"D

Man-hours for wall mount (indoor or outdoor) installations include:

1. Unloading and uncrating
2. Handling of enclosures up to 200' from loading dock using a dolly or pipe rollers
3. Measuring and marking
4. Drilling (4) anchor type lead fasteners using a hammer drill
5. Mounting and leveling boxes

Note: A plywood backboard is not included.

Man-hours for ceiling mounting include:

1. Unloading and uncrating
2. Handling boxes up to 100' from loading dock
3. Measuring and marking
4. Drilling (4) anchor type lead fasteners using a hammer drill
5. Installing and leveling boxes to a height of 15' using rolling staging

Man-hours for free standing cabinets include:

1. Unloading and uncrating
2. Handling of cabinets up to 200' from loading dock using a dolly or pipe rollers
3. Marking of floor
4. Drilling (4) anchor type lead fasteners using a hammer drill
5. Leveling and shimming

Man-hours for telephone cabinets include:

1. Unloading and uncrating
2. Handling cabinets up to 200' using a dolly or pipe rollers
3. Measuring and marking
4. Mounting and leveling, using (4) lead anchor type fasteners

Electrical | R162 | Boxes and Wiring Devices

R162-135 Weight Comparisons of Common Size Cast Boxes in Lbs.

Size NEMA 4 or 9	Cast Iron	Cast Aluminum	Size NEMA 7	Cast Iron	Cast Aluminum
6" x 6" x 6"	17	7	6" x 6" x 6"	40	15
8" x 6" x 6"	21	8	8" x 6" x 6"	50	19
10" x 6" x 6"	23	9	10" x 6" x 6"	55	21
12" x 12" x 6"	52	20	12" x 6" x 6"	100	37
16" x 16" x 6"	97	36	16" x 16" x 6"	140	52
20" x 20" x 6"	133	50	20" x 20" x 6"	180	67
24" x 18" x 8"	149	56	24" x 18" x 8"	250	93
24" x 24" x 10"	238	88	24" x 24" x 10"	358	133
30" x 24" x 12"	324	120	30" x 24" x 10"	475	176
36" x 36" x 12"	500	185	30" x 24" x 12"	510	189

R162-300 Wiring Devices

Wiring devices should be priced on a separate take-off form which includes boxes, covers, conduit and wire.

Man-hours for devices include:
1. Stripping of wire
2. Attaching wire to device using terminators on the device itself, lugs, set screws etc.
3. Mounting of device in box

Man-hours do not include:
1. Conduit
2. Wire
3. Boxes
4. Plates

Economy of Scale - for large concentrations of devices in the same area deduct the following percentages from man-hours:

1	to	10	0%
11	to	25	20%
26	to	50	25%
51	to	100	30%
	over	100	35%

Electrical

R162 Boxes and Wiring Devices

R162-300a Wiring Devices

NEMA No.	15 R	20 R	30 R	50 R	60 R
1 125V 2 Pole, 2 Wire	⊙				
2 250V 2 Pole, 2 Wire		⊙	⊙		
5 125V 2 Pole, 3 Wire	⊙	⊙	⊙	⊙	
6 250V 2 Pole, 3 Wire	⊙	⊙	⊙	⊙	
7 277V, AC 2 Pole, 3 Wire	⊙	⊙	⊙	⊙	
10 125/250V 3 Pole, 3 Wire		⊙	⊙	⊙	
11 3 Phase 250V 3 Pole, 3 Wire	⊙	⊙	⊙	⊙	
14 125/250V 3 Pole, 4 Wire	⊙	⊙	⊙	⊙	⊙
15 3 Phase 250V 3 Pole, 4 Wire	⊙	⊙	⊙	⊙	⊙
18 3 Phase 208Y/120V 4 Pole, 4 Wire	⊙	⊙	⊙	⊙	⊙

Electrical — R162 Boxes and Wiring Devices

R162-300b Wiring Devices

NEMA No.	15 R	20 R	30 R	NEMA No.	15 R	20 R	30 R
L 1 125V 2 Pole, 2 Wire	●			L 13 3 Phase 600V 3 Pole, 3 Wire			●
L 2 250V 2 Pole, 2 Wire		● (15A)		L 14 125/250V 3 Pole, 4 Wire		●	●
L 5 125V 2 Pole, 3 Wire	●	●	●	L 15 3 Phase 250V 3 Pole, 4 Wire		●	●
L 6 250V 2 Pole, 3 Wire	●	●	●	L 16 3 Phase 480V 3 Pole, 4 Wire		●	●
L 7 227V, AC 2 Pole, 3 Wire	●	●	●	L 17 3 Phase 600V 3 Pole, 4 Wire			●
L 8 480V 2 Pole, 3 Wire		●	●	L 18 3 Phase 208Y/120V 4 Pole, 4 Wire		●	●
L 9 600V 2 Pole, 3 Wire		●	●	L 19 3 Phase 480Y/277V 4 Pole, 4 Wire		●	●
L 10 125/250V 3 Pole, 3 Wire		●	●	L 20 3 Phase 600Y/347V 4 Pole, 4 Wire		●	●
L 11 3 Phase 250V 3 Pole, 3 Wire		●	●	L 21 3 Phase 208Y/120V 4 Pole, 5 Wire		●	●
L 12 3 Phase 480V 3 Pole, 3 Wire		●	●	L 22 3 Phase 480Y/277V 4 Pole, 5 Wire		●	●
				L 23 3 Phase 600Y/347V 4 Pole, 5 Wire		●	●

Electrical — R163 Starters, Boards and Switches

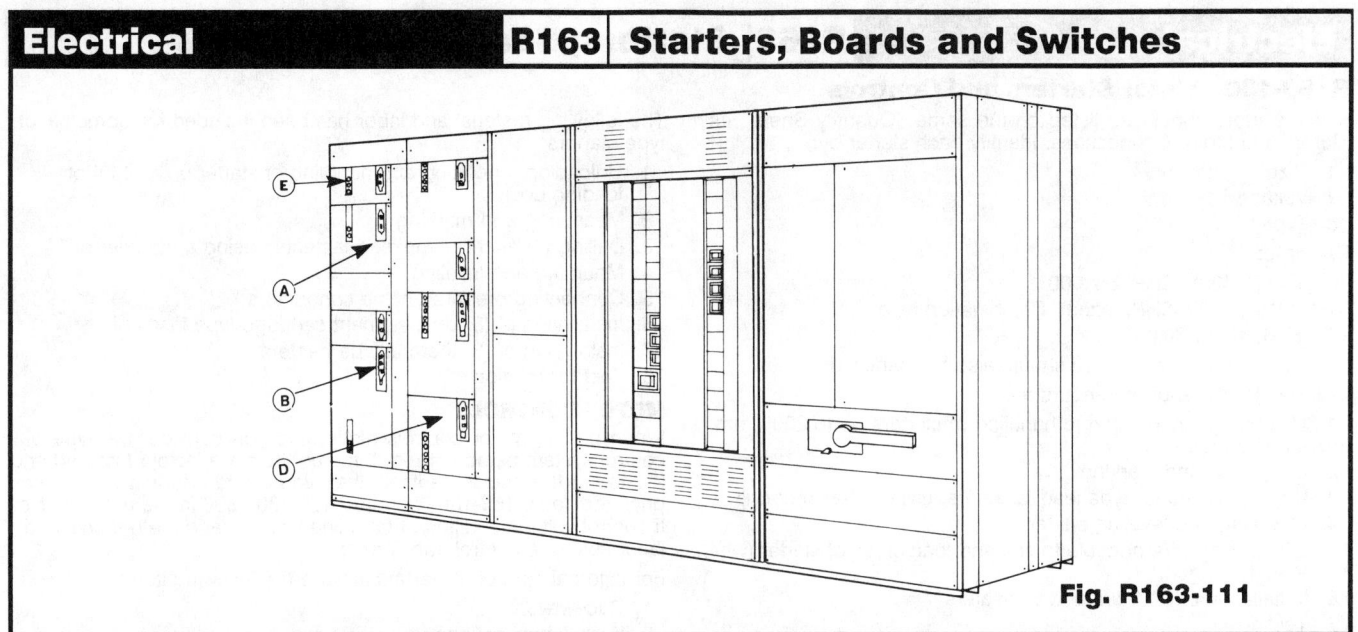

Fig. R163-111

R163-110 Motor Control Centers

When taking off Motor Control Centers, list the size, type and height of structures.

Example:

1. 300A, 22,000 RMS, 72" high
2. 300A, back to back, 72" high

Next take off individual starters, the number of structures can also be determined by adding the height in inches of starters divided by the height of the structure, and list on the same quantity sheet as the structures. Identify starters by Type, Horsepower rating, Size and Height in inches.

Example:

A. Class I, Type B, FVNR starter, 25 H.P., 18" high.
   Add to the list with Starters, factory installed controls.

Example:

B. Pilot lights
C. Push buttons
D. Auxiliary contacts

Identify starters and structures as either copper or aluminum and by the NEMA type of enclosure.

When pricing starters and structures, be sure to add or deduct adjustments, using lines 163-110-1100 thru 163-110-1900 in the unit price section.

Included in the cost of Motor Control Structures are:

1. Uncrating
2. Hauling to location within 100' of loading dock
3. Setting structures
4. Leveling
5. Aligning
6. Bolting together structure frames
7. Bolting horizontal bus bars

Man-hours do not include:

1. Equipment pad
2. Steel channels embedded or grouted in concrete
3. Pull boxes
4. Special knockouts
5. Main switchboard section
6. Transition section
7. Instrumentation
8. External control wiring
9. Conduit or wire

Material for Starters includes:

1. Circuit breaker or fused disconnect
2. Magnetic motor starter
3. Control transformer
4. Control fuse and fuse block

Man-hours for Starters include:

1. Handling
2. Installing starter within structure
3. Internal wiring connections
4. Lacing within enclosure
5. Testing
6. Phasing

Job Conditions: Productivity is based on new construction. Motor control location assumed to be on first floor in an unobstructed area. Material staging area within 100' of final location.

Note: Additional man-hours must be added if M.C.C. is to be installed on other than the first floor, or if rigging is required.

Electrical — R163 Starters, Boards and Switches

R163-130 Motor Starters and Controls

Motor starters should be listed on the same "Quantity Sheet" as Motors and Motor Connections. Identify each starter by:

1. Size
2. Voltage
3. Type

Example:

A. FVNR, 480V, 2HP, Size 00
B. FVNR, 480V, 5HP, Size 0, Combination type
C. FVR, 480V, Size 2

The NEMA type of enclosure should also be identified.

Included in the labor man-hours are:

1. Unloading, uncrating and handling of starters up to 200' from loading area
2. Measuring and marking
3. Drilling (4) anchor type lead fasteners, using a hammer drill
4. Mounting and leveling starter
5. Connecting wire or cable to line and load sides of starter (when already lugged)
6. Installation of (3) thermal type heaters
7. Testing

The following is not included unless specified in the unit price description.

1. Control transformer
2. Controls, either factory or field installed
3. Conduit and wire to or from starter
4. Plywood backboard
5. Cable terminations

The following material and labor has been included for Combination type starters:

1. Unloading, uncrating and handling of starter up to 200' of loading dock
2. Measuring and marking
3. Drilling (4) anchor type lead fasteners using a hammer drill
4. Mounting and leveling
5. Connecting prepared cable conductors
6. Installation of (3) dual element cartridge type fuses
7. Installation of (3) thermal type heaters
8. Test for rotation

MOTOR CONTROLS

When pricing motor controls make sure you consider the type of control system being utilized. If the controls are factory installed and located in the enclosure itself, then you would add to your starter price the items 163-130-5200 thru 163-130-5800 in the unit cost file. If control voltage is different from line voltage, add the material and labor cost of a control transformer.

For external control of starters include the following items:

1. Raceways
2. Wire & terminations
3. Control enclosures
4. Fittings
5. Push button stations
6. Indicators

Job Conditions: Productivity is based on new construction to a height of 10'.

Material staging area is assumed to be within 100' of work being performed.

Electrical | R163 | Starters, Boards and Switches

R163-230 Load Centers and Panelboards

When pricing Load Centers list panels by size and type. List Breakers in a separate column of the "Quantity Sheet," and define by phase and ampere rating.

Material and Labor prices include breakers; for example: A 100 Amp. 3-wire, 120/240V, 18 circuit panel w/main breaker as described in 163-230-3900 in the unit cost file contains 18 single pole 20A breakers.

If you do not choose to include a full panel of single pole breakers, use the following method to adjust material and labor costs.

Example: In a 18 circuit panel only 16 single pole breakers are required.

- 18 breakers included
- 16 breakers needed
- 2 breakers need to be adjusted

In order to adjust the (2) single pole breakers not required, go to the unit price section of this book which in this example is 163-530, and price the unit cost of a 20A single pole breaker.

Example:

163-250-2000 1 pole breaker = $6.75 for material
$17.40 for labor
$24.15 total material and labor

Take the material price of the breaker and multiply by .50.

$6.75 x .50 = $3.38

Take the labor price and multiply by .60.

$17.40 x .60 = $10.44

The adjustment per breaker will be $3.38 for material and $10.44 for labor.

Take the adjusted material and labor costs and multiply by the number of breakers not required, in this case (2).

Example:

$ 3.38 x 2 = $ 6.76 Material
$10.44 x 2 = $20.88 Labor
$27.64 To be deducted from cost of panel

The adjusted material and labor cost of the panel will be:

Material	Labor	Total
$225.00	$260.00	$485.00
-6.76	-20.88	-27.64
$218.24	$239.12	$457.36 Adjusted Load Center

Man-hours for Load Center installation includes:

1. Unloading, uncrating, and handling enclosures 200' from unloading area.
2. Measuring and marking
3. Drilling (4) lead anchor type fasteners using a hammer drill
4. Mounting and leveling panel to a height of 6'
5. Preparation and termination of feeder cable to lugs or main breaker
6. Branch circuit identification
7. Lacing using tie wraps
8. Testing and load balancing
9. Marking panel directory

Not included in the material and labor cost are:

1. Modifications to enclosure
2. Structural supports
3. Additional lugs
4. Plywood backboards
5. Painting or lettering

Note: Knockouts are included in the price of terminating pipe runs and need not be added to the Load Center costs.

Job Conditions: Productivity is based on new construction to a height of 6', in a unobstructed area. Material staging area is assumed to be within 100' of work being performed.

Electrical R163 | Starters, Boards and Switches

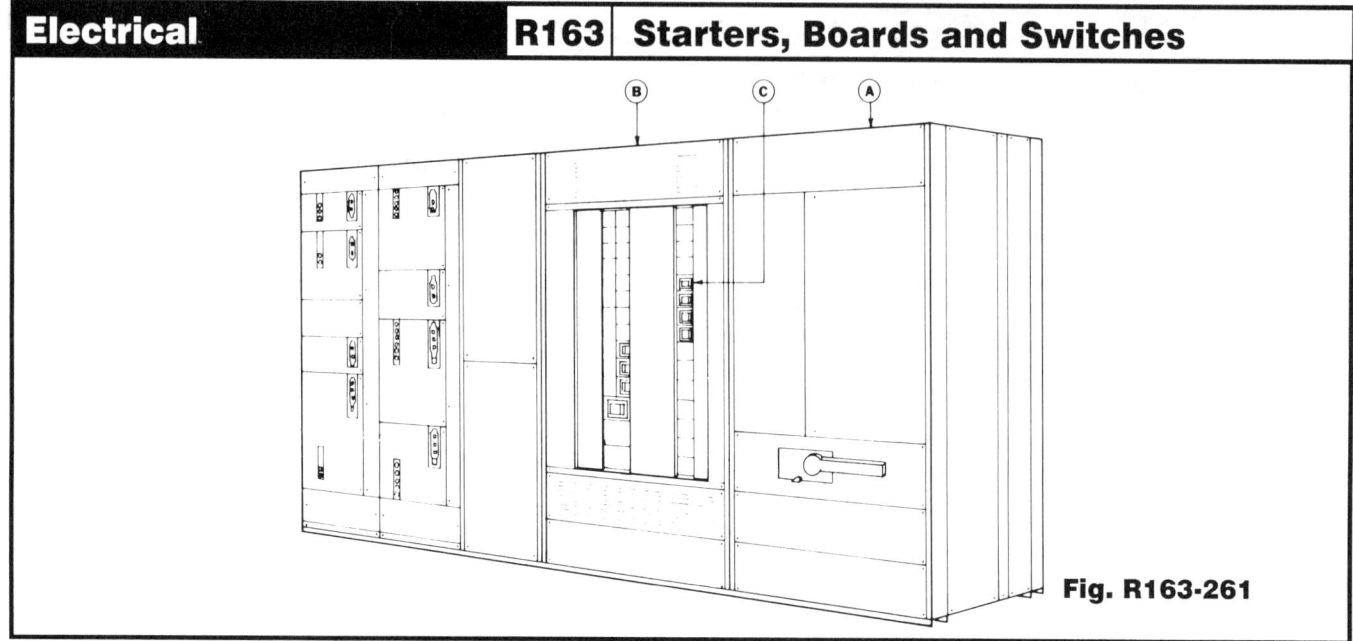

Fig. R163-261

R163-260 Switch Gear

It is recommended that "Switchgear" or those items contained in the following sections be quoted from equipment manufacturers as a package price.

    163-260 Switchboards (Service Disc.)
    163-262 Switchboard (In-plant Dist.)
    163-264 Distribution sections
    163-266 Feeder sections
    163-268 Switchboard instruments

Included in these sections are the most common types and sizes of factory assembled equipment.

The recommended procedure for low voltage switchgear would be to price (Fig. R163-261) (A) Main Switchboard Div. 163-260 or 262.

Identify by:
1. Voltage
2. Amperage
3. Type

Example:
1. 120/208V, 4-wire, 600A, nonfused
2. 277/480V, 4-wire, 600A, nonfused
3. 120/208V, 4-wire, 400A w/fused switch & CT compartment
4. 277/480V, 4-wire, 400A, w/fused switch & CT compartment
5. 120/208V, 4-wire, 800A, w/pressure switch & CT compartment
6. 277/480V, 4-wire, 800A, w/molded CB & CT compartment

Included in the labor costs for Switchboards are:
1. Uncrating
2. Hauling to 200' of loading dock
3. Setting equipment
4. Leveling and shimming
5. Anchoring
6. Cable identification
7. Testing of equipment

Not included in the Switchboard price is:
1. Rigging
2. Equipment pads
3. Steel channels embedded or grouted in concrete
4. Special knockouts
5. Transition or Auxiliary sections
6. Instrumentation
7. External control
8. Conduit and wire
9. Conductor terminations

R163-265 Distribution Section

After "Taking off" the Switchboard section, include on the same "Quantity sheet" the Distribution section; identify by:
1. Voltage
2. Ampere rating
3. Type

Example:
(Fig. R163-261) (B) Distribution Section

Included in the labor costs of the Distribution section is:
1. Uncrating
2. Hauling to 200' of loading dock
3. Setting of distribution panel
4. Leveling & shimming
5. Anchoring of equipment to pad or floor
6. Bolting of horizontal bus bars between
7. Testing of equipment

Not included in the Distribution section is:
1. Breakers (c)
2. Equipment pads
3. Steel channels embedded or grouted in concrete
4. Pull boxes
5. Special knockouts
6. Transition section
7. Conduit or wire

Electrical — R163 Starters, Boards and Switches

R163-270 Feeder Section

List quantities on the same sheet as the Distribution section.
Identify breakers by: (Fig. R163-261)

1. Frame type
2. Number of poles
3. Ampere rating

Installation includes:

1. Handling
2. Placing breakers in Distribution panel
3. Preparing wire or cable
4. Lacing wire
5. Marking each phase with colored tape
6. Marking panel legend
7. Testing
8. Balancing

R163-275 Switchboard Instruments

Switchboard instruments are added to the price of switchboards according to job specifications. This equipment is usually included when ordering "Gear" from the manufacturer and will arrive factory installed.

Included in the labor cost is:

1. Internal wiring connections
2. Wire identification
3. Wire tagging

Transition sections include:

1. Uncrating
2. Hauling sections up to 100' from loading dock
3. Positioning sections
4. Leveling sections
5. Bolting enclosures
6. Bolting vertical bus bars

Price does not include:

1. Equipment pads
2. Steel channels embedded or grouted in concrete
3. Special knockouts
4. Rigging

Job Conditions: Productivity is based on new construction, equipment to be installed on the first floor within 200' of the loading dock.

R163-360 Safety Switches

List each Safety Switch by type, ampere rating, voltage, single or three phase, fused or nonfused.

Example:

A. General duty, 240V, 3-pole, fused
B. Heavy Duty, 600V, 3-pole, nonfused
C. Heavy Duty, 240V, 2-pole, fused
D. Heavy Duty, 600V, 3-pole, fused

Also include NEMA enclosure type and identify as:

1. Indoor
2. Weatherproof
3. Explosionproof

Installation of Safety Switches includes:

1. Unloading and uncrating
2. Handling disconnects up to 200' from loading dock
3. Measuring and marking location
4. Drilling (4) anchor type lead fasteners, using a hammer drill
5. Mounting and leveling Safety Switch
6. Installing (3) fuses
7. Phasing and tagging line and load wires

Price does not include:

1. Modifications to enclosure
2. Plywood backboard
3. Conduit or wire
4. Fuses
5. Termination of wires

Job Conditions: Productivities are based on new construction to an installed height of 6' above finished floor.

Material staging area is assumed to be within 100' of work in progress.

Electrical — R164 Transformers and Bus Ducts

R164-100 Oil Filled Transformers

Transformers in this section include:
1. Rigging (as required)
2. Rental of crane and operator
3. Setting of oil filled transformer
4. (4) Anchor bolts, nuts and washers in concrete pad

Price does not include:
1. Primary and secondary terminations
2. Transformer pad
3. Equipment grounding
4. Cable
5. Conduit locknuts or bushings

DRY TYPE TRANSFORMERS R164-120
BUCK-BOOST TRANSFORMERS R164-110
ISOLATING TRANSFORMERS R164-310

Transformers in these sections include:
1. Unloading and uncrating
2. Hauling transformer to within 200' of loading dock
3. Setting in place
4. Wall mounting hardware
5. Testing

Price does not include:
1. Structural supports
2. Suspension systems
3. Welding or fabrication
4. Primary & secondary terminations

Add the following percentages to the labor for ceiling mounted transformers:

    10' to 15' = + 15%
    15' to 25' = + 30%
    Over 25' = + 35%

Job Conditions: Productivities are based on new construction. Installation is assumed to be on the first floor, in an obstructed area to a height of 10'. Material staging area is within 100' of final transformer location.

R164-105 Transformer Weight (Lbs.) by KVA

Oil Filled 3 Phase 5/15 KV To 480/277			
KVA	Lbs.	KVA	Lbs.
150	1800	1000	6200
300	2900	1500	8400
500	4700	2000	9700
750	5300	3000	15000

Dry 240/480 To 120/240 Volt			
1 Phase		3 Phase	
KVA	Lbs.	KVA	Lbs.
1	23	3	90
2	36	6	135
3	59	9	170
5	73	15	220
7.5	131	30	310
10	149	45	400
15	205	75	600
25	255	112.5	950
37.5	295	150	1140
50	340	225	1575
75	550	300	1870
100	670	500	2850
167	900	750	4300

Electrical — R164 Transformers and Bus Ducts

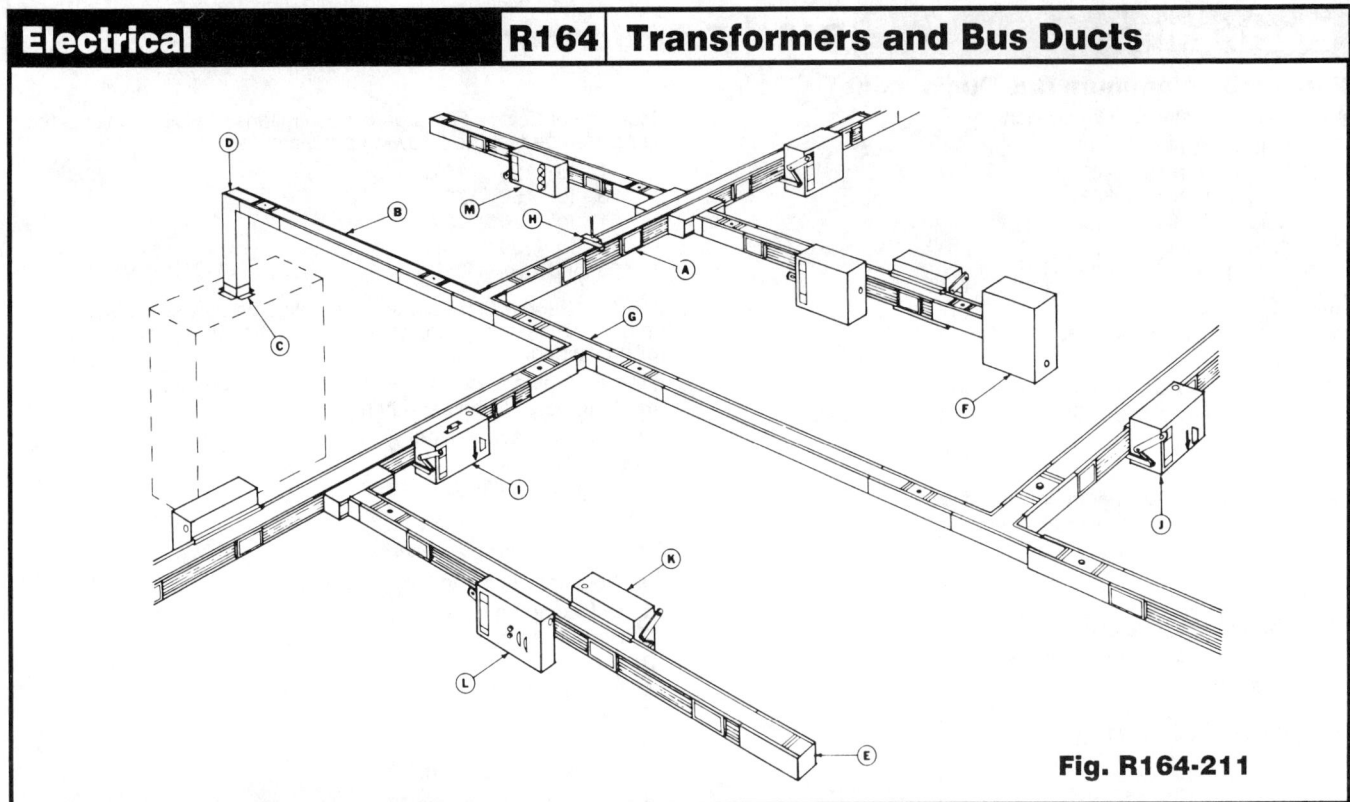

Fig. R164-211

R164-210 Aluminum Bus Duct

When taking off bus duct identify the system as either:

1. Aluminum (164-210)
2. Copper (164-220 and 164-230)

List straight lengths by type and size (Fig. R164-211)

A. Plug-in - 800AMP
B. Feeder - 800AMP

Do not measure thru fittings as you would on conduit, since there is no such thing as allowance for scrap in bus duct systems.

If upon taking off linear foot quantities of bus duct you find your quantities are not divisible by 10 ft., then the remainder must be priced as a special item and quoted from the manufacturer. Do not use the linear foot cost of material for these items, but you can use the total cost for L.F. labor.

Example: **Quantity**
800A Feeder Bus (Alum.)   52 ft.
52 ÷ 10   = 5 - 10 ft. sections
                         1 - 1 ft. section

From line 164-210-0400
Material = 50 x $80.00 = $4,000.00 + price of 2 ft. section
Labor   = 52 x $14.90 = $ 774.80

Identify fittings by type and ampere rating

Example: (Fig. R164-211)

C. Switchboard stub 800 AMP
D. Elbows 800AMP
E. End box 800AMP
F. Cable tap box 800AMP
G. Tee Fittings 800AMP
H. Hangers

Plug-in Units - List separately plug-in units and identify by type and ampere rating (Fig. R164-211)

I. Plug-in switches 600 Volt 3 phase 60 AMP
J. Plug-in molded case C.B. 60 AMP
K. Combination starter FVNR NEMA 1
L. Combination contactor & fused switch NEMA 1
M. Combination fusible switch & lighting control 60 AMP

Man-hours for feeder and plug-in sections include:

1. Unloading and uncrating
2. Hauling up to 200 ft. from loading dock
3. Measuring and marking
4. Set up of rolling staging
5. Installing hangers
6. Hanging and bolting sections
7. Aligning and leveling
8. Testing

Man-hours do not include:

1. Modifications to existing structure for hanger supports
2. Threaded rod in excess of 2 ft.
3. Welding
4. Penetrations thru walls
5. Staging rental

Deduct the following percentages from labor only:

150 ft. to 250 ft. - 10%
251 ft. to 350 ft. - 15%
351 ft. to 500 ft. - 20%
Over 500 ft. - 25%

Deduct percentage only if runs are contained in the same area.

Example - If the job entails running 100 ft in 5 different locations do not deduct 20%, but if the duct is being run in 1 area and the quantity is 500 ft. then you would deduct 20%.

Deduct only from straight lengths, not fittings or plug-in units.

Electrical — R164 Transformers and Bus Ducts

R164-210 Aluminum Bus Ducts (cont.)

Add to labor for elevated installations:

15 ft. to 20 ft. high	10%
21 ft. to 25 ft. high	20%
26 ft. to 30 ft. high	30%
31 ft. to 35 ft. high	40%
36 ft. to 40 ft. high	50%
Over 40 ft. high	60%

Bus Duct Fittings:
Man-hours for fittings include:
1. Unloading and uncrating
2. Hauling up to 200 ft. from loading dock
3. Installing, fitting and bolting all ends to in place sections

Plug-in units include:
1. Unloading and uncrating
2. Hauling up to 200 ft. from loading dock
3. Installing plug-in into in place duct
4. Set up of rolling staging
5. Connecting load wire to lugs
6. Marking wire
7. Checking phase rotation

Man-hours for plug-ins do not include:
1. Conduit runs from plug-in
2. Wire from plug-in
3. Conduit termination

Economy of Scale - For large concentrations of plug-in units in the same area deduct the following percentages:

11	to	25	15%
26	to	50	20%
51	to	75	25%
76	to	100	30%
100	and	over	35%

Job Conditions: Productivities are based on new construction, in an unobstructed first floor area to a height of 15 ft.; using rolling staging.

Material staging area is within 100 ft. of work being performed.
Add to the duct fittings and hangers:
   Plug-in switches (Fused)
   Plug-in breakers
   Combination starters
   Combination contactors
   Combination fusible switch and lighting control

Man-hours for duct and fittings include:
1. Unloading and uncrating
2. Hauling up to 200 ft. from loading dock
3. Measuring and marking
4. Installing duct runs
5. Leveling
6. Sound testing

Man-hours for plug-ins include:
1. Unloading and uncrating
2. Hauling up to 200 ft. from loading dock
3. Installing plug-ins
4. Preparing wire
5. Wire connections and marking

R164-215 Weight (Lbs./L.F.) of 4 Pole Aluminum and Copper Bus Duct by Ampere Load

Amperes	Aluminum Feeder	Copper Feeder	Aluminum Plug-In	Copper Plug-In
225			7	7
400			8	13
600	10	10	11	14
800	10	19	13	18
1000	11	19	16	22
1350	14	24	20	30
1600	17	26	25	39
2000	19	30	29	46
2500	27	43	36	56
3000	30	48	42	73
4000	39	67		
5000		78		

Electrical | R164 Transformers and Bus Ducts

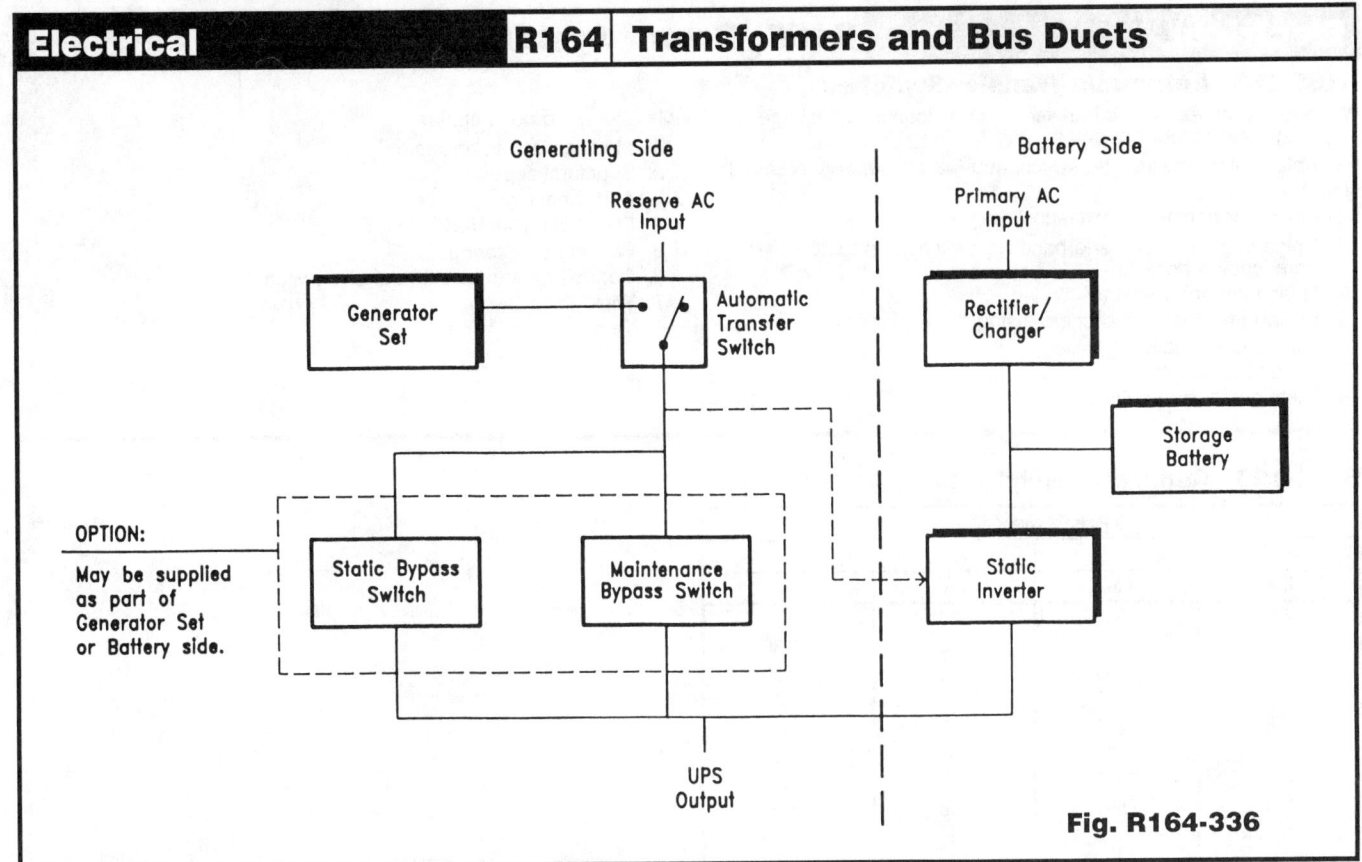

Fig. R164-336

R164-335 Uninterruptible Power Supply Systems

General: Uninterruptible Power Supply (UPS) Systems are used to provide power for legally required standby systems. They are also designed to protect computers and provide optional additional coverage for any or all loads in a facility. Figure R164-336 shows a typical configuration for a UPS System with generator set.

Cost Determination:

It is recommended that UPS System material costs be obtained from equipment manufacturers as a package. Installation costs should be obtained from a vendor or contractor.

The recommended procedure for pricing UPS Systems would be to identify:

1. Frequency - by Hertz (Hz.)
   For example: 50, 60, and 400/415 Hz.
2. Apparent power and real power
   For example: 200 KVA/170 KW
3. Input/Output voltage
   For example: 120V, 208V or 240V
4. Phase - either single or three-phase
5. Options and accessories – For extended run time more batteries would be required. Other accessories include battery cabinets, battery racks, remote control panel, power distribution unit (PDU), and warranty enhancement plans.

Note:

1. Larger systems can be configured by paralleling two or more standard small size single modules.
   For example: two 15 KVA modules, combined together and configured to 30 KVA.
2. Maximum input current during battery recharge is typically 15% higher than normal current.
3. UPS Systems weights vary depending on options purchased and power rating in KVA.

Electrical — R165 Power Systems and Capacitors

R165-110 Automatic Transfer Switches

When taking off Automatic transfer switches identify by voltage, amperage and number of poles.

Example: Automatic transfer switch, 480V, 3 phase, 30A, NEMA 1 enclosure

Man-hours for transfer switches include:

1. Unloading, uncrating and handling switches up to 200' from loading dock
2. Measuring and marking
3. Drilling (4) lead type anchors, using a hammer drill
4. Mounting and leveling
5. Circuit identification
6. Testing and load balancing

Man-hours do not include:

1. Modifications in enclosure
2. Structural supports
3. Additional lugs
4. Plywood backboard
5. Painting or lettering
6. Conduit runs to or from transfer switch
7. Wire
8. Termination of wires

R165-120 Generator Weight (Lbs.) by KW

3 Phase 4 Wire /480 Volt			
Gas		Diesel	
KW	Lbs.	KW	Lbs.
7.5	600	30	1800
10	630	50	2230
15	960	75	2250
30	1500	100	3840
65	2350	125	4030
85	2570	150	5500
115	4310	175	5650
170	6530	200	5930
		250	6320
		300	7840
		350	8220
		400	10750
		500	11900

Electrical — R166 Lighting

R166-105 Comparison - Cost of Operation of High Intensity Discharge Lamps

LAMP TYPE	WATTAGE	LIFE (HOURS)	1 CIRCUIT WATTAGE	AVERAGE INITIAL LUMENS	2 L.L.D.	3 MEAN LUMENS	4 ONE YEAR (4000 HR.) COST OF OPERATION
M.V.	100 DX	24000	125	4000	61%	2440	$ 37.50
L.P.S.	SOX-35	18000	65	4800	100%	4800	19.50
H.P.S.	LU-70	12000	84	5800	90%	5220	25.20
M.H.	No Equivalent						
M.V.	175 DX	24000	210	8500	66%	5676	63.00
M.V.	250 DX	24000	295	13000	66%	7986	88.50
L.P.S.	SOX-55	18000	82	8000	100%	8000	24.60
H.P.S.	LU-100	12000	120	9500	90%	8550	36.00
M.H.	No Equivalent						
M.V.	400 DX	24000	465	24000	64%	14400	139.50
L.P.S.	SOX-90	18000	141	13500	100%	13500	42.30
H.P.S.	LU-150	16000	188	16000	90%	14400	56.40
M.H.	MH-175	7500	210	14000	73%	10200	63.00
M.V.	No Equivalent						
L.P.S.	SOX-135	18000	147	22500	100%	22500	44.10
H.P.S.	LU-250	20000	310	25500	92%	23205	93.00
M.H.	MH-250	7500	295	20500	78%	16000	88.50
M.V.	1000 DX	24000	1085	63000	61%	37820	325.50
L.P.S.	SOX-180	18000	248	33000	100%	33000	74.40
H.P.S.	LU-400	20000	480	50000	90%	45000	144.00
M.H.	MH-400	15000	465	34000	72%	24600	139.50
H.P.S.	LU-1000	15000	1100	140000	91%	127400	$330.00

1. Includes ballast losses and average lamp watts
2. Lamp lumen depreciation (% of initial light output at 70% rated life)
3. Lamp lumen output at 70% rated life (L.L.D. x initial)
4. Based on average cost of .075 per K.W. Hr.

   M.V.   = Mercury Vapor
   L.P.S. = Low pressure sodium
   H.P.S. = High pressure sodium
   M.H.   = Metal halide

R166-110 For Other than Regular Cool White (CW) Lamps

Multiply Material Costs as Follows:

Regular Lamps	Cool white deluxe (CWX)	x 1.35	Energy Saving Lamps	Cool white (CW/ES)	x 1.35
	Warm white deluxe (WWX)	x 1.35		Cool white deluxe (CWX/ES)	x 1.65
	Warm white (WW)	x 1.30		Warm white (WW/ES)	x 1.55
	Natural (N)	x 2.05		Warm white deluxe (WWX/ES)	x 1.65

Electrical — R166 Lighting

R166-120 Lamp Comparison Chart with Enclosed Floodlight, Ballast, & Lamp for Pole Mounting

Type	Watts	Initial Lumens	Lumens per Watt	Lumens @ 40% Life	Life (Hours)	Floodlight Installed Cost (ea)
Incandescent	150	2880	19	85	750	–
	300	6360	21	84	750	$160.00
	500	10,850	22	80	1,000	205.00
	1000	23,740	24	80	1,000	240.00
	1500	34,400	23	80	1,000	250.00
Tungsten Halogen	500	10,950	22	97	2,000	For comparison purposes only
	1500	35,800	24	97	2,000	
Fluorescent Cool White	40	3150	79	88	20,000	
	110	9200	84	87	12,000	
	215	16,000	74	81	12,000	
Deluxe Mercury	250	12,100	48	86	24,000	425.00
	400	22,500	56	85	24,000	470.00
	1000	63,000	63	75	24,000	650.00
Metal Halide	175	14,000	80	77	7,500	425.00
	400	34,000	85	75	15,000	550.00
	1000	100,000	100	83	10,000	750.00
	1500	155,000	103	92	1,500	795.00
High Pressure Sodium	70	5800	83	90	20,000	390.00
	100	9500	95	90	20,000	430.00
	150	16,000	107	90	24,000	435.00
	400	50,000	125	90	24,000	560.00
	1000	140,000	140	90	24,000	925.00
Low Pressure Sodium	55	4600	131	98	18,000	595.00
	90	12,750	142	98	18,000	690.00
	180	33,000	183	98	18,000	840.00

Color: High Pressure Sodium – Slightly Yellow
    Low Pressure Sodium – Yellow
    Mercury Vapor – Green-Blue
    Metal Halide – Blue White

Note: Pole not included.

Electrical — R166 Lighting

R166-130 Interior Lighting Fixtures

When taking off interior lighting fixtures, it is advisable to set up your quantity work sheet to conform to the lighting schedule as it appears on the print. Include the alpha-numeric code plus the symbol on your work sheet.

Take off a particular section or floor of the building and count each type of fixture before going on to another type. It would also be advantageous to include on the same work sheet the pipe, wire, fittings and circuit number associated with each type of lighting fixture. This will help you identify the costs associated with any particular lighting system and in turn make material purchases more specific as to when and how much to order under the classification of lighting.

By taking off lighting first you can get a complete "WALK THRU" of the job. This will become helpful when doing other phases of the project.

Materials for a recessed fixture include:

1. Fixture
2. Lamps
3. 6' of jack chain
4. (2) S hooks
5. (2) Wire nuts

Labor for interior recessed fixtures include:

1. Unloading by hand
2. Hauling by hand to an area up to 200' from loading dock
3. Uncrating
4. Layout
5. Installing fixture
6. Attaching jack chain & S hooks
7. Connecting circuit power
8. Reassembling fixture
9. Installing lamps
10. Testing

Material for surface mounted fixtures includes:

1. Fixture
2. Lamps
3. Either (4) lead type anchors, (4) toggle bolts, or (4) ceiling grid clips
4. (2) Wire nuts

Material for pendent mounted fixtures includes:

1. Fixture
2. Lamps
3. (2) Wire nuts
4. Rigid pendents as required by type of fixtures
5. Canopies as required by type of fixture

Labor hours include the following for both surface and pendent fixtures:

1. Unloading by hand
2. Hauling by hand to an area up to 200' from loading dock
3. Uncrating
4. Layout and marking
5. Drilling (4) holes for either lead anchors or toggle bolts using a hammer drill
6. Installing fixture
7. Leveling fixture
8. Connecting circuit power
9. Installing lamps
10. Testing

Labor for surface or pendent fixtures does not include:

1. Conduit
2. Boxes or covers
3. Connectors
4. Fixture whips
5. Special support
6. Switching
7. Wire

Economy of Scale: For large concentrations of lighting fixtures in the same area deduct the following percentages from labor:

25 to 50 fixtures	15%
51 to 75 fixtures	20%
76 to 100 fixtures	25%
101 and over	30%

Job Conditions: Productivity is based on new construction in a unobstructed first floor location, using rolling staging to 15' high.

Material staging is assumed to be within 100' of work being performed.

Add the following percentages to labor for elevated installations:

5' to 20' high	10%
21' to 25' high	20%
26' to 30' high	30%
31' to 35' high	40%
36' to 40' high	50%
41' and over	60%

Electrical | R167 | Electric Utilities

R167-110 Concrete for Conduit Encasement

Table below lists C.Y. of concrete for 100 L.F. of trench. Conduits separation center to center should meet 7.5" (N.E.C.).

Number of Conduits	1	2	3	4	6	8	9	Number of Conduits
Trench Dimension	11.5" x 11.5"	11.5" x 19"	11.5" x 27"	19" x 19"	19" x 27"	19" x 38"	27" x 27"	Trench Dimension
Conduit Diameter 2.0"	3.29	5.39	7.64	8.83	12.51	17.66	17.72	Conduit Diameter 2.0"
2.5"	3.23	5.29	7.49	8.62	12.19	17.23	17.25	2.5"
3.0"	3.15	5.13	7.24	8.29	11.71	16.59	16.52	3.0"
3.5"	3.08	4.97	7.02	7.99	11.26	15.98	15.84	3.5"
4.0"	2.99	4.80	6.76	7.65	10.74	15.30	15.07	4.0"
5.0"	2.78	4.37	6.11	6.78	9.44	13.57	13.12	5.0"
6.0"	2.52	3.84	5.33	5.74	7.87	11.48	10.77	6.0"

Electrical   R168 Special Systems

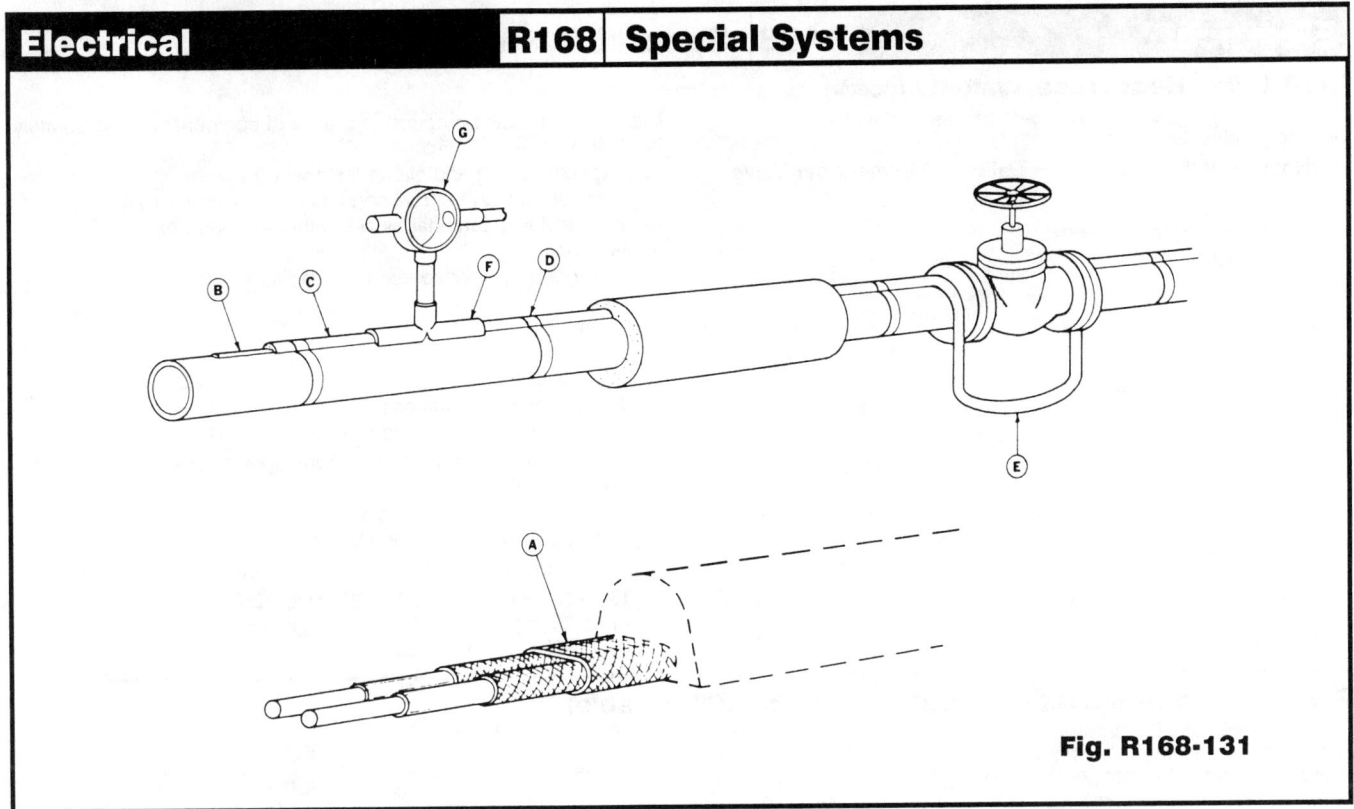

Fig. R168-131

R168-130a Heat Trace Systems
Before you can determine the cost of a HEAT TRACE installation the method of attachment must be established. There are (4) common methods:

1. Cable is simply attached to the pipe with polyester tape every 12'.
2. Cable is attached with a continuous cover of 2" wide aluminum tape.
3. Cable is attached with factory extruded heat transfer cement and covered with metallic raceway with clips every 10'.
4. Cable is attached between layers of pipe insulation using either clips or polyester tape.

In all of the above methods each component of the system must be priced individually.

Example: Components for method 3 must include:

A. Heat trace cable by voltage and watts per linear foot.
B. Heat transfer cement, 1 gallon per 60 linear feet of cover.
C. Metallic raceway by size and type.
D. Raceway clips by size of pipe.

When taking off linear foot lengths of cable add the following for each valve in the system. (E)

SCREWED OR WELDED VALVE:			FLANGED VALVE:			BUTTERFLY VALVES:		
1/2"	=	6"	1/2"	=	1' -0"	1/2"	=	0'
3/4"	=	9"	3/4"	=	1' -6"	3/4"	=	0'
1"	=	1' -0"	1"	=	2' -0"	1"	=	1' -0"
1-1/2"	=	1' -6"	1-1/2"	=	2' -6"	1-1/2"	=	1' -6"
2"	=	2'	2"	=	2' -6"	2"	=	2' -0"
2-1/2"	=	2' -6"	2-1/2"	=	3' -0"	2-1/2"	=	2' -6"
3"	=	2' -6"	3"	=	3' -6"	3"	=	2' -6"
4"	=	4' -0"	4"	=	4' -0"	4"	=	3' -0"
6"	=	7' -0"	6"	=	8' -0"	6"	=	3' -6"
8"	=	9' -6"	8"	=	11' -0"	8"	=	4' -0"
10"	=	12' -6"	10"	=	14' -0"	10"	=	4' -0"
12"	=	15' -0"	12"	=	16' -6"	12"	=	5' -0"
14"	=	18' -0"	14"	=	19' -6"	14"	=	5' -6"
16"	=	21' -6"	16"	=	23' -0"	16"	=	6' -0"
18"	=	25' -6"	18"	=	27' -0"	18"	=	6' -6"
20"	=	28' -6"	20"	=	30' -0"	20"	=	7' -0"
24"	=	34' -0"	24"	=	36' -0"	24"	=	8' -0"
30"	=	40' -0"	30"	=	42' -0"	30"	=	10' -0"

Electrical — R168 Special Systems

R168-130b Heat Trace Systems (cont.)

Add the following quantities of heat transfer cement to linear foot totals for each valve:

Nominal Valve Size	Gallons of Cement per Valve
1/2"	0.14
3/4"	0.21
1"	0.29
1-1/2"	0.36
2"	0.43
2-1/2"	0.70
3"	0.71
4"	1.00
6"	1.43
8"	1.48
10"	1.50
12"	1.60
14"	1.75
16"	2.00
18"	2.25
20"	2.50
24"	3.00
30"	3.75

The following must be added to the list of components to accurately price HEAT TRACE systems:

1. Expediter fitting and clamp fasteners (F)
2. Junction box and nipple connected to expediter fitting (G)
3. Field installed terminal blocks within junction box
4. Ground lugs
5. Piping from power source to expediter fitting
6. Controls
7. Thermostats
8. Branch wiring
9. Cable splices
10. End of cable terminations
11. Branch piping fittings and boxes

Deduct the following percentages from labor if cable lengths in the same area exceed:

150' to 250' 10%   351' to 500' 20%
251' to 350' 15%   Over 500'   25%

Add the following percentages to labor for elevated installations:

15' to 20' high 10%   31' to 35' high 40%
21' to 25' high 20%   36' to 40' high 50%
26' to 30' high 30%   Over 40' high   60%

R168-130c Spiral-Wrapped Heat Trace Cable (Pitch Table)

In order to increase the amount of heat, occasionally heat trace cable is wrapped in a spiral fashion around a pipe; increasing the number of feet of heater cable per linear foot of pipe.

Engineers first determine the heat loss per foot of pipe (based on the insulating material, its thickness, and the temperature differential across it). A ratio is then calculated by the formula:

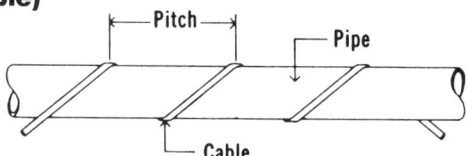

$$\text{Feet of Heat Trace per Foot of Pipe} = \frac{\text{Watts/Foot of Heat Loss}}{\text{Watts/Foot of the Cable}}$$

The linear distance between wraps (pitch) is then taken from a chart or table. Generally, the picth is listed on a drawing leaving the estimator to calculate the total length of heat tape required. An approximation may be taken from this table.

Feet of Heat Trace Per Foot of Pipe

Pitch In Inches	\multicolumn{16}{c}{Nominal Pipe Size in Inches}
	1	1¼	1½	2	2½	3	4	6	8	10	12	14	16	18	20	24
3.5	1.80															
4	1.65															
5	1.46	1.60	1.80													
6	1.34	1.45	1.55	1.75												
7	1.25	1.35	1.43	1.57	1.75											
8	1.20	1.28	1.34	1.45	1.60	1.80										
9	1.16	1.23	1.28	1.37	1.51	1.68										
10	1.13	1.19	1.24	1.32	1.44	1.57	1.82									
15	1.06	1.08	1.10	1.15	1.21	1.29	1.42	1.78								
20	1.04	1.05	1.06	1.08	1.13	1.17	1.25	1.49	1.73							
25		1.04	1.04	1.06	1.08	1.11	1.17	1.33	1.51	1.72						
30				1.04	1.05	1.07	1.12	1.24	1.37	1.54	1.70	1.80				
35						1.06	1.09	1.17	1.28	1.42	1.54	1.64	1.78			
40							1.07	1.14	1.22	1.33	1.44	1.52	1.64	1.75		
50							1.05	1.09	1.15	1.22	1.29	1.35	1.44	1.53	1.64	1.83
60								1.06	1.11	1.16	1.21	1.25	1.31	1.39	1.46	1.62
70								1.05	1.08	1.12	1.17	1.19	1.24	1.30	1.35	1.47
80									1.06	1.09	1.13	1.15	1.19	1.24	1.28	1.38
90									1.04	1.06	1.10	1.13	1.16	1.19	1.23	1.32
100										1.05	1.08	1.10	1.13	1.15	1.19	1.23

Note: Common practice would normally limit the lower end of the table to 5% of additional heat and above 80% an engineer would likely opt for two (2) parallel cables.

Electrical | R169 Power Transmission and Distribution

R169-115 Average Transmission Line Material Requirements (Per Mile)

Terrain:		Flat				Rolling				Mountain			
Item		69KV	161KV	161KV	500KV	69KV	161KV	161KV	500KV	69KV	161KV	161KV	500KV
Pole Type	Unit	Wood	Wood	Steel	Steel	Wood	Wood	Steel	Steel	Wood	Wood	Steel	Steel
Conductor: 397,500 – Cir. Mil., 26/7 – ACSR													
Structures	Ea.	12[1]				9[2]				7[2]			
Poles	Ea.	12				18				14			
Crossarms	Ea.	24[3]				9[4]				7[4]			
Conductor	Ft.	15,990				15,990				15,990			
Insulators[5]	Ea.	180				135				105			
Ground Wire	Ft.	5,330				10,660				10,660			
Conductor: 636,000 – Cir. Mil., 26/7 – ACSR													
Structures	Ea.	13[1]	11[6]			10[2]	9[2]	6[9]		8[2]	8[2]	6[9]	
Excavation	C.Y.	–	–			–	–	120		–	–	120	
Concrete	C.Y.	–	–			–	–	10		–	–	10	
Steel Towers	Tons	–	–			–	–	32		–	–	32	
Poles	Ea.	13	11			20	18	–		16	16	–	
Crossarms	Ea.	26[3]	33[7]			10[4]	9[8]	–		8[4]	8[8]	–	
Conductor	Ft.	15,990	15,990			15,990	15,990	15,990		15,990	15,990	15,990	
Insulators[5]	Ea.	195	165			150	297	297		120	264	297	
Ground Wire	Ft.	5330	5330			10,660	10,660	10,660		10,660	10,660	10,660	
Conductor: 954,000 – Cir. Mil., 45/7 – ACSR													
Structures	Ea.	14[1]	12[6]	4[11]		10[2]	9[2]	6[9]	4[11]	8[2]	8[2]	6[9]	4[13]
Excavation	C.Y.	–	–	200		–	–	125	214	–	–	125	233
Concrete	C.Y.	–	–	20		–	–	10	21	–	–	10	21
Steel Towers	Tons	–	–	57		–	–	33	57	–	–	33	63
Poles	Ea.	14	12	–		20	18	–	–	16	16	–	–
Crossarms	Ea.	28[10]	36[7]	–		10[4]	9[8]	–	–	8[4]	8[8]	–	–
Conductor	Ft.	15,990	15,990	47,970[12]		15,990	15,990	15,990	47,970[12]	15,990	15,990	15,990	47,970[12]
Insulators[5]	Ea.	210	180	288		150	297	297	288	120	264	297	576
Ground Wire	Ft.	5330	5330	10,660		10,660	10,660	10,660	10,660	10,660	10,660	10,660	10,660
Conductor: 1,351,500 – Cir. Mil., 45/7 – ACSR													
Structures	Ea.		8[14]				8[14]						
Excavation	C.Y.		220				220						
Concrete	C.Y.		28				28						
Steel Towers	Ton		46				46						
Conductor	Ft.		31,680[15]				31,680[15]						
Insulators	Ea.		528				528						
Ground Wire	Ft.		10,660				10,660						

1. Single pole two-arm suspension type construction
2. Two-pole wood H-frame construction
3. 4¾" x 5¾" x 8' and 4¾" x 5¾" x 10' wood crossarm
4. 6" x 8" x 26'-0" wood crossarm
5. 5¾" x 10" disc insulator
6. Single pole construction with 3 fiberglass crossarms (5-fog type insulators per phase)
7. 7'-0" fiberglass crossarms
8. 6" x 10" x 35'-0" wood crossarm
9. Laced steel tower, single circuit construction
10. 5" x 7" x 8' and 5" x 7" x 10' wood crossarm
11. Laced steel tower, single circuit 500-KV construction
12. Bundled conductor (3-sub conductors per phase)
13. Laced steel tower, single circuit restrained phases (500-KV)
14. Laced steel tower, double circuit construction
15. Both sides of double circuit strung

Note: To allow for sagging, a mile (5280 Ft.) of transmission line uses 5330 Ft. of conductor per wire (called a wire mile).

S.F. & C.F. Costs | R171 | Information

R171-100 Square Foot Project Size Modifier

One factor that affects the S.F. cost of a particular building is the size. In general, for buildings built to the same specifications in the same locality, the larger building will have the lower S.F. Cost. This is due mainly to the decreasing contribution of the exterior walls plus the economy of scale usually achievable in larger buildings. The Area Conversion Scale shown below will give a factor to convert costs for the typical size building to an adjusted cost for the particular project.

The Square Foot Base Size lists the median costs, most typical project size in our accumulated data and the range in size of the projects.

The Size Factor for your project is determined by dividing your project area in S.F. by the typical project size for the particular Building Type. With this factor, enter the Area Conversion Scale at the appropriate Size Factor and determine the appropriate cost multiplier for your building size.

Example: Determine the cost per S.F. for a 100,000 S.F. Mid-rise apartment building.

$$\frac{\text{Proposed building area} = 100{,}000 \text{ S.F.}}{\text{Typical size from below} = 50{,}000 \text{ S.F.}} = 2.00$$

Enter Area Conversion scale at 2.0, intersect curve, read horizontally the appropriate cost multiplier of 0.94. Size adjusted cost becomes 0.94 x $57.00 = $53.60 based on national average costs.

Note: For Size Factors less than .50, the Cost Multiplier is 1.1
      For Size Factors greater than 3.5, the Cost Multiplier is .90

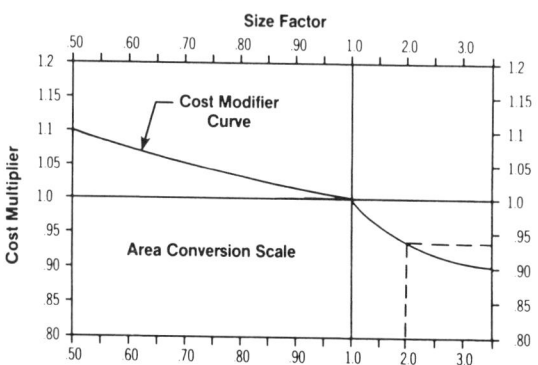

Square Foot Base Size							
Building Type	Median Cost per S.F.	Typical Size Gross S.F.	Typical Range Gross S.F.	Building Type	Median Cost per S.F.	Typical Size Gross S.F.	Typical Range Gross S.F.
Apartments, Low Rise	$ 45.60	21,000	9,700 - 37,200	Jails	$134.00	13,700	7,500 - 28,000
Apartments, Mid Rise	57.00	50,000	32,000 - 100,000	Libraries	81.00	12,000	7,000 - 31,000
Apartments, High Rise	66.20	310,000	100,000 - 650,000	Medical Clinics	78.50	7,200	4,200 - 15,700
Auditoriums	78.00	25,000	7,600 - 39,000	Medical Offices	73.65	6,000	4,000 - 15,000
Auto Sales	47.30	20,000	10,800 - 28,600	Motels	56.35	27,000	15,800 - 51,000
Banks	105.00	4,200	2,500 - 7,500	Nursing Homes	77.95	23,000	15,000 - 37,000
Churches	69.20	9,000	5,300 - 13,200	Offices, Low Rise	62.10	8,600	4,700 - 19,000
Clubs, Country	67.95	6,500	4,500 - 15,000	Offices, Mid Rise	66.20	52,000	31,300 - 83,100
Clubs, Social	66.85	10,000	6,000 - 13,500	Offices, High Rise	82.30	260,000	151,000 - 468,000
Clubs, YMCA	71.80	28,300	12,800 - 39,400	Police Stations	102.00	10,500	4,000 - 19,000
Colleges (Class)	92.35	50,000	23,500 - 98,500	Post Offices	78.40	12,400	6,800 - 30,000
Colleges (Science Lab)	113.00	45,600	16,600 - 80,000	Power Plants	570.00	7,500	1,000 - 20,000
College (Student Union)	99.75	33,400	16,000 - 85,000	Religious Education	57.50	9,000	6,000 - 12,000
Community Center	72.50	9,400	5,300 - 16,700	Research	106.00	19,000	6,300 - 45,000
Court Houses	96.75	32,400	17,800 - 106,000	Restaurants	92.65	4,400	2,800 - 6,000
Dept. Stores	42.75	90,000	44,000 - 122,000	Retail Stores	44.85	7,200	4,000 - 17,600
Dormitories, Low Rise	70.15	24,500	13,400 - 40,000	Schools, Elementary	67.10	41,000	24,500 - 55,000
Dormitories, Mid Rise	88.85	55,600	36,100 - 90,000	Schools, Jr. High	67.35	92,000	52,000 - 119,000
Factories	38.50	26,400	12,900 - 50,000	Schools, Sr. High	68.30	101,000	50,500 - 175,000
Fire Stations	74.60	5,800	4,000 - 8,700	Schools, Vocational	64.65	37,000	20,500 - 82,000
Fraternity Houses	65.95	12,500	8,200 - 14,800	Sports Arenas	52.90	15,000	5,000 - 40,000
Funeral Homes	66.10	7,800	4,500 - 11,000	Supermarkets	44.60	20,000	12,000 - 30,000
Garages, Commercial	50.10	9,300	5,000 - 13,600	Swimming Pools	76.30	13,000	7,800 - 22,000
Garages, Municipal	55.00	8,300	4,500 - 12,600	Telephone Exchange	122.00	4,500	1,200 - 10,600
Garages, Parking	23.15	163,000	76,400 - 225,300	Terminals, Bus	58.90	11,400	6,300 - 16,500
Gymnasiums	63.20	19,200	11,600 - 41,000	Theaters	63.15	10,500	8,800 - 17,500
Hospitals	124.00	55,000	27,200 - 125,000	Town Halls	74.35	10,800	4,800 - 23,400
House (Elderly)	63.55	37,000	21,000 - 66,000	Warehouses	29.60	25,000	8,000 - 72,000
Housing (Public)	54.60	36,000	14,400 - 74,400	Warehouse & Office	33.90	25,000	8,000 - 72,000
Ice Rinks	51.40	29,000	27,200 - 33,600				

S.F. & C.F. Costs — R171 Information

R171-200 Square Foot and Cubic Foot Building Costs

The cost figures in division 171 were derived from more than 11,400 projects contained in the Means Data Bank of Construction Costs and include the contractor's overhead and profit, but do not include architectural fees or land costs. The figures have been adjusted to January 1, 1992. New projects are added to our files each year and projects over ten years old are discarded. For this reason, certain costs may not show a uniform annual progression. In no case are all subdivisions of a project listed.

These projects were located throughout the U.S. and reflect tremendous differences in S.F. and C.F. costs. This is due to both differences in labor and material costs, plus differences in the owner's requirements. For instance, a bank in a large city would have different features than one in a rural area. This is true of all different types of buildings analyzed. As a general rule, the projects on the low side did not include any site work or equipment, but the projects on the high side may include both equipment and site work. The median figures do not generally include site work.

None of the figures "go with" any others. All individual cost items were computed and tabulated separately. Thus the sum of the median figures for Plumbing, HVAC and Electrical will not normally total up to the total Mechanical and Electrical costs arrived at by separate analysis and tabulation of the projects.

Each building was analyzed as to total and component costs and percentages. The figures were arranged in ascending order with the results tabulated as shown. The 1/4 column shows that 25% of the projects had lower costs, 75% higher. The 3/4 column shows that 75% of the projects had lower costs, 25% had higher. The median column shows that 50% of the projects had lower costs, 50% had higher.

There are two times when square foot costs are useful. The first is in the conceptual stage when no details are available. Then square foot costs make a useful starting point. The second is after the bids are in and the costs can be worked back into their appropriate units for information purposes. As soon as details become available in the project design, the square foot approach should be discontinued and the project priced as to its particular components. When more precision is required or for estimating the replacement cost of specific buildings, the "Means Square Foot Costs 1992" should be used.

In using the figures in division 171, it is recommended that the median column be used for preliminary figures if no additional information is available. The median figures, when multiplied by the total city construction cost index figures (see City Cost Indexes) and then multiplied by the project size modifier on the preceding page, should present a fairly accurate base figure, which would then have to be adjusted in view of the estimator's experience, local economic conditions, code requirements and the owner's particular requirements. There is no need to factor the percentage figures as these should remain constant from city to city. All tabulations mentioning air conditioning had at least partial air conditioning.

The editors of this book would greatly appreciate receiving cost figures on one or more of your recent projects which would then be included in the averages for next year. All cost figures received will be kept confidential except that they will be averaged with other similar projects to arrive at S.F. and C.F. cost figures for next year's book. See the last two pages of the book for details and the discount available for submitting one or more of your projects.

CREWS

Crew No.	Bare Costs		Incl. Subs O & P		Cost Per Man-Hour	
Crew A-1	Hr.	Daily	Hr.	Daily	Bare Costs	Incl. O&P
1 Building Laborer	$18.00	$144.00	$28.00	$224.00	$18.00	$28.00
1 Gas Eng. Power Tool		58.20		64.00	7.28	8.00
8 M.H., Daily Totals		$202.20		$288.00	$25.28	$36.00
Crew A-1A	Hr.	Daily	Hr.	Daily	Bare Costs	Incl. O&P
1 Laborer	$18.00	$144.00	$28.00	$224.00	$18.00	$28.00
1 Power Equipment		31.20		34.30	3.90	4.29
8 M.H., Daily Totals		$175.20		$258.30	$21.90	$32.29
Crew A-2	Hr.	Daily	Hr.	Daily	Bare Costs	Incl. O&P
2 Building Laborers	$18.00	$288.00	$28.00	$448.00	$18.28	$28.23
1 Truck Driver (light)	18.85	150.80	28.70	229.60		
1 Light Truck, 1.5 Ton		150.80		165.90	6.28	6.91
24 M.H., Daily Totals		$589.60		$843.50	$24.56	$35.14
Crew A-3	Hr.	Daily	Hr.	Daily	Bare Costs	Incl. O&P
1 Truck Driver (heavy)	$19.05	$152.40	$29.00	$232.00	$19.05	$29.00
1 Dump Truck, 12 Ton		309.20		340.10	38.65	42.52
8 M.H., Daily Totals		$461.60		$572.10	$57.70	$71.52
Crew A-4	Hr.	Daily	Hr.	Daily	Bare Costs	Incl. O&P
2 Carpenters	$22.85	$365.60	$35.55	$568.80	$22.33	$34.40
1 Painter, Ordinary	21.30	170.40	32.10	256.80		
24 M.H., Daily Totals		$536.00		$825.60	$22.33	$34.40
Crew A-5	Hr.	Daily	Hr.	Daily	Bare Costs	Incl. O&P
2 Building Laborers	$18.00	$288.00	$28.00	$448.00	$18.09	$28.08
.25 Truck Driver (light)	18.85	37.70	28.70	57.40		
.25 Light Truck, 1.5 Ton		37.70		41.45	2.09	2.30
18 M.H., Daily Totals		$363.40		$546.85	$20.18	$30.38
Crew A-6	Hr.	Daily	Hr.	Daily	Bare Costs	Incl. O&P
1 Chief Of Party	$22.30	$178.40	$33.80	$270.40	$21.10	$31.98
1 Instrument Man	19.90	159.20	30.15	241.20		
16 M.H., Daily Totals		$337.60		$511.60	$21.10	$31.98
Crew A-7	Hr.	Daily	Hr.	Daily	Bare Costs	Incl. O&P
1 Chief Of Party	$22.30	$178.40	$33.80	$270.40	$19.92	$30.38
1 Instrument Man	19.90	159.20	30.15	241.20		
1 Rodman/Chainman	17.55	140.40	27.20	217.60		
24 M.H., Daily Totals		$478.00		$729.20	$19.92	$30.38
Crew A-8	Hr.	Daily	Hr.	Daily	Bare Costs	Incl. O&P
1 Chief Of Party	$22.30	$178.40	$33.80	$270.40	$19.32	$29.59
1 Instrument Man	19.90	159.20	30.15	241.20		
2 Rodmen/Chainmen	17.55	280.80	27.20	435.20		
32 M.H., Daily Totals		$618.40		$946.80	$19.32	$29.59
Crew A-9	Hr.	Daily	Hr.	Daily	Bare Costs	Incl. O&P
1 Asbestos Foreman	$26.00	$208.00	$40.95	$327.60	$25.56	$40.25
7 Asbestos Workers	25.50	1428.00	40.15	2248.40		
4 Airless Sprayers		105.60		116.15		
3 HEPA Vacs., 16 Gal.		93.60		102.95	3.11	3.42
64 M.H., Daily Totals		$1835.20		$2795.10	$28.67	$43.67

Crew No.	Bare Costs		Incl. Subs O & P		Cost Per Man-Hour	
Crew A-10	Hr.	Daily	Hr.	Daily	Bare Costs	Incl. O&P
1 Asbestos Foreman	$26.00	$208.00	$40.95	$327.60	$25.56	$40.25
7 Asbestos Workers	25.50	1428.00	40.15	2248.40		
2 HEPA Vacs., 16 Gal.		62.40		68.65	.98	1.07
64 M.H., Daily Totals		$1698.40		$2644.65	$26.54	$41.32
Crew A-11	Hr.	Daily	Hr.	Daily	Bare Costs	Incl. O&P
1 Asbestos Foreman	$26.00	$208.00	$40.95	$327.60	$25.56	$40.25
7 Asbestos Workers	25.50	1428.00	40.15	2248.40		
4 Airless Sprayers		105.60		116.15		
2 HEPA Vacs., 16 Gal.		62.40		68.65		
2 Chipping Hammers		19.60		21.55	2.93	3.22
64 M.H., Daily Totals		$1823.60		$2782.35	$28.49	$43.47
Crew A-12	Hr.	Daily	Hr.	Daily	Bare Costs	Incl. O&P
1 Asbestos Foreman	$26.00	$208.00	$40.95	$327.60	$25.56	$40.25
7 Asbestos Workers	25.50	1428.00	40.15	2248.40		
4 Airless Sprayers		105.60		116.15		
2 HEPA Vacs., 16 Gal.		62.40		68.65		
1 Large Prod. Vac. Loader		458.60		504.45	9.79	10.77
64 M.H., Daily Totals		$2262.60		$3265.25	$35.35	$51.02
Crew A-13	Hr.	Daily	Hr.	Daily	Bare Costs	Incl. O&P
1 Equip. Oper. (light)	$22.30	$178.40	$33.80	$270.40	$22.30	$33.80
1 Large Prod. Vac. Loader		458.60		504.45	57.33	63.06
8 M.H., Daily Totals		$637.00		$774.85	$79.63	$96.86
Crew B-1	Hr.	Daily	Hr.	Daily	Bare Costs	Incl. O&P
1 Labor Foreman (outside)	$20.00	$160.00	$31.10	$248.80	$18.67	$29.03
2 Building Laborers	18.00	288.00	28.00	448.00		
24 M.H., Daily Totals		$448.00		$696.80	$18.67	$29.03
Crew B-2	Hr.	Daily	Hr.	Daily	Bare Costs	Incl. O&P
1 Labor Foreman (outside)	$20.00	$160.00	$31.10	$248.80	$18.40	$28.62
4 Building Laborers	18.00	576.00	28.00	896.00		
40 M.H., Daily Totals		$736.00		$1144.80	$18.40	$28.62
Crew B-3	Hr.	Daily	Hr.	Daily	Bare Costs	Incl. O&P
1 Labor Foreman (outside)	$20.00	$160.00	$31.10	$248.80	$19.56	$30.05
2 Building Laborers	18.00	288.00	28.00	448.00		
1 Equip. Oper. (med.)	23.25	186.00	35.20	281.60		
2 Truck Drivers (heavy)	19.05	304.80	29.00	464.00		
1 F.E. Loader, T.M., 2.5 C.Y.		835.00		918.50		
2 Dump Trucks, 16 Ton		760.00		836.00	33.23	36.55
48 M.H., Daily Totals		$2533.80		$3196.90	$52.79	$66.60
Crew B-4	Hr.	Daily	Hr.	Daily	Bare Costs	Incl. O&P
1 Labor Foreman (outside)	$20.00	$160.00	$31.10	$248.80	$18.51	$28.68
4 Building Laborers	18.00	576.00	28.00	896.00		
1 Truck Driver (heavy)	19.05	152.40	29.00	232.00		
1 Tractor, 4 x 2, 195 H.P.		279.80		307.80		
1 Platform Trailer		135.00		148.50	8.64	9.51
48 M.H., Daily Totals		$1303.20		$1833.10	$27.15	$38.19

CREWS

Crew No.	Bare Costs		Incl. Subs O & P		Cost Per Man-Hour	
Crew B-5	Hr.	Daily	Hr.	Daily	Bare Costs	Incl. O&P
1 Labor Foreman (outside)	$20.00	$160.00	$31.10	$248.80	$20.39	$31.36
4 Building Laborers	18.00	576.00	28.00	896.00		
2 Equip. Oper. (med.)	23.25	372.00	35.20	563.20		
1 Mechanic	24.65	197.20	37.35	298.80		
1 Air Compr., 250 C.F.M.		92.00		101.20		
2 Air Tools & Accessories		29.60		32.55		
2-50 Ft. Air Hoses, 1.5" Dia.		10.80		11.90		
1 F.E. Loader, T.M., 2.5 C.Y.		835.00		918.50	15.12	16.63
64 M.H., Daily Totals		$2272.60		$3070.95	$35.51	$47.99
Crew B-6	Hr.	Daily	Hr.	Daily	Bare Costs	Incl. O&P
2 Building Laborers	$18.00	$288.00	$28.00	$448.00	$19.43	$29.93
1 Equip. Oper. (light)	22.30	178.40	33.80	270.40		
1 Backhoe Loader, 48 H.P.		196.40		216.05	8.18	9.00
24 M.H., Daily Totals		$662.80		$934.45	$27.61	$38.93
Crew B-7	Hr.	Daily	Hr.	Daily	Bare Costs	Incl. O&P
1 Labor Foreman (outside)	$20.00	$160.00	$31.10	$248.80	$19.21	$29.72
4 Building Laborers	18.00	576.00	28.00	896.00		
1 Equip. Oper. (med.)	23.25	186.00	35.20	281.60		
1 Chipping Machine		185.00		203.50		
1 F.E. Loader, T.M., 2.5 C.Y.		835.00		918.50		
2 Chain Saws		88.00		96.80	23.08	25.39
48 M.H., Daily Totals		$2030.00		$2645.20	$42.29	$55.11
Crew B-7A	Hr.	Daily	Hr.	Daily	Bare Costs	Incl. O&P
2 Laborers	$18.00	$288.00	$28.00	$448.00	$19.43	$29.93
1 Equip. Oper. (light)	22.30	178.40	33.80	270.40		
1 Rake w/Tractor		193.40		212.75		
2 Chain Saws		40.40		44.45	9.74	10.72
24 M.H., Daily Totals		$700.20		$975.60	$29.17	$40.65
Crew B-8	Hr.	Daily	Hr.	Daily	Bare Costs	Incl. O&P
1 Labor Foreman (outside)	$20.00	$160.00	$31.10	$248.80	$20.06	$30.71
2 Building Laborers	18.00	288.00	28.00	448.00		
2 Equip. Oper. (med.)	23.25	372.00	35.20	563.20		
1 Equip. Oper. Oiler	19.90	159.20	30.15	241.20		
2 Truck Drivers (heavy)	19.05	304.80	29.00	464.00		
1 Hyd. Crane, 25 Ton		522.00		574.20		
1 F.E. Loader, T.M., 2.5 C.Y.		835.00		918.50		
2 Dump Trucks, 16 Ton		760.00		836.00	33.08	36.39
64 M.H., Daily Totals		$3401.00		$4293.90	$53.14	$67.10
Crew B-9	Hr.	Daily	Hr.	Daily	Bare Costs	Incl. O&P
1 Labor Foreman (outside)	$20.00	$160.00	$31.10	$248.80	$18.40	$28.62
4 Building Laborers	18.00	576.00	28.00	896.00		
1 Air Compr., 250 C.F.M.		92.00		101.20		
2 Air Tools & Accessories		29.60		32.55		
2-50 Ft. Air Hoses, 1.5" Dia.		10.80		11.90	3.31	3.64
40 M.H., Daily Totals		$868.40		$1290.45	$21.71	$32.26
Crew B-10	Hr.	Daily	Hr.	Daily	Bare Costs	Incl. O&P
1 Equip. Oper. (med.)	$23.25	$186.00	$35.20	$281.60	$21.50	$32.80
.5 Building Laborer	18.00	72.00	28.00	112.00		
12 M.H., Daily Totals		$258.00		$393.60	$21.50	$32.80
Crew B-10A	Hr.	Daily	Hr.	Daily	Bare Costs	Incl. O&P
1 Equip. Oper. (med.)	$23.25	$186.00	$35.20	$281.60	$21.50	$32.80
.5 Building Laborer	18.00	72.00	28.00	112.00		
1 Roll. Compact., 2K Lbs.		77.80		85.60	6.48	7.13
12 M.H., Daily Totals		$335.80		$479.20	$27.98	$39.93

Crew No.	Bare Costs		Incl. Subs O & P		Cost Per Man-Hour	
Crew B-10B	Hr.	Daily	Hr.	Daily	Bare Costs	Incl. O&P
1 Equip. Oper. (med.)	$23.25	$186.00	$35.20	$281.60	$21.50	$32.80
.5 Building Laborer	18.00	72.00	28.00	112.00		
1 Dozer, 200 H.P.		828.00		910.80	69.00	75.90
12 M.H., Daily Totals		$1086.00		$1304.40	$90.50	$108.70
Crew B-10C	Hr.	Daily	Hr.	Daily	Bare Costs	Incl. O&P
1 Equip. Oper. (med.)	$23.25	$186.00	$35.20	$281.60	$21.50	$32.80
.5 Building Laborer	18.00	72.00	28.00	112.00		
1 Dozer, 200 H.P.		828.00		910.80		
1 Vibratory Roller, Towed		94.20		103.60	76.85	84.54
12 M.H., Daily Totals		$1180.20		$1408.00	$98.35	$117.34
Crew B-10D	Hr.	Daily	Hr.	Daily	Bare Costs	Incl. O&P
1 Equip. Oper. (med.)	$23.25	$186.00	$35.20	$281.60	$21.50	$32.80
.5 Building Laborer	18.00	72.00	28.00	112.00		
1 Dozer, 200 H.P		828.00		910.80		
1 Sheepsft. Roller, Towed		124.00		136.40	79.33	87.27
12 M.H., Daily Totals		$1210.00		$1440.80	$100.83	$120.07
Crew B-10E	Hr.	Daily	Hr.	Daily	Bare Costs	Incl. O&P
1 Equip. Oper. (med.)	$23.25	$186.00	$35.20	$281.60	$21.50	$32.80
.5 Building Laborer	18.00	72.00	28.00	112.00		
1 Tandem Roller, 5 Ton		122.00		134.20	10.17	11.18
12 M.H., Daily Totals		$380.00		$527.80	$31.67	$43.98
Crew B-10F	Hr.	Daily	Hr.	Daily	Bare Costs	Incl. O&P
1 Equip. Oper. (med.)	$23.25	$186.00	$35.20	$281.60	$21.50	$32.80
.5 Building Laborer	18.00	72.00	28.00	112.00		
1 Tandem Roller, 10 Ton		193.60		212.95	16.13	17.75
12 M.H., Daily Totals		$451.60		$606.55	$37.63	$50.55
Crew B-10G	Hr.	Daily	Hr.	Daily	Bare Costs	Incl. O&P
1 Equip. Oper. (med.)	$23.25	$186.00	$35.20	$281.60	$21.50	$32.80
.5 Building Laborer	18.00	72.00	28.00	112.00		
1 Sheepsft. Roll., 130 H.P.		501.80		552.00	41.82	46.00
12 M.H., Daily Totals		$759.80		$945.60	$63.32	$78.80
Crew B-10H	Hr.	Daily	Hr.	Daily	Bare Costs	Incl. O&P
1 Equip. Oper. (med.)	$23.25	$186.00	$35.20	$281.60	$21.50	$32.80
.5 Building Laborer	18.00	72.00	28.00	112.00		
1 Diaphr. Water Pump, 2"		14.60		16.05		
1-20 Ft. Suction Hose, 2"		4.40		4.85		
2-50 Ft. Disch. Hoses, 2"		4.80		5.30	1.98	2.18
12 M.H., Daily Totals		$281.80		$419.80	$23.48	$34.98
Crew B-10I	Hr.	Daily	Hr.	Daily	Bare Costs	Incl. O&P
1 Equip. Oper. (med.)	$23.25	$186.00	$35.20	$281.60	$21.50	$32.80
.5 Building Laborer	18.00	72.00	28.00	112.00		
1 Diaphr. Water Pump, 4"		53.60		58.95		
1-20 Ft. Suction Hose, 4"		11.40		12.55		
2-50 Ft. Disch. Hoses, 4"		8.80		9.70	6.15	6.77
12 M.H., Daily Totals		$331.80		$474.80	$27.65	$39.57
Crew B-10J	Hr.	Daily	Hr.	Daily	Bare Costs	Incl. O&P
1 Equip. Oper. (med.)	$23.25	$186.00	$35.20	$281.60	$21.50	$32.80
.5 Building Laborer	18.00	72.00	28.00	112.00		
1 Centr. Water Pump, 3"		28.40		31.25		
1-20 Ft. Suction Hose, 3"		7.40		8.15		
2-50 Ft. Disch. Hoses, 3"		6.80		7.50	3.55	3.91
12 M.H., Daily Totals		$300.60		$440.50	$25.05	$36.71

CREWS

Crew No.	Bare Costs		Incl. Subs O & P		Cost Per Man-Hour	
Crew B-10K	Hr.	Daily	Hr.	Daily	Bare Costs	Incl. O&P
1 Equip. Oper. (med.)	$23.25	$186.00	$35.20	$281.60	$21.50	$32.80
.5 Building Laborer	18.00	72.00	28.00	112.00		
1 Centr. Water Pump, 6"		155.60		171.15		
1-20 Ft. Suction Hose, 6"		23.40		25.75		
2-50 Ft. Disch. Hoses, 6"		26.80		29.50	17.15	18.87
12 M.H., Daily Totals		$463.80		$620.00	$38.65	$51.67
Crew B-10L	Hr.	Daily	Hr.	Daily	Bare Costs	Incl. O&P
1 Equip. Oper. (med.)	$23.25	$186.00	$35.20	$281.60	$21.50	$32.80
.5 Building Laborer	18.00	72.00	28.00	112.00		
1 Dozer, 75 H.P.		290.20		319.20	24.18	26.60
12 M.H., Daily Totals		$548.20		$712.80	$45.68	$59.40
Crew B-10M	Hr.	Daily	Hr.	Daily	Bare Costs	Incl. O&P
1 Equip. Oper. (med.)	$23.25	$186.00	$35.20	$281.60	$21.50	$32.80
.5 Building Laborer	18.00	72.00	28.00	112.00		
1 Dozer, 300 H.P.		891.00		980.10	74.25	81.68
12 M.H., Daily Totals		$1149.00		$1373.70	$95.75	$114.48
Crew B-10N	Hr.	Daily	Hr.	Daily	Bare Costs	Incl. O&P
1 Equip. Oper. (med.)	$23.25	$186.00	$35.20	$281.60	$21.50	$32.80
.5 Building Laborer	18.00	72.00	28.00	112.00		
1 F.E. Loader, T.M., 1.5 C.Y		366.00		402.60	30.50	33.55
12 M.H., Daily Totals		$624.00		$796.20	$52.00	$66.35
Crew B-10O	Hr.	Daily	Hr.	Daily	Bare Costs	Incl. O&P
1 Equip. Oper. (med.)	$23.25	$186.00	$35.20	$281.60	$21.50	$32.80
.5 Building Laborer	18.00	72.00	28.00	112.00		
1 F.E. Loader, T.M., 2.25 C.Y.		450.80		495.90	37.57	41.32
12 M.H., Daily Totals		$708.80		$889.50	$59.07	$74.12
Crew B-10P	Hr.	Daily	Hr.	Daily	Bare Costs	Incl. O&P
1 Equipment Oper. (med.)	$23.25	$186.00	$35.20	$281.60	$21.50	$32.80
.5 Building Laborer	18.00	72.00	28.00	112.00		
1 F.E. Loader, T.M., 2.5 C.Y.		835.00		918.50	69.58	76.54
12 M.H., Daily Totals		$1093.00		$1312.10	$91.08	$109.34
Crew B-10Q	Hr.	Daily	Hr.	Daily	Bare Costs	Incl. O&P
1 Equip. Oper. (med.)	$23.25	$186.00	$35.20	$281.60	$21.50	$32.80
.5 Building Laborer	18.00	72.00	28.00	112.00		
1 F.E. Loader, T.M., 5 C.Y.		1041.00		1145.10	86.75	95.42
12 M.H., Daily Totals		$1299.00		$1538.70	$108.25	$128.22
Crew B-10R	Hr.	Daily	Hr.	Daily	Bare Costs	Incl. O&P
1 Equip. Oper. (med.)	$23.25	$186.00	$35.20	$281.60	$21.50	$32.80
.5 Building Laborer	18.00	72.00	28.00	112.00		
1 F.E. Loader, W.M., 1 C.Y.		233.60		256.95	19.47	21.41
12 M.H., Daily Totals		$491.60		$650.55	$40.97	$54.21
Crew B-10S	Hr.	Daily	Hr.	Daily	Bare Costs	Incl. O&P
1 Equip. Oper. (med.)	$23.25	$186.00	$35.20	$281.60	$21.50	$32.80
.5 Building Laborer	18.00	72.00	28.00	112.00		
1 F.E. Loader, W.M., 1.5 C.Y.		322.40		354.65	26.87	29.55
12 M.H., Daily Totals		$580.40		$748.25	$48.37	$62.35
Crew B-10T	Hr.	Daily	Hr.	Daily	Bare Costs	Incl. O&P
1 Equip. Oper. (med.)	$23.25	$186.00	$35.20	$281.60	$21.50	$32.80
.5 Building Laborer	18.00	72.00	28.00	112.00		
1 F.E. Loader, W.M., 2.5 C.Y.		464.60		511.05	38.72	42.59
12 M.H., Daily Totals		$722.60		$904.65	$60.22	$75.39

Crew No.	Bare Costs		Incl. Subs O & P		Cost Per Man-Hour	
Crew B-10U	Hr.	Daily	Hr.	Daily	Bare Costs	Incl. O&P
1 Equip. Oper. (med.)	$23.25	$186.00	$35.20	$281.60	$21.50	$32.80
.5 Building Laborer	18.00	72.00	28.00	112.00		
1 F.E. Loader, W.M., 5.5 C.Y.		987.00		1085.70	82.25	90.48
12 M.H., Daily Totals		$1245.00		$1479.30	$103.75	$123.28
Crew B-10V	Hr.	Daily	Hr.	Daily	Bare Costs	Incl. O&P
1 Equip. Oper. (med.)	$23.25	$186.00	$35.20	$281.60	$21.50	$32.80
.5 Building Laborer	18.00	72.00	28.00	112.00		
1 Dozer, 700 H.P.		2571.00		2828.10	214.25	235.68
12 M.H., Daily Totals		$2829.00		$3221.70	$235.75	$268.48
Crew B-10W	Hr.	Daily	Hr.	Daily	Bare Costs	Incl. O&P
1 Equip. Oper. (med.)	$23.25	$186.00	$35.20	$281.60	$21.50	$32.80
.5 Building Laborer	18.00	72.00	28.00	112.00		
1 Dozer, 105 H.P.		427.80		470.60	35.65	39.22
12 M.H., Daily Totals		$685.80		$864.20	$57.15	$72.02
Crew B-10X	Hr.	Daily	Hr.	Daily	Bare Costs	Incl. O&P
1 Equip. Oper. (med.)	$23.25	$186.00	$35.20	$281.60	$21.50	$32.80
.5 Building Laborer	18.00	72.00	28.00	112.00		
1 Dozer, 410 H.P.		1198.00		1317.80	99.83	109.82
12 M.H., Daily Totals		$1456.00		$1711.40	$121.33	$142.62
Crew B-10Y	Hr.	Daily	Hr.	Daily	Bare Costs	Incl. O&P
1 Equip. Oper. (med.)	$23.25	$186.00	$35.20	$281.60	$21.50	$32.80
.5 Building Laborer	18.00	72.00	28.00	112.00		
1 Vibratory Drum Roller		309.60		340.55	25.80	28.38
12 M.H., Daily Totals		$567.60		$734.15	$47.30	$61.18
Crew B-11	Hr.	Daily	Hr.	Daily	Bare Costs	Incl. O&P
1 Equipment Oper. (med.)	$23.25	$186.00	$35.20	$281.60	$20.63	$31.60
1 Building Laborer	18.00	144.00	28.00	224.00		
16 M.H., Daily Totals		$330.00		$505.60	$20.63	$31.60
Crew B-11A	Hr.	Daily	Hr.	Daily	Bare Costs	Incl. O&P
1 Equipment Oper. (med.)	$23.25	$186.00	$35.20	$281.60	$20.63	$31.60
1 Building Laborer	18.00	144.00	28.00	224.00		
1 Dozer, 200 H.P.		828.00		910.80	51.75	56.93
16 M.H., Daily Totals		$1158.00		$1416.40	$72.38	$88.53
Crew B-11B	Hr.	Daily	Hr.	Daily	Bare Costs	Incl. O&P
1 Equipment Oper. (med.)	$23.25	$186.00	$35.20	$281.60	$20.63	$31.60
1 Building Laborer	18.00	144.00	28.00	224.00		
1 Dozer, 200 H.P.		828.00		910.80		
1 Air Powered Tamper		13.80		15.20		
1 Air Compr. 365 C.F.M.		215.20		236.70		
2-50 Ft. Air Hoses, 1.5" Dia.		10.80		11.90	66.74	73.41
16 M.H., Daily Totals		$1397.80		$1680.20	$87.37	$105.01
Crew B-11C	Hr.	Daily	Hr.	Daily	Bare Costs	Incl. O&P
1 Equipment Oper. (med.)	$23.25	$186.00	$35.20	$281.60	$20.63	$31.60
1 Building Laborer	18.00	144.00	28.00	224.00		
1 Backhoe Loader, 48 H.P.		196.40		216.05	12.28	13.50
16 M.H., Daily Totals		$526.40		$721.65	$32.91	$45.10
Crew B-11K	Hr.	Daily	Hr.	Daily	Bare Costs	Incl. O&P
1 Equipment Oper. (med.)	$23.25	$186.00	$35.20	$281.60	$20.63	$31.60
1 Building Laborer	18.00	144.00	28.00	224.00		
1 Trencher, 8' D., 16" W.		439.40		483.35	27.46	30.21
16 M.H., Daily Totals		$769.40		$988.95	$48.09	$61.81

CREWS

Crew No.	Bare Costs		Incl. Subs O & P		Cost Per Man-Hour	
	Hr.	Daily	Hr.	Daily	Bare Costs	Incl. O&P
Crew B-11L						
1 Equipment Oper. (med.)	$23.25	$186.00	$35.20	$281.60	$20.63	$31.60
1 Building Laborer	18.00	144.00	28.00	224.00		
1 Grader, 30,000 Lbs.		555.00		610.50	34.69	38.16
16 M.H., Daily Totals		$885.00		$1116.10	$55.32	$69.76
Crew B-11M	Hr.	Daily	Hr.	Daily	Bare Costs	Incl. O&P
1 Equipment Oper. (med.)	$23.25	$186.00	$35.20	$281.60	$20.63	$31.60
1 Building Laborer	18.00	144.00	28.00	224.00		
1 Backhoe Loader, 80 H.P.		305.80		336.40	19.11	21.02
16 M.H., Daily Totals		$635.80		$842.00	$39.74	$52.62
Crew B-12	Hr.	Daily	Hr.	Daily	Bare Costs	Incl. O&P
1 Equip. Oper. (crane)	$24.15	$193.20	$36.60	$292.80	$22.02	$33.38
1 Equip. Oper. Oiler	19.90	159.20	30.15	241.20		
16 M.H., Daily Totals		$352.40		$534.00	$22.02	$33.38
Crew B-12A	Hr.	Daily	Hr.	Daily	Bare Costs	Incl. O&P
1 Equip. Oper. (crane)	$24.15	$193.20	$36.60	$292.80	$22.02	$33.38
1 Equip. Oper. Oiler	19.90	159.20	30.15	241.20		
1 Hyd. Excavator, 1 C.Y.		601.80		662.00	37.61	41.37
16 M.H., Daily Totals		$954.20		$1196.00	$59.63	$74.75
Crew B-12B	Hr.	Daily	Hr.	Daily	Bare Costs	Incl. O&P
1 Equip. Oper. (crane)	$24.15	$193.20	$36.60	$292.80	$22.02	$33.38
1 Equip. Oper. Oiler	19.90	159.20	30.15	241.20		
1 Hyd. Excavator, 1.5 C.Y.		721.00		793.10	45.06	49.57
16 M.H., Daily Totals		$1073.40		$1327.10	$67.08	$82.95
Crew B-12C	Hr.	Daily	Hr.	Daily	Bare Costs	Incl. O&P
1 Equip. Oper. (crane)	$24.15	$193.20	$36.60	$292.80	$22.02	$33.38
1 Equip. Oper. Oiler	19.90	159.20	30.15	241.20		
1 Hyd. Excavator, 2 C.Y.		1007.00		1107.70	62.94	69.23
16 M.H., Daily Totals		$1359.40		$1641.70	$84.96	$102.61
Crew B-12D	Hr.	Daily	Hr.	Daily	Bare Costs	Incl. O&P
1 Equip. Oper. (crane)	$24.15	$193.20	$36.60	$292.80	$22.02	$33.38
1 Equip. Oper. Oiler	19.90	159.20	30.15	241.20		
1 Hyd. Excavator, 3.5 C.Y.		2146.00		2360.60	134.13	147.54
16 M.H., Daily Totals		$2498.40		$2894.60	$156.15	$180.92
Crew B-12E	Hr.	Daily	Hr.	Daily	Bare Costs	Incl. O&P
1 Equip. Oper. (crane)	$24.15	$193.20	$36.60	$292.80	$22.02	$33.38
1 Equip. Oper. Oiler	19.90	159.20	30.15	241.20		
1 Hyd. Excavator, .5 C.Y.		359.20		395.10	22.45	24.70
16 M.H., Daily Totals		$711.60		$929.10	$44.47	$58.08
Crew B-12F	Hr.	Daily	Hr.	Daily	Bare Costs	Incl. O&P
1 Equip. Oper. (crane)	$24.15	$193.20	$36.60	$292.80	$22.02	$33.38
1 Equip. Oper. Oiler	19.90	159.20	30.15	241.20		
1 Hyd. Excavator, .75 C.Y.		486.20		534.80	30.39	33.43
16 M.H., Daily Totals		$838.60		$1068.80	$52.41	$66.81
Crew B-12G	Hr.	Daily	Hr.	Daily	Bare Costs	Incl. O&P
1 Equip. Oper. (crane)	$24.15	$193.20	$36.60	$292.80	$22.02	$33.38
1 Equip. Oper. Oiler	19.90	159.20	30.15	241.20		
1 Power Shovel, .5 C.Y.		390.80		429.90		
1 Clamshell Bucket, .5 C.Y		50.20		55.20	27.56	30.32
16 M.H., Daily Totals		$793.40		$1019.10	$49.58	$63.70
Crew B-12H	Hr.	Daily	Hr.	Daily	Bare Costs	Incl. O&P
1 Equip. Oper. (crane)	$24.15	$193.20	$36.60	$292.80	$22.02	$33.38
1 Equip. Oper. Oiler	19.90	159.20	30.15	241.20		
1 Power Shovel, 1 C.Y.		450.60		495.65		
1 Clamshell Bucket, 1 C.Y.		65.00		71.50	32.23	35.45
16 M.H., Daily Totals		$868.00		$1101.15	$54.25	$68.83
Crew B-12I	Hr.	Daily	Hr.	Daily	Bare Costs	Incl. O&P
1 Equip. Oper. (crane)	$24.15	$193.20	$36.60	$292.80	$22.02	$33.38
1 Equip. Oper. Oiler	19.90	159.20	30.15	241.20		
1 Power Shovel, .75 C.Y.		415.60		457.15		
1 Dragline Bucket, .75 C.Y.		30.60		33.65	27.89	30.68
16 M.H., Daily Totals		$798.60		$1024.80	$49.91	$64.06
Crew B-12J	Hr.	Daily	Hr.	Daily	Bare Costs	Incl. O&P
1 Equip. Oper. (crane)	$24.15	$193.20	$36.60	$292.80	$22.02	$33.38
1 Equip. Oper. Oiler	19.90	159.20	30.15	241.20		
1 Gradall, 3 Ton, .5 C.Y.		576.00		633.60	36.00	39.60
16 M.H., Daily Totals		$928.40		$1167.60	$58.02	$72.98
Crew B-12K	Hr.	Daily	Hr.	Daily	Bare Costs	Incl. O&P
1 Equip. Oper. (crane)	$24.15	$193.20	$36.60	$292.80	$22.02	$33.38
1 Equip. Oper. Oiler	19.90	159.20	30.15	241.20		
1 Gradall, 3 Ton, 1 C.Y.		794.80		874.30	49.67	54.64
16 M.H., Daily Totals		$1147.20		$1408.30	$71.69	$88.02
Crew B-12L	Hr.	Daily	Hr.	Daily	Bare Costs	Incl. O&P
1 Equip. Oper. (crane)	$24.15	$193.20	$36.60	$292.80	$22.02	$33.38
1 Equip. Oper. Oiler	19.90	159.20	30.15	241.20		
1 Power Shovel, .5 C.Y.		390.80		429.90		
1 F.E. Attachment, .5 C.Y.		47.80		52.60	27.41	30.15
16 M.H., Daily Totals		$791.00		$1016.50	$49.43	$63.53
Crew B-12M	Hr.	Daily	Hr.	Daily	Bare Costs	Incl. O&P
1 Equip. Oper. (crane)	$24.15	$193.20	$36.60	$292.80	$22.02	$33.38
1 Equip. Oper. Oiler	19.90	159.20	30.15	241.20		
1 Power Shovel, .75 C.Y		415.60		457.15		
1 F.E. Attachment, .75 C.Y.		89.20		98.10	31.55	34.71
16 M.H., Daily Totals		$857.20		$1089.25	$53.57	$68.09
Crew B-12N	Hr.	Daily	Hr.	Daily	Bare Costs	Incl. O&P
1 Equip. Oper. (crane)	$24.15	$193.20	$36.60	$292.80	$22.02	$33.38
1 Equip. Oper. Oiler	19.90	159.20	30.15	241.20		
1 Power Shovel, 1 C.Y.		450.60		495.65		
1 F.E. Attachment, 1 C.Y.		125.80		138.40	36.03	39.63
16 M.H., Daily Totals		$928.80		$1168.05	$58.05	$73.01
Crew B-12O	Hr.	Daily	Hr.	Daily	Bare Costs	Incl. O&P
1 Equip. Oper. (crane)	$24.15	$193.20	$36.60	$292.80	$22.02	$33.38
1 Equip. Oper. Oiler	19.90	159.20	30.15	241.20		
1 Power Shovel, 1.5 C.Y.		681.20		749.30		
1 F.E. Attachment, 1.5 C.Y.		141.00		155.10	51.39	56.53
16 M.H., Daily Totals		$1174.60		$1438.40	$73.41	$89.91
Crew B-12P	Hr.	Daily	Hr.	Daily	Bare Costs	Incl. O&P
1 Equip. Oper. (crane)	$24.15	$193.20	$36.60	$292.80	$22.02	$33.38
1 Equip. Oper. Oiler	19.90	159.20	30.15	241.20		
1 Crawler Crane, 40 Ton		681.20		749.30		
1 Dragline Bucket, 1.5 C.Y.		43.20		47.50	45.28	49.80
16 M.H., Daily Totals		$1076.80		$1330.80	$67.30	$83.18

CREWS

Crew No.	Bare Costs		Incl. Subs O & P		Cost Per Man-Hour	
Crew B-12Q	Hr.	Daily	Hr.	Daily	Bare Costs	Incl. O&P
1 Equip. Oper. (crane)	$24.15	$193.20	$36.60	$292.80	$22.02	$33.38
1 Equip. Oper. Oiler	19.90	159.20	30.15	241.20		
1 Hyd. Excavator, 5/8 C.Y.		370.00		407.00	23.13	25.44
16 M.H., Daily Totals		$722.40		$941.00	$45.15	$58.82
Crew B-12R	Hr.	Daily	Hr.	Daily	Bare Costs	Incl. O&P
1 Equip. Oper. (crane)	$24.15	$193.20	$36.60	$292.80	$22.02	$33.38
1 Equip. Oper. Oiler	19.90	159.20	30.15	241.20		
1 Hyd. Excavator, 1.5 C.Y.		721.00		793.10	45.06	49.57
16 M.H., Daily Totals		$1073.40		$1327.10	$67.08	$82.95
Crew B-12S	Hr.	Daily	Hr.	Daily	Bare Costs	Incl. O&P
1 Equip. Oper. (crane)	$24.15	$193.20	$36.60	$292.80	$22.02	$33.38
1 Equip. Oper. Oiler	19.90	159.20	30.15	241.20		
1 Hyd. Excavator, 2.5 C.Y.		1724.00		1896.40	107.75	118.53
16 M.H., Daily Totals		$2076.40		$2430.40	$129.77	$151.91
Crew B-12T	Hr.	Daily	Hr.	Daily	Bare Costs	Incl. O&P
1 Equip. Oper. (crane)	$24.15	$193.20	$36.60	$292.80	$22.02	$33.38
1 Equip. Oper. Oiler	19.90	159.20	30.15	241.20		
1 Crawler Crane, 75 Ton		926.20		1018.80		
1 F.E. Attachment, 3 C.Y.		260.60		286.65	74.18	81.59
16 M.H., Daily Totals		$1539.20		$1839.45	$96.20	$114.97
Crew B-12V	Hr.	Daily	Hr.	Daily	Bare Costs	Incl. O&P
1 Equip. Oper. (crane)	$24.15	$193.20	$36.60	$292.80	$22.02	$33.38
1 Equip. Oper. Oiler	19.90	159.20	30.15	241.20		
1 Crawler Crane, 75 Ton		926.20		1018.80		
1 Dragline Bucket, 3 C.Y.		77.80		85.60	62.75	69.03
16 M.H., Daily Totals		$1356.40		$1638.40	$84.77	$102.41
Crew B-13	Hr.	Daily	Hr.	Daily	Bare Costs	Incl. O&P
1 Labor Foreman (outside)	$20.00	$160.00	$31.10	$248.80	$19.44	$29.98
4 Building Laborers	18.00	576.00	28.00	896.00		
1 Equip. Oper. (crane)	24.15	193.20	36.60	292.80		
1 Equip. Oper. Oiler	19.90	159.20	30.15	241.20		
1 Hyd. Crane, 25 Ton		522.00		574.20	9.32	10.25
56 M.H., Daily Totals		$1610.40		$2253.00	$28.76	$40.23
Crew B-14	Hr.	Daily	Hr.	Daily	Bare Costs	Incl. O&P
1 Labor Foreman (outside)	$20.00	$160.00	$31.10	$248.80	$19.05	$29.48
4 Building Laborers	18.00	576.00	28.00	896.00		
1 Equip. Oper. (light)	22.30	178.40	33.80	270.40		
1 Backhoe Loader, 48 H.P.		196.40		216.05	4.09	4.50
48 M.H., Daily Totals		$1110.80		$1631.25	$23.14	$33.98
Crew B-15	Hr.	Daily	Hr.	Daily	Bare Costs	Incl. O&P
1 Equipment Oper. (med)	$23.25	$186.00	$35.20	$281.60	$20.10	$30.63
.5 Building Laborer	18.00	72.00	28.00	112.00		
2 Truck Drivers (heavy)	19.05	304.80	29.00	464.00		
2 Dump Trucks, 16 Ton		760.00		836.00		
1 Dozer, 200 H.P.		828.00		910.80	56.71	62.39
28 M.H., Daily Totals		$2150.80		$2604.40	$76.81	$93.02
Crew B-16	Hr.	Daily	Hr.	Daily	Bare Costs	Incl. O&P
1 Labor Foreman (outside)	$20.00	$160.00	$31.10	$248.80	$18.76	$29.02
2 Building Laborers	18.00	288.00	28.00	448.00		
1 Truck Driver (heavy)	19.05	152.40	29.00	232.00		
1 Dump Truck, 16 Ton		380.00		418.00	11.88	13.06
32 M.H., Daily Totals		$980.40		$1346.80	$30.64	$42.08

Crew No.	Bare Costs		Incl. Subs O & P		Cost Per Man-Hour	
Crew B-17	Hr.	Daily	Hr.	Daily	Bare Costs	Incl. O&P
2 Building Laborers	$18.00	$288.00	$28.00	$448.00	$19.34	$29.70
1 Equip. Oper. (light)	22.30	178.40	33.80	270.40		
1 Truck Driver (heavy)	19.05	152.40	29.00	232.00		
1 Backhoe Loader, 48 H.P.		196.40		216.05		
1 Dump Truck, 12 Ton		309.20		340.10	15.80	17.38
32 M.H., Daily Totals		$1124.40		$1506.55	$35.14	$47.08
Crew B-18	Hr.	Daily	Hr.	Daily	Bare Costs	Incl. O&P
1 Labor Foreman (outside)	$20.00	$160.00	$31.10	$248.80	$18.67	$29.03
2 Building Laborers	18.00	288.00	28.00	448.00		
1 Vibrating Compactor		44.80		49.30	1.87	2.05
24 M.H., Daily Totals		$492.80		$746.10	$20.54	$31.08
Crew B-19	Hr.	Daily	Hr.	Daily	Bare Costs	Incl. O&P
1 Pile Driver Foreman	$24.75	$198.00	$42.00	$336.00	$22.99	$37.47
4 Pile Drivers	22.75	728.00	38.60	1235.20		
2 Equip. Oper. (crane)	24.15	386.40	36.60	585.60		
1 Equip. Oper. Oiler	19.90	159.20	30.15	241.20		
1 Crane, 40 Ton & Access.		681.20		749.30		
60 L.F. Leads, 15K Ft. Lbs.		60.00		66.00		
1 Hammer, 15K Ft. Lbs.		269.20		296.10		
1 Air Compr., 600 C.F.M.		285.20		313.70		
2-50 Ft. Air Hoses, 3" Dia.		21.60		23.75	20.58	22.64
64 M.H., Daily Totals		$2788.80		$3846.85	$43.57	$60.11
Crew B-20	Hr.	Daily	Hr.	Daily	Bare Costs	Incl. O&P
1 Labor Foreman (out)	$20.00	$160.00	$31.10	$248.80	$20.47	$31.87
1 Skilled Worker	23.40	187.20	36.50	292.00		
1 Building Laborer	18.00	144.00	28.00	224.00		
24 M.H., Daily Totals		$491.20		$764.80	$20.47	$31.87
Crew B-21	Hr.	Daily	Hr.	Daily	Bare Costs	Incl. O&P
1 Labor Foreman (out)	$20.00	$160.00	$31.10	$248.80	$20.99	$32.54
1 Skilled Worker	23.40	187.20	36.50	292.00		
1 Building Laborer	18.00	144.00	28.00	224.00		
.5 Equip. Oper. (crane)	24.15	96.60	36.60	146.40		
.5 S.P. Crane, 5 Ton		110.50		121.55	3.95	4.34
28 M.H., Daily Totals		$698.30		$1032.75	$24.94	$36.88
Crew B-22	Hr.	Daily	Hr.	Daily	Bare Costs	Incl. O&P
1 Labor Foreman (out)	$20.00	$160.00	$31.10	$248.80	$21.20	$32.81
1 Skilled Worker	23.40	187.20	36.50	292.00		
1 Building Laborer	18.00	144.00	28.00	224.00		
.75 Equip. Oper. (crane)	24.15	144.90	36.60	219.60		
.75 S.P. Crane, 5 Ton		165.75		182.30	5.53	6.08
30 M.H., Daily Totals		$801.85		$1166.70	$26.73	$38.89
Crew B-23	Hr.	Daily	Hr.	Daily	Bare Costs	Incl. O&P
1 Labor Foreman (outside)	$20.00	$160.00	$31.10	$248.80	$18.40	$28.62
4 Building Laborers	18.00	576.00	28.00	896.00		
1 Drill Rig		409.20		450.10		
1 Light Truck, 3 Ton		153.20		168.50	14.06	15.47
40 M.H., Daily Totals		$1298.40		$1763.40	$32.46	$44.09
Crew B-24	Hr.	Daily	Hr.	Daily	Bare Costs	Incl. O&P
1 Cement Finisher	$22.70	$181.60	$33.60	$268.80	$21.18	$32.38
1 Building Laborer	18.00	144.00	28.00	224.00		
1 Carpenter	22.85	182.80	35.55	284.40		
24 M.H., Daily Totals		$508.40		$777.20	$21.18	$32.38

CREWS

Crew No.	Bare Costs		Incl. Subs O & P		Cost Per Man-Hour	
Crew B-25	Hr.	Daily	Hr.	Daily	Bare Costs	Incl. O&P
1 Labor Foreman	$20.00	$160.00	$31.10	$248.80	$19.61	$30.25
7 Laborers	18.00	1008.00	28.00	1568.00		
3 Equip. Oper. (med.)	23.25	558.00	35.20	844.80		
1 Asphalt Paver, 130 H.P.		1123.00		1235.30		
1 Tandem Roller, 10 Ton		193.60		212.95		
1 Roller, Pneumatic Wheel		251.20		276.30	17.82	19.60
88 M.H., Daily Totals		$3293.80		$4386.15	$37.43	$49.85
Crew B-25B	Hr.	Daily	Hr.	Daily	Bare Costs	Incl. O&P
1 Labor Foreman	$20.00	$160.00	$31.10	$248.80	$19.92	$30.66
7 Laborers	18.00	1008.00	28.00	1568.00		
4 Equip. Oper. (medium)	23.25	744.00	35.20	1126.40		
1 Asphalt Paver, 130 H.P.		1123.00		1235.30		
2 Rollers, Steel Wheel		387.20		425.90		
1 Roller, Pneumatic Wheel		251.20		276.30	18.35	20.18
96 M.H., Daily Totals		$3673.40		$4880.70	$38.27	$50.84
Crew B-26	Hr.	Daily	Hr.	Daily	Bare Costs	Incl. O&P
1 Labor Foreman (outside)	$20.00	$160.00	$31.10	$248.80	$20.19	$31.47
6 Building Laborers	18.00	864.00	28.00	1344.00		
2 Equip. Oper. (med.)	23.25	372.00	35.20	563.20		
1 Rodman (reinf.)	24.90	199.20	43.10	344.80		
1 Cement Finisher	22.70	181.60	33.60	268.80		
1 Grader, 30,000 Lbs.		555.00		610.50		
1 Paving Mach. & Equip.		1213.00		1334.30	20.09	22.10
88 M.H., Daily Totals		$3544.80		$4714.40	$40.28	$53.57
Crew B-27	Hr.	Daily	Hr.	Daily	Bare Costs	Incl. O&P
1 Labor Foreman (outside)	$20.00	$160.00	$31.10	$248.80	$18.50	$28.77
3 Building Laborers	18.00	432.00	28.00	672.00		
1 Berm Machine		60.60		66.65	1.89	2.08
32 M.H., Daily Totals		$652.60		$987.45	$20.39	$30.85
Crew B-28	Hr.	Daily	Hr.	Daily	Bare Costs	Incl. O&P
2 Carpenters	$22.85	$365.60	$35.55	$568.80	$21.23	$33.03
1 Building Laborer	18.00	144.00	28.00	224.00		
24 M.H., Daily Totals		$509.60		$792.80	$21.23	$33.03
Crew B-29	Hr.	Daily	Hr.	Daily	Bare Costs	Incl. O&P
1 Labor Foreman (outside)	$20.00	$160.00	$31.10	$248.80	$19.44	$29.98
4 Building Laborers	18.00	576.00	28.00	896.00		
1 Equip. Oper. (crane)	24.15	193.20	36.60	292.80		
1 Equip. Oper. Oiler	19.90	159.20	30.15	241.20		
1 Gradall, 3 Ton, 1/2 C.Y.		576.00		633.60	10.29	11.31
56 M.H., Daily Totals		$1664.40		$2312.40	$29.73	$41.29
Crew B-30	Hr.	Daily	Hr.	Daily	Bare Costs	Incl. O&P
1 Equip. Oper. (med.)	$23.25	$186.00	$35.20	$281.60	$20.45	$31.07
2 Truck Drivers (heavy)	19.05	304.80	29.00	464.00		
1 Hyd. Excavator, 1.5 C.Y.		721.00		793.10		
2 Dump Trucks, 16 Ton		760.00		836.00	61.71	67.88
24 M.H., Daily Totals		$1971.80		$2374.70	$82.16	$98.95
Crew B-31	Hr.	Daily	Hr.	Daily	Bare Costs	Incl. O&P
1 Labor Foreman (outside)	$20.00	$160.00	$31.10	$248.80	$19.37	$30.13
3 Building Laborers	18.00	432.00	28.00	672.00		
1 Carpenter	22.85	182.80	35.55	284.40		
1 Air Compr., 250 C.F.M.		92.00		101.20		
1 Sheeting Driver		9.80		10.80		
2-50 Ft. Air Hoses, 1.5" Dia.		10.80		11.90	2.82	3.10
40 M.H., Daily Totals		$887.40		$1329.10	$22.19	$33.23

Crew No.	Bare Costs		Incl. Subs O & P		Cost Per Man-Hour	
Crew B-32	Hr.	Daily	Hr.	Daily	Bare Costs	Incl. O&P
1 Highway Laborer	$18.00	$144.00	$28.00	$224.00	$21.94	$33.40
3 Equip. Oper. (med.)	23.25	558.00	35.20	844.80		
1 Grader, 30,000 Lbs.		555.00		610.50		
1 Tandem Roller, 10 Ton		193.60		212.95		
1 Dozer, 200 H.P.		828.00		910.80	49.27	54.20
32 M.H., Daily Totals		$2278.60		$2803.05	$71.21	$87.60
Crew B-32A	Hr.	Daily	Hr.	Daily	Bare Costs	Incl. O&P
1 Laborer	$18.00	$144.00	$28.00	$224.00	$21.50	$32.80
2 Equip. Oper. (medium)	23.25	372.00	35.20	563.20		
1 Grader, 30,000 Lbs.		555.00		610.50		
1 Roller, Vibratory, 29,000 Lbs.		364.40		400.85	38.31	42.14
24 M.H., Daily Totals		$1435.40		$1798.55	$59.81	$74.94
Crew B-32B	Hr.	Daily	Hr.	Daily	Bare Costs	Incl. O&P
1 Laborer	$18.00	$144.00	$28.00	$224.00	$21.50	$32.80
2 Equip. Oper. (medium)	23.25	372.00	35.20	563.20		
1 Dozer, 200 H.P.		828.00		910.80		
1 Roller, Vibratory, 29,000 Lbs.		364.40		400.85	49.68	54.65
24 M.H., Daily Totals		$1708.40		$2098.85	$71.18	$87.45
Crew B-32C	Hr.	Daily	Hr.	Daily	Bare Costs	Incl. O&P
1 Labor Foreman	$20.00	$160.00	$31.10	$248.80	$20.96	$32.12
2 Laborers	18.00	288.00	28.00	448.00		
3 Equip. Oper. (medium)	23.25	558.00	35.20	844.80		
1 Grader, 30,000 Lbs.		555.00		610.50		
1 Roller, Steel Wheel		193.60		212.95		
1 Dozer, 200 H.P.		828.00		910.80	32.85	36.13
48 M.H., Daily Totals		$2582.60		$3275.85	$53.81	$68.25
Crew B-33	Hr.	Daily	Hr.	Daily	Bare Costs	Incl. O&P
1 Equip. Oper. (med.)	$23.25	$186.00	$35.20	$281.60	$21.75	$33.14
.5 Building Laborer	18.00	72.00	28.00	112.00		
.25 Equip. Oper. (med.)	23.25	46.50	35.20	70.40		
14 M.H., Daily Totals		$304.50		$464.00	$21.75	$33.14
Crew B-33A	Hr.	Daily	Hr.	Daily	Bare Costs	Incl. O&P
1 Equip. Oper. (med.)	$23.25	$186.00	$35.20	$281.60	$21.75	$33.14
.5 Building Laborer	18.00	72.00	28.00	112.00		
.25 Equip. Oper. (med.)	23.25	46.50	35.20	70.40		
1 Scraper, Towed, 7 C.Y.		64.40		70.85		
1 Dozer, 300 H.P.		891.00		980.10		
.25 Dozer, 300 H.P.		222.75		245.05	84.15	92.57
14 M.H., Daily Totals		$1482.65		$1760.00	$105.90	$125.71
Crew B-33B	Hr.	Daily	Hr.	Daily	Bare Costs	Incl. O&P
1 Equip. Oper. (med.)	$23.25	$186.00	$35.20	$281.60	$21.75	$33.14
.5 Building Laborer	18.00	72.00	28.00	112.00		
.25 Equip. Oper. (med.)	23.25	46.50	35.20	70.40		
1 Scraper, Towed, 10 C.Y.		176.60		194.25		
1 Dozer, 300 H.P.		891.00		980.10		
.25 Dozer, 300 H.P.		222.75		245.05	92.17	101.38
14 M.H., Daily Totals		$1594.85		$1883.40	$113.92	$134.52

CREWS

Crew No.	Bare Costs		Incl. Subs O & P		Cost Per Man-Hour	
Crew B-33C	Hr.	Daily	Hr.	Daily	Bare Costs	Incl. O&P
1 Equip. Oper. (med.)	$23.25	$186.00	$35.20	$281.60	$21.75	$33.14
.5 Building Laborer	18.00	72.00	28.00	112.00		
.25 Equip. Oper. (med.)	23.25	46.50	35.20	70.40		
1 Scraper, Towed, 12 C.Y.		176.60		194.25		
1 Dozer, 300 H.P.		891.00		980.10		
.25 Dozer, 300 H.P.		222.75		245.05	92.17	101.38
14 M.H., Daily Totals		$1594.85		$1883.40	$113.92	$134.52
Crew B-33D	Hr.	Daily	Hr.	Daily	Bare Costs	Incl. O&P
1 Equip. Oper. (med.)	$23.25	$186.00	$35.20	$281.60	$21.75	$33.14
.5 Building Laborer	18.00	72.00	28.00	112.00		
.25 Equip. Oper. (med.)	23.25	46.50	35.20	70.40		
1 S.P. Scraper, 14 C.Y.		1432.00		1575.20		
.25 Dozer, 300 H.P.		222.75		245.05	118.20	130.02
14 M.H., Daily Totals		$1959.25		$2284.25	$139.95	$163.16
Crew B-33E	Hr.	Daily	Hr.	Daily	Bare Costs	Incl. O&P
1 Equip. Oper. (med.)	$23.25	$186.00	$35.20	$281.60	$21.75	$33.14
.5 Building Laborer	18.00	72.00	28.00	112.00		
.25 Equip. Oper. (med.)	23.25	46.50	35.20	70.40		
1 S.P. Scraper, 24 C.Y.		1713.00		1884.30		
.25 Dozer, 300 H.P.		222.75		245.05	138.27	152.09
14 M.H., Daily Totals		$2240.25		$2593.35	$160.02	$185.23
Crew B-33F	Hr.	Daily	Hr.	Daily	Bare Costs	Incl. O&P
1 Equip. Oper. (med.)	$23.25	$186.00	$35.20	$281.60	$21.75	$33.14
.5 Building Laborer	18.00	72.00	28.00	112.00		
.25 Equip. Oper. (med.)	23.25	46.50	35.20	70.40		
1 Elev. Scraper, 11 C.Y.		610.60		671.65		
.25 Dozer, 300 H.P.		222.75		245.05	59.53	65.48
14 M.H., Daily Totals		$1137.85		$1380.70	$81.28	$98.62
Crew B-33G	Hr.	Daily	Hr.	Daily	Bare Costs	Incl. O&P
1 Equip. Oper. (med.)	$23.25	$186.00	$35.20	$281.60	$21.75	$33.14
.5 Building Laborer	18.00	72.00	28.00	112.00		
.25 Equip. Oper. (med.)	23.25	46.50	35.20	70.40		
1 Elev. Scraper, 20 C.Y.		797.80		877.60		
.25 Dozer, 300 H.P.		222.75		245.05	72.90	80.19
14 M.H., Daily Totals		$1325.05		$1586.65	$94.65	$113.33
Crew B-34	Hr.	Daily	Hr.	Daily	Bare Costs	Incl. O&P
1 Truck Driver (heavy)	$19.05	$152.40	$29.00	$232.00	$19.05	$29.00
8 M.H., Daily Totals		$152.40		$232.00	$19.05	$29.00
Crew B-34A	Hr.	Daily	Hr.	Daily	Bare Costs	Incl. O&P
1 Truck Driver (heavy)	$19.05	$152.40	$29.00	$232.00	$19.05	$29.00
1 Dump Truck, 12 Ton		309.20		340.10	38.65	42.52
8 M.H., Daily Totals		$461.60		$572.10	$57.70	$71.52
Crew B-34B	Hr.	Daily	Hr.	Daily	Bare Costs	Incl. O&P
1 Truck Driver (heavy)	$19.05	$152.40	$29.00	$232.00	$19.05	$29.00
1 Dump Truck, 16 Ton		380.00		418.00	47.50	52.25
8 M.H., Daily Totals		$532.40		$650.00	$66.55	$81.25
Crew B-34C	Hr.	Daily	Hr.	Daily	Bare Costs	Incl. O&P
1 Truck Driver (heavy)	$19.05	$152.40	$29.00	$232.00	$19.05	$29.00
1 Truck Tractor, 40 Ton		357.80		393.60		
1 Dump Trailer, 16.5 C.Y.		112.40		123.65	58.78	64.65
8 M.H., Daily Totals		$622.60		$749.25	$77.83	$93.65

Crew No.	Bare Costs		Incl. Subs O & P		Cost Per Man-Hour	
Crew B-34D	Hr.	Daily	Hr.	Daily	Bare Costs	Incl. O&P
1 Truck Driver (heavy)	$19.05	$152.40	$29.00	$232.00	$19.05	$29.00
1 Truck Tractor, 40 Ton		357.80		393.60		
1 Dump Trailer, 20 C.Y.		113.40		124.75	58.90	64.79
8 M.H., Daily Totals		$623.60		$750.35	$77.95	$93.79
Crew B-34E	Hr.	Daily	Hr.	Daily	Bare Costs	Incl. O&P
1 Truck Driver (heavy)	$19.05	$152.40	$29.00	$232.00	$19.05	$29.00
1 Truck, Off Hwy., 25 Ton		568.80		625.70	71.10	78.21
8 M.H., Daily Totals		$721.20		$857.70	$90.15	$107.21
Crew B-34F	Hr.	Daily	Hr.	Daily	Bare Costs	Incl. O&P
1 Truck Driver (heavy)	$19.05	$152.40	$29.00	$232.00	$19.05	$29.00
1 Truck, Off Hwy., 22 C.Y.		868.60		955.45	108.58	119.43
8 M.H., Daily Totals		$1021.00		$1187.45	$127.63	$148.43
Crew B-34G	Hr.	Daily	Hr.	Daily	Bare Costs	Incl. O&P
1 Truck Driver (heavy)	$19.05	$152.40	$29.00	$232.00	$19.05	$29.00
1 Truck, Off Hwy., 34 C.Y.		1132.00		1245.20	141.50	155.65
8 M.H., Daily Totals		$1284.40		$1477.20	$160.55	$184.65
Crew B-34H	Hr.	Daily	Hr.	Daily	Bare Costs	Incl. O&P
1 Truck Driver (heavy)	$19.05	$152.40	$29.00	$232.00	$19.05	$29.00
1 Truck, Off Hwy., 42 C.Y.		1418.00		1559.80	177.25	194.98
8 M.H., Daily Totals		$1570.40		$1791.80	$196.30	$223.98
Crew B-34J	Hr.	Daily	Hr.	Daily	Bare Costs	Incl. O&P
1 Truck Driver (heavy)	$19.05	$152.40	$29.00	$232.00	$19.05	$29.00
1 Truck, Off Hwy., 60 C.Y.		1923.00		2115.30	240.38	264.41
8 M.H., Daily Totals		$2075.40		$2347.30	$259.43	$293.41
Crew B-34K	Hr.	Daily	Hr.	Daily	Bare Costs	Incl. O&P
1 Truck Driver (heavy)	$19.05	$152.40	$29.00	$232.00	$19.05	$29.00
1 Truck Tractor, 240 H.P.		454.20		499.60		
1 Low Bed Trailer		269.20		296.10	90.43	99.47
8 M.H., Daily Totals		$875.80		$1027.70	$109.48	$128.47
Crew B-35	Hr.	Daily	Hr.	Daily	Bare Costs	Incl. O&P
1 Laborer Foreman (out)	$20.00	$160.00	$31.10	$248.80	$21.98	$33.71
1 Skilled Worker	23.40	187.20	36.50	292.00		
1 Welder (plumber)	26.45	211.60	39.90	319.20		
1 Laborer	18.00	144.00	28.00	224.00		
1 Equip. Oper. (crane)	24.15	193.20	36.60	292.80		
1 Equip. Oper. Oiler	19.90	159.20	30.15	241.20		
1 Electric Welding Mach.		40.40		44.45		
1 Hyd. Excavator, .75 C.Y.		486.20		534.80	10.97	12.07
48 M.H., Daily Totals		$1581.80		$2197.25	$32.95	$45.78
Crew B-36	Hr.	Daily	Hr.	Daily	Bare Costs	Incl. O&P
1 Labor Foreman (outside)	$20.00	$160.00	$31.10	$248.80	$20.50	$31.50
2 Highway Laborers	18.00	288.00	28.00	448.00		
2 Equip. Oper. (med.)	23.25	372.00	35.20	563.20		
1 Dozer, 200 H.P.		828.00		910.80		
1 Aggregate Spreader		61.00		67.10		
1 Tandem Roller, 10 Ton		193.60		212.95	27.06	29.77
40 M.H., Daily Totals		$1902.60		$2450.85	$47.56	$61.27

CREWS

Crew No.	Bare Costs		Incl. Subs O & P		Cost Per Man-Hour	
Crew B-36A	Hr.	Daily	Hr.	Daily	Bare Costs	Incl. O&P
1 Labor Foreman	$20.00	$160.00	$31.10	$248.80	$21.29	$32.56
2 Laborers	18.00	288.00	28.00	448.00		
4 Equip. Oper. (medium)	23.25	744.00	35.20	1126.40		
1 Dozer, 200 H.P.		828.00		910.80		
1 Aggregate Spreader		61.00		67.10		
1 Roller, Steel Wheel		193.60		212.95		
1 Roller, Pneumatic Wheel		251.20		276.30	23.82	26.20
56 M.H., Daily Totals		$2525.80		$3290.35	$45.11	$58.76

Crew B-37	Hr.	Daily	Hr.	Daily	Bare Costs	Incl. O&P
1 Labor Foreman (outside)	$20.00	$160.00	$31.10	$248.80	$19.05	$29.48
4 Building Laborers	18.00	576.00	28.00	896.00		
1 Equip. Oper. (light)	22.30	178.40	33.80	270.40		
1 Tandem Roller, 5 Ton		122.00		134.20	2.54	2.80
48 M.H., Daily Totals		$1036.40		$1549.40	$21.59	$32.28

Crew B-38	Hr.	Daily	Hr.	Daily	Bare Costs	Incl. O&P
1 Labor Foreman (outside)	$20.00	$160.00	$31.10	$248.80	$20.31	$31.22
2 Building Laborers	18.00	288.00	28.00	448.00		
1 Equip. Oper. (light)	22.30	178.40	33.80	270.40		
1 Equip. Oper. (medium)	23.25	186.00	35.20	281.60		
1 Backhoe Loader, 48 H.P.		196.40		216.05		
1 Demol.Hammer,(1000 lb)		347.20		381.90		
1 F.E. Loader (170 H.P.)		583.20		641.50		
1 Pavt. Rem. Bucket		39.20		43.10	29.15	32.07
40 M.H., Daily Totals		$1978.40		$2531.35	$49.46	$63.29

Crew B-39	Hr.	Daily	Hr.	Daily	Bare Costs	Incl. O&P
1 Labor Foreman (outside)	$20.00	$160.00	$31.10	$248.80	$19.05	$29.48
4 Building Laborers	18.00	576.00	28.00	896.00		
1 Equipment Oper. (light)	22.30	178.40	33.80	270.40		
1 Air Compr., 250 C.F.M.		92.00		101.20		
2 Air Tools & Accessories		29.60		32.55		
2-50 Ft. Air Hoses, 1.5" Dia.		10.80		11.90	2.76	3.03
48 M.H., Daily Totals		$1046.80		$1560.85	$21.81	$32.51

Crew B-40	Hr.	Daily	Hr.	Daily	Bare Costs	Incl. O&P
1 Pile Driver Foreman	$24.75	$198.00	$42.00	$336.00	$22.99	$37.47
4 Pile Drivers	22.75	728.00	38.60	1235.20		
2 Equip. Oper. (crane)	24.15	386.40	36.60	585.60		
1 Equip. Oper. Oiler	19.90	159.20	30.15	241.20		
1 Crane, 40 Ton		681.20		749.30		
1 Vibratory Hammer & Gen.		1097.00		1206.70	27.78	30.56
64 M.H., Daily Totals		$3249.80		$4354.00	$50.77	$68.03

Crew B-41	Hr.	Daily	Hr.	Daily	Bare Costs	Incl. O&P
1 Labor Foreman (outside)	$20.00	$160.00	$31.10	$248.80	$18.73	$29.05
4 Building Laborers	18.00	576.00	28.00	896.00		
.25 Equip. Oper. (crane)	24.15	48.30	36.60	73.20		
.25 Equip. Oper. Oiler	19.90	39.80	30.15	60.30		
.25 Crawler Crane, 40 Ton		170.30		187.35	3.87	4.26
44 M.H., Daily Totals		$994.40		$1465.65	$22.60	$33.31

Crew B-42	Hr.	Daily	Hr.	Daily	Bare Costs	Incl. O&P
1 Labor Foreman (outside)	$20.00	$160.00	$31.10	$248.80	$20.15	$31.83
4 Building Laborers	18.00	576.00	28.00	896.00		
1 Equip. Oper. (crane)	24.15	193.20	36.60	292.80		
1 Equip. Oper. Oiler	19.90	159.20	30.15	241.20		
1 Welder	25.15	201.20	44.80	358.40		
1 Hyd. Crane, 25 Ton		522.00		574.20		
1 Gas Welding Machine		70.60		77.65		
1 Horz. Boring Csg. Mch.		437.20		480.90	16.09	17.70
64 M.H., Daily Totals		$2319.40		$3169.95	$36.24	$49.53

Crew B-43	Hr.	Daily	Hr.	Daily	Bare Costs	Incl. O&P
1 Labor Foreman (outside)	$20.00	$160.00	$31.10	$248.80	$19.68	$30.31
3 Building Laborers	18.00	432.00	28.00	672.00		
1 Equip. Oper. (crane)	24.15	193.20	36.60	292.80		
1 Equip. Oper. Oiler	19.90	159.20	30.15	241.20		
1 Drill Rig & Augers		1539.00		1692.90	32.06	35.27
48 M.H., Daily Totals		$2483.40		$3147.70	$51.74	$65.58

Crew B-44	Hr.	Daily	Hr.	Daily	Bare Costs	Incl. O&P
1 Pile Driver Foreman	$24.75	$198.00	$42.00	$336.00	$22.76	$37.20
4 Pile Drivers	22.75	728.00	38.60	1235.20		
2 Equip. Oper. (crane)	24.15	386.40	36.60	585.60		
1 Building Laborer	18.00	144.00	28.00	224.00		
1 Crane, 40 Ton, & Access.		681.20		749.30		
45 L.F. Leads, 15K Ft. Lbs.		45.00		49.50	11.35	12.48
64 M.H., Daily Totals		$2182.60		$3179.60	$34.11	$49.68

Crew B-45	Hr.	Daily	Hr.	Daily	Bare Costs	Incl. O&P
1 Equip. Oper. (med.)	$23.25	$186.00	$35.20	$281.60	$21.15	$32.10
1 Truck Driver (heavy)	19.05	152.40	29.00	232.00		
1 Dist. Tank Truck, 3K Gal.		320.20		352.20		
1 Tractor, 4 x 2, 250 H.P.		323.60		355.95	40.24	44.26
16 M.H., Daily Totals		$982.20		$1221.75	$61.39	$76.36

Crew B-46	Hr.	Daily	Hr.	Daily	Bare Costs	Incl. O&P
1 Pile Driver Foreman	$24.75	$198.00	$42.00	$336.00	$20.71	$33.87
2 Pile Drivers	22.75	364.00	38.60	617.60		
3 Building Laborers	18.00	432.00	28.00	672.00		
1 Chain Saw, 36" Long		44.00		48.40	.92	1.01
48 M.H., Daily Totals		$1038.00		$1674.00	$21.63	$34.88

Crew B-47	Hr.	Daily	Hr.	Daily	Bare Costs	Incl. O&P
1 Blast Foreman	$20.00	$160.00	$31.10	$248.80	$20.10	$30.97
1 Driller	18.00	144.00	28.00	224.00		
1 Equip. Oper. (light)	22.30	178.40	33.80	270.40		
1 Crawler Type Drill, 4"		224.40		246.85		
1 Air Compr., 600 C.F.M.		285.20		313.70		
2-50 Ft. Air Hoses, 3" Dia.		21.60		23.75	22.13	24.35
24 M.H., Daily Totals		$1013.60		$1327.50	$42.23	$55.32

Crew B-47A	Hr.	Daily	Hr.	Daily	Bare Costs	Incl. O&P
1 Drilling Foreman	$20.00	$160.00	$31.10	$248.80	$21.35	$32.62
1 Equip. Oper. (heavy)	24.15	193.20	36.60	292.80		
1 Oiler	19.90	159.20	30.15	241.20		
1 Quarry Drill		469.20		516.10	19.55	21.51
24 M.H., Daily Totals		$981.60		$1298.90	$40.90	$54.13

CREWS

Crew No.	Bare Costs		Incl. Subs O & P		Cost Per Man-Hour	
Crew B-48	Hr.	Daily	Hr.	Daily	Bare Costs	Incl. O&P
1 Labor Foreman (outside)	$20.00	$160.00	$31.10	$248.80	$20.05	$30.81
3 Building Laborers	18.00	432.00	28.00	672.00		
1 Equip. Oper. (crane)	24.15	193.20	36.60	292.80		
1 Equip. Oper. Oiler	19.90	159.20	30.15	241.20		
1 Equip. Oper. (light)	22.30	178.40	33.80	270.40		
1 Centr. Water Pump, 6"		155.60		171.15		
1-20 Ft. Suction Hose, 6"		23.40		25.75		
1-50 Ft. Disch. Hose, 6"		13.40		14.75		
1 Drill Rig & Augers		1539.00		1692.90	30.92	34.01
56 M.H., Daily Totals		$2854.20		$3629.75	$50.97	$64.82
Crew B-49	Hr.	Daily	Hr.	Daily	Bare Costs	Incl. O&P
1 Labor Foreman (outside)	$20.00	$160.00	$31.10	$248.80	$20.90	$32.69
3 Building Laborers	18.00	432.00	28.00	672.00		
2 Equip. Oper. (crane)	24.15	386.40	36.60	585.60		
2 Equip. Oper. Oilers	19.90	318.40	30.15	482.40		
1 Equip. Oper. (light)	22.30	178.40	33.80	270.40		
2 Pile Drivers	22.75	364.00	38.60	617.60		
1 Hyd. Crane, 25 Ton		522.00		574.20		
1 Centr. Water Pump, 6"		155.60		171.15		
1-20 Ft. Suction Hose, 6"		23.40		25.75		
1-50 Ft. Disch. Hose, 6"		13.40		14.75		
1 Drill Rig & Augers		1539.00		1692.90	25.61	28.17
88 M.H., Daily Totals		$4092.60		$5355.55	$46.51	$60.86
Crew B-50	Hr.	Daily	Hr.	Daily	Bare Costs	Incl. O&P
2 Pile Driver Foremen	$24.75	$396.00	$42.00	$672.00	$22.01	$35.92
6 Pile Drivers	22.75	1092.00	38.60	1852.80		
2 Equip. Oper. (crane)	24.15	386.40	36.60	585.60		
1 Equip. Oper. Oiler	19.90	159.20	30.15	241.20		
3 Building Laborers	18.00	432.00	28.00	672.00		
1 Crane, 40 Ton		681.20		749.30		
60 L.F. Leads, 15K Ft. Lbs.		60.00		66.00		
1 Hammer, 15K Ft. Lbs.		269.20		296.10		
1 Air Compr., 600 C.F.M.		285.20		313.70		
2-50 Ft. Air Hoses, 3" Dia.		21.60		23.75		
1 Chain Saw, 36" Long		44.00		48.40	12.15	13.37
112 M.H., Daily Totals		$3826.80		$5520.85	$34.16	$49.29
Crew B-51	Hr.	Daily	Hr.	Daily	Bare Costs	Incl. O&P
1 Labor Foreman (outside)	$20.00	$160.00	$31.10	$248.80	$18.48	$28.63
4 Building Laborers	18.00	576.00	28.00	896.00		
1 Truck Driver (light)	18.85	150.80	28.70	229.60		
1 Light Truck, 1.5 Ton		150.80		165.90	3.14	3.46
48 M.H., Daily Totals		$1037.60		$1540.30	$21.62	$32.09
Crew B-52	Hr.	Daily	Hr.	Daily	Bare Costs	Incl. O&P
1 Carpenter Foreman	$24.85	$198.80	$38.65	$309.20	$21.21	$32.99
1 Carpenter	22.85	182.80	35.55	284.40		
3 Building Laborers	18.00	432.00	28.00	672.00		
1 Cement Finisher	22.70	181.60	33.60	268.80		
.5 Rodman (reinf.)	24.90	99.60	43.10	172.40		
.5 Equip. Oper. (med.)	23.25	93.00	35.20	140.80		
.5 F.E. Ldr., T.M., 2.5 C.Y.		417.50		459.25	7.46	8.20
56 M.H., Daily Totals		$1605.30		$2306.85	$28.67	$41.19
Crew B-53	Hr.	Daily	Hr.	Daily	Bare Costs	Incl. O&P
1 Equip. Oper. (light)	$22.30	$178.40	$33.80	$270.40	$22.30	$33.80
1 Trencher, Chain, 12 H.P.		54.60		60.05	6.83	7.51
8 M.H., Daily Totals		$233.00		$330.45	$29.13	$41.31

Crew No.	Bare Costs		Incl. Subs O & P		Cost Per Man-Hour	
Crew B-54	Hr.	Daily	Hr.	Daily	Bare Costs	Incl. O&P
1 Equip. Oper. (light)	$22.30	$178.40	$33.80	$270.40	$22.30	$33.80
1 Trencher, Chain, 40 H.P.		139.80		153.80	17.48	19.22
8 M.H., Daily Totals		$318.20		$424.20	$39.78	$53.02
Crew B-55	Hr.	Daily	Hr.	Daily	Bare Costs	Incl. O&P
2 Building Laborers	$18.00	$288.00	$28.00	$448.00	$18.28	$28.23
1 Truck Driver (light)	18.85	150.80	28.70	229.60		
1 Flatbed Truck w/Auger		409.20		450.10		
1 Truck, 3 Ton		153.20		168.50	23.43	25.78
24 M.H., Daily Totals		$1001.20		$1296.20	$41.71	$54.01
Crew B-56	Hr.	Daily	Hr.	Daily	Bare Costs	Incl. O&P
1 Building Laborer	$18.00	$144.00	$28.00	$224.00	$20.15	$30.90
1 Equip. Oper. (light)	22.30	178.40	33.80	270.40		
1 Crawler Type Drill, 4"		224.40		246.85		
1 Air Compr., 600 C.F.M.		285.20		313.70		
1-50 Ft. Air Hose, 3" Dia.		10.80		11.90	32.53	35.78
16 M.H., Daily Totals		$842.80		$1066.85	$52.68	$66.68
Crew B-57	Hr.	Daily	Hr.	Daily	Bare Costs	Incl. O&P
1 Labor Foreman (outside)	$20.00	$160.00	$31.10	$248.80	$20.39	$31.27
2 Building Laborers	18.00	288.00	28.00	448.00		
1 Equip. Oper. (crane)	24.15	193.20	36.60	292.80		
1 Equip. Oper. (light)	22.30	178.40	33.80	270.40		
1 Equip. Oper. Oiler	19.90	159.20	30.15	241.20		
1 Power Shovel, 1 C.Y.		450.60		495.65		
1 Clamshell Bucket, 1 C.Y.		65.00		71.50		
1 Centr. Water Pump, 6"		155.60		171.15		
1-20 Ft. Suction Hose, 6"		23.40		25.75		
20-50 Ft. Disch. Hoses, 6"		268.00		294.80	20.05	22.06
48 M.H., Daily Totals		$1941.40		$2560.05	$40.44	$53.33
Crew B-58	Hr.	Daily	Hr.	Daily	Bare Costs	Incl. O&P
2 Building Laborers	$18.00	$288.00	$28.00	$448.00	$19.43	$29.93
1 Equip. Oper. (light)	22.30	178.40	33.80	270.40		
1 Backhoe Loader, 48 H.P.		196.40		216.05		
1 Small Helicopter		3117.00		3428.70	138.06	151.86
24 M.H., Daily Totals		$3779.80		$4363.15	$157.49	$181.79
Crew B-59	Hr.	Daily	Hr.	Daily	Bare Costs	Incl. O&P
1 Truck Driver (heavy)	$19.05	$152.40	$29.00	$232.00	$19.05	$29.00
1 Truck, 30 Ton		279.80		307.80		
1 Water tank, 5000 Gal.		190.80		209.90	58.83	64.71
8 M.H., Daily Totals		$623.00		$749.70	$77.88	$93.71
Crew B-60	Hr.	Daily	Hr.	Daily	Bare Costs	Incl. O&P
1 Labor Foreman (outside)	$20.00	$160.00	$31.10	$248.80	$20.66	$31.64
2 Building Laborers	18.00	288.00	28.00	448.00		
1 Equip. Oper. (crane)	24.15	193.20	36.60	292.80		
2 Equip. Oper. (light)	22.30	356.80	33.80	540.80		
1 Equip. Oper. Oiler	19.90	159.20	30.15	241.20		
1 Crawler Crane, 40 Ton		681.20		749.30		
45 L.F. Leads, 15K Ft. Lbs.		45.00		49.50		
1 Backhoe Loader, 48 H.P.		196.40		216.05	16.48	18.12
56 M.H., Daily Totals		$2079.80		$2786.45	$37.14	$49.76

CREWS

Crew No.	Bare Costs		Incl. Subs O & P		Cost Per Man-Hour	
Crew B-61	Hr.	Daily	Hr.	Daily	Bare Costs	Incl. O&P
1 Labor Foreman (outside)	$20.00	$160.00	$31.10	$248.80	$19.26	$29.78
3 Building Laborers	18.00	432.00	28.00	672.00		
1 Equip. Oper. (light)	22.30	178.40	33.80	270.40		
1 Cement Mixer, 2 C.Y.		238.60		262.45		
1 Air Compr., 160 C.F.M.		88.00		96.80	8.17	8.98
40 M.H., Daily Totals		$1097.00		$1550.45	$27.43	$38.76
Crew B-62	Hr.	Daily	Hr.	Daily	Bare Costs	Incl. O&P
2 Building Laborers	$18.00	$288.00	$28.00	$448.00	$19.43	$29.93
1 Equip. Oper. (light)	22.30	178.40	33.80	270.40		
1 Loader, Skid Steer		92.00		101.20	3.83	4.22
24 M.H., Daily Totals		$558.40		$819.60	$23.26	$34.15
Crew B-63	Hr.	Daily	Hr.	Daily	Bare Costs	Incl. O&P
4 Building Laborers	$18.00	$576.00	$28.00	$896.00	$18.86	$29.16
1 Equip. Oper. (light)	22.30	178.40	33.80	270.40		
1 Loader, Skid Steer		92.00		101.20	2.30	2.53
40 M.H., Daily Totals		$846.40		$1267.60	$21.16	$31.69
Crew B-64	Hr.	Daily	Hr.	Daily	Bare Costs	Incl. O&P
1 Building Laborer	$18.00	$144.00	$28.00	$224.00	$18.43	$28.35
1 Truck Driver (light)	18.85	150.80	28.70	229.60		
1 Power Mulcher (small)		91.40		100.55		
1 Light Truck, 1.5 Ton		150.80		165.90	15.14	16.65
16 M.H., Daily Totals		$537.00		$720.05	$33.57	$45.00
Crew B-65	Hr.	Daily	Hr.	Daily	Bare Costs	Incl. O&P
1 Building Laborer	$18.00	$144.00	$28.00	$224.00	$18.43	$28.35
1 Truck Driver (light)	18.85	150.80	28.70	229.60		
1 Power Mulcher (large)		210.20		231.20		
1 Light Truck, 1.5 Ton		150.80		165.90	22.56	24.82
16 M.H., Daily Totals		$655.80		$850.70	$40.99	$53.17
Crew B-66	Hr.	Daily	Hr.	Daily	Bare Costs	Incl. O&P
1 Equip. Oper. (light)	$22.30	$178.40	$33.80	$270.40	$22.30	$33.80
1 Backhoe Ldr. w/Attchmt.		168.20		185.00	21.02	23.13
8 M.H., Daily Totals		$346.60		$455.40	$43.32	$56.93
Crew B-67	Hr.	Daily	Hr.	Daily	Bare Costs	Incl. O&P
1 Millwright	$23.60	$188.80	$35.05	$280.40	$22.95	$34.42
1 Equip. Oper. (light)	22.30	178.40	33.80	270.40		
1 Forklift		195.60		215.15	12.23	13.45
16 M.H., Daily Totals		$562.80		$765.95	$35.18	$47.87
Crew B-68	Hr.	Daily	Hr.	Daily	Bare Costs	Incl. O&P
2 Millwrights	$23.60	$377.60	$35.05	$560.80	$23.17	$34.63
1 Equip. Oper. (light)	22.30	178.40	33.80	270.40		
1 Forklift		195.60		215.15	8.15	8.97
24 M.H., Daily Totals		$751.60		$1046.35	$31.32	$43.60
Crew B-69	Hr.	Daily	Hr.	Daily	Bare Costs	Incl. O&P
1 Labor Foreman (outside)	$20.00	$160.00	$31.10	$248.80	$19.68	$30.31
3 Highway Laborers	18.00	432.00	28.00	672.00		
1 Equip Oper. (crane)	24.15	193.20	36.60	292.80		
1 Equip Oper. Oiler	19.90	159.20	30.15	241.20		
1 Truck Crane, 80 Ton		1142.00		1256.20	23.79	26.17
48 M.H., Daily Totals		$2086.40		$2711.00	$43.47	$56.48
Crew B-69A	Hr.	Daily	Hr.	Daily	Bare Costs	Incl. O&P
1 Labor Foreman	$20.00	$160.00	$31.10	$248.80	$19.99	$30.65
3 Laborers	18.00	432.00	28.00	672.00		
1 Equip. Oper. (medium)	23.25	186.00	35.20	281.60		
1 Concrete Finisher	22.70	181.60	33.60	268.80		
1 Curb Paver		407.60		448.35	8.49	9.34
48 M.H., Daily Totals		$1367.20		$1919.55	$28.48	$39.99
Crew B-69B	Hr.	Daily	Hr.	Daily	Bare Costs	Incl. O&P
1 Labor Foreman	$20.00	$160.00	$31.10	$248.80	$19.99	$30.65
3 Laborers	18.00	432.00	28.00	672.00		
1 Equip. Oper. (medium)	23.25	186.00	35.20	281.60		
1 Cement Finisher	22.70	181.60	33.60	268.80		
1 Curb/Gutter Paver		888.20		977.00	18.50	20.35
48 M.H., Daily Totals		$1847.80		$2448.20	$38.49	$51.00
Crew B-70	Hr.	Daily	Hr.	Daily	Bare Costs	Incl. O&P
1 Labor Foreman (outside)	$20.00	$160.00	$31.10	$248.80	$20.54	$31.53
3 Highway Laborers	18.00	432.00	28.00	672.00		
3 Equip. Oper. (med.)	23.25	558.00	35.20	844.80		
1 Motor Grader, 30,000 Lb.		555.00		610.50		
1 Grader Attach., Ripper		53.00		58.30		
1 Road Sweeper, S.P.		154.00		169.40		
1 F.E. Loader, 1-3/4 C.Y.		322.40		354.65	19.36	21.30
56 M.H., Daily Totals		$2234.40		$2958.45	$39.90	$52.83
Crew B-71	Hr.	Daily	Hr.	Daily	Bare Costs	Incl. O&P
1 Labor Foreman (outside)	$20.00	$160.00	$31.10	$248.80	$20.54	$31.53
3 Highway Laborers	18.00	432.00	28.00	672.00		
3 Equip. Oper. (med.)	23.25	558.00	35.20	844.80		
1 Pvmt. Profiler, 450 H.P.		3580.00		3938.00		
1 Road Sweeper, S.P.		154.00		169.40		
1 F.E. Loader, 1-3/4 C.Y.		322.40		354.65	72.44	79.68
56 M.H., Daily Totals		$5206.40		$6227.65	$92.98	$111.21
Crew B-72	Hr.	Daily	Hr.	Daily	Bare Costs	Incl. O&P
1 Labor Foreman (outside)	$20.00	$160.00	$31.10	$248.80	$20.88	$31.99
3 Highway Laborers	18.00	432.00	28.00	672.00		
4 Equip. Oper. (med.)	23.25	744.00	35.20	1126.40		
1 Pvmt. Profiler, 450 H.P.		3580.00		3938.00		
1 Hammermill, 250 H.P.		972.00		1069.20		
1 Windrow Loader		968.20		1065.00		
1 Mix Paver 165 H.P.		1273.00		1400.30		
1 Roller, Pneu. Tire, 12 T.		251.20		276.30	110.07	121.08
64 M.H., Daily Totals		$8380.40		$9796.00	$130.95	$153.07
Crew B-73	Hr.	Daily	Hr.	Daily	Bare Costs	Incl. O&P
1 Labor Foreman (outside)	$20.00	$160.00	$31.10	$248.80	$21.53	$32.89
2 Highway Laborers	18.00	288.00	28.00	448.00		
5 Equip. Oper. (med.)	23.25	930.00	35.20	1408.00		
1 Road Mixer, 310 H.P.		905.00		995.50		
1 Roller, Tandem, 12 Ton		193.60		212.95		
1 Hammermill, 250 H.P.		972.00		1069.20		
1 Motor Grader, 30,000 Lb.		555.00		610.50		
.5 F.E. Loader, 1-3/4 C.Y.		161.20		177.30		
.5 Truck, 30 Ton		139.90		153.90		
.5 Water Tank 5000 Gal.		95.40		104.95	47.22	51.94
64 M.H., Daily Totals		$4400.10		$5429.10	$68.75	$84.83

CREWS

Crew No.	Bare Costs		Incl. Subs O & P		Cost Per Man-Hour	
Crew B-74	Hr.	Daily	Hr.	Daily	Bare Costs	Incl. O&P
1 Labor Foreman (outside)	$20.00	$160.00	$31.10	$248.80	$21.14	$32.24
1 Highway Laborer	18.00	144.00	28.00	224.00		
4 Equip. Oper. (med.)	23.25	744.00	35.20	1126.40		
2 Truck Drivers (heavy)	19.05	304.80	29.00	464.00		
1 Motor Grader, 30,000 Lb.		555.00		610.50		
1 Grader Attach., Ripper		53.00		58.30		
2 Stabilizers, 310 H.P.		1246.00		1370.60		
1 Flatbed Truck, 3 Ton		153.20		168.50		
1 Chem. Spreader, Towed		92.40		101.65		
1 Vibr. Roller, 29,000 Lb.		364.40		400.85		
1 Water Tank 5000 Gal.		190.80		209.90		
1 Truck, 30 Ton		279.80		307.80	45.85	50.44
64 M.H., Daily Totals		$4287.40		$5291.30	$66.99	$82.68
Crew B-75	Hr.	Daily	Hr.	Daily	Bare Costs	Incl. O&P
1 Labor Foreman (outside)	$20.00	$160.00	$31.10	$248.80	$21.44	$32.70
1 Highway Laborer	18.00	144.00	28.00	224.00		
4 Equip. Oper. (med.)	23.25	744.00	35.20	1126.40		
1 Truck Driver (heavy)	19.05	152.40	29.00	232.00		
1 Motor Grader, 30,000 Lb.		555.00		610.50		
1 Grader Attach., Ripper		53.00		58.30		
2 Stabilizers, 310 H.P.		1246.00		1370.60		
1 Dist. Truck, 3000 Gal.		320.20		352.20		
1 Vibr. Roller, 29,000 Lb.		364.40		400.85	45.33	49.87
56 M.H., Daily Totals		$3739.00		$4623.65	$66.77	$82.57
Crew B-76	Hr.	Daily	Hr.	Daily	Bare Costs	Incl. O&P
1 Dock Builder Foreman	$24.75	$198.00	$42.00	$336.00	$22.97	$37.59
5 Dock Builders	22.75	910.00	38.60	1544.00		
2 Equip. Oper. (crane)	24.15	386.40	36.60	585.60		
1 Equip. Oper. Oiler	19.90	159.20	30.15	241.20		
1 Crawler Crane, 50 Ton		786.40		865.05		
1 Barge, 400 Ton		397.60		437.35		
1 Hammer, 15K. Ft. Lbs.		269.20		296.10		
60 L.F. Leads, 15K. Ft. Lbs.		60.00		66.00		
1 Air Compr., 600 C.F.M.		285.20		313.70		
2-50 Ft. Air Hoses, 3" Dia.		21.60		23.75	25.28	27.81
72 M.H., Daily Totals		$3473.60		$4708.75	$48.25	$65.40
Crew B-77	Hr.	Daily	Hr.	Daily	Bare Costs	Incl. O&P
1 Labor Foreman	$20.00	$160.00	$31.10	$248.80	$18.57	$28.76
3 Laborers	18.00	432.00	28.00	672.00		
1 Truck Driver (light)	18.85	150.80	28.70	229.60		
1 Crack Cleaner, 25 H.P.		73.60		80.95		
1 Crack Filler, Trailer Mtd.		131.20		144.30		
1 Flatbed Truck, 3 Ton		153.20		168.50	8.95	9.85
40 M.H., Daily Totals		$1100.80		$1544.15	$27.52	$38.61
Crew B-78	Hr.	Daily	Hr.	Daily	Bare Costs	Incl. O&P
1 Labor Foreman	$20.00	$160.00	$31.10	$248.80	$18.48	$28.63
4 Laborers	18.00	576.00	28.00	896.00		
1 Truck Driver (light)	18.85	150.80	28.70	229.60		
1 Paint Striper, S.P.		186.20		204.80		
1 Flatbed Truck, 3 Ton		153.20		168.50		
1 Pickup Truck, 3/4 Ton		110.80		121.90	9.38	10.32
48 M.H., Daily Totals		$1337.00		$1869.60	$27.86	$38.95

Crew No.	Bare Costs		Incl. Subs O & P		Cost Per Man-Hour	
Crew B-79	Hr.	Daily	Hr.	Daily	Bare Costs	Incl. O&P
1 Labor Foreman	$20.00	$160.00	$31.10	$248.80	$18.57	$28.76
3 Laborers	18.00	432.00	28.00	672.00		
1 Truck Driver (light)	18.85	150.80	28.70	229.60		
1 Thermo. Striper, T.M.		215.60		237.15		
1 Flatbed Truck, 3 Ton		153.20		168.50		
2 Pickup Trucks, 3/4 Ton		221.60		243.75	14.76	16.24
40 M.H., Daily Totals		$1333.20		$1799.80	$33.33	$45.00
Crew B-80	Hr.	Daily	Hr.	Daily	Bare Costs	Incl. O&P
1 Labor Foreman	$20.00	$160.00	$31.10	$248.80	$19.79	$30.40
1 Laborer	18.00	144.00	28.00	224.00		
1 Truck Driver (light)	18.85	150.80	28.70	229.60		
1 Equip. Oper. (light)	22.30	178.40	33.80	270.40		
1 Flatbed Truck, 3 Ton		153.20		168.50		
1 Post Driver, T.M.		265.80		292.40	13.09	14.40
32 M.H., Daily Totals		$1052.20		$1433.70	$32.88	$44.80
Crew B-81	Hr.	Daily	Hr.	Daily	Bare Costs	Incl. O&P
1 Laborer	$18.00	$144.00	$28.00	$224.00	$20.10	$30.73
1 Equip. Oper. (med.)	23.25	186.00	35.20	281.60		
1 Truck Driver (heavy)	19.05	152.40	29.00	232.00		
1 Hydromulcher, T.M.		248.60		273.45		
1 Tractor Truck, 4x2		279.80		307.80	22.02	24.22
24 M.H., Daily Totals		$1010.80		$1318.85	$42.12	$54.95
Crew B-82	Hr.	Daily	Hr.	Daily	Bare Costs	Incl. O&P
1 Highway Laborer	$18.00	$144.00	$28.00	$224.00	$20.15	$30.90
1 Equip. Oper. (light)	22.30	178.40	33.80	270.40		
1 Horiz. Borer, 6 H.P.		38.40		42.25	2.40	2.64
16 M.H., Daily Totals		$360.80		$536.65	$22.55	$33.54
Crew B-83	Hr.	Daily	Hr.	Daily	Bare Costs	Incl. O&P
1 Tugboat Captain	$23.25	$186.00	$35.20	$281.60	$20.63	$31.60
1 Tugboat Hand	18.00	144.00	28.00	224.00		
1 Tugboat, 250 H.P.		473.20		520.50	29.58	32.53
16 M.H., Daily Totals		$803.20		$1026.10	$50.21	$64.13
Crew B-84	Hr.	Daily	Hr.	Daily	Bare Costs	Incl. O&P
1 Equip. Oper. (med.)	$23.25	$186.00	$35.20	$281.60	$23.25	$35.20
1 Rotary Mower/Tractor		242.40		266.65	30.30	33.33
8 M.H., Daily Totals		$428.40		$548.25	$53.55	$68.53
Crew B-85	Hr.	Daily	Hr.	Daily	Bare Costs	Incl. O&P
3 Highway Laborers	$18.00	$432.00	$28.00	$672.00	$19.26	$29.64
1 Equip. Oper. (med.)	23.25	186.00	35.20	281.60		
1 Truck Driver (heavy)	19.05	152.40	29.00	232.00		
1 Aerial Lift Truck		534.00		587.40		
1 Brush Chipper, 130 H.P.		185.00		203.50		
1 Pruning Saw, Rotary		16.00		17.60	18.38	20.21
40 M.H., Daily Totals		$1505.40		$1994.10	$37.64	$49.85
Crew B-86	Hr.	Daily	Hr.	Daily	Bare Costs	Incl. O&P
1 Equip. Oper. (med.)	$23.25	$186.00	$35.20	$281.60	$23.25	$35.20
1 Stump Chipper, S.P.		152.00		167.20	19.00	20.90
8 M.H., Daily Totals		$338.00		$448.80	$42.25	$56.10
Crew B-86A	Hr.	Daily	Hr.	Daily	Bare Costs	Incl. O&P
1 Equip. Oper. (medium)	$23.25	$186.00	$35.20	$281.60	$23.25	$35.20
1 Grader, 30,000 Lbs.		555.00		610.50	69.38	76.31
8 M.H., Daily Totals		$741.00		$892.10	$92.63	$111.51

CREWS

Crew No.	Bare Costs		Incl. Subs O & P		Cost Per Man-Hour	
Crew B-86B	Hr.	Daily	Hr.	Daily	Bare Costs	Incl. O&P
1 Equip. Oper. (medium)	$23.25	$186.00	$35.20	$281.60	$23.25	$35.20
1 Dozer, 200 H.P.		828.00		910.80	103.50	113.85
8 M.H., Daily Totals		$1014.00		$1192.40	$126.75	$149.05
Crew B-87	Hr.	Daily	Hr.	Daily	Bare Costs	Incl. O&P
1 Common Laborer	$18.00	$144.00	$28.00	$224.00	$22.20	$33.76
4 Equip. Oper. (med.)	23.25	744.00	35.20	1126.40		
2 Feller Bunchers, 50 H.P.		651.60		716.75		
1 Log Chipper, 22" Tree		1833.00		2016.30		
1 Dozer, 105 H.P.		290.20		319.20		
1 Chainsaw, Gas, 36" Long		44.00		48.40	70.47	77.52
40 M.H., Daily Totals		$3706.80		$4451.05	$92.67	$111.28
Crew B-88	Hr.	Daily	Hr.	Daily	Bare Costs	Incl. O&P
1 Common Laborer	$18.00	$144.00	$28.00	$224.00	$22.50	$34.17
6 Equip. Oper. (med.)	23.25	1116.00	35.20	1689.60		
2 Feller Bunchers, 50 H.P.		651.60		716.75		
1 Log Chipper, 22" Tree		1833.00		2016.30		
2 Log Skidders, 50 H.P.		665.20		731.70		
1 Dozer, 105 H.P.		290.20		319.20		
1 Chainsaw, Gas, 36" Long		44.00		48.40	62.21	68.44
56 M.H., Daily Totals		$4744.00		$5745.95	$84.71	$102.61
Crew B-89	Hr.	Daily	Hr.	Daily	Bare Costs	Incl. O&P
1 Equip. Oper. (light)	$22.30	$178.40	$33.80	$270.40	$20.58	$31.25
1 Truck Driver (light)	18.85	150.80	28.70	229.60		
1 Truck, Stake Body, 3 Ton		153.20		168.50		
1 Concrete Saw		98.00		107.80		
1 Water Tank, 65 Gal.		7.00		7.70	16.14	17.75
16 M.H., Daily Totals		$587.40		$784.00	$36.72	$49.00
Crew B-89A	Hr.	Daily	Hr.	Daily	Bare Costs	Incl. O&P
1 Skilled Worker	$23.40	$187.20	$36.50	$292.00	$20.70	$32.25
1 Laborer	18.00	144.00	28.00	224.00		
1 Core Drill (large)		50.80		55.90	3.17	3.49
16 M.H., Daily Totals		$382.00		$571.90	$23.87	$35.74
Crew B-90	Hr.	Daily	Hr.	Daily	Bare Costs	Incl. O&P
1 Labor Foreman (outside)	$20.00	$160.00	$31.10	$248.80	$19.59	$30.09
3 Highway Laborers	18.00	432.00	28.00	672.00		
2 Equip. Oper. (light)	22.30	356.80	33.80	540.80		
2 Truck Drivers (heavy)	19.05	304.80	29.00	464.00		
1 Road Mixer, 310 H.P.		905.00		995.50		
1 Dist. Truck, 2000 Gal.		291.60		320.75	18.70	20.57
64 M.H., Daily Totals		$2450.20		$3241.85	$38.29	$50.66
Crew B-90A	Hr.	Daily	Hr.	Daily	Bare Costs	Incl. O&P
1 Labor Foreman	$20.00	$160.00	$31.10	$248.80	$21.29	$32.56
2 Laborers	18.00	288.00	28.00	448.00		
4 Equip. Oper. (medium)	23.25	744.00	35.20	1126.40		
2 Graders, 30,000 Lbs.		1110.00		1221.00		
1 Roller, Steel Wheel		193.60		212.95		
1 Roller, Pneumatic Wheel		251.20		276.30	27.76	30.54
56 M.H., Daily Totals		$2746.80		$3533.45	$49.05	$63.10

Crew No.	Bare Costs		Incl. Subs O & P		Cost Per Man-Hour	
Crew B-90B	Hr.	Daily	Hr.	Daily	Bare Costs	Incl. O&P
1 Labor Foreman	$20.00	$160.00	$31.10	$248.80	$20.96	$32.12
2 Laborers	18.00	288.00	28.00	448.00		
3 Equip. Oper. (medium)	23.25	558.00	35.20	844.80		
1 Roller, Steel Wheel		193.60		212.95		
1 Roller, Pneumatic Wheel		251.20		276.30		
1 Road Mixer, 310 H.P.		905.00		995.50	28.12	30.93
48 M.H., Daily Totals		$2355.80		$3026.35	$49.08	$63.05
Crew B-91	Hr.	Daily	Hr.	Daily	Bare Costs	Incl. O&P
1 Labor Foreman (outside)	$20.00	$160.00	$31.10	$248.80	$21.01	$32.11
2 Highway Laborers	18.00	288.00	28.00	448.00		
4 Equip. Oper. (med.)	23.25	744.00	35.20	1126.40		
1 Truck Driver (heavy)	19.05	152.40	29.00	232.00		
1 Dist. Truck, 3000 Gal.		320.20		352.20		
1 Aggreg. Spreader, S.P.		582.00		640.20		
1 Roller, Pneu. Tire, 12 Ton		251.20		276.30		
1 Roller, Steel, 10 Ton		193.60		212.95	21.05	23.15
64 M.H., Daily Totals		$2691.40		$3536.85	$42.06	$55.26
Crew B-92	Hr.	Daily	Hr.	Daily	Bare Costs	Incl. O&P
1 Labor Foreman (outside)	$20.00	$160.00	$31.10	$248.80	$18.50	$28.77
3 Highway Laborers	18.00	432.00	28.00	672.00		
1 Crack Cleaner, 25 H.P.		73.60		80.95		
1 Air Compressor		66.60		73.25		
1 Tar Kettle, T.M.		17.80		19.60		
1 Flatbed Truck, 3 Ton		153.20		168.50	9.73	10.70
32 M.H., Daily Totals		$903.20		$1263.10	$28.23	$39.47
Crew B-93	Hr.	Daily	Hr.	Daily	Bare Costs	Incl. O&P
1 Equip. Oper. (med.)	$23.25	$186.00	$35.20	$281.60	$23.25	$35.20
1 Feller Buncher, 50 H.P.		325.80		358.40	40.73	44.80
8 M.H., Daily Totals		$511.80		$640.00	$63.98	$80.00
Crew B-94	Hr.	Daily	Hr.	Daily	Bare Costs	Incl. O&P
1 Building Laborer	$18.00	$144.00	$28.00	$224.00	$18.00	$28.00
8 M.H., Daily Totals		$144.00		$224.00	$18.00	$28.00
Crew B-94A	Hr.	Daily	Hr.	Daily	Bare Costs	Incl. O&P
1 Building Laborer	$18.00	$144.00	$28.00	$224.00	$18.00	$28.00
1 Diaph. Water Pump, 2"		14.60		16.05		
1-20 Ft. Suction Hose, 2"		4.40		4.85		
2-50 Ft. Disch. Hoses, 2"		4.80		5.30	2.98	3.27
8 M.H., Daily Totals		$167.80		$250.20	$20.98	$31.27
Crew B-94B	Hr.	Daily	Hr.	Daily	Bare Costs	Incl. O&P
1 Building Laborer	$18.00	$144.00	$28.00	$224.00	$18.00	$28.00
1 Diaph. Water Pump, 4"		53.60		58.95		
1-20 Ft. Suction Hose, 4"		11.40		12.55		
2-50 Ft. Disch. Hoses, 4"		8.80		9.70	9.23	10.15
8 M.H., Daily Totals		$217.80		$305.20	$27.23	$38.15
Crew B-94C	Hr.	Daily	Hr.	Daily	Bare Costs	Incl. O&P
1 Building Laborer	$18.00	$144.00	$28.00	$224.00	$18.00	$28.00
1 Centr. Water Pump, 3"		28.40		31.25		
1-20 Ft. Suction Hose, 3"		7.40		8.15		
2-50 Ft. Disch. Hoses, 3"		6.80		7.50	5.33	5.86
8 M.H., Daily Totals		$186.60		$270.90	$23.33	$33.86

CREWS

Crew No.	Bare Costs		Incl. Subs O & P		Cost Per Man-Hour	
Crew B-94D	Hr.	Daily	Hr.	Daily	Bare Costs	Incl. O&P
1 Building Laborer	$18.00	$144.00	$28.00	$224.00	$18.00	$28.00
1 Centr. Water Pump, 6"		155.60		171.15		
1-20 Ft. Suction Hose, 6"		23.40		25.75		
2-50 Ft. Disch. Hoses, 6"		26.80		29.50	25.73	28.30
8 M.H., Daily Totals		$349.80		$450.40	$43.73	$56.30
Crew B-95	Hr.	Daily	Hr.	Daily	Bare Costs	Incl. O&P
1 Equip. Oper. (crane)	$24.15	$193.20	$36.60	$292.80	$21.08	$32.30
1 Building Laborer	18.00	144.00	28.00	224.00		
16 M.H., Daily Totals		$337.20		$516.80	$21.08	$32.30
Crew B-95A	Hr.	Daily	Hr.	Daily	Bare Costs	Incl. O&P
1 Equip. Oper. (crane)	$24.15	$193.20	$36.60	$292.80	$21.08	$32.30
1 Building Laborer	18.00	144.00	28.00	224.00		
1 Hyd. Excavator, 5/8 C.Y.		370.00		407.00	23.13	25.44
16 M.H., Daily Totals		$707.20		$923.80	$44.21	$57.74
Crew B-95B	Hr.	Daily	Hr.	Daily	Bare Costs	Incl. O&P
1 Equip. Oper. (crane)	$24.15	$193.20	$36.60	$292.80	$21.08	$32.30
1 Building Laborer	18.00	144.00	28.00	224.00		
1 Hyd. Excavator, 1.5 C.Y.		721.00		793.10	45.06	49.57
16 M.H., Daily Totals		$1058.20		$1309.90	$66.14	$81.87
Crew B-95C	Hr.	Daily	Hr.	Daily	Bare Costs	Incl. O&P
1 Equip. Oper. (crane)	$24.15	$193.20	$36.60	$292.80	$21.08	$32.30
1 Building Laborer	18.00	144.00	28.00	224.00		
1 Hyd. Excavator, 2.5 C.Y.		1724.00		1896.40	107.75	118.53
16 M.H., Daily Totals		$2061.20		$2413.20	$128.83	$150.83
Crew C-1	Hr.	Daily	Hr.	Daily	Bare Costs	Incl. O&P
3 Carpenters	$22.85	$548.40	$35.55	$853.20	$21.64	$33.66
1 Building Laborer	18.00	144.00	28.00	224.00		
3 Power Tools		24.60		27.05	.77	.85
32 M.H., Daily Totals		$717.00		$1104.25	$22.41	$34.51
Crew C-1A	Hr.	Daily	Hr.	Daily	Bare Costs	Incl. O&P
1 Carpenter	$22.85	$182.80	$35.55	$284.40	$22.85	$35.55
1 Circular Saw, 7"		8.20		9.00	1.02	1.13
8 M.H., Daily Totals		$191.00		$293.40	$23.87	$36.68
Crew C-2	Hr.	Daily	Hr.	Daily	Bare Costs	Incl. O&P
1 Carpenter Foreman (out)	$24.85	$198.80	$38.65	$309.20	$22.38	$34.81
4 Carpenters	22.85	731.20	35.55	1137.60		
1 Building Laborer	18.00	144.00	28.00	224.00		
4 Power Tools		32.80		36.10	.68	.75
48 M.H., Daily Totals		$1106.80		$1706.90	$23.06	$35.56
Crew C-3	Hr.	Daily	Hr.	Daily	Bare Costs	Incl. O&P
1 Rodman Foreman	$26.90	$215.20	$46.55	$372.40	$23.10	$38.59
4 Rodmen (reinf.)	24.90	796.80	43.10	1379.20		
1 Equip. Oper. (light)	22.30	178.40	33.80	270.40		
2 Building Laborers	18.00	288.00	28.00	448.00		
3 Stressing Equipment		36.60		40.25		
.5 Grouting Equipment		119.00		130.90	2.43	2.67
64 M.H., Daily Totals		$1634.00		$2641.15	$25.53	$41.26

Crew No.	Bare Costs		Incl. Subs O & P		Cost Per Man-Hour	
Crew C-4	Hr.	Daily	Hr.	Daily	Bare Costs	Incl. O&P
1 Rodman Foreman	$26.90	$215.20	$46.55	$372.40	$25.40	$43.96
3 Rodmen (reinf.)	24.90	597.60	43.10	1034.40		
3 Stressing Equipment		36.60		40.25	1.14	1.26
32 M.H., Daily Totals		$849.40		$1447.05	$26.54	$45.22
Crew C-5	Hr.	Daily	Hr.	Daily	Bare Costs	Incl. O&P
1 Rodman Foreman	$26.90	$215.20	$46.55	$372.40	$24.36	$40.81
4 Rodmen (reinf.)	24.90	796.80	43.10	1379.20		
1 Equip. Oper. (crane)	24.15	193.20	36.60	292.80		
1 Equip. Oper. Oiler	19.90	159.20	30.15	241.20		
1 Hyd. Crane, 25 Ton		522.00		574.20	9.32	10.25
56 M.H., Daily Totals		$1886.40		$2859.80	$33.68	$51.06
Crew C-6	Hr.	Daily	Hr.	Daily	Bare Costs	Incl. O&P
1 Labor Foreman (outside)	$20.00	$160.00	$31.10	$248.80	$19.12	$29.45
4 Building Laborers	18.00	576.00	28.00	896.00		
1 Cement Finisher	22.70	181.60	33.60	268.80		
2 Gas Engine Vibrators		64.80		71.30	1.35	1.49
48 M.H., Daily Totals		$982.40		$1484.90	$20.47	$30.94
Crew C-7	Hr.	Daily	Hr.	Daily	Bare Costs	Incl. O&P
1 Labor Foreman (outside)	$20.00	$160.00	$31.10	$248.80	$19.49	$29.99
5 Building Laborers	18.00	720.00	28.00	1120.00		
1 Cement Finisher	22.70	181.60	33.60	268.80		
1 Equip. Oper. (med.)	23.25	186.00	35.20	281.60		
2 Gas Engine Vibrators		64.80		71.30		
1 Concrete Bucket, 1 C.Y.		17.20		18.90		
1 Hyd. Crane, 55 Ton		750.20		825.20	13.00	14.30
64 M.H., Daily Totals		$2079.80		$2834.60	$32.49	$44.29
Crew C-8	Hr.	Daily	Hr.	Daily	Bare Costs	Incl. O&P
1 Labor Foreman (outside)	$20.00	$160.00	$31.10	$248.80	$20.38	$31.07
3 Building Laborers	18.00	432.00	28.00	672.00		
2 Cement Finishers	22.70	363.20	33.60	537.60		
1 Equip. Oper. (med.)	23.25	186.00	35.20	281.60		
1 Concrete Pump (small)		532.00		585.20	9.50	10.45
56 M.H., Daily Totals		$1673.20		$2325.20	$29.88	$41.52
Crew C-8A	Hr.	Daily	Hr.	Daily	Bare Costs	Incl. O&P
1 Labor Foreman (outside)	$20.00	$160.00	$31.10	$248.80	$19.90	$30.38
3 Building Laborers	18.00	432.00	28.00	672.00		
2 Cement Finishers	22.70	363.20	33.60	537.60		
48 M.H., Daily Totals		$955.20		$1458.40	$19.90	$30.38
Crew C-9	Hr.	Daily	Hr.	Daily	Bare Costs	Incl. O&P
1 Cement Finisher	$22.70	$181.60	$33.60	$268.80	$22.70	$33.60
1 Gas Finishing Mach.		36.20		39.80	4.53	4.98
8 M.H., Daily Totals		$217.80		$308.60	$27.23	$38.58
Crew C-10	Hr.	Daily	Hr.	Daily	Bare Costs	Incl. O&P
1 Building Laborer	$18.00	$144.00	$28.00	$224.00	$21.13	$31.73
2 Cement Finishers	22.70	363.20	33.60	537.60		
2 Gas Finishing Mach.		72.40		79.65	3.02	3.32
24 M.H., Daily Totals		$579.60		$841.25	$24.15	$35.05

CREWS

Crew No.	Bare Costs		Incl. Subs O & P		Cost Per Man-Hour	
Crew C-11	Hr.	Daily	Hr.	Daily	Bare Costs	Incl. O&P
1 Struc. Steel Foreman	$27.15	$217.20	$48.40	$387.20	$24.68	$42.66
6 Struc. Steel Workers	25.15	1207.20	44.80	2150.40		
1 Equip. Oper. (crane)	24.15	193.20	36.60	292.80		
1 Equip. Oper. Oiler	19.90	159.20	30.15	241.20		
1 Truck Crane, 150 Ton		1436.00		1579.60	19.94	21.94
72 M.H., Daily Totals		$3212.80		$4651.20	$44.62	$64.60
Crew C-12	Hr.	Daily	Hr.	Daily	Bare Costs	Incl. O&P
1 Carpenter Foreman (out)	$24.85	$198.80	$38.65	$309.20	$22.59	$34.98
3 Carpenters	22.85	548.40	35.55	853.20		
1 Building Laborer	18.00	144.00	28.00	224.00		
1 Equip. Oper. (crane)	24.15	193.20	36.60	292.80		
1 Hyd. Crane, 12 Ton		372.20		409.40	7.75	8.53
48 M.H., Daily Totals		$1456.60		$2088.60	$30.34	$43.51
Crew C-13	Hr.	Daily	Hr.	Daily	Bare Costs	Incl. O&P
1 Struc. Steel Worker	$25.15	$201.20	$44.80	$358.40	$24.38	$41.72
1 Welder	25.15	201.20	44.80	358.40		
1 Carpenter	22.85	182.80	35.55	284.40		
1 Gas Welding Machine		70.60		77.65	2.94	3.24
24 M.H., Daily Totals		$655.80		$1078.85	$27.32	$44.96
Crew C-14	Hr.	Daily	Hr.	Daily	Bare Costs	Incl. O&P
1 Carpenter Foreman (out)	$24.85	$198.80	$38.65	$309.20	$22.23	$35.26
5 Carpenters	22.85	914.00	35.55	1422.00		
4 Building Laborers	18.00	576.00	28.00	896.00		
4 Rodmen (reinf.)	24.90	796.80	43.10	1379.20		
2 Cement Finishers	22.70	363.20	33.60	537.60		
1 Equip. Oper. (crane)	24.15	193.20	36.60	292.80		
1 Equip. Oper. Oiler	19.90	159.20	30.15	241.20		
1 Crane, 80 Ton, & Tools		1142.00		1256.20		
3 Power Tools		24.60		27.05		
2 Gas Finishing Mach.		72.40		79.65	8.60	9.46
144 M.H., Daily Totals		$4440.20		$6440.90	$30.83	$44.72
Crew C-15	Hr.	Daily	Hr.	Daily	Bare Costs	Incl. O&P
1 Carpenter Foreman (out)	$24.85	$198.80	$38.65	$309.20	$21.65	$33.78
2 Carpenters	22.85	365.60	35.55	568.80		
3 Building Laborers	18.00	432.00	28.00	672.00		
2 Cement Finishers	22.70	363.20	33.60	537.60		
1 Rodman (reinf.)	24.90	199.20	43.10	344.80		
2 Power Tools		16.40		18.05		
1 Gas Finishing Mach.		36.20		39.80	.73	.80
72 M.H., Daily Totals		$1611.40		$2490.25	$22.38	$34.58
Crew C-16	Hr.	Daily	Hr.	Daily	Bare Costs	Incl. O&P
1 Labor Foreman (outside)	$20.00	$160.00	$31.10	$248.80	$21.38	$33.74
3 Building Laborers	18.00	432.00	28.00	672.00		
2 Cement Finishers	22.70	363.20	33.60	537.60		
1 Equip. Oper. (med.)	23.25	186.00	35.20	281.60		
2 Rodmen (reinf.)	24.90	398.40	43.10	689.60		
1 Concrete Pump (small)		532.00		585.20	7.39	8.13
72 M.H., Daily Totals		$2071.60		$3014.80	$28.77	$41.87
Crew C-17	Hr.	Daily	Hr.	Daily	Bare Costs	Incl. O&P
2 Skilled Worker Foremen	$25.40	$406.40	$39.60	$633.60	$23.80	$37.12
8 Skilled Workers	23.40	1497.60	36.50	2336.00		
80 M.H., Daily Totals		$1904.00		$2969.60	$23.80	$37.12

Crew No.	Bare Costs		Incl. Subs O & P		Cost Per Man-Hour	
Crew C-17A	Hr.	Daily	Hr.	Daily	Bare Costs	Incl. O&P
2 Skilled Worker Foremen	$25.40	$406.40	$39.60	$633.60	$23.80	$37.11
8 Skilled Workers	23.40	1497.60	36.50	2336.00		
.125 Equip. Oper. (crane)	24.15	24.15	36.60	36.60		
.125 Crane, 80 Ton, & Tools		142.75		157.05		
.125 Hand Held Power Tools		1.02		1.15		
.125 Walk Behind Power Tools		4.53		5.00	1.83	2.01
81 M.H., Daily Totals		$2076.45		$3169.40	$25.63	$39.12
Crew C-17B	Hr.	Daily	Hr.	Daily	Bare Costs	Incl. O&P
2 Skilled Worker Foremen	$25.40	$406.40	$39.60	$633.60	$23.81	$37.11
8 Skilled Workers	23.40	1497.60	36.50	2336.00		
.25 Equip. Oper. (crane)	24.15	48.30	36.60	73.20		
.25 Crane, 80 Ton, & Tools		285.50		314.05		
.25 Hand Held Power Tools		2.05		2.25		
.25 Walk Behind Power Tools		9.05		9.95	3.62	3.98
82 M.H., Daily Totals		$2248.90		$3369.05	$27.43	$41.09
Crew C-17C	Hr.	Daily	Hr.	Daily	Bare Costs	Incl. O&P
2 Skilled Worker Foremen	$25.40	$406.40	$39.60	$633.60	$23.81	$37.10
8 Skilled Workers	23.40	1497.60	36.50	2336.00		
.375 Equip. Oper. (crane)	24.15	72.45	36.60	109.80		
.375 Crane, 80 Ton, & Tools		428.25		471.10		
.375 Hand Held Power Tools		3.08		3.40		
.375 Walk Behind Power Tools		13.58		14.95	5.36	5.90
83 M.H., Daily Totals		$2421.36		$3568.85	$29.17	$43.00
Crew C-17D	Hr.	Daily	Hr.	Daily	Bare Costs	Incl. O&P
2 Skilled Worker Foremen	$25.40	$406.40	$39.60	$633.60	$23.82	$37.10
8 Skilled Workers	23.40	1497.60	36.50	2336.00		
.5 Equip. Oper. (crane)	24.15	96.60	36.60	146.40		
.5 Crane, 80 Ton & Tools		571.00		628.10		
.5 Hand Held Power Tools		4.10		4.50		
.5 Walk Behind Power Tools		18.10		19.90	7.06	7.77
84 M.H., Daily Totals		$2593.80		$3768.50	$30.88	$44.87
Crew C-17E	Hr.	Daily	Hr.	Daily	Bare Costs	Incl. O&P
2 Skilled Worker Foremen	$25.40	$406.40	$39.60	$633.60	$23.80	$37.12
8 Skilled Workers	23.40	1497.60	36.50	2336.00		
1 Hyd. Jack with Rods		56.40		62.05	.71	.78
80 M.H., Daily Totals		$1960.40		$3031.65	$24.51	$37.90
Crew C-18	Hr.	Daily	Hr.	Daily	Bare Costs	Incl. O&P
.125 Labor Foreman (out)	$20.00	$20.00	$31.10	$31.10	$18.22	$28.34
1 Building Laborer	18.00	144.00	28.00	224.00		
1 Concrete Cart, 10 C.F.		47.40		52.15	5.27	5.79
9 M.H., Daily Totals		$211.40		$307.25	$23.49	$34.13
Crew C-19	Hr.	Daily	Hr.	Daily	Bare Costs	Incl. O&P
.125 Labor Foreman (out)	$20.00	$20.00	$31.10	$31.10	$18.22	$28.34
1 Building Laborer	18.00	144.00	28.00	224.00		
1 Concrete Cart, 18 C.F.		113.60		124.95	12.62	13.88
9 M.H., Daily Totals		$277.60		$380.05	$30.84	$42.22
Crew C-20	Hr.	Daily	Hr.	Daily	Bare Costs	Incl. O&P
1 Labor Foreman (outside)	$20.00	$160.00	$31.10	$248.80	$19.49	$29.99
5 Building Laborers	18.00	720.00	28.00	1120.00		
1 Cement Finisher	22.70	181.60	33.60	268.80		
1 Equip. Oper. (med.)	23.25	186.00	35.20	281.60		
2 Gas Engine Vibrators		64.80		71.30		
1 Concrete Pump (small)		532.00		585.20	9.32	10.26
64 M.H., Daily Totals		$1844.40		$2575.70	$28.81	$40.25

CREWS

Crew No.	Bare Costs		Incl. Subs O & P		Cost Per Man-Hour	
Crew C-21	Hr.	Daily	Hr.	Daily	Bare Costs	Incl. O&P
1 Labor Foreman (outside)	$20.00	$160.00	$31.10	$248.80	$19.49	$29.99
5 Building Laborers	18.00	720.00	28.00	1120.00		
1 Cement Finisher	22.70	181.60	33.60	268.80		
1 Equip. Oper. (med.)	23.25	186.00	35.20	281.60		
2 Gas Engine Vibrators		64.80		71.30		
1 Concrete Conveyer		122.60		134.85	2.93	3.22
64 M.H., Daily Totals		$1435.00		$2125.35	$22.42	$33.21
Crew C-22	Hr.	Daily	Hr.	Daily	Bare Costs	Incl. O&P
1 Rodman Foreman	$26.90	$215.20	$46.55	$372.40	$25.14	$43.29
4 Rodmen (reinf.)	24.90	796.80	43.10	1379.20		
.125 Equip. Oper. (crane)	24.15	24.15	36.60	36.60		
.125 Equip. Oper. Oiler	19.90	19.90	30.15	30.15		
.125 Hyd. Crane, 25 Ton		65.25		71.80	1.55	1.71
42 M.H., Daily Totals		$1121.30		$1890.15	$26.69	$45.00
Crew C-23	Hr.	Daily	Hr.	Daily	Bare Costs	Incl. O&P
2 Skilled Worker Foremen	$25.40	$406.40	$39.60	$633.60	$23.52	$36.49
6 Skilled Workers	23.40	1123.20	36.50	1752.00		
1 Equip. Oper. (crane)	24.15	193.20	36.60	292.80		
1 Equip. Oper. Oiler	19.90	159.20	30.15	241.20		
1 Crane, 90 Ton		1138.00		1251.80	14.23	15.65
80 M.H., Daily Totals		$3020.00		$4171.40	$37.75	$52.14
Crew C-24	Hr.	Daily	Hr.	Daily	Bare Costs	Incl. O&P
2 Skilled Worker Foremen	$25.40	$406.40	$39.60	$633.60	$23.52	$36.49
6 Skilled Workers	23.40	1123.20	36.50	1752.00		
1 Equip. Oper. (crane)	24.15	193.20	36.60	292.80		
1 Equip. Oper. Oiler	19.90	159.20	30.15	241.20		
1 Truck Crane, 150 Ton		1436.00		1579.60	17.95	19.75
80 M.H., Daily Totals		$3318.00		$4499.20	$41.47	$56.24
Crew C-25	Hr.	Daily	Hr.	Daily	Bare Costs	Incl. O&P
2 Rodmen (reinf.)	$24.90	$398.40	$43.10	$689.60	$20.00	$34.20
2 Rodmen Helpers	15.10	241.60	25.30	404.80		
32 M.H., Daily Totals		$640.00		$1094.40	$20.00	$34.20
Crew D-1	Hr.	Daily	Hr.	Daily	Bare Costs	Incl. O&P
1 Bricklayer	$23.40	$187.20	$35.75	$286.00	$20.77	$31.73
1 Bricklayer Helper	18.15	145.20	27.70	221.60		
16 M.H., Daily Totals		$332.40		$507.60	$20.77	$31.73
Crew D-2	Hr.	Daily	Hr.	Daily	Bare Costs	Incl. O&P
3 Bricklayers	$23.40	$561.60	$35.75	$858.00	$21.44	$32.80
2 Bricklayer Helpers	18.15	290.40	27.70	443.20		
.5 Carpenter	22.85	91.40	35.55	142.20		
44 M.H., Daily Totals		$943.40		$1443.40	$21.44	$32.80
Crew D-3	Hr.	Daily	Hr.	Daily	Bare Costs	Incl. O&P
3 Bricklayers	$23.40	$561.60	$35.75	$858.00	$21.37	$32.67
2 Bricklayer Helpers	18.15	290.40	27.70	443.20		
.25 Carpenter	22.85	45.70	35.55	71.10		
42 M.H., Daily Totals		$897.70		$1372.30	$21.37	$32.67

Crew No.	Bare Costs		Incl. Subs O & P		Cost Per Man-Hour	
Crew D-4	Hr.	Daily	Hr.	Daily	Bare Costs	Incl. O&P
1 Bricklayer	$23.40	$187.20	$35.75	$286.00	$20.50	$31.24
2 Bricklayer Helpers	18.15	290.40	27.70	443.20		
1 Equip. Oper. (light)	22.30	178.40	33.80	270.40		
1 Grout Pump		92.00		101.20		
1 Hoses & Hopper		24.20		26.60		
1 Accessories		10.40		11.45	3.96	4.35
32 M.H., Daily Totals		$782.60		$1138.85	$24.46	$35.59
Crew D-5	Hr.	Daily	Hr.	Daily	Bare Costs	Incl. O&P
1 Bricklayer	$23.40	$187.20	$35.75	$286.00	$23.40	$35.75
1 Power Tool		33.40		36.75	4.18	4.59
8 M.H., Daily Totals		$220.60		$322.75	$27.58	$40.34
Crew D-6	Hr.	Daily	Hr.	Daily	Bare Costs	Incl. O&P
3 Bricklayers	$23.40	$561.60	$35.75	$858.00	$20.86	$31.88
3 Bricklayer Helpers	18.15	435.60	27.70	664.80		
.25 Carpenter	22.85	45.70	35.55	71.10		
50 M.H., Daily Totals		$1042.90		$1593.90	$20.86	$31.88
Crew D-7	Hr.	Daily	Hr.	Daily	Bare Costs	Incl. O&P
1 Tile Layer	$22.70	$181.60	$33.30	$266.40	$20.45	$30.00
1 Tile Layer Helper	18.20	145.60	26.70	213.60		
16 M.H., Daily Totals		$327.20		$480.00	$20.45	$30.00
Crew D-8	Hr.	Daily	Hr.	Daily	Bare Costs	Incl. O&P
3 Bricklayers	$23.40	$561.60	$35.75	$858.00	$21.30	$32.53
2 Bricklayer Helpers	18.15	290.40	27.70	443.20		
40 M.H., Daily Totals		$852.00		$1301.20	$21.30	$32.53
Crew D-9	Hr.	Daily	Hr.	Daily	Bare Costs	Incl. O&P
3 Bricklayers	$23.40	$561.60	$35.75	$858.00	$20.77	$31.73
3 Bricklayer Helpers	18.15	435.60	27.70	664.80		
48 M.H., Daily Totals		$997.20		$1522.80	$20.77	$31.73
Crew D-10	Hr.	Daily	Hr.	Daily	Bare Costs	Incl. O&P
1 Bricklayer Foreman	$25.40	$203.20	$38.80	$310.40	$21.85	$33.31
1 Bricklayer	23.40	187.20	35.75	286.00		
2 Bricklayer Helpers	18.15	290.40	27.70	443.20		
1 Equip. Oper. (crane)	24.15	193.20	36.60	292.80		
1 Truck Crane, 12.5 Ton		433.20		476.50	10.83	11.91
40 M.H., Daily Totals		$1307.20		$1808.90	$32.68	$45.22
Crew D-11	Hr.	Daily	Hr.	Daily	Bare Costs	Incl. O&P
1 Bricklayer Foreman	$25.40	$203.20	$38.80	$310.40	$22.32	$34.08
1 Bricklayer	23.40	187.20	35.75	286.00		
1 Bricklayer Helper	18.15	145.20	27.70	221.60		
24 M.H., Daily Totals		$535.60		$818.00	$22.32	$34.08
Crew D-12	Hr.	Daily	Hr.	Daily	Bare Costs	Incl. O&P
1 Bricklayer Foreman	$25.40	$203.20	$38.80	$310.40	$21.27	$32.49
1 Bricklayer	23.40	187.20	35.75	286.00		
2 Bricklayer Helpers	18.15	290.40	27.70	443.20		
32 M.H., Daily Totals		$680.80		$1039.60	$21.27	$32.49

CREWS

Crew No.	Bare Costs		Incl. Subs O & P		Cost Per Man-Hour	
Crew D-13	Hr.	Daily	Hr.	Daily	Bare Costs	Incl. O&P
1 Bricklayer Foreman	$25.40	$203.20	$38.80	$310.40	$22.02	$33.68
1 Bricklayer	23.40	187.20	35.75	286.00		
2 Bricklayer Helpers	18.15	290.40	27.70	443.20		
1 Carpenter	22.85	182.80	35.55	284.40		
1 Equip. Oper. (crane)	24.15	193.20	36.60	292.80		
1 Truck Crane, 12.5 Ton		433.20		476.50	9.03	9.93
48 M.H., Daily Totals		$1490.00		$2093.30	$31.05	$43.61

Crew No.	Bare Costs		Incl. Subs O & P		Cost Per Man-Hour	
Crew E-1	Hr.	Daily	Hr.	Daily	Bare Costs	Incl. O&P
1 Welder Foreman	$27.15	$217.20	$48.40	$387.20	$24.87	$42.33
1 Welder	25.15	201.20	44.80	358.40		
1 Equip. Oper. (light)	22.30	178.40	33.80	270.40		
1 Gas Welding Machine		70.60		77.65	2.94	3.24
24 M.H., Daily Totals		$667.40		$1093.65	$27.81	$45.57

Crew E-2	Hr.	Daily	Hr.	Daily	Bare Costs	Incl. O&P
1 Struc. Steel Foreman	$27.15	$217.20	$48.40	$387.20	$24.54	$42.05
4 Struc. Steel Workers	25.15	804.80	44.80	1433.60		
1 Equip. Oper. (crane)	24.15	193.20	36.60	292.80		
1 Equip. Oper. Oiler	19.90	159.20	30.15	241.20		
1 Crane, 90 Ton		1138.00		1251.80	20.32	22.35
56 M.H., Daily Totals		$2512.40		$3606.60	$44.86	$64.40

Crew E-3	Hr.	Daily	Hr.	Daily	Bare Costs	Incl. O&P
1 Struc. Steel Foreman	$27.15	$217.20	$48.40	$387.20	$25.82	$46.00
1 Struc. Steel Worker	25.15	201.20	44.80	358.40		
1 Welder	25.15	201.20	44.80	358.40		
1 Gas Welding Machine		70.60		77.65		
1 Torch, Gas & Air		64.80		71.30	5.64	6.21
24 M.H., Daily Totals		$755.00		$1252.95	$31.46	$52.21

Crew E-4	Hr.	Daily	Hr.	Daily	Bare Costs	Incl. O&P
1 Struc. Steel Foreman	$27.15	$217.20	$48.40	$387.20	$25.65	$45.70
3 Struc. Steel Workers	25.15	603.60	44.80	1075.20		
1 Gas Welding Machine		70.60		77.65	2.21	2.43
32 M.H., Daily Totals		$891.40		$1540.05	$27.86	$48.13

Crew E-5	Hr.	Daily	Hr.	Daily	Bare Costs	Incl. O&P
2 Struc. Steel Foremen	$27.15	$434.40	$48.40	$774.40	$24.92	$43.24
5 Struc. Steel Workers	25.15	1006.00	44.80	1792.00		
1 Equip. Oper. (crane)	24.15	193.20	36.60	292.80		
1 Welder	25.15	201.20	44.80	358.40		
1 Equip. Oper. Oiler	19.90	159.20	30.15	241.20		
1 Crane, 90 Ton		1138.00		1251.80		
1 Gas Welding Machine		70.60		77.65		
1 Torch, Gas & Air		64.80		71.30	15.92	17.51
80 M.H., Daily Totals		$3267.40		$4859.55	$40.84	$60.75

Crew E-6	Hr.	Daily	Hr.	Daily	Bare Costs	Incl. O&P
3 Struc. Steel Foreman	$27.15	$651.60	$48.40	$1161.60	$24.96	$43.36
9 Struc. Steel Workers	25.15	1810.80	44.80	3225.60		
1 Equip. Oper. (crane)	24.15	193.20	36.60	292.80		
1 Welder	25.15	201.20	44.80	358.40		
1 Equip. Oper. Oiler	19.90	159.20	30.15	241.20		
1 Equip. Oper. (light)	22.30	178.40	33.80	270.40		
1 Crane, 90 Ton		1138.00		1251.80		
1 Gas Welding Machine		70.60		77.65		
1 Torch, Gas & Air		64.80		71.30		
1 Air Compr., 160 C.F.M.		88.00		96.80		
2 Impact Wrenches		57.60		63.35	11.09	12.19
128 M.H., Daily Totals		$4613.40		$7110.90	$36.05	$55.55

Crew No.	Bare Costs		Incl. Subs O & P		Cost Per Man-Hour	
Crew E-7	Hr.	Daily	Hr.	Daily	Bare Costs	Incl. O&P
1 Struc. Steel Foreman	$27.15	$217.20	$48.40	$387.20	$24.92	$43.24
4 Struc. Steel Workers	25.15	804.80	44.80	1433.60		
1 Equip. Oper. (crane)	24.15	193.20	36.60	292.80		
1 Equip. Oper. Oiler	19.90	159.20	30.15	241.20		
1 Welder Foreman	27.15	217.20	48.40	387.20		
2 Welders	25.15	402.40	44.80	716.80		
1 Crane, 90 Ton		1138.00		1251.80		
2 Gas Welding Machines		141.20		155.30	15.99	17.59
80 M.H., Daily Totals		$3273.20		$4865.90	$40.91	$60.83

Crew E-8	Hr.	Daily	Hr.	Daily	Bare Costs	Incl. O&P
1 Struc. Steel Foreman	$27.15	$217.20	$48.40	$387.20	$24.76	$42.75
4 Struc. Steel Workers	25.15	804.80	44.80	1433.60		
1 Welder Foreman	27.15	217.20	48.40	387.20		
4 Welders	25.15	804.80	44.80	1433.60		
1 Equip. Oper. (crane)	24.15	193.20	36.60	292.80		
1 Equip. Oper. Oiler	19.90	159.20	30.15	241.20		
1 Equip. Oper. (light)	22.30	178.40	33.80	270.40		
1 Crane, 90 Ton		1138.00		1251.80		
4 Gas Welding Machines		282.40		310.65	13.66	15.02
104 M.H., Daily Totals		$3995.20		$6008.45	$38.42	$57.77

Crew E-9	Hr.	Daily	Hr.	Daily	Bare Costs	Incl. O&P
2 Struc. Steel Foremen	$27.15	$434.40	$48.40	$774.40	$24.96	$43.36
5 Struc. Steel Workers	25.15	1006.00	44.80	1792.00		
1 Welder Foreman	27.15	217.20	48.40	387.20		
5 Welders	25.15	1006.00	44.80	1792.00		
1 Equip. Oper. (crane)	24.15	193.20	36.60	292.80		
1 Equip. Oper. Oiler	19.90	159.20	30.15	241.20		
1 Equip. Oper. (light)	22.30	178.40	33.80	270.40		
1 Crane, 90 Ton		1138.00		1251.80		
5 Gas Welding Machines		353.00		388.30		
1 Torch, Gas & Air		64.80		71.30	12.15	13.37
128 M.H., Daily Totals		$4750.20		$7261.40	$37.11	$56.73

Crew E-10	Hr.	Daily	Hr.	Daily	Bare Costs	Incl. O&P
1 Welder Foreman	$27.15	$217.20	$48.40	$387.20	$26.15	$46.60
1 Welder	25.15	201.20	44.80	358.40		
4 Gas Welding Machines		282.40		310.65		
1 Truck, 3 Ton		153.20		168.50	27.23	29.95
16 M.H., Daily Totals		$854.00		$1224.75	$53.38	$76.55

Crew E-11	Hr.	Daily	Hr.	Daily	Bare Costs	Incl. O&P
2 Painters, Struc. Steel	$22.10	$353.60	$41.00	$656.00	$21.13	$35.95
1 Building Laborer	18.00	144.00	28.00	224.00		
1 Equip. Oper. (light)	22.30	178.40	33.80	270.40		
1 Air Compressor 250 C.F.M.		92.00		101.20		
1 Sand Blaster		24.20		26.60		
1 Sand Blasting Accessories		10.40		11.45	3.96	4.35
32 M.H., Daily Totals		$802.60		$1289.65	$25.09	$40.30

Crew E-12	Hr.	Daily	Hr.	Daily	Bare Costs	Incl. O&P
1 Welder Foreman	$27.15	$217.20	$48.40	$387.20	$24.73	$41.10
1 Equip. Oper. (light)	22.30	178.40	33.80	270.40		
1 Gas Welding Machine		70.60		77.65	4.41	4.85
16 M.H., Daily Totals		$466.20		$735.25	$29.14	$45.95

CREWS

Crew No.	Bare Costs		Incl. Subs O & P		Cost Per Man-Hour	
Crew E-13	Hr.	Daily	Hr.	Daily	Bare Costs	Incl. O&P
1 Welder Foreman	$27.15	$217.20	$48.40	$387.20	$25.53	$43.53
.5 Equip. Oper. (light)	22.30	89.20	33.80	135.20		
1 Gas Welding Machine		70.60		77.65	5.88	6.47
12 M.H., Daily Totals		$377.00		$600.05	$31.41	$50.00
Crew E-14	Hr.	Daily	Hr.	Daily	Bare Costs	Incl. O&P
1 Welder Foreman	$27.15	$217.20	$48.40	$387.20	$27.15	$48.40
1 Gas Welding Machine		70.60		77.65	8.82	9.71
8 M.H., Daily Totals		$287.80		$464.85	$35.97	$58.11
Crew E-15	Hr.	Daily	Hr.	Daily	Bare Costs	Incl. O&P
2 Painters, Struc. Steel	$22.10	$353.60	$41.00	$656.00	$22.10	$41.00
1 Paint Sprayer, 17 C.F.M.		26.40		29.05	1.65	1.82
16 M.H., Daily Totals		$380.00		$685.05	$23.75	$42.82
Crew E-16	Hr.	Daily	Hr.	Daily	Bare Costs	Incl. O&P
1 Welder Foreman	$27.15	$217.20	$48.40	$387.20	$26.15	$46.60
1 Welder	25.15	201.20	44.80	358.40		
1 Gas Welding Machine		70.60		77.65	4.41	4.85
16 M.H., Daily Totals		$489.00		$823.25	$30.56	$51.45
Crew F-1	Hr.	Daily	Hr.	Daily	Bare Costs	Incl. O&P
1 Carpenter	$22.85	$182.80	$35.55	$284.40	$22.85	$35.55
1 Power Tools		8.20		9.00	1.02	1.13
8 M.H., Daily Totals		$191.00		$293.40	$23.87	$36.68
Crew F-2	Hr.	Daily	Hr.	Daily	Bare Costs	Incl. O&P
2 Carpenters	$22.85	$365.60	$35.55	$568.80	$22.85	$35.55
2 Power Tools		16.40		18.05	1.02	1.13
16 M.H., Daily Totals		$382.00		$586.85	$23.87	$36.68
Crew F-3	Hr.	Daily	Hr.	Daily	Bare Costs	Incl. O&P
4 Carpenters	$22.85	$731.20	$35.55	$1137.60	$23.11	$35.76
1 Equip. Oper. (crane)	24.15	193.20	36.60	292.80		
1 Hyd. Crane, 12 Ton		372.20		409.40		
2 Power Tools		16.40		18.05	9.72	10.69
40 M.H., Daily Totals		$1313.00		$1857.85	$32.83	$46.45
Crew F-4	Hr.	Daily	Hr.	Daily	Bare Costs	Incl. O&P
4 Carpenters	$22.85	$731.20	$35.55	$1137.60	$22.57	$34.83
1 Equip. Oper. (crane)	24.15	193.20	36.60	292.80		
1 Equip. Oper. Oiler	19.90	159.20	30.15	241.20		
1 Hyd. Crane, 55 Ton		750.20		825.20		
2 Power Tools		16.40		18.05	15.97	17.57
48 M.H., Daily Totals		$1850.20		$2514.85	$38.54	$52.40
Crew F-5	Hr.	Daily	Hr.	Daily	Bare Costs	Incl. O&P
1 Carpenter Foreman	$24.85	$198.80	$38.65	$309.20	$23.35	$36.33
3 Carpenters	22.85	548.40	35.55	853.20		
2 Power Tools		16.40		18.05	.51	.56
32 M.H., Daily Totals		$763.60		$1180.45	$23.86	$36.89
Crew F-6	Hr.	Daily	Hr.	Daily	Bare Costs	Incl. O&P
2 Carpenters	$22.85	$365.60	$35.55	$568.80	$21.17	$32.74
2 Building Laborers	18.00	288.00	28.00	448.00		
1 Equip. Oper. (crane)	24.15	193.20	36.60	292.80		
1 Hyd. Crane, 12 Ton		372.20		409.40		
2 Power Tools		16.40		18.05	9.72	10.69
40 M.H., Daily Totals		$1235.40		$1737.05	$30.89	$43.43

Crew No.	Bare Costs		Incl. Subs O & P		Cost Per Man-Hour	
Crew F-7	Hr.	Daily	Hr.	Daily	Bare Costs	Incl. O&P
2 Carpenters	$22.85	$365.60	$35.55	$568.80	$20.43	$31.77
2 Building Laborers	18.00	288.00	28.00	448.00		
2 Power Tools		16.40		18.05	.51	.56
32 M.H., Daily Totals		$670.00		$1034.85	$20.94	$32.33
Crew G-1	Hr.	Daily	Hr.	Daily	Bare Costs	Incl. O&P
1 Roofer Foreman	$22.85	$182.80	$38.25	$306.00	$19.49	$32.64
4 Roofers, Composition	20.85	667.20	34.90	1116.80		
2 Roofer Helpers	15.10	241.60	25.30	404.80		
1 Application Equipment		112.00		123.20	2.00	2.20
56 M.H., Daily Totals		$1203.60		$1950.80	$21.49	$34.84
Crew G-2	Hr.	Daily	Hr.	Daily	Bare Costs	Incl. O&P
1 Plasterer	$22.35	$178.80	$34.00	$272.00	$19.58	$30.00
1 Plasterer Helper	18.40	147.20	28.00	224.00		
1 Building Laborer	18.00	144.00	28.00	224.00		
1 Grouting Equipment		238.00		261.80	9.92	10.91
24 M.H., Daily Totals		$708.00		$981.80	$29.50	$40.91
Crew G-3	Hr.	Daily	Hr.	Daily	Bare Costs	Incl. O&P
2 Sheet Metal Workers	$25.75	$412.00	$39.70	$635.20	$21.88	$33.85
2 Building Laborers	18.00	288.00	28.00	448.00		
3 Power Tools		24.60		27.05	.77	.85
32 M.H., Daily Totals		$724.60		$1110.25	$22.65	$34.70
Crew G-4	Hr.	Daily	Hr.	Daily	Bare Costs	Incl. O&P
1 Labor Foreman (outside)	$20.00	$160.00	$31.10	$248.80	$18.67	$29.03
2 Building Laborers	18.00	288.00	28.00	448.00		
1 Light Truck, 1.5 Ton		150.80		165.90		
1 Air Compr., 160 C.F.M.		88.00		96.80	9.95	10.95
24 M.H., Daily Totals		$686.80		$959.50	$28.62	$39.98
Crew G-5	Hr.	Daily	Hr.	Daily	Bare Costs	Incl. O&P
1 Roofer Foreman	$22.85	$182.80	$38.25	$306.00	$18.95	$31.73
2 Roofers, Composition	20.85	333.60	34.90	558.40		
2 Roofer Helpers	15.10	241.60	25.30	404.80		
1 Application Equipment		112.00		123.20	2.80	3.08
40 M.H., Daily Totals		$870.00		$1392.40	$21.75	$34.81
Crew H-1	Hr.	Daily	Hr.	Daily	Bare Costs	Incl. O&P
2 Glaziers	$23.05	$368.80	$34.65	$554.40	$24.10	$39.73
2 Struc. Steel Workers	25.15	402.40	44.80	716.80		
32 M.H., Daily Totals		$771.20		$1271.20	$24.10	$39.73
Crew H-2	Hr.	Daily	Hr.	Daily	Bare Costs	Incl. O&P
2 Glaziers	$23.05	$368.80	$34.65	$554.40	$21.37	$32.43
1 Building Laborer	18.00	144.00	28.00	224.00		
24 M.H., Daily Totals		$512.80		$778.40	$21.37	$32.43
Crew H-3	Hr.	Daily	Hr.	Daily	Bare Costs	Incl. O&P
1 Glazier	$23.05	$184.40	$34.65	$277.20	$20.30	$30.93
1 Helper	17.55	140.40	27.20	217.60		
16 M.H., Daily Totals		$324.80		$494.80	$20.30	$30.93
Crew J-1	Hr.	Daily	Hr.	Daily	Bare Costs	Incl. O&P
3 Plasterers	$22.35	$536.40	$34.00	$816.00	$20.77	$31.60
2 Plasterer Helpers	18.40	294.40	28.00	448.00		
1 Mixing Machine, 6 C.F.		35.60		39.15	.89	.98
40 M.H., Daily Totals		$866.40		$1303.15	$21.66	$32.58

CREWS

Crew No.	Bare Costs		Incl. Subs O & P		Cost Per Man-Hour	
Crew J-2	Hr.	Daily	Hr.	Daily	Bare Costs	Incl. O&P
3 Plasterers	$22.35	$536.40	$34.00	$816.00	$21.10	$31.98
2 Plasterer Helpers	18.40	294.40	28.00	448.00		
1 Lather	22.75	182.00	33.85	270.80		
1 Mixing Machine, 6 C.F.		35.60		39.15	.74	.82
48 M.H., Daily Totals		$1048.40		$1573.95	$21.84	$32.80
Crew J-3	Hr.	Daily	Hr.	Daily	Bare Costs	Incl. O&P
1 Terrazzo Worker	$22.90	$183.20	$33.60	$268.80	$20.40	$29.92
1 Terrazzo Helper	17.90	143.20	26.25	210.00		
1 Terrazzo Grinder, Electric		36.20		39.80		
1 Terrazzo Mixer		57.20		62.90	5.84	6.42
16 M.H., Daily Totals		$419.80		$581.50	$26.24	$36.34
Crew J-4	Hr.	Daily	Hr.	Daily	Bare Costs	Incl. O&P
1 Tile Layer	$22.70	$181.60	$33.30	$266.40	$20.45	$30.00
1 Tile Layer Helper	18.20	145.60	26.70	213.60		
16 M.H., Daily Totals		$327.20		$480.00	$20.45	$30.00
Crew K-1	Hr.	Daily	Hr.	Daily	Bare Costs	Incl. O&P
1 Carpenter	$22.85	$182.80	$35.55	$284.40	$20.85	$32.13
1 Truck Driver (light)	18.85	150.80	28.70	229.60		
1 Truck w/Power Equip.		153.20		168.50	9.57	10.53
16 M.H., Daily Totals		$486.80		$682.50	$30.42	$42.66
Crew K-2	Hr.	Daily	Hr.	Daily	Bare Costs	Incl. O&P
1 Struc. Steel Foreman	$27.15	$217.20	$48.40	$387.20	$23.72	$40.63
1 Struc. Steel Worker	25.15	201.20	44.80	358.40		
1 Truck Driver (light)	18.85	150.80	28.70	229.60		
1 Truck w/Power Equip.		153.20		168.50	6.38	7.02
24 M.H., Daily Totals		$722.40		$1143.70	$30.10	$47.65
Crew L-1	Hr.	Daily	Hr.	Daily	Bare Costs	Incl. O&P
1 Electrician	$26.10	$208.80	$38.95	$311.60	$26.28	$39.43
1 Plumber	26.45	211.60	39.90	319.20		
16 M.H., Daily Totals		$420.40		$630.80	$26.28	$39.43
Crew L-2	Hr.	Daily	Hr.	Daily	Bare Costs	Incl. O&P
1 Carpenter	$22.85	$182.80	$35.55	$284.40	$20.20	$31.38
1 Carpenter Helper	17.55	140.40	27.20	217.60		
16 M.H., Daily Totals		$323.20		$502.00	$20.20	$31.38
Crew L-3	Hr.	Daily	Hr.	Daily	Bare Costs	Incl. O&P
1 Carpenter	$22.85	$182.80	$35.55	$284.40	$24.39	$37.44
.5 Electrician	26.10	104.40	38.95	155.80		
.5 Sheet Metal Worker	25.75	103.00	39.70	158.80		
16 M.H., Daily Totals		$390.20		$599.00	$24.39	$37.44
Crew L-4	Hr.	Daily	Hr.	Daily	Bare Costs	Incl. O&P
2 Skilled Workers	$23.40	$374.40	$36.50	$584.00	$21.45	$33.40
1 Helper	17.55	140.40	27.20	217.60		
24 M.H., Daily Totals		$514.80		$801.60	$21.45	$33.40
Crew L-5	Hr.	Daily	Hr.	Daily	Bare Costs	Incl. O&P
1 Struc. Steel Foreman	$27.15	$217.20	$48.40	$387.20	$25.29	$44.14
5 Struc. Steel Workers	25.15	1006.00	44.80	1792.00		
1 Equip. Oper. (crane)	24.15	193.20	36.60	292.80		
1 Hyd. Crane, 25 Ton		522.00		574.20	9.32	10.25
56 M.H., Daily Totals		$1938.40		$3046.20	$34.61	$54.39

Crew No.	Bare Costs		Incl. Subs O & P		Cost Per Man-Hour	
Crew L-6	Hr.	Daily	Hr.	Daily	Bare Costs	Incl. O&P
1 Plumber	$26.45	$211.60	$39.90	$319.20	$26.33	$39.58
.5 Electrician	26.10	104.40	38.95	155.80		
12 M.H., Daily Totals		$316.00		$475.00	$26.33	$39.58
Crew L-7	Hr.	Daily	Hr.	Daily	Bare Costs	Incl. O&P
2 Carpenters	$22.85	$365.60	$35.55	$568.80	$21.93	$33.88
1 Building Laborer	18.00	144.00	28.00	224.00		
.5 Electrician	26.10	104.40	38.95	155.80		
28 M.H., Daily Totals		$614.00		$948.60	$21.93	$33.88
Crew L-8	Hr.	Daily	Hr.	Daily	Bare Costs	Incl. O&P
2 Carpenters	$22.85	$365.60	$35.55	$568.80	$23.57	$36.42
.5 Plumber	26.45	105.80	39.90	159.60		
20 M.H., Daily Totals		$471.40		$728.40	$23.57	$36.42
Crew L-9	Hr.	Daily	Hr.	Daily	Bare Costs	Incl. O&P
1 Labor Foreman (inside)	$18.50	$148.00	$28.75	$230.00	$20.60	$33.12
2 Building Laborers	18.00	288.00	28.00	448.00		
1 Struc. Steel Worker	25.15	201.20	44.80	358.40		
.5 Electrician	26.10	104.40	38.95	155.80		
36 M.H., Daily Totals		$741.60		$1192.20	$20.60	$33.12
Crew M-1	Hr.	Daily	Hr.	Daily	Bare Costs	Incl. O&P
3 Elevator Constructors	$26.05	$625.20	$39.40	$945.60	$24.75	$37.44
1 Elevator Apprentice	20.85	166.80	31.55	252.40		
5 Hand Tools		80.00		88.00	2.50	2.75
32 M.H., Daily Totals		$872.00		$1286.00	$27.25	$40.19
Crew M-2	Hr.	Daily	Hr.	Daily	Bare Costs	Incl. O&P
2 Millwrights	$23.60	$377.60	$35.05	$560.80	$23.60	$35.05
2 Power Tools		16.40		18.05	1.02	1.13
16 M.H., Daily Totals		$394.00		$578.85	$24.62	$36.18
Crew Q-1	Hr.	Daily	Hr.	Daily	Bare Costs	Incl. O&P
1 Plumber	$26.45	$211.60	$39.90	$319.20	$23.80	$35.90
1 Plumber Apprentice	21.15	169.20	31.90	255.20		
16 M.H., Daily Totals		$380.80		$574.40	$23.80	$35.90
Crew Q-2	Hr.	Daily	Hr.	Daily	Bare Costs	Incl. O&P
2 Plumbers	$26.45	$423.20	$39.90	$638.40	$24.68	$37.23
1 Plumber Apprentice	21.15	169.20	31.90	255.20		
24 M.H., Daily Totals		$592.40		$893.60	$24.68	$37.23
Crew Q-3	Hr.	Daily	Hr.	Daily	Bare Costs	Incl. O&P
1 Plumber Foreman (ins)	$26.95	$215.60	$40.65	$325.20	$25.25	$38.09
2 Plumbers	26.45	423.20	39.90	638.40		
1 Plumber Apprentice	21.15	169.20	31.90	255.20		
32 M.H., Daily Totals		$808.00		$1218.80	$25.25	$38.09
Crew Q-4	Hr.	Daily	Hr.	Daily	Bare Costs	Incl. O&P
1 Plumber Foreman (ins)	$26.95	$215.60	$40.65	$325.20	$25.25	$38.09
1 Plumber	26.45	211.60	39.90	319.20		
1 Welder (plumber)	26.45	211.60	39.90	319.20		
1 Plumber Apprentice	21.15	169.20	31.90	255.20		
1 Electric Welding Mach.		40.40		44.45	1.26	1.39
32 M.H., Daily Totals		$848.40		$1263.25	$26.51	$39.48

CREWS

Crew No.	Bare Costs		Incl. Subs O & P		Cost Per Man-Hour	
Crew Q-5	Hr.	Daily	Hr.	Daily	Bare Costs	Incl. O&P
1 Steamfitter	$26.45	$211.60	$39.90	$319.20	$23.80	$35.90
1 Steamfitter Apprentice	21.15	169.20	31.90	255.20		
16 M.H., Daily Totals		$380.80		$574.40	$23.80	$35.90
Crew Q-6	Hr.	Daily	Hr.	Daily	Bare Costs	Incl. O&P
2 Steamfitters	$26.45	$423.20	$39.90	$638.40	$24.68	$37.23
1 Steamfitter Apprentice	21.15	169.20	31.90	255.20		
24 M.H., Daily Totals		$592.40		$893.60	$24.68	$37.23
Crew Q-7	Hr.	Daily	Hr.	Daily	Bare Costs	Incl. O&P
1 Steamfitter Foreman (ins)	$26.95	$215.60	$40.65	$325.20	$25.25	$38.09
2 Steamfitters	26.45	423.20	39.90	638.40		
1 Steamfitter Apprentice	21.15	169.20	31.90	255.20		
32 M.H., Daily Totals		$808.00		$1218.80	$25.25	$38.09
Crew Q-8	Hr.	Daily	Hr.	Daily	Bare Costs	Incl. O&P
1 Steamfitter Foreman (ins)	$26.95	$215.60	$40.65	$325.20	$25.25	$38.09
1 Steamfitter	26.45	211.60	39.90	319.20		
1 Welder (steamfitter)	26.45	211.60	39.90	319.20		
1 Steamfitter Apprentice	21.15	169.20	31.90	255.20		
1 Electric Welding Mach.		40.40		44.45	1.26	1.39
32 M.H., Daily Totals		$848.40		$1263.25	$26.51	$39.48
Crew Q-9	Hr.	Daily	Hr.	Daily	Bare Costs	Incl. O&P
1 Sheet Metal Worker	$25.75	$206.00	$39.70	$317.60	$23.18	$35.73
1 Sheet Metal Apprentice	20.60	164.80	31.75	254.00		
16 M.H., Daily Totals		$370.80		$571.60	$23.18	$35.73
Crew Q-10	Hr.	Daily	Hr.	Daily	Bare Costs	Incl. O&P
2 Sheet Metal Workers	$25.75	$412.00	$39.70	$635.20	$24.03	$37.05
1 Sheet Metal Apprentice	20.60	164.80	31.75	254.00		
24 M.H., Daily Totals		$576.80		$889.20	$24.03	$37.05
Crew Q-11	Hr.	Daily	Hr.	Daily	Bare Costs	Incl. O&P
1 Sheet Metal Foreman (ins)	$26.25	$210.00	$40.45	$323.60	$24.59	$37.90
2 Sheet Metal Workers	25.75	412.00	39.70	635.20		
1 Sheet Metal Apprentice	20.60	164.80	31.75	254.00		
32 M.H., Daily Totals		$786.80		$1212.80	$24.59	$37.90
Crew Q-12	Hr.	Daily	Hr.	Daily	Bare Costs	Incl. O&P
1 Sprinkler Installer	$27.15	$217.20	$41.00	$328.00	$24.43	$36.90
1 Sprinkler Apprentice	21.70	173.60	32.80	262.40		
16 M.H., Daily Totals		$390.80		$590.40	$24.43	$36.90
Crew Q-13	Hr.	Daily	Hr.	Daily	Bare Costs	Incl. O&P
1 Sprinkler Foreman (ins)	$27.65	$221.20	$41.80	$334.40	$25.91	$39.15
2 Sprinkler Installers	27.15	434.40	41.00	656.00		
1 Sprinkler Apprentice	21.70	173.60	32.80	262.40		
32 M.H., Daily Totals		$829.20		$1252.80	$25.91	$39.15
Crew Q-14	Hr.	Daily	Hr.	Daily	Bare Costs	Incl. O&P
1 Asbestos Worker	$25.50	$204.00	$40.15	$321.20	$22.95	$36.15
1 Asbestos Apprentice	20.40	163.20	32.15	257.20		
16 M.H., Daily Totals		$367.20		$578.40	$22.95	$36.15

Crew No.	Bare Costs		Incl. Subs O & P		Cost Per Man-Hour	
Crew Q-15	Hr.	Daily	Hr.	Daily	Bare Costs	Incl. O&P
1 Plumber	$26.45	$211.60	$39.90	$319.20	$23.80	$35.90
1 Plumber Apprentice	21.15	169.20	31.90	255.20		
1 Electric Welding Mach.		40.40		44.45	2.53	2.78
16 M.H., Daily Totals		$421.20		$618.85	$26.33	$38.68
Crew Q-16	Hr.	Daily	Hr.	Daily	Bare Costs	Incl. O&P
2 Plumbers	$26.45	$423.20	$39.90	$638.40	$24.68	$37.23
1 Plumber Apprentice	21.15	169.20	31.90	255.20		
1 Electric Welding Mach.		40.40		44.45	1.68	1.85
24 M.H., Daily Totals		$632.80		$938.05	$26.36	$39.08
Crew Q-17	Hr.	Daily	Hr.	Daily	Bare Costs	Incl. O&P
1 Steamfitter	$26.45	$211.60	$39.90	$319.20	$23.80	$35.90
1 Steamfitter Apprentice	21.15	169.20	31.90	255.20		
1 Electric Welding Mach.		40.40		44.45	2.53	2.78
16 M.H., Daily Totals		$421.20		$618.85	$26.33	$38.68
Crew Q-18	Hr.	Daily	Hr.	Daily	Bare Costs	Incl. O&P
2 Steamfitters	$26.45	$423.20	$39.90	$638.40	$24.68	$37.23
1 Steamfitter Apprentice	21.15	169.20	31.90	255.20		
1 Electric Welding Mach.		40.40		44.45	1.68	1.85
24 M.H., Daily Totals		$632.80		$938.05	$26.36	$39.08
Crew Q-19	Hr.	Daily	Hr.	Daily	Bare Costs	Incl. O&P
1 Steamfitter	$26.45	$211.60	$39.90	$319.20	$24.57	$36.92
1 Steamfitter Apprentice	21.15	169.20	31.90	255.20		
1 Electrician	26.10	208.80	38.95	311.60		
24 M.H., Daily Totals		$589.60		$886.00	$24.57	$36.92
Crew Q-20	Hr.	Daily	Hr.	Daily	Bare Costs	Incl. O&P
1 Sheet Metal Worker	$25.75	$206.00	$39.70	$317.60	$23.76	$36.37
1 Sheet Metal Apprentice	20.60	164.80	31.75	254.00		
.5 Electrician	26.10	104.40	38.95	155.80		
20 M.H., Daily Totals		$475.20		$727.40	$23.76	$36.37
Crew Q-21	Hr.	Daily	Hr.	Daily	Bare Costs	Incl. O&P
2 Steamfitters	$26.45	$423.20	$39.90	$638.40	$25.04	$37.66
1 Steamfitter Apprentice	21.15	169.20	31.90	255.20		
1 Electrician	26.10	208.80	38.95	311.60		
32 M.H., Daily Totals		$801.20		$1205.20	$25.04	$37.66
Crew Q-22	Hr.	Daily	Hr.	Daily	Bare Costs	Incl. O&P
1 Plumber	$26.45	$211.60	$39.90	$319.20	$23.80	$35.90
1 Plumber Apprentice	21.15	169.20	31.90	255.20		
1 Truck Crane, 12 Ton		372.20		409.40	23.26	25.59
16 M.H., Daily Totals		$753.00		$983.80	$47.06	$61.49
Crew R-1	Hr.	Daily	Hr.	Daily	Bare Costs	Incl. O&P
1 Electrician Foreman	$26.60	$212.80	$39.70	$317.60	$23.33	$35.16
3 Electricians	26.10	626.40	38.95	934.80		
2 Helpers	17.55	280.80	27.20	435.20		
48 M.H., Daily Totals		$1120.00		$1687.60	$23.33	$35.16
Crew R-2	Hr.	Daily	Hr.	Daily	Bare Costs	Incl. O&P
1 Electrician Foreman	$26.60	$212.80	$39.70	$317.60	$23.45	$35.36
3 Electricians	26.10	626.40	38.95	934.80		
2 Helpers	17.55	280.80	27.20	435.20		
1 Equip. Oper. (crane)	24.15	193.20	36.60	292.80		
1 S.P. Crane, 5 Ton		221.00		243.10	3.95	4.34
56 M.H., Daily Totals		$1534.20		$2223.50	$27.40	$39.70

CREWS

Crew No.	Bare Costs		Incl. Subs O & P		Cost Per Man-Hour	
Crew R-3	Hr.	Daily	Hr.	Daily	Bare Costs	Incl. O&P
1 Electrician Foreman	$26.60	$212.80	$39.70	$317.60	$25.91	$38.78
1 Electrician	26.10	208.80	38.95	311.60		
.5 Equip. Oper. (crane)	24.15	96.60	36.60	146.40		
.5 S.P. Crane, 5 Ton		110.50		121.55	5.53	6.08
20 M.H., Daily Totals		$628.70		$897.15	$31.44	$44.86
Crew R-4	Hr.	Daily	Hr.	Daily	Bare Costs	Incl. O&P
1 Struc. Steel Foreman	$27.15	$217.20	$48.40	$387.20	$25.74	$44.35
3 Struc. Steel Workers	25.15	603.60	44.80	1075.20		
1 Electrician	26.10	208.80	38.95	311.60		
1 Gas Welding Machine		70.60		77.65	1.76	1.94
40 M.H., Daily Totals		$1100.20		$1851.65	$27.50	$46.29
Crew R-5	Hr.	Daily	Hr.	Daily	Bare Costs	Incl. O&P
1 Electrician Foreman	$26.60	$212.80	$39.70	$317.60	$23.04	$34.75
4 Electrician Lineman	26.10	835.20	38.95	1246.40		
2 Electrician Operators	26.10	417.60	38.95	623.20		
4 Electrician Groundmen	17.55	561.60	27.20	870.40		
1 Crew Truck		166.20		182.80		
1 Tool Van		302.60		332.85		
1 Pick-up Truck		110.80		121.90		
.2 Crane, 55 Ton		150.04		165.05		
.2 Crane, 12 Ton		74.44		81.90		
.2 Auger, Truck Mtd.		307.80		338.60		
1 Tractor w/Winch		260.20		286.20	15.59	17.15
88 M.H., Daily Totals		$3399.28		$4566.90	$38.63	$51.90
Crew R-6	Hr.	Daily	Hr.	Daily	Bare Costs	Incl. O&P
1 Electrician Foreman	$26.60	$212.80	$39.70	$317.60	$23.04	$34.75
4 Electrician Linemen	26.10	835.20	38.95	1246.40		
2 Electrician Operators	26.10	417.60	38.95	623.20		
4 Electrician Groundmen	17.55	561.60	27.20	870.40		
1 Crew Truck		166.20		182.80		
1 Tool Van		302.60		332.85		
1 Pick-up Truck		110.80		121.90		
.2 Crane, 55 Ton		150.04		165.05		
.2 Crane, 12 Ton		74.44		81.90		
.2 Auger, Truck Mtd.		307.80		338.60		
1 Tractor w/Winch		260.20		286.20		
3 Cable Trailers		385.20		423.70		
.5 Tensioning Rig		125.50		138.05		
.5 Cable Pulling Rig		749.00		823.90	29.91	32.90
88 M.H., Daily Totals		$4658.98		$5952.55	$52.95	$67.65
Crew R-7	Hr.	Daily	Hr.	Daily	Bare Costs	Incl. O&P
1 Electrician Foreman	$26.60	$212.80	$39.70	$317.60	$19.06	$29.28
5 Electrician Groundmen	17.55	702.00	27.20	1088.00		
1 Crew Truck		166.20		182.80	3.46	3.81
48 M.H., Daily Totals		$1081.00		$1588.40	$22.52	$33.09

Crew No.	Bare Costs		Incl. Subs O & P		Cost Per Man-Hour	
Crew R-8	Hr.	Daily	Hr.	Daily	Bare Costs	Incl. O&P
1 Electrician Foreman	$26.60	$212.80	$39.70	$317.60	$23.33	$35.16
3 Electrician Linemen	26.10	626.40	38.95	934.80		
2 Electrician Groundmen	17.55	280.80	27.20	435.20		
1 Pick-up Truck		110.80		121.90		
1 Crew Truck		166.20		182.80	5.77	6.35
48 M.H., Daily Totals		$1397.00		$1992.30	$29.10	$41.51
Crew R-9	Hr.	Daily	Hr.	Daily	Bare Costs	Incl. O&P
1 Electrician Foreman	$26.60	$212.80	$39.70	$317.60	$21.89	$33.17
1 Electrician Lineman	26.10	208.80	38.95	311.60		
2 Electrician Operators	26.10	417.60	38.95	623.20		
4 Electrician Groundmen	17.55	561.60	27.20	870.40		
1 Pick-up Truck		110.80		121.90		
1 Crew Truck		166.20		182.80	4.33	4.76
64 M.H., Daily Totals		$1677.80		$2427.50	$26.22	$37.93
Crew R-10	Hr.	Daily	Hr.	Daily	Bare Costs	Incl. O&P
1 Electrician Foreman	$26.60	$212.80	$39.70	$317.60	$24.76	$37.12
4 Electrician Linemen	26.10	835.20	38.95	1246.40		
1 Electrician Groundman	17.55	140.40	27.20	217.60		
1 Crew Truck		166.20		182.80		
3 Tram Cars		453.60		498.95	12.91	14.20
48 M.H., Daily Totals		$1808.20		$2463.35	$37.67	$51.32
Crew R-11	Hr.	Daily	Hr.	Daily	Bare Costs	Incl. O&P
1 Electrician Foreman	$26.60	$212.80	$39.70	$317.60	$23.79	$35.81
4 Electricians	26.10	835.20	38.95	1246.40		
1 Helper	17.55	140.40	27.20	217.60		
1 Common Laborer	18.00	144.00	28.00	224.00		
1 Crew Truck		166.20		182.80		
1 Crane, 12 Ton		372.20		409.40	9.61	10.58
56 M.H., Daily Totals		$1870.80		$2597.80	$33.40	$46.39
Crew R-12	Hr.	Daily	Hr.	Daily	Bare Costs	Incl. O&P
1 Carpenter Foreman	$23.35	$186.80	$36.30	$290.40	$21.38	$33.68
4 Carpenters	22.85	731.20	35.55	1137.60		
4 Common Laborers	18.00	576.00	28.00	896.00		
1 Equip. Oper. (med.)	23.25	186.00	35.20	281.60		
1 Steel Worker	25.15	201.20	44.80	358.40		
1 Dozer, 200 H.P.		828.00		910.80		
1 Pick-up Truck		110.80		121.90	10.67	11.74
88 M.H., Daily Totals		$2820.00		$3996.70	$32.05	$45.42

Historical and City Cost Indexes

Historical Cost Indexes

The table below lists both the Means City Cost Index based on Jan. 1, 1975 = 100 as well as the computed value of an index based on Jan. 1, 1992 costs. Since the Jan. 1, 1992 figure is estimated, space is left to write in the actual index figures as they become available through either the quarterly "Means Construction Cost Indexes" or as printed in the "Engineering News-Record." To compute the actual index based on Jan. 1, 1992 = 100, divide the Quarterly City Cost Index for a particular year by the actual Jan. 1, 1992 Quarterly City Cost Index. Space has been left to advance the index figures as the year progresses.

Year		Quarterly City Cost Index Jan. 1, 1975 = 100		Current Index Based on Jan. 1, 1992 = 100		Year		Quarterly City Cost Index Jan. 1, 1975 = 100	Current Index Based on Jan. 1, 1992 = 100		Year		Quarterly City Cost Index Jan. 1, 1975 = 100	Current Index Based on Jan. 1, 1992 = 100	
		Est.	Actual	Est.	Actual			Actual	Est.	Actual			Actual	Est.	Actual
Oct.	1992					July	1977	113.3	50.4		July	1959	44.2	19.7	
July	1992						1976	107.3	47.7			1958	43.0	19.1	
April	1992						1975	102.6	45.6			1957	42.2	18.8	
Jan.	1992	224.8		100.0	100.0		1974	94.7	42.1			1956	40.4	18.0	
July	1991		221.6	98.6			1973	86.3	38.4			1955	38.1	16.9	
	1990		215.9	96.0			1972	79.7	35.5			1954	36.7	16.3	
	1989		210.9	93.8			1971	73.5	32.7			1953	36.2	16.1	
	1988		205.7	91.5			1970	65.8	29.3			1952	35.3	15.7	
	1987		200.7	89.3			1969	61.6	27.4			1951	34.4	15.3	
	1986		192.8	85.8			1968	56.9	25.3			1950	31.4	14.0	
	1985		189.1	84.1			1967	53.9	24.0			1949	30.4	13.5	
	1984		187.6	83.5			1966	51.9	23.1			1948	30.4	13.5	
	1983		183.5	81.6			1965	49.7	22.1			1947	27.6	12.3	
	1982		174.3	77.5			1964	48.6	21.6			1946	23.2	10.3	
	1981		160.2	71.3			1963	47.3	21.0			1945	20.2	9.0	
	1980		144.0	64.1			1962	46.2	20.6			1944	19.3	8.6	
	1979		132.3	58.9			1961	45.4	20.2			1943	18.6	8.3	
	1978		122.4	54.4			1960	45.0	20.0			1942	18.0	8.0	

City Costs Indexes

Tabulated on the following pages are average construction cost indexes for 162 major U.S. and Canadian cities. Index figures for both material and installation are based on the 30 major city average of 100 and represent the cost relationship as of July 1, 1991. The index for each division is computed from representative material and labor quantities for that division. The weighted average for each city is a weighted total of the components listed above it, but does not include relative productivity between trades or cities.

The material index for the weighted average includes about 100 basic construction materials with appropriate quantities of each material to represent typical "average" building construction projects.

The installation index for the weighted average includes the contribution of about 24 construction trades with their representative man-days in proportion to the material items installed. Also included in the installation costs are the representative equipment costs for those items requiring equipment.

Since each division of the book contains many different items, any particular item multiplied by the particular city index may give incorrect results. However, when all the book costs for a particular division are summarized and then factored, the result should be very close to the actual costs for that particular division for that city.

If a project has a preponderance of materials from any particular division (say structural steel), then the weighted average index should be adjusted in proportion to the value of the factor for that division.

Adjustments to Costs

Time Adjustment using the Historical Cost Indexes:

$$\frac{\text{Index for Year A}}{\text{Index for Year B}} \times \text{Cost in Year B} = \text{Cost in Year A}$$

Location Adjustment using the City Cost Indexes:

$$\frac{\text{Index for City A}}{\text{Index for City B}} \times \text{Cost in City B} = \text{Cost in City A}$$

Adjustment from the National Average:

$$\text{National Average Cost} \times \frac{\text{Index for City A}}{100} = \text{Cost in City A}$$

Note: The City Cost Indexes for Canada can be used to convert U.S. National averages to local costs in Canadian dollars.

CITY COST INDEXES

		ALABAMA											ALASKA			ARIZONA		
		BIRMINGHAM			HUNTSVILLE			MOBILE			MONTGOMERY			ANCHORAGE			PHOENIX		
	DIVISION	MAT.	INST.	TOTAL	MAT.	INST.	TOTAL	MAT.	INST.	TOTAL	MAT.	INST.	TOTAL	MAT.	INST.	TOTAL	MAT.	INST.	TOTAL
2	SITE WORK	100.0	88.3	94.8	119.6	89.8	106.2	122.6	85.2	105.9	91.7	84.6	88.5	159.0	124.9	143.7	92.4	92.9	92.6
3.1	FORMWORK	97.6	67.8	74.4	103.4	63.1	72.0	106.8	69.4	77.7	112.8	62.0	73.3	124.5	131.8	130.2	108.7	84.2	89.7
3.2	REINFORCING	94.5	73.0	85.6	95.7	68.9	84.6	82.9	67.0	76.3	82.9	73.0	78.8	117.7	125.3	120.9	110.4	86.2	100.3
3.3	CAST IN PLACE CONC.	89.2	90.4	89.9	101.8	90.8	95.0	99.9	91.7	94.9	101.1	88.3	93.2	225.7	109.7	154.3	105.4	91.2	96.7
3	CONCRETE	92.0	80.0	84.3	100.8	77.9	86.2	97.5	80.7	86.8	99.3	76.6	84.8	181.3	119.8	141.9	107.1	88.0	94.9
4	MASONRY	81.7	69.0	72.0	88.4	60.5	67.0	93.8	73.3	78.1	86.6	49.6	58.1	150.0	129.6	134.4	92.6	75.7	79.7
5	METALS	95.6	78.5	89.5	100.0	76.8	91.7	93.4	75.6	87.0	95.7	78.5	89.5	116.3	118.7	117.1	99.1	87.9	95.1
6	WOOD & PLASTICS	92.1	68.8	79.0	107.6	63.2	82.7	91.8	71.4	80.3	101.8	65.4	81.3	117.8	128.3	123.7	99.2	83.2	90.2
7	MOISTURE PROTECTION	84.4	57.2	75.7	92.1	56.5	80.7	87.3	58.7	78.1	88.7	55.6	78.1	102.6	137.1	113.7	92.7	86.8	90.8
8	DOORS, WINDOWS, GLASS	90.7	69.4	79.5	100.9	62.1	80.6	98.5	69.1	83.1	97.9	64.3	80.3	128.4	122.0	125.0	103.0	80.0	90.9
9.2	LATH & PLASTER	95.8	66.5	73.6	91.0	64.9	71.2	91.9	76.2	80.0	108.3	65.3	75.7	120.3	132.1	129.3	93.2	87.3	88.7
9.2	DRYWALL	101.0	68.2	85.5	108.6	62.1	86.7	92.9	71.8	83.0	101.2	65.6	84.4	121.9	130.2	125.8	90.7	82.6	86.8
9.5	ACOUSTICAL WORK	97.7	68.0	81.5	100.1	62.3	79.4	93.1	70.4	80.7	93.1	64.3	77.3	124.0	129.3	126.9	103.5	82.1	91.8
9.6	FLOORING	112.0	69.1	100.3	97.4	60.4	87.4	114.0	74.3	103.2	100.8	43.6	85.2	117.2	129.5	120.6	93.2	83.9	90.6
9.9	PAINTING	104.2	65.1	73.4	110.6	63.9	73.7	121.4	73.9	83.9	119.6	72.7	82.5	123.1	134.9	132.4	96.2	77.4	81.4
9	FINISHES	103.4	67.1	83.9	105.3	62.8	82.5	100.6	72.9	85.7	102.6	66.3	83.1	121.1	131.8	126.8	92.9	81.1	86.6
10-14	TOTAL DIV. 10-14	100.0	76.8	93.1	100.0	75.9	92.9	100.0	79.3	93.9	100.0	75.3	92.7	100.0	131.3	109.1	100.0	88.1	96.5
15	MECHANICAL	96.6	67.0	81.8	99.3	67.3	83.3	97.3	69.5	83.4	98.9	64.8	81.9	107.2	119.1	113.1	98.4	82.5	90.4
16	ELECTRICAL	94.9	67.6	76.0	92.6	75.8	80.9	90.5	71.1	77.1	91.6	57.5	68.0	107.5	128.6	122.1	105.3	74.2	83.8
1-16	WEIGHTED AVERAGE	95.0	71.9	82.6	100.2	70.3	84.1	97.8	74.1	85.0	96.9	66.0	80.3	125.3	124.8	125.0	99.1	82.5	90.1

		ARIZONA			ARKANSAS						CALIFORNIA								
		TUCSON			FORT SMITH			LITTLE ROCK			ANAHEIM			BAKERSFIELD			FRESNO		
	DIVISION	MAT.	INST.	TOTAL	MAT.	INST.	TOTAL	MAT.	INST.	TOTAL	MAT.	INST.	TOTAL	MAT.	INST.	TOTAL	MAT.	INST.	TOTAL
2	SITE WORK	110.3	95.1	103.5	99.9	88.7	94.9	106.9	91.2	99.8	104.6	112.9	108.3	96.9	111.6	103.5	94.6	122.6	107.2
3.1	FORMWORK	109.3	84.1	89.7	111.3	61.5	72.5	103.4	67.9	75.8	104.8	127.2	122.3	125.2	127.2	126.8	110.4	120.9	118.6
3.2	REINFORCING	95.0	86.2	91.3	124.4	61.3	98.3	117.7	56.7	92.4	99.3	128.0	111.2	96.0	128.0	109.3	106.4	128.0	115.4
3.3	CAST IN PLACE CONC.	105.5	95.8	99.6	90.4	89.3	89.7	98.4	89.7	93.0	109.3	109.8	109.6	103.2	109.9	107.3	92.9	108.8	102.7
3	CONCRETE	103.9	90.4	95.2	102.2	75.8	85.3	103.7	78.2	87.4	106.2	118.3	113.9	106.0	118.3	113.9	99.4	115.3	109.6
4	MASONRY	92.2	75.7	79.6	95.3	68.3	74.6	88.9	68.8	73.5	108.6	131.2	125.9	100.8	110.1	107.9	119.6	114.4	115.6
5	METALS	90.8	89.5	90.3	96.6	71.3	87.5	106.2	68.5	92.7	99.0	120.9	106.9	99.4	121.1	107.2	94.9	123.2	105.0
6	WOOD & PLASTICS	106.4	82.7	93.1	107.3	62.6	82.2	95.0	70.7	81.3	96.3	123.1	111.4	95.2	123.1	110.9	96.7	116.0	107.6
7	MOISTURE PROTECTION	105.5	71.6	94.6	84.9	59.9	76.9	84.3	61.1	76.9	107.8	128.4	114.4	84.9	113.7	94.2	107.4	115.1	109.8
8	DOORS, WINDOWS, GLASS	88.1	80.0	83.9	92.7	56.1	73.5	95.1	59.9	76.7	93.3	124.9	109.9	99.9	119.0	109.9	101.2	117.0	109.5
9.2	LATH & PLASTER	108.9	84.2	90.2	92.8	68.9	74.7	98.3	72.0	78.4	97.1	128.0	120.5	92.2	97.3	96.1	101.9	117.7	113.9
9.2	DRYWALL	82.0	82.6	82.3	94.8	61.5	79.1	114.8	69.9	93.6	97.3	123.5	109.6	97.8	114.2	105.6	99.0	115.3	106.7
9.5	ACOUSTICAL WORK	113.6	82.1	96.4	83.7	61.3	71.4	83.7	69.7	76.0	81.3	123.9	104.6	93.2	123.9	110.0	96.6	116.7	107.6
9.6	FLOORING	110.0	80.0	101.8	89.4	68.7	83.8	88.7	70.3	83.7	117.0	135.1	121.9	111.8	99.0	108.3	88.7	96.2	90.7
9.9	PAINTING	98.5	76.2	80.9	111.0	47.9	61.2	104.6	60.5	69.8	108.3	115.1	113.6	120.1	105.3	108.4	107.8	104.8	105.4
9	FINISHES	93.0	80.3	86.2	94.4	57.8	74.8	105.1	66.8	84.6	101.5	121.8	112.4	102.7	109.9	106.6	97.5	110.6	104.5
10-14	TOTAL DIV. 10-14	100.0	87.4	96.3	100.0	73.0	92.0	100.0	73.6	92.2	100.0	125.9	107.6	100.0	123.4	106.8	100.0	144.8	113.1
15	MECHANICAL	98.8	85.3	92.1	97.2	60.5	78.9	96.8	65.6	81.2	97.0	124.2	110.6	95.2	98.1	96.6	93.0	122.2	107.6
16	ELECTRICAL	103.2	78.7	86.2	100.1	66.3	76.7	94.2	69.4	77.0	99.5	118.6	112.7	107.1	103.1	104.3	110.6	107.4	108.4
1-16	WEIGHTED AVERAGE	99.0	83.7	90.7	97.2	67.4	81.2	98.9	70.6	83.6	101.0	122.6	112.6	99.2	110.8	105.4	99.6	117.2	109.1

		CALIFORNIA																	
		LOS ANGELES			OXNARD			RIVERSIDE			SACRAMENTO			SAN DIEGO			SAN FRANCISCO		
	DIVISION	MAT.	INST.	TOTAL	MAT.	INST.	TOTAL	MAT.	INST.	TOTAL	MAT.	INST.	TOTAL	MAT.	INST.	TOTAL	MAT.	INST.	TOTAL
2	SITE WORK	97.9	116.2	106.1	101.8	105.2	103.3	98.6	111.4	104.3	86.3	106.6	95.4	95.2	108.3	101.1	102.4	117.8	109.3
3.1	FORMWORK	111.5	127.6	124.0	98.6	127.7	121.2	114.4	127.3	124.4	110.2	120.0	117.8	105.2	120.8	117.3	103.0	132.9	126.2
3.2	REINFORCING	86.6	128.0	103.8	99.3	128.0	111.2	124.4	128.0	125.9	99.3	128.0	111.2	117.5	128.0	121.8	123.2	128.0	125.2
3.3	CAST IN PLACE CONC.	96.7	112.9	106.6	102.3	110.5	107.3	102.3	110.2	107.1	115.8	107.3	110.6	99.3	104.5	102.5	101.2	117.7	111.4
3	CONCRETE	97.4	120.0	111.9	100.9	118.8	112.4	109.7	118.5	115.3	111.0	114.2	113.0	104.5	113.0	110.0	106.5	124.6	118.0
4	MASONRY	109.1	131.2	126.0	100.8	120.8	116.1	105.1	112.3	110.6	103.2	119.2	115.5	110.3	109.6	109.8	126.0	148.9	143.6
5	METALS	101.6	121.9	108.8	105.2	121.1	110.9	99.1	120.9	106.9	111.0	123.1	115.4	99.0	119.9	106.5	103.9	126.1	111.8
6	WOOD & PLASTICS	99.6	124.1	113.4	92.6	124.0	110.3	94.6	123.1	110.6	78.2	116.1	99.5	95.9	115.1	106.7	92.9	130.4	114.0
7	MOISTURE PROTECTION	103.9	131.2	112.7	90.2	129.7	102.9	90.7	126.0	102.0	85.3	122.7	97.3	94.6	111.5	100.1	100.3	134.8	111.4
8	DOORS, WINDOWS, GLASS	102.6	124.9	114.3	102.6	124.9	114.3	103.1	124.9	114.5	91.9	118.1	105.6	107.4	121.2	114.6	113.5	130.0	122.1
9.2	LATH & PLASTER	96.4	128.0	120.4	97.4	118.5	113.4	97.4	120.3	114.8	98.9	124.8	118.6	99.8	108.6	106.9	101.6	142.1	132.3
9.2	DRYWALL	89.0	123.5	105.2	98.6	121.7	109.5	94.7	123.5	108.3	97.5	117.9	107.1	99.8	115.4	107.2	81.2	133.4	105.8
9.5	ACOUSTICAL WORK	99.0	123.9	112.6	87.5	123.9	107.4	87.5	123.9	107.4	85.6	116.7	102.6	100.9	115.7	109.0	100.9	131.9	117.8
9.6	FLOORING	96.2	135.1	106.8	95.8	135.1	106.5	95.8	135.1	106.5	85.9	122.1	95.8	98.2	121.4	104.5	106.9	137.2	115.2
9.9	PAINTING	83.9	124.0	115.5	92.1	117.2	111.9	100.7	115.0	112.0	112.2	116.4	115.5	91.5	126.8	119.4	102.2	142.8	134.2
9	FINISHES	91.0	124.8	109.1	96.4	121.1	109.6	95.1	121.3	109.1	95.6	118.0	107.6	98.7	119.4	109.8	91.1	137.3	115.8
10-14	TOTAL DIV. 10-14	100.0	126.2	107.6	100.0	125.8	107.5	100.0	125.6	107.5	100.0	146.5	113.6	100.0	123.8	106.9	100.0	152.4	115.3
15	MECHANICAL	97.7	128.0	112.9	98.7	126.1	112.4	96.7	126.9	111.8	98.0	124.0	111.0	102.8	123.4	113.1	101.0	173.5	137.2
16	ELECTRICAL	101.8	126.8	119.1	99.5	120.4	114.0	99.0	111.5	107.7	110.6	98.5	102.2	105.7	95.1	98.4	107.9	159.4	143.6
1-16	WEIGHTED AVERAGE	99.3	125.3	113.3	99.4	121.4	111.3	99.7	119.3	110.3	99.8	117.2	109.2	101.6	113.8	108.2	103.3	144.4	125.5

CITY COST INDEXES

DIVISION		CALIFORNIA									COLORADO						CONNECTICUT		
		SANTA BARBARA			STOCKTON			VALLEJO			COLO SPRINGS			DENVER			BRIDGEPORT		
		MAT.	INST.	TOTAL	MAT.	INST.	TOTAL	MAT.	INST.	TOTAL	MAT.	INST.	TOTAL	MAT.	INST.	TOTAL	MAT.	INST.	TOTAL
2	SITE WORK	125.3	112.6	119.6	121.1	116.0	118.8	106.9	116.3	111.1	98.6	91.3	95.3	105.7	98.5	102.5	121.2	96.4	110.1
3.1	FORMWORK	115.2	127.4	124.7	107.0	120.8	117.8	113.8	132.8	128.6	103.7	74.8	81.2	94.8	79.4	82.8	122.8	82.8	91.6
3.2	REINFORCING	99.3	128.0	111.2	83.3	128.0	101.8	99.3	128.0	111.2	96.0	81.4	90.0	107.3	81.4	96.6	112.7	106.1	110.0
3.3	CAST IN PLACE CONC.	125.5	121.9	123.3	102.9	108.4	106.2	102.9	108.0	106.0	113.8	94.5	101.9	122.9	91.5	103.6	102.8	98.4	100.1
3	CONCRETE	117.6	124.6	122.1	99.3	115.0	109.4	104.2	119.5	114.0	107.8	85.6	93.6	113.8	85.8	95.9	109.0	93.0	98.7
4	MASONRY	118.3	122.2	121.3	112.2	117.0	115.9	109.7	133.2	127.7	105.9	79.6	85.7	103.2	79.7	85.2	106.2	92.0	95.3
5	METALS	96.1	124.7	106.4	91.5	122.9	102.8	88.8	123.1	101.1	91.4	85.0	89.1	95.8	84.2	91.6	91.8	102.4	95.6
6	WOOD & PLASTICS	108.7	123.7	117.1	86.1	116.1	103.0	99.1	130.8	116.9	86.3	75.5	80.2	91.3	81.0	85.5	107.0	79.8	91.7
7	MOISTURE PROTECTION	89.9	107.5	95.6	89.4	113.7	97.2	87.7	123.7	99.3	85.5	76.2	82.5	116.2	77.2	103.7	100.1	109.9	103.2
8	DOORS, WINDOWS, GLASS	103.9	124.9	114.9	95.2	118.1	107.2	99.1	130.0	115.2	98.3	79.0	88.2	90.8	79.1	84.7	102.1	93.1	97.4
9.2	LATH & PLASTER	104.1	110.4	108.9	100.0	114.0	110.6	100.0	119.8	115.0	101.8	87.6	91.0	87.9	90.9	90.1	105.9	89.5	93.5
9.2	DRYWALL	122.8	121.9	122.4	107.2	115.4	111.1	107.9	127.0	116.9	93.2	79.1	86.6	88.4	85.9	87.2	112.9	78.3	96.6
9.5	ACOUSTICAL WORK	87.5	123.9	107.4	85.6	116.7	102.6	88.5	131.9	112.2	94.6	74.7	83.7	96.4	80.8	87.9	105.9	79.6	91.5
9.6	FLOORING	101.8	121.2	107.1	84.9	108.6	91.4	84.3	137.2	98.7	108.0	75.3	99.1	99.5	95.5	98.4	85.1	92.1	87.0
9.9	PAINTING	118.9	117.2	117.6	102.9	109.0	107.7	105.8	116.4	114.2	117.4	72.7	82.1	104.1	85.3	89.3	121.3	78.6	87.6
9	FINISHES	114.6	119.7	117.3	100.0	112.7	106.8	100.7	124.1	113.2	99.3	76.8	87.3	93.1	86.2	89.4	107.0	80.2	92.6
10-14	TOTAL DIV. 10-14	100.0	124.0	107.0	100.0	144.9	113.1	100.0	149.3	114.4	100.0	90.5	97.2	100.0	92.0	97.6	100.0	111.7	103.4
15	MECHANICAL	98.7	125.8	112.3	97.0	133.4	115.2	95.9	137.2	116.5	97.7	83.1	90.4	97.1	82.5	89.8	103.5	93.0	98.3
16	ELECTRICAL	98.8	113.3	108.8	101.2	113.1	109.5	110.8	118.9	116.4	98.8	76.0	83.0	96.2	77.5	83.3	103.7	87.0	92.1
1-16	WEIGHTED AVERAGE	105.3	121.6	114.1	99.2	120.2	110.5	99.4	127.4	114.5	98.5	81.8	89.6	101.0	83.4	91.5	104.1	92.6	97.9

DIVISION		CONNECTICUT												DELAWARE			D.C.		
		HARTFORD			NEW HAVEN			STAMFORD			WATERBURY			WILMINGTON			WASHINGTON		
		MAT.	INST.	TOTAL	MAT.	INST.	TOTAL	MAT.	INST.	TOTAL	MAT.	INST.	TOTAL	MAT.	INST.	TOTAL	MAT.	INST.	TOTAL
2	SITE WORK	100.2	96.6	98.6	116.9	94.6	106.9	124.9	98.0	112.9	109.1	95.7	103.1	115.2	100.3	108.5	89.8	93.6	91.5
3.1	FORMWORK	111.8	85.5	91.3	110.9	84.4	90.3	112.2	80.7	87.5	102.0	84.3	88.2	105.2	106.4	106.2	106.6	85.2	89.9
3.2	REINFORCING	115.2	106.1	111.4	112.7	106.1	110.0	130.7	106.1	120.5	115.2	106.1	111.4	112.7	96.6	106.0	108.6	84.1	98.4
3.3	CAST IN PLACE CONC.	98.3	98.4	98.4	95.1	97.9	96.8	117.7	98.8	106.1	114.9	98.5	104.8	99.0	112.4	107.2	102.6	90.1	94.9
3	CONCRETE	104.8	94.0	97.9	102.2	93.3	96.5	119.5	92.2	102.0	112.4	93.6	100.3	103.3	108.6	106.7	104.7	87.6	93.8
4	MASONRY	99.5	92.2	93.9	122.6	92.1	99.2	122.6	129.7	128.0	109.6	92.1	96.2	101.6	89.1	92.0	92.7	91.3	91.7
5	METALS	92.5	102.4	96.1	85.2	102.5	91.4	85.7	102.5	91.7	88.1	102.5	93.2	85.7	101.7	91.4	103.0	90.9	98.7
6	WOOD & PLASTICS	114.6	83.2	96.9	115.3	82.3	96.7	111.3	77.1	92.1	107.2	82.0	93.0	103.7	108.5	106.4	105.4	86.0	94.5
7	MOISTURE PROTECTION	101.1	93.1	98.6	88.2	107.2	94.3	88.0	109.8	95.0	88.8	92.8	90.1	89.1	118.3	98.5	106.6	93.0	102.2
8	DOORS, WINDOWS, GLASS	92.4	95.0	93.8	98.8	93.9	96.2	94.9	91.7	93.2	88.8	93.9	91.5	86.8	102.7	95.1	99.7	90.6	95.0
9.2	LATH & PLASTER	113.6	91.9	97.1	121.4	85.8	94.4	98.6	92.6	94.1	113.7	91.7	97.0	94.1	93.2	93.4	98.6	100.4	100.0
9.2	DRYWALL	108.1	82.6	96.1	112.9	78.1	96.5	117.9	78.1	99.1	113.3	81.7	98.4	102.5	109.1	105.6	121.1	86.1	104.6
9.5	ACOUSTICAL WORK	105.9	83.0	93.4	105.9	81.3	92.5	105.1	76.4	89.4	86.6	81.3	83.7	90.8	108.8	100.6	107.0	85.9	95.5
9.6	FLOORING	94.5	92.7	94.0	97.2	92.4	95.9	96.0	124.9	103.9	102.0	92.4	99.4	85.2	97.5	88.6	94.5	101.2	96.3
9.9	PAINTING	107.2	94.7	97.3	121.1	94.1	99.8	121.2	107.9	110.7	114.4	74.7	83.0	100.6	92.2	94.0	98.2	103.1	102.1
9	FINISHES	104.9	88.1	95.9	110.0	85.4	96.8	112.0	92.4	101.5	108.8	80.6	93.7	97.4	101.5	99.6	111.2	93.9	101.9
10-14	TOTAL DIV. 10-14	100.0	112.4	103.6	100.0	112.0	103.5	100.0	112.3	103.6	100.0	111.0	103.2	100.0	99.9	99.9	100.0	92.5	97.8
15	MECHANICAL	101.4	90.2	95.8	101.9	92.5	97.2	101.4	99.6	100.5	100.4	88.1	94.3	100.1	93.2	96.7	101.7	89.9	95.8
16	ELECTRICAL	100.1	88.5	92.1	93.8	86.6	88.8	95.5	114.5	108.7	92.4	72.6	78.6	106.3	115.0	112.4	97.3	95.2	95.9
1-16	WEIGHTED AVERAGE	100.7	93.0	96.5	101.4	93.0	96.9	104.3	103.6	104.0	100.8	89.6	94.8	98.9	102.0	100.6	101.7	91.0	96.0

DIVISION		FLORIDA															GEORGIA		
		FT LAUDERDALE			JACKSONVILLE			MIAMI			ORLANDO			TAMPA			ATLANTA		
		MAT.	INST.	TOTAL	MAT.	INST.	TOTAL	MAT.	INST.	TOTAL	MAT.	INST.	TOTAL	MAT.	INST.	TOTAL	MAT.	INST.	TOTAL
2	SITE WORK	108.4	84.9	97.8	118.0	81.8	101.8	97.1	81.4	90.1	97.1	87.4	92.8	109.9	89.1	100.6	103.8	92.1	98.5
3.1	FORMWORK	107.4	65.9	75.1	104.5	67.9	76.0	109.0	65.6	75.3	103.9	68.6	76.4	99.9	71.7	77.9	85.5	74.3	76.8
3.2	REINFORCING	100.1	73.0	88.9	87.3	65.7	78.3	100.1	73.0	88.9	100.1	67.6	86.6	100.1	77.4	90.7	85.2	77.6	82.1
3.3	CAST IN PLACE CONC.	91.4	93.1	92.5	96.9	89.6	92.4	88.6	97.9	94.3	94.3	92.9	93.4	99.1	108.3	104.7	88.4	94.8	92.3
3	CONCRETE	96.6	80.6	86.3	96.3	79.0	85.2	95.2	83.0	87.4	97.5	81.1	87.0	99.5	91.1	94.1	87.1	85.2	85.9
4	MASONRY	99.0	83.3	86.9	90.6	58.4	65.9	92.9	78.6	81.9	93.7	73.7	78.4	96.9	73.9	79.3	89.5	76.5	79.5
5	METALS	87.0	79.2	84.2	94.8	74.8	87.6	86.6	82.0	85.0	86.6	75.8	82.7	97.9	88.3	94.5	110.1	83.3	100.5
6	WOOD & PLASTICS	107.2	69.4	85.9	103.0	70.4	84.7	107.9	68.7	85.8	102.9	68.9	83.7	102.4	74.8	86.9	89.4	77.4	82.7
7	MOISTURE PROTECTION	88.1	73.4	83.4	87.4	69.9	81.8	86.4	75.6	82.9	87.5	68.7	81.5	104.4	61.4	90.6	98.0	72.2	89.7
8	DOORS, WINDOWS, GLASS	86.6	68.4	77.1	89.7	65.8	77.2	93.2	69.8	81.0	88.4	65.3	76.3	96.5	63.1	79.0	92.4	75.0	83.3
9.2	LATH & PLASTER	100.7	81.7	86.3	102.8	66.9	75.6	103.9	78.5	84.7	102.1	72.2	79.3	100.7	64.5	73.3	112.0	77.1	85.5
9.2	DRYWALL	103.1	67.8	86.5	107.2	69.6	89.5	102.9	67.8	86.3	103.1	64.9	85.1	96.8	74.1	86.1	115.8	75.4	96.7
9.5	ACOUSTICAL WORK	91.0	67.6	78.2	91.0	69.4	79.2	100.1	67.6	82.3	91.0	67.8	78.3	92.8	73.9	82.5	91.9	76.5	83.5
9.6	FLOORING	104.1	82.7	98.3	104.1	61.0	92.3	105.5	78.6	98.2	102.9	74.3	95.1	100.2	74.8	93.3	101.2	81.3	95.8
9.9	PAINTING	113.1	65.7	75.7	102.7	64.3	72.4	111.7	66.7	76.2	100.1	70.7	76.9	108.6	62.2	71.9	95.1	80.6	83.7
9	FINISHES	103.4	69.0	84.9	104.6	67.0	84.5	104.2	68.8	85.2	101.8	68.3	83.8	98.5	69.5	83.0	108.4	77.8	92.0
10-14	TOTAL DIV. 10-14	100.0	84.9	95.5	100.0	74.8	92.6	100.0	84.5	95.4	100.0	80.4	94.2	100.0	81.0	94.4	100.0	78.5	93.7
15	MECHANICAL	100.6	77.2	88.9	99.8	75.6	87.7	97.5	84.1	90.8	96.8	74.0	85.4	97.2	77.1	87.1	102.6	80.4	91.5
16	ELECTRICAL	99.1	77.4	84.1	100.3	66.6	77.0	100.7	79.3	85.8	93.5	67.9	75.7	93.5	73.4	79.6	95.5	84.5	87.9
1-16	WEIGHTED AVERAGE	97.7	78.1	87.1	98.6	71.3	83.9	96.2	79.5	87.2	95.5	74.4	84.1	99.2	78.4	88.0	99.1	81.1	89.4

CITY COST INDEXES

	DIVISION	GEORGIA									HAWAII			IDAHO			ILLINOIS		
		COLUMBUS			MACON			SAVANNAH			HONOLULU			BOISE			CHICAGO		
		MAT.	INST.	TOTAL	MAT.	INST.	TOTAL	MAT.	INST.	TOTAL	MAT.	INST.	TOTAL	MAT.	INST.	TOTAL	MAT.	INST.	TOTAL
2	SITE WORK	122.8	84.4	105.6	115.9	87.5	103.2	117.9	87.0	104.0	132.7	112.4	123.6	92.8	96.5	94.5	104.6	106.0	105.2
3.1	FORMWORK	105.2	55.1	66.2	98.8	62.3	70.4	101.3	66.4	74.1	132.3	131.7	131.8	110.5	92.0	96.1	80.8	112.2	105.2
3.2	REINFORCING	97.1	77.6	89.0	86.2	77.6	82.6	107.1	66.4	90.2	117.7	116.7	117.3	117.7	77.5	101.1	105.7	120.3	111.8
3.3	CAST IN PLACE CONC.	108.2	85.7	94.3	102.3	98.4	99.9	94.8	102.2	99.4	113.6	106.5	109.2	96.5	98.6	97.8	101.7	99.6	100.4
3	CONCRETE	105.1	72.9	84.5	98.0	82.4	88.0	98.8	84.9	89.9	118.3	117.3	117.7	104.1	94.1	97.7	98.4	106.4	103.5
4	MASONRY	92.6	45.9	56.8	84.3	53.1	60.3	92.1	67.0	72.9	125.4	118.8	120.4	101.7	79.6	84.8	97.5	113.3	109.6
5	METALS	95.6	82.1	90.8	90.6	86.3	89.0	100.4	80.3	93.2	110.2	113.8	111.5	93.3	84.5	90.2	89.8	112.5	97.9
6	WOOD & PLASTICS	103.6	57.1	77.4	92.5	64.0	76.5	102.8	67.8	83.1	121.6	133.7	128.2	92.3	90.6	91.3	93.7	111.6	103.8
7	MOISTURE PROTECTION	92.8	63.5	83.4	92.5	65.0	83.7	90.7	60.5	81.0	107.7	130.6	115.1	105.5	84.1	98.6	97.7	113.2	102.7
8	DOORS, WINDOWS, GLASS	89.7	59.5	73.9	93.2	64.7	78.3	91.4	61.0	75.5	114.0	130.2	122.5	104.4	79.3	91.5	110.1	112.3	111.3
9.2	LATH & PLASTER	103.2	51.9	64.4	102.8	58.3	69.0	97.6	56.4	66.4	116.8	119.3	118.7	114.2	91.1	96.6	107.0	112.6	111.2
9.2	DRYWALL	92.0	56.1	75.1	92.0	62.4	78.0	111.8	66.1	90.3	151.9	124.6	139.0	94.9	90.3	92.7	98.9	112.1	105.1
9.5	ACOUSTICAL WORK	101.5	55.7	76.4	101.5	62.8	80.3	101.6	66.7	82.5	118.7	134.3	127.2	112.9	90.3	100.5	98.5	111.8	105.8
9.6	FLOORING	82.2	48.1	72.9	88.1	55.4	79.2	95.8	68.3	88.3	132.6	123.3	130.1	93.9	86.3	91.8	99.9	107.4	101.9
9.9	PAINTING	117.0	54.0	67.3	116.5	66.0	76.6	116.7	67.0	77.5	124.1	143.6	139.5	100.4	65.9	73.2	92.8	108.6	105.3
9	FINISHES	93.5	54.5	72.6	94.7	62.9	77.7	107.7	66.0	85.3	141.3	131.5	136.0	97.1	81.7	88.8	98.6	110.6	105.0
10-14	TOTAL DIV. 10-14	100.0	73.6	92.2	100.0	75.2	92.7	100.0	74.6	92.5	100.0	116.7	104.9	100.0	82.6	94.9	100.0	109.4	102.7
15	MECHANICAL	98.4	62.0	80.2	98.7	66.6	82.7	98.4	68.5	83.5	111.2	119.2	115.2	96.7	89.4	93.0	96.7	105.9	101.3
16	ELECTRICAL	97.8	55.9	68.8	108.4	68.4	80.7	101.6	69.3	79.2	106.0	124.9	119.1	96.7	72.5	79.9	94.0	114.5	108.2
1-16	WEIGHTED AVERAGE	99.2	62.8	79.5	97.7	69.9	82.7	99.9	72.6	85.2	115.2	121.2	118.4	99.0	85.2	91.6	98.1	109.7	104.4

	DIVISION	ILLINOIS									INDIANA								
		PEORIA			ROCKFORD			SPRINGFIELD			EVANSVILLE			FORT WAYNE			GARY		
		MAT.	INST.	TOTAL	MAT.	INST.	TOTAL	MAT.	INST.	TOTAL	MAT.	INST.	TOTAL	MAT.	INST.	TOTAL	MAT.	INST.	TOTAL
2	SITE WORK	114.5	95.9	106.1	112.3	100.3	106.9	109.0	96.2	103.3	103.5	97.8	100.9	97.5	98.1	97.8	111.4	98.1	105.5
3.1	FORMWORK	117.7	90.9	96.8	125.3	97.8	103.9	104.4	90.3	93.4	105.8	88.5	92.3	119.2	90.6	97.0	113.9	105.9	107.7
3.2	REINFORCING	112.7	85.8	101.6	112.9	109.5	111.5	92.7	91.7	92.3	93.8	94.7	94.2	93.8	93.7	93.7	93.8	103.3	97.7
3.3	CAST IN PLACE CONC.	86.7	81.0	83.2	97.4	101.6	100.0	101.6	96.5	98.5	113.6	94.6	101.9	91.7	95.6	94.1	97.2	113.9	107.5
3	CONCRETE	98.7	85.3	90.1	106.4	100.8	102.8	100.2	93.6	96.0	107.6	92.2	97.7	97.6	93.5	95.0	99.8	109.8	106.2
4	MASONRY	99.2	85.4	88.6	90.0	98.8	96.7	107.0	80.8	86.9	88.1	91.5	90.7	95.3	95.6	95.5	95.4	111.2	107.5
5	METALS	87.7	82.5	85.8	108.0	105.9	107.3	92.9	93.4	93.1	93.8	94.0	93.8	99.8	94.7	98.0	89.5	107.0	95.8
6	WOOD & PLASTICS	113.5	91.1	100.9	107.1	95.5	100.6	103.0	89.6	95.5	93.0	87.5	89.9	103.0	89.9	95.6	113.0	106.6	109.4
7	MOISTURE PROTECTION	93.7	95.6	94.3	106.9	102.4	105.5	99.0	87.5	95.3	88.1	93.0	89.7	96.3	86.4	93.1	93.7	111.9	99.5
8	DOORS, WINDOWS, GLASS	93.8	85.6	89.5	100.5	95.4	97.8	105.4	84.4	94.4	106.8	88.0	97.0	98.0	84.8	91.1	98.5	98.2	98.4
9.2	LATH & PLASTER	103.8	92.3	95.1	105.1	98.5	100.1	103.6	85.4	89.8	101.1	95.1	96.5	101.8	81.1	86.1	117.3	100.2	104.3
9.2	DRYWALL	110.1	91.1	101.1	94.8	95.5	95.3	116.3	89.5	103.7	113.6	87.3	101.3	100.9	88.4	95.0	100.2	105.8	102.8
9.5	ACOUSTICAL WORK	84.0	90.8	87.7	83.9	95.5	90.3	83.9	89.2	86.8	103.8	87.1	94.7	84.9	89.6	87.5	90.2	106.9	99.3
9.6	FLOORING	105.0	87.8	100.3	123.3	93.4	115.2	115.4	83.5	106.6	97.8	87.6	95.0	98.8	96.6	98.2	100.7	112.7	104.0
9.9	PAINTING	115.8	98.2	101.9	96.9	95.8	96.0	90.7	79.0	81.4	103.4	89.7	92.6	95.1	88.0	89.5	92.4	102.3	100.2
9	FINISHES	107.4	93.4	99.9	100.7	95.8	98.0	110.5	85.2	96.9	108.0	88.6	97.6	98.6	88.5	93.2	99.1	104.9	102.2
10-14	TOTAL DIV. 10-14	100.0	91.5	97.5	100.0	100.8	100.2	100.0	89.3	96.8	100.0	94.3	98.3	100.0	98.8	99.6	100.0	105.4	101.5
15	MECHANICAL	96.3	90.6	93.4	101.6	91.5	96.6	97.2	88.2	92.7	98.1	93.6	95.9	98.3	93.5	95.9	97.6	98.8	98.2
16	ELECTRICAL	94.8	91.4	92.4	93.6	89.4	90.7	95.4	76.1	82.0	95.1	94.2	94.5	97.3	95.1	95.8	101.5	100.2	100.6
1-16	WEIGHTED AVERAGE	98.5	88.9	93.3	102.5	96.7	99.4	100.7	86.9	93.3	99.6	92.4	95.7	98.2	93.3	95.6	98.7	104.8	102.0

	DIVISION	INDIANA									IOWA						KANSAS		
		INDIANAPOLIS			SOUTH BEND			TERRE HAUTE			DAVENPORT			DES MOINES			TOPEKA		
		MAT.	INST.	TOTAL	MAT.	INST.	TOTAL	MAT.	INST.	TOTAL	MAT.	INST.	TOTAL	MAT.	INST.	TOTAL	MAT.	INST.	TOTAL
2	SITE WORK	101.3	95.1	98.5	101.1	97.4	99.5	92.1	86.3	89.5	107.8	87.4	98.7	103.4	90.0	97.4	110.1	83.3	98.1
3.1	FORMWORK	114.3	98.2	101.8	109.1	90.6	94.7	116.0	87.8	94.0	104.3	88.9	92.3	113.2	77.2	85.2	101.5	66.0	73.9
3.2	REINFORCING	109.8	99.0	105.3	105.9	88.8	98.8	93.8	89.1	91.9	97.7	90.9	94.9	101.8	73.4	90.1	87.6	91.2	89.1
3.3	CAST IN PLACE CONC.	83.3	95.5	90.8	90.0	103.1	98.1	92.8	98.4	96.3	91.6	95.5	94.0	115.3	91.7	100.8	91.8	93.8	93.0
3	CONCRETE	95.5	96.9	96.4	97.4	96.9	97.1	97.7	93.4	94.9	95.5	92.5	93.6	111.9	84.4	94.3	92.8	82.6	86.3
4	MASONRY	101.0	94.7	96.2	94.1	94.5	94.4	86.8	95.0	93.1	115.4	80.8	88.9	101.2	76.4	82.1	100.0	72.0	78.5
5	METALS	99.0	97.9	98.6	101.2	93.4	98.4	91.5	91.0	91.3	88.8	91.5	89.8	88.7	79.9	85.2	101.5	92.2	98.1
6	WOOD & PLASTICS	100.6	99.2	99.8	107.2	91.4	98.3	109.4	87.4	97.1	105.5	90.4	97.0	104.7	76.8	89.0	95.1	65.6	78.5
7	MOISTURE PROTECTION	92.7	91.9	92.4	90.1	95.6	91.9	93.3	89.2	92.0	90.5	86.4	89.2	87.4	72.3	82.5	96.6	71.6	88.6
8	DOORS, WINDOWS, GLASS	109.7	97.2	103.1	104.9	82.3	93.1	99.0	87.0	92.7	92.2	81.4	86.5	88.9	77.7	83.0	98.5	72.1	84.7
9.2	LATH & PLASTER	97.0	98.2	97.9	105.8	88.8	92.9	107.6	94.9	98.0	100.1	82.7	86.9	106.0	70.8	79.3	87.0	71.0	74.9
9.2	DRYWALL	89.7	99.0	94.1	101.1	90.8	96.3	100.9	87.3	94.4	102.5	87.2	95.3	115.9	74.2	96.3	91.0	64.6	78.6
9.5	ACOUSTICAL WORK	101.0	98.7	99.7	88.3	90.5	89.5	91.2	87.0	88.9	91.1	87.0	88.9	104.2	76.0	88.8	93.9	64.4	77.8
9.6	FLOORING	107.8	100.6	105.9	103.6	79.8	97.1	107.8	94.3	104.1	107.8	74.6	98.8	93.2	67.0	86.0	107.4	70.9	97.4
9.9	PAINTING	91.1	95.2	94.4	97.5	76.1	80.6	120.4	97.6	102.4	103.2	87.0	90.4	104.1	76.7	82.5	89.7	73.1	76.6
9	FINISHES	94.9	97.7	96.4	100.4	84.8	92.1	103.8	91.8	97.4	102.8	85.9	93.8	108.5	74.5	90.3	94.6	68.3	80.5
10-14	TOTAL DIV. 10-14	100.0	93.2	98.0	100.0	90.9	97.3	100.0	92.0	97.6	100.0	84.8	95.5	100.0	83.0	95.0	100.0	85.1	95.6
15	MECHANICAL	100.7	95.3	98.0	98.2	84.0	91.1	98.1	90.7	94.4	99.8	76.1	88.0	96.7	79.0	87.8	99.3	72.2	85.8
16	ELECTRICAL	99.7	96.1	97.2	97.9	89.7	92.2	109.1	89.3	95.4	98.0	85.0	89.0	99.4	79.1	85.3	98.7	72.0	80.2
1-16	WEIGHTED AVERAGE	99.1	96.0	97.4	98.7	90.8	94.5	97.9	91.4	94.4	98.7	84.8	91.2	99.5	79.7	88.8	98.6	75.8	86.3

387

CITY COST INDEXES

	DIVISION	KANSAS WICHITA			KENTUCKY LEXINGTON			KENTUCKY LOUISVILLE			LOUISIANA BATON ROUGE			LOUISIANA NEW ORLEANS			LOUISIANA SHREVEPORT		
		MAT.	INST.	TOTAL	MAT.	INST.	TOTAL	MAT.	INST.	TOTAL	MAT.	INST.	TOTAL	MAT.	INST.	TOTAL	MAT.	INST.	TOTAL
2	SITE WORK	114.3	90.8	103.7	92.3	88.4	90.6	106.8	91.2	99.8	98.5	76.2	88.5	101.9	83.9	93.8	106.4	77.6	93.5
3.1	FORMWORK	102.2	61.6	70.6	107.7	69.3	77.8	100.7	76.8	82.1	122.9	66.3	78.8	93.8	74.5	78.8	102.7	59.9	69.4
3.2	REINFORCING	87.6	94.7	90.6	101.3	88.5	96.0	117.7	88.5	105.6	100.4	60.5	83.9	94.1	71.7	84.8	100.4	59.4	83.4
3.3	CAST IN PLACE CONC.	94.4	99.0	97.3	83.7	91.2	88.3	77.8	101.8	92.6	97.2	85.1	89.7	90.5	87.5	88.7	86.3	87.8	87.3
3	CONCRETE	94.4	84.0	87.7	92.4	82.3	86.0	91.4	90.8	91.0	103.0	75.5	85.4	92.0	81.0	84.9	92.8	74.3	80.9
4	MASONRY	96.7	66.3	73.3	89.3	73.3	77.0	92.1	72.3	76.9	105.5	82.4	87.7	103.1	66.3	74.9	114.5	60.1	72.8
5	METALS	98.0	96.1	97.4	83.6	89.6	85.7	79.9	92.4	84.4	104.8	68.5	91.8	94.8	76.0	88.1	92.3	69.7	84.2
6	WOOD & PLASTICS	94.2	62.6	76.4	105.6	69.0	85.0	102.4	78.0	88.7	104.4	68.6	84.2	95.9	76.8	85.1	87.6	63.1	73.8
7	MOISTURE PROTECTION	96.9	62.3	85.8	84.8	68.8	79.7	84.9	77.0	82.3	111.0	67.2	96.9	111.1	68.8	97.5	87.0	60.4	78.5
8	DOORS, WINDOWS, GLASS	93.1	70.4	81.3	103.1	70.6	86.1	99.2	76.5	87.3	89.4	61.8	75.0	97.8	76.9	86.9	102.7	58.6	79.6
9.2	LATH & PLASTER	94.5	64.2	71.5	87.8	75.9	78.8	95.7	79.3	83.2	88.1	72.8	76.5	89.5	74.2	77.9	103.2	66.3	75.2
9.2	DRYWALL	90.5	62.7	77.4	92.0	71.9	82.5	90.3	77.5	84.3	100.3	67.7	84.9	88.4	75.6	82.4	91.0	62.1	77.4
9.5	ACOUSTICAL WORK	85.8	61.4	72.5	85.1	67.9	75.7	89.9	77.3	83.0	80.0	67.5	73.2	105.6	75.8	89.3	100.4	61.0	78.9
9.6	FLOORING	97.9	66.9	89.4	104.2	66.1	93.8	113.1	69.9	101.3	94.7	81.9	91.2	97.1	66.4	88.7	98.6	61.4	88.4
9.9	PAINTING	104.6	64.9	73.3	120.4	63.5	75.5	110.6	67.4	76.5	115.4	62.5	73.6	112.2	66.9	76.4	107.1	53.4	64.7
9	FINISHES	93.4	63.7	77.5	97.0	68.5	81.8	97.5	73.6	84.7	98.7	67.2	81.9	94.2	71.9	82.3	95.4	59.2	76.0
10-14	TOTAL DIV. 10-14	100.0	76.4	93.0	100.0	85.5	95.7	100.0	85.9	95.8	100.0	66.2	90.1	100.0	80.3	94.2	100.0	72.8	92.0
15	MECHANICAL	97.0	69.2	83.1	100.3	73.7	87.0	101.0	85.5	93.2	96.9	67.7	82.3	99.0	72.5	85.8	96.1	64.5	80.3
16	ELECTRICAL	103.2	68.8	79.3	103.1	73.7	82.7	101.0	73.5	81.9	98.0	76.9	83.4	98.0	77.5	83.8	95.4	71.0	78.5
1-16	WEIGHTED AVERAGE	97.9	73.6	84.8	95.6	76.5	85.3	95.9	81.8	88.3	100.3	72.6	85.4	98.4	75.2	85.9	96.9	67.0	80.8

	DIVISION	MAINE LEWISTON			MAINE PORTLAND			MARYLAND BALTIMORE			MASSACHUSETTS BOSTON			MASSACHUSETTS LAWRENCE			MASSACHUSETTS LOWELL		
		MAT.	INST.	TOTAL	MAT.	INST.	TOTAL	MAT.	INST.	TOTAL	MAT.	INST.	TOTAL	MAT.	INST.	TOTAL	MAT.	INST.	TOTAL
2	SITE WORK	98.0	94.2	96.3	101.0	104.7	102.7	100.4	87.9	94.8	108.6	105.3	107.1	107.3	102.2	105.0	102.8	100.2	101.7
3.1	FORMWORK	107.5	80.2	86.2	107.5	80.2	86.2	111.7	88.9	93.9	105.6	128.4	123.4	119.4	113.9	115.1	111.7	114.1	113.6
3.2	REINFORCING	117.7	99.0	110.0	117.7	99.0	110.0	104.3	100.4	102.7	117.7	120.0	118.6	92.8	105.9	101.4	116.2	114.8	115.6
3.3	CAST IN PLACE CONC.	92.7	91.8	92.2	92.7	92.3	92.4	123.4	93.2	104.8	115.2	121.3	118.9	111.5	107.3	108.9	108.3	107.4	107.7
3	CONCRETE	101.3	87.9	92.7	101.3	88.1	92.9	116.8	92.1	101.0	113.8	124.0	120.3	110.1	109.8	109.9	110.7	110.7	110.7
4	MASONRY	94.1	62.1	69.6	94.3	62.1	69.6	85.5	98.4	95.4	110.4	134.8	129.1	105.7	121.1	117.5	110.2	133.7	128.3
5	METALS	94.0	98.4	95.6	107.2	98.4	104.1	97.3	97.5	97.4	110.8	119.6	113.9	96.1	105.9	99.6	93.6	111.2	99.9
6	WOOD & PLASTICS	108.7	80.2	92.7	105.2	80.2	91.1	102.0	90.3	95.4	105.0	129.3	118.7	112.7	111.5	112.1	110.5	111.5	111.1
7	MOISTURE PROTECTION	88.3	60.4	79.3	86.8	60.4	78.3	92.3	84.3	89.7	107.0	134.4	115.8	98.8	131.8	109.4	99.4	131.8	109.8
8	DOORS, WINDOWS, GLASS	107.1	73.0	89.3	95.1	73.0	83.6	96.9	98.6	97.8	105.3	127.7	117.0	107.0	105.5	106.2	101.5	107.1	104.4
9.2	LATH & PLASTER	107.4	76.3	83.8	108.2	76.6	84.3	114.6	90.8	96.6	129.6	117.7	120.5	99.2	116.9	112.6	97.0	106.0	103.8
9.2	DRYWALL	106.1	86.6	96.9	106.1	86.6	96.9	111.9	90.0	101.6	123.3	118.0	120.8	105.7	107.4	106.5	106.7	107.4	107.0
9.5	ACOUSTICAL WORK	94.8	80.3	86.9	94.8	80.3	86.9	100.6	89.8	94.7	87.6	130.4	111.0	105.9	112.7	109.6	105.9	112.7	109.6
9.6	FLOORING	104.2	65.8	93.8	102.0	65.8	92.1	103.4	99.1	102.2	118.6	136.4	123.4	97.4	133.1	107.1	103.4	133.1	111.5
9.9	PAINTING	98.2	47.7	58.4	102.2	47.7	59.2	94.6	88.6	89.8	115.2	145.1	138.8	101.1	132.9	126.2	96.6	129.9	122.9
9	FINISHES	104.0	70.7	86.1	103.9	70.7	86.1	107.3	90.2	98.1	118.7	129.6	124.6	103.2	119.0	111.7	104.6	117.3	111.4
10-14	TOTAL DIV. 10-14	100.0	82.1	94.7	100.0	82.1	94.7	100.0	92.5	97.8	100.0	123.5	106.9	100.0	121.5	106.3	100.0	122.4	106.5
15	MECHANICAL	96.8	90.1	93.5	96.8	90.1	93.4	100.0	93.5	96.8	103.8	126.3	115.0	98.9	109.2	104.1	98.6	99.2	98.9
16	ELECTRICAL	94.4	68.2	76.2	97.8	68.2	77.3	101.2	98.1	99.0	99.4	137.2	125.6	101.1	85.8	90.5	101.1	85.7	90.4
1-16	WEIGHTED AVERAGE	98.3	79.2	88.0	99.0	79.7	88.6	101.4	94.0	97.5	107.4	127.7	118.4	102.5	109.6	106.3	102.1	109.9	106.3

	DIVISION	MASSACHUSETTS SPRINGFIELD			MASSACHUSETTS WORCESTER			MICHIGAN ANN ARBOR			MICHIGAN DETROIT			MICHIGAN FLINT			MICHIGAN GRAND RAPIDS		
		MAT.	INST.	TOTAL	MAT.	INST.	TOTAL	MAT.	INST.	TOTAL	MAT.	INST.	TOTAL	MAT.	INST.	TOTAL	MAT.	INST.	TOTAL
2	SITE WORK	96.0	102.3	98.8	105.4	103.5	104.6	98.5	102.7	100.4	92.3	105.4	98.2	97.8	96.2	97.1	81.6	87.3	84.2
3.1	FORMWORK	114.4	108.1	109.5	115.0	114.1	114.3	110.6	116.3	115.0	96.3	117.1	112.5	113.3	110.8	111.3	121.1	77.4	87.1
3.2	REINFORCING	98.2	109.5	102.9	98.2	114.8	105.1	109.2	114.8	111.5	88.0	114.8	99.1	109.2	114.8	111.5	117.7	75.9	100.4
3.3	CAST IN PLACE CONC.	99.4	105.6	103.2	106.2	103.4	104.5	88.8	104.8	98.7	110.8	113.6	112.5	103.7	94.6	98.1	96.1	93.1	94.3
3	CONCRETE	102.1	107.0	105.2	106.2	108.6	107.7	97.7	110.2	105.7	102.8	115.1	110.7	106.8	102.8	104.2	106.0	85.4	92.8
4	MASONRY	112.7	103.3	105.5	102.8	133.7	126.6	98.4	117.2	112.9	102.2	116.6	113.3	107.8	105.2	105.8	94.6	67.3	73.6
5	METALS	96.1	107.3	100.1	95.1	111.3	100.9	91.6	113.2	99.4	105.5	116.8	109.6	91.1	109.6	97.7	104.5	83.3	96.9
6	WOOD & PLASTICS	98.3	108.1	103.8	114.5	115.5	112.8	119.4	116.5	117.8	93.6	116.7	106.6	111.6	116.5	114.3	115.7	76.6	93.7
7	MOISTURE PROTECTION	97.8	108.4	101.2	99.7	120.9	106.5	90.7	106.5	95.8	94.9	120.2	103.0	85.2	87.8	86.1	111.4	68.0	97.4
8	DOORS, WINDOWS, GLASS	98.5	100.2	99.4	109.6	116.6	113.3	104.0	102.9	103.4	103.9	112.3	108.3	107.2	99.2	103.0	103.8	69.1	85.6
9.2	LATH & PLASTER	96.1	85.7	88.2	93.5	101.1	99.3	87.0	120.1	112.1	97.0	116.1	111.5	90.1	76.9	80.1	91.2	73.8	78.0
9.2	DRYWALL	105.1	96.0	100.8	106.7	106.1	106.4	87.7	117.3	101.6	89.6	117.3	102.7	111.9	98.7	105.7	114.9	74.1	95.7
9.5	ACOUSTICAL WORK	116.1	108.2	111.7	108.9	112.7	111.0	80.0	117.1	100.3	99.6	117.1	109.1	97.2	117.1	108.1	105.1	75.8	89.1
9.6	FLOORING	96.6	106.0	99.1	115.1	104.0	112.1	89.1	119.5	97.4	111.5	111.2	111.4	89.3	98.4	91.8	101.4	65.5	91.6
9.9	PAINTING	105.1	101.8	102.5	112.5	106.7	107.9	106.9	105.1	105.4	118.3	112.3	113.5	92.3	79.7	82.4	104.2	62.4	71.2
9	FINISHES	103.9	99.1	101.3	109.2	106.4	107.6	89.4	113.4	102.3	98.4	115.1	107.3	103.2	92.4	97.4	109.5	69.6	88.1
10-14	TOTAL DIV. 10-14	100.0	103.2	100.9	100.0	108.4	102.4	100.0	102.7	101.4	100.0	107.0	102.0	100.0	95.9	98.8	100.0	84.8	95.5
15	MECHANICAL	97.8	98.8	98.3	101.1	84.5	92.8	99.6	100.6	100.1	103.5	109.5	106.5	99.0	100.4	99.7	98.2	74.7	86.4
16	ELECTRICAL	95.4	93.2	93.9	97.2	103.9	101.8	99.3	100.4	100.1	100.6	111.1	107.9	99.3	95.2	96.5	97.9	57.9	70.2
1-16	WEIGHTED AVERAGE	99.7	101.8	100.8	102.6	107.8	105.4	97.5	107.7	103.0	100.9	113.1	107.5	100.0	99.8	99.9	101.5	74.3	86.8

CITY COST INDEXES

		MICHIGAN									MINNESOTA						MISSISSIPPI		
	DIVISION	KALAMAZOO			LANSING			SAGINAW			DULUTH			MINNEAPOLIS			JACKSON		
		MAT.	INST.	TOTAL	MAT.	INST.	TOTAL	MAT.	INST.	TOTAL	MAT.	INST.	TOTAL	MAT.	INST.	TOTAL	MAT.	INST.	TOTAL
2	SITE WORK	96.3	91.9	94.3	115.5	92.0	105.0	114.1	93.2	104.7	123.7	89.8	108.5	119.8	104.0	112.7	101.4	79.7	91.7
3.1	FORMWORK	115.7	73.6	83.0	116.8	94.1	99.1	106.5	79.4	85.4	121.0	88.6	95.8	90.9	102.7	100.0	102.7	59.1	68.8
3.2	REINFORCING	117.7	75.9	100.4	117.7	114.8	116.5	109.2	114.8	111.5	105.3	89.4	98.7	97.2	100.6	98.6	103.9	59.4	85.4
3.3	CAST IN PLACE CONC.	98.0	93.9	95.5	95.0	83.8	88.1	91.2	95.1	93.6	95.7	97.0	96.5	98.7	97.3	97.8	96.9	86.8	90.6
3	CONCRETE	106.0	84.3	92.1	104.4	90.6	95.6	98.3	90.7	93.4	102.9	93.0	96.6	96.8	99.7	98.6	99.6	73.5	82.9
4	MASONRY	97.8	71.9	78.0	106.7	75.4	82.6	98.4	71.1	77.5	110.0	84.4	90.3	100.5	100.3	100.4	101.8	58.4	68.5
5	METALS	101.4	83.2	94.9	110.3	105.8	108.7	100.1	109.6	103.5	105.3	92.8	100.8	95.9	98.4	96.8	85.8	69.2	79.9
6	WOOD & PLASTICS	96.8	71.1	82.3	114.4	97.3	104.8	107.2	76.0	89.7	100.8	89.9	94.7	99.8	101.0	100.5	93.1	62.1	75.7
7	MOISTURE PROTECTION	89.4	83.4	87.4	110.9	79.2	100.7	93.3	82.1	89.7	94.6	85.7	91.7	90.4	106.2	95.5	83.4	57.9	75.2
8	DOORS, WINDOWS, GLASS	95.1	69.3	81.6	109.1	92.1	100.2	98.6	79.6	88.7	94.6	84.1	89.1	105.0	100.7	102.8	98.3	58.8	77.6
9.2	LATH & PLASTER	89.0	71.4	75.7	90.2	80.0	82.4	99.8	77.9	83.2	105.8	81.2	87.1	90.1	105.4	101.7	97.0	58.3	67.7
9.2	DRYWALL	107.9	71.2	90.6	116.4	86.9	102.5	94.3	73.7	84.6	107.2	84.0	96.3	99.6	102.4	100.9	115.0	59.7	89.0
9.5	ACOUSTICAL WORK	99.5	70.9	83.9	99.5	97.2	98.3	104.4	75.2	88.5	96.0	89.5	92.4	97.9	101.4	99.8	88.2	60.2	72.9
9.6	FLOORING	97.2	66.2	88.8	102.5	75.0	95.0	101.4	68.0	92.3	93.4	83.8	90.8	92.3	99.0	94.1	98.9	59.7	88.2
9.9	PAINTING	110.2	73.0	80.9	111.8	95.5	98.9	121.2	69.1	80.1	119.8	94.2	99.6	108.1	104.9	105.6	114.9	52.3	65.5
9	FINISHES	104.7	71.5	86.9	110.9	89.4	99.4	99.6	72.1	84.9	104.6	87.8	95.6	98.5	103.1	101.0	108.9	57.1	81.2
10-14	TOTAL DIV. 10-14	100.0	91.4	97.4	100.0	100.3	100.1	100.0	93.8	98.1	100.0	88.7	96.7	100.0	97.9	99.3	100.0	70.4	91.3
15	MECHANICAL	98.0	89.9	93.9	99.6	81.0	90.3	99.6	89.0	94.3	98.9	84.3	91.6	101.0	96.5	98.8	99.7	57.8	78.7
16	ELECTRICAL	94.1	75.2	81.0	100.5	81.8	87.5	99.3	89.1	92.2	97.9	83.7	88.1	93.7	103.5	100.5	95.5	60.0	70.9
1-16	WEIGHTED AVERAGE	99.1	80.7	89.2	105.4	86.5	95.2	99.9	85.5	92.2	102.2	87.4	94.2	99.7	100.3	100.0	97.9	63.6	79.5

		MISSOURI						MONTANA						NEBRASKA					
	DIVISION	KANSAS CITY			ST LOUIS			BILLINGS			GREAT FALLS			LINCOLN			OMAHA		
		MAT.	INST.	TOTAL	MAT.	INST.	TOTAL	MAT.	INST.	TOTAL	MAT.	INST.	TOTAL	MAT.	INST.	TOTAL	MAT.	INST.	TOTAL
2	SITE WORK	91.3	102.9	96.5	83.3	96.6	89.3	99.5	95.1	97.5	93.9	94.2	94.0	103.9	86.5	96.1	113.8	93.2	104.5
3.1	FORMWORK	100.1	92.5	94.2	94.6	108.2	105.2	104.6	73.4	80.3	125.1	73.9	85.3	116.8	59.0	71.8	103.1	69.3	76.8
3.2	REINFORCING	77.9	91.2	83.4	82.4	100.9	90.0	112.5	74.3	96.7	112.7	74.3	96.8	107.4	64.8	89.8	96.7	64.8	83.5
3.3	CAST IN PLACE CONC.	95.1	95.3	95.2	81.7	101.0	93.6	103.2	93.2	97.1	115.0	92.7	101.2	104.6	90.7	96.1	93.6	92.3	92.8
3	CONCRETE	92.2	93.8	93.3	84.4	103.8	96.8	105.6	83.7	91.6	116.5	83.7	95.5	107.7	75.9	87.3	96.2	80.8	86.4
4	MASONRY	101.3	91.8	94.0	94.6	104.5	102.2	109.0	80.5	87.1	120.0	84.2	92.5	100.7	51.6	63.0	105.8	69.2	77.7
5	METALS	104.4	91.5	99.8	101.1	97.7	99.9	95.5	81.8	90.6	88.7	81.8	86.3	85.6	73.6	81.3	108.5	73.7	96.0
6	WOOD & PLASTICS	110.4	91.8	99.9	85.2	106.7	97.3	90.3	71.9	79.9	98.9	72.4	84.0	103.7	56.6	77.2	101.2	69.5	83.3
7	MOISTURE PROTECTION	102.2	99.1	101.2	93.5	104.4	97.0	100	71.4	90.8	102.2	70.6	92.0	88.6	79.3	85.6	105.7	68.4	93.7
8	DOORS, WINDOWS, GLASS	93.2	94.7	93.9	101.3	113.9	107.9	89.8	67.1	77.9	101.3	67.8	83.7	98.6	64.0	80.5	111.6	69.9	89.7
9.2	LATH & PLASTER	106.0	90.3	94.1	112.9	104.6	106.6	104.4	69.0	77.6	109.5	70.0	79.5	96.6	65.2	72.8	91.2	73.3	77.7
9.2	DRYWALL	97.5	91.4	94.7	95.0	107.3	100.8	103.7	69.6	87.6	106.1	70.2	89.2	90.1	62.2	76.9	91.8	70.1	81.6
9.5	ACOUSTICAL WORK	106.8	91.2	98.3	101.0	107.0	104.3	100.1	70.9	84.1	100.8	71.4	84.7	88.8	55.2	70.4	93.9	68.4	80.0
9.6	FLOORING	95.8	96.6	96.0	102.4	104.2	102.9	97.9	69.6	90.2	105.5	80.4	98.7	110.2	55.6	95.3	103.8	67.2	93.8
9.9	PAINTING	74.6	93.0	89.2	99.5	108.1	106.3	120.9	69.2	80.1	115.7	70.8	80.3	101.2	64.0	71.8	89.0	64.0	69.3
9	FINISHES	95.6	92.2	93.8	98.0	107.1	102.9	104.0	69.5	85.5	106.7	71.2	87.7	95.7	61.9	77.6	94.3	67.9	80.1
10-14	TOTAL DIV. 10-14	100.0	96.3	98.9	100.0	103.1	100.9	100.0	84.3	95.4	100.0	84.8	95.5	100.0	78.2	93.6	100.0	80.5	94.2
15	MECHANICAL	102.5	93.8	98.2	97.7	109.7	103.7	99.1	88.3	93.7	98.7	82.7	90.7	99.7	57.5	78.7	100.0	69.8	84.9
16	ELECTRICAL	104.4	98.2	100.1	103.1	114.9	111.3	98.8	81.5	86.8	98.3	80.8	86.2	96.5	70.4	78.4	92.3	72.8	78.8
1-16	WEIGHTED AVERAGE	99.2	94.5	96.7	95.5	106.7	101.5	100.1	81.4	90.1	102.4	81.0	90.9	98.5	66.0	81.0	101.4	73.9	86.6

		NEVADA						NEW HAMPSHIRE						NEW JERSEY					
	DIVISION	LAS VEGAS			RENO			MANCHESTER			NASHUA			JERSEY CITY			NEWARK		
		MAT.	INST.	TOTAL	MAT.	INST.	TOTAL	MAT.	INST.	TOTAL	MAT.	INST.	TOTAL	MAT.	INST.	TOTAL	MAT.	INST.	TOTAL
2	SITE WORK	90.3	105.8	97.2	90.3	103.6	96.3	91.7	87.2	89.7	98.6	91.6	95.5	113.0	104.7	109.3	107.1	106.7	107.0
3.1	FORMWORK	112.8	105.5	107.1	109.5	98.6	101.0	113.4	74.2	82.9	112.2	74.8	83.1	114.1	102.0	108.8	124.0	132.4	130.5
3.2	REINFORCING	118.4	120.0	119.0	77.3	121.0	95.4	117.7	80.0	102.1	117.7	80.0	102.1	109.2	139.7	121.8	109.2	139.7	121.8
3.3	CAST IN PLACE CONC.	98.8	107.1	103.9	109.3	105.1	106.7	93.1	84.0	87.5	100.4	94.6	96.8	98.9	103.8	101.9	105.6	97.1	100.4
3	CONCRETE	106.0	107.6	107.0	102.1	103.9	103.3	102.7	79.7	88.0	106.7	85.5	93.1	104.2	108.3	106.9	110.1	114.8	113.1
4	MASONRY	108.6	91.5	95.5	123.6	91.6	99.0	103.1	74.1	80.8	107.2	74.1	81.8	106.8	133.0	126.9	110.5	97.6	100.6
5	METALS	110.8	115.6	112.5	97.8	115.8	104.3	100.6	81.1	93.6	88.0	84.8	86.8	100.9	126.1	109.9	98.3	124.6	107.7
6	WOOD & PLASTICS	88.5	103.7	97.0	88.1	97.1	93.1	105.1	72.8	86.9	110.8	74.3	90.3	111.7	103.2	107.0	109.5	136.1	124.4
7	MOISTURE PROTECTION	88.9	107.2	94.8	102.8	104.0	103.2	96.6	108.5	100.4	102.2	108.5	104.2	117.9	110.7	115.6	105.1	131.5	113.6
8	DOORS, WINDOWS, GLASS	94.5	105.1	100.0	99.7	104.1	102.0	101.8	76.1	88.4	96.5	76.1	85.8	98.8	125.3	112.6	100.7	140.3	121.4
9.2	LATH & PLASTER	86.8	103.4	99.4	101.3	102.3	102.1	110.5	74.7	83.4	110.4	74.6	83.2	98.6	106.0	104.2	99.6	97.4	97.9
9.2	DRYWALL	92.6	104.1	98.0	99.6	106.9	103.0	113.5	70.1	93.1	114.7	70.1	93.7	108.1	101.9	105.2	109.8	122.1	115.6
9.5	ACOUSTICAL WORK	110.0	103.8	106.6	101.3	97.0	98.9	106.3	71.9	87.5	106.3	71.9	87.5	100.6	103.4	102.1	106.7	137.3	123.4
9.6	FLOORING	118.5	94.9	112.1	98.6	94.1	97.3	83.7	75.2	81.4	88.5	75.2	84.9	105.3	131.5	112.4	98.7	104.9	100.4
9.9	PAINTING	105.5	108.0	107.5	114.8	94.8	99.0	126.8	60.4	74.4	105.7	60.4	69.9	92.7	107.5	104.3	89.6	107.5	103.7
9	FINISHES	100.9	104.7	103.0	101.1	100.7	100.9	107.7	67.6	86.2	107.2	67.5	86.0	105.0	106.3	105.7	104.3	115.6	110.4
10-14	TOTAL DIV. 10-14	100.0	100.9	100.2	100.0	131.4	109.2	100.0	87.1	96.2	100.0	87.1	96.2	100.0	102.1	100.6	100.0	101.9	100.5
15	MECHANICAL	100.1	100.8	100.4	102.7	100.8	101.7	97.2	81.6	89.5	98.7	81.7	90.2	99.9	99.1	99.5	97.3	121.6	109.4
16	ELECTRICAL	103.2	101.6	102.1	108.5	102.9	104.6	101.9	71.9	81.1	97.9	71.9	79.9	96.6	106.6	103.5	97.4	132.8	121.9
1-16	WEIGHTED AVERAGE	100.7	102.7	101.8	101.9	102.8	102.4	100.3	78.4	88.5	100.5	80.0	89.5	103.5	111.0	107.5	102.4	117.7	110.6

CITY COST INDEXES

		NEW JERSEY						NEW MEXICO			NEW YORK								
	DIVISION	PATERSON			TRENTON			ALBUQUERQUE			ALBANY			BINGHAMTON			BUFFALO		
		MAT.	INST.	TOTAL	MAT.	INST.	TOTAL	MAT.	INST.	TOTAL	MAT.	INST.	TOTAL	MAT.	INST.	TOTAL	MAT.	INST.	TOTAL
2	SITE WORK	116.2	105.9	111.6	107.0	105.7	106.4	108.6	91.6	101.0	103.3	102.0	102.7	92.6	85.7	89.5	99.6	98.1	98.9
3.1	FORMWORK	109.6	107.4	107.9	124.5	104.1	108.6	126.0	71.9	83.9	117.6	98.3	102.6	112.2	78.1	85.7	122.1	118.9	119.6
3.2	REINFORCING	108.8	139.7	121.6	109.2	104.8	107.4	117.7	72.1	98.9	80.1	94.8	86.2	80.1	86.1	82.6	96.2	98.4	97.1
3.3	CAST IN PLACE CONC.	102.2	103.5	103.0	89.1	101.4	96.7	101.9	100.1	100.7	77.7	101.5	92.3	91.1	96.9	94.7	108.7	99.7	103.2
3	CONCRETE	105.2	108.3	107.1	100.7	102.7	102.0	110.2	86.5	95.0	86.2	99.7	94.8	92.8	88.6	90.1	108.6	107.1	107.7
4	MASONRY	109.9	140.0	133.0	105.2	95.4	97.7	102.9	70.9	78.4	87.7	98.2	95.8	100.4	88.0	90.9	99.3	115.1	111.4
5	METALS	96.1	126.1	106.9	98.1	104.9	100.5	107.4	82.8	98.6	97.1	98.0	97.4	99.2	89.1	95.5	104.3	98.6	102.3
6	WOOD & PLASTICS	117.6	103.4	109.6	120.2	104.3	111.3	100.4	73.6	85.3	96.9	96.8	96.9	103.8	75.2	87.7	112.4	122.0	117.8
7	MOISTURE PROTECTION	114.3	106.3	111.8	102.8	122.7	109.2	97.5	63.5	86.6	105.8	100.1	103.9	97.5	82.6	92.7	100.8	107.7	103.0
8	DOORS, WINDOWS, GLASS	98.7	117.6	108.6	104.8	106.9	105.9	99.5	69.8	84.0	104.1	91.3	97.4	99.4	73.1	85.6	96.2	108.6	102.6
9.2	LATH & PLASTER	99.6	103.8	102.8	115.3	100.6	104.1	119.0	71.3	82.9	106.1	101.9	102.9	109.1	80.1	87.1	110.9	107.5	108.3
9.2	DRYWALL	113.0	102.0	107.8	109.4	101.6	105.7	85.4	72.8	79.5	106.1	97.0	101.8	113.5	74.6	95.2	123.3	123.5	123.4
9.5	ACOUSTICAL WORK	100.6	103.5	102.2	97.0	103.0	100.3	92.1	72.6	81.5	111.2	96.7	103.3	110.6	74.4	90.8	115.3	123.2	119.6
9.6	FLOORING	90.7	137.7	103.5	101.0	98.3	100.3	103.9	65.5	93.5	86.1	88.9	86.8	99.4	87.8	96.2	104.1	112.7	106.4
9.9	PAINTING	100.0	107.5	105.9	96.4	107.5	105.1	110.1	66.8	75.9	116.9	92.0	97.3	103.4	81.5	86.2	112.4	111.8	111.9
9	FINISHES	105.5	106.6	106.1	105.3	103.5	104.3	93.4	70.1	80.9	103.3	95.0	98.8	109.0	78.2	92.5	117.0	117.7	117.4
10-14	TOTAL DIV. 10-14	100.0	102.6	100.7	100.0	117.2	105.0	100.0	81.8	94.6	100.0	95.2	98.5	100.0	91.2	97.4	100.0	102.1	100.6
15	MECHANICAL	99.9	97.7	98.8	99.8	106.2	103.0	100.4	84.2	92.6	96.1	94.1	95.1	100.1	73.0	86.6	97.4	94.1	95.8
16	ELECTRICAL	96.6	114.5	109.0	94.7	130.9	119.8	94.9	78.9	83.8	92.3	98.9	96.9	92.1	73.8	79.4	99.0	100.0	99.7
1-16	WEIGHTED AVERAGE	103.4	112.3	108.2	101.6	107.7	104.9	101.7	79.4	89.7	96.9	97.2	97.1	98.7	81.5	89.5	102.6	105.4	104.1

		NEW YORK															NORTH CAROLINA		
	DIVISION	NEW YORK			ROCHESTER			SYRACUSE			UTICA			YONKERS			CHARLOTTE		
		MAT.	INST.	TOTAL	MAT.	INST.	TOTAL	MAT.	INST.	TOTAL	MAT.	INST.	TOTAL	MAT.	INST.	TOTAL	MAT.	INST.	TOTAL
2	SITE WORK	118.0	127.6	122.3	108.0	95.1	102.2	96.9	97.4	97.1	116.5	93.5	106.2	123.4	123.4	123.4	115.4	82.9	100.9
3.1	FORMWORK	111.0	165.4	153.3	108.2	100.5	102.2	110.6	97.2	100.2	113.6	71.4	80.8	115.8	156.5	147.5	109.8	57.4	69.1
3.2	REINFORCING	100.6	188.8	137.2	106.4	96.7	102.4	106.4	102.5	104.8	106.4	89.6	99.5	80.1	137.8	104.0	87.7	61.4	76.8
3.3	CAST IN PLACE CONC.	152.3	116.4	130.2	126.7	97.4	108.7	103.0	79.6	88.6	84.0	94.9	90.7	116.4	114.6	115.3	110.7	93.3	100.0
3	CONCRETE	132.5	142.1	138.6	118.5	98.6	105.7	105.3	88.5	94.6	95.0	85.2	88.7	108.1	133.1	124.1	105.4	76.4	86.8
4	MASONRY	105.2	153.9	142.6	102.1	102.9	102.7	102.1	99.2	99.9	100.0	94.6	95.9	122.5	150.5	144.0	90.1	46.3	56.5
5	METALS	104.6	158.5	123.9	102.0	96.1	99.9	103.1	94.4	100.0	103.8	93.9	100.3	97.5	158.1	119.2	100.2	75.6	91.4
6	WOOD & PLASTICS	111.5	163.9	141.0	98.3	100.3	99.5	107.2	95.6	100.7	112.5	70.1	88.6	103.5	153.0	131.4	105.0	59.8	79.6
7	MOISTURE PROTECTION	110.2	165.5	127.9	97.4	104.9	99.8	96.6	105.6	99.5	97.6	97.0	97.4	105.6	156.8	122.0	88.7	43.6	74.3
8	DOORS, WINDOWS, GLASS	98.1	164.7	133.0	100.9	95.3	96.1	97.9	92.4	95.0	103.7	73.3	87.8	105.1	159.5	133.6	96.0	56.7	75.5
9.2	LATH & PLASTER	87.8	143.0	129.6	107.7	93.4	96.9	106.2	99.1	100.8	109.4	76.9	84.7	93.6	134.6	124.7	100.0	50.2	62.2
9.2	DRYWALL	119.2	163.5	140.0	94.2	94.9	94.5	108.8	95.7	102.6	110.5	69.3	91.0	97.4	140.1	117.5	88.2	58.6	74.2
9.5	ACOUSTICAL WORK	102.6	166.5	137.5	115.7	100.5	107.4	98.7	95.5	96.9	115.7	69.1	90.2	115.8	154.8	137.1	92.1	58.4	73.7
9.6	FLOORING	98.7	142.8	110.7	93.6	96.2	94.3	86.3	92.9	88.1	87.8	88.0	87.9	102.2	118.4	106.6	90.6	45.2	78.2
9.9	PAINTING	118.2	146.6	140.6	98.2	116.9	112.9	103.2	92.8	95.0	108.6	86.3	91.0	107.6	142.3	135.0	96.8	58.7	66.8
9	FINISHES	112.6	155.2	135.4	96.5	102.9	99.9	102.4	94.7	98.3	105.7	76.9	90.2	100.9	140.2	122.0	90.2	57.1	72.5
10-14	TOTAL DIV. 10-14	100.0	116.9	104.9	100.0	103.3	100.9	100.0	97.6	99.3	100.0	93.3	98.0	100.0	118.5	105.4	100.0	72.7	91.9
15	MECHANICAL	99.4	159.6	129.4	97.4	100.1	98.7	100.8	94.4	97.6	99.3	82.8	91.1	96.7	138.8	117.7	97.2	61.2	79.2
16	ELECTRICAL	95.6	154.1	136.1	98.3	96.2	96.8	98.6	94.3	95.6	95.7	73.5	80.3	104.1	140.3	129.2	98.0	56.2	69.1
1-16	WEIGHTED AVERAGE	107.9	151.0	131.1	102.0	99.6	100.7	101.0	94.4	97.4	101.0	84.4	92.0	103.9	140.7	123.7	98.6	62.6	79.2

		NORTH CAROLINA						OHIO											
	DIVISION	GREENSBORO			RALEIGH			AKRON			CANTON			CINCINNATI			CLEVELAND		
		MAT.	INST.	TOTAL	MAT.	INST.	TOTAL	MAT.	INST.	TOTAL	MAT.	INST.	TOTAL	MAT.	INST.	TOTAL	MAT.	INST.	TOTAL
2	SITE WORK	90.5	87.3	89.0	99.3	90.6	95.4	117.1	98.2	108.6	105.1	96.2	101.1	92.6	101.6	96.6	122.0	105.6	114.7
3.1	FORMWORK	100.1	57.5	66.9	104.6	57.4	67.9	111.7	104.8	106.3	110.6	94.1	97.8	100.1	97.8	98.3	120.4	115.9	116.9
3.2	REINFORCING	82.2	63.6	74.5	93.8	63.6	81.3	98.2	105.9	101.4	98.2	87.3	93.7	105.7	100.0	103.3	84.8	105.9	93.5
3.3	CAST IN PLACE CONC.	99.4	91.1	94.3	107.2	95.9	100.2	89.6	99.7	95.8	89.6	99.2	95.5	87.4	97.6	93.7	93.7	110.4	103.9
3	CONCRETE	95.7	75.4	82.7	103.7	77.9	87.2	96.0	102.3	100.0	95.7	96.2	96.0	94.1	97.9	96.5	97.0	112.1	106.7
4	MASONRY	102.8	46.3	59.4	89.3	46.3	56.3	93.5	97.6	96.7	107.6	93.3	96.6	74.9	94.3	89.8	96.4	112.7	108.9
5	METALS	91.3	76.2	85.9	91.2	77.8	86.4	98.9	101.8	100.0	98.9	94.8	97.5	98.6	98.2	98.4	104.8	105.9	105.2
6	WOOD & PLASTICS	91.9	59.8	73.8	95.1	59.8	75.2	104.8	106.3	105.6	103.5	94.6	98.5	109.2	95.7	101.6	142.1	114.4	126.6
7	MOISTURE PROTECTION	86.8	43.6	72.9	87.2	43.6	73.2	99.0	100.9	99.6	99.0	98.9	99.0	96.0	101.6	97.8	108.5	117.8	111.5
8	DOORS, WINDOWS, GLASS	91.1	58.2	73.9	85.5	58.2	71.2	101.0	108.1	104.7	88.7	84.0	86.2	96.9	92.6	94.6	94.2	111.4	103.2
9.2	LATH & PLASTER	97.8	60.7	69.7	106.5	54.7	67.2	115.9	102.4	105.7	112.2	86.1	92.4	102.9	96.6	98.1	104.8	114.2	112.0
9.2	DRYWALL	86.0	58.6	73.1	95.7	58.6	78.2	113.1	106.8	110.1	111.0	91.8	101.9	98.1	95.2	96.7	101.2	115.1	107.7
9.5	ACOUSTICAL WORK	97.6	58.4	76.2	108.8	58.4	81.2	82.6	106.5	95.7	101.5	94.4	97.6	96.8	95.7	96.2	98.3	114.8	107.3
9.6	FLOORING	90.0	45.2	77.8	102.0	45.2	86.5	82.3	96.2	86.1	114.1	88.3	107.1	91.1	93.2	91.6	85.1	113.1	92.7
9.9	PAINTING	91.0	58.7	65.5	90.4	58.7	65.4	107.7	108.7	108.5	101.4	92.1	94.0	103.0	89.8	92.6	104.5	119.0	115.9
9	FINISHES	88.6	57.8	72.1	97.8	57.4	76.2	103.4	106.4	105.0	109.9	91.5	100.1	97.1	93.3	95.0	97.9	116.2	107.7
10-14	TOTAL DIV. 10-14	100.0	72.9	92.0	100.0	71.4	91.6	100.0	103.6	101.0	100.0	99.3	99.7	100.0	93.5	98.1	100.0	109.7	102.8
15	MECHANICAL	95.7	61.4	78.6	97.0	61.4	79.2	99.1	92.6	95.8	99.2	80.3	89.8	99.4	90.7	95.0	101.3	103.0	102.1
16	ELECTRICAL	97.5	59.9	71.5	99.4	59.9	72.1	94.4	90.4	91.7	93.3	82.7	86.0	99.9	88.7	92.1	96.2	101.9	100.2
1-16	WEIGHTED AVERAGE	94.4	63.3	77.6	96.4	63.9	78.9	99.9	98.9	99.4	99.6	90.0	94.4	96.6	94.2	95.3	102.0	109.1	105.8

CITY COST INDEXES

		OHIO														OKLAHOMA		
	DIVISION	COLUMBUS			DAYTON			LORAIN			TOLEDO			YOUNGSTOWN			OKLAHOMA CITY		
		MAT.	INST.	TOTAL	MAT.	INST.	TOTAL	MAT.	INST.	TOTAL	MAT.	INST.	TOTAL	MAT.	INST.	TOTAL	MAT.	INST.	TOTAL
2	SITE WORK	89.4	105.1	96.4	91.1	98.4	94.4	104.8	99.1	102.2	124.3	97.8	112.4	97.2	99.5	98.3	122.8	85.2	106.0
3.1	FORMWORK	105.3	95.0	97.3	119.1	98.2	102.9	110.7	95.5	98.8	116.7	102.8	105.9	108.8	97.7	100.2	116.2	66.4	77.4
3.2	REINFORCING	115.5	98.4	108.4	98.2	94.9	96.8	98.2	105.9	101.4	98.2	92.9	96.0	98.2	97.8	98.0	94.2	61.3	80.6
3.3	CAST IN PLACE CONC.	96.4	97.0	96.7	105.9	99.3	101.8	95.4	97.7	96.8	92.8	98.8	96.5	82.4	99.9	93.2	100.5	89.3	93.6
3	CONCRETE	102.4	96.3	98.5	106.8	98.5	101.5	99.1	97.6	98.1	98.8	99.9	99.5	91.2	98.9	96.1	102.2	77.8	86.6
4	MASONRY	90.1	97.8	96.0	86.2	96.0	93.7	101.5	94.3	96.0	109.5	89.7	94.3	96.0	93.9	94.4	99.9	78.3	83.3
5	METALS	101.6	97.7	100.2	101.0	95.9	99.1	98.8	103.8	100.6	98.8	93.8	97.0	98.3	97.9	98.2	94.2	71.3	86.0
6	WOOD & PLASTICS	107.3	94.2	99.9	108.9	98.4	103.0	99.5	94.6	96.8	119.3	105.2	111.4	106.8	96.2	100.8	114.9	69.4	89.3
7	MOISTURE PROTECTION	98.7	95.3	97.6	100.9	94.4	98.8	97.6	108.2	101.0	91.6	97.2	93.4	101.1	97.3	99.9	94.3	67.8	85.8
8	DOORS, WINDOWS, GLASS	97.2	91.7	94.3	107.8	88.3	97.6	96.3	102.3	99.5	100.4	95.1	97.6	97.8	95.2	96.4	103.0	66.9	84.1
9.2	LATH & PLASTER	91.5	92.5	92.3	110.8	98.1	101.2	110.4	90.0	95.0	115.0	104.7	107.2	115.5	95.1	100.0	99.5	74.1	80.2
9.2	DRYWALL	105.6	94.6	100.4	112.8	95.1	104.4	108.1	94.7	101.8	109.9	105.0	107.6	96.2	96.3	96.3	108.4	68.5	89.6
9.5	ACOUSTICAL WORK	101.9	94.4	97.8	86.8	98.1	93.0	91.7	94.4	93.2	115.0	104.8	109.4	95.5	96.0	95.8	86.8	68.3	76.7
9.6	FLOORING	95.8	86.8	93.3	113.6	90.6	107.3	118.5	96.2	112.4	99.7	88.7	96.7	88.2	92.6	89.4	107.1	75.0	98.4
9.9	PAINTING	105.7	96.6	98.5	84.3	94.8	92.6	103.3	119.0	115.7	115.1	88.2	93.8	74.5	96.9	92.2	105.7	73.6	80.3
9	FINISHES	102.8	94.6	98.4	107.8	95.1	101.0	108.6	102.8	105.5	108.7	98.0	103.0	92.5	96.1	94.5	105.9	71.0	87.2
10-14	TOTAL DIV. 10-14	100.0	96.0	98.8	100.0	93.2	98.0	100.0	106.6	101.9	100.0	103.4	101.0	100.0	74.7	92.6	100.0	78.3	93.6
15	MECHANICAL	102.0	95.9	98.9	98.7	89.1	93.9	99.0	84.4	91.7	99.0	92.8	95.9	99.7	88.7	94.2	94.3	73.8	84.1
16	ELECTRICAL	92.5	92.3	92.3	98.2	91.1	93.3	97.2	84.6	88.5	99.2	91.6	93.9	97.2	88.1	90.9	102.8	76.2	84.4
1-16	WEIGHTED AVERAGE	99.4	95.9	97.5	100.8	94.1	97.2	100.1	94.8	97.3	102.0	95.5	98.5	97.3	93.2	95.1	100.7	75.3	87.0

		OKLAHOMA			OREGON						PENNSYLVANIA								
	DIVISION	TULSA			EUGENE			PORTLAND			ALLENTOWN			ERIE			HARRISBURG		
		MAT.	INST.	TOTAL	MAT.	INST.	TOTAL	MAT.	INST.	TOTAL	MAT.	INST.	TOTAL	MAT.	INST.	TOTAL	MAT.	INST.	TOTAL
2	SITE WORK	90.4	90.7	90.5	96.5	105.9	100.7	110.4	102.4	106.8	126.5	100.4	114.8	120.4	95.6	109.3	97.5	97.3	97.4
3.1	FORMWORK	125.5	67.9	80.7	121.1	97.7	102.9	122.9	98.9	104.3	110.8	110.6	110.6	90.6	95.7	94.6	114.0	89.3	94.8
3.2	REINFORCING	91.4	61.3	78.9	101.2	106.1	103.2	101.2	106.1	103.2	114.7	137.4	124.1	117.3	84.9	104.0	114.7	104.7	110.5
3.3	CAST IN PLACE CONC.	88.3	94.0	91.8	100.6	125.1	115.7	116.7	99.2	106.0	103.1	100.7	101.6	83.4	97.6	92.2	104.3	103.1	103.6
3	CONCRETE	96.4	80.8	86.4	104.9	112.7	109.9	114.5	99.7	105.0	107.2	107.8	107.6	92.5	95.8	94.6	108.6	97.8	101.7
4	MASONRY	95.8	68.1	74.5	114.6	89.0	95.0	126.6	94.0	101.6	86.0	105.6	101.0	105.4	98.2	99.9	82.7	90.9	89.0
5	METALS	105.0	72.7	93.4	103.4	112.4	106.6	103.9	103.6	105.7	104.7	112.4	107.5	100.9	88.5	96.4	96.6	104.0	99.3
6	WOOD & PLASTICS	116.7	71.3	91.1	92.2	95.8	94.2	89.0	97.3	93.7	104.3	111.9	108.6	89.3	96.7	93.5	110.2	90.4	99.1
7	MOISTURE PROTECTION	96.6	68.1	87.5	86.6	85.4	86.2	86.5	87.7	86.9	96.8	127.1	106.5	97.4	94.5	96.5	79.3	90.8	83.0
8	DOORS, WINDOWS, GLASS	100.6	66.4	82.7	101.8	99.2	100.4	107.5	99.9	103.5	102.5	102.2	102.3	92.3	89.2	90.7	104.0	90.0	96.7
9.2	LATH & PLASTER	99.7	71.2	78.1	113.1	83.2	90.4	117.8	89.4	96.3	99.4	96.0	96.8	110.3	85.2	91.3	96.5	91.6	92.8
9.2	DRYWALL	111.6	70.5	92.2	112.3	88.7	101.2	110.5	90.0	100.8	106.9	99.0	103.2	94.2	93.6	93.9	107.2	90.1	99.2
9.5	ACOUSTICAL WORK	86.8	70.3	77.8	110.5	95.7	102.4	110.5	97.2	103.2	100.6	112.2	106.9	100.2	96.5	98.2	98.8	89.9	93.9
9.6	FLOORING	111.0	78.0	102.0	123.1	91.7	114.6	102.7	94.8	100.6	97.1	103.5	98.8	102.7	91.8	99.7	96.9	90.5	95.2
9.9	PAINTING	79.1	73.3	74.5	119.7	76.8	85.8	97.5	76.8	81.2	104.5	94.6	96.7	88.7	76.0	78.7	91.5	80.3	82.7
9	FINISHES	105.8	72.0	87.7	115.4	85.1	99.1	107.6	86.4	96.2	103.8	98.7	101.1	96.3	87.2	91.4	102.4	86.9	94.1
10-14	TOTAL DIV. 10-14	100.0	78.0	93.5	100.0	103.3	100.9	100.0	104.1	101.2	100.0	101.1	100.3	100.0	93.5	98.1	100.0	93.4	98.0
15	MECHANICAL	96.8	80.1	88.4	98.7	88.4	93.5	98.1	90.9	94.5	100.4	105.8	103.1	99.8	85.4	92.6	101.1	97.4	99.2
16	ELECTRICAL	100.3	71.8	80.6	102.6	81.3	87.9	102.6	97.2	98.9	98.5	94.4	95.6	90.3	88.9	89.4	92.9	85.9	88.0
1-16	WEIGHTED AVERAGE	99.1	75.5	86.4	101.9	95.7	98.5	104.4	95.8	99.8	102.7	104.5	103.6	98.7	91.7	94.9	98.8	93.5	95.9

		PENNSYLVANIA												RHODE ISLAND			SOUTH CAROLINA		
	DIVISION	PHILADELPHIA			PITTSBURGH			READING			SCRANTON			PROVIDENCE			CHARLESTON		
		MAT.	INST.	TOTAL	MAT.	INST.	TOTAL	MAT.	INST.	TOTAL	MAT.	INST.	TOTAL	MAT.	INST.	TOTAL	MAT.	INST.	TOTAL
2	SITE WORK	103.1	109.2	105.9	129.0	100.4	116.2	86.9	97.6	91.7	102.7	105.7	104.0	83.5	102.3	91.9	122.0	84.1	105.0
3.1	FORMWORK	93.2	121.4	115.2	103.3	100.0	100.7	111.2	90.0	94.7	107.7	97.2	99.5	116.4	111.8	112.8	104.5	54.0	65.3
3.2	REINFORCING	82.6	118.6	97.5	82.4	102.4	90.7	114.7	105.6	110.9	114.7	108.6	112.2	117.7	114.4	116.4	95.9	61.3	81.6
3.3	CAST IN PLACE CONC.	92.5	105.7	100.6	111.0	96.4	102.0	98.0	97.3	97.6	92.4	124.2	112.0	87.5	104.2	97.8	100.7	87.9	92.8
3	CONCRETE	90.4	113.0	104.9	103.0	98.3	100.0	104.4	95.2	98.5	100.4	112.2	108.0	100.1	108.1	105.2	100.4	72.2	82.4
4	MASONRY	90.8	116.9	110.8	100.2	102.2	101.7	90.3	92.7	92.2	105.4	99.1	100.6	101.1	91.3	93.6	92.2	48.4	58.6
5	METALS	103.2	123.4	110.4	100.8	100.2	100.6	96.3	102.3	98.4	98.2	113.6	103.8	111.5	106.5	109.7	98.8	71.2	88.9
6	WOOD & PLASTICS	92.1	121.0	108.3	111.0	100.5	105.1	100.3	89.8	94.4	101.8	94.5	97.7	91.5	105.1	99.1	99.0	55.2	74.4
7	MOISTURE PROTECTION	102.7	134.1	112.8	96.4	103.3	98.6	88.1	121.0	98.6	98.7	96.1	97.9	106.2	102.0	104.8	91.1	55.9	79.8
8	DOORS, WINDOWS, GLASS	94.1	125.7	110.7	101.0	104.3	102.7	103.7	89.0	96.0	93.0	88.2	90.5	110.2	99.1	104.4	100.9	53.9	76.3
9.2	LATH & PLASTER	97.4	123.7	117.3	106.4	99.2	100.9	95.0	83.7	86.4	100.9	86.5	90.0	96.1	99.3	97.6	103.9	52.9	62.8
9.2	DRYWALL	110.7	122.3	116.2	113.4	100.9	107.5	109.2	81.1	96.0	104.4	86.9	96.2	96.1	99.3	97.6	108.0	54.1	82.6
9.5	ACOUSTICAL WORK	93.0	122.1	108.9	103.1	100.6	101.7	98.8	89.3	93.6	99.6	94.1	96.6	103.8	105.2	104.6	95.0	53.7	72.4
9.6	FLOORING	96.9	120.6	103.3	112.8	97.7	108.7	103.0	88.4	99.0	100.3	81.3	95.1	88.6	92.8	89.8	89.0	49.0	78.1
9.9	PAINTING	121.7	120.7	120.9	82.6	103.9	99.4	89.9	95.0	93.9	109.4	84.6	89.8	105.4	92.8	95.5	112.0	58.7	70.0
9	FINISHES	107.1	121.7	114.9	109.0	101.6	105.0	104.7	87.2	95.3	103.6	86.3	94.3	96.3	96.7	96.5	102.9	55.2	77.4
10-14	TOTAL DIV. 10-14	100.0	115.2	104.4	100.0	99.0	99.7	100.0	97.6	99.3	100.0	95.8	98.7	100.0	107.2	102.1	100.0	72.6	91.9
15	MECHANICAL	96.3	120.7	108.5	98.5	94.2	96.3	99.4	105.8	102.6	99.1	92.6	95.9	99.9	91.3	95.6	98.4	57.7	78.0
16	ELECTRICAL	98.1	125.9	117.3	95.2	95.0	95.0	94.4	90.2	91.5	98.3	88.8	91.7	99.3	88.8	92.0	98.5	52.2	66.6
1-16	WEIGHTED AVERAGE	98.1	119.3	109.5	102.5	98.7	100.4	98.3	96.2	97.2	99.9	98.2	99.0	100.6	98.0	99.2	100.1	60.7	78.9

CITY COST INDEXES

DIVISION		SOUTH CAROLINA COLUMBIA			SOUTH DAKOTA SIOUX FALLS			TENNESSEE CHATTANOOGA			TENNESSEE KNOXVILLE			TENNESSEE MEMPHIS			TENNESSEE NASHVILLE		
		MAT.	INST.	TOTAL	MAT.	INST.	TOTAL	MAT.	INST.	TOTAL	MAT.	INST.	TOTAL	MAT.	INST.	TOTAL	MAT.	INST.	TOTAL
2	SITE WORK	111.9	90.1	102.1	93.4	82.2	88.4	98.4	85.5	92.6	102.5	92.0	97.8	86.3	89.2	87.6	83.9	89.3	86.3
3.1	FORMWORK	89.7	58.0	65.0	105.4	55.6	66.7	106.4	67.9	76.5	107.0	62.5	72.3	88.3	70.4	74.4	87.9	71.0	74.7
3.2	REINFORCING	91.4	61.3	78.9	104.9	59.9	86.2	98.2	70.6	86.8	98.2	68.5	85.9	96.2	68.1	84.5	96.2	69.7	85.2
3.3	CAST IN PLACE CONC.	81.1	92.6	88.2	98.5	80.5	87.4	81.7	89.5	86.5	85.7	87.7	86.9	93.2	90.9	91.8	85.2	85.6	85.4
3	CONCRETE	85.1	76.2	79.4	101.3	68.9	80.6	90.3	79.3	83.3	92.8	76.1	82.1	92.9	80.8	85.2	88.2	78.5	81.9
4	MASONRY	87.3	48.7	57.7	106.8	64.6	74.4	78.8	74.3	75.3	79.9	65.5	68.9	86.3	69.8	73.6	92.6	73.9	78.2
5	METALS	104.6	73.2	93.4	107.1	67.3	92.8	91.5	76.1	86.0	103.3	74.8	93.1	91.2	75.0	85.4	99.2	75.3	90.7
6	WOOD & PLASTICS	86.1	60.1	71.5	98.0	54.7	73.6	105.9	70.2	85.8	107.3	64.4	83.1	83.8	73.7	78.1	108.0	73.4	88.5
7	MOISTURE PROTECTION	101.9	55.0	86.9	98.4	58.3	85.5	103.1	64.1	90.6	87.8	58.1	78.3	96.7	71.5	88.6	101.5	67.0	90.4
8	DOORS, WINDOWS, GLASS	102.4	56.1	78.2	103.4	51.6	76.3	103.8	65.8	83.9	107.4	59.9	82.5	95.1	77.0	85.6	94.1	72.0	82.5
9.2	LATH & PLASTER	104.6	52.6	65.2	110.2	62.3	73.9	93.8	68.0	74.3	92.0	65.5	72.1	90.6	78.8	81.6	89.8	67.0	72.5
9.2	DRYWALL	83.6	57.1	71.1	105.9	52.8	80.9	109.7	69.4	90.7	107.6	63.9	87.0	96.2	79.9	88.5	102.7	70.3	87.5
9.5	ACOUSTICAL WORK	93.8	58.8	74.7	101.8	52.6	74.9	97.7	69.2	82.1	89.9	63.3	75.3	99.5	72.9	85.0	99.5	72.3	84.6
9.6	FLOORING	94.6	49.6	82.4	111.8	64.2	98.8	109.0	75.0	99.7	100.9	65.4	91.2	101.4	63.6	91.1	127.7	75.1	113.4
9.9	PAINTING	121.2	58.7	71.9	112.8	51.4	64.4	90.9	63.9	69.6	94.5	68.9	74.3	91.3	76.6	79.7	94.4	66.9	72.7
9	FINISHES	91.2	57.0	72.9	107.7	53.7	78.8	106.2	67.8	85.7	103.0	65.8	83.1	97.0	76.9	86.2	106.8	69.4	86.8
10-14	TOTAL DIV. 10-14	100.0	72.7	92.0	100.0	71.6	91.6	100.0	75.5	92.8	100.0	73.7	92.3	100.0	80.2	94.1	100.0	75.1	92.7
15	MECHANICAL	99.7	58.8	79.3	99.1	54.4	76.8	99.0	69.6	84.3	99.9	66.9	83.4	100.2	78.1	89.2	97.3	71.9	84.6
16	ELECTRICAL	104.3	55.0	70.2	96.7	62.8	73.2	94.5	81.0	85.1	96.2	69.4	77.6	108.7	84.4	91.8	99.9	67.6	77.5
1-16	WEIGHTED AVERAGE	97.8	62.8	79.0	101.2	62.5	80.3	97.2	74.5	85.0	98.1	69.9	82.9	96.2	78.3	86.5	96.8	73.8	84.4

DIVISION		TEXAS AMARILLO			TEXAS AUSTIN			TEXAS BEAUMONT			TEXAS CORPUS CHRISTI			TEXAS DALLAS			TEXAS EL PASO		
		MAT.	INST.	TOTAL	MAT.	INST.	TOTAL	MAT.	INST.	TOTAL	MAT.	INST.	TOTAL	MAT.	INST.	TOTAL	MAT.	INST.	TOTAL
2	SITE WORK	117.5	83.6	102.3	88.3	82.6	85.7	126.9	92.1	111.3	113.0	84.3	100.1	114.6	86.0	101.8	107.7	98.9	103.8
3.1	FORMWORK	98.0	66.3	73.3	108.1	72.0	80.0	94.5	83.1	85.6	106.5	58.7	69.3	82.6	72.2	74.5	106.3	50.1	62.5
3.2	REINFORCING	113.5	63.2	92.7	97.1	72.1	86.7	93.8	79.9	88.0	104.4	61.0	86.4	96.2	65.4	83.4	117.7	69.9	97.9
3.3	CAST IN PLACE CONC.	114.1	89.7	99.1	96.5	90.4	92.8	111.2	93.3	100.2	106.1	88.1	95.0	97.7	91.9	94.2	92.1	79.7	84.5
3	CONCRETE	110.7	78.1	89.9	99.0	81.5	87.8	104.0	88.1	93.8	105.8	74.1	85.5	94.4	81.8	86.3	100.7	67.2	79.2
4	MASONRY	106.5	64.5	74.3	104.2	76.6	83.0	111.6	92.0	96.6	107.5	63.4	73.6	102.1	70.9	78.2	96.0	52.7	62.8
5	METALS	99.7	73.8	90.4	90.9	79.2	86.7	97.8	85.2	93.3	97.7	71.7	88.4	91.2	75.7	85.7	104.3	73.6	93.3
6	WOOD & PLASTICS	94.1	68.5	79.7	96.5	75.5	84.6	94.3	87.0	90.2	101.9	61.1	78.9	96.7	76.4	85.3	91.7	46.7	66.4
7	MOISTURE PROTECTION	94.0	54.4	81.3	97.5	62.5	86.2	95.9	72.5	88.4	97.1	57.8	84.5	102.7	67.7	91.5	98.3	53.0	83.7
8	DOORS, WINDOWS, GLASS	92.5	61.3	76.2	96.7	71.7	83.6	102.6	79.1	90.3	101.0	56.8	77.9	103.7	76.6	89.5	99.8	50.5	74.0
9.2	LATH & PLASTER	92.7	75.2	79.4	80.8	76.7	77.7	86.0	78.3	80.1	92.1	67.2	73.2	90.6	79.7	82.4	90.6	51.2	60.7
9.2	DRYWALL	84.9	70.5	78.1	84.9	74.8	80.1	90.4	82.2	86.5	87.1	62.3	75.4	78.5	75.4	77.0	87.3	46.3	67.9
9.5	ACOUSTICAL WORK	91.6	68.4	78.9	94.3	74.6	83.5	94.3	85.5	89.5	90.1	59.8	73.5	96.2	75.2	84.7	90.5	44.9	65.6
9.6	FLOORING	104.0	66.3	93.7	102.6	67.8	93.1	102.6	92.9	100.0	94.6	59.8	85.1	88.7	73.6	84.6	104.2	52.6	90.1
9.9	PAINTING	103.9	53.4	64.1	108.5	56.4	67.4	105.0	79.1	84.5	96.9	58.7	66.8	100.0	76.0	81.0	89.5	44.1	53.6
9	FINISHES	91.8	64.4	77.2	91.9	68.1	79.1	94.8	81.9	87.9	90.1	61.0	74.5	84.7	75.7	79.9	91.6	46.1	67.2
10-14	TOTAL DIV. 10-14	100.0	76.3	93.0	100.0	79.0	93.8	100.0	86.6	96.0	100.0	79.3	93.9	100.0	83.4	95.1	100.0	72.6	91.9
15	MECHANICAL	98.7	69.2	83.9	98.6	77.7	88.2	98.6	76.9	87.8	98.5	60.1	79.3	99.6	71.9	85.7	101.4	59.7	80.6
16	ELECTRICAL	104.2	66.6	78.2	102.4	69.4	79.6	105.8	83.0	90.0	100.3	58.6	71.4	97.5	77.4	83.6	94.3	60.2	70.7
1-16	WEIGHTED AVERAGE	101.1	69.9	84.3	97.2	75.9	85.7	101.9	84.4	92.5	100.4	65.7	81.7	98.1	76.5	86.4	99.6	61.0	78.8

DIVISION		TEXAS FORT WORTH			TEXAS HOUSTON			TEXAS LUBBOCK			TEXAS SAN ANTONIO			UTAH SALT LAKE CITY			VERMONT BURLINGTON		
		MAT.	INST.	TOTAL	MAT.	INST.	TOTAL	MAT.	INST.	TOTAL	MAT.	INST.	TOTAL	MAT.	INST.	TOTAL	MAT.	INST.	TOTAL
2	SITE WORK	114.5	87.3	102.3	114.1	89.0	102.8	121.9	91.8	108.4	78.9	89.9	83.8	84.7	93.3	88.5	97.3	89.3	93.8
3.1	FORMWORK	101.7	72.4	78.9	98.3	74.4	79.7	108.8	64.1	74.0	94.4	65.9	72.2	114.1	67.5	77.9	116.2	72.7	82.3
3.2	REINFORCING	100.9	65.4	86.2	112.6	71.0	95.4	106.5	66.7	90.1	100.8	66.6	86.7	133.4	83.1	112.6	111.5	80.0	98.4
3.3	CAST IN PLACE CONC.	109.0	90.6	97.7	112.6	88.8	98.0	99.3	89.1	93.0	73.4	104.8	92.7	87.7	92.6	90.7	101.0	99.6	100.1
3	CONCRETE	105.7	81.2	90.0	109.7	81.6	91.7	102.8	77.3	86.4	83.7	86.1	85.3	103.2	81.9	89.6	106.4	87.3	94.1
4	MASONRY	108.5	68.1	77.5	114.4	79.2	87.4	113.1	61.1	73.2	97.5	67.9	74.8	97.1	80.6	84.4	110.7	57.8	70.1
5	METALS	97.0	75.1	89.2	93.3	77.3	87.6	88.9	75.9	84.2	93.3	80.4	88.7	106.5	90.0	100.6	103.6	88.3	98.1
6	WOOD & PLASTICS	99.1	77.0	86.7	104.0	75.7	88.1	91.2	67.6	77.9	88.3	68.4	77.1	83.5	65.3	73.2	119.8	72.3	93.1
7	MOISTURE PROTECTION	95.4	69.0	86.9	89.5	70.8	83.5	93.6	66.2	84.8	85.8	61.5	78.0	90.2	75.3	85.4	88.0	75.1	83.9
8	DOORS, WINDOWS, GLASS	99.2	76.6	87.4	103.2	75.0	88.5	99.0	62.3	79.8	102.7	66.5	83.8	100.1	70.2	84.5	105.6	62.8	83.2
9.2	LATH & PLASTER	101.5	81.2	86.1	92.9	77.5	81.2	92.1	67.0	73.1	95.1	68.7	75.1	117.9	69.7	81.3	91.2	62.9	69.7
9.2	DRYWALL	101.8	75.4	89.4	105.6	75.2	91.3	85.9	65.6	76.4	87.6	67.4	78.1	92.4	66.6	80.3	108.6	68.7	89.8
9.5	ACOUSTICAL WORK	91.6	75.2	82.6	97.0	74.9	84.9	91.6	66.5	77.9	98.1	67.6	81.4	99.2	64.2	80.0	98.9	71.6	84.0
9.6	FLOORING	105.2	74.1	96.2	94.1	73.4	88.5	106.7	63.0	94.8	91.1	70.2	85.4	100.1	63.9	90.3	109.1	60.8	95.9
9.9	PAINTING	98.8	83.6	86.8	103.6	76.7	82.4	102.7	52.6	63.1	96.0	55.0	63.6	97.5	74.1	79.0	110.1	61.8	72.0
9	FINISHES	101.4	78.3	89.0	101.9	75.7	87.9	92.9	61.1	75.8	90.3	63.4	75.9	95.7	69.0	81.4	107.7	65.7	85.2
10-14	TOTAL DIV. 10-14	100.0	83.5	95.1	100.0	80.2	94.2	100.0	80.3	94.2	100.0	75.6	92.8	100.0	86.1	95.9	100.0	78.5	93.7
15	MECHANICAL	99.6	67.9	83.8	100.4	75.9	88.2	99.4	66.5	83.0	100.5	81.3	90.9	103.8	76.6	90.2	100.9	77.3	89.1
16	ELECTRICAL	98.8	72.6	80.6	103.5	83.9	89.9	101.4	68.0	78.3	108.4	70.2	82.0	102.3	85.6	90.8	101.5	63.5	75.2
1-16	WEIGHTED AVERAGE	101.4	74.9	87.2	102.4	79.2	89.9	100.0	69.6	83.7	94.4	75.7	84.3	99.5	79.9	89.0	102.4	73.9	87.1

CITY COST INDEXES

		VIRGINIA											WASHINGTON					
	DIVISION	NEWPORT NEWS			NORFOLK			RICHMOND			ROANOKE			SEATTLE			SPOKANE		
		MAT.	INST.	TOTAL	MAT.	INST.	TOTAL	MAT.	INST.	TOTAL	MAT.	INST.	TOTAL	MAT.	INST.	TOTAL	MAT.	INST.	TOTAL
2	SITE WORK	120.9	83.1	103.9	111.0	81.5	97.8	82.8	86.0	84.3	100.4	83.4	92.8	101.3	99.4	100.4	108.1	99.5	104.2
3.1	FORMWORK	102.6	62.2	71.1	107.0	62.1	72.0	99.4	66.8	74.1	105.2	55.5	66.5	82.8	100.1	96.3	106.4	93.0	96.0
3.2	REINFORCING	100.9	66.6	86.7	100.9	66.6	86.7	96.9	72.7	86.9	105.8	73.5	92.4	108.6	106.1	107.5	112.9	106.1	110.1
3.3	CAST IN PLACE CONC.	115.4	85.0	96.7	113.2	87.3	97.3	109.5	87.5	95.9	111.6	86.4	96.1	97.3	109.9	105.1	108.2	97.9	101.9
3	CONCRETE	109.6	74.4	87.0	109.2	75.5	87.6	104.7	78.0	87.6	109.0	73.1	86.0	96.9	105.7	102.6	108.9	96.7	101.1
4	MASONRY	104.0	63.0	72.5	103.5	63.0	72.4	100.9	79.1	84.2	102.4	57.7	68.1	125.5	106.9	111.2	115.5	88.0	94.4
5	METALS	86.7	72.9	81.7	86.6	73.4	81.9	96.0	77.2	89.3	96.7	78.3	90.1	105.9	106.9	106.2	102.9	102.4	102.7
6	WOOD & PLASTICS	103.6	65.1	82.0	103.3	65.1	81.8	103.0	70.7	84.8	102.4	56.8	76.7	76.9	97.8	88.7	102.2	91.6	96.3
7	MOISTURE PROTECTION	85.5	48.1	73.5	86.8	48.1	74.4	108.5	48.5	89.2	85.9	47.9	73.7	111.7	107.3	110.3	96.1	95.9	96.0
8	DOORS, WINDOWS, GLASS	90.5	63.6	76.4	89.5	63.6	76.0	90.0	64.6	76.7	94.6	57.5	75.2	94.4	96.3	95.4	100.3	91.7	95.8
9.2	LATH & PLASTER	113.6	64.1	76.1	98.2	64.4	72.6	105.4	65.0	74.8	107.3	53.2	66.3	99.4	105.7	104.1	115.4	89.2	95.6
9.2	DRYWALL	87.3	62.9	75.8	87.4	62.9	75.8	97.8	67.6	83.6	91.8	55.3	74.6	81.0	98.6	89.3	96.6	92.0	94.4
9.5	ACOUSTICAL WORK	97.4	63.8	79.0	94.6	63.8	77.8	104.4	69.8	85.4	96.7	55.1	74.0	99.2	97.5	98.3	105.0	91.7	97.8
9.6	FLOORING	98.7	60.6	88.3	94.5	60.6	85.3	88.0	75.6	84.6	103.3	54.0	89.9	90.1	105.0	94.2	106.2	91.4	102.1
9.9	PAINTING	91.0	56.0	63.4	101.7	59.2	68.1	96.7	53.9	62.9	90.8	51.0	59.4	83.7	98.1	95.0	100.9	91.0	93.1
9	FINISHES	91.6	60.5	74.9	91.3	61.6	75.4	96.2	63.5	78.7	94.9	53.6	72.8	85.1	99.2	92.7	100.2	91.4	95.5
10-14	TOTAL DIV. 10-14	100.0	73.3	92.1	100.0	73.5	92.2	100.0	74.1	92.4	100.0	72.5	91.9	100.0	107.6	102.2	100.0	99.9	99.9
15	MECHANICAL	102.7	61.8	82.2	102.5	63.6	83.0	101.5	71.6	86.6	103.1	68.0	85.6	99.7	106.0	102.8	103.0	100.3	101.7
16	ELECTRICAL	106.1	55.4	71.0	106.1	55.4	71.0	103.2	65.4	77.0	102.4	56.4	70.5	106.5	94.7	98.3	104.1	96.1	98.6
1-16	WEIGHTED AVERAGE	100.3	65.5	81.5	99.5	66.1	81.5	99.5	72.4	84.9	100.2	64.7	81.1	100.5	103.2	102.0	103.5	95.7	99.3

		WASHINGTON			WEST VIRGINIA						WISCONSIN						WYOMING		
	DIVISION	TACOMA			CHARLESTON			HUNTINGTON			MADISON			MILWAUKEE			CHEYENNE		
		MAT.	INST.	TOTAL	MAT.	INST.	TOTAL	MAT.	INST.	TOTAL	MAT.	INST.	TOTAL	MAT.	INST.	TOTAL	MAT.	INST.	TOTAL
2	SITE WORK	104.8	97.6	101.6	119.2	100.0	110.6	124.3	102.6	114.6	83.3	97.4	89.6	75.1	101.7	87.0	109.7	88.5	100.2
3.1	FORMWORK	113.4	99.9	102.9	118.1	93.9	99.2	99.2	98.9	99.0	109.2	84.6	90.0	105.4	103.0	103.5	110.8	67.4	77.0
3.2	REINFORCING	100.6	106.1	102.9	120.8	90.8	108.4	116.3	106.4	112.2	106.2	84.7	97.3	104.5	106.9	105.5	103.2	70.1	89.5
3.3	CAST IN PLACE CONC.	100.5	101.5	101.1	117.7	97.5	105.3	114.3	97.3	103.8	100.0	101.8	101.1	80.4	96.3	90.2	98.2	90.3	93.3
3	CONCRETE	103.1	101.3	101.9	118.5	95.5	103.7	111.7	98.8	103.4	103.2	93.5	97.0	90.8	99.8	96.6	101.9	79.5	87.5
4	MASONRY	123.1	92.5	99.6	90.7	93.8	93.1	102.6	85.1	89.2	101.5	77.5	83.1	103.8	103.2	103.3	112.0	61.8	73.5
5	METALS	99.1	103.6	100.7	111.6	93.5	105.1	102.3	102.9	102.5	96.6	90.2	94.3	95.5	103.6	98.3	87.3	77.8	83.9
6	WOOD & PLASTICS	102.2	97.6	99.6	118.0	95.4	105.3	103.8	99.7	101.5	100.0	85.0	91.6	95.4	100.7	98.4	96.7	68.2	80.6
7	MOISTURE PROTECTION	110.2	105.8	108.8	89.9	96.9	92.1	89.3	97.0	91.8	87.4	80.4	85.2	103.8	98.1	101.6	89.0	65.9	81.6
8	DOORS, WINDOWS, GLASS	103.2	96.3	99.6	106.7	88.7	97.3	112.4	94.2	102.8	97.7	82.2	89.6	95.2	101.1	98.3	108.4	70.5	88.5
9.2	LATH & PLASTER	108.1	104.9	105.6	118.7	90.0	96.9	116.0	90.2	96.5	105.3	78.3	84.8	103.3	100.0	101.0	107.8	89.3	93.8
9.2	DRYWALL	100.1	98.6	99.4	100.6	92.1	96.6	98.0	95.7	96.9	109.2	84.7	97.7	95.7	101.4	98.4	95.6	76.5	86.6
9.5	ACOUSTICAL WORK	105.0	97.5	100.9	108.8	94.3	100.9	110.5	100.3	104.9	108.5	84.5	95.4	100.1	101.1	100.6	95.5	67.1	80.0
9.6	FLOORING	98.1	84.8	94.4	85.4	95.7	88.2	81.3	88.0	83.1	96.6	77.1	91.3	102.6	94.5	100.4	93.2	63.7	85.2
9.9	PAINTING	109.8	98.1	100.5	124.0	80.5	89.7	114.6	81.8	88.7	98.9	82.7	86.1	103.7	98.1	99.2	100.3	88.1	90.7
9	FINISHES	101.2	97.7	99.4	100.8	88.5	94.2	97.5	90.4	93.7	105.2	83.3	93.4	98.6	99.6	99.2	95.8	79.6	87.1
10-14	TOTAL DIV. 10-14	100.0	107.5	102.2	100.0	93.6	98.1	100.0	91.3	97.4	100.0	87.3	96.2	100.0	92.1	97.7	100.0	80.8	94.3
15	MECHANICAL	101.6	99.7	100.7	101.7	87.1	94.4	104.1	90.1	97.1	101.7	86.0	93.8	100.3	92.2	96.3	102.8	67.0	84.9
16	ELECTRICAL	104.1	102.9	103.3	95.5	92.3	93.3	98.5	85.0	89.1	88.9	86.8	87.5	93.6	98.6	97.0	98.6	71.6	79.9
1-16	WEIGHTED AVERAGE	103.5	99.6	101.4	104.5	92.3	97.9	104.1	92.4	97.8	98.3	86.6	92.0	96.3	98.7	97.6	100.1	72.9	85.5

		CANADA																	
	DIVISION	EDMONTON			MONTREAL			QUEBEC			TORONTO			VANCOUVER			WINNIPEG		
		MAT.	INST.	TOTAL	MAT.	INST.	TOTAL	MAT.	INST.	TOTAL	MAT.	INST.	TOTAL	MAT.	INST.	TOTAL	MAT.	INST.	TOTAL
2	SITE WORK	107.4	102.6	105.2	96.3	99.7	97.8	101.4	77.1	90.5	117.1	111.4	114.5	116.3	108.0	112.6	109.2	103.3	106.5
3.1	FORMWORK	121.0	105.8	109.2	121.3	113.0	114.8	114.3	113.1	113.3	119.3	139.8	135.3	109.8	120.9	118.5	108.3	100.7	102.4
3.2	REINFORCING	119.7	101.8	112.3	119.4	102.9	112.6	117.7	102.9	111.6	80.1	121.3	97.2	100.1	112.0	105.0	117.8	91.0	106.7
3.3	CAST IN PLACE CONC.	119.1	99.6	107.1	109.0	102.8	105.2	145.5	78.6	104.4	164.1	111.5	131.7	117.1	107.4	111.1	108.5	112.5	111.0
3	CONCRETE	119.6	102.2	108.5	113.8	106.8	109.3	133.1	94.3	108.3	136.3	123.5	128.1	111.8	113.1	112.7	110.6	105.9	107.6
4	MASONRY	112.8	96.5	100.3	117.7	113.6	114.5	108.7	113.6	112.4	123.3	134.8	132.1	125.6	115.6	117.9	128.6	95.6	103.3
5	METALS	102.0	100.9	101.6	88.9	104.0	94.3	86.6	96.6	90.2	103.5	117.9	108.7	104.6	108.4	106.0	108.3	103.9	106.7
6	WOOD & PLASTICS	93.5	104.1	99.5	109.9	113.2	111.8	106.9	113.2	110.4	104.7	136.6	122.7	93.3	116.5	106.4	94.7	101.4	98.5
7	MOISTURE PROTECTION	98.9	100.7	99.5	93.1	109.9	98.5	92.4	118.7	100.8	97.7	136.2	110.1	106.6	122.3	111.6	103.7	94.8	100.8
8	DOORS, WINDOWS, GLASS	100.7	101.2	101.0	101.3	94.0	97.5	102.1	105.5	103.8	95.9	131.8	114.7	107.8	116.0	112.1	111.5	91.8	101.1
9.2	LATH & PLASTER	109.1	95.0	98.4	98.9	110.3	107.5	94.9	110.3	106.6	100.2	101.4	101.1	111.2	114.0	113.3	111.7	98.1	101.4
9.2	DRYWALL	108.7	100.6	104.9	111.8	109.3	110.7	114.6	109.3	112.1	107.6	116.1	111.6	112.6	112.2	112.4	105.9	99.7	103.0
9.5	ACOUSTICAL WORK	80.0	104.4	93.3	101.5	113.6	108.1	101.5	113.6	108.1	101.5	138.3	121.6	83.1	117.1	101.7	100.6	100.9	100.7
9.6	FLOORING	99.6	96.9	98.9	92.2	115.8	98.6	88.9	115.8	96.2	95.7	129.4	104.9	99.9	116.1	104.4	109.4	95.9	105.7
9.9	PAINTING	112.4	108.0	108.9	124.2	102.8	107.3	134.3	114.4	118.5	117.7	136.3	132.4	121.2	123.4	122.9	115.8	87.7	93.6
9	FINISHES	104.8	102.8	103.8	107.7	108.0	107.8	109.6	111.9	110.8	105.4	124.9	115.9	108.3	116.8	112.9	107.4	95.3	100.9
10-14	TOTAL DIV. 10-14	100.0	102.6	100.7	100.0	100.2	100.0	100.0	107.3	102.1	100.0	100.6	100.1	100.0	112.7	103.7	100.0	96.2	98.9
15	MECHANICAL	99.3	97.2	98.3	101.0	95.9	98.5	100.2	100.1	100.1	103.3	123.6	113.5	97.9	106.9	102.4	98.7	101.8	100.3
16	ELECTRICAL	108.3	99.9	102.5	104.2	94.5	97.5	106.0	105.0	105.3	104.5	123.0	117.3	100.7	110.0	107.2	111.4	105.5	107.3
1-16	WEIGHTED AVERAGE	104.7	100.1	102.3	102.6	103.1	102.9	105.0	102.8	103.8	108.9	124.4	117.3	105.6	112.4	109.2	105.9	100.1	102.9

ABBREVIATIONS

A	Area Square Feet; Ampere	C/C	Center to Center	Demob.	Demobilization
ABS	Acrylonitrile Butadiene Styrene; Asbestos Bonded Steel	Cab.	Cabinet	d.f.u.	Drainage Fixture Units
A.C.	Alternating Current; Air Conditioning; Asbestos Cement; Plywood Grade A & C	Cair.	Air Tool Laborer	D.H.	Double Hung
		Calc	Calculated	DHW	Domestic Hot Water
		Cap.	Capacity	Diag.	Diagonal
		Carp.	Carpenter	Diam.	Diameter
A.C.I.	American Concrete Institute	C.B.	Circuit Breaker	Distrib.	Distribution
AD	Plywood, Grade A & D	C.C.A.	Chromate Copper Arsenate	Dk.	Deck
Addit.	Additional	C.C.F.	Hundred Cubic Feet	D.L.	Dead Load; Diesel
Adj.	Adjustable	cd	Candela	Do.	Ditto
af	Audio-frequency	cd/sf	Candela per Square Foot	Dp.	Depth
A.G.A.	American Gas Association	CD	Grade of Plywood Face & Back	D.P.S.T.	Double Pole, Single Throw
Agg.	Aggregate	CDX	Plywood, grade C&D, exterior glue	Dr.	Driver
A.H.	Ampere Hours	Cefi.	Cement Finisher	Drink.	Drinking
A hr	Ampere-hour	Cem.	Cement	D.S.	Double Strength
A.H.U.	Air Handling Unit	CF	Hundred Feet	D.S.A.	Double Strength A Grade
A.I.A.	American Institute of Architects	C.F.	Cubic Feet	D.S.B.	Double Strength B Grade
AIC	Ampere Interrupting Capacity	CFM	Cubic Feet per Minute	Dty.	Duty
Allow.	Allowance	c.g.	Center of Gravity	DWV	Drain Waste Vent
alt.	Altitude	CHW	Chilled Water	DX	Deluxe White, Direct Expansion
Alum.	Aluminum	C.I.	Cast Iron	dyn	Dyne
a.m.	Ante Meridiem	C.I.P.	Cast in Place	e	Eccentricity
Amp.	Ampere	Circ.	Circuit	E	Equipment Only; East
Anod.	Anodized	C.L.	Carload Lot	Ea.	Each
Approx.	Approximate	Clab.	Common Laborer	E.B.	Encased Burial
Apt.	Apartment	C.L.F.	Hundred Linear Feet	Econ.	Economy
Asb.	Asbestos	CLF	Current Limiting Fuse	EDP	Electronic Data Processing
A.S.B.C.	American Standard Building Code	CLP	Cross Linked Polyethylene	E.D.R.	Equiv. Direct Radiation
Asbe.	Asbestos Worker	cm	Centimeter	Eq.	Equation
A.S.H.R.A.E.	American Society of Heating, Refrig. & AC Engineers	CMP	Corr. Metal Pipe	Elec.	Electrician; Electrical
		C.M.U.	Concrete Masonry Unit	Elev.	Elevator; Elevating
		Col.	Column	EMT	Electrical Metallic Conduit; Thin Wall Conduit
A.S.M.E.	American Society of Mechanical Engineers	CO_2	Carbon Dioxide		
		Comb.	Combination	Eng.	Engine
A.S.T.M.	American Society for Testing and Materials	Compr.	Compressor	EPDM	Ethylene Propylene Diene Monomer
		Conc.	Concrete		
Attchmt.	Attachment	Cont.	Continuous; Continued	Eqhv.	Equip. Oper., heavy
Avg.	Average	Corr.	Corrugated	Eqlt.	Equip. Oper., light
A.W.G.	American Wire Gauge	Cos	Cosine	Eqmd.	Equip. Oper., medium
Bbl.	Barrel	Cot	Cotangent	Eqmm.	Equip. Oper., Master Mechanic
B.&B.	Grade B and Better; Balled & Burlapped	Cov.	Cover	Eqol.	Equip. Oper., oilers
		CPA	Control Point Adjustment	Equip.	Equipment
B.&S.	Bell and Spigot	Cplg.	Coupling	ERW	Electric Resistance Welded
B.&W.	Black and White	C.P.M.	Critical Path Method	Est.	Estimated
b.c.c.	Body-centered Cubic	CPVC	Chlorinated Polyvinyl Chloride	esu	Electrostatic Units
BE	Bevel End	C. Pr.	Hundred Pair	E.W.	Each Way
B.F.	Board Feet	CRC	Cold Rolled Channel	EWT	Entering Water Temperature
Bg. Cem.	Bag of Cement	Creos.	Creosote	Excav.	Excavation
BHP	Boiler Horsepower; Brake Horsepower	Crpt.	Carpet & Linoleum Layer	Exp.	Expansion, Exposure
		CRT	Cathode-Ray Tube	Ext.	Exterior
B.I.	Black Iron	CS	Carbon Steel	Extru.	Extrusion
Bit.; Bitum.	Bituminous	Csc	Cosecant	f.	Fiber stress
Bk.	Backed	C.S.F.	Hundred Square Feet	F	Fahrenheit; Female; Fill
Bkrs.	Breakers	CSI	Construction Specifications Institute	Fab.	Fabricated
Bldg.	Building			FBGS	Fiberglass
Blk.	Block	C.T.	Current Transformer	F.C.	Footcandles
Bm.	Beam	CTS	Copper Tube Size	f.c.c.	Face-centered Cubic
Boil.	Boilermaker	Cu	Cubic	f'c.	Compressive Stress in Concrete; Extreme Compressive Stress
B.P.M.	Blows per Minute	Cu. Ft.	Cubic Foot		
BR	Bedroom	cw	Continuous Wave	F.E.	Front End
Brg.	Bearing	C.W.	Cool White; Cold Water	FEP	Fluorinated Ethylene Propylene (Teflon)
Brhe.	Bricklayer Helper	Cwt.	100 Pounds		
Bric.	Bricklayer	C.W.X.	Cool White Deluxe	F.G.	Flat Grain
Brk.	Brick	C.Y.	Cubic Yard (27 cubic feet)	F.H.A.	Federal Housing Administration
Brng.	Bearing	C.Y./Hr.	Cubic Yard per Hour	Fig.	Figure
Brs.	Brass	Cyl.	Cylinder	Fin.	Finished
Brz.	Bronze	d	Penny (nail size)	Fixt.	Fixture
Bsn.	Basin	D	Deep; Depth; Discharge	Fl. Oz.	Fluid Ounces
Btr.	Better	Dis.; Disch.	Discharge	Flr.	Floor
BTU	British Thermal Unit	Db.	Decibel	F.M.	Frequency Modulation; Factory Mutual
BTUH	BTU per Hour	Dbl.	Double		
BX	Interlocked Armored Cable	DC	Direct Current	Fmg.	Framing
c	Conductivity				
C	Hundred; Centigrade				

ABBREVIATIONS

Fndtn.	Foundation	I.P.	Iron Pipe	Mat; Mat'l.	Material
Fori.	Foreman, inside	I.P.S.	Iron Pipe Size	Max.	Maximum
Fount.	Fountain	I.P.T.	Iron Pipe Threaded	MBF	Thousand Board Feet
FPM	Feet per Minute	I.W.	Indirect Waste	MBH	Thousand BTU's per hr.
FPT	Female Pipe Thread	J	Joule	MC	Metal Clad Cable
Fr.	Frame	J.I.C.	Joint Industrial Council	M.C.F.	Thousand Cubic Feet
F.R.	Fire Rating	K	Thousand; Thousand Pounds; Heavy Wall Copper Tubing	M.C.F.M.	Thousand Cubic Feet per minute
FRK	Foil Reinforced Kraft	K.A.H.	Thousand Amp. Hours	M.C.M.	Thousand Circular Mils
FRP	Fiberglass Reinforced Plastic	KCMIL	Thousand Circular Mils	M.C.P.	Motor Circuit Protector
FS	Forged Steel	KD	Knock Down	MD	Medium Duty
FSC	Cast Body; Cast Switch Box	K.D.A.T.	Kiln Dried After Treatment	M.D.O.	Medium Density Overlaid
Ft.	Foot; Feet	kg	Kilogram	Med.	Medium
Ftng.	Fitting	kG	Kilogauss	MF	Thousand Feet
Ftg.	Footing	kgf	Kilogram force	M.F.B.M.	Thousand Feet Board Measure
Ft. Lb.	Foot Pound	kHz	Kilohertz	Mfg.	Manufacturing
Furn.	Furniture	Kip	1000 Pounds	Mfrs.	Manufacturers
FVNR	Full Voltage Non-Reversing	KJ	Kiljoule	mg	Milligram
FXM	Female by Male	K.L.	Effective Length Factor	MGD	Million Gallons per Day
Fy.	Minimum Yield Stress of Steel	Km	Kilometer	MGPH	Thousand Gallons per Hour
g	Gram	K.L.F.	Kips per Linear Foot	MH; M.H.	Manhole; Metal Halide; Man-Hour
G	Gauss	K.S.F.	Kips per Square Foot	MHz	Megahertz
Ga.	Gauge	K.S.I.	Kips per Square Inch	Mi.	Mile
Gal.	Gallon	K.V.	Kilovolt	MI	Malleable Iron; Mineral Insulated
Gal./Min.	Gallon per Minute	K.V.A.	Kilovolt Ampere	mm	Millimeter
Galv.	Galvanized	K.V.A.R.	Kilovar (Reactance)	Mill.	Millwright
Gen.	General	KW	Kilowatt	Min.; min.	Minimum; minute
G.F.I.	Ground Fault Interrupter	KWh	Kilowatt-hour	Misc.	Miscellaneous
Glaz.	Glazier	L	Labor Only; Length; Long; Medium Wall Copper Tubing	ml	Milliliter
GPD	Gallons per Day	Lab.	Labor	M.L.F.	Thousand Linear Feet
GPH	Gallons per Hour	lat	Latitude	Mo.	Month
GPM	Gallons per Minute	Lath.	Lather	Mobil.	Mobilization
GR	Grade	Lav.	Lavatory	Mog.	Mogul Base
Gran.	Granular	lb.; #	Pound	MPH	Miles per Hour
Grnd.	Ground	L.B.	Load Bearing; L Conduit Body	MPT	Male Pipe Thread
H	High; High Strength Bar Joist; Henry	L. & E.	Labor & Equipment	MRT	Mile Round Trip
H.C.	High Capacity	lb./hr.	Pounds per Hour	ms	Millisecond
H.D.	Heavy Duty; High Density	lb./L.F.	Pounds per Linear Foot	M.S.F.	Thousand Square Feet
H.D.O.	High Density Overlaid	lbf/sq in.	Pound-force per Square Inch	Mstz.	Mosaic & Terrazzo Worker
Hdr.	Header	L.C.L.	Less than Carload Lot	M.S.Y.	Thousand Square Yards
Hdwe.	Hardware	Ld.	Load	Mtd.	Mounted
Help.	Helper average	LE	Lead Equivalent	Mthe.	Mosaic & Terrazzo Helper
HEPA	High Efficiency Particulate Air Filter	L.F.	Linear Foot	Mtng.	Mounting
Hg	Mercury	Lg.	Long; Length; Large	Mult.	Multi; Multiply
HIC	High Interrupting Capacity	L. & H.	Light and Heat	M.V.A.	Million Volt Amperes
H.O.	High Output	L.H.	Long Span High Strength Bar Joist	M.V.A.R.	Million Volt Amperes Reactance
Horiz.	Horizontal	L.J.	Long Span Standard Strength Bar Joist	MV	Megavolt
H.P.	Horsepower; High Pressure			MW	Megawatt
H.P.F.	High Power Factor	L.L.	Live Load	MXM	Male by Male
Hr.	Hour	L.L.D.	Lamp Lumen Depreciation	MYD	Thousand yards
Hrs./Day	Hours per Day	lm	Lumen	N	Natural; North
HSC	High Short Circuit	lm/sf	Lumen per Square Foot	nA	Nanoampere
Ht.	Height	lm/W	Lumen per Watt	NA	Not Available; Not Applicable
Htg.	Heating	L.O.A.	Length Over All	N.B.C.	National Building Code
Htrs.	Heaters	log	Logarithm	NC	Normally Closed
HVAC	Heating, Ventilating & Air Conditioning	L.P.	Liquefied Petroleum; Low Pressure	N.E.M.A.	National Electrical Manufacturers Association
Hvy.	Heavy			NEHB	Bolted Circuit Breaker to 600V
HW	Hot Water	L.P.F.	Low Power Factor	N.L.B.	Non-Load-Bearing
Hyd.; Hydr.	Hydraulic	LR	Long Radius	NM	Non-Metallic Cable
Hz.	Hertz (cycles)	L.S.	Lump Sum	nm	Nanometer
I.	Moment of Inertia	Lt.	Light	No.	Number
I.C.	Interrupting Capacity	Lt. Ga.	Light Gauge	NO	Normally Open
ID	Inside Diameter	L.T.L.	Less than Truckload Lot	N.O.C.	Not Otherwise Classified
I.D.	Inside Dimension; Identification	Lt. Wt.	Lightweight	Nose.	Nosing
I.F.	Inside Frosted	L.V.	Low Voltage	N.P.T.	National Pipe Thread
I.M.C.	Intermediate Metal Conduit	M	Thousand; Material; Male; Light Wall Copper Tubing	NQOB	Bolted Circuit Breaker to 240V
In.	Inch			N.R.C.	Noise Reduction Coefficient
Incan.	Incandescent	m/hr; M.H.	Man-hour	N.R.S.	Non Rising Stem
Incl.	Included; Including	mA	Milliampere	ns	Nanosecond
Int.	Interior	Mach.	Machine	nW	Nanowatt
Inst.	Installation	Mag. Str.	Magnetic Starter		
Insul.	Insulation	Maint.	Maintenance		
		Marb.	Marble Setter		

395

ABBREVIATIONS

OB	Opposing Blade	R.H.W.	Rubber, Heat & Water Resistant; Residential Hot Water	T.D.	Temperature Difference
OC	On Center			T.E.M.	Transmission Electron Microscopy
OD	Outside Diameter	rms	Root Mean Square	TFE	Tetrafluoroethylene (Teflon)
O.D.	Outside Dimension	Rnd.	Round	T. & G.	Tongue & Groove; Tar & Gravel
ODS	Overhead Distribution System	Rodm.	Rodman		
O & P	Overhead and Profit	Rofc.	Roofer, Composition	Th.; Thk.	Thick
Oper.	Operator	Rofp.	Roofer, Precast	Thn.	Thin
Opng.	Opening	Rohe.	Roofer Helpers (Composition)	Thrded	Threaded
Orna.	Ornamental	Rots.	Roofer, Tile & Slate	Tilf.	Tile Layer Floor
O.S.&Y.	Outside Screw and Yoke	R.O.W.	Right of Way	Tilh.	Tile Layer Helper
Ovhd.	Overhead	RPM	Revolutions per Minute	THW	Insulated Strand Wire
OWG	Oil, Water or Gas	R.R.	Direct Burial Feeder Conduit	THWN; THHN	Nylon Jacketed Wire
Oz.	Ounce	R.S.	Rapid Start	T.L.	Truckload
P.	Pole; Applied Load; Projection	RT	Round Trip	Tot.	Total
p.	Page	S.	Suction; Single Entrance; South	T.S.	Trigger Start
Pape.	Paperhanger			Tr.	Trade
P.A.P.R.	Powered Air Purifying Respirator	Scaf.	Scaffold	Transf.	Transformer
PAR	Weatherproof Reflector	Sch.; Sched.	Schedule	Trhv.	Truck Driver, Heavy
Pc.	Piece	S.C.R.	Modular Brick	Trir.	Trailer
P.C.	Portland Cement; Power Connector	S.D.	Sound Deadening	Trlt.	Truck Driver, Light
		S.D.R.	Standard Dimension Ratio	TV	Television
P.C.M.	Phase Contrast Microscopy	S.E.	Surfaced Edge	T.W.	Thermoplastic Water Resistant Wire
P.C.F.	Pounds per Cubic Foot	Sel.	Select		
P.E.	Professional Engineer; Porcelain Enamel; Polyethylene; Plain End	S.E.R.; S.E.U.	Service Entrance Cable	UCI	Uniform Construction Index
		S.F.	Square Foot	UF	Underground Feeder
		S.F.C.A.	Square Foot Contact Area	U.H.F.	Ultra High Frequency
Perf.	Perforated	S.F.G.	Square Foot of Ground	U.L.	Underwriters Laboratory
Ph.	Phase	S.F. Hor.	Square Foot Horizontal	Unfin.	Unfinished
P.I.	Pressure Injected	S.F.R.	Square Feet of Radiation	URD	Underground Residential Distribution
Pile.	Pile Driver	S.F. Shlf.	Square Foot of Shelf		
Pkg.	Package	S4S	Surface 4 Sides	V	Volt
Pl.	Plate	Shee.	Sheet Metal Worker	V.A.	Volt Amperes
Plah.	Plasterer Helper	Sin.	Sine	V.C.T.	Vinyl Composition Tile
Plas.	Plasterer	Skwk.	Skilled Worker	VAV	Variable Air Volume
Pluh.	Plumbers Helper	SL	Saran Lined	VC	Veneer Core
Plum.	Plumber	S.L.	Slimline	Vent.	Ventilating
Ply.	Plywood	Sldr.	Solder	Vert.	Vertical
p.m.	Post Meridiem	S.N.	Solid Neutral	V.F.	Vinyl Faced
Pord.	Painter, Ordinary	S.P.	Static Pressure; Single Pole; Self Propelled	V.G.	Vertical Grain
pp	Pages			V.H.F.	Very High Frequency
PP; PPL	Polypropylene	Spri.	Sprinkler Installer	VHO	Very High Output
P.P.M.	Parts per Million	Sq.	Square; 100 square feet	Vib.	Vibrating
Pr.	Pair	S.P.D.T.	Single Pole, Double Throw	V.L.F.	Vertical Linear Foot
Prefab.	Prefabricated	S.P.S.T.	Single Pole, Single Throw	Vol.	Volume
Prefin.	Prefinished	SPT	Standard Pipe Thread	W	Wire; Watt; Wide; West
Prop.	Propelled	Sq. Hd.	Square Head	w/	With
PSF; psf	Pounds per Square Foot	Sq. In.	Square Inch	W.C.	Water Column; Water Closet
PSI; psi	Pounds per Square Inch	S.S.	Single Strength; Stainless Steel	W.F.	Wide Flange
PSIG	Pounds per Square Inch Gauge	S.S.B.	Single Strength B Grade	W.G.	Water Gauge
PSP	Plastic Sewer Pipe	Sswk.	Structural Steel Worker	Wldg.	Welding
Pspr.	Painter, Spray	Sswl.	Structural Steel Welder	W. Mile	Wire Mile
Psst.	Painter, Structural Steel	St.; Stl.	Steel	W.R.	Water Resistant
P.T.	Potential Transformer	S.T.C.	Sound Transmission Coefficient	Wrck.	Wrecker
P. & T.	Pressure & Temperature	Std.	Standard	W.S.P.	Water, Steam, Petroleum
Ptd.	Painted	STP	Standard Temperature & Pressure	WT, Wt.	Weight
Ptns.	Partitions	Stpi.	Steamfitter, Pipefitter	WWF	Welded Wire Fabric
Pu	Ultimate Load	Str.	Strength; Starter; Straight	XFMR	Transformer
PVC	Polyvinyl Chloride	Strd.	Stranded	XHD	Extra Heavy Duty
Pvmt.	Pavement	Struct.	Structural	XHHW; XLPE	Cross-Linked Polyethylene Wire Insulation
Pwr.	Power	Sty.	Story		
Q	Quantity Heat Flow	Subj.	Subject	Y	Wye
Quan.; Qty.	Quantity	Subs.	Subcontractors	yd	Yard
Q.C.	Quick Coupling	Surf.	Surface	yr	Year
r	Radius of Gyration	Sw.	Switch	Δ	Delta
R	Resistance	Swbd.	Switchboard	%	Percent
R.C.P.	Reinforced Concrete Pipe	S.Y.	Square Yard	~	Approximately
Rect.	Rectangle	Syn.	Synthetic	Ø	Phase
Reg.	Regular	Sys.	System	@	At
Reinf.	Reinforced	t.	Thickness	#	Pound; Number
Req'd.	Required	T	Temperature; Ton	<	Less Than
Res.	Resistant	Tan	Tangent	>	Greater Than
Resi	Residential	T.C.	Terra Cotta		
Rgh.	Rough	T & C	Threaded and Coupled		

INDEX

A

Abandon catch basin	15
Accent light	206
light connector	206
light tranformer	206
Access floor	27
flooring	27
road and parking area	7
Accessory bath	28
formwork	22
Acoustical ceiling	32
Adapter compression equipment	124
conduit	78
connector	140
EMT	79
greenfield	79
Adhesives	26
Aerial lift	9
Aggregate spreader	9
Air circuit breaker	229
compressor	9
compressor control system	48
conditioner receptacle	224
conditioner wiring	226
conditioning fan	42
conditioning ventilating	43-45, 48
handling fan	42
handling troffer	203
hose	10
supply pneumatic control	48
tool	9
Air-conditioning power central	286
Airfoil fan centrifugal	43
Alarm and communication system	296
burglar	215
exit control	215
fire	215
residential	225
sprinkler	215
standpipe	215
Aluminum bare wire	126
bus duct	176-181, 351, 352
cable	111, 112
cable connector	121
cable-channel	67
cable-tray	52, 58, 60, 62, 64
conduit	75
handrail	27
light pole	279
low lamp bus-duct	181
nail	26
rivet	25
service entrance cable	114
shielded cable	115
wire	119
wire compression adapter	124
Ammeter	167
Anchor bolt	25
expansion	24
hollow wall	24
machinery	25
nailing	24
pole	227
screw	24
tower	227
wall	23
Angle plug	138
Antenna system	221
wire TV	115
Apartment call system	221
S.F. & C.F.	231
Appliance	30
plumbing	38
repair	13
residential	29, 30, 225
water	37
Approach ramp	27
Arena sport S.F. & C.F.	238
Armored cable	110, 111, 335
cable connector	121
Arrestor lightning	220, 230
lightning substation	162
Athletic equipment	31
Attic ventilation fan	45
Auditorium S.F. & C.F.	231
Auger	9
Automatic circuit closing	157
fire suppression	38
gate	29
timed thermostat	46
transfer switch	196
transfer switches	354
Automotive sales S.F. & C.F.	231
Autopsy equipment	32
Axial flow fan	43

B

Backfill	18
trench	19
Backhoe rental	9
trenching	301
Baler	29
Ballast fixture	205
high intensity discharge	201
replacement	200
Bank S.F. & C.F.	231
Bare floor conduit	206
Bar-hanger outlet-box	128
Barricade	7
Barrier parking	29
Barriers and enclosures	7
X-ray	34
Base transformer	200
Baseball scoreboard	31
Baseboard heater electric	216
Basic meter device	156
section motor-control	146
Basketball scoreboard	31
Bath accessory	28
exhaust fan	44
heater & fan	44
steam	33
Battery inverter	196
light	199
Beam clamp channel	104
clamp conduit	105, 106
Bedding pipe	20
Bell system	216
transformer door	216
Bender duct	212
Block manhole	21
Blower	43
Board	152
control	28
Boiler control system	48
electric	39, 40, 248
electric steam	39
gas-fired	40
general	39
hot-water	40
hot-water electric	248
steam electric	247
Boilers	39
Bollard light	200
Bolt	23
anchor	25
expansion	24
toggle	24
wedge	25
Bolted switch pressure	164
Bolt-on circuit breaker	160
Bond performance	5
Boom lift	9
Booster fan	43
Border light	28
Box	128
conduit	94
connectors EMT	78
electrical	130
explosionproof	131
junction	134
low-voltage relay	135
outlet	129
outlet cover	129
outlet steel	128
pull	129
terminal wire	134
termination	221
Boxes & wiring devices	102-106, 128-132, 136, 137
Bracing	26
Bracket pipe	36
Branch circuit breaker	167
circuit breaker HIC	166
circuit fusible switch	166
meter device	158
Brass screw	26
Brazed wire to grounding	127
Break glass station	216
Breaker circuit	152, 153
low voltage substation	162
motor operated switchboard	165
Breather conduit explosionproof	95
Brick catch basin	20
Broiler	30
Buck-boost transformer	173
Bucket crane	9
Builders' risk insurance	306
Building air supported	6
demolition	15
directory	221
permit	5
portable	8
temporary	8
Bulb incandescent	209
Bulldozer	18
Burglar alarm	215
alarm indicating panel	215
Burial cable direct	114
Bus bar aluminum	165
duct	176
substation	230
terminal S.F. & C.F.	238
Bus-duct	176, 177
aluminum	176-181
aluminum low lamp	181
cable tap box	177, 181, 184
circuit-breaker	182, 185
circuit-breaker low amp	182
copper	183-185, 189, 190
copper lighting	183
copper low amp	183
end closure	192
feed low amp	182, 183
feeder	176, 179, 181, 185, 187
fitting	177-181, 183, 186-188, 191-193
ground bus	185
ground neutralizer	191
hanger	193
lighting	183
plug	189
plug & capacitor	190
plug & contactor	190
plug & starter	190
plug circuit-breaker	190
plug low amp	182
plug-in	176, 179, 183-187
plug-in low amp	181
reducer	178, 186, 189
roof flange	191
service head	192
switch	184
switch & control	185
switch low amp	182
switchboard stub	177
tap box	181, 184, 189
tap box circuit-breaker	182
transformer	185
wall flange	177, 191
weather stop	191
Bushing conduit	89
Busway cleaning tools	194
connection switchboard	165
feedrail	193
trolley	193
Busways	176
Button enclosure oiltight push	132
enclosure sloping front push	132
Buzzer system	221
BX cable	110

C

Cabinet convector heater	218
current transformer	131
electrical	129
electrical floormount	132
electrical hinged	130
fuse	154
hotel	28
medicine	28
oil-tight	133
pedestal	132
strip	221
telephone wiring	131
transformer	131
unit heater	219, 220
Cable aluminum	111, 112
aluminum shielded	115
armored	110, 111
BX	110
clamp	57
coaxial	117
connector armored	121
connector nonmetallic	121
connector split bolt	123
control	112
copper	112
copper shielded	115
crimp termination	123
electric	110-112, 118
fiber optics	112
flat	117
for cable-tray	116
grip	116
heating	216
high voltage in conduit	256
in cable tray	110, 111
in conduit support	92
lug substation	162
mineral insulated	112, 113
pulling	11
PVC jacket	111, 112
sheathed nonmetallic	113
sheathed romex	113
shielded	114
splice high voltage	125
tap box bus-duct	177, 181, 184
tensioning	11
termination	123
termination high voltage	124, 125
termination indoor	124
termination mineral insulated	113
termination outdoor	124
termination padmount	124
trailer	11
tray	49, 326, 335
tray aluminum	52
tray galvanized steel	49
tray ladder type	49
tray substation	230
undercarpet system	117
underground feeder	114
wire thwn	112
Cable-channel aluminum	67
fitting	67
hanger	67
vented	67
Cable-tray alum cover	69-71
aluminum	58, 60, 62, 64
divider	71-73
fitting	49-52, 54-66
galv cover	67-69
galvanized steel	58, 62
ladder type	49, 52
solid bottom	58
trough type	62
vented	62
wall bracket	57
Cadweld wire to grounding	126
Call system apartment	221
system emergency	221
system nurse	220
Camera TV closed circuit	221
Cap service entrance	114
Capacitor	196, 198
indoor	198
static	229
station	229
synchronous	229
transmission	229
Carbon dioxide extinguisher	39
Card station	29
Carpet computer room	27
lighting	206
Cartridge fuse	153
Cast boxes	341, 342
iron manhole cover	21
iron pull box	130
Catch basin	20
basin frame and cover	21
basin masonry	20
basin removal	15
Catwalk	7
Ceiling drill	24
fan	43
heater	30
integrated	32
luminous	209
radiant	32
suspended	32
Cement duct	212
PVC conduit	81
Center meter	155
motor-control	143, 144
Centrifugal airfoil fan	43
fan	43
pump	10
Chain hoist	12
link fence	7
saw	11
trencher	9
Chandelier	203, 206
Chan-l-wire system	102
Channel beam clamp	104
concrete insert	104
conduit	105
fittings	103
junction box	104
plastic coated	105
steel	103
strap for conduit	104
strap for EMT	104

INDEX

support 104
w/conduit clip 104
Chase formwork 22
Chemical toilet 11
Chime door 216
Church S.F. & C.F. 232
Cinema equipment 28
C.I.P. concrete 22
Circline fixture 210
Circuit breaker 152
breaker air 229
breaker bolt-on 160
breaker feeder section 166
breaker gas 229
breaker HIC branch 166
breaker oil 229
breaker plug-in 184
breaker power 229
breaker transmission 229
breaker vacuum 229
closing automatic 157
closing manual 158
length 336
Circuit-breaker bus-duct 182, 185
bus-duct plug 190, 191
bus-duct tap box 182
CLF 185
control-center 146
disconnect 153
explosionproof 153
HIC 160
light-contactor 145
load center 161
low amp bus-duct 182
motor operated 161
motor-starter 141-145
panel 161
panelboard 159
plug-in 160
shunt trip 161
switch 161
Circular saw 11
City hall S.F. & C.F. 238
Clamp cable 57
ground rod 126
pipe 36
riser 36
water pipe ground 126
Clamshell bucket 9
Clean room 32
Cleaning tools busway 194
Clearance pole 228
CLF circuit-breaker 185
Climbing crane 11
jack 12
Clinic S.F. & C.F. 235
Clip channel w/conduit 104
Clock 214
& bell system 214
system 214
timer 225
Club country S.F. & C.F. 232
Coaxial cable 117
connector 116
Coffee urn 30
Coin station 29
College S.F. & C.F. 232
Color wheel 28
Combination device 223
Commercial electric radiation 300
electric service 257
heater electric 217
water heater 37, 38, 245
Common nail 26
Communication component 13
system 221
Community center S.F. & C.F. 232
Compaction soil 18
Compactor earth 9
Compensation workers' 4
Component control 46
sound system 220
Components control 46, 47
Compression equipment adapter 124
fitting 80
Compressor air 9
tank mounted 48
Computer connector 140
floor 27
grade voltage regulator 194
plug 140
power cond transformer 196
receptacle 140
regulator transformer 196
room carpet 27
transformer 195
Concrete cast in place 22
catch basin 20
C.I.P. 22
cutting 14, 15
drill 14
drilling 96
finishing 23
formwork 22
foundation 22
hand hole 210
hole cutting 98
hole drilling 97
in place 22
insert 104
insert channel 104
insert hanger 36
manhole 21, 210
patching 22
ready mix 22
removal 15
structural 22
utility vault 20
Conductor 110
& grounding 110-112, 114-116, 118
-121, 123, 124, 126, 127
high voltage shielded 256
line 227, 228
overhead 227
sagging 227, 228
substation 230
underbuilt 228
wire 118
Conduit 75, 329-332
& fitting flexible 100
aluminum 75
bare floor 206
beam clamp 105, 106
body 95
box 94
bushing 89
channel 105
connector 100
coupling explosionproof 92
electrical 75, 82
encasement 358
fitting 75, 76, 89-92, 94-96, 99, 100
fitting fire stop 92
flexible coupling 92
flexible metallic 99
greenfield 99
hanger 96, 103, 105, 106
high installation 82
hub 95
in-slab 88
in-slab PVC 88
intermediate fitting 77
intermediate steel 76
in-trench electrical 88
in-trench steel 88
nipple 82-86
nipple electrical 83, 87
plastic coated 77
PVC 80
PVC fitting 80, 81
raceway 75
rigid expansion coupling 91
rigid in-slab 88
rigid steel 76, 77, 82
riser clamp 103
sealing fitting 96
sealtite 99
steel fitting 77
substation 230
support 79, 102, 103
w/coupling 82
weight 331
Connection motor 100
wire weld 126
Connections temporary 214
Connector accent light 206
adapter 140
coaxial 116
computer 140
conduit 100
locking 139
nonmetallic cable 121
sealtite 100
split bolt cable 123
stud 25
wiring 139
Constant voltage transformer 196
Construction aids 6
cost index 4
management 4
photograph 6
temporary 6
Contactor & fusible switch 185
control switchboard 165
lighting 168
Contingencies 4
Contract closeout 13
Contractor equipment 9
overhead 4
pump 10
Control & motor starter 147, 150
board 28
bus-duct lighting 185
cable 112
center motor 142
component 46
components 46, 47
enclosure 133
hand/off/automatic 168
install 13
replace 13
station 168
station stop/start 168
switch 169
system air compressor 48
system boiler large 48
system cooling 48
system split system 48
system ventilator 48
systems 46, 47
wire low-voltage 136
wire weatherproof 136
Control-center auxiliary contact 141
circuit-breaker 146
component 141-145
fusible switch 145
motor 140
pilot-light 141
push button 141
Controller time system 214
Controls DDC 46, 47
Control-system VAV box 48
Convector cabinet heater 218
heater electric 218
Cooking range 30
Cooler beverage 30
Cooling control system 48
Copper bus-duct 183-185, 189, 190
cable 110-112
ground wire 126
lighting bus-duct 183
low amp bus-duct 183
shielded cable 115
wire 118-120
Cord replace 13
Core drill 14
Corrosion resistant fan 43
Corrosion-resistant enclosure 133
receptacle 138
Cost mark up 5
Country club S.F. & C.F. 232
Coupling expansion rigid conduit 91
Couplings EMT 78
Courthouse S.F. & C.F. 233
Cover cable-tray alum 69-71
cable-tray galv 67-69
manhole 21
outlet-box 129
plate receptacle 138
stair tread 6
Crane 11
bucket 9
climbing 11
crawler 11
hydraulic 11
material handling 11
tower 11
Crematory 29
Crew 4
Crimp termination cable 123
Critical care isolating panel 175
CT & PT compartment switchboard 165
substation 230
Cubic foot building cost 231
Current limiting fuse 154
transformer 168, 230
transformer cabinet 131
Cutting concrete 15

D

DDC controls 46, 47
Deck roof 27
Decorator device 222
switch 222
Deep therapy room 34
Dehumidifier 30
Demolition 14
building 15
electric 15-17
selective 15
site 15
Department store S.F. & C.F. 233
Derrick 12
guyed 12
stiffleg 12
Detection system 215
Detector infra-red 215
motion 215
smoke 215
temperature rise 215
ultrasonic motion 215
Device branch meter 158
combination 223
decorator 222
GFI 224
load management 171
motor-control-center 146
receptacle 223
residential 222
wiring 135, 136
Devices & boxes wiring 102-106, 129-132,
136, 137
Dewater pumping 18
Dewatering 18
Diaphragm pump 10
Diesel operated generator 198
Dimensionaire ceiling 32
Dimmer switch 136, 222
Direct burial cable 114
Directory building 221
Discharge hose 10
Disconnect & motor-starter 151
circuit-breaker 153
safety-switch 171
Disconnecting switch 229
Dishwasher 30
Disk insulator 228
Dispenser hot water 37
Dispersion nozzle 38
Disposer garbage 30
Distiller water 32
Distribution power 229
section 348
section electric 165
Ditching 18
Divider cable-tray 71-73
Doctor register 215
Dog house switchboard 165
Domestic hot-water 244
Door bell residential 224
bell system 216
buzzer system 221
chime 216
fire 215
frame lead lined 33
opener remote 221
release 221
switch burglar alarm 215
Door-apartment intercom 221
Door-release speaker 221
Dormitory S.F. & C.F. 233
Dozer 18
Drain conduit explosionproof 95
Drainage site 20
Drill ceiling 24
concrete 14
core 14
drywall 24
plaster 24
wall 23
Drilling concrete 96
Dripproof motor 172
motor and starter 293-295
Drive pin 25
Driver sheeting 10
stud 25
Driveway removal 15
Dry transformer 173
wall leaded 34
Drycleaner 29
Dryer receptacle 224
Drywall drill 24
nail 26
Duct 106
bender 212
bus 176
cement 212
electric 183
electrical 106
electrical underfloor 108
fibre 212
fitting fibre 212
fitting trench 107, 108

INDEX

fitting underfloor 108, 109
grille 27
heaters electric 41, 42
plastic wiring 109
steel trench 107, 108
trench 106
underground 211
utility 211, 212
weatherproof feeder 179, 181, 185
Dump charge 15
truck 9, 19
Duplex receptacle 136, 280

E

Earth compactor 9
vibrator 18
Earthwork 18, 19
equipment 18
Education religious S.F. & C.F. 237
Educational TV studio 222
Elderly housing S.F. & C.F. 234
Electric ballast 205
baseboard heater 216
boiler 39, 40, 247
cabinet heater 218
cable 110-112, 118
capacitor 198
circuit voltages 317
convector heater 218
demolition 15-17
duct 183
duct heaters 41, 42
feeder 183
fixture 199, 200, 202, 209, 210
fixture hanger 201
furnace 42
generator 10
generator set 197
heat 216
heater 30
heating 39
hot-air heater 218
incinerator 29
infra-red heater 42
lamp 209
metallic tubing 77, 82
meter 167
motor 172, 173
panelboard 158
pool heater 40
receptacle 137
relay 169
service 153
switch 135, 169, 171
unit heater 216-218
utilities 211, 212
water heater 37, 38
wire 118-121
Electrical box 130
cabinet 129
conduit 75, 82
conduit greenfield 99
duct 106
duct underfloor 109
fee 4
field bend 77
floormount cabinet 132
installation drilling 96
knockouts 98
laboratory 31
maintenance 13
outlet-box 128
pole 210
sitework 210
tubing 75
Electrolytic grounding 127
Electronic rack enclosure 132
Elementary school S.F. & C.F. 237
Elevated conduit 82
Elevator construction 12
fee 4
Emergency call system 221
light test 13
lighting 199
Employer liability 4
EMT 77
adapter 79
box connectors 78
couplings 78
field bend 77
fitting 78-80
spacer 79
support 79, 102
Enclosed motor 172
Enclosure corrosion-resistant 133
electronic rack 132
fiberglass 133
oil-tight 133
panel 132
polyester 133, 134
pushbutton 134
Engineering fees 4, 306
Entrance cable service 114
weather cap 92
Epoxy grout 22
Equipment 9, 28, 29, 315
athletic 31
cinema 28
earthwork 18
formwork 22
foundation 22
general 5
insurance 4
laundry 29
medical 32
rental 9, 11
stage 28
substation 229
Ericson conduit coupling 91
Estimate electrical heating 216
Excavation 18-20
hand 18
machine 18
trench 19, 301-303
Exhaust granular fan 44
hood 30
Exhauster industrial 44
roof 44
Exit control alarm 215
light 199
Expansion anchor 24
bolt 24
coupling rigid conduit 91
fitting 79
shield 24
Explosionproof box 131
breather conduit 95
circuit-breaker 153
conduit box 94
conduit coupling 92
conduit fitting 93
drain conduit 95
fixture 204
fixture incandescent 205
lighting 205
plug 136
receptacle 136
reducer conduit 94
safety-switch 170
sealing conduit 94
sealing hub conduit 95
toggle switch 136
Exterior light fixture 199
lighting 199
Extinguisher fire 39
Extra work 5

F

Factor 4
Factory S.F. & C.F. 233
Fan 42
air conditioning 42
air handling 42
attic ventilation 45
axial flow 43
bath exhaust 44
booster 43
ceiling 43
centrifugal 43
corrosion resistant 43
exhaust granular 44
house ventilation 45
in-line 43
kitchen exhaust 44
low sound 43
paddle 226
propeller exhaust 44
residential 225
roof 44
utility set 43, 45
vane-axial 43
ventilation 226
ventilator 43
wall exhaust 45
wiring 226
Fastener 26
steel 25
timber 26
wood 26
Feed low amp bus-duct 183
Feeder bus-duct 176, 179, 181, 185, 187
cable underground 114
duct weatherproof 179, 181, 185
electric 183
in conduit w/neutral 258
section 166, 167
section branch circuit 166
section circuit breaker 166
section frame 166
section fusible switch 167
Feedrail busway 193
cleaning tools 194
Fees engineering 4, 306
Fence chain link 7
plywood 7
temporary 7
wire 7
Fiber optic connector 112
optic finger splice 112
optic jumper 112
optic patch panel 112
optic pigtail 112
optics cable 112
Fiberglass enclosure 133
light pole 200
panel 7
wireway 135
Fibre duct 212
Field bend EMT 77
office 8
office expense 4
Fill 18
Filtration equipment 35
Final cleaning 13
Finish nail 26
Finishing concrete 23
floor 23
Fire alarm 215
alarm wire 116
call pullbox 216
door 215
extinguisher 39
extinguishing 246
extinguishing system 38
horn 215
signal bell 215
station S.F. & C.F. 233
stop fitting 92
suppression automatic 38
system 38
Fitting bus-duct 177-181, 183, 186-188, 191-193
cable-channel 67
cable-tray 49-52, 54-66
compression 80
conduit 75, 76, 89-96, 99, 100
conduit intermediate 77
conduit PVC 80, 81
conduit steel 77
EMT 78-80
expansion 79
fibre duct 212
greenfield 99
poke-thru 129
PVC duct 211
sealtite 100
underfloor duct 108, 109
underground duct 211
wireway 73-75
Fittings special 116
wireway 135
Fixture ballast 205
clean 13
electric 202
explosionproof 204
explosionproof mercury vapor 205
exterior mercury vapor 199
fluorescent 202, 210
fluorescent installed 263
hanger 201
incandescent 204
incandescent vaportight 204
interior light 202, 203, 205-208
lantern 210
lighting 199
mercury vapor 203, 206, 208
metal-halide 203
metal-halide explosionproof 204
mirror light 205
plumbing 37
residential 210, 225
sodium high pressure 199, 203, 205, 207, 208
type/sf hid 267, 269, 271, 273, 275, 277
type/sf incandescent 265
vandalproof 205
vaporproof 208
watt/sf hd 270
watt/sf hid 268, 272, 274, 276, 278
watt/sf incandescent 266
whip 202
wire 115
Flatbed truck 9
Flexible conduit & fitting 100
coupling conduit 92
metallic conduit 99
Floater equipment 4
Floodlight 10
pole mounted 199
Floor cleaning 13
finishing 23
nail 26
patching concrete 22
pedestal 27
stand kit 133
Flooring access 27
Fluorescent fixture 202, 210, 263
lamp 209
light by wattage 264
Fluoroscopy room 34
Folder laundry 29
Food mixer 30
service equipment 30
warmer 30
Football scoreboard 31
Footing tower 227
Formwork accessory 22
chase 22
concrete 22
equipment 22
sleeve 22
structural 22
Foundation concrete 22
equipment 22
mat 22
pole 227
tower 227
Framing metal 26
Fraternal club S.F. & C.F. 232
Fraternity house S.F. & C.F. 233
Freestanding enclosure 133
indirect lighting 208
Funeral home S.F. & C.F. 233
Furnace cutoff switch 136
electric 42
hot air 42
Fuse box 259
cabinet 154
cartridge 153
current limiting 154
dual element 153
high capacity 154
motor-control-center 145
plug 154
substation 230
transmission 230
Fused safety switch 291
Fusible switch branch circuit 166
switch control-center 145
switch feeder section 167

G

Galvanized steel cable-tray 58, 62
Gang operated switch 229
Garage S.F. & C.F. 234
Garbage disposer 30
Gas circuit breaker 229
Gasoline operated generator 197
Gate automatic 29
General equipment 5
Generator construction 10
diesel 298
diesel operated 198
emergency 197
gasoline operated 197
gas-operated 298
set 197
steam 32, 39
test 13
weight 354
GFI receptacle 224
Glass break alarm 215
lead 33
lined water heater 30
Glassware washer 31
Gradall 9
Grading 20
Grating sewer 21
Greenfield adapter 79
conduit 99
fitting 99

INDEX

Grille duct ... 27
Grip cable ... 116
  strain relief ... 116
Ground bus ... 178
  clamp water pipe ... 126
  fault indicating receptacle ... 136
  fault protection ... 167
  insulated wire ... 127
  neutralizer bus-duct ... 191
  rod ... 125, 127, 340
  rod clamp ... 126
  rod wire ... 127
  wire ... 126
  wire overhead ... 228
Ground-bus to bus-duct ... 185
Ground-fault protector switchboard ... 165
Grounding ... 125
  & conductor ... 110-112, 114, 116, 118 -121, 123, 124, 126, 127
  electrolytic ... 127
  substation ... 230
  switch ... 229
  transformer ... 229
  wire brazed ... 127
Grout epoxy ... 22
Guard lamp ... 210
Guardrail temporary ... 7
Guyed derrick ... 12
  tower ... 35
Gymnasium S.F. & C.F. ... 234
Gypsum board leaded ... 34
  lath nail ... 26

H

Halon fire extinguisher ... 39
  fire suppression ... 246
Hand excavation ... 18, 20
  hole ... 20
  hole concrete ... 210
Handling extra labor ... 171, 176
  waste ... 29
Hand/off/automatic control ... 168
Handrail aluminum ... 27
Hanger & support pipe ... 36
  bus-duct ... 193
  cable-channel ... 67
  conduit ... 96, 102, 103, 105, 106
  EMT ... 102
  fixture ... 201
  plastic coated ... 105
  rod pipe ... 36
  rod threaded ... 103
  trough ... 66
  U-bolt pipe ... 36
Hauling truck ... 20
Heat electric ... 216
  pump residential ... 226
  radiant ... 32, 216
  temporary ... 6
  trace system ... 217
Heater & fan bath ... 44
  cabinet convector ... 218
  ceiling mount unit ... 219
  contractor ... 10
  electric ... 30
  electric baseboard ... 216
  electric commercial ... 217
  electric hot-air ... 218
  electric residential ... 216
  electric wall ... 216
  infra-red ... 42
  infra-red quartz ... 217
  raceway ... 217
  sauna ... 33
  swimming pool ... 40
  vertical discharge ... 218
  wall mounted ... 219
  water ... 30, 37
Heating ... 39, 40
  cable ... 216
  control transformer ... 217
  electric baseboard ... 300
  estimate electrical ... 216
  hot air ... 42
  hydronic ... 39, 40
  hydronic electric ... 248
  industrial ... 39
  panel radiant ... 217
Hex nut ... 23
High bay lighting ... 203
  installation conduit ... 82
  intensity discharge ... 355
  intensity discharge ballast ... 201
  intensity discharge lamp ... 209
  intensity discharge lighting ... 199, 203, 204, 207 , 208
  intensity fixture ... 270
  output lamp ... 202
  school S.F. & C.F. ... 237
  voltage transmission ... 229
High-pressure-sodium lighting ... 203, 207
Historical Cost Index ... 4
Hockey scoreboard ... 31
Hoist and tower ... 12
  contractor ... 12
  lift equipment ... 11
  personnel ... 12
Hole cutting electrical ... 98
  drill ... 23
  drilling electrical ... 97
Hollow wall anchor ... 24
Hood range ... 30
Hook-up electric service ... 257
Horn fire ... 215
Hose air ... 10
  discharge ... 10
  suction ... 10
  water ... 10
Hospital kitchen equipment ... 31
  power ... 175
  S.F. & C.F. ... 234
Hot air furnace ... 42
  air heating ... 42
  water dispenser ... 37
  water heating ... 40
Hot-air heater electric ... 218
Hotel cabinet ... 28
Hot-water boiler ... 40
  commercial ... 245
  system ... 244, 245
House telephone ... 221
  ventilation fan ... 45
Housing for the elderly S.F. & C.F. ... 234
  instrument ... 134
  public S.F. & C.F. ... 235
  S.F. & C.F. ... 234
HP value/cost determination ... 322, 323
Hub conduit ... 95
Humidifier ... 30
Hydraulic crane ... 11
  jack ... 12
Hydronic heating ... 39, 40

I

Ice skating rink S.F. & C.F. ... 235
Impact wrench ... 10
Incandescent bulb ... 209
  explosionproof fixture ... 205
  exterior lamp ... 210
  fixture ... 204, 210
  interior lamp ... 209
Incinerator electric ... 29
Index construction cost ... 4
Indicating panel burglar alarm ... 215
Indicator light ... 169
Indirect lighting ... 208
Industrial address system ... 220
  exhauster ... 44
  heating ... 39
  lighting ... 203
Infra-red broiler ... 30
  detector ... 215
  heater ... 42
  quartz heater ... 217
In-line fan ... 43
Insert hanger concrete ... 36
In-slab conduit ... 88
Instrument enclosure ... 133
  housing ... 134
  switchboard ... 167
  transformer ... 229
Insulator disk ... 228
  line ... 228
  substation ... 230
  transmission ... 228
Insurance ... 4
  builder risk ... 4
  equipment ... 4
  public liability ... 4
Integrated ceiling ... 32
Intercom ... 221
  door-apartment ... 221
Interior light fixture ... 202, 203, 205-208
  lighting ... 207
Intermediate conduit ... 76
Interval timer ... 222
Intrusion system ... 215
Invert manhole ... 21
Inverter battery ... 196
Ironer laundry ... 29
Isolating panel ... 175
  transformer ... 175
Isolation transformer ... 195

J

Jack, coaxial ... 116
Jack hydraulic ... 12
Jail S.F. & C.F. ... 235
Job condition ... 5
Jumper transmission ... 227, 228
Junction box ... 134
  box channel ... 104
Junction-box underfloor duct ... 108

K

Kettle ... 31
Key station ... 29
Kitchen equipment ... 30
  equipment fee ... 4
  exhaust fan ... 44
Knockouts electrical ... 98
KVA value/cost determination ... 321
KW value/cost determination ... 319

L

Lab grade voltage regulator ... 195
Labor index ... 5
  restricted situation ... 171, 176
Laboratory equipment ... 31
  research S.F. & C.F. ... 237
Ladder ... 10
  rolling ... 7
  type cable tray ... 49, 52
Lag screw ... 25
Laminated lead ... 33
Lamp ... 356
  fluorescent ... 209
  guard ... 210
  high intensity discharge ... 209
  high output ... 202
  incandescent ... 199
  incandescent exterior ... 210
  incandescent interior ... 209
  mercury vapor ... 209
  metal-halide ... 209
  post ... 200
  quartz-line ... 209
  replace ... 13
  slimline ... 209
  sodium-high-pressure ... 209
  sodium-low-pressure ... 209
Lampholder ... 137
Lamphouse ... 28
Lamps ... 355
Landscape light ... 200
Lantern fixture ... 210
  luminaire walkway ... 201
Laser ... 10
Lath lead ... 33
Laundry equipment ... 29
LB conduit body ... 95
Lead glass ... 33
  gypsum board ... 34
  lath ... 33
  lined door frame ... 33
  plastic ... 34
  screw anchor ... 24
  shielding ... 33
Liability employer ... 4
Library S.F. & C.F. ... 235
Lift aerial ... 9
Light accent ... 206
  bollard ... 200
  border ... 28
  exit ... 199
  fixture exterior ... 199
  fixture interior ... 202, 203, 205-208
  fixture troffer ... 203
  fixture vaporproof ... 207
  indicator ... 169
  nurse call ... 220
  pilot ... 137
  pole ... 199, 211
  pole aluminum ... 200
  pole fiberglass ... 200
  pole steel ... 200
  pole wood ... 200
  post ... 210
  relamp ... 13
  safety ... 206
  strobe ... 28
  switch ... 284
  temporary ... 6
  tower ... 10
  underwater ... 35
Light-contactor circuit-breaker ... 145
Lighting ... 199, 201-204, 207-210
  bus-duct ... 183
  carpet ... 206
  ceiling ... 32
  contactor ... 168
  control bus-duct ... 185
  emergency ... 199
  equipment maintenance ... 13
  explosionproof ... 205
  exterior ... 199
  fixture ... 199
  high intensity discharge ... 199, 203-205, 207 , 208
  high-pressure-sodium ... 203, 207
  incandescent ... 204
  indirect ... 208
  industrial ... 203
  interior ... 207
  mercury vapor ... 203, 206
  metal-halide ... 203, 207
  outdoor ... 10
  outlet ... 224
  picture ... 205
  residential ... 224
  roadway ... 199
  stage ... 28
  stair ... 206
  strip ... 202
  surgical ... 32
  track ... 210
Lightning arrestor ... 220, 230
  arrestor substation ... 162
  protection ... 220
  suppressor ... 222
Lights track ... 210
Line conductor ... 227, 228
  insulator ... 228
  pole ... 227
  pole transmission ... 227
  spacer ... 228
  tower ... 227
  tower special ... 227
  transmission ... 229
Load center circuit-breaker ... 161
  centers ... 347
  interrupt switch substation ... 162
  management switch ... 171
Load-center indoor ... 154, 155
  plug-in breaker ... 154, 155
  rainproof ... 154, 155
Loadcenter residential ... 222
Locking receptacle ... 224
  receptacle electric ... 137
Low voltage wiring ... 136
Low-voltage receptacle ... 135
  silicon rectifier ... 135
  switching ... 135
  switchplate ... 135
  transformer ... 135
Lug switchboard ... 163
  terminal ... 123
Luminaire ceiling ... 32
  walkway ... 201
Luminous ceiling ... 209

M

Machine excavation ... 18
  screw ... 25
  welding ... 11
Machinery anchor ... 25
Magnetic motor starter ... 147
  starter ... 290
  starter & motor ... 293-295
Mail box call system ... 221
Main rating motor-control ... 146
Maintenance electrical ... 13
Management construction ... 4
Manhole ... 20
  concrete ... 210
  cover ... 21
  electric service ... 210
  invert ... 21
  raise ... 21
  removal ... 15
  step ... 21
  substation ... 230
Manual circuit closing ... 158
  starter & motor ... 293-295
  transfer switch ... 197
Mark-up cost ... 5

INDEX

Masonry catch basin 20
manhole 20
nail 26
saw 11
Master clock system 214
Mat foundation 22
Material hoist 12
index 5
MCC test 13
Mechanical fee 4
Medical clinic S.F. & C.F. 235
equipment 32
office S.F. & C.F. 235
Medicine cabinet 28
Melting snow 216
Mercury vapor exterior fixture 199
vapor fixture 203
vapor fixture vaportight 204
vapor lamp 209
Mercury-vapor fixture 208
light 207
lighting 206
Metal framing 26
Metal-halide explosionproof fixture 204
fixture 203
lamp 209
lighting 203, 207, 208
Meter center 155
center rainproof 156
device basic 156
device branch 158
electric 167
socket 155
socket 5 jaw 157
Microphone 220
wire 116
Microwave detector 215
oven 30
Middle school S.F. & C.F. 237
Mineral insulated cable 112, 113
Mirror light fixture 205
Miscellaneous power 285
Mixer food 30
Modification to cost 5
Modifier switchboard 165
Monitor voltage 194
Motel S.F. & C.F. 236
Motion detector 215
Motor 171
actuated valve 46
added labor 171
and starter 293
bearing oil 13
connections 100, 292, 332
control centers 140, 142, 345
controlled valve 46
dripproof 172
electric 172, 173
enclosed 172
feeder 289
generator 10
installation 287
operated circuit-breaker 161
starter 142-145, 147-149
starter & control 147
starter & disconnect 151
starter magnetic 147
starter w/circuit protector 147
starter w/fused switch 147
starters and controls 346
test 13
Motor-control basic section 146
center 143-145
center device 146
center fuse 145
center structure 140
incoming line 146
main rating 146
pilot-light 146
Motors 350
Motor-starter 140-145, 147, 148, 151, 152
& control 150
circuit-breaker 141-145
enclosed & heated 147
safety-switch 171
w/pushbutton 147
Mounting board plywood 27
Movie equipment 28
S.F. & C.F. 238
Multi-channel rack enclosure 112

N

Nail 26
lead head 34
Nema enclosures 324
Nipple conduit 82-86
electrical conduit 83, 87
plastic coated conduit 86, 87
Non-automatic transfer switch 197
Nozzle dispersion 38
Nurse call light 220
call system 220
speaker station 220
Nursing home S.F. & C.F. 236
Nut hex 23

O

ODS 101
Off highway truck 9
Office field 8
floor 27
medical S.F. & C.F. 235
S.F. & C.F. 236, 239
trailer 8
Oil circuit breaker 229
filled heater transformer 175
heater temporary 10
water heater 37
Oil-tight cabinet 133
enclosure 133
Omitted work 5
Operated switch gang 229
Operating cost equipment 9
room isolating panel 175
room power & lighting 175
Outdoor lighting 10
Outlet box 129
box plastic 129
box steel 128
boxes 341
lighting 224
Outlet-box bar-hanger 128
cover 129
Oven microwave 30
Overhaul 20
Overhead 4
and profit 5, 311
conductor 227
contractor 4
distribution system 101
ground wire 228
Overtime 5, 313
Oxygen lance cutting 18

P

Paddle blade air circulator 43
fan 226
Padmount cable termination 124
Panel critical care isolating 175
enclosure 132
fiberglass 7
fire 215
isolating 175
operating room isolating 175
radiant heat 217
Panelboard circuit breaker 160
electric 158
spacer 162
w/circuit breaker 158-160
w/lug only 159
Parking barrier 29
control equipment 29
equipment 29
garage S.F. & C.F. 234
Patching concrete 22
Patient nurse call 220
Pedestal cabinet 132
floor 27
Pendent indirect lighting 209
Penetration tests 14
Performance bond 5, 312
Permit building 5
Personnel hoist 12
Photograph construction 6
Photography 6
time lapse 6
Pickup truck 11
Picture lighting 205
Pigtail 202
Pilot light 137
Pilot-light control-center 141
enclosure 134
motor-control 146
Pipe 21
& fittings 36
bedding 20
bedding trench 20
hanger & support 36
hanger U-bolt 36
strap 95
support 26, 36
Piping excavation 301
Pit sump 18
Plant power S.F. & C.F. 236
Plaster drill 24
Plastic coated conduit 77
coated conduit nipple 86, 87
coating touch-up 96
lead 34
outlet box 129
roof ventilator 43
Plate wall switch 136
Platform trailer 11
Plating zinc 26
Plug & capacitor bus-duct 190
& contactor bus-duct 190
& starter bus-duct 190
angle 138
bus-duct 189
Plug, coaxial 116
Plug computer 140
explosionproof 136
fuse 154
locking 138
low amp bus-duct 182
wiring device 138
Plug-in bus-duct 176, 183-187
circuit breaker 160, 184
low amp bus-duct 181
switch 184
Plugmold raceway 101
Plumbing appliance 38
fixture 37
laboratory 31
Plywood fence 7
mounting board 27
sheathing 27
sidewalk 7
Pneumatic control system 48
Poke-thru fitting 129
Pole aluminum light 200
anchor 227
clearance 228
crossarm 211, 227
electrical 210
fiberglass light 200
foundation 227
light 199
steel light 200
tele-power 101
transmission 227
utility 200, 211
wood light 200
Police connect panel 215
station S.F. & C.F. 236
Polyester enclosure 133, 134
Pool heater electric 40
swimming 35
swimming S.F. & C.F. 238
Portable air compressor 9
building 8
heater 10
indirect lighting 208
Post lamp 200
light 210
office S.F. & C.F. 236
Potential transformer 230
transformer fused 165
Pothead substation 162
Power circuit breaker 229
conditioner transformer 196
distribution 229
hospital 175
plant S.F. & C.F. 236
supply systems 353
supply uninterruptible 196
system 196
system undercarpet 117
systems & capacitors 197, 198
temporary 6, 213
transformer 229
transmission and distribution 227
transmission tower 227
wiring 152
Precast catch basin 21
manhole 20
Pressure switch switchboard 164
Prison S.F. & C.F. 235
Process air handling fan 42
Project overhead 5
sign 8
size modifier 362
Propeller exhaust fan 44
Protection radiation 33
winter 7
Protective device 228
PT substation 230
Public address system 220
housing S.F. & C.F. 235
Pull box 129
box explosionproof 131
section switchboard 165
Pump contractor 18
diaphragm 10
rental 10
submersible 10
trash 10
water 10
Pumping 18
dewater 18
Push button control-center 141
button enclosure oiltight 132
button enclosure sloping front 132
Pushbutton enclosure 134
Push-button switch 169
Putlog 7
PVC conduit 80
conduit cement 81
conduit fitting 80, 81
conduit in-slab 88
duct fitting 211
underground duct 211

Q

Quartz heater 217
Quartz-line lamp 209

R

Raceway . 49-52, 54, 55, 57-72, 74-81, 83, 85 -92, 94-101, 107-109, 117
cable-tray 49
conduit 75
for heater cable 217
plugmold 101
wiremold 101
wireway 73, 74
Rack enclosure electronic 132
Radiant ceiling 32
heat 32, 216
heating panel 217
Radiation electric 299
electric baseboard 300
protection 33
Radiator thermostat control system 48
Radio frequency shielding 34
tower 35
Railing temporary 7
Rainproof meter center 156
Raise manhole 21
manhole frame 21
Raised floor 27
Ramp approach 27
temporary 7
Range cooking 30
hood 30
receptacle 136, 224
Reactor substation 230
Ready mix concrete 22, 313
Receptacle air conditioner 224
computer 140
corrosion-resistant 138
cover plate 138
device 223
dryer 224
duplex 136
electric 137
electric locking 137
explosionproof 136
GFI 224
ground fault indicating 136
locking 224
low-voltage 135
range 136, 224
telephone 224
television 224
weatherproof 224
Recorder videotape 222
Rectifier low-voltage silicon 135
Reducer bus-duct 178, 186, 189
conduit explosionproof 94
Register doctor 215
in-out 215
Regulator automatic voltage 194
voltage 194, 195, 229
Relamp light 13
Relay box low-voltage 135
electric 169

INDEX

frame low-voltage ... 135
Release door ... 221
Religious education S.F. & C.F. ... 237
Removal catch basin ... 15
concrete ... 15
driveway ... 15
sidewalk ... 15
Rental equipment ... 9, 11
equipment rate ... 7, 9
generator ... 10
Research laboratory S.F. & C.F. ... 237
Residential alarm ... 225
appliance ... 29, 30, 225
device ... 222
door bell ... 224
electric radiation ... 299
fan ... 225
fixture ... 210, 225
heat pump ... 226
heater electric ... 216
lighting ... 224
loadcenter ... 222
service ... 222
smoke detector ... 225
switch ... 222
ventilation ... 45
washer ... 29
water heater ... 37, 226, 244
wiring ... 222, 225
Resistor substation ... 230
Restaurant S.F. & C.F. ... 237
Restricted situation labor ... 171, 176
Retail store S.F. & C.F. ... 237
Rigid conduit in-trench ... 88
in-slab conduit ... 88
steel conduit ... 77, 82
Riser clamp ... 36
clamp conduit ... 103
Rivet ... 25
Road temporary ... 7
Roadway lighting ... 199
Rod ground ... 125, 127
pipe hanger ... 36
threaded hanger ... 103
Roller compaction ... 18
sheepsfoot ... 18
Rolling ladder ... 7
tower ... 7
Romex copper ... 113
Roof exhauster ... 44
sheathing ... 27
ventilator plastic ... 43
Room clean ... 32
Rough carpentry ... 27

S

Safety equipment laboratory ... 31
light ... 206
switches ... 169, 171, 291, 349
Safety-switch ... 170, 171
disconnect ... 171
explosionproof ... 170
motor starter ... 171
Sagging conductor ... 227, 228
Salamander ... 11
Sales tax ... 6, 312
Sauna ... 33
Saw ... 11
chain ... 11
circular ... 11
masonry ... 11
Scaffold steel tubular ... 6
Scaffolding ... 314
specialties ... 7
tubular ... 6
School ... 237
elementary S.F. & C.F. ... 237
equipment ... 31
S.F. & C.F. ... 237
T.V. ... 222
Scoreboard baseball ... 31
Screw anchor ... 24
brass ... 26
lag ... 25
machine ... 25
sheet metal ... 26
steel ... 26
wood ... 26
Seal thru-wall ... 92
Sealing conduit explosionproof ... 94
fitting conduit ... 96
hub conduit explosionproof ... 95
Sealtite conduit ... 99
connector ... 100
fitting ... 100
Sectionalizing switch ... 228
Selective demolition ... 15
Self propelled crane ... 12
supporting tower ... 35
Service electric ... 153
entrance cable aluminum ... 114
entrance cap ... 92, 114
entrance electric ... 257
head bus-duct ... 192
residential ... 222
Sewage system ... 20
Sewer grating ... 21
Sewerage and drainage ... 20
Sheathed nonmetallic cable ... 113
Sheathing ... 27
plywood ... 27
roof ... 27
Sheepsfoot roller ... 18
Sheet metal screw ... 26
Sheeting driver ... 10
Shield expansion ... 24
undercarpet ... 118
Shielded aluminum cable ... 115
cable ... 114
copper cable ... 115
sound wire ... 115
Shielding lead ... 33
radio frequency ... 34
Shift work ... 5
Shredder compactor ... 29
Shunt trip circuit-breaker ... 161
trip switchboard ... 165
Sidewalk removal ... 15
temporary ... 7
Sign ... 8
project ... 8
Signal bell fire ... 215
Single pole disconnect switch ... 229
Siren ... 215
Site demolition ... 15
drainage ... 20
preparation ... 18
removal ... 15
Sitework electrical ... 210
Skating rink S.F. & C.F. ... 235
Slab on grade ... 22
Sleeve formwork ... 22
Sliding mirror ... 28
Slimline fluorescent tube ... 209
Small tool ... 5
Smoke detector ... 215
Snow melting ... 216
Social club S.F. & C.F. ... 232
Socket meter ... 155
meter 5 jaw ... 157
Sodium low pressure fixture ... 199
Sodium-high-pressure fixture ... 203, 205, 207, 208
lamp ... 209
Sodium-low-pressure lamp ... 209
Soil compaction ... 18
compactor ... 9
tamping ... 18
Solid bottom cable-tray ... 58
Sorority house S.F. & C.F. ... 233
Sound movie ... 28
system ... 296
system component ... 220
wire shielded ... 115
Space heater rental ... 10
Spacer EMT ... 79
line ... 228
panelboard ... 162
transmission ... 228
Speaker door-release ... 221
movie ... 28
sound system ... 220
station nurse ... 220
Special electrical system ... 214
systems ... 215-221
wires & fittings ... 115
Specialties scaffolding ... 7
Splice high voltage cable ... 125
Split bus switchboard ... 165
system control system ... 48
Sport arena S.F. & C.F. ... 238
Spotlight ... 28
Spotter ... 20
Sprinkler alarm ... 215
Square foot building costs ... 231, 363
Stage equipment ... 28
lighting ... 28
Staging swing ... 7
Stainless steel bolt ... 23
Stair lighting ... 206
temporary protection ... 6
Stamp time ... 214
Stand kit floor ... 133
Standpipe alarm ... 215
Starter ... 140
and motor ... 293-295
motor ... 140-145, 147-152
replace ... 13
Starters, boards & switches . 140-155, 159 -164, 166, 167, 169-172
Static capacitor ... 229
Station capacitor ... 229
control ... 168
Steam bath ... 33
boiler electric ... 39
boiler system ... 247
generator ... 39
heating ... 39
jacketed kettle ... 31
Steamer ... 31
Steel bolt ... 23
conduit in-slab ... 88
conduit intermediate ... 76
conduit in-trench ... 88
conduit rigid ... 76
cutting ... 18
fastener ... 25
light pole ... 279
screw ... 26
tower ... 35
underground duct ... 211
Step manhole ... 21
Stiffleg derrick ... 12
Stop/start control station ... 168
Storage building S.F. & C.F. ... 238
van ... 8
Store retail S.F. & C.F. ... 237
S.F. & C.F. ... 233
Strain relief grip ... 116
Stranded wire ... 118
Strap channel w/conduit ... 104
channel w/EMT ... 104
support rigid conduit ... 102
Streetlight ... 199
Strip cabinet ... 221
lighting ... 202
Strobe light ... 28
Structural concrete ... 22
Structure motor-control-center ... 140
Stub switchboard ... 184
Stud connector ... 25
driver ... 25
Subcontractor O & P ... 5
Submersible pump ... 10
Submittal ... 6
Substation ... 162
breaker low voltage ... 162
bus ... 230
cable lug ... 162
cable tray ... 230
conductor ... 230
conduit ... 230
CT ... 230
equipment ... 229
fuse ... 230
grounding ... 230
insulator ... 230
lightning arrestor ... 162
load interrupt switch ... 162
low voltage component ... 162
manhole ... 230
pothead ... 162
pt ... 230
reactor ... 230
resistor ... 230
temperature alarm ... 162
transformer ... 162, 229, 230
transmission ... 229
Suction hose ... 10
Sump pit ... 18
Supermarket S.F. & C.F. ... 238
Support cable in conduit ... 92
channel ... 104
conduit ... 79, 102, 103
EMT ... 102
pipe ... 26, 36
rigid conduit strap ... 102
Suppressor lightning ... 222
transformer ... 195
Surgical lighting ... 32
Surveillance system TV ... 221
Suspended ceiling ... 32
Swimming pool ... 35
pool heater ... 40
pool S.F. & C.F. ... 238
Swing staging ... 7
Switch ... 168
box ... 128
box plastic ... 129
bus-duct ... 184
circuit-breaker ... 161
control ... 169
decorator ... 222
dimmer ... 136, 222
disconnecting ... 229
electric ... 135, 169, 171
furnace cutoff ... 136
fusible ... 145
fusible & starter ... 185
gear ... 348
general duty ... 169
grounding ... 229
heavy duty ... 170
load management ... 171
low amp bus-duct ... 182
plate wall ... 136
plug-in ... 184
pressure bolted ... 164
push-button ... 169
residential ... 222
safety ... 169-171
sectionalizing ... 228
single pole disconnect ... 229
switchboard ... 164
time ... 171
toggle ... 136
transfer ... 198
transfer accessory ... 197
transmission ... 228, 229
wall installed ... 284
Switchboard breaker motor operated .. 165
busway connection ... 165
contactor control ... 165
CT & PT compartment ... 165
dog house ... 165
electric ... 168
ground-fault protector ... 165
instruments ... 167, 349
lug ... 163
main circuit breaker ... 164
modifier ... 165
pressure switch ... 164
pull section ... 165
shunt trip ... 165
split bus ... 165
stub ... 184
stub bus-duct ... 177
switch fusible ... 164
transition section ... 165
w/bus bar ... 163
w/CT compartment ... 163
Switchgear ... 259
Switching low-voltage ... 135
Switchplate low-voltage ... 135
Synchronous capacitor ... 229
System antenna ... 221
baseboard electric ... 299
baseboard heat commercial ... 300
boiler hot-water ... 248
boiler steam ... 247
buzzer ... 221
cable in conduit w/neutral ... 256
chan-l-wire ... 102
clock ... 214
communication and alarm ... 296
control ... 48
electric boiler ... 248
electric feeder ... 258
electric service ... 257
fin-tube heating ... 247
fire ... 38
fire detection ... 296
fluorescent fixture ... 263
fluorescent watt/sf ... 264
halon fire suppression ... 246
heat trace ... 217
heating hydronic ... 247, 248
high bay hid fixture ... 267-274
high intensity fixture ... 267-278
incandescent fixture ... 266
incandescent fixture/sf ... 265
intercom ... 296
light pole ... 279
low bay hid fixture ... 275-278
master clock ... 296
master T.V. antenna ... 296
mercury vapor fixture ... 268, 269
overhead distribution ... 101
power ... 196
receptacle ... 281, 282
receptacle watt/sf ... 280
sewage ... 20
sitework trenching ... 301

INDEX

special electrical ... 214
switch wall ... 282
telephone underfloor ... 297
toggle switch ... 282
T.V. surveillance ... 221
UHF ... 221
undercarpet data processing ... 118
undercarpet power ... 117
undercarpet telephone ... 117
underfloor duct ... 281
VHF ... 221
wall outlet ... 280
wall switch ... 284
Systems control ... 46, 47

T

Tamper ... 10
Tamping soil ... 18
Tap box bus-duct ... 181, 184, 189
box electrical ... 177
Tarpaulin ... 7
Tax ... 6
sales ... 6
unemployment ... 6
Taxes ... 312
Telephone exchange S.F. & C.F. ... 238
house ... 221
manhole ... 210
pole ... 211
receptacle ... 224
undercarpet ... 117
wire ... 116
wiring cabinet ... 131
Tele-power pole ... 101
Television equipment ... 221
receptacle ... 224
Temperature rise detector ... 215
Temporary building ... 8
connections ... 214
construction ... 6
facility ... 7
guardrail ... 7
heat ... 6
oil heater ... 10
power ... 213
toilet ... 11
utility ... 6
Terminal lug ... 123
S.F. & C.F. ... 238
wire box ... 134
Termination box ... 221
cable ... 123
high voltage cable ... 124, 125
mineral insulated cable ... 113
Theater and stage equipment ... 28
S.F. & C.F. ... 238
Thermostat ... 46
automatic timed ... 46
contactor combination ... 217
control system radiator ... 48
integral ... 217
wire ... 115
wiring ... 226
Thru-wall seal ... 92
THW wire ... 338
Ticket dispenser ... 29
Tile ceiling ... 32
Timber fastener ... 26
Time lapse photography ... 6
stamp ... 214
switch ... 171
system controller ... 214
Timer clock ... 225
interval ... 222
switch ventilator ... 45
Toaster ... 31
Toggle bolt ... 24
switch ... 136
switch explosionproof ... 136
Toilet chemical ... 11
temporary ... 11
trailer ... 11
Tool air ... 9
small ... 5
van ... 11
Torch cutting ... 18
Tour station watchman ... 215
Tower anchor ... 227
crane ... 11
footing ... 227
foundation ... 227
hoist ... 12
light ... 10
line ... 227
radio ... 35
rolling ... 7
transmission ... 227
Town hall S.F. & C.F. ... 238
Track lighting ... 210
lights ... 210
Tractor ... 19
truck ... 11
Traffic detector ... 29
Trailer office ... 8
platform ... 11
toilet ... 11
truck ... 9, 11
Tram car ... 11
Transceiver ... 112
Transfer switch ... 198
switch accessory ... 197
switch automatic ... 196
switch manual ... 197
swith non-automatic ... 197
Transformer ... 173, 175, 229
accent light ... 206
added labor ... 176
and bus duct ... 173, 184
base ... 200
buck-boost ... 173
bus-duct ... 185
cabinet ... 131
computer ... 195
constant voltage ... 196
current ... 168, 230
door bell ... 216
dry type ... 173, 174
fused potential ... 168
grounding ... 229
heating control ... 217
high voltage ... 174
instrument ... 229
isolating ... 175
isolation ... 195
low-voltage ... 135
maintenance ... 14
oil filled ... 175
potential ... 230
power ... 229
power conditioner ... 196
silicon filled ... 176
substation ... 162, 229, 230
suppressor ... 195
transmission ... 229
UPS ... 196
weight ... 350
Transformers & bus duct ... 174, 175, 177
-182, 184-186, 188-194
Transient voltage suppressor ... 195
Transit ... 11
Transition section switchboard ... 165
Transmission capacitor ... 229
circuit breaker ... 229
fuse ... 230
insulator ... 228
jumper ... 227, 228
line ... 229, 361
line pole ... 227
pole ... 227
spacer ... 228
substation ... 229
switch ... 228, 229
tower ... 227
transformer ... 229
Trash pump ... 10
Tray cable ... 49
Trench backfill ... 19
duct ... 106
duct fitting ... 107, 108
duct steel ... 107, 108
excavation ... 19, 20
Trencher ... 9
chain ... 9
Trenching ... 18, 302, 303
Troffer air handling ... 203
light fixture ... 203
Trolley busway ... 193
Trough hanger ... 66
type cable-tray ... 62
Truck dump ... 9
flatbed ... 9
hauling ... 20
mounted crane ... 11
off highway ... 9
pickup ... 11
rental ... 9
tractor ... 11
trailer ... 9, 11
Trucking ... 20
Tubing electric metallic ... 77, 82
electrical ... 75
Tubular scaffolding ... 6
TV antenna wire ... 115
closed circuit ... 221
closed circuit camera ... 221

U

U-bolt pipe hanger ... 36
UHF system ... 221
Ultrasonic motion detector ... 215
Underbuilt circuit ... 228
conductor ... 228
Undercarpet power system ... 117
shield ... 118
telephone system ... 117
Underdrain ... 21
Underfloor duct ... 333
duct electrical ... 108
duct fitting ... 108, 109
duct for telephone ... 297
duct junction-box ... 108
Underground duct ... 211
duct fitting ... 211
Underwater light ... 35
Unemployment tax ... 6
Uninterruptible power supply ... 196
Unit heater cabinet ... 219, 220
heater electric ... 216-218
UPS ... 196
Utilities electric ... 211, 212
Utility duct ... 211, 212
excavation ... 301
pole ... 200, 211, 279
set fan ... 43, 45
sitework ... 210
temporary ... 6
trench ... 19
vault ... 20

V

Vacuum circuit breaker ... 229
Valve motor actuated ... 46
motor controlled ... 46
Van storage ... 8
Vandalproof fixture ... 205
Vane-axial fan ... 43
Vaporproof light fixture ... 207
Vaportight fixture incandescent ... 204
mercury vapor fixture ... 204
Vault utility ... 20
VAV box control-system ... 48
Vented cable-channel ... 67
Ventilating air conditioning ... 43-45, 48
Ventilation fan ... 226
residential ... 45
Ventilator control system ... 48
fan ... 43
timer switch ... 45
VHF system ... 221
Vibrator earth ... 18
plate ... 18
Vibratory equipment ... 9
Videotape recorder ... 222
Vocational school S.F. & C.F. ... 238
Voltage monitor ... 194
regulator ... 194, 195, 229
regulator computer grade ... 194
regulator lab grade ... 195
regulator std grade ... 195
Voltmeter ... 167

W

Walkway luminaire ... 201
Wall anchor ... 23, 24
bracket cable-tray ... 57
drill ... 23
exhaust fan ... 45
flange bus-duct ... 177
heater ... 30
heater electric ... 216
patching concrete ... 22
sheathing ... 27
switch installed/sf ... 282
switch plate ... 136
Warehouse S.F. & C.F. ... 238, 239
Warm air systems ... 41
Washer commercial ... 29
residential ... 29, 30
Waste handling equipment ... 29
Watchman tour station ... 215
Water appliance ... 37
dispenser hot ... 37
distiller ... 32
heater ... 30, 226
heater commercial ... 37, 38
heater electric ... 37, 38, 244, 245
heater oil ... 37
heating hot ... 40
hose ... 10
pipe ground clamp ... 126
pump ... 10
pumping ... 18
Water-tight enclosure ... 133
Watt meter ... 167
Wattage central air-conditioning ... 286
W/coupling conduit ... 82
Weather cap entrance ... 92
Weatherproof bus-duct ... 179, 181, 185
control wire ... 136
receptacle ... 224
Wedge bolt ... 25
Welding machine ... 11
Wheel color ... 28
Wheelbarrow ... 11
Whip fixture ... 202
Winch truck ... 11
Winter protection ... 7
Wire ... 335, 337, 338, 340
aluminum ... 119
aluminum bare ... 126
copper ... 118-120
copper ground ... 126
electric ... 118-121
fence ... 7
fire alarm ... 116
fixture ... 115
ground ... 126
ground insulated ... 127
ground rod ... 127
in conduit feeder ... 289
in conduit watts/sf ... 285
low-voltage control ... 136
telephone ... 116
THW ... 118
THW-MTW copper ... 120
THWN-THHN ... 119
to grounding brazed ... 127
to grounding cadweld ... 126
trough ... 133
T.V. antenna ... 115
TW copper ... 120
XHHW aluminum ... 120
XHHW copper ... 119
XLPE-use aluminum ... 121
XLPE-use copper ... 120
Wiremold raceway ... 101
Wireway ... 328
fiberglass ... 135
fittings ... 73-75, 135
raceway ... 73, 74
Wiring air conditioner ... 226
connector ... 139
device ... 130, 135, 136
device plug ... 138
devices ... 342-344
devices & boxes . 102-106, 129-132, 136
, 137
duct plastic ... 109
fan ... 226
low voltage ... 136
power ... 152
residential ... 222, 225
thermostat ... 226
Wood fastener ... 26
pole ... 211
screw ... 26
Work extra ... 5
Workers' compensation ... 4, 307-310
Wrench impact ... 10

X

X-ray barriers ... 34
protection ... 34
system ... 175

Y

YMCA club S.F. & C.F. ... 232

Z

Zinc plating ... 26

New Publications

Means Illustrated Construction Dictionary
Unabridged

Over 700 Pages
2,000 Line Drawings • Hardcover

To celebrate our 50th Anniversary, Means engineers have updated and expanded our award-winning dictionary

Over 14,000 entries cover every area of construction – from civil engineering and the latest electronics to home improvement projects. Design, materials, contracting the trades, new products and techniques, slang and regional terminology. A new reference section offers symbols, metric conversions, lists of associations, and more. This second edition contains 2,000 new terms and over 175 new illustrations... existing definitions are enhanced and updated to provide the most precise information available. The most comprehensive, up-to-date construction dictionary available.

ISBN 0-87629-218-X
Book No. 67292

$99.95/copy
U.S. Funds

Means Illustrated Construction Dictionary
Condensed

450 Pages • Line Drawings • Softcover

A quick, handy reference you can take anywhere

Terms for this handy paperback have been selected to provide a broad, basic understanding of construction terminology. This is a portable and economical edition that can be taken to the field office, kept in your truck, or brought to school as an on-the-spot source. Contractors, students, or any professional whose work overlaps with construction – including insurance and real estate personnel, attorneys, owners, and facility managers – will find this a valuable, highly-accessible resource.

ISBN 0-87629-219-8
Book No. 67282

$49.95/copy
U.S. Funds

Home Improvement Costs for Exterior Projects

225 Pages • Illustrated • Softcover

Quick estimates for exterior home improvements

Do-it-yourselfers and remodeling contractors alike will benefit from this collection of home remodeling projects, complete with detailed prices. 67 exterior home improvement projects are presented with project and material descriptions, level of difficulty, special pointers, and costs with or without a contractor. Storage sheds, garages, additions, roofing, siding, landscape jobs, and more.

- Plan for project costs
- Compare alternative approaches
- Estimate contractor's costs
- Material lists and prices for homeowner or contractor

ISBN 0-87629-222-8
Book No. 67297

$29.95/copy
U.S. Funds

Home Improvement Costs for Interior Projects

Over 200 Pages • Illustrated • Softcover

A wide offering of interior home improvement projects

Whether you are considering putting in a new kitchen yourself or using a contractor, you'll benefit from this detailed listing of over 60 interior home improvement projects... This book enables readers to plan for the cost of projects, compare alternative approaches, determine how much it will cost (or how much a contractor would charge). Contractors will find the book's illustrations and material lists helpful in planning with clients or making quick estimates.

Prices include:
- Attic improvements
- Basements • Bathrooms
- Closets and storage
- Doors and trim
- Electrical system • Fireplaces
- Flooring • Garage conversions
- Kitchen • Stairways
- Walls and ceilings • Insulation

ISBN 0-87629-223-6
Book No. 67296

$29.95/copy
U.S. Funds

New Publications

Maintenance Management Audit

Spiral Bound • 50 Reusable Forms

Prepared by Applied Management Engineering, PC, a nationally known firm specializing in improving the efficiency of facilities operations

Improving maintenance operations can produce significant savings, even for organizations that are already well-run. The annual audit program presented in this easy-to-use workbook allows managers to identify and correct problems, enhance productivity, and make a big impact on the bottom line.

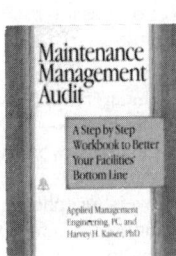

The book contains 50 reusable audit forms, in a spiral-bound format that lies flat for easy copying. Clear instructions and a case study show how it works and gets you started.

ISBN 0-87629-287-2
Book No. 67299

$59.95/copy
U.S. Funds

Means Plumbing Estimating

Over 325 Pages • Illustrated • Hardcover

Your all-inclusive guide to plumbing estimating in today's construction environment

This practical guide gives you everything you need to understand plumbing estimating today, and to prepare accurate, all-inclusive plumbing cost estimates.

Included are basic materials and installation methods through change-order analysis. Along with standard plumbing and fire protection systems, more sophisticated systems, such as medical gas and glass piping for acid waste are covered.

Means Plumbing Estimating also provides forms, checklists, sample drawings, both negotiated and competitive bids, and covers renovations.

ISBN 0-87629-212-0
Book No. 67283

$54.95/copy
U.S. Funds

Understanding Building Automation Systems

225 Pages • Illustrated • Hardcover

Reinhold A. Carlson, PE and Robert DiGiandomenico

A response to the growing trend to upgrade existing commercial and industrial buildings for energy savings and improved security, this book provides an authoritative view of the design and installation of building automation systems. Major systems are described in detail, together with components and benefits.

- Direct digital control
- Life safety
- Security/access control
- Energy management
- Lighting

ISBN 0-87629-211-2
Book No. 67284

$54.95/copy
U.S. Funds

Fire Protection: Design Criteria, Options, Selection

by J. Walter Coon, PE

1st Edition
Over 325 Pages • Illustrated • Hardcover

Clear away uncertainties you have about fire protection systems design/operation/compliance standards

Starting with a brief review of how early fire protection devices evolved into today's high-tech electronics and mechanics, you are guided through every phase of systems design, installation and performance.

You see how to trouble-shoot engineering plans, systems selection, components, installation work ... comply with codes and standards.

Each section is aimed at helping you see the BIG PICTURE as well as the vital details which can make or break the fire protection segment of the project.

ISBN 0-87629-215-5
Book No. 67286

$54.95/copy
U.S. Funds

Reference Books

Facilities Maintenance Management

by Gregory H. Magee, PE

1st Edition
Over 275 Pages • Illustrated • Hardcover

Provocative—instructive—you'll benefit from new ideas for planning and managing maintenance functions in your organization

This comprehensive reference will guide you through important aspects of facilities maintenance management.

It gives you ideas for staffing, estimating, budgeting, scheduling, and controlling work to produce a more efficient, cost-effective maintenance department.

No matter what your need or problem, you're sure to find direction for solving it in this authoritative book—written by a professional who's conquered every kind of challenge—*including the one on your desk right now!*

ISBN 0-87629-100-0
Book No. 67249

$66.95/copy
U.S. Funds

Planning and Managing Interior Projects

by Carol E. Farren

1st Edition
Over 325 Pages • Illustrated • Hardcover

NOW, a clearly defined working guide to project management functions of interior installations

You can rely on the expertise in *Planning and Managing Interior Projects* because it's been tested and proved out *on the job!* The author draws upon the fruits of experience to give you a better working knowledge of each area of interior project management.

If your situation requires you to be knowledgeable in *any or all phases of carrying out interior projects*—working with the client, working with building managers, contractors, movers, telephone installers and suppliers, as well as preparing designs and plans—this book will be *the best investment you can make for doing a better, more professional job!*

ISBN 0-87629-097-7
Book No. 67245

$68.95/copy
U.S. Funds

Project Planning and Control for Construction

by David R. Pierce, Jr.

1st Edition
Over 275 Pages • Illustrated • Hardcover
Includes Sample Project

Here is a comprehensive action-guide to results-oriented project management

Project Planning and Control for Construction is designed specifically to help construction project managers work more effectively . . . and profitably. It is a guide to the best, most up-to-date techniques for:

- pre-construction planning
- determining activity sequence
- scheduling
- monitoring and controlling
- managing submittal data
- managing resources
- accelerating the project
- cost control

This guide allows you to compare your current methods with those recommended by one of the nation's most highly respected scheduling and project management consultants.

ISBN 0-87629-099-3
Book No. 67247

$64.95/copy
U.S. Funds

The Facilities Manager's Reference

- Management • Building Audits
- Planning • Estimating

by Harvey H. Kaiser, Ph.D.

1st Edition
Over 240 Pages with Prototype Forms and Line Art Graphics • Hardcover

Your one-step source for the latest facilities management methods used successfully by both large and small operations

One of the nation's leading management authorities describes how to manage facilities in the "real world" of modern organizations.

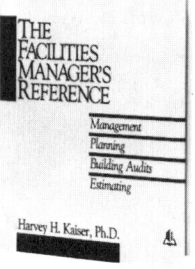

The author explains the diverse "hats" a facilities manager must wear as organizer, planner, estimator, supervisor, motivator, and decision-maker, and how these roles can be managed most effectively.

Now you can have access to a huge collection of new concepts, methods, and tools that you can use *immediately* to build up your level of performance and funding!

ISBN 0-87629-142-6
Book No. 67264

$67.95/copy
U.S. Funds

Reference Books

Roofing: Design Criteria, Options, Selection
by R.D. Herbert, III

1st Edition
Over 225 Pages • Illustrated • Hardcover

This authoritative guide is overflowing with fresh, practical know-how for professionals involved in roof construction—architects, contractors, owners, facilities managers, and roofing installers.

Now you can avoid roofing problems and choose the most cost-effective system—this easy-reading book helps you see the opportunities and pitfalls of modern roofing construction.

All types of roofing are covered ... built-up, singly-ply, modified bitumens, metal, sprayed-in-place, slate, tile, shingles, and shakes, as well as all types of seals and accessories.

ISBN 0-87629-104-3
Book No. 67253

$59.95/copy
U.S. Funds

Hazardous Material and Hazardous Waste:
A Construction Reference Manual
by F.J. Hopcroft, P.E., D.L. Vitale, M. Ed., D.L. Anglehart, Esq.

1st Edition
Over 260 Pages • Illustrated • Hardcover

With OSHA, EPA and other agencies stepping up compliance inspections at construction sites, contractors can no longer afford to put off installing programs for informing and training their workers on the proper handling and disposal of hazardous materials.

You're given a full explanation of the laws as they pertain to construction work and what you—as an employer—are expected to do.

This includes suggested methods for storing and using hazardous materials, and then disposing of hazardous wastes, all in accordance with federal and state regulations.

ISBN 0-87629-136-1
Book No. 67258

$79.95/copy
U.S. Funds

HVAC: Design Criteria, Options, Selection
by William H. Rowe, III, AIA, PE

1st Edition
Over 380 Pages • Illustrated • Hardcover

For a total understanding of HVAC systems ...

If you're new to HVAC systems design, or simply want to make certain you're right in step with the newest HVAC design concepts and equipment, you'll benefit from this highly recommended resource.

HVAC: *Design Criteria, Options, Selection* is a masterful book, providing a thorough understanding of modern heating, ventilating, and air conditioning (HVAC) systems.

It gives you a comprehensive overview of the basic functions of HVAC, with emphasis on the design and costs of effective integrated climate control systems.

ISBN 0-87629-102-7
Book No. 67251

$64.95/copy
U.S. Funds

HVAC Systems Evaluation
• Comparing Systems
• Solving Problems
• Efficiency & Maintenance
by Harold R. Colen, PE

1st Edition
Over 500 Pages • Illustrated • Hardcover

A virtual encyclopedia of experienced know-how for comparing, selecting, installing, and fixing HVAC equipment and systems.

HVAC Systems Evaluation is a convenient, straight-talk way for you to understand and select HVAC systems for new or retrofit construction.

It gives you direct, right-to-the-point comparisons of how each type of system works ... installation costs ... operating costs ... applications by type of building.

You get experienced advice for fixing operational problems in existing HVAC systems—*everything is covered.*

ISBN 0-87629-182-5
Book No. 67281

$62.95/copy
U.S. Funds

Reference Books

Means Graphic Construction Standards

Over 500 Pages • Illustrated • Hardcover

Comprehensive visual reference for construction planning

Detailed illustrations of construction assemblies and components let you select the best methods for your design, budget, and time objectives. Text describes the features, use, advantages, and limitations. Charts provide man-hours for each installation.

ISBN 0-911950-79-6
Book No. 67210

$109.95/copy
U.S. Funds

Means Estimating Handbook

Over 900 Pages • Hardcover

How many, how much, and how long will it take?

These answers can be found in this best-selling guide with every technical estimating reference imaginable...tables, illustrations, definitions, examples...on sizing, productivity, equipment and material requirements, codes, design standards, pressures, stresses, loads, coverages, value engineering factors, change orders...a must for every construction library.

ISBN 0-87629-177-9
Book No. 67276

$89.95/copy
U.S. Funds

Means Forms for Building Construction Professionals

Second Edition • Over 325 Pages • Three-Ring Binder

Don't waste time trying to compose forms, we've done the job for you! Hundreds of full-size forms on durable reproduction paper presented in a sturdy three-ring binder. Forms can be photocopied in both condensed and detailed versions and customized with your company name. Forms are compatible with Means annual cost books and other typical user systems.

ISBN 0-911950-87-7
Book No. 67231

$84.95/copy
U.S. Funds

Means Forms for Contractors

Over 400 Pages
Three-Ring Binder

Specifically designed for general and specialty contractors

Means editors have collected the most needed forms as requested by contractors of various-sized firms and specialties. Forms for each phase of the project are included – from bidding to punch list to a whole section of sample project correspondence. Project administration, safety and inspection, scheduling, estimating, change orders, personnel evaluation forms. Filled-in samples show how to use each form.

ISBN 0-87629-214-7
Book No. 67288

$69.95/copy
U.S. Funds

Means Scheduling Manual

Third Edition • Spiral-Bound
Over 100 Illustrations and Fold-Out Spreadsheets

Master the use of bar charts, PERT, and CPM...today's scheduling techniques — in this clear, sharp, well-illustrated text that presents correct standards for scheduling. You're taken through every section of the scheduling process visually, with fold-out spreadsheets, charts, and sample schedules.

ISBN 0-87629-220-1
Book No. 67291

$49.95/copy
U.S. Funds

Means Legal Reference for Design & Construction

Charles R. Heuer, Esq., AIA
Over 450 Pages • Hardcover

Authoritative advice for architects, contractors, owners, subcontractors, and engineers, recognizing and understanding the legal issues in design and construction. Contracts, suretyship, bidding, dealing with subcontractors, liens, property rights, building codes, bonds. Illustrations and examples in each section help you compare legal documents, contracts, and situations.

ISBN 0-87629-145-0
Book No. 67266

$114.95/copy
U.S. Funds

Means Facilities Maintenance Standards

600 Pages • Hardcover
205 Tables, Checklists and Diagrams

A one-of-a-kind working guide for facilities maintenance

This working encyclopedia points the way to solutions to every kind of maintenance and repair dilemma...comprehensive guidance for every imaginable maintenance problem, ready-to-use forms, checklists, worksheets, and comparisons, analysis of materials, the "why's" of deterioration and wear. Workload planning and scheduling, maintenance and repair costs, with man-hours, equipment, and tools.

ISBN 0-87629-096-9
Book No. 67246

$144.95/copy
U.S. Funds

Means Man-Hour Standards for Construction

Second Edition • Over 750 Pages
Illustrated • Hardcover

The "professional's choice" for uncompromised trade and labor productivity data. Organized according to CSI's MASTERFORMAT, this is a working encyclopedia of labor productivity information. Easy-to-use layout with "quick-find" indexes, handy flip tabs, precise descriptions of trade functions, detailed crew information, combined productivity and crew data, man-hours with units.

ISBN 0-87629-089-6
Book No. 67236

$144.95/copy
U.S. Funds

Reference Books

Means Repair and Remodeling Estimating

Edward B. Wetherill • Second Edition
Over 450 Pages • Illustrated • Hardcover

Means Repair and Remodeling Estimating focuses on the unique problems of estimating renovations of existing structures. It helps you determine the true costs of remodeling through careful evaluation of architectural details and a site visit. With CSI division-by-division discussion of potential pitfalls, and two sample estimates, the text gives you a real foundation for estimating remodeling work.

ISBN 0-87629-144-2
Book No. 67265

$62.95/copy
U.S. Funds

Means Unit Price Estimating

Over 350 Pages • Illustrated • Hardcover

Here are the right answers to your unit cost procedural questions...ways to estimate, checklists, charts...all designed to save you time. Strategies for bidding, up-to-date guidance to evaluate your own approach, and a model estimate are included.

ISBN 0-87629-027-6
Book No. 67232

$58.95/copy
U.S. Funds

Means Square Foot Estimating

Billy J. Cox and F. William Horsley
Over 300 Pages • Illustrated • Hardcover

Doing an effective job at the drawing board and estimating desk takes time. Too often, the time to carefully explore alternatives and evaluate different ideas is limited. This book is devoted to helping you accomplish more in less time; it steps you through the entire square foot cost process, pointing out faster, better ways to relate the design to the budget.

ISBN 0-87629-090-X
Book No. 67145

$62.95/copy
U.S. Funds

Means Electrical Estimating: Standards and Procedures

320 Pages • Illustrations • Hardcover

Using a totally unique estimating "module" technique, this book quickly directs you to the appropriate electrical estimating procedure. Each module contains a detailed installation segment, complete with an illustration. Integrates every key estimating task, from the best takeoff methods to advantages and disadvantages of different construction approaches.

ISBN 0-911950-83-4
Book No. 67230

$61.95/copy
U.S. Funds

Means Mechanical Estimating: Standards and Procedures

Over 375 Pages • Illustrated • Hardcover

Evaluate specs...make better takeoffs

This book assists you in making a thorough review of plans, specs and bid packages. Takeoff procedures, forms, listings... substitutions, even steps for pre-bid scheduling, labor budgeting, and equipment usage. Compare materials, construction methods, and select the best options.

ISBN 0-87629-066-7
Book No. 67235

$54.95/copy
U.S. Funds

Means Landscape Estimating

Second Edition • Over 275 Pages
60-Page Appendix of References
Illustrated • Hardcover

A complete course in preparing accurate landscape estimates... from the initial site visit through quantity takeoff, pricing, creating a proposal, and planning the job. Dozens of helpful forms, worksheets, and checklists.

ISBN 0-87629-217-1
Book No. 67295

$57.95/copy
U.S. Funds

Means Interior Estimating

Over 250 Pages • Illustrated • Hardcover

Comprehensive, illustrated, authoritative, hands-on applications

Virtually anyone whose work involves interior estimating will benefit from this book, containing step-by-step procedures supported by dozens of easy-to-follow prototype estimating forms and diagrams of interior assemblies and building plans. Companion to **Means Interior Cost Data.**

ISBN 0-87629-067-5
Book No. 67237

$58.95/copy
U.S. Funds

Means Structural Steel Estimating

S. Paul Bunea, Ph.D., PE
280 Pages • Illustrated • Hardcover

A complete guide to estimating structural steel, miscellaneous iron, and ornamental metal used in construction. Major topics include setting up a steel fabrication plant, evaluating the bid package, structural steel and metal takeoff, steel erection techniques, contracts, bonds, insurance, and detailed estimating procedures.

ISBN 0-87629-069-1
Book No. 67241

$71.95/copy
U.S. Funds

Consulting

Means Consulting Services

"Expert Solutions to Construction Planning and Management Problems"

For corporate facilities departments, government agencies, architecture and engineering firms, developers, financial and investment companies

FEASIBILITY STUDIES FOR BETTER DECISION-MAKING.

Means engineers review and clarify options for various construction approaches in terms of time, cost, and use. Their unbiased advice enhances decisions on every aspect of the project.

CONSTRUCTION ESTIMATING FOR RELIABLE PROJECT COSTS.

For owners, developers, designers... *Means* can provide both conceptual and detailed project cost estimates... including guidelines for expenses, durations, cash flow projections, resource allocation, change order negotiations — any estimating need.

CUSTOMIZED COST RESEARCH FOR BUILDING TAILOR-MADE COST DATABASES.

Means engineers and editors can supplement, or create, a computerized construction cost database geared to your particular needs.

ESTIMATING PERFORMANCE AUDITS.

Means can provide on-site reviews of client estimating procedures, cost database structure and utilization, and cost inferences. Each objective, unbiased review of key areas of your operation will result in a detailed report for senior management.

REPLACEMENT COSTS/APPRAISALS FOR VALUING NEW OR EXISTING BUILDINGS.

This service supplies highly reliable valuations for insurance, investment tax credit verifications, finance, and sales transactions.

EXPERT WITNESS FOR RESOLVING CONSTRUCTION DISPUTES.

As the nation's leading construction cost authority, *Means* can supply expert testimony in the resolution of construction cost claims and litigation.

For more information call Dave Lewek at 1-800-448-8182.

Seminars

Means Construction Seminars 1992

During the year, R.S. Means offers a series of 2-day seminars oriented to a wide range of construction-related topics. All seminars include comprehensive workbooks, current Means Cost Books, plus proven techniques for estimating and scheduling.

REPAIR AND REMODELING ESTIMATING
Repair and remodeling work is becoming increasingly competitive as more professionals enter the market. Recycling existing buildings can pose difficult estimating problems. Labor costs, energy use concerns, building codes, and the limitations of working with an existing structure place enormous importance on the development of accurate estimates. Using the exclusive techniques associated with Means' widely-acclaimed *Repair & Remodeling Cost Data*, this seminar sorts out and discusses solutions to the problems of building alteration estimating. Attendees will receive two intensive days of eye-opening methods for handling virtually every kind of repair and remodeling situation . . . from demolition and removal to final restoration.

MECHANICAL AND ELECTRICAL ESTIMATING
This seminar is tailored to fit the needs of those seeking to develop or improve their skills and to have a better understanding of how mechanical and electrical estimates are prepared during the conceptual, planning, budgeting and bidding stages. Learn how to avoid costly omissions and overlaps between these two interrelated specialties by preparing complete and thorough cost estimates for both trades. Featured are order of magnitude, assemblies, and unit price estimating. In combination with the use of *Means Mechanical Cost Data*, *Means Plumbing Cost Data* and *Means Electrical Cost Data*, this seminar will ensure more accurate and complete Mechanical/Electrical estimates for both unit price and preliminary estimating procedures.

CONSTRUCTION ESTIMATING— THE UNIT PRICE APPROACH
This seminar shows how today's advanced estimating techniques and cost information sources can be used to develop more reliable unit price estimates for projects of any size. It demonstrates how to organize data, use plans efficiently, and avoid embarrassing errors by using better methods of checking.

You'll get down-to-earth help and easy-to-apply guidance for:
- making maximum use of construction cost information sources
- organizing estimating procedures in order to save time and reduce mistakes
- sorting out and identifying unusual job requirements to prevent underestimates.

SQUARE FOOT COST ESTIMATING
Learn how to make better preliminary estimates with a limited amount of budget and design information. You will benefit from examples of a wide range of systems estimates with specifications limited to building use requirements, budget, building codes, and type of building. And yet, with minimal information, you will obtain a remarkable degree of accuracy.

Workshop sessions will provide you with model square foot estimating problems and other skill-building exercises. The exclusive Means building assemblies square foot cost approach shows how to make very reliable estimates using "bare bones" budget and design information.

SCHEDULING AND PROJECT MANAGEMENT
This seminar helps you successfully establish project priorities, develop realistic schedules, and apply today's advanced management techniques to your construction projects. Hands-on exercises familiarize participants with network approaches such as Critical Path or Precedence Diagram Methods. Special emphasis is placed on cost control, including use of computer based systems. Through this seminar you'll perfect your scheduling and management skills, ensuring completion of your projects *on time* and *within budget*. Includes hands-on application of *Means Scheduling Manual* and *Building Construction Cost Data*.

THE CONSTRUCTION PROCESS— METHODS & MATERIALS
This course provides an overview of the basic construction process from the time an idea/need is identified until the final move-in. Participants will learn about the components of construction and how they are assembled to build a project.

Also provided are guidelines for reading the plans and specifications to identify the key elements of a building. Attendees will achieve a thorough understanding of the construction process, from concept through completion, and with a practical overview of the methods and materials used in construction. If you are new to the construction industry or just want to know more about the complex process of converting a need for a building project into a reality, this course is for you!

AVOIDING AND RESOLVING CONSTRUCTION CLAIMS
Construction claims are a common and costly problem in the construction industry. This course provides you with insight and practical recommendations for dealing with claims. The hands-on approach focuses on recognizing and responding to problems as they arise, preparing documentation and formal reports, analyzing causation, calculating damages, evaluating responsibility and defending against unmeritorious claims. Special emphasis will be given to determining schedule and cost impact of project delays. You'll perfect your skills in negotiation to resolve disputes in order to avoid the risks of trial or arbitration. In addition, the program provides realistic approaches to minimizing and avoiding the problems which lead to claims. This course is a must for those responsible for the management and administration of construction projects.

NEW SEMINARS
- Hazardous Material/Waste Management
- Facilities Maintenance Management

CALL 1-800-448-8182 for more information

1992 Means Seminar Schedule

SPRING & SUMMER

Las Vegas, NV	February 24–27	Toronto, Ontario	April 27–30
Dallas, TX	March 9–12	Seattle, WA	May 4–7
Baltimore, MD	March 16–19	Denver, CO	May 11–14
Atlanta, GA	March 23–26	Plymouth, MA	May 18–21
San Francisco, CA	March 30–April 2	Beverly Hills, CA	June 1–4
Chicago, IL	April 6–9	Detroit, MI	June 22–25
Washington, DC	April 13–16	Niagara Falls, NY	July 20–23
Atlantic City, NJ	April 27–30	Columbus, OH	August 24–27

FALL

Hyannis, MA	September 14–17	Philadelphia, PA	October 26–29
San Diego, CA	September 21–24	Long Beach, CA	November 9–12
Washington, DC	September 28–October 1	San Francisco, CA	November 16–19
San Antonio, TX	October 5–8	Orlando, FL	November 30–December 3

For a complete schedule of courses offered at each location, call our Seminar Registrar at 1-800-448-8182.

Registration Information

How to Register
To register, call our Seminar Registrar, Marcia Crosby, today. Means toll-free number for making reservations is:
1-800-448-8182.

Individual Seminar Registration Fee $845
To register by mail, complete the registration form and return with your full fee (or minimum deposit of $300/person for one 2-day seminar, or minimum deposit of $475/person for two 2-day seminars) to:

Seminar Division, R.S. Means Company, Inc.
100 Construction Plaza, P.O. Box 800
Kingston, MA 02364-0800

Team Discount Program

- Two to four seminar registrations $745 per person
- Five or more seminar registrations $695 per person
- Ten or more seminar registrations   call for pricing

Consecutive Seminar Offer
One individual signing up for two separate courses at the same location during the designated time period pays only $1,345.00. You get the second course for only $500 (a 40% discount). Payment must be received at least ten days prior to seminar dates to confirm attendance.

Cancellations
Cancellations will be accepted up to ten days prior to the seminar start. There are no refunds for cancellations postmarked later than ten working days prior to the first day of the seminar. A $150 processing fee will be charged for all cancellations. Written notice or telegram is required for all cancellations. Substitutions can be made any time before the session starts. No-shows are subject to the full seminar fee.

AACE Approved Courses
The R.S. Means Construction Estimating and Management Seminars described and offered to you here have each been approved for 14 hours (1.4 CEU) of credit by the American Association of Cost Engineers (AACE) Inc. Certification Board toward meeting the continuing education requirements for re-certification as a Certified Cost Engineer/Certified Cost Consultant.

Daily Course Schedule
The first day of each seminar session begins at 8:30 A.M. and ends at 4:30 P.M. The second day is 8:00–4:00. Participants are urged to bring a hand-held calculator since many actual problems will be worked out in each session.

Seminar Tuition Includes
Current Means cost manuals, appropriate Means reference manuals and seminar workbooks. Continental breakfast and coffee breaks are also provided. Each participant receives a certificate of course completion.

Hotel/Transportation Arrangements
R.S. Means has arranged to hold a block of rooms at each hotel hosting a seminar. To take advantage of special group rates when making your reservation be sure to mention that you are attending the Means Seminar. You are of course free to stay at the lodging place of your choice. (Hotel reservations and transportation arrangements should be made directly by seminar attendees.)

Important
Class sizes are limited, so please register as soon as possible.

Registration Form

Please register the following people for the Means Construction Seminars as shown here. Full payment or deposit is enclosed, and we understand that we must make our own hotel reservations if overnight stays are necessary.

☐ Full payment of $ _____ enclosed.
☐ Deposit of $ _____ enclosed.
    Balance due is $ _____
                    U.S. FUNDS

Name of Registrant(s)
(To appear on certificate of completion)

Firm Name _____
Address _____
City/State/Zip _____
Telephone Number _____

☐ Charge our registration(s) to:
    ☐ American Express ☐ Visa ☐ MasterCard
Account No. _____ Expiration Date _____

CARDHOLDER'S SIGNATURE

Seminar Name   City   Dates

Please mail check to: R.S. MEANS COMPANY, INC., 100 Construction Plaza, P.O. Box 800, Kingston, MA 02364-0800 USA

Seminars

Means In-House Training
1992

Discover the cost savings and added benefits of bringing Means proven training programs to your facility...

ATTENDEES
Facility, Design, and Construction Professionals who want to improve their estimating, project management, and negotiation skills.

CONTENT
One or more MEANS Training Seminars (as described in Means Construction Seminars, 1992).

A two-day course running from 8 AM to 4 PM on two consecutive days.

The intensive training includes conceptual work and practice exercises.

In-House Seminar (IHS) students benefit from discussion and practical work problems that are common to their particular environment.

COMPARISON
The In-House Seminar conducted at the client's facility will eliminate travel expenses and minimize time away from work.

An In-House Seminar program is more flexible and responsive to specific client needs and requirements.

IHS students improve their skills and broaden their knowledge. Students return immediate benefits to their work place.

IHS provides a standard and consistent method for preparing cost estimates.

CLASS SIZE
The cost-effective break-even point is 10-12 students; most seminars have from 15 to 25 students; class size is limited to 35 students.

Occasionally, to satisfy their needs or to reduce per student training cost, clients invite outside personnel with a similar background to attend their MEANS Seminars.

SCHEDULING
Consult with Means' professional training advisor to determine the seminar that best suits your needs.

Set your training schedule immediately to assure dates that fit your calendar.

Means will make every effort to accommodate your schedule.

COMPREHENSIVE MATERIALS
Each participant receives a comprehensive workbook, Means reference books that are appropriate to the seminar, and a current Means cost book. The materials reinforce program content and serve as a valuable reference for the future.

CERTIFICATES & CEU's
A certificate of completion is awarded by R.S. Means Company, Inc. to those who complete the program. Continuing Education Units (CEU's) are also awarded through the American Association of Cost Engineers (AACE).

GUARANTEE
R.S. Means stands behind its In-House Seminars. You will deal with real problems, not theoretical situations. If your In-House Seminar does not give you the tools you need to grow in the subject covered, just tell us why and we will give you credit toward another seminar.

In-House training has been given in government agencies — Federal, state, county, city; utilities; and large corporations. Some of these facilities are listed below:

Government
Army Corps of Engineers/General Services Administration/Housing and Urban Development/Internal Revenue Service/Marine Corps/National Guard/Penn State University/Port Authority of NY-NJ/State of Missouri/State of Virginia/U.S. Air Force/U.S. Army/U.S. Navy/University of Massachusetts/NASA/Federal Bureau of Prisons/LA County/City of Los Angeles/U.S. Postal Service/North Slope

Utilities
AT&T/Bell Research Lab/Bell Operating Companies/Boston Edison/Jacksonville Electric Authority/Westinghouse Electric Authority/Duquesne Light/Metropolitan Water Reclamation District of Greater Chicago

Corporations
Digital Equipment Corporation/Eastman Kodak/General Motors/IBM/Monsanto/Amoco

How to find out MORE – Call Joan M. Ward at (800) 448-8182

Software

MEANS DATA™ FOR LOTUS®

Introducing *MeansData*™ for Lotus.® The easy, fast, accurate way to integrate Means cost databases with Lotus 1-2-3® spreadsheets. Means cost databases are the last word in comprehensive cost information. For the past half century, R.S. Means has been the industry leader in providing important cost data for the construction and design industries. **Lotus 1-2-3® is the world's most popular spreadsheet.** Lotus 1-2-3® spreadsheet technology automates cost estimation and brings a new clarity and consistency to report generation. **New *MeansData*™ for Lotus® provides the best of both worlds.** We've taken the lead in providing our cost data in electronic form, so you can instantly access Means unit price data files direct from Lotus 1-2-3®. All the current industry standard data you need is right at your fingertips. *MeansData*™ for Lotus® is easy to install, easy to use, and highly flexible; you can easily access and integrate your own valuable data with Means data files in your spreadsheet estimates. Expert support is just one toll-free call away. **New *MeansData*™ for Lotus® gives you the powerful competitive edge you need in today's economy.**

For more information call **1-800-448-8182.**

Software

The electronic system that lets you access over 20,000 lines of Means construction cost data right at your PC.

Accessing Means data has never been easier... or quicker. **Means Data Source®** allows you to combine the power of your PC with the proven reliability of R.S. Means construction cost data. You're able to call up the information you need in mere seconds. Data Source enables you to:

Electronically search through the Means data base — over 20,000 cost lines in CSI MASTERFORMAT.

Select the appropriate lines for a job — either quantifying them in the Means program, or easily transferring them in ASCII format to any compatible program (including Lotus 1-2-3, dBase III and many others).

Feel the security and reassurance of using data that's formatted exactly like the data in our popular cost books.

Quickly and easily learn how to access and use Means data (with many useful on-line Help Screens available).

Generate professional reports — selecting from a menu of standard report formats in our program, or using your own format when you transfer the data to your spreadsheet.

Use the built-in quantifying program to extend quantities and calculate costs.

Perform your operations on all IBM and 100% IBM-compatible PC's (MS-DOS 2.0 or better).

With advantages like these, you'll want to be sure to order **Means Data Source®** today. Just call **1-800-448-8182**, or mail the form below.

IBM is a trademark of International Business Machines Inc.
Lotus 1-2-3 is a registered trademark of Lotus Development Corp.
dBASE is a trademark of Ashton-Tate.
Means Data Source is a registered trademark of R.S. Means Co., Inc.

Please send me the following Data Source product(s):*

Quantity	Price		Total
_____	x $395	Building Construction	$ _____
_____	x $395	Mechanical	_____
_____	x $395	Electrical	_____
_____	x $395	Repair & Remodeling	_____
_____	x $395	Plumbing	_____
_____	x $395	Interior	_____
_____	x $395	Concrete	_____
_____	x $395	Site Work	_____
_____	x $395	Heavy Construction	_____
_____	x $195	Light Commercial (10,000 line items)	_____
		Massachusetts residents add state sales tax:	_____
		Total	_____

Prices are for U.S. Delivery only. Canadian customers should write or call for current prices.

☐ Yes, please tell me more about the computer services exclusively designed for the construction industry.

I have a _____ computer.   Disk Size: ☐ 3½"   ☐ 5¼"
               make/model

Your Name: _____

Company Name: _____

Address: _____

City/State/Zip: _____

Telephone: _____

* ☐ Check enclosed payable to R.S. Means Company, Inc.
    (Save shipping & handling)
☐ Charge my order to:
    ☐ American Express   ☐ Visa   ☐ MasterCard

_____
Account #

_____
Expiration Date

☐ Bill me (P.O. #) _____

Call toll free 1-800-448-8182 or mail this request today to:
R.S. Means Co., Inc.
100 Construction Plaza
P.O. Box 800
Kingston, MA 02364-0800

Discounts on Multiple Orders... starting at 25%
If you would like to order 4 or more copies of Data Source, be sure to call us at 1-800-448-8182. We'll provide you with complete information on multiple discounts that start at 25%.

Plug into the Means database.

Software

PULSAR Estimating System

FOR UNIT PRICE AND SYSTEMS/ASSEMBLIES ESTIMATING

- Choose the Means Data Files You Need
- 400 Pre-built Assemblies
- Create Your Own Unit Price and Assembly Database

IDEAL FOR:

- Facilities Const. Managers
- Government
- Architects, Engineers, Planners
- Large Contractors

G.S.A. Pricing Available

ASTRO II Estimating System

FOR UNIT PRICE ESTIMATING

- Choose the Means Data Files You Need
- Create Your Own Unit Price Database

IDEAL FOR:

- Subcontractors
- General Contractors
- Detailed Estimators

CALL 1-800-448-8182
Software Sales Dept.
for Further Information *and* Pricing.

G.S.A. Pricing Available

Means Data Now Available With The Following Estimating Systems:
- **TIMBERLINE** (Call Your Local Dealer) • **SOFTWARE SHOPPES** (Call Your Local Dealer)
- **G2** (Call Your Local Dealer) • **MC²** (Contact Direct) • **AND MANY OTHERS**

Call Your Local Dealer for Pricing Availability and Further Information

---

Software Order/Information Form

I am interested in: ☐ Pulsar   ☐ Astro II

☐ Please send me the Multiple Diskette Demo Package for $50
(This cost can be credited toward your purchase of a system.) *MA residents, please add state sales tax.

☐ Please tell me more about the computer services exclusively designed for the construction industry.

I have a _____ computer.   Disk Size: ☐ 3½"   ☐ 5¼"
            make/model

Your Name: _____

Company Name: _____

Address: _____

City/State/Zip: _____

*☐ Check enclosed (save shipping & handling)
☐ Charge my Demo Package to:
☐ American Express   ☐ Visa   ☐ MasterCard

Account # _____

Expiration Date _____

☐ Bill me (P.O. #) _____

Call toll free 1-800-448-8182, or mail this request today to:

R.S. Means Co., Inc., 100 Construction Plaza, P.O. Box 800, Kingston, MA 02364-0800

Annual Publications

Means Building Construction Cost Data 1992
50th Annual Edition
Over 520 Pages • Illustrated

America's foremost construction cost information guide with over 20,000 unit prices for labor, materials and installation

Building Construction Cost Data, now in its 50th year of publication, offers the reliability of over 20,000 thoroughly researched unit prices, plus the efficient, easy-to-use CSI MASTERFORMAT. Even the most complicated estimates can be accurately prepared in less time than with comparable references.

Astute construction professionals prefer *Building Construction Cost Data* as their primary estimating resource. It's the original, most sought-after book of its kind ... known and depended upon by its users for unparalleled accuracy and versatility ... a cost resource prepared with you—the user—in mind.

ISBN 0-87629-229-5
Book No. 60012
$69.95/copy
U.S. Funds

Means Construction Cost Indexes 1992
(Individual and back issues available at $45.00 per copy)

The index service providing updated cost adjustment factors

Whether updating construction costs from Means cost manuals or data from other sources, the construction cost index service is the efficient way to ensure 90-day cost accuracy.

Published quarterly (January, April, July, October), this handy report provides cost adjustment factors for the preparation of more precise estimates no matter how late in the year. It's also the ideal method for making continuous cost revisions on ongoing projects as the year progresses.

The report is organized in four unique sections:
- breakdowns for 209 major cities
- national averages for 30 key cities
- five large city averages
- historical construction cost indexes

Book No. 60142
$180.00/year
U.S. Funds

Means Plumbing Cost Data 1992
Piping • Fixtures • Fire Protection

15th Annual Edition
Over 425 Pages • Illustrated

Comprehensive unit and assemblies prices for every imaginable plumbing installation

This estimating manual gives you instant access to current materials and trade labor prices for virtually all types of contemporary plumbing and fire protection contracting.

One glance through this massive guide—containing thousands of "one stop" costs for piping, fittings, valves, support structures, fire protection systems, appliances—will convince you of its great value to your pricing work.

Whether you use it for a complete unit price plumbing estimate, plumbing design concept, or for a sprinkler system quick price check, it will give you the estimating data you need.

ISBN 0-87629-249-X
Book No. 60212
$71.95/copy
U.S. Funds

Means Mechanical Cost Data 1992
HVAC • Controls

15th Annual Edition
Over 440 Pages • Illustrated

Gives you comprehensive prices for HVAC and mechanical estimating ...

More valuable to you than ever—focused exclusively on HVAC, controls ... all related piping, ductwork, accessories, and construction

For contractors and designers who must estimate costs for mechanical installations, Means "mechanical book" is a cost tool of *increasing value* each year.

You'll find the latest cost information for heating, ventilation, air conditioning, and related mechanical construction in *Means Mechanical Cost Data 1992*.

There are so many benefits from using this storehouse of mechanical cost information. It enables you to answer every kind of HVAC and related mechanical cost question.

ISBN 0-87629-230-9
Book No. 60022
$72.95/copy
U.S. Funds

Annual Publications

Means Square Foot Costs 1992
Commercial/Residential/Industrial/Institutional

13th Annual Edition
Over 435 Pages • Illustrated

Quoting accurate square foot prices is vital to construction planning and budgeting

You can have reliable square foot prices for any building construction you're planning in minutes

Means Square Foot Costs 1992 is the annually updated source of cost facts that covers every situation you're likely to handle—residential, commercial, industrial and institutional construction of all types.

The convenient tables enable you to simply flip to the building type under consideration and select an appropriate square foot price in just a few minute's time.

The "Unit-in-Place" assemblies style construction prices give you the ability to prepare more detailed square foot costs through the analysis of individual construction assemblies. These pages are suited perfectly to comparing and selecting various design schemes according to predetermined budgets.

ISBN 0-87629-233-3
Book No. 60052

$84.95/copy
U.S. Funds

Means Assemblies Cost Data 1992

17th Annual Edition
Over 550 Pages • Illustrated

Means Assemblies Cost Data 1992 enables you to quickly compare the most desirable construction approaches using "pre-grouped" component costs called assemblies—such as structure, closure, and interior subdivision. These are expressed in an easy-to-measure element of the building such as S.F. of floor area or exterior wall, linear feet of partition, or cost each.

Each assembly includes a complete grouping of materials and associated installation costs including the installing

contractor's overhead and profit. Substitute component price selections are shown together with each assembly so it is possible to customize an assembly to meet specific use or cost goals.

In addition, this book contains an extensive reference section that guides the user through the actual design process. With this information one can make intelligent decisions about which assembly to select.

ISBN 0-87629-234-1
Book No. 60062

$115.95/copy
U.S. Funds

Means Building Construction Cost Data 1992 Western Edition

5th Annual Edition
Over 500 Pages • Illustrated

For western contractors, estimators, architects, engineers, builders, facilities professionals

This regional edition of *Building Construction Cost Data* is specifically designed to give you more precise cost information for the West. It also provides greater information on the construction assemblies which are common in the West.

Based on western methods of construction, this edition makes unit cost information **easier to understand and use.**

Indexes are broken down into major construction components and subtrades.

The Western Edition has information regarding western practices and situations which are not found in our national edition. It helps you estimate more precisely because it has 20 different western locations, nearly **twice as many** as currently offered in our national edition!

ISBN 0-87629-250-3
Book No. 60222

$79.95/copy
U.S. Funds

Means Labor Rates for the Construction Industry 1992

19th Annual Edition • Over 325 Pages
CITY • STATE • NATIONAL

- Detailed wage rates by trade for over 300 U.S. and Canadian cities
- Forty-six construction trades listed by local union number in each city
- Base hourly wage rates plus fringe benefit package costs gathered from reliable sources
- Dependable estimates for the trade wage rates not reported at press time

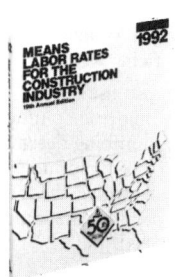

- Effective dates for newly negotiated union contracts for both 1991 and 1992
- Factors for comparing each trade rate by city, state, and national averages
- Historical 1990–1991 wage rates also included for comparison purposes
- Each city chart is alphabetically arranged with handy visual flip tabs for quick reference

ISBN 0-87629-239-2
Book No. 60122

$160.00/copy
U.S. Funds

Annual Publications

Means Heavy Construction Cost Data 1992

6th Annual Edition
Over 400 Pages • Illustrated

Heavy construction costs for utilities, public works, earthwork, roadways, airports, pipelines, sewerage, railroads, marine work, and more!

Means Heavy Construction Cost Data 1992 is designed for contractors and engineers responsible for estimating heavy construction projects with high reliability.

It's an estimating tool that provides prices based on painstaking research into the actual costs for heavy construction throughout North America in the past 12 months. The heavy construction unit and assemblies cost entries are supplemented with preparation, mobilization, and finishing costs for most projects.

The book can be used to price out an entire estimate or to quickly verify estimates with cost data based on national averages, adjusted for locations in the U.S. and Canada.

The unit price entries are organized in the popular Means line item system containing crew make-up, crew productivity, man-hour data, and bare costs for materials, labor, and equipment . . . with and without overhead and profit.

ISBN 0-87629-245-7
Book No. 60162

$76.95/copy
U.S. Funds

Means Site Work Cost Data 1992

11th Annual Edition
Over 400 Pages • Illustrated

Dedicated to the special problems of site work estimating . . .

Here are just a few of the ways *Means Site Work Cost Data 1992* will help you

- estimate crews, equipment and man-hours required for any site work operation . . . earthwork hauling, underground installations
- use the price data to compare and select designs and specifications in the project's conceptual stages
- verify your prices and estimates with the manual's national averages
- use it for the hard-to-find costs and site work installations unfamiliar to you
- double-check on subcontractor bids and estimates
- get expert guidance for complicated site work estimating problems

ISBN 0-87629-235-X
Book No. 60072

$71.95/copy
U.S. Funds

Means Landscape Cost Data 1992

5th Annual Edition
Over 380 Pages • Illustrated

Estimate landscape and related hard construction faster, easier—and with complete reliability

"One Stop" answers to your landscape price estimating questions

- Materials unit prices for shrubs, trees, seeding, ground covers, roads, walks, walls, fencing, underground utilities.
- Unit labor costs with crew, daily productivity, and man-hours.
- Equipment costs with equipment productivity including rental and operating cost data.
- Illustrated landscape systems prices with material and installation costs broken out.
- Helpful design and cost planning suggestions.
- Landscape site maintenance prices.
- Figures for the latest landscape methods, styles, construction approaches.
- City Cost Indexes for 162 metropolitan areas in the U.S. and Canada.
- Easy-to-follow instructions for using the data.

ISBN 0-87629-247-3
Book No. 60192

$74.95/copy
U.S. Funds

Means Concrete Cost Data 1992

10th Annual Edition
Over 450 Pages • Illustrated

Arranged in the CSI MASTERFORMAT

Included in the new 1992 edition of *Means Concrete Cost Data* are cost facts for every concrete estimating problem—from complicated formwork to lavish brickwork.

The comprehensive unit cost section shows crew, daily output, man-hour information with bare costs for materials, labor, equipment, overhead and profit for over 15,000 individual items.

The "most-popular" assemblies cost section actually describes the concrete or masonry assembly with drawings and diagrams.

ISBN 0-87629-238-4
Book No. 60112

$67.95/copy
U.S. Funds

Annual Publications

Means Electrical Cost Data 1992

15th Annual Edition
Over 400 Pages • Illustrated

Many important electrical unit price changes for 1992. You'll have them all in *Means Electrical Cost Data 1992*

Means Electrical Cost Data has become a trusted and well-used guide by your fellow electrical estimating, contracting, and design professionals.

This year is no exception. Particularly in light of the important price changes in recent months.

In fact, 1992 electrical estimating can hold some pricing surprises. Here's where Means value really shines. The Means staff of experts has done their homework—so you can steer clear of the pitfalls *and take advantage* of the opportunities ahead.

ISBN 0-87629-231-7
Book No. 60032

$72.95/copy
U.S. Funds

Means Electrical Change Order Cost Data 1992

4th Annual Edition
Over 400 Pages • Illustrated

How to accurately price and document electrical change orders—making sure the costs are recoverable!

As an electrical contractor, project manager, or engineer, pricing and documenting change orders is surely a key part of your job. Change orders—or project "extras"—are the source of conflicts, lost time, and sometimes serious disputes.

This guide provides you with electrical unit prices *exclusively* for pricing change orders—based on the recent, direct experience of contractors and suppliers throughout North America.

The costs are broken down into two comprehensive sections: *pre-installation* and *post-installation* changes.

For the first time, you can analyze and check your own change order estimates against the experience others have had *doing exactly the same work!*

ISBN 0-87629-277-5
Book No. 60232

$79.95/copy
U.S. Funds

Means Residential Cost Data 1992

11th Annual Edition
Over 470 Pages • Illustrated

Residential costs—from a simple one-story "economy" house to a "luxury" 3-story townhouse

Thousands of Unit Prices
From stonework and insulation to painting and wall coverings, these unit prices are individually figured so you can select the items you need for very exacting estimates. All in the CSI MASTERFORMAT.

Over Eighty Building Assemblies
Fully illustrated and described assemblies can save you hours of estimating time. Each assembly lists the material and labor needed and the total costs. They give you an outstanding overview of what is needed to complete each job.

Square Foot Costs
Square Foot costs help you verify your figures and "ballpark" estimates for all popular types of residential construction.

PLUS ... Reference Notes section with added information on how unit costs were figured.

ISBN 0-87629-236-8
Book No. 60172

$68.95/copy
U.S. Funds

Means Open Shop Building Construction Cost Data 1992

8th Annual Edition • Over 500 Pages

With so many important price changes in the last 12 months, this is "must have" information for your estimating

You depend on BCCD for union labor ... now you can have the same comprehensive prices for open shop work.

The open shop prices are the actual experience of contractors and subs.

Prices quoted in *Means Open Shop Building Construction Cost Data 1992* are derived from an average of major urban areas in the U.S. and Canada.

One flip through your copy will convince you of its value to your estimating process.

The information is painstakingly prepared from the actual experience of hundreds of open shop builders and subcontractors in the latest 12-month period.

ISBN 0-87629-244-9
Book No. 60152

$76.95/copy
U.S. Funds

Annual Publications

Means Facilities Cost Data 1992

7th Annual Edition
Over 950 Pages • Illustrated

A cost planning tool for facilities construction and maintenance!

More reasons than ever to use *Means Facilities Cost Data 1992* for your facilities estimating projects!

If you are involved in facilities renovations, new construction, or maintenance as a contractor bidding for jobs or a manager planning them, there is tremendous pressure on you to justify your expenditures and to make your estimates reliable.

This *ultra-complete reference source* makes your estimating more precise and cuts down dramatically on the time you have to spend checking other job costs and calling subs and vendors.

You can use this book to adjust national average data to specific locations.

There are hundreds of other ways you can use this guide. With well over 40,000 unit prices, assembly costs, and square foot costs, it is actually five books wrapped into one.

ISBN 0-87629-248-1
Book No. 60202

$179.95/copy
U.S. Funds

Means Repair and Remodeling Cost Data 1992

Commercial/Residential

13th Annual Edition
Over 450 Pages • Illustrated

No matter what kind of renovation cost problem you may face, *Means Repair & Remodeling Cost Data 1992* will give you the *special prices* you're looking for.

This is the Means cost guide that's specifically prepared for your renovation estimating. It conforms to the Construction Specifications Institute's (CSI) MASTERFORMAT system so

that you can prepare your estimates more efficiently.

All pricing information is obtained through extensive research from contractors, builders, and suppliers throughout the country.

PLUS ... you can get hundreds of cost and time-saving tips, hints, and advice based on the expertise and background of R.S. Means.

ISBN 0-87629-232-5
Book No. 60042

$72.95/copy
U.S. Funds

Means Light Commercial Cost Data 1992

11th Annual Edition
Over 525 Pages • Illustrated

For the special estimating needs of light commercial contractors and architects

Easy to use, reliable price information about light commercial cost planning for adjusters, architects, contractors, planners and project managers.

No better resource for estimating commercial construction with current price information.

If you're still estimating commercial construction with hard to follow price sheets, bills for old jobs, or "guesstimates," we have good news for you.

Means new *Light Commercial Cost Data 1992* is totally dedicated to your special estimating needs as a commercial designer or builder.

It's simple to use, provides instantaneous price quotes, and is reliable for your 1992 cost planning. With a copy on your desk, you'll have the price data you need in *one convenient place*—not stacks of file folders, bills, or wrinkled computer printouts.

ISBN 0-87629-246-5
Book No. 60182

$68.95/copy
U.S. Funds

Means Interior Cost Data 1992

9th Annual Edition
Over 460 Pages • Illustrated

For estimating partitions, ceilings, floors, finishes, and furnishings

Due to constantly changing styles and new design directions, thousands of new materials and hardware items for interior construction are introduced each year. Few designers and estimators can keep up with this avalanche of price options for finish work.

But now, you can keep up with—and stay ahead of—the infinite varieties of specialized materials and installation expenses involved in commercial and industrial interior construction ... thanks to *Means Interior Cost Data 1992*.

Here, in one all-inclusive resource, are all the prices and help you could ever hope to have for making accurate interior work estimates.

ISBN 0-87629-237-6
Book No. 60092

$71.95/copy
U.S. Funds

Order Form

Means
A Southam Company

R.S. Means Company, Inc.
100 Construction Plaza, P.O. Box 800, Kingston, MA 02364-0800, 617-585-7880

1992 ORDER FORM

**CALL TOLL FREE
1-800-334-3509**

QTY.	BOOK NO.	COST ESTIMATING BOOKS	UNIT PRICE	TOTAL	QTY.	BOOK NO.	REFERENCE BOOKS (cont'd)	UNIT PRICE	TOTAL
	60062	Assemblies Cost Data 1992	$115.95			67210	Graphic Construction Standards	$109.95	
	60012	Building Construction Cost Data 1992	69.95			67258	Hazardous Material & Hazardous Waste	79.95	
	60222	Building Constr. Cost Data–Western Edition 1992	79.95			67296	Home Improvement—Interior	29.95	
	60112	Concrete Cost Data 1992	67.95			67297	Home Improvement—Exterior	29.95	
	60142	Construction Cost Indexes 1992	180.00			67251	HVAC: Design Criteria, Options, Selection	64.95	
	60142A	Construction Cost Index–January 1992	45.00			67281	HVAC Systems Evaluation	62.95	
	60142B	Construction Cost Index–April 1992	45.00			67292	Illustrated Construction Dictionary, Unabridged	99.95	
	60142C	Construction Cost Index–July 1992	45.00			67282	Illustrated Construction Dictionary, Condensed	49.95	
	60142D	Construction Cost Index–October 1992	45.00			67267	Insurance Repair	58.95	
	60232	Electrical Change Order Cost Data 1992	79.95			67237	Interior Estimating	58.95	
	60032	Electrical Cost Data 1992	72.95			67295	Landscape Estimating, 2nd Edition	57.95	
	60202	Facilities Cost Data 1992	179.95			67266	Legal Reference for Design & Construction	114.95	
	60162	Heavy Construction Cost Data 1992	76.95			67299	Maintenance Management Audit	59.95	
	60092	Interior Cost Data 1992	71.95			67236	Man-Hour Standards for Construction–2nd Ed.	144.95	
	60122	Labor Rates for the Const. Industry 1992	160.00			67235	Mechanical Estimating	54.95	
	60192	Landscape Cost Data 1992	74.95			67245	Planning and Managing Interior Projects	68.95	
	60182	Light Commercial Cost Data 1992	68.95			67283	Plumbing Estimating	54.95	
	60022	Mechanical Cost Data 1992	72.95			67247	Project Planning and Control for Construction	64.95	
	60152	Open Shop Building Constr. Cost Data 1992	76.95			67262	Quantity Takeoff for Contractors	34.95	
	60212	Plumbing Cost Data 1992	71.95			67265	Repair & Remodeling Estimating	62.95	
	60042	Repair and Remodeling Cost Data 1992	72.95			67254	Risk Management for Building Professionals	54.95	
	60172	Residential Cost Data 1992	68.95			67253	Roofing: Design Criteria, Options, Selection	59.95	
	60072	Site Work Cost Data 1992	71.95			67291	Scheduling Manual, 3rd Edition	49.95	
	60052	Square Foot Costs 1992	84.95			67145	Square Foot Estimating	62.95	
		REFERENCE BOOKS				67241	Structural Steel Estimating	71.95	
	67275	Avoiding and Resolving Construction Claims	59.95			67233	Superintending for Contractors	34.95	
	67298	Basics for Builders: Framing & Rough Carpentry	19.95			67274	Survival in the Construction Business	59.95	
	67257	Bidding & Managing Government Construction	62.95			67284	Understanding Building Automation Systems	54.95	
	67180	Bidding for Contractors	34.95			67259	Understanding the Legal Aspects of Design/Build	72.95	
	67261	Building Profess. Guide to Contract Documents	56.95			67232	Unit Price Estimating	58.95	
	67250	Business Management for Contractors	34.95						
	67278	Construction Delays	61.95						
	67268	Construction Paperwork	70.95						
	67255	Contractor's Business Handbook	59.95						
	67252	Cost Control in Building Design	59.95						
	67242	Cost Effective Design/Build Construction	59.95						
	67230	Electrical Estimating	61.95						
	67160	Estimating for Contractors	34.95						
	67276	Estimating Handbook	89.95						
	67249	Facilities Maintenance Management	66.95						
	67246	Facilities Maintenance Standards	144.95						
	67264	Facilities Manager's Reference	67.95						
	67286	Fire Protection	54.95						
	67231	Forms for Building Construction Professionals	84.95						
	67288	Forms for Contractors	69.95						
	67287	From Concept to Bid	54.95						
	67260	Fundamentals of the Construction Process	64.95						

MA residents add state sales tax.
TOTAL (U.S. Funds)

Prices are subject to change and are for U.S. delivery only. Canadian customers should write for current prices.

Postage and handling extra when billed. Send your check with your order to save shipping and handling charges! 1992 editions available December 1991. Means will bill you or accept MasterCard, Visa, and American Express.

MA7D

SEND ORDER TO:
Name (PLEASE PRINT) _____
Company _____
☐ Company
☐ Home Address _____
_____
City/State/Zip _____
Phone # ( ) _____
P.O. # _____
(MUST ACCOMPANY ALL ORDERS BEING BILLED)

Means Project Cost Report

SAVE! $20.00 Discount per product for each report you submit.

DISCOUNT PRODUCTS AVAILABLE — FOR U.S. CUSTOMERS ONLY — STRICTLY CONFIDENTIAL

By filling out and returning the Project Description, you can receive a discount of $20.00 off any one of the Means products advertised in the preceding pages. The cost information required includes all items marked (✱) except those where no costs occurred. The sum of all major items should equal the Total Project Cost. Motel projects will be especially appreciated.

PROJECT DESCRIPTION (No remodeling projects, please.)

✱ Type building _____
✱ Location _____
   Capacity _____
✱ Frame _____
✱ Exterior _____
✱ Basement: full ☐ part ☐ none ☐ crawl ☐
✱ Height in Stories _____
✱ Total Floor Area _____
   Ground Floor Area _____
✱ Volume in C.F. _____
   % Air Conditioned _____ Tons _____
   Comments: _____
   Owner _____
   Architect _____
   General Contractor _____

✱ Bid Date _____
   Typical Bay Size _____
✱ Labor Force: _____ % Union _____ Non-Union
✱ Project Description (Circle one number in each line)
   1. Economy 2. Average 3. Good 4. Luxury
   1. Square 2. Rectangular 3. Irregular 4. Very Irregular

		$
	✱ **TOTAL PROJECT COST**	$
A	✱ **GENERAL CONDITIONS**	$
B	✱ **SITE WORK**	$
BS	Site Clearing & Improvement	
BE	Excavation (C.Y.)	
BF	Caissons & Piling (L.F.)	
BU	Site Utilities	
BP	Roads & Walks Exterior Paving (S.Y.)	
C	✱ **CONCRETE**	$
C	Cast in Place (C.Y.)	
CP	Precast (S.F.)	
D	✱ **MASONRY**	$
DB	Brick (M)	
DC	Block (M)	
DT	Tile(S.F.)	
DS	Stone(S.F.)	
E	✱ **METALS**	$
ES	Structural Steel (Tons)	
EM	Misc. & Ornamental Metals	
F	✱ **WOOD & PLASTICS**	$
FR	Rough Carpentry (MBF)	
FF	Finish Carpentry	
FM	Architectural Millwork	
G	✱ **MOISTURE PROTECTION**	$
GW	Waterproofing-Dampproofing (S.F.)	
GN	Insulation(S.F.)	
GR	Roofing & Flashing (S.F.)	
GM	Metal Siding/Curtain Wall (S.F.)	
H	✱ **DOORS, WINDOWS & GLASS**	$
HD	Doors (Ea.)	
HW	Windows (S.F.)	
HH	Finish Hardware	
HG	Glass & Glazing (S.F.)	
HS	Storefronts (S.F.)	
J	✱ **FINISHES**	$
JL	Lath & Plaster (S.Y.)	
JD	Drywall (S.F.)	
JM	Tile & Marble (S.F.)	
JT	Terrazzo (S.F.)	
JA	Acoustical Treatment (S.F.)	
JC	Carpet (S.Y.)	
JF	Hard Surface Flooring (S.F.)	
JP	Painting & Wall Covering (S.F.)	
K	✱ **SPECIALTIES**	$
KB	Bathroom Partitions & Accessories (S.F.)	
KF	Other Partitions (S.F.)	
KL	Lockers (Ea.)	
L	✱ **EQUIPMENT**	$
LK	Kitchen	
LS	School	
LO	Other	
M	✱ **FURNISHINGS**	$
MW	Window Treatment	
MS	Seating (Ea.)	
N	✱ **SPECIAL CONSTRUCTION**	$
NA	Acoustical (S.F.)	
NB	Prefab. Bldgs. (S.F.)	
NO	Other	
P	✱ **CONVEYING SYSTEMS**	$
PE	Elevators (Ea.)	
PS	Escalators (Ea.)	
PM	Material Handling	
Q	✱ **MECHANICAL**	$
QP	Plumbing (Number of fixtures)	
QS	Fire Protection (Sprinklers)	
QF	Fire Protection (Hose Standpipes)	
QB	Heating, Ventilating & A.C.	
QH	Heating & Ventilating (BTU Output)	
QA	Air Conditioning (Tons)	
R	✱ **ELECTRICAL**	$
RL	Lighting (S.F.)	
RP	Power Service	
RD	Power Distribution	
RA	Alarms	
RG	Special Systems	
S	**MECH./ELEC. COMBINED**	$

Product Name _____
Product No. _____
Your Name _____
Company _____
☐ Company Street Address _____
☐ Home
City, State, Zip _____
☐ Please send _____ forms.

Please specify the Means product you wish to receive.
Complete the address information as requested.
Return this form with your check (product cost less $20.00) to:

R.S. Means Company, Inc.
A Southam Company

Square Foot Costs Department
100 Construction Plaza, P.O. Box 800
Kingston, MA 02364-9988

Order Form

Means
A Southam Company

R.S. Means Company, Inc.
100 Construction Plaza, P.O. Box 800, Kingston, MA 02364-0800, 617-585-7880

1993 ORDER FORM

CALL TOLL FREE
1-800-334-3509

QTY.	BOOK NO.	COST ESTIMATING BOOKS	UNIT PRICE	TOTAL	QTY.	BOOK NO.	REFERENCE BOOKS (cont'd)	UNIT PRICE	TOTAL
	60063	Assemblies Cost Data 1993	$124.95			67210	Graphic Construction Standards	$119.95	
	60013	Building Construction Cost Data 1993	74.95			67258	Hazardous Material & Hazardous Waste	82.95	
	60223	Building Constr. Cost Data–Western Edition 1993	84.95			67296	Home Improvement—Interior	32.95	
	60113	Concrete Cost Data 1993	72.95			67297	Home Improvement—Exterior	32.95	
	60143	Construction Cost Indexes 1993	190.00			67251	HVAC: Design Criteria, Options, Selection	72.95	
	60143A	Construction Cost Index–January 1993	47.50			67281	HVAC Systems Evaluation	69.95	
	60143B	Construction Cost Index–April 1993	47.50			67292	Illustrated Construction Dictionary, Unabridged	99.95	
	60143C	Construction Cost Index–July 1993	47.50			67282	Illustrated Construction Dictionary, Condensed	54.95	
	60143D	Construction Cost Index–October 1993	47.50			67267	Insurance Repair	59.95	
	60233	Electrical Change Order Cost Data 1993	84.95			67237	Interior Estimating	64.95	
	60033	Electrical Cost Data 1993	77.95			67295	Landscape Estimating, 2nd Edition	62.95	
	60203	Facilities Cost Data 1993	189.95			67266	Legal Reference for Design & Construction	129.95	
	60163	Heavy Construction Cost Data 1993	79.95			67299	Maintenance Management Audit	64.95	
	60093	Interior Cost Data 1993	76.95			67236	Man-Hour Standards for Construction–2nd Ed.	149.95	
	60123	Labor Rates for the Const. Industry 1993	170.00			67235	Mechanical Estimating	64.95	
	60193	Landscape Cost Data 1993	79.95			67245	Planning and Managing Interior Projects	69.95	
	60183	Light Commercial Cost Data 1993	69.95			67283	Plumbing Estimating	59.95	
	60023	Mechanical Cost Data 1993	77.95			67247	Project Planning and Control for Construction	69.95	
	60153	Open Shop Building Constr. Cost Data 1993	77.95			67262	Quantity Takeoff for Contractors	35.95	
	60213	Plumbing Cost Data 1993	76.95			67265	Repair & Remodeling Estimating	64.95	
	60043	Repair and Remodeling Cost Data 1993	77.95			67254	Risk Management for Building Professionals	59.95	
	60173	Residential Cost Data 1993	69.95			67253	Roofing: Design Criteria, Options, Selection	62.95	
	60073	Site Work Cost Data 1993	76.95			67291	Scheduling Manual, 3rd Edition	54.95	
	60053	Square Foot Costs 1993	89.95			67145	Square Foot Estimating	64.95	
		REFERENCE BOOKS				67241	Structural Steel Estimating	74.95	
	67275	Avoiding and Resolving Construction Claims	59.95			67233	Superintending for Contractors	35.95	
	67298	Basics for Builders: Framing & Rough Carpentry	21.95			67274	Survival in the Construction Business	62.95	
	67257	Bidding & Managing Government Construction	65.95			67284	Understanding Building Automation Systems	59.95	
	67180	Bidding for Contractors	35.95			67259	Understanding the Legal Aspects of Design/Build	74.95	
	67261	Building Profess. Guide to Contract Documents	59.95			67232	Unit Price Estimating	59.95	
	67250	Business Management for Contractors	35.95						
	67278	Construction Delays	64.95						
	67268	Construction Paperwork	72.95						
	67255	Contractor's Business Handbook	59.95						
	67252	Cost Control in Building Design	59.95						
	67242	Cost Effective Design/Build Construction	64.95						
	67230	Electrical Estimating	64.95						
	67160	Estimating for Contractors	35.95						
	67276	Estimating Handbook	99.95						
	67249	Facilities Maintenance Management	69.95						
	67246	Facilities Maintenance Standards	149.95						
	67264	Facilities Manager's Reference	69.95						
	67286	Fire Protection	62.95						
	67231	Forms for Building Construction Professionals	89.95						
	67288	Forms for Contractors	74.95						
	67287	From Concept to Bid	54.95						
	67260	Fundamentals of the Construction Process	65.95						

MA residents add state sales tax.

TOTAL (U.S. Funds)

Prices are subject to change and are for U.S. delivery only. Canadian customers should write for current prices.

Postage and handling extra when billed. Send your check with your order to save shipping and handling charges! 1993 editions available December 1992. Means will bill you or accept MasterCard, Visa, and American Express.

SEND ORDER TO: **MA7D1**

Name (PLEASE PRINT) _____

Company _____
☐ Company
☐ Home Address _____
_____

City/State/Zip _____

Phone # ( ) _____

P.O. # _____

(MUST ACCOMPANY ALL ORDERS BEING BILLED)